国家科学技术学术著作出版基金资助出版

机构运动微分几何学分析与综合

王德伦　汪伟　著

机械工业出版社

本书以微分几何学方法系统地介绍了刚体运动几何学理论体系，以鞍点规划方法阐述了机构离散运动综合的统一方法。为了便于初学者入门和建立概念，全书以平面、球面、空间机构的运动几何学与离散运动综合的顺序进行阐述。

第1、3章的前面简单概述微分几何学基础知识，在第3章以微分几何学方法讨论了机构中几种常见约束曲线与约束曲面的不变量与不变式。

第1、4、6章分别为刚体平面、球面和空间运动微分几何学，以已知刚体运动参考点（线）轨迹曲线（曲面）的活动标架微分描述刚体无限接近连续运动，在瞬心线和瞬轴面的活动标架上考察运动刚体上点线的轨迹曲线曲面，以不变量与不变式讨论其局部几何性质，系统地梳理了刚体平面和球面运动几何学，并发展到空间运动几何学，形成了刚体运动微分几何学理论体系。

第2、5、7章分别为平面、球面和空间连杆机构的离散运动鞍点综合的统一方法。建立离散轨迹曲线曲面整体性质的鞍点规划评价方法，从约束曲线曲面不变量与不变式的视角讨论运动刚体上点线离散轨迹与机构二副杆约束曲线曲面的整体接近程度，形成了从刚体平面、球面到空间离散运动几何学体系框架，结合机构运动综合要求，建立了平面、球面和空间机构离散运动鞍点综合的统一方法。

本书的英文版“The Kinematic Differential Geometry and Saddle Synthesis of Linkages”即将由 Wiley Press 出版。

图书在版编目（CIP）数据

机构运动微分几何学分析与综合/王德伦，汪伟著. —北京：机械工业出版社，2014.10（2019.1 重印）
ISBN 978-7-111-47935-2

Ⅰ.①机… Ⅱ.①王…②汪… Ⅲ.①机构运动分析-研究生-教材 Ⅳ.①TH112

中国版本图书馆 CIP 数据核字（2014）第 209468 号

机械工业出版社（北京市百万庄大街 22 号 邮政编码 100037）
策划编辑：余 皞 责任编辑：余 皞 卢若薇
版式设计：赵颖喆 责任校对：张晓蓉
封面设计：张 静 责任印制：常天培
北京圣夫亚美印刷有限公司印刷
2019 年 1 月第 1 版第 2 次印刷
184mm×260mm · 27.75 印张 · 2 插页 · 669 千字
标准书号：ISBN 978-7-111-47935-2
定价：88.00 元

凡购本书，如有缺页、倒页、脱页，由本社发行部调换

电话服务	网络服务
服务咨询热线：010-88379833	机工官网：www.cmpbook.com
读者购书热线：010-88379649	机工官博：weibo.com/cmp1952
	教育服务网：www.cmpedu.com
封面无防伪标均为盗版	金书网：www.golden-book.com

前　言

刚体运动几何学与机构综合，其理论体系尚欠完整，为机械设计提供的运动几何理论基础在近半个多世纪中没有大的变化，是经典而又困难的研究领域。本书总结了作者及其指导的研究生在该领域的研究成果，以微分几何学（标架微分运动）考察刚体连续运动轨迹的局部性质，梳理了刚体平面和球面运动几何学，并发展到空间运动几何学，形成了刚体运动微分几何学理论体系。以鞍点规划方法评价刚体离散运动轨迹的整体性质，从不变量与不变式的视角讨论刚体离散运动几何学，建立了平面、球面和空间机构离散运动鞍点综合的统一方法。

刚体运动几何学研究瞬时连续运动轨迹的局部性质和离散运动轨迹的整体性质，常用的方法是几何法与代数法。几何法是经典研究方法，简洁直观，但对于空间几何图形问题颇为复杂，难以实施，而且不便计算机处理。代数法也是常规的研究方法，由于代数法可以借用计算机计算，近年来有长足进步。但代数方程式的建立依赖于所在坐标系，即使简单图形位于坐标系中的方向和位置不同，也会导致表达方程式的极大差异，特别是刚体空间运动几何学，不仅有点的空间轨迹曲线，而且还有直线的空间轨迹曲面，图形甚为复杂，从而增加了刚体运动几何学局部和整体性质研究的难度。

刚体瞬时运动几何学本是刚体瞬时运动学与图形几何学的结合，理应是从运动视角研究图形的几何性质，而刚体瞬时微小运动则可视为标架微分。因此，微分几何学理所当然是刚体运动几何学研究的首选方法，然而现状却并非如此，这也是作者写本书的动因之一。由于微分几何学是用微分方法研究图形性质的数学分支，微分几何学以矢量代数和矢量解析为基本手段，以活动标架为基本方法，把图形的几何形状与所研究的点或线在图形上的运动有机地联系起来，得到图形的不变量和不变式，并以其描述图形的性质。通过把复杂图形的不变量和不变式与简单、规范图形的不变量和不变式相比较，从差异中把握所研究复杂图形的性质。刚体运动的动定瞬轴面（瞬心线）与运动刚体上点（线）轨迹、约束曲线（曲面）的不变量及不变式关系（广义曲率），建立了平面、球面到空间的刚体运动微分几何学理论体系。而关于图形（曲线、曲面）的矢量方程、不变量和不变式、活动标架以及相伴曲线与曲面方法等，形成了本书的微分几何学语言，贯穿全书的始终。

刚体离散运动几何学讨论离散运动轨迹的整体性质，通过离散轨迹与规范约束曲线（曲面）的整体比较，获得运动刚体上的特征点或特征直线。在经典离散运动几何学中，通过螺旋三角形（转动极）建立刚体离散运动位置与规范几何图形的联系，实现离散轨迹与约束曲线、曲面的比较。由于离散位置过少，而机构运动综合中通常按所要综合的机构建立连架杆约束方程，然后把目标函数与约束方程转化为数学上非线性规划问题求解，不仅约束方程性质和求解方法因综合机构不同而异，而且其误差评价标准难以准确一致，以至于影响解的存在性和迭代收敛性。作者采用约束曲线与约束曲面的不变量与不变式，通过鞍点规划使离散轨迹与约束曲线、曲面整体比较的最大误差最小，建立刚体离散运动相关位置的约束曲线、曲面对应关系，从不变量与不变式的视角讨论刚体离散运动几何学，从而建立了平面、球面和空间机构离散运动鞍点综合的统一方法。由于以最大拟合误差极小为评价标准，得到统一的法向误差评价体系，对各类曲线、曲面评价拟合准确一致，加之采用不变量，使得求解迭代过程中每一步拟合误差评价在目标函数上都能体现每个变量的实际影响。同时，由于曲线、曲面误差评价拟合的非线性性质，使得机构近似综合解的存在性和局部迭代收敛性得到保证，结合遗传算法可以得到较大范围的局部最优解。

本书系统地介绍了刚体运动微分几何学理论体系及机构离散运动鞍点综合的统一方法，为机构运动几何分析与综合方法能够在工程实践中应用提供了理论基础。为了便于初学者入门和建立概念，全书以平面、球面、空间机构的运动微分几何学与鞍点综合的顺序进行阐述，共七章，并编写了附录。第 1、4、6 章为刚体平面、球面和空间运动微分几何学，第 2、5、7 章分别介绍平面、球面和空间连杆机构的离散运动鞍点综合的统一方法。而微分几何学基础知识被安排在第 1、3 章的前面，以便融入本书体系中，也便于阅读。为了使读者适应本书的微分几何学方法，第 1 章的内容与表达方式可以和现有文献进行对比，因而相对容易建立概念和理解刚体运动微分几何学理论体系。第 4 章刚体球面运动微分几何学在表现形式上是连接刚体平面运动到空间运动的桥梁，也可以作为空间运动的特例。但为了使过渡平缓，放在第 4 章介绍，因其数学基础同空间运动，故在第 3 章一并介绍空间曲线、曲面微分几何学。附录简要地介绍了空间 RCCC 和 RRSS 四杆机构的求解统一方法，便于读者计算验证示例。虽然把从平面、球面到空间的刚体运动几何学与机构离散运动鞍点综合统一方法分别交叉讲述，在理论体系上削弱了连贯性，但降低了阅读本书的门槛，便于机构运动几何学与机构运动鞍点综合的联系。

二十余年岁月转瞬即逝，作者从事机构学研究源于作者攻读博士学位期间的两位导师。当年是肖大准教授将作者领入机构学领域，并谓之是一项艰苦而又困难的选择，使作者既准确理解现实课题，又清醒对待未来研究；当年是刘健教授赋予作者研究激情和灵感，作者所提出的学术思想往往来自和刘健教授的讨论过程中；当年是 K. H. Hunt《机构运动几何学》等经典著作对机构学问题与挑战的精彩阐述，使作者被吸引而不能自拔。与此同时，国内许多机构学前辈和国外学者给予作者极大的鼓励和鞭策，如张启先院士、熊有伦院士、李华敏教授、杨基厚教授、白师贤教授、陈永教授、黄真教授、邹慧君教授、杨廷力教授、颜鸿森教授、张策教授、张春林教授、申永胜教授、戴建生（Jian. S. Dai）教授、J. M. McCarthy 教授、丁昆隆（Kwun-Lon Ting）教授、葛巧德（Jeff. Q. Ge）教授等，使作者能保持对机构学研究的热情；国内新一代机构学学者，如黄田教授、高峰教授、邓宗全教授、余跃庆教授、谢进教授、丁希仑教授、杨玉虎教授、林松教授、李树军教授等也给予作者极大的支持，从而使新的学术观点和方法得以发展。

本书来源于作者领导的课题组的研究成果，在作者的博士学位论文工作基础上，还有作者指导的三名博士和七名硕士研究生参加了这项课题的研究工作，其中有博士研究生汪伟、李涛、王淑芬，硕士研究生肖丽华、周井苍、李天箭、郑鹏程、张保印、张建军、柴杰、李景雷等，本书的成果有他们的智慧和辛勤劳动；作者的大学同班同学于树栋教授（Ryerson University，Canada）、研究生同学和共事三十年的董惠敏教授给作者很大帮助，在此致以谢意。

本课题的研究工作曾得到国家自然科学基金两次资助（59305033 和 59675003），本书的出版也获得了国家科学技术著作出版基金的资助及机械工业出版社的大力支持，在此一并表示感谢。

人生有限，知识无限，随着科学技术的发展，机构学研究成果将日益丰富，本书由于作者的研究水平和时间所限，可能一叶障目，有不当之处，还恳请读者指正。

王德伦

于大连理工大学

2014 年 4 月

目 录

第 1 章

平面运动微分几何学

平面运动几何学研究图形或刚体平面运动位移的几何性质，即运动刚体上点、线在固定坐标系中轨迹的几何性质，而此处的运动是指刚体占据一系列位置，不涉及具体的时间长短。运动刚体占据位置有连续的，也有分离的，前者称为无限接近位置的运动几何学或瞬时运动几何学，后者称为有限分离位置的运动几何学或离散运动几何学，它们是机构运动综合的理论基础，在机构学研究中具有重要地位。本章仅讨论前者，后者在下一章论述。

平面瞬时运动几何学是机构学的经典理论，研究内容丰富，理论体系较为完善，现有研究方法主要为传统的几何法与代数法，前者直观，后者便于计算。但对于刚体运动学与轨迹图形几何学性质及其相互联系的研究，还是现代微分几何学方法见长，不仅采用不变量与不变式刻画几何学性质，消除坐标系影响，从而使表达式简洁明了，同时以活动标架方式将运动学与几何学联系起来，以运动方式研究几何学问题，尤其是三维空间乃至多维空间运动几何学，更彰显微分几何学方法的优势。

本章从简单的平面运动几何学入手，既体现机构运动微分几何学方法的系统性，把有关微分几何学知识与方法一并介绍，又以循序渐进方式介绍，也方便读者阅读。

1.1 平面曲线微分几何学

为阅读本书方便，本节简单介绍平面曲线的基本内容，在微分几何学书中已经证明的定理，在此不再证明，请读者参考有关文献[1]。

1.1.1 矢量与圆矢量函数

通常在表达一条平面曲线 $\varGamma$ 时，往往习惯用直角坐标参数表示：

$$\begin{cases} x = x(t) \\ y = y(t) \end{cases} \tag{1.1}$$

式中，t 为曲线的参数，若置换自变量或者消去参数 t，可写成：

$$y = F(x) \tag{1.2}$$

或者写成隐函数形式：

$$F(x,y) = 0 \tag{1.3}$$

将上述 x，y 置于平面固定坐标系 $\{\boldsymbol{O};\ \boldsymbol{i},\ \boldsymbol{j}\}$ 中，则曲线 Γ 以参数 t 表示的矢量方程为：

$$\Gamma: \boldsymbol{R} = x(t)\boldsymbol{i} + y(t)\boldsymbol{j} \tag{1.4}$$

将其简化写成：

$$\boldsymbol{R} = \boldsymbol{R}(t) \tag{1.5}$$

式（1.4）与式（1.5）为平面曲线的矢量表示形式，t 为曲线 Γ 的一般参数。显然，式（1.5）中的矢量 $\boldsymbol{R}$ 既有大小又有方向变化，将其矢量单位化并赋以角度函数，在平面坐标系 $\{\boldsymbol{O};\ \boldsymbol{i},\ \boldsymbol{j}\}$ 中，与 $\boldsymbol{i}$ 轴夹 φ 角的单位矢量函数 $\boldsymbol{e}_{\mathrm{I}(\varphi)}$，称为圆矢量函数，如图 1.1 所示。因此，将平面曲线的参数 t 置换为 φ，用圆矢量函数表示曲线 Γ 为：

$$\boldsymbol{R} = r(\varphi)\boldsymbol{e}_{\mathrm{I}(\varphi)} \tag{1.6}$$

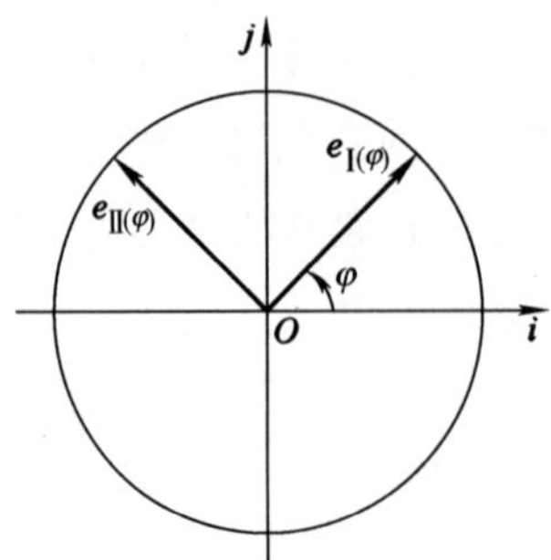

图 1.1　圆矢量函数

显然，此时 $\boldsymbol{R}$ 的大小由标量函数 $r(\varphi)$ 确定，方向由圆矢量函数 $\boldsymbol{e}_{\mathrm{I}(\varphi)}$ 确定。

将 $\boldsymbol{e}_{\mathrm{I}(\varphi)}$ 绕着单位矢量 $\boldsymbol{k}$ 逆时针转动 90°，便得另一圆矢量函数 $\boldsymbol{e}_{\mathrm{II}(\varphi)} = \boldsymbol{e}_{\mathrm{I}(\varphi+\pi/2)}$，其中 $\boldsymbol{k}$ 在本章以及第 2 章中均为垂直书面平面并指向读者的单位矢量。圆矢量函数具有如下的性质：

（1）展开式

$$\begin{cases} \boldsymbol{e}_{\mathrm{I}(\varphi)} = \cos\varphi\boldsymbol{i} + \sin\varphi\boldsymbol{j} \\ \boldsymbol{e}_{\mathrm{II}(\varphi)} = -\sin\varphi\boldsymbol{i} + \cos\varphi\boldsymbol{j} \end{cases} \tag{1.7}$$

（2）正交性　约定 $\{\boldsymbol{O};\ \boldsymbol{e}_{\mathrm{I}(\varphi)},\ \boldsymbol{e}_{\mathrm{II}(\varphi)},\ \boldsymbol{k}\}$ 构成单位正交右手系，即：

$$\boldsymbol{e}_{\mathrm{I}(\varphi)} \cdot \boldsymbol{e}_{\mathrm{II}(\varphi)} = 0, \boldsymbol{e}_{\mathrm{I}(\varphi)} \times \boldsymbol{e}_{\mathrm{II}(\varphi)} = \boldsymbol{k} \tag{1.8}$$

（3）合角公式

$$\begin{cases} \boldsymbol{e}_{\mathrm{I}(\theta+\varphi)} = \cos(\theta+\varphi)\boldsymbol{i} + \sin(\theta+\varphi)\boldsymbol{j} = \cos\theta\boldsymbol{e}_{\mathrm{I}(\varphi)} + \sin\theta\boldsymbol{e}_{\mathrm{II}(\varphi)} \\ \boldsymbol{e}_{\mathrm{II}(\theta+\varphi)} = -\sin(\theta+\varphi)\boldsymbol{i} + \cos(\theta+\varphi)\boldsymbol{j} = -\sin\theta\boldsymbol{e}_{\mathrm{I}(\varphi)} + \cos\theta\boldsymbol{e}_{\mathrm{II}(\varphi)} \end{cases} \tag{1.9}$$

（4）微分公式

$$\frac{\mathrm{d}\boldsymbol{e}_{\mathrm{I}(\varphi)}}{\mathrm{d}\varphi} = \boldsymbol{e}_{\mathrm{II}(\varphi)}, \frac{\mathrm{d}\boldsymbol{e}_{\mathrm{II}(\varphi)}}{\mathrm{d}\varphi} = -\boldsymbol{e}_{\mathrm{I}(\varphi)} \tag{1.10}$$

由于曲线参数表现形式的复杂程度与所选择的参数及坐标系有关，同一条曲线因参数及坐标系的不同表现形式产生较大差异，例如：

【例 1-1】 圆，如图 1.2 所示。

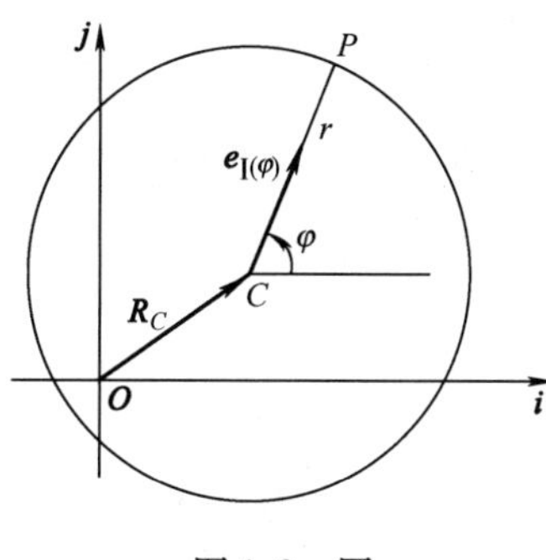

图 1.2　圆

圆在平面直角坐标系 $\{\boldsymbol{O};\ \boldsymbol{i},\ \boldsymbol{j}\}$ 中的方程为：

$$\begin{cases} x = x_C + r\cos\varphi \\ y = y_C + r\sin\varphi \end{cases} \quad (0 \leqslant \varphi < 2\pi) \tag{E1-1.1}$$

式中，r 为圆的半径，$(x_C,\ y_C)$ 为圆心 C 在坐标系 $\{\boldsymbol{O};\ \boldsymbol{i},\ \boldsymbol{j}\}$ 中的坐标。若将坐标原点取在圆心，则 $x_C = y_C = 0$。若采用圆矢量函数表示圆的矢量方程，如下式：

$$\boldsymbol{R} = \boldsymbol{R}_C + r\boldsymbol{e}_{\mathrm{I}(\varphi)} \tag{E1-1.2}$$

【例 1-2】 渐开线，如图 1.3 所示。

若取固定坐标系在渐开线基圆中心，基圆半径为 r_{b}，则渐开线的表达有：

（1）极坐标表达

$$\begin{cases} r = \dfrac{r_{\mathrm{b}}}{\cos\alpha} \\ \theta = \tan\alpha - \alpha \end{cases} \tag{E1-2.1}$$

（2）直角坐标表达

$$\begin{cases} x = r_{\mathrm{b}}\cos\varphi + r_{\mathrm{b}}\varphi\sin\varphi \\ y = r_{\mathrm{b}}\sin\varphi - r_{\mathrm{b}}\varphi\cos\varphi \end{cases} \tag{E1-2.2}$$

采用圆矢量函数，渐开线的矢量方程可表达为（图 1.4）：

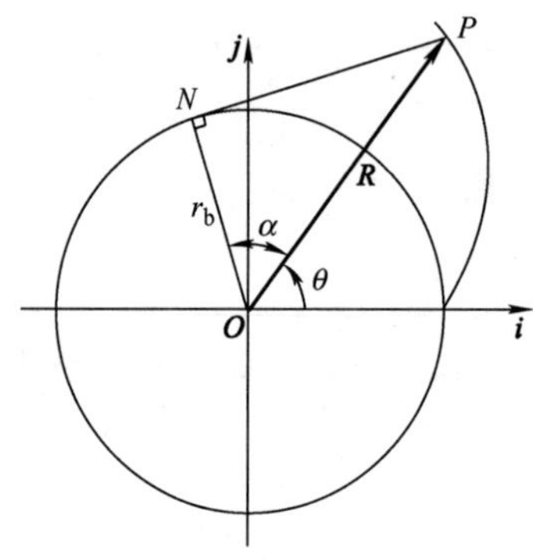

图 1.3　渐开线

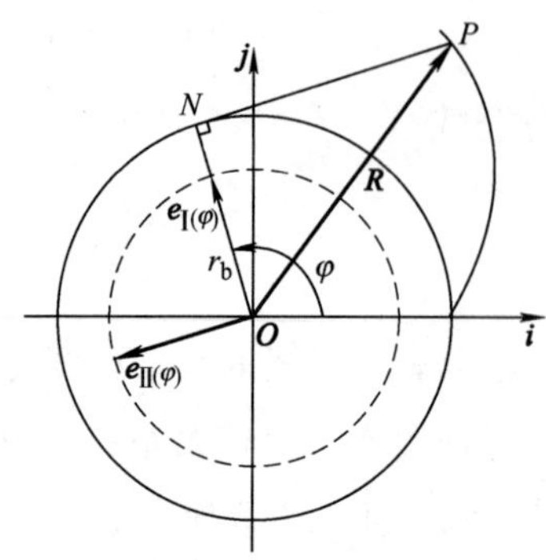

图 1.4　渐开线的圆矢量函数

$$\boldsymbol{R}=r_{\mathrm{b}}\boldsymbol{e}_{\mathrm{I}(\varphi)}-r_{\mathrm{b}}\varphi\boldsymbol{e}_{\mathrm{II}(\varphi)} \tag{E1-2.3}$$

【例 1-3】 平面全铰链四杆机构连杆曲线。

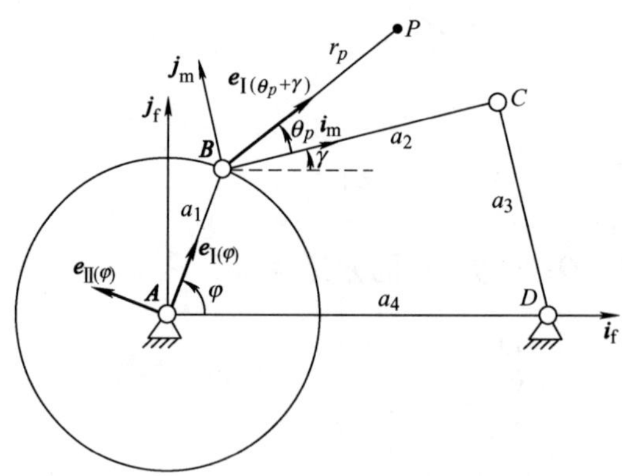

图 1.5　平面全铰链四杆机构

如图 1.5 所示，在平面全铰链四杆机构 $ABCD$ 中，杆长分别为 a_1，a_2，a_3，a_4，AD 杆为机架，连杆 BC 与机架 AD 的夹角为 γ，原动件 AB 与机架 AD 的夹角为 φ。分别建立连杆坐标系 $\{\boldsymbol{B};\ \boldsymbol{i}_{\mathrm{m}},\ \boldsymbol{j}_{\mathrm{m}}\}$ 与机架固定坐标系 $\{\boldsymbol{A};\ \boldsymbol{i}_{\mathrm{f}},\ \boldsymbol{j}_{\mathrm{f}}\}$，对于连杆上极坐标为 $(r_P,\ \theta_P)$ 的任意一点 P，在连杆坐标系 $\{\boldsymbol{B};\ \boldsymbol{i}_{\mathrm{m}},\ \boldsymbol{j}_{\mathrm{m}}\}$ 中的直角坐标为：

$$\begin{cases}x_{\mathrm{m}}=r_P\cos\theta_P\\ y_{\mathrm{m}}=r_P\sin\theta_P\end{cases} \tag{E1-3.1}$$

可通过坐标变换得到连杆点 P 在固定坐标系中的轨迹曲线的直角坐标方程为：

$$\begin{cases}x=r_P\cos(\theta_P+\gamma)+a_1\cos\varphi\\ y=r_P\sin(\theta_P+\gamma)+a_1\sin\varphi\end{cases} \tag{E1-3.2}$$

通过四杆机构位移求解得到函数 $\gamma=\gamma(\varphi)$，若消去式（E1-3.2）中的参数 φ，可获得连杆曲线的六次代数方程。

显然，连架杆 AB 绕机架上铰链点 A 回转，用机架 AD 上圆矢量函数 $\boldsymbol{e}_{\mathrm{I}(\varphi)}$ 表示连架杆上铰链点 B 的位移矢量，连杆 BC 绕连架杆上铰链点 B 回转，用机架上的圆矢量函数 $\boldsymbol{e}_{\mathrm{I}(\theta_p+\gamma)}$ 表示连杆点 P 相对连架杆 AB 上 B 点的位移矢量，则该机构的连杆曲线的矢量方程为：

$$\boldsymbol{R}_P = a_1\boldsymbol{e}_{\mathrm{I}(\varphi)} + r_P\boldsymbol{e}_{\mathrm{I}(\theta_P+\gamma)} \tag{E1-3.3}$$

注意下标括号内为圆矢量函数的自变量，与描述圆矢量所在坐标系有关。可见，采用圆矢量函数对平面曲线进行矢量表达，不但使得表达式简洁，更重要的是，由于圆矢量函数固有的性质，使得对平面曲线矢量方程的求导等计算更为简便。

选择合适的参数来简化曲线表达形式的复杂性，对研究曲线的性质十分重要。微分几何学已经给出了结论，即曲线的不变量与所选择的坐标系无关，如曲线 $\boldsymbol{\Gamma}$ 的弧长 s，是曲线的不变量，被称为曲线的自然参数。弧长参数 s 与式（1.4）中参数 t 的关系为：

$$\mathrm{d}s = |\mathrm{d}\boldsymbol{R}| = \sqrt{\left(\frac{\mathrm{d}x}{\mathrm{d}t}\right)^2 + \left(\frac{\mathrm{d}y}{\mathrm{d}t}\right)^2}\mathrm{d}t, s = \int_{t_a}^{t_b}\left|\frac{\mathrm{d}\boldsymbol{R}}{\mathrm{d}t}\right|\mathrm{d}t \tag{1.11}$$

曲线 $\boldsymbol{\Gamma}$ 的矢量方程用弧长参数 s 表示为：

$$\boldsymbol{\Gamma}: \boldsymbol{R} = \boldsymbol{R}(s), s_a \leqslant s \leqslant s_b \tag{1.12}$$

由于 $\mathrm{d}s = |\mathrm{d}\boldsymbol{R}|$，从而有 $\left|\frac{\mathrm{d}\boldsymbol{R}}{\mathrm{d}s}\right| = 1$。若把曲线 $\boldsymbol{\Gamma}$ 在某点 s 的邻域 Δs 内进行泰勒展开，则有：

$$\boldsymbol{R}(s+\Delta s) = \boldsymbol{R}(s) + \frac{\mathrm{d}\boldsymbol{R}(s)}{\mathrm{d}s}\Delta s + \frac{1}{2!}\frac{\mathrm{d}^2\boldsymbol{R}(s)}{\mathrm{d}s^2}(\Delta s)^2 + \cdots + \frac{1}{n!}\frac{\mathrm{d}^n\boldsymbol{R}(s)}{\mathrm{d}s^n}(\Delta s)^n + \varepsilon_n(s,\Delta s)(\Delta s)^n \tag{1.13}$$

其中 $\lim\limits_{\Delta s\to 0}\varepsilon_n(s, \Delta s) = 0$。

1.1.2　Frenet 标架

由上述平面曲线在固定坐标系中矢量表示可以看出，平面曲线是刚体上点的平面运动（位移）轨迹。显然，刚体运动性质与轨迹曲线的几何性质有必然的联系，为了研究这种联系，在此构造运动坐标系沿平面曲线运动的方式。

平面曲线 $\boldsymbol{R} = \boldsymbol{R}(s)$ 的单位切矢 $\boldsymbol{\alpha} = \frac{\mathrm{d}\boldsymbol{R}(s)}{\mathrm{d}s}$ 始终指向曲线弧长增加的方向，依据式（1.8）坐标轴正交右手系约定，定义法线矢量 $\boldsymbol{\beta}$，即 $\boldsymbol{\beta} = \boldsymbol{k}\times\boldsymbol{\alpha}$，其中矢量 $\boldsymbol{k}$ 的几何意义同式（1.8），即始终垂直于曲线所在平面，使得 $\{\boldsymbol{\alpha}, \boldsymbol{\beta}, \boldsymbol{k}\}$ 在曲线上的每点 s 处构成单位正交右手系，从而构建了平面曲线的正交右手坐标系 $\{\boldsymbol{R}; \boldsymbol{\alpha}, \boldsymbol{\beta}\}$，即 Frenet 标架（也称活动标架），如图 1.6 所示。由于利用了曲线本身的切线与法线，因而与曲线的几何性质建立了密切联系，且其微分运算公式为：

$$\begin{cases}\dfrac{\mathrm{d}\boldsymbol{R}}{\mathrm{d}s}=\boldsymbol{\alpha}\\ \dfrac{\mathrm{d}\boldsymbol{\alpha}}{\mathrm{d}s}=k\boldsymbol{\beta}\\ \dfrac{\mathrm{d}\boldsymbol{\beta}}{\mathrm{d}s}=-k\boldsymbol{\alpha}\end{cases} \tag{1.14}$$

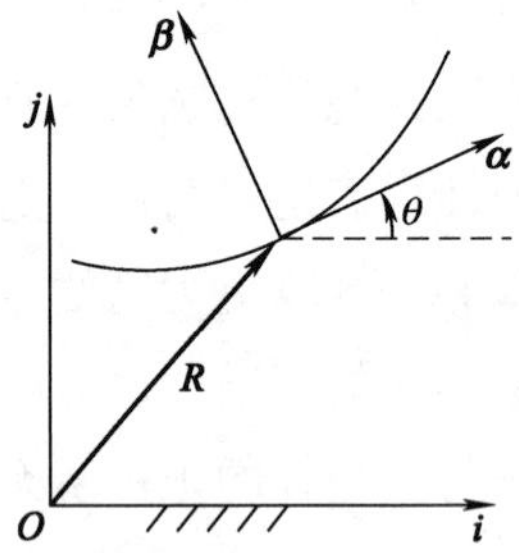

图 1.6　平面曲线的 Frenet 标架

式（1.14）也称为平面曲线的 Frenet 公式，其中 k 称为平面曲线的曲率。由式（1.14）导出曲率 k 的表达式：

$$k=\frac{\mathrm{d}\boldsymbol{\alpha}}{\mathrm{d}s}\cdot\boldsymbol{\beta}=\left(\frac{\mathrm{d}\boldsymbol{\alpha}}{\mathrm{d}s},\boldsymbol{k}\times\boldsymbol{\alpha}\right)=\left(\boldsymbol{k},\frac{\mathrm{d}\boldsymbol{R}}{\mathrm{d}s},\frac{\mathrm{d}^2\boldsymbol{R}}{\mathrm{d}s^2}\right) \tag{1.15}$$

若平面曲线 $\boldsymbol{\Gamma}$ 以一般参数矢量形式 $\boldsymbol{R}=x(t)\boldsymbol{i}+y(t)\boldsymbol{j}$ 给出，则其曲线切矢 $\boldsymbol{\alpha}$ 为：

$$\boldsymbol{\alpha}=\frac{\mathrm{d}\boldsymbol{R}}{\mathrm{d}s}=\frac{\mathrm{d}\boldsymbol{R}}{\mathrm{d}t}\cdot\frac{\mathrm{d}t}{\mathrm{d}s}=\frac{\mathrm{d}t}{\mathrm{d}s}\left(\frac{\mathrm{d}x}{\mathrm{d}t}\boldsymbol{i}+\frac{\mathrm{d}y}{\mathrm{d}t}\boldsymbol{j}\right) \tag{1.16}$$

由 $\boldsymbol{\beta}=\boldsymbol{k}\times\boldsymbol{\alpha}$ 可得曲线法矢量 $\boldsymbol{\beta}$ 为：

$$\boldsymbol{\beta}=\frac{\mathrm{d}t}{\mathrm{d}s}\left(-\frac{\mathrm{d}y}{\mathrm{d}t}\boldsymbol{i}+\frac{\mathrm{d}x}{\mathrm{d}t}\boldsymbol{j}\right) \tag{1.17}$$

式（1.16）和式（1.17）中 $\frac{\mathrm{d}t}{\mathrm{d}s}$ 可由式（1.11）获得，即 $\frac{\mathrm{d}t}{\mathrm{d}s}=1/\sqrt{\left(\frac{\mathrm{d}x}{\mathrm{d}t}\right)^2+\left(\frac{\mathrm{d}y}{\mathrm{d}t}\right)^2}$，则曲线 $\boldsymbol{\Gamma}$ 的曲率 k 为：

$$k=\frac{\mathrm{d}\boldsymbol{\alpha}}{\mathrm{d}s}\cdot\boldsymbol{\beta}=\frac{\mathrm{d}t}{\mathrm{d}s}\frac{\mathrm{d}\boldsymbol{\alpha}}{\mathrm{d}t}\cdot\boldsymbol{\beta}=\frac{\dfrac{\mathrm{d}x}{\mathrm{d}t}\cdot\dfrac{\mathrm{d}^2y}{\mathrm{d}t^2}-\dfrac{\mathrm{d}y}{\mathrm{d}t}\cdot\dfrac{\mathrm{d}^2x}{\mathrm{d}t^2}}{\left[\left(\dfrac{\mathrm{d}x}{\mathrm{d}t}\right)^2+\left(\dfrac{\mathrm{d}y}{\mathrm{d}t}\right)^2\right]^{\frac{3}{2}}} \tag{1.18}$$

在平面固定坐标系 $\{\boldsymbol{O};\ \boldsymbol{i},\ \boldsymbol{j}\}$ 中，切矢 $\boldsymbol{\alpha}$ 为单位矢量，假设其方向角为 θ，则 $\boldsymbol{\alpha}=(\cos\theta,\ \sin\theta)^{\mathrm{T}}$，$\boldsymbol{\beta}=\boldsymbol{k}\times\boldsymbol{\alpha}=(-\sin\theta,\ \cos\theta)^{\mathrm{T}}$，将切矢 $\boldsymbol{\alpha}$ 对弧长 s 求导，可得：

$$\frac{\mathrm{d}\boldsymbol{\alpha}}{\mathrm{d}s}=\frac{\mathrm{d}\boldsymbol{\alpha}\mathrm{d}\theta}{\mathrm{d}\theta\mathrm{d}s}=\frac{\mathrm{d}\theta}{\mathrm{d}s}(-\sin\theta,\cos\theta)^{\mathrm{T}}=\frac{\mathrm{d}\theta}{\mathrm{d}s}\boldsymbol{\beta} \tag{1.19}$$

由平面曲线的 Frenet 公式（1.14）可知 $k=\dfrac{\mathrm{d}\theta}{\mathrm{d}s}$，即平面曲线曲率的几何意义是曲线的切矢量的方向角 θ 关于弧长 s 的变化率，它的正负号反映了平面曲线的凹凸变化。当 $\boldsymbol{\beta}$ 指向凹入一侧，则 $k>0$，反之，$k<0$，而在曲线凹凸的转折点处，曲率 $k=0$，称为平面曲线的拐点，如图 1.7 所示。

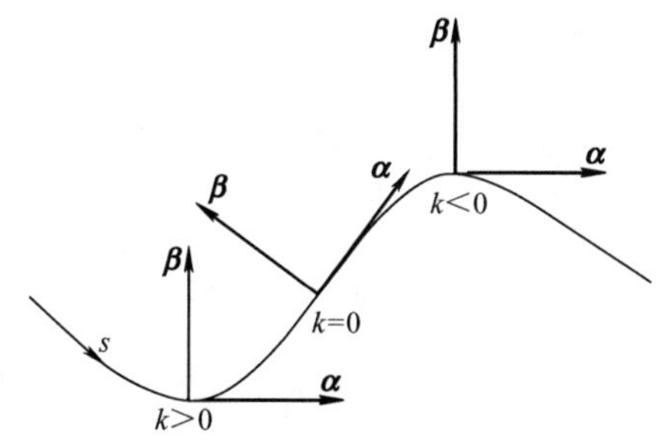

图 1.7　平面曲线的曲率

将曲率 k 的倒数 ρ 称为平面曲线的曲率半径（同样具有正负号）：$\rho=\dfrac{1}{k}=\dfrac{\mathrm{d}s}{\mathrm{d}\theta}$。对于平面曲线上的点，若曲率半径 $\rho\neq 0$，则存在曲率中心，其矢量表达为 $\boldsymbol{R}_C=\boldsymbol{R}+\rho\cdot\boldsymbol{\beta}$。

对于平面曲线来说，曲率 k 完全决定了其几何形状，于是有：

定理 1.1　在区间（s_a，s_b）上任意给定一个连续函数 $k(s)$，同时给定一个初始点 $\boldsymbol{R}_a$ 以及单位矢量 $\boldsymbol{\alpha}_a$，则一定有且仅有一条以 s 为弧长，以 $k(s)$ 为其曲率的平面有向曲线。

若平面曲线的表达式在所选定坐标系下以非自然参数表示，坐标系不同，参数表达式也不同。由于曲率 k 是平面曲线的不变量，并且不依赖于所选定的坐标系，便能够唯一地确定平面曲线，因而将 $k=k(s)$ 称为平面曲线的自然方程。

平面曲线中，直线和圆是最常见的两种特殊曲线，前者的曲率为零，而后者的曲率则为常数。

若平面曲线上一点及其邻域内的曲率为常数，则该平面曲线在该点的局部范围内接近于圆曲线。通常地，两条曲线在某一点的接触阶数可以用来描述两条曲线在该接触点处的逼近程度。若两条平面曲线之间有两个无限接近位置的共同点，则这两条曲线相切接触，可称为一阶接触。同理，若两条平面曲线之间在无限接近位置有 $n+1$ 个共同点，则它们形成 n 阶接触。因此，若一条平面曲线与一圆一阶接触，表明该圆相切于这条平面曲线；而若二阶接触，则它们在无限接近三个位置有共同点，称该圆为这条平面曲线的密切圆，如图 1.8 所示，其半径恰为该平面曲线在接触点处曲率半径的绝对值，密切圆也称为曲率圆。若平面曲线与圆三阶接触，或者说它们在无限接近四个位置有共同点，该平面曲线在接触点处的曲率对弧长参数的一阶导数应为零，即 $\mathrm{d}k/\mathrm{d}s=0$。类似地，若平面曲线与圆的接触阶数为 n，则该平面曲线在接触点处曲率对弧长参数直至 $n-2$ 阶导数均为零。

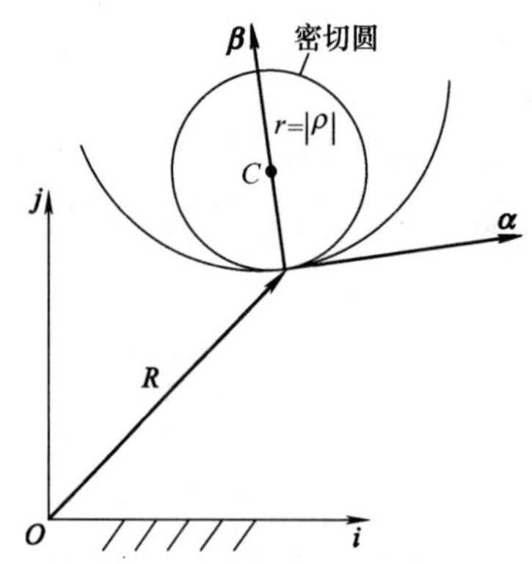

图 1.8　平面曲线的密切圆

平面曲线 Γ 上点 P（对应自然参数为 s）处密切圆的圆心矢径为：

$$\Gamma_C: \boldsymbol{R}_C = \boldsymbol{R} + \frac{1}{k}\boldsymbol{\beta} \tag{1.20}$$

若曲线 Γ 为一圆，则密切圆中心的曲线 Γ_C 为一固定点，不随自然参数 s 变化而变化，有 $\frac{\mathrm{d}\boldsymbol{R}_C}{\mathrm{d}s} = \frac{\mathrm{d}(1/k)}{\mathrm{d}s}\boldsymbol{\beta} = 0$，即 k = 常数，曲率圆的半径是常数。

直线可看作曲率半径趋于无穷大的圆，即 $k=0$。当平面曲线在一点处与直线形成一阶接触，即该点邻域内无限接近位置两个点在一直线上，则直线即为曲线在该点的切矢所在直线；若曲线在一点处与直线形成二阶接触，则该点邻域内无限接近位置三个点在直线上，也就是曲线在该点的曲率为零，曲线出现拐点；若曲线在一点处与直线形成三阶接触，则该点邻域内无限接近位置四个点在直线上，则曲线在该点的曲率需同时满足 $k=0$ 以及 $\frac{\mathrm{d}k}{\mathrm{d}s}=0$。

为讨论平面曲线的整体性质，在此定义：

平面闭曲线：首尾相接的平面曲线称为平面闭曲线，即 $\boldsymbol{R}(s_a) = \boldsymbol{R}(s_b)$。

平面简单闭曲线：若平面闭曲线上无自交点，或者说无二重点，则为平面简单闭曲线。

平面凸闭曲线：如果平面简单闭曲线上每点处的切矢都在曲线正向的同一侧，则称该简单闭曲线为平面凸闭曲线。

图 1.9a 所示为非凸的平面闭曲线，图 1.9b所示为平面凸闭曲线，由于其形如鹅蛋，也称为**卵形线**，图 1.9c 所示为平面非简单闭曲线。

根据前面的定义，有如下定理：

定理 1.2　一条平面简单闭曲线为凸闭曲线的充要条件是，适当地选择曲线的正向后，可使曲线上各点的曲率 $k \geqslant 0$。

如果一条凸闭曲线上各点处的曲率 k 不等于零，则为卵形线，由定理 1.2 可得：

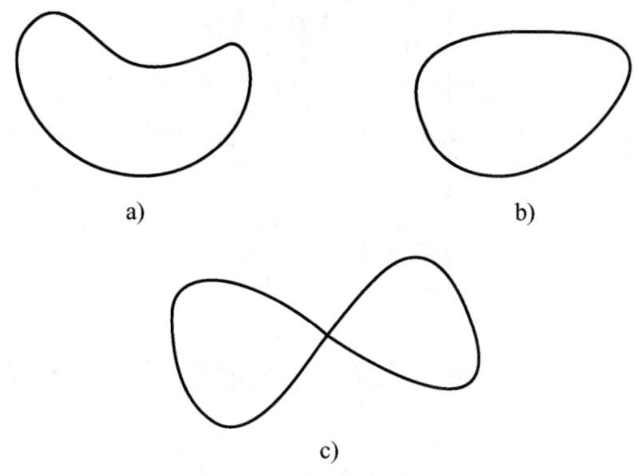

图1.9 平面闭曲线

a）非凸平面闭曲线 b）平面凸闭曲线 c）平面非简单闭曲线

推论1 一条平面简单闭曲线，在其正向选定后，曲线上各点的曲率 k 的符号不变，则该曲线必为卵形线。

1.1.3 相伴方法（Cesaro 方法）

平面固定坐标系 $\{\boldsymbol{O};\ \boldsymbol{i},\ \boldsymbol{j}\}$ 中有一曲线 Γ_P，在曲线 Γ_P外一点 P^* 伴随着 Γ_P上点 P 运动，形成另一条平面曲线 Γ_P^*，称曲线 Γ_P为**原曲线**，曲线 Γ_P^* 为 Γ_P的**相伴曲线**，如图1.10所示。在原曲线 Γ_P上建立 Frenet 标架 $\{\boldsymbol{R}_P;\ \boldsymbol{\alpha},\ \boldsymbol{\beta}\}$，则相伴曲线 Γ_P^* 的矢量方程为：

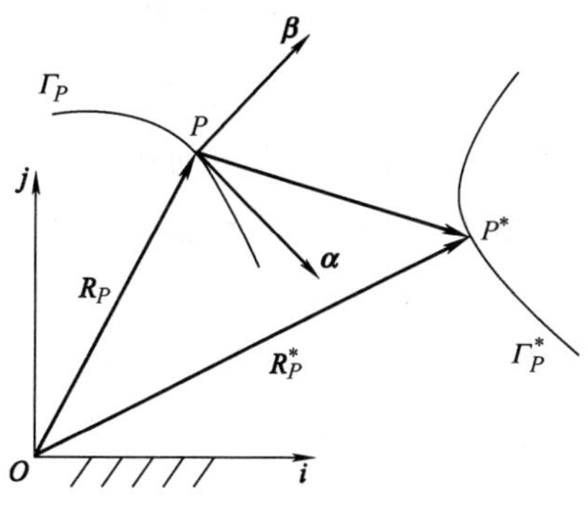

图1.10 曲线与曲线相伴

$$\Gamma_P^*: \boldsymbol{R}_P^* = \boldsymbol{R}_P + u_1\boldsymbol{\alpha} + u_2\boldsymbol{\beta} \tag{1.21}$$

式中，$(u_1,\ u_2)$ 为点 P^* 关于曲线 Γ_P上 P 点处 Frenet 标架 $\{\boldsymbol{R}_P;\ \boldsymbol{\alpha},\ \boldsymbol{\beta}\}$ 的相对坐标。将式（1.21）对原曲线 Γ_P的自然参数弧长 s（不是曲线 Γ_P^* 的自然参数）求导，并将 Frenet 公式（1.14）代入，化简后得到：

$$\begin{cases}\dfrac{\mathrm{d}\boldsymbol{R}_P^*}{\mathrm{d}s}=A_1\boldsymbol{\alpha}+A_2\boldsymbol{\beta}\\ A_1=1+\dfrac{\mathrm{d}u_1}{\mathrm{d}s}-ku_2\\ A_2=ku_1+\dfrac{\mathrm{d}u_2}{\mathrm{d}s}\end{cases}\tag{1.22}$$

式中，$\dfrac{\mathrm{d}\boldsymbol{R}_P^*}{\mathrm{d}s}$为平面曲线$\Gamma_P^*$的切线矢量。点$P^*$在固定坐标系$\{\boldsymbol{O};\ \boldsymbol{i},\ \boldsymbol{j}\}$中的绝对运动则可在原曲线$\Gamma_P$上的 Frenet 标架$\{\boldsymbol{R}_P;\ \boldsymbol{\alpha},\ \boldsymbol{\beta}\}$中描述。$\left(\dfrac{\mathrm{d}u_1}{\mathrm{d}s},\ \dfrac{\mathrm{d}u_2}{\mathrm{d}s}\right)$为点$P^*$在活动标架$\{\boldsymbol{R}_P;\ \boldsymbol{\alpha},\ \boldsymbol{\beta}\}$中的相对坐标变化率分量；而$(A_1,\ A_2)$则是点$P^*$在固定坐标系中的坐标变化率并在活动标架$\{\boldsymbol{R}_P;\ \boldsymbol{\alpha},\ \boldsymbol{\beta}\}$中描述。特殊地，当$P^*$是平面坐标系$\{\boldsymbol{O};\ \boldsymbol{i},\ \boldsymbol{j}\}$中一固定点时，该点绝对坐标并不随原曲线$\Gamma_P$自然参数弧长$s$的变化而变化，即绝对运动变化率为零，有$\dfrac{\mathrm{d}\boldsymbol{R}_P^*}{\mathrm{d}s}=0$，式（1.22）中的后两式为：

$$\begin{cases}A_1=1+\dfrac{\mathrm{d}u_1}{\mathrm{d}s}-ku_2=0\\ A_2=ku_1+\dfrac{\mathrm{d}u_2}{\mathrm{d}s}=0\end{cases}\tag{1.23}$$

称式（1.23）为平面曲线的**Cesaro 不动点**条件，即在活动标架$\{\boldsymbol{R}_P;\ \boldsymbol{\alpha},\ \boldsymbol{\beta}\}$所描述的点某一瞬时在固定平面上保持绝对静止的条件。微分方程式（1.23）实质是反映了活动标架$\{\boldsymbol{R}_P;\ \boldsymbol{\alpha},\ \boldsymbol{\beta}\}$本身的运动与所描述点$P^*$相对活动标架运动的关系。

Cesaro 曾有一个比喻：曲线Γ_P犹如一条弯曲的小河，如图 1.11 所示，而活动标架$\{\boldsymbol{R}_P;\ \boldsymbol{\alpha},\ \boldsymbol{\beta}\}$则像是小河中的一条小船，船随河水流动而沿小河前进。船首沿河流向着下游，而第二轴（法矢$\boldsymbol{\beta}$）垂直船体向着左舷，艄公在船上观察岸上景物，也就是以船上坐标系（活动标架）来考察，观察到岸上景物（随船移动）的变化与岸上景物现实的差异，艄公可以得到关于小河弯曲的缓急程度以及其他有关小河的种种知识。

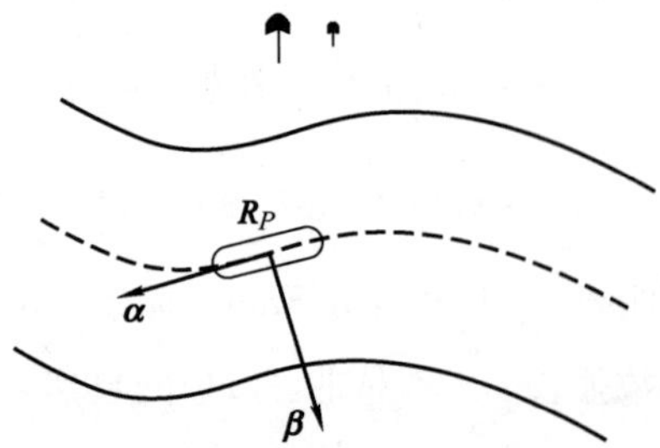

图 1.11　Frenet 标架的比喻

特殊地，平面固定坐标系 $\{\boldsymbol{O};\ \boldsymbol{i},\ \boldsymbol{j}\}$ 中，在曲线 Γ_P外一点 P^* 伴随着 Γ_P上点 P 运动的同时，过点 P^* 的一条直线 L 也伴随着 Γ_P上点 P 运动，形成另一过平面曲线 Γ_P^* 上点的直线族 Γ_l^*，称曲线 Γ_P为原曲线，Γ_l^* 为 Γ_P的相伴直线族，如图 1.12 所示。在原曲线 Γ_P上建立 Frenet 标架 $\{\boldsymbol{R}_P;\ \boldsymbol{\alpha},\ \boldsymbol{\beta}\}$，则相伴直线族 Γ_l^* 的矢量方程为：

$$\Gamma_l^*: \boldsymbol{R}_l^* = \boldsymbol{R}_P^* + \lambda \boldsymbol{l} = \boldsymbol{R}_P + u_1\boldsymbol{\alpha} + u_2\boldsymbol{\beta} + \lambda(l_1\boldsymbol{\alpha} + l_2\boldsymbol{\beta}), l_1^2 + l_2^2 = 1 \tag{1.24}$$

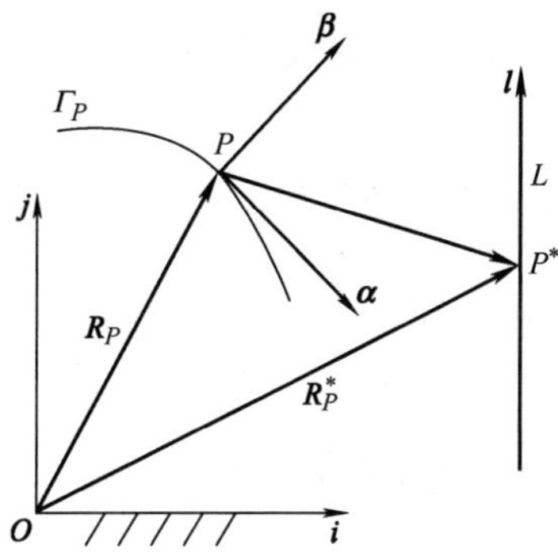

图 1.12　直线平面运动的相伴曲线表示

式中，λ 为直线 L 的参数，而 $\boldsymbol{l}$ 为直线的单位方向矢量，是原曲线 Γ_P弧长 s 的函数。依据 Frenet 标架的微分运算公式（1.14），可将式（1.24）对弧长 s 求导，有：

$$\begin{cases} \dfrac{\mathrm{d}\boldsymbol{R}_l^*}{\mathrm{d}s} = A_1\boldsymbol{\alpha} + A_2\boldsymbol{\beta} + \lambda(B_1\boldsymbol{\alpha} + B_2\boldsymbol{\beta}) \\ A_1 = 1 + \dfrac{\mathrm{d}u_1}{\mathrm{d}s} - ku_2, A_2 = ku_1 + \dfrac{\mathrm{d}u_2}{\mathrm{d}s} \\ B_1 = \dfrac{\mathrm{d}l_1}{\mathrm{d}s} - kl_2, B_2 = kl_1 + \dfrac{\mathrm{d}l_2}{\mathrm{d}s} \end{cases} \tag{1.25}$$

若直线 L 为固定坐标系 $\{\boldsymbol{O};\ \boldsymbol{i},\ \boldsymbol{j}\}$ 中的一条固定直线，直线上每一点都固定并且不随原曲线弧长 s 的变化而变化，称该直线为**绝对不动直线**，则式（1.25）中后两式全部等于零，从而有绝对不动直线条件式为：

$$\begin{cases} A_1 = 1 + \dfrac{\mathrm{d}u_1}{\mathrm{d}s} - ku_2 = 0, \quad A_2 = ku_1 + \dfrac{\mathrm{d}u_2}{\mathrm{d}s} = 0 \\ B_1 = \dfrac{\mathrm{d}l_1}{\mathrm{d}s} - kl_2 = 0, \quad B_2 = kl_1 + \dfrac{\mathrm{d}l_2}{\mathrm{d}s} = 0 \end{cases} \tag{1.26}$$

若直线 L 为固定坐标系 $\{\boldsymbol{O};\ \boldsymbol{i},\ \boldsymbol{j}\}$ 中的一条固定直线，但是直线上每点可沿该直线方向滑动，称该直线为**准不动直线**，且有准不动直线条件：

$$\frac{\mathrm{d}\boldsymbol{l}}{\mathrm{d}s} = 0, \quad \frac{\mathrm{d}\boldsymbol{R}_P^*}{\mathrm{d}s} \times \boldsymbol{l} = 0 \tag{1.27}$$

代入式（1.24）可得：

$$B_1=0,\quad B_2=0,\quad l_2A_1=l_1A_2 \tag{1.28}$$

【例 1-4】 平面机构连杆曲线的相伴表示。

例 1-3 依据圆矢量函数给出了平面全铰链四杆机构连杆曲线的矢量方程。实际上在平面连杆机构中，连杆与连架杆的铰链点 B 在机架上的轨迹曲线 Γ_B 为圆，连杆平面上任意点 P 的运动可看作为连杆上铰链点 B 的相伴运动，而且该相伴运动仅为（连杆）相对（连架杆的）转动，由于铰链点 B 的轨迹曲线 Γ_B 非常简单，仅为圆弧，建立原曲线 Γ_B 的 Frenet 标架 $\{\boldsymbol{R}_B;\ \boldsymbol{\alpha},\ \boldsymbol{\beta}\}$，如图 1.13 所示。那么，连杆平面上极坐标为 $(r_P,\ \theta_P)$ 的连杆点 P 的轨迹曲线 Γ_P 是以 Γ_B 为原曲线的相伴曲线，其方程为：

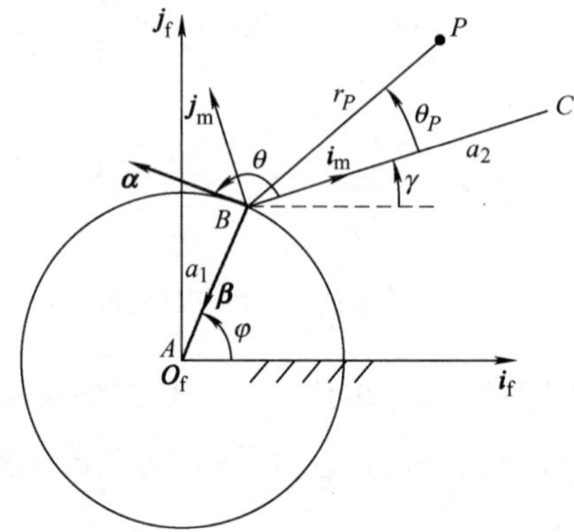

图 1.13 连杆曲线的相伴表示

$$\boldsymbol{R}_P=\boldsymbol{R}_B+u_1\boldsymbol{\alpha}+u_2\boldsymbol{\beta}=u_1\boldsymbol{\alpha}+(u_2-a_1)\boldsymbol{\beta} \tag{E1-4.1}$$

式（E1-4.1）中的 $(u_1,\ u_2)$ 为连杆点 P 在活动标架 $\{\boldsymbol{R}_B;\ \boldsymbol{\alpha},\ \boldsymbol{\beta}\}$ 中的投影坐标，即：

$$\begin{cases}u_1=r_P\sin(\theta_P-\varphi+\gamma)\\ u_2=-r_P\cos(\theta_P-\varphi+\gamma)\end{cases} \tag{E1-4.2}$$

式中，φ，γ 同例 1-3，即 φ 为原动件曲柄相对于机架的转角，γ 为连杆相对于机架的转角，所有的角度均以逆时针方向为正向。

1.2 平面运动微分几何学

1.2.1 相伴运动

（1）平面运动的一般表述形式　刚体 Σ^* 相对固定刚体 Σ 的平面运动，需要在参考坐标系下描述，那么，分别在固定刚体 Σ 上建立固定坐标系 $\{\boldsymbol{O}_f;\ \boldsymbol{i}_f,\ \boldsymbol{j}_f\}$ 和运动刚体 Σ^* 上建立

运动坐标系 $\{\boldsymbol{O}_{\mathrm{m}};\ \boldsymbol{i}_{\mathrm{m}},\ \boldsymbol{j}_{\mathrm{m}}\}$，如图 1.14 所示。由于平面运动有三个自由度，即沿 $\boldsymbol{i}_{\mathrm{f}}$、$\boldsymbol{j}_{\mathrm{f}}$ 方向的移动和绕 $\boldsymbol{k}$ 轴的转动，运动刚体 Σ^* 在固定刚体 Σ 坐标系 $\{\boldsymbol{O}_{\mathrm{f}};\ \boldsymbol{i}_{\mathrm{f}},\ \boldsymbol{j}_{\mathrm{f}}\}$ 中的运动只需要两个线位移和一个角位移独立参数来表示。这三个独立参数一般采用运动刚体 Σ^* 上一点 O_{m} $(x_{O\mathrm{m}},\ y_{O\mathrm{m}})$ 在固定刚体 Σ 坐标系 $\{\boldsymbol{O}_{\mathrm{f}};\ \boldsymbol{i}_{\mathrm{f}},\ \boldsymbol{j}_{\mathrm{f}}\}$ 的线位移 $(x_{O\mathrm{mf}},\ y_{O\mathrm{mf}})$ 和角位移 γ 来表示。特殊地，取点 $O_{\mathrm{m}}(x_{O\mathrm{m}},\ y_{O\mathrm{m}})$ 与运动坐标系 $\{\boldsymbol{O}_{\mathrm{m}};\ \boldsymbol{i}_{\mathrm{m}},\ \boldsymbol{j}_{\mathrm{m}}\}$ 的坐标原点重合，从而得到刚体 Σ^* 上任意点 $P(x_{P\mathrm{m}},\ y_{P\mathrm{m}})$ 在固定刚体 Σ 坐标系 $\{\boldsymbol{O}_{\mathrm{f}};\ \boldsymbol{i}_{\mathrm{f}},\ \boldsymbol{j}_{\mathrm{f}}\}$ 中的坐标 $(x_{P\mathrm{f}},\ y_{P\mathrm{f}})$，其矩阵表示为：

$$\begin{bmatrix} x_{P\mathrm{f}} \\ y_{P\mathrm{f}} \\ 1 \end{bmatrix} = \begin{bmatrix} \cos\gamma & -\sin\gamma & x_{O\mathrm{mf}} \\ \sin\gamma & \cos\gamma & y_{O\mathrm{mf}} \\ 0 & 0 & 1 \end{bmatrix} \cdot \begin{bmatrix} x_{P\mathrm{m}} \\ y_{P\mathrm{m}} \\ 1 \end{bmatrix} \tag{1.29}$$

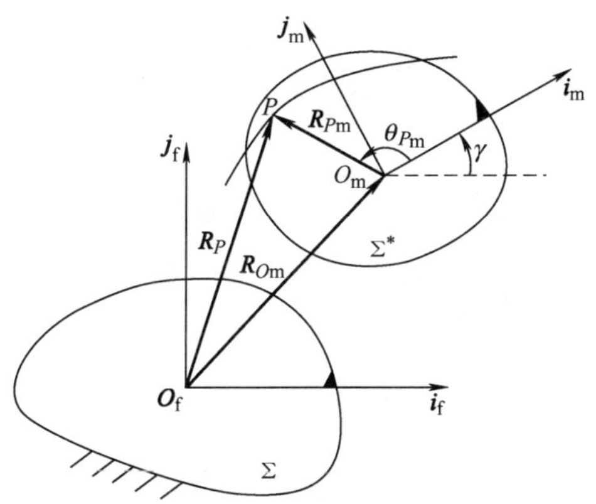

图 1.14　平面运动刚体的一般表示

对于给定刚体运动的其他描述形式，如刚体上两点的位移，也可以转化为上述刚体位移变换矩阵形式。由此可知，只要给定运动刚体相对固定刚体的位移和转角，便可以进行解析分析和计算。给定的刚体运动可以是连续函数，也可以是离散数据。需要指出的是，对于给定刚体连续运动，属于无限接近位置运动几何学；而给定刚体运动离散数据，则属于有限分离位置运动几何学；分别对应于经典的曲率理论和经典的 Burmester 理论，这些都是机构运动综合的理论基础。然而，有限分离位置和无限接近位置运动几何学有着类似的性质，无论是分析还是综合，应有统一的解析方法描述其几何性质与运动性质的内在联系。

（2）平面运动的相伴方法表述　对于已知刚体的连续运动，即已知刚体上一点的连续位移和刚体相对该点的连续转动，可利用其解析性质进行讨论；将上述一般方式进行变换，把运动坐标系建立在运动刚体已知点的轨迹曲线上，形成活动标架，利用相伴曲线方法表述刚体运动。

在运动刚体 Σ^* 上建立运动坐标系 $\{\boldsymbol{O}_{\mathrm{m}};\ \boldsymbol{i}_{\mathrm{m}},\ \boldsymbol{j}_{\mathrm{m}}\}$，$\Sigma^*$ 上一点 P 在运动坐标系中的直角

坐标为（x_{Pm}，y_{Pm}），或者极坐标为（r_{Pm}，θ_{Pm}），其矢量方程为：

$$\boldsymbol{R}_{Pm}=x_{Pm}\boldsymbol{i}_m+y_{Pm}\boldsymbol{j}_m=r_{Pm}\boldsymbol{e}_{\mathrm{I}(\theta_{Pm})} \tag{1.30}$$

在固定刚体Σ上建立固定坐标系 $\{\boldsymbol{O}_f;\ \boldsymbol{i}_f,\ \boldsymbol{j}_f\}$，则运动坐标系和固定坐标系标矢的矢量关系为：

$$\begin{cases}\boldsymbol{i}_m=\cos\gamma\boldsymbol{i}_f+\sin\gamma\boldsymbol{j}_f\\ \boldsymbol{j}_m=-\sin\gamma\boldsymbol{i}_f+\cos\gamma\boldsymbol{j}_f\end{cases} \tag{1.31}$$

式中，γ 为标矢 $\boldsymbol{i}_m$在 $\{\boldsymbol{O}_f;\ \boldsymbol{i}_f,\ \boldsymbol{j}_f\}$ 中的方向角。那么，运动刚体 Σ^* 相对于固定刚体Σ的运动，可由点 O_m的两个线位移（x_{Omf}，y_{Omf}）以及关于矢量 $\boldsymbol{k}$ 的角位移 γ 来描述，也就是运动刚体 Σ^* 上点 O_m（取为运动坐标系 $\{\boldsymbol{O}_m;\ \boldsymbol{i}_m,\ \boldsymbol{j}_m\}$ 的坐标原点）在固定坐标系 $\{\boldsymbol{O}_f;\ \boldsymbol{i}_f,\ \boldsymbol{j}_f\}$ 中的轨迹曲线 Γ_{Om}和相对该点的转角 γ 为已知，如图 1.15 所示，Γ_{Om}的矢量方程为：

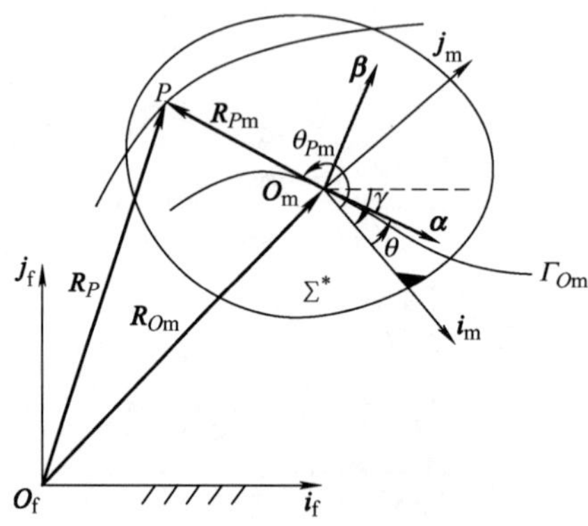

图 1.15 平面运动的相伴曲线表示

$$\Gamma_{Om}:\boldsymbol{R}_{Om}=x_{Omf}\boldsymbol{i}_f+y_{Omf}\boldsymbol{j}_f \tag{1.32}$$

对于运动刚体 Σ^* 上任意点，如直角坐标为（x_{Pm}，y_{Pm}）的点 P，在固定坐标系中的矢量为：

$$\Gamma_P:\boldsymbol{R}_P=\boldsymbol{R}_{Om}+\boldsymbol{R}_{Pm}=\boldsymbol{R}_{Om}+x_{Pm}\boldsymbol{i}_m+y_{Pm}\boldsymbol{j}_m \tag{1.33}$$

将式（1.33）对时间 t 求导，则可得到点 P 的绝对速度：

$$\boldsymbol{V}_P=\frac{\mathrm{d}\boldsymbol{R}_P}{\mathrm{d}t}=\frac{\mathrm{d}\boldsymbol{R}_{Om}}{\mathrm{d}t}+x_{Pm}\frac{\mathrm{d}\boldsymbol{i}_m}{\mathrm{d}t}+y_{Pm}\frac{\mathrm{d}\boldsymbol{j}_m}{\mathrm{d}t}+\frac{\mathrm{d}x_{Pm}}{\mathrm{d}t}\boldsymbol{i}_m+\frac{\mathrm{d}y_{Pm}}{\mathrm{d}t}\boldsymbol{j}_m \tag{1.34}$$

显然，运动刚体 Σ^* 的绝对运动可以视为随运动坐标系 $\{\boldsymbol{O}_m;\ \boldsymbol{i}_m,\ \boldsymbol{j}_m\}$ 的牵连运动和相对运动坐标系 $\{\boldsymbol{O}_m;\ \boldsymbol{i}_m,\ \boldsymbol{j}_m\}$ 运动的复合。牵连运动$\frac{\mathrm{d}\boldsymbol{R}_{Om}}{\mathrm{d}t}+x_{Pm}\frac{\mathrm{d}\boldsymbol{i}_m}{\mathrm{d}t}+y_{Pm}\frac{\mathrm{d}\boldsymbol{j}_m}{\mathrm{d}t}$的性质和复杂程度与运动坐标系 $\{\boldsymbol{O}_m;\ \boldsymbol{i}_m,\ \boldsymbol{j}_m\}$ 及原点 O_m的选取有关，而且也影响 P 点与运动坐标系的相对运动。

运动坐标系 $\{\boldsymbol{O}_m;\ \boldsymbol{i}_m,\ \boldsymbol{j}_m\}$ 固结于运动刚体 Σ^* 上，刚体 Σ^* 上的点 P 相对于运动坐标系 $\{\boldsymbol{O}_m;\ \boldsymbol{i}_m,\ \boldsymbol{j}_m\}$ 没有运动，即式（1.34）中的 $\mathrm{d}x_{Pm}/\mathrm{d}t=0$ 以及 $\mathrm{d}y_{Pm}/\mathrm{d}t=0$。刚体 Σ^* 的运动性质由原点 O_m的轨迹 Γ_{Om}和相对运动转角函数 γ 来体现。其实，运动刚体 Σ^* 上任意

点 P 的轨迹 Γ_P 与运动坐标系原点轨迹 $\Gamma_{O\mathrm{m}}$ 是相伴关系，可以借助于相伴曲线方法来表述平面运动。

令曲线 $\Gamma_{O\mathrm{m}}$ 的弧长参数为 s，则 $\Gamma_{O\mathrm{m}}$ 上的 Frenet 标架为：

$$\boldsymbol{\alpha}=\frac{\mathrm{d}\boldsymbol{R}_{O\mathrm{m}}}{\mathrm{d}s},\boldsymbol{\beta}=\boldsymbol{k}\times\boldsymbol{\alpha} \tag{1.35a}$$

或者

$$\begin{cases}\boldsymbol{\alpha}=\dfrac{\dfrac{\mathrm{d}x_{O\mathrm{mf}}}{\mathrm{d}s}\boldsymbol{i}_{\mathrm{f}}+\dfrac{\mathrm{d}y_{O\mathrm{mf}}}{\mathrm{d}s}\boldsymbol{j}_{\mathrm{f}}}{\left[\left(\dfrac{\mathrm{d}x_{O\mathrm{mf}}}{\mathrm{d}s}\right)^2+\left(\dfrac{\mathrm{d}y_{O\mathrm{mf}}}{\mathrm{d}s}\right)^2\right]^{\frac{1}{2}}}\\[2em]\boldsymbol{\beta}=\dfrac{-\dfrac{\mathrm{d}y_{O\mathrm{mf}}}{\mathrm{d}s}\boldsymbol{i}_{\mathrm{f}}+\dfrac{\mathrm{d}x_{O\mathrm{mf}}}{\mathrm{d}s}\boldsymbol{j}_{\mathrm{f}}}{\left[\left(\dfrac{\mathrm{d}x_{O\mathrm{mf}}}{\mathrm{d}s}\right)^2+\left(\dfrac{\mathrm{d}y_{O\mathrm{mf}}}{\mathrm{d}s}\right)^2\right]^{\frac{1}{2}}}\end{cases} \tag{1.35b}$$

Frenet 标架 $\{\boldsymbol{R}_{O\mathrm{m}};\ \boldsymbol{\alpha},\ \boldsymbol{\beta}\}$ 的微分运算公式为：

$$\frac{\mathrm{d}\boldsymbol{\alpha}}{\mathrm{d}s}=k_{O\mathrm{m}}\boldsymbol{\beta},\frac{\mathrm{d}\boldsymbol{\beta}}{\mathrm{d}s}=-k_{O\mathrm{m}}\boldsymbol{\alpha} \tag{1.36}$$

式中，$k_{O\mathrm{m}}$ 为原曲线 $\Gamma_{O\mathrm{m}}$ 的曲率并且为弧长 s 的函数，特殊地，以 $\Gamma_{O\mathrm{m}}$ 为原曲线，运动刚体 Σ^* 上点 P 在固定坐标系 $\{\boldsymbol{O}_{\mathrm{f}};\ \boldsymbol{i}_{\mathrm{f}},\ \boldsymbol{j}_{\mathrm{f}}\}$ 中的轨迹曲线 Γ_P 为 $\Gamma_{O\mathrm{m}}$ 的相伴曲线，可表示为：

$$\Gamma_P:\boldsymbol{R}_P=\boldsymbol{R}_{O\mathrm{m}}+u_1\boldsymbol{\alpha}+u_2\boldsymbol{\beta} \tag{1.37}$$

式中，$(u_1,\ u_2)$ 为点 P 在平面曲线 $\Gamma_{O\mathrm{m}}$ 的 Frenet 标架 $\{\boldsymbol{R}_{O\mathrm{m}};\ \boldsymbol{\alpha},\ \boldsymbol{\beta}\}$ 内的相对坐标，并且为原曲线 $\Gamma_{O\mathrm{m}}$ 弧长 s 的函数。Frenet 标架 $\{\boldsymbol{R}_{O\mathrm{m}};\ \boldsymbol{\alpha},\ \boldsymbol{\beta}\}$ 中的标矢 $\boldsymbol{\alpha}$ 在 $\{\boldsymbol{O}_{\mathrm{m}};\ \boldsymbol{i}_{\mathrm{m}},\ \boldsymbol{j}_{\mathrm{m}}\}$ 中的方向角为 θ，同为弧长 s 的函数，即 $\theta=\theta(s)$。可由式（1.31）和式（1.35）得到标矢 $\boldsymbol{\alpha}$ 和 $\boldsymbol{\beta}$ 表达式为：

$$\begin{cases}\boldsymbol{\alpha}=\cos\theta\boldsymbol{i}_{\mathrm{m}}+\sin\theta\boldsymbol{j}_{\mathrm{m}}\\\boldsymbol{\beta}=-\sin\theta\boldsymbol{i}_{\mathrm{m}}+\cos\theta\boldsymbol{j}_{\mathrm{m}}\end{cases} \tag{1.38}$$

将式（1.33）和式（1.38）代入到式（1.37）中，可得：

$$\begin{cases}u_1=r_{P\mathrm{m}}\cos(\theta_{P\mathrm{m}}-\theta)\\u_2=r_{P\mathrm{m}}\sin(\theta_{P\mathrm{m}}-\theta)\end{cases} \tag{1.39}$$

式（1.29）、式（1.33）与式（1.37）表达方式有异曲同工之处，区别在于式（1.37）采用曲线 $\Gamma_{O\mathrm{m}}$ 的 Frenet 标架，而式（1.29）和式（1.33）采用运动刚体 Σ^* 上的直角坐标系。对于给定刚体运动的离散数据，上述三种形式效果一样，但用相伴运动方法表述可以体现连续运动函数性质。将式（1.37）对原曲线 $\Gamma_{O\mathrm{m}}$ 的弧长 s 求导，并将 Frenet 公式（1.14）代入化简，可得：

$$\begin{cases} \dot{\boldsymbol{R}}_P = A_1\boldsymbol{\alpha} + A_2\boldsymbol{\beta} \\ A_1 = 1 + \dot{u}_1 - k_{O\mathrm{m}}u_2 = 1 - (k_{O\mathrm{m}} - \dot{\theta})u_2 \\ A_2 = k_{O\mathrm{m}}u_1 + \dot{u}_2 = (k_{O\mathrm{m}} - \dot{\theta})u_1 \end{cases} \tag{1.40}$$

式（1.40）中字母上标“·”表示对原曲线弧长 s 求导，如 $\dot{u}_1 = \mathrm{d}u_1/\mathrm{d}s$，本章下同。由此可知，用相伴方法表述刚体平面运动，可以采用更灵活与便捷的处理方式，尤其是对于连杆机构，可利用其几何学与运动学性质。

将式（1.40）与 Cesaro 不动点条件式（1.23）对照，可得运动刚体 Σ^* 上不动点的相对坐标（u_1，u_2）需要满足的条件式为：

$$\begin{cases} A_1 = 1 - (k_{O\mathrm{m}} - \dot{\theta})u_2 = 0 \\ A_2 = (k_{O\mathrm{m}} - \dot{\theta})u_1 = 0 \end{cases} \tag{1.41}$$

把 $\dfrac{\mathrm{d}\boldsymbol{R}_P}{\mathrm{d}s} = 0$ 转化为 $\dfrac{\mathrm{d}\boldsymbol{R}_P}{\mathrm{d}s} = \dfrac{\mathrm{d}\boldsymbol{R}_P}{\mathrm{d}t} \cdot \dfrac{\mathrm{d}t}{\mathrm{d}s} = 0$，可得到 $\boldsymbol{V}_P = \dfrac{\mathrm{d}\boldsymbol{R}_P}{\mathrm{d}t} = 0$，从而可得 Cesaro 不动点的运动学意义，即恰为运动刚体 Σ^* 相对于固定刚体 Σ 的瞬时速度中心，或运动刚体上的瞬心点，简称瞬心。由式（1.41）可得瞬心点在 Frenet 标架 $\{\boldsymbol{R}_{O\mathrm{m}};\ \boldsymbol{\alpha},\ \boldsymbol{\beta}\}$ 中的相对坐标为：

$$\begin{cases} u_1 = 0 \\ u_2 = \dfrac{1}{k_{O\mathrm{m}} - \dot{\theta}} \end{cases} \tag{1.42}$$

由式（1.42）可知，运动刚体 Σ^* 上的瞬心位于原曲线 $\Gamma_{O\mathrm{m}}$ 的法线上 $1/(k_{O\mathrm{m}} - \dot{\theta})$ 处，将其从 Frenet 标架 $\{\boldsymbol{R}_{O\mathrm{m}};\ \boldsymbol{\alpha},\ \boldsymbol{\beta}\}$ 中转换到固定坐标系 $\{\boldsymbol{O}_\mathrm{f};\ \boldsymbol{i}_\mathrm{f},\ \boldsymbol{j}_\mathrm{f}\}$ 中描述便得到定瞬心线 $\boldsymbol{\pi}_\mathrm{f}$，而将坐标转换到刚体运动坐标系 $\{\boldsymbol{O}_\mathrm{m};\ \boldsymbol{i}_\mathrm{m},\ \boldsymbol{j}_\mathrm{m}\}$ 则得到动瞬心线 $\boldsymbol{\pi}_\mathrm{m}$。

1.2.2 瞬心线

（1）动瞬心线 π_m 及其曲率 k_m　当运动刚体 Σ^* 相对固定刚体 Σ 运动时，绝对速度为零的瞬心点在运动刚体 Σ^* 上的轨迹为**动瞬心线**。显然，动瞬心线应在运动刚体 Σ^* 坐标系 $\{\boldsymbol{O}_\mathrm{m};\ \boldsymbol{i}_\mathrm{m},\ \boldsymbol{j}_\mathrm{m}\}$ 内加以描述。在任意瞬时，由式（1.37）和式（1.42）可知运动刚体上的瞬心点为：

$$\pi_\mathrm{m}: \boldsymbol{R}_\mathrm{m} = \frac{1}{k_{O\mathrm{m}} - \dot{\theta}}\boldsymbol{\beta} \tag{1.43}$$

由于 Frenet 标架 $\{\boldsymbol{R}_{O\mathrm{m}};\ \boldsymbol{\alpha},\ \boldsymbol{\beta}\}$ 的坐标轴矢量方向随原曲线弧长的变化而变化，对于运动刚体 Σ^* 而言，$\{\boldsymbol{\alpha},\ \boldsymbol{\beta}\}$ 是坐标系 $\{\boldsymbol{O}_\mathrm{m};\ \boldsymbol{i}_\mathrm{m},\ \boldsymbol{j}_\mathrm{m}\}$ 中的单位正交矢量，如图 1.16所示，因而可看作过原点 $\boldsymbol{O}_\mathrm{m}$ 的单位圆矢量函数，即 $\boldsymbol{\alpha} = \boldsymbol{e}_{\mathrm{I}(\theta)}$，$\boldsymbol{\beta} = \boldsymbol{e}_{\mathrm{II}(\theta)}$。由圆矢量函数的性质，可知 $\mathrm{d}\boldsymbol{\alpha}/\mathrm{d}\theta = \boldsymbol{\beta}$，$\mathrm{d}\boldsymbol{\beta}/\mathrm{d}\theta = -\boldsymbol{\alpha}$，从而得到动瞬心线 $\boldsymbol{\pi}_\mathrm{m}$ 的切矢为：

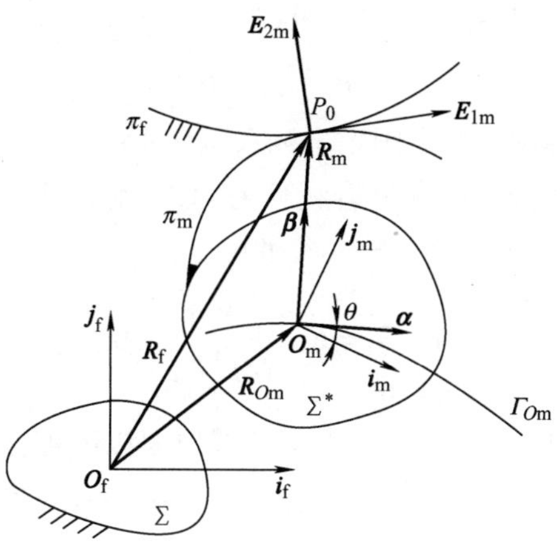

图 1.16　运动刚体上的瞬心线

$$\frac{\mathrm{d}\boldsymbol{R}_m}{\mathrm{d}s} = -\frac{\dot{\theta}}{k_{Om} - \dot{\theta}}\boldsymbol{\alpha} - \frac{\dot{k}_{Om} - \ddot{\theta}}{(k_{Om} - \dot{\theta})^2}\boldsymbol{\beta} \tag{1.44}$$

式（1.44）中的求导参数 s 为一般参数，并不是动瞬心线 $\boldsymbol{\pi}_m$ 的弧长自然参数。设动瞬心线 $\boldsymbol{\pi}_m$ 弧长为 $\boldsymbol{\sigma}_m$，则由式（1.44）可得弧长 $\boldsymbol{\sigma}_m$ 与 s 的关系式为：

$$\mathrm{d}\boldsymbol{\sigma}_m = |\mathrm{d}\boldsymbol{R}_m| = \left[\frac{\dot{\theta}^2}{(k_{Om} - \dot{\theta})^2} + \frac{(\dot{k}_{Om} - \ddot{\theta})^2}{(k_{Om} - \dot{\theta})^4}\right]^{\frac{1}{2}}\mathrm{d}s \tag{1.45}$$

建立动瞬心线 $\boldsymbol{\pi}_m$ 的 Frenet 标架 $\{\boldsymbol{R}_m;\ \boldsymbol{E}_{1m},\ \boldsymbol{E}_{2m}\}$ 为：

$$\begin{cases} \boldsymbol{E}_{1m} = \dfrac{\mathrm{d}\boldsymbol{R}_m}{\mathrm{d}\boldsymbol{\sigma}_m} = \dfrac{\mathrm{d}\boldsymbol{R}_m}{\mathrm{d}s}\dfrac{\mathrm{d}s}{\mathrm{d}\boldsymbol{\sigma}_m} = \left[-\dfrac{\dot{\theta}}{k_{Om} - \dot{\theta}}\boldsymbol{\alpha} - \dfrac{\dot{k}_{Om} - \ddot{\theta}}{(k_{Om} - \dot{\theta})^2}\boldsymbol{\beta}\right] \cdot \dfrac{\mathrm{d}s}{\mathrm{d}\boldsymbol{\sigma}_m} \\ \boldsymbol{E}_{2m} = \boldsymbol{k} \times \boldsymbol{E}_{1m} = \left[\dfrac{\dot{k}_{Om} - \ddot{\theta}}{(k_{Om} - \dot{\theta})^2}\boldsymbol{\alpha} - \dfrac{\dot{\theta}}{k_{Om} - \dot{\theta}}\boldsymbol{\beta}\right] \cdot \dfrac{\mathrm{d}s}{\mathrm{d}\boldsymbol{\sigma}_m} \end{cases} \tag{1.46}$$

在运动刚体 Σ^* 上的运动坐标系 $\{\boldsymbol{O}_m;\ \boldsymbol{i}_m,\ \boldsymbol{j}_m\}$ 中，Frenet 标架 $\{\boldsymbol{R}_m;\ \boldsymbol{E}_{1m},\ \boldsymbol{E}_{2m}\}$ 可以表示为：

$$\begin{cases} \boldsymbol{R}_m = \dfrac{1}{k_{Om} - \dot{\theta}}(-\sin\theta\boldsymbol{i}_m + \cos\theta\boldsymbol{j}_m) \\ \boldsymbol{E}_{1m} = \left[\dfrac{-\dot{\theta}(k_{Om} - \dot{\theta})\cos\theta + (\dot{k}_{Om} - \ddot{\theta})\sin\theta}{(k_{Om} - \dot{\theta})^2}\boldsymbol{i}_m - \dfrac{\dot{\theta}(k_{Om} - \dot{\theta})\sin\theta + (\dot{k}_{Om} - \ddot{\theta})\cos\theta}{(k_{Om} - \dot{\theta})^2}\boldsymbol{j}_m\right] \cdot \dfrac{\mathrm{d}s}{\mathrm{d}\boldsymbol{\sigma}_m} \\ \boldsymbol{E}_{2m} = \left[\dfrac{\dot{\theta}(k_{Om} - \dot{\theta})\sin\theta + (\dot{k}_{Om} - \ddot{\theta})\cos\theta}{(k_{Om} - \dot{\theta})^2}\boldsymbol{i}_m + \dfrac{-\dot{\theta}(k_{Om} - \dot{\theta})\cos\theta + (\dot{k}_{Om} - \ddot{\theta})\sin\theta}{(k_{Om} - \dot{\theta})^2}\boldsymbol{j}_m\right] \cdot \dfrac{\mathrm{d}s}{\mathrm{d}\boldsymbol{\sigma}_m} \end{cases} \tag{1.47}$$

则可由平面曲线的 Frenet 公式（1.14）得到动瞬心线 $\boldsymbol{\pi}_m$ 的曲率：

$$k_{\mathrm{m}}=\frac{\mathrm{d}\boldsymbol{E}_{1\mathrm{m}}}{\mathrm{d}\sigma_{\mathrm{m}}}\cdot\boldsymbol{E}_{2\mathrm{m}}=\frac{[\dot{\theta}(\ddot{k}_{O\mathrm{m}}-\dddot{\theta})-\ddot{\theta}(\dot{k}_{O\mathrm{m}}-\ddot{\theta})+\dot{\theta}^{3}(k_{O\mathrm{m}}-\dot{\theta})](k_{O\mathrm{m}}-\dot{\theta})^{3}}{[\dot{\theta}^{2}(k_{O\mathrm{m}}-\dot{\theta})^{2}+(\dot{k}_{O\mathrm{m}}-\ddot{\theta})^{2}]^{\frac{3}{2}}} \tag{1.48}$$

（2）定瞬心线 π_{f} 及其曲率 k_{f}　在固定坐标系 $\{\boldsymbol{O}_{\mathrm{f}};\ \boldsymbol{i}_{\mathrm{f}},\ \boldsymbol{j}_{\mathrm{f}}\}$ 中考察运动刚体 Σ^{*} 上的瞬心点即为定瞬心。各个瞬时定瞬心的集合，便在固定平面上形成一条**定瞬心线** π_{f}，将式（1.42）代入式（1.37）中可得到定瞬心线的矢量方程为：

$$\pi_{\mathrm{f}}:\boldsymbol{R}_{\mathrm{f}}=\boldsymbol{R}_{O\mathrm{m}}+\frac{1}{\dot{k}_{O\mathrm{m}}-\dot{\theta}}\boldsymbol{\beta} \tag{1.49}$$

也可以说，在固定坐标系 $\{\boldsymbol{O}_{\mathrm{f}};\ \boldsymbol{i}_{\mathrm{f}},\ \boldsymbol{j}_{\mathrm{f}}\}$ 内，定瞬心线 π_{f} 是以运动刚体 Σ^{*} 上坐标原点 O_{m} 轨迹 $\Gamma_{O\mathrm{m}}$ 为原曲线的相伴曲线。定瞬心线 π_{f} 的切矢可以由式（1.49）对原曲线 $\Gamma_{O\mathrm{m}}$ 弧长参数 s 求导得到。

$$\frac{\mathrm{d}\boldsymbol{R}_{\mathrm{f}}}{\mathrm{d}s}=-\frac{\dot{\theta}}{k_{O\mathrm{m}}-\dot{\theta}}\boldsymbol{\alpha}-\frac{\dot{k}_{O\mathrm{m}}-\ddot{\theta}}{(k_{O\mathrm{m}}-\dot{\theta})^{2}}\boldsymbol{\beta} \tag{1.50}$$

从而有定瞬心线 π_{f} 的弧长 σ_{f} 与 s 的关系为：

$$\mathrm{d}\sigma_{\mathrm{f}}=|\mathrm{d}\boldsymbol{R}_{\mathrm{f}}|=\left[\frac{\dot{\theta}^{2}}{(k_{O\mathrm{m}}-\dot{\theta})^{2}}+\frac{(\dot{k}_{O\mathrm{m}}-\ddot{\theta})^{2}}{(k_{O\mathrm{m}}-\dot{\theta})^{4}}\right]^{\frac{1}{2}}\mathrm{d}s \tag{1.51}$$

比较式（1.45）与式（1.51），可知微弧长 $\mathrm{d}\sigma_{\mathrm{f}}=\mathrm{d}\sigma_{\mathrm{m}}$，并简写为 $\mathrm{d}\sigma$，即动瞬心线与定瞬心线的微弧长相等，二者纯滚动。同样建立定瞬心线 π_{f} 的 Frenet 标架 $\{\boldsymbol{R}_{\mathrm{f}};\ \boldsymbol{E}_{1\mathrm{f}},\ \boldsymbol{E}_{2\mathrm{f}}\}$ 为：

$$\begin{cases}\boldsymbol{E}_{1\mathrm{f}}=\dfrac{\mathrm{d}\boldsymbol{R}_{\mathrm{f}}}{\mathrm{d}\sigma_{\mathrm{f}}}=\dfrac{\mathrm{d}\boldsymbol{R}_{\mathrm{f}}}{\mathrm{d}s}\dfrac{\mathrm{d}s}{\mathrm{d}\sigma_{\mathrm{f}}}=\left[-\dfrac{\dot{\theta}}{k_{O\mathrm{m}}-\dot{\theta}}\boldsymbol{\alpha}-\dfrac{\dot{k}_{O\mathrm{m}}-\ddot{\theta}}{(k_{O\mathrm{m}}-\dot{\theta})^{2}}\boldsymbol{\beta}\right]\cdot\dfrac{\mathrm{d}s}{\mathrm{d}\sigma}\\[2ex]\boldsymbol{E}_{2\mathrm{f}}=\boldsymbol{k}\times\boldsymbol{E}_{1\mathrm{f}}=\left[\dfrac{\dot{k}_{O\mathrm{m}}-\ddot{\theta}}{(k_{O\mathrm{m}}-\dot{\theta})^{2}}\boldsymbol{\alpha}-\dfrac{\dot{\theta}}{k_{O\mathrm{m}}-\dot{\theta}}\boldsymbol{\beta}\right]\cdot\dfrac{\mathrm{d}s}{\mathrm{d}\sigma}\end{cases} \tag{1.52}$$

定瞬心线 π_{f} 的 Frenet 标架 $\{\boldsymbol{R}_{\mathrm{f}};\ \boldsymbol{E}_{1\mathrm{f}},\ \boldsymbol{E}_{2\mathrm{f}}\}$ 在固定坐标系中的具体形式为：

$$\begin{cases}\boldsymbol{R}_{\mathrm{f}}=\left[x_{O\mathrm{mf}}-\dfrac{\sin(\theta+\gamma)}{k_{O\mathrm{m}}-\dot{\theta}}\right]\boldsymbol{i}_{\mathrm{f}}+\left[y_{O\mathrm{mf}}+\dfrac{\cos(\theta+\gamma)}{k_{O\mathrm{m}}-\dot{\theta}}\right]\boldsymbol{j}_{\mathrm{f}}\\[2ex]\boldsymbol{E}_{1\mathrm{f}}=\left[\dfrac{-\dot{\theta}(k_{O\mathrm{m}}-\dot{\theta})\cos(\theta+\gamma)+(\dot{k}_{O\mathrm{m}}-\ddot{\theta})\sin(\theta+\gamma)}{(k_{O\mathrm{m}}-\dot{\theta})^{2}}\boldsymbol{i}_{\mathrm{f}}+\right.\\[2ex]\qquad\left.\dfrac{\dot{\theta}(k_{O\mathrm{m}}-\dot{\theta})\sin(\theta+\gamma)+(\dot{k}_{O\mathrm{m}}-\ddot{\theta})\cos(\theta+\gamma)}{(k_{O\mathrm{m}}-\dot{\theta})^{2}}\boldsymbol{j}_{\mathrm{f}}\right]\cdot\dfrac{\mathrm{d}s}{\mathrm{d}\sigma}\\[2ex]\boldsymbol{E}_{2\mathrm{f}}=\left[\dfrac{\dot{\theta}(k_{O\mathrm{m}}-\dot{\theta})\sin(\theta+\gamma)+(\dot{k}_{O\mathrm{m}}-\ddot{\theta})\cos(\theta+\gamma)}{(k_{O\mathrm{m}}-\dot{\theta})^{2}}\boldsymbol{i}_{\mathrm{f}}+\right.\\[2ex]\qquad\left.\dfrac{-\dot{\theta}(k_{O\mathrm{m}}-\dot{\theta})\cos(\theta+\gamma)+(\dot{k}_{O\mathrm{m}}-\ddot{\theta})\sin(\theta+\gamma)}{(k_{O\mathrm{m}}-\dot{\theta})^{2}}\boldsymbol{j}_{\mathrm{f}}\right]\cdot\dfrac{\mathrm{d}s}{\mathrm{d}\sigma}\end{cases} \tag{1.53}$$

比较式（1.46）与式（1.52），可知定瞬心线与动瞬心线在同一瞬时的瞬心点处 Frenet 标架重合。同式（1.48）一样，将式（1.53）第一式对 σ 求导并点积第二式，化简得到定瞬心线 $\boldsymbol{\pi}_{\mathrm{f}}$的曲率 k_{f}为：

$$k_{\mathrm{f}} = \frac{\mathrm{d}\boldsymbol{E}_{1\mathrm{f}}}{\mathrm{d}\sigma} \cdot \boldsymbol{E}_{2\mathrm{f}} = \frac{[\dot{\theta}(\ddot{k}_{O\mathrm{m}} - \dddot{\theta}) - \ddot{\theta}(\dot{k}_{O\mathrm{m}} - \ddot{\theta}) + (\dot{k}_{O\mathrm{m}} - \ddot{\theta})^2 + \dot{\theta}^2 k_{O\mathrm{m}}(k_{O\mathrm{m}} - \dot{\theta})](k_{O\mathrm{m}} - \dot{\theta})^3}{[\dot{\theta}^2(k_{O\mathrm{m}} - \dot{\theta})^2 + (\dot{k}_{O\mathrm{m}} - \ddot{\theta})^2]^{\frac{3}{2}}} \tag{1.54}$$

将式（1.54）与式（1.48）相减，可得到定、动瞬心线的诱导曲率 k^* 为：

$$k^* = k_{\mathrm{f}} - k_{\mathrm{m}} = \frac{(k_{O\mathrm{m}} - \dot{\theta})^3}{[\dot{\theta}^2(k_{O\mathrm{m}} - \dot{\theta})^2 + (\dot{k}_{O\mathrm{m}} - \ddot{\theta})^2]^{\frac{1}{2}}} \tag{1.55}$$

由式（1.45）与式（1.51）、式（1.46）与式（1.52），可以得到关于刚体平面运动的结论：

刚体作平面运动时，在运动刚体和固定刚体上分别存在动瞬心线和定瞬心线，这两条瞬心线的活动标架在瞬心点处瞬时重合，即有相同的切线和法线，而且微弧长相等，故有动瞬心线和定瞬心线随刚体运动而相切地纯滚动。即：

$$\mathrm{d}\sigma_{\mathrm{f}} = \mathrm{d}\sigma_{\mathrm{m}}, \boldsymbol{R}_{\mathrm{f}} = \boldsymbol{R}_{O\mathrm{m}} + \boldsymbol{R}_{\mathrm{m}}, \boldsymbol{E}_{1\mathrm{f}} /\!/ \boldsymbol{E}_{1\mathrm{m}}, \boldsymbol{E}_{2\mathrm{f}} /\!/ \boldsymbol{E}_{2\mathrm{m}} \tag{1.56}$$

注意，上述结论只阐述瞬时性质，不是恒等式。

（3）平面连杆机构的瞬心线　上述通过相伴运动方法得到了刚体平面运动一般形式的动瞬心线和定瞬心线，对于平面连杆机构的连杆平面运动，由于受到连架杆的约束作用，连杆平面上存在若干特殊点——连架杆与连杆的铰链点，如例 1-4 中原动件 AB 与连杆 BC 的铰链点 B，其在固定坐标系中的轨迹为圆，连杆平面绕着点 B 转动。那么，以铰链点 B 的轨迹曲线（圆）为原曲线 $\boldsymbol{\Gamma}_{O\mathrm{m}}$，其弧长 $s = a_1\varphi$，$\mathrm{d}s = a_1\mathrm{d}\varphi$，原曲线上的 Frenet 标架即为圆上的活动标架，其曲率 $k_{O\mathrm{m}} = k_a = 1/a_1$，为 AB 杆长的倒数且为常数，所以曲率 $k_{O\mathrm{m}}(k_a)$ 的各阶导数均为零。

由图 1.13 所示可知，原曲线上 Frenet 标架的标矢 $\boldsymbol{\alpha}$ 在连杆运动坐标系 $\{\boldsymbol{B};\ \boldsymbol{i}_{\mathrm{m}},\ \boldsymbol{j}_{\mathrm{m}}\}$ 中的方向角 $\theta = \pi/2 + \varphi - \gamma$，从而有 $k_a - \dot{\theta} = \dot{\gamma}$。将 $k_{O\mathrm{m}} = k_a$代入式（1.42），得到连杆平面上的瞬心点在 Frenet 标架 $\{\boldsymbol{R}_B;\ \boldsymbol{\alpha},\ \boldsymbol{\beta}\}$ 中的相对坐标为 $u_1 = 0$，$u_2 = \dfrac{1}{\dot{\gamma}}$，结合式（1.39）可得连杆上瞬心的位置：

$$\begin{cases} \theta_{P0} = n\pi + (\varphi - \gamma), n = 0, 1 \\ r_{P0} = \mp \dfrac{1}{\dot{\gamma}} \end{cases} \tag{1.57}$$

式（1.57）的第二式中 $\dot{\gamma} = \dfrac{\mathrm{d}\gamma}{\mathrm{d}s} = \dfrac{\mathrm{d}\gamma}{\mathrm{d}t} \cdot \dfrac{\mathrm{d}t}{\mathrm{d}s} = \dfrac{\mathrm{d}\gamma}{\mathrm{d}t} \cdot \dfrac{\mathrm{d}t}{l_1\mathrm{d}\varphi} = \dfrac{\omega_2}{l_1\omega_1}$，其中 ω_1、ω_2分别为连架杆 AB 和连杆 BC 的角速度。当连架杆转过一个周期时，由式（1.57）确定的连杆点 P_0（r_{P0}，θ_{P0}）便在连杆平面上和机架上分别描绘出曲线，即动瞬心线 $\boldsymbol{\pi}_{\mathrm{m}}$和定瞬心线 $\boldsymbol{\pi}_{\mathrm{f}}$，其矢量方程只需将 $k_{O\mathrm{m}} =$

k_a以及θ代入本节中刚体一般运动的动、定瞬心线矢量方程即可。则动瞬心线π_m在连杆直角坐标系$\{\boldsymbol{B};\ \boldsymbol{i}_m,\ \boldsymbol{j}_m\}$和定瞬心线$\pi_f$在机架直角坐标系$\{\boldsymbol{A};\ \boldsymbol{i}_f,\ \boldsymbol{j}_f\}$中的矢量方程分别为：

$$\begin{cases}\pi_m: \boldsymbol{R}_m = \dfrac{1}{\dot{\gamma}}\boldsymbol{\beta} = -\dfrac{\cos(\varphi-\gamma)}{\dot{\gamma}}\boldsymbol{i}_m - \dfrac{\sin(\varphi-\gamma)}{\dot{\gamma}}\boldsymbol{j}_m \\ \pi_f: \boldsymbol{R}_f = \left(\dfrac{1}{\dot{\gamma}} - a_1\right)\boldsymbol{\beta} = \left(a_1 - \dfrac{1}{\dot{\gamma}}\right)(\cos\varphi \boldsymbol{i}_f + \sin\varphi \boldsymbol{j}_f)\end{cases} \tag{1.58}$$

其中连杆坐标系与机架坐标系之间的转换关系为：

$$\begin{cases}\boldsymbol{R}_B = a_1\cos\varphi \boldsymbol{i}_f + a_1\sin\varphi \boldsymbol{j}_f \\ \boldsymbol{i}_m = \cos\gamma \boldsymbol{i}_f + \sin\gamma \boldsymbol{j}_f \\ \boldsymbol{j}_m = -\sin\gamma \boldsymbol{i}_f + \cos\gamma \boldsymbol{j}_f\end{cases} \tag{1.59}$$

将$k_{Om} = k_a$和$\dot{k}_a = 0$代入式（1.48）和式（1.54）可得动瞬心线π_m与定瞬心线π_f的曲率k_m以及k_f分别为：

$$\begin{cases}k_m = \dfrac{[\ddot{\theta}^2 - \dot{\theta}\dddot{\theta} + \dot{\theta}^3(k_a - \dot{\theta})](k_a - \dot{\theta})^3}{[\dot{\theta}^2(k_a - \dot{\theta})^2 + \ddot{\theta}^2]^{\frac{3}{2}}} \\ k_f = \dfrac{[2\ddot{\theta}^2 - \dot{\theta}\dddot{\theta} + \dot{\theta}^2 k_a(k_a - \dot{\theta})](k_a - \dot{\theta})^3}{[\dot{\theta}^2(k_a - \dot{\theta})^2 + \ddot{\theta}^2]^{\frac{3}{2}}}\end{cases} \tag{1.60}$$

从而可得动瞬心线π_m与定瞬心线π_f的诱导曲率：

$$k^* = k_f - k_m = \frac{(k_a - \dot{\theta})^3}{[\dot{\theta}^2(k_a - \dot{\theta})^2 + \ddot{\theta}^2]^{\frac{1}{2}}} \tag{1.61}$$

【例 1-5】 平面曲柄摇杆机构的动瞬心线π_m与定瞬心线π_f。

平面四杆机构 *ABCD* 如图 1.17 所示，分别在连杆 *BC* 和机架 *AD* 上建立连杆坐标系$\{\boldsymbol{B};\ \boldsymbol{i}_m,\ \boldsymbol{j}_m\}$和机架坐标系$\{\boldsymbol{A};\ \boldsymbol{i}_f,\ \boldsymbol{j}_f\}$。为描述连杆平面的运动，需要首先确定出铰链点 *B* 的位移以及转角γ的大小，或者说需要对该四杆机构进行位移求解。依据四杆机构的位移求解方法，建立闭环矢量方程为：

$$\boldsymbol{a}_1 + \boldsymbol{a}_2 = \boldsymbol{a}_3 + \boldsymbol{a}_4 \tag{E1-5.1}$$

将矢量方程分别投影到坐标轴$\boldsymbol{i}_f$和$\boldsymbol{j}_f$上，并消去矢量$\boldsymbol{a}_3$的方位角可得

$$a_1^2 + a_2^2 + a_4^2 - a_3^2 + 2a_1a_2\cos(\varphi-\gamma) - 2a_1a_4\cos\varphi - 2a_2a_4\cos\gamma = 0 \tag{E1-5.2}$$

式（E1-5.2）即为$\gamma-\varphi$的关系式。对于不同类型的平面四杆机构，在用式（E1-5.2）对其位移进行求解时，角度γ和φ的关系式及其变化范围不尽相同，呈现十分复杂的局面。通常可按照 Grashof 准则来对平面铰链四杆机构进行分类，对于 Grashof 运动链，取与最短杆

相邻的杆作机架的曲柄摇杆机构作为基本机构；而对非 Grashof 运动链，则取以最长杆作机架的双摇杆机构作为基本机构。对所有四杆机构，均可由基本机构转化得到，但需用相应的变换数学模型及装配模式[32]。

将式（E1-5.2）对铰链点 B 的轨迹曲线弧长 s 求导，并化简后得：

$$\dot{\gamma}=\frac{\mathrm{d}\gamma}{\mathrm{d}s}=\frac{a_2\sin(\varphi-\gamma)-a_4\sin\varphi}{a_2a_4\sin\gamma+a_1a_2\sin(\varphi-\gamma)} \tag{E1-5.3}$$

由于位移方程是非线性的，随不同运动位置求解容易出现奇异，建议按四杆机构的基本形式建立位移方程求解，然后变换机架得到所使用的四杆机构类型位移解，肖大准教授早有论述[32]，在此不赘述。

（1）曲柄摇杆机构　给定一个平面曲柄摇杆机构，其各杆长分别为：$a_1=1$，$a_2=3$，$a_3=3.5$，$a_4=5$，将 $\gamma(\varphi)$ 及其导数代入式（1.58），作出其动瞬心线与定瞬心线如图 1.18 所示。图 1.18 中定瞬心线 π_f 与动瞬心线 π_m 相切地接触于 $\varphi=90°$ 瞬时，此时瞬心点 P_0 在连杆坐标系中的极坐标为 $r_{P0}=4.2279$，$\theta_{P0}=59.3498°$，定瞬心线 π_f 与动瞬心线 π_m 的曲率可由式（1.60）分别计算得到，$k_f=-0.0874$，$k_m=-0.1272$，从而得诱导曲率 $k^*=k_f-k_m=0.0398$。

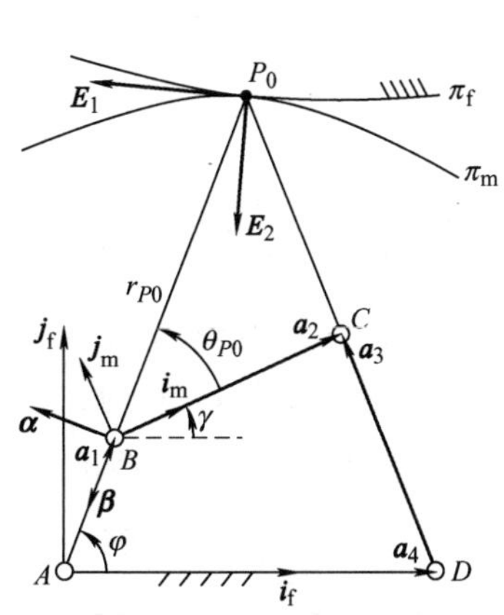

图 1.17　平面四杆机构的瞬心

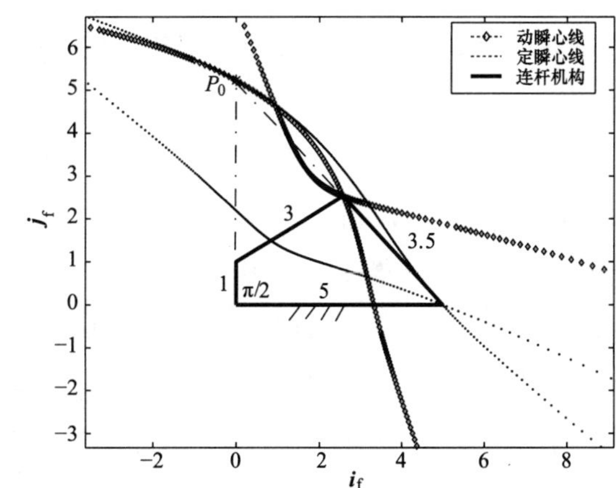

图 1.18　曲柄摇杆机构的动、定瞬心线

（2）双曲柄机构　若将图 1.17 所示的四杆机构变换 AB 杆为机架，BC 杆为原动件，则四杆机构变换为双曲柄机构，如图 1.19 所示。这时铰链点 C 在机架 AB 上的轨迹圆被视为原曲线，连杆 CD 关于铰链点 C 的转角函数为 $\gamma=\gamma(\varphi)$。同样作出动瞬心线与定瞬心线，如图 1.20所示。图 1.20 中所示定瞬心线 π_f 与动瞬心线 π_m 相切地接触于 $\varphi=90°$ 瞬时，此时瞬心点 P_0 在连杆坐标系中的极坐标为 $r_{P0}=5.0910$，$\theta_{P0}=244.4286°$，定瞬心线 π_f 与动瞬心线 π_m 的曲率分别为 $k_f=-1.0015$，$k_m=-0.7219$，从而得诱导曲率 $k^*=k_f-k_m=-0.2796$。

【例 1-6】　平面曲柄滑块机构的动瞬心线 π_m 与定瞬心线 π_f。

对于如图 1.21 所示的平面曲柄滑块机构，其闭环矢量方程为：

$$\boldsymbol{a}_1+\boldsymbol{a}_2=\boldsymbol{S}+\boldsymbol{E} \tag{E1-6.1}$$

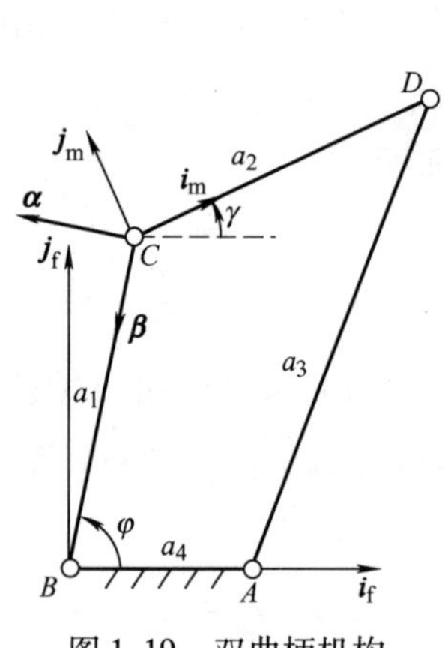

图 1.19 双曲柄机构

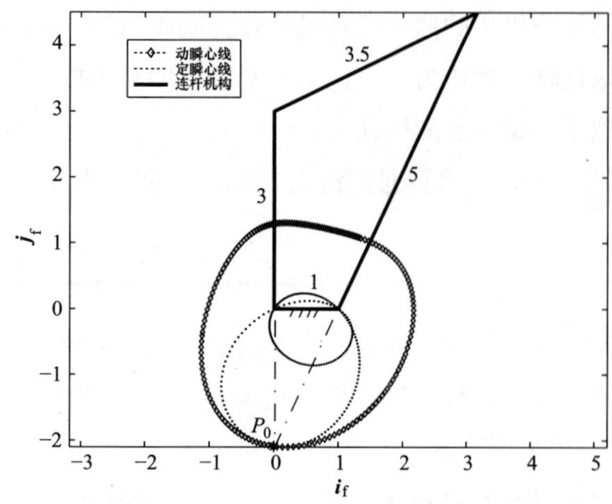

图 1.20 双曲柄机构的动、定瞬心线

将矢量方程向固定坐标系 $\{A;\ i_f,\ j_f\}$ 的坐标轴 j_f 上投影，得到：

$$a_1\sin\varphi + a_2\sin\gamma - e = 0 \tag{E1-6.2}$$

式（E1-6.2）确定了平面曲柄滑块机构连杆 BC 的倾角与输入杆 AB 的转角之间的关系，再对铰链点 B 的轨迹曲线弧长 s 求导，并化简后得：

$$\dot{\gamma} = \frac{d\gamma}{ds} = -\frac{\cos\varphi}{a_2\cos\gamma} \tag{E1-6.3}$$

本例中曲柄滑块机构的各杆长分别为：$a_1 = 1$，$a_2 = 2.5$，$e = 1.2$，其连杆相对机架的转角函数为 $\gamma = \gamma(\varphi)$。将 $\gamma(\varphi)$ 及其导数代入式（1.58），作出的动瞬心线与定瞬心线如图 1.22所示。图 1.22 中所示定瞬心线 π_f 与动瞬心线 π_m 相切地接触于 $\varphi = 45°$ 瞬时，此时瞬心点 P_0 在连杆坐标系中的极坐标为 $r_{P0} = 3.4661$，$\theta_{P0} = 33.6292°$，定瞬心线 π_f 与动瞬心线 π_m 的曲率分别为 $k_f = -0.0044$，$k_m = -0.0543$，从而得诱导曲率 $k^* = k_f - k_m = 0.0499$。

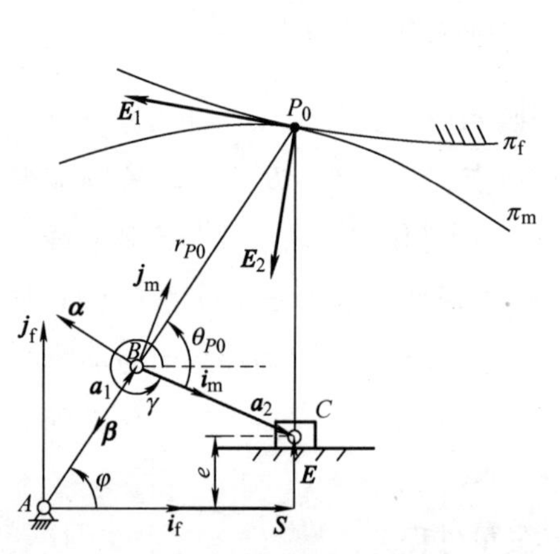

图 1.21 平面曲柄滑块机构

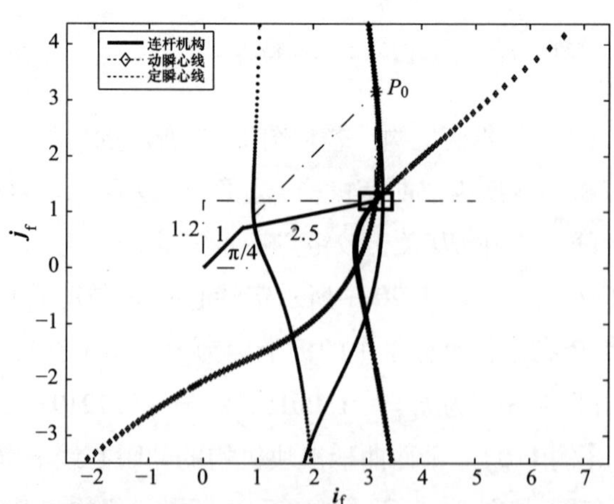

图 1.22 曲柄滑块机构动瞬心线与定瞬心线

1.2.3　点轨迹的 Euler-Savary 公式

如上节所述，刚体Σ^*相对于固定刚体Σ的平面运动，可以通过运动刚体Σ^*相对固定刚体Σ的线位移及转角的三种方式来表示，见式（1.29）、式（1.33）与式（1.37），每种方式都由三个独立参数（自由度）确定刚体Σ^*的运动。然而，这三种方式中却没有直观表达刚体的运动本质，或体现刚体的运动学与轨迹几何学之间的内在联系。由相伴运动方法推导出刚体运动的动瞬心线π_m与定瞬心线π_f，**这两条瞬心线在瞬心点处活动标架重合、微弧长相等，并随刚体运动而相切地纯滚动**。显然，瞬心线本身隐含着刚体相对运动的内在联系信息，以其为出发点研究刚体Σ^*上图形，如点或者直线在固定刚体Σ上轨迹的几何性质，无疑是既顺畅自然又简洁直观的方式，但其解析性质却一直困扰着研究者。已有的研究结果表明相伴运动方法将大大简化研究问题，并使得其曲率公式形式优美，而上节论述已经表明没有任何障碍。

本节仍沿用上节的相伴运动方法，分别以运动刚体平面上的动瞬心线π_m和固定平面上的定瞬心线π_f作为原曲线，将运动刚体上的点分别看作与动、定瞬心线作相伴运动，可得到瞬时在瞬心线活动标架中描述的点轨迹的曲率公式以及高阶曲率特征。

由上一节可以知道，任意一瞬时平面运动刚体Σ^*上的一点P总是与瞬心点相互对应，表明点P的轨迹曲线和瞬心线可以分别视为彼此的相伴曲线。在固定坐标系$\{\boldsymbol{O}_f;\ \boldsymbol{i}_f,\ \boldsymbol{j}_f\}$中，将点$P$的轨迹曲线$\Gamma_P$看成定瞬心线$\pi_f$的相伴曲线，如图 1.23 所示，即以定瞬心线$\pi_f$为原曲线来描述$P$点在固定平面上的轨迹$\Gamma_P$，则有：

$$\Gamma_P:\boldsymbol{R}_P=\boldsymbol{R}_f+v_1\boldsymbol{E}_{1f}+v_2\boldsymbol{E}_{2f} \tag{1.62}$$

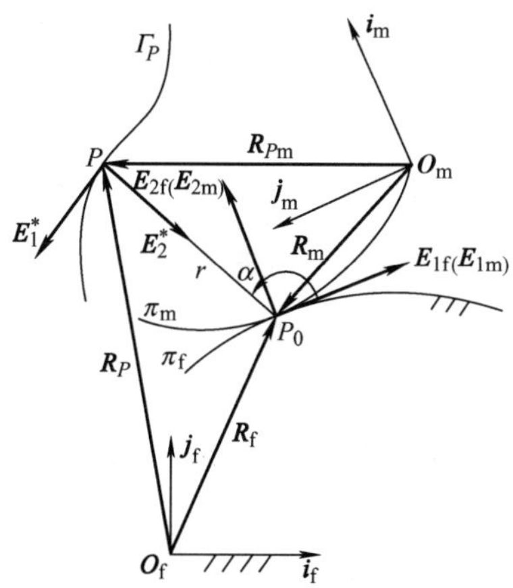

图 1.23　平面运动点轨迹与瞬心线相伴

式中，$(v_1,\ v_2)$为刚体Σ^*上的P点在定瞬心线活动标架$\{\boldsymbol{R}_f;\ \boldsymbol{E}_{1f},\ \boldsymbol{E}_{2f}\}$中的相对坐标，若以极坐标$(r,\ \alpha)$表示，则有：

$$v_1=r\cos\alpha,\ v_2=r\sin\alpha \tag{1.63}$$

将式（1.62）对动、定瞬心线的弧长σ求导，并结合平面曲线的 Frenet 公式（1.14）得到：

$$\frac{\mathrm{d}\boldsymbol{R}_P}{\mathrm{d}\sigma}=\left(1+\frac{\mathrm{d}v_1}{\mathrm{d}\sigma}-k_\mathrm{f}v_2\right)\boldsymbol{E}_{1\mathrm{f}}+\left(\frac{\mathrm{d}v_2}{\mathrm{d}\sigma}+k_\mathrm{f}v_1\right)\boldsymbol{E}_{2\mathrm{f}} \tag{1.64}$$

在另一方面，显然 P 点为刚体 Σ^* 上一固定点，在坐标系 $\{\boldsymbol{O}_\mathrm{m};\ \boldsymbol{i}_\mathrm{m},\ \boldsymbol{j}_\mathrm{m}\}$ 内没有变化。但以动瞬心线 π_m上 Frenet 标架 $\{\boldsymbol{R}_\mathrm{m};\ \boldsymbol{E}_{1\mathrm{m}},\ \boldsymbol{E}_{2\mathrm{m}}\}$ 来考察，其表达式为：

$$\boldsymbol{R}_{P\mathrm{m}}=\boldsymbol{R}_\mathrm{m}+u_1\boldsymbol{E}_{1\mathrm{m}}+u_2\boldsymbol{E}_{2\mathrm{m}} \tag{1.65}$$

式中，$(u_1,\ u_2)$ 为 P 点在动瞬心线 π_m上 Frenet 标架 $\{\boldsymbol{R}_\mathrm{m};\ \boldsymbol{E}_{1\mathrm{m}},\ \boldsymbol{E}_{2\mathrm{m}}\}$ 中的相对坐标，即从刚体 Σ^* 上固结的运动坐标系 $\{\boldsymbol{O}_\mathrm{m};\ \boldsymbol{i}_\mathrm{m},\ \boldsymbol{j}_\mathrm{m}\}$ 原点引矢量 $\boldsymbol{R}_\mathrm{m}$到瞬心点（动瞬心线 π_m上），再由瞬心点考察点 $P(u_1,\ u_2)$ 的运动，把点 P 的运动看成与动瞬心线 π_m相伴运动。也将式（1.65）对动瞬心线弧长参数 σ_m求导并结合 Frenet 公式有：

$$\frac{\mathrm{d}\boldsymbol{R}_{P\mathrm{m}}}{\mathrm{d}\sigma_\mathrm{m}}=\left(1+\frac{\mathrm{d}u_1}{\mathrm{d}\sigma_\mathrm{m}}-k_\mathrm{m}u_2\right)\boldsymbol{E}_{1\mathrm{m}}+\left(\frac{\mathrm{d}u_2}{\mathrm{d}\sigma_\mathrm{m}}+k_\mathrm{m}u_1\right)\boldsymbol{E}_{2\mathrm{m}} \tag{1.66}$$

由于 P 点是刚体 Σ^* 上的固定点，即在运动坐标系 $\{\boldsymbol{O}_\mathrm{m};\ \boldsymbol{i}_\mathrm{m},\ \boldsymbol{j}_\mathrm{m}\}$ 中观察，P 点绝对运动变化率为零，有 $\mathrm{d}\boldsymbol{R}_{P\mathrm{m}}/\mathrm{d}\sigma_\mathrm{m}=0$，从而点 P 的运动满足 Cesaro 不动点条件：

$$\begin{cases}1+\dfrac{\mathrm{d}u_1}{\mathrm{d}\sigma_\mathrm{m}}-k_\mathrm{m}u_2=0\\[2ex]\dfrac{\mathrm{d}u_2}{\mathrm{d}\sigma_\mathrm{m}}+k_\mathrm{m}u_1=0\end{cases} \tag{1.67}$$

即

$$\frac{\mathrm{d}u_1}{\mathrm{d}\sigma_\mathrm{m}}=k_\mathrm{m}u_2-1,\ \frac{\mathrm{d}u_2}{\mathrm{d}\sigma_\mathrm{m}}=-k_\mathrm{m}u_1 \tag{1.68}$$

值得注意的是，式（1.68）说明了在活动标架沿动瞬心线 π_m运动时所观察到点 P 的变化，犹如小船在小河中前进，艄公所观察到小河岸边景物的变化一样，该变化的性质由小河的弯曲程度体现，那么，$(\mathrm{d}u_1/\mathrm{d}\sigma_\mathrm{m},\ \mathrm{d}u_2/\mathrm{d}\sigma_\mathrm{m})$ 是刚体 Σ^* 上 P 点在动瞬心线 π_m的 Frenet 标架 $\{\boldsymbol{R}_\mathrm{m};\ \boldsymbol{E}_{1\mathrm{m}},\ \boldsymbol{E}_{2\mathrm{m}}\}$ 的相对运动分量也就是动瞬心线 π_m本身几何性质的体现。

由上节可知，动瞬心线与定瞬心线的 Frenet 标架重合，在瞬心点处相切地纯滚动，那么有式（1.56）成立，即同一点 P 在瞬时重合的活动标架 $\{\boldsymbol{R}_\mathrm{f};\ \boldsymbol{E}_{1\mathrm{f}},\ \boldsymbol{E}_{2\mathrm{f}}\}$ 与 $\{\boldsymbol{R}_\mathrm{m};\ \boldsymbol{E}_{1\mathrm{m}},\ \boldsymbol{E}_{2\mathrm{m}}\}$ 中具有相同的投影坐标及其变化率，即：

$$u_1=v_1,\ u_2=v_2,\ \frac{\mathrm{d}u_1}{\mathrm{d}\sigma_\mathrm{m}}=\frac{\mathrm{d}v_1}{\mathrm{d}\sigma_\mathrm{f}},\ \frac{\mathrm{d}u_2}{\mathrm{d}\sigma_\mathrm{m}}=\frac{\mathrm{d}v_2}{\mathrm{d}\sigma_\mathrm{f}} \tag{1.69}$$

那么，把式（1.68）代入式（1.64），并利用式（1.63）化简得：

$$\frac{\mathrm{d}\boldsymbol{R}_P}{\mathrm{d}\sigma}=(k_\mathrm{f}-k_\mathrm{m})(-v_2\boldsymbol{E}_{1\mathrm{f}}+v_1\boldsymbol{E}_{2\mathrm{f}})=rk^*(-\sin\alpha\boldsymbol{E}_{1\mathrm{f}}+\cos\alpha\boldsymbol{E}_{2\mathrm{f}}) \tag{1.70}$$

由式（1.70）可得曲线 Γ_P 的弧长 σ_P与 σ 的关系

$$\mathrm{d}\sigma_P = \left|\frac{\mathrm{d}\boldsymbol{R}_P}{\mathrm{d}\sigma}\right|\mathrm{d}\sigma = rk^*\mathrm{d}\sigma \tag{1.71}$$

将式（1.63）对 σ 求导，并利用不动点条件式（1.68）化简，得：

$$\frac{\mathrm{d}r}{\mathrm{d}\sigma} = -\cos\alpha,\ \frac{\mathrm{d}\alpha}{\mathrm{d}\sigma} = -k_{\mathrm{m}} + \frac{\sin\alpha}{r} \tag{1.72}$$

由式（1.70）及式（1.71）可建立 P 点轨迹曲线 Γ_P 的 Frenet 标架 $\{\boldsymbol{R}_P;\ \boldsymbol{E}_1^*,\ \boldsymbol{E}_2^*\}$ 为：

$$\begin{cases}\boldsymbol{E}_1^* = \dfrac{\mathrm{d}\boldsymbol{R}_P}{\mathrm{d}\sigma_P} = \dfrac{\mathrm{d}\boldsymbol{R}_P}{\mathrm{d}\sigma}\Big/\left|\dfrac{\mathrm{d}\boldsymbol{R}_P}{\mathrm{d}\sigma}\right| = -\sin\alpha\boldsymbol{E}_{1\mathrm{f}} + \cos\alpha\boldsymbol{E}_{2\mathrm{f}} \\ \boldsymbol{E}_2^* = \boldsymbol{k}\times\boldsymbol{E}_1^* = -\cos\alpha\boldsymbol{E}_{1\mathrm{f}} - \sin\alpha\boldsymbol{E}_{2\mathrm{f}}\end{cases} \tag{1.73}$$

将式（1.73）的第一式对 σ_P 求导，并点积第二式得到轨迹 Γ_P 的曲率 k_Γ 为：

$$k_\Gamma = \frac{\mathrm{d}\boldsymbol{E}_1^*}{\mathrm{d}\sigma_P}\cdot\boldsymbol{E}_2^* = \frac{1}{r} + \frac{\sin\alpha}{r^2k^*} = \frac{r + \sin\alpha/k^*}{r^2} \tag{1.74a}$$

由此得到运动刚体 Σ^* 上点 P 瞬时在固定刚体 Σ 上的轨迹曲线的曲率公式，也就是著名的 Euler-Savary 公式。若将曲率 k_Γ 用曲率半径 ρ_Γ 的倒数代替，则得到另一种表达形式：

$$\rho_\Gamma\left(r + \frac{\sin\alpha}{k^*}\right) = r^2 \tag{1.74b}$$

即平面 Euler-Savary 公式描述了平面运动刚体上点的位置（在 Frenet 标架 $\{\boldsymbol{R}_{\mathrm{f}};\ \boldsymbol{E}_{1\mathrm{f}},\ \boldsymbol{E}_{2\mathrm{f}}\}$ 中的极坐标 r，α）、轨迹的曲率半径（中心）ρ_Γ 以及动、定瞬心线诱导曲率 k^* 之间的关系。

式（1.74a）中，点 P 的位置是在瞬心线 Frenet 标架中描述的，可由式（1.47）、式（1.63）和式（1.65）将点 P 转换到运动坐标系 $\{\boldsymbol{O}_{\mathrm{m}};\ \boldsymbol{i}_{\mathrm{m}},\ \boldsymbol{j}_{\mathrm{m}}\}$ 中，以直角坐标（$x_{P\mathrm{m}}$，$y_{P\mathrm{m}}$）表示，则可得到 P 点轨迹曲线 Γ_P 曲率的另一表达形式：

$$\begin{cases}k_\Gamma = \dfrac{F}{G} \\ F = (x_{P\mathrm{m}} - a)^2 + (y_{P\mathrm{m}} - b)^2 - \dfrac{D^2}{4} \\ G = \left[\left(x_{P\mathrm{m}} + \dfrac{\sin\theta}{k_{O\mathrm{m}} - \dot{\theta}}\right)^2 + \left(y_{P\mathrm{m}} - \dfrac{\cos\theta}{k_{O\mathrm{m}} - \dot{\theta}}\right)^2\right]^{\frac{3}{2}} \\ a = -\dfrac{(\dot{k}_{O\mathrm{m}} - \ddot{\theta})\cos\theta + (2k_{O\mathrm{m}} - \dot{\theta})(k_{O\mathrm{m}} - \dot{\theta})\sin\theta}{2(k_{O\mathrm{m}} - \dot{\theta})^3} \\ b = \dfrac{-(\dot{k}_{O\mathrm{m}} - \ddot{\theta})\sin\theta + (2k_{O\mathrm{m}} - \dot{\theta})(k_{O\mathrm{m}} - \dot{\theta})\cos\theta}{2(k_{O\mathrm{m}} - \dot{\theta})^3}\end{cases} \tag{1.74c}$$

由 1.1.2 节可知，若在某一瞬时点 P 轨迹曲线 Γ_P 的曲率 k_Γ 为零，即该点三个无限接近位置在一直线上，或者说轨迹曲线 Γ_P 与直线二阶接触，称其为该轨迹曲线 Γ_P 上的**拐点**。令式（1.74a）为零，可得：

$$r + D\sin\alpha = 0 \tag{1.75}$$

式中，$D = 1/k^*$。这是一个圆的方程，表示在该瞬时轨迹产生拐点的运动刚体上点都汇集在该圆上，称该圆为运动刚体上的**拐点圆**。如图 1.24 所示，其直径为 $|1/k^*|$ 且圆心位于瞬心线法线上，并且与瞬心线相切。随着刚体平面运动的不同瞬时（或位置），拐点圆在刚体上的位置和大小随之变化。虽然拐点圆过瞬心点 P_0，但属于拐点圆上奇点，由式（1.74a）可知其轨迹线的曲率为无穷大，即轨迹线上出现尖点。

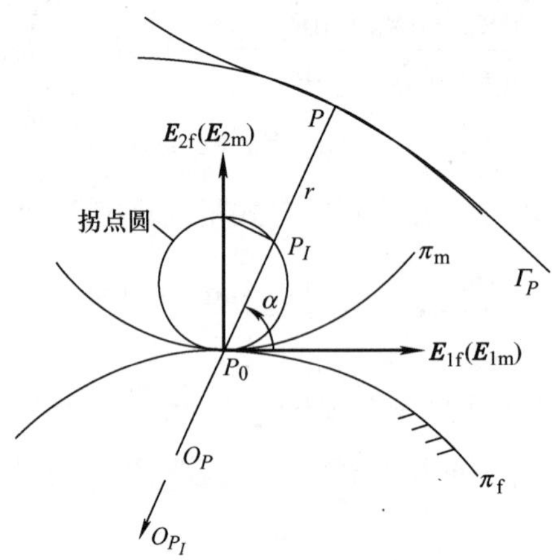

图 1.24 平面运动的 Euler-Savary 公式

由 Euler-Savary 公式（1.74）可知，在瞬心线的 Frenet 标架参考系下，可求得点 P 到瞬心 P_0 的矢量 $\overrightarrow{PP_0}$、点 P 到其轨迹曲线 Γ_P 曲率中心 O_P 的矢量 $\overrightarrow{PO_P}$（曲率半径 ρ_Γ），点 P 到拐点圆上相应点 P_I 的矢量 $\overrightarrow{PP_I}$，并且三个矢量存在关系式：$\overrightarrow{PP_I} \cdot \overrightarrow{PO_P} = (\overrightarrow{PP_0})^2$，由于该式右端恒为正值，从而曲率中心 O_P 与拐点 P_I 必位于点 P 的同侧。若某一瞬时，运动刚体上的点恰为拐点，即 $\overrightarrow{PP_I} = 0$，由式（1.75）可知，其轨迹曲线的曲率中心应在无穷远处。

平面运动刚体上点的轨迹线的曲率仅仅反映了该点无限接近三位置的几何特征，为揭示更大范围上该点的运动几何特征，需研究平面运动点的高阶曲率特征。当平面运动点的轨迹曲线的（高阶）曲率为特定值或者为零时，其轨迹曲线具有特定的几何意义，研究这些点在运动刚体上的位置，对机构的分析与综合具有重要的指导意义。

【例 1-7】 平面曲柄摇杆机构的 Euler-Savary 公式。

在例 1-5 中给出了平面曲柄摇杆机构动瞬心线 π_m 与定瞬心线 π_f，动瞬心线 π_m 上的 Frenet 标架 $\{\boldsymbol{R}_m;\ \boldsymbol{E}_{1m},\ \boldsymbol{E}_{2m}\}$ 可由式（1.47）得到：

$$\begin{cases} \boldsymbol{R}_m = \dfrac{1}{k_a - \dot\theta}(-\sin\theta\boldsymbol{i}_m + \cos\theta\boldsymbol{j}_m) \\ \boldsymbol{E}_{1m} = \dfrac{-[\dot\theta(k_a - \dot\theta)\cos\theta + \ddot\theta\sin\theta]\boldsymbol{i}_m + [-\dot\theta(k_a - \dot\theta)\sin\theta + \ddot\theta\cos\theta]\boldsymbol{j}_m}{[\dot\theta^2(k_a - \dot\theta)^2 + \ddot\theta^2]^{\frac{1}{2}}} \\ \boldsymbol{E}_{2m} = \dfrac{[\dot\theta(k_a - \dot\theta)\sin\theta - \ddot\theta\cos\theta]\boldsymbol{i}_m - [\dot\theta(k_a - \dot\theta)\cos\theta + \ddot\theta\sin\theta]\boldsymbol{j}_m}{[\dot\theta^2(k_a - \dot\theta)^2 + \ddot\theta^2]^{\frac{1}{2}}} \end{cases} \tag{E1-7.1}$$

对于由式（1.75）确定的连杆平面上的拐点圆，可以通过式（E1-7.1）将其转换到连杆坐标系 $\{\boldsymbol{B};\ \boldsymbol{i}_{\mathrm{m}},\ \boldsymbol{j}_{\mathrm{m}}\}$ 中描述为：

$$(x_{\mathrm{m}}-a)^2+(y_{\mathrm{m}}-b)^2=\frac{D^2}{4} \tag{E1-7.2a}$$

其中拐点圆圆心坐标（a，b）为：

$$\begin{cases} a=-\dfrac{-\ddot{\theta}\cos\theta+(2k_a-\dot{\theta})(k_a-\dot{\theta})\sin\theta}{2(k_a-\dot{\theta})^3} \\ b=\dfrac{\ddot{\theta}\sin\theta+(2k_a-\dot{\theta})(k_a-\dot{\theta})\cos\theta}{2(k_a-\dot{\theta})^3} \end{cases} \tag{E1-7.2b}$$

当该曲柄摇杆机构的输入角 $\varphi=238°$时，瞬心点 P_0 在连杆坐标系中的极坐标为 $r_{P0}=2.6995$，$\theta_{P0}=15.9604°$，定瞬心线 π_{f}与动瞬心线 π_{m}的曲率分别为 $k_{\mathrm{f}}=0.3712$，$k_{\mathrm{m}}=0.5892$，从而诱导曲率 $k^*=k_{\mathrm{f}}-k_{\mathrm{m}}=-0.2180$。代入式（1.74b），得到此时的Euler-Savary公式为：

$$\rho_{\Gamma}\left(r-\frac{\sin\alpha}{0.2180}\right)=r^2 \tag{E1-7.3}$$

此时连杆坐标系 $\{\boldsymbol{B};\ \boldsymbol{i}_{\mathrm{m}},\ \boldsymbol{j}_{\mathrm{m}}\}$ 中的拐点圆方程为：

$$(x_{\mathrm{m}}-4.8075)^2+(y_{\mathrm{m}}-1.3502)^2=5.2627 \tag{E1-7.4}$$

连杆上的一点 P 在 Frenet 标架 $\{\boldsymbol{R}_{\mathrm{m}};\ \boldsymbol{E}_{1\mathrm{m}},\ \boldsymbol{E}_{2\mathrm{m}}\}$ 中的极坐标为（5，250°），其在连杆坐标系 $\{\boldsymbol{B};\ \boldsymbol{i}_{\mathrm{m}},\ \boldsymbol{j}_{\mathrm{m}}\}$ 中的直角坐标为（−2.3882，1.1463），则可由式（E1-7.3）得到其轨迹曲线 Γ_P 在该瞬时的曲率半径 $\rho_{\Gamma}=2.6849$，从而可知曲率中心 O_P在 Frenet 标架 $\{\boldsymbol{R}_{\mathrm{f}};\ \boldsymbol{E}_{1\mathrm{f}},\ \boldsymbol{E}_{2\mathrm{f}}\}$ 中的极坐标（$r_{O_P}=2.3151$，$\alpha_{O_P}=250°$），或者在固定坐标系 $\{\boldsymbol{A};\ \boldsymbol{i}_{\mathrm{f}},\ \boldsymbol{j}_{\mathrm{f}}\}$ 中的直角坐标为（−0.9384，0.0349）。此时，拐点 P_I 在 Frenet 标架 $\{\boldsymbol{R}_{\mathrm{m}};\ \boldsymbol{E}_{1\mathrm{m}},\ \boldsymbol{E}_{2\mathrm{m}}\}$ 中的极坐标为（4.3114，70°），在连杆坐标系 $\{\boldsymbol{B};\ \boldsymbol{i}_{\mathrm{m}},\ \boldsymbol{j}_{\mathrm{m}}\}$ 中的直角坐标为（6.8928，0.3940）。将所有特征点的坐标均转换到固定坐标系中描述，结果如图 1.25 所示。

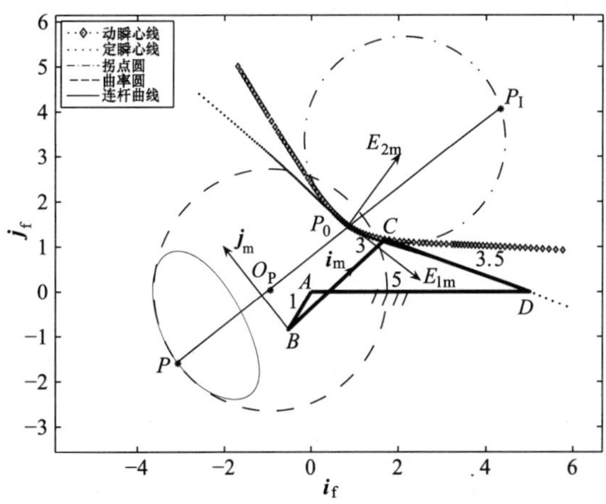

图 1.25　曲柄摇杆机构的瞬时 Euler-Savary 公式

【例 1-8】 平面曲柄滑块机构的 Euler-Savary 公式。

在例 1-6 中给出了平面曲柄滑块机构动瞬心线 π_m 与定瞬心线 π_f。动瞬心线 π_m 上的 Frenet 标架 $\{\boldsymbol{R}_m;\ \boldsymbol{E}_{1m},\ \boldsymbol{E}_{2m}\}$ 可同样采用式（E1-7.1）得到。利用式（E1-7.2）和式（E1-7.3）可以得到连杆坐标系 $\{\boldsymbol{B};\ \boldsymbol{i}_m,\ \boldsymbol{j}_m\}$ 中拐点圆的方程。

当曲柄滑块机构的输入角为 $\varphi=-30°$时，瞬心点 P_0在连杆坐标系中的极坐标为 $r_{P0}=2.1166$，$\theta_{P0}=-72.8463°$，定瞬心线 π_f与动瞬心线 π_m的曲率分别为 $k_f=-0.1076$，$k_m=-0.2585$，从而诱导曲率 $k^*=k_f-k_m=0.1509$。代入式（1.74b），得到此时的Euler-Savary公式：

$$\rho_\Gamma\left(r+\frac{\sin\alpha}{0.1509}\right)=r^2 \tag{E1-8.1}$$

此时连杆坐标系 $\{\boldsymbol{B};\ \boldsymbol{i}_m,\ \boldsymbol{j}_m\}$ 中的拐点圆方程为：

$$(x_m+0.6465)^2+(y_m-1.0372)^2=10.9760 \tag{E1-8.2}$$

连杆上的一点 P 在 Frenet 标架 $\{\boldsymbol{R}_m;\ \boldsymbol{E}_{1m},\ \boldsymbol{E}_{2m}\}$ 中的极坐标为（5.7，45°），其在连杆坐标系 $\{\boldsymbol{B};\ \boldsymbol{i}_m,\ \boldsymbol{j}_m\}$ 中的直角坐标为（-1.5518，-7.2907），则可由式（E1-8.1）得到 P 点轨迹曲线在该瞬时对应点处的曲率半径 $\rho_\Gamma=3.1285$，从而可知曲率中心 O_P 在 Frenet 标架 $\{\boldsymbol{R}_f;\ \boldsymbol{E}_{1f},\ \boldsymbol{E}_{2f}\}$ 中的极坐标为（2.5715，45°），以及在固定坐标系 $\{\boldsymbol{A};\ \boldsymbol{i}_f,\ \boldsymbol{j}_f\}$ 中的直角坐标为（3.5954，-3.9686）。此时，拐点 P_I在 Frenet 标架 $\{\boldsymbol{R}_m;\ \boldsymbol{E}_{1m},\ \boldsymbol{E}_{2m}\}$ 中的极坐标为（4.6853，225°），在连杆坐标系 $\{\boldsymbol{B};\ \boldsymbol{i}_m,\ \boldsymbol{j}_m\}$ 中的直角坐标为（2.4131，2.3080）。将所有特征点的坐标均转换到固定坐标系中描述，结果如图 1.26 所示。

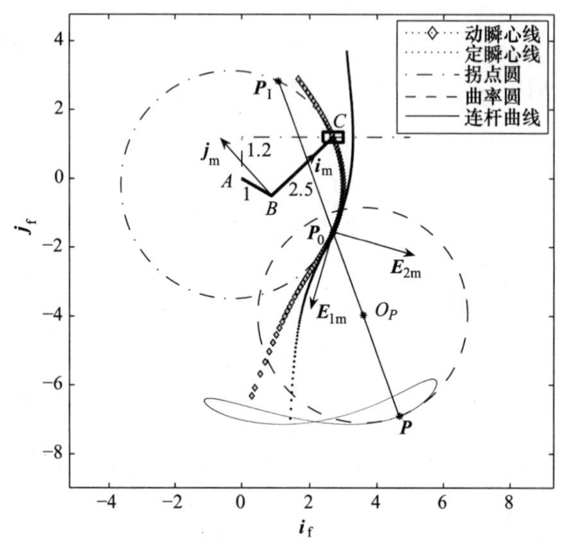

图 1.26 曲柄滑块机构的瞬时 Euler-Savary 公式

1.2.4 高阶曲率理论

平面曲线在一点的曲率只能反映该曲线在该点邻近三个无限接近位置处的几何性质。

因而，为获得曲线在该点更大邻域内的几何性质，需要对曲率的高阶导数进行研究。例如，当连杆点的轨迹在某点曲率的一阶导数为特定的值（如零），表明轨迹曲线具有特定的几何意义，在机构学上研究这些点的位置，对机构的分析和综合具有重要的指导意义。

将式（1.74a）对弧长参数 σ 分别进行一次求导以及二次求导可得到：

$$\frac{\mathrm{d}k_\Gamma}{\mathrm{d}\sigma}=\frac{1}{H}\left(\frac{1}{M\sin\alpha}+\frac{1}{N\cos\alpha}-\frac{1}{r}\right) \tag{1.76}$$

$$\frac{\mathrm{d}^2k_\Gamma}{\mathrm{d}\sigma^2}=\left(T-\frac{1}{H}\frac{\mathrm{d}H}{\mathrm{d}\sigma}\right)\frac{\mathrm{d}k^*}{\mathrm{d}\sigma}-H\cos\alpha\left(\frac{\mathrm{d}k^*}{\mathrm{d}\sigma}\right)^2+\frac{1}{H}RQ \tag{1.77}$$

式中

$$\begin{cases}\dfrac{1}{H}=-\dfrac{3\sin\alpha\cos\alpha}{r^2k^*},\dfrac{1}{M}=\dfrac{k_\mathrm{m}-k^*}{3},\dfrac{1}{N}=\dfrac{1}{3k^*}\dfrac{\mathrm{d}k^*}{\mathrm{d}\sigma},T=\dfrac{3}{M}\cot\alpha+\dfrac{1}{N}(2-\tan^2\alpha)\\ R=\dfrac{1}{N^2}\dfrac{\cos\alpha}{\sin^2\alpha},Q=\tan^4\alpha+c_1\tan^3\alpha+c_2\tan^2\alpha+c_3\tan\alpha+c_4\\ c_1=-k_\mathrm{m}N+\dfrac{N}{M},c_2=-\left(1+\dfrac{\mathrm{d}N}{\mathrm{d}\sigma}\right),c_3=-\dfrac{N}{M^2}\left(\dfrac{\mathrm{d}M}{\mathrm{d}\sigma}N+3M\right),c_4=\dfrac{(Mk_\mathrm{m}-2)N^2}{M^2}\end{cases} \tag{1.78}$$

（1）曲率驻点　当运动刚体 Σ^* 上点 P 轨迹曲线 Γ_P 的曲率 k_Γ 对弧长参数 σ 的一阶导数为零时，表示该点轨迹此时曲率变化率为零，称其为**曲率驻点**。令式（1.76）为零，可化简得：

$$\frac{1}{r}=\frac{1}{M\sin\alpha}+\frac{1}{N\cos\alpha} \tag{1.79}$$

式（1.79）在瞬心线的 Frenet 标架 $\{\boldsymbol{R}_\mathrm{m};\ \boldsymbol{E}_{1\mathrm{m}},\ \boldsymbol{E}_{2\mathrm{m}}\}$ 中描述，可通过 Frenet 标架到运动坐标系 $\{\boldsymbol{O}_\mathrm{m};\ \boldsymbol{i}_\mathrm{m},\ \boldsymbol{j}_\mathrm{m}\}$ 的坐标变换将其转换到运动坐标系中描述，可得到关于点坐标（$x_{P\mathrm{m}}$，$y_{P\mathrm{m}}$）的三次代数方程。将满足该方程的曲线称为刚体平面上的**曲率驻点曲线**，刚体上满足曲率驻点条件的点都分布在这条曲线上。曲率驻点无限接近四个位置均在一圆上，或者说其轨迹曲线在该点处与圆三阶接触。随着刚体的运动（对所有时刻 σ）刚体平面上的曲率驻点曲线形成曲线族。

（2）Ball 点　当运动刚体 Σ^* 上点的轨迹曲线的曲率 k_Γ 及其一阶导数 $\mathrm{d}k_\Gamma/\mathrm{d}\sigma$ 同时为零，即式（1.75）与式（1.79）联立，得到该点在 Frenet 标架 $\{\boldsymbol{R}_\mathrm{m};\ \boldsymbol{E}_{1\mathrm{m}},\ \boldsymbol{E}_{2\mathrm{m}}\}$ 中极坐标 (r,α) 满足的方程为：

$$\begin{cases}\tan\alpha=-\dfrac{k^*(k_\mathrm{m}+2k^*)}{\mathrm{d}k^*/\mathrm{d}\sigma}\\ r=-\dfrac{\sin\alpha}{k^*}\end{cases} \tag{1.80}$$

该点为拐点圆与曲率驻点曲线的交点，称为 **Ball 点**。由 1.1.2 节可知，平面运动刚体上 Ball 点的轨迹曲线在该点的四个无限接近位置共一直线，或与直线三阶接触。

（3）Burmester 点　当运动刚体 Σ^* 上点的轨迹曲线的曲率一阶导数 $\mathrm{d}k_\Gamma/\mathrm{d}\sigma$、二阶导数 $\mathrm{d}^2k_\Gamma/\mathrm{d}\sigma^2$ 同时为零，则由式（1.76）和式（1.77）得到该点在 Frenet 标架 $\{\boldsymbol{R}_\mathrm{m};\ \boldsymbol{E}_{1\mathrm{m}},\ \boldsymbol{E}_{2\mathrm{m}}\}$ 中极坐标 (r,α) 满足的方程为：

$$\begin{cases}\dfrac{1}{r}=\dfrac{1}{M\sin\alpha}+\dfrac{1}{N\cos\alpha}\\ \tan^4\alpha+c_1\tan^3\alpha+c_2\tan^2\alpha+c_3\tan\alpha+c_4=0\end{cases} \tag{1.81}$$

式（1.81）中的第二式为 $\tan\alpha$ 的四次方程，最多有四个实数解。将满足该方程式的刚体平面上的点称为 **Burmester 点**，其在固定坐标系中的轨迹曲线在该点处的曲率同时满足 $\mathrm{d}k_\Gamma/\mathrm{d}\sigma=0$ 和 $\mathrm{d}^2k_\Gamma/\mathrm{d}\sigma^2=0$。这表明轨迹曲线在该点的无限接近五位置均在一圆上，或者说轨迹曲线在该点与圆四阶接触。

（4）Ball 点曲线及其奇点　由式（1.80）可以得到每一瞬时（瞬心线弧长 σ 处）运动刚体 Σ^* 上的一个 Ball 点，当刚体经过平面运动后，运动刚体上在不同瞬时的 Ball 点集合就组成了运动刚体上的 **Ball 点曲线**，Ball 点在 Frenet 标架中的坐标（r，α）或者运动坐标系中的坐标 $(x_{P\mathrm{m}},y_{P\mathrm{m}})$ 则为瞬心线弧长参数 σ 的函数，并满足式（1.80）。

对于刚体平面上运动坐标系 $\{\boldsymbol{O}_\mathrm{m};\ \boldsymbol{i}_\mathrm{m},\ \boldsymbol{j}_\mathrm{m}\}$ 中的一点 P（$x_{P\mathrm{m}}$，$y_{P\mathrm{m}}$），其轨迹曲线的曲率如式（1.74c）所描述：

$$k_\Gamma=\frac{F(x_{P\mathrm{m}},y_{P\mathrm{m}},s)}{G(x_{P\mathrm{m}},y_{P\mathrm{m}},s)} \tag{1.82}$$

式中，s 为原曲线 $\Gamma_{0\mathrm{m}}$ 的弧长，F 和 G 为刚体上点坐标（$x_{P\mathrm{m}}$，$y_{P\mathrm{m}}$）以及弧长 s 的函数，如式（1.74c）所示。

将式（1.82）对弧长参数 s 求导，并且令 $\dfrac{\mathrm{d}k_\Gamma}{\mathrm{d}s}=0$，可得到：

$$\frac{\mathrm{d}k_\Gamma}{\mathrm{d}s}=\frac{1}{G^2}\left(\frac{\mathrm{d}F}{\mathrm{d}s}G-\frac{\mathrm{d}G}{\mathrm{d}s}F\right)=0 \tag{1.83}$$

由式（1.83）同样可以得到如式（1.79）关于刚体上点坐标的三次代数方程。

令式（1.82）为零，并结合式（1.83）可得到 Ball 点满足的条件式：

$$F(x_{P\mathrm{m}},y_{P\mathrm{m}},s)=0,\frac{\partial F}{\partial s}=0 \tag{1.84}$$

对于原曲线 $\Gamma_{0\mathrm{m}}$ 弧长参数 s 的一段区间，式（1.84）的前一式描述了刚体平面上的一组拐点圆，而后一式则为将拐点圆位置对弧长参数 s 求导，由于 F 为 $(x_{P\mathrm{m}},y_{P\mathrm{m}})$ 和 s 的函数，因而式（1.84）描述了该组拐点圆的包络线。

将式（1.74c）中 F 的表达式代入式（1.84），可得到两组解，其中一组为

$$\begin{cases} x_{\mathrm{m}} = u_1^{(1)} \cos\theta - u_2^{(1)} \sin\theta \\ y_{\mathrm{m}} = u_1^{(1)} \sin\theta + u_2^{(1)} \cos\theta \end{cases} \tag{1.85a}$$

其中

$$\begin{cases} u_1^{(1)} = 0 \\ u_2^{(1)} = \dfrac{1}{k_{O\mathrm{m}} - \dot{\theta}} \end{cases} \tag{1.85b}$$

另一组解为

$$\begin{cases} x_{b\mathrm{m}} = u_1^{(2)} \cos\theta - u_2^{(2)} \sin\theta \\ y_{b\mathrm{m}} = u_1^{(2)} \sin\theta + u_2^{(2)} \cos\theta \end{cases} \tag{1.86a}$$

其中

$$\begin{cases} u_1^{(2)} = \dfrac{C\dot{\theta}(k_{O\mathrm{m}} - \dot{\theta}) - C^2(\dot{k}_{O\mathrm{m}} - \ddot{\theta})}{(1 + C^2)(k_{O\mathrm{m}} - \dot{\theta})^3} \\ u_2^{(2)} = \dfrac{1}{k_{O\mathrm{m}} - \dot{\theta}} + \dfrac{C^2\dot{\theta}(k_{O\mathrm{m}} - \dot{\theta}) + C(\dot{k}_{O\mathrm{m}} - \ddot{\theta})}{(1 + C^2)(k_{O\mathrm{m}} - \dot{\theta})^3} \\ C = \dfrac{\dot{\theta}(k_{O\mathrm{m}} - \dot{\theta})^2(\ddot{k}_{O\mathrm{m}} - \dddot{\theta}) + \dot{\theta}^2(k_{O\mathrm{m}} - \dot{\theta})^3(2k_{O\mathrm{m}} - \dot{\theta}) + (k_{O\mathrm{m}} - \dot{\theta})^2(\dot{k}_{O\mathrm{m}} - \ddot{\theta})(2\dot{k}_{O\mathrm{m}} - 3\ddot{\theta})}{\dot{\theta}\ddot{\theta}(k_{O\mathrm{m}} - \dot{\theta})^3 + (k_{O\mathrm{m}} - \dot{\theta})(\dot{k}_{O\mathrm{m}} - \ddot{\theta})(\ddot{k}_{O\mathrm{m}} - \dddot{\theta}) - 2\dot{\theta}^2(\dot{k}_{O\mathrm{m}} - \ddot{\theta})(k_{O\mathrm{m}} - \dot{\theta})^2 - 3(\dot{k}_{O\mathrm{m}} - \ddot{\theta})^3} \end{cases} \tag{1.86b}$$

式（1.85）和式（1.86）描述了拐点圆族的两条包络线。式（1.85）同 1.2.1 节中的式（1.42），描述了刚体平面上的动瞬心线；式（1.86）则为 Ball 点曲线的另一种表达形式。注意这两条包络线并不是等距线，因为拐点圆的半径随拐点圆位置不同而变化。

对于刚体平面上 Ball 点曲线的几何性质进行讨论，式（1.84）给出了 Ball 点满足的条件，而式（1.86a）则给出了 Ball 点的具体位置方程，可以将其写为：

$$x_{b\mathrm{m}} = x_{b\mathrm{m}}(s),\ y_{b\mathrm{m}} = y_{b\mathrm{m}}(s) \tag{1.87}$$

如果某一瞬时 Ball 点曲线上出现奇点，则

$$\dot{x}_{b\mathrm{m}} = \frac{\mathrm{d}x_{b\mathrm{m}}}{\mathrm{d}s} = 0,\ \dot{y}_{b\mathrm{m}} = \frac{\mathrm{d}y_{b\mathrm{m}}}{\mathrm{d}s} = 0 \tag{1.88}$$

将式（1.84）的隐函数对弧长参数 s 求偏导，可得：

$$\begin{cases} F_{x_{b\mathrm{m}}}\dot{x}_{b\mathrm{m}} + F_{y_{b\mathrm{m}}}\dot{y}_{b\mathrm{m}} + F_s = 0 \\ F_{sx_{b\mathrm{m}}}\dot{x}_{b\mathrm{m}} + F_{sy_{b\mathrm{m}}}\dot{y}_{b\mathrm{m}} + F_{ss} = 0 \end{cases} \tag{1.89}$$

式中，F 的右下标字母表示对其求偏导数，如 $F_s=\dfrac{\partial F}{\partial s}$，由式（1.89）可以解出：

$$
\begin{cases}
\dot{x}_{bm}=\dfrac{F_{ss}F_{y_{bm}}}{F_{x_{bm}}F_{sy_{bm}}-F_{y_{bm}}F_{sx_{bm}}} \\
\dot{y}_{bm}=\dfrac{F_{ss}F_{x_{bm}}}{F_{x_{bm}}F_{sy_{bm}}-F_{y_{bm}}F_{sx_{bm}}}
\end{cases}
\tag{1.90}
$$

将式（1.90）代入式（1.88）可得 Ball 点曲线产生奇点的条件是：

$$F_{ss}=0,F_{x_{bm}}F_{sy_{bm}}-F_{y_{bm}}F_{sx_{bm}}\neq 0 \tag{1.91}$$

结合式（1.84）和式（1.91）可得 Ball 点曲线的奇点满足的方程式：

$$F=0,F_s=0,F_{ss}=0,F_{x_{bm}}F_{sy_{bm}}-F_{y_{bm}}F_{sx_{bm}}\neq 0 \tag{1.92}$$

式（1.92）表明了 Ball 点曲线上的奇点，其轨迹曲线 Γ_P 在该瞬时的曲率满足条件式 $k_\Gamma=0$，$\mathrm{d}k_\Gamma/\mathrm{d}\sigma=0$ 和 $\mathrm{d}^2k_\Gamma/\mathrm{d}\sigma^2=0$。前文已经介绍，$k_\Gamma=0$ 和 $\mathrm{d}k_\Gamma/\mathrm{d}\sigma=0$ 是 Ball 点满足的条件式，而 $\mathrm{d}k_\Gamma/\mathrm{d}\sigma=0$ 和 $\mathrm{d}^2k_\Gamma/\mathrm{d}\sigma^2=0$ 则是 Burmester 点满足的条件式，因而 Ball 点曲线的奇点表明该 Ball 点同样也是 Burmester 点，可称之为 **Ball-Burmester 点**。

平面运动刚体上的 Burmester 点的轨迹曲线在该点的无限接近五个位置均在一个圆上，或者说轨迹曲线在该点处与圆四阶接触。而对于刚体的 Ball-Burmester 点，其轨迹曲线在该点的无限接近五个位置均在一条直线上，或者说轨迹曲线与一直线四阶接触。

（5）Burmester 点曲线及其奇点　由式（1.81）可知，在每一瞬时运动刚体可能存在 Burmester 点，随着刚体在固定平面上的运动，刚体上所有瞬时的 Burmester 点集合就组成了运动刚体上的 **Burmester 点曲线**。由 Burmester 点的定义可知，运动刚体上的点在该瞬时成为 Burmester 点，其轨迹此时有 $\mathrm{d}k_\Gamma/\mathrm{d}\sigma=0$，$\mathrm{d}^2k_\Gamma/\mathrm{d}\sigma^2=0$。把这两个条件式按式（1.74c）的第一式列出：

$$
\begin{cases}
\dfrac{F_sG-G_sF}{G^2}=0 \\
\dfrac{F_{ss}G-G_{ss}F}{G^4}=0
\end{cases}
\tag{1.93a}
$$

令式（1.93a）中的第一式的分子为 $H(x_{Bm},\ y_{Bm},\ s)=0$，则式（1.93a）可改写为：

$$
\begin{cases}
H(x_{Bm},y_{Bm},s)=F_sG-G_sF=0 \\
H_s(x_{Bm},y_{Bm},s)=F_{ss}G-G_{ss}F=0
\end{cases}
\tag{1.93b}
$$

式（1.93b）的第一式可化简为立方曲线，是该瞬时运动刚体平面上的曲率驻点曲线，而第二式的实质是对第一式的位置函数求偏导，二者联立为求曲率驻点曲线的包络线，或者说，Burmester 点曲线是曲率驻点曲线的包络线。由式（1.81）可知，瞬时 Burmester 点不多于四个，意味着包络线不多于四条。如果 Burmester 点曲线上出现奇点，同式（1.91）的形式一样，必有：

$$H_{ss}(x_{Bm},y_{Bm},s)=0, H_{x_{Bm}}H_{sy_{Bm}}-H_{y_{Bm}}H_{sx_{Bm}}\neq 0 \tag{1.94}$$

结合 Burmester 点的方程（1.93b）以及方程（1.94），可以得到 Burmester 曲线的奇点满足的方程式为：

$$\begin{cases} H(x_{Bm},y_{Bm},s)=F_sG-G_sF=0 \\ H_s(x_{Bm},y_{Bm},s)=F_{ss}G-G_{ss}F=0 \\ H_{ss}(x_{Bm},y_{Bm},s)=F_{sss}G-G_{sss}F+F_{ss}G_s-G_{ss}F_s=0 \\ H_{x_{Bm}}H_{sy_{Bm}}-H_{y_{Bm}}H_{sx_{Bm}}\neq 0 \end{cases} \tag{1.95}$$

可以看到 Burmester 曲线上的奇异点的轨迹曲线在该点的曲率同时满足 $\partial k_\Gamma/\partial s=0$，$\partial^2 k_\Gamma/\partial s^2=0$ 和 $\partial^3 k_\Gamma/\partial s^3=0$，从而轨迹曲线在该瞬的无限接近六个位置均在一个圆上，或者说与一圆在该点处五阶接触。

（6）平面四杆机构的 Ball 点曲线和 Burmester 点曲线　对于例 1-5 中的双曲柄机构，可由式（E1-7.2）与式（E1-7.3）获得其连杆平面上的拐点圆方程。在 $\varphi\in[0, 2\pi]$ 范围内，以 0.1 为步长，绘制出连杆平面上的拐点圆族，如图 1.27 所示。

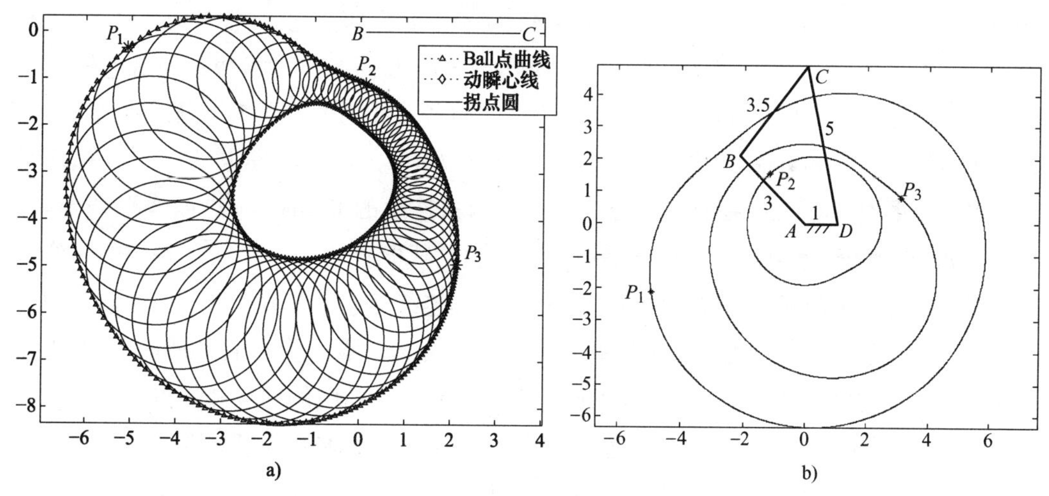

图 1.27　连杆平面上的拐点圆族

a）双曲柄机构的 Ball 点曲线　b）三个 Ball 点的轨迹曲线

连杆平面上的拐点圆族包络出两条曲线——Ball 点曲线和动瞬心线，如图 1.27a 所示。将 $k_{Om}=k_a$ 代入式（1.86），可以得到 Ball 点曲线的具体方程。连杆平面上的三个 Ball 点 P_1(−5.0876，−0.3534)，P_2（0.1186，−1.0982），P_3（2.1283，−4.9436）的轨迹曲线如图 1.27b 所示。

【例 1-9】 平面四杆机构 Ball 点曲线和 Burmester 点曲线的奇点。

本例讨论适用于任意刚体的平面运动。对于平面铰链四杆机构，由于连杆平面存在轨迹为圆的铰链点，就是 Burmester 点。假设连杆上两铰链点位于瞬心线标架 $\{\boldsymbol{R}_{\mathrm{m}};\ \boldsymbol{E}_{1\mathrm{m}},\ \boldsymbol{E}_{2\mathrm{m}}\}$ 内瞬时的极坐标分别为（r_1，α_1）以及（r_2，α_2），式（1.81）中关于 $\tan\alpha$ 的四次方程退化为如下的二次方程：

$$\tan^2\alpha + (c_1 + p)\tan\alpha + \frac{c_4}{w} = 0 \tag{E1-9.1}$$

其中

$$p = \tan\alpha_1 + \tan\alpha_2,\ w = \tan\alpha_1 \cdot \tan\alpha_2 \tag{E1-9.2}$$

式（E1-9.1）的两个解为：

$$\tan\alpha_3 = \frac{1}{2}\left[-(c_1 + p) + \sqrt{(c_1 + p)^2 - \frac{4c_4}{w}}\right] \tag{E1-9.3a}$$

$$\tan\alpha_4 = \frac{1}{2}\left[-(c_1 + p) - \sqrt{(c_1 + p)^2 - \frac{4c_4}{w}}\right] \tag{E1-9.3b}$$

将解得的 α_3 和 α_4 代入式（1.81）的第一式，可得到在连杆动瞬心线 π_{m} 上 Frenet 标架 $\{\boldsymbol{R}_{\mathrm{m}};\ \boldsymbol{E}_{1\mathrm{m}},\ \boldsymbol{E}_{2\mathrm{m}}\}$ 内表示的两点（r_3，α_3）与（r_4，α_4），再通过坐标转换得到连杆坐标系坐标点。由于式（E1-9.3）是一元二次代数方程，其解具有对偶性，即两个根同时存在、或相等（重根）或不存在，对应于其根号下 $(c_1 + p)^2 - 4c_4/w$ 是否大于、等于或小于零。由式（1.78）可知，c_1，c_4，p，w 是瞬心线几何参数及弧长（位置）σ 的函数，随着连杆连续运动，动、定瞬心线参数与位置连续变化，因而式（E1-9.3）有不同的解或无解也是连续的，从而形成两条连续的 Burmester 点曲线。当其根号下 $(c_1 + p)^2 - 4c_4/w$ 从大于零变化到等于零时，出现二重根，即此时两个解重合为一点，两条连续的 Burmester 点曲线汇合到一点，称为 **Double-Burmester 点**。随着连杆继续连续运动，其根号下 $(c_1 + p)^2 - 4c_4/w$ 从等于零变化到小于零时，出现无解情况。同样，当连杆继续连续运动，其根号下 $(c_1 + p)^2 - 4c_4/w$ 由小于零变化等于零时，出现二重根，此时两个解重合为一点，为新的 Burmester 点曲线两分支的起点。由此可知，Double-Burmester 点是 Burmester 点曲线的起点和终点，均为五个无限接近位置的 Burmester 点，其轨迹（连杆曲线）在瞬时与直线仍为四阶接触，并无特别意义。由于 Double-Burmester 点条件是 $(c_1 + p)^2 - 4c_4/w$ 等于零，因而是瞬时性质，故对连杆的位置与运动参数变化敏感。由式（1.93）、式（1.94）可知，Burmester 点曲线的奇点表明 Burmester 点在该位置（瞬时）变化率为零，不仅大范围接近圆，而且对运动和位置参数没有 Double-Burmester 点那么敏感，因此便于应用。

特殊地，平面运动刚体上一点某瞬时同时为 Ball 点与 Burmester 点，即 Ball 点与一个 Burmester 点重合，即为 Ball 点曲线的奇点，称为 **Ball-Burmester 点**。Ball 点可由式（1.80）或者式（1.86）来确定，而 Burmester 点的 $\tan\alpha$ 是式（E1-9.1）的一个解，有：

$$\tan\alpha = -\frac{k^*(k_{\mathrm{m}} + 2k^*)}{\mathrm{d}k^*/\mathrm{d}\sigma} = \frac{1}{2}\left[-(c_1 + p) \pm \sqrt{(c_1 + p)^2 - \frac{4c_4}{w}}\right] \tag{E1-9.4}$$

式中，根号前的“+”“-”号只能选择一种，把式（1.78）代入化简得：

$$\left(\frac{1}{w}-3\right)-\left(3+\frac{1}{w}\right)\frac{k_{\mathrm{m}}}{k^{*}}+p\,\frac{\mathrm{d}k^{*}/\mathrm{d}\sigma}{k^{*2}}=0 \tag{E1-9.5}$$

这就是平面铰链四杆机构连杆平面上 Ball 点曲线出现奇点的条件。当连杆平面的瞬心线参数 k_{m}、k^{*}、$\mathrm{d}k^{*}/\mathrm{d}\sigma$ 和两铰链点的位置满足上述方程时，Ball 点曲线便产生奇点，即该瞬时的 Ball 点和 Burmester 点重合。

更为巧合的是，当 Ball 点和 Burmester 点在该瞬时重合时，恰好连杆平面上的 Burmester 点是二重根，即该瞬时的两个 Burmester 点重合，称该点为 **Ball-Double-Burmester 点**。则由式（1.80）和式（E1-9.1）得：

$$\tan\alpha=-\frac{k^{*}(k_{\mathrm{m}}+2k^{*})}{\dfrac{\mathrm{d}k^{*}}{\mathrm{d}\sigma}}=-\frac{1}{2}(c_{1}+p) \tag{E1-9.6}$$

将 c_1 的参数代入式（E1-9.6）并化简得：

$$p=\frac{4k_{\mathrm{m}}k^{*}+5k^{*2}}{\dfrac{\mathrm{d}k^{*}}{\mathrm{d}\sigma}},w=\frac{k_{\mathrm{m}}-k^{*}}{k_{\mathrm{m}}+2k^{*}} \tag{E1-9.7}$$

式（E1-9.7）就是该瞬时在杆平面上 Ball 点成为 Ball-Double-Burmester 点的条件。

由此可知，Ball-Burmester 点和 Ball-Double-Burmester 点均为五个无限接近位置的 Burmester点，其轨迹（连杆曲线）在瞬时与直线仍为四阶接触，并无特别意义。

若平面双曲柄机构的杆长分别为 $a_1=1$，$a_2=1$，$a_3=1.3$，$a_4=0.3$，此时连杆平面上的两个铰链点 B（0，0）与 C（1，0）为连杆平面上的 Burmester 点。由式（E1-7.1）可将这两点转换到瞬心线的活动标架 $\{\boldsymbol{R}_{\mathrm{m}};\boldsymbol{E}_{1\mathrm{m}},\boldsymbol{E}_{2\mathrm{m}}\}$ 中去描述，得到两铰链点位于瞬心线标架内任意瞬时的极坐标（r_B，α_B）以及（r_C，α_C），在 $\varphi=45°$ 瞬时，有 $r_B=1.4741$，$\alpha_B=-60.3611°$，$r_C=1.8610$，$\alpha_C=87.3130°$，式（E1-9.2）中的 $p=19.5433$，$w=-37.4403$，式（E1-9.1）为：

$$\tan^{2}\alpha+1072.4\tan\alpha-5438.2=0 \tag{E1-9.8}$$

连杆平面上另外两个 Burmester 点极角分别为 $\tan\alpha_{B1}=5.0475$，$\tan\alpha_{B2}=-1077.4$。代入方程式（1.81）可得连杆平面上除铰链点外的 Burmester 点分别为：（$r_{B1}=1.7089$，$\alpha_{B1}=258.7936°$），（$r_{B2}=0.3271$，$\alpha_{B2}=-89.9486°$）。

根据式（E1-9.1）可以绘制连杆平面上的 Burmester 点曲线，如图 1.28a 所示。为了看得更清楚，在图 1.28b 中画出图 1.28a 中两条 Burmester 点曲线中的一条，其上存有两个 Double-Burmester 点，分别为对应着 $\varphi=60.4761°$ 的点 P_1（0.5965，-0.8890），以及对应着 $\varphi=151.4286°$ 的点 P_3（-0.0452，-0.1318）。该 Burmester 点曲线从一个 Double-Burmester 点 P_1 出发向两个方向发展，在 $\varphi=93.62°$ 处产生两个奇点 P_4（1.0963，-0.2953）和 P_2(0.0417，-1.2026)，然后再

收缩回到另一个 Double-Burmester 点 P_3，形成首尾衔接的封闭曲线。

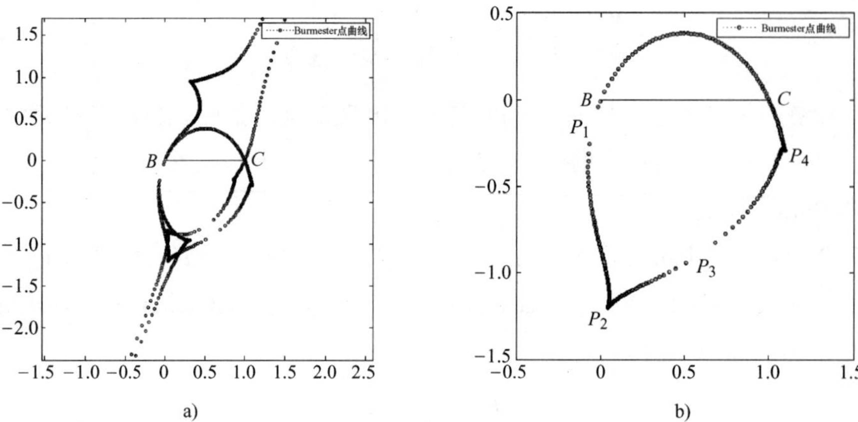

图 1.28 连杆平面上的 Burmester 点曲线

a）双曲柄机构的 Burmester 点曲线 b）一条放大的 Burmester 点曲线

1.2.5 直线包络的 Euler-Savary 公式

前面详细讨论了平面运动点的 Euler-Savary 公式，本节同样采用平面运动相伴方法去揭示平面运动直线的 Euler-Savary 公式。如图 1.29 所示，在运动刚体 $\sum^*$ 上过固定点 P 的一条直线 L，且单位方向矢量为 $\boldsymbol{l}$，在固定坐标系 $\{\boldsymbol{O}_f;\ \boldsymbol{i}_f,\ \boldsymbol{j}_f\}$ 中将该直线与定瞬心线 π_f 作相伴运动，即以定瞬心线 π_f 为原曲线来描述直线 L 在固定机架上的轨迹直线族 Γ_l，则其矢量方程为：

$$\Gamma_l:\boldsymbol{R}_l=\boldsymbol{R}_f+\boldsymbol{r}_P+\lambda\boldsymbol{l}=\boldsymbol{R}_f+u_1\boldsymbol{E}_{1f}+u_2\boldsymbol{E}_{2f}+\lambda(l_1\boldsymbol{E}_{1f}+l_2\boldsymbol{E}_{2f}) \tag{1.96}$$

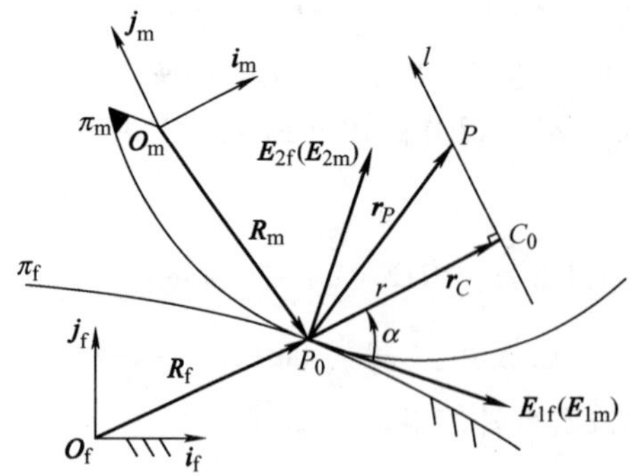

图 1.29 基于瞬心线的直线平面运动

式（1.96）中的 λ 为直线参数，$(u_1,\ u_2)$ 为直线上的点 P 在定瞬心线活动标架 $\{\boldsymbol{R}_f;\ \boldsymbol{E}_{1f},\ \boldsymbol{E}_{2f}\}$ 中的坐标，$(l_1,\ l_2)$ 为直线的单位方向矢量 $\boldsymbol{l}$ 在标架上的投影分量，且满足关系式 $l_1^2+l_2^2=1$。对式（1.96）求微分，得到：

$$\begin{cases} \mathrm{d}\boldsymbol{R}_l = \left(\dfrac{\mathrm{d}\boldsymbol{R}_\mathrm{f}}{\mathrm{d}\sigma} + \dfrac{\mathrm{d}\boldsymbol{r}_P}{\mathrm{d}\sigma} + \lambda\,\dfrac{\mathrm{d}\boldsymbol{l}}{\mathrm{d}\sigma}\right)\mathrm{d}\sigma + \boldsymbol{l}\mathrm{d}\lambda \\ \dfrac{\mathrm{d}\boldsymbol{R}_\mathrm{f}}{\mathrm{d}\sigma} + \dfrac{\mathrm{d}\boldsymbol{r}_P}{\mathrm{d}\sigma} = \left(1 + \dfrac{\mathrm{d}u_1}{\mathrm{d}\sigma} - k_\mathrm{f}u_2\right)\boldsymbol{E}_{1\mathrm{f}} + \left(\dfrac{\mathrm{d}u_2}{\mathrm{d}\sigma} + k_\mathrm{f}u_1\right)\boldsymbol{E}_{2\mathrm{f}} \\ \dfrac{\mathrm{d}\boldsymbol{l}}{\mathrm{d}\sigma} = \left(\dfrac{\mathrm{d}l_1}{\mathrm{d}\sigma} - k_\mathrm{f}l_2\right)\boldsymbol{E}_{1\mathrm{f}} + \left(\dfrac{\mathrm{d}l_2}{\mathrm{d}\sigma} + k_\mathrm{f}l_1\right)\boldsymbol{E}_{2\mathrm{f}} \end{cases} \tag{1.97}$$

式中，σ 为定瞬心线 π_f的弧长参数。同样，在运动刚体Σ^*坐标系 $\{\boldsymbol{O}_\mathrm{m};\ \boldsymbol{i}_\mathrm{m},\ \boldsymbol{j}_\mathrm{m}\}$ 中，直线 L 与动瞬心线 π_m相伴，直线 L 在运动坐标系中的轨迹矢量方程为：

$$\boldsymbol{R}_{l\mathrm{m}} = \boldsymbol{R}_\mathrm{m} + \boldsymbol{r}_{P\mathrm{m}} + \lambda\boldsymbol{l}_\mathrm{m} = \boldsymbol{R}_\mathrm{m} + u_1\boldsymbol{E}_{1\mathrm{m}} + u_2\boldsymbol{E}_{2\mathrm{m}} + \lambda(l_1\boldsymbol{E}_{1\mathrm{m}} + l_2\boldsymbol{E}_{2\mathrm{m}}) \tag{1.98}$$

同样对式（1.98）求微分，得到：

$$\begin{cases} \mathrm{d}\boldsymbol{R}_{l\mathrm{m}} = \left(\dfrac{\mathrm{d}\boldsymbol{R}_\mathrm{m}}{\mathrm{d}\sigma} + \dfrac{\mathrm{d}\boldsymbol{r}_{P\mathrm{m}}}{\mathrm{d}\sigma} + \lambda\,\dfrac{\mathrm{d}\boldsymbol{l}_\mathrm{m}}{\mathrm{d}\sigma}\right)\mathrm{d}\sigma + \boldsymbol{l}_\mathrm{m}\mathrm{d}\lambda \\ \dfrac{\mathrm{d}\boldsymbol{R}_\mathrm{m}}{\mathrm{d}\sigma} + \dfrac{\mathrm{d}\boldsymbol{r}_{P\mathrm{m}}}{\mathrm{d}\sigma} = \left(1 + \dfrac{\mathrm{d}u_1}{\mathrm{d}\sigma} - k_\mathrm{m}u_2\right)\boldsymbol{E}_{1\mathrm{m}} + \left(\dfrac{\mathrm{d}u_2}{\mathrm{d}\sigma} + k_\mathrm{m}u_1\right)\boldsymbol{E}_{2\mathrm{m}} \\ \dfrac{\mathrm{d}\boldsymbol{l}_\mathrm{m}}{\mathrm{d}\sigma} = \left(\dfrac{\mathrm{d}l_1}{\mathrm{d}\sigma} - k_\mathrm{m}l_2\right)\boldsymbol{E}_{1\mathrm{m}} + \left(\dfrac{\mathrm{d}l_2}{\mathrm{d}\sigma} + k_\mathrm{m}l_1\right)\boldsymbol{E}_{2\mathrm{m}} \end{cases} \tag{1.99}$$

由于直线 L 固定在运动刚体Σ^*上，P 点以及直线的方向矢量 $\boldsymbol{l}$ 均随之固定，则满足绝对不动直线条件式（1.26），有：

$$\begin{cases} \dfrac{\mathrm{d}u_1}{\mathrm{d}\sigma} = k_\mathrm{m}u_2 - 1, \dfrac{\mathrm{d}u_2}{\mathrm{d}\sigma} = -k_\mathrm{m}u_1 \\ \dfrac{\mathrm{d}l_1}{\mathrm{d}\sigma} = k_\mathrm{m}l_2, \dfrac{\mathrm{d}l_2}{\mathrm{d}\sigma} = -k_\mathrm{m}l_1 \end{cases} \tag{1.100}$$

由于点 P 与直线单位方向矢量 $\boldsymbol{l}$ 在（瞬时重合）活动标架 $\{\boldsymbol{R}_\mathrm{f};\ \boldsymbol{E}_{1\mathrm{f}},\ \boldsymbol{E}_{2\mathrm{f}}\}$ 与 $\{\boldsymbol{R}_\mathrm{m};\ \boldsymbol{E}_{1\mathrm{m}},\ \boldsymbol{E}_{2\mathrm{m}}\}$ 中具有相同的坐标及其变化率，将式（1.100）代入式（1.97）中可得：

$$\begin{cases} \mathrm{d}\boldsymbol{R}_l = \left(\dfrac{\mathrm{d}\boldsymbol{R}_\mathrm{f}}{\mathrm{d}\sigma} + \dfrac{\mathrm{d}\boldsymbol{r}_P}{\mathrm{d}\sigma} + \lambda\,\dfrac{\mathrm{d}\boldsymbol{l}}{\mathrm{d}\sigma}\right)\mathrm{d}\sigma + \boldsymbol{l}\mathrm{d}\lambda \\ \dfrac{\mathrm{d}\boldsymbol{R}_\mathrm{f}}{\mathrm{d}\sigma} + \dfrac{\mathrm{d}\boldsymbol{r}_P}{\mathrm{d}\sigma} = k^*(-u_2\boldsymbol{E}_{1\mathrm{f}} + u_1\boldsymbol{E}_{2\mathrm{f}}) \\ \dfrac{\mathrm{d}\boldsymbol{l}}{\mathrm{d}\sigma} = k^*(-l_2\boldsymbol{E}_{1\mathrm{f}} + l_1\boldsymbol{E}_{2\mathrm{f}}) \end{cases} \tag{1.101}$$

随着刚体Σ^*的运动，直线 L 在固定机架上的轨迹直线族 Γ_l若能形成包络线 Γ_C，则包络线的矢量方程为：

$$\begin{cases} \boldsymbol{R}_l = \boldsymbol{R}_\mathrm{f} + \boldsymbol{r}_P + \lambda\boldsymbol{l} = \boldsymbol{R}_\mathrm{f} + u_1\boldsymbol{E}_{1\mathrm{f}} + u_2\boldsymbol{E}_{2\mathrm{f}} + \lambda(l_1\boldsymbol{E}_{1\mathrm{f}} + l_2\boldsymbol{E}_{2\mathrm{f}}) \\ \dfrac{\partial\boldsymbol{R}_l}{\partial\sigma} \times \dfrac{\partial\boldsymbol{R}_l}{\partial\lambda} = 0 \end{cases} \tag{1.102}$$

式（1.102）中的第二式描述了包络线 Γ_C 与直线族 Γ_l 中任意一直线的接触条件。假定 $k^*=k_f-k_m\neq 0$，则由式（1.101）可将其化简为 $\lambda=-(l_1u_1+l_2u_2)$，可以得到包络线 Γ_C 的矢量方程为：

$$\boldsymbol{\rho}=\boldsymbol{R}_f+\boldsymbol{r}_P+\lambda\boldsymbol{l}=\boldsymbol{R}_f+(l_2u_1-l_1u_2)(l_2\boldsymbol{E}_{1f}-l_1\boldsymbol{E}_{2f}) \tag{1.103}$$

当弧长参数 σ 取确定值时，式（1.103）描述了包络线 Γ_C 与直线族 Γ_l 中直线的切点，即为包络线 Γ_C 的特征点 C_0，其矢量方程满足如下的关系式：

$$(\boldsymbol{R}_C-\boldsymbol{R}_f)\cdot\boldsymbol{l}=0 \tag{1.104}$$

可见特征点 C_0 为瞬心 P_0 到直线 L 的垂足。

假设 Frenet 标架 $\{\boldsymbol{R}_f;\ \boldsymbol{E}_{1f},\ \boldsymbol{E}_{2f}\}$ 中 C_0 点的极径以及极角分别为 r 及 α，则：

$$\begin{cases}\boldsymbol{r}_C=(c_1,c_2)^T=(r\cos\alpha,r\sin\alpha)^T\\ \boldsymbol{l}=(l_1,l_2)^T=(-\sin\alpha,\cos\alpha)^T\end{cases} \tag{1.105}$$

若以点 C_0 与单位方向矢量 $\boldsymbol{l}$ 来定义直线 L，由于 C_0 点可以沿固定方向移动，则这样定义的直线为准不动直线，满足准不动直线条件式（1.27），有：

$$\begin{cases}l_2\left(1+\dfrac{dc_1}{d\sigma}-k_mc_2\right)-l_1\left(\dfrac{dc_2}{d\sigma}+k_mc_1\right)=0\\ \dfrac{dl_1}{d\sigma}=k_ml_2,\dfrac{dl_2}{d\sigma}=-k_ml_1\end{cases} \tag{1.106}$$

将式（1.105）代入式（1.106），可得：

$$\frac{d\alpha}{d\sigma}=-k_m,\frac{dr}{d\sigma}=-l_2 \tag{1.107}$$

则 C_0 点坐标分量 $(c_1,\ c_2)$ 的一阶导数可简化为：

$$\begin{cases}\dfrac{dc_1}{d\sigma}=\dfrac{dr}{d\sigma}\cos\alpha-r\sin\alpha\dfrac{d\alpha}{d\sigma}=-l_2^2-rl_1k_m\\ \dfrac{dc_2}{d\sigma}=\dfrac{dr}{d\sigma}\sin\alpha+r\cos\alpha\dfrac{d\alpha}{d\sigma}=l_1l_2-rl_2k_m\end{cases} \tag{1.108}$$

以定瞬心线 π_f 为原曲线，包络线 Γ_C 的矢量方程可以重新表达为：

$$\boldsymbol{\rho}=\boldsymbol{R}_f+\boldsymbol{r}_C=\boldsymbol{R}_f+c_1\boldsymbol{E}_{1f}+c_2\boldsymbol{E}_{2f} \tag{1.109}$$

将式（1.109）对弧长参数 σ 求导并结合式（1.108）得到：

$$\frac{d\boldsymbol{\rho}}{d\sigma}=(l_1+rk^*)(l_1\boldsymbol{E}_{1f}+l_2\boldsymbol{E}_{2f}) \tag{1.110}$$

定义包络线 Γ_C 的弧长参数为 s_C，则由式（1.110）可以得到弧长参数 s_C 与 σ 的关系：

$$ds_C = \left|\frac{d\boldsymbol{\rho}}{d\sigma}\right| d\sigma = (l_1 + rk^*)\,d\sigma \tag{1.111}$$

为研究包络线 Γ_C 的曲率性质，在其上建立 Frenet 标架 $\{\boldsymbol{\rho};\ \boldsymbol{E}_1^*,\ \boldsymbol{E}_2^*\}$ 为：

$$\begin{cases}\boldsymbol{E}_1^* = \dfrac{d\boldsymbol{\rho}/d\sigma}{|d\boldsymbol{\rho}/d\sigma|} = l_1\boldsymbol{E}_{1f} + l_2\boldsymbol{E}_{2f} \\ \boldsymbol{E}_2^* = \boldsymbol{k}\times\boldsymbol{E}_1^* = -l_2\boldsymbol{E}_{1f} + l_1\boldsymbol{E}_{2f}\end{cases} \tag{1.112}$$

则由 Frenet 标架的微分运算公式可以得到包络线 Γ_C 的曲率 k_C 为：

$$k_C = \frac{d\boldsymbol{E}_1^*}{ds_C}\cdot\boldsymbol{E}_2^* = \frac{1}{r - \dfrac{\sin\alpha}{k^*}} \tag{1.113}$$

由式（1.113）可知，当直线的参数满足 $r - \sin\alpha/k^* = 0$ 时，其包络线的曲率 k_C 为无穷大，这时包络线在其特征点处为尖点，即对于平面运动刚体上的直线，若瞬心到直线的垂足在满足方程 $r - \sin\alpha/k^* = 0$ 的圆上，直线的轨迹的包络线在垂足处产生尖点，因此该圆也称为**尖点圆**。由 1.2.3 节可知运动刚体上的拐点圆方程为 $r + \sin\alpha/k^* = 0$，可知尖点圆与拐点圆关于动、定瞬心线的切线对称，且两者的直径均为 $|1/k^*|$。

对于作平面运动的刚体，其上的任意一条直线可以由参数 r 及 α 来确定。随着刚体的运动，该直线在固定坐标系中的包络线的曲率中心 B_0，其矢径在标架 $\{\boldsymbol{R}_f;\ \boldsymbol{E}_{1f},\ \boldsymbol{E}_{2f}\}$ 中表达为：

$$\boldsymbol{r}_B = \boldsymbol{r}_C + \frac{\boldsymbol{E}_2^*}{k_C} = \frac{1}{k^*}(\sin\alpha\cos\alpha, \sin^2\alpha)^{\mathrm{T}} \tag{1.114}$$

式（1.114）与参数 r 无关，即对参数 α 给定特定的值 α_0 或者 $\alpha_0 + \pi$，在刚体运动平面上可以确定出一组平行直线，其中任一直线随着刚体的运动均可以在固定坐标系中包络出相同曲率中心的曲线。从式（1.114）可知该组平行线具有如下的性质：

1）若参数 α 的值给定，则由式（1.114）可以唯一确定曲率中心 B_0 的矢径，从而对于该组平行线来说，其中每条直线的包络线的曲率中心重合，并且曲率中心位于尖点圆 $r - \sin\alpha/k^* = 0$ 上。

2）如果将包络线的曲率 k_C 用曲率半径 ρ_C 的倒数来替代，则有下式：

$$r - \rho_C = \frac{\sin\alpha}{k^*} \tag{1.115}$$

式（1.115）可称为直线平面运动的 Euler-Savary 公式，如图 1.30 所示。

3）若该组平行直线中的某条直线恰好通过曲率中心 B_0，其包络线的曲率半径为零，即它的曲率圆退化为一点，其几何性质为该直线的无限接近位置三条直线在该点相交，从而该点可称为该组平行直线的**束点**，这也就解释了为什么包络线上会出现尖点。由于束点同样满足方程 $r - \sin\alpha/k^* = 0$，尖点圆也可视为**束点圆**。

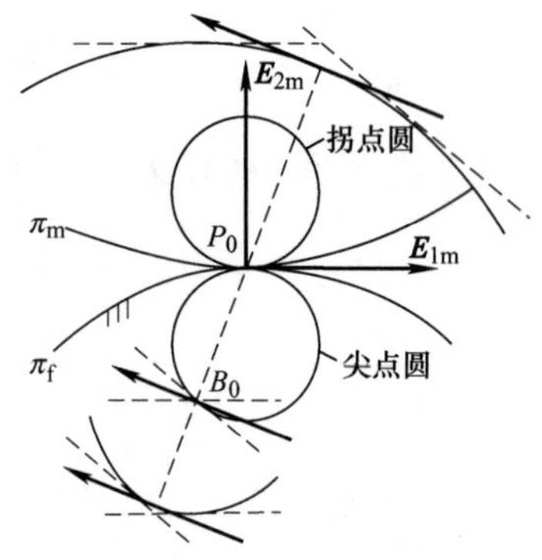

图 1.30 平面运动直线的 Euler-Savary 公式

将式（1.113）对弧长参数 σ 分别进行一次求导与二次求导，得到：

$$\frac{\mathrm{d}k_C}{\mathrm{d}\sigma}=\frac{M\sin\alpha+N\cos\alpha}{H} \tag{1.116}$$

$$\frac{\mathrm{d}^2k_C}{\mathrm{d}\sigma^2}=\frac{1}{H}\left(R\sin\alpha+Q\cos\alpha-\frac{\mathrm{d}H}{\mathrm{d}\sigma}\frac{\mathrm{d}k_C}{\mathrm{d}\sigma}\right) \tag{1.117}$$

式中的参数 M、N、H、R、Q 分别为：

$$\begin{cases}M=\dfrac{\mathrm{d}}{\mathrm{d}\sigma}\left(\dfrac{1}{k^*}\right),\quad N=1-\dfrac{k_{\mathrm{m}}}{k^*},\quad H=\left(r-\dfrac{1}{k^*}\sin\alpha\right)^2\\ R=\dfrac{\mathrm{d}M}{\mathrm{d}\sigma}+k_{\mathrm{m}}N,\quad Q=\dfrac{\mathrm{d}N}{\mathrm{d}\sigma}-k_{\mathrm{m}}M\end{cases} \tag{1.118}$$

若包络线 Γ_C的曲率 k_C对 σ 的一阶导数为零，即$\mathrm{d}k_C/\mathrm{d}\sigma=0$，这时，对于刚体运动平面上直线的无限接近四位置，其特征点共圆，即此时直线的轨迹包络线与圆曲线三阶接触。由式（1.116)可知，满足此性质的刚体平面上直线的参数方程为：$M\sin\alpha+N\cos\alpha=0$，从而得到：

$$\tan\alpha=-\frac{N}{M} \tag{1.119}$$

式（1.119）中仅含直线参数中的 α，而与极径 r 无关，因此式（1.119）确定的是刚体平面上的一组平行线，该组平行线中任意一条直线的无限接近四位置均与一定圆相切，且该定圆的半径为 $r-\sin\alpha/k^*$。若定圆的半径为零，得到 $r=\sin\alpha/k^*$，这时该直线的无限接近四位置交于该定圆的圆心，该点称为刚体运动平面上直线的**高阶束点**。若刚体上的直线随刚体运动，其在固定坐标系中的无限接近四位置交于一点，则该直线的参数必须满足方程：

$$\begin{cases}\tan\alpha=-\dfrac{N}{M}\\ r=\dfrac{\sin\alpha}{k^*}\end{cases} \tag{1.120}$$

这时直线轨迹的包络线退化为高阶束点。由式（1.120）可看出，该点在束点圆上，式（1.120)可改写为：

$$\begin{cases} r-\dfrac{1}{k^*}\sin\alpha=0 \\ \dfrac{\mathrm{d}\left(r-\dfrac{1}{k^*}\sin\alpha\right)}{\mathrm{d}\sigma}=0 \end{cases} \tag{1.121}$$

式（1.121）描述了刚体平面上束点圆族的包络线。因此，每一时刻刚体上的高阶束点恰是束点圆上的奇异点。不难看出式（1.121）类似于1.2.4节中的式（1.84）。

【例1-10】 平面四杆机构直线的Euler-Savary公式。

给定曲柄摇杆机构的尺寸参数为$a_1=1$，$a_2=3$，$a_3=3.5$，$a_4=5$。连杆平面上的一条直线L由直线上的一点P以及单位方向矢量$\boldsymbol{l}$确定。如图1.31所示，在连杆运动坐标系$\{\boldsymbol{B};\ \boldsymbol{i}_{\mathrm{m}},\ \boldsymbol{j}_{\mathrm{m}}\}$中点$P$的直角坐标为（30，30），矢量$\boldsymbol{l}$为（0.4721，0.8816）。当曲柄摇杆机构的输入角φ为0°~90°时，动、定瞬心线，连杆上直线L在机架上的轨迹直线族以及其包络线如图1.32所示。

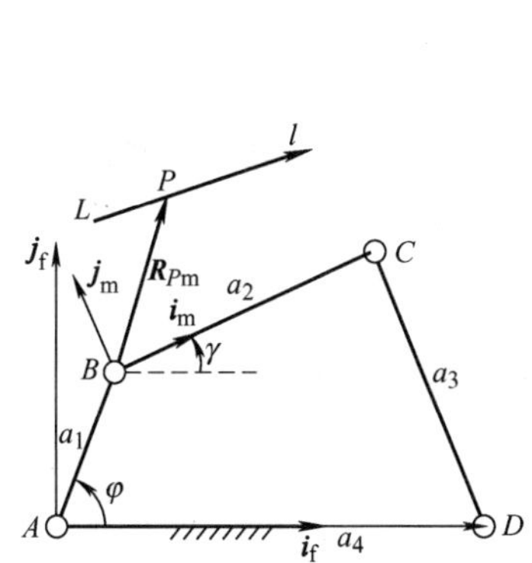

图1.31　曲柄摇杆机构连杆上直线

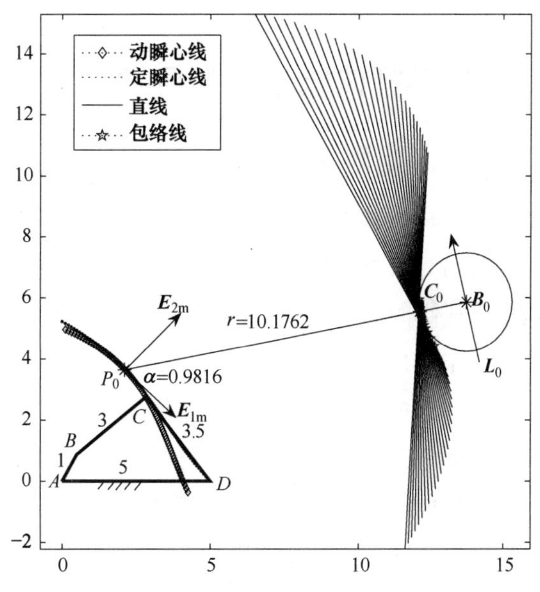

图1.32　曲柄摇杆机构的瞬时直线轨迹的Euler-Savary公式

在输入角φ为60°的瞬时，连杆运动坐标系$\{\boldsymbol{B};\ \boldsymbol{i}_{\mathrm{m}},\ \boldsymbol{j}_{\mathrm{m}}\}$中瞬心点$P_0$的坐标为(3.0138，1.1630)。定、动瞬心线的曲率分别为$k_{\mathrm{f}}=-0.1215$和$k_{\mathrm{m}}=-0.1920$，其诱导曲率为$k^*=0.0705$。该瞬时瞬心点P_0到直线的垂足C_0在Frenet标架$\{\boldsymbol{R}_{\mathrm{m}};\ \boldsymbol{E}_{1\mathrm{m}},\ \boldsymbol{E}_{2\mathrm{m}}\}$中的参数（$r$，$\alpha$）为（10.1762，56.2415°）。可由式（1.120）得到Frenet标架$\{\boldsymbol{R}_{\mathrm{m}};\ \boldsymbol{E}_{1\mathrm{m}},\ \boldsymbol{E}_{2\mathrm{m}}\}$中该瞬时高阶束点$B_0$的极坐标为（11.7912，56.2415°），将其转换到固定坐标系$\{\boldsymbol{A};\ \boldsymbol{i}_{\mathrm{f}},\ \boldsymbol{j}_{\mathrm{f}}\}$中描述，可得其直角坐标为（13.7003，5.8588），从而可知直线族包络线在该瞬时对应点C_0处的曲率半径为1.6150。

在连杆平面上，有另外一条平行于直线 L 的直线 L_0，其通过连杆坐标系 $\{\boldsymbol{B};\ \boldsymbol{i}_m,\ \boldsymbol{j}_m\}$ 中直角坐标为（13.4084，－4.4034）的点。在输入角 φ 为 60°的瞬时，直线 L_0 的无限接近四个位置均通过高阶束点 B_0。

若 $\dfrac{\mathrm{d}k_C}{\mathrm{d}\sigma}=0$ 以及 $\dfrac{\mathrm{d}^2k_C}{\mathrm{d}\sigma^2}=0$ 同时满足，这时对于刚体运动平面上直线的无限接近五位置，其上特征点共圆，即该直线的包络线与圆四阶接触，则直线的参数 α 需满足方程组：

$$\begin{cases} M\sin\alpha+N\cos\alpha=0 \\ R\sin\alpha+Q\cos\alpha=0 \end{cases} \tag{1.122}$$

要使式（1.122）有解，则系数 M、N、R、Q 需满足条件 $MQ-NR=0$，即：

$$M\frac{\mathrm{d}N}{\mathrm{d}\sigma}-N\frac{\mathrm{d}M}{\mathrm{d}\sigma}=k_m(M^2+N^2) \tag{1.123}$$

因此对于作一般平面运动的刚体，其上直线随刚体运动包络出的曲线难以与圆形成四阶接触，除非刚体的运动特性退化后需满足式（1.123）。

1.3 平面连杆曲线微分几何学

平面连杆机构在工程中有着广泛的应用，而连杆曲线是常见应用曲线。平面机构连杆曲线是指平面连杆机构中连杆作平面运动时，连杆上点在机架固定坐标系下的轨迹曲线。连杆曲线的性质与分布规律体现了连杆平面运动的几何学性质，也是机构综合的重要理论基础。从机构学形成那时起直至今天，对于连杆曲线的研究从未停止过，由于连杆曲线类型、形状以及变化的丰富多彩，引起了许多数学和机构学学者的兴趣，并不断获得新的研究进展。

本节所讨论的连杆曲线局部几何特征，如带有尖点、拐点、Ball 点、Burmester 点和 Ball- Burmester 点等，是基于刚体平面运动微分几何学，适用于各类平面运动，如没有特别约定，所言平面连杆机构均泛指一般平面连杆机构，并不局限在具体的哪类或哪种平面连杆机构，如全铰链四杆机构或六杆机构等。对于连杆曲线整体几何特征，如带有二重点（连杆曲线自交或自切）、卵形点（连杆曲线如鹅蛋形状）等，其理论是基于刚体平面运动微分几何学，具有一般性，但图形需要结合具体连杆机构分析计算才能画出。

1.3.1 局部几何特征

平面连杆曲线的局部特征是指连杆曲线上一点及其邻域的特殊几何性质。由 1.2 节可知，平面曲线的几何性质由其曲率确定，而在上一节中对平面运动点的轨迹的曲率已作了较为详细的讨论。对平面连杆机构而言，连杆的平面运动由连杆机构各杆尺度约束，从而实现特定的连杆平面运动，产生特定的连杆曲线及其变化规律。当连杆曲线的曲率具有某些特殊值时，它反映了连杆曲线的某些特殊的局部特征，如尖点、拐点、Ball 点、Burmester 点和

Ball-Burmester 点等。这些轨迹具有特殊局部特征的点在连杆平面上的分布位置有一定的规律性，本节予以简要阐述。

（1）尖点　连杆曲线上某处出现尖点时，该处的曲率 k_Γ 为无穷大，即式（1.74a）的分母为零，尖点在动瞬心线 Frenet 标架 $\{\boldsymbol{R}_m; \boldsymbol{E}_{1m}, \boldsymbol{E}_{2m}\}$ 中的参数 $r=0$。由此解出的连杆点恰为动瞬心线上点。因此，连杆平面上的点，其轨迹带有尖点者，必位于动瞬心线 π_m 上，动瞬心线就是其轨迹带有尖点的连杆点的集合。

（2）拐点　连杆曲线上出现拐点时，曲线在该点的曲率 k_Γ 为零，由式（1.74a）的分子为零可得到拐点在动瞬心线 Frenet 标架 $\{\boldsymbol{R}_m; \boldsymbol{E}_{1m}, \boldsymbol{E}_{2m}\}$ 中满足的方程式 $r + D\sin\alpha = 0$。由 1.2 节可知，在连杆平面上存在拐点圆族，其在刚体上运动坐标系 $\{\boldsymbol{O}_m; \boldsymbol{i}_m, \boldsymbol{j}_m\}$ 中的方程式见式（E1-7.2）。拐点圆族中每一拐点圆的圆心位置以及半径大小随着连杆的运动而变化。无论连杆点位于连杆平面上何处，只要该连杆点曾位于拐点圆族中的一个拐点圆上，其连杆曲线必含有拐点。也就是说，拐点圆族所涉及之处的连杆点，称**有拐点区域**，其轨迹都含有拐点；而未涉及之处则没有，称**无拐点区域**，这两区域显然是以拐点圆族的两条包络线——Ball 点曲线和动瞬心线为界限，但 Ball 点曲线成为两区域的分界线还有其他条件，将在节 1.3.5 中阐述。

（3）Ball 点曲线　若一连杆点为某瞬时的 Ball 点，则其连杆曲线上该点的曲率为零，且变化率也为零，此处连杆曲线与直线三阶接触，在较大范围内近似于直线。连杆平面上存在一条 Ball 点曲线 π_b，其方程见式（1.80）。其上每一点都曾为 Ball 点，或者说，所有曾为 Ball 点的连杆点都汇集在这条曲线上，因而其上每点之轨迹都有一段在较大范围近似于直线。如果 Ball 点曲线 π_b 出现奇点，由 1.2.4 节可知，该奇点为 Ball-Burmester 点，其连杆曲线在该点与直线四阶接触，在更大范围内近似于直线。图 1.33 所示为 Ball 点曲线 π_b 的奇点与 Burmester 点重合的情况。另一方面，Ball 点曲线由连杆平面上的拐点圆族包络而成，因而可能成为连杆平面上拐点区域和无拐点区域的分界线。

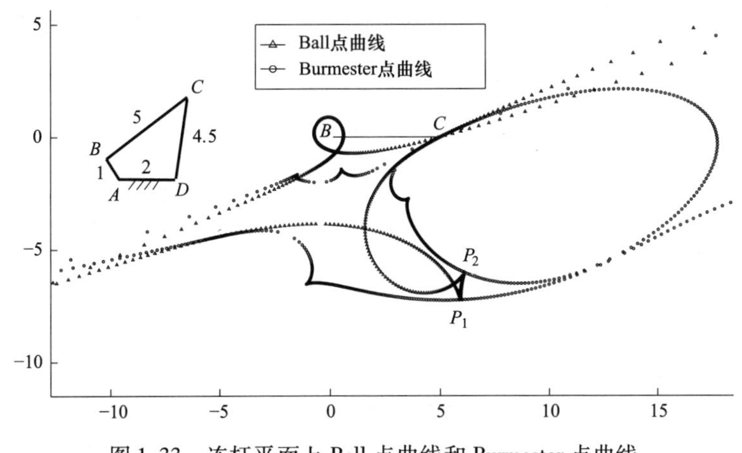

图 1.33　连杆平面上 Ball 点曲线和 Burmester 点曲线

（4）Burmester 点曲线　若一连杆点为某瞬时的 Burmester 点，则其连杆曲线在该点的曲率的一阶、二阶导数均为零，表现为此处与圆弧四阶接触，在较大范围内近似于圆弧。在连杆平面上，所有曾为 Burmester 点的连杆点都集合在 Burmester 点曲线 π_B上，如图 1.33，所以 π_B上的所有连杆点的连杆曲线都有一段在较大范围内近似于圆弧。在任意一瞬时，连杆平面上最多只存在四个 Burmester 点，甚至没有，因此连杆平面上的 Burmester 曲线为有限条。每条 Burmester 曲线都是闭曲线，从一个 double-Burmester 点开始到另一个 double-Burmester 点终止。如果 Burmester 点曲线出现奇点，则其连杆曲线在该点处的曲率的一阶、二阶以及三阶导数均等于零，因而连杆曲线在该点处与圆五阶接触，从而其轨迹在更大范围内近似于圆弧。Burmester 点曲线上奇点附近，一般点分布甚密，或者说，Burmester 点在此处对连架杆的转角变化不敏感，对计算或加工安装机构时所产生的误差就不敏感，采用这类点进行机构综合是有益的，当然，其计算程度要复杂一些，但并不难。而 Burmester 点曲线上的 double-Burmester 点处分布比较稀疏，说明 Burmester 点在此处对连架杆的转角变化较为敏感。

1.3.2 二重点

连杆曲线的二重点是指连杆平面上一点 P（r_P，θ_P）在两个不同瞬时（交叉或相切）通过固定平面上一点，连杆曲线在该点处呈相交（称自交，Crunode）或相切（称自切，Tacnode）现象，为方便后文论述，定义此时连杆上点 P 为连杆二重点（或连杆自交点，连杆自切点）。

由 1.1.2 节可知，连杆曲线是闭曲线，而不含有二重点的连杆曲线为简单闭曲线，否则为非简单闭曲线。因此，连杆曲线是否含有二重点这一重要特征，是区分简单闭曲线和非简单闭曲线的标志，也是研究连杆曲线整体性质的重要内容。因此对连杆曲线上二重点的研究将为连杆机构的分析和综合提供重要的理论基础，尤其是六杆机构的运动综合。

对于一个平面连杆机构，分别在连杆 BC 和机架 AD 上建立连杆坐标系 $\{\boldsymbol{B};\ \boldsymbol{i}_\mathrm{m},\ \boldsymbol{j}_\mathrm{m}\}$ 和机架坐标系 $\{\boldsymbol{A};\ \boldsymbol{i}_\mathrm{f},\ \boldsymbol{j}_\mathrm{f}\}$，如图 1.34 所示。铰链点 B 在机架上的轨迹为圆曲线 Γ_B。连杆上的一点 P 在连杆坐标系 $\{\boldsymbol{B};\ \boldsymbol{i}_\mathrm{m},\ \boldsymbol{j}_\mathrm{m}\}$ 中的极坐标为（r_P，θ_P），点 P 总是与点 B 相伴并随着连杆的运动在机架上生成连杆曲线 Γ_P，因而可以将圆曲线 Γ_B视为原曲线，而将连杆曲线 Γ_P视为其相伴曲线。在原曲线 Γ_B上建立 Frenet 标架 $\{\boldsymbol{R}_B;\ \boldsymbol{\alpha},\ \boldsymbol{\beta}\}$，连杆曲线 Γ_P的矢量方程为：

$$\boldsymbol{R}_P=\boldsymbol{R}_B+u_1\boldsymbol{\alpha}+u_2\boldsymbol{\beta}=u_1\boldsymbol{\alpha}+(u_2-a_1)\boldsymbol{\beta} \tag{1.124a}$$

式中（u_1，u_2）为点 P 在 Frenet 标架 $\{\boldsymbol{R}_B;\ \boldsymbol{\alpha},\ \boldsymbol{\beta}\}$ 中的相对坐标，并有如下的具体表达式：

$$\begin{cases}u_1=r_P\sin(\theta_P-\varphi+\gamma)\\u_2=-r_P\cos(\theta_P-\varphi+\gamma)\end{cases} \tag{1.124b}$$

式中的 φ 和 γ 同例 1-4。

连杆曲线二重点的条件可用不同瞬时（或连架杆不同位置）连杆点 P（r_P，θ_P）的矢量式（1.124）相等来表示，即

$$\boldsymbol{R}_P^{(1)}=\boldsymbol{R}_P^{(2)} \tag{1.125}$$

式（1.125）中的$\boldsymbol{R}_P^{(1)}$和$\boldsymbol{R}_P^{(2)}$分别表示一个连杆点在两个不同瞬时$\varphi^{(1)}$和$\varphi^{(2)}$的位移矢量，式（1.125）可简化为矢量的模和辐角相等：

$$\begin{cases}|\boldsymbol{R}_P^{(1)}|=|\boldsymbol{R}_P^{(2)}|\\ \boldsymbol{R}_P^{(1)}\times\boldsymbol{R}_P^{(2)}=0(\boldsymbol{R}_P^{(1)}\neq-\boldsymbol{R}_P^{(2)},\boldsymbol{R}_P^{(1)}\neq0,\boldsymbol{R}_P^{(2)}\neq0)\end{cases} \tag{1.126}$$

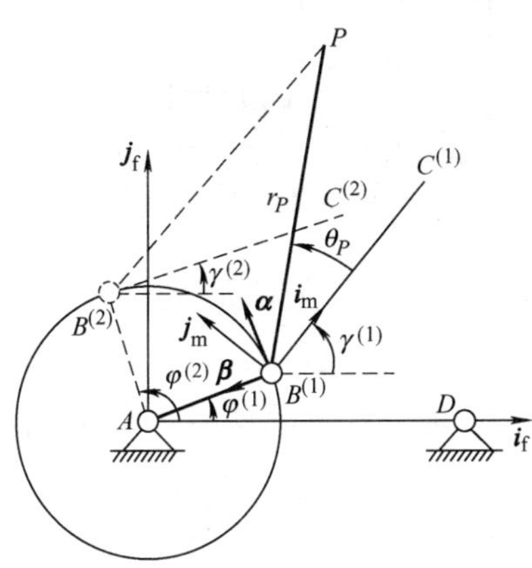

图1.34　平面连杆曲线的二重点

由式（1.124）将连杆点P在瞬时φ_1、φ_2的矢量$\boldsymbol{R}_P^{(1)}$和$\boldsymbol{R}_P^{(2)}$代入式（1.126）的第一式（模相等条件），得：

$$(u_1^{(1)})^2+(u_2^{(1)}-a_1)^2=(u_1^{(2)})^2+(u_2^{(2)}-a_1)^2 \tag{1.127}$$

式中，（$u_1^{(1)}$，$u_2^{(1)}$）以及（$u_1^{(2)}$，$u_2^{(2)}$）分别为连杆机构的输入角为$\varphi^{(1)}$和$\varphi^{(2)}$时，连杆点P在约束曲线Γ_B上Frenet标架$\{\boldsymbol{R}_B;\ \boldsymbol{\alpha},\ \boldsymbol{\beta}\}$中的相对坐标。由于该点为连杆平面上同一连杆点，把式（1.124b）代入式（1.127）化简得：

$$r_P^2+a_1^2-2a_1r_P\sin(\theta_P-\theta^{(1)})=r_P^2+a_1^2-2a_1r_P\sin(\theta_P-\theta^{(2)}) \tag{1.128}$$

从而有：

$$\sin(\theta_P-\theta^{(1)})=\sin(\theta_P-\theta^{(2)}) \tag{1.129}$$

成立，即：

$$\theta_P-\theta^{(1)}=\theta_P-\theta^{(2)}\text{或者}\ \theta_P-\theta^{(1)}=n\pi-(\theta_P-\theta^{(2)}) \tag{1.130}$$

式（1.130）中$\theta^{(1)}=\pi/2+\varphi^{(1)}-\gamma^{(1)}$，$\theta^{(2)}=\pi/2+\varphi^{(2)}-\gamma^{(2)}$同1.2节，$n$为奇数。再把式（1.124a）代入式（1.126）的第二式（辐角相等），有：

$$\begin{aligned}&u_1^{(1)}u_1^{(2)}\sin\Delta\varphi-u_1^{(2)}(u_2^{(1)}-a_1)\cos\Delta\varphi+\\&u_1^{(1)}(u_2^{(2)}-a_1)\cos\Delta\varphi+(u_2^{(1)}-a_1)(u_2^{(2)}-a_1)\sin\Delta\varphi=0\end{aligned} \tag{1.131}$$

式（1.131）中 $\Delta\varphi=\varphi^{(2)}-\varphi^{(1)}$，将式（1.124b）代入式（1.131），化简整理得：

$$r_P=a_1\{\cos(\theta_P-\theta^{(1)}-\Delta\varphi)-\cos(\theta_P-\theta^{(2)}+\Delta\varphi)\pm\sqrt{[\cos(\theta_P-\theta^{(1)}-\Delta\varphi)-\cos(\theta_P-\theta^{(2)}+\Delta\varphi)]^2-4\sin\Delta\varphi\sin(\theta^{(1)}-\theta^{(2)}+\Delta\varphi)}\}/[2\sin(\theta^{(1)}-\theta^{(2)}+\Delta\varphi)] \tag{1.132}$$

把式（1.132）与式（1.130）联立，可得连杆点 P（r_P，θ_P）为连杆二重点的条件式为：

$$\begin{cases}\theta_P-\theta^{(1)}=n\pi-(\theta_P-\theta^{(2)})\\ r_P=a_1\dfrac{\sin\left(\dfrac{\Delta\varphi}{2}\right)}{\cos\left(\theta_P-\theta^{(1)}-\dfrac{\Delta\varphi}{2}\right)}\end{cases} \tag{1.133}$$

这一条件表明了连杆平面上点 P（r_P，θ_P）在其轨迹上产生二重点时与机构相应两位置的关系。因此，在连杆机构的任意两位置 $\Delta\varphi=\varphi_2-\varphi_1$，由式（1.133）可以求得连杆上的二重点 P（r_P，θ_P），或者由连杆上一点推导其轨迹是否产生以及何时产生二重点。因此可以称式（1.133）为**二重点的条件式**，也可称其为连杆曲线上二重点的方程式。

由式（1.133）第一式得：

$$(\theta_P-\theta^{(1)})+(\theta_P-\theta^{(2)})=n\pi \tag{1.134}$$

而式（1.133）第二式的分母中：

$$\begin{aligned}\theta_P-\theta^{(1)}-\frac{\Delta\varphi}{2}&=\theta_P-\theta^{(1)}-\frac{\theta^{(2)}+\gamma^{(2)}-(\theta^{(1)}+\gamma^{(1)})}{2}\\&=\theta_P-\frac{\theta^{(1)}+\theta^{(2)}}{2}-\frac{\gamma^{(2)}-\gamma^{(1)}}{2}=\frac{n}{2}\pi-\frac{\Delta\gamma}{2}\end{aligned} \tag{1.135}$$

所以有 $\cos\left(\theta_P-\theta^{(1)}-\dfrac{\Delta\varphi}{2}\right)=\pm\sin\dfrac{\Delta\gamma}{2}$。即式（1.133）的第二式可写为：

$$r_P=\pm a_1\sin\frac{\Delta\varphi}{2}/\sin\frac{\Delta\gamma}{2} \tag{1.136}$$

当 $\Delta\varphi\to0$ 时，将式（1.136）取极限，应用罗必塔法则得到：

$$r_0=\pm\lim_{\Delta\varphi\to0}\frac{a_1\sin\dfrac{\Delta\varphi}{2}}{\sin\dfrac{\Delta\gamma}{2}}=\pm\lim_{\Delta\varphi\to0}\frac{a_1\cos\dfrac{\Delta\varphi}{2}\cdot d\varphi}{\cos\dfrac{\Delta\gamma}{2}\cdot d\gamma}=\pm\frac{1}{\dot{\gamma}} \tag{1.137}$$

又 $\Delta\varphi\to0$ 时，$\theta_2\to\theta_1$，从而：

$$\theta_P-\theta^{(1)}=\frac{n}{2}\pi \tag{1.138}$$

对照式（1.57）可知，连杆二重点 P（r_P，θ_P）此时恰为瞬心点，这说明尖点是二重点的特例。

对于具体的连杆机构，连杆平面的运动得以完全确定，a_1 及 γ 便确定了，而式（1.133）的第一式又决定了 φ 和 $\Delta\varphi$ 的关系，则表明了连杆二重点 P（r_P，θ_P）是 φ 或 $\Delta\varphi$ 的函数。对于同一 θ_P，由不同的 φ 可求得不同的二重点 r_P，相当于极径 r_P 在一条射线（θ_P 极角线简称为 θ_P 射线）上移动。为求 θ_P 射线上连杆二重点极径 r_P 变化的极值，将式（1.133）对曲线 Γ_B 的弧长 s 求导，有：

$$\begin{cases}\dfrac{2}{a_1}+\dfrac{\mathrm{d}\Delta\varphi}{\mathrm{d}s}-\dot{\gamma}^{(1)}-\dot{\gamma}^{(2)}\left(1+\dfrac{\mathrm{d}\Delta\varphi}{\mathrm{d}s}a_1\right)=0\\[2ex] \dfrac{\mathrm{d}r_P}{\mathrm{d}s}=\pm a_1\dfrac{\cos\left(\dfrac{\Delta\varphi}{2}\right)\sin\left(\dfrac{\Delta\gamma}{2}\right)\dfrac{\mathrm{d}\Delta\varphi}{\mathrm{d}s}-\sin\left(\dfrac{\Delta\varphi}{2}\right)\cos\left(\dfrac{\Delta\gamma}{2}\right)\dfrac{\mathrm{d}\Delta\gamma}{\mathrm{d}s}}{2\sin^2\dfrac{\Delta\gamma}{2}}\end{cases}\tag{1.139}$$

令 $\dfrac{\mathrm{d}r_P}{\mathrm{d}s}=0$，并将式（1.139）中第一式代入得到：

$$r_P=\pm\frac{(a_1\dot{\gamma}^{(1)}+a_1\dot{\gamma}^{(2)}-2)\cos\dfrac{\Delta\varphi}{2}}{(2a_1\dot{\gamma}^{(1)}\dot{\gamma}^{(2)}-\dot{\gamma}^{(1)}-\dot{\gamma}^{(2)})\cos\dfrac{\Delta\gamma}{2}}\tag{1.140}$$

将式（1.140）与式（1.133）联立得到，连杆平面上过 B 点与极轴 BC 夹 θ_P 角的射线上连杆二重点极径 r_P 的极值为：

$$\begin{cases}2\theta_P-\varphi^{(1)}-\varphi^{(2)}+\gamma^{(1)}+\gamma^{(2)}=(n+1)\pi\\[2ex] r_P=a_1\dfrac{\sin\dfrac{\Delta\varphi}{2}}{\cos\left(\theta_P-\theta^{(1)}-\dfrac{\Delta\varphi}{2}\right)}\\[2ex] r_P=\pm\dfrac{(a_1\dot{\gamma}^{(1)}+a_1\dot{\gamma}^{(2)}-2)\cos\dfrac{\Delta\varphi}{2}}{(2a_1\dot{\gamma}^{(1)}\dot{\gamma}^{(2)}-\dot{\gamma}^{(1)}-\dot{\gamma}^{(2)})\cos\dfrac{\Delta\gamma}{2}}\end{cases}\tag{1.141}$$

式（1.141）为超越方程。显然，当 $\Delta\varphi\to0$ 时，把式（1.137）与式（1.138）代入式（1.141）也满足，即 θ_P 射线上的瞬心点也是连杆二重点极径的极值点。为考察 θ_P 射线上连杆二重点极径的极值点的几何意义，把属于二重点的另一类情况——自切点条件分析一下便知，由自切点的定义给出自切点条件：

$$\boldsymbol{R}_P^{(1)}=\boldsymbol{R}_P^{(2)},\dot{\boldsymbol{R}}_P^{(1)}=\dot{\boldsymbol{R}}_P^{(2)}\tag{1.142}$$

式（1.142）中的第一式为连杆曲线的二重点条件，第二式为连杆曲线在二重点处相切条件。把式（1.124）对 s 求导后和式（1.133）一起代入式（1.142），化简整理后得到与式（1.141）完全相同的形式。说明了二重点极径 r_P 的极值点是连杆的自切点，也就是说，自切点是二重点的特例，而尖点还是一种特殊的自切点。

1.3.3 四杆机构 I 的二重点

对于类型众多的四杆机构，由于其连架杆转角的定义域各不相同，在应用连杆二重点公式时，其 φ 和 γ 的值域不尽相同，较为复杂。为求解方便，现将四杆机构划分为两组，其中一组为四杆机构 I ——单曲柄机构，如曲柄摇杆机构、曲柄滑块机构以及曲柄导杆机构。另一组为四杆机构 Ⅱ ——非单曲柄四杆机构，如双曲柄机构，Grashof 链的双摇杆机构以及非 Grashof 链的四种双摇杆机构等。本节仅讨论单曲柄四杆机构的连杆二重点分布规律，非单曲柄四杆机构将在下节讨论。

单曲柄四杆机构的共同特点是一个连架杆相对机架作整周回转 $\varphi\in[0,\ 2\pi]$，而连杆相对机架的转角 $\gamma(\varphi)=\gamma(2\pi+\varphi)$，且一般 $\gamma\in(-\pi,\pi)$。为说明问题方便现以一具体的曲柄摇杆机构（$a_1=10.5$，$a_2=19.5$，$a_3=19$，$a_4=25.5$）为例，求得其运动几何学参数后，令：

$$f=\theta_P-\varphi+\gamma-\frac{\pi}{2} \tag{1.143}$$

对于 $\varphi\in[0,\ 2\pi]$ 可绘制出 $\gamma-\varphi$ 以及 $f=f(\varphi)$ 曲线，如图 1.35 所示。由于 θ_P 与机构的输入角 φ 无关，对于不同的 θ_P，图 1.35 中所示坐标系的横轴上升或者下移，图形的形状并不随之改变。当 $\theta_P>0$ 时，相当于把 $f-\varphi$ 上移 θ_P，反之下移 θ_P。在瞬时 $\varphi^{(1)}$，有 $f^{(1)}=\theta_P-\varphi^{(1)}+\gamma^{(1)}-\pi/2$，令 $\varphi^{(3)}=2\pi+\varphi^{(1)}$，则 $f^{(3)}=\theta_P-\varphi^{(3)}+\gamma^{(3)}-\pi/2$。由于单曲柄四杆机构运动的周期性，$\gamma^{(3)}=\gamma^{(1)}$，故有 $f^{(3)}=f^{(1)}-2\pi$。在 $f-\varphi$ 曲线中，由 $f^{(1)}\sim f^{(3)}$ 是连续函数，在区间 $[f^{(3)},\ f^{(1)}]$ 内必有 $f(\varphi^{(2)})=f^{(2)}$ 使得 $f^{(3)}\leqslant f^{(2)}\leqslant f^{(1)}$，并满足式（1.133）的第一式，即：

$$\begin{cases} f^{(1)}+f^{(2)}=n\pi \\ f^{(2)}+f^{(3)}=(n-2)\pi \end{cases} \tag{1.144}$$

式中，n 为奇数，取 $\frac{2f^{(1)}}{\pi}-2\leqslant n\leqslant\frac{2f^{(1)}}{\pi}$，由此可知，对于任意 θ_P，连架杆在瞬时 $\varphi^{(1)}$，$\varphi^{(2)}$ 和 $\varphi^{(3)}$ 时，连杆二重点的模相等条件都能满足，由式（1.133）的第二式可以求得连杆上的二重点的位置（r_P，θ_P）。这样连杆机构的输入角 $\varphi\in[0,2\pi]$ 就可以划分为两个子区间 $[\varphi^{(1)},\varphi^{(2)}]$ 和 $[\varphi^{(2)},\varphi^{(3)}]$。显而易见，若令 $\varphi^{(i)}=\varphi^{(1)}+\Delta\varphi^{(1)}$，$f^{(i)}=f(\varphi^{(1)}+\Delta\varphi^{(1)})$，$\Delta\varphi$ 为 φ 的微小增量，则在区间 $[\varphi^{(1)},\varphi^{(2)}]$ 内可以找到 $\varphi^{(j)}=\varphi^{(2)}-\Delta\varphi^{(2)}$，$f^{(j)}=f(\varphi^{(2)}-\Delta\varphi^{(2)})$ 使得：

$$f(\varphi^{(i)})+f(\varphi^{(j)})=n\pi \tag{1.145a}$$

或者

$$f(\varphi^{(i)})+f(\varphi^{(j)})=(n-2)\pi \tag{1.145b}$$

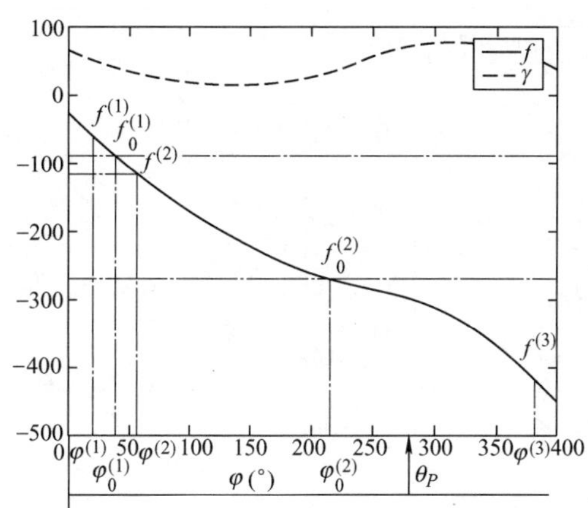

图 1.35　曲柄摇杆机构的 $\gamma-\varphi$ 和 $f=f(\varphi)$

也就是说，在整个区间 $[\varphi^{(1)},\varphi^{(2)}]$ 内，$\varphi^{(i)}$ 由 $\varphi^{(1)}$ 连续增大到 $\varphi^{(2)}$ 的过程中，在任意瞬时都可以找到另一个瞬时 $\varphi^{(j)}$，使得它们满足式（1.145）。同理，在区间 $[\varphi^{(2)},\varphi^{(3)}]$ 内，对于任意的 $\varphi^{(i)}$ 也在该区间内存在 $\varphi^{(j)}$，使得它们满足式（1.145），从而符合连杆二重点条件（1.133）的第一式，并由第二式求得连杆平面上 θ_P 射线上的连杆二重点。由此可以得到结论：

对于单曲柄四杆机构，对应机构的任意输入角 φ，连杆平面 θ_P 射线上都存在相应的一点 P（r_P,θ_P），其轨迹此时为二重点。对于 $\theta_P\in[0,2\pi]$，则连杆平面上存在一条曲线，该曲线上所有连杆点的轨迹此时都处于二重点位置。

对于一个机构尺寸为 $a_1=10.5$，$a_2=19.5$，$a_3=19$，$a_4=25.5$ 的曲柄摇杆机构，当机构的输入角为 $\varphi=\pi/3$ 时，对于区间 $[0,\ 2\pi]$ 中的任意一 θ_P，可由式（1.133）计算出连杆上二重点的参数 r_P，当 θ_P 遍历该区间，便可以绘制出连杆平面上的二重点曲线，如图 1.36a 所示。对于其上的四个点 P_1（68.1028，85.9437°），P_2（36.6060，48.7014°），P_3（31.2283，297.9381°），P_4（64.7278，289.9166°），图 1.36b 所示为绘制的其轨迹曲线。

由图 1.35 可知，在 $[\varphi^{(1)},\varphi^{(2)}]$ 和 $[\varphi^{(2)},\varphi^{(3)}]$ 内存在 $f_0^{(1)}=-\pi/2$ 对应于 $\varphi_0^{(1)}\in[\varphi^{(1)},\varphi^{(2)}]$，$f_0^{(2)}=-3\pi/2$ 对应于 $\varphi_0^{(2)}\in[\varphi^{(2)},\varphi^{(3)}]$，而满足式（1.145）的 $\varphi^{(i)}$ 和 $\varphi^{(j)}$ 都分别位于 $\varphi_0^{(1)}$ 的两侧（$\varphi^{(i)},\varphi^{(j)}\in[\varphi^{(1)},\varphi^{(2)}]$）或 $\varphi_0^{(2)}$ 的两侧（$\varphi^{(i)},\varphi^{(j)}\in[\varphi^{(2)},\varphi^{(3)}]$），当 $\Delta\varphi=\varphi^{(j)}-\varphi^{(i)}\to0$ 时，$\varphi^{(i)}$ 和 $\varphi^{(j)}$ 都分别从 $\varphi_0^{(1)}$（或 $\varphi_0^{(2)}$）的两侧趋于 $\varphi_0^{(1)}$（或 $\varphi_0^{(2)}$）。

然而，当把 $\varphi^{(i)}$（与 $\varphi^{(j)}$ 对应）或 $\varphi^{(j)}$ 代入式（1.133）求得连杆二重点 P（r_P，θ_P）时，其结果是相同的（因为 $\Delta\varphi=\varphi^{(j)}-\varphi^{(i)}$，$\varphi^{(i)}$ 和 $\varphi^{(j)}$ 为连杆曲线二重点的两个位置），因此只需计算其中一个即可。故在确定连杆平面 θ_P 射线上连杆二重点的范围时，只需在区间 $[\varphi_0^{(1)},\ \varphi_0^{(2)}]$ 内考虑，而不必在整个区间 $[\varphi^{(1)},\varphi^{(3)}]$ 内计算。又 $\varphi_0^{(1)}$ 和 $\varphi_0^{(2)}$ 是两个特殊的

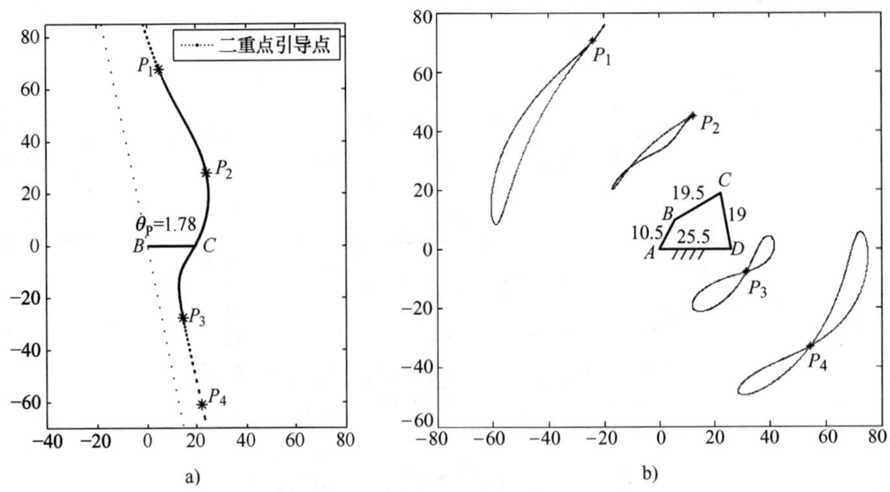

图 1.36　连杆平面上的二重点曲线

a）连杆平面上的瞬时二重点曲线　b）瞬时二重点的连杆曲线

瞬时（位置），因为 $f_0^{(1)}=f(\varphi_0^{(1)})=-\pi/2$，$f_0^{(2)}=f(\varphi_0^{(2)})=-3\pi/2$，见式（1.138），在此刻 θ_P 射线与连架杆位置重合，即二重点在原曲线 Γ_B 上 Frenet 标架的标矢 $\boldsymbol{\beta}$ 上，其矢径可通过令 $\Delta\varphi$ 趋近于零并对式（1.133）的第二式取极限得到，即：

$$r_P=\lim_{\Delta\varphi\to 0}\frac{a_1\sin\dfrac{\Delta\varphi}{2}}{\sin\left(\theta_P-\varphi+\gamma-\dfrac{\Delta\varphi}{2}\right)} \tag{1.146a}$$

可以得到：

$$r_P=\pm\frac{1}{\dot{\gamma}}=r_0 \tag{1.146b}$$

式（1.146b）中的正负号决定了二重点在标矢 $\boldsymbol{\beta}$ 的正向或者负向。

式（1.146）表明了在 $\varphi_0^{(1)}$ 和 $\varphi_0^{(2)}$ 两个特殊的瞬时，连杆平面上的二重点恰是瞬心点。这就是说，在 θ_P 射线上，二重点的极径恰为对应瞬心点的极径 $r_0^{(1)}$ 和 $r_0^{(2)}$，因此在 $[\varphi_0^{(1)},\ \varphi_0^{(2)}]$ 区间中确定的连杆二重点极径 r_P 是起于 $r_0^{(1)}$ 而止于 $r_0^{(2)}$ 的。若 r_P 由 $r_0^{(1)}$ 变化到 $r_0^{(2)}$ 是单调的，这就意味着 θ_P 射线上连杆二重点极径 r_P 只经过其区间 $[r_0^{(1)},\ r_0^{(2)}]$ 上点 $(r_P,\ \theta_P)$ 一次，则 $[r_0^{(1)},\ r_0^{(2)}]$ 内的各点的连杆曲线仅含一个二重点，如图 1.37 所示。其中图 1.37a 所示为连杆平面上点和射线的位置，$P_1\sim P_6$ 为 θ_{P1} 射线上连杆点，而连杆曲线演变如图 1.37b 所示，两支动瞬心线 $\boldsymbol{\pi}_m^1$ 和 $\boldsymbol{\pi}_m^2$ 之间的连杆点 $P_2\sim P_6$ 的连杆曲线仅含一个二重点。若极径 r_P 由 $r_0^{(1)}$ 变化到 $r_0^{(2)}$ 不是单调的，必定存在极值。将式（1.133）对参数 s 求导，并令 $\dfrac{\mathrm{d}r_P}{\mathrm{d}s}=0$，可以得到：

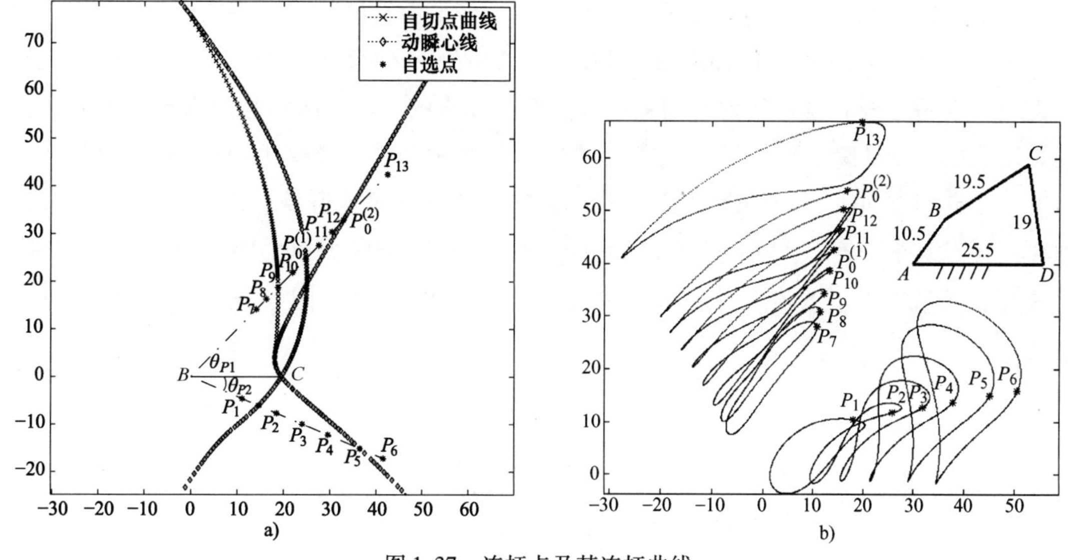

图 1.37　连杆点及其连杆曲线

a）连杆平面上的动瞬心线与自切点曲线　b）带有二重点的连杆曲线演变

$$r_P=\frac{(a_1r_0^{(1)}+a_1r_0^{(2)}\mp 2r_0^{(1)}r_0^{(2)})\cos\dfrac{\Delta\varphi}{2}}{(\pm 2a_1-r_0^{(1)}-r_0^{(2)})\cos\dfrac{\Delta\gamma}{2}} \tag{1.147}$$

结合式（1.133）以及式（1.147），可得射线 θ_P上二重点极径 r_P的极值点，其计算式如下：

$$\begin{cases}2\theta_P-\varphi^{(1)}+\gamma^{(1)}-\varphi^{(2)}+\gamma^{(2)}=\pi\\ r_P=\dfrac{a_1\sin\left(\dfrac{\Delta\varphi}{2}\right)}{\sin\left(\theta_P-\varphi^{(1)}+\gamma^{(1)}-\dfrac{\Delta\varphi}{2}\right)}\\ r_P=\dfrac{(a_1r_0^{(1)}+a_1r_0^{(2)}\mp 2r_0^{(1)}r_0^{(2)})\cos\dfrac{\Delta\varphi}{2}}{(\pm 2a_1-r_0^{(1)}-r_0^{(2)})\cos\dfrac{\Delta\gamma}{2}}\end{cases} \tag{1.148}$$

很明显，式（1.146）也满足式（1.148），也就是说，连杆平面上瞬心点的极径恰为二重点极径 r_P的极值点。

对于连杆平面上给定的极角 θ_{P1}，可由式（1.148）得到二重点极径 r_P 的极值。如图 1.37所示，图 1.37a 所示的 θ_{P1}射线上，P_9是连杆二重点极径的极值点，其极径为 r_9，且 $r_9<r_0^{(1)}<r_0^{(2)}$，则连杆二重点极径 r_P由 $P_0^{(1)}$点起，首先向 P_9点方向变化，到 P_9点后，又返回向 $P_0^{(2)}$变化，途中经过 $P_0^{(1)}$。整个变化过程中，经过［r_9，$r_0^{(1)}$］区间内的连杆点两次，而经过［$r_0^{(1)}$，$r_0^{(2)}$］区间内点一次。所以，在 θ_{P1}射线上，［r_9，$r_0^{(1)}$］内的连杆点，其连杆曲线含有两个二重点，形如双“8”字形；而在［$r_0^{(1)}$，$r_0^{(2)}$］内的连杆点，其轨迹只含有一个二重点，形如“8”字形。图 1.37b 所示为连杆平面 θ_P射线上连杆点轨迹的变化情况。

当 $\theta_P \in [0, 2\pi]$ 时，连杆二重点极值点在连杆平面上便形成一条曲线 π_t，称为**自切点曲线**，如图 1.38 中所示的曲线 π_t，以“+”示之。该曲线不是突然形成或消失，而是从尖点（动瞬心线）这一特殊自切点曲线上演变而来的，π_t的两端与两支动瞬心线汇合。或者说，由一支动瞬心线上生成，发展成自切点曲线，然后又退化到另一支动瞬心线上消失。在自切点曲线 π_t与动瞬心线 π_m之间的区域为**双二重点区域**，区域上的连杆点的轨迹曲线含有两个二重点；在两条瞬心线 π_m^1、π_m^2之间的区域为**单二重点区域**，该区域上的连杆点的轨迹曲线含有一个二重点；这两个区域以外的连杆点的轨迹曲线为简单闭曲线。

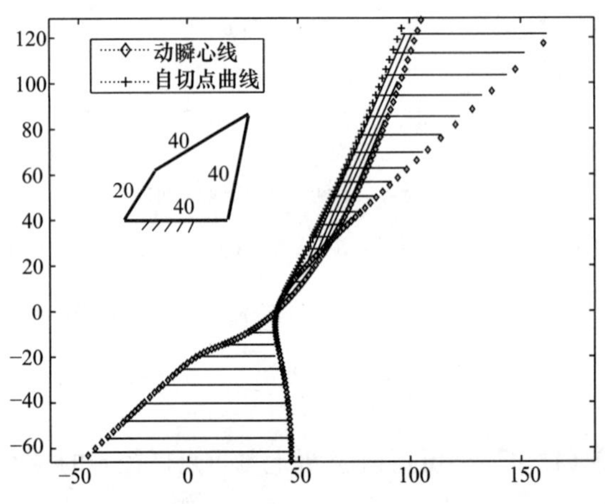

图 1.38　曲柄摇杆机构连杆平面二重点分布

在连杆平面任意 θ_P射线上，若该射线上双二重点区域和单二重点区域重合并退化为一点，则该点的连杆曲线在任意位置 $\varphi^{(i)}$ 都是二重点，即时时处处为二重点，如曲柄摇杆机构连杆与摇杆的铰链点。

当式（1.148）存有多个解时，表明连杆平面上的 θ_P射线上存在多个二重点极径的极值点，它们与该射线上的两个瞬心点之间形成多个区域，情况较为复杂。在连杆平面上，动瞬心线的两个分支以及若干条自切点曲线便可以将连杆平面划分为若干区域，例如，简单点区域、单二重点区域、双二重点区域甚至是多二重点区域。这些区域中的连杆点的轨迹曲线上，二重点的个数分别为 0 个、1 个、2 个和 3 个。对于自切点曲线两旁的连杆点，其轨迹曲线上二重点数目相差两个，而瞬心线两旁的连杆点，其轨迹曲线上二重点的数目则相差一个。对于一个平面曲柄摇杆机构，通常存有双二重点区域，但是目前尚未发现有三个二重点区域。

对于给定尺寸的曲柄滑块机构，计算出 $\gamma - \varphi$ 和 $f = f(\varphi)$ 并代入方程式（1.133）和式（1.141），可以得到连杆二重点的分布，如图 1.39 所示。按照同样的方式，绘制曲柄导杆机构连杆平面二重点的分布如图 1.40 所示。

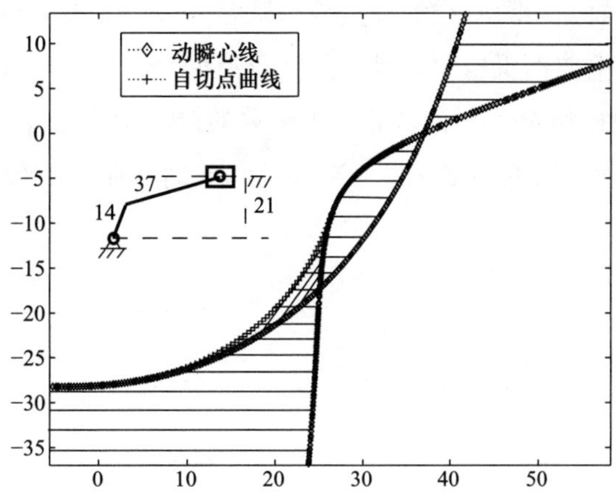

图 1.39　曲柄滑块机构连杆平面二重点分布

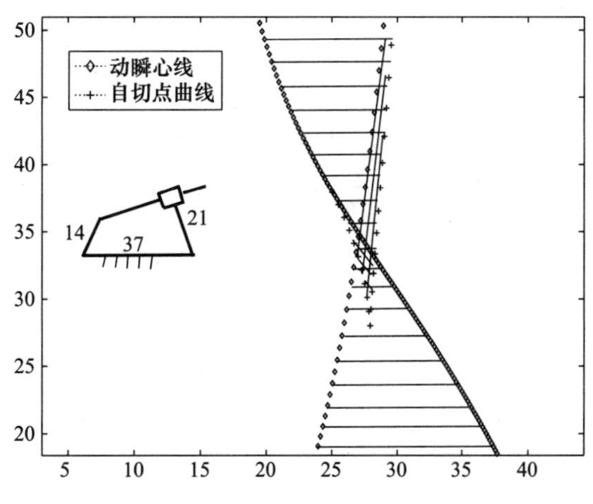

图 1.40　曲柄导杆机构连杆平面二重点分布

1.3.4　四杆机构Ⅱ的二重点

1.3.2 节中讨论了平面四杆机构连杆曲线上存有二重点的条件，而 1.3.3 节中则给出了含有单曲柄的四杆机构连杆上二重点的分布特征。非单曲柄四杆机构包括 Grashof 运动链中的双曲柄机构、双摇杆机构和非 Grashof 运动链中以不同杆作机架而得到的四种双摇杆机构。与单曲柄机构相比，非单曲柄四杆机构的 $f-\varphi$ 曲线的共同特点是 f 不是单调增函数，而 Grashof 运动链的两种机构中，双曲柄机构还有 $\varphi^{(3)}=2\pi+\varphi^{(1)}$，双摇杆机构有 $\gamma^{(3)}=2\pi+\gamma^{(1)}$，$\varphi^{(1)}=\varphi^{(3)}$，非 Grashof 运动链中的四种机构都有 $\varphi^{(1)}=\varphi^{(3)}$ 等特点。因此，用 1.3.3 节的方法来计算会忽略多种情况而出错，需要特殊处理。

现以非 Grashof 运动链中的两个基本机构为例，其尺寸参数分别为 $a_1=20$，$a_2=20$，$a_3=40$，$a_4=70$ 和 $a_1=20$，$a_2=30$，$a_3=40$，$a_4=60$。分别绘制两个基本机构的 $\gamma-\varphi$ 和 $f-\varphi$，如图 1.41（$\theta_P=0°$）和图 1.42（$\theta_P=-100°$）所示。连杆平面上的 θ_P 射线已经在 1.3.3 节中被

定义。θ_P射线与连杆平面上动瞬心线的交点数目就是$f=n\pi/2$及$f=(n-2)\pi/2$与$f-\varphi$曲线的交点数，在1.3.3节单曲柄机构中，其交点数仅有两个，而对于非单曲柄机构，其交点数有两个或四个，现分两种情况来讨论。若将f函数的最大值和最小值分别定义为$f_{\max}$和$f_{\min}$，当$\Delta f_{\max}=f_{\max}-f_{\min}<\pi$时，其交点数为2，当$\Delta f_{\max}\geqslant\pi$时，则交点数为4。

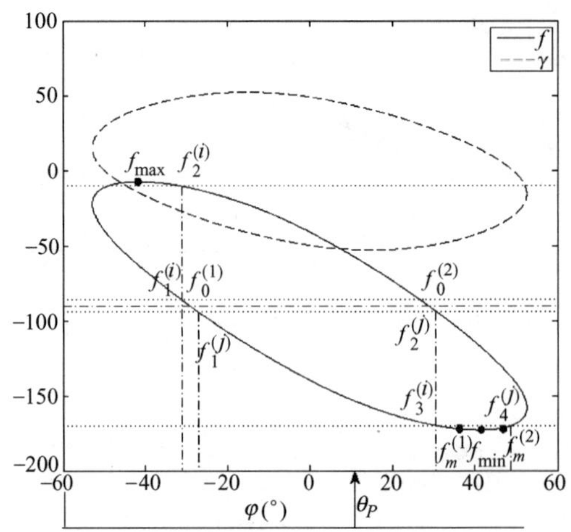

图1.41 非Grashof四杆机构1的$\gamma-\varphi$和$f-\varphi$曲线

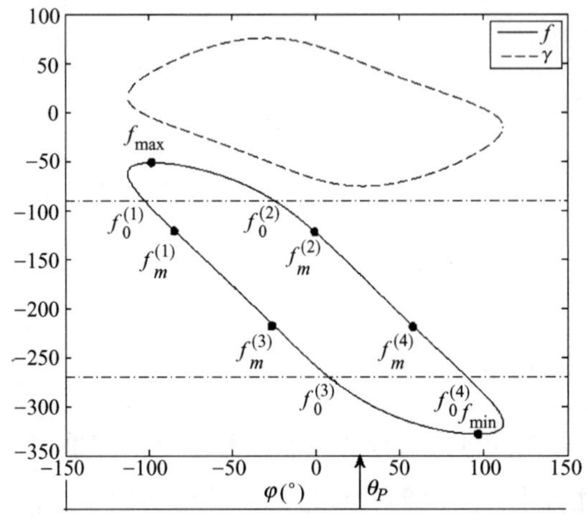

图1.42 非Grashof四杆机构2的$\gamma-\varphi$和$f-\varphi$曲线

（1）当$\Delta f_{\max}<\pi$时　对于图1.41中所示的$f-\varphi$曲线，有$\Delta f_{\max}<\pi$。在连杆平面上以$\theta_{P1}=n\pi/2-f_{\min}(n=-1,\ -3)$和$\theta_{P2}=n\pi/2-f_{\max}$过$B$点作射线，所作的两条射线与动瞬心线$\pi_m$各有一个交点（相切），而位于$[\theta_{P1},\ \theta_{P2}]$之间的$\theta_P$射线均与动瞬心线有两个交点，在$[\theta_{P1},\ \theta_{P2}]$之外的$\theta_P$射线与动瞬心线无交点。对于$\theta_P\in[\theta_{P1},\theta_{P2}]$，$\theta_P$射线与动瞬心线两个交点的极径$r_0^{(1)}$和$r_0^{(2)}$，可通过$f_0^{(1)}=f_0^{(2)}=n\pi/2$以及式（1.137）确定。这样$\theta_P$射线就把$f-\varphi$曲线分成两半，并得到四个区间：$[f_{\min},f_0^{(1)}]$，$[f_{\min},f_0^{(2)}]$，$[f_0^{(1)},f_{\max}]$，$[f_0^{(2)},f_{\max}]$。

对于$f^{(i)} \in [f_{\min}, f_0^{(1)}]$（或$f^{(i)} \in [f_{\min}, f_0^{(2)}]$）寻求$f^{(j)} \in [f_0^{(1)}, f_{\max}]$（或$f^{(j)} \in [f_0^{(2)}, f_{\max}]$），使得$f^{(i)}$和$f^{(j)}$满足式（1.145），从而得到相应的$\varphi^{(i)}$和$\varphi^{(j)}$，以便代入式（1.133）计算连杆二重点。

1）当$f_{\max}+f_{\min} \leqslant n\pi$时，$n$为奇数，则必存在$f_m^{(1)} \in [f_{\min}, f_0^{(1)}]$和$f_m^2 \in [f_{\min}, f_0^{(2)}]$，使得$f_m^{(1)}+f_{\max}=f_m^{(2)}+f_{\max}=n\pi$成立。因为$f_{\max}+f_{\min} \leqslant n\pi$，所以在$[f_{\min}, f_m^{(1)}]$及$[f_{\min}, f_m^{(2)}]$内的$f^{(i)}$无相应的$f^{(j)}$使得$f^{(i)}+f^{(j)}=n\pi$，可以舍去这两个区间，从而$\theta_P$射线上连杆二重点的计算区域为$[f_m^{(1)}, f_{\max}]$和$[f_m^{(2)}, f_{\max}]$，而有效计算区域仅为$[f_0^{(1)}, f_{\max}]$及$[f_0^{(2)}, f_{\max}]$。在$\theta_P$射线上，对于给定的$f^{(i)} \in [f_0^{(1)}, f_{\max}]$（或$f^{(i)} \in [f_0^{(2)}, f_{\max}]$），存在相应的$f^{(j)} \in [f_m^{(1)}, f_0^{(1)}]$（或$f^{(j)} \in [f_m^{(2)}, f_0^{(2)}]$）满足式（1.145），便可求得$\varphi^{(i)}$、$\gamma^{(i)}$及$\varphi^{(j)}$和$\gamma^{(j)}$，代入式（1.133）可计算出连杆平面$\theta_P$射线上的二重点。

图1.41中所示$f-\varphi$曲线的$f_{\max}=-7.18°$，$f_0^{(1)}=f_0^{(2)}=-90°$，而由$f_m^{(1)}+f_{\max}=f_m^{(2)}+f_{\max}=n\pi$可得$f_m^{(1)}=f_m^{(2)}=-172.82°$，从而将$f-\varphi$曲线划分为四个区域$[f_m^{(1)}, f_0^{(1)}]$、$[f_0^{(1)}, f_{\max}]$、$[f_m^{(2)}, f_0^{(2)}]$和$[f_0^{(2)}, f_{\max}]$。对于连杆机构给定的输入角$\varphi=-31°$，可以得到$f-\varphi$曲线上的两点$f_1^{(i)}=-85.85° \in [f_0^{(1)}, f_{\max}]$和$f_2^{(i)}=-10.07° \in [f_0^{(2)}, f_{\max}]$。对于$f_1^{(i)}$可由式（1.145）得到其两个对应的位置$f_1^{(j)}$，$f_2^{(j)}$，而对于$f_2^{(i)}$可由式（1.145）得到其两个对应的位置$f_3^{(j)}$，$f_4^{(j)}$。其中$f_1^{(j)}=-94.15° \in [f_m^{(1)}, f_0^{(1)}]$对应机构的输入角为$\varphi=-26.855°$，$f_2^{(j)}=-94.15° \in [f_m^{(2)}, f_0^{(2)}]$对应机构的输入角为$\varphi=31.005°$，$f_3^{(j)}=-169.93° \in [f_m^{(1)}, f_0^{(1)}]$对应机构的输入角为$\varphi=31.02°$，$f_4^{(j)}=-169.93° \in [f_m^{(2)}, f_0^{(2)}]$对应机构的输入角为$\varphi=48.908°$。

二重点的计算流程如图1.43所示。对于一个非单曲柄的平面四杆机构，首先由式$f=\theta_P-\varphi+\gamma-\pi/2$绘制出其曲线$f-\varphi$，对于任意一$\theta_P \in [0, 2\pi]$，可得到$f-\varphi$曲线上的$f_{\max}$，$f_{\min}$，$f_0^{(1)}$，$f_0^{(2)}$，$f_m^{(1)}$，$f_m^{(2)}$，然后可由式（1.133）计算得到$\theta_P$射线上连杆二重点的极径$r_P$。为使计算结果连续，体现$\theta_P$射线上连杆二重点极径$r_P$变化的连续性，计算顺序应由$f_0^{(1)}$开始，使$f^{(i)} \in [f_0^{(1)}, f_{\max}]$并寻求$f^{(j)} \in [f_m^{(1)}, f_0^{(1)}]$，经过$f_{\max}$到$f^{(i)} \in [f_{\max}, f_0^{(2)}]$并寻求$f^{(j)} \in [f_m^{(1)}, f_0^{(1)}]$。然后从$f_0^{(2)}$返回，使$f^{(i)} \in [f_{\max}, f_0^{(2)}]$并寻求$f^{(j)} \in [f_m^{(2)}, f_0^{(2)}]$，经过$f_{\max}$回到$f^{(i)} \in [f_0^{(1)}, f_{\max}]$并寻求$f^{(j)} \in [f_m^{(2)}, f_0^{(2)}]$，最终终止于$f_0^{(1)}$。由此计算出连杆二重点$r_P$由$r_0^{(1)}$经过四个计算区域连续变化到$r_0^{(2)}$。若$r_P$的变化是单调的，则在此区间无极值，否则有极值，并可按式（1.141）计算得到相应的自切点。

2）若$f_{\max}+f_{\min}>n\pi$，则一定存在$f_m^{(1)} \in [f_0^{(1)}, f_{\max}]$和$f_m^{(2)} \in [f_0^{(2)}, f_{\max}]$使得$f_m^{(1)}+f_{\min}=f_m^{(2)}+f_{\min}=n\pi$。换句话说，$[f_m^{(1)}, f_{\max}]$（或者$[f_m^{(2)}, f_{\max}]$）中的$f^{(i)}$没有相应的$f^{(j)} \in [f_{\min}, f_{\max}]$使得$f^{(i)}+f^{(j)}=n\pi$，所以区域$[f_m^{(1)}, f_{\max}]$和$[f_m^{(2)}, f_{\max}]$是无效的，从而可以舍去。这样将前面计算过程中的$f_{\max}$换成$f_{\min}$，可得四个计算区域$[f_{\min}, f_0^{(1)}]$，$[f_0^{(1)}, f_m^{(1)}]$，$[f_{\min}, f_0^{(2)}]$以及$[f_0^{(2)}, f_m^{(2)}]$，并可采用同样的计算流程。

（2）当$\Delta f_{\max} \geqslant \pi$时　对于图1.42中所示的$f-\varphi$曲线，有$\Delta f_{\max} \geqslant \pi$。连杆平面上的$\theta_P$

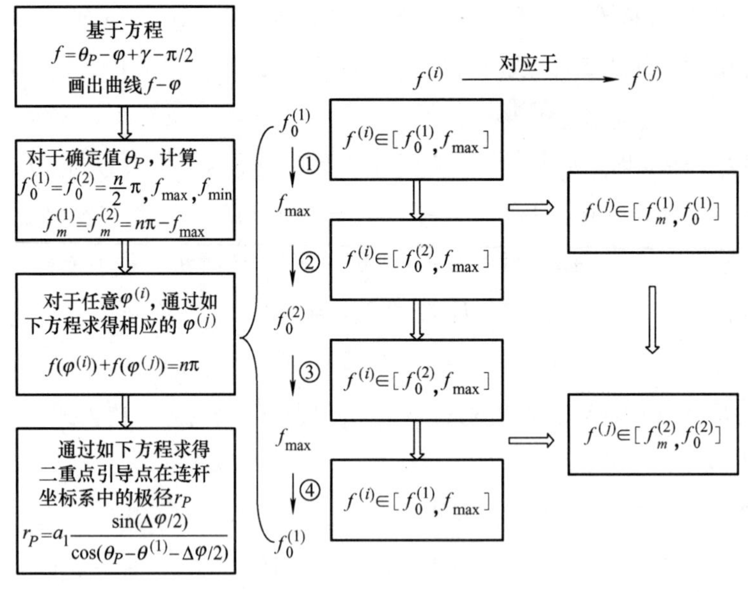

a)

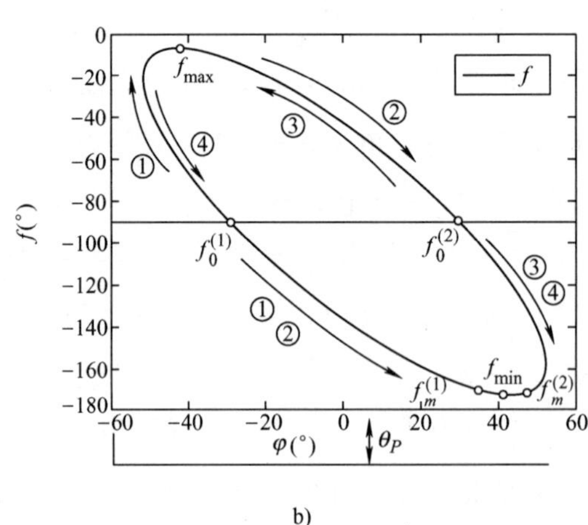

b)

图 1.43　二重点的计算流程

射线与动瞬心线相交的四点对应于 $f_0^{(1)}$、$f_0^{(2)}$、$f_0^{(3)}$ 和 $f_0^{(4)}$，并有：

$$f_0^{(1)}=f_0^{(2)}=\frac{n\pi}{2}, f_0^{(3)}=f_0^{(4)}=\frac{(n-2)\pi}{2} \tag{1.149}$$

同上述一样，可以分别由 $f-\varphi$ 曲线的 f_{max}、f_{min} 定出：

$$f_m^{(1)}=f_m^{(2)}=n\pi-f_{max}, f_m^{(3)}=f_m^{(4)}=(n-2)\pi-f_{min} \tag{1.150}$$

从而可将 $f-\varphi$ 曲线分成上下两部分，上部分在区间［$f_m^{(1)}$，f_{max}］及［$f_m^{(2)}$，f_{max}］内，其中包含 $f_0^{(1)}$ 和 $f_0^{(2)}$，下部分区间为［f_{min}，$f_m^{(3)}$］和［f_{min}，$f_m^{(4)}$］，并含有 $f_0^{(3)}$ 和 $f_0^{(4)}$。$f_0^{(1)}-f_0^{(4)}$ 对应于 θ_P 射线，与动瞬心线交于四点，且其极径为 $r_0^{(1)}-r_0^{(4)}$。从而 θ_P 射线上连杆二重点的极径 r_P 分布在两个区域，即［$r_0^{(1)}$，$r_0^{(2)}$］和［$r_0^{(3)}$，$r_0^{(4)}$］内，但这两个区域有时分开，有时交错，使得分析 r_P 的

变化规律复杂化。但 $\Delta f_{\max} < \pi$ 中两种情况的计算方法仍适用，计算结果显示：以动瞬心线 π_m 以及自切点曲线 π_t 为连杆二重点的界限，与前两节的理论一样，在连杆平面上，由单二重点区域过渡到双二重点区域需跨过瞬心线 π_m，而由无二重点区域到双二重点区域则越过自切点曲线 π_t。本节的部分图幅中含有三个二重点区域，同样，由三个二重点区域到单二重点区域要经过自切曲线 π_t，到双二重点区需动瞬心线 π_m 过渡，但不会直接退化到无二重点区域。

利用前面介绍的方法，本书中给出了六个非单曲柄机构连杆二重点分布的计算实例，分别如图 1.44 ~ 图 1.49 所示。其中图 1.44 所示为双曲柄机构连杆平面二重点分布，图 1.45 所示为 Grashof 链双摇杆机构连杆平面二重点分布，而非 Grashof 链双摇杆机构连杆平面二重点分布则如图 1.46 ~ 图 1.49 所示。

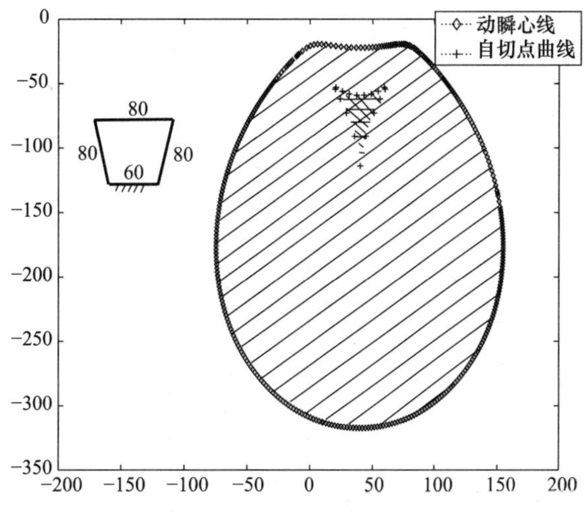

图 1.44　双曲柄机构连杆平面二重点分布

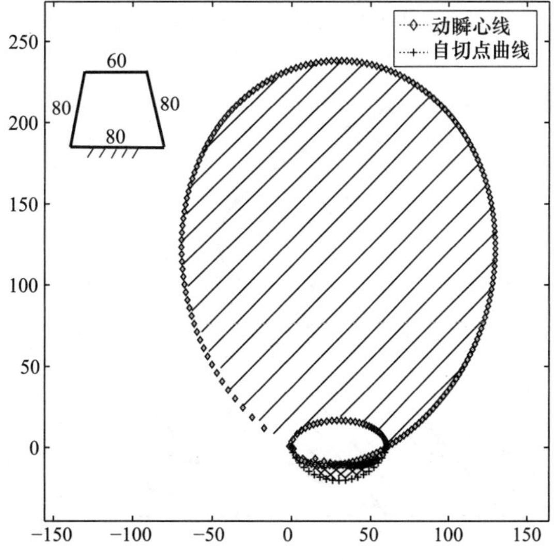

图 1.45　Grashof 链双摇杆机构连杆平面二重点分布

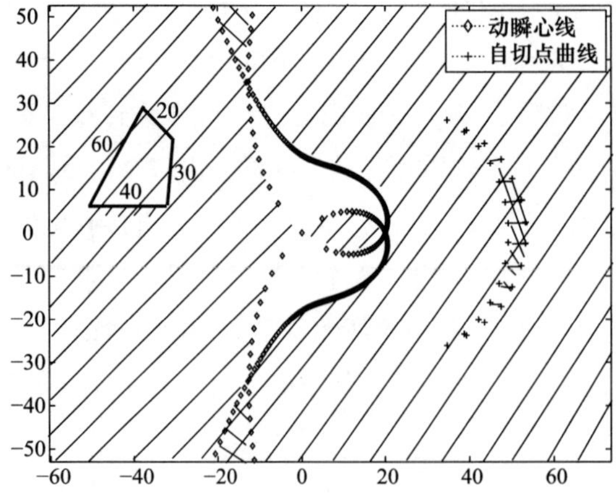

图 1.46 非 Grashof 链 1 双摇杆机构连杆平面二重点分布

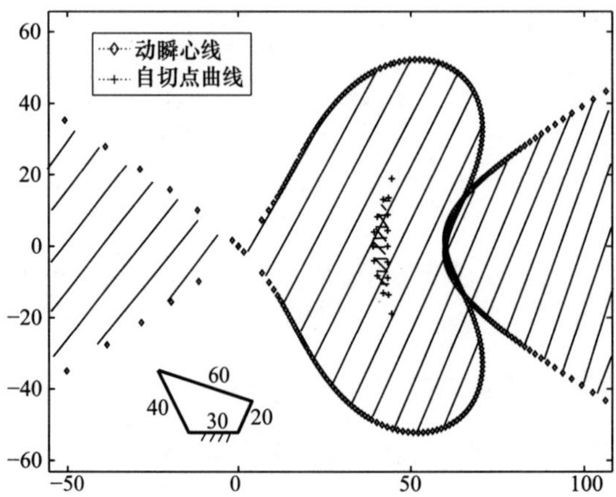

图 1.47 非 Grashof 链 2 双摇杆机构连杆平面二重点分布

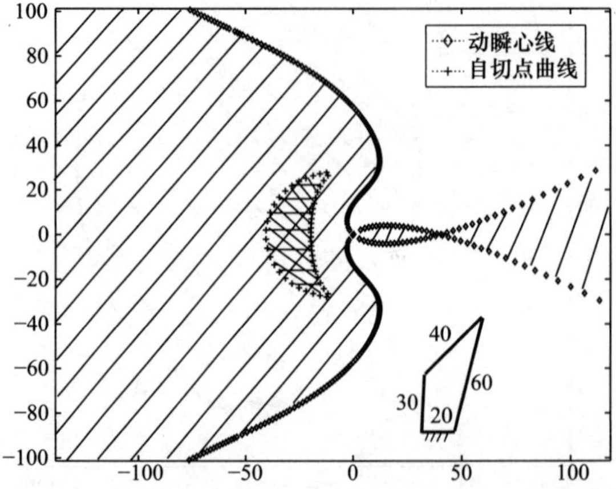

图1.48 非 Grashof 链 3 双摇杆机构连杆平面二重点的分布

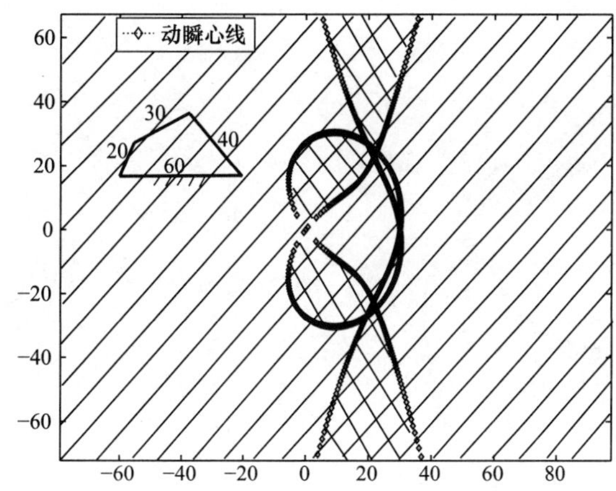

图 1.49　非 Grashof 链 4 双摇杆机构连杆平面二重点分布

1.3.5　卵形曲线

卵形连杆曲线是连杆曲线中的重要一类，由 1.1.2 节卵形线的定义及推论 1 可知，不含二重点且处处曲率符号保持不变的连杆曲线为卵形连杆曲线，其形如鹅蛋，卵形连杆曲线为平面简单的凸闭曲线。

连杆曲线的曲率已在 1.2 节作了详细讨论，由曲率方程式（1.74）可知，当 $k_{O\mathrm{m}}-\dot{\theta}>0$ 时，若连杆平面上一点 $P(r_P,\ \theta_P)$ 在某一瞬时 φ 位于拐点圆之内，则该连杆点 P 的轨迹（连杆曲线）此时的曲率 $k_\Gamma<0$；若连杆点 P 位于拐点圆上，则 $k_\Gamma=0$；位于拐点圆之外，则 $k_\Gamma>0$；当 $k_{O\mathrm{m}}-\dot{\theta}<0$ 时，上述情况正好相反。在连架杆转角的定义域 $[\varphi_0,\ \varphi_l]$ 内，对于任意瞬时 $\varphi\in[\varphi_0,\ \varphi_l]$，连杆上一固定点 $P(r_P,\ \theta_P)$ 始终都在拐点圆之内（或之外），则可断言，该点的连杆曲线的曲率 k_Γ 始终不变符号，而连杆平面上该点位于无二重点区域，那么，连杆点 P 的轨迹为卵形线，称连杆点 P 为卵形点。

以图 1.50 中所示的双曲柄机构为例，对于任意连架杆位置 $\varphi\in[0,\ 2\pi]$，有 $k_{O\mathrm{m}}-\dot{\theta}>0$ 且符号不变，在连杆平面上，动瞬心线 π_m 所包容的区域以内和 Ball 点曲线 π_b 所未包含的区域，拐点圆族都未涉及，这些区域上的连杆点都始终在拐点圆以外，因而其曲率 k_Γ 的符号保持不变；但由 1.3.4 节可知，在动瞬心线 π_m 以内的连杆点的轨迹含有二重点，属于非简单闭曲线；而在 Ball 点曲线 π_b 以外的连杆点的连杆曲线，才符合推论 1，故为卵形线。那么在整个连杆平面上，在 Ball 点曲线以外的所有连杆点，都是卵形点，这一区域为**卵形点区域**，两曲柄铰链点 B 和 C 为卵形点之典范。

由动瞬心线方程式（1.43）可知，当 $k_{O\mathrm{m}}-\dot{\theta}$ 随连架杆转角 φ 的变化而产生符号改变时，表明动瞬心线 π_m 有两支，即 $k_{O\mathrm{m}}-\dot{\theta}>0$ 为一支，$k_{O\mathrm{m}}-\dot{\theta}<0$ 为另一支，$k_{O\mathrm{m}}-\dot{\theta}=0$ 时 $r_{P0}\to\infty$。因此，式（1.74）中连杆曲线曲率 k_Γ 的正负号与 $k_{O\mathrm{m}}-\dot{\theta}$ 的正负号有关，也就是该瞬时

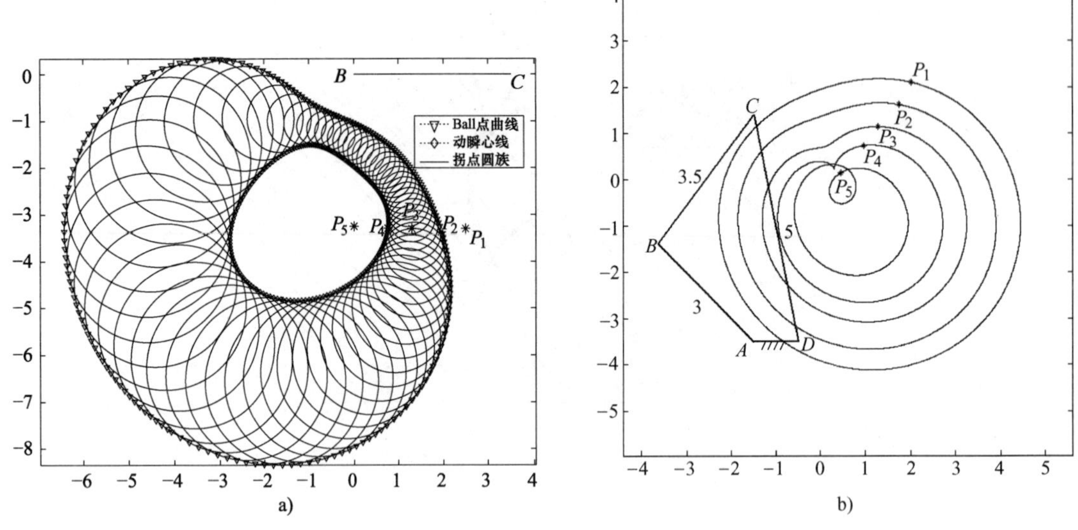

图 1.50 双曲柄机构卵形连杆曲线的分布

a）双曲柄机构卵形点区域 b）双曲柄机构的连杆曲线

与哪一支动瞬心线在定瞬心线上纯滚动有关。当一支动瞬心线 π_m^1 在定瞬心线 π_f 上纯滚动时，π_m^1 一侧的某些连杆点总是位于 π_m^1 的所有拐点圆之内（或之外），当然也在其中最小拐点圆之内（或最大拐点圆之外），那么，这些连杆点的轨迹上对应于 π_m^1 点处的曲率 k_Γ 与上述（对应于 π_m^1）k_Γ 符号相同，则连杆点必须位于对应于 π_m^2 的所有拐点圆之外（或之内），也在最大拐点圆之外，才能使得连杆曲线为卵形线，连杆点所在区域才为卵形点区域。显然，要求连杆上一点在对应于 π_m^1 的所有拐点圆之内，必然是在最小拐点圆内并以这些拐点圆包络线（Ball 点曲线）为界线，而要求该点又在对应于 π_m^2 的所有拐点圆之外，必然在其最大拐点圆（相当于 π_m^2 的渐近线）之外。同理，在 π_m^2 一侧的最小拐点圆内并以 Ball 点曲线为界线的区域内的连杆点，若在 π_m^1 的最大拐点外，也为卵形点。把在 π_m^2（或 π_m^1）的最大拐点圆之外的对应于 π_m^1（或 π_m^2）的最小拐点圆称为**单侧极小拐点圆**。只有在单侧极小拐点圆之内以 Ball 点曲线为界线的连杆点区域才为卵形点区域。

如图 1.51 所示的曲柄摇杆机构的连杆平面上，动瞬心线 π_m^1 的最小拐点圆是单侧极小拐点圆，其内以 Ball 点曲线 π_b^1 为界线的区域是卵形点区域，如连杆点 $P_1 \sim P_3$ 的连杆曲线为卵形线；而另一支动瞬心线 π_m^2 的最小拐点圆被 π_m^1 的最大拐点圆（渐近线）所包含，因而不是单侧极小拐点圆，其内无卵形点区域，如连杆点 P_8 的轨迹就不是卵形线。

对于任意平面机构，只需在连杆平面上作出瞬心线，Ball 点曲线、自切曲线及最小拐点圆，由上述理论，不难确定连杆平面上的卵形点区域。对于平面四杆机构来说，Grashof 链一般都存在卵形点区域，而非 Grashof 链都不存在单侧极小拐点圆，故无卵形点区域。对于多杆机构，也可用上述方法和理论确定连杆平面上的卵形区域。

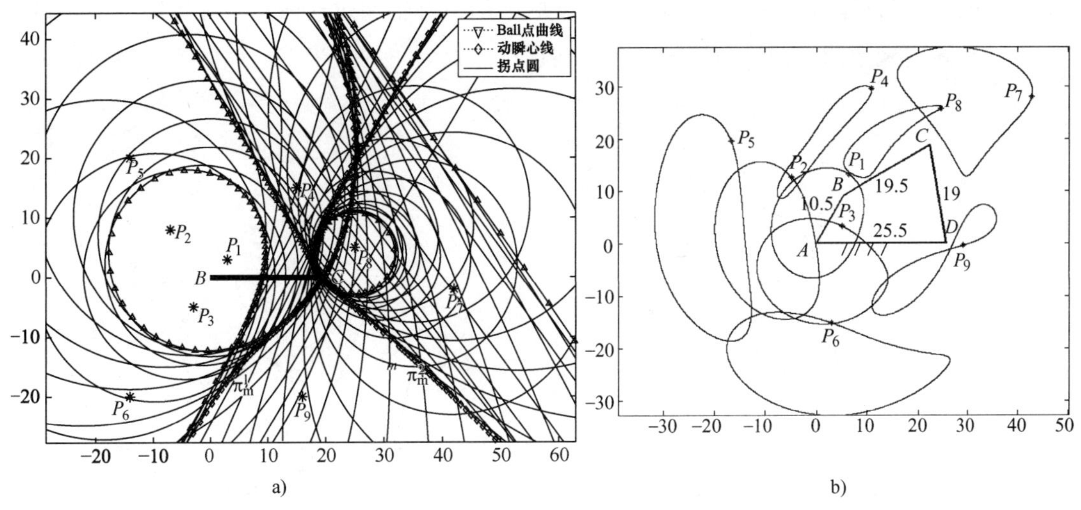

图 1.51　曲柄摇杆机构连杆点的分布特征及曲线

a）曲柄摇杆机构连杆点的分布特征　b）曲柄摇杆机构连杆曲线

1.3.6　对称曲线

在本章的 1.3.2 ~ 1.3.4 节研究了平面机构连杆曲线上二重点的存在条件，而 1.3.5 节讨论了连杆平面上卵形连杆曲线的分布，这些都是连杆曲线的整体性质。连杆曲线的另一整体特性——对称连杆曲线，对平面连杆机构的尺度综合具有重要意义。

根据 Roberts-Chebyshev 理论，一条连杆曲线可以由三个不同的四杆机构实现，称这三个四杆机构为**同源机构**，如图 1.52 所示。这三个同源四杆机构可通过作相似形方法获得：对于某一四杆机构 O_AABO_B 为基本四杆机构，其连杆平面上连杆点 C 与两个铰链点 A 和 B 构成连杆三角形 ABC，分别以连杆三角形 ABC 的两条边 AC 与 BC、连架杆 O_AA 与 O_BB 作平行四边形 O_AACA' 和 O_BBCB' 得到点 A' 和 B'，再分别以 CA'、CB' 和机架 O_AO_B 为边作与连杆三角形 ABC 相似的三角形 $CA'F'$、$CB'F$、$O_AO_BO_F$ 得到点 F'、F 和 O_F，那么，存在铰链四杆机构 $O_AA'F'O_F$ 和 $O_BB'FO_F$ 与基本四杆机构 O_AABO_B 同源，即三个同源机构中的连杆点 C 能够产生相同的连杆曲线。由此可见，这三个同源机构的类型并不一定相同，可以是 Grashof 四杆机构、非 Grashof 四杆机构，甚至 Grashof 链的曲柄摇杆机构、双曲柄机构和双摇杆机构，非 Grashof 链的所有双摇杆机构等。

特殊地，当其中一个四杆机构为对称机构并且连杆点 C 也是对称点时，其连杆曲线必定是对称连杆曲线，而另外两个同源四杆机构未必是对称机构，也未必是同类型机构，但产生相同的对称连杆曲线，即非对称四杆机构也可以产生对称连杆曲线。若同源连杆机构中存在一个对称连杆机构，其两个连架杆的长度相同，称为 **Roberts 连杆机构**。如图 1.53 所示。该对称机构的连杆平面上两个铰链点的对称轴上连杆点均产生对称连杆曲线，由 Roberts-Chebyshev 理论可以发现该对称机构的两个同源机构的连杆长度等同于从动连架杆的长度，可以产生同样的对称连杆曲线，并且对称连杆曲线的对称轴通过这两个同源机构的共同固定铰链点，与固定机架的夹角恰为连杆三角形在连杆点处内角的一半，但该同源机构不是对称机构。

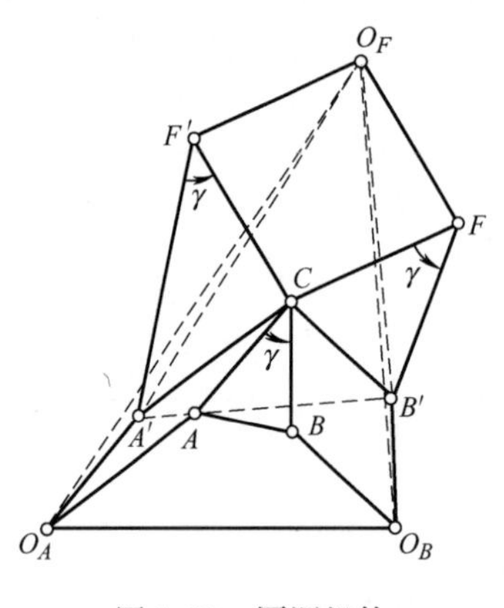

图 1.52　同源机构

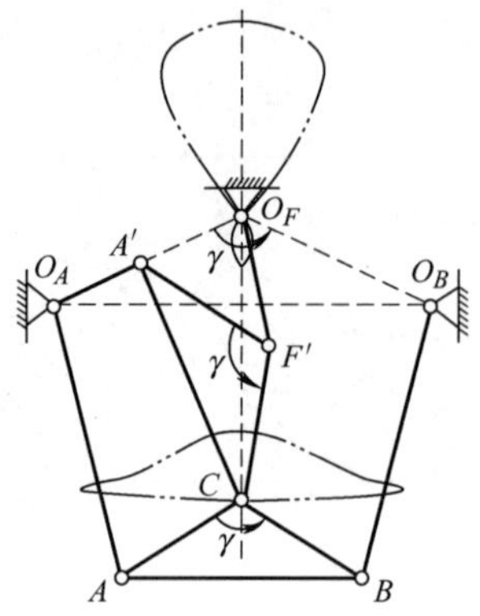

图 1.53　Roberts 连杆机构

对于对称铰链四杆机构的这两个同源机构，在其连杆平面上均存有一个半径为连杆长度的对称圆，该圆的圆心为连杆与从动连架杆的铰链点，该圆上的所有连杆点的轨迹曲线均为对称连杆曲线，如图 1.54 所示。

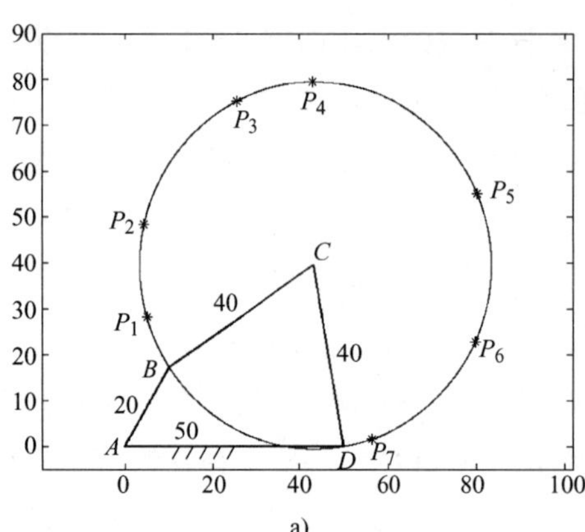

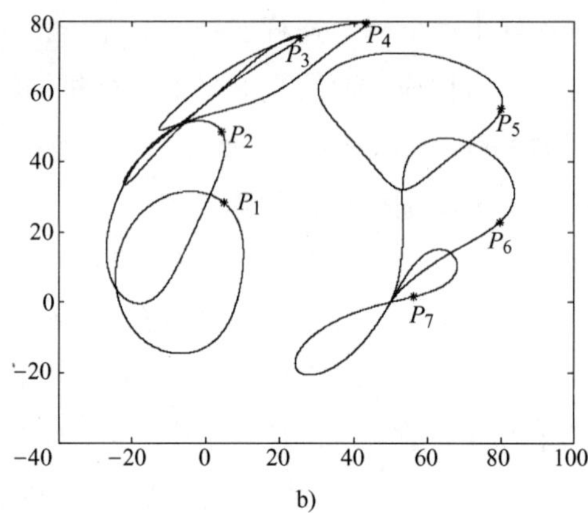

图 1.54　对称圆及对称连杆曲线

a）曲柄摇杆机构连杆平面上的对称圆　b）对称圆上点的对称连杆曲线

因此，对称机构可以产生对称连杆曲线，非对称机构只要连杆与连架杆长度相等，连杆平面上对称圆上所有连杆点也产生对称连杆曲线。这是由 Roberts-Chebyshev 同源机构理论推证的。作者认为，以连杆曲线二重点类似的矢量解析条件，由微分几何学方法可以证明对称连杆曲线存在的充分必要条件，而且连杆与连架杆长度相等及对称圆等条件也可以放宽，一般四杆机构也会产生对称连杆曲线，但迄今尚未有文献证明。

1.3.7 分布规律

在本章的 1.3.1 ~ 1.3.6 节中研究了平面机构连杆曲线的局部特征和部分整体性质，特别是阐述了产生这些带各种特征连杆曲线的连杆点在连杆平面上的位置及其分布规律，本节将所阐述的连杆曲线特征及连杆点分布规律联系起来，在总体上描述平面机构连杆平面上，其轨迹带有各种不同特征的连杆点的分布规律。

连杆平面上存在一条（可能分为几支）动瞬心线 π_m，一条 Ball 点曲线 π_b，一条或几条自切点曲线 π_t，数条 Burmester 点曲线 π_B 以及（最大）最小拐点圆。在这些曲线上的连杆点，其连杆曲线分别带有尖点、Ball 点、自切点、Burmester 点及拐点等特征。而 Ball 点曲线 π_b 上的奇点处必在 Burmester 点曲线上，该点具有 Ball 点与 Burmester 点的共性，其连杆曲线在较大范围内近似于直线；而 Burmester 点曲线 π_B 上的奇点，其连杆曲线有与圆弧五阶接触之处；当 π_m 有几支时，若最小拐点圆为单侧极小拐点圆，该圆内以 Ball 点曲线 π_b 为界线的区域为卵形点区域，该区域上所有连杆点的连杆曲线均为卵形线；若 π_m 为一条闭曲线，则卵形点区域是以 Ball 点曲线为内界线的无二重点区域。由连杆与连架杆的铰链点 B 为极点作射线，交于动瞬心线于 P_m、自切曲线 π_t 于 P_t，由自切点曲线上点 P_t 到（n 支）动瞬心线上点 P_m 之间的连杆点，其连杆曲线必含有二重点，且二重点的个数与该连杆点位于 π_t 及 π_m 的区间有关，凡跨越 π_m 一次，其连杆曲线的二重点个数增减一个，凡跨越 π_t 一次，则二重点个数增减两个。对于上述区域以外的连杆点，其连杆曲线均为含有拐点的简单闭曲线。在整个连杆平面上，各点的连杆曲线由一种形状变化到另一种形状是循序渐进的，上述各区域之间都有过渡部分，在过渡部分的连杆点，其连杆曲线的形状介于相邻两区域连杆曲线形状之间。以连杆点由卵形点移到双二重点区域为例，如图 1.37 所示，其连杆曲线先为卵形线，随连杆点移至卵形点区域边界，连杆曲线一侧变得平直，当连杆点移出卵形点区域时，连杆曲线出现中凹，若连杆点趋于双二重点区域时，连杆曲线两侧内凹才相切接触，随着连杆点进入双二重点区域，连杆曲线两侧内凹至相交得两个二重点。在所有的连杆平面上，各区域间连杆点变化对其连杆曲线形状的影响明显是渐进的。所以，在连杆平面上，只需作出四条曲线和几个辅助圆，就可预先知道连杆平面上各点的连杆曲线形状及其变化规律了。

如图 1.55 所示的平面曲柄摇杆机构，连杆平面上的单边最小拐点圆用黑实线画出，在单侧极小拐点圆之内并以 Ball 点曲线为界线的连杆点区域才为卵形点区域，如其中的 P_1 的轨迹曲线为卵形线。Ball 点曲线上的点如 P_2，其轨迹曲线上有较大的一部分近似于直线，而 Burmester 点曲线上的点如 P_9，其轨迹曲线上有较大的一部分近似于圆弧，动瞬心线上的点如 P_6，其轨迹曲线上产生有尖点。在自切点曲线和动瞬心线之间连杆区域上的连杆点，如 P_5，其轨迹曲线上有两个二重点，因而其形如双 8 字；而在动瞬心线两条分支之间区域的连杆点，如 P_8，其轨迹曲线上有一个二重点，因而其形如 8 字。上述区域以及曲线之外的连杆点，如 P_3，其轨迹曲线上存有拐点且为简单闭曲线。

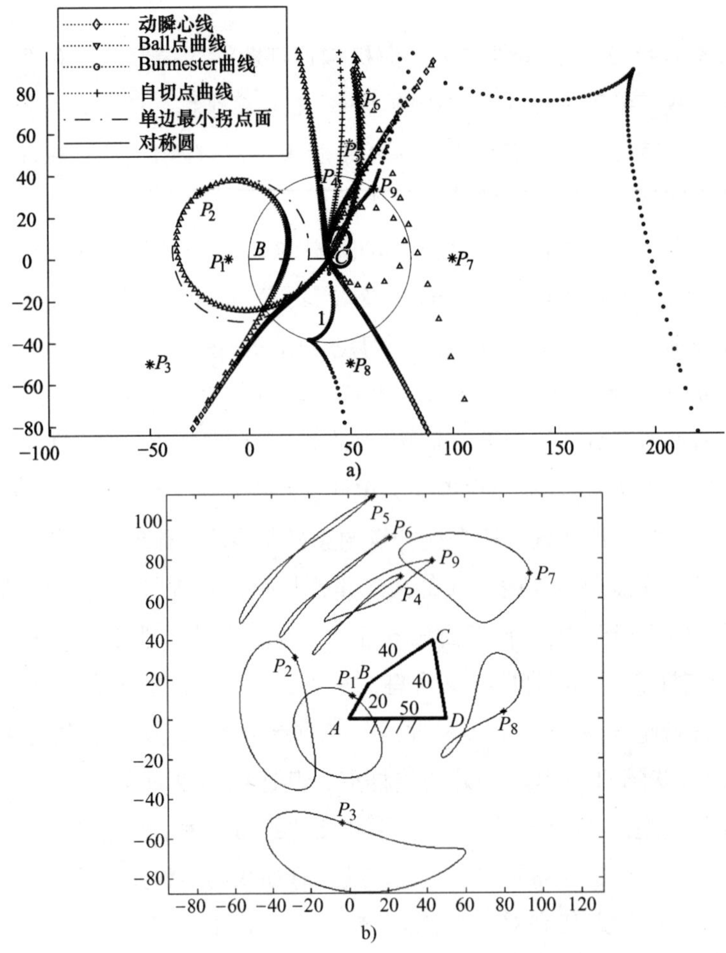

图 1.55 曲柄摇杆机构连杆特征点分布及曲线

a）曲柄摇杆机构连杆特征点分布 b）曲柄摇杆机构的连杆曲线

若该曲柄摇杆机构的连杆长度等于其输出连架杆的长度，则该机构为对称铰链四杆机构的同源机构，上述分布区域同样存在于该机构的连杆平面上。在该机构的连杆平面上存在有一个对称圆，其上的点的轨迹曲线均为对称连杆曲线，若该对称圆通过连杆平面上的不同区域以及不同曲线，则其上的点的对称连杆曲线上同时存在有 Ball 点、Burmester 点、尖点或者单二重点、双二重点。这就为平面四杆机构尤其是平面六杆间歇机构的尺度综合提供了理论基础。

1.4 讨论

本章采用微分几何学方法，系统地讨论了平面运动几何学，揭示了刚体平面运动时点与线的轨迹的局部几何性质，并扩展到整体性质，从而确定了带有多种几何特征的连杆曲线分布规律。为便于后续内容阅读和加深理解微分几何学方法，在此就平面运动几何学的研究内容与研究方法分别进行概要评述。

刚体平面无限接近位置运动几何学是机构学的经典理论，研究平面运动刚体上点与线的轨迹的局部几何性质，可追溯到18世纪Bernoulli瞬心[2]，Euler[3,4]的曲率公式。19世纪是刚体运动几何学理论形成时期，包括Savary[5]曲率理论中的Euler-Savary公式，Cauchy的刚体平面运动瞬心线对滚[6]，Bobillier定理[7]，Ball点[8]，Burmester点[9]等。20世纪以来，Müller[10]等人建立和完善了平面运动几何学的经典曲率理论；特别是20世纪60年代以后，随着计算技术的发展，大大促进了机构学的发展，丰富和完善了平面运动几何学理论，其中J. C. Walford[11]把Burmester曲率理论用于平面铰链四杆机构连杆曲线的曲率分析，给出了瞬时连杆平面上无限接近位置Burmester点，得到一元四次代数方程，指出可能有四个实根、两个实根或无实根，对于铰链四杆机构，只可能存在两个实根或无实根，为综合多杆间歇机构提供了理论依据。F. Freudenstein，G. N. Sandor，E. J. Primose和Veldkamp等[12~20]研究了平面运动Burmester理论的解析形式，并推广到高阶曲率，在理论上解决了平面连杆曲线可以复演什么样的代数曲线，高阶平面运动综合解的存在性以及同源机构解等问题，为平面机构高阶综合提供了理论依据。D. Tesar和J. P. Viodosic[21]选取连杆平面瞬时无限接近位置的四个Burmester点中的一个或两个与该瞬时的Ball点重合（分别称为Ball-Burmester点和Ball-Double-Burmester点）的四杆机构，绘制了多种图谱，使用者可根据要求的连杆曲线近似于直线的程度，查阅该图谱，便可选出合适的铰链四杆机构尺寸及连杆点位置，为实现近似直线轨迹综合提供了有效工具。作者[22]用解析方法证明了Ball点曲线上的奇点是Burmester点（Ball-Burmester点），而Burmester点曲线上的奇点是更高阶的Burmester点，而Double-Burmester点并无几何学意义。G. N. Sandor，A. G. Erdman等[23]推导出Euler-Savary公式的复数形式，并将其用于高副机构的曲率分析。K. H. Hunt和E. F. Fichter[24,25]给出了平面四杆机构连杆平面上直线在固定平面上包络线的曲率性质，并对包络线的种类进行分类，从而扩展了平面机构运动几何学理论。O. Bottema、B. Roth、Koetsier和Hunt等[26~29]研究了平面运动的不变量，系统地阐述了平面运动的曲率理论。G. R. Pennock[30,31]给出了平面多杆机构，如齿轮七杆机构、飞行八杆机构等连杆点轨迹曲率半径的确定方法。

在平面运动几何学中讨论的点与线的轨迹（曲线）的瞬时局部性质，若用连杆曲线来复演各种曲线有时是整体的，因此，研究连杆曲线的整体性质是一个具有重要理论意义和实用价值的课题。F. Freudenstein[14]已证明连杆曲线可以复演各种代数曲线，但对于具有整体性质要求的曲线，实现起来困难较大。对于平面连杆曲线性质的研究，特别是具有某些特征的曲线，工程上可通过查阅图谱寻找类似的连杆曲线来取代，但是图谱的曲线类型和尺寸毕竟有限，有时难以找到合适的连杆曲线，特征是具有某些特征，如尖点、自交点和自切点等的曲线。H. J. Antuma[33]讨论了对称连杆曲线及其特征的分布三角形；R. S. Hartenberg[34]用焦点圆方法确定了连杆曲线二重点的位置，L. E. Torfason[35]把焦点圆转换到连杆平面上，以求其轨迹带有二重点的连杆点的分布规律，尽管其所给分布规律图中只有一幅是正确的，但其表达方式直观、便于应用。K. H. Hunt[36] 和 W. Wunderihich[37] 用焦点圆方法确定了连杆曲线上自切点及对称自切曲线的位置，但用此法来确定其轨迹带有自切点或对称自切点的连杆点在连杆平面上的分布规律还有一定的难度。T. H. Davis[38,39] 利用连杆曲线的同源机构原理，把搜索各种各样的连杆曲线的连杆点范围缩小到以连杆上两铰链点为圆心，连杆长为半径的圆内，使得制作各类连杆曲线的图谱无需做出各种尺寸和整个连杆平面上点，避免了重复。作者[40,41]采用微分几何学方法研究连杆曲线的整体几何性质，讨论了卵形连杆曲线，推导出连杆曲线二重点的矢量解析参数方程，并结合不同四杆机构中连杆与连架杆的相对运动范围，确定出带有二重点的连杆曲线和卵形连杆曲线的分布区域。

经历了两百多年的研究，基于动、定瞬心线的瞬时刚体平面运动几何学理论体系已经建立，如以 Euler- Savary 公式为代表的曲率理论及其高阶特征，以无与伦比的优美表现形式揭示了刚体平面运动几何学的内涵。尽管如此，平面运动几何学理论体系尚未完善，还没有与空间运动几何学理论体系衔接，为平面机构综合提供的理论基础还不充分，还有许多基本理论问题有待研究，如：

平面机构瞬心线的整体几何性质：运动刚体Σ^*相对于固定刚体Σ的单自由度平面运动表示为刚体Σ^*沿曲线Γ_{0m}的平动（线位移x_{0mf}，y_{0mf}）和绕曲线Γ_{0m}上点的转动（角位移γ），三个参数相互关联；同时又可表述为动瞬心线π_m在定瞬心线π_f上纯滚动（单参数），动瞬心线π_m和定瞬心线π_f的几何性质分别由曲率k_m和k_f决定，它们是刚体运动不变量，其诱导曲率$k^* = k_f - k_m$具有明确的运动几何学意义。因此，刚体运动几何学的整体性质研究可转化为动定瞬心线的整体几何性质研究，如形状大小、闭曲线、卵形线、自交点个数等。对于平面连杆机构而言，机构尺度（如四杆机构杆长）决定了连杆平面运动的瞬心线整体几何性质。因此，平面连杆机构瞬心线的整体几何性质，即机构尺度与其瞬心线曲率k_m和k_f及诱导曲率k^*的关系，包括局部（瞬时）和整体关系，将揭示平面机构运动学与几何学的内在联系，是平面机构运动几何学的理论基础，可谓之平面机构运动几何学的本构方程，也是机构学极具挑战性的研究课题之一。

迄今为止，简单瞬心线，如圆、直线等的整体几何性质，常应用于高副（齿轮和凸轮）机构综合，瞬心线理论理所应当成为连杆（低副）机构运动综合，尤其是高阶运动综合的理论基础；当前的平面机构瞬时运动几何学仅为局部几何性质，只有解决整体几何性质才能为机构综合解析解提供理论基础。作者在讨论四杆机构的连杆运动平面上 Burmester 点曲线时[22]，已经初步表明 Burmester 点曲线的存在性与连杆运动规律及范围有关，但还有待深入研究。也许，连杆运动的变化规律、范围与周期性会提供某种线索，当然也具有相当的难度。

平面机构连杆曲线的整体几何性质：平面刚体瞬时运动几何学理论应用于连杆曲线的局部性质研究，使得连杆平面上点的轨迹的瞬时几何性质一览无余。相对而言，连杆曲线的整体性质研究并不充分，特别是对于连杆平面上点的位置变化与其轨迹形状变化的关系，目前不够明朗。显然，全铰链四杆机构中，连杆平面上两铰链点在机架上的轨迹分别是整圆或一段圆弧，而在这两点之间的连杆点，其轨迹曲线逐渐从一段圆弧变到另一段圆弧，如曲柄摇杆机构从整圆变换到一段圆弧，曲柄滑块机构从整圆变换到一段直线，中间包含各种类型的连杆曲线，如：鹅蛋形，鸭梨形，雨滴形，香蕉形、“8”字形和双“8”字形等；虽然作者[40]得到了二重点的边界为自切点曲线（含尖点），卵形点的边界为单侧极小拐点圆内的 Ball 点曲线，这些边界曲线的存在性及其几何性质与连杆运动规律或机构尺度的关系尚未得到揭示；连杆曲线的整体几何性质及其分布规律，虽然已经知道是六次代数曲线，但其大小、形状（接近圆或直线的程度）的变化规律还有待研究，对于机构运动几何学本质揭示以及在机构近似综合中的应用都具有十分重要意义。

参考文献

[1] 吴大任．微分几何讲义［M］．4 版．北京：高等教育出版社，1981.

[2] J. Bernoulli. Opera Omnia Ⅳ [M]. Hildesheim, 1968 (Nachdruck der Ausgabe Lausanne und Genf 1742).

[3] L. Euler. Supplementum de figura dentium rotarum [J]. Novi Commentarii Academiae Scientiarum Imperialis Petropolitanae (pro Anno 1765), Tome Ⅺ, Petropoli, pp. 207-231, Tables Ⅴ-Ⅷ, 1767.

[4] L. Euler. Opera Omnia [M]. series 2, Volumen 17. Commentationes mechanicae ad theoriam machinarum pertinentes, volumen tertium (Edited by C. Blanc and P. de Haller), Zurich, 1982.

[5] F. Savary. Lecons et cours autographies [J]. Notes sur les machines, Ecole Polytechnique 1835-36. Unpublished lecture notes, available at the Bibliotheque Nationale in Paris.

[6] A. L. Cauchy. Sur les mouvements que peut prendre un systeme invariable [J]. libre, ou assujettia certaines conditions, Oeuvres Ⅱe Série, pp. 94-120, 1899.

[7] Étienne E. Bobillier. Cours De Géométrie [M]. 15th edn. Paris: Gauthier-Villars, 1880.

[8] R. S. Ball. Notes on applied mechanics. 1. Parallel motion [C]//Proc. Irish Acad. (series 2) 1, 1871.

[9] L. Burmester. Lehrbuch der Kinematik [M]. Felix, Leipzig, 1888.

[10] R. Müller. Einführung in die theoretische Kinematik [M]. Berlin: Springe, 1932.

[11] J. C. Wolford. An Analytical Method for Locating the Burmester Points for Five Infinitesimally Separated Positions of the Coupler Plane of a Four-Bar Mechanism [J]. ASME J. Appl. Mech., 1960, 27 (1): 182-186.

[12] F. Freudenstein, George N. Sandor. On the Burmester Points of a Plane [J]. ASME J. Appl. Mech., 1961, 28 (1): 41-49.

[13] G. R. Veldkamp. Curvature Theory in Plane Kinematics, Groningen [M]. 1963.

[14] F. Freudenstein. On the Variety of Motions Generated by Mechanisms [J]. ASME J. Eng. Ind., 1962, 84 (1): 156-159.

[15] F. Freudenstein, E. J. F. Primrose. Geared Five-Bar Motion [J]. ASME J. Appl. Mech., 1963,

30 (2): 161-175.

[16] G. N. Sandor. On the Existence of a Cycloidal Burmester Theory in Planar Kinematics [J]. ASME J. Appl. Mech., 1964, 31 (4): 694-699.

[17] F. Freudenstein. Higher Path-Curvature Analysis in Plane Kinematics [J]. ASME J. Eng. Ind., 1965, 87 (2): 184-190.

[18] G. R. Veldkamp. Some Remarks on Higher Curvature Theory [J]. J. Engng. Ind., 1967, 89 (1): 84-86.

[19] G. N. Sandor, F. Freudenstein. Higher-Order Plane Motion Theories in Kinematic Synthesis [J]. ASME J. Eng. Ind., 1967, 89 (2): 223-230.

[20] E. A. Dijksman. Calculation and Construction of the Burmester Points for Five Positions of a Moving Plane [J]. ASME J. Engng. Ind., 1969, 91B: 66-74.

[21] J. P. Vidosic, D. Tesar. Selection Of Four—Bar Mechanisms Having Required Approximate Straight—Line Outputs [J]. Mech. Mach. Theory V2, pp23-76, Pi-Piii, 1967.

[22] 王德伦，肖大准，刘健. 平面四杆机构的 Ball 点和 Burmester 点曲线 [J]. 大连理工大学学报，1994 (4): 411-417.

[23] G. N. Sandor, A. G. Erdman, L. Hunt, et al. New Complex-Number Forms of the Euler-Savary Equation in a Computer-Oriented Treatment of Planar Path-Curvature Theory for Higher-Pair Rolling Contact [J]. ASME J. of Mech. Design, 1982, 104 (1): 227-232.

[24] K. H. Hunt, E. F. Fichter. Equations for Four-Bar Line-Envelopes [J]. ASME J. of Mech. Design, 1981, 103 (4): 743-749.

[25] J. E. Kimbrell, K. H. Hunt. A Classification of Coupler-Line Envelopes from Hinged Four-Bar Linkages [J]. ASME J. of Mech. Design, 1981, 103 (4): 750-757.

[26] O. Bottema. Some remarks on theoretical kinematics, Ⅰ Instantaneous invariants, Ⅱ On the application of elliptic functions in kinematics [C]//Proceedings of the International Conference for Teachers of Mechanisms, New Haven: Yale University, 1961, pp 156-167.

[27] O. Bottema, B. Roth. Theoretical Kinematics, North-Holland [M]. New York: 1979.

[28] T. Koetsier. From Kinematically Generated Curves to Instantaneous Invariants: Episodes in the History of Instantaneous Planar Kinematics [J]. Mechanism and Machine Theory, 1986, 21 (6): 489-498.

[29] K. H. Hunt. Kinematic Geometry of Mechanism [M]. Oxford University Press, 1978.

[30] G. R. Pennock, H. Sankaranarayanan. Path Curvature of a Geared Seven-Bar Mechanism [J]. Mechanism and Machine Theory, 2003, 38 (12): 1345-1361.

[31] G. R. Pennock, N. N. Raje. Curvature Theory for the Double Flier Eight-Bar Linkage [J]. Mechanism and Machine Theory, 2004, 39 (7): 665-679.

[32] 肖大准. 平面铰链四杆机构的数学模型 [J]. 大连理工大学学报，1987, 26 (2): 9-14.

[33] H. J. Antuma. Triangular Nomograms for Symmetrical Coupler Curves [J]. Mechanism and Machine Theory, 1978, 13 (3): 251-268.

[34] R. S. Hartenberg, J. Denavit. Kinematic Synthesis of Linkages [M]. McGraw-Hill, 1964.

[35] L. E Torfason, A. Ahmed. Double points of a 4-bar linkage [J]. Mechanism and Machine Theory, 1978, 13 (6): 593-601.

[36] K. H. Hunt, J. E Kimbrell. A Note on Symmetrical Self-Osculating Coupler Curves [J]. Mechanism and Machine Theory, 1982, 17 (3): 229-232.

[37] W. Wunderlich. Self-Osculating Coupler Curves [J]. Mechanism and Machine Theory, 1983, 18 (3): 207-212.

[38] T. H. Davis. Proposals For A Finite 5—Dimensional Atlas Of Crank—Rocker Linkage Coupler Curves [J]. Mech. Mack. Theory, 1981, V10 (No. 5): pp517-530.

[39] T. H Davis. Proposals For Finite 5—Dimensional Atlas Of All Planar 4—Bar Linkage Coupler Curves [J]. Mech. Mach. Theory, 1984, V19 (No. 2): pp211-221.

[40] DeLun, Wang, DaZhun Xiao. Distribution of coupler curves for crank-rocker linkages [J]. Mechanism and Machine Theory, 1993, 28 (5): pp 671-684.

[41] 王德伦. 机构运动微分几何学研究 [D]. 大连: 大连理工大学, 1995.

第2章

平面机构离散运动鞍点综合

平面连杆机构由连架杆、机架和连杆组成，连杆与机架之间通过二副连架杆，甚至多杆多副组合连接并约束连杆的运动，如R-R、P-R或者R-P等。在此约定二副连架杆第一个符号为连架杆连接机架的运动副（固定运动副），第二个为连架杆连接连杆的运动副符号（动运动副）。平面机构连杆上运动副元素的中心，如回转副R的中心点或者移动副P的中心直线，称为**特征点**或**特征线**；特征点或特征线随连杆运动在机架上的轨迹曲线（或者包络曲线），称为**约束曲线**。通常为圆（或直线族的包络圆）与直线，圆的曲率始终为常数，而直线可看作圆的特例，即曲率始终为零。因此，对于平面四杆机构的运动综合，其本质是在连杆运动平面上确定出特征点或者特征线，其随连杆运动在固定平面上的轨迹曲线（近似）为圆或直线等简单规范图形。因此，平面连杆机构运动综合的基本问题是：根据给定运动要求，确定运动刚体上的特征点或特征线及其位置。

平面离散运动几何学研究平面离散运动刚体或图形在固定坐标系中离散位移的几何性质，本书“离散运动”或“离散位移（轨迹）”是指刚体或图形的平面分离位置或不连续位移（轨迹），即在固定坐标系中占据一些分离位置，对位置数量没有要求或限制，本章和后续第5、7章也如此。避免使用“有限分离位置”，因其容易理解为仅局限于少量（有限）位置数。平面离散运动几何学聚焦离散位置的整体几何性质，即与连架杆（或二副杆）及开式链约束曲线相比较的整体差异。经典的平面有限分离位置运动几何学，利用两位置转动极将有限分离位置转化为几何图形，讨论运动刚体上点在五个以下分离位置的几何性质，即相关点共圆或共线，而对于多位置的离散运动，尚在探索之中。本章采用鞍点规划方法定义平面离散曲线与圆或直线的差异，建立几何图形离散运动与离散轨迹上若干点的联系，由此讨论平面离散运动刚体上点及其在固定坐标系中的离散轨迹的整体性质，经典的有限分离位置几何学，讨论误差为零时的相关点共圆或共线。属于其少位置情形，故称平面离散运动几何学，在本章2.3和2.4节讨论。

平面连杆机构运动综合，通常指离散运动综合，又可分为精确综合和近似综合；传统的有限分离位置运动几何学为精确综合提供理论依据，而近似综合或优化综合，综合解的存在性和算法收敛性缺乏足够的理论基础，往往只能限于个别问题个别对待。本章以平面离散运动几何学为基础，寻求运动刚体上的特殊点——鞍点，建立平面四杆机构运动综合模型。为区分现有机构运动综合方法，本书称其为机构离散运动鞍点综合，包括少位置和多位置，而精确综合仅为鞍点综合在少位置时的精确解。

本章在讨论平面机构离散运动鞍点综合时，虽然平面机构的约束曲线仅为简单的直线和圆，为照应后文球面和空间机构运动鞍点综合方法统一论述，使读者阅读时有连贯性，仍采用约束曲线等相关术语。

2.1　平面离散运动的矩阵表示

对于平面运动刚体 Σ^* 上一点 P，其在运动刚体坐标系 $\{\boldsymbol{O}_\mathrm{m};\ \boldsymbol{i}_\mathrm{m},\ \boldsymbol{j}_\mathrm{m}\}$ 中的直角坐标为 $(x_{P\mathrm{m}},\ y_{P\mathrm{m}})$，则可用矢量表示为：

$$\boldsymbol{R}_{P\mathrm{m}} = x_{P\mathrm{m}}\boldsymbol{i}_\mathrm{m} + y_{P\mathrm{m}}\boldsymbol{j}_\mathrm{m} \tag{2.1}$$

在固定刚体 Σ 坐标系 $\{\boldsymbol{O}_\mathrm{f};\ \boldsymbol{i}_\mathrm{f},\ \boldsymbol{j}_\mathrm{f}\}$ 中，运动刚体 Σ^* 上点 $P(x_{P\mathrm{m}},\ y_{P\mathrm{m}})$ 的位移矢量为：

$$\boldsymbol{R}_P = \boldsymbol{R}_{O\mathrm{m}} + \boldsymbol{R}_{P\mathrm{m}} = \boldsymbol{R}_{O\mathrm{m}} + x_{P\mathrm{m}}\boldsymbol{i}_\mathrm{m} + y_{P\mathrm{m}}\boldsymbol{j}_\mathrm{m} \tag{2.2}$$

将式（2.2）用坐标变换矩阵表示为 $\boldsymbol{R}_P = [\boldsymbol{M}]\cdot\boldsymbol{R}_{P\mathrm{m}}$，有：

$$\begin{bmatrix} x_P \\ y_P \\ 1 \end{bmatrix} = [\boldsymbol{M}]\cdot\begin{bmatrix} x_{P\mathrm{m}} \\ y_{P\mathrm{m}} \\ 1 \end{bmatrix},\quad [\boldsymbol{M}] = \begin{bmatrix} \cos\gamma & -\sin\gamma & x_{O\mathrm{mf}} \\ \sin\gamma & \cos\gamma & y_{O\mathrm{mf}} \\ 0 & 0 & 1 \end{bmatrix} \tag{2.3}$$

式中，$[\boldsymbol{M}]$ 为刚体位移矩阵；$(x_{O\mathrm{mf}},\ y_{O\mathrm{mf}})$ 为运动刚体 Σ^* 坐标系 $\{\boldsymbol{O}_\mathrm{m};\ \boldsymbol{i}_\mathrm{m},\ \boldsymbol{j}_\mathrm{m}\}$ 的原点 O_m 在坐标系 $\{\boldsymbol{O}_\mathrm{f};\ \boldsymbol{i}_\mathrm{f},\ \boldsymbol{j}_\mathrm{f}\}$ 中的坐标；γ 为运动刚体 Σ^* 相对原点 O_m 的转角。运动刚体 Σ^* 相对固定刚体 Σ 的平面运动表示为随参考点 O_m 的线位移 $(x_{O\mathrm{mf}},\ y_{O\mathrm{mf}})$ 和相对该参考点 O_m 的角位移 γ。

若这三个运动参数 $(x_{O\mathrm{mf}},\ y_{O\mathrm{mf}},\ \gamma)$ 是连续的，表示刚体 Σ^* 连续运动；若这三个参数是离散的，则表示刚体 Σ^* 离散运动，仅为单个位置坐标和转角数值，如 $(x_{O\mathrm{mf}}^{(i)},\ y_{O\mathrm{mf}}^{(i)},\ \gamma^{(i)})$，上标括号中 i 表示第 i 个位置。那么，刚体 Σ^* 上任意点 $P(x_{P\mathrm{m}},\ y_{P\mathrm{m}})$ 在固定刚体 Σ 坐标系 $\{\boldsymbol{O}_\mathrm{f};\ \boldsymbol{i}_\mathrm{f},\ \boldsymbol{j}_\mathrm{f}\}$ 中离散位移 $\boldsymbol{R}_P^{(i)} = (x_P^{(i)},\ y_P^{(i)})^\mathrm{T}$ 可表示为 $\boldsymbol{R}_P^{(i)} = [\boldsymbol{M}^{(i)}]\ \boldsymbol{R}_{P\mathrm{m}}$，有：

$$\begin{bmatrix} x_P^{(i)} \\ y_P^{(i)} \\ 1 \end{bmatrix} = [\boldsymbol{M}^{(i)}]\cdot\begin{bmatrix} x_{P\mathrm{m}} \\ y_{P\mathrm{m}} \\ 1 \end{bmatrix},\quad [\boldsymbol{M}^{(i)}] = \begin{bmatrix} \cos\gamma^{(i)} & -\sin\gamma^{(i)} & x_{O\mathrm{mf}}^{(i)} \\ \sin\gamma^{(i)} & \cos\gamma^{(i)} & y_{O\mathrm{mf}}^{(i)} \\ 0 & 0 & 1 \end{bmatrix} \tag{2.4}$$

式中，$[\boldsymbol{M}^{(i)}]$ 为刚体离散位移矩阵。对于一系列离散运动参数 $(x_{O\mathrm{mf}}^{(i)},\ y_{O\mathrm{mf}}^{(i)},\ \gamma^{(i)})$，$i=1,\ 2,\ 3,\ \cdots,\ n$，可计算出刚体 Σ^* 上任意点 $P(x_{P\mathrm{m}},\ y_{P\mathrm{m}})$ 在固定坐标系 $\{\boldsymbol{O}_\mathrm{f};\ \boldsymbol{i}_\mathrm{f},\ \boldsymbol{j}_\mathrm{f}\}$ 中的一

系列对应位置（$x_P^{(i)}$，$y_P^{(i)}$），$i=1$，2，3，…，n，或用矢量简化表示离散点集 $\{\boldsymbol{R}_P^{(i)}\}$。

对于给定刚体其他运动形式，如运动刚体 Σ^* 上两个参考点 A 和 B 在固定刚体 Σ 坐标系 $\{\boldsymbol{O}_\mathrm{f};\ \boldsymbol{i}_\mathrm{f},\ \boldsymbol{j}_\mathrm{f}\}$ 中的位移（x_A，y_A）和（x_B，y_B），按照参考文献[1]，以 AB 为直角边构造等腰直角三角形 ABC，可得到点 C 的位移（x_C，y_C）为：

$$\begin{cases} x_C = x_A - (y_B - y_A) \\ y_C = y_A + (x_B - x_A) \end{cases} \tag{2.5}$$

从而可通过运动刚体 Σ^* 上三个点 A，B 和 C 在运动前后的位移列阵 (A_I)、(B_I)、(C_I) 和 (A_II)、(B_II)、(C_II)，来得到运动刚体的位移矩阵 $[\boldsymbol{M}]$：

$$[\boldsymbol{M}_{\mathrm{I}\,\mathrm{II}}] = \begin{bmatrix} x_{A\mathrm{II}} & x_{B\mathrm{II}} & x_{C\mathrm{II}} \\ y_{A\mathrm{II}} & y_{B\mathrm{II}} & y_{C\mathrm{II}} \\ 1 & 1 & 1 \end{bmatrix} \cdot \begin{bmatrix} x_{A\mathrm{I}} & x_{B\mathrm{I}} & x_{C\mathrm{I}} \\ y_{A\mathrm{I}} & y_{B\mathrm{I}} & y_{C\mathrm{I}} \\ 1 & 1 & 1 \end{bmatrix}^{-1} \tag{2.6}$$

令平面运动刚体上的运动坐标系 $\{\boldsymbol{O}_\mathrm{m};\ \boldsymbol{i}_\mathrm{m},\ \boldsymbol{j}_\mathrm{m}\}$ 在刚体初始位置时与固定坐标系 $\{\boldsymbol{O}_\mathrm{f};\ \boldsymbol{i}_\mathrm{f},\ \boldsymbol{j}_\mathrm{f}\}$ 重合，即此时的变换矩阵为单位矩阵，从而可利用式（2.6）得到刚体运动到任意位置时，运动刚体相对于固定刚体的位移矩阵。

由此可知，给定平面运动刚体 Σ^* 相对固定坐标系的离散位移和转角参数（$x_{O\mathrm{mf}}^{(i)}$，$y_{O\mathrm{mf}}^{(i)}$，$\gamma^{(i)}$），便可确定运动刚体 Σ^* 的离散运动，再给定离散运动刚体上任意点 $P(x_{P\mathrm{m}},\ y_{P\mathrm{m}})$，可计算出在固定坐标系中的离散轨迹点集 $\{\boldsymbol{R}_P^{(i)}\}$。

2.2 鞍点规划

在连杆机构综合中，往往所得到的机构只能近似满足所要求的运动规律，这种机构产生的运动与要求运动之间的理论误差称为结构误差。为了减小结构误差或按某种规律分布的误差，从结构误差规律的控制方式上区分，目前有两类综合方法，插值法和优化法。

插值法用函数 f_b（y，$\boldsymbol{X}$）来逼近给定函数 f_a（y），其中有 n 个结构参数 $\boldsymbol{X}=(x_1,\ x_2,\ \cdots,x_n)^\mathrm{T}$（如机构中各个构件的尺度），一维设计变量 y（如机构运动位置），有 k 个插值点（y_1，y_2，…，y_k），那么，在变化区间中 k 个插值点上，需使得：

$$F(\boldsymbol{X}) = f_b(y_i,\boldsymbol{X}) - f_a(y_i) = 0, i = 1,2,\cdots,k \tag{2.7}$$

式（2.7）是关于 x_1，x_2，…，x_n 的联立方程组。当 $k \leqslant n$ 时，有 $n-k$ 个结构参数可以任意选择，然后通过解这个方程组来确定机构的结构参数 $\boldsymbol{X}$。

上述插值方法只能使插值点上结构误差为零，而在插值点外的其余点处结构误差不为零，而且误差有多大未知，事先也不能控制。在 $k \leqslant n$ 情况下，为了减小最大的结构误差，应使插值点之间的结构误差的极大值与极小值趋于相等，这可通过改变插值点的位置分布来实现，如按切比雪夫多项式的零点来选择插值点[2]，或调整插值点位置，直到极大值与极小值趋于相等，属于一维最佳一致逼近。

当 $k>n$ 时，则机构综合问题只能采用优化方法求解，即寻求一组或几组机构的结构参数 $\boldsymbol{X}$，使得式（2.7）的结构误差平方和为最小：

$$F(\boldsymbol{X}) = \sum_{i=1}^{k} [f_b(y_i,\boldsymbol{X}) - f_a(y_i)]^2 \tag{2.8}$$

这是目前机构优化综合常见的目标函数，即最小二乘法，属于最佳平方逼近。对于简单的线性问题，其解算速度快，结果稳定；而对于非线性问题，最优解与初始值往往只有量的区别，而没有质的区别。主要原因是：结构误差评定不够客观和统一，如上述误差模型建立在两函数对应点之间的距离（误差），实际运算时对应点难以定义，实现相同运动可以有多种方式与参数，而距离又不是法向，难以统一，不能体现两函数之间的差异，如一平面曲线与一圆，需要准确定义两曲线间的误差才能比较。同时，设计变量冗余，机构结构误差与结构参数（尺度）之间都是非线性函数，而且机构尺度以铰链点坐标的形式表示，使设计变量出现冗余，目标函数下降不能真实体现设计变量变化的影响，容易导致优化算法不收敛。所以，目前的机构运动综合优化方法往往对初始值依赖程度非常高，以至于成为具体问题具体分析，难以形成有效实用的综合方法。

机构运动综合的实质是在运动刚体上寻找特征点或特征直线，使其在固定坐标系中的轨迹与连架杆（或开式链）的约束曲线或约束曲面差异越小越好，上述模型也不过是通过已有机构的位移方程或几何约束方程体现这种差异。为此，本书采用曲线、曲面的逼近与拟合方式来比较运动刚体上点（或直线）的运动轨迹与连架杆（或开式链）约束曲线（曲面）的差异，将机构运动综合问题转化为寻求运动刚体上特征点与线的运动几何学问题。平面机构的连架杆（或开式链）及其对应的约束曲线，如圆和直线，在第 1 章已经介绍，而球面与空间机构的连架杆（或开式链）及其对应的约束曲线与约束曲面，将在第 3 章论述。

假定运动刚体上点（或直线）在固定（或相对固定）坐标系中的运动函数（如轨迹曲线或曲面）为 $f_a(\boldsymbol{y})$，选定连架杆（或开式链）的约束函数（曲线或曲面）为 $f_b(\boldsymbol{y},\ \boldsymbol{X})$，二者相比较时，首先定义 $f_b(\boldsymbol{y},\ \boldsymbol{X})$ 与 $f_a(\boldsymbol{y})$ 的法向误差函数 $F(\boldsymbol{X},\ \boldsymbol{y})$。显然，对于给定结构参数 $\boldsymbol{X}\in R^n$ 的约束函数 $f_b(\boldsymbol{y},\ \boldsymbol{X})$，随着设计变量 $\boldsymbol{y}\in R$ 取不同数值，$f_b(\boldsymbol{y},\ \boldsymbol{X})$ 的函数值变化，误差函数 $F(\boldsymbol{X},\ \boldsymbol{y})$ 也有不同数值；那么，评价 $f_b(\boldsymbol{y},\ \boldsymbol{X})$ 与 $f_a(\boldsymbol{y})$ 的接近程度应取其误差最大的点 $\boldsymbol{y}^*$，即 $F(\boldsymbol{X},\ \boldsymbol{y}^*) = \|f_b(\boldsymbol{y}^*,\ \boldsymbol{X}) - f_a(\boldsymbol{y}^*)\|_\infty$。同样，不同的结构参数 $\boldsymbol{X}\in R^n$ 使约束函数 $f_b(\boldsymbol{y},\ \boldsymbol{X})$ 变化，也导致误差函数 $F(\boldsymbol{X},\ \boldsymbol{y})$ 变化，机构运动综合的目标无疑是寻求能够使误差函数 $F(\boldsymbol{X},\ \boldsymbol{y})$ 取得极小值的结构参数 $\boldsymbol{X}^*$，从而有：

$$F(\boldsymbol{X}^*,\boldsymbol{y}) \leqslant F(\boldsymbol{X}^*,\boldsymbol{y}^*) \leqslant F(\boldsymbol{X},\boldsymbol{y}^*) \tag{2.9}$$

上述内容按数学规划的一般提法可描述为：若一类优化设计变量 $\boldsymbol{X} = (x_1,\ x_2,\ \cdots,\ x_n)^{\mathrm{T}}$，$\boldsymbol{y} = (y_1,\ y_2,\ \cdots,\ y_k)^{\mathrm{T}}$，$\boldsymbol{X}\in R^n$，$\boldsymbol{y}\in R^k$，且 $F(\boldsymbol{X},\ \boldsymbol{y})$ 为 R^{k+n} 空间中的实函数，若要使得函

数 $F(\boldsymbol{X},\ \boldsymbol{y})$ 在 $(\boldsymbol{X}^*,\ \boldsymbol{y}^*)$ 处取得最优值，即有式（2.9）成立，则可表示为：

$$\begin{cases}\min\limits_{\boldsymbol{X}}\ \max\limits_{\boldsymbol{y}} F(\boldsymbol{X},\boldsymbol{y}) \\ \text{s. t.}\quad g_i(\boldsymbol{X})\leqslant 0,\quad i=1,2,\cdots,p \\ \qquad\quad h_j(\boldsymbol{y})\leqslant 0,\quad j=p+1,\cdots,m\end{cases} \tag{2.10}$$

式中，$F(\boldsymbol{X},\ \boldsymbol{y})$ 为目标函数，$g_i(\boldsymbol{X})$ 和 $h_j(\boldsymbol{y})$ 为不等式约束函数，$\boldsymbol{X}=(x_1,\ \cdots,\ x_n)^{\mathrm{T}}$，$\boldsymbol{y}=(y_1,\ \cdots,\ y_k)^{\mathrm{T}}$为设计变量，集合 $G=\{(\boldsymbol{X},\boldsymbol{y})\mid g_i(\boldsymbol{X})\leqslant 0,\ i=1,\ 2,\ \cdots,\ p;\ h_j(\boldsymbol{y})\leqslant 0,\ j=p+1,\ \cdots,\ m\}$ 为鞍点规划的可行集（或可行域）。式（2.10）的几何意义是对于变量 $\boldsymbol{y}$，目标函数 $F(\boldsymbol{X},\ \boldsymbol{y})$ 取得极大值，而对于变量 $\boldsymbol{X}$，目标函数 $F(\boldsymbol{X},\ \boldsymbol{y})$ 又取得极小值，形象比喻为马鞍形状的点，故称**鞍点规划**，在第 3 章的曲面微分几何学中定义为双曲点。鞍点规划属于数学规划的一种，有时称为“极大值的极小化”（minmax）或“极小值的极大化”（maxmin），也有直接称其极小极大问题或极大极小问题。其实质是一维切比雪夫逼近理论在多维空间中的推广，其求解方法已经有成熟算法和软件，如 MATLAB。鞍点规划的理论与方法，如解的存在性和充分必要条件等，参考文献［3］有详细论述，以其为理论基础所建立的形位误差评定方法已经得到广泛应用。

本书应用鞍点规划讨论刚体平面、球面和空间离散运动几何学，建立了机构运动鞍点综合模型，把少位置的精确点综合作为多位置近似综合的特殊情况处理——精确解而已，有关内容见本书相关章节。

【例 2-1】 已知一平面曲线为椭圆，其方程为 $x=5\cos\theta$，$y=4\sin\theta$，$\theta\in[0,\ 2\pi)$，试建立鞍点规划模型求解最佳拟合圆。

解： 由鞍点规划模型式（2.10）可知，被拟合曲线（椭圆）函数为$f_a(\theta)$，而拟合圆为函数$f_b(\boldsymbol{X},\ \theta)$，设计变量为：$\boldsymbol{X}=(\boldsymbol{R}_C,\ r)^{\mathrm{T}}=(x_C,\ y_C,\ r)^{\mathrm{T}}$，即拟合圆的圆心坐标 $(x_C,\ y_C)$ 和半径 r，θ 为椭圆上点的位置参数（也可取椭圆弧长），目标函数定义为椭圆与拟合圆之间的法向误差，即拟合圆的径向误差 $F(\boldsymbol{X},\ \theta)=\left\{\left|\sqrt{(5\cos\theta-x_C)^2+\ (4\sin\theta-y_C)^2}-r\right|\right\}$，$\theta\in[0,\ 2\pi)$。椭圆的鞍点拟合圆如图 2.1 所示，其误差评定的鞍点规划模型为：

$$\begin{cases}\min\limits_{\boldsymbol{X}}\ \max\limits_{\theta} F(\boldsymbol{X},\theta) \\ =\min\limits_{\boldsymbol{X}}\ \max\limits_{\theta}\left\{\left|\sqrt{(5\cos\theta-x_C)^2+(4\sin\theta-y_C)^2}-r\right|\right\} \\ \text{s. t.}\quad \theta\in[0,2\pi),\quad r\in(0,+\infty) \\ \boldsymbol{X}=(x_C,y_C,r)^{\mathrm{T}}\end{cases} \tag{E2-1.1}$$

当变量 θ 分别在 $\theta^*=0,\ \pi/2,\ \pi,\ 3\pi/2$ 时，目标函数取得极值 $F(\boldsymbol{X},\ \theta^*)$，且有：

$$\begin{aligned}F(\boldsymbol{X},\ \theta^*)\ =\Big\{&\left|\sqrt{(5-x_C)^2+y_C{}^2}-r\right|,\ \left|\sqrt{x_C^2+\ (4-y_C)^2}-r\right|,\\ &\left|\sqrt{(-5-x_C)^2+y_C{}^2}-r\right|,\ \left|\sqrt{x_C{}^2+\ (-4-y_C)^2}-r\right|\Big\}\end{aligned}$$

当设计变量 $\boldsymbol{X}=(x_C,\ y_C,\ r)^{\mathrm{T}}$取某些值使得 $F(\boldsymbol{X},\ \theta^*)$ 达到最小时，只有在上述四个极值点

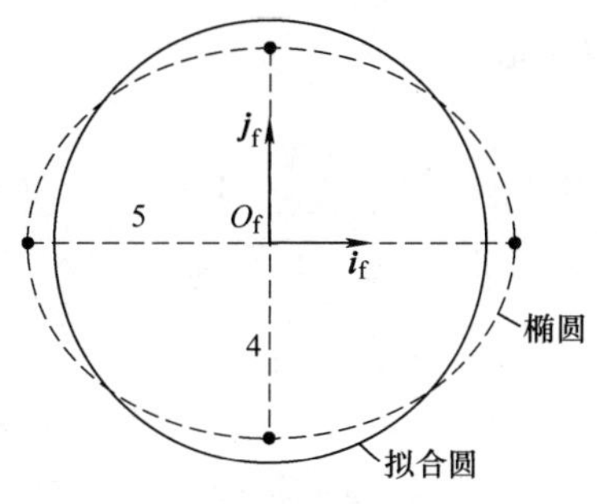

图 2.1　椭圆的拟合圆

处的极值都相等时方可实现，故有：

$$\left|\sqrt{(5-x_C)^2+y_C^{\,2}}-r\right| = \left|\sqrt{x_C^{\,2}+(4-y_C)^2}-r\right| = \left|\sqrt{(-5-x_C)^2+y_C^{\,2}}-r\right| = \left|\sqrt{x_C^{\,2}+(-4-y_C)^2}-r\right|$$

从而可解得 $x_C=0$，$y_C=0$，$r=4.5$。鞍点规划模型的解析解法绝非易事，一般采用数值求解，MATLAB 有成熟求解算法和软件，已经不必解析求解了。

当采用数值求解时，被拟合曲线（椭圆）为给定离散点集 $\{(x_P^{(i)}, y_P^{(i)})^{\mathrm{T}}\}$，$i=1, \cdots, n$，$n$ 为离散点个数，鞍点规划模型式（E2-1.1）改写为：

$$\begin{cases}\Delta = \min\limits_{X}\max\limits_{1\leqslant i\leqslant N}\left\{\left|\sqrt{(x_P^{(i)}-x_C)^2+(y_P^{(i)}-y_C)^2}-r\right|\right\} \\ \text{s. t.}\quad r\in(0, +\infty) \\ \boldsymbol{X}=(x_C, y_C, r)^{\mathrm{T}}\end{cases} \tag{E2-1.2}$$

在求解时设计变量 $\boldsymbol{X}=(x_C,\ y_C,\ r)^{\mathrm{T}}$需要赋予初始值，可采用最小二乘法确定优化变量的初始值。对于本例中所给定的椭圆，当所给椭圆上离散点$f_a(\theta_i)=\{(x_P^{(i)},\ y_P^{(i)})^{\mathrm{T}}\}$ 包含椭圆长轴和短轴上的四个顶点时，离散点个数多少对拟合圆求解的精度没有影响，必然等于解析解。反之，求解精度则取决于四个顶点的精确程度，也与离散点个数无关，这也是用鞍点规划与最小二乘法评定模型的区别之一。

2.3　鞍圆点

平面连杆机构中有两类连架杆 R-R 和 P-R，其约束曲线分别为圆和直线。就平面四杆机构综合而言，就是在平面离散运动刚体上寻找特征点，使其在固定坐标系中的轨迹与约束曲线（圆和直线）的差异尽可能小，从而形成四杆机构。运动刚体上点产生的轨迹由一系列离散点组成，少则三到五个，多至几十或百千个，离散轨迹的几何性质取决于刚体的离散运动性质与点在刚体上的位置。平面离散运动几何学研究离散运动刚体上点及其离散轨迹的整体几何性质（与圆或直线的差异），其中圆点与滑点是少位置情形的经典理论，而多位置运动刚体上点及其离散轨迹几何性质的变化，尚在讨论之中。本节以最大误差最小评价准则建立鞍点规划模型，讨论运动刚体上点及其离散轨迹曲线逼近圆的性质。

2.3.1 鞍圆与二副连架杆 R-R

对于给定平面运动刚体 Σ^* 在固定坐标系 $\{\boldsymbol{O}_{\mathrm{f}};\ \boldsymbol{i}_{\mathrm{f}},\ \boldsymbol{j}_{\mathrm{f}}\}$ 中的一系列离散位置，运动刚体上点 $P(x_{P\mathrm{m}},\ y_{P\mathrm{m}})$ 在固定坐标系中的轨迹为离散点集 $\{\boldsymbol{R}_P^{(i)}\}$，可由式（2.4）计算得到，在此讨论轨迹离散点集 $\{\boldsymbol{R}_P^{(i)}\}$ 与圆的近似程度。依据平面圆曲线的不变量性质，圆的曲率为常数（圆心位置由曲线曲率中心确定），常规意义上的圆心到圆上任一点的距离为常数仅是坐标系中的一种表现形式。那么，用一圆来拟合点集 $\{\boldsymbol{R}_P^{(i)}\}$，对于给定圆心位置和半径的圆拟合，称为固定圆拟合，拟合结果的最大误差必然与圆心位置及半径 r 有关，拟合效果具有偶然性；如果仅给定半径 r，圆心位置由点集 $\{\boldsymbol{R}_P^{(i)}\}$ 的性质自适应确定，使得最大拟合误差为最小，如图 2.2 所示，得到与点集 $\{\boldsymbol{R}_P^{(i)}\}$ 最接近的圆，称为浮动圆拟合。不同半径的浮动圆拟合有不同的误差，其中必有一个使得最大法向拟合误差为最小的最佳浮动圆拟合，其实是离散点集（曲线）的不变量，不随所在坐标系变化而变化。

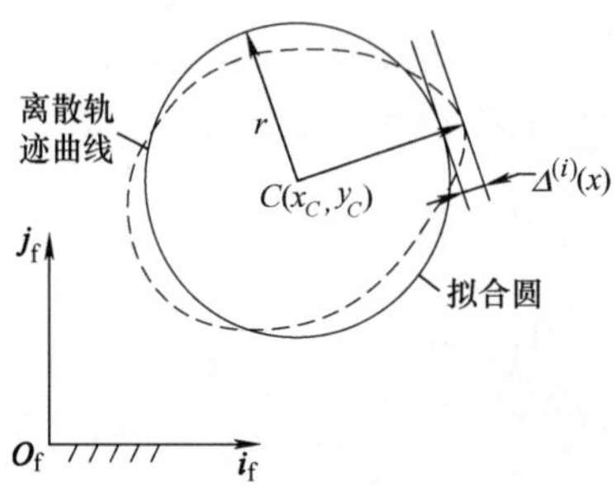

图 2.2 平面离散轨迹曲线拟合圆

定义 2.1 依据被拟合离散点集 $\{\boldsymbol{R}_P^{(i)}\}$ 的性质并按最大法向拟合误差最小为原则得到唯一的拟合圆，称为**鞍圆**，其对应的最大法向拟合误差称为**鞍圆误差**。

显然，鞍圆的半径大小和圆心位置由被拟合点集 $\{\boldsymbol{R}_P^{(i)}\}$ 的性质并按最大法向拟合误差为最小原则确定，是点集 $\{\boldsymbol{R}_P^{(i)}\}$ 所有拟合圆中最大法向误差最小的拟合圆，再也没有更合适的圆来拟合点集 $\{\boldsymbol{R}_P^{(i)}\}$ 使得拟合的最大误差更小。具有最大法向误差最小的意义，即一次鞍点意义，这里的误差也是曲线的不变量，与曲线所在坐标系无关。为此，建立鞍圆拟合模型：

$$\begin{cases}\Delta_{\mathrm{rr}}=\min\limits_{\boldsymbol{x}}\max\limits_{1\leqslant i\leqslant n}\{\Delta^{(i)}(\boldsymbol{x})\}\\ \quad=\min\limits_{\boldsymbol{x}}\max\limits_{1\leqslant i\leqslant n}\left\{\left|\sqrt{(x_P^{(i)}-x_C)^2+(y_P^{(i)}-y_C)^2}-r\right|\right\}\\ \text{s.t.}\quad r\in(0,+\infty)\\ \boldsymbol{x}=(x_C,y_C,r)^{\mathrm{T}}\end{cases}\tag{2.11}$$

式中，n 为给定离散点集 $\{\boldsymbol{R}_P^{(i)}\}$ 中离散点的个数，优化变量为任意浮动拟合圆的圆心坐标和半径 $\boldsymbol{x}=(\boldsymbol{R}_C,\ r)^{\mathrm{T}}=(x_C,\ y_C,\ r)^{\mathrm{T}}$，目标函数为点集 $\{\boldsymbol{R}_P^{(i)}\}$ 中的点与浮动拟合圆法向误

差 $\{\Delta^{(i)}(\boldsymbol{x})\} = \left\{\left|\sqrt{(x_P^{(i)} - x_C)^2 + (y_P^{(i)} - y_C)^2} - r\right|\right\}$，而 Δ_{rr} 为鞍圆误差，即目标函数的输出值。鞍圆具有如下性质：

（1）自适应性　由于采用浮动圆拟合给定点集 $\{\boldsymbol{R}_P^{(i)}\}$，依据点集 $\{\boldsymbol{R}_P^{(i)}\}$ 的几何形状与分布特点（曲线不变量）自适应确定浮动拟合圆的圆心位置，而且使浮动拟合圆与点集 $\{\boldsymbol{R}_P^{(i)}\}$ 各点的法向误差中最大值为最小，即一次鞍点意义，也就是对于每次给定半径的浮动圆拟合都是最恰当位置，拟合误差能够反映当前浮动圆半径的影响，具有自适应性。

（2）唯一性　改变浮动圆的半径和位置，在拟合圆参数变化范围内再也没有使得最大法向误差更小的浮动拟合圆，体现一次极小意义，鞍圆是给定点集 $\{\boldsymbol{R}_P^{(i)}\}$ 的最佳拟合圆，具有唯一性。所以，运动刚体 Σ^* 上各点 P 在固定坐标系中的离散点集 $\{\boldsymbol{R}_P^{(i)}\}$ 都对应于拟合误差最小的唯一鞍圆，只是这些拟合圆的最大拟合误差不同而已，因而鞍圆误差是运动平面上点的坐标的函数。

（3）可比性　由于鞍圆误差是最大法向误差，具有统一的度量标准，准确反映了离散点集 $\{\boldsymbol{R}_P^{(i)}\}$ 与鞍圆的近似程度，对于所有平面运动刚体上点的轨迹与鞍圆的最大法向误差，都是统一评价标准，具有可比性。

该优化模型的求解算法可以直接应用 MATLAB 软件优化工具箱中的 fminimax 函数求解，其具体参数设置将在后续算例中进行介绍。初始值对计算量和收敛性有重要影响，在此以最小二乘法计算出离散点集 $\{\boldsymbol{R}_P^{(i)}\}$ 的浮动拟合圆为初始值，具有简便高效特点，其解析方程推导过程如下：

当用圆拟合离散点集 $\{\boldsymbol{R}_P^{(i)}\}$ 时，令残差为：

$$e_i = (x_P^{(i)} - x_C)^2 + (y_P^{(i)} - y_C)^2 - r^2, \quad i = 1, \cdots, n \tag{2.12}$$

则可得残差的平方和为：

$$\begin{aligned} F &= \sum_{i=1}^{n} e_i^2 = \sum_{i=1}^{n} [(x_P^{(i)} - x_C)^2 + (y_P^{(i)} - y_C)^2 - r^2]^2 \\ &= \sum_{i=1}^{n} [(x_P^{(i)})^2 + (y_P^{(i)})^2 + A \cdot x_P^{(i)} + B \cdot y_P^{(i)} + C]^2 \end{aligned} \tag{2.13}$$

式中，$A = -2x_C$，$B = -2y_C$，$C = x_C^2 + y_C^2 - r^2$。将式（2.13）分别对 A、B 和 C 求偏导后并令其为零，可得：

$$\begin{cases} \dfrac{\partial F}{\partial A} = 2\sum_{i=1}^{n} [(x_P^{(i)})^2 + (y_P^{(i)})^2 + A \cdot x_P^{(i)} + B \cdot y_P^{(i)} + C] \cdot x_P^{(i)} = 0 \\ \dfrac{\partial F}{\partial B} = 2\sum_{i=1}^{n} [(x_P^{(i)})^2 + (y_P^{(i)})^2 + A \cdot x_P^{(i)} + B \cdot y_P^{(i)} + C] \cdot y_P^{(i)} = 0 \\ \dfrac{\partial F}{\partial C} = 2\sum_{i=1}^{n} [(x_P^{(i)})^2 + (y_P^{(i)})^2 + A \cdot x_P^{(i)} + B \cdot y_P^{(i)} + C] = 0 \end{cases} \tag{2.14}$$

由式（2.14）可得到最小二乘意义下的浮动拟合圆圆心坐标 x_C、y_C和半径 r 为：

$$\begin{cases} x_C = \dfrac{c_1 b_2 - c_2 b_1}{a_1 b_2 - a_2 b_1}, \quad y_C = \dfrac{c_1 a_2 - c_2 a_1}{a_1 b_2 - a_2 b_1} \\ r = \sqrt{x_C^2 + y_C^2 - 2\dfrac{x_C}{n}\sum_{i=1}^{n} x_P^{(i)} - 2\dfrac{y_C}{n}\sum_{i=1}^{n} y_P^{(i)} + \dfrac{1}{n}\left[\sum_{i=1}^{n}(x_P^{(i)})^2 + \sum_{i=1}^{n}(y_P^{(i)})^2\right]} \end{cases} \tag{2.15a}$$

其中

$$a_1 = 2\sum_{i=1}^{n}(x_P^{(i)})^2 - \frac{2}{n}\left(\sum_{i=1}^{n} x_P^{(i)}\right)^2, \quad b_2 = 2\sum_{i=1}^{n}(y_P^{(i)})^2 - \frac{2}{n}\left(\sum_{i=1}^{n} y_P^{(i)}\right)^2$$

$$b_1 = a_2 = 2\sum_{i=1}^{n} x_P^{(i)} y_P^{(i)} - \frac{2}{n}\sum_{i=1}^{n} x_P^{(i)} \sum_{i=1}^{n} y_P^{(i)}$$

$$c_1 = \sum_{i=1}^{n}(x_P^{(i)})^3 + \sum_{i=1}^{n} x_P^{(i)}(y_P^{(i)})^2 - \frac{1}{n}\sum_{i=1}^{n} x_P^{(i)}\left[\sum_{i=1}^{n}(x_P^{(i)})^2 + \sum_{i=1}^{n}(y_P^{(i)})^2\right] \tag{2.15b}$$

$$c_2 = \sum_{i=1}^{n}(y_P^{(i)})^3 + \sum_{i=1}^{n} y_P^{(i)}(x_P^{(i)})^2 - \frac{1}{n}\sum_{i=1}^{n} y_P^{(i)}\left[\sum_{i=1}^{n}(x_P^{(i)})^2 + \sum_{i=1}^{n}(y_P^{(i)})^2\right]$$

可根据鞍圆优化模型式（2.11），直接采用 MATLAB 软件优化工具箱中的 fminimax 函数通过如下设置求解：

$[x, \text{fval}] = \text{fminimax}(\text{fun}, x0, A, b, \text{Aeq}, \text{beq}, \text{lb}, \text{ub}, \text{nonlcon}, \text{options})$

优化函数 fminimax 的设置（options）定为默认设置，该函数的左端为输出，即：

x：为最优解，即离散轨迹点集 $\{\boldsymbol{R}_P^{(i)}\}$，$i=1, \cdots, n$ 的鞍圆参数，包括圆心坐标 x_C，y_C及半径 r。

fval：为目标函数值，即离散轨迹点集 $\{\boldsymbol{R}_P^{(i)}\}$，$i=1, \cdots, n$ 对应的鞍圆误差。

优化函数 fminimax 的右端为输入，分别有：

fun：为目标函数，即离散轨迹点集 $\{\boldsymbol{R}_P^{(i)}\}$，$i=1, \cdots, n$ 与任意浮动拟合圆的法向误差，由式（2.11）中第一式确定，即$\left\{\left|\sqrt{(x_P^{(i)}-x_C)^2+(y_P^{(i)}-y_C)^2}-r\right|\right\}$，$i=1, \cdots, n$。

***x*0**：为初始值，即优化变量（拟合圆的圆心坐标以及半径）的初始值，按照最小二乘法确定，并由式（2.15）计算得到其具体值。

A，b，Aeq，beq，lb，ub，nonlcon：优化约束与变量上、下界，线性约束 A，b，Aeq，beq 和非线性约束 nonlcon 均设置为空，优化变量的下界 lb = [-Inf，-Inf，0]，优化变量的上界 ub = [Inf，Inf，Inf]。

依据上述参数设置，可以将离散点集的鞍圆拟合编制成子函数（**ArrF**），该子函数的输入为离散点集中各点的坐标，输出为鞍圆的圆心坐标、半径以及鞍圆误差 Δ_{rr}，形成**鞍圆拟合子程序 ArrF**。

2.3.2 鞍圆误差

为讨论曲线鞍圆拟合的误差性质，在此先假定运动刚体平面上点 P 在固定坐标系 $\{\boldsymbol{O}_f;$

$\boldsymbol{i}_{\mathrm{f}}$，$\boldsymbol{j}_{\mathrm{f}}\}$ 中的轨迹 Γ_P 为连续曲线，在定义 2.1 中按最大法向拟合误差最小为原则确定唯一的鞍圆，其拟合误差 Δ_{rr} 对于曲线 Γ_P 上所有点而言，是最大误差（全局极大值），而对于所有拟合圆参数（x_C，y_C，r）而言，该最大误差值又是最小的（全局极小值）。

如图 2.3 所示，给定曲线 Γ_P 上任意点 P 对应鞍圆上相应点及法向误差 Δ，其矢量方程 $\boldsymbol{R}_P$ 可写为：

$$\boldsymbol{R}_P=\boldsymbol{R}_C+(r+\Delta)\boldsymbol{n} \tag{2.16}$$

$\boldsymbol{R}_C$ 为鞍圆圆心矢径，r 为鞍圆半径（正数），而鞍圆在点 P 对应点处的单位法矢为 $\boldsymbol{n}$，式（2.16）中法向误差 Δ 正负号依据点 P 在鞍圆内外而定（外面取“+”，里面取“-”）。那么，上式（2.16）可得到曲线 Γ_P 上任意点处的拟合误差 Δ 为：

$$\Delta=(\boldsymbol{R}_P-\boldsymbol{R}_C)\cdot\boldsymbol{n}-r \tag{2.17}$$

对于给定曲线 Γ_P 对应的一个确定鞍圆，r 为常数而且 $\boldsymbol{R}_C$ 为常矢量，将误差函数式（2.17）对曲线 Γ_P 的弧长 s 求导，有：

$$\frac{\mathrm{d}\Delta}{\mathrm{d}s}=\frac{\mathrm{d}\boldsymbol{R}_P}{\mathrm{d}s}\cdot\boldsymbol{n}+(\boldsymbol{R}_P-\boldsymbol{R}_C)\cdot\frac{\mathrm{d}\boldsymbol{n}}{\mathrm{d}s} \tag{2.18}$$

又由式（2.16）可知 $\boldsymbol{R}_P-\boldsymbol{R}_C=(r+\Delta)\boldsymbol{n}$，则 $(\boldsymbol{R}_P-\boldsymbol{R}_C)\cdot\frac{\mathrm{d}\boldsymbol{n}}{\mathrm{d}s}=(r+\Delta)\boldsymbol{n}\cdot\frac{\mathrm{d}\boldsymbol{n}}{\mathrm{d}s}=0$，在曲线 Γ_P 上 P 点处误差 Δ 取得极值条件为 $\mathrm{d}\Delta/\mathrm{d}s=0$，由式（2.18）得：

$$\frac{\mathrm{d}\boldsymbol{R}_P}{\mathrm{d}s}\cdot\boldsymbol{n}=0 \tag{2.19}$$

式（2.19）说明曲线 Γ_P 在 P 点的切线 $\frac{\mathrm{d}\boldsymbol{R}_P}{\mathrm{d}s}$ 与鞍圆法线 $\boldsymbol{n}$ 正交时，曲线 Γ_P 在 P 点的法线与鞍圆法线重合，法向误差 Δ 取得极值。在曲线 Γ_P 上可能存在有多点处的法线通过圆心，其误差取得极值，但不一定是最大值，如图 2.4 所示的 $P^{(k+1)}$，$P^{(k+2)}$ 和 $P^{(k+3)}$ 点，只有法向误差绝对值的最大值才为鞍圆误差 Δ_{rr}。

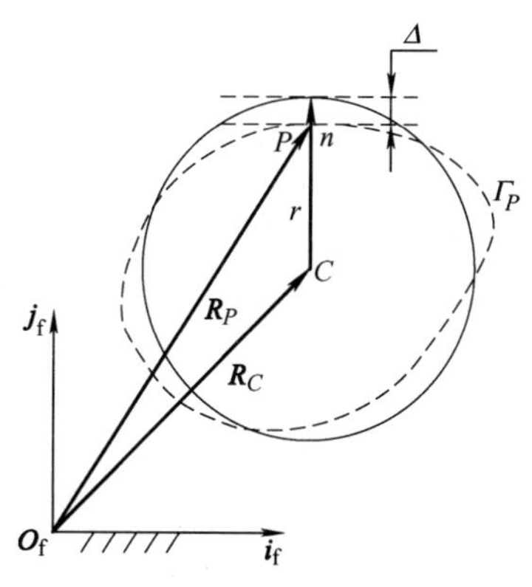

图 2.3　曲线的鞍圆与鞍圆误差

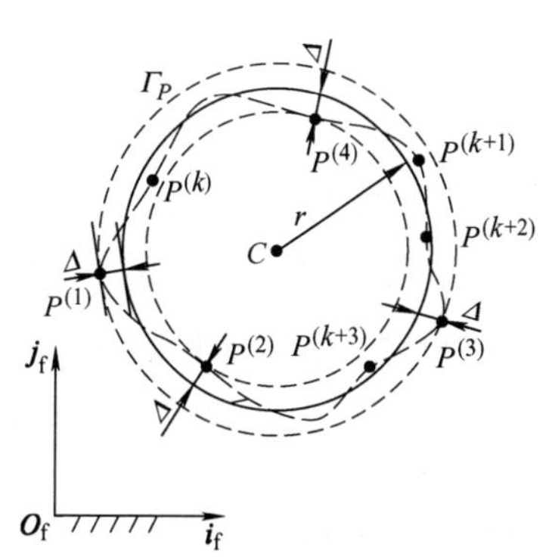

图 2.4　最大法向误差与两同心圆包容

按第1章的平面曲线右手系约定，见式（1.8），将曲线 Γ_P 在其上任意点的法线表示为 $\frac{\mathrm{d}\boldsymbol{R}_P}{\mathrm{d}s}\times\boldsymbol{k}$，那么，在曲线 Γ_P 上拟合误差 Δ 取得极值的点处，鞍圆圆心矢量可表示为：

$$\boldsymbol{R}_C=\boldsymbol{R}_P-(r+\Delta)\frac{\mathrm{d}\boldsymbol{R}_P}{\mathrm{d}s}\times\boldsymbol{k} \tag{2.20}$$

对于给定曲线 Γ_P，要确定鞍圆三个参数（x_C，y_C，r）和鞍圆误差 Δ_{rr}，至少需要有四个点使得式（2.19）成立（需判断最大值），求得各点处的 $\mathrm{d}\boldsymbol{R}_P/\mathrm{d}s$ 代入式（2.20），联立解出（x_C，y_C，r）和 Δ_{rr}，多于四点为冗余情况。

鞍点规划理论[3]已经证明：对于一条非退化的平面曲线，以鞍点规划模型（最大误差最小）确定的拟合圆，曲线上至少有四点处的误差取得相同最大值（必为极大值），且分布在拟合圆的内部和外部各两点。

这一理论应用于评定圆度误差时，相当于采用两个同心圆包容被拟合曲线，内外圆与被包容曲线的切点即为最大误差点，如图2.4所示。

由此可见，以鞍点规划（最大误差最小）模型定义平面曲线的鞍圆时，被拟合曲线上的四个特征点确定了鞍圆的位置、半径和误差，称为**鞍圆拟合特征点**，分布在鞍圆的内外两侧各两个，该点处的误差即为**鞍圆误差**。如例2-1，对于给定的拟合曲线——椭圆，只要长轴上两顶点和短轴上两顶点（四个拟合特征点）确定，鞍圆及其误差便随之而定。当鞍圆误差趋于零时，被拟合曲线趋近于圆。

当被拟合曲线 Γ_P 为离散点集 $\{\boldsymbol{R}_P^{(i)}\}$ 时，Γ_P 上任意点与鞍圆的误差 $\Delta^{(i)}$ 由式（2.17）改写为离散形式：

$$\Delta^{(i)}=|\boldsymbol{R}_P^{(i)}-\boldsymbol{R}_C|-r=\sqrt{(x_P^{(i)}-x_C)^2+(y_P^{(i)}-y_C)^2}-r,\quad \boldsymbol{R}_P^{(i)}=[\boldsymbol{M}^{(i)}]\cdot\boldsymbol{R}_{P\mathrm{m}} \tag{2.21}$$

而鞍圆误差为其中的最大值，其计算公式为：

$$\Delta_{\mathrm{rr}}=\max\{|\Delta^{(i)}|\}=\max\left\{\left|\sqrt{(x_P^{(i)}-x_C)^2+(y_P^{(i)}-y_C)^2}-r\right|\right\} \tag{2.22}$$

那么，连续曲线的法向误差计算式（2.17）由离散计算式（2.21）替代，离散点集 $\{\boldsymbol{R}_P^{(i)}\}$ 中的鞍圆拟合特征点由式（2.22）通过数值计算和比较产生。

由此可知，离散运动刚体上一点在固定平面坐标系中产生一离散点集 $\{\boldsymbol{R}_P^{(i)}\}$，该点集 $\{\boldsymbol{R}_P^{(i)}\}$ 中的四个鞍圆拟合特征点确定唯一鞍圆，四个鞍圆拟合特征点所对应运动刚体的离散位置，称为**鞍圆拟合特征位置**。显然，鞍点规划模型建立了离散运动（鞍圆拟合特征位置）、运动刚体上点、离散轨迹（鞍圆拟合特征点）、鞍圆（位置）和鞍圆误差的相互对应关系，为讨论离散点集 $\{\boldsymbol{R}_P^{(i)}\}$ 与圆比较的整体几何性质提供了依据。

2.3.3 四位置鞍圆

当离散运动刚体在固定坐标系中仅有四个位置时，位置分别编号为1、2、3、4，运动

刚体上任意点 P 对应离散轨迹点集 $\{\boldsymbol{R}_P^{(i)}\}$，$i=1, 2, 3, 4$。依据鞍圆拟合模型式（2.11），调用鞍圆拟合子程序 ArrF，得到对应的鞍圆，称为**四位置鞍圆**。点集 $\{\boldsymbol{R}_P^{(i)}\}$ 中四个离散点都是鞍圆拟合特征点，分别以 $P^{(1)}$，$P^{(2)}$，$P^{(3)}$ 和 $P^{(4)}$ 表示，分布在鞍圆内部和外部各两个，运动刚体的四个位置都是鞍圆拟合特征位置。

为便于讨论鞍圆性质，先讨论四位置鞍圆误差的代数方程。由式（2.21）写出四个位置的鞍圆误差方程：

$$(r\pm\Delta)^2=(\boldsymbol{R}_P^{(i)}-\boldsymbol{R}_C)^2,\quad \boldsymbol{R}_P^{(i)}=[\boldsymbol{M}^{(i)}]\cdot\boldsymbol{R}_{P\mathrm{m}},\quad i=1,2,3,4 \tag{2.23}$$

对于给定四个离散位置，依据鞍点规划理论，鞍圆误差为最大拟合误差（极大值）最小，而且拟合特征点 $P^{(1)}$，$P^{(2)}$，$P^{(3)}$ 和 $P^{(4)}$ 两两分布在拟合圆的内部和外部，因而对于式（2.23），当 i 任取位置编号中的任意两个时，Δ 前符号取正，而当 i 取另两个编号时，符号取负。令四个拟合特征点处的误差相等（实现两两分布），并使得最大拟合误差取得极小值（不一定是最小值）的拟合圆，称为**分布圆**。只可能有三种分布情况，对应三个分布圆，如点 $P^{(1)}$ 和 $P^{(2)}$ 在拟合圆内部时，表示为 $P^{(1)}P^{(2)}-P^{(3)}P^{(4)}$，同理有 $P^{(1)}P^{(3)}-P^{(2)}P^{(4)}$，$P^{(1)}P^{(4)}-P^{(2)}P^{(3)}$，如图 2.5 所示。

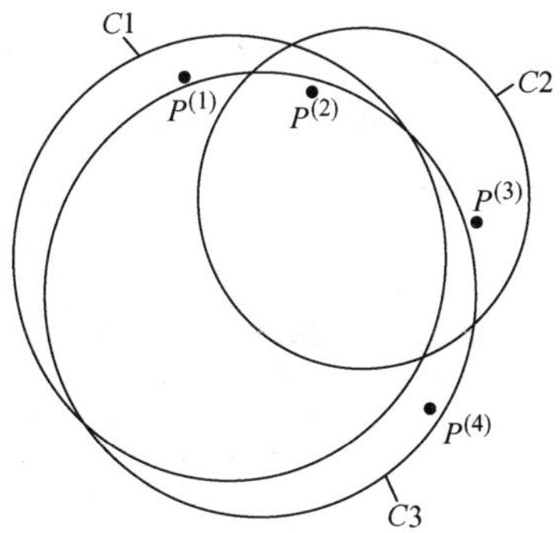

图 2.5　四个离散点的三个分布圆

对于 $P^{(1)}P^{(2)}-P^{(3)}P^{(4)}$ 情况，分布圆的圆心 C 为线段 $P^{(1)}P^{(2)}$ 中垂线和 $P^{(3)}P^{(4)}$ 中垂线的交点，其在固定坐标系中的坐标为：

$$\begin{cases} y_C=\dfrac{[(x_P^{(4)})^2+(y_P^{(4)})^2-(x_P^{(3)})^2-(y_P^{(3)})^2](x_P^{(2)}-x_P^{(1)})-[(x_P^{(2)})^2+(y_P^{(2)})^2-(x_P^{(1)})^2-(y_P^{(1)})^2](x_P^{(4)}-x_P^{(3)})}{2(x_P^{(2)}-x_P^{(1)})(y_P^{(4)}-y_P^{(3)})-2(x_P^{(4)}-x_P^{(3)})(y_P^{(2)}-y_P^{(1)})} \\ x_C=\dfrac{[(x_P^{(4)})^2+(y_P^{(4)})^2-(x_P^{(3)})^2-(y_P^{(3)})^2](y_P^{(2)}-y_P^{(1)})-[(x_P^{(2)})^2+(y_P^{(2)})^2-(x_P^{(1)})^2-(y_P^{(1)})^2](y_P^{(4)}-y_P^{(3)})}{2(y_P^{(2)}-y_P^{(1)})(x_P^{(4)}-x_P^{(3)})-2(y_P^{(4)}-y_P^{(3)})(x_P^{(2)}-x_P^{(1)})} \end{cases} \tag{2.24}$$

由圆心点 C、分布圆内点 $P^{(1)}$ 和分布圆外点 $P^{(3)}$ 的三点坐标得到 $P^{(1)}P^{(2)}$-$P^{(3)}P^{(4)}$ 情况下的分布圆误差 $\Delta_{12,34}$ 为：

$$\Delta_{12,34}=\frac{\left|\sqrt{(x_P^{(1)}-x_C)^2+(y_P^{(1)}-y_C)^2}-\sqrt{(x_P^{(3)}-x_C)^2+(y_P^{(3)}-y_C)^2}\right|}{2} \tag{2.25a}$$

将式（2.24）中的 x_C 和 y_C 代入式（2.25a）并展开可得：

$$16\Delta_{12,34}^{\ 4}-8\Delta_{12,34}^{\ 2}[(x_P^{(1)}-x_C)^2+(y_P^{(1)}-y_C)^2+(x_P^{(3)}-x_C)^2+(y_P^{(3)}-y_C)^2]+[(x_P^{(1)}-x_C)^2+(y_P^{(1)}-y_C)^2-(x_P^{(3)}-x_C)^2-(y_P^{(3)}-y_C)^2]^2=0 \tag{2.25b}$$

将式（2.4）坐标变换代入式（2.25b），化简可得关于 x_{Pm}，y_{Pm}，$\Delta_{12,34}$ 的十二次代数方程。同理，可得到 $P^{(1)}P^{(3)}$-$P^{(2)}P^{(4)}$ 情况下分布圆误差 $\Delta_{13,24}$ 以及 $P^{(1)}P^{(4)}$-$P^{(2)}P^{(3)}$ 情况下的分布圆误差 $\Delta_{14,23}$。则四位置鞍圆误差 Δ_{1234} 为 3 个分布圆误差的最小值：

$$\Delta_{1234}=\min(\Delta_{12,34},\Delta_{13,24},\Delta_{14,23}) \tag{2.26a}$$

也可以写成如下形式：

$$\Delta_{1234}=\frac{1}{2}\left|\left|\frac{|\Delta_{12,34}+\Delta_{13,24}|}{2}-\frac{|\Delta_{12,34}-\Delta_{13,24}|}{2}\right|+\Delta_{14,23}\right|-\frac{1}{2}\left|\left|\frac{|\Delta_{12,34}+\Delta_{13,24}|}{2}-\frac{|\Delta_{12,34}-\Delta_{13,24}|}{2}\right|-\Delta_{14,23}\right| \tag{2.26b}$$

式（2.25b）为十二次代数方程，由于运动刚体上点的连续性，式（2.26a）是由式（2.25a）分片组成的，故四位置鞍圆误差曲面为分片十二次代数曲面。

以运动刚体上点坐标（x_{Pm}，y_{Pm}）为自变量，其轨迹离散点集的四位置鞍圆误差 Δ_{1234} 为因变量，构造出四位置运动刚体上点-鞍圆误差曲面，并把对应相同误差值的点以曲线连接成为等高线，如图 2.6 所示。当鞍圆误差值 $\Delta=0$ 时，相当于该误差曲面被 $\Delta=0$ 的平面所截得曲线——圆点曲线，恰为误差曲面的谷底，如图 2.6 中所示粗实线为圆点曲线。图 2.6 中数据来自表 2.1 给出的平面运动刚体十个离散位置中的前四个离散位置。

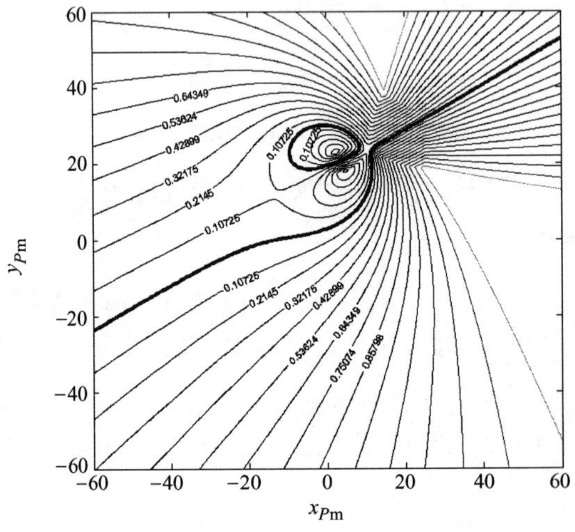

图 2.6　给定四离散位置鞍圆误差曲面等高线图

2.3.4　五位置鞍圆

给定运动刚体五个离散位置，其位置编号为 1、2、3、4、5，运动刚体上任意点 P 在固定坐标系中产生离散轨迹 $\{\boldsymbol{R}_P^{(i)}\}$，$i=1, 2, 3, 4, 5$，依据鞍圆拟合模型式（2.11），调用鞍圆拟合子程序 ArrF，得到该离散轨迹对应的**五位置鞍圆**和鞍圆误差。同四位置一样，以运动刚体点坐标（x_{Pm}，y_{Pm}）为自变量，对应五位置鞍圆误差 Δ_{12345} 为因变量，构造出五位置运动刚体上点-鞍圆误差曲面，并绘制出五位置鞍圆误差等高线图，如图 2.7 所示。图 2.7 中数据来源于表 2.1 给出的平面运动刚体十个离散位置中的前五个离散位置。

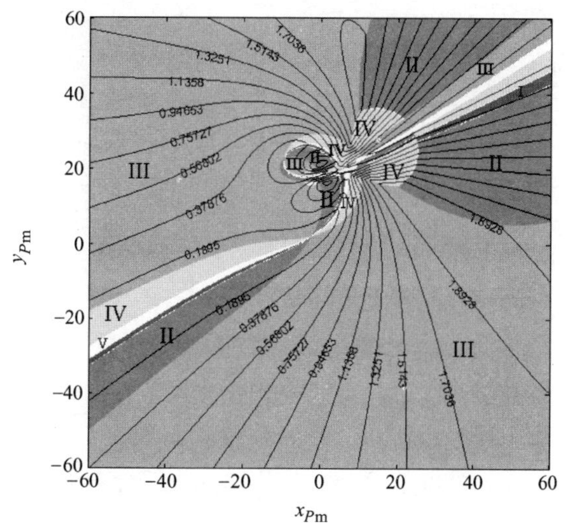

图 2.7 五离散位置鞍圆误差等高线图

对于鞍点规划模型和数值计算而言，四位置和五位置没有区别，但从离散运动几何学角度看，探讨四位置和五位置有何联系和区别具有重要意义，可为研究多位置提供依据。

如前所述，运动刚体上 P 点在固定坐标系中产生离散轨迹的五个点，分别为 $P^{(1)}$，$P^{(2)}$，$P^{(3)}$，$P^{(4)}$ 和 $P^{(5)}$。当采用鞍点规划模型对其进行鞍圆拟合时，五位置鞍圆也只有四个拟合特征点，对应五个位置中的四个为拟合特征位置，共有五种可能组合，即 1234，1235、1245、1345 和 2345。那么，五位置鞍圆中哪四个位置在什么时候是拟合特征位置？五位置鞍圆如何由一种特征四位置组合变化到另一种四位置组合？由此可以揭示四位置鞍圆和五位置鞍圆的关系。

前面已经介绍了给定四个位置时，运动刚体上点及其离散轨迹对应的鞍圆及鞍圆误差曲面；对于五位置离散运动刚体，可视为在上述四位置基础上增加第五个位置，那么，运动刚体上点 P 对应五个离散点 $P^{(1)} \sim P^{(5)}$ 的轨迹，点 $P^{(5)}$ 要么是五位置鞍圆拟合特征点，要么不是，只有两种可能，现分别讨论如下。

1）第五个点 $P^{(5)}$ 不是离散轨迹的五位置鞍圆拟合特征点，对应第五个位置此时不是五位置鞍圆拟合位置。如图 2.8 所示，五个离散点 $P^{(1)} \sim P^{(5)}$ 轨迹的五位置鞍圆由前四个位置（1234）的离散轨迹点 $P^{(1)} \sim P^{(4)}$ 确定，或着说 $P^{(1)} \sim P^{(4)}$ 所确定的两个同心圆包容了第五个点，离散点 $P^{(5)}$ 误差小于前四个离散点的四位置鞍圆误差 Δ_{1234}，则有 $\Delta_{12345}=\Delta_{1234}$。所以，对于给定五个离散位置，运动刚体上存在部分点，其离散轨迹对应的五位置鞍圆由前四个离散点（1234）决定。由前四位置确定鞍圆的这些点分布在运动刚体上特定区域，如图2.7中所示区域Ⅰ中的点，鞍圆拟合位置均对应1234四个位置，为**1234四位置鞍圆区域**。此区域还有另一种情况，五位置鞍圆由$P^{(1)}\sim P^{(4)}$所确定，但并不是该四位置鞍圆，如图2.9所示。该四位置鞍圆为圆C_1，由$P^{(1)}P^{(3)}-P^{(2)}P^{(4)}$确定，四位置鞍圆误差为$\Delta_{1234}=\Delta_{13,24}$；而五位置鞍圆为圆$C_2$，仍由前四个位置的离散点确定，分布为$P^{(1)}P^{(2)}\text{-}P^{(3)}P^{(4)}$，五位置鞍圆误差为四位置三个分布圆中的次小误差$\Delta_{12345}=\Delta_{12,34}$，不是最小值$\Delta_{13,24}$。所以，五位置鞍圆并不一定是某一个四位置鞍圆，而是四位置三个分布圆中的一个。

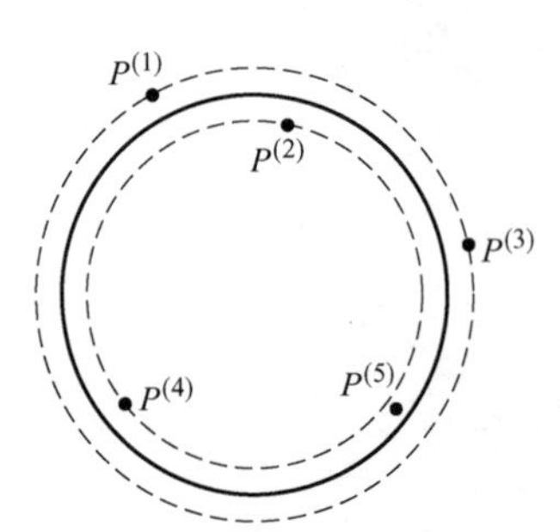

图2.8 五位置鞍圆与四位置鞍圆重合

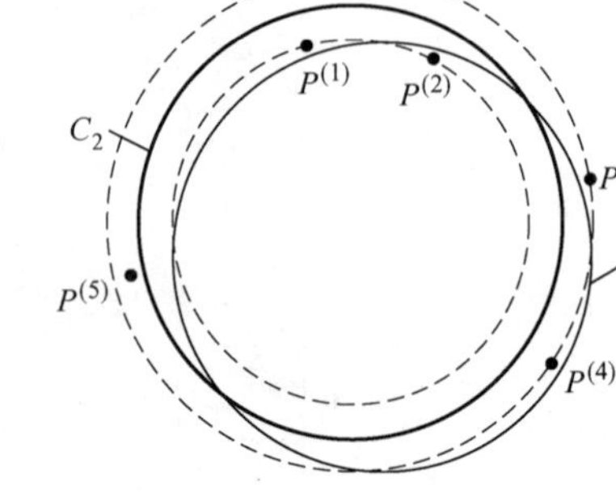

图2.9 五位置鞍圆与四位置鞍圆不重合

2）第五个点$P^{(5)}$是离散轨迹的四个鞍圆拟合特征点之一，对应第五个离散位置是鞍圆拟合位置。那么，第五位置需和前四个位置中的三个位置共同构成鞍圆拟合四位置，有四种可能：1235、1245、1345和2345。显然，每种四位置组合为离散运动四位置，和前述四位置（1234）一样，都对应一个四位置刚体上点-鞍圆误差十二次代数曲面。但在运动刚体上同一点P处，对应离散轨迹五点和五位置鞍圆，也必为某四位置组合，或某四位置分布圆中的一个，而四种组合共有十二个分布圆，五位置鞍圆是十二个分布圆中的一个，使得五位置离散轨迹点$P^{(1)}\sim P^{(5)}$的最大拟合误差最小。

对于图2.7中所示五位置鞍圆误差曲面上的若干区域，每个区域刚体上点对应不同的四位置鞍圆的拟合特征位置，例如，区域Ⅰ对应1234，区域Ⅱ对应1235，区域Ⅲ对应1245，区域Ⅳ对应1345，区域Ⅴ对应2345。由于离散运动刚体上点是连续的，从区域Ⅰ(1234）变化到区域Ⅱ(1235）时，而边界上点同时属于两个相邻区域的点，自然应该具有两个区域的特性，则该点的离散轨迹上五个点都是拟合特征点，形成与相邻区域对应的两个鞍圆及其误差。而按照鞍圆定义，一条轨迹只能有一个鞍圆，那么，该五点轨迹对应两个误差相同的分布圆，或者说该轨迹的鞍圆有两个解（误差相等，属于不同的分布圆），以适应相邻区域过渡。将相邻区域的鞍圆误差曲面方程联立，如$\Delta_{1234}=\Delta_{1235}$，由式（2.25a）和式（2.26a）可解得边界曲线方程。三个或四个区域界限点处，则有该点离散轨迹的五个点对应三个误差都相等的分布圆，鞍圆有三个解。特殊地，边界点对应多个误差相等的分布圆重合（同一个分布圆）时，则此处鞍圆误差曲面可能具有新的特点，如二阶连续（相切地过渡），否则相交；相切过渡边界为三次代数曲线。有关五位置鞍圆误差曲面及其边界曲线的代数与几何性质还需要进一步深入研究。

如前所述，五位置的鞍圆及其误差曲面在理论上可分解为五个四位置的分布圆误差曲面的组合，即多片（区域）十二次代数曲面组合，属于高阶代数曲面，存在多个峰谷；而等高线则跨越不同的四位置点区域，仅表明鞍圆误差相等。从整体上比较五位置与四位置的鞍圆误差曲面，四位置存在一条误差为零的等高线——圆点曲线，相当于河谷；而五位置的等高线则没有，仅有鞍圆误差为零的若干个误差较小的谷底点——Burmester 点，相当于把河流变成河床，露出几潭水的河谷。因为在多片（区域）代数曲面组合鞍圆误差曲面时，同一点对应四位置鞍圆误差大的代替误差小的，所以，总体上说，五位置的鞍圆误差曲面要比四位置的数值大，而峰谷少。

2.3.5　多位置鞍圆

由上述讨论可知，对于五位置运动刚体，运动刚体上点在固定坐标系中的离散轨迹对应鞍圆及其误差是由相关的四位置体现的，运动刚体上所有点的鞍圆误差曲面也是由相关四位置对应十二次代数误差曲面的分片组合而成的；对于多位置（五个以上）运动刚体上的点，依据鞍点规划（最大误差最小）的误差评价模型，其离散轨迹曲线与圆的近似程度由该曲线上四个拟合特征点体现，对应四个拟合位置，无论给定多少个位置都是如此，即多位置可分解为相关四位置的组合。因此，给定再多位置的运动刚体，其离散点轨迹的鞍圆及其误差性质与五位置的类似，没有本质区别，仅仅对应的四位置组合更多，按组合有 C_n^4 个区域，在运动刚体上对应的四位置点区域也只是更多些而已，无须再述。对于表 2.1 中给定的平面运动刚体十个离散位置，刚体平面上点的鞍圆误差曲面及等高线如图 2.10 所示。

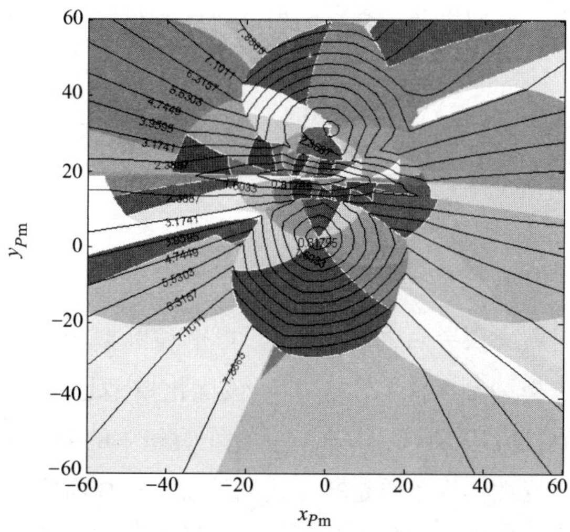

图 2.10　给定十个离散位置鞍圆误差曲面等高线图

当运动刚体的位置数目趋于无穷——无限接近位置时，运动刚体上点的轨迹趋于连续曲线，如2.2节所述，曲线与圆的接近程度仍然由四个拟合特征点确定，对应运动刚体四个拟合位置。运动刚体上的点连续变化，其轨迹曲线均对应四个拟合特征点，运动刚体上没有像离散位置那样的位置点区域。

在经典的有限分离位置运动几何学中，借助转动极讨论了五位置以下运动刚体上相关点共圆的若干规律，形成了 Burmester 理论；其实，刚体平面运动存在不变量，是刚体运动变换矩阵的特征向量和特征值，反映了运动的本质，如经典理论中的转动极对应两位置的回转轴；对于多个位置平面离散运动，利用鞍点规划建立四位置相关点共圆模型，猜想也应该存在类似两位置转动极那样的不变量，扩展了平面离散运动几何学内涵，从少位置到多位置，从局部到整体，揭示了平面离散运动刚体上点对应的鞍圆大小、圆心位置和误差分布等，是刚体运动点轨迹与圆比较的表现形式。将其推广到其他曲线比较，以适应机构离散运动几何学研究的需要，如圆对应平面二副杆 R-R 的约束曲线，而直线对应平面二副杆 P-R 的约束曲线。其他约束曲线与约束曲面的比较研究与探索，如空间运动的有限螺旋运动与共约束曲面也仅限于少位置，在第5章和第7章将分别介绍球面与空间离散运动几何学与机构鞍点综合。

2.3.6 圆点与鞍圆点

由于运动刚体Σ^*上各点在固定坐标系下的离散轨迹曲线大小形状各不相同，这些轨迹曲线都对应各自唯一的鞍圆，因而这些鞍圆误差也必然有大有小，因此给出：

定义 2.2 给定刚体Σ^*的平面运动，当Σ^*上一点相对其邻域内其他点而言，在固定平面上离散轨迹对应的鞍圆误差获得极小值，称为Σ^*上二次鞍点意义下的圆点，简称**鞍圆点**，或**近似圆点**，对应的鞍圆误差称为**鞍圆点误差**，或近似圆点误差，若误差为零，则为**圆点**。

由定义2.1可以看出，运动平面上各点的离散轨迹所对应唯一的鞍圆及其误差是运动平面上点的坐标（$x_{P\mathrm{m}}$，$y_{P\mathrm{m}}$）（或者（$r_{P\mathrm{m}}$，$\theta_{P\mathrm{m}}$））的函数，而上述定义2.2则指出鞍圆点的轨迹近似圆的程度取得的极值，具有二次极小的意义，也就是运动刚体平面上的局部最优意义，建立如下优化模型：

$$\begin{cases}\delta_{\mathrm{rr}} = \min\Delta_{\mathrm{rr}}(z) \\ z = (x_{P\mathrm{m}}, y_{P\mathrm{m}})^{\mathrm{T}}\end{cases} \tag{2.27}$$

该优化模型的目标函数是鞍圆误差$\Delta_{\mathrm{rr}}(z)$最小，可由鞍圆拟合优化模型式（2.11）得到；优化变量是运动刚体上点坐标$z=(x_{P\mathrm{m}},\ y_{P\mathrm{m}})^{\mathrm{T}}$。该优化模型是一个无约束优化问题，其求解算法在本书算例中则直接采用 MATLAB 软件优化工具箱中的 fmincon 函数进行求解。鞍圆点优化模型目标函数的多峰性体现了给定平面运动性质，往往需要在不同的凸区域布置初始点。简单的办法是在搜索区域内生成较多初始值，如随机数十倍的初始点，分别从每个初始点出发进行优化搜索，可收敛到运动刚体上的多个鞍圆点。初始搜索区域按下式确定：

$$a=\max(\max_{1\leqslant i\leqslant n}x_{O\mathrm{mf}}^{(i)}-\min_{1\leqslant i\leqslant n}x_{O\mathrm{mf}}^{(i)},\max_{1\leqslant i\leqslant n}y_{O\mathrm{mf}}^{(i)}-\min_{1\leqslant i\leqslant n}y_{O\mathrm{mf}}^{(i)})$$
$$-c_0a\leqslant x_{P\mathrm{m}},\quad y_{P\mathrm{m}}\leqslant c_0a \tag{2.28}$$

式中的 c_0 为搜索区域系数。

依据鞍圆点的优化模型式（2.27）对运动平面上一定区域进行鞍圆点的优化搜索，本书中直接采用 MATLAB 软件优化工具箱中的 fmincon 函数进行求解，fmincon 函数为：

［x，fval，exitflag］ = fmincon（fun，x0，A，b，Aeq，beq，lb，ub，nonlcon，options）

首先利用 options 函数对 fmincon 函数进行优化条件设置（optimset），优化算法选择为中型优化算法，迭代结束条件通过函数评价最大允许次数 MaxFunEvals = 500，最大允许迭代次数 MaxIter = 200，迭代终止允许误差由 TolFun = 0.000001 和 TolX = 0.000001 来设置。fmincon 函数的左端为其输出，分别为：

x：最优解，即鞍圆点在运动平面上的坐标 $x_{P\mathrm{m}}$，$y_{P\mathrm{m}}$。

fval：目标函数值，即鞍圆点误差（对应的鞍圆误差）。

exitflag：退出条件，描述了优化函数 fmincon 迭代终止的原因。

fmincon 函数的右端为其输入，分别为：

fun：目标函数，运动平面上任意点的离散轨迹点集 $\{\boldsymbol{R}_P^{(i)}\}$，$i=1$，…，$n$ 对应的鞍圆误差 Δ_{rr}，由函数 fun = @ ArrF 调用离散轨迹点集鞍圆拟合子程序得到。

x0：初始值，优化变量为运动平面上点的坐标，利用 MATLAB 的 rand 函数在刚体平面上的区域 $x_{\mathrm{m}}\in[x_{\mathrm{mmin}},x_{\mathrm{mmax}}]$，$y_{\mathrm{m}}\in[y_{\mathrm{mmin}},y_{\mathrm{mmax}}]$ 中随机生成。

A，b，Aeq，beq，lb，ub，nonlcon：优化约束与变量上、下界，线性约束 A，b，Aeq，beq 和非线性约束 nonlcon 均设置为空，优化变量的下界为 lb = $[x_{\mathrm{mmin}},y_{\mathrm{mmin}}]$，优化变量的上界为 ub = $[x_{\mathrm{mmax}},y_{\mathrm{mmax}}]$。

依据 fmincon 函数的参数设置，可以形成运动刚体上无约束条件下鞍圆点优化搜索的标准程序模块，其输入为已知刚体的离散位置参数，输出为刚体上多个鞍圆点参数（运动刚体坐标系中的坐标）及鞍圆点误差，形成**鞍圆点子程序 ArrP**。

一般情况下，平面运动刚体上各点所对应的鞍圆参数及其误差也是点坐标的非线性函数，如十二次代数曲面分片组合，因而用连杆机构近似复演给定非退化平面运动，则运动平面上各点的轨迹所对应的鞍圆误差也是运动平面上点的位置坐标的非线性函数，必然存在极小值，根据定义 2.1 以及定义 2.2，有：

定理 2.1　非退化平面运动的刚体上一定存在鞍圆点。

由此可见，对于讨论的平面运动刚体上点与离散运动及其轨迹几何性质（与圆比较）的离散运动几何学问题，定义 2.1 给出了离散轨迹与圆的差异比较统一度量标准，即最大法向误差，准确反映了各点轨迹与圆的近似程度，具有可比性；定义 2.2 上界确定了其轨迹具有特殊几何特征的运动刚体上的点；定理 2.1 阐明了问题解的存在性，从而为鞍点规划有效迭代算法的收敛性提供了理论依据。

平面连杆机构可以复演六次代数曲线[4]，或者说运动平面上点在固定坐标系下的轨迹是六次代数曲线时可以用连杆机构复演。那么，假定运动刚体上各点的轨迹是六次代数曲线，并随各点位置坐标变化而变化，其形状变化也是连续的，所对应鞍圆误差必为点位置坐标的强非线性函数，因而在运动平面上存在多个鞍圆点，这些鞍圆点所对应的鞍圆误差也不相同，可以从中选出误差较小的点（局部最优）作为鞍圆点；如果要求综合出全铰链四杆机构，需要在运动平面上较大范围内寻求两个鞍圆点。当然，运动平面上鞍圆点及其鞍圆误差依赖于平面运动的性质，如连杆机构无法实现的平面运动（如超过六次代数曲线），鞍圆点只能是运动平面上局部最好（鞍圆误差局部最小）的，或者说局部最优意义上近似复演给定运动，而且总可以找到。作者期望上述鞍圆误差曲面的代数性质能够为鞍圆点存在性和个数提供理论依据，在理论上证明定理2-1，但迄今没有成功。将上述四、五到多个离散位置对应的误差曲面联系起来，圆点、鞍圆点对应误差曲面上的谷底点，可以窥见出刚体离散运动几何学的某些规律，如鞍圆误差曲面随刚体位置（数）的关系，相应的圆点曲线、圆点到鞍圆点的演变规律等；当离散位置密集到无限接近位置时，刚体离散位置与连续位置的运动几何学通过鞍圆方法衔接起来，也许能够从新的角度揭示刚体平面运动几何学，同时结合后续理论推广到空间运动几何学。

【例 2-2】 曲柄摇杆机构连杆平面上鞍圆误差曲面与鞍圆点。

平面曲柄摇杆机构 $ABCD$ 如图 2.11 所示，其尺寸参数为：$l_1=15$，$l_2=21$，$l_3=25$，$l_4=30$，在连杆 BC 与机架 AD 上分别建立运动坐标系 $\{\boldsymbol{B};\ \boldsymbol{i}_m,\ \boldsymbol{j}_m\}$ 与固定坐标系 $\{\boldsymbol{A};\ \boldsymbol{i}_f,\ \boldsymbol{j}_f\}$。原动件 AB 的转角 φ 的取值范围为 $[0,\ 2\pi]$，将其以 5°为间隔进行离散化，可以得到该曲柄摇杆机构的一组离散输入角度 $\varphi^{(i)}$，$i=1$，…，72，通过连杆机构的位移方程求解，可得到连杆 BC 相对于机架 AD 的离散运动位置（$x_B^{(i)}$，$y_B^{(i)}$；$\gamma^{(i)}$），$i=1$，…，72。

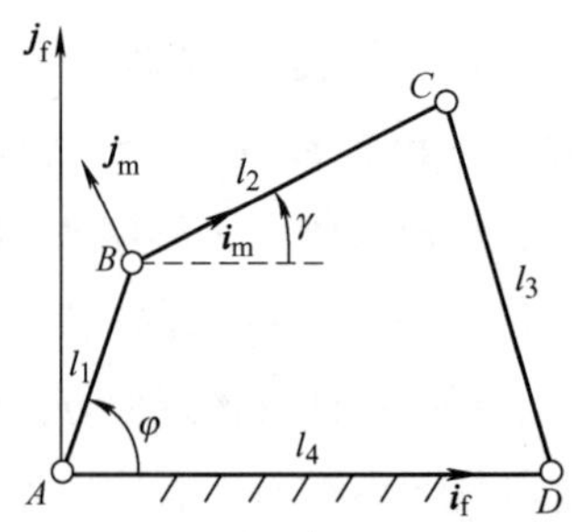

图 2.11 平面曲柄摇杆机构

为形象描述鞍圆点等概念和相关优化搜索算法，计算连杆平面上点对应的鞍圆误差，绘出鞍圆误差曲面。在连杆平面上区域 $x_m\in[-20,\ 55]$，$y_m\in[-18,\ 30]$，两坐标方向分别取 0.5 步长间隔，得到 14647 个连杆点，每个连杆点在固定坐标系中产生离散轨迹点集 $\{\boldsymbol{R}_P^{(i)}\}$，调用鞍圆子程序 ArrF 拟合 $\{\boldsymbol{R}_P^{(i)}\}$，得到相应的鞍圆及鞍圆误差。

在连杆点坐标（X 和 Y）基础上，将各连杆点对应的鞍圆误差作为 Z 坐标，可画出连杆点-鞍圆误差曲面，如图2.12所示。由于三维图形表达不全面，以平面等高线表示，如图2.13所示。鞍圆误差曲面上存在有多个极值点（谷底），图2.13中给出了其中的四个极值点，其对应连杆点在运动坐标系$\{\boldsymbol{B};\ \boldsymbol{i}_m,\ \boldsymbol{j}_m\}$中的坐标分别为$P_1$（0，0）、$P_2$（21，0）、$P_3$（21.2014，16.4933）和$P_4$（41.2527，1.7485），其中点$P_1$和$P_2$的鞍圆误差均趋近于零，即连杆上两个铰链点$B$和$C$。而连杆点$P_3$和$P_4$是连杆平面上该点所在区域内（误差曲面谷底）的鞍圆点，其轨迹尽管不是圆，但在该点的邻近区域内，其与圆最接近（鞍圆误差取得极小值），读者可对本例进行验证。连杆点P_1、P_2、P_3和P_4的离散轨迹曲线Γ_1、Γ_2、Γ_3和Γ_4及其鞍圆如图2.14所示，其中轨迹曲线Γ_3的鞍圆半径较大（近似于直线），图2.14中只绘制了曲线的一小段。

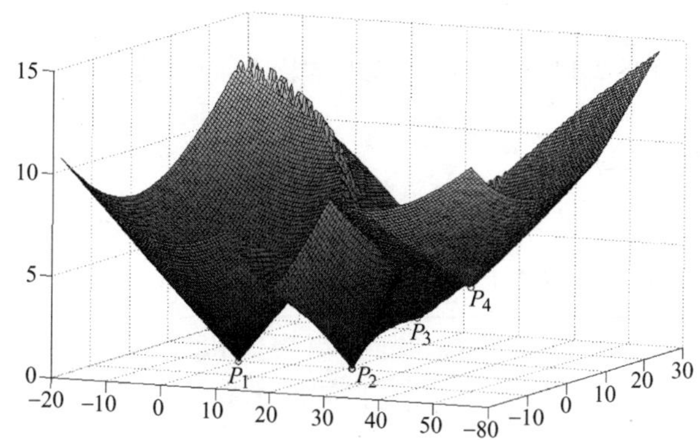

图2.12　平面四杆机构连杆点-鞍圆误差曲面

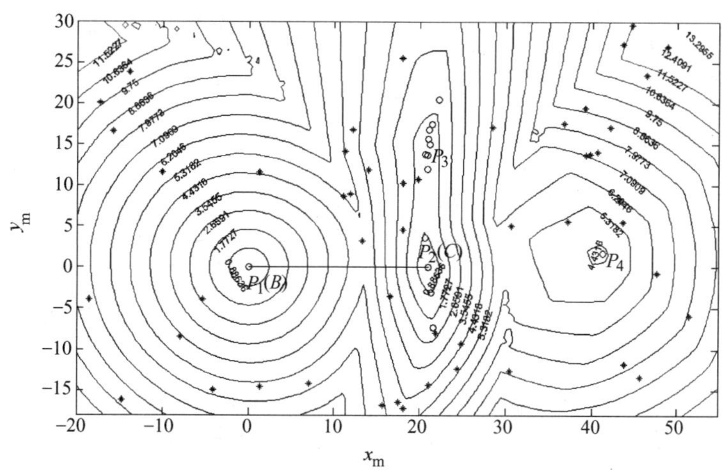

图2.13　平面四杆机构连杆点-鞍圆误差等高线

在该曲柄摇杆机构的连杆平面上，分别从随机生成的50个初始点出发，如图2.13所示，50个随机初始点用“＊”表示，鞍圆点搜索结果用“o”表示，有16个收敛到$P_1(B)$点，收敛到$P_2(C)$ 4个及其附近3个，收敛到P_3点附近8个，收敛到P_4的19个，表明了该鞍圆点优化程序具有很好的收敛性。本例中，针对每个初始点所进行优化的平均迭代步骤

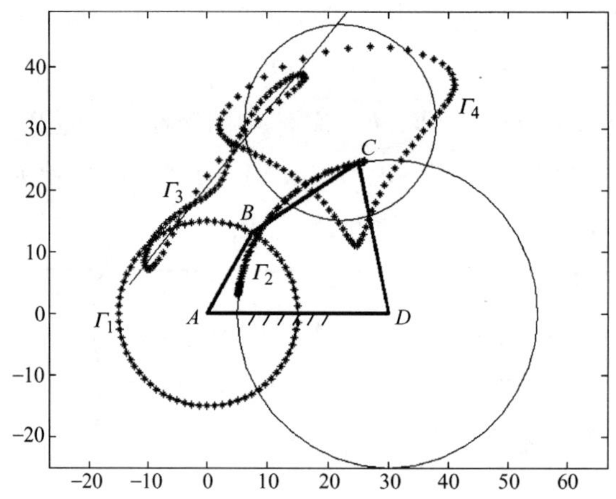

图 2.14　连杆平面上鞍圆点轨迹曲线及其鞍圆

为 26，平均优化时间为 4.2216s。

【例 2-3】　给定运动刚体的十个离散位置见表 2.1，试求平面运动刚体上鞍圆点。

表 2.1　刚体的十个给定离散位置

	$x_{Omf}^{(i)}$	$y_{Omf}^{(i)}$	$\gamma^{(i)}$
1	14.73	25.96	4.19
2	9.24	24.99	4.24
3	5.49	20.44	4.47
4	5.16	14.13	4.80
5	8.52	8.53	5.16
6	14.18	5.74	5.41
7	19.43	6.63	5.32
8	22.53	10.95	4.99
9	22.68	17.19	4.64
10	19.79	22.96	4.34

调用鞍圆点子程序 ArrP，对刚体平面上一定范围内 $x_m \in [-60.66, 60.66]$，$y_m \in [-60.66, 60.66]$ 进行鞍圆点的优化搜索。随机生成的 50 个初始点，用“ * ”表示，如图 2.15 所示。鞍圆点搜索结果用“o”表示，误差较小的前十二个见表 2.2。利用鞍圆点子程序 ArrP 优化搜索，初始点平均迭代 27 步，平均优化时间 4.8813s。应当指出，该鞍圆误差曲面上在所示区域部分有三个低谷，每个低谷在理论上也许只有一个鞍圆点，而由于计算误差和收敛精度等原因，搜索结果有多个（鞍圆点）。

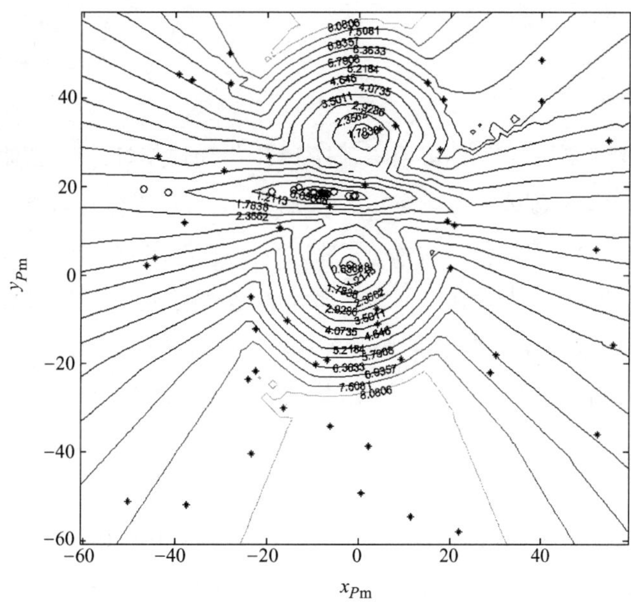

图 2.15　十位置鞍圆误差等高线与鞍圆点

表 2.2　十位置刚体上的十二个鞍圆点

序　号	鞍　圆　点		鞍　圆			
			圆心坐标		半　径	鞍圆误差
	x_{Pm}	y_{Pm}	x_C	y_C	r	δ_{rr}
SCP 1	-1.9297	2.2955	16.1933	17.5949	9.0233	0.007458
SCP 2	-7.7094	18.4328	30.8980	930.7898	907.3550	0.047845
SCP 3	-6.8157	18.2960	30.4512	-712.7540	735.4073	0.093019
SCP 4	-8.8986	18.6378	32.4868	310.4826	286.0223	0.101975
SCP 5	-5.0106	18.0475	30.7175	-101.6760	122.8157	0.176732
SCP 6	-3.8013	17.8970	30.8108	-56.9396	77.0659	0.209690
SCP 7	-10.5343	18.7570	30.9165	233.9518	208.0649	0.224472
SCP 8	-2.0020	17.8208	31.0452	-24.8049	43.5258	0.232643
SCP 9	-0.4301	17.9223	31.2948	-12.0046	29.5739	0.238399
SCP 10	-1.4648	17.8349	31.1075	-19.7058	38.0186	0.238029
SCP 11	-1.3101	17.8426	31.1296	-18.3961	36.5938	0.238961
SCP 12	-2.7296	1.2503	15.0881	18.2065	9.3539	0.368016

对于少位置的鞍圆拟合、鞍圆误差曲面等，如四位置、五位置情况，在 2.3.3 节和 2.3.4 节已经阐述，相应的运动刚体上的鞍圆点，将在后文连杆机构运动综合的具体算例中给出。

2.4　鞍滑点

在平面机构运动综合时，往往期望用二副杆 P-R 作为连架杆，而二副杆 P-R 对应的约束曲线为直线。寻求平面运动刚体上点，使其离散轨迹与直线的差异尽可能小，以便综合出连架杆 P-R，是平面离散运动几何学研究的另一重要内容。在三到四个离散位置时，经典理论已经表明运动刚体上有滑点圆和滑点存在，而对于多位置运动刚体上点及其离散轨迹与直线比较，尚在讨论之中。本节以最大误差最小准则评价离散曲线逼近直线的性质，进而讨论运动刚体上点的离散轨迹与直线的差异，建立鞍点规划模型，寻求离散运动刚体上的鞍滑点。

2.4.1　鞍线与二副连架杆 P-R

对于刚体运动平面上一点在固定坐标系 $\{\boldsymbol{O}_f;\ \boldsymbol{i}_f,\ \boldsymbol{j}_f\}$ 中的离散轨迹点集 $\{\boldsymbol{R}_P^{(i)}\}$，评价直线与 $\{\boldsymbol{R}_P^{(i)}\}$ 的接近程度，需用直线拟合，可依据直线的曲率为零的不变量性质，不涉及直线位置，采用类似 2.3 节鞍圆拟合的定义和定理，有：

定义 2.3　依据被拟合离散点集 $\{\boldsymbol{R}_P^{(i)}\}$ 的性质并按最大法向拟合误差为最小原则得到唯一的拟合直线，称为鞍点意义下的自适应拟合直线，简称**鞍线**，对应的最大法向拟合误差称为**鞍线误差**。

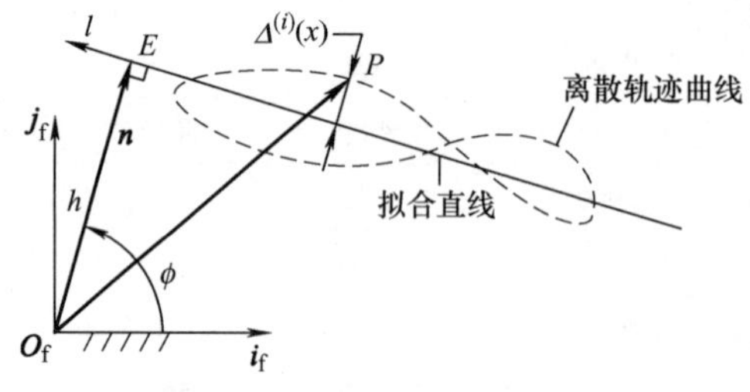

图 2.16　平面曲线的鞍线拟合

运动刚体 Σ^* 上的点 P 在固定坐标系 $\{\boldsymbol{O}_f;\ \boldsymbol{i}_f,\ \boldsymbol{j}_f\}$ 中的离散轨迹点集 $\{\boldsymbol{R}_P^{(i)}\}$，可由式（2.4）得到其矢量方程，按最大拟合误差最小原则用直线进行自适应拟合，自固定坐标系坐标原点 $\boldsymbol{O}_f$ 作直线的垂线，取垂足 E 为参考点，其矢径为 $\boldsymbol{R}_E=(h\cos\phi,\ h\sin\phi)^{\mathrm{T}}$，其中 h 与 ϕ 分别为垂线的长度以及方向角，而直线的单位方向矢量为 $\boldsymbol{l}=(-\sin\phi,\ \cos\phi)^{\mathrm{T}}$，如图 2.16 所示。建立鞍线拟合的误差模型为：

$$\begin{cases}\Delta_{\mathrm{pr}}=\min\limits_{x}\max\limits_{1\leqslant i\leqslant n}\{\Delta^{(i)}(\boldsymbol{x})\}\\ \quad=\min\limits_{x}\max\limits_{1\leqslant i\leqslant n}\{\,|x_P^{(i)}\cos\phi+y_P^{(i)}\sin\phi-h|\,\}\\ \text{s.t.}\quad h\in[0,+\infty),\quad \phi\in[0,2\pi)\\ \boldsymbol{x}=(h,\phi)^{\mathrm{T}}\end{cases}\tag{2.29}$$

式中，n 为已知离散点集 $\{\boldsymbol{R}_P^{(i)}\}$ 中离散点的个数，$\{\Delta^{(i)}(\boldsymbol{x})\}=\{|x_P^{(i)}\cos\phi+y_P^{(i)}\sin\phi-h|\}$ 为 $\{\boldsymbol{R}_P^{(i)}\}$ 中的点与浮动拟合直线的误差集合，Δ_{pr}为目标函数的输出值，即鞍线误差。优化变量$\boldsymbol{x}=(h,\ \phi)^{\mathrm{T}}$为刚体平面上任意直线的参数。该优化模型同样是一个离散函数鞍点规划问题，并直接应用 MATLAB 软件优化工具箱中的 fminimax 函数进行求解，其具体参数设置将在后续算例中进行介绍。同鞍圆一样，为简便得到初始值，采用最小二乘意义下直线拟合离散点集 $\{\boldsymbol{R}_P^{(i)}\}$，计算出初始值。对于给定的离散点集 $\{\boldsymbol{R}_P^{(i)}\}$，用直线 $\boldsymbol{R}_L=\boldsymbol{R}_E+\lambda\boldsymbol{l}$ 去逼近时，令残差为：

$$e_i=|x_P^{(i)}\cos\phi+y_P^{(i)}\sin\phi-h| \tag{2.30}$$

则可得残差的平方和为：

$$F=\sum_{i=1}^{n}e_i^2=\sum_{i=1}^{n}(x_P^{(i)}\cos\phi+y_P^{(i)}\sin\phi-h)^2 \tag{2.31}$$

将式（2.31）分别对参数 ϕ 和 h 求导并令其为零，可得：

$$\begin{cases}\dfrac{\partial F}{\partial\phi}=2\sum\limits_{i=1}^{n}(x_P^{(i)}\cos\phi+y_P^{(i)}\sin\phi-h)\cdot(-x_P^{(i)}\sin\phi+y_P^{(i)}\cos\phi)=0\\ \dfrac{\partial F}{\partial h}=-2\sum\limits_{i=1}^{n}(x_P^{(i)}\cos\phi+y_P^{(i)}\sin\phi-h)=0\end{cases} \tag{2.32}$$

由式（2.32）可得到最小二乘意义下的直线的参数 ϕ 和 h：

$$\begin{cases}\cot\phi=-\dfrac{n\sum\limits_{i=1}^{n}x_P^{(i)}y_P^{(i)}-\sum\limits_{i=1}^{n}x_P^{(i)}\sum\limits_{i=1}^{n}y_P^{(i)}}{n\sum\limits_{i=1}^{n}(x_P^{(i)})^2-\left(\sum\limits_{i=1}^{n}x_P^{(i)}\right)^2}\\ h=\sin\phi\cdot\dfrac{\sum\limits_{i=1}^{n}(x_P^{(i)})^2\sum\limits_{i=1}^{n}y_P^{(i)}-\sum\limits_{i=1}^{n}x_P^{(i)}\sum\limits_{i=1}^{n}x_P^{(i)}y_P^{(i)}}{n\sum\limits_{i=1}^{n}(x_P^{(i)})^2-\left(\sum\limits_{i=1}^{n}x_P^{(i)}\right)^2}\end{cases} \tag{2.33}$$

对于给定离散运动（$x_{O\mathrm{mf}}^{(i)}$，$y_{O\mathrm{mf}}^{(i)}$，$\gamma^{(i)}$）的刚体上任意点 P，其在固定坐标系 $\{\boldsymbol{O}_{\mathrm{f}};\ \boldsymbol{i}_{\mathrm{f}},\ \boldsymbol{j}_{\mathrm{f}}\}$ 中的离散轨迹由式（2.4）计算，根据鞍线的定义以及误差模型式（2.29），直接采用 MATLAB 软件优化工具箱中的 fminimax 函数，采用类似鞍圆拟合的参数设置进行求解，同样可以将基于离散点集 $\{\boldsymbol{R}_P^{(i)}\}$ 的鞍线拟合编制成子函数（AprF），该子函数的输入为离散点集 $\{\boldsymbol{R}_P^{(i)}\}$ 中各点的坐标，输出为鞍线的直线参数（h，ϕ）以及鞍线误差 Δ_{pr}，形成**鞍线子程序 AprF**。

2.4.2　鞍线误差

为讨论平面曲线鞍线拟合的误差性质，假定运动平面上点在固定坐标系中的轨迹 Γ_P 为连续曲线，在定义 2.3 中按最大法向拟合误差最小为原则确定了唯一的鞍线 L，其拟合误差

对于曲线 Γ_P 上所有点而言是最大误差（全局最大值），而对于所有拟合直线参数 $h \in (0, +\infty)$，$\phi \in [0, 2\pi)$ 而言，该最大误差值又是最小的。如图 2.16 所示，鞍线 L 的矢量方程为 $\boldsymbol{R}_L = \boldsymbol{R}_E + \lambda \boldsymbol{l}$，那么，鞍线 L 的单位法矢 $\boldsymbol{n}$ 与其单位矢量 $\boldsymbol{l}$ 正交，曲线 Γ_P 与鞍线的法向距离为误差 Δ，曲线 Γ_P 上 P 点的矢径 $\boldsymbol{R}_P$ 可由鞍线的矢量方程以及法向误差 Δ 表示为：

$$\boldsymbol{R}_P = \boldsymbol{R}_E + \lambda \boldsymbol{l} + \Delta \boldsymbol{n} \tag{2.34}$$

由式（2.34）得到鞍线 L 与曲线 Γ_P 之间的法向误差为：

$$\Delta = (\boldsymbol{R}_P - \boldsymbol{R}_E) \cdot \boldsymbol{n} \tag{2.35}$$

对于鞍线 L，参考点 $\boldsymbol{R}_E$ 和法向单位矢量 $\boldsymbol{n}$ 均为常矢量，将误差表达式（2.35）对曲线 Γ_P 的弧长 s 求导，有：

$$\frac{\mathrm{d}\Delta}{\mathrm{d}s} = \frac{\mathrm{d}\boldsymbol{R}_P}{\mathrm{d}s} \cdot \boldsymbol{n} \tag{2.36}$$

在曲线 Γ_P 上 P 点处误差 Δ 取得极值的条件为 $\frac{\mathrm{d}\Delta}{\mathrm{d}s} = 0$，由式（2.36）可得：

$$\frac{\mathrm{d}\boldsymbol{R}_P}{\mathrm{d}s} \cdot \boldsymbol{n} = 0 \tag{2.37}$$

式（2.37）说明曲线 Γ_P 上 P 点的切线 $\frac{\mathrm{d}\boldsymbol{R}_P}{\mathrm{d}s}$ 与鞍线的法线 $\boldsymbol{n}$ 正交，此时曲线 Γ_P 上 P 点法线与鞍线的法线重合。而曲线 Γ_P 上可能存在有多点处的法线与鞍线垂直，这些点的误差取得极值，但不一定是最大值，如图 2.17 所示的点 $P^{(k+1)}$，$P^{(k+2)}$ 和 $P^{(k+3)}$。

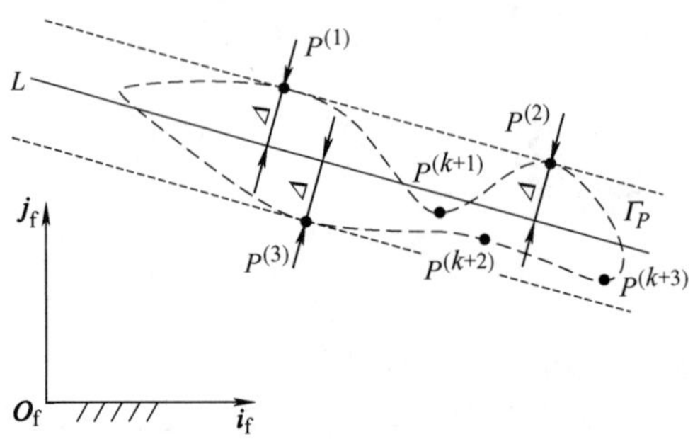

图 2.17　鞍线的法向误差与极值点

对于给定曲线 Γ_P，其上各点的 $(\boldsymbol{R}_P, \frac{\mathrm{d}\boldsymbol{R}_P}{\mathrm{d}s} \times \boldsymbol{k})$ 已知，若确定其鞍线，至少需要有三个点使得式（2.37）成立。由式（2.35）求得其相应的法向误差并判断是否为最大值，从而解出鞍线的两个参数 (h, ϕ) 和误差 Δ，多于三点则为冗余情况。采用两条平行直线包容被拟合曲线，如图 2.17 所示两条虚线直线，依据鞍点规划模型，两平行直线与被包容曲线的三个切点即为最大误差点。鞍点规划理论[3]已经证明至少有三个点的误差取得相等且为最大值，并分布在鞍线 L 的两侧。

由此可见，以鞍点规划（最大误差最小）模型评价一条曲线与直线的近似程度由该曲线上三个特征点体现，称为**鞍线拟合特征点**，分布在直线两侧，并且具有相同误差值，也就是由这三个鞍线拟合特征点确定了鞍线的方向和位置。当鞍线误差趋于零时，被拟合曲线趋近于直线。其他点的误差未计入评价，但可能会影响鞍线拟合极值的选取。

当被拟合曲线为运动刚体上点的离散轨迹点集 $\{\boldsymbol{R}_P^{(i)}\}$ 时，连续曲线上的鞍线拟合特征点由离散点集 $\{\boldsymbol{R}_P^{(i)}\}$ 中产生。由于曲线不再连续，曲线上任意点与鞍线的误差 $\boldsymbol{\Delta}^{(i)}$ 表达式（2.35）改写为：

$$\boldsymbol{\Delta}^{(i)}=(\boldsymbol{R}_P^{(i)}-\boldsymbol{R}_E)\cdot\boldsymbol{n},\boldsymbol{R}_P^{(i)}=[\boldsymbol{M}^{(i)}]\cdot\boldsymbol{R}_{P\mathrm{m}} \tag{2.38}$$

而鞍线误差为其中的最大值，其计算公式为：

$$\Delta_{\mathrm{pr}}=\max\{|\boldsymbol{\Delta}^{(i)}|\}=\max\{|x_P^{(i)}\cos\phi+y_P^{(i)}\sin\phi-h|\} \tag{2.39}$$

换言之，式（2.37）所对应的极值点由式（2.39）通过数值计算和比较来确定。由此可知，离散运动刚体上一点 P 在固定平面坐标系中产生一离散点集 $\{\boldsymbol{R}_P^{(i)}\}$，在 $\{\boldsymbol{R}_P^{(i)}\}$ 中由三个鞍线拟合特征点确定出唯一鞍线，这三个鞍线拟合特征点所对应的运动刚体位置，称为**鞍线拟合特征位置**。显然，鞍点规划模型建立了离散运动、刚体上点及其离散轨迹（鞍线拟合特征点）、鞍线（位置）和鞍线误差相互对应关系，为讨论离散点集 $\{\boldsymbol{R}_P^{(i)}\}$ 与直线比较的整体几何性质提供了依据。

2.4.3　三位置鞍线

当运动刚体在固定坐标系中仅有三个离散位置时，编号为 1、2、3，运动刚体上任意点 P 在固定坐标系中仅产生含有三个离散点 $P^{(1)}$，$P^{(2)}$ 和 $P^{(3)}$ 的离散点集 $\{\boldsymbol{R}_P^{(i)}\}$，$i=1$，2，3。依据鞍线拟合模型式（2.25），调用鞍线子程序 AprF，得到各自对应的鞍线，称为**三位置鞍线**。三个离散点都是鞍线拟合特征点，分布在鞍线两侧，其误差 Δ 为相同的最大值，三个位置自然也是鞍线拟合位置。

对于三位置离散轨迹 $\{\boldsymbol{R}_P^{(i)}\}$，$i=1$，2，3，依据鞍点规划理论，三位置鞍线误差为最大拟合误差（极大值）最小，而且拟合特征点 $P^{(1)}$，$P^{(2)}$ 和 $P^{(3)}$ 分布在鞍线的两侧。令三个拟合特征点处的误差相等（实现两侧分布），使得最大拟合误差取得极小值（不一定是最小值）。如图 2.18 所示，直线 $L_{12,3}$，$L_{23,1}$ 和 $L_{13,2}$，称为三位置**分布线**，依据鞍点规划模型（最大误差最小），取三个三位置分布线误差最小者为三位置鞍线，即 $L_{23,1}$。为便于后文的离散运动几何学分析，在此推导三位置分布线误差的代数方程。

对于三位置分布线 $L_{12,3}$，其下标为位置编号，表明特征点 $P^{(1)}$ 和 $P^{(2)}$ 位于分布线 $L_{12,3}$ 一侧，而点 $P^{(3)}$ 位于分布线 $L_{12,3}$ 另一侧，则过点 $P^{(1)}$ 和 $P^{(2)}$ 的直线方程为：

$$(x_P^{(2)}-x_P^{(1)})y-(y_P^{(2)}-y_P^{(1)})x+y_P^{(2)}x_P^{(1)}-x_P^{(2)}y_P^{(1)}=0 \tag{2.40}$$

$P^{(3)}$ 到直线 $\overline{P^{(1)}P^{(2)}}$ 的距离为：

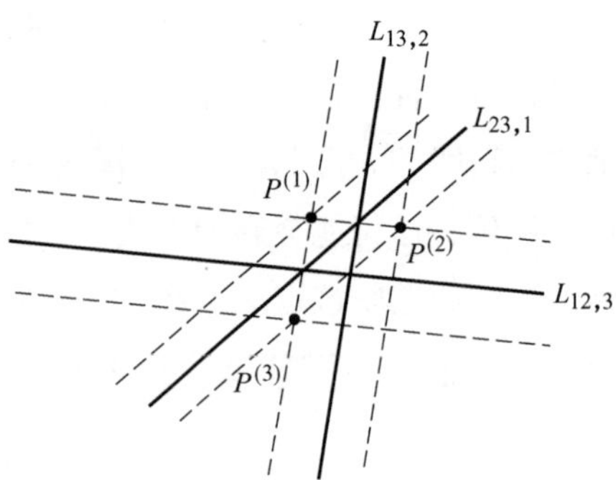

图 2.18 三位置分布线

$$d=\frac{|(x_P^{(2)}-x_P^{(1)})y_P^{(3)}-(y_P^{(2)}-y_P^{(1)})x_P^{(3)}+y_P^{(2)}x_P^{(1)}-x_P^{(2)}y_P^{(1)}|}{\sqrt{(x_P^{(2)}-x_P^{(1)})^2+(y_P^{(2)}-y_P^{(1)})^2}} \tag{2.41}$$

三个点 $P^{(1)}$，$P^{(2)}$ 和 $P^{(3)}$ 到分布线 $L_{12,3}$ 的距离相等，从而分布线拟合误差 $\Delta_{12,3}$ 为：

$$\Delta_{12,3}=\frac{|(x_P^{(2)}-x_P^{(1)})y_P^{(3)}-(y_P^{(2)}-y_P^{(1)})x_P^{(3)}+y_P^{(2)}x_P^{(1)}-x_P^{(2)}y_P^{(1)}|}{2\sqrt{(x_P^{(2)}-x_P^{(1)})^2+(y_P^{(2)}-y_P^{(1)})^2}} \tag{2.42}$$

对于运动刚体上点 P 的坐标 x_{Pm}，y_{Pm}，可通过式（2.4）得到固定坐标系中点 $P^{(1)}$，$P^{(2)}$ 和 $P^{(3)}$ 的坐标，将其代入式（2.42），可得关于 x_{Pm}，y_{Pm}，$\Delta_{12,3}$ 的四次代数方程：

$$\begin{aligned}&4(a_1x_{Pm}^2+a_1y_{Pm}^2+a_2x_{Pm}+a_3y_{Pm}+a_4)\Delta_{12,3}^2-\\&(a_5x_{Pm}^2+a_5y_{Pm}^2+a_6x_{Pm}+a_7y_{Pm}+a_8)^2=0\end{aligned} \tag{2.43}$$

式中，a_i、$i=1,2,...,8$ 为系数，可由离散位置参数（$x_{Omf}^{(i)}$，$y_{Omf}^{(i)}$，$\gamma^{(i)}$），$i=1,2,3$ 得到。同理，可得分布线 $L_{23,1}$ 及其误差 $\Delta_{23,1}$ 和分布线 $L_{13,2}$ 及其误差 $\Delta_{13,2}$。三个离散点 $P^{(1)}$，$P^{(2)}$ 和 $P^{(3)}$ 的鞍线误差 Δ_{123} 为三个分布线误差 $\Delta_{12,3}$，$\Delta_{23,1}$，$\Delta_{13,2}$ 中的最小值，即：

$$\Delta_{123}=\min(\Delta_{12,3},\Delta_{13,2},\Delta_{23,1}) \tag{2.44a}$$

鞍线误差 Δ_{123} 也可直接表示为：

$$\Delta_{123}=\frac{\left|\left|\frac{|\Delta_{23,1}+\Delta_{13,2}|}{2}-\frac{|\Delta_{23,1}-\Delta_{13,2}|}{2}\right|+\Delta_{12,3}\right|}{2}-\frac{\left|\left|\frac{|\Delta_{23,1}+\Delta_{13,2}|}{2}-\frac{|\Delta_{12,1}-\Delta_{13,2}|}{2}\right|-\Delta_{12,3}\right|}{2} \tag{2.44b}$$

那么，运动刚体上任意点 P 的离散轨迹点集 $\{\boldsymbol{R}_P^{(i)}\}$，$i=1,2,3$ 对应鞍线 L_{123} 及鞍线误差 Δ_{123}。对于给定三位置的运动刚体上所有点，都有对应各自的鞍线及其误差，可构造出三位置运动刚体上点-鞍线误差曲面，具有相同鞍线误差值的点采用曲线连接成为等高线，如图 2.19 所示。该图的离散运动刚体三个位置数据来源于表 2.1 中的前三组位置参数。

当运动刚体上点对应的鞍线误差值为零时，这些点便为滑点，由给定三位置运动刚体上的滑点构成的滑点曲线恰为圆，如图 2.19 中的粗实线所示。

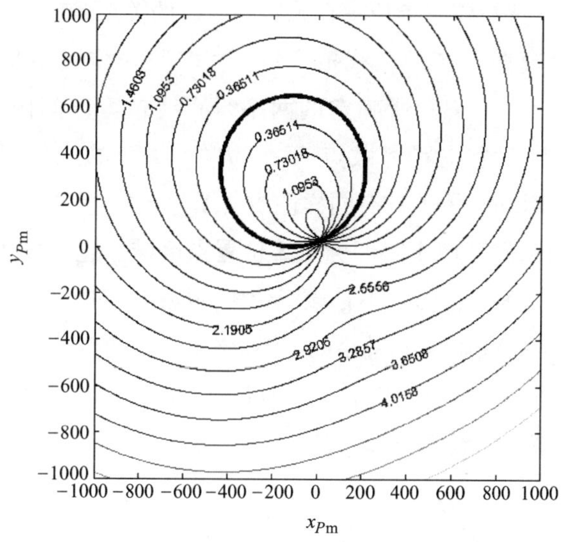

图 2.19　三位置运动刚体点-鞍线误差等高线

2.4.4　四位置鞍线

给定刚体四个离散位置，序号 1、2、3、4，见表 2.1 中的前四个位置。运动刚体上任意点 P 在固定坐标系中产生对应的四个离散点分别为 $P^{(1)}$、$P^{(2)}$、$P^{(3)}$ 和 $P^{(4)}$，依据鞍线拟合模型式（2.29），调用鞍线子程序 AprF，得到各自对应的鞍线，称为四位置鞍线，其误差为 Δ_{1234}。作出四位置鞍线误差曲面与等高线，如图 2.20 所示。

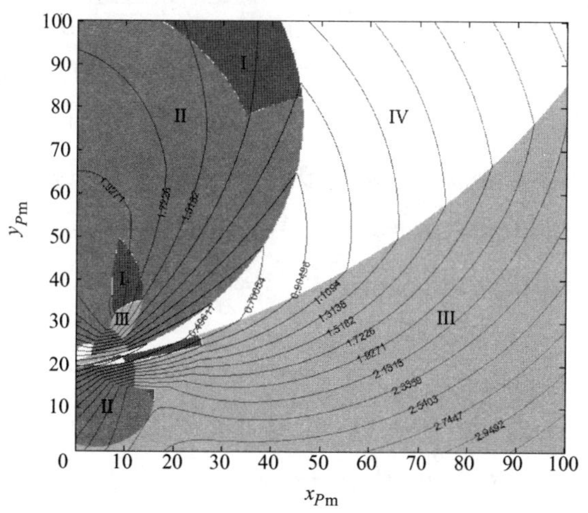

图 2.20　四位置鞍线误差与等高线

如前所述，运动刚体上任意点在固定坐标系中的离散点集对应的四位置鞍线也只有三个拟合特征点。即四位置鞍线由对应的三个拟合特征点确定，属于该三个拟合特征点对应的三个分布线之一，或者说给定运动刚体四位置，好比在上述三位置基础上增加第四个位置。现在讨论新增加的第四个位置与前三个位置在确定鞍线时的关系。

1）第四点 $P^{(4)}$ 不是离散轨迹的鞍线拟合特征点，对应位置不是拟合特征位置。即点 $P^{(4)}$ 位于前三个点 $P^{(1)}$、$P^{(2)}$、$P^{(3)}$ 所确定的两平行直线包容区间内，如图 2.21 所示。点 $P^{(4)}$ 对应的误差必小于前三个位置离散点 $P^{(1)}$、$P^{(2)}$、$P^{(3)}$ 的三位置鞍线误差 Δ_{123}，此时 $\Delta_{1234}=\Delta_{123}$。那么，对于运动刚体上具有同样性质（$\Delta_{1234}=\Delta_{123}$）的点，分布在运动刚体上某些区域，如图 2.20 中所示的区域Ⅰ，即为**123 位置点区域**。此区域中还有另一种情况，四位置鞍线由 $P^{(1)}P^{(2)}P^{(3)}$ 所确定，但并不是该三位置的鞍线，如图 2.22 所示。该三位置鞍线为分布线 $L_{23,1}$，是三个分布线中误差最小的，$\Delta_{123}=\Delta_{23,1}$；而四位置鞍线为分布线 $L_{13,2}$，属于另一分布线，对应分布情况 $P^{(1)}P^{(3)}$-$P^{(2)}$。即此时该四位置鞍线 Δ_{1234} 为三个分布线中的一个 $\Delta_{13,2}$，不一定是三位置分布线误差最小的。

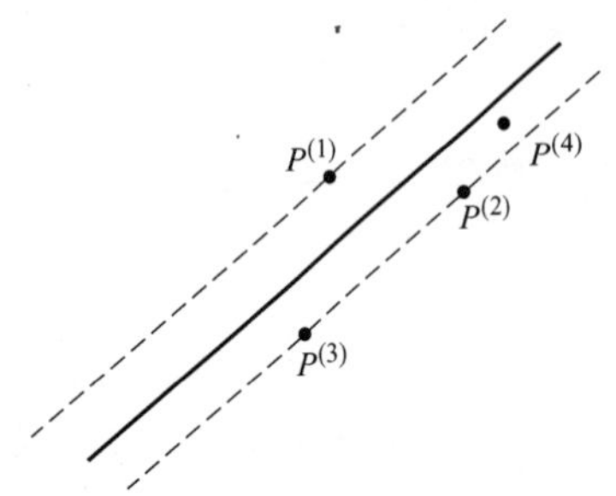

图 2.21　四位置鞍线与三位置鞍线重合

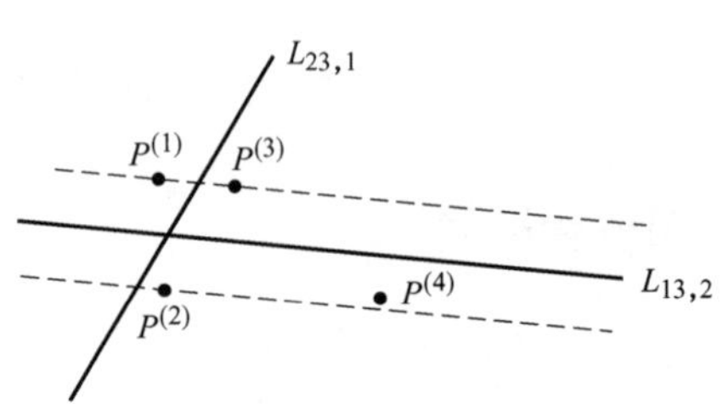

图 2.22　四位置鞍线与三位置鞍线不重合

2）第四点 $P^{(4)}$ 是离散轨迹的鞍线拟合特征点，对应位置是拟合特征位置。由第四个位置和前三个位置中的两个构成三个拟合特征位置，共有三种可能组合情况：124、134 和 234。对于三位置运动刚体上所有点，和前面三位置 123 一样，可得到对应鞍线及鞍线误差，并可构造三位置运动刚体上点-鞍线误差的四次代数曲面。在四位置运动刚体上一点 P 处，轨迹上四点的鞍线误差必为最小误差，对应拟合特征位置组合三种情况，每种情况下有三个分布线，如三位置 124，存在三个分布线误差 $\Delta_{12,4}$、$\Delta_{14,2}$ 和 $\Delta_{24,1}$。所以，三种位置组合共有 9 条分布线，哪种情况才有可能成为四位置鞍线误差，需要从四个离散轨迹点 $P^{(1)}\sim P^{(4)}$ 全局来看，其鞍线误差应满足最大误差最小。

如图 2.20 中所示四位置鞍线误差曲面上的若干区域中，每个区域对应着鞍线拟合特征位置的不同组合，例如，区域Ⅰ对应 123，区域Ⅱ对应 124，区域Ⅲ对应 134，区域Ⅳ对应 234。在这四个区域中，每个区域内刚体上点对应不同三位置组合。由于离散运动刚体上的点是连续的，从区域Ⅰ（123）变化到区域Ⅱ（124）时，边界上点同样应该具有两个区域的特性，其离散轨迹点（四个点）都是拟合特征点（鞍线误差），以便形成与相邻区域对应的鞍线及其误差以适应相邻区域过渡。例如，两区域界限点，对应误差相等的两条鞍线（鞍线定义只有一条），或鞍线有两个解，即两条误差相同的分布线。将相邻区域的鞍线误差曲面方程联立，如 $\Delta_{123}=\Delta_{124}$，由式（2.42）和式（2.44a）可解得边界方程。一般情况下，边界曲线为六次代数曲线。三个或四个区域边界曲线的交点，则有三个或四个鞍线，并且误差都相等，表明此点对应多条鞍线（误差相同、方位不同）。特殊地，边界点对应的多个鞍线重合（同一条分布线）时，边界曲线退化为圆曲线，鞍线误差曲面二阶连续（相切地过渡），否则相交。

如前所述，四位置的鞍线误差曲面由四个三位置分布线误差曲面的分片组合，而每片都属于四次代数曲面，存在多个峰谷。从整体上比较四位置与三位置的鞍线误差曲面，三位置存在一条误差为零的等高线——滑点曲线，为一圆，相当于河谷；而四位置的等高线则没有，仅有一个鞍线误差为零的谷底点，即滑点（四点共线，误差为零），相当于把河流变成河床，露出一潭水的河谷。

2.4.5　多位置鞍线

由上述讨论可知，四位置运动刚体上点在固定坐标系中的离散轨迹对应鞍线及其误差是由相关三位置确定的，并由三位置鞍线误差曲面分片组合而成四位置鞍线误差曲面。对于多个离散位置，如十个位置，都可以被分解为相关三位置的组合。因此，给定再多位置的运动刚体，其离散点轨迹的鞍线及其误差性质都与四位置的类似，仅仅对应的三位置组合更多，按组合有 C_n^3个，在运动刚体上对应的三位置点区域也只是更多些而已，无需再述。图 2.23 所示为表 2.1 中给定十个离散位置运动刚体上鞍线误差曲面等高线图，以不同灰度颜色表示不同三位置区域。

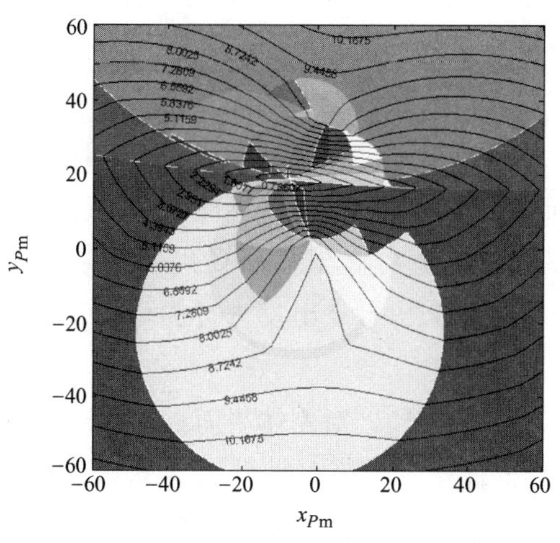

图 2.23　给定十位置运动刚体上的鞍线误差曲面等高线图

对于运动刚体的多个离散位置，其上任意点对应鞍线及其误差，以最大误差相同条件联系三个拟合位置，每个位置都对应着运动平面上的三位置点区域，位置数越多，三位置点区域越小，鞍线误差趋于极限，即轨迹曲线整体接近直线的程度——鞍线误差下界。当运动刚体的位置数目趋于无穷——无限接近位置时，运动刚体上点的轨迹趋于连续曲线。如 2.2 节所述，曲线与直线的接近程度仍然由三个拟合特征点确定，对应运动刚体三个拟合位置。运动刚体上的点连续变化，其轨迹曲线均对应三个拟合特征点。

2.4.6 滑点与鞍滑点

通过上述三、四位置和多位置离散轨迹的鞍线拟合和误差分析可知，多位置运动刚体上点对应的鞍线误差曲面为四次代数曲面的分片组合，即运动刚体上各个点的鞍线误差大小不同，是点的坐标的非线性函数。类比鞍圆点的定义，有：

定义 2.4 对于给定的平面运动，当运动平面上一点在其邻域内相对其他点而言，该点在固定坐标系中的轨迹对应的鞍线误差取得极小值，称该点为运动平面上的二次鞍点意义下的滑点，简称**鞍滑点**，相应的鞍线误差称为**鞍滑点误差**。

特殊地，若鞍线误差为零，则鞍滑点为**滑点**。由于运动刚体上点的连续性，对应离散轨迹的几何形状与尺度的连续变化，其对应鞍线误差曲面是四次代数曲面的分片组合，是运动刚体上点坐标（x_{Pm}，y_{Pm}）（或者（r_{Pm}，θ_{Pm}））的非线性函数，因而存在极值，所以有：

定理 2.2 非退化的平面运动刚体上一定存在鞍滑点（近似滑点）。

鞍滑点（近似滑点）具有和鞍圆点（近似圆点）相类似的性质，同样属于二次极小意义，区别在于其轨迹对应于鞍线，鞍滑点的优化模型为：

$$\begin{cases}\delta_{pr} = \min\Delta_{pr}(z) \\ z = (x_{Pm}, y_{Pm})^{T}\end{cases} \tag{2.45}$$

该优化模型的目标函数是以运动刚体上点坐标$z = (x_{Pm}, y_{Pm})^{T}$为优化变量的鞍线误差$\Delta_{pr}(z)$，鞍线误差可调用优化模型式（2.29）得到。该优化模型是一个无约束优化问题，在本书算例中则直接采用 MATLAB 软件优化工具箱中的 fmincon 函数进行求解。由于刚体运动的性质确定了其上各点的运动轨迹，而且各点的轨迹大小和形状各异，与直线的接近程度随运动刚体上点的位置不同而变化，鞍滑点优化模型的目标函数属于非线性函数。因此，鞍滑点优化模型需要在不同的凸区域布置初始点。简单的办法是在搜索区域内生成较多初始值，如随机数十倍初始点，分别从每个初始点出发进行优化搜索，可收敛到运动刚体上的鞍滑点。

依据鞍滑点的优化模型式（2.45），对刚体平面上一定范围内进行鞍滑点的优化搜索。本书中直接采用 MATLAB 软件优化工具箱中的 fmincon 函数进行求解，fmincon 函数的设置参考鞍圆点设置，可以形成运动刚体上无约束条件下鞍滑点优化搜索的标准程序模块，其输入为已知刚体的离散位置参数，输出为刚体上鞍滑点参数及其鞍线误差，形成**鞍滑点子程序 AprP**。

由此可见，对于讨论平面运动刚体上点与离散运动及其轨迹几何性质（与直线比较）的离散运动几何学问题，定义 2.3 给出了离散轨迹与直线的差异比较统一度量标准，即最大法向误差，准确反映了各点轨迹与直线的近似程度，具有可比性；定义 2.4 界定了其轨迹具有特殊几何特征的运动刚体上的点；定理 2.2 阐明了问题解的存在性，从而为鞍点规划有效迭代算法的收敛性提供了理论依据。

一般情况下，运动平面上各点的轨迹形状是连续变化的，所对应的鞍线误差曲面为四次代数曲面分片组合，从而为点位置坐标的非线性函数，因而在运动平面上存在一个或多个鞍滑点，这些鞍滑点所对应的鞍线误差也不相同（局部最优），可以从中选出误差较小的点。如果要求综合曲柄滑块四杆机构，需要在运动平面上所有点中寻求一个鞍圆点和一个鞍滑点。当然，运动平面上鞍圆点与鞍滑点所对应的误差大小依赖于平面运动的性质，如曲柄滑块机构无法实现的给定平面运动，鞍圆点和鞍滑点是运动平面上局部最接近圆和直线的，或者说局部意义上最近似复演给定运动，但总可以找到。同样，作者期望利用运动刚体点对应鞍线误差曲面的代数性质，从理论上研究全局范围内鞍滑点的存在性和个数，为优化综合提供理论依据。

将三、四到多个离散位置对应的滑点圆、滑点到鞍滑点联系起来，分别对应鞍线误差曲面及其等高线，形成多峰谷的误差曲面，而从滑点或鞍滑点对应误差曲面上的谷底点，可以窥见出刚体有限分离位置运动几何学的某些规律，如鞍线误差曲面随刚体位置（数）的关系，相应的滑点圆、滑点到鞍滑点的演变规律等，也许是揭示刚体运动几何学的新视角。

【例 2-4】　曲柄滑块机构连杆平面上鞍线误差曲面。

曲柄滑块机构如图 2.24 所示，其尺寸参数为：$l_1=5$，$l_2=15$，$e=2.5$，在连杆 BC 与机架上分别建立运动坐标系 $\{\boldsymbol{B};\ \boldsymbol{i}_m,\ \boldsymbol{j}_m\}$ 与固定坐标系 $\{\boldsymbol{A};\ \boldsymbol{i}_f,\ \boldsymbol{j}_f\}$，将原动件 AB 的转角 $\varphi\in[0,\ 2\pi]$ 以 5°为间隔离散化，可以得到该曲柄滑块机构的一组离散输入角度 $\varphi^{(i)}$，$i=1,\ \cdots,\ 72$，通过连杆机构的位移方程求解，可得到连杆 BC 相对于机架 AD 的离散运动位置 $(x_B^{(i)},\ y_B^{(i)};\ \gamma^{(i)})$，$i=1,\ \cdots,\ 72$。

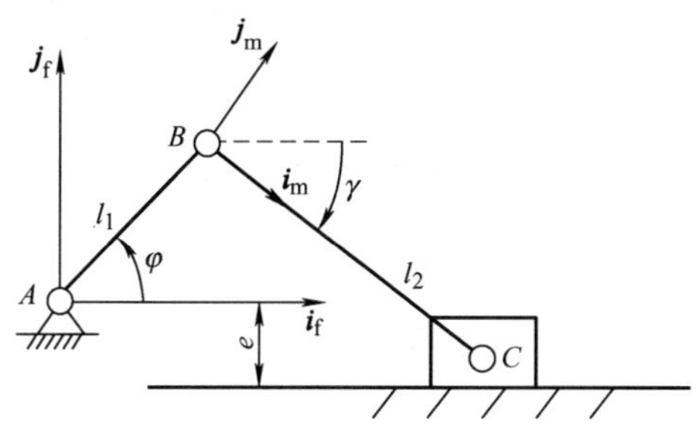

图 2.24　曲柄滑块机构

为形象描述鞍滑点等概念和相关优化搜索算法的收敛性，在连杆平面上区域 $x_m\in[-20,\ 40]$，$y_m\in[-50,\ 50]$ 内，两坐标方向均取步长 1，得到 6161 个点，对于每点的离散轨迹曲线，调用鞍线子程序 AprF，得到对应鞍线误差。和鞍圆误差曲面一样，绘出连杆平面上点-鞍线误差曲面，如图 2.25 所示。将连杆平面上误差相同的点采用光滑连接形成等高线图，如图 2.26 所示。图 2.26 中点 $C(15,\ 0)$ 的鞍线误差为 5.3291×10^{-15}，对应连杆平面上的铰链点。

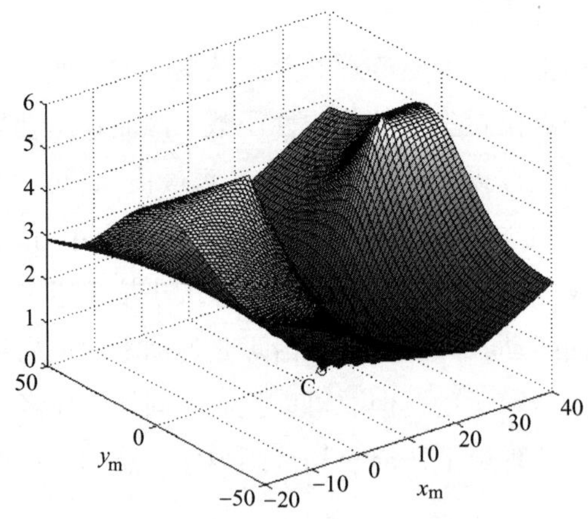

图 2.25 曲柄滑块机构连杆平面上点-鞍线误差曲面

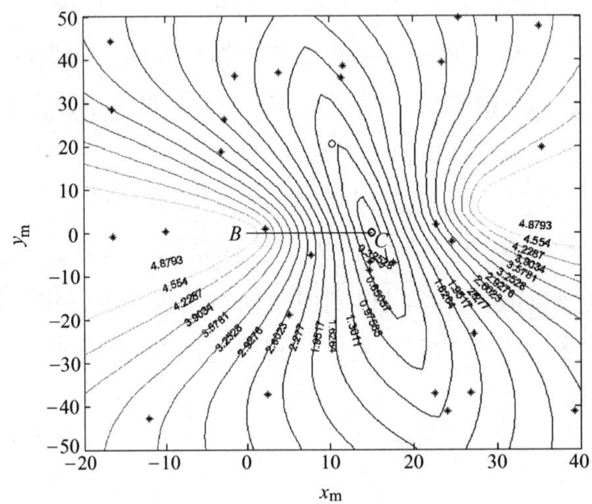

图 2.26 曲柄滑块机构连杆平面上鞍线误差曲面等高线

在该曲柄滑块机构的连杆平面上，随机生成的 30 个初始点（用“ * ”表示），调用鞍滑点子程序 AprP 进行优化搜索，29 个收敛于铰链点 C，如图 2.26 所示，每个初始点平均迭代 32 步，平均优化时间 3.725s。

【例 2-5】 给定的平面运动刚体的十个离散位置（见表 2.1），试求平面运动刚体上的鞍滑点。

调用鞍滑点子程序 AprP，在刚体平面（$x_m \in [-25, 20]$，$y_m \in [-10, 35]$）范围内进行鞍滑点的优化搜索。为直观阐述，同样构造十位置运动刚体上点-鞍线误差曲面，其等高线图如图 2.27 所示。该误差曲面只有一个谷底，目前其他若干算例也都只有一个谷底。

对随机生成的 30 个初始点（用“ * ”表示）进行优化搜索，如图 2.27 所示，均收敛于谷底（-7.5887，18.4669），对应的鞍线参数为 $\phi = 1.5710$，$h = 23.3564$，鞍线误差为 0.056591。每个初始点平均迭代 32 步，平均优化时间为 3.8822s。

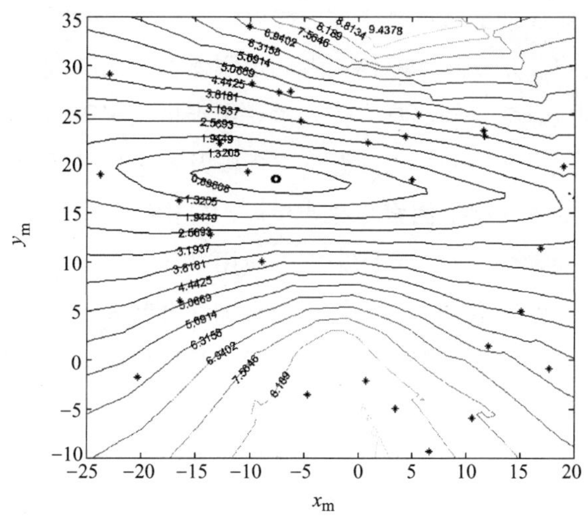

图 2.27　十位置运动刚体上鞍线误差曲面等高线

对于三位置和四位置运动刚体上点对应的鞍线、鞍线误差，在 2.4.3 节和 2.4.4 节已经阐述。而对于给定四位置运动刚体上的鞍滑点，将在后文连杆机构运动综合的具体算例中给出。

2.5　平面四杆机构离散运动鞍点综合

平面连杆机构运动综合，就是给定两刚体的相对运动，在运动刚体上确定一些特殊点，其在固定坐标系中的轨迹为开式链机构（或连架杆）的约束曲线——圆或直线，将这些特殊点作为运动副中心点或线，形成连杆机构的类型和尺寸。连杆机构运动综合根据给定两刚体的相对运动要求类型，又可分为刚体导引或位置综合、两个连架杆对应位置函数综合、连杆上点的轨迹综合三类。当然，这三者也可以通过坐标变换及辅助机构实现相互转化。给定两刚体的相对运动有连续的和离散的，对应机构连续运动综合和机构离散运动综合；由于连续运动综合难度过大，较少应用，机构运动综合通常指离散运动综合。离散运动综合又分为精确综合和近似综合；传统的有限分离位置运动几何学为精确综合提供理论依据，而传统的近似综合，或优化综合，由于解的存在性和算法收敛性缺少足够的理论支持，往往只能限于个别问题个别对待。

2.5.1　平面连杆机构的运动综合类型

由于平面连杆机构的特殊性，连架杆所对应的二副杆只有三种，R-R、P-R 或者 R-P，连架杆所约束的连杆点与直线在机架坐标系中的轨迹分别对应约束曲线圆、直线和直线族包络圆。由第 1 章点和直线的运动几何学可知，R-P 二副杆可以视为 P-R 二副杆的倒置(inverted)，即在运动综合中，二副杆 R-R、P-R 约束曲线对应的连杆上特征点分别称为圆点与滑点，而二副杆 R-P 对应连杆上特征直线称为约束线，并可视为固定机架上滑点的倒置。因此，平面机构运动综合也就是在运动刚体或者固定刚体上寻求圆点和滑点。

一般而言，以连杆位置综合问题具有代表性。由于机械工程实际的复杂性，对机构综合的要求不仅仅局限在位置、轨迹和函数问题，更多涉及各个构件运动几何空间范围大小、运动特性、运动副与构件受力状况等因素与性能指标，机构综合为机械工程创新设计提供了新原理、新方法与优良性能参数，并在实际中推广应用。往往并不在于机构综合理论与方法本身，而是如何把工程实际问题进行提炼并转化为机构综合问题，这是目前的瓶颈所在，也是机构学可持续研究的课题。但对本书而言，仅限于讨论机构运动综合问题，更宽、更接近工程实际的研究内容与方法在作者的后续书中将介绍，并给出相应的案例。

机构运动综合根据给定运动要求的性质又可分为连续及高阶连续运动综合、少位置精确综合、多位置近似运动综合等，下面分别阐述。

2.5.1.1 高阶运动综合

对于给定两个构件之间相对运动及其高阶连续要求，如连杆连续运动位置、连杆点连续轨迹、两连架杆连续对应函数，高阶连续是指该运动函数具有二阶以上可微分，或局部更高阶可微分，并以此确定连杆机构的类型与尺度。

刚体连续运动位置综合相当于已知刚体 Σ^* 运动坐标系 $\{\boldsymbol{O}_{\mathrm{m}};\ \boldsymbol{i}_{\mathrm{m}},\ \boldsymbol{j}_{\mathrm{m}}\}$ 相对固定机架 Σ 上坐标系 $\{\boldsymbol{O}_{\mathrm{f}};\ \boldsymbol{i}_{\mathrm{f}},\ \boldsymbol{j}_{\mathrm{f}}\}$ 的运动，或运动刚体坐标系 $\{\boldsymbol{O}_{\mathrm{m}};\ \boldsymbol{i}_{\mathrm{m}},\ \boldsymbol{j}_{\mathrm{m}}\}$ 的坐标原点 O_{m} 在固定机架上坐标系 $\{\boldsymbol{O}_{\mathrm{f}};\ \boldsymbol{i}_{\mathrm{f}},\ \boldsymbol{j}_{\mathrm{f}}\}$ 中的连续轨迹曲线 $\Gamma_{O\mathrm{m}}$，以及标矢 $\boldsymbol{i}_{\mathrm{m}}$ 在固定坐标系 $\{\boldsymbol{O}_{\mathrm{f}};\ \boldsymbol{i}_{\mathrm{f}},\ \boldsymbol{j}_{\mathrm{f}}\}$ 中方向角 γ 的连续函数：

$$\boldsymbol{R}_{O\mathrm{m}}(s)=x_{O\mathrm{mf}}(s)\boldsymbol{i}_{\mathrm{f}}+y_{O\mathrm{mf}}(s)\boldsymbol{j}_{\mathrm{f}},\gamma=\gamma(s) \tag{2.46}$$

式 (2.46) 中 s 为轨迹曲线 $\Gamma_{O\mathrm{m}}$ 的弧长参数。用解析方法求解出实现该运动的连杆机构应该说是一种理想追求，理应按照给定刚体运动性质所对应的连杆运动用简单的连杆机构来实现。例如，运动刚体上存在两个圆点的全铰链四杆机构，运动刚体上存在一个圆点和一个滑点的曲柄滑块机构，运动刚体上存在一个圆点以及固定刚体上存在一个滑点的曲柄摇块机构。但实际上迄今并没有研究清楚各种类型连杆机构能呈现什么样的具体运动，或者说，用什么样的连杆机构能够实现什么样的给定刚体运动尚缺少理论依据。

S. Roberts (1871)[5] 曾以两条分别为 n_a 和 n_b 阶的代数曲线 Γ_a 和 Γ_b 作导向曲线，如图 2.28 所示。刚体 Σ^* 上两点 A 和 B 分别沿两个导向曲线 Γ_a 和 Γ_b 滑动，那么，刚体 Σ^* 作平面运动时，其上点 C 在固定平面上的运动轨迹是一曲线 Γ_c，其阶数不高于 $2n_an_b$。对于常见的全铰链四杆机构，其导向曲线都是圆，即二次代数曲线，那么，连杆曲线是六次代数曲线；而曲柄滑块机构连杆曲线则是四次代数曲线；对于含双滑块的椭圆机构上的连杆曲线自然就只是二次代数曲线了。因此，连杆机构（含简单四杆机构）的运动类型特征、范围与尺度的映射性质还有待研究，从而为机构运动综合解的存在性提供理论基础。

采用第 1 章中的相伴运动方法，在固定机架坐标系 $\{\boldsymbol{O}_{\mathrm{f}};\ \boldsymbol{i}_{\mathrm{f}},\ \boldsymbol{j}_{\mathrm{f}}\}$ 中，以运动刚体坐标

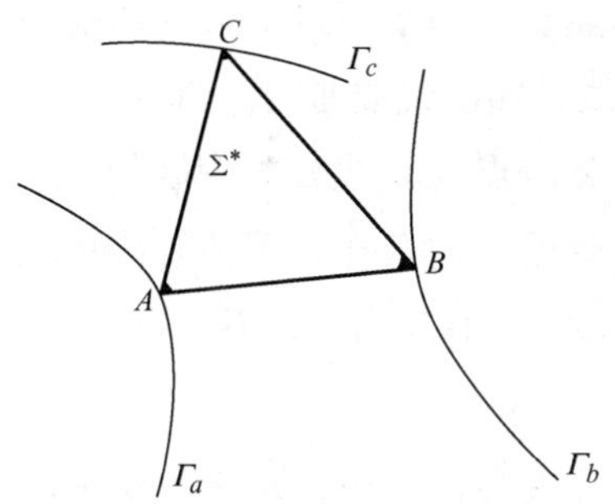

图 2.28　导向曲线和滑动曲线

系 $\{\boldsymbol{O}_m;\ \boldsymbol{i}_m,\ \boldsymbol{j}_m\}$ 原点 O_m的轨迹曲线 Γ_{Om}为原曲线，考察运动刚体上的点 P 在固定坐标系中的轨迹曲线 Γ_P，把 Γ_P作为原曲线 Γ_{Om}的相伴曲线来建立机构运动综合解析模型。犹如 S. Roberts 以一条滑动导向曲线 Γ_a为原曲线，刚体 Σ^* 沿导向曲线 Γ_a滑动和相对曲线 Γ_a上 A 点转动，那么，刚体 Σ^* 的运动完全确定。而另一条滑动导向曲线 Γ_b是原曲线 Γ_a的相伴曲线，特殊地，相伴曲线 Γ_b也是圆，那么 B 点在刚体 Σ^* 上是否存在？倘若存在，其位置在何处？

对于刚体 Σ^* 坐标系 $\{\boldsymbol{O}_m;\ \boldsymbol{i}_m,\ \boldsymbol{j}_m\}$ 中直角坐标为（x_{Pm}，y_{Pm}）的点 P，其在固定坐标系中的矢量方程可由式（2.2）确定为：

$$\boldsymbol{R}_P = \boldsymbol{R}_{Om} + (x_{Pm}\cos\gamma - y_{Pm}\sin\gamma)\boldsymbol{i}_f + (x_{Pm}\sin\gamma + y_{Pm}\cos\gamma)\boldsymbol{j}_f \tag{2.47}$$

将式（2.47）对原曲线 Γ_{Om}弧长参数 s 连续求导，应用第 1 章中式（1.74c）可得到 P 点轨迹曲线 Γ_P的相对曲率 k_P为：

$$\begin{cases} k_P = \dfrac{F}{G} \\ F = (x_{Pm} - a)^2 + (y_{Pm} - b)^2 - \dfrac{D^2}{4} \\ G = \left[\left(x_{Pm} + \dfrac{\sin\theta}{k_{Om} - \dot{\theta}}\right)^2 + \left(y_{Pm} - \dfrac{\cos\theta}{k_{Om} - \dot{\theta}}\right)^2\right]^{\frac{3}{2}} \end{cases} \tag{2.48}$$

式中，k_{Om}为原曲线 Γ_{Om}的相对曲率，θ 为原曲线 Γ_{Om}上 Frenet 标架 $\{\boldsymbol{R}_{Om};\ \boldsymbol{\alpha},\ \boldsymbol{\beta}\}$ 中标矢 $\boldsymbol{\alpha}$ 在运动坐标系 $\{\boldsymbol{O}_m;\ \boldsymbol{i}_m,\ \boldsymbol{j}_m\}$ 中的方向角，a，b 见公式（1.74c），$D = 1/k^*$ 见式（1.75）。那么，在刚体 Σ^* 运动过程中，运动刚体 Σ^* 上是否存在这样的特征点，其在固定坐标系下的轨迹曲线 Γ_P的相对曲率 k_P具有 $k_P \equiv$ 常数或 $k_P \equiv 0$，也就是使相对曲率 k_P 式（2.48）恒等于常数或零，从而确定出运动刚体上的圆点和滑点。显然，瞬时成立或更高阶导数为零在第 1 章已经论述，得到了瞬时连杆平面上的拐点圆、曲率驻点、Ball 点、Burmester 点和 Ball-Burmester 点等；而对于所有位置 $k_P \equiv$ 常数或 $k_P \equiv 0$ 微分方程解的存在性和求解方法，目前还未见研究文献报道。将原曲线 Γ_{Om}改为圆，即式（2.48）有了具体的代数阶次，使得方程稍微变简单点，并没有改变其微分方程的性质和求解难度。由上述

S. Roberts 理论可知，由两个圆点确定的平面运动轨迹曲线是六次代数曲线，而一个圆和一条直线确定的平面运动轨迹曲线是四次代数曲线，两条直线确定的平面运动轨迹曲线是二次代数曲线。所以，圆点（圆）和滑点（直线）的存在性取决于运动性质，只有对应的运动才会有相应的特征点（圆点和滑点）的存在。而瞬心线可以完全描述平面运动性质，有理由相信瞬心线几何性质与圆点和滑点有着内在联系，还有待深入研究。

2.5.1.2 离散位置综合

由上述连续及高阶运动综合可知，确切、完整描述刚体的运动性质并不简单，实现更难。在工程上有时仅仅要求准确通过若干离散位置，而在其他位置并无要求，这样既简化运动综合难度，又有实用价值，称为机构离散运动综合，包括少位置精确综合和多位置的近似综合，又统称为机构运动综合，如图 2.29 所示。

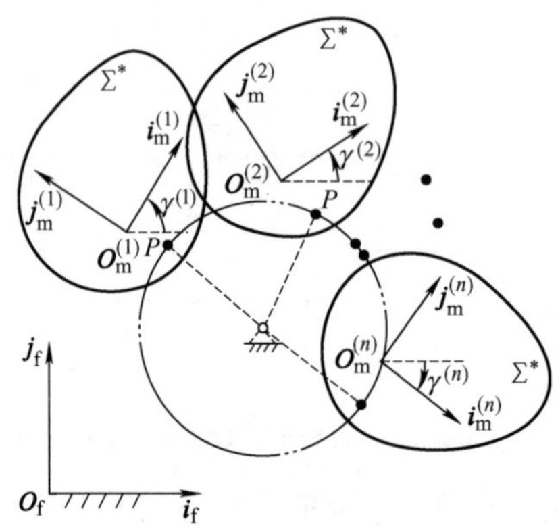

图 2.29　离散位置综合

机构少位置精确综合可描述为：对于给定两个构件之间相对运动有限几个位置要求，如连杆运动几个位置、连杆点轨迹上几个点、两连架杆对应函数几组值，确定连杆机构的类型与尺度。同连续运动位置综合一样，可以将少位置要求或两个构件之间的相对运动表示为运动刚体 Σ^* 坐标系 $\{\boldsymbol{O}_m; \boldsymbol{i}_m, \boldsymbol{j}_m\}$ 相对于固定刚体 Σ 坐标系 $\{\boldsymbol{O}_f; \boldsymbol{i}_f, \boldsymbol{j}_f\}$ 的位移，只是坐标系 $\{\boldsymbol{O}_m; \boldsymbol{i}_m, \boldsymbol{j}_m\}$ 的原点 O_m 在坐标系 $\{\boldsymbol{O}_f; \boldsymbol{i}_f, \boldsymbol{j}_f\}$ 中的轨迹 Γ_{Om} 是离散点集 $\{\boldsymbol{R}_{Om}^{(i)}\}$，$i = 1, \cdots, n$，并且运动坐标系的标矢 $\boldsymbol{i}_m$ 在固定坐标系中的方向角 γ 为离散函数。此时，对于运动刚体 Σ^* 上任意点 $P(x_{Pm}, y_{Pm})$，其在固定坐标系中的离散点集 $\{\boldsymbol{R}_P^{(i)}\}$ 可由式（2.4）得到。

若综合平面四杆机构来精确实现给定刚体的平面运动，对于全铰链四杆机构需要确定运动刚体上的两个圆点，对于曲柄滑块机构需要确定运动刚体上的一个圆点和一个滑点，需根据圆点、滑点的定义，由离散轨迹点集性质确定出运动刚体 Σ^* 上特征点的坐标。

少位置精确综合属于机构运动综合的经典理论，如 Burmester 理论阐述了四个分离位置运动刚体上的圆点曲线，而五个分离位置运动刚体上仅仅存在若干个圆点，也可能不存在，多于五个位置一般不存在圆点，与第 1 章的连续位置运动几何学理论对应。少位置精确综合方法以代数法应用最为普遍，但形成精确点位置方程可以有多种方法，如矢量法、复数法以及矩阵法等。

当给定运动刚体的位置数超过一定数目时，运动刚体上一般不存在圆点、滑点，而往往在工程实际中需要刚体通过更多的位置，但不一定要求精确通过，这样需要将机构少位置运动精确综合方法发展为机构多位置运动的近似综合方法，即机构运动近似综合。

机构多个分离位置的近似综合可以描述为：对于给定两个构件之间多个相对运动若干离散位置要求，如连杆的多个位置、连杆点轨迹上多个点、两连架杆多组对应函数值，确定连杆机构的类型与尺度。两个构件之间的运动同样由运动刚体Σ^*上坐标系｛$\boldsymbol{O}_{\mathrm{m}}$；$\boldsymbol{i}_{\mathrm{m}}$，$\boldsymbol{j}_{\mathrm{m}}$｝相对于固定刚体$\Sigma$坐标系｛$\boldsymbol{O}_{\mathrm{f}}$；$\boldsymbol{i}_{\mathrm{f}}$，$\boldsymbol{j}_{\mathrm{f}}$｝的位置｛$\boldsymbol{R}_{O\mathrm{m}}^{(i)}$，$\gamma^{(i)}$｝来描述。

若用简单的四杆机构近似实现给定运动要求，可得到运动刚体Σ^*上两个鞍圆点的全铰链四杆机构，运动刚体上的一个鞍圆点和一个鞍滑点的曲柄滑块机构。

机构多个分离位置的近似运动综合是随着近代计算技术的进步而发展起来的，已经成为机构运动综合的主要组成部分，其核心内容是目标函数如何选取，即如何评价综合误差或近似程度，也是区别各种机构优化综合方法的标志。机构优化综合方法的理论基础在于最优解的存在性和算法的收敛性，也是能否成为机构优化综合方法的关键。

2.5.1.3　函数综合

连杆机构的函数综合要求机构的输出连架杆和输入连架杆的位移满足给定的函数关系。连杆机构的传递函数可以表示为$\varphi=\varphi(t)$，$\delta=\delta(\varphi)$或者$S=S(\varphi)$，其中φ为输入连架杆的转角，δ和S分别为输出连架杆的角位移和线位移。输出转角由平面全铰链四杆机构和平面导杆机构实现，而输出线位移由平面滑块机构来实现。在机械原理教科书中把其中一个连架杆看作相对机架，则另一个连架杆就转化为相对连杆。

若给定两连架杆转角实现给定角位移函数$\delta=\delta(\varphi)$，其中φ为输入杆的转角，δ为输出杆的转角。如图 2.30 所示，取机架AD的长度为单位长度，在机架AD上建立固定坐标系｛$\boldsymbol{A}$；$\boldsymbol{i}_{\mathrm{f}}$，$\boldsymbol{j}_{\mathrm{f}}$｝，在连架杆 1 以及连架杆 3 上分别建立运动坐标系｛$\boldsymbol{A}$；$\boldsymbol{i}_1$，$\boldsymbol{j}_1$｝和｛$\boldsymbol{D}$；$\boldsymbol{i}_3$，$\boldsymbol{j}_3$｝，连架杆 3 相对于连架杆 1 的运动可描述为随着铰链点D的平移及绕点D的转动，转角$\gamma=\delta-\varphi$，从而可以按照式（2.46）的形式描述连架杆 3 相对于连架杆 1 的运动为：

$$\boldsymbol{R}_D=\cos\varphi\boldsymbol{i}_1-\sin\varphi\boldsymbol{j}_1,\gamma=\delta-\varphi \tag{2.49}$$

若给定的传递函数关系为$S=S(\varphi)$，其中φ为输入杆的转角，S为滑块的位移，如图 2.31 所示。同样地，在机架AD上建立固定坐标系｛$\boldsymbol{A}$；$\boldsymbol{i}_{\mathrm{f}}$，$\boldsymbol{j}_{\mathrm{f}}$｝，在连架杆 1 和滑块 3 上分别建立运动坐标系｛$\boldsymbol{A}$；$\boldsymbol{i}_1$，$\boldsymbol{j}_1$｝以及｛$\boldsymbol{D}$；$\boldsymbol{i}_3$，$\boldsymbol{j}_3$｝，则滑块 3 相对于连架杆 1 的运动可描述为：

$$\boldsymbol{R}_D=S\cos\varphi\boldsymbol{i}_1-S\sin\varphi\boldsymbol{j}_1,\gamma=-\varphi \tag{2.50}$$

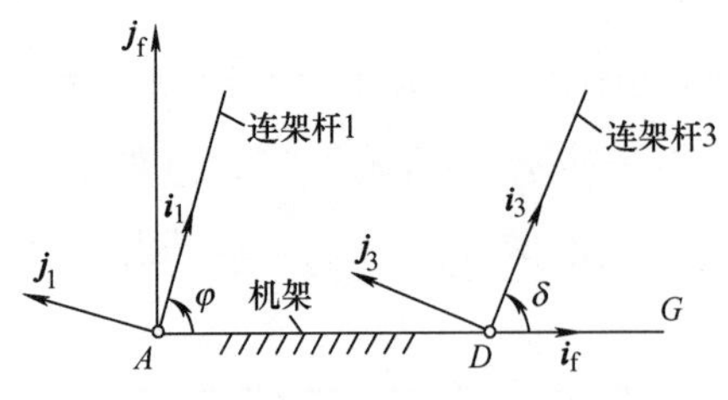

图 2.30　角位移函数综合

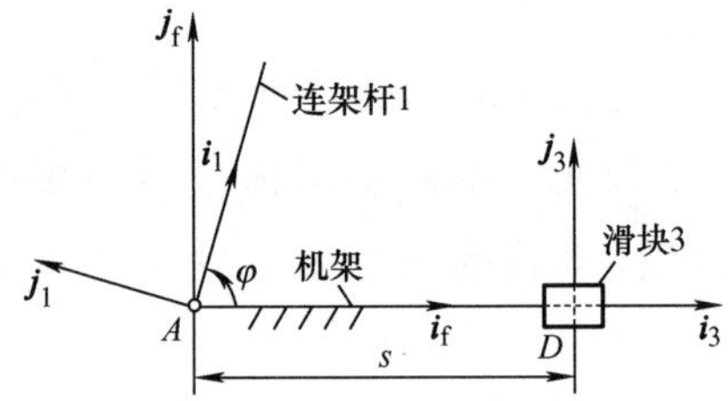

图 2.31　线位移函数综合

当给定平面机构两连架杆运动函数关系时，式（2.49）描述了连架杆 3 上运动坐标系原点 D 在连架杆 1 上坐标系中的位置（$\cos\varphi$，$-\sin\varphi$）和方向角 $\gamma=\delta-\varphi$；式（2.50）描述了滑块 3 的坐标系原点 D 在连架杆 1 上坐标系中的位置（$S\cos\varphi$，$-S\sin\varphi$）和方向角 $\gamma=-\varphi$，均可以对应平面相伴运动的表示式（2.46）。因而将函数综合问题转化为刚体位置综合问题，即在作相对运动的另一连架杆上寻找特征点（圆点）。

2.5.1.4　轨迹综合

对于平面连杆机构的轨迹综合，要确定平面连杆机构的尺寸参数，使得连杆点能够复演给定的平面曲线 $y=f(x)$ 或者点集（x_M，y_M），如图 2.32 所示。工程技术人员通过查找连杆曲线的图谱来确定连杆机构的尺寸，或者通过实验法来确定，而数学家则通过研究给定曲线和连杆曲线的几何性质来推导出连杆点坐标的微分方程。从上述位置综合和函数综合的内容可以看出，若是同样将给定的平面曲线映射为相对于固定机架的刚体运动——原曲线 Γ_{0m} 的位置矢量和相对转角 γ，则轨迹综合问题同样可以转化为位置综合问题来解决。

如图 2.33 所示，采用二杆组 ABE 上一点 E 精确复演给定曲线 M-M，当 E 点沿给定轨迹 M-M 运动一周时，浮动杆 BE 具有确定的运动，轨迹综合就是在浮动杆 BE 上寻找特征点（圆点和滑点），问题的关键则为浮动杆 BE 的运动确定与描述。第 1 章中研究了平面连杆机构的连杆曲线分布规律，可以为问题转化提供理论基础和初始值选择依据。

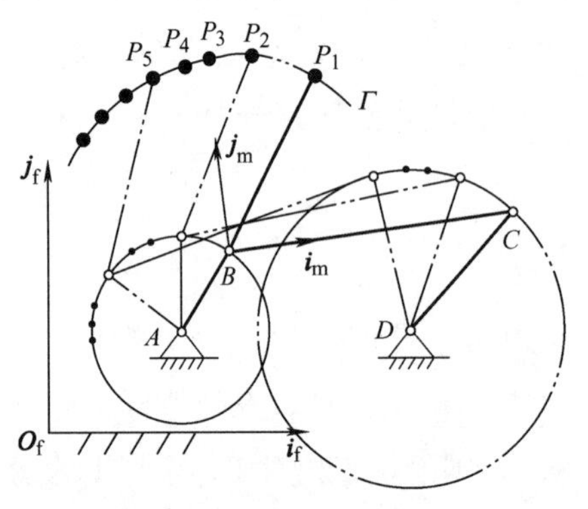

图 2.32　轨迹综合

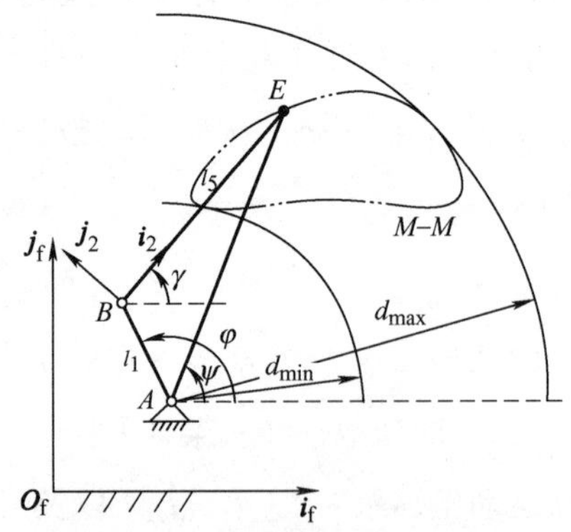

图 2.33　平面二杆组复演给定曲线

当给定固定铰链点 A 在固定坐标系 $\{\boldsymbol{O}_{\mathrm{f}};\ \boldsymbol{i}_{\mathrm{f}},\ \boldsymbol{j}_{\mathrm{f}}\}$ 中的位置坐标 $(x_A,\ y_A)$ 时，为了使二杆组 ABE 的 AB 杆整周回转，AB 和 BE 杆的尺寸 l_1、l_5 应满足一定的条件。设 A 点到轨迹曲线 M-M 的最大和最小距离为 $d_{\max}$和 $d_{\min}$，则当 A 点在待综合曲线的外部时，二杆组尺寸为：

$$l_1 = \frac{d_{\max} - d_{\min}}{2}, l_5 = \frac{d_{\max} + d_{\min}}{2} \tag{2.51}$$

当 A 点在待综合曲线的内部时，开式机构尺寸为：

$$l_1 = \frac{d_{\max} + d_{\min}}{2}, l_5 = \frac{d_{\max} - d_{\min}}{2} \tag{2.52}$$

当 E 点沿着轨迹曲线 M-M 运动，则连架杆 AB 的转角 φ 可由下式确定：

$$\begin{cases} l = \sqrt{(x_M - x_A)^2 + (y_M - y_A)^2} \\ \psi = \begin{cases} \arccos \dfrac{x_M - x_A}{l}, y_M - y_A \geqslant 0 \\ -\arccos \dfrac{x_M - x_A}{l}, y_M - y_A < 0 \end{cases} \\ \angle BAE = \arccos\left(\dfrac{l_1^2 + l^2 - l_5^2}{2l_1 l}\right) \\ \varphi = \psi + p_c \angle BAE \end{cases} \tag{2.53}$$

式中，p_c为装配系数。对于给定的 A 点，应分别考虑开式机构 ABE 的 AB 杆的正、反向运动。在初始位置，当取 AB 正向运动时，$p_c = 1$，当取 AB 反向运动时，$p_c = -1$，而且每当 E 经过到 A 点距离为极值的离散点时，p_c值应变号。

在连杆 BE 上建立运动坐标系 $\{\boldsymbol{B};\ \boldsymbol{i}_2,\ \boldsymbol{j}_2\}$，则运动坐标系与固定坐标系 $\{\boldsymbol{O}_{\mathrm{f}};\ \boldsymbol{i}_{\mathrm{f}},\ \boldsymbol{j}_{\mathrm{f}}\}$ 的关系为：

$$\begin{cases} \boldsymbol{R}_B = \boldsymbol{R}_A + l_1 \cos\varphi \boldsymbol{i}_{\mathrm{f}} + l_1 \sin\varphi \boldsymbol{j}_{\mathrm{f}} \\ \boldsymbol{i}_2 = \cos\gamma \boldsymbol{i}_{\mathrm{f}} + \sin\gamma \boldsymbol{j}_{\mathrm{f}} \\ \boldsymbol{j}_2 = -\sin\gamma \boldsymbol{i}_{\mathrm{f}} + \cos\gamma \boldsymbol{j}_{\mathrm{f}} \end{cases} \tag{2.54}$$

连杆 BE 在固定坐标系中的运动描述为运动坐标系原点 B 的位置和标矢 $\boldsymbol{i}_2$ 的方向角，即

$$\begin{cases} x_B = x_A + l_1 \cos\varphi, y_B = y_A + l_1 \sin\varphi \\ \gamma = \tan^{-1}(y_M - y_B, x_M - x_B) \end{cases} \tag{2.55}$$

机构连续运动综合求解难度太大，研究文献有限。在工程应用上有需要时，虽然用简单的连杆机构便可以实现复杂的运动，而且制造方便成本低，但工程师在设计时遇到的困难太大，往往会转向用高副机构实现，如凸轮机构和非圆齿轮机构或组合机构等，导致连杆机构失去发挥这一优势的机会。

由此可见，平面运动综合时，无论其运动综合的类型是位置综合、函数综合还是轨迹综

合，无论其运动综合的性质是连续运动综合、少位置精确综合还是多位置近似运动综合，都可以将给定的运动条件表示为运动刚体Σ^*（运动坐标系$\{\boldsymbol{O}_{\mathrm{m}};\ \boldsymbol{i}_{\mathrm{m}},\ \boldsymbol{j}_{\mathrm{m}}\}$）相对于固定刚体$\Sigma$（固定坐标系$\{\boldsymbol{O}_{\mathrm{f}};\ \boldsymbol{i}_{\mathrm{f}},\ \boldsymbol{j}_{\mathrm{f}}\}$）的相对运动，即用运动坐标系原点$O_{\mathrm{m}}$在固定坐标系中的坐标和标矢$\boldsymbol{i}_{\mathrm{m}}$在固定坐标系中的方向角共三个参数（$x_{O\mathrm{mf}}$，$y_{O\mathrm{mf}}$，$\gamma$）来描述。只不过对于连续运动综合，（$x_{O\mathrm{mf}}$，$y_{O\mathrm{mf}}$，$\gamma$）为连续函数，而对于离散位置综合，（$x_{O\mathrm{mf}}^{(i)}$，$y_{O\mathrm{mf}}^{(i)}$；$\gamma^{(i)}$），$i=1$，$\cdots$，$n$为离散函数。

平面机构的运动综合可归结为在运动刚体上确定出鞍圆点和鞍滑点。运动刚体Σ^*上的点P的轨迹曲线Γ_P是P点坐标（$x_{P\mathrm{m}}$，$y_{P\mathrm{m}}$）与运动位置（$x_{O\mathrm{mf}}$，$y_{O\mathrm{mf}}$；γ）的函数，并可离散为：

$$\boldsymbol{R}_P^{(i)}=f(x_{O\mathrm{mf}}^{(i)},y_{O\mathrm{mf}}^{(i)},\gamma^{(i)},x_{P\mathrm{m}},y_{P\mathrm{m}}),i=1,\cdots,n \tag{2.56}$$

2.5.2 全铰链四杆机构

平面全铰链四杆机构离散运动鞍点综合只需要寻求运动平面上的两个鞍圆点，其机构几何尺度与传动性能满足要求即可。本节首先介绍平面全铰链四杆机构离散运动鞍点综合的过程，然后作为离散运动鞍点综合的应用，给出多组计算实例，包括四位置、五位置和多位置的运动综合。

2.5.2.1 平面全铰链四杆机构离散运动综合模型

对于平面机构运动综合问题，一般采用数值计算和优化方法，优化方法主要体现在六方面：优化目标函数、优化变量及其定义域、约束方程、初始值选择、优化算法、结束准则。核心问题是目标函数与设计变量的构造，这也是运动综合问题最优解的存在性和算法收敛性的基础。对于全铰链四杆机构优化综合，已知刚体的平面运动，要得到刚体平面上的两个特征点P_1和P_2，其在固定坐标系中的离散轨迹点集$\{\boldsymbol{R}_{P1}^{(i)}\}=\{(x_{P1}^{(i)},\ y_{P1}^{(i)})^{\mathrm{T}}\}$，$i=1$，$\cdots$，$n$和$\{\boldsymbol{R}_{P2}^{(i)}\}=\{(x_{P2}^{(i)},\ y_{P2}^{(i)})^{\mathrm{T}}\}$，$i=1$，$\cdots$，$n$对应的鞍圆误差之和取得最小值，建立全铰链四杆机构运动综合优化模型为：

$$\begin{cases}\min F(\boldsymbol{Z})=\min(\Delta_{\mathrm{rr}}(z_1)+\Delta_{\mathrm{rr}}(z_2))\\ \text{s. t.}\quad g_j(\boldsymbol{Z})\leqslant 0,j=1,2,\cdots,k\end{cases} \tag{2.57}$$

其中：

1）目标函数$\Delta_{\mathrm{rr}}(z_1)+\Delta_{\mathrm{rr}}(z_2)$为特征点$P_1$和$P_2$对应的鞍圆误差$\Delta_{\mathrm{rr}}(z_1)$与$\Delta_{\mathrm{rr}}(z_2)$的和，其定义已经在2.3.1节中给出。

优化变量$\boldsymbol{Z}=(z_1,\ z_2)^{\mathrm{T}}$，而$z_1=(x_{P\mathrm{m1}},\ y_{P\mathrm{m1}})^{\mathrm{T}}$和$z_2=(x_{P\mathrm{m2}},\ y_{P\mathrm{m2}})^{\mathrm{T}}$分别为刚体平面上任意点的坐标，优化变量的定义域为负无穷到正无穷。

2）$g_j(\boldsymbol{Z})\leqslant 0$，$j=1$，2，$\cdots$，$k$为约束方程，即优化变量对应的全铰链四杆机构应满足的约束条件。运动刚体平面上两点$P_1(x_{P\mathrm{m1}},\ y_{P\mathrm{m1}})$和$P_2(x_{P\mathrm{m2}},\ y_{P\mathrm{m2}})$作为连杆上两个转动

副的中心，其各自鞍圆的圆心分别为 $C_1(x_{C1},\ y_{C1})$ 和 $C_2(x_{C2},\ y_{C2})$，半径分别为 r_1 和 r_2，以鞍圆圆心 C_1 和 C_2 作为固定机架上转动副的中心，构成平面全铰链四杆机构，得到杆长分别为：

$$\begin{cases} l_1 = r_1 \\ l_2 = \sqrt{(x_{Pm1} - x_{Pm2})^2 + (y_{Pm1} - y_{Pm2})^2} \\ l_3 = r_2 \\ l_4 = \sqrt{(x_{C1} - x_{C2})^2 + (y_{C1} - y_{C2})^2} \end{cases} \tag{2.58}$$

需要考虑一般几何、运动学和传力要求等，对全铰链四杆机构往往施加杆长条件和传力性能约束条件，如 Grashof 运动链或曲柄摇杆机构及最小传动角等，如：

① Grashof 运动链条件：

$$g_1(\mathbf{Z}) = 2\{\max(l_1,l_2,l_3,l_4) + \min(l_1,l_2,l_3,l_4)\} - \sum_{i=1}^{4} l_i \leqslant 0 \tag{2.59}$$

② 曲柄存在条件：

$$\begin{cases} g_2(\mathbf{Z}) = \min(l_1,l_4) - l_2 \leqslant 0 \\ g_3(\mathbf{Z}) = \min(l_1,l_4) - l_3 \leqslant 0 \end{cases} \tag{2.60}$$

③ 杆长比约束：

$$g_4(\mathbf{Z}) = \max(l_1,l_2,l_3,l_4)/\min(l_1,l_2,l_3,l_4) - [l] \leqslant 0 \tag{2.61}$$

式中，$[l]$ 为最大杆长比。

④ 传动角：

$$g_5(\mathbf{Z}) = [\gamma] - \gamma_{\min} \leqslant 0 \tag{2.62a}$$

式中，$[\gamma]$ 为最小许用传动角，$\gamma_{\min}$ 为最小传动角，其值可以由下式确定：

$$\gamma_{\min} = \min\left[\arccos\left(\frac{l_2^2 + l_3^2 - (l_1 - l_4)^2}{2l_2l_3}\right), \pi - \arccos\left(\frac{l_2^2 + l_3^2 - (l_1 + l_4)^2}{2l_2l_3}\right)\right] \tag{2.62b}$$

⑤ 杆长大于零：

$$g_6(\mathbf{Z}) = \varepsilon - \min(l_1,l_2,l_3,l_4) \leqslant 0 \tag{2.63}$$

式中，ε 为限制最小杆长的小正数。

在实际应用中，机构运动综合的约束条件还会有多种情况，如连杆和机架上的铰链点位置约束，连杆与连架杆的运动空间约束，以及连杆位置的运动顺序和装配模式等，可根据需要增加不同的约束方程，在此不一一列举。

3）优化求解与算法：针对平面全铰链四杆机构的运动综合模型式（2.57），若为无约束条件下的机构优化综合问题，则在 2.3.6 节已经讨论。约束条件下用全铰链四杆机构的运动综合模型式（2.57）进行优化求解，后面例子中直接采用 MATLAB 软件优化工具箱中的

fmincon 函数进行求解。

4）初始值选择：是优化变量 $z_1=(x_{Pm1}, y_{Pm1})^T$ 和 $z_2=(x_{Pm2}, y_{Pm2})^T$ 的初始值，有约束全铰链四杆机构求解初始值选择是一个复杂而又困难的问题。由于施加了约束函数使得目标函数的定义域乃至目标性质产生改变，即使是较为简单的杆长条件或传动角约束，也会使机构运动综合求解的难度大大增加，往往根据机构运动综合不同应用情况选择不同解决方法，本书算例中采用鞍圆点组合作为初始值。

5）结束准则：本书中通过 MATLAB 中的 optimset 函数对结束准则进行设置。

2.5.2.2 多位置综合

当全铰链四杆机构再现给定运动刚体五个以上位置时，称为多个位置机构近似运动综合，即在刚体运动平面上寻找圆点或鞍圆点组成全铰链四杆机构。

通过 MATLAB 优化工具箱中的 fmincon 函数对曲柄摇杆机构进行优化搜索，fmincon 函数为：

[x, fval, exitflag] = fmincon (fun, x0, A, b, Aeq, beq, lb, ub, nonlcon, options)

本书利用 options 函数对 fmincon 函数进行优化条件设置（optimset），优化算法选择为中型优化算法，收敛条件通过函数评价最大允许次数 MaxFunEvals = 500，最大允许迭代次数 MaxIter = 200，目标函数的收敛精度 TolFun = 0.000001 和 TolX = 0.000001 来设置。该函数的输出分别为：

x：最优解，优化变量（综合所得铰链四杆机构连杆平面上两个铰链点 P_1 和 P_2 在运动坐标系中的坐标（x_{Pm1}，y_{Pm1}）和（x_{Pm2}，y_{Pm2}））值。

fval：目标函数值，两个铰链点 P_1 与 P_2 对应鞍圆误差 $\Delta_{rr}(z_1)$ 与 $\Delta_{rr}(z_2)$ 的和。

exitflag：退出条件，描述了优化函数 fmincon 迭代终止的原因。

该函数的输入分别为：

fun：目标函数，运动平面上两点（优化变量）在固定坐标系下的离散轨迹点集 $\{\boldsymbol{R}_{P1}^{(i)}\}=\{(x_{P1}^{(i)}, y_{P1}^{(i)})^T\}$，$i=1, \cdots, n$ 和 $\{\boldsymbol{R}_{P2}^{(i)}\}=\{(x_{P2}^{(i)}, y_{P2}^{(i)})^T\}$，$i=1, \cdots, n$ 对应的鞍圆误差 $\Delta_{rr}(z_1)$ 与 $\Delta_{rr}(z_2)$ 之和。$\Delta_{rr}(z_1)$ 与 $\Delta_{rr}(z_2)$ 的具体值可调用鞍圆子程序 ArrF 得到。

x0：初始值，以上述初始值准备部分中形成的多组初始值组（运动平面上两个鞍圆点为一组铰链点）作为优化初始点。

A, b, Aeq, beq, lb, ub, nonlcon：线性约束 A，b，Aeq，beq 均设置为空，优化变量的下界为 lb = [x_{Pm1min}, y_{Pm1min}, x_{Pm2min}, y_{Pm2min}]，优化变量的上界为 ub = [x_{Pm1max}, y_{Pm1max}, x_{Pm2max}, y_{Pm2max}]。非线性约束（nonlcon）通过调用约束函数（@ mycon）进行设置。约束函数 mycon 中，可由式（2.58）建立机构的尺寸参数 l_1，l_2，l_3 和 l_4 与优化变量之间的关系，并由 g_1，g_2，g_3，g_4，g_5 和 g_6 构造非线性不等式约束。

依据上述参数设置，可以形成约束条件下给定刚体位置的全铰链四杆机构运动综合标准程序模块，简称**有约束全铰链四杆机构运动综合程序 KS-CR**。

以下面的计算示例说明根据给定刚体平面运动进行全铰链平面四杆机构运动综合的求解

过程。一般情况下，鞍圆点的近似程度（误差）取决于给定刚体运动的性质，通常误差不为零，即没有精确解或不存在圆点，除非给定运动属于退化的特例情况。对于无约束机构运动综合，可以在运动平面上多个鞍圆点中选取两个作为平面全铰链四杆机构连杆平面上的两个铰链点，而对应的鞍圆的圆心点作为固定平面上的铰链点，从而构成满足设计要求的平面全铰链四杆机构，并且结果有多组，以其中两个鞍圆点的拟合误差之和较小的几组作为最终的方案。而对于有约束的机构运动综合，由优化模型得到在可行区域内的鞍圆误差和为最小的两个连杆点及其对应的圆心点，形成带约束的平面全铰链四杆机构，有时约束函数的影响超过目标函数，使得某些鞍圆点不在可行域内，结果中连杆上鞍圆点仅有一次鞍点意义，即鞍圆误差是可行域内的最小值。

【例2-6】 给定的运动刚体在固定坐标系中的十个位置（$x_{O\text{mf}}^{(i)}$，$y_{O\text{mf}}^{(i)}$，$\gamma^{(i)}$），$i=1$，…，10，见表2.1。试综合出曲柄摇杆机构，最小许用传动角［γ］为30°，最大许用杆长比［l］为5，引导刚体通过给定的十个位置。

解：已知刚体近似通过的十个离散位置和机构综合约束条件，依据前述机构离散运动鞍点综合方法，建立平面曲柄摇杆机构离散运动鞍点综合模型为：

$$\begin{cases}\min\limits_{\mathbf{Z}=(z_1,z_2)^{\mathrm{T}}}[\Delta_{\mathrm{rr}}(z_1)+\Delta_{\mathrm{rr}}(z_2)] \\ \text{s.t.}\quad g_1(\mathbf{Z})=2\{\max(l_1,l_2,l_3,l_4)+\min(l_1,l_2,l_3,l_4)\}-\sum_{i=1}^{4}l_i\leqslant 0 \\ \quad g_2(\mathbf{Z})=\min(l_1,l_4)-l_2\leqslant 0 \\ \quad g_3(\mathbf{Z})=\min(l_1,l_4)-l_3\leqslant 0 \\ \quad g_4(\mathbf{Z})=\max(l_1,l_2,l_3,l_4)/\min(l_1,l_2,l_3,l_4)-5\leqslant 0 \\ \quad g_5(\mathbf{Z})=\dfrac{\pi}{6}-\min\left[\arccos\left(\dfrac{l_2^2+l_3^2-(l_1-l_4)^2}{2l_2l_3}\right),\pi-\arccos\left(\dfrac{l_2^2+l_3^2-(l_1+l_4)^2}{2l_2l_3}\right)\right]\leqslant 0 \\ \quad g_6(\mathbf{Z})=0.1-\min(l_1,l_2,l_3,l_4)\leqslant 0\end{cases} \tag{E2-6.1}$$

式中，设计变量及其几何物理意义同式（2.57）~式（2.63）。可将曲柄摇杆机构的十位置优化运动综合问题分解为三部分：初始值准备、运动综合程序设置和机构优化综合。其中初始值准备是求解给定十位置无约束下的鞍圆点，程序设置是依据曲柄摇杆机构优化运动综合模型，设置MATLAB优化工具箱中的fmincon函数中的变量与参数，而优化求解是依据初始值和程序设置求解十位置优化运动综合问题。现分别阐述如下。

（1）初始值准备　首先，调用鞍圆点子程序ArrP，输入为已知的刚体十个离散位置参数，输出为鞍圆点参数及其鞍圆的圆心坐标、半径和相应的鞍圆点误差，依据鞍圆点误差将结果（对应鞍圆点）以从小到大的顺序进行自动排列，在例2-3的表2.2中列出了其中鞍圆误差较小的十二个鞍圆点SCP1~SCP12。

然后，将这些鞍圆点两两组合成初始值组，以英文字母G开头加罗马数字表示，结合其对应的鞍圆圆心，构成相应的全铰链四杆机构，由式（2.58）得到其尺寸参数，并由式（2.59）~式（2.63）判断其是否满足约束条件，将满足约束条件的初始值组参数（两个鞍圆点的坐标）作为全铰链四杆机构运动综合时，连杆平面上优化变量（两个运动铰链点坐标）的初始值。如果所有鞍圆点没有构成或者构成较少满足约束条件的全铰链四杆机构，则可以选择接近满足约束条件者。对于表 2.2 中的 12 个鞍圆点 SCP1 ~ SCP12，经过约束判断，得到的 7 对鞍圆点组 GⅠ ~ GⅦ见表 2.3。

表 2.3　十位置曲柄摇杆机构综合的初始值（鞍圆点组合）

序　号	鞍圆点组合	机构尺寸参数	最大杆长比	最小传动角/(°)	目标函数值
GⅠ	SCP1-SCP10	$l_1=9.0233$，$l_2=15.5464$ $l_3=38.0188$，$l_4=40.1720$	4.45	51.67	0.245487
GⅡ	SCP1-SCP9	$l_1=9.0233$，$l_2=15.6986$ $l_3=29.5733$，$l_4=33.2289$	3.68	44.33	0.245857
GⅢ	SCP12-SCP8	$l_1=9.3539$，$l_2=16.5865$ $l_3=43.5257$，$l_4=45.8760$	4.90	52.41	0.600659
GⅣ	SCP1-SCP11	$l_1=9.0233$，$l_2=15.5594$ $l_3=36.5932$，$l_4=38.9667$	4.32	50.66	0.246419
GⅤ	SCP12-SCP10	$l_1=9.3539$，$l_2=16.6328$ $l_3=38.0188$，$l_4=41.1580$	4.40	49.02	0.606045
GⅥ	SCP12-SCP11	$l_1=9.3539$，$l_2=16.6529$ $l_3=36.5932$，$l_4=39.9630$	4.27	47.98	0.606977
GⅦ	SCP12-SCP9	$l_1=9.3539$，$l_2=16.8298$ $l_3=29.5733$，$l_4=34.2832$	3.67	41.43	0.606415

（2）运动综合程序设置　本算例利用 options 函数对 fmincon 函数进行优化条件设置（optimset），例如，MaxFunEvals = 500，MaxIter = 200，TolFun = 0.000001 和 TolX = 0.000001。线性约束 A，b，Aeq，beq 均设置为空，优化变量的下界为 lb = [−60.66，−60.66，−60.66，−60.66]，优化变量的上界为 ub = [60.66，60.66，60.66，60.66]。非线性约束（nonlcon）通过调用约束函数（@ mycon）进行设置。约束函数 mycon 中，可由式（2.58）建立机构尺寸参数 l_1，l_2，l_3 和 l_4 与优化变量之间的关系，并由模型式（E2-6.1）中的 g_1，g_2，g_3，g_4，g_5 和 g_6 构造非线性不等式约束。

（3）机构优化综合　对有约束全铰链四杆机构运动综合程序 **KS-CR** 赋予上述 7 组初始值，对给定运动刚体十位置运行优化求解，每组初始值平均时间为 8.2834s，得到相应的七组优化结果见表 2.4。其中第二列对应表 2.3 中的七组初始值（GⅠ ~ GⅦ），对于初始值 GⅠ、GⅡ和 GⅣ，优化结果基本等同初始值（两个鞍圆点）；而初始值 GⅢ，优化结果为两个新的特征点 P_1 和 P_2；初始值 GⅤ、GⅥ和 GⅦ，优化结果为鞍圆点 SCP1 和新特征点 P_3 ~

P_5。特征点 $P_1 \sim P_5$ 的坐标及其鞍圆的参数见表2.5。

表2.4　优化得到的7组全铰链四杆机构

	初始值	运动刚体上两个铰链点	曲柄摇杆机构尺寸参数	最大杆长比	最小传动角/(°)	目标函数值
可行解一	GⅠ	SCP1-SCP 10	$l_1=9.0233$，$l_2=15.5464$ $l_3=38.0188$，$l_4=40.1720$	4.45	51.67	0.245487
可行解二	GⅡ	SCP 1-SCP 9	$l_1=9.0233$，$l_2=15.6986$ $l_3=29.5733$，$l_4=33.2289$	3.68	44.33	0.245857
可行解三	GⅢ	P_1-P_2	$l_1=9.0247$，$l_2=15.5446$ $l_3=39.0572$，$l_4=41.0577$	4.55	52.38	0.245407
可行解四	GⅣ	SCP1-SCP 11	$l_1=9.0233$，$l_2=15.5594$ $l_3=36.5932$，$l_4=38.9667$	4.32	50.66	0.246419
可行解五	GⅤ	SCP 1-P_3	$l_1=9.0233$，$l_2=15.5390$ $l_3=39.0794$，$l_4=41.0760$	4.55	52.38	0.244648
可行解六	GⅥ	SCP 1-P_4	$l_1=9.0233$，$l_2=15.5674$ $l_3=35.8850$，$l_4=38.3723$	4.25	50.13	0.246791
可行解七	GⅦ	SCP1-P_5	$l_1=9.0233$，$l_2=15.6972$ $l_3=29.6143$，$l_4=33.2613$	3.69	44.37	0.245902

表2.5　新特征点（运动铰链点）**坐标及其鞍圆参数**

	运动铰链点坐标		鞍圆			
			圆心坐标		半径	鞍圆误差
	x_{Pm}	y_{Pm}	x_C	y_C	r	δ_{rr}
P_1	−1.9288	2.2891	16.1880	17.5939	9.0247	0.007838
P_2	−1.5726	17.8296	31.0909	−20.6637	39.0572	0.237569
P_3	−1.5755	17.8305	31.0928	−20.6835	39.0794	0.237188
P_4	−1.2305	17.8472	31.1417	−17.7460	35.8850	0.239330
P_5	−0.4358	17.9215	31.2935	−12.0411	29.6143	0.238441

表2.4中的前两个可行解综合所得机构实现的位置与给定对应离散位置的误差分别见表2.6和表2.7。

表 2.6　十位置机构鞍点综合可行解一的位置误差

位　置	$\Delta x_{Omf}^{(i)}$	$\Delta y_{Omf}^{(i)}$	$\Delta \gamma^{(i)}$	位　置	$\Delta x_{Omf}^{(i)}$	$\Delta y_{Omf}^{(i)}$	$\Delta \gamma^{(i)}$
1	-0.0465	0.0225	-0.0026	6	0.0000	0.0038	-0.0172
2	-0.0483	0.0399	-0.0186	7	-0.0242	-0.0720	0.0239
3	-0.0199	-0.0284	-0.0050	8	0.0342	0.0180	0.0099
4	0.0364	0.0750	0.0179	9	-0.0283	0.0675	-0.0171
5	0.0532	-0.0333	0.0064	10	-0.0334	0.0295	0.0000

表 2.7　十位置机构鞍点综合可行解二的位置误差

位　置	$\Delta x_{Omf}^{(i)}$	$\Delta y_{Omf}^{(i)}$	$\Delta \gamma^{(i)}$	位　置	$\Delta x_{Omf}^{(i)}$	$\Delta y_{Omf}^{(i)}$	$\Delta \gamma^{(i)}$
1	-0.0758	-0.0129	0.0115	6	0.0411	-0.0030	-0.0155
2	-0.0825	0.0270	-0.0199	7	0.0035	-0.0542	0.0218
3	-0.0411	-0.0528	-0.0083	8	0.0289	0.0662	0.0000
4	0.0026	0.0596	0.0103	9	0.0015	-0.0686	-0.0100
5	-0.0434	0.0580	0.0018	10	-0.0474	0.0202	0.0128

2.5.2.3　五位置综合

当给定运动刚体五个位置时，由于运动刚体上可能存在圆点，所组成的平面全铰链四杆机构在几何上可以精确引导运动刚体，即在刚体运动平面上寻找圆点。但运动刚体上不会存在多于四个圆点，考虑机构性能与约束条件，这些圆点所组成的四杆机构往往并不能够满足设计要求，运动刚体上存在的鞍圆点就会成为选项而具有重要意义。因此，五位置机构运动综合虽然在理论上属于经典的机构精确运动综合课题，已经有丰富而又成熟的理论与方法，而实际上也是少位置鞍点运动综合问题，既可能是精确运动综合，也可能是近似运动综合，依据给定运动性质和约束条件而定。本书仅通过若干数值算例说明如何利用鞍点综合方法实现给定五位置。

【例 2-7】 给定运动刚体在固定坐标系中的五个离散位置（$x_{Omf}^{(i)}$，$y_{Omf}^{(i)}$，$\gamma^{(i)}$），$i=1，\cdots，5$，见表 2.8。试综合出平面曲柄摇杆机构。其连杆通过该五个位置，最小许用传动角［γ］为 30°，最大许用杆长比［l］为 5。

表 2.8　平面运动刚体的五个离散位置

	$x_{Omf}^{(i)}$	$y_{Omf}^{(i)}$	$\gamma^{(i)}$
1	14.2469	11.7052	0.3671
2	10.8641	13.0941	0.2627
3	6.8561	13.4122	0.2031
4	2.7976	12.4444	0.1677
5	-0.7927	10.2430	0.1506

解： 同例 2-6 中全铰链四杆机构综合的初始值准备、运动综合程序设置和机构优化综合三部分过程，进行平面曲柄摇杆机构的运动综合。

初始值准备：根据给定五位置，随即给出50个初始点，调用鞍圆点子程序ArrP进行优化搜索，在相应结果中选出八个误差较小的鞍圆点SCP1 ~ SCP8，见表2.9，其中前两个鞍圆点（SCP1、SCP2）的鞍圆误差趋于零。

表2.9　五位置运动刚体上的鞍圆点

序　号	鞍　圆　点		鞍圆参数			
			圆　心　点		半　径	鞍圆误差
	x_{Pm}	y_{Pm}	x_C	y_C	r	δ_{rr}
SCP1	-6.5378	-0.1815	0.5547	-0.1936	12.1095	5.862970×10^{-8}
SCP2	7.7161	0.3034	16.7780	0.3186	15.1426	3.945190×10^{-7}
SCP3	-1.6954	-1.2531	6.2316	-1.3179	13.1853	0.001250
SCP4	-8.9493	0.8557	-2.3463	0.9009	11.5461	0.001304
SCP5	12.4893	3.2531	21.8508	3.4057	16.0771	0.002294
SCP6	18.1774	9.9950	27.4522	10.4837	17.0683	0.007271
SCP7	23.2031	34.7871	28.9100	37.3790	16.0600	0.029510
SCP8	20.9315	-1.3533	37.7935	-11.6698	29.7094	0.123926

将这些鞍圆点分别组合成为全铰链四杆机构，同时判断是否满足约束条件，以满足或接近满足条件的鞍圆点组合作为连杆平面上运动铰链点组的优化初始值。例如，以两个圆点（SCP1、SCP2）作为运动平面上两个铰链点所构成的机构尺寸参数，由式（2.58）可以计算得到$l_1=12.1095$，$l_2=14.2621$，$l_3=15.1426$，$l_4=16.2314$，该机构为曲柄摇杆机构，最大杆长比满足要求，但是其最小传动角仅有15.75°，并不能满足设计要求。对于表2.9中的八个鞍圆点SCP1 ~ SCP8，经过约束判断，可得到四对鞍圆点组合GⅠ ~ GⅣ，见表2.10。

表2.10　五位置曲柄摇杆机构综合四组初始值（鞍圆点组合）

序　号	鞍圆点组合	机构尺寸参数	最大杆长比	最小传动角/(°)	目标函数值
GⅠ	SCP4-SCP5	$l_1=11.5461$，$l_2=21.5722$ $l_3=16.0772$，$l_4=24.3263$	2.11	35.74	0.003598
GⅡ	SCP3-SCP7	$l_1=13.1853$，$l_2=43.8045$ $l_3=16.0600$，$l_4=44.8527$	3.40	32.12	0.030760
GⅢ	SCP1-SCP8	$l_1=12.1095$，$l_2=27.4943$ $l_3=29.7094$，$l_4=38.9671$	3.22	53.57	0.123926
GⅣ	SCP4-SCP8	$l_1=11.5461$，$l_2=29.9623$ $l_3=29.7094$，$l_4=42.0621$	3.64	52.11	0.125230

程序设置：采用例2-6中的运动综合的程序设置。

优化综合：分别以表2.10中的四组鞍圆点组合为优化初始值，运行有约束全铰链四杆机构运动综合程序**KS-CR**进行优化搜索，每组初始值优化搜索平均时间17.2732s，得到相应的优化结果见表2.11。可行解一和二收敛于各自的初始值GⅠ和GⅡ；可行解三和四（对应于初始值 GⅢ和 GⅣ）收敛于新的特征点 P_1-P_2 和 P_3-P_4，其参数见表 2.12。

表 2.11 五位置机构近似综合的四个可行解

	初始值	两个运动铰链点	机构尺寸参数	最大杆长比	最小传动角/(°)	目标函数值
可行解一	GⅠ	SCP4-SCP 5	$l_1=11.5461$，$l_2=21.5722$ $l_3=16.0772$，$l_4=24.3263$	2.11	35.74	0.003598
可行解二	GⅡ	SCP3-SCP 7	$l_1=13.1853$，$l_2=43.8045$ $l_3=16.0600$，$l_4=44.8527$	3.40	32.12	0.030760
可行解三	GⅢ	P_1-P_2	$l_1=11.2452$，$l_2=16.7368$ $l_3=15.2427$，$l_4=19.6470$	1.75	30	0.010709
可行解四	GⅣ	P_3-P_4	$l_1=11.4748$，$l_2=21.3945$ $l_3=17.9436$，$l_4=25.5683$	2.23	39.49	0.036379

表 2.12 新特征点坐标及其鞍圆参数

	运动铰链点坐标		鞍圆			
			圆心坐标		半径	鞍圆误差
	x_{Pm}	y_{Pm}	x_C	y_C	r	δ_{rr}
P_1	-10.1950	1.5390	-3.8676	1.6239	11.2452	0.002211
P_2	6.3436	-1.0288	15.5468	-1.3899	15.2427	0.008498
P_3	-8.7829	1.1348	-2.2402	1.2779	11.4748	0.003685
P_4	12.5895	0.1631	23.1887	-1.3887	17.9436	0.032694

2.5.2.4 四位置综合

由于四位置运动综合时，刚体平面上的圆点均在圆点曲线上，有无穷多个，任意选取两个圆点作为刚体平面上的铰链点，其相应圆心点作为固定平面上的铰链点，则可以得到平面全铰链四杆机构。在有运动约束条件时，将约束条件与圆点曲线结合，可得到符合约束条件的平面全铰链四杆机构。因此，对于给定四位置的平面全铰链四杆机构优化综合，由于存在圆点曲线，以几何误差最小为目标函数已经失去意义，应以机构的运动与动力性能为目标函数，综合出良好性能的平面全铰链四杆机构。

【例 2-8】 给定的平面运动刚体的四个离散位置（$x_{O\mathrm{mf}}^{(i)}$，$y_{O\mathrm{mf}}^{(i)}$，$\gamma^{(i)}$），$i=1$，…，4，见表 2.13。试综合平面全铰链四杆机构，要求其存在有曲柄，最小许用传动角 $[\gamma]=30°$，最大许用杆长比 $[l]=5$，引导刚体通过给定的四个位置。

表 2.13 平面运动刚体的四个离散位置

	$x_{O\mathrm{mf}}^{(i)}$	$y_{O\mathrm{mf}}^{(i)}$	$\gamma^{(i)}$
1	1.0	1.0	0°
2	2.0	0.5	0°
3	3.0	1.5	45°
4	2.0	2.0	90°

解：在运动平面上区间 $x_{Pm}\in[-10, 10]$，$y_{Pm}\in[-10, 10]$ 内随机给出200个点，分别以这些点为初始值，调用前面所述的鞍圆点子程序 ArrP，可得到运动平面上200个圆点。

在获得的刚体平面上的圆点中，任意选择两个进行组合得到平面全铰链四杆机构，其尺寸参数可以由式（2.58）得到，通过约束式（2.59）~式（2.63），即曲柄存在条件、最小传动角 $[\gamma]=30°$、最大杆长比 $[l]=5$ 以及最小杆长限制 $\varepsilon=0.3$ 进行判断，并自动选出满足设计要求的机构，三组可行解见表2.14。

表2.14 四位置机构综合的三个可行解

	圆点		圆心点		机构尺寸参数	最大杆长比	最小传动角/(°)
	x_{Pm}	y_{Pm}	x_C	y_C	l_1，l_2，l_3，l_4		
可行解1	−0.4307	1.7037	0.8594	2.0338	$l_1=0.7299$，$l_2=1.5439$，	3.42	36.15
	−1.9646	1.5283	−1.2527	0.7021	$l_3=1.8488$，$l_4=2.4968$		
可行解2	−0.4307	1.7037	0.8594	2.0338	$l_1=0.7299$，$l_2=1.0815$，	2.05	35.84
	−1.5123	1.7025	−0.5156	1.4459	$l_3=1.2566$，$l_4=1.4954$		
可行解3	0.5249	2.8765	1.1121	1.8009	$l_1=2.1163$，$l_2=2.0339$，	4.75	48.29
	−0.4041	1.0672	1.2915	2.2084	$l_3=0.7098$，$l_4=0.4453$		

2.5.3 曲柄滑块机构

平面曲柄滑块机构离散运动鞍点综合只需要寻求运动平面上的一个鞍圆点和一个鞍滑点，其机构几何尺度与传动性能满足设计要求。本节首先介绍平面曲柄滑块机构离散运动鞍点综合的过程，然后作为离散运动鞍点综合的应用，分别给出多位置、四位置和三位置的运动综合计算实例。

2.5.3.1 平面曲柄滑块机构自适应运动综合模型

给定刚体的平面运动，在运动刚体上确定出两个特征点 P_1 和 P_2，其在固定坐标系中的离散点集 $\{\boldsymbol{R}_{P1}^{(i)}\}=\{(x_{P1}^{(i)}, y_{P1}^{(i)})^{\mathrm{T}}\}$，$i=1, \cdots, n$、$\{\boldsymbol{R}_{P2}^{(i)}\}=\{(x_{P2}^{(i)}, y_{P2}^{(i)})^{\mathrm{T}}\}$，$i=1, \cdots, n$ 对应的鞍圆误差和鞍线误差之和取得最小值，建立曲柄滑块机构离散运动鞍点综合模型为：

$$\begin{cases}\min F(\boldsymbol{Z})=\min(\Delta_{\mathrm{rr}}(z_1)+\Delta_{\mathrm{pr}}(z_2))\\ \text{s. t.}\quad g_j(\boldsymbol{Z})\leqslant 0, j=1,2\cdots,k\end{cases}\tag{2.64}$$

其中：

1）目标函数 $\Delta_{\mathrm{rr}}(z_1)+\Delta_{\mathrm{pr}}(z_2)$ 为特征点 P_1 和 P_2 对应的鞍圆误差 $\Delta_{\mathrm{rr}}(z_1)$ 与鞍线误差 $\Delta_{\mathrm{pr}}(z_2)$ 之和，其定义已分别在2.3.1节和2.4.1节中给出。

优化变量为 $\boldsymbol{Z}=(z_1, z_2)^{\mathrm{T}}$，而 $z_1=(x_{Pm1}, y_{Pm1})^{\mathrm{T}}$ 和 $z_2=(x_{Pm2}, y_{Pm2})^{\mathrm{T}}$ 分别为运动刚体上点的坐标，优化变量的定义域为负无穷到正无穷。

2）$g_j(\boldsymbol{Z})\leqslant 0$，$j=1, 2, \cdots, k$ 为约束方程，即优化变量对应的曲柄滑块机构应满足的

约束条件。运动刚体上两点 $P_1(x_{Pm1},\ y_{Pm1})$ 和 $P_2(x_{Pm2},\ y_{Pm2})$ 作为转动副的中心，P_1 对应鞍圆的圆心 $C_1(x_{C1},\ y_{C1})$ 作为固定机架上转动副的中心，P_2 对应鞍线作为移动副在固定机架上的直线导路，构成平面曲柄滑块机构，其杆长分别为：

$$\begin{cases} l_1 = r_1 \\ l_2 = \sqrt{(x_{Pm1} - x_{Pm2})^2 + (y_{Pm1} - y_{Pm2})^2} \\ e = |h_2 - x_{C1}\cos\phi_2 - y_{C1}\sin\phi_2| \end{cases} \tag{2.65}$$

需要考虑一般运动学要求，对平面曲柄滑块机构施加约束条件为：

① 曲柄存在条件：

$$g_1(\mathbf{Z}) = l_1 - l_2 + e \leqslant 0 \tag{2.66}$$

② 杆长比约束：

$$g_2(\mathbf{Z}) = \max(l_1, l_2, e)/\min(l_1, l_2, e) - [l] \leqslant 0 \tag{2.67}$$

式中，$[l]$ 为最大杆长比。

③ 传动角：

$$g_3(\mathbf{Z}) = [\gamma] - \arccos\left(\frac{l_1 + e}{l_2}\right) \tag{2.68}$$

式中，$[\gamma]$ 为最小许用传动角。

④ 杆长大于零：

$$g_4(\mathbf{Z}) = \varepsilon - \min(l_1, l_2) \leqslant 0 \tag{2.69}$$

式中，ε 为限制最小杆长的小正数。

同样，在实际应用中，机构运动综合时的约束还会有多种情况，如连杆和机架上的铰链点位置与导路方向约束、连杆与连架杆的运动空间约束，以及连杆位置的运动顺序和装配模式等，可根据需要增加不同的约束方程，在此不予讨论。

3）优化求解与算法：对于约束条件下平面曲柄滑块机构求解，基于离散运动鞍点综合模型式（2.64），直接采用 MATLAB 软件优化工具箱中的 fmincon 函数进行求解，在下面算例中阐述。

4）初始值选择：平面曲柄滑块机构运动综合优化求解时需要赋予初始值，即优化变量 $z_1 = (x_{Pm1},\ y_{Pm1})^{\mathrm{T}}$ 和 $z_2 = (x_{Pm2},\ y_{Pm2})^{\mathrm{T}}$ 的初始值，以运动平面上的鞍圆点和鞍滑点组合形成基本符合约束条件的运动铰链点组作为初始值。

5）结束准则：本书中通过 MATLAB 中的 optimset 函数对结束准则进行设置。

2.5.3.2 多位置综合问题

当平面曲柄滑块机构再现给定运动刚体四个以上位置时称为机构离散运动鞍点综合，即在刚体运动平面上寻找圆点（鞍圆点）和滑点（鞍滑点）组成曲柄滑块机构。

通过 MATLAB 优化工具箱中的 fmincon 函数对曲柄滑块机构进行优化搜索，fmincon 函数的设置可参考全铰链四杆机构的设置，可以形成约束条件下给定刚体离散位置的曲柄滑块机构离散运动鞍点综合标准程序模块，简称**有约束曲柄滑块机构离散运动鞍点综合程序 KS-CS**。在刚体运动平面上的一定范围内进行二维搜索，得到刚体平面上的一系列鞍圆点和鞍滑点。将这些鞍圆点和鞍滑点组合形成多个鞍圆点-鞍滑点（铰链）组，以对应的圆心作为固定平面上的铰链点，对应的鞍线作为滑块在固定平面上的导路，构成多组曲柄滑块机构并进行机构性能约束条件判断。接近约束条件的鞍圆点-鞍滑点组作为曲柄滑块机构优化综合的初始值，依据曲柄滑块机构优化综合模型编制程序，在运动平面上进行搜索，得到相应的多组曲柄滑块机构尺度，选择其中合适的作为最终结果。

【例 2-9】　给出的平面运动刚体的十个离散位置（$x_{O\mathrm{mf}}^{(i)}$，$y_{O\mathrm{mf}}^{(i)}$，$\gamma^{(i)}$），$i=1$，…，10，见表 2.1，试综合平面曲柄滑块机构。要求其最小许用传动角［γ］为 40°，最大许用杆长比［l］为 4，引导刚体通过给定的十个位置。

解：已知机构引导刚体近似通过的十个离散位置与约束条件，依据前述机构离散运动鞍点综合方法，建立平面曲柄滑块机构的离散运动鞍点综合模型为：

$$\begin{cases} \min\limits_{\boldsymbol{Z}=(z_1,z_2)^{\mathrm{T}}} (\Delta_{\mathrm{rr}}(z_1)+\Delta_{\mathrm{pr}}(z_2)) \\ \mathrm{s.\,t.}\ \ g_1(\boldsymbol{Z})=l_1-l_2+e\leqslant 0 \\ \qquad g_2(\boldsymbol{Z})=\max(l_1,l_2,e)/\min(l_1,l_2,e)-4\leqslant 0 \\ \qquad g_3(\boldsymbol{Z})=\dfrac{2\pi}{9}-\arccos\left(\dfrac{l_1+e}{l_2}\right)\leqslant 0 \\ \qquad g_4(\boldsymbol{Z})=0.1-\min(l_1,l_2,e)\leqslant 0 \end{cases} \tag{E2-9.1}$$

式中设计变量和几何物理意义同式（2.64）~式（2.69）。同样可将平面曲柄滑块机构的运动综合分解为三部分：初始值准备、运动综合程序和机构优化综合，其中初始值准备是求解给定十位置无约束条件下的鞍圆点和鞍滑点，程序设置是依据曲柄滑块机构优化运动综合模型，设置 MATLAB 优化工具箱中的 fmincon 函数中的变量与参数，而优化求解是依据初始值和程序设置求解十位置优化运动综合问题，现分别阐述如下：

（1）初始值准备　本例中，首先调用鞍圆点子程序 ArrP，输入为给定的刚体十个离散位置参数，输出为鞍圆点参数及其鞍圆的圆心坐标、半径以及相应的鞍圆点误差。给出了 50 个初始点，得到相应的结果并选择其中鞍圆误差较小的十二个鞍圆点 SCP1 ~ SCP12，见表 2.2。

然后，再调用鞍滑点子程序 AprP，输入为给定的刚体十个离散位置参数，本例中给出 30 个初始点，优化结果均收敛于一个鞍滑点 SSP1，其在运动刚体上的坐标为（−7.5887，18.4669），在固定坐标系下的鞍滑点轨迹直线参数（h，ϕ）为（23.3564，1.5710），鞍线误差 Δ_{pr} 为 0.056591。将表 2.2 中的十二个鞍圆点 SCP1 ~ SCP12 与鞍滑点 SSP1 组合得到滑块四杆机构，并由式（2.65）得到其尺寸参数，按照式（2.66）~式（2.69）计算约束条件，选取其中近似满足约束条件的六组组合（GⅠ ~GⅥ），见表2.15。

表2.15 十位置曲柄滑块机构鞍点综合初始值（鞍圆点-鞍滑点组合）

序　号	鞍圆点组合	机构尺寸参数	最大杆长比	最小传动角/(°)	目标函数值
GⅠ	SCP1-SSP1	$l_1=9.0233$，$l_2=17.1330$ $e=5.7655$（曲柄滑块）	2.97	30.33	0.064049
GⅡ	SCP12-SSP1	$l_1=9.3539$，$l_2=17.8892$ $e=5.1535$（曲柄滑块）	3.47	35.81	0.424607
GⅢ	SCP8-SSP1	$l_1=43.5257$，$l_2=5.6239$ $e=48.1688$（摇杆滑块）	8.56	0	0.289235
GⅣ	SCP9-SSP1	$l_1=29.5733$，$l_2=7.1793$ $e=35.3681$（摇杆滑块）	4.93	0	0.294995
GⅤ	SCP10-SSP1	$l_1=38.0188$，$l_2=6.1564$ $e=43.0700$（摇杆滑块）	7.00	0	0.294620
GⅥ	SCP11-SSP1	$l_1=36.5932$，$l_2=6.3096$ $e=41.7595$（摇杆滑块）	6.62	0	0.295552

（2）运动综合程序设置　本算例利用 options 函数对 fmincon 函数进行优化条件设置（optimset），MaxFunEvals =500，MaxIter =200，TolFun =0.000001 和 TolX =0.000001。线性约束 A，b，Aeq，beq 均设置为空，优化变量的下界为 lb =[-60.66， -60.66， -60.66， -60.66]，优化变量的上界为 ub =[60.66，60.66，60.66，60.66]。非线性约束（nonlcon）通过调用约束函数（@ mycon）进行设置。约束函数 mycon 中，可由式（2.65）建立机构尺寸参数 l_1，l_2 和 e 与优化变量之间的关系，并由模型式（E2-9.1）中的 g_1，g_2，g_3 和 g_4 构造非线性不等式约束。

（3）机构优化综合　赋予上述六组初始值，调用有约束曲柄滑块机构运动综合程序 **KS-CS**，对给定运动刚体十位置进行优化求解，每组初始值平均时间为25.9927s，得到相应的六个优化结果，见表2.16。显然，优化结果没有收敛到初始值（GⅠ ~GⅥ，全部不满足约束条件），而得到新特征点 $P_1 \sim P_8$，并且由初始值GⅢ、GⅣ和GⅥ出发优化得到同一结果。特征点 P_1、P_3、P_5、P_7 为鞍圆点，其参数见表2.17，特征点 P_2、P_4、P_6、P_8 为鞍滑点，其参数见表2.18。

表2.16 十位置曲柄滑块机构鞍点综合的六个可行解

	初始值	两个运动铰链点	机构尺寸参数	最大杆长比	最小传动角/(°)	目标函数值
可行解一	GⅠ	P_1-P_2	$l_1=9.0280$，$l_2=17.4945$ $e=4.3736$	4	40	0.673841
可行解二	GⅡ	P_3-P_4	$l_1=9.3210$，$l_2=18.0623$ $e=4.5156$	4	40	0.651078

（续）

	初始值	两个运动铰链点	机构尺寸参数	最大杆长比	最小传动角/(°)	目标函数值
可行解三	GⅢ	P_5-P_6	l_1 =9. 2948，l_2 = 18. 0115 e = 4. 5029	4	40	2. 232560
可行解四	GⅣ	P_5-P_6	l_1 =9. 2948，l_2 = 18. 0115 e = 4. 5029	4	40	2. 232560
可行解五	GⅤ	P_7-P_8	l_1 =12. 5413，l_2 = 25. 4003 e = 6. 5281	3. 89	41. 34	6. 740214
可行解六	GⅥ	P_5-P_6	l_1 =9. 2948，l_2 = 18. 0115 e = 4. 5029	4	40	2. 232560

表 2. 17　十位置曲柄滑块机构综合的鞍圆点及其鞍圆参数

	运动铰链点坐标		鞍　圆			
			圆 心 坐 标		半　径	鞍 圆 误 差
	x_{Pm}	y_{Pm}	x_C	y_C	r	δ_{rr}
P_1	-1. 9283	2. 2629	16. 1628	17. 5870	9. 0280	0. 010796
P_3	-1. 8730	1. 2129	15. 1216	17. 4943	9. 3210	0. 295778
P_5	-1. 1714	34. 2713	46. 4629	19. 7589	9. 2948	1. 883346
P_7	10. 5511	40. 0710	54. 1880	6. 7001	12. 5413	4. 342779

表 2. 18　十位置曲柄滑块机构综合的鞍滑点及其鞍线参数

	运动铰链点坐标		鞍 线 参 数		鞍 线 误 差
	x_{Pm}	y_{Pm}	h	ϕ	δ_{pr}
P_2	-5. 3890	19. 4117	22. 4427	1. 5405	0. 663045
P_4	-5. 8755	18. 8262	22. 0542	1. 5679	0. 355300
P_6	-8. 4361	17. 7899	23. 7208	1. 5824	0. 349233
P_8	11. 5603	14. 6908	10. 0747	1. 3849	2. 397428

在表 2. 16 的六个优化结果中，选取目标函数值——两个运动铰链点鞍圆误差与鞍线误差之和最小的前两组机构作为最终的可行方案，综合所得机构实现的位置与给定离散位置的误差分别见表 2. 19 和表 2. 20。

表 2.19 十位置机构近似综合可行解一的位置误差

位　置	$\Delta x_{O\mathrm{mf}}^{(i)}$	$\Delta y_{O\mathrm{mf}}^{(i)}$	$\Delta\gamma^{(i)}$	位　置	$\Delta x_{O\mathrm{mf}}^{(i)}$	$\Delta y_{O\mathrm{mf}}^{(i)}$	$\Delta\gamma^{(i)}$
1	0.0534	-0.1012	0.0289	6	-0.0601	0.0276	-0.0604
2	0.0621	-0.0975	0.0358	7	-0.0592	0.1072	-0.0598
3	0.0733	-0.0767	0.0367	8	-0.0509	-0.0217	-0.0107
4	0.0463	-0.0197	0.0294	9	0.0277	-0.0748	0.0040
5	-0.0463	0.0465	-0.0068	10	-0.0671	0.0246	0.0152

表 2.20 十位置机构近似综合可行解二的位置误差

位　置	$\Delta x_{O\mathrm{mf}}^{(i)}$	$\Delta y_{O\mathrm{mf}}^{(i)}$	$\Delta\gamma^{(i)}$	位　置	$\Delta x_{O\mathrm{mf}}^{(i)}$	$\Delta y_{O\mathrm{mf}}^{(i)}$	$\Delta\gamma^{(i)}$
1	-0.2363	-0.3202	0.0319	6	0.2547	0.2450	-0.0544
2	0.0651	-0.2034	0.0265	7	-0.2607	0.2433	-0.0391
3	-0.1101	0.0445	0.0158	8	0.1198	-0.1448	0.0198
4	-0.2023	-0.2322	0.0325	9	0.2479	0.2781	-0.0019
5	-0.0488	-0.0486	0.0042	10	-0.0788	-0.0036	0.0182

2.5.3.3 四位置综合

当给定运动刚体四个位置时，刚体平面上的圆点有无穷多个，而滑点却最多存在一个。由于运动刚体平面存在圆点和滑点，组成的平面滑块四杆机构引导运动刚体通过给定的位置，往往定性为精确位置运动综合问题。但在实际上，有限的精确解有时并不能满足性能约束条件，需要牺牲精确位置换取满足约束，采用近似运动综合。本节以若干数值算例说明如何通过自适应综合方法实现机构的四位置运动综合。

对于给定平面运动刚体四个位置综合曲柄滑块机构，需要确定一个圆点和一个滑点。而刚体平面上的圆点分布在圆点曲线上，滑点的数目最多只有一个。当存在滑点时，使其与圆点曲线上任意圆点进行组合，则可构成平面滑块机构使其精确实现给定的四个位置，但是否满足约束要求还需要检验。当不满足要求或不存在滑点时，则需要在运动刚体上优化搜索其他合适点。因为对于四个位置只有一个滑点（谷底），也不存在定义 2.4 意义上的鞍滑点，只能用相对误差较小而又符合约束条件的接近点——近似滑点，故以圆点曲线上任意圆点与近似滑点进行组合和优化，得到平面滑块机构近似实现给定的四个位置。

【例 2-10】 给出的平面运动刚体的四个离散位置（$x_{O\mathrm{mf}}^{(i)}$，$y_{O\mathrm{mf}}^{(i)}$，$\gamma^{(i)}$），$i=1$，2，3，4，见表 2.13，试综合平面曲柄滑块机构，要求其最小许用传动角 $[\gamma]=15°$，最大许用杆长比 $[l]=4$。

解： 对于平面曲柄滑块机构四位置的运动综合，同样是在刚体平面上得到两个特征点——圆点 $P_1(x_{P\mathrm{m1}}, y_{P\mathrm{m1}})$ 和鞍滑点 $P_2(x_{P\mathrm{m2}}, y_{P\mathrm{m2}})$，使得这两个特征点对应的鞍圆和鞍线误差之和取得最小值，其运动综合模型同式（E2-9.1），只是其中的位置数 $i=1$，2，3，4。

根据鞍滑点的运动综合模型式（2.45）以及运动刚体上无约束条件下鞍滑点子程序

AprP，对运动刚体上的鞍滑点进行优化搜索，其坐标为（-2.4728，0.1757），鞍滑点轨迹鞍线的参数为 $\phi=1.1071$，$h=0.3930$，鞍线误差为 7.353612×10^{-9}。

对于给定平面运动刚体的四个离散位置，运动刚体上的圆点均分布在圆点曲线上，在圆点曲线上任意选择一个圆点，与上述滑点构成平面曲柄滑块机构，由式（2.65）得到其尺寸参数，并通过约束条件式（2.66）~式（2.69）判断其是否满足曲柄存在，最小传动角以及最大杆长比的约束条件。三组满足约束要求的平面曲柄滑块机构尺寸参数，见表 2.21。

表 2.21　曲柄滑块机构尺寸参数

序号	圆　点		圆　心　点		机构尺寸参数	最大杆长比	最小传动角/(°)
	x_{Pm}	y_{Pm}	x_C	y_C	l_1，l_2，e		
1	0.8357	3.4099	1.1260	1.7403	$l_1=2.7623$，$l_2=4.6267$，$e=1.6672$	2.78	16.79
2	0.8237	3.3888	1.1255	1.7424	$l_1=2.7369$，$l_2=4.6033$，$e=1.6688$	2.76	16.85
3	0.5249	2.8765	1.1121	1.8009	$l_1=2.1163$，$l_2=4.0349$，$e=1.7151$	2.35	18.27

2.5.3.4　三位置综合

当给定平面运动刚体的三个位置时，刚体上任意点均可以作为圆点。而刚体上的滑点分布在刚体平面上的一个圆曲线上，同样为无穷多个。因此，任意选择一个圆点以及在滑点圆曲线上选择一个滑点可构成平面滑块机构，精确引导刚体通过给定的三个位置，考虑到运动约束条件，适当调整圆点和滑点的组合就能满足设计要求。因此，给定三个位置的曲柄滑块机构精确综合没有什么值得讨论的，除非所综合的机构具有更高的性能要求。

2.6　平面六杆机构的近似间歇运动函数综合

间歇机构将原动件的连续输入运动变换为从动件的间歇输出运动，在工业生产中有非常广泛的应用，尤其是在轻工、纺织等领域。六杆机构的间歇运动变换有着诸多优于凸轮等间歇机构的特点，如结构简单、易于制造与维修、动态性能好等特性，但实现间歇运动函数的六杆机构综合方法还有待完善。本节介绍基于曲线自适应的拟合方法在六杆机构间歇运动综合中的应用。

2.6.1　间歇运动函数与机构鞍点综合基本形式

函数综合采用连杆机构的两个连架杆对应位移实现给定的函数关系，对于一般非间歇连续位移，可以采用在本章 2.5.1.3 节所述的四杆机构两个连架杆对应位移函数关系实现；而对于含有间歇部分的函数，四杆机构无法实现，需要采用六杆机构。间歇运动函数自变量和应变量对应不同的输入、输出运动类型和间歇方式，需要采用不同的六杆机构，如角位移-角位移、角位移-线位移等，可以实现间歇运动函数的平面六杆机构有 7R、6RP、5RPR 等，在此简单阐述。

2.6.1.1 间歇运动函数

间歇运动函数是输入与输出位移之间具有输出参数为常数（即停歇）部分的函数关系，一般包括前运动、停歇、后运动三部分，其数学方程描述为：

$$F=\begin{cases}F_1(\theta) & \theta_1\leqslant\theta<\theta_2\\ F_0 & \theta_2\leqslant\theta\leqslant\theta_3\\ F_2(\theta) & \theta_3<\theta\leqslant\theta_4\end{cases}\tag{2.70}$$

式中，θ 为输入位移参数；F 为输出位移；$\theta_1\sim\theta_2$、$\theta_2\sim\theta_3$ 和 $\theta_3\sim\theta_4$ 分别为前运动、停歇和后运动部分的输入参数范围，如图 2.34 所示。

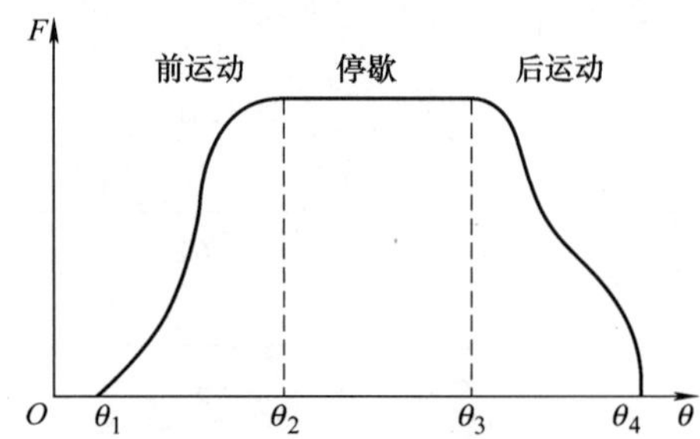

图 2.34 输入与输出参数之间的间歇运动函数示意图

对于平面六杆机构函数综合而言，输入位移参数一般是一个连架杆的角位移 θ，而输出位移参数可以是另一连架杆的角位移 ψ，也可以是线位移 S，可以将式（2.70）中的 F 分别替换为 ψ 或 S。

间歇运动函数的突出特性主要体现在周期性和常数（停歇段）部分。间歇运动函数周期可能大于或小于 2π，在综合六杆机构时需要将函数变换为对应原动件转角周期。常数部分意味着输出运动停歇，但前运动和后运动部分又是常数部分的保证。通常情况下，不仅需要间歇运动机构实现停歇部分，而且对前运动部分和后运动部分也有较高要求，在高速运动情况下对动力学性能影响尤为显著。虽然在凸轮机构设计的相关文献中对间歇运动设计已有阐述，但由于六杆机构的动力学性能相对见长，所以仍然是六杆机构综合值得研究的课题。

2.6.1.2 六杆机构近似间歇运动综合的基本形式

利用平面六杆机构中的两连架杆对应位移实现给定函数关系，一般指单自由度平面六杆机构，如图 2.35a 所示 WATT 链和图 2.35b 所示 STEPHESON 链两种类型。无论是 WATT 链还是 STEPHESON 链，都可以看成为在四杆机构的基础上增加二级杆组而得到，只是二级杆组添加的位置不同。由于 WATT 链是两个三副杆直接连接，在基础四杆机构上附加二级杆组连接连架杆和机架，如图 2.35a 所示，所附加二级杆组不能形成间歇输出运动。而 STEPHESON 链是在基础四杆机构上附加二级杆组连接连杆和机架，由于四杆机构的连杆曲线形态各异，丰富多彩，STEPHESON 链平面六杆机构可以实现各种各样的间歇运动函数。

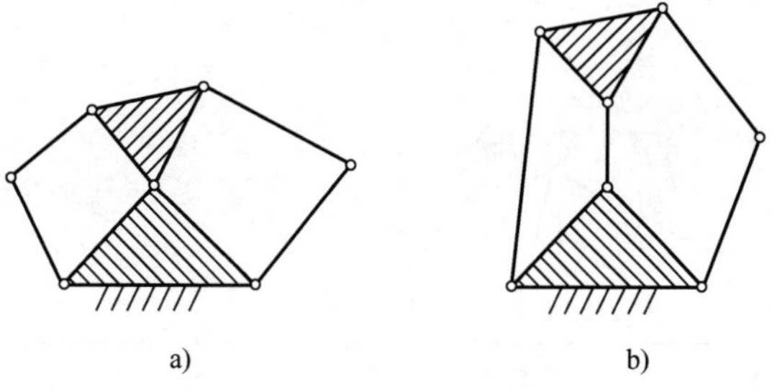

图 2. 35　平面六杆运动链

a）WATT 链　b）STEPHESON 链

平面 STEPHESON 链六杆机构实现间歇运动，一般由基础四杆机构的一个连架杆（曲柄）作为输入构件，而由连杆点带动附加二级杆组中的连架杆实现间歇运动输出，即附加二级杆组类型决定输出运动类型，而该连杆点的轨迹曲线具有特殊的几何性质决定了输出构件的运动特性。二级杆组类型有 3R，RPR，PRR 三种，3R 和 RPR 两种分别为摇杆和导杆输出回转运动，如图 2. 36a 和图 2. 37 所示，而 PRR 为滑块输出直线移动，如图 2. 36b 所示。由第 1 章平面四杆机构连杆曲线的分布规律可知，连杆曲线中含有圆弧、直线、尖点、二重点以及对称性等多种类型与特征，使得输出构件（摇杆、导杆或滑块）的角位移或线位移能够实现单循环与多循环的对称或非对称的输出间歇运动等。

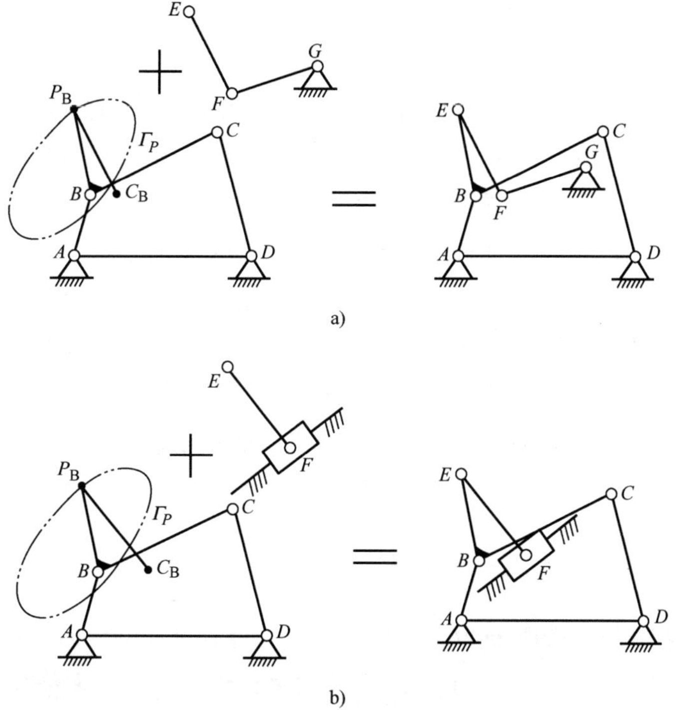

图 2. 36　六杆间歇机构

a）7R 六杆间歇机构　b）6RP 六杆间歇机构

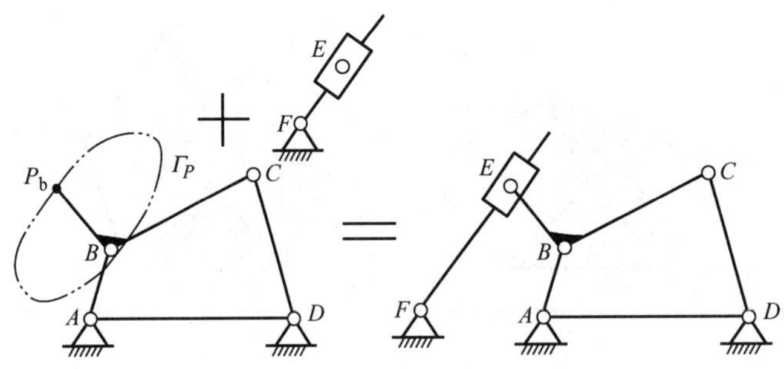

图 2.37　5RPR 六杆间歇机构

如图 2.36 所示，若连杆点 P 为连杆平面上的某瞬时 Burmester 点 P_B，则其连杆曲线 Γ_P 在该瞬时与圆高阶接触，对应的曲率中心为 C_B，如图 2.36a 所示，将二级杆组 RRR 首末两个回转副的中心 E 与 F 置于连杆上瞬时 Burmester 点 P_B 以及机架上曲率中心 C_B，则得到平面全铰链 7R 六杆间歇运动机构，可实现摇杆的瞬时间歇转动；若将二级杆组 PRR 后两个回转副的中心 E 与 F 置于连杆上瞬时 Burmester 点 P_B 以及机架上曲率中心 C_B，如图 2.36b 所示，则得到平面 6RP 六杆间歇运动机构，可实现滑块的瞬时间歇移动。

如图 2.37 所示，若某瞬时连杆点 P 为连杆平面上的 Ball 点 P_b，则其连杆曲线 Γ_P在该瞬时与直线高阶接触。将二级杆组 RPR 的回转副中心 E 置于连杆上瞬时 Ball 点 P_b，机架上移动副的导向直线与连杆曲线 Γ_P在 P_b 点的密切直线重合，则得到平面 5RPR 六杆间歇运动机构，可实现导杆的瞬时间歇转动。

连杆曲线上的 Burmester 点或者 Ball 点可以确定二级杆组中输出构件局部小范围内的间歇运动，而要求局部较大范围的间歇运动输出时，必须要求基础四杆机构的连杆曲线在较大范围接近圆弧或直线，这对于依赖经验的设计者来说往往是困难的课题，尤其是对于非对称间歇运动及在多循环特征情况下更困难，难以统筹前运动、停歇、后运动三部分运动要求，而凸轮机构则在此占据优势。因此，六杆间歇运动机构综合的关键是在于，如何确定较大范围近似圆弧或者直线的连杆曲线，这也是平面机构运动几何学的重要应用领域，理应有所建树。本节在第 1 章连杆曲线分布规律的基础上，根据间歇运动要求和 2.3 节、2.4 节简单曲线的自适应综合方法，选择具有合适特征的连杆曲线，从 STEPHENSON 型六杆间歇机构的特点出发，提出适应于六杆间歇机构综合的平面简单曲线的局部自适应拟合方法，建立兼顾前运动、停歇、后运动三部分运动函数的数学模型和求解方法。

2.6.2　连杆曲线局部自适应拟合方法

平面四杆机构连杆曲线的特征取决于连杆点 P 在连杆平面的坐标（x_{Pm}，y_{Pm}）。如果将机构的输入角 φ 离散化为 $\varphi^{(i)}$，$i=1$，…，n，则得到连杆点 P 的离散轨迹点集 $\{\boldsymbol{R}_P^{(i)}\}=\{(x_P^{(i)},\ y_P^{(i)})^{\mathrm{T}}\}$，即：

$$\boldsymbol{R}_P^{(i)}=(l_1\cos\varphi^{(i)}+x_{Pm}\cos\gamma^{(i)}-y_{Pm}\sin\gamma^{(i)})\ \boldsymbol{i}_{\mathrm{f}}+$$

$$(l_1\sin\varphi^{(i)}+x_{Pm}\sin\gamma^{(i)}+y_{Pm}\cos\gamma^{(i)})\ \boldsymbol{j}_f \tag{2.71}$$

式中，$\gamma^{(i)}$为连杆与机架的夹角，l_1为原动件（连架杆）的杆长。当输入转角$\varphi^{(i)}$从$\varphi^{(j)}$到$\varphi^{(j+\Delta j)}$时，得到P点连杆曲线上的拟合曲线段$\overline{P^{(j)}P^{(j+\Delta j)}}$，以下简称拟合段。其中$j$为1到$n$中的任一取值，$\Delta\varphi=\varphi^{(j+\Delta j)}-\varphi^{(j)}$为拟合段对应输入转角范围。若要衡量该拟合段与圆的近似程度，需要进行浮动圆拟合，根据前面提出的鞍圆拟合方法，建立曲线局部鞍圆拟合优化模型为：

$$\begin{cases}\Delta^{(j)}=\min\limits_{\boldsymbol{x}}\max\limits_{j\leqslant \mathrm{I}\leqslant j+\Delta j}\{\Delta^{(I)}(\boldsymbol{x})\}\\ \quad\ =\min\limits_{\boldsymbol{x}}\max\limits_{j\leqslant \mathrm{I}\leqslant j+\Delta j}\left\{\left|\sqrt{(x_P^{(I)}-x_C)^2+(y_P^{(I)}-y_C)^2}-r\right|\right\}\\ \text{s. t.}\qquad r\in(0,+\infty)\end{cases} \tag{2.72}$$

式中的目标函数$\{\Delta^{(I)}(\boldsymbol{x})\}$为该拟合段上所有离散点到任意一浮动圆的法向误差集合，优化变量$\boldsymbol{x}=(\boldsymbol{R}_C,\ r)^{\mathrm{T}}=(x_C,\ y_C,\ r)^{\mathrm{T}}$为拟合段局部浮动拟合圆的圆心坐标和半径，$\Delta^{(j)}$为所有离散点到局部鞍圆的最大法向误差。

输入转角范围$\Delta\varphi$决定了轨迹曲线上拟合段区域，$\varphi^{(j)}$与$\varphi^{(j+\Delta j)}$决定了拟合段在轨迹曲线上的位置。对于给定的$\Delta\varphi$，当j从1到n依次变化时，可以得到n段拟合曲线，每段曲线均可以通过优化模型式（2.72）确定出局部鞍圆以及最大法向误差$\Delta^{(j)}$。必有一个拟合段曲线（或者同时存在几段曲线）使得该最大法向误差$\Delta^{(j)}$取得最小值$\Delta^{(j_0)}$，即$\Delta^{(j_0)}=\min\limits_{1\leqslant j\leqslant n}(\Delta^{(j)})$，从而给出定义：

定义2.5　依据被拟合轨迹点集$\{\boldsymbol{R}_P^{(i)}\}$的性质与给定转角范围$\Delta\varphi$，并按最大法向拟合误差最小为原则得到的所有拟合曲线段中，拟合误差最小的拟合圆称为P点轨迹的**局部鞍圆**。

对于P点的连杆曲线上拟合段$\overline{P^{(j)}P^{(j+\Delta j)}}$，若要衡量其与直线的逼近程度，需要对该拟合段进行浮动直线拟合，根据前面提出的鞍线拟合方法，建立曲线局部鞍线拟合优化模型为：

$$\begin{cases}\Delta^{(j)}=\min\limits_{\boldsymbol{x}}\max\limits_{j\leqslant I\leqslant j+\Delta j}\{\Delta^{(I)}(\boldsymbol{x})\}\\ \quad\ =\min\limits_{\boldsymbol{x}}\max\limits_{j\leqslant I\leqslant j+\Delta j}\{|x_P^{(I)}\cos\phi+y_P^{(I)}\sin\phi-h|\}\\ \text{s. t.}\quad h\in[0,+\infty),\phi\in[0,2\pi)\end{cases} \tag{2.73}$$

式中目标函数$\{\Delta^{(I)}(\boldsymbol{x})\}$为该曲线段上所有离散点到任意一浮动拟合直线的法向误差集合，优化变量$\boldsymbol{x}=(h,\ \phi)^{\mathrm{T}}$为曲线段浮动拟合直线的参数，$\Delta^{(j)}$为所有离散点到鞍线的最大法向误差。

对于给定的$\Delta\varphi$，当j从1到n依次变化时，每段曲线均可以通过优化模型式（2.73）确定出局部鞍线以及最大法向误差$\Delta^{(j)}$，必有一段曲线（或者同时存在几段曲线）使得该最大法向误差$\Delta^{(j)}$取得最小值$\Delta^{(j_0)}$，即$\Delta^{(j_0)}=\min\limits_{1\leqslant j\leqslant n}(\Delta^{(j)})$，从而给出定义：

定义 2.6 依据被拟合轨迹点集 $\{\boldsymbol{R}_P^{(i)}\}$ 的性质与给定转角范围 $\Delta\varphi$，按最大法向拟合误差最小为原则得到的所有曲线段中，拟合误差最小的拟合直线，称为 P 点轨迹的**局部鞍线**。

上述定义 2.5 和定义 2.6 明确了连杆曲线的局部拟合范围与误差评定标准，具有确定性和可比性。

2.6.3 间歇运动函数的六杆机构近似综合

对于给定式（2.70）的间歇运动函数 $F=F(\theta)$，$\theta\in(\theta_1,\ \theta_4)$，如上所述，如属于角位移-角位移输入、输出函数，可以采用 7R 或 5RPR 六杆机构实现，而属于角位移-线位移输入、输出函数，可以采用 6RP 六杆机构实现。六杆机构间歇运动函数综合的核心是数学模型，主要包括基础四杆机构确定、四杆机构连杆曲线优选、附加二级杆组优化等。由于基础四杆机构及其连杆曲线的运动几何学在第 1 章进行了详细阐述，在此不再赘述，主要讨论附加二级杆组的优化模型。

2.6.3.1 平面 7R 六杆机构近似间歇运动函数综合

在 7R 六杆机构间歇运动函数综合时，附加 3R 二级杆组（EFG）两端分别连接连杆点 P 和机架铰链点 G，如图 2.38 所示。因此，需要确定附加 3R 二级杆组的优化模型、优化铰链点 P 与 G 的位置和杆长 l_5 与 l_6。

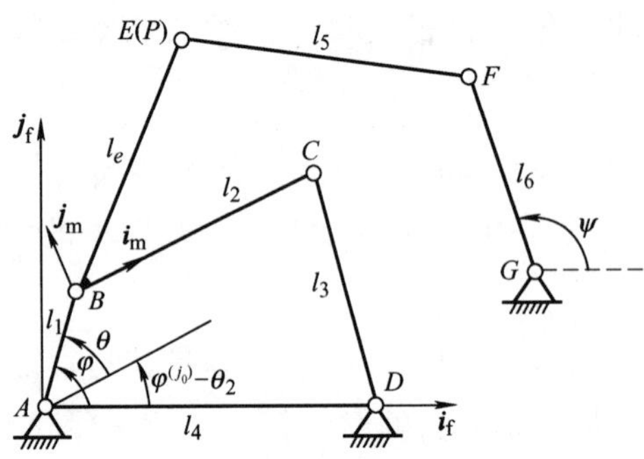

图 2.38 平面六杆 7R 机构间歇运动函数综合

（1）基础四杆机构上连杆点 P 与杆长 l_5 设基础四杆机构 $ABCD$ 的连杆点 P 在连杆坐标系 $\{\boldsymbol{B};\ \boldsymbol{i}_{\mathrm{m}},\ \boldsymbol{j}_{\mathrm{m}}\}$ 中的坐标为 $(x_{P\mathrm{m}},\ y_{P\mathrm{m}})$，即 $l_e=\sqrt{x_{P\mathrm{m}}{}^2+y_{P\mathrm{m}}{}^2}$。$P$ 点的连杆曲线离散点集 $\{\boldsymbol{R}_P^{(i)}\}$，$i=1,\ \cdots,\ n$ 可由式（2.71）得到，停歇部分对应基础四杆机构输入转角范围为 $\Delta\varphi=\theta_3-\theta_2$，对于离散点集 $\{\boldsymbol{R}_P^{(i)}\}$，$i=1,\ \cdots,\ n$，可由优化模型式（2.72）得到其上任意一曲线段 $\overline{P^{(j)}P^{(j+\Delta j)}}$ 的局部鞍圆以及对应的最大拟合误差，局部鞍圆的圆心 F 在机架坐标系中的坐标为 $(x_{F0},\ y_{F0})$，半径为 r；以半径 r 作为二级杆组中连杆 EF 的杆长 l_5。基础四杆机构在间歇段的初始输入转角为 $\varphi^{(j_0)}$，则 7R 六杆间歇机构的初始输入相位角应为 $\varphi^{(j_0)}-\theta_2$。

（2）铰链点 G 和杆长 l_6 设在固定坐标系 $\{\boldsymbol{A};\ \boldsymbol{i}_{\mathrm{f}},\ \boldsymbol{j}_{\mathrm{f}}\}$ 中铰链点 G 的坐标为 $(x_G,\ y_G)$，则二级杆组 RRR 中连杆 FG 的杆长为：

$$l_6 = \sqrt{(x_G - x_{F0})^2 + (y_G - y_{F0})^2} \tag{2.74}$$

（3）7R 六杆机构的优化模型　在所综合的 7R 六杆机构实际运动过程中，期望在运动停歇部分时铰链点 F 处于静止状态，但由于鞍圆的拟合误差存在使得铰链点 F 也会有微小运动（位移），即点 F 在固定坐标系 $\{\boldsymbol{A};\ \boldsymbol{i}_f,\ \boldsymbol{j}_f\}$ 中的坐标（x_F，y_F）可由下列方程组求得：

$$\begin{cases}(x - x_P)^2 + (y - y_P)^2 = l_5^2 \\ (x - x_G)^2 + (y - y_G)^2 = l_6^2\end{cases} \tag{2.75}$$

解得铰链点 F 的坐标为：

$$\begin{cases}x_F = x_P + p(x_G - x_P) - q(y_G - y_P) \\ y_F = y_P + p(y_G - y_P) - q(x_G - x_P)\end{cases} \tag{2.76a}$$

其中

$$\begin{cases}p = \dfrac{1}{2} + \dfrac{1}{2}\dfrac{l_5^2 - l_6^2}{(x_G - x_P)^2 + (y_G - y_P)^2} \\ q = M\sqrt{\dfrac{l_5^2}{(x_G - x_P)^2 + (y_G - y_P)^2} - p^2}\end{cases} \tag{2.76b}$$

根据（x_{F0}，y_{F0}）所决定的初始位置，式（2.76b）中的 M 取 $+1$ 或 -1。若 $y_F \geqslant y_G$，则：

$$\psi = \arccos\left(\frac{x_F - x_G}{\sqrt{(x_F - x_G)^2 + (y_F - y_G)^2}}\right) \tag{2.77}$$

若 $y_F < y_G$，则有：

$$\psi = 2\pi - \arccos\left(\frac{x_F - x_G}{\sqrt{(x_F - x_G)^2 + (y_F - y_G)^2}}\right) \tag{2.78}$$

当输入转角 $\varphi^{(i)}$ 从 $\varphi^{(j_0)}$ 到 $\varphi^{(j_0 + \Delta j)}$ 时，由式（2.74）~式（2.78）可以得到停歇段的实际输出函数 $\psi_{\mathrm{I}}^{(i)}$，当输入转角 $\varphi^{(i)}$ 为其他角度时，则可由式（2.74）~式（2.78）得到非间歇阶段的实际输出函数 $\psi_{\mathrm{II}}^{(i)}$，而停歇段以及非停歇段预期的输出函数分别为 $\overline{\psi}_{\mathrm{I}}^{(i)}$ 和 $\overline{\psi}_{\mathrm{II}}^{(i)}$，并由式（2.70）确定，不妨令：

$$\begin{cases}F_1(\boldsymbol{X}) = \max(|\psi_{\mathrm{I}}^{(i)} - \overline{\psi}_{\mathrm{I}}^{(i)}|) \\ F_2(\boldsymbol{X}) = \max(|\psi_{\mathrm{II}}^{(i)} - \overline{\psi}_{\mathrm{II}}^{(i)}|)\end{cases} \tag{2.79}$$

式中，$F_1(\boldsymbol{X})$ 与 $F_2(\boldsymbol{X})$ 分别为停歇部分与非停歇部分的误差函数。本书中采用简单的线性加权法构造新的评价函数，即：

$$F(\boldsymbol{X}) = \lambda F_1(\boldsymbol{X}) + (1 - \lambda) F_2(\boldsymbol{X}) \tag{2.80}$$

以上述函数最小为目标函数，从而建立平面全铰链 7R 六杆间歇运动机构的近似函数综合模型为：

$$\begin{cases}\min\limits_{X} F(\boldsymbol{X}) \\ \text{s. t.} \quad \boldsymbol{X}=(x_{P\mathrm{m}}, y_{P\mathrm{m}}, x_G, y_G)^{\mathrm{T}} \\ \qquad g_k(\boldsymbol{X}) \leqslant 0, \quad k=1,2\cdots,m\end{cases} \tag{2.81}$$

该综合模型具体内容包括：

1）目标函数为间歇部分和非间歇部分的最大误差加权和，可由式（2.74）~式（2.80）求得。优化变量 $\boldsymbol{X}=(x_{P\mathrm{m}},\ y_{P\mathrm{m}},\ x_G,\ y_G)^{\mathrm{T}}$中，$(x_{P\mathrm{m}},\ y_{P\mathrm{m}})$ 为连杆点 P 在连杆坐标系中的坐标，$(x_G,\ y_G)$ 为固定铰链点 G 在固定坐标系中的坐标。

2）约束方程。

① 杆长比约束：

$$g_1(\boldsymbol{X})=\max(l_1,l_2,l_3,l_4,l_e,l_5,l_6)/\min(l_1,l_2,l_3,l_4,l_e,l_5,l_6)-[l]\leqslant 0 \tag{2.82}$$

式中，$[l]$ 为最大杆长比。

② 杆长大于零：

$$g_2(\boldsymbol{X})=\varepsilon-\min(l_1,l_2,l_3,l_4,l_e,l_5,l_6)\leqslant 0 \tag{2.83}$$

式中，ε 为限制最小杆长的小正数。

③ 二级杆组的杆长约束。基础四杆机构连杆点 P 与二级杆组末端点 E 有相同的工作范围时，六杆间歇运动机构才能正常工作，即 G 点的位置和二级杆杆长需要满足相应位置关系，G 点到 P 点的距离为：

$$\begin{cases}d_{PG}^{(i)}=\sqrt{(x_P^{(i)}-x_G)^2+(y_P^{(i)}-y_G)^2} \\ d_{\max}=\max\limits_{i}(d_{PG}^{(i)}) \\ d_{\min}=\min\limits_{i}(d_{PG}^{(i)})\end{cases} \tag{2.84}$$

则二级杆组的杆长需满足：

$$\begin{cases}l_5+l_6\geqslant d_{\max} \\ |l_5-l_6|\leqslant d_{\min}\end{cases} \tag{2.85}$$

④ 传动角约束：

$$g_3(\boldsymbol{X})=[\gamma]-\gamma_{\min}\leqslant 0 \tag{2.86}$$

式中，$[\gamma]$ 为最小许用传动角，$\gamma_{\min}$为最小传动角，其值为

$$\gamma_{\min}=\min\left[\arccos\left(\frac{l_5^2+l_6^2-d_{\min}{}^2}{2l_5l_6}\right),\pi-\arccos\left(\frac{l_5^2+l_6^2-d_{\max}{}^2}{2l_5l_6}\right)\right] \tag{2.87}$$

3）优化初始值。平面全铰链 7R 六杆间歇机构的近似函数综合就是分别在连杆平面上确定出铰链点 P 和在机架上确定出铰链点 G。对于铰链点 P 的初始值，为保证最大杆长比 $[l]$ 要求，按下式给出其区域：

$$\begin{cases} a_1 = \min(l_1, l_2, l_3, l_4) \\ a_2 = \max(l_1, l_2, l_3, l_4) \\ r_{in} = \dfrac{a_2}{[l]}, r_{out} = a_1[l] \end{cases} \tag{2.88}$$

式（2.88）定义了以铰链点 B 点为中心，以$\dfrac{a_2}{[l]}$和 $a_1[l]$ 为内外环半径的圆环区域。利用第1章中Burmester点的公式（1.81）计算出给定基础四杆机构该区域中的Burmester点的坐标，作为铰链点 P 坐标的优化初始值。而对于固定铰链点 G，其坐标初始值按下式产生：

$$\begin{cases} a_3 = \min(l_1, l_2, l_3, l_4, l_5, l_e) \\ a_4 = \max(l_1, l_2, l_3, l_4, l_5, l_e) \\ x_G = x_{F0} - \left\{\dfrac{a_4}{[l]} + c_1\left(a_3[l] - \dfrac{a_4}{[l]}\right)\right\}\cos\psi_0 \\ y_G = y_{F0} - \left\{\dfrac{a_4}{[l]} + c_1\left(a_3[l] - \dfrac{a_4}{[l]}\right)\right\}\sin\psi_0 \end{cases} \tag{2.89}$$

式中，c_1为［0，1］区间上的随机数，（x_{F0}，y_{F0}）为铰链点 $P(x_{Pm}, y_{Pm})$ 的离散轨迹点集局部鞍圆的圆心在固定坐标系中的坐标，ψ_0为间歇阶段输出转角。

4）优化算法和结束准则。平面全铰链7R六杆间歇机构的近似函数综合模型为约束优化问题，本书中直接采用MATLAB优化工具箱中的fmincon函数进行求解，并通过optimset函数设置其计算结束准则。

2.6.3.2　平面6RP六杆间歇机构近似函数综合

在6RP六杆机构间歇运动函数综合时，附加PRR二级杆组（EFG）两端分别连接连杆铰链点 P 和机架上导路方向 FG，因此，附加PRR二级杆组的优化模型需要依据间歇运动函数特性，确定连杆点 P 与导路直线 FG 的位置和方向及杆长 l_5，如图2.39所示。由于6RP六杆机构的基础四杆机构和连杆上 P 点及杆长 l_5 的确定与7R六杆机构间歇运动函数综合相同，仅把局部鞍圆的圆心 F 点置于移动副的导路直线上即可，在此仅论述导路直线 FG 方向的确定与机构优化模型。

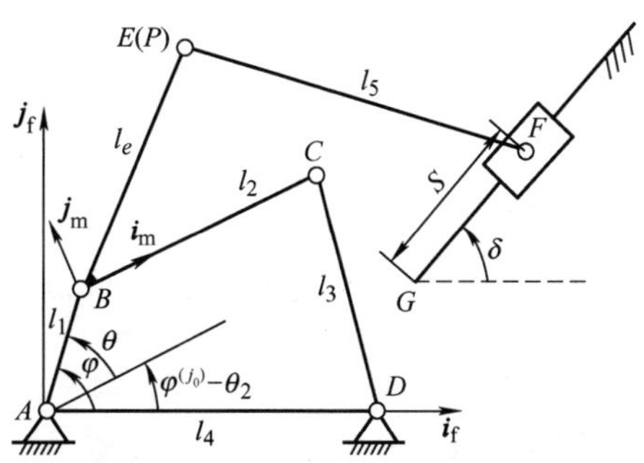

图2.39　6RP六杆间歇机构近似函数综合

在基础四杆机构和连杆上 P 点及杆长 l_5 确定后，得到局部鞍圆的圆心点 F，过 F 点作移动副的导路直线，不同的直线方向影响滑块输出间歇运动函数性质，尤其是前运动和后运动部分。同时，由于鞍圆的拟合误差存在，使得铰链点 F 也会有微小运动（位移）。

设二级杆组 PRR 中移动副导路的方向角为 δ，在机构实际运动过程中，铰链点 F 在固定坐标系 $\{\boldsymbol{A};\ \boldsymbol{i}_{\mathrm{f}},\ \boldsymbol{j}_{\mathrm{f}}\}$ 中的坐标（x_F，y_F）可由下列方程组求得：

$$\begin{cases}(x_F - x_P)^2 + (y_F - y_P)^2 = l_5^2 \\ y_F = (x_F - x_{F0})\tan\delta + y_{F0}\end{cases} \tag{2.90}$$

解方程组得：

$$\begin{cases}x_F = \dfrac{-b + M\sqrt{b^2 - 4ac}}{2a} \\ y_F = (x_F - x_{F0})\tan\delta + y_{F0}\end{cases} \tag{2.91a}$$

其中

$$\begin{cases}a = 1 + \tan^2\delta \\ b = 2d\tan\delta - 2x_P \\ c = x_P^2 + d^2 - l_5^2 \\ d = y_{F0} - x_{F0}\tan\delta - y_P\end{cases} \tag{2.91b}$$

同样，式（2.91a）中的 M 取 +1 或 −1 取决于（x_{F0}，y_{F0}）所决定的初始位置。则滑块的实际输出位移 S 为：

$$S^{(i)} = S_0 + (x_F^{(i)} - x_{F0})\cos\delta + (x_F^{(i)} - x_{F0})\sin\delta \tag{2.92}$$

当输入转角 $\varphi^{(i)}$ 从 $\varphi^{(j_0)}$ 到 $\varphi^{(j_0+\Delta j)}$ 时，由式（2.92）得到停歇段的实际输出位移函数 $S_{\mathrm{I}}^{(i)}$，当输入转角 $\varphi^{(i)}$ 为其他角度时，则可得到非间歇阶段的实际输出函数 $S_{\mathrm{II}}^{(i)}$，而间歇阶段以及非间歇阶段预期的输出函数分别为 $\overline{S}_{\mathrm{I}}^{(i)}$ 以及 $\overline{S}_{\mathrm{II}}^{(i)}$，不妨令：

$$\begin{cases}F_1(\boldsymbol{X}) = \max(|S_{\mathrm{I}}^{(i)} - \overline{S}_{\mathrm{I}}^{(i)}|) \\ F_2(\boldsymbol{X}) = \max(|S_{\mathrm{II}}^{(i)} - \overline{S}_{\mathrm{II}}^{(i)}|)\end{cases} \tag{2.93}$$

式中，$F_1(\boldsymbol{X})$ 与 $F_2(\boldsymbol{X})$ 分别为间歇部分与非间歇部分的误差函数。同样采用简单的线性加权法构造新的评价函数，即：

$$F(\boldsymbol{X}) = \lambda F_1(\boldsymbol{X}) + (1-\lambda)F_2(\boldsymbol{X}) \tag{2.94}$$

以上述误差函数最小为目标函数，从而建立平面 6RP 六杆间歇机构的近似函数综合模型为：

$$\begin{cases}\min\limits_{\boldsymbol{X}} F(\boldsymbol{X}) \\ \text{s. t.}\quad \boldsymbol{X} = (x_{P\mathrm{m}}, y_{P\mathrm{m}}, \delta)^{\mathrm{T}} \\ \qquad g_k(\boldsymbol{X}) \leqslant 0,\quad k = 1, 2, \cdots, m\end{cases} \tag{2.95}$$

该综合模型包括以下方面内容：

1）目标函数同样为间歇部分和非间歇部分的最大误差加权和，可由式（2.90）~式（2.94）求得。

优化变量 $\boldsymbol{X}=(x_{Pm},\ y_{Pm},\ \delta)^{\mathrm{T}}$ 中，$(x_{Pm},\ y_{Pm})$ 为连杆点 E 在连杆坐标系中的坐标，δ 为二级杆组 PRR 中移动副导路的方向角。

2）约束方程。

① 杆长比约束：

$$g_1(\boldsymbol{X})=\max(l_1,l_2,l_3,l_4,l_e,l_5)/\min(l_1,l_2,l_3,l_4,l_e,l_5)-[l]\leqslant 0 \tag{2.96}$$

式中，$[l]$ 为最大杆长比。

② 杆长大于零：

$$g_2(\boldsymbol{X})=\varepsilon-\min(l_1,l_2,l_3,l_4,l_e,l_5)\leqslant 0 \tag{2.97}$$

式中，ε 为限制最小杆长的小正数。

③ 二级杆组杆长约束。六杆机构实现间歇运动输出，二级杆组末端点 E 与基础四杆机构连杆点 P 的工作区域相同，二级杆组的杆长需要满足相关要求，即：

$$l_5\geqslant d_{\max} \tag{2.98}$$

其中 $d_{\max}$ 为 E 点到滑块导路的最大距离：

$$\begin{cases}d^{(i)}=\left|(x_P^{(i)}-x_{F0})(-\sin\delta)+(y_P^{(i)}-y_{F0})\cos\delta\right|\\ d_{\max}=\max(d^{(i)})\end{cases} \tag{2.99}$$

④ 传动角约束：

$$g_3(\boldsymbol{X})=[\gamma]-\gamma_{\min}\leqslant 0 \tag{2.100}$$

式中，$[\gamma]$ 为最小许用传动角，$\gamma_{\min}$ 为最小传动角，其值为 $\arccos\left(\dfrac{d_{\max}}{l_5}\right)$。

3）优化初始值。平面 6RP 六杆间歇机构的近似函数综合就是，分别在连杆平面上确定出铰链点 P 和在机架上确定出二级杆组中移动副导路的方向角，而方向角的取值范围为 $[0,\ \pi]$。其中铰链点 P 坐标初始值的选取同平面 7R 全铰链六杆间歇机构，而对于二级杆组中移动副导路的方向角，可由下式给出一定数量 n 的初始值进行优化搜索：

$$\begin{cases}c_1=\mathrm{rand}(n)\\ \delta=c_1\pi\end{cases} \tag{2.101}$$

4）优化算法和结束准则。平面 6RP 六杆间歇机构的近似函数综合模型同样为约束优化问题，其优化算法和结束准则同平面 7R 全铰链六杆间歇机构。

2.6.3.3　平面 5RPR 六杆间歇机构近似函数综合

在 5RPR 六杆机构间歇运动函数综合时，附加 RPR 二级杆组（EG）两端分别连接连杆

铰链点 P 和机架铰链点 G，如图 2.40 所示。因此，附加 RPR 二级杆组的优化模型需要依据间歇运动函数特性优化确定铰链点 P 与 G 的位置。

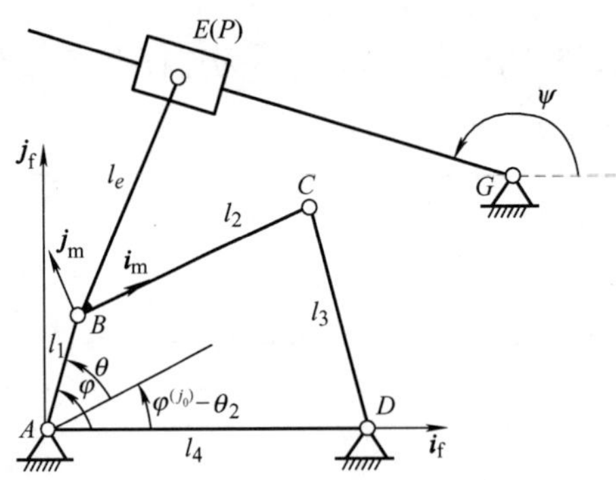

图 2.40　5RPR 六杆间歇机构近似函数综合

平面 5RPR 六杆间歇机构在给定基础四杆机构 $ABCD$ 的尺寸参数和间歇段输入转角范围的条件下，对于连杆上的任意一点，可由 2.5 节中的连杆曲线局部直线拟合得到其局部鞍线。同平面 7R 六杆间歇机构近似函数综合一样，基础四杆机构 $ABCD$ 的连杆点 P 在连杆坐标系 $\{\boldsymbol{B};\ \boldsymbol{i}_{\mathrm{m}},\ \boldsymbol{j}_{\mathrm{m}}\}$ 中的坐标为（$x_{P\mathrm{m}}$，$y_{P\mathrm{m}}$），则有 $l_e=\sqrt{x_{P\mathrm{m}}{}^2+y_{P\mathrm{m}}{}^2}$，$P$ 点在固定坐标系 $\{\boldsymbol{A};\ \boldsymbol{i}_{\mathrm{f}},\ \boldsymbol{j}_{\mathrm{f}}\}$ 中的离散轨迹点集 $\{\boldsymbol{R}_P^{(i)}\}$，$i=1,\ 2,\ \cdots,\ n$，同样用式（2.71）描述，并由优化模型式（2.73）得到 P 点离散轨迹点集上任意一曲线段 $\overline{P^{(j)}P^{(j+\Delta j)}}$ 的局部鞍线及其对应的最大拟合误差。通过比较判断，曲线段 $\overline{P^{(j_0)}P^{(j_0+\Delta j)}}$ 局部鞍线的最大拟合误差取得最小值，鞍线在固定坐标系 $\{\boldsymbol{A};\ \boldsymbol{i}_{\mathrm{f}},\ \boldsymbol{j}_{\mathrm{f}}\}$ 中的直线参数为（h_{f}，ϕ_{f}）。基础四杆机构在停歇段的初始输入转角为 $\varphi^{(j_0)}$，则停歇运动的初始输入相位角应为 $\varphi^{(j_0)}-\theta_2$。

设固定坐标系 $\{\boldsymbol{A};\ \boldsymbol{i}_{\mathrm{f}},\ \boldsymbol{j}_{\mathrm{f}}\}$ 中铰链点 G 的坐标为（x_G，y_G），但必须在局部拟合鞍线上，若 $y_P\geqslant y_G$，则：

$$\psi^{(i)}=\arccos\left(\frac{x_P^{(i)}-x_G}{\sqrt{(x_P^{(i)}-x_G)^2+(y_P^{(i)}-y_G)^2}}\right)\tag{2.102a}$$

若 $y_P<y_G$，则：

$$\psi^{(i)}=2\pi-\arccos\left(\frac{x_P^{(i)}-x_G}{\sqrt{(x_P^{(i)}-x_G)^2+(y_P^{(i)}-y_G)^2}}\right)\tag{2.102b}$$

当输入转角 $\varphi^{(i)}$ 从 $\varphi^{(j_0)}$ 到 $\varphi^{(j_0+\Delta j)}$ 时，由前述公式得到停歇段的实际输出转角函数 $\psi_{\mathrm{I}}^{(i)}$，当输入转角 $\varphi^{(i)}$ 为其他角度时，则可得到非间歇阶段的实际输出函数 $\psi_{\mathrm{II}}^{(i)}$，而间歇阶段和非间歇阶段预期的输出函数分别为 $\overline{\psi}_{\mathrm{I}}^{(i)}$ 和 $\overline{\psi}_{\mathrm{II}}^{(i)}$，不妨令：

$$\begin{cases} F_1(\boldsymbol{X}) = \max(|\psi_{\mathrm{I}}^{(i)} - \overline{\psi}_{\mathrm{I}}^{(i)}|) \\ F_2(\boldsymbol{X}) = \max(|\psi_{\mathrm{II}}^{(i)} - \overline{\psi}_{\mathrm{II}}^{(i)}|) \end{cases} \tag{2.103}$$

式中，$F_1(\boldsymbol{X})$ 和 $F_2(\boldsymbol{X})$ 分别为间歇部分和非间歇部分的函数误差。同样采用简单的线性加权法构造新的评价函数，即：

$$F(\boldsymbol{X}) = \lambda F_1(\boldsymbol{X}) + (1-\lambda) F_2(\boldsymbol{X}) \tag{2.104}$$

以上述误差函数最小为目标函数，从而建立平面 5RPR 六杆间歇机构的近似函数综合模型为：

$$\begin{cases} \min\limits_{X} F(\boldsymbol{X}) \\ \text{s. t.} \quad \boldsymbol{X} = (x_{P\mathrm{m}}, y_{P\mathrm{m}}, x_G, y_G)^{\mathrm{T}} \\ \qquad g_k(\boldsymbol{X}) \leqslant 0, \quad k = 1, 2 \cdots, m \end{cases} \tag{2.105}$$

该综合模型包括以下方面内容：

1）目标函数同样为间歇部分和非间歇部分的最大误差加权和，可由式（2.102a）~ 式（2.104）求得。

优化变量 $\boldsymbol{X} = (x_{P\mathrm{m}},\ y_{P\mathrm{m}},\ x_G,\ y_G)^{\mathrm{T}}$中，（$x_{P\mathrm{m}}$，$y_{P\mathrm{m}}$）为连杆点 P 在连杆坐标系中的坐标，（x_G，y_G）为二级杆组中固定铰链点 G 在固定坐标系中的坐标，但由于其满足条件（$\boldsymbol{R}_G - \boldsymbol{R}_{F0}) \times \boldsymbol{l} = 0$，所以仅有一个独立变量。

2）约束方程。

① 杆长比约束：

$$g_1(\boldsymbol{X}) = \max(l_1, l_2, l_3, l_4, l_e)/\min(l_1, l_2, l_3, l_4, l_e) - [l] \leqslant 0 \tag{2.106}$$

式中，$[l]$ 为最大杆长比。

② 杆长大于零：

$$g_2(\boldsymbol{X}) = \varepsilon - \min(l_1, l_2, l_3, l_4, l_e) \leqslant 0 \tag{2.107}$$

式中，ε 为限制最小杆长的小正数。

3）优化初始值。平面 5RPR 六杆间歇机构的近似函数综合，即分别在连杆平面上确定出铰链点 P 和在机架上确定出铰链点 G。对于铰链点 P 的初始值，与平面 7R 全铰链六杆间歇机构铰链点 P 坐标初始值的产生类似，仅仅把 Burmester 点替换为 Ball 点，再利用第 1 章中 Ball 点的公式（1.80），计算出给定基础四杆机构连杆平面区域中的 Ball 点坐标作为铰链点 P 坐标的优化初始值。固定坐标系中，P 点离散轨迹点集局部鞍线的直线参数为（h_{f}，ϕ_{f}），G 点应在该局部鞍线上取值，因此其初始值按下式产生：

$$\begin{cases} c_1 = c_0[2\mathrm{rand}(n) - 1] \\ x_G = h_{\mathrm{f}}\cos\phi_{\mathrm{f}} - c_1\sin\phi_{\mathrm{f}} \\ y_G = h_{\mathrm{f}}\sin\phi_{\mathrm{f}} + c_1\cos\phi_{\mathrm{f}} \end{cases} \tag{2.108}$$

式中，c_0为区域搜索系数。

4）优化算法和结束准则。平面5RPR六杆间歇机构的近似函数综合模型同样为约束优化问题，其优化算法和结束准则同平面7R全铰链六杆间歇机构一样。

2.6.3.4 对称间歇运动机构综合

第1章中的1.3.6节介绍了当曲柄摇杆机构的连杆杆长等于摇杆杆长时，连杆上存在一个对称圆，对称圆上任意点的轨迹均为对称连杆曲线。更进一步分析可以发现，对称连杆曲线的对称轴与连杆曲线最外端的两个交点分别对应着曲柄与机架重合的两个位置，即原动件的转角 $\varphi=0$ 以及 $\varphi=\pi$ 的时刻。若以该机构作为平面六杆间歇机构的基础四杆机构，以其对称圆上的点作为特征点来带动二级杆组，则可以使得六杆间歇机构实现对称间歇运动。

如图2.41a所示，若基础四杆机构对称圆上的点 E 某时刻恰为连杆平面上的Burmester点 E_{B1}，则其轨迹曲线在该点处与圆四阶接触，即在该点附近较大范围内为圆弧，E_{B1}关于对称轴的对称点 E_{B2}同样为Burmester点，轨迹曲线在含有该点处的较大范围内为圆弧。若连杆轨迹曲线在 E_{B1}点的曲率中心 F 恰好在对称轴上，分别将 E_{B1}点以及 F 点作为六杆间歇机构中二级杆组PRR中两个回转副的铰链中心，将对称轴作为移动副的移动导路，则该六杆间歇机构可以实现一个周期内的对称间歇运动。如图2.41a所示，在 S_1处实现停歇。其实这条件是太苛刻了，一条对称连杆曲线上含有两个Burmester点，即连杆平面上两条Burmester点曲线相交，而且交点恰好在对称圆上，同时Burmester点产生的轨迹曲线对应的曲率中心还在对称连杆曲线的对称轴上。这种情况也许会发生，应该是在采用微分几何学导出连杆曲线对称条件的解析方程，按照解析条件设计出相应的四杆机构后才能得到。

在实际应用中，往往要求更大角度范围内的停歇运动，这时连杆曲线上的Burmester点就难以满足要求，而且Burmester点的曲率中心很难保证在对称轴上。这时需要按照给定的间歇运动角度范围对连杆曲线进行局部鞍圆拟合。如图2.41b所示，分别将局部鞍圆的圆心和半径作为六杆间歇机构二级杆组PRR中回转副的中心以及二级杆组的杆长，则可实现六杆间歇机构的对称近似间歇运动。

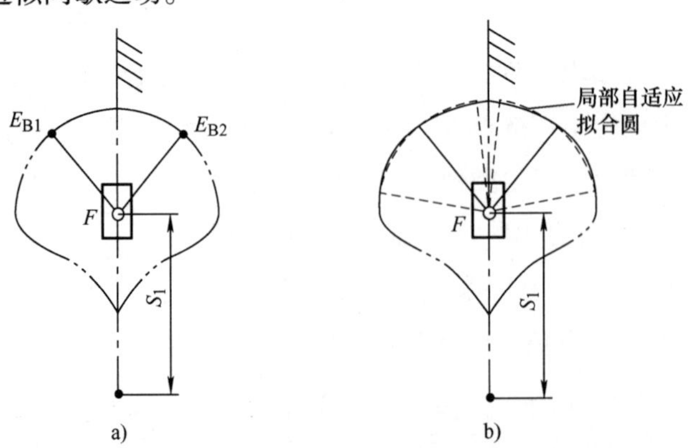

图2.41 利用Burmester点实现间歇运动

如图 2.42a 所示，若基础四杆机构对称圆上的点 E 某时刻恰为连杆平面上的 Ball 点 E_{b1}，则其轨迹曲线在该点处与直线三阶接触，即在含该点的较大范围内为直线，E_{b1} 关于对称轴的对称点 E_{b2} 同样为 Ball 点，轨迹曲线在含有该点处的较大范围内为直线。将该直线作为六杆间歇机构中二级杆组 RPR 移动副的导路，则六杆间歇机构可以实现一个周期内的斜对称间歇运动。如图 2.42a 所示，在 $+\psi$ 以及 $-\psi$ 处实现停歇。

同样地，在实际应用中，对称连杆曲线上 Ball 点很难保证二级杆组的导杆在更大角度范围内的停歇运动，这时就需要按照给定的间歇运动角度范围对连杆曲线进行局部鞍线拟合。如图 2.42b 所示，将局部鞍线作为六杆间歇机构中二级杆组 RPR 移动副的导路，将该拟合直线与对称轴的交点 F 作为固定铰链点，则可实现六杆间歇机构的斜对称近似间歇运动。

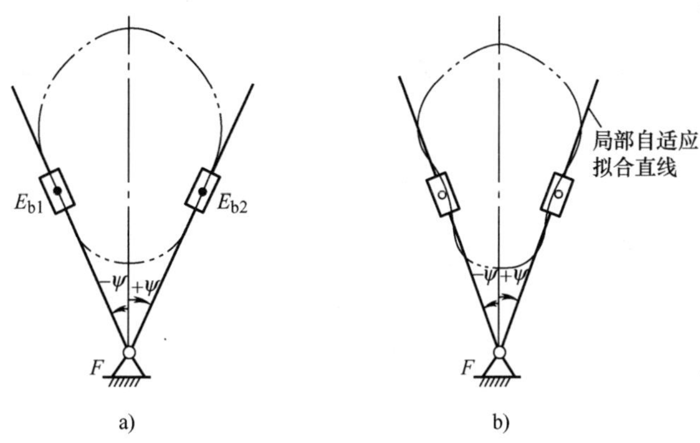

图 2.42　利用 Ball 点实现间歇运动

因此，对于对称间歇运动的综合，同样是首先在基础四杆机构上确定出特征点，然后综合二级杆组，其优化模型以及优化过程同前一节所述，只是基础四杆机构选为连杆杆长等于从动件杆长的曲柄摇杆机构，特征点在连杆平面对称圆上搜索。为提高优化搜索效率，可根据第 1 章中所述内容，按照连杆曲线分布规律将连杆平面划分为若干区域，在处于简单闭曲线区域的对称圆段上进行搜索。若为如图 2.41 所示带滑块的六杆间歇机构，可以将连杆曲线上的 Burmester 点作为优化初始点，而若为如图 2.42 所示带导杆的六杆间歇机构，则可以将连杆曲线上的 Ball 点作为优化初始点。

【例 2-11】　已知传动函数关系：

$$\psi=\begin{cases}25-15\cos\left(\dfrac{\theta}{120}\pi\right) & 0\leqslant\theta<120^\circ\\ 40 & 120\leqslant\theta\leqslant240^\circ\\ 25+15\cos\left(\dfrac{\theta}{120}\pi\right) & 240<\theta<360^\circ\end{cases}\tag{E2-11.1}$$

设计平面全铰链六杆间歇机构实现上述传动函数关系，即从动件有120°的停歇运动。要求该机构的最小许用传动角 $[\gamma]=30°$，最大许用杆长比 $[l]=5$。

解：选定基础四杆机构 *ABCD* 的尺寸参数为 $l_1=100$，$l_2=150$，$l_3=220$，$l_4=220$，分别在连杆 *BC* 和机架 *AD* 上建立连杆坐标系 $\{\boldsymbol{B};\ \boldsymbol{i}_{\mathrm{m}},\ \boldsymbol{j}_{\mathrm{m}}\}$ 和机架坐标系 $\{\boldsymbol{A};\ \boldsymbol{i}_{\mathrm{f}},\ \boldsymbol{j}_{\mathrm{f}}\}$，将基础四杆机构的输入转角 φ 以4°为间隔进行离散化，对于连杆 *BC* 上任意一点，可由式（2.71）得到其在坐标系 $\{\boldsymbol{A};\ \boldsymbol{i}_{\mathrm{f}},\ \boldsymbol{j}_{\mathrm{f}}\}$ 中离散点集的坐标。

全铰链7R六杆间歇机构的运动综合，即在基础四杆机构的连杆上确定出铰链点 $P(x_{P\mathrm{m}},\ y_{P\mathrm{m}})$ 和在机架上确定出铰链点 $G(x_G,\ y_G)$。依据综合模型式（2.81）并取加权系数 $\lambda=0.8$，建立平面全铰链六杆间歇机构运动综合模型为：

$$
\begin{cases}
\min\limits_{\boldsymbol{X}}\left[0.8\max\left(\left|\psi_{\mathrm{I}}^{(i)}-\overline{\psi}_{\mathrm{I}}^{(i)}\right|\right)+0.2\max\left(\left|\psi_{\mathrm{II}}^{(i)}-\overline{\psi}_{\mathrm{II}}^{(i)}\right|\right)\right] \\
\text{s.t.}\quad g_1(\boldsymbol{X})=\dfrac{\max(100,150,220,220,l_e,l_5,l_6)}{\min(100,150,220,220,l_e,l_5,l_6)}-5\leqslant 0 \\
\qquad g_2(\boldsymbol{X})=0.1-\min(100,150,220,220,l_e,l_5,l_6)\leqslant 0 \\
\qquad g_3(\boldsymbol{X})=\dfrac{\pi}{6}-\min\left(\arccos\dfrac{l_5^2+l_6^2-d_{\min}^2}{2l_5l_6},\pi-\arccos\dfrac{l_5^2+l_6^2-d_{\max}^2}{2l_5l_6}\right)\leqslant 0 \\
\qquad g_4(\boldsymbol{X})=d_{\max}-(l_5+l_6)\leqslant 0 \\
\qquad g_5(\boldsymbol{X})=|l_5-l_6|-d_{\min}\leqslant 0
\end{cases}
\tag{E2-11.2}
$$

目标函数中 $\overline{\psi}_{\mathrm{I}}^{(i)}$ 和 $\overline{\psi}_{\mathrm{II}}^{(i)}$ 为给定的机构间歇段和非间歇段的传动函数并由式（E2-11.1）确定，$\psi_{\mathrm{I}}^{(i)}$ 和 $\psi_{\mathrm{II}}^{(i)}$ 为所要综合平面全铰链六杆间歇机构在停歇段和非停歇段实际的传递函数，可由式（2.74）~式（2.78）求得。优化变量 $\boldsymbol{X}=(x_{P\mathrm{m}},\ y_{P\mathrm{m}},\ x_G,\ y_G)^{\mathrm{T}}$ 中，变量 $(x_{P\mathrm{m}},\ y_{P\mathrm{m}})$ 为基础四杆机构连杆上任意一点 *P* 在坐标系 $\{\boldsymbol{B};\ \boldsymbol{i}_{\mathrm{m}},\ \boldsymbol{j}_{\mathrm{m}}\}$ 中的坐标，并随机构运动，在固定坐标系 $\{\boldsymbol{A};\ \boldsymbol{i}_{\mathrm{f}},\ \boldsymbol{j}_{\mathrm{f}}\}$ 中的离散点集为 $\{\boldsymbol{R}_P^{(i)}\}=\{(x_P^{(i)},\ y_P^{(i)})^{\mathrm{T}}\}$，$i=1,\ \cdots,\ n$，该点集局部鞍圆的圆心 *F* 在固定坐标系中的坐标为 $(x_{F0},\ y_{F0})$，半径为 *r*；变量 $(x_G,\ y_G)$ 为固定铰链点 *G* 在固定坐标系中的坐标，则有：

$$
\begin{cases}
l_e=\sqrt{x_{P\mathrm{m}}^2+y_{P\mathrm{m}}^2} \\
l_5=r \\
l_6=\sqrt{(x_{F0}-x_G)^2+(y_{F0}-y_G)^2} \\
d_{\max}=\max\limits_i\left(\sqrt{(x_P^{(i)}-x_G)^2+(y_P^{(i)}-y_G)^2}\right) \\
d_{\min}=\min\limits_i\left(\sqrt{(x_P^{(i)}-x_G)^2+(y_P^{(i)}-y_G)^2}\right)
\end{cases}
\tag{E2-11.3}
$$

针对平面全铰链六杆间歇机构运动综合模型式（E2-11.2），采用MATLAB软件优化工具箱中的 fmincon 函数进行求解。fmincon 函数设置可参考全铰链四杆机构设置，编制优化程序，分别从 20 组优化初始值出发进行优化搜索，目标函数值最小的解见表 2.22。该全铰链六杆间歇机构给定间歇运动函数与综合机构实际函数的对比如图 2.43 所示。

表 2.22　全铰链六杆间歇机构尺寸参数

特征点 P 的坐标		固定铰链点 G 的坐标		间歇段最大误差	非间歇段最大误差	机构尺寸参数
x_{Pm}	y_{Pm}	x_G	y_G	F_1	F_2	$l_1=100$，$l_2=150$，
138.2139	65.9793	222.6319	−88.1244	0.339277°	5.532709°	$l_3=220$，$l_4=220$，$l_e=153.1546$，$l_5=352.6648$，$l_6=78.0732$

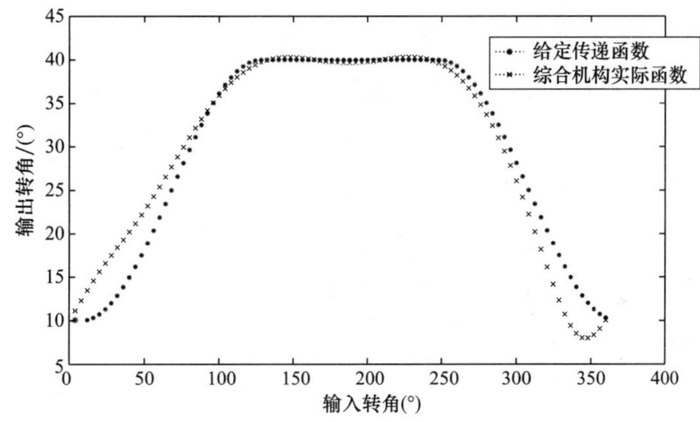

图 2.43　给定间歇运动函数与综合机构实际函数的对比

2.7　讨论

机构运动综合方法由传统的解析法和几何法，发展到现代计算运动学，其理论基础是运动几何学，包括连续（无限接近位置）运动几何学和离散（有限分离位置）运动几何学，平面运动几何学有着长期的发展历史和广泛的实际应用。由 Euler，Savary，Ball，Burmester 和 Muller 等人建立的平面运动几何学经典理论为平面连杆机构的综合奠定了理论基础[6,7]。20 世纪 50 年代以前，由 L. Burmester[8] 建立了基于图形的几何法被广泛用于平面连杆机构的运动学分析与综合。W. Lichtenheldt[9]，K. Hain[10] 和 G. Kiper[11] 等人以此为基础建立并创造了适合于特定工程要求的设计方法。其核心内容是通过转动极把刚体平面运动（位移）问题转化为几何图形问题求解，是平面离散运动几何学的基础。几何法具有很好的直观性，但准确性低而且工作量大，对于球面机构和空间机构的复杂性难以适应。E. C. Kinzel, J. P. Schmiedeler 和 G. R. Pennock[12]提出了基于计算机辅助设计软件的几何约束编程设计方法，利用计算机完成几何图解过程，大大提高了几何法的准确性。但对于复杂的多位置问题，缺少运动几何学理论基础，机构运动综合方法正在发展之中。

随着计算技术的发展，图谱法和代数法得到了快速发展。对于图谱法，H. Alt[13]是其奠基者，他为设计者提供了连杆曲线的图谱，能方便查阅近似满足实际要求的连杆机构类型与尺寸。国内学者杨基厚[14]和李学荣[15]分别建立了四杆机构的性能图谱和连杆曲线的图谱。J. P. Vidosic 和 D. Tesar[16,17,18]选取连杆平面瞬时无限接近位置的四个 Burmester 点中的一个，或两个与该瞬时的 Ball 点重合（分别称为 Ball- Burmester 点和 Ball- Double-Burmester 点）的四杆机构，绘制了多种图谱，可方便地选取合适的铰链四杆机构尺寸及连杆点位置，为实现近似直线轨迹综合提供了有效工具。S. Kota，A. G. Erdman 和 D. R. Riley[19,20]在该设计图谱的基础上，编制了多杆间歇机构综合的专家系统。T. H. Davies[21,22]利用连杆曲线的同族机构原理，把搜索各种各样的连杆曲线的连杆点范围缩小到以连杆上两铰链点为圆心，连杆长为半径的圆内，使得制作各类连杆曲线的图谱无需做出各种尺寸和整个连杆平面上的点，避免了重复。D. A. Hoeltzel 和 W. H. Chieng[23]应用概率统计法，再采用 Hopfield 神经网络将连接权值作为曲线的特征信息加以存储。褚金奎与曹惟庆[24]采用模糊数学方法对连杆曲线进行模式分类，应用模式匹配技术对曲线进行检索，求得满足要求的机构。谢进等[25]提出了利用 BP 神经网络进行平面连杆机构位置运动综合方法。越来越多的学者[26-32]致力于数值图谱方法的改进。但是其较低的设计精度和较小的选择范围等是难以避免的。

对于代数法，P. L. Chebyshev[33]首次建立了机构学综合的插值逼近方法。J. Denavit 和 R. S. Hartenberg[34]利用坐标变换矩阵，来获得机构精确综合的闭环位移多项式方程。F. Freudenstein[35,36]首次利用数值法求解连杆机构精确综合的闭环位移方程，并由 B. Roth[37]，C. W. Wampler[38]，C. H. Suh 和 C. W. Radcliffe[39]，Erdman 和 Sandor[40]，K. J. Waldron 和 G. L. Kinzel[41]，A. S. Hall[42]，J. M. McCarthy[43]等对其进行了改进和发展。国内学者廖启征[44]、杨廷力[45]和陈永[46]等研究了机构精确综合约束回路与位移矩阵方程的求解方法，如同伦法。通过 Freudenstein 的代数法以及 Burmester 几何法的结合，形成了许多平面连杆机构的精确综合软件，例如，R. E. Kaufman[47]的 KINSYN，A. G. Erdman[48]的 LINKAGES，以及 K. J. Waldron[49]的 RECSYN 等。

基于代数理论的机构精确综合法日趋完善，但是在实际工程应用中，由于大范围多位置、多工况、曲柄存在与最小传动角等要求，精确综合法有一定的局限性，机构近似综合问题的研究越来越多。R. L. Fox 和 K. D. Willmert[50]首先将优化方法引入轨迹综合，将机构设计要求表示成不等式约束，通过优化方法求解。J. Angeles[51,52]提出平面全铰链四杆机构的位置和轨迹优化综合，其优化目标是使结构误差（连杆和机架上铰链点距离的变化量）

满足最小二乘意义上的最小，优化变量是连杆和机架上的铰链点坐标。H. Zhou 和 E. H. M. Cheung[53]利用 RRR 代替 RPR 形成的方向结构误差作为目标函数，讨论了平面连杆机构的轨迹综合问题，在本质上并没有区别。众多文献[54-60]讨论了平面四杆机构甚至多杆机构优化综合，目标函数基本类似，部分讨论了求解方法。S. Kota 和 Shean-Juinn Chiou[61]将正交实验法和优化法结合起来研究机构尺度综合问题，试图解决优化综合中初始机构难以选择的问题，对改善优化过程中的局部收敛问题有一定效果。值得注意的是，平面六杆间歇机构具有良好运动特性与制造工艺性，其综合方法也得到很多学者[62-66]的关注。

对于多位置机构运动优化综合，在现有文献中，通常以连杆和机架上的铰链点坐标作为优化变量，以连杆和机架上铰链点距离的变化量——结构误差作为目标函数。由于结构误差是一个关于优化变量的强非线性函数，而且优化变量冗余，即只需要给出连杆上铰链点坐标，而机架上的铰链点坐标应随之确定（圆点和圆心点相互对应）。冗余优化变量并不能带来便利，反而干扰优化目标函数的下降梯度，难以准确体现每个优化变量对目标函数值下降的影响，造成求解算法收敛性失效或仅仅局限在局部极值点附近，从而使得机构优化综合的求解往往依赖于初始值，也就是个别情况个别对待。因此，机构优化综合普遍存在的突出问题表面上是优化解依赖初始值问题，除了机构优化综合局部最优解问题本身外，更多是目标函数与设计变量的设置问题。

对于机构优化综合主要研究五方面问题。目标函数的确定是核心内容，既是目标函数值的几何与物理意义问题，又是给定运动综合问题是否存在优化解问题，即目标函数值下降意味着什么？如何体现优化变量改变的影响？是否存在和能否收敛到所求解？对于工程学科而言，如何把工程问题用数学模型描述是首要问题，如果没有清晰而又准确的数学描述仅借助所谓高效算法是无济于事的。因此，机构优化综合（或近似运动综合）研究的核心内容是目标函数，尤其是在理论上研究目标函数性质并证明最优解的存在性和算法收敛性。其次是约束方程。根据应用场合需要的性能与条件确立，一般将约束方程通过惩罚函数叠加到目标函数上，转化为无约束优化问题求解。再次是设计变量选择。一般对于机构运动综合问题比较明显的是机构尺度的待定参数，设计变量少，容易求解，避免冗余。第四是初始值选择。优化问题解在理论上取决于目标函数的性质（包括惩罚函数），一般机构优化综合目标函数属于非凸函数，具有多极值性质，因而有局部多极值解，只要初始值选择在局部极值区域内，就应该能够收敛到局部极值解。因此，机构优化综合初始值问题是如何在目标函数的多极值区域内选择，现有遗传算法可以多次尝试计算，如本书的机构近似运动综合。机构优化综合解一般都依赖初始值选择，初始值给得接近局部最优解，就容易收敛，而较远则难以收敛，这其实是目标函数与设计变量不恰当的缘故。第五是结束准则。何时结束计算，一方面是求解精度，求解收敛到极值的精度；另一方面是解的存在性，没有满足条件的解，无休止计算不结束也解决不了问题。数学家们已经为机构优化综合提供了很多算法，如 MATLAB 已经足够用了，在这方面相信机构学者也难以有所作为，对于现有算法应用技巧或体会若被称为改进算法，则是言过其实。以最大误差最小作为机构综合误差评价标准，早在 1959 年就尝试过[67-70]，尽管被认为是更适合作为机构综合的评价标准[71]，但由于数值求解困难而难以应用，因为当时没有 MATLAB。以曲线的曲率为基础，从机构运动综合寻求特征点（鞍圆点与鞍滑点）出发，把寻求具有特定曲率特性的几何曲线作为平面机构运动综合的基本要素，可以有效避免优化结果对初始解的依赖性，保证解的存在以及迭代收敛性[72-78]。同时可以将其向球面机构以及空间机构进行推广，形成基于曲线曲面不变量的法向误差统一评价体系和鞍点综合方法[79-82]。

机构尺度综合是机构学应用的关键，有了机构尺度才可能有性能和结构。为了便于机械工程师设计机构，实用而又可靠的机构运动综合方法及其软件具有重要应用价值。综上所述，对于已有的各种机构运动综合方法，既需要有离散运动几何学的理论基础，证明其解的存在性和算法收敛性，又需要有大量实际应用检验其算法。

平面机构离散运动几何学讨论刚体离散运动、刚体上点及其离散轨迹与所综合机构的约束曲线的关系，是平面机构运动综合的理论基础。经典的有限分离位置运动几何学仅涉及少位置，随着机构计算运动学的发展，离散运动几何学具有更广泛的内涵，需要为多位置和多自由度机构运动综合提供理论基础。因此，平面机构离散运动综合的理论基础——平面离散运动几何学理论体系尚未建立，有许多理论问题还有待解决，如：

平面离散运动不变量：运动刚体 Σ^* 相对于固定刚体 Σ 的单自由度平面离散运动可以像连续运动一样表示为沿曲线 Γ_{Om} 的平动和绕曲线 Γ_{Om} 上点的转动，即通过两个离散线位移 $x_{Omf}^{(i)}$，$y_{Omf}^{(i)}$ 和一个离散角位移 $\gamma^{(i)}$ 来描述。运动刚体 Σ^* 任意两个离散位置都存在转动极，是刚体离散运动的不变量，据此可以讨论少位置（五位置）的离散运动几何学性质，但对于多位置和整体性质，缺少像刚体连续运动的瞬心线曲率及诱导曲率那样的不变量，仅有个别研究结果（如有理运动[83]），既没有揭示刚体平面离散运动与几何的内在联系，也没有展示少位置与整体性质之间的联系；因此，将二位置转动极扩展到多位置运动不变量，讨论刚体平面离散运动几何学性质，无论是局部性质还是整体性质，理论上应和连续运动几何学相呼应，但迄今尚未见到研究报到，使得机构运动综合缺乏必要的理论基础。

平面离散轨迹的整体性质评价：刚体作平面离散运动时，运动刚体上点的轨迹由若干离散点组成，离散轨迹曲线的几何性质仅针对整体几何性质，也就是离散轨迹曲线与特定约束曲线的整体接近程度，其评价方法是需要研究的核心问题。平面连续曲线的局部和整体几何性质可以用曲率描述，对于平面机构综合而言，逼近曲线为二副连架杆 RR 和 RP 的约束曲线，即圆和直线，逼近程度评价通常采用最佳平方逼近（最小二乘法）方法，即对应点距离（并不是法向）误差平方和最小，其结果与离散点数目（刚体离散运动位置数目）有关；而最佳一致逼近，将机构学传统的一维切比雪夫逼近推广到多维空间，即鞍点规划方法，确立了最大法向误差最小的评定方法，建立了离散曲线的若干特征点与离散曲线最大误差之间的关系，或者说刚体少位置与整体离散运动之间的联系，进而得到平面离散曲线的鞍圆或鞍线。对于鞍点规划，离散曲线上拟合特征点个数、位置及其分布，拟合误差的极值特性，以及鞍圆与分布圆、鞍线与分布线之间的关系等，还需要进一步深入研究。

刚体平面离散运动几何学：将基于转动极的经典平面有限分离位置运动几何学扩展到基于鞍点规划的平面离散运动几何学，或者说由少位置相关点精确共线或共圆发展到多位置相关点最大误差最小原则下近似共线或近似共圆，讨论离散运动刚体离散运动（拟合特征位置）、刚体上点及其离散轨迹（拟合特征点）之间的相互关系，揭示了离散运动刚体上特征点及其分布规律，并与平面连续运动几何学理论相衔接。然而，运动刚体上各点离散轨迹对应的误差所构成的误差曲面的几何与代数性质还没有得到揭示，尽管初步研究表明刚体多位置离散运动是少位置的组合与叠加，其误差曲面边界性质还有待进一步研究，尤其是误差曲面的整体几何性质，如极小值个数和位置，即离散运动刚体上鞍圆点和鞍滑点的个数、分布位置以及与离散运动的关系，这是机构离散运动鞍点综合的理论基础，关系到全局最优解的存在性和算法收敛性，具有非常重要的理论意义和应用价值。由相关点（三位置）近似共线和（四位置）近似共圆建立了离散运动刚体若干位置之间的联系，理应存在类似两位置转动极那样的运动不变量，对应连续运动瞬心线曲率（诱导曲率）那样的运动不变量；初步研究表明滑点圆应该是离散运动三位置鞍线不变量，而离散运动四位置的鞍圆不变量还在探索中。基于刚体平面离散运动不变量描述离散轨迹近似共圆与共线，即刚体平面离散运动不变量、刚体上点及其离散轨迹的鞍圆（鞍线）三者之间的位置关系，应该存在类似刚体连续平面运动的欧拉公式（广义整体曲率）那样，由此推广到球面和空间运动，形成离散运动几何学的理论体系。

综观本章的有关数值算例，如平面四杆机构的连杆平面 72 位置、给定离散运动刚体四位置、五位置和十位置等多位置误差曲面，显示了离散运动位置个数与谷底个数存在着某种联系，误差曲面犹如山峰和河流，鞍圆点与鞍滑点处在河谷，即在河水干枯时显露出河床，误差曲面存在相同的大趋势（谷底），也许可能预示着在刚体导引综合中，鞍圆点数量仅有有限个，而且某些位置对误差曲面走向发挥比其他位置更重要的作用，特别是鞍滑点仅一个，期望能从理论上得到严格的证明。经典的曲线曲面微分几何学中活动标架及其微分运动在连续运动几何学发挥巨大作用，现代微分几何学的微分流形、联络、纤维丛和拓扑学也许能为离散运动几何学提供理论支撑。

参考文献

[1] 张启先. 空间机构的分析与综合：上册 [M]. 北京：机械工业出版社，1984.
[2] 白师贤. 高等机构学 [M]. 上海：上海科学技术出版社，1988.
[3] 刘健，王晓明. 鞍点规划与形状误差评定 [M]. 大连：大连理工大学出版社，1996.
[4] F. Freudenstein. On the Variety of Motions Generated by Mechanisms [J]. ASME J. Eng. Ind., 1962, 84

(1): 156-159.

[5] S. Roberts. On the Motion of a Plane Under Certain Conditions [C] //Proc. London Math. Soc. 3, 1871: 286-318.

[6] H Nolle. Linkage Coupler Curve Synthesis: A Historical Review- Ⅰ. Developments up to 1875 [J]. Mechanism and Machine Theory, 1974, 9 (2): 147-168.

[7] H Nolle. Linkage Coupler Curve Synthesis: A Historical Review- Ⅱ. Developments after 1875, Mechanism and Machine Theory, 1974, 9 (3-4): 325-348.

[8] L. Burmester. Lehrbuch der Kinematik [M]. Felix, Leipzig, 1888.

[9] W. Lichtenheldt. Konstruktionslehre der Getriebe [M]. Berlin: Akademie-Verlag, 1961.

[10] K. Hain. Applied Kinematics [M]. 2nd ed. New York: McGraw-Hill, 1964.

[11] G. Kiper. Synthese der obenen Gelenkgetriebe [M]. VDI-Forschungsheft, 1952.

[12] E. C. Kinzel, J. P. Schmiedeler, G. R. Pennock. Kinematic Synthesis for Finitely Separated Positions Using Geometric Constraint Programming [J]. ASME Journal of Mechanical Design, 2005, 128 (5): 1070-1079.

[13] H. Alt. Das Konstruieren Von Gelenkvierecken Unter Benutzung Einer Kurventafel [J]. VDI-Z, 1941, 85: 69-72.

[14] 杨基厚，高峰. 四杆机构的空间模型和性能图谱 [M]. 北京：机械工业出版社，1989.

[15] 李学荣. 连杆曲线图谱 [M]. 重庆：重庆出版社，1993.

[16] J. P. Vidosic, D. Tesar. Selection of Four-Bar Mechanisms Having Required Approximate Straight-Line Outputs Part Ⅰ. The General Case of the Ball-Burmester Point [J]. Journal of Mechanisms, 1967, 2 (1): 23-44.

[17] J. P. Vidosic, D. Tesar. Selection of Four-Bar Mechanisms Having Required Approximate Straight-Line Outputs Part Ⅱ. The Ball-Burmester Point at the Inflection Pole [J]. 1967, 2 (1): 45-59.

[18] J. P. Vidosic, D. Tesar. Selection of Four-Bar Mechanisms Having Required Approximate Straight-Line Outputs Part Ⅲ. The Ball-Double Burmester Point Linkage [J]. 1967, 2 (1): 61-76.

[19] S. Kota, A. G. Erdman, D. R. Riley. Development of Knowledge for Designing Linkage-Type Dwell Mechanisms: Part 1-Theory [J]. ASME Journal of Mechanisms: Transmissions and Automation in Design, 1987, 109 (3): 308-315.

[20] S. Kota, A. G. Erdman, D. R. Riley. Development of Knowledge for Designing Linkage-Type Dwell Mechanisms: Part 1-Application [J]. ASME Journal of Mechanisms: Transmissions and Automation in Design, 1987, 109 (3): 316-321.

[21] T. H. Davies, Chen Jin Yuan. Proposals for Finite 5-Dimensional Atlases for All Planar 4-Bar Linkage Coupler Curves [J]. Mechanism and Machine Theory, 1984, 19 (2): 211-221.

[22] T. H. Davies. Proposals for a Finite 5-Dimensional Atlas of Crank-Rocker Coupler Curves [J]. Mechanism and Machine Theory, 1981, 16 (5): 517-530.

[23] D. A. Hoeltzel, W. H. Chieng. Pattern Matching Synthesis as an Automated Approach to Mechanism Design [J]. ASME Journal of Mechanical Design, 1990, 112 (2): 190-199.

[24] 褚金奎，曹惟庆. 用快速傅里叶变换进行再现平面四杆机构连杆曲线的综合 [J]. 机械工程学报，1993，29 (5)：117-122.

[25] 谢进，阎开印，陈永. 基于 BP 神经网络的平面机构连杆运动综合 [J]. 机械工程学报：2005，41 (2)：24-27.

[26] 王知行，陈照波，江鲁. 用连杆转角曲线进行平面连杆机构轨迹综合的研究 [J]. 机械工程学报：1995，31 (1)：42-47.

[27] J. R. McGarva. Rapid search and selection of path generating mechanisms from a library [J]. Mechanism and Machine Theory，1994，29 (2)：223-235.

[28] I. UIlah，S. Kota. Optimal Synthesis of Mechanisms for Path Generation Using Fourier Descriptors and Global Searching Methods [J]. ASME Journal of Mechanical Design，1997，119 (4)：504-510.

[29] Zh. F. Yuan，M. J. Gilmartin，S. S. Douglas. Optimal Mechanism Design for Path Generation and Motions With Reduced Harmonic Content [J]. ASME Journal of Mechanical Design，2004，126 (1)：191-196.

[30] Y. Liu，R. B. Xiao. Optimal Synthesis of Mechanisms for Path Generation Using Refined Numerical Representation Based Model and AIS Based Searching Method [J]. ASME Journal of Mechanical Design，2004，127 (4)：688-691.

[31] 蓝兆辉，邹慧君. 基于轨迹局部特性的机构并行优化综合 [J]. 机械工程学报：1999，35 (5)：16-19.

[32] 褚金奎，孙建伟. 连杆机构尺度综合的谐波特征参数法 [M]. 北京：科学出版社，2010.

[33] P. L. Chebyshev. Sur les parallélogrammes composés de trios éléments quelconques [J]. Mémoires de l' Académie des Sciences de Saint-Pétersbourg，1879，36 (3).

[34] J. Denavit，R. S. Hartenberg. A Kinematic Notation for Lower-Pair Mechanisms Based on Matrices [J]. ASME Journal of Applied Mechanics，1955，22：215-221.

[35] F. Freudenstein. Approximate Synthesis of Four-Bar Linkages [J]. Resonance，2010，15 (8)：740-767.

[36] F. Freudenstein，G. N. Sandor. Synthesis of Path Generating Mechanisms by Means of a Programmed Digital Computer [J]. ASME Journal of Engineering for Industry，1959，81：159-168.

[37] P. Chen，B. Roth. Design Equations for the Finitely and Infinitesimally Separated Position Synthesis of Binary Links and Combined Link Chains [J]. ASME Journal of Engineering for Industry，1969，91：209-219.

[38] C. W. Wampler. Solving the Kinematics of Planar Mechanisms [J]. ASME Journal of Mechanical Design，1999，121 (3)：387-391.

[39] C. H. Suh，C. W. Radcliffe. Kinematics and Mechanisms Design [M]. Wiley：New York，1978.

[40] A. G. Erdman，G. N. Sandor. Mechanism Design：Analysis and Synthesis，Vol. 1 [M]. New Jersey：Prentice-Hall，1997.

[41] K. J. Waldron，G. L. Kinzel. Kinematics and Dynamics，and Design of Machinery [M]. New York：John Wiley and Sons，1999.

[42] A. S. Hall, Jr. Kinematics and Linkage Design [M]. New Jersey: Prentice-Hall, Inc., Englewoods Cliffs, 1961.

[43] J. M. McCarthy, G. S. Soh. Geometric Design of Linkages [M]. 2nd ed. New York: Interdisciplinary Applied Mathematics 11, Springer, 2010.

[44] 廖启征. 连杆机构运动学几何代数求解综述 [J]. 北京邮电大学学报, 2010, 33 (4): 1-11.

[45] 杨廷力. 机械系统运动学设计 [M]. 北京: 中国石化出版社, 1999.

[46] 李立, 陈永. 用Groebner基法求机构学问题的符号形式的解 [J]. 机械科学与技术, 1998, 17 (1): 5-7.

[47] R. E. Kaufman. KINSYN: An Interactive Kinematic Design System [C]. Proceedings of the Third Congress on the Theory of Machines and Mechanisms, Dubrovnik, Yugoslavia, 1971.

[48] A. G. Erdman, J. Gustafson. LINCAGES-A Linkage Interactive Computer Analysis and Graphically Enhanced Synthesis Package [J]. ASME Paper No. 77-DETC-5, Chicago, Illinois, 1977.

[49] J. C. Chuang, R. T. Strong, K. J. Waldron. Implementation of Solution Rectification Techniques in an Interactive Linkage Synthesis Program [J]. ASME Journal of Mechnical Design, 1981, 103 (3): 657-664.

[50] R. L. Fox, K. D. Willmert. Optimum Design of Curve-Generating Linkages with Inequality Constraints [J]. ASME J. Eng. Ind., 1967, 89 (1): 144-151.

[51] J. Angeles, A. Alivizatoss, R. Akhras. An Unconstrained Nonlinear Least-Square Method of Optimization of RRRR Planar Path Generators [J]. Mechanism and Machine Theory, 1988, 23 (5): 343-353.

[52] R. Akhras, J. Angeles. Unconstrained Nonlinear Least-Square Optimization of Planar Linkages for Rigid-Body Guidance [J]. Mechanism and Machine Theory, 1990, 25 (1): 97-118.

[53] H. Zhou, E. H. M. Cheung. Optimal Synthesis of Crank-Rocker Linkages for Path Generation Using the Orientation Stuctural Error of the Fixed Link [J]. Mechanism and Machine Theory, 2001, 36 (8): 973-982.

[54] 胡新生, 伍铙宇, 等. 连杆机构极大极小函数综合的有效方法 [J]. 机械工程学报, 1997, 33 (2): 1-7.

[55] 林军, 黄茂林, 杜力, 等. 基于遗传算法的平面连杆机构综合方法 [J]. 重庆大学学报: 自然科学版, 2002, 25 (2): 33-36.

[56] H. Diab, A. Smaili. Optimum Exact/Approximate Point Synthesis of Planar Mechanisms [J]. Mechanism and Machine Theory, 2008, 43 (12): 1610-1624.

[57] J. E. Holte, T. R. Chase, A. G. Erdman. Mixed Exact-Approximate Position Synthesis of Planar Mechanisms [J]. ASME Journal of Mechanical Design, 1998, 122 (3): 278-286.

[58] G. S. Son, J. M. McCarthy. The Synthesis of Six-Bar Linkages as Constrained Planar 3R Chains [J]. Mechanism and Machine Theory, 2008, 43 (2): 160-170.

[59] Q. Shen, Y. M. Al-Smadi, P. J. Martin, et al. An Extension of Mechanism Design Optimization for Motion Generation [J]. Mechanism and Machine Theory, 2009, 44 (9): 1759-1767.

[60] J. Wu, Q. J. Ge, H. J. Su, ed al. Kinematic Acquisition of Geometric Constraints for Task-Oriented

Design of Planar Mechanisms [J]. ASME Journal of Mechanisms and Robotics, 2013, 5: 011003-1-7.

[61] S. Kota, Shean-Juinn Chiou. Use of Orthogonal Arrays in Mechanism Synthesis [J]. Mechanism and Machine Theory, 1993, 28 (6): 777-794.

[62] C. Bagci. Synthesis of Double-Crank (Drag-Link) Driven Mechanisms with Adjustable Motion and Dwell Time Ratios [J]. Mechanism and Machine Theory, 1977, 12 (6): 619-638.

[63] E. Sandgen. Design of Single- and Multiple-Dwell Six-Link Mechanisms Through Design Optimization [J]. Mechanism and Machine Theory, 1985, 20 (6): 483-490.

[64] S. Kota, G. A. Erdman, R. D. Riley. Development of Knowledge Base for Designing Linkage-Type Dwell Mechanisms: Part 1-Theory [J]. ASME J. of Mech., Trans, and Automation, 1987, 109 (3): 308-315.

[65] S. Kota, G. A. Erdman, R. D. Riley. Development of Knowledge Base for Designing Linkage-Type Dwell Mechanisms: Part 2-Application [J]. ASME J. of Mech., Trans, and Automation, 1987, 109 (3): 316-321.

[66] R. R. Bulatovic, S. R. Dordevic, V. S. Dordevic. Cuckoo Search Algorithm: A Metaheuristic Approach to Solving the Problem of Optimum Synthesis of a Six-Bar Double Swell Linkage [J]. Mechanism and Machine Theory, 2013, 61: 1-13.

[67] F. Freudenstein. Structural Error Analysis in Plane Kinematic Synthesis [J]. ASME Journal of Engineering for Industry, 81, pp. 15-22, 1959.

[68] N. L. Levitskii, Y. L. Sarkissyan and G. S. Gekchian. Optimum Synthesis of Four-Bar Function Generating Mechanism [J]. Mechanism and Machine Theory, 7, pp. 387-398, 1972.

[69] R. S. Rose and G. N. Sandor. Direct Analytic Synthesis of Four-Bar Function Generators with Optimal Structural Error [J]. ASME Journal of Engineering for Industry, May, pp. 563-571, 1973.

[70] V. V. Garbarouk and P. A. Lebedev. Synthesis of Spatial Automatic Operators with the Aid of Electronic Digital Computers [J]. Mechanism and Machine Theory, 15, pp. 9-17, 1980.

[71] A. G. Erdman. Modern Kinematics: Developments in the Last Forty Years [M]. New York: Wiley-Interscience, 1993.

[72] 王德伦，王淑芬，李涛. 平面四杆机构近似运动综合的自适应方法 [J]. 机械工程学报, 2001, 37 (12): 21-26.

[73] 李涛. 基于简单曲线自适应逼近的平面连杆机构优化综合理论与方法的研究 [D]. 大连理工大学, 2000.

[74] 肖丽华. 平面机构不变量分析及统一综合理论与方法的研究 [D]. 大连理工大学, 1998.

[75] 周井苍. 平面连杆机构近似轨迹综合的研究 [D]. 大连理工大学, 1999.

[76] 张建军. 平面六杆机构间歇函数综合理论与方法研究 [D]. 大连理工大学, 2002.

[77] 马超. 某八杆十副机构型与尺度综合的研究 [D]. 大连理工大学, 2009.

[78] 柴杰. 平面六杆间歇机构近似函数综合理论与方法的研究 [D]. 大连理工大学, 2003.

[79] 张保印. 球面四杆机构函数综合理论与方法研究 [D]. 大连理工大学, 2002.

[80] 郑鹏程. 空间连杆机构轨迹综合理论与方法的研究 [D]. 大连理工大学, 2000.

[81] 王淑芬. 机构运动综合的自适应理论与方法的研究 [D]. 大连理工大学, 2005.

[82] D. L. Wang, S. F. Wang. A Unified Approach to Kinematic Synthesis of Mechanism by Adaptive Curve Fitting [J]. Science in China Ser. E Technological Sciences, 2004, 47 (1): 85-96.

[83] Q. J. Ge and B. Ravani, Geometric Construction of Bézier Motions [D], ASME Journal of Mechanical Design, 1994, 116 (3): 749 - 755.

第 3 章

空间约束曲线与约束曲面微分几何学

连杆机构中的连杆与连架杆构成运动副，该运动副元素的特征点或特征线在机架坐标系中的运动轨迹曲线或曲面称为约束曲线或约束曲面，是联系刚体运动与机构运动综合的桥梁，其几何性质是机构运动综合的理论基础，既是曲线与曲面的几何学研究内容，也是连杆机构运动几何学分析与综合的课题。然而，研究曲线与曲面的几何学，微分几何学方法无疑是自然而然的选择，将其与机构运动学结合，形成以点与线的运动方式研究约束曲线与曲面几何性质，为机构运动几何学分析与综合提供理论依据。

为方便阅读后续内容，在第 3.1 和第 3.2 节简单概述微分几何学基本知识；采用微分几何量方法研究连杆机构中典型而又重要的约束曲线与约束曲面，称为空间约束曲线与约束曲面微分几何学。有关微分几何学书中已经证明的定理，在此不再证明，请读者参考有关文献[1-3]。

3.1 空间曲线微分几何学概述

3.1.1 矢量表示

在直角坐标中表达一条空间曲线 Γ 时，有：

$$\begin{cases} x = x(t) \\ y = y(t) \\ z = z(t) \end{cases} \tag{3.1}$$

式中，t 为曲线的参数，若置换自变量或者消去参数 t，则可写成：

$$\begin{cases} y = y(x) \\ z = z(x) \end{cases} \tag{3.2}$$

或者写成隐函数形式：

$$\begin{cases} F_1(x,y,z)=0 \\ F_2(x,y,z)=0 \end{cases} \tag{3.3}$$

若将上述 x，y，z 置于空间固定坐标系 $\{\boldsymbol{O};\ \boldsymbol{i},\ \boldsymbol{j},\ \boldsymbol{k}\}$ 中，则曲线 $\varGamma$ 以参数 t 表示的矢量方程为：

$$\varGamma: \boldsymbol{R}=x(t)\boldsymbol{i}+y(t)\boldsymbol{j}+z(t)\boldsymbol{k} \tag{3.4}$$

可以将其简化为

$$\boldsymbol{R}=\boldsymbol{R}(t) \tag{3.5}$$

式（3.4）和式（3.5）为空间曲线 $\varGamma$ 的矢量表达式，t 为曲线 $\varGamma$ 的一般参数。在第 1 章平面曲线的微分几何学中引入了圆矢量函数用来描述曲线的矢量方程，使得形式简洁并便于计算。因此对于空间曲线 $\varGamma$ 的矢量方程式（3.4），可以选择任意两个坐标轴上的分量用圆矢量函数进行描述。例如，将曲线 $\varGamma$ 上任意点的矢径在坐标平面 $\boldsymbol{O}-\boldsymbol{ij}$ 上的投影矢量用圆矢量函数描述，如图 3.1 所示，则其矢量方程可以写出另一种形式：

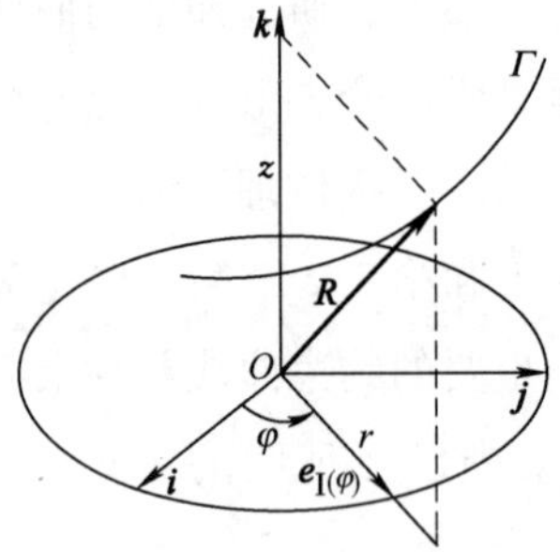

图 3.1　空间曲线与圆矢量函数

$$\varGamma: \boldsymbol{R}=r(\varphi)\boldsymbol{e}_{\mathrm{I}(\varphi)}+z(\varphi)\boldsymbol{k} \tag{3.6}$$

对于空间曲线 $\varGamma$，弧长参数 s 为其自然参数，且与一般参数 t 的关系为：

$$s=\int_{t_a}^{t_b}\left|\frac{\mathrm{d}\boldsymbol{R}}{\mathrm{d}t}\right|\mathrm{d}t,\ \mathrm{d}s=|\mathrm{d}\boldsymbol{R}|=\sqrt{\left(\frac{\mathrm{d}x}{\mathrm{d}t}\right)^2+\left(\frac{\mathrm{d}y}{\mathrm{d}t}\right)^2+\left(\frac{\mathrm{d}z}{\mathrm{d}t}\right)^2}\mathrm{d}t \tag{3.7}$$

空间曲线 $\varGamma$ 的矢量方程用弧长参数 s 表示为：

$$\varGamma: \boldsymbol{R}=\boldsymbol{R}(s),\ s_a\leqslant a\leqslant s_b \tag{3.8}$$

【例 3-1】 球面曲线如图 3.2 所示。

对于球面曲线 $\varGamma$，习惯于将直角坐标系 $\{\boldsymbol{O};\ \boldsymbol{i},\ \boldsymbol{j},\ \boldsymbol{k}\}$ 原点置于球心，则用直角坐标表示为：

$$\begin{cases} x=x(t),\ y=y(t),\ z=z(t) \\ x^2+y^2+z^2=R^2 \end{cases} \tag{E3-1.1}$$

式中，R 为球面半径，t 为球面曲线的参数，若置换自变量或者消去参数 t，可写成：

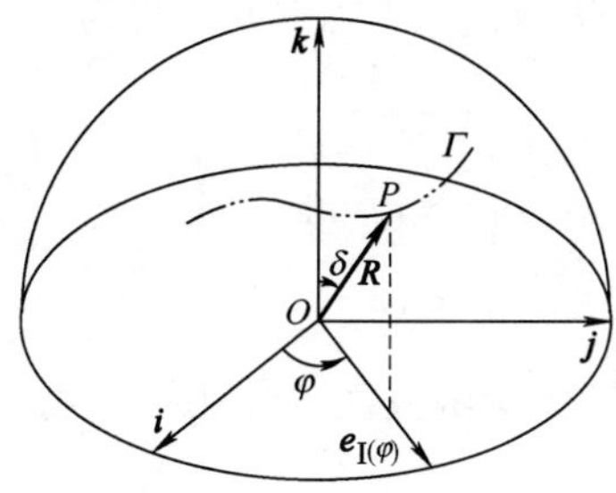

图 3.2　球面曲线

$$\begin{cases}z=z(x,y)\\x^2+y^2+z^2=R^2\end{cases} \tag{E3-1.2}$$

由于球面曲线上的点始终分布在一球面上，因此往往用球面坐标表示曲线为：

$$\delta=\delta(t),\varphi=\varphi(t),r=R \tag{E3-1.3}$$

式中，δ 是由原点 O 到曲线上点 P 的有向线段$\overline{OP}$与 $\boldsymbol{k}$ 的夹角；φ 是$\overline{OP}$在 $\boldsymbol{O}-\boldsymbol{ij}$ 面上的投影与 $\boldsymbol{i}$ 的夹角，δ 和 φ 的取值范围分别为 $[0,\ \pi]$ 和 $[0,\ 2\pi]$。点 P 在坐标系 $\{\boldsymbol{O};\ \boldsymbol{i},\ \boldsymbol{j},\ \boldsymbol{k}\}$ 中的球面坐标与直角坐标之间具有如下转换关系：

$$x=R\sin\delta\cos\varphi,y=R\sin\delta\sin\varphi,z=R\cos\delta \tag{E3-1.4}$$

将上述 x，y，z 置于坐标系 $\{\boldsymbol{O};\ \boldsymbol{i},\ \boldsymbol{j},\ \boldsymbol{k}\}$ 中，则球面曲线以参数 t 表示的矢量方程为：

$$\Gamma:\boldsymbol{R}=\boldsymbol{R}(t)=x(t)\boldsymbol{i}+y(t)\boldsymbol{j}+z(t)\boldsymbol{k} \tag{E3-1.5}$$

若通过圆矢量函数表示球面曲线的矢量方程，则为：

$$\boldsymbol{R}=R\sin\delta(\varphi)\boldsymbol{e}_{\mathrm{I}(\varphi)}+R\cos\delta(\varphi)\boldsymbol{k} \tag{E3-1.6}$$

比较式（E3-1.1）、式（E3-1.4）与式（E3-1.6）可知，采用矢量表示的球面曲线比其他方式表达要简单的多。

【例 3-2】 圆柱面曲线如图 3.3 所示。

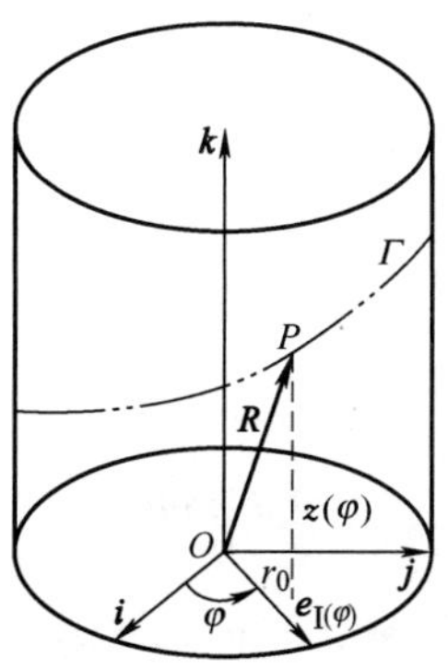

图 3.3　圆柱面曲线

圆柱面曲线在直角坐标系 $\{\boldsymbol{O};\ \boldsymbol{i},\ \boldsymbol{j},\ \boldsymbol{k}\}$ 中的方程为：

$$\begin{cases} x = r_0\cos\varphi \\ y = r_0\sin\varphi \\ z = z(\varphi) \end{cases} \tag{E3-2.1}$$

式中，r_0为圆柱面半径。若通过圆矢量函数表示圆柱面曲线的矢量方程，则为：

$$\boldsymbol{R} = r_0\boldsymbol{e}_{\mathrm{I}(\varphi)} + z(\varphi)\boldsymbol{k} \tag{E3-2.2}$$

3.1.2 Frenet 标架

空间曲线 $\Gamma:\boldsymbol{R}=\boldsymbol{R}(s)$ 在任意点 P 处有两个无限接近位置的点连线组成切线，其单位切矢 $\boldsymbol{\alpha}(s)=\mathrm{d}\boldsymbol{R}(s)/\mathrm{d}s$ 始终指向曲线弧长增加的方向，将切矢 $\boldsymbol{\alpha}(s)$ 对弧长参数求导，可得：

$$\frac{\mathrm{d}\boldsymbol{\alpha}(s)}{\mathrm{d}s} = k(s)\boldsymbol{\beta}(s) \tag{3.9}$$

式（3.9）中的 $k(s)$ 称为曲线 Γ 在点 P 处的曲率，即三个无限接近位置点构成空间曲线在该点处的密切平面，曲率是空间曲线在密切平面内的弯曲程度，体现了曲线的切矢的倾斜角对弧长参数的变化率。与平面曲线曲率不同，空间曲线的曲率非负。$\boldsymbol{\beta}(s)$ 称为曲线 Γ 在点 P 处的主法矢，指向了曲线在该点的曲率中心。当 $k(s)\neq 0$ 时，其倒数 $\rho(s)=1/k(s)$ 称为曲线 Γ 的曲率半径，则曲线 Γ 曲率中心 C 的矢量为：

$$\boldsymbol{R}_C = \boldsymbol{R}_P + \rho\cdot\boldsymbol{\beta} \tag{3.10}$$

由空间曲线 Γ 在点 P 处的切矢 $\boldsymbol{\alpha}(s)$ 和主法矢 $\boldsymbol{\beta}(s)$ 可以构建矢量 $\boldsymbol{\gamma}(s)=\boldsymbol{\alpha}(s)\times\boldsymbol{\beta}(s)$，称之为曲线的副法矢，从而在空间曲线 Γ 上构造了单位右手系正交标架 $\{\boldsymbol{R}(s);\boldsymbol{\alpha}(s),\ \boldsymbol{\beta}(s),\ \boldsymbol{\gamma}(s)\}$，称为曲线 Γ 在点 P 的 Frenet 标架，如图 3.4 所示。

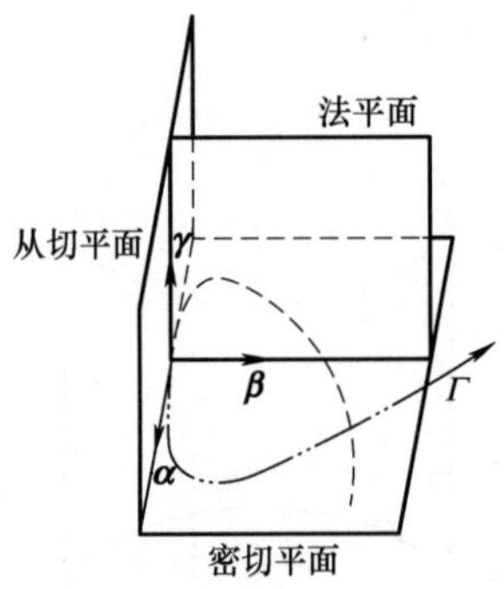

图 3.4 Frenet 标架

对于空间曲线 Γ 在 P 点的 Frenet 标架 $\{\boldsymbol{R}(s);\ \boldsymbol{\alpha}(s),\ \boldsymbol{\beta}(s),\ \boldsymbol{\gamma}(s)\}$，其中标矢 $\boldsymbol{\alpha}(s)$ 和

$\boldsymbol{\beta}(s)$确定了密切平面，$\boldsymbol{\beta}(s)$和$\boldsymbol{\gamma}(s)$确定的平面称为法平面，而$\boldsymbol{\alpha}(s)$和$\boldsymbol{\gamma}(s)$确定的平面称为从切平面。可见 Frenet 标架由三个同空间曲线紧密联系的向量所组成，其微分运算公式为：

$$\begin{cases}\dfrac{\mathrm{d}\boldsymbol{R}(s)}{\mathrm{d}s}=\boldsymbol{\alpha}(s)\\[2mm]\dfrac{\mathrm{d}\boldsymbol{\alpha}(s)}{\mathrm{d}s}=k(s)\boldsymbol{\beta}(s)\\[2mm]\dfrac{\mathrm{d}\boldsymbol{\beta}(s)}{\mathrm{d}s}=-k(s)\boldsymbol{\alpha}(s)+\tau(s)\boldsymbol{\gamma}(s)\\[2mm]\dfrac{\mathrm{d}\boldsymbol{\gamma}(s)}{\mathrm{d}s}=-\tau(s)\boldsymbol{\beta}(s)\end{cases}\tag{3.11}$$

式中，$\boldsymbol{\tau}(s)$称为空间曲线Γ在点P处的挠率，它衡量了曲线在点P的（密切平面）副法矢$\boldsymbol{\gamma}(s)$倾斜角对弧长的变化率，从而描述了曲线在该点偏离密切平面的程度。式（3.11）也称为空间曲线的 Frenet 公式。

由 Frenet 公式（3.11）可以得到空间曲线Γ曲率k和挠率τ的表达式为：

$$k=\left|\frac{\mathrm{d}^2\boldsymbol{R}}{\mathrm{d}s^2}\right|,\quad \tau=\left(\frac{\mathrm{d}\boldsymbol{R}}{\mathrm{d}s},\frac{\mathrm{d}^2\boldsymbol{R}}{\mathrm{d}s^2},\frac{\mathrm{d}^3\boldsymbol{R}}{\mathrm{d}s^3}\right)\bigg/\left|\frac{\mathrm{d}^2\boldsymbol{R}}{\mathrm{d}s^2}\right|^2\tag{3.12}$$

若空间曲线Γ是以一般参数t进行描述的，则其曲率k和挠率τ的表达式为：

$$k=\left|\frac{\mathrm{d}\boldsymbol{R}}{\mathrm{d}t}\times\frac{\mathrm{d}^2\boldsymbol{R}}{\mathrm{d}t^2}\right|\bigg/\left|\frac{\mathrm{d}\boldsymbol{R}}{\mathrm{d}t}\right|^3,\quad \tau=\left(\frac{\mathrm{d}\boldsymbol{R}}{\mathrm{d}t},\frac{\mathrm{d}^2\boldsymbol{R}}{\mathrm{d}t^2},\frac{\mathrm{d}^3\boldsymbol{R}}{\mathrm{d}t^3}\right)\bigg/\left(\frac{\mathrm{d}\boldsymbol{R}}{\mathrm{d}t}\times\frac{\mathrm{d}^2\boldsymbol{R}}{\mathrm{d}t^2}\right)^2\tag{3.13}$$

对于空间曲线来说，曲率$k(s)$和挠率$\tau(s)$不依赖于坐标系的选定，是空间曲线的不变量，能够唯一地确定空间曲线，可以将$k=k(s)$和$\tau=\tau(s)$称为空间曲线的自然方程。于是有：

定理 3.1：在区间$0\leqslant s\leqslant l$上任意给定连续可微函数$k(s)>0$和连续函数$\tau(s)$以及初始右手系正交标架$\{\boldsymbol{R}_0;\ \boldsymbol{\alpha}_0,\ \boldsymbol{\beta}_0,\ \boldsymbol{\gamma}_0\}$，则一定有且仅有一条以$s$为弧长、以$k(s)$为曲率、$\tau(s)$为挠率的空间有向曲线。

建立了空间曲线Γ上P点处的 Frenet 标架$\{\boldsymbol{R}(s);\ \boldsymbol{\alpha}(s),\ \boldsymbol{\beta}(s),\ \boldsymbol{\gamma}(s)\}$，可将曲线$\Gamma$在点$P$的邻域内按照泰勒公式展开。假定曲线$\Gamma$在点$P$处的弧长为$s$，则有：

$$\boldsymbol{R}(s+\Delta s)=\boldsymbol{R}(s)+\frac{\mathrm{d}\boldsymbol{R}(s)}{\mathrm{d}s}\Delta s+\frac{1}{2!}\frac{\mathrm{d}^2\boldsymbol{R}(s)}{\mathrm{d}s^2}(\Delta s)^2+\cdots+\frac{1}{n!}\frac{\mathrm{d}^n\boldsymbol{R}(s)}{\mathrm{d}s^n}(\Delta s)^n+\varepsilon_n(s,\Delta s)(\Delta s)^n\tag{3.14}$$

式中，$\lim\limits_{\Delta s\to 0}\varepsilon_n(s,\Delta s)=0$，$\dfrac{\mathrm{d}\boldsymbol{R}}{\mathrm{d}s}=\boldsymbol{\alpha}$，$\dfrac{\mathrm{d}^2\boldsymbol{R}}{\mathrm{d}s^2}=k\boldsymbol{\beta}$，$\dfrac{\mathrm{d}^3\boldsymbol{R}}{\mathrm{d}s^3}=-k^2\boldsymbol{\alpha}+\dfrac{\mathrm{d}k}{\mathrm{d}s}\boldsymbol{\beta}+k\tau\boldsymbol{\gamma}$，并以此可以得到矢径$\boldsymbol{R}(s)$关于弧长参数的各阶导数。

3.2 曲面微分几何学概述

3.2.1 曲面微分几何学概要

在表达空间曲面Σ时，其直角坐标为：

$$\begin{cases} x = x(u,v) \\ y = y(u,v) \\ z = z(u,v) \end{cases} \tag{3.15}$$

其中 u 和 v 为曲面的参数，若消去参数 u、v，则可写成：

$$z = z(x,y) \tag{3.16}$$

或者写成隐函数形式：

$$F(x,y,z) = 0 \tag{3.17}$$

若将上述 x，y，z 置于空间固定坐标系 $\{\boldsymbol{O};\ \boldsymbol{i},\ \boldsymbol{j},\ \boldsymbol{k}\}$ 中，则曲面Σ以参数 u、v 表示的矢量方程为：

$$\Sigma: \boldsymbol{R} = x(u,v)\boldsymbol{i} + y(u,v)\boldsymbol{j} + z(u,v)\boldsymbol{k} \tag{3.18}$$

可以将其简化为：

$$\boldsymbol{R} = \boldsymbol{R}(u,v) \tag{3.19}$$

将空间曲面Σ矢量方程 $\boldsymbol{R}(u,v)$ 的各阶偏导数记为：

$$\boldsymbol{R}_u = \frac{\partial \boldsymbol{R}}{\partial u},\quad \boldsymbol{R}_v = \frac{\partial \boldsymbol{R}}{\partial v},\quad \boldsymbol{R}_{uu} = \frac{\partial^2 \boldsymbol{R}}{\partial u^2},\quad \boldsymbol{R}_{uv} = \frac{\partial^2 \boldsymbol{R}}{\partial u \partial v},\quad \boldsymbol{R}_{vv} = \frac{\partial^2 \boldsymbol{R}}{\partial v^2} \tag{3.20}$$

在空间曲面Σ上，当 u 等于常数或者 v 等于常数时，式（3.19）分别描述了曲面上的两条曲线，分别称为 v 参数曲线或者 u 参数曲线。对于空间曲面Σ上的一条曲线 Γ，有：

$$\boldsymbol{R} = \boldsymbol{R}(u(t), v(t)) \tag{3.21}$$

其微分形式为：

$$\mathrm{d}\boldsymbol{R} = \boldsymbol{R}_u \mathrm{d}u + \boldsymbol{R}_v \mathrm{d}v \tag{3.22}$$

设 s 为曲线 Γ 的弧长，则 Γ 弧长微分的平方为：

$$\begin{cases} \pi_1 = (\mathrm{d}s)^2 = (\mathrm{d}\boldsymbol{R})^2 = E(\mathrm{d}u)^2 + 2F\mathrm{d}u\mathrm{d}v + G(\mathrm{d}v)^2 \\ E = \boldsymbol{R}_u^2, F = \boldsymbol{R}_u \cdot \boldsymbol{R}_v, G = \boldsymbol{R}_v^2 \end{cases} \tag{3.23}$$

式（3.23）称为曲面Σ的第一基本形式，其二次形式的系数 E、F 和 G 是 u、v 的函数，称为曲面的第一基本量。

曲面Σ上一点$P(u, v)$处的单位法矢为：

$$\boldsymbol{n}=\frac{\boldsymbol{R}_u\times\boldsymbol{R}_v}{|\boldsymbol{R}_u\times\boldsymbol{R}_v|}=\frac{\boldsymbol{R}_u\times\boldsymbol{R}_v}{(EG-F^2)^{\frac{1}{2}}} \tag{3.24}$$

如图3.5所示，假设曲面Σ在点P的切平面为T_P，点P到其在曲面上的某一邻近点$Q(u+\Delta u, v+\Delta v)$的矢径为：

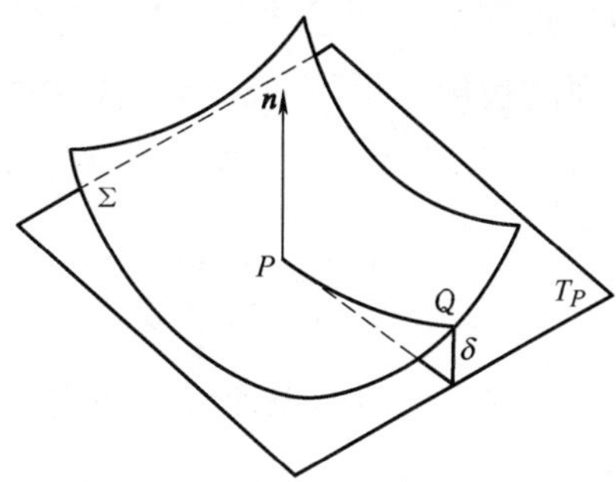

图3.5　曲面的邻近结构

$$\begin{aligned}\overrightarrow{PQ}&=\boldsymbol{R}(u+\Delta u, v+\Delta v)-\boldsymbol{R}(u, v)\\&=\boldsymbol{R}_u\Delta u+\boldsymbol{R}_v\Delta v+\frac{1}{2}[\boldsymbol{R}_{uu}(\Delta u)^2+2\boldsymbol{R}_{uv}\Delta u\Delta v+\boldsymbol{R}_{vv}(\Delta v)^2]+\cdots\end{aligned} \tag{3.25}$$

式（3.25）中略去了关于Δu和Δv二阶以上小量部分。则点Q到切平面T_P的法向距离为：

$$\delta=\overrightarrow{PQ}\cdot\boldsymbol{n}=\frac{1}{2}[\boldsymbol{R}_{uu}\cdot\boldsymbol{n}(\Delta u)^2+2\boldsymbol{R}_{uv}\cdot\boldsymbol{n}\Delta u\Delta v+\boldsymbol{R}_{vv}\cdot\boldsymbol{n}(\Delta v)^2]+\cdots \tag{3.26}$$

δ的符号和大小分别反映了曲面Σ在点P邻近的弯曲方向和弯曲程度，当Δu，$\Delta v\to 0$，称2δ的主要部分为曲面Σ的第二基本形式，即：

$$\begin{cases}\pi_2=\mathrm{d}^2\boldsymbol{R}\cdot\boldsymbol{n}=L(\mathrm{d}u)^2+2M\mathrm{d}u\mathrm{d}v+N(\mathrm{d}v)^2\\ L=\boldsymbol{n}\cdot\boldsymbol{R}_{uu}, M=\boldsymbol{n}\cdot\boldsymbol{R}_{uv}, N=\boldsymbol{n}\cdot\boldsymbol{R}_{vv}\end{cases} \tag{3.27}$$

它的系数L、M和N是曲面的第二基本量。

曲面Σ上曲线Γ在其上一点P处的单位切矢$\boldsymbol{\alpha}$和主法矢$\boldsymbol{\beta}$可由式（3.11）求得，即：

$$\boldsymbol{\alpha}=\frac{\mathrm{d}\boldsymbol{R}}{\mathrm{d}s}, k\boldsymbol{\beta}=\frac{\mathrm{d}^2\boldsymbol{R}}{\mathrm{d}s^2} \tag{3.28}$$

将曲线Γ在P点的曲率矢量$k\boldsymbol{\beta}$分别向曲面Σ上P点处的法矢$\boldsymbol{n}$和副法矢$\boldsymbol{v}=\boldsymbol{\alpha}\times\boldsymbol{n}$上投影，得到曲线$\Gamma$在曲面$\Sigma$上$P$点处的法曲率$k_n$和测地曲率$k_g$（$k_n$和$k_g$根据投影关系而具有正负号），并有：

$$\begin{cases}k_n=k\boldsymbol{\beta}\cdot\boldsymbol{n}\\ k_g=k\boldsymbol{\beta}\cdot\boldsymbol{v}\end{cases} \tag{3.29}$$

假定 $\boldsymbol{\beta}$ 和 $\boldsymbol{n}$ 的夹角为 θ，则有：

$$\begin{cases} k^2 = k_n^2 + k_g^2 \\ k_n = k\cos\theta, k_g = k\sin\theta \end{cases} \tag{3.30}$$

曲面 Σ 上曲线 Γ 在 P 点的切矢 $\boldsymbol{\alpha}$ 与曲面的法矢 $\boldsymbol{n}$ 决定了曲面在 P 点的一个法平面 Σ_N，该法平面过曲面 Σ 上 P 点，沿曲线 Γ 的切线方向 $\boldsymbol{\alpha}$ 截得唯一的一条法截线 $\overline{\Gamma}$，如图 3.6a 所示。由式（3.28）~式（3.30）可知，曲面 Σ 法截线 $\overline{\Gamma}$ 的曲率称为曲线 Γ 的法曲率 k_n，即曲线 Γ 的曲率 k 在曲面 Σ 法平面的投影。将式（3.28）代入式（3.29），并结合式（3.23）和式（3.27），有

$$k_n = \frac{\pi_2}{\pi_1} = \frac{L(\mathrm{d}u)^2 + 2M\mathrm{d}u\mathrm{d}v + N(\mathrm{d}v)^2}{E(\mathrm{d}u)^2 + 2F\mathrm{d}u\mathrm{d}v + G(\mathrm{d}v)^2} \tag{3.31}$$

显然，曲面 Σ 上过 P 点及切线方向 $\boldsymbol{\alpha}$ 有无穷多条曲线，好比过 P 点的切平面绕 P 点及切线 $\boldsymbol{\alpha}$ 转动不同角度 θ，截得曲面 Σ 上不同的截曲线 Γ_i，每条截曲线在 P 点处都有不同的曲率 k_i，但都具有相同的法曲率 k_n，即过 P 点切线方向 $\boldsymbol{\alpha}$ 的曲面 Σ 上法截线 $\overline{\Gamma}$ 的曲率。

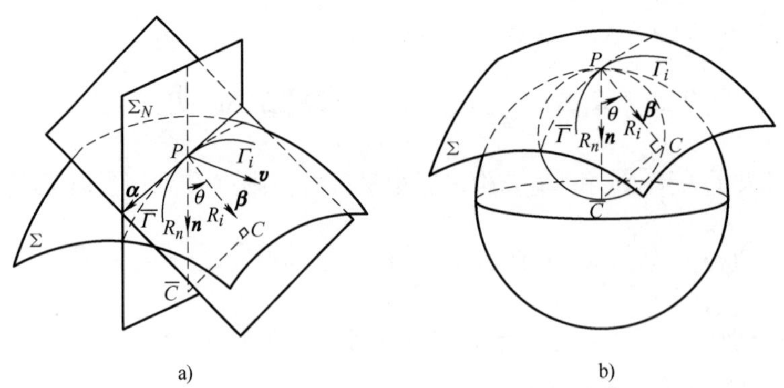

图 3.6　曲面上曲线的曲率

如以曲率半径 R_i 和 R_n 代替曲率 k_i 和 k_n，按式（3.30）中的第二式，有：

$$R_i = R_n \cdot \cos\theta \tag{3.32}$$

当曲面 Σ 上曲线 Γ 在 P 点处的切线方向 $\mathrm{d}u/\mathrm{d}v$ 使得法曲率 k_n 为零，则称该方向为曲面 Σ 在 P 点的渐近方向。式（3.32）可由**默尼埃（Meusnier）**定理表述。

默尼埃（Meusnier）定理：若曲面 Σ 上一条曲线 Γ 在 P 点的方向不是渐近方向，则 Γ 对应于 P 点的曲率中心 C 是沿着这个方向的法截线 $\overline{\Gamma}$ 的曲率中心 $\overline{C}$ 在 Γ 的密切面上的投影。

换句话说，曲面 Σ 上在 P 点沿着一个固定非渐近方向的所有曲线，在 P 点处曲率中心的轨迹是一个直径为 R_n 的圆，或者说这些曲线在点 P 处密切圆轨迹为一球面，如图 3.6b 所示。

由式（3.31）可知，曲面 Σ 在 P 点的法曲率 k_n 不仅与曲面的第一、第二基本量有关，

而且还与曲线 Γ 的切线方向$\frac{\mathrm{d}u}{\mathrm{d}v}$有关。若法曲率 k_n 在某方向$\frac{\mathrm{d}u}{\mathrm{d}v}$取得极值，称该方向为主方向，相应的法曲率称为主曲率。将式（3.31）展开并令$\frac{\mathrm{d}u}{\mathrm{d}v}$取得极值，消去$\frac{\mathrm{d}u}{\mathrm{d}v}$后可得 Σ 在一点 P 处的主曲率满足方程：

$$\begin{vmatrix} k_nE-L & k_nF-M \\ k_nF-M & k_nG-N \end{vmatrix}=0 \tag{3.33}$$

消去 k_n 即可确定主方向的方程：

$$\begin{vmatrix} E\mathrm{d}u+F\mathrm{d}v & F\mathrm{d}u+F\mathrm{d}v \\ L\mathrm{d}u+M\mathrm{d}v & M\mathrm{d}u+N\mathrm{d}v \end{vmatrix}=0 \tag{3.34}$$

式（3.33）中的 k_n 有两个解，即两个主曲率 k_1 和 k_2，相对应为两个主方向，并且两个主方向相互垂直。若曲面 Σ 上的一条曲线 Γ 每点的切线方向都是主方向，则称 Γ 为曲面 Σ 的一条曲率线，即式（3.34）为曲面上曲率线的方程，由此得到曲面上曲率线的充要条件：

$$\mathrm{d}\boldsymbol{n}=-k_n\mathrm{d}\boldsymbol{R} \tag{3.35}$$

式（3.35）称为罗德里克方程，式中的 k_n 为曲面的主曲率。

若将曲面的曲率线选为参数曲线，则曲面的第一、第二基本量中，$F=M=0$。参数曲线 u 线和 v 线的切线方向为曲面的主方向，设 k_1 和 k_2 依次为主方向 $\mathrm{d}v=0$ 和 $\mathrm{d}u=0$ 的主曲率，则由式（3.31）可知，$k_1=\frac{L}{E}$，$k_2=\frac{N}{G}$。假定曲面在 P 点处的任意切线方向$\frac{\mathrm{d}u}{\mathrm{d}v}$和 u 线的夹角为 φ，则曲面沿方向 $\mathrm{d}u/\mathrm{d}v$ 的法曲率 k_n 为：

$$k_n=k_1\cos^2\varphi+k_2\sin^2\varphi \tag{3.36}$$

式（3.36）称为欧拉公式。

对于曲面上的一个非脐点，存在两个主曲率 k_1 和 k_2，则可以定义高斯（Gauss）曲率 K 和平均曲率 H 为：

$$\begin{cases} K=k_1k_2=\dfrac{LN-M^2}{EG-F^2} \\ H=k_1+k_2=\dfrac{LG-2MF+NE}{2(EG-F^2)} \end{cases} \tag{3.37}$$

高斯曲率 K 的符号反映了曲面在其上一点 P 邻近的结构：

① $K>0$。这时主曲率 k_1 和 k_2 同号，由于过 P 点任意方向的法曲率 k_n 介于 k_1 和 k_2 之间，所以也同号。这表明曲面在 P 点的沿任意方向的法截线均朝着切面的同一侧弯曲，称 P 点为椭圆点。

② $K<0$。这时主曲率 k_1 和 k_2 异号，当过 P 点的切线方向变动时，法曲率 k_n 从 k_1 到 k_2 是变号的，称 P 点为双曲点。从欧拉公式（3.36）可以得到法曲率 k_n 为零所对应的切线方

向为:

$$\tan\varphi = \pm\sqrt{-k_1/k_2} \tag{3.38}$$

若曲面Σ上一条曲线 Γ 在各点的切线方向都是曲面的渐近方向，则称曲线 Γ 为曲面上的一条渐近线。由式（3.31）可得曲面上渐近线的微分方程为:

$$L(\mathrm{d}u)^2 + 2M\mathrm{d}u\mathrm{d}v + N(\mathrm{d}v)^2 = 0 \tag{3.39}$$

③ $K=0$。这时 $K=k_1k_2=0$，因而至少一个主曲率为零，其对应的主方向同时又是渐近方向，称 P 点为抛物点。

在曲面Σ上，测地曲率 k_g 恒等于零的曲线称为测地曲线。由式（3.29）和式（3.30）可知，当曲面Σ上曲线 Γ 在每点的主法矢 $\boldsymbol{\beta}$ 与曲面上该点的法矢 $\boldsymbol{n}$ 重合时，θ 为零或者 π，这时曲线 Γ 的测地曲率 k_g 为零，因而是测地曲线。例如，平面上的测地曲线仅为直线；球面上的测地曲线仅为其上大圆；螺旋线是圆柱面上的测地曲线。若曲线 Γ 为曲面Σ上的一条测地曲线，它的挠率可由式（3.11）求得，即:

$$\tau_g = \frac{\mathrm{d}\boldsymbol{\beta}}{\mathrm{d}s}\cdot\boldsymbol{\gamma} = \frac{\mathrm{d}\boldsymbol{\beta}}{\mathrm{d}s}\cdot(\boldsymbol{\alpha}\times\boldsymbol{\beta}) \tag{3.40}$$

由于 Γ 为测地曲线，因此有 $\boldsymbol{\beta}=\pm\boldsymbol{n}$，则式（3.40）可以改写为:

$$\tau_g = \frac{\mathrm{d}\boldsymbol{\beta}}{\mathrm{d}s}\cdot(\boldsymbol{\alpha}\times\boldsymbol{\beta}) = \left(\boldsymbol{\alpha},\boldsymbol{n},\frac{\mathrm{d}\boldsymbol{n}}{\mathrm{d}s}\right) = \left(\frac{\mathrm{d}\boldsymbol{R}}{\mathrm{d}s},\boldsymbol{n},\frac{\mathrm{d}\boldsymbol{n}}{\mathrm{d}s}\right) \tag{3.41}$$

因为 $\boldsymbol{\alpha}$ 为曲面Σ上过 P 点处的任意切矢的单位矢量，称 τ_g 为曲面Σ沿着 $\boldsymbol{\alpha}$ 方向的测地挠率。

曲线 Γ 属于曲面Σ上曲线，与3.1.2节在曲线 Γ 上建立 Frenet 标架 $\{\boldsymbol{R}_P;\ \boldsymbol{\alpha},\ \boldsymbol{\beta},\ \boldsymbol{\gamma}\}$ 类似,在曲线 Γ 上建立新的标架，即以曲线 Γ 上 P 点处的单位切矢 $\boldsymbol{\alpha}$、曲面上 P 点处的单位法矢 $\boldsymbol{n}$ 和曲面切平面内的副法矢 $\boldsymbol{v}=\boldsymbol{\alpha}\times\boldsymbol{n}$ 单位矢量 $\boldsymbol{v}$，构成正交右手系，也就组成了另一种活动标架 $\{\boldsymbol{R}_P;\ \boldsymbol{\alpha},\ \boldsymbol{n},\ \boldsymbol{v}\}$，称为 Darboux 标架，它联系着曲线和曲面的内在几何关系。当曲线上一点 P 沿着曲线移动时，在 P 点的 Darboux 标架也随之移动，把三个标架矢量（简称标矢）对曲线 Γ 弧长 s 的导数写成活动标架矢量的线性组合，便可得到 Darboux 标架的微分运算公式:

$$\begin{cases}\dfrac{\mathrm{d}\boldsymbol{\alpha}}{\mathrm{d}s} = k_n\boldsymbol{n} + k_g\boldsymbol{v}\\[2mm]\dfrac{\mathrm{d}\boldsymbol{n}}{\mathrm{d}s} = -k_n\boldsymbol{\alpha} + \tau_g\boldsymbol{v}\\[2mm]\dfrac{\mathrm{d}\boldsymbol{v}}{\mathrm{d}s} = -k_g\boldsymbol{\alpha} - \tau_g\boldsymbol{n}\end{cases} \tag{3.42}$$

从而得到曲面上曲线的法曲率 k_n、测地曲率 k_g 和测地挠率 τ_g，均为该曲线上 Darboux 标架的微分分量，也是曲线相对于曲面的运动不变量。

特殊地，当曲面Σ退化为球面时，由于球面的法矢 $\boldsymbol{n}$ 始终指向球心，因而球面上曲线的

Darboux 标架$\{\boldsymbol{R};\ \boldsymbol{\alpha},\ \boldsymbol{n},\ \boldsymbol{v}\}$具有其特殊性。若取固定坐标系$\{\boldsymbol{O};\ \boldsymbol{i},\ \boldsymbol{j},\ \boldsymbol{k}\}$的坐标原点在球心 O，球面曲线 Γ 的弧长参数为 s，则其矢量方程可表示为：

$$\Gamma:\boldsymbol{R}(s) = -R\boldsymbol{n}(s) \tag{3.43}$$

式中，R 为球面半径，为常数。将式（3.43）对弧长参数 s 求导可得：

$$\frac{\mathrm{d}\boldsymbol{R}}{\mathrm{d}s} = -R\frac{\mathrm{d}\boldsymbol{n}}{\mathrm{d}s} = \boldsymbol{\alpha} \tag{3.44}$$

结合式（3.44）以及曲面上曲线 Darboux 标架的微分运算公式（3.42）可得球面曲线 Γ 上 Darboux 标架 $\{\boldsymbol{R};\ \boldsymbol{\alpha},\ \boldsymbol{n},\ \boldsymbol{v}\}$ 的微分运算公式：

$$\begin{cases}\dfrac{\mathrm{d}\boldsymbol{R}}{\mathrm{d}s} = \boldsymbol{\alpha}\\[2ex] \dfrac{\mathrm{d}\boldsymbol{\alpha}}{\mathrm{d}s} = \dfrac{1}{R}\boldsymbol{n} + k_g\boldsymbol{v}\\[2ex] \dfrac{\mathrm{d}\boldsymbol{n}}{\mathrm{d}s} = -\dfrac{1}{R}\boldsymbol{\alpha}\\[2ex] \dfrac{\mathrm{d}\boldsymbol{v}}{\mathrm{d}s} = -k_g\boldsymbol{\alpha}\end{cases} \tag{3.45}$$

而对于单位球面，即 $R=1$，有：

$$\begin{cases}\dfrac{\mathrm{d}\boldsymbol{R}}{\mathrm{d}s} = \boldsymbol{\alpha}\\[2ex] \dfrac{\mathrm{d}\boldsymbol{\alpha}}{\mathrm{d}s} = \boldsymbol{n} + k_g\boldsymbol{v}\\[2ex] \dfrac{\mathrm{d}\boldsymbol{n}}{\mathrm{d}s} = -\boldsymbol{\alpha}\\[2ex] \dfrac{\mathrm{d}\boldsymbol{v}}{\mathrm{d}s} = -k_g\boldsymbol{\alpha}\end{cases} \tag{3.46}$$

综上所述，在曲面Σ上的任意曲线 Γ 上可建立 Frenet 标架$\{\boldsymbol{R};\ \boldsymbol{\alpha},\ \boldsymbol{\beta},\ \boldsymbol{\gamma}\}$以及 Darboux 标架$\{\boldsymbol{R};\ \boldsymbol{\alpha},\ \boldsymbol{n},\ \boldsymbol{\nu}\}$，由于两标架共有切矢 $\boldsymbol{\alpha}$，即 Darboux 标架$\{\boldsymbol{R};\ \boldsymbol{\alpha},\ \boldsymbol{n},\ \boldsymbol{\nu}\}$可视为将 Frenet 标架$\{\boldsymbol{R};\ \boldsymbol{\alpha},\ \boldsymbol{\beta},\ \boldsymbol{\gamma}\}$绕切矢 $\boldsymbol{\alpha}$ 转过角度 θ 得到，即：

$$\begin{cases}\boldsymbol{\alpha} = \boldsymbol{\alpha}\\ \boldsymbol{n} = \cos\theta\cdot\boldsymbol{\beta} + \sin\theta\cdot\boldsymbol{\gamma}\\ \boldsymbol{\nu} = -\sin\theta\cdot\boldsymbol{\beta} + \cos\theta\cdot\boldsymbol{\gamma}\end{cases} \tag{3.47}$$

将式（3.47）对曲线 Γ 的弧长参数 s 求导，并结合活动标架$\{\boldsymbol{R};\ \boldsymbol{\alpha},\ \boldsymbol{n},\ \boldsymbol{\nu}\}$的微分运算公式（3.42）以及 Frenet 标架$\{\boldsymbol{R};\ \boldsymbol{\alpha},\ \boldsymbol{\beta},\ \boldsymbol{\gamma}\}$的微分运算公式（3.11），有：

$$k_n = k\cos\theta, k_g = -k\sin\theta, \tau_g = \tau + \frac{\mathrm{d}\theta}{\mathrm{d}s} \tag{3.48}$$

将式（3.48）继续对弧长参数 s 求导，可得：

$$\begin{cases}\dfrac{\mathrm{d}k_n}{\mathrm{d}s}=\dfrac{\mathrm{d}k}{\mathrm{d}s}\cos\theta-k\dfrac{\mathrm{d}\theta}{\mathrm{d}s}\sin\theta,\dfrac{\mathrm{d}k_g}{\mathrm{d}s}=-\dfrac{\mathrm{d}k}{\mathrm{d}s}\sin\theta-k\dfrac{\mathrm{d}\theta}{\mathrm{d}s}\cos\theta\\ \dfrac{\mathrm{d}^2k_n}{\mathrm{d}s^2}=\dfrac{\mathrm{d}^2k}{\mathrm{d}s^2}\cos\theta-2\dfrac{\mathrm{d}k\mathrm{d}\theta}{\mathrm{d}s\,\mathrm{d}s}\sin\theta-k\left(\dfrac{\mathrm{d}\theta}{\mathrm{d}s}\right)^2\cos\theta-k\dfrac{\mathrm{d}^2\theta}{\mathrm{d}s^2}\sin\theta\\ \dfrac{\mathrm{d}^2k_g}{\mathrm{d}s^2}=-\dfrac{\mathrm{d}^2k}{\mathrm{d}s^2}\sin\theta-2\dfrac{\mathrm{d}k\mathrm{d}\theta}{\mathrm{d}s\,\mathrm{d}s}\cos\theta+k\left(\dfrac{\mathrm{d}\theta}{\mathrm{d}s}\right)^2\sin\theta-k\dfrac{\mathrm{d}^2\theta}{\mathrm{d}s^2}\cos\theta\\ \dfrac{\mathrm{d}\tau_g}{\mathrm{d}s}=\dfrac{\mathrm{d}\tau}{\mathrm{d}s}+\dfrac{\mathrm{d}^2\theta}{\mathrm{d}s^2},\dfrac{\mathrm{d}^2\tau_g}{\mathrm{d}s^2}=\dfrac{\mathrm{d}^2\tau}{\mathrm{d}s^2}+\dfrac{\mathrm{d}^3\theta}{\mathrm{d}s^3}\end{cases}\tag{3.49}$$

3.2.2 直纹面的 Frenet 标架和不变量

由直线的空间运动轨迹所形成的一类曲面，称为直纹面，这些直线称为直纹面的直母线。柱面和锥面都是直纹面的特例，前者的直母线相互平行，后者的直母线相交于一点（锥顶点）。

在直纹面Σ上选取一条同每条直母线均相交的曲线 Γ，其方程为：

$$\Gamma: \boldsymbol{a}=\boldsymbol{a}(u),\ u_0\leqslant u\leqslant u_1\tag{3.50}$$

设 $\boldsymbol{l}(u)$ 为经过 Γ 上点的直母线的单位矢量，则直纹面Σ的矢量方程为：

$$\Sigma: \boldsymbol{R}(u,v)=\boldsymbol{a}(u)+v\boldsymbol{l}(u),\ u_0\leqslant u\leqslant u_1,\ -\infty<v<+\infty\tag{3.51}$$

称 Γ 为直纹面Σ的准线，将式（3.51）对参数 u 和 v 求偏导，有

$$\boldsymbol{R}_u=\frac{\partial\boldsymbol{R}}{\partial u}=\frac{\mathrm{d}\boldsymbol{a}}{\mathrm{d}u}+v\frac{\mathrm{d}\boldsymbol{l}}{\mathrm{d}u},\ \boldsymbol{R}_v=\frac{\partial\boldsymbol{R}}{\partial v}=\boldsymbol{l}\tag{3.52}$$

则直纹面Σ上一点 $P(u,v)$ 处的法矢 $\boldsymbol{N}$ 为：

$$\boldsymbol{N}=\boldsymbol{R}_u\times\boldsymbol{R}_v=\frac{\mathrm{d}\boldsymbol{a}}{\mathrm{d}u}\times\boldsymbol{l}+v\frac{\mathrm{d}\boldsymbol{l}}{\mathrm{d}u}\times\boldsymbol{l}\tag{3.53}$$

现在来考察直纹面Σ上一条直母线 $\boldsymbol{l}(u)$ 与其邻近的另一条直母线 $\boldsymbol{l}(u+\Delta u)$ 的相互位置关系，即 $\boldsymbol{l}(u)$ 和 $\boldsymbol{l}(u+\Delta u)$ 的最短距离。作两直母线的公垂线 $\overline{M_1M_2}$，如图 3.7 所示，在 $\boldsymbol{l}(u)$ 上的垂足为 M_1，$\boldsymbol{l}(u+\Delta u)$ 上的垂足为 M_2，当 $\Delta u\to 0$ 时，M_1 和 M_2 点趋近于直母线 $\boldsymbol{l}(u)$ 上的一点 M_0，称之为直纹面Σ在直母线 $\boldsymbol{l}(u)$ 上的腰点。腰点 M_0 到准线 Γ 与直母线 $\boldsymbol{l}(u)$ 交点的距离为 b_l，可称为腰准距或者腰参距，并有：

$$b_l=-\left(\frac{\mathrm{d}\boldsymbol{a}}{\mathrm{d}u}\cdot\frac{\mathrm{d}\boldsymbol{l}}{\mathrm{d}u}\right)\Big/\left(\frac{\mathrm{d}\boldsymbol{l}}{\mathrm{d}u}\right)^2\tag{3.54}$$

在直纹面Σ上，每条直母线上都有一个腰点，这些腰点在Σ上的轨迹称为腰线，由式（3.51）和式（3.54）可得腰线的方程为：

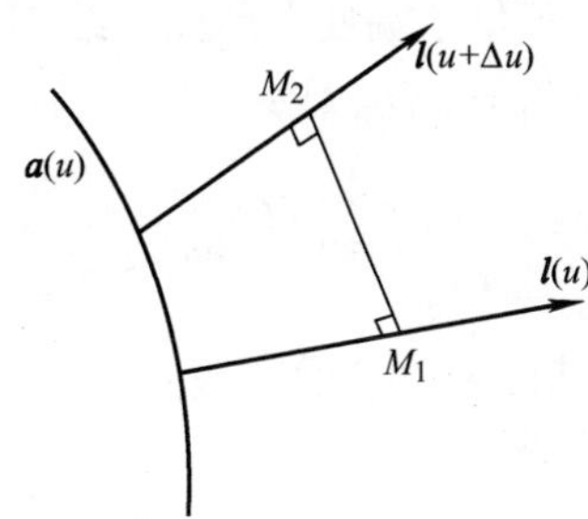

图3.7　直纹面两直母线间位置关系

$$\boldsymbol{\rho}(u)=\boldsymbol{a}(u)+b_l\cdot\boldsymbol{l}(u)=\boldsymbol{a}(u)-\left(\frac{\mathrm{d}\boldsymbol{a}}{\mathrm{d}u}\cdot\frac{\mathrm{d}\boldsymbol{l}}{\mathrm{d}u}\right)\cdot\frac{\boldsymbol{l}(u)}{\left(\frac{\mathrm{d}\boldsymbol{l}}{\mathrm{d}u}\right)^2} \tag{3.55}$$

式（3.55）仅为参数 u 的函数，即腰线仅与参数 u 有关。腰线的几何意义是沿着直纹面最细的地方，即腰部。

以腰线为准线的直纹面方程为：

$$\Sigma:\boldsymbol{R}(u,v)=\boldsymbol{\rho}(u)+v\boldsymbol{l}(u),\ u_0\leqslant u\leqslant u_1,\ -\infty<v<+\infty \tag{3.56}$$

称为直纹面的标准方程，并有如下定理：

定理 3.2：以单位矢量函数 $\boldsymbol{l}(u)$ 为直母线的单位矢量，以矢量函数 $\boldsymbol{a}(u)$ 为准线的直纹面 Σ，其准线恰为腰线的充要条件为 $\frac{\mathrm{d}\boldsymbol{a}}{\mathrm{d}u}\cdot\frac{\mathrm{d}\boldsymbol{l}}{\mathrm{d}u}=0$。

对于直纹面 Σ，由于其一族参数曲线为直线，因而有其特别之处，为有效地研究直纹面的性质，在直纹面的腰线 $\boldsymbol{\rho}(u)$ 上建立直纹面的 Frenet 标架 $\{\boldsymbol{\rho};\ \boldsymbol{e}_1,\ \boldsymbol{e}_2,\ \boldsymbol{e}_3\}$ 为：

$$\boldsymbol{e}_1=\boldsymbol{l},\boldsymbol{e}_2=\frac{\mathrm{d}\boldsymbol{l}/\mathrm{d}u}{|\mathrm{d}\boldsymbol{l}/\mathrm{d}u|},\boldsymbol{e}_3=\boldsymbol{e}_1\times\boldsymbol{e}_2=\boldsymbol{l}\times\frac{\mathrm{d}\boldsymbol{l}/\mathrm{d}u}{|\mathrm{d}\boldsymbol{l}/\mathrm{d}u|} \tag{3.57}$$

直纹面的 Frenet 标架 $\{\boldsymbol{\rho};\ \boldsymbol{e}_1,\ \boldsymbol{e}_2,\ \boldsymbol{e}_3\}$ 的微分运算公式为：

$$\begin{cases}\dfrac{\mathrm{d}\boldsymbol{\rho}}{\mathrm{d}\sigma}=\alpha\boldsymbol{e}_1+\gamma e_3\\[2mm]\dfrac{\mathrm{d}\boldsymbol{e}_1}{\mathrm{d}\sigma}=\boldsymbol{e}_2\\[2mm]\dfrac{\mathrm{d}\boldsymbol{e}_2}{\mathrm{d}\sigma}=-\boldsymbol{e}_1+\beta\boldsymbol{e}_3\\[2mm]\dfrac{\mathrm{d}\boldsymbol{e}_3}{\mathrm{d}\sigma}=-\beta\boldsymbol{e}_2\end{cases} \tag{3.58}$$

可见直纹面 Σ 的腰线切矢在直纹面 Frenet 标架的坐标平面 $\boldsymbol{\rho}-\boldsymbol{e}_1\boldsymbol{e}_3$ 内。式（3.58）中的几个参数 σ，α，β 和 γ 的几何意义分别说明如下：

1）σ 为直纹面 Σ 直母线 $\boldsymbol{l}(u)$ 的球面像曲线的弧长。即把直母线单位矢量 $\boldsymbol{l}(u)$ 映射到一

个单位球面上，矢量起点为球心，矢量末端便在球面上绘制出一条球面像曲线，σ 便为该曲线的弧长，它与参数 u 的关系可以由 $\boldsymbol{l}(u)$ 确定为：

$$\mathrm{d}\sigma = \left|\frac{\mathrm{d}\boldsymbol{l}}{\mathrm{d}u}\right|\mathrm{d}u \tag{3.59}$$

2）β 为直纹面 Σ 直母线 $\boldsymbol{l}(u)$ 球面像曲线的测地曲率，由式（3.58）可得：

$$\beta = \left(\boldsymbol{l},\frac{\mathrm{d}\boldsymbol{l}}{\mathrm{d}\sigma},\frac{\mathrm{d}^2\boldsymbol{l}}{\mathrm{d}\sigma^2}\right) = \frac{\left(\boldsymbol{l},\dfrac{\mathrm{d}\boldsymbol{l}}{\mathrm{d}u},\dfrac{\mathrm{d}^2\boldsymbol{l}}{\mathrm{d}u^2}\right)}{\left|\dfrac{\mathrm{d}\boldsymbol{l}}{\mathrm{d}u}\right|^3} \tag{3.60}$$

3）γ 为直纹面 Σ 的分布参数。由式（3.58）可得：

$$\gamma = \frac{\mathrm{d}\boldsymbol{\rho}}{\mathrm{d}\sigma}\cdot\boldsymbol{e}_3 = \left(\frac{\mathrm{d}\boldsymbol{\rho}}{\mathrm{d}\sigma},\ \boldsymbol{l},\ \frac{\mathrm{d}\boldsymbol{l}}{\mathrm{d}\sigma}\right) = \frac{\left(\dfrac{\mathrm{d}\boldsymbol{\rho}}{\mathrm{d}u},\ \boldsymbol{l},\ \dfrac{\mathrm{d}\boldsymbol{l}}{\mathrm{d}u}\right)}{\left|\dfrac{\mathrm{d}\boldsymbol{l}}{\mathrm{d}u}\right|^2} \tag{3.61}$$

参数 γ 表明了直纹面 Σ 的法线沿直母线上各点的变化情况。当 $\gamma=0$ 时，直纹面 Σ 便为可展曲面。

4）α 为直纹面 Σ 的腰线切矢与直母线夹角的函数。由式（3.58）得

$$\alpha = \frac{\mathrm{d}\boldsymbol{\rho}}{\mathrm{d}\sigma}\cdot\boldsymbol{e}_1 = \frac{\mathrm{d}\boldsymbol{\rho}}{\mathrm{d}u}\cdot\frac{\boldsymbol{l}}{\left|\dfrac{\mathrm{d}\boldsymbol{l}}{\mathrm{d}u}\right|} \tag{3.62}$$

【例 3-3】 柱面如图 3.8a 所示。

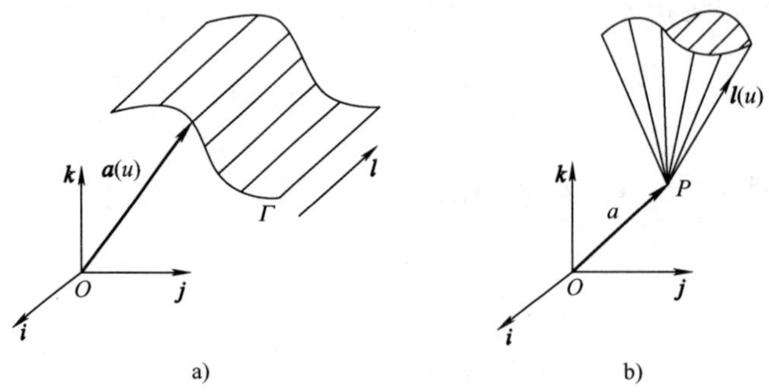

图 3.8 直纹面

a）柱面 b）锥面

给定空间曲线 Γ:$\boldsymbol{a}=\boldsymbol{a}(u)$，$u_0\leqslant u\leqslant u_1$ 以及单位矢量 $\boldsymbol{l}$，过曲线 Γ 上的每一点作以矢量 $\boldsymbol{l}$ 为方向矢量的直线，这些直线构成柱面并有矢量方程：

$$\boldsymbol{R}(u,v)=\boldsymbol{a}(u)+v\boldsymbol{l},\ u_0\leqslant u\leqslant u_1,\ -\infty<v<\infty \tag{E3-3.1}$$

由柱面的矢量方程可以得到柱面的单位法矢为：

$$\boldsymbol{n}=\frac{\boldsymbol{R}_u\times\boldsymbol{R}_v}{|\boldsymbol{R}_u\times\boldsymbol{R}_v|}=\frac{\mathrm{d}\boldsymbol{a}}{\mathrm{d}u}\times\frac{\boldsymbol{l}}{\left|\dfrac{\mathrm{d}\boldsymbol{a}}{\mathrm{d}u}\times\boldsymbol{l}\right|}\tag{E3-3.2}$$

【例3-4】 锥面如图3.8b所示。

给定空间中的一定点 P 的矢径 $\boldsymbol{a}$，过点 P 作以单位矢量 $\boldsymbol{l}(u)$ 为方向矢量的直线，这些直线构成锥面并有矢量方程：

$$\boldsymbol{R}(u,v)=\boldsymbol{a}+v\boldsymbol{l}(u),\ u_0\leqslant u\leqslant u_1,\ -\infty<v<\infty\tag{E3-4.1}$$

由锥面的矢量方程可以得到锥面的单位法矢为：

$$\boldsymbol{n}=\frac{\boldsymbol{R}_u\times\boldsymbol{R}_v}{|\boldsymbol{R}_u\times\boldsymbol{R}_v|}=\frac{\mathrm{d}\boldsymbol{l}}{\mathrm{d}u}\times\frac{\boldsymbol{l}}{\left|\dfrac{\mathrm{d}\boldsymbol{l}}{\mathrm{d}u}\times\boldsymbol{l}\right|}\tag{E3-4.2}$$

由于锥面的准线即为定点 P，满足定理3.2，因此锥面的腰线退化为一定点。

3.2.3　相伴方法

为方便后面章节应用微分几何学讨论机构中曲线与曲面的几何性质，尤其是借助活动标架考察点或直线的运动及其轨迹曲线、曲面的几何性质，包括曲线与曲线（Frenet 标架）相伴、曲线与曲面上曲线（Darboux 标架）相伴、直纹面与直纹面（Frenet 标架）相伴（统称为相伴方法），本节讨论相伴方法需要对现有微分几何学书中的内容进行扩展和延伸，导出后文便于引用的相关公式和结果，以适应机构学研究的需要。但这并不是微分几何学教科书中讨论的基本内容，尽管作者将其放在微分几何学内容的章节里。

3.2.3.1　空间曲线与曲线相伴

如图3.9所示，空间固定坐标系$\{\boldsymbol{O};\ \boldsymbol{i},\ \boldsymbol{j},\ \boldsymbol{k}\}$中有一条空间曲线 Γ_P，在曲线 Γ_P外一点 P^*伴随着 Γ_P上的点 P 运动，形成另一条空间曲线 Γ_P^*，则称曲线 Γ_P为原曲线，而曲线 Γ_P^*为相伴曲线。在原曲线 Γ_P上建立 Frenet 标架$\{\boldsymbol{R}_P;\ \boldsymbol{\alpha},\ \boldsymbol{\beta},\ \boldsymbol{\gamma}\}$，则相伴曲线 Γ_P^*的矢量方程为：

$$\Gamma_P^*:\boldsymbol{R}_P^*=\boldsymbol{R}_P+u_1\boldsymbol{\alpha}+u_2\boldsymbol{\beta}+u_3\boldsymbol{\gamma}\tag{3.63}$$

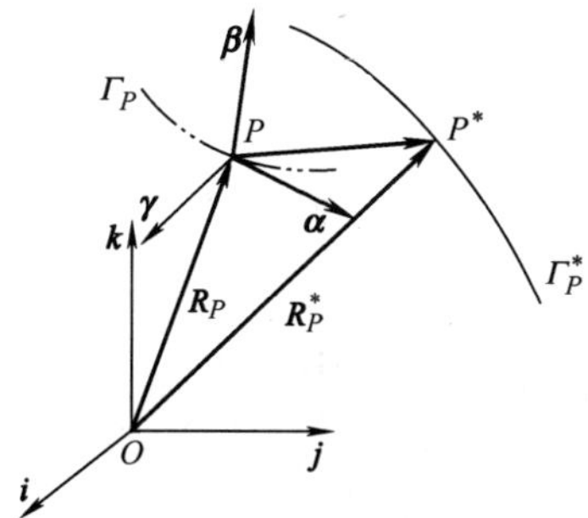

图3.9　空间曲线与曲线相伴

式中，(u_1, u_2, u_3)是点 P^* 在 Frenet 标架$\{\boldsymbol{R}_P; \boldsymbol{\alpha}, \boldsymbol{\beta}, \boldsymbol{\gamma}\}$中的相对坐标分量，将式（3.63）对曲线 Γ_P的弧长参数 s 进行求导，并将 Frenet 公式（3.11）代入其中化简，可以得到：

$$\begin{cases}\dfrac{\mathrm{d}\boldsymbol{R}_P^*}{\mathrm{d}s}=A_1\boldsymbol{\alpha}+A_2\boldsymbol{\beta}+A_3\boldsymbol{\gamma}\\ A_1=1+\dfrac{\mathrm{d}u_1}{\mathrm{d}s}-ku_2\\ A_2=ku_1+\dfrac{\mathrm{d}u_2}{\mathrm{d}s}-\tau u_3\\ A_3=\dfrac{\mathrm{d}u_3}{\mathrm{d}s}+\tau u_2\end{cases} \tag{3.64}$$

同平面相伴曲线相类似，$\mathrm{d}\boldsymbol{R}_P^*/\mathrm{d}s$ 为空间曲线 Γ_P^* 的切线矢量，采用了 Frenet 标架$\{\boldsymbol{R}_P; \boldsymbol{\alpha}, \boldsymbol{\beta}, \boldsymbol{\gamma}\}$描述点 P^* 在固定坐标系$\{\boldsymbol{O}; \boldsymbol{i}, \boldsymbol{j}, \boldsymbol{k}\}$中的绝对运动。当点 P^* 是固定坐标系$\{\boldsymbol{O}; \boldsymbol{i}, \boldsymbol{j}, \boldsymbol{k}\}$中的一固定点时，其绝对坐标不随原曲线 Γ_P自然参数 s 的变化而变化，则有 $\mathrm{d}\boldsymbol{R}_P^*/\mathrm{d}s=0$，由式（3.64）的后面三式可以得到：

$$\begin{cases}A_1=1+\dfrac{\mathrm{d}u_1}{\mathrm{d}s}-ku_2=0\\ A_2=ku_1+\dfrac{\mathrm{d}u_2}{\mathrm{d}s}-\tau u_3=0\\ A_3=\dfrac{\mathrm{d}u_3}{\mathrm{d}s}+\tau u_2=0\end{cases} \tag{3.65}$$

称式（3.65）为空间曲线的不动点条件，即在活动标架$\{\boldsymbol{R}_P; \boldsymbol{\alpha}, \boldsymbol{\beta}, \boldsymbol{\gamma}\}$ 中所描述的点在固定坐标系中某一瞬时保持绝对静止的条件。

特殊地，当原曲线 Γ_P在半径为 R 的球面上时，球面曲线 Γ_P外一点 P^* 伴随着 Γ_P上的点 P 作球面运动，形成另一条球面曲线 Γ_P^*，如图 3.10 所示，则曲线 Γ_P^* 为 Γ_P的球面相伴曲线。在球面曲线 Γ_P上建立 Darboux 活动标架$\{\boldsymbol{R}_P; \boldsymbol{\alpha}, \boldsymbol{n}, \boldsymbol{\nu}\}$，则相伴曲线 Γ_P^* 的矢量方程为：

$$\Gamma_P^*: \boldsymbol{R}_P^*=\boldsymbol{R}_P+u_1\boldsymbol{\alpha}+u_2\boldsymbol{n}+u_3\boldsymbol{\nu} \tag{3.66}$$

式中，(u_1, u_2, u_3)为点 P^*关于球面上点 P 的相对坐标，将式（3.66）对球面曲线 Γ_P的弧长 s 求导，并代入球面上曲线 Darboux 标架的微分运算公式（3.45），化简得：

$$\begin{cases}\dfrac{\mathrm{d}\boldsymbol{R}_P^*}{\mathrm{d}s}=A_1\boldsymbol{\alpha}+A_2\boldsymbol{n}+A_3\boldsymbol{\nu}\\ A_1=1+\dfrac{\mathrm{d}u_1}{\mathrm{d}s}-\dfrac{u_2}{R}-k_g u_3\\ A_2=\dfrac{u_1}{R}+\dfrac{\mathrm{d}u_2}{\mathrm{d}s}\\ A_3=k_g u_1+\dfrac{\mathrm{d}u_3}{\mathrm{d}s}\end{cases} \tag{3.67}$$

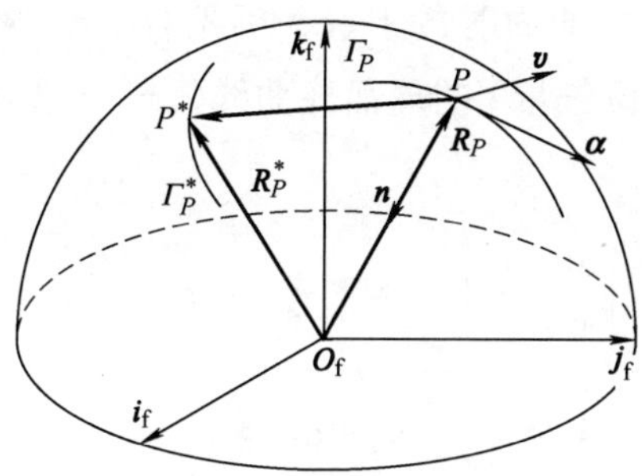

图 3.10 球面相伴曲线

式中，$\mathrm{d}\boldsymbol{R}_P^*/\mathrm{d}s$ 为球面曲线 Γ_P^* 的切线矢量，A_i，$i=1,2,3$ 是 P^* 点的绝对运动变化率关于 Darboux 标架$\{\boldsymbol{R}_P;\ \boldsymbol{\alpha},\ \boldsymbol{n},\ \boldsymbol{v}\}$的分量，$\mathrm{d}u_i/\mathrm{d}s$，$i=1,2,3$ 是 P^* 关于标架$\{\boldsymbol{R}_P;\ \boldsymbol{\alpha},\ \boldsymbol{n},\ \boldsymbol{v}\}$的相对坐标变化率分量。当点 P^* 是所讨论球面上的一定点时，它满足球面曲线的不动点条件，即其绝对运动变化率为零，由式（3.67）的后三式可得：

$$\begin{cases} A_1 = 1 + \dfrac{\mathrm{d}u_1}{\mathrm{d}s} - \dfrac{u_2}{R} - k_g u_3 = 0 \\ A_2 = \dfrac{u_1}{R} + \dfrac{\mathrm{d}u_2}{\mathrm{d}s} = 0 \\ A_3 = k_g u_1 + \dfrac{\mathrm{d}u_3}{\mathrm{d}s} = 0 \end{cases} \tag{3.68}$$

3.2.3.2 空间曲线与直纹面相伴

如图 3.11 所示，已知空间中一条直线 L 沿着准线 Γ 运动，而直线外一点 P 伴随着直线 L 一起运动，直线 L 的轨迹形成一直纹面 Σ，称为原曲面，而点 P 的轨迹则为一条空间曲线 Γ_P^*，称为原曲面 Σ 的相伴曲线。在直纹面 Σ 的腰线上建立其 Frenet 活动标架$\{\boldsymbol{\rho};\ \boldsymbol{e}_1,\ \boldsymbol{e}_2,\ \boldsymbol{e}_3\}$，$\boldsymbol{\rho}$ 是直纹面 Σ 的腰线矢径，那么，与直纹面 Σ 相伴的曲线 Γ_P^* 的矢量方程可表示为：

$$\Gamma_P^*: \boldsymbol{R}_P = \boldsymbol{\rho} + \boldsymbol{r}_P = \boldsymbol{\rho} + u_1\boldsymbol{e}_1 + u_2\boldsymbol{e}_2 + u_3\boldsymbol{e}_3 \tag{3.69}$$

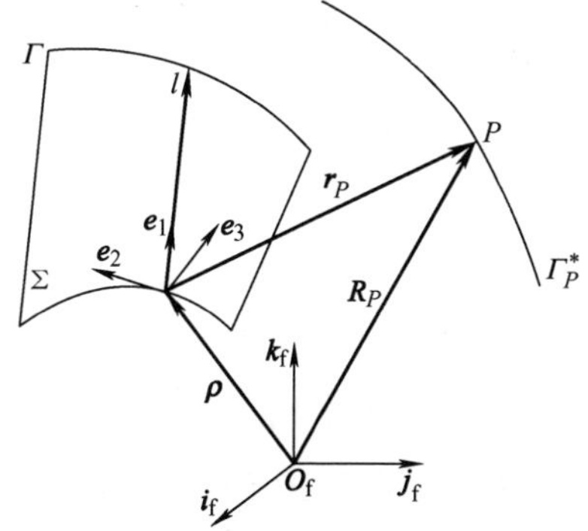

图 3.11 曲线与直纹面相伴

式中，(u_1, u_2, u_3)为点 P 在原曲面Σ的 Frenet 标架$\{\boldsymbol{\rho};\ \boldsymbol{e}_1, \boldsymbol{e}_2, \boldsymbol{e}_3\}$中的相对坐标。将式（3.69）对原曲面$\Sigma$直母线单位矢量$\boldsymbol{l}$的球面像曲线弧长$\sigma$求导，并利用直纹面$\Sigma$的 Frenet 公式（3.58）进行化简得：

$$\begin{cases}\dfrac{\mathrm{d}\boldsymbol{R}_P}{\mathrm{d}\sigma}=A_1\boldsymbol{e}_1+A_2\boldsymbol{e}_2+A_3\boldsymbol{e}_3\\ A_1=\dfrac{\mathrm{d}u_1}{\mathrm{d}\sigma}-u_2+\alpha\\ A_2=u_1+\dfrac{\mathrm{d}u_2}{\mathrm{d}\sigma}-\beta u_3\\ A_3=\beta u_2+\dfrac{\mathrm{d}u_3}{\mathrm{d}\sigma}+\gamma\end{cases}\tag{3.70}$$

式中，A_i、$i=1, 2, 3$ 为点 P 的绝对变化率在 Frenet 标架$\{\boldsymbol{\rho};\ \boldsymbol{e}_1, \boldsymbol{e}_2, \boldsymbol{e}_3\}$中的分量，而 $\mathrm{d}u_i/\mathrm{d}\sigma$，$i=1, 2, 3$ 则为点 P 在 Frenet 标架中相对变化率分量。当点 P 是固定坐标系中的一定点时，其绝对运动变化率为零，即 $\mathrm{d}\boldsymbol{R}_P/\mathrm{d}\sigma=0$，从而根据式（3.70）的后三式得到：

$$\begin{cases}A_1=\dfrac{\mathrm{d}u_1}{\mathrm{d}\sigma}-u_2+\alpha=0\\ A_2=u_1+\dfrac{\mathrm{d}u_2}{\mathrm{d}\sigma}-\beta u_3=0\\ A_3=\beta u_2+\dfrac{\mathrm{d}u_3}{\mathrm{d}\sigma}+\gamma=0\end{cases}\tag{3.71}$$

式（3.71）被称为曲线与直纹面相伴的不动点条件，称满足式（3.71）的 P 点为不动点。

3.2.3.3 直纹面与直纹面相伴

如图 3.12 所示，固定坐标系$\{\boldsymbol{O}_\mathrm{f};\ \boldsymbol{i}_\mathrm{f}, \boldsymbol{j}_\mathrm{f}, \boldsymbol{k}_\mathrm{f}\}$中，直线 L 沿着一条准线 $\varGamma$ 运动，其轨迹为直纹面Σ，而过直线 L 外一点 P，有另外一条直线 L^*，伴随着直线 L 一起运动，其轨迹形成另一个直纹面Σ^*，则称直纹面Σ为原曲面，而直纹面Σ^*为原曲面Σ的相伴曲面。在原曲面Σ的腰线上建立直纹面的 Frenet 标架$\{\boldsymbol{\rho};\ \boldsymbol{e}_1, \boldsymbol{e}_2, \boldsymbol{e}_3\}$，$\boldsymbol{\rho}$ 是直纹面Σ的腰线矢径，那么与直纹面Σ相伴的直纹面Σ^*的矢量方程可表示为：

$$\begin{cases}\Sigma^*: \boldsymbol{R}_l=\boldsymbol{R}_P+\lambda\boldsymbol{l}^*=\boldsymbol{\rho}+\boldsymbol{r}_P+\lambda\boldsymbol{l}^*\\ \boldsymbol{r}_P=u_1\boldsymbol{e}_1+u_2\boldsymbol{e}_2+u_3\boldsymbol{e}_3, \boldsymbol{l}^*=l_1^*\boldsymbol{e}_1+l_2^*\boldsymbol{e}_2+l_3^*\boldsymbol{e}_3\end{cases}\tag{3.72}$$

式中，$\boldsymbol{r}_P$为原曲面Σ上的腰点到点 P 的矢径，u_i，$i=1, 2, 3$ 为点 P 在 Frenet 标架$\{\boldsymbol{\rho};\ \boldsymbol{e}_1, \boldsymbol{e}_2, \boldsymbol{e}_3\}$中的相对坐标分量，$\boldsymbol{l}^*$为直线 L^* 的单位方向矢量，l_i^*，$i=1, 2, 3$ 为单位矢量$\boldsymbol{l}^*$在标架$\{\boldsymbol{\rho};\ \boldsymbol{e}_1, \boldsymbol{e}_2, \boldsymbol{e}_3\}$中的方向余弦，且有 $l_1^{*2}+l_2^{*2}+l_3^{*2}=1$，$\lambda$ 为直纹面Σ^*的直母线参数。式（3.72）中的 $\boldsymbol{R}_P=\boldsymbol{\rho}+\boldsymbol{r}_P$便为直纹面$\Sigma^*$的准线 $\varGamma_P^*$ 的矢量表达。对式（3.72）进行微分，

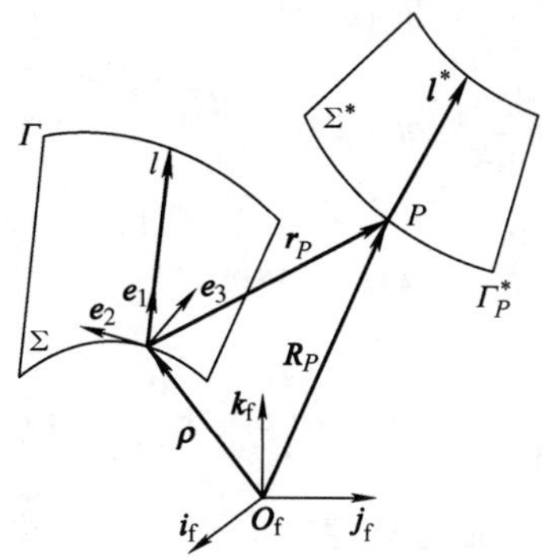

图 3.12　直纹面与直纹面相伴

得到：

$$\begin{cases}\mathrm{d}\boldsymbol{R}_l=\left(\dfrac{\mathrm{d}\boldsymbol{\rho}}{\mathrm{d}\sigma}+\dfrac{\mathrm{d}\boldsymbol{r}_P}{\mathrm{d}\sigma}+\lambda\dfrac{\mathrm{d}\boldsymbol{l}^*}{\mathrm{d}\sigma}\right)\mathrm{d}\sigma+\boldsymbol{l}^*\mathrm{d}\lambda\\ \dfrac{\mathrm{d}\boldsymbol{\rho}}{\mathrm{d}\sigma}+\dfrac{\mathrm{d}\boldsymbol{r}_P}{\mathrm{d}\sigma}=\left(\alpha+\dfrac{\mathrm{d}u_1}{\mathrm{d}\sigma}-u_2\right)\boldsymbol{e}_1+\left(u_1+\dfrac{\mathrm{d}u_2}{\mathrm{d}\sigma}-\beta u_3\right)\boldsymbol{e}_2+\left(\beta u_2+\dfrac{\mathrm{d}u_3}{\mathrm{d}\sigma}+\gamma\right)\boldsymbol{e}_3\\ \dfrac{\mathrm{d}\boldsymbol{l}^*}{\mathrm{d}\sigma}=\left(\dfrac{\mathrm{d}l_1^*}{\mathrm{d}\sigma}-l_2^*\right)\boldsymbol{e}_1+\left(l_1^*+\dfrac{\mathrm{d}l_2^*}{\mathrm{d}\sigma}-\beta l_3^*\right)\boldsymbol{e}_2+\left(\beta l_2^*+\dfrac{\mathrm{d}l_3^*}{\mathrm{d}\sigma}\right)\boldsymbol{e}_3\\ \boldsymbol{l}^*=l_1^*\boldsymbol{e}_1+l_2^*\boldsymbol{e}_2+l_3^*\boldsymbol{e}_3\end{cases}\tag{3.73}$$

式中，σ 为原曲面 Σ 的直母线单位矢量 $\boldsymbol{l}$ 的球面像曲线弧长参数。

若过点 P 的直线 L^* 为固定坐标系中的一条固定直线，则点 P 应为固定坐标系中的一固定点，即$\dfrac{\mathrm{d}\boldsymbol{\rho}}{\mathrm{d}\sigma}+\dfrac{\mathrm{d}\boldsymbol{r}_P}{\mathrm{d}\sigma}=0$，并且直线 L^* 的单位矢量 $\boldsymbol{l}^*$ 为固定矢量，即$\dfrac{\mathrm{d}\boldsymbol{l}^*}{\mathrm{d}\sigma}=0$，由式（3.73）可得：

$$\begin{cases}\dfrac{\mathrm{d}u_1}{\mathrm{d}\sigma}=u_2-\alpha,\ \dfrac{\mathrm{d}u_2}{\mathrm{d}\sigma}=\beta u_3-u_1,\ \dfrac{\mathrm{d}u_3}{\mathrm{d}\sigma}=-\beta u_2-\gamma\\ \dfrac{\mathrm{d}l_1^*}{\mathrm{d}\sigma}=l_2^*,\ \dfrac{\mathrm{d}l_2^*}{\mathrm{d}\sigma}=\beta l_3^*-l_1^*,\ \dfrac{\mathrm{d}l_3^*}{\mathrm{d}\sigma}=-\beta l_2^*\end{cases}\tag{3.74}$$

式（3.74）称为直线 L^* 与空间直纹面 Σ 相伴的绝对不动线条件，直线 L^* 为绝对不动线。式中的第一行为不动点条件，第二行为不动矢量条件。

若过点 P 的直线 L^* 始终重合于固定坐标系中的一条固定直线，但是点 P 可以沿该固定直线移动，即直线 L^* 的方向 $\boldsymbol{l}^*$ 可视为固定矢量，但是其位置可以沿自身方向有移动，从而满足下列矢量关系式：

$$\left(\frac{\mathrm{d}\boldsymbol{\rho}}{\mathrm{d}\sigma}+\frac{\mathrm{d}\boldsymbol{r}_P}{\mathrm{d}\sigma}\right)\times\boldsymbol{l}^*=0,\ \frac{\mathrm{d}\boldsymbol{l}^*}{\mathrm{d}\sigma}=0\tag{3.75}$$

则称直线 L^* 为与空间直纹面 Σ 相伴的准不动线，把式（3.73）代入式（3.75）可得：

$$\begin{cases}\dfrac{\mathrm{d}l_1^*}{\mathrm{d}\sigma}=l_2^*,\ \dfrac{\mathrm{d}l_2^*}{\mathrm{d}\sigma}=\beta l_3^*-l_1^*,\ \dfrac{\mathrm{d}l_3^*}{\mathrm{d}\sigma}=-\beta l_2^*\\ -l_3^*\left(\alpha+\dfrac{\mathrm{d}u_1}{\mathrm{d}\sigma}-u_2\right)+l_1^*\left(\beta u_2+\dfrac{\mathrm{d}u_3}{\mathrm{d}\sigma}+\gamma\right)=0\\ l_3^*\left(u_1+\dfrac{\mathrm{d}u_2}{\mathrm{d}\sigma}-\beta u_3\right)-l_2^*\left(\beta u_2+\dfrac{\mathrm{d}u_3}{\mathrm{d}\sigma}+\gamma\right)=0\end{cases} \tag{3.76}$$

式（3.76）称为直线 L 与空间直纹面 Σ 相伴的准不动线条件，其中第一行为不动矢量条件，后面两行则是点 P 沿着直线方向移动的条件。

3.3 约束曲线和约束曲面

在第 1 章和第 2 章的平面四杆机构中，如曲柄导杆机构 RRPR，二副杆 R-R 作为连架杆，其与连杆构成运动副 R 的几何中心称作连杆平面上的特征点，而二副杆 R-P 也为连架杆，其与连杆构成运动副 P 的导路直线定义为连杆上的特征直线，前者在机架上的轨迹为圆，后者在机架上的轨迹为直线包络线轨迹，统称为约束曲线。显然，对平面机构而言，连架杆（二副杆）、约束曲线和特征点（线）三者具有等价意义，都表达对连杆运动的约束作用。

在空间机构中，连杆与连架杆构成运动副，同样将连杆上运动副元素的几何中心或轴线定义为连杆上特征点或特征线，简称特征点和特征线，而它们在机架上的轨迹是一些特殊的曲线和曲面，分别称为约束曲线和约束曲面。如图 3.13a 所示，连架杆与机架构成回转副 R，连杆与连架杆构成圆柱副 C，则在连杆上 C 副轴线 L_{RC} 为特征线（连架杆上也同样存在这个特征线），而 L_{RC} 在机架上的轨迹为单叶双曲面，称为约束曲面 Σ_{RC}。如图 3.13b 所示，连架杆与机架构成回转副 R，连杆与连架杆构成球面副 S，则连杆上（连架杆上）S 副中心点为特征点 P_{RS}，该点之轨迹是一圆弧，称为约束曲线 C_{RS}。

在此约定：二副连架杆、特征点与特征线、约束曲线与约束曲面的符号意义。第一个字母表示连架杆与机架构成的运动副，最后字母表示连架杆与连杆构成的运动副，如二副连架杆 R-C、特征线 L_{RC}、约束曲面 Σ_{RC}。

对于球面机构而言，连杆与连架杆用回转副 R 连接，则连杆上 R 副轴线 L_{RR} 为特征线，其在机架上的轨迹为圆锥面，称为约束曲面 Σ_{RR}。但是若从球面机构所在的球面上来看，连杆上 R 副轴线 L_{RR} 与球面的交点为特征点 P_{RR}，其轨迹为球面上的圆，又可称为约束曲线 C_{RR}。

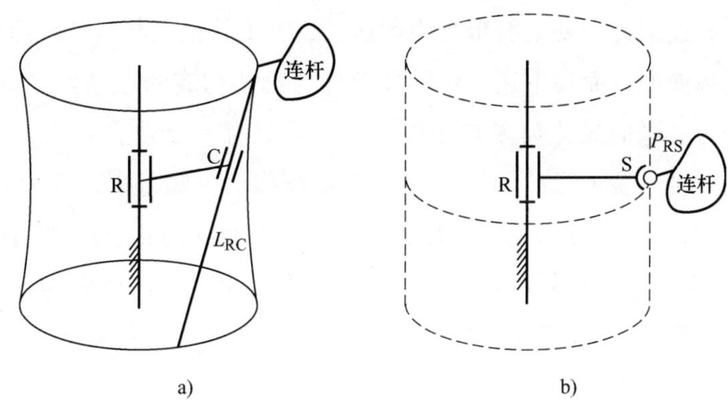

图 3.13　两种连架杆与特征点线

a）二副连架杆 R－C　b）二副连架杆 R－S

显然，约束曲线和约束曲面的几何性质是由连架杆两端运动副的组合约束性质决定的。因此，把特征点、特征线与约束曲线、约束曲面及连架杆的运动副组合三者对应起来研究，即已知约束曲线或约束曲面的几何性质，可以找到对应的连杆上特征点或特征线，也可形成相应的连架杆运动副组合；反之亦然。这样便于空间机构运动几何学研究。如在考察运动刚体（或连杆）上点或直线的轨迹时，将这些轨迹曲线、曲面与空间机构中的约束曲线和约束曲面比较，或近似逼近，寻求刚体上相应的特征点和特征线，以便形成对应的连架杆运动副组合，构成空间机构，实现预期运动或轨迹。

约束曲线和约束曲面的类型可由连架杆两端运动副的形式确定。而空间机构中常用的运动副有五种，即圆柱副 C、回转副 R、螺旋副 H、移动副 P 和球面副 S。将这五种运动副分别连接机架与连架杆、连架杆与连杆，可以得到多种运动副组合类型及其对应的约束曲面。由于还有相当多的约束曲线与约束曲面的性质没有得到揭示或缺乏整体性质研究，这里仅选择 25 种组合形式，其对应的 25 类简单约束曲线和约束曲面及其局部和整体性质将在后面章节中阐述。这里没有考虑含多个运动副、多个构件组成的广义连架杆的约束曲线和约束曲面，由于其几何性质，特别是整体性质还有待研究，在此没有列出。这也是多自由度机器人机构（包括并联机构）的理论基础。当连架杆与机架用一种运动副（如 R）连接，而连架杆与连杆分别用 C、R、H 和 P 连接时，它们的特征线的轨迹曲面在几何上都是相同的，如 R-C、R-R、R-H 和 R-P 的约束曲面在几何形状上都是单叶双曲面，但在运动约束上不同。本章仅讨论约束曲面的几何特征及其不变量与不变式，其运动约束特征在第 6 章讨论。因此，空间机构连杆与连架杆的四种连接形式可以 C 副为代表，在几何上把 25 类约束曲线和约束曲面减少为十种。用 S 副连接连杆与连架杆，则被约束的是连杆上的点，即特征点，其轨迹为约束曲线，见表 3.1；而用 C 副连接连杆与连架杆，则被约束的是连杆上的直线，即特征线，其轨迹为约束直纹面，见表 3.2。为使约束曲面具有一般性，还考虑了三种三个运动副的组合约束，见表 3.2 中的后三种，其连架杆可称为广义连架杆。更一般的组合形式很多，本书中未作研究，故未列出。

需要指出的是，连架杆需要具有单自由度运动，其上特征点与特征线所产生的轨迹为对应的约束曲线或约束曲面，而在上述表中的连架杆与机架构成的运动副具有多个自由度时，需要将多自由度进行关联而蜕化为单自由度，也就是只有一个独立运动参数，如 C 副，具有两个自由度，需要将其绕轴线的回转运动与沿轴线移动关联起来，即 C 副退化为一个具有任意节距的螺旋副，相当于该 C 副应用于一个单自由度的闭式空间机构中；而广义连架杆 C-P-C 所约束的直线，计入中间 P 副，则具有三个自由度，需要同样处理，广义连架杆只能有一个独立参数运动。为此，将这些具有多自由度的运动副符号上加“′”撇号表示退化为一个自由度，如 C′-P′-C。

表 3.1 连架杆运动副组合及其约束曲线

	运动副组合	约束曲线名称	特征点代号	约束曲线代号
平面机构	R-R	圆	P_{RR}	C_{RR}
	P-R	直线	P_{PR}	C_{PR}
	R-P	包络圆	L_{RP}	C_{RP}
球面机构	R-R	球面圆曲线 （圆锥面）	P_{RR} （L_{RR}）	C_{RR} （Σ_{RR}）
空间机构	C-S	圆柱面曲线	P_{CS}	C_{CS}
	H-S	圆柱面螺旋线	P_{HS}	C_{HS}
	R-S	圆	P_{RS}	C_{RS}
	P-S	直线	P_{PS}	C_{PS}
	S-S	球面曲线	P_{SS}	C_{SS}

表 3.2 连架杆运动副组合及其约束曲面

	运动副组合	约束曲面名称	特征线代号	约束曲面代号
空间机构	C-C	定轴直纹面	L_{CC}	Σ_{CC}
	H-C	直纹螺旋面	L_{HC}	Σ_{HC}
	R-C	单叶双曲面	L_{RC}	Σ_{RC}
	P-C	平面	L_{PC}	Σ_{PC}
	S-C	定距直纹面	L_{SC}	Σ_{SC}
	C-P-C	定斜直纹面	L_{CPC}	Σ_{CPC}
	H-P-C	定斜螺旋直纹面	L_{HPC}	Σ_{HPC}
	R-P-C	定斜回转直纹面	L_{RPC}	Σ_{RPC}

约束曲线和约束曲面的分类及名称依据其几何形状和特征，可称为几何约束曲线与几何约束曲面，所对应的特征点和特征线也称为几何特征点与几何特征线，而且总是以两个运动副的轴线处于一般任意位置，而不是特殊位置，如 C-C，总是假定两运动副轴线既不平行，也不相交，也不相互垂直。特殊位置仅作一般位置的特例或退化。

3.4　约束曲线微分几何学

表 3.1 中列出的连架杆两端运动副的组合约束曲线分为平面曲线、球面曲线和圆柱面曲线三类。平面约束曲线已经在第 1 章和 2 章中介绍和应用，在此仅讨论球面约束曲线和圆柱面约束曲线，而直线、圆和圆柱面螺旋线可以看作是这两类曲线的蜕化或特例。

3.4.1　球面曲线（S-S）

球面二副杆 R-R 和空间二副杆 S-S 的约束曲线均为球面曲线。其实球面二副杆 R-R 对应约束曲线为球面上一圆，而空间二副杆 S-S 的对应的约束曲线为球面上任意曲线，因此，球面二副杆 R-R 的约束曲线可以看作空间二副杆 S-S 约束曲线的特例，在此仅讨论空间二副杆 S-S 约束曲线。

（1）球面曲线的性质　例 3-1 中给出了球面曲线 Γ 一般矢量方程和圆矢量函数表示的矢量方程。在 3.2.1 节则建立了球面曲线的 Darboux 标架 $\{\boldsymbol{R};\ \boldsymbol{\alpha},\ \boldsymbol{n},\ \boldsymbol{\nu}\}$，并得到其微分运算公式（3.45），通过与一般曲面上曲线 Darboux 标架微分运算公式（3.42）的比较，可得球面曲线的性质：

1）任意球面曲线的测地挠率 $\tau_g=0$，法曲率 $k_n=1/R$ 为常数。

2）球面曲线的曲率 $k=[1/R^2+k_g^2]^{1/2}$。

3）球面曲线的主要几何性质取决于测地曲率，它表明了球面曲线在其切平面内的弯曲程度。因此，球面曲线的测地曲率 k_g 与平面曲线的相对曲率 k 有等价的意义。

由性质 3）可推得类似平面曲线为圆的条件，即球面上曲线 Γ 是圆的充分必要条件是测地曲率 k_g 为常数。证明非常简单，先证明充分性：已知球面上曲线 Γ 测地曲率 k_g 为常数，依据式（3.43）和式（3.44），有：

$$\frac{\mathrm{d}\boldsymbol{R}}{\mathrm{d}s}=\boldsymbol{\alpha},\frac{\mathrm{d}^2\boldsymbol{R}}{\mathrm{d}s^2}=\frac{1}{R}\boldsymbol{n}+k_g\boldsymbol{\nu},\ \frac{\mathrm{d}^3\boldsymbol{R}}{\mathrm{d}s^3}=-\left(\frac{1}{R^2}+k_g^2\right)\boldsymbol{\alpha}+\frac{\mathrm{d}k_g}{\mathrm{d}s}\boldsymbol{\nu} \tag{3.77}$$

并利用 k_g 为常数$\left(\dfrac{\mathrm{d}k_g}{\mathrm{d}s}=0\right)$代入，容易验证有$\left(\dfrac{\mathrm{d}\boldsymbol{R}}{\mathrm{d}s},\dfrac{\mathrm{d}^2\boldsymbol{R}}{\mathrm{d}s^2},\dfrac{\mathrm{d}^3\boldsymbol{R}}{\mathrm{d}s^3}\right)=0$，即球面上曲线 Γ 的一、二、三阶导矢共面，由式（3.12）可知此时曲线 Γ 的挠率为零，因而曲线 Γ 是球面上平面曲线，必然为圆。反之为必要性，已知球面上曲线 Γ 是球面上的圆（平面曲线），将式（3.77）代入式（3.12），可以得到曲线 Γ 的挠率 $\tau=\dfrac{\mathrm{d}k_g}{\mathrm{d}s}\dfrac{1}{R}$，又平面曲线的挠率为零，从而有$\dfrac{\mathrm{d}k_g}{\mathrm{d}s}=0$，即球面上曲线 Γ 的测地曲率 k_g 为常数。

将球面曲线 Γ 测地曲率 k_g 的倒数且绝对值 $|\rho_g|$ 称为测地曲率半径，简写为 ρ_g。对于球面曲线 Γ 上的点 P，若测地曲率半径 $\rho_g\neq0$，则存在有测地曲率中心 P_0，其矢量表达为 $\boldsymbol{R}_{P_0}=\boldsymbol{R}_P+\rho_g\boldsymbol{\nu}$。如图 3.14所示，在球面曲线 Γ 的切平面 $\boldsymbol{R}-\boldsymbol{\alpha\nu}$ 上，以曲线上点 P 对应的测

地曲率中心 P_0 为圆心，以测地曲率半径 ρ_g 为半径的圆称作球面曲线 Γ 在 P 点的测地曲率圆。测地曲率中心 P_0 与球心 O_f 的连线 $\overline{O_fP_0}$ 与 $\overline{O_fP}$ 的夹角为 δ 且有 $\tan\delta = |\rho_g|/R$。球面曲线 Γ 上 P 点处的曲率中心 O_P 为点 P 在 $\overline{O_fP_0}$ 上的垂足点，$|PO_P|$ 便为曲率半径 ρ。曲率中心 O_P 以及曲率半径 ρ 确定了球面曲线 Γ 在 P 点处的曲率圆（密切圆），其为过 P 点且垂直于 $\overline{O_fP_0}$ 的平面与球面的截圆。同平面曲线一样，球面曲线 Γ 上 P 点邻域内无限接近三个点在曲率圆上。由式（3.45）可知球面曲线 Γ 的曲率 k 满足：

$$\begin{cases} k^2 = k_g^2 + \dfrac{1}{R^2} \\ k\dfrac{\mathrm{d}k}{\mathrm{d}s} = k_g\dfrac{\mathrm{d}k_g}{\mathrm{d}s} \end{cases} \tag{3.78}$$

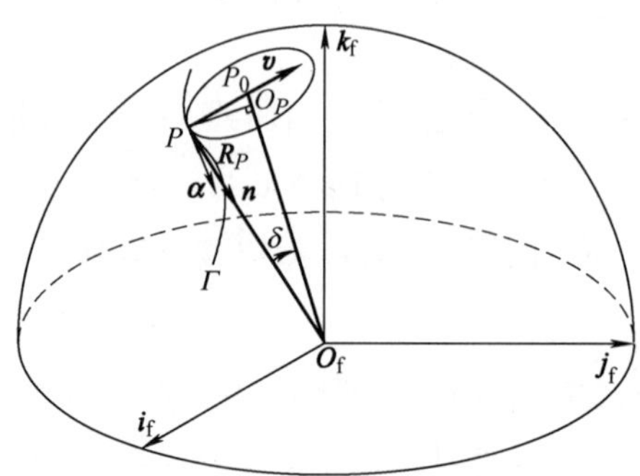

图 3.14　球面曲线测地曲率中心

由式（3.78）可知球面曲线 Γ 的曲率 $k\neq0$，即球面曲线上不存在拐点。若球面曲线 Γ 在 P 点的测地曲率 $k_g=0$，曲率 $k=1/R$，曲率半径 ρ 恰为球面半径 R，即球面曲线 Γ 上 P 点邻域内无限接近三个点在球面大圆（球面上测地曲线）上。若球面曲线 Γ 在 P 点的测地曲率满足 $\mathrm{d}k_g/\mathrm{d}s=0$，有 $\mathrm{d}k/\mathrm{d}s=0$，球面曲线 Γ 上 P 点邻域内无限接近四个点在曲率圆上；而当球面曲线 Γ 在 P 点的测地曲率同时满足 $\mathrm{d}k_g/\mathrm{d}s=0$ 以及 $\mathrm{d}^2k_g/\mathrm{d}s^2=0$，球面曲线 Γ 上 P 点邻域内无限接近五个点在曲率圆上。

（2）成为球面曲线的充要条件　为便于空间机构运动几何学分析与综合，需进一步研究一条空间曲线成为球面（约束）曲线的充要条件。为此，先设一条任意空间曲线为 Γ: $\boldsymbol{R}=\boldsymbol{R}(s)$，将曲线 Γ 附属于某曲面上，建立其曲面上曲线 Darboux 标架 $\{\boldsymbol{R};\boldsymbol{\alpha},\boldsymbol{n},\boldsymbol{\nu}\}$，并设其等距线 Γ^* 为：

$$\Gamma^*: \boldsymbol{R}^* = \boldsymbol{R} + h\boldsymbol{n} \tag{3.79}$$

式中，$\boldsymbol{n}$ 为 Γ 的一个单位法矢，但不一定是主法矢或者副法矢，是所属曲面的法矢，h 为常数。将式（3.79）对曲线 Γ 的弧长 s 求导，按 Darboux 标架的微分运算公式（3.42），有：

$$\begin{cases}\dfrac{\mathrm{d}\boldsymbol{R}^*}{\mathrm{d}s}=A\boldsymbol{\alpha}+B\boldsymbol{\nu}, A=1-hk_n, B=h\tau_g\\ \dfrac{\mathrm{d}^2\boldsymbol{R}^*}{\mathrm{d}s^2}=\left(\dfrac{\mathrm{d}A}{\mathrm{d}s}-Bk_g\right)\boldsymbol{\alpha}+\left(\dfrac{\mathrm{d}B}{\mathrm{d}s}+Ak_g\right)\boldsymbol{\nu}+(Ak_n-B\tau_g)\boldsymbol{n}\end{cases} \tag{3.80}$$

由式（3.80）容易看出等距线 Γ^* 的切矢 $\dfrac{\mathrm{d}\boldsymbol{R}^*}{\mathrm{d}s}$ 与 $\boldsymbol{n}$ 正交，即 $\dfrac{\mathrm{d}\boldsymbol{R}^*}{\mathrm{d}s}\cdot\boldsymbol{n}=0$，这表明了 $\boldsymbol{n}$ 为 Γ 与 Γ^* 对应点的公法线矢量，因此 h 为 Γ 与 Γ^* 的最短距离，这也是等距线的性质。

如果已知空间曲线 Γ 的等距线 Γ^* 为固定空间中的一定点 O，而该点到曲线 Γ 上各点的距离 h 又为常数，那么，空间曲线 Γ 必定是以定点 O 为球心，半径为 h 的球面上的曲线。空间曲线 Γ 的等距线 Γ^* 实质上也是 Γ 的相伴曲线，Γ^* 为一定点的条件也就是不动点条件，即式（3.80）中的 $A=0$ 和 $B=0$，解得：

$$\frac{\mathrm{d}k_n}{\mathrm{d}s}=0,\quad \tau_g=0 \tag{3.81}$$

根据上述推导过程和球面曲线的性质1)，于是有以下定理：

定理3.3：一条空间曲线 Γ 为球面曲线的充要条件是，存在一组活动标架 $\{\boldsymbol{R};\boldsymbol{\alpha},\boldsymbol{n},\boldsymbol{\nu}\}$，使得曲线 Γ 的 $\tau_g=0$ 和 $\mathrm{d}k_n/\mathrm{d}s=0$。

上述推导过程已经证明了定理3.3的充分性，而球面曲线的性质1）则证明了必要性。

由式（3.79）不难确定，当空间曲线 Γ 为球面曲线时，球心 O 的位置矢量 $\boldsymbol{R}_0$ 和球面半径 r_0 为：

$$\begin{cases}\boldsymbol{R}_0=\boldsymbol{R}+r_0\boldsymbol{n}\\ r_0=\dfrac{1}{k_n}\end{cases} \tag{3.82}$$

3.4.2　圆柱面曲线（C-S）

（1）圆柱面曲线的性质　空间二副杆 C-S 的约束曲线为圆柱面曲线，当 C 副退化为 R 副或 H 副时，对应的约束曲线分别为圆柱面上的圆和螺旋线，对圆柱面曲线性质的研究为空间二副杆 C-S、R-S 和 H-S 的运动设计提供了理论依据。

如图3.15所示，并在例3-2中给出了圆柱面的矢量方程为：

$$\Gamma: \boldsymbol{R}=r_0\boldsymbol{e}_{\mathrm{I}(\varphi)}+\lambda\boldsymbol{k} \tag{3.83}$$

式中，r_0 为常数，φ 和 λ 为独立变量，由式（3.83）可求得圆柱面在一点 $P(\varphi,\lambda)$ 处的单位法矢 $\boldsymbol{n}$ 为：

$$\boldsymbol{n}=\frac{\dfrac{\partial\boldsymbol{R}}{\partial\lambda}\times\dfrac{\partial\boldsymbol{R}}{\partial\varphi}}{\left|\dfrac{\partial\boldsymbol{R}}{\partial\lambda}\times\dfrac{\partial\boldsymbol{R}}{\partial\varphi}\right|}=\boldsymbol{k}\times\boldsymbol{e}_{\mathrm{II}(\varphi)}=-\boldsymbol{e}_{\mathrm{I}(\varphi)} \tag{3.84}$$

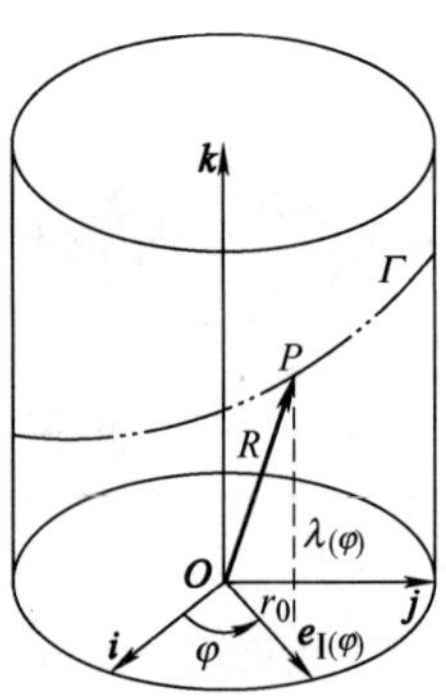

图 3.15 圆柱面曲线

设曲线 Γ 为圆柱面上曲线，即 λ 为 φ 的函数时，将式（3.83）对参数 φ 求导得：

$$\frac{\mathrm{d}\boldsymbol{R}}{\mathrm{d}\varphi}=r_0\boldsymbol{e}_{\mathrm{II}(\varphi)}+\frac{\mathrm{d}\lambda}{\mathrm{d}\varphi}\boldsymbol{k} \tag{3.85}$$

从而可得曲线 Γ 的弧微分 $\mathrm{d}s$ 为：

$$\mathrm{d}s=\left|\frac{\mathrm{d}\boldsymbol{R}}{\mathrm{d}\varphi}\right|\mathrm{d}\varphi=\sqrt{r_0^2+\left(\frac{\mathrm{d}\lambda}{\mathrm{d}\varphi}\right)^2}\,\mathrm{d}\varphi \tag{3.86}$$

在曲线 Γ 上建立 Darboux 标架 $\{\boldsymbol{R};\boldsymbol{\alpha},\boldsymbol{n},\boldsymbol{v}\}$ 为：

$$\begin{cases}\boldsymbol{\alpha}=\dfrac{\dfrac{\mathrm{d}\boldsymbol{R}}{\mathrm{d}\varphi}}{\left|\dfrac{\mathrm{d}\boldsymbol{R}}{\mathrm{d}\varphi}\right|}=\dfrac{r_0\boldsymbol{e}_{\mathrm{II}(\varphi)}+\dfrac{\mathrm{d}\lambda}{\mathrm{d}\varphi}\boldsymbol{k}}{\sqrt{r_0^2+\left(\dfrac{\mathrm{d}\lambda}{\mathrm{d}\varphi}\right)^2}}\\ \boldsymbol{n}=-\boldsymbol{e}_{\mathrm{I}(\varphi)}\\ \boldsymbol{v}=\boldsymbol{\alpha}\times\boldsymbol{n}=\dfrac{r_0\boldsymbol{k}-\dfrac{\mathrm{d}\lambda}{\mathrm{d}\varphi}\boldsymbol{e}_{\mathrm{II}(\varphi)}}{\sqrt{r_0^2+\left(\dfrac{\mathrm{d}\lambda}{\mathrm{d}\varphi}\right)^2}}\end{cases} \tag{3.87}$$

应用 Darboux 标架的微分运算公式（3.42），可以得到圆柱曲线的曲率不变量 k_n、k_g和 τ_g为：

$$\begin{cases}k_n=-\dfrac{\mathrm{d}\boldsymbol{n}}{\mathrm{d}s}\cdot\boldsymbol{\alpha}=\dfrac{r_0}{r_0^2+\left(\dfrac{\mathrm{d}\lambda}{\mathrm{d}\varphi}\right)^2}\\ k_g=\dfrac{\mathrm{d}\boldsymbol{\alpha}}{\mathrm{d}s}\cdot\boldsymbol{v}=\dfrac{r_0\cdot\dfrac{\mathrm{d}^2\lambda}{\mathrm{d}\varphi^2}}{\left[r_0^2+\left(\dfrac{\mathrm{d}\lambda}{\mathrm{d}\varphi}\right)^2\right]^{\frac{3}{2}}}\\ \tau_g=\dfrac{\mathrm{d}\boldsymbol{n}}{\mathrm{d}s}\cdot\boldsymbol{v}=\dfrac{\dfrac{\mathrm{d}\lambda}{\mathrm{d}\varphi}}{r_0^2+\left(\dfrac{\mathrm{d}\lambda}{\mathrm{d}\varphi}\right)^2}\end{cases} \tag{3.88}$$

为使得式（3.88）中的不变量表达式不受坐标系和参数选择的影响，将其置换为对自然参数s求导，有：

$$\frac{\mathrm{d}\lambda}{\mathrm{d}\varphi}=\frac{\mathrm{d}\lambda}{\mathrm{d}s}\frac{\mathrm{d}s}{\mathrm{d}\varphi},\ \left(\frac{\mathrm{d}s}{\mathrm{d}\varphi}\right)^2=r_0^2+\left(\frac{\mathrm{d}\lambda}{\mathrm{d}\varphi}\right)^2 \tag{3.89}$$

从而有：

$$\frac{\mathrm{d}\lambda}{\mathrm{d}\varphi}=\frac{r_0\frac{\mathrm{d}\lambda}{\mathrm{d}s}}{\sqrt{1-\left(\frac{\mathrm{d}\lambda}{\mathrm{d}s}\right)^2}},\quad \frac{\mathrm{d}^2\lambda}{\mathrm{d}\varphi^2}=\frac{r_0^2\frac{\mathrm{d}^2\lambda}{\mathrm{d}s^2}}{\left[1-\left(\frac{\mathrm{d}\lambda}{\mathrm{d}s}\right)^2\right]^2} \tag{3.90}$$

将式（3.90）代入式（3.88）可得：

$$\begin{cases}k_n=\dfrac{1-\left(\frac{\mathrm{d}\lambda}{\mathrm{d}s}\right)^2}{r_0}\\ k_g=\dfrac{\frac{\mathrm{d}^2\lambda}{\mathrm{d}s^2}}{\sqrt{1-\left(\frac{\mathrm{d}\lambda}{\mathrm{d}s}\right)^2}}\\ \tau_g=\dfrac{\left(\frac{\mathrm{d}\lambda}{\mathrm{d}s}\right)\sqrt{1-\left(\frac{\mathrm{d}\lambda}{\mathrm{d}s}\right)^2}}{r_0}\end{cases} \tag{3.91}$$

由此得到圆柱面曲线的重要性质：

$$\begin{cases}\dfrac{\mathrm{d}k_n}{\mathrm{d}s}=-2k_g\tau_g\\ \dfrac{\mathrm{d}\tau_g}{\mathrm{d}s}=-\dfrac{k_g(\tau_g^2-k_n^2)}{k_n}\\ r_0=\dfrac{k_n}{k_n^2+\tau_g^2}=\text{常数}\end{cases} \tag{3.92}$$

式（3.92）为圆柱面曲线的不变式，与圆柱面所在的坐标系及其参数表示无关，式（3.92）中只有两式独立，其中第三式可由前两式导出。特殊地，对于圆柱面上的螺旋线，即测地曲线，故有$k_g=0$，则上述不变式为$k_n=$常数，$\tau_g=$常数，$k_g=0$；若为圆柱面上的圆弧，既是测地曲线，又是曲率线，便有$k_g=0$，$\tau_g=0$，其不变式为$k_g=0$，$\tau_g=0$和$k_n=$常数。

（2）成为圆柱面曲线的充要条件　和一条空间曲线成为球面曲线的充要条件一样，任意空间曲线$\varGamma$: $\boldsymbol{R}=\boldsymbol{R}(s)$附属于某曲面上，建立其曲面上曲线 Darboux 标架$\{\boldsymbol{R};\boldsymbol{\alpha},\boldsymbol{n},\boldsymbol{v}\}$。空间曲线$\varGamma$的等距线$\varGamma^*$的方程为式（3.79），并按 Darboux 标架微分运算公式（3.42），得到式（3.80）。

如果已知空间曲线 Γ 的等距线 Γ^* 为直线，而它们对应点间的最短距离 h 又为常数，那么空间曲线 Γ 必然是以直线 Γ^* 为轴线，以 h 为半径的圆柱面曲线，即充分性。

而等距线 Γ^* 为直线的条件是其曲率恒为零，将式（3.80）代入式（3.13），即 $\dfrac{d\boldsymbol{R}^*}{ds}\times\dfrac{d^2\boldsymbol{R}^*}{ds^2}=0$，得：

$$-B\tau_g+Ak_n=0,\quad A\frac{dB}{ds}-B\frac{dA}{ds}+(A^2+B^2)k_g=0 \tag{3.93}$$

解得：

$$\begin{cases}h=\dfrac{k_n}{k_n^2+\tau_g^2}=\text{常数}\\[2ex]\dfrac{dk_n}{ds}=-2k_g\tau_g\\[2ex]\dfrac{d\tau_g}{ds}=-k_g\dfrac{(\tau_g^2-k_n^2)}{k_n}\end{cases} \tag{3.94}$$

式（3.94）与式（3.92）完全相同，便得到如下定理：

定理 3.4：一条空间曲线 Γ 为圆柱面曲线的充要条件是：存在一组活动标架 $\{\boldsymbol{R};\boldsymbol{\alpha},\boldsymbol{n},\boldsymbol{\nu}\}$，使得 Γ 的 k_n、k_g 和 τ_g 满足式（3.94）。

上述空间曲线等距线为直线的推导过程证明了充分性，而圆柱面曲线性质式（3.92）的推导过程证明了必要性。

把圆柱面上的圆弧和螺旋线看成是特殊曲线，则有：

推论 1：一条空间曲线 Γ 为圆柱面螺旋线的充要条件是：k_g 恒等于零，k_n 和 τ_g 恒为常数。

推论 2：一条空间曲线 Γ 为圆柱面上圆弧的充要条件是：k_g 和 τ_g 恒等于零，k_n 恒为常数。

当空间曲线 Γ 为圆柱面曲线时，轴线的方位和圆柱的半径 r_0 由下式确定：

$$\begin{cases}\boldsymbol{R}_a=\boldsymbol{R}+r_0\boldsymbol{n}+\mu\boldsymbol{a}\\[2ex]r_0=\dfrac{k_n}{k_n^2+\tau_g^2}\\[2ex]\boldsymbol{a}=\dfrac{\tau_g\boldsymbol{\alpha}+k_n\boldsymbol{\nu}}{\sqrt{k_n^2+\tau_g^2}}\end{cases} \tag{3.95}$$

式中，$\boldsymbol{a}$ 为圆柱面轴线的单位方向矢量，$\boldsymbol{R}_a$ 为轴线的矢量方程。

若空间曲线 Γ 为圆弧，其圆心和半径可按式（3.82）确定，若 Γ 为圆柱螺旋线，其轴线和半径按式（3.95）确定，其螺旋常数 p 可由式（3.88）求得，即

$$p=\frac{d\lambda}{d\varphi}=\frac{r_0\tau_g}{k_n}=\frac{\tau_g}{k_n^2+\tau_g^2} \tag{3.96}$$

3.5　约束曲面微分几何学

在第3.3节中介绍了有关约束曲面，由于把连架杆的多自由度运动关联为单自由度，即末端点或直线仅有一个运动参数，那么末端为特征点（球副）的连架杆对应约束曲线，末端为特征线连架杆对应直纹约束曲面，本节讨论直纹约束曲面的微分几何学性质。

3.5.1　定斜直纹面（C′-P′-C）

对于直纹面Σ，如果每条直母线都与某一固定直线夹定角，则称Σ为**定斜直纹面**。表3.2中运动副组合C′-P′-C，如图3.16所示。被末端运动副C约束的连杆上直线$L_{C'P'C}$始终与机架上固定直线L_A夹定角δ。本节研究一般情况下定斜直纹面的性质。

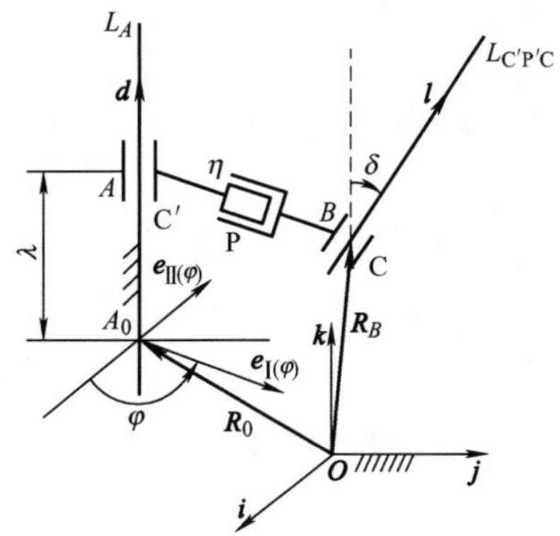

图3.16　定斜直纹约束曲面

（1）定斜直纹面的结构参数　由定斜直纹面的定义可知其直母线恒与某固定直线夹定角。假定固定直线L_A通过固定坐标系$\{\boldsymbol{O};\ \boldsymbol{i},\ \boldsymbol{j},\ \boldsymbol{k}\}$中的定点$A_0$，其单位方向矢量为$\boldsymbol{d}$，$A_0$点在固定坐标系中的矢径为$\boldsymbol{R}_0$。固定直线$L_A$与直纹面$\Sigma_{C'P'C}$的直母线$L_{C'P'C}$的夹角为$\delta$，其公垂线$\overline{AB}$绕固定直线$L_A$的转角为$\varphi$，$\overline{AB}$的长度$\eta$为转角$\varphi$的函数，其中$A$和$B$分别为公垂线在固定直线$L_A$和直母线$L_{C'P'C}$上的垂足。则可建立圆矢量函数$\boldsymbol{e}_{\mathrm{I}(\varphi)}$和$\boldsymbol{e}_{\mathrm{II}(\varphi)}$，用来表示固定直线$L_A$的单位方向矢量$\boldsymbol{d}$和直母线$L_{C'P'C}$的单位方向矢量$\boldsymbol{l}$。其表达式分别为：

$$\boldsymbol{d}=\boldsymbol{e}_{\mathrm{I}(\varphi)}\times\boldsymbol{e}_{\mathrm{II}(\varphi)},\quad \boldsymbol{l}=\cos\delta\boldsymbol{d}+\sin\delta\boldsymbol{e}_{\mathrm{II}(\varphi)} \tag{3.97}$$

直母线$\boldsymbol{l}$的球面像曲线弧长为σ，其微分可由式（3.97）得到：

$$\mathrm{d}\sigma=|\mathrm{d}\boldsymbol{l}|=|-\sin\delta\boldsymbol{e}_{\mathrm{I}(\varphi)}\mathrm{d}\varphi|=\sin\delta\cdot\mathrm{d}\varphi \tag{3.98}$$

固定坐标系$\{\boldsymbol{O};\ \boldsymbol{i},\ \boldsymbol{j},\ \boldsymbol{k}\}$中$B$点的矢径为：

$$\boldsymbol{R}_B=\boldsymbol{R}_0+\lambda_{(\varphi)}\boldsymbol{d}+\eta_{(\varphi)}\frac{\boldsymbol{l}\times\boldsymbol{d}}{|\boldsymbol{l}\times\boldsymbol{d}|} \tag{3.99}$$

当参数 φ 变化时，$\boldsymbol{R}_B$ 描绘出定斜直纹面上的一条曲线，以它为准线，可写出定斜直纹面 $\Sigma_{\mathrm{C'P'C}}$ 的矢量方程为：

$$\Sigma_{\mathrm{C'P'C}}: \boldsymbol{R} = \boldsymbol{R}_B + \mu \boldsymbol{l},\ \boldsymbol{d} \cdot \boldsymbol{l} = \cos\delta \tag{3.100}$$

则可求得定斜直纹面 $\Sigma_{\mathrm{C'P'C}}$ 的腰线 $\Gamma_{\mathrm{C'P'C}}$：

$$\boldsymbol{\rho} = \boldsymbol{R}_B - \frac{\dfrac{\mathrm{d}\boldsymbol{R}_B}{\mathrm{d}\sigma} \cdot \dfrac{\mathrm{d}\boldsymbol{l}}{\mathrm{d}\sigma}}{\left(\dfrac{\mathrm{d}\boldsymbol{l}}{\mathrm{d}\sigma}\right)^2} \boldsymbol{l} = \boldsymbol{R}_B + \frac{\mathrm{d}\eta}{\mathrm{d}\sigma} \boldsymbol{l} \tag{3.101}$$

建立定斜直纹面 $\Sigma_{\mathrm{C'P'C}}$ 的 Frenet 标架 $\{\boldsymbol{\rho};\ \boldsymbol{e}_1,\ \boldsymbol{e}_2,\ \boldsymbol{e}_3\}$ 为：

$$\boldsymbol{e}_1 = \boldsymbol{l},\quad \boldsymbol{e}_2 = \frac{\mathrm{d}\boldsymbol{l}}{\mathrm{d}\sigma},\quad \boldsymbol{e}_3 = \boldsymbol{l} \times \frac{\mathrm{d}\boldsymbol{l}}{\mathrm{d}\sigma} \tag{3.102}$$

可得到定斜直纹面 $\Sigma_{\mathrm{C'P'C}}$ 的结构参数为：

$$\begin{cases} \alpha = \dfrac{\mathrm{d}\lambda}{\mathrm{d}\sigma}\cos\delta + \eta + \dfrac{\mathrm{d}^2\eta}{\mathrm{d}\sigma^2} \\ \beta = \cot\delta \\ \gamma = \dfrac{\mathrm{d}\lambda}{\mathrm{d}\sigma}\sin\delta - \eta\cot\delta \end{cases} \tag{3.103}$$

由式（3.102）可得与定斜直纹面 $\Sigma_{\mathrm{C'P'C}}$ 的直母线 $\boldsymbol{l}$ 夹定角的固定直线方向矢量 $\boldsymbol{d}$ 在 Frenet 标架 $\{\boldsymbol{\rho};\ \boldsymbol{e}_1,\ \boldsymbol{e}_2,\ \boldsymbol{e}_3\}$ 中表达为：

$$\boldsymbol{d} = \cos\delta \boldsymbol{e}_1 + \sin\delta \boldsymbol{e}_3, \cot\delta = \beta \tag{3.104}$$

当运动副 C′为回转副 R 时，定斜直纹面 $\Sigma_{\mathrm{C'P'C}}$ 便退化为定斜回转直纹面 $\Sigma_{\mathrm{RP'C}}$，这时参数 λ 对转角 φ 的变化率始终为零，即 $\dfrac{\mathrm{d}\lambda}{\mathrm{d}\sigma} = \dfrac{\mathrm{d}\lambda}{\mathrm{d}\varphi} = 0$，令式（3.103）中的 $\dfrac{\mathrm{d}\lambda}{\mathrm{d}\sigma} = 0$，则可得到定斜回转直纹面 $\Sigma_{\mathrm{RP'C}}$ 的结构参数为：

$$\alpha = \eta + \frac{\mathrm{d}^2\eta}{\mathrm{d}\sigma^2},\ \beta = \cot\delta,\ \gamma = -\eta\cot\delta \tag{3.105}$$

定斜回转直纹面 $\Sigma_{\mathrm{RP'C}}$ 固定轴线 L_A 在定斜回转直纹面 $\Sigma_{\mathrm{RP'C}}$ 的 Frenet 标架 $\{\boldsymbol{\rho};\ \boldsymbol{e}_1,\ \boldsymbol{e}_2,\ \boldsymbol{e}_3\}$ 中表达为：

$$\begin{cases} \boldsymbol{R}_A = \boldsymbol{\rho} + \dfrac{\mathrm{d}\gamma/\mathrm{d}\sigma}{\beta}\boldsymbol{e}_1 - \dfrac{\gamma}{\beta}\boldsymbol{e}_2 \\ \boldsymbol{d} = \cos\delta \boldsymbol{e}_1 + \sin\delta \boldsymbol{e}_3,\ \cot\delta = \beta \end{cases} \tag{3.106}$$

当运动副 C′为螺旋副 H 时，定斜直纹面 $\Sigma_{\mathrm{C'P'C}}$ 便退化为定斜螺旋直纹面 $\Sigma_{\mathrm{HP'C}}$，这时参数 λ 对转角 φ 的变化率始终为常数 p，即 $\dfrac{\mathrm{d}\lambda}{\mathrm{d}\sigma} = \dfrac{\mathrm{d}\lambda}{\mathrm{d}\varphi}\dfrac{\mathrm{d}\varphi}{\mathrm{d}\sigma} = \dfrac{p}{\sin\delta}$，令式（3.103）中的 $\dfrac{\mathrm{d}\lambda}{\mathrm{d}\sigma} = \dfrac{p}{\sin\delta}$，

则可得到定斜螺旋直纹面$\Sigma_{HP'C}$的结构参数为：

$$\alpha = p\cot\delta + \eta + \frac{d^2\eta}{d\sigma^2}, \quad \beta = \cot\delta, \quad \gamma = p - \eta\cot\delta \tag{3.107}$$

定斜螺旋直纹面$\Sigma_{HP'C}$固定轴线L_A在定斜螺旋直纹面$\Sigma_{HP'C}$Frenet 标架$\{\boldsymbol{\rho};\ \boldsymbol{e}_1,\ \boldsymbol{e}_2,\ \boldsymbol{e}_3\}$中的表达为：

$$\begin{cases} \boldsymbol{R}_A = \boldsymbol{\rho} + \dfrac{d\gamma/d\sigma}{\beta}\boldsymbol{e}_1 + \dfrac{d^2\gamma/d\sigma^2 + \alpha\beta - \beta^2\gamma}{\beta(1+\beta^2)}\boldsymbol{e}_2 \\ \boldsymbol{d} = \cos\delta\boldsymbol{e}_1 + \sin\delta\boldsymbol{e}_3, \quad \cot\delta = \beta \end{cases} \tag{3.108}$$

由式（3.107）可知螺旋参数 p 为

$$p = \frac{\alpha\beta + \gamma + \dfrac{d^2\gamma}{d\sigma^2}}{1+\beta^2} \tag{3.109}$$

（2）定斜直纹面的充要条件　由前面定斜直纹面$\Sigma_{C'P'C}$结构参数的推导过程以及式（3.103）的第二式，可以发现直母线$L_{C'P'C}$与固定直线L_A的夹角δ为定值，由结构参数β为常数来体现，即一般直纹面Σ成为定斜直纹面的必要条件是Σ的结构参数β为常数。

反过来，若已知直纹面Σ的结构参数β为常数，即直母线$\boldsymbol{l}$的球面像曲线的测地曲率β为常数，由球面曲线的性质可知，$\boldsymbol{l}$的球面像曲线必为球面上的圆。如图 3.17 所示，连接球心O与圆心O'并以$\overline{OO'}$为定轴，直纹面Σ直母线$\boldsymbol{l}$在描述球面像曲线时，形成以$\overline{OO'}$为轴线的圆锥面，半锥顶角δ为常数，则直纹面Σ的直母线与定轴$\overline{OO'}$形成定夹角δ，这证明了直纹面Σ为定斜直纹面的充分性。于是有：

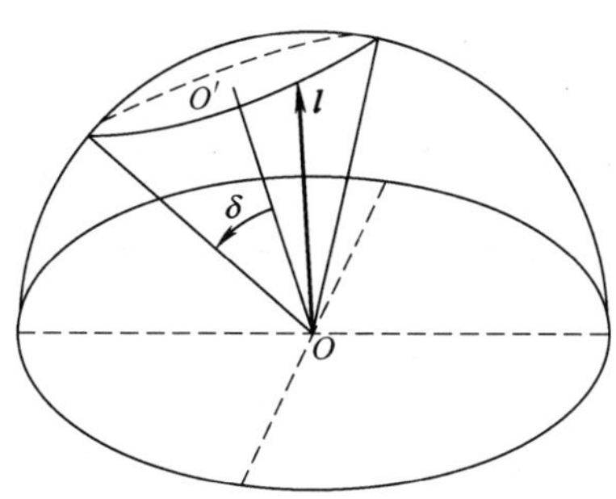

图 3.17　定斜直纹面直母线球面像曲线

定理 3.5　一般直纹面Σ成为定斜直纹面的充要条件是：直纹面Σ的结构参数β为常数（直母线球面像曲线为圆）。

3.5.2　定轴直纹面（C′-C）

3.5.1 节讨论的定斜直纹面中，若直母线不仅与一条固定直线夹定角，而且到该固定直线的最短距离也保持不变，则这类定斜直纹面称为**定轴直纹面**，其固定直线便为直纹面的轴线。表3.2中所列连架杆上运动副组合C′-C的约束曲面$\Sigma_{C'C}$就是定轴直纹面，如图3.18所示。

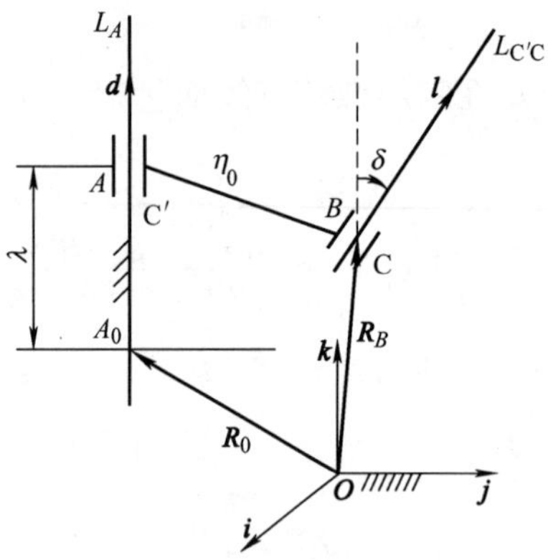

图3.18　定轴直纹约束曲面

（1）定轴直纹面的结构参数　由定轴直纹面的定义，直母线$L_{C'C}$与固定直线L_A之间的距离为定值，则一般形式定斜直纹面$\Sigma_{C'PC}$方程式（3.100）中的$\eta_{(\varphi)}$应为常数η_0，由此写出定轴直纹面$\Sigma_{C'C}$的一般方程为：

$$\Sigma_{C'C}: \boldsymbol{R} = \boldsymbol{R}_0 + \lambda_{(\varphi)}\boldsymbol{d} + \eta_0\frac{\boldsymbol{l}\times\boldsymbol{d}}{|\boldsymbol{l}\times\boldsymbol{d}|} + \mu\boldsymbol{l}, \boldsymbol{d}\cdot\boldsymbol{l} = \cos\delta \tag{3.110}$$

其中准线为$\boldsymbol{R}_B = \boldsymbol{R}_0 + \lambda_{(\varphi)}\boldsymbol{d} + \eta_0\frac{\boldsymbol{l}\times\boldsymbol{d}}{|\boldsymbol{l}\times\boldsymbol{d}|}$。由于$\boldsymbol{R}_0$、$\boldsymbol{d}$均为固定坐标系中的常矢量，$\eta_0$为常数，结合式（3.101），按式（3.54）推导出腰线与准线距离$b_l=0$，定轴直纹面$\Sigma_{C'C}$腰线$\Gamma_{C'C}$的方程为：

$$\boldsymbol{\rho} = \boldsymbol{R}_B - b_l\boldsymbol{l} = \boldsymbol{R}_B = \boldsymbol{R}_0 + \lambda_{(\varphi)}\boldsymbol{d} + \eta_0\frac{\boldsymbol{l}\times\boldsymbol{d}}{|\boldsymbol{l}\times\boldsymbol{d}|} \tag{3.111}$$

在定轴直纹面$\Sigma_{C'C}$上建立Frenet标架同式（3.102），从而得到定轴直纹面$\Sigma_{C'C}$的结构参数：

$$\begin{cases} \alpha = \dfrac{\mathrm{d}\boldsymbol{\rho}}{\mathrm{d}\sigma}\cdot\boldsymbol{l} = \dfrac{\mathrm{d}\lambda}{\mathrm{d}\sigma}\cos\delta + \eta_0 \\ \beta = \left(\boldsymbol{l}, \dfrac{\mathrm{d}\boldsymbol{l}}{\mathrm{d}\sigma}, \dfrac{\mathrm{d}^2\boldsymbol{l}}{\mathrm{d}\sigma^2}\right) = \cot\delta \\ \gamma = \left(\dfrac{\mathrm{d}\boldsymbol{\rho}}{\mathrm{d}\sigma}, \boldsymbol{l}, \dfrac{\mathrm{d}\boldsymbol{l}}{\mathrm{d}\sigma}\right) = \dfrac{\mathrm{d}\lambda}{\mathrm{d}\sigma}\sin\delta - \eta_0\cot\delta \end{cases} \tag{3.112}$$

由式（3.112）可以得到定轴直纹面$\Sigma_{C'C}$的不变式：

$$\begin{cases} \dfrac{\mathrm{d}\beta}{\mathrm{d}\sigma} = 0 \quad 或者 \quad \beta = 常数 \\ \dfrac{\mathrm{d}(\alpha - \beta\gamma)}{\mathrm{d}\sigma} = 0 \quad 或者 \quad \alpha - \beta\gamma = 常数 \end{cases} \tag{3.113}$$

式（3.113）表明了定轴直纹面$\Sigma_{C'C}$的两个重要整体性质：

1）直母线球面像曲线是圆（$\beta=\cot\delta$）。

2）直母线与定轴线的公垂线最短距离为圆柱面半径，垂足点为腰点，腰线是圆柱面曲线$\left(\eta_0=\dfrac{\alpha-\beta\gamma}{1+\beta^2}\right)$。

与确定定斜直纹面的位置一样，由式（3.104），并结合式（3.111）和式（3.112），可得定轴直纹面$\Sigma_{C'C}$固定直线L_A的方位在Frenet标架$\{\boldsymbol{\rho};\ \boldsymbol{e}_1,\ \boldsymbol{e}_2,\ \boldsymbol{e}_3\}$中的表达为：

$$\begin{cases}\boldsymbol{R}_A=\boldsymbol{\rho}+\eta_0\boldsymbol{e}_2\\ \boldsymbol{d}=\cos\delta\boldsymbol{e}_1+\sin\delta\boldsymbol{e}_3,\quad \cot\delta=\beta\end{cases}\tag{3.114}$$

（2）定轴直纹面的充要条件　对于定轴直纹面$\Sigma_{C'C}$来说，直母线球面像曲线是圆和腰线是圆柱面曲线这些重要性质，无论在后续第6章的无限接近位置运动几何学分析还是第7章的空间机构运动综合中都将发挥重要作用，尤其是离散位置综合时整体性质极其重要。若研究一般直纹面Σ能否成为定轴直纹面，需要依据定轴直纹面$\Sigma_{C'C}$的充分必要条件。由于定理3.5给出了直纹面成为定斜直纹面（球面像曲线为圆）的充要条件，已经在3.5.1节讨论，为便于阅读和兼顾证明定轴直纹面腰线为圆柱面曲线，将一般直纹面Σ能否成为定轴直纹面的充要条件分解为一般直纹面Σ成为定斜直纹面和定斜直纹面成为定轴直纹面的充分必要条件两部分，前者已经在3.5.1节阐述，在此聚焦讨论定斜直纹面如何成为定轴直纹面的充分必要条件，即：

引理：一般定斜直纹面Σ成为定轴直纹面$\Sigma_{C'C}$的充分必要条件是其结构参数满足$\alpha-\beta\gamma$为常数（或腰线为圆柱面曲线）。

先证明必要性，即定轴直纹面$\Sigma_{C'C}$的结构参数$\alpha-\beta\gamma$必然为常数（或腰线为圆柱面曲线）。由式（3.112）可以直接验证，但不能说明腰线是圆柱面曲线。为了明确定轴直纹面的结构参数与腰线的关系，不采用式（3.111）微分（过于复杂），而由Frenet标架微分公式（3.58）的第一式，可得定轴直纹面$\Sigma_{C'C}$腰线$\Gamma_{C'C}$的弧长s微分与直母线球面像曲线σ弧长微分有如下关系：

$$\mathrm{d}s=\sqrt{\alpha^2+\gamma^2}\,\mathrm{d}\sigma\tag{3.115}$$

在定轴直纹面$\Sigma_{C'C}$腰线$\Gamma_{C'C}$上建立另一活动标架$\{\boldsymbol{\rho};\ \boldsymbol{\alpha},\ \boldsymbol{n},\ \boldsymbol{v}\}$，与其Frenet标架$\{\boldsymbol{\rho};\ \boldsymbol{e}_1,\ \boldsymbol{e}_2,\ \boldsymbol{e}_3\}$的关系为：

$$\begin{cases}\boldsymbol{\alpha}=\dfrac{\alpha\boldsymbol{e}_1+\gamma\boldsymbol{e}_3}{\sqrt{\alpha^2+\gamma^2}}\\ \boldsymbol{n}=\boldsymbol{e}_2\\ \boldsymbol{v}=\boldsymbol{\alpha}\times\boldsymbol{n}=\dfrac{-\gamma\boldsymbol{e}_1+\alpha\boldsymbol{e}_3}{\sqrt{\alpha^2+\gamma^2}}\end{cases}\tag{3.116}$$

根据活动标架$\{\boldsymbol{\rho};\boldsymbol{\alpha},\boldsymbol{n},\boldsymbol{v}\}$的微分运算公式（3.42）中的第一式和第二式，结合 Frenet 标架微分公式（3.58），得到定轴直纹面$\Sigma_{C'C}$腰线$\Gamma_{C'C}$的不变量k_n，k_g，τ_g，并用直纹面的结构参数α，β，γ表示为：

$$\begin{cases}k_n=\dfrac{\alpha-\beta\gamma}{\alpha^2+\gamma^2}\\ k_g=\dfrac{\alpha\dfrac{d\gamma}{d\sigma}-\gamma\dfrac{d\alpha}{d\sigma}}{(\alpha^2+\gamma^2)^{\frac{3}{2}}}\\ \tau_g=\dfrac{\alpha\beta+\gamma}{\alpha^2+\gamma^2}\end{cases}\tag{3.117}$$

利用定斜直纹面β为常数的性质，将上述k_n，k_g，τ_g对腰线$\Gamma_{C'C}$的弧长s求导，有：

$$\begin{cases}\dfrac{dk_n}{ds}=\dfrac{(\alpha^2+\gamma^2)\left(\dfrac{d\alpha}{d\sigma}-\beta\dfrac{d\gamma}{d\sigma}\right)-2(\alpha-\beta\gamma)\left(\alpha\dfrac{d\alpha}{d\sigma}+\gamma\dfrac{d\gamma}{d\sigma}\right)}{(\alpha^2+\gamma^2)^{\frac{5}{2}}}\\ \dfrac{d\tau_g}{ds}=\dfrac{(\alpha^2+\gamma^2)\left(\beta\dfrac{d\alpha}{d\sigma}+\dfrac{d\gamma}{d\sigma}\right)-2(\gamma+\alpha\beta)\left(\alpha\dfrac{d\alpha}{d\sigma}+\gamma\dfrac{d\gamma}{d\sigma}\right)}{(\alpha^2+\gamma^2)^{\frac{5}{2}}}\end{cases}\tag{3.118}$$

由式（3.94）可知，若腰线$\Gamma_{C'C}$成为圆柱面曲线，其充要条件为：

$$\begin{cases}\dfrac{dk_n}{ds}+2k_g\tau_g=-\dfrac{\dfrac{d\alpha}{d\sigma}-\beta\dfrac{d\gamma}{d\sigma}}{(\alpha^2+\gamma^2)^{\frac{3}{2}}}=0\\ \dfrac{d\tau_g}{ds}+\dfrac{k_g(\tau_g^2-k_n^2)}{k_n}=-\dfrac{(\gamma+\alpha\beta)\left(\dfrac{d\alpha}{d\sigma}-\beta\dfrac{d\gamma}{d\sigma}\right)}{(\alpha^2+\gamma^2)^{\frac{3}{2}}(\alpha-\beta\gamma)}=0\end{cases}\tag{3.119}$$

由式（3.119）可得定斜直纹面的腰线为圆柱面曲线的充要条件为：

$$\frac{d\alpha}{d\sigma}-\beta\frac{d\gamma}{d\sigma}=0\quad\text{或者}\quad\alpha-\beta\gamma=\text{常数}\tag{3.120}$$

从而由定理3.4可知，定轴直纹面$\Sigma_{C'C}$的腰线满足成为圆柱面上曲线的充要条件，必然是圆柱面上曲线。

再证明充分性：即定斜直纹面的结构参数$\alpha-\beta\gamma$为常数，该定斜直纹面一定为定轴直纹面（腰线为圆柱面上曲线）。由于定斜直纹面的β为常数，可以把$\alpha-\beta\gamma$为常数改写为微分形式：

$$\frac{d(\alpha-\beta\gamma)}{d\sigma}=0\tag{3.121}$$

将定斜直纹面的结构参数式（3.103）代入式（3.121），有：

$$\frac{\mathrm{d}(\alpha-\beta\gamma)}{\mathrm{d}\sigma}=-(1+\beta^2)\frac{\mathrm{d}\eta}{\mathrm{d}\sigma}-\frac{\mathrm{d}^3\eta}{\mathrm{d}\sigma^3}=0 \tag{3.122}$$

为求解上述微分方程，结合式（3.98）与式（3.103）中$\beta=\cot\delta$，将式（3.122）中的自然参数弧长σ换为转角变量φ，则有：

$$\frac{\mathrm{d}\eta}{\mathrm{d}\varphi}+\frac{\mathrm{d}^3\eta}{\mathrm{d}\varphi^3}=0 \tag{3.123}$$

式（3.123）的通解为：

$$\eta=c_1\cos(\varphi+\varphi_0)+c_2 \tag{3.124}$$

式中，c_1、c_2和φ_0为积分常数，由初始条件确定。把式（3.124）和式（3.99）代入式（3.101），那么具有$\alpha-\beta\gamma$为常数的定斜直纹面的腰线矢量方程可写为：

$$\begin{aligned}\boldsymbol{\rho}&=\boldsymbol{R}_0+[c_1\cos(\varphi+\varphi_0)+c_2]\boldsymbol{e}_{\mathrm{I}}(\varphi)-c_1\sin(\varphi+\varphi_0)\boldsymbol{e}_{\mathrm{II}}(\varphi)+[\lambda-\beta c_1\sin(\varphi+\varphi_0)]\boldsymbol{d}\\&=\boldsymbol{R}_0+c_1\boldsymbol{e}_{\mathrm{I}}(\varphi_0)+c_2\boldsymbol{e}_{\mathrm{I}}(\varphi)+[\lambda-\beta c_1\sin(\varphi+\varphi_0)]\boldsymbol{d}\end{aligned} \tag{3.125}$$

式中，$\boldsymbol{R}_0$、$c_1\boldsymbol{e}_{\mathrm{I}}(\varphi_0)$和$\boldsymbol{d}$均为固定坐标系中的常矢量，对照图3.16，它们确定了固定直线L_A或固定点A_0的初始位置，与固定坐标系$\{\boldsymbol{O};\ \boldsymbol{i},\ \boldsymbol{j},\ \boldsymbol{k}\}$无关。因此，固定直线$L_A$与具有$\alpha-\beta\gamma$为常数的定斜直纹面直母线之间的法向距离为：

$$[\boldsymbol{\rho}-\boldsymbol{R}_0-c_1\boldsymbol{e}_{\mathrm{I}}(\varphi_0)]\cdot\frac{\boldsymbol{d}\times\boldsymbol{l}}{|\boldsymbol{d}\times\boldsymbol{l}|}=\{c_2\boldsymbol{e}_{\mathrm{I}}(\varphi)+[\lambda-\beta c_1\sin(\varphi+\varphi_0)]\boldsymbol{d}\}\cdot\boldsymbol{e}_{\mathrm{I}}(\varphi)=c_2 \tag{3.126}$$

即定斜直纹面直母线与固定直线间的法向距离为常数，恰为腰线所在圆柱面半径，因此具有$\alpha-\beta\gamma$为常数的定斜直纹面为定轴直纹面，引理证迄。

将定理3.5与上述引理结合，于是有：

定理3.6：一般直纹面Σ成为定轴直纹面时，其结构参数满足：①β为常数（直母线球面像曲线为圆），②$\alpha-\beta\gamma$为常数（腰线为圆柱面曲线）。

3.5.3　常参数类直纹面（H-C，R-C）

直纹面的三个结构参数均为常数时，称为**常参数直纹面**。表3.2中所列连架杆上运动副组合H-C、R-C对应的约束曲面Σ_{HC}、Σ_{RC}都是常参数直纹面。

（1）常参数直纹面的主要几何特征　由于常参数直纹面的结构参数都为常数，因此它有较为特殊的几何特征。令定轴直纹面方程（3.110）中的$\mathrm{d}\lambda/\mathrm{d}\sigma$为常数，写出常参数直纹面的方程为：

$$\Sigma:\boldsymbol{R}=\boldsymbol{R}_0+\lambda\boldsymbol{d}+\eta_0\frac{\boldsymbol{l}\times\boldsymbol{d}}{|\boldsymbol{l}\times\boldsymbol{d}|}+\mu\boldsymbol{l},\ \boldsymbol{d}\cdot\boldsymbol{l}=\cos\delta,\ \frac{\mathrm{d}\lambda}{\mathrm{d}\sigma}=\text{常数} \tag{3.127}$$

其腰线方程可从方程（3.111）写出为：

$$\boldsymbol{\rho}=\boldsymbol{R}_0+\lambda\boldsymbol{d}+\eta_0\frac{\boldsymbol{l}\times\boldsymbol{d}}{|\boldsymbol{l}\times\boldsymbol{d}|}\tag{3.128}$$

在常参数直纹面上建立 Frenet 标架同式（3.102），并令定轴直纹面的结构参数方程式（3.112）中的 $\mathrm{d}\lambda/\mathrm{d}\sigma$ 为常数，便得常参数直纹面的结构参数为：

$$\begin{cases}\alpha=\dfrac{\mathrm{d}\boldsymbol{\rho}}{\mathrm{d}\sigma}\cdot\boldsymbol{l}=\dfrac{\mathrm{d}\lambda}{\mathrm{d}\sigma}\cos\delta+\eta_0\\ \beta=\left(\boldsymbol{l},\dfrac{\mathrm{d}\boldsymbol{l}}{\mathrm{d}\sigma},\dfrac{\mathrm{d}^2\boldsymbol{l}}{\mathrm{d}\sigma^2}\right)=\cot\delta\\ \gamma=\left(\dfrac{\mathrm{d}\boldsymbol{\rho}}{\mathrm{d}\sigma},\boldsymbol{l},\dfrac{\mathrm{d}\boldsymbol{l}}{\mathrm{d}\sigma}\right)=\dfrac{\mathrm{d}\lambda}{\mathrm{d}\sigma}\sin\delta-\eta_0\cot\delta\end{cases}\tag{3.129}$$

将其腰线矢径 $\boldsymbol{\rho}$ 对直母线 $\boldsymbol{l}$ 球面像曲线弧长 σ 求导，并应用直纹面 Frenet 公式和常参数直纹面的定义$\left(\dfrac{\mathrm{d}\alpha}{\mathrm{d}\sigma}=0,\ \dfrac{\mathrm{d}\beta}{\mathrm{d}\sigma}=0,\ \dfrac{\mathrm{d}\gamma}{\mathrm{d}\sigma}=0\right)$，得：

$$\begin{cases}\dfrac{\mathrm{d}\boldsymbol{\rho}}{\mathrm{d}\sigma}=\alpha\boldsymbol{e}_1+\gamma\boldsymbol{e}_3,\quad \dfrac{\mathrm{d}^2\boldsymbol{\rho}}{\mathrm{d}\sigma^2}=(\alpha-\beta\gamma)\boldsymbol{e}_2\\ \dfrac{\mathrm{d}^3\boldsymbol{\rho}}{\mathrm{d}\sigma^3}=(\alpha-\beta\gamma)(-\boldsymbol{e}_1+\beta\boldsymbol{e}_3)\end{cases}\tag{3.130}$$

由空间曲线的曲率和挠率公式（3.13）可得常参数直纹面腰线的曲率 k_y 和挠率 τ_y 为：

$$\begin{cases}k_y=\dfrac{\alpha-\beta\gamma}{\alpha^2+\gamma^2}\\ \tau_y=\dfrac{\gamma+\alpha\beta}{\alpha^2+\gamma^2}\end{cases}\tag{3.131}$$

由式（3.130）和式（3.131）及定理 3.6 可得常参数直纹面的几何特征如下：

1）常参数直纹面必定是定轴直纹面。

2）常参数直纹面腰线的切线与直母线夹定角。

3）常参数直纹面腰线的曲率和挠率都是常数。

（2）常参数直纹面的分类　根据常参数直纹面腰线的退化情况，可将常参数直纹面分为如下三类：

1）圆锥面。当常参数直纹面的腰线退化为一点时，便为圆锥面，如图 3.8b 所示。（即式（3.128）中的腰线矢量 $\boldsymbol{\rho}$ 为常矢量，腰线矢量 $\boldsymbol{\rho}$ 的各阶导数为零，代入式）（3.130），有：

$$\alpha=0,\beta=\cot\delta,\gamma=0\tag{3.132}$$

对于圆锥面来说，其轴线 L_A 的方位可由下式确定：

$$\begin{cases} \boldsymbol{R}_A = \boldsymbol{\rho} \\ \boldsymbol{d} = \cos\delta \boldsymbol{e}_1 + \sin\delta \boldsymbol{e}_3, \cot\delta = \beta \end{cases} \tag{3.133}$$

2）单叶双曲面Σ_{RC}。如图3.19所示。当常参数直纹面的腰线为一圆时，则为单叶双曲面，这时其腰线的曲率k_y = 常数，挠率$\tau_y = 0$，则由式（3.131）可知其结构参数需满足条件式：

$$\gamma + \alpha\beta = 0, \alpha - \beta\gamma \neq 0 \tag{3.134}$$

将式（3.129）代入式（3.134），可解得结构参数为：

$$\alpha = \eta_0, \quad \beta = \cot\delta, \quad \gamma = -\beta\eta_0 \tag{3.135}$$

则可由上述两式确定出单叶双曲面Σ_{RC}轴线L_A的方位为：

$$\begin{cases} \boldsymbol{R}_A = \boldsymbol{\rho} + \alpha \boldsymbol{e}_2 \\ \boldsymbol{d} = \cos\delta \boldsymbol{e}_1 + \sin\delta \boldsymbol{e}_3, \quad \cot\delta = \beta \end{cases} \tag{3.136}$$

3）一般常螺旋面Σ_{HC}。如图3.20所示。除上述两种情况外，其余常参数直纹面便为一般常螺旋面，其特征是腰线为圆柱面上螺旋线。这时其腰线的曲率k_y = 常数，挠率τ_y = 常数，其结构参数见式（3.131），但需满足条件式：

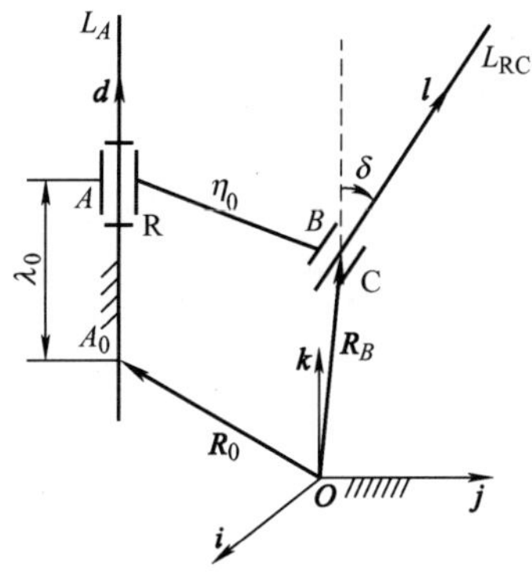

图3.19　单叶双曲面约束曲面

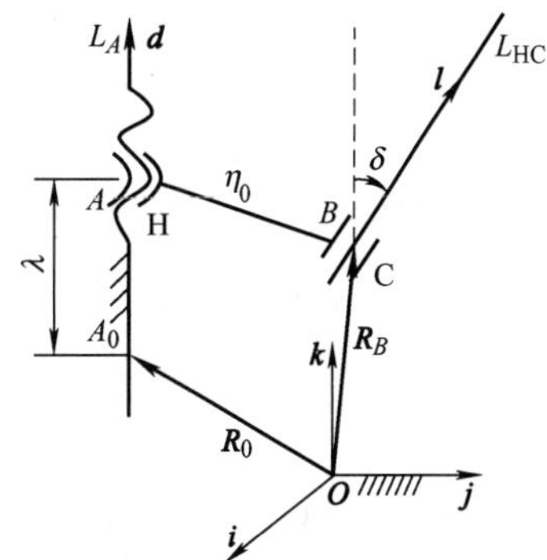

图3.20　常螺旋约束曲面

$$\gamma + \alpha\beta \neq 0, \quad \alpha - \beta\gamma \neq 0 \tag{3.137}$$

由式（3.129）可知，$d\lambda/d\sigma$为一般常螺旋面Σ_{HC}腰线的螺旋常数p，由结构参数表示为：

$$p = \frac{\alpha\beta + \gamma}{\sqrt{1+\beta^2}} \tag{3.138}$$

则可由上述两式确定出一般常螺旋面Σ_{HC}轴线L_A的方位为：

$$\begin{cases} \boldsymbol{R}_A = \boldsymbol{\rho} + \dfrac{\alpha - \beta\gamma}{1+\beta^2} \boldsymbol{e}_2 \\ \boldsymbol{d} = \cos\delta \boldsymbol{e}_1 + \sin\delta \boldsymbol{e}_3, \quad \cot\delta = \beta \end{cases} \tag{3.139}$$

特殊地，当 $\alpha-\beta\gamma=0$ 时，便有 $\eta_0=0$，则常螺旋面的腰线为直线，退化为阿基米德螺旋面；当 $\alpha=0$，$\beta=0$ 时，有 $\boldsymbol{d}\cdot\boldsymbol{l}=0$，则常螺旋面退化为正螺旋面；当 $\gamma=0$ 时，则常螺旋面为渐开线螺旋面。

3.5.4　定距直纹面（S′-C）

一直线绕定点运动所产生的轨迹曲面称为定距直纹面，其特点是从定点到每条直线的最短距离都相等，如空间机构中，连架杆上的运动副组合 S′-C 的约束曲面 $\Sigma_{S'C}$ 就是定距直纹面，如图 3.21 所示。

（1）定距直纹面的方程　根据定距直纹面的定义，其直母线到一定点 O 的最短（垂直）距离 r_0 不变。从几何角度来看，定点 O 为球心，定距 r_0 为球面半径，直母线必切于球面上的一点 A，则切点在球面上形成一条曲线 Γ_{SC}。据此，以 O 为球心，定距 r_0 为半径作球面，建立球面上曲线的 Darboux 标架 $\{\boldsymbol{R}_A;\ \boldsymbol{\alpha},\ \boldsymbol{n},\ \boldsymbol{v}\}$ 如图 3.22 所示。$\boldsymbol{R}_A$ 为 Γ_{SC} 的矢径，s 为其弧长，则曲线 Γ_{SC} 的方程为：

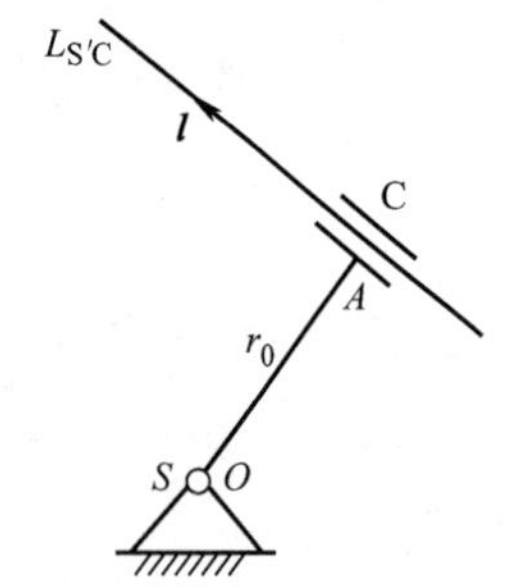

图 3.21　定距直纹约束曲面

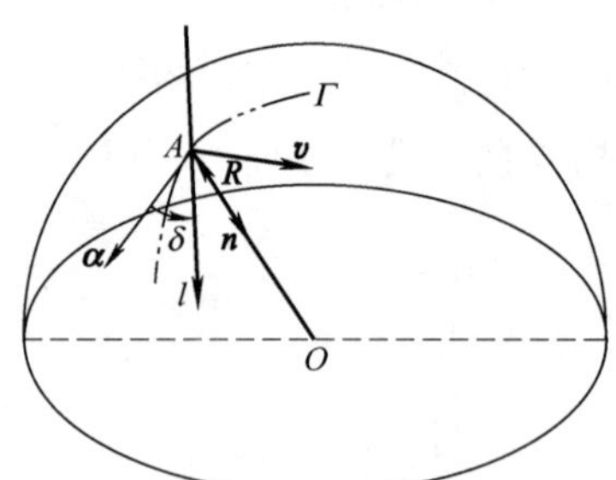

图 3.22　定距直纹面标架

$$\Gamma_{SC}:\boldsymbol{R}_A(s)=-r_0\boldsymbol{n}(s) \tag{3.140}$$

因直纹面 Σ_{SC} 的直母线 $\boldsymbol{l}$ 与球面沿曲线 Γ_{SC} 相切，则 $\boldsymbol{l}$ 在曲线 Γ 的切平面 $\boldsymbol{R}_A-\boldsymbol{\alpha v}$ 内，有：

$$\boldsymbol{l}=\cos\delta\boldsymbol{\alpha}+\sin\delta\boldsymbol{v} \tag{3.141}$$

式中 δ 为 $\boldsymbol{l}$ 与 $\boldsymbol{\alpha}$ 的夹角，并为弧长 s 的函数。以 Γ_{SC} 为准线，以 $\boldsymbol{l}$ 为直母线单位矢量，可以写出定距直纹面 Σ_{SC} 的方程：

$$\Sigma_{SC}:\boldsymbol{R}=-r_0\boldsymbol{n}+\mu(\cos\delta\boldsymbol{\alpha}+\sin\delta\boldsymbol{v}) \tag{3.142}$$

将式（3.141）和式（3.142）对 s 求导，可得：

$$\begin{cases}\dfrac{\mathrm{d}\boldsymbol{R}_A}{\mathrm{d}s}=\boldsymbol{\alpha}\\[2ex]\dfrac{\mathrm{d}\boldsymbol{l}}{\mathrm{d}s}=\left(k_g+\dfrac{\mathrm{d}\delta}{\mathrm{d}s}\right)(\cos\delta\boldsymbol{v}-\sin\delta\boldsymbol{\alpha})+\dfrac{\cos\delta}{r_0}\boldsymbol{n}\end{cases} \tag{3.143}$$

从而得到定距直纹面Σ_{SC}的腰线为：

$$\boldsymbol{\rho} = \boldsymbol{R}_A - \frac{\dfrac{\mathrm{d}\boldsymbol{R}_A}{\mathrm{d}s} \cdot \dfrac{\mathrm{d}\boldsymbol{l}}{\mathrm{d}s}}{\left(\dfrac{\mathrm{d}\boldsymbol{l}}{\mathrm{d}s}\right)^2}\boldsymbol{l} = -r_0\boldsymbol{n} + \frac{r_0^2\left(k_g + \dfrac{\mathrm{d}\delta}{\mathrm{d}s}\right)\sin\delta}{\cos^2\delta + r_0^2\left(k_g + \dfrac{\mathrm{d}\delta}{\mathrm{d}s}\right)^2}(\cos\delta\boldsymbol{\alpha} + \sin\delta\boldsymbol{v}) \tag{3.144}$$

式（3.144）表明，定距直纹面Σ_{SC}的准线Γ_{SC}一般不是腰线，只有在$\delta = 0$或$k_g + \dfrac{\mathrm{d}\delta}{\mathrm{d}s} = 0$时，准线$\Gamma_{SC}$才为腰线。

在定距直纹面的方程（3.142）中，分别令$\mu =$常数和$s =$常数，得直纹面Σ_{SC}的参数曲线族，则定点O到各参数曲线上点的距离为：

$$h = |\boldsymbol{R}| = \sqrt{r_0^2 + \mu^2} \tag{3.145}$$

当$\mu =$常数时，$h =$常数，说明同一参数曲线上点都在球心为O、半径为h的球面上。因此，定距直纹面Σ_{SC}可以采用球面参数曲线表示，这是定距直纹面的一种表达形式。但应当指出，除准线$\Gamma(\mu = 0)$外，其他球面参数曲线所在的球面并不与定距直纹面相切。

（2）定距直纹面的性质　对于定距直纹面Σ_{SC}，由于准线Γ_{SC}为球面上曲线，也是球面的曲率线，而定距直纹面Σ_{SC}沿着曲线Γ_{SC}与球面相切地接触，定距直纹面的法线与球面法线沿曲线Γ_{SC}上各点重合，即曲线Γ_{SC}的曲率矢量$k\boldsymbol{\beta}$在曲面Σ_{SC}法线和球面法线上投影相等，即在曲线Γ_{SC}上任意点的定距直纹面Σ_{SC}法曲率与球面法曲率相等，$k_n = 1/r_0$。另一方面，将式（3.140）对弧长s求导，并利用球面曲线 Darboux 标架的微分运算公式（3.42）化简，有

$$\frac{\mathrm{d}\boldsymbol{R}_A}{\mathrm{d}s} = -r_0\frac{\mathrm{d}\boldsymbol{n}}{\mathrm{d}s} = \boldsymbol{\alpha} \tag{3.146}$$

由罗德里克方程式（3.35）可知准线Γ_{SC}切线方向为主方向，其曲率k_n为曲面的主曲率，即曲线Γ_{SC}为定距直纹面Σ_{SC}的曲率线，且主曲率k_n为常数$1/r_0$。于是有下述定理：

定理3.7：直纹面Σ成为定距直纹面的充要条件是：在直纹面上存在一条主曲率等于常数的曲率线。

证明：该定理的必要条件可由前述的推导过程得到，接下来证明其充分条件。

曲线Γ为直纹面Σ上的曲率线，则曲率线满足罗德里克方程式（3.35），即：

$$\mathrm{d}\boldsymbol{n} = -k_n\mathrm{d}\boldsymbol{R} \tag{3.147}$$

式（3.147）中$\boldsymbol{n}$为直纹面Σ的法矢，$\boldsymbol{R}$为曲线Γ的矢径，k_n为沿曲线Γ方向在直纹面Σ上的主曲率且为常数，则可对式（3.147）进行积分得到：

$$\boldsymbol{n} = -k_n(\boldsymbol{R} - \boldsymbol{R}_0) \tag{3.148}$$

其中的$\boldsymbol{R}_0$为固定矢量。将式（3.148）两端分别点乘自身，得到：

$$(\boldsymbol{R}-\boldsymbol{R}_0)^2=\frac{1}{k_n^2} \tag{3.149}$$

式（3.149）表明曲线 $\varGamma$ 在半径 r_0 为 $1/k_n$ 的球面上，球心矢量为 $\boldsymbol{R}_0$。而由式（3.148）可知直纹面 Σ 与该球面沿着曲线 $\varGamma$ 的法矢相同，即直纹面 Σ 的直母线沿着准线 $\varGamma$ 上的点相切于该球面，从而直纹面 Σ 为定距直纹面。

3.6 曲线的广义曲率

在微分几何学中，定义了曲线上一点 P 与其相邻无限接近位置点的连线为 P 点的切线，曲线上 P 点与其相邻两个无限接近的点所确定的平面为密切平面，并确定了曲线在 P 点处的密切圆（或曲率圆），密切圆半径的倒数称为曲率，体现了曲线在密切平面内于 P 点处的弯曲程度；曲线上 P 点与其相邻无限接近的点数越多，则刻画曲线在 P 点处的邻近结构越细致。

在 3.4 节中研究了空间曲线成为球面曲线或圆柱面曲线的充要条件，即整体性质，为空间机构大范围综合提供了理论基础。对于运动刚体上一点在固定坐标系中的轨迹曲线，能否采用连杆机构的约束曲线局部逼近或高阶近似，类似于平面运动刚体上点的轨迹用约束曲线圆和直线去逼近，得到对应连架杆 R-R 和 P-R 的特征点，即运动刚体上的 Burmester 点和 Ball 点。而对于空间曲线，用表 3.1 中的空间机构约束曲线去近似逼近，其近似程度尚无衡量指标，或者说是无限接近位置连杆点共某种约束曲线的条件尚无定论。本节把曲线在密切面内弯曲程度的刻画方式——曲率概念进行扩展，讨论空间曲线在一点邻域内相对于球面、圆柱面的接近程度，提出空间曲线的广义曲率概念，如曲线的球面曲率和圆柱面曲率。

3.6.1 曲线和曲面的接触条件

在微分几何中，对于两平面曲线或空间曲线的接触问题已作过分析，其基本思想是在两曲线的接触点的微小邻域内，用离差的无穷小阶数评定两曲线的接触阶数。如 ε 为一阶无穷小量，则两曲线为零阶接触（有一个公共点，相交），ε 为二阶无穷小量，则两曲线为一阶接触（有两个公共点，相切），ε 为三阶无穷小量，则两曲线为二阶接触（有三个公共点，密切），如此类推，二阶以上接触为高阶接触。

现将两曲线的接触阶概念引入到曲线与曲面的接触分析，即在曲线 $\varGamma_1$ 与曲面 Σ_2 的接触点及其微小邻域内，提取曲线 $\varGamma_1$ 上点与曲面 Σ_2 上点的离差 ε，并根据 ε 的无穷小阶数来定义曲线 $\varGamma_1$ 与曲面 Σ_2 的接触阶数。

如图 3.23 所示，设已知空间曲线 $\varGamma_1$ 与已知曲面 Σ_2 在一点 P 处相切地接触，或者说空间曲线 $\varGamma_1$ 上包括点 P 的无限接近两个点位于曲面 Σ_2 上，曲面 Σ_2 在点 P 处的法矢为 $\boldsymbol{n}$。假定空间曲线 $\varGamma_1$ 的弧长参数为 s，在点 P 处建立曲线 $\varGamma_1$ 的活动标架为 $\{\boldsymbol{R}_1;\ \boldsymbol{\alpha},\ \boldsymbol{n},\ \boldsymbol{v}\}$，其中 $\boldsymbol{\alpha}$ 为

曲线 Γ_1 和曲面 Σ_2 的公切线。将空间曲线 Γ_1 在点 P 的邻域内进行泰勒展开，即：

$$\boldsymbol{R}_1(s+\Delta s)=\boldsymbol{R}_1(s)+\frac{\mathrm{d}\boldsymbol{R}_1(s)}{\mathrm{d}s}\Delta s+\frac{1}{2!}\frac{\mathrm{d}^2\boldsymbol{R}_1(s)}{\mathrm{d}s^2}(\Delta s)^2+\cdots+\frac{1}{n!}\frac{\mathrm{d}^n\boldsymbol{R}_1(s)}{\mathrm{d}s^n}(\Delta s)^n+\varepsilon_n(s,\Delta s)(\Delta s)^n \tag{3.150}$$

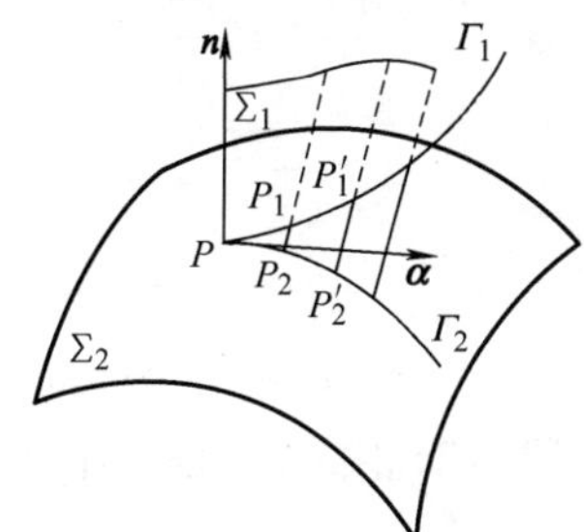

图 3.23　空间曲线与曲面的接触

其中

$$\begin{cases}\dfrac{\mathrm{d}\boldsymbol{R}_1(s)}{\mathrm{d}s}=\boldsymbol{\alpha}\\ \dfrac{\mathrm{d}^2\boldsymbol{R}_1(s)}{\mathrm{d}s^2}=k_{n1}\boldsymbol{n}+k_{g1}\boldsymbol{\nu}\\ \dfrac{\mathrm{d}^3\boldsymbol{R}_1(s)}{\mathrm{d}s^3}=-k_1^2\boldsymbol{\alpha}+\left(\dfrac{\mathrm{d}k_{n1}}{\mathrm{d}s}-k_{g1}\tau_{g1}\right)\boldsymbol{n}+\left(\dfrac{\mathrm{d}k_{g1}}{\mathrm{d}s}+k_{n1}\tau_{g1}\right)\boldsymbol{\nu}\\ \dfrac{\mathrm{d}^4\boldsymbol{R}_1(s)}{\mathrm{d}s^4}=-3k_1\dfrac{\mathrm{d}k_1}{\mathrm{d}s}\boldsymbol{\alpha}+\left[\dfrac{\mathrm{d}^2k_{n1}}{\mathrm{d}s^2}-2\dfrac{\mathrm{d}k_{g1}}{\mathrm{d}s}\tau_{g1}-k_{g1}\dfrac{\mathrm{d}\tau_{g1}}{\mathrm{d}s}-(k_1^2+\tau_{g1}^2)k_{n1}\right]\boldsymbol{n}+\\ \qquad\left[\dfrac{\mathrm{d}^2k_{g1}}{\mathrm{d}s^2}+\dfrac{\mathrm{d}k_{n1}}{\mathrm{d}s}\tau_{g1}+k_{n1}\dfrac{\mathrm{d}\tau_{g1}}{\mathrm{d}s}-(k_1^2+\tau_{g1}^2)k_{g1}\right]\boldsymbol{\nu}\end{cases}$$

式中，$k_1^2=k_{n1}^2+k_{g1}^2$，k_1 为曲线 Γ_1 的曲率。

先过曲线 Γ_1 上在 P 点邻域内各点作曲面 Σ_2 的法线，如 $\overrightarrow{P_1P_2}$，$\overrightarrow{P_1'P_2'}\cdots$，这些法线构成直纹面 Σ_1，并得曲面 Σ_2 上截曲线 Γ_2，而曲线 Γ_1、Γ_2 又为曲面 Σ_1 上的曲线。曲线 Γ_1、Γ_2 在点 P 邻近的点 P_1 和 P_2 的距离矢量 $\boldsymbol{\varepsilon}=\boldsymbol{R}_1-\boldsymbol{R}_2$，投影到曲面法向量 $\boldsymbol{n}$ 上得到法向离差 $h=\boldsymbol{\varepsilon}\cdot\boldsymbol{n}=(\boldsymbol{R}_1-\boldsymbol{R}_2)\cdot\boldsymbol{n}$，描述了曲线 Γ_1 与曲面 Σ_2 之间的法向距离。曲线 Γ_2 在 P 点与曲线 Γ_1 有相同的标架，而曲线 Γ_2 是曲面 Σ_2 上的曲线，也按式（3.150）在点 P 邻域内展开，得到相同的表达式，其中 k_{n2}，k_{g2} 和 τ_{g2} 具有 Σ_2 上曲线的性质。由于曲面 Σ_1 和 Σ_2 沿 Γ_2 正交，则曲线 Γ_2 在 Σ_1 和 Σ_2 上的测地挠率相等[3]，又 Γ_1 和 Γ_2 在 P 点相切，故有：

$$\tau_{g1}=\tau_{g2} \tag{3.151}$$

则法向离差表达式为：

$$
\begin{aligned}
h &= [\boldsymbol{R}_1(s) - \boldsymbol{R}_2(s)] \cdot \boldsymbol{n} \\
&= \left[(\boldsymbol{R}_1 - \boldsymbol{R}_2) + \left(\frac{\mathrm{d}\boldsymbol{R}_1}{\mathrm{d}s} - \frac{\mathrm{d}\boldsymbol{R}_2}{\mathrm{d}s} \right)\Delta s + \left(\frac{\mathrm{d}^2\boldsymbol{R}_1}{\mathrm{d}s^2} - \frac{\mathrm{d}^2\boldsymbol{R}_2}{\mathrm{d}s^2} \right)(\Delta s)^2 + \left(\frac{\mathrm{d}^3\boldsymbol{R}_1}{\mathrm{d}s^3} - \frac{\mathrm{d}^3\boldsymbol{R}_2}{\mathrm{d}s^3} \right)(\Delta s)^3 + \cdots \right] \cdot \boldsymbol{n} \\
&= (k_{n1} - k_{n2})(\Delta s)^2 + \left[\left(\frac{\mathrm{d}k_{n1}}{\mathrm{d}s} - k_{g1}\tau_{g1} \right) - \left(\frac{\mathrm{d}k_{n2}}{\mathrm{d}s} - k_{g2}\tau_{g2} \right) \right](\Delta s)^3 +
\end{aligned}
$$

$$
\left\{ \left[\frac{\mathrm{d}^2k_{n1}}{\mathrm{d}s^2} - 2\frac{\mathrm{d}k_{g1}}{\mathrm{d}s}\tau_{g1} - k_{g1}\frac{\mathrm{d}\tau_{g1}}{\mathrm{d}s} - (k_{n1}^2 + \tau_{g1}^2)k_{n1} \right] - \left[\frac{\mathrm{d}^2k_{n2}}{\mathrm{d}s^2} - 2\frac{\mathrm{d}k_{g2}}{\mathrm{d}s}\tau_{g2} - k_{g2}\frac{\mathrm{d}\tau_{g2}}{\mathrm{d}s} - (k_{n2}^2 + \tau_{g2}^2)k_{n2} \right] \right\}(\Delta s)^4 + \cdots \tag{3.152}
$$

由此可以定义，当法向离差 h 分别为 Δs 的一阶和二阶无穷小量，曲线 Γ_1 与曲面 Σ_2 有零阶接触和一阶接触，即 $(\boldsymbol{R}_1(s_0) - \boldsymbol{R}_2(s_0))$ 项为零以及 $(\boldsymbol{R}_1(s_0) - \boldsymbol{R}_2(s_0))$ 和一阶无穷小量 Δs 项均为零，因 Γ_1 和 Σ_2 在 P 点相切并且具有相同的标架，故式（3.152）自然满足。

当法向离差 h 为三阶无穷小量时，Γ_1 与 Σ_2 二阶接触，这时（$\Delta s)^2$ 项也为零时，由式（3.152）便得条件为：

$$
k_{n1} = k_{n2} \tag{3.153}
$$

同理，可以推得 Γ_1 与 Σ_2 的三阶接触条件（法向离差 h 为四阶无穷小量），即（$\Delta s)^3$ 项也为零，即：

$$
\left(\frac{\mathrm{d}k_{n1}}{\mathrm{d}s} - k_{g1}\tau_{g1} \right) - \left(\frac{\mathrm{d}k_{n2}}{\mathrm{d}s} - k_{g2}\tau_{g2} \right) = 0 \tag{3.154}
$$

曲线 Γ_1 与 Σ_2 的四阶接触（法向离差 h 为五阶无穷小量）条件，$(\Delta s)^4$ 项也为零，有：

$$
\frac{\mathrm{d}^2k_{n1}}{\mathrm{d}s^2} - 2\frac{\mathrm{d}k_{g1}}{\mathrm{d}s}\tau_{g1} - k_{g1}\frac{\mathrm{d}\tau_{g1}}{\mathrm{d}s} - (k_{n1}^2 + \tau_{g1}^2)k_{n1} - \frac{\mathrm{d}^2k_{n2}}{\mathrm{d}s^2} + 2\frac{\mathrm{d}k_{g2}}{\mathrm{d}s}\tau_{g2} + k_{g2}\frac{\mathrm{d}\tau_{g2}}{\mathrm{d}s} + (k_{n2}^2 + \tau_{g2}^2)k_{n2} = 0 \tag{3.155}
$$

曲线 Γ_1 与曲面 Σ_2 的接触阶数，受到曲面 Σ_2 与曲线 Γ_1 在接触点邻域几何结构参数（k_n，k_g 和 τ_g 及其导数）一致性的限定，并随着接触阶数提高而这种限定程度更加苛刻。为便于后文的研究，类比平面曲线的曲率圆，在此给出定义：

定义 3.1：对于给定连续可微曲线 Γ_1，若存在一类正则曲面 Σ_2 与曲线 Γ_1 在一点 P 处高阶接触，在能够完全确定曲面 Σ_2 的接触条件中，其不变量称为曲线 Γ_1 在 P 点处对应曲面 Σ_2 的**广义曲率**，而曲面 Σ_2 称为**广义曲率曲面**。

过一条曲线可以作无穷多曲面，就像过曲面上一点可以在曲面上作无穷多条曲线一样，仅仅从曲线局部性质推断其密切曲面的整体性质，目前只局限于少数特殊性质曲面的讨论，如所有点的邻近结构都相同的曲面。在机构学中常见的约束曲面中，球面都是球点，圆柱面都是抛物点。更一般约束曲面，如 H-P-S 螺旋面，H-R-S 螺旋环面，R-R-S 圆环面等，还需要更多的曲面整体性质，期待数学家为机构学研究提供理论支撑。曲面整体性质研究不仅对机构学者是挑战，即使对于数学家（甚至是微分几何学研究者）也不是简单的课题。

3.6.2　球曲率与圆柱曲率

有两种约束曲面——球面（S-S）和圆柱面（C-S），曲面上所有点的邻近结构都相同，前者是球点，后者是抛物点。当曲线与这类曲面接触时，基于接触条件得到曲面的局部性质——广义曲率，如球曲率和广义圆柱曲率，从而推断曲面整体参数。

3.6.2.1　空间曲线的球曲率及高阶曲率

对于曲线与球面接触，其接触阶对应接触条件确定，并由不变量表示。由3.4节可知，球面上曲线的不变式为 $\mathrm{d}k_{n2}/\mathrm{d}s=0$，$\tau_{g2}=0$，由式（3.153）~式（3.155）可分析空间曲线 Γ_1 和球面 Σ_2 高阶接触状况。

1）零阶和一阶：在接触定义时已经假定空间曲线 Γ_1 和球面 Σ_2 为一阶接触，二者相切，有相同切线，而零阶接触为二者相交，不在讨论之列。

2）二阶：对于空间曲线 Γ_1 在 P 点及其邻域内的无限接近三个点（即曲率 k_1），可确定此处曲线 Γ_1 的 Frenet 标架 $\{\boldsymbol{R}_1;\boldsymbol{\alpha},\boldsymbol{\beta},\boldsymbol{\gamma}\}$，并得到曲线 Γ_1 在该点的曲率 k_1 以及相应的曲率圆。以该曲率圆作球面 Σ_2，在无限接近三个点与曲线 Γ_1 接触，由曲线与曲面的二阶接触条件式（3.153）可知，仅需曲线 Γ_1 和球面 Σ_2 的对应法曲率相同 $k_{n1}=k_{n2}$ 即可，也就是可将 Frenet 标架 $\{\boldsymbol{R}_1;\boldsymbol{\alpha},\boldsymbol{\beta},\boldsymbol{\gamma}\}$ 绕标矢 $\boldsymbol{\alpha}$ 转过任意角度 θ 得到活动标架 $\{\boldsymbol{R}_1;\boldsymbol{\alpha},\boldsymbol{n},\boldsymbol{v}\}$，在活动标架 $\{\boldsymbol{R}_1;\boldsymbol{\alpha},\boldsymbol{n},\boldsymbol{v}\}$ 下由式（3.48）求得法曲率 k_{n1}，以该法曲率 k_{n1} 可构造一个对应球面，可以有无穷多个角度 θ，因而球面不能确定，或者说一个曲率圆并不能确定唯一球面。

3）三阶：对于空间曲线 Γ_1 在 P 点及其邻域内的无限接近四个点（即曲率 k_1 及其导数和挠率 τ_1），则曲线 Γ_1 在 P 点的 Frenet 标架 $\{\boldsymbol{R}_1;\boldsymbol{\alpha},\boldsymbol{\beta},\boldsymbol{\gamma}\}$ 随之确定，并可得到曲线 Γ_1 在 P 点的曲率 k_1、挠率 τ_1 以及曲率变化率 $\mathrm{d}k_1/\mathrm{d}s$。空间曲线 Γ_1 与球面 Σ_2 沿球面曲线 Γ_2 接触，需要满足三阶接触条件式（3.154），而曲线 Γ_2 为球面上曲线，必满足球面曲线性质 $\dfrac{\mathrm{d}k_{n2}}{\mathrm{d}s}=0$ 和 $\tau_{g2}=0$，又 $\tau_{g1}=\tau_{g2}$ 为必然成立，非独立。由此可将三阶接触条件化简为：

$$\frac{\mathrm{d}k_{n1}}{\mathrm{d}s}=0,\quad \tau_{g1}=0 \tag{3.156}$$

将曲线 Γ_1 的 Frenet 标架 $\{\boldsymbol{R}_1;\boldsymbol{\alpha},\boldsymbol{\beta},\boldsymbol{\gamma}\}$ 按特定变化率绕切矢 $\boldsymbol{\alpha}$ 旋转 θ 角得到活动标架 $\{\boldsymbol{R}_1;\boldsymbol{\alpha},\boldsymbol{n},\boldsymbol{v}\}$，在活动标架 $\{\boldsymbol{R}_1;\boldsymbol{\alpha},\boldsymbol{n},\boldsymbol{v}\}$ 下描述法曲率 k_{n1} 和测地曲率 k_{g1}，并由式（3.48）得到测地挠率 τ_{g1}、法曲率 k_{n1} 及其导数表达式，代入式（3.156）解得：

$$\tan\theta=-\frac{\mathrm{d}k_1/\mathrm{d}s}{k_1\tau_1},\quad \frac{\mathrm{d}\theta}{\mathrm{d}s}=-\tau_1 \tag{3.157}$$

根据 θ 和 $\mathrm{d}\theta/\mathrm{d}s$ 可以构造出与曲线 Γ_1 三阶接触的球面 Σ_2。由此可以看出，与空间曲线 Γ_1 三阶接触的球面 Σ_2 唯一确定，称之为曲线 Γ_1 在接触点的曲率球，也就是微分几何书[3]中的密切球面，称式（3.156）中不变量 $\mathrm{d}k_{n1}/\mathrm{d}s$ 和 τ_{g1} 为空间曲线上接触点处的**球曲率**，并且唯一。

曲线的曲率球面相当于曲线上无限接近四个点中，用前三个点和后三个点分别确定的曲率圆来共同确定密切球面，其球心在活动标架$\{\boldsymbol{R}_1;\boldsymbol{\alpha},\boldsymbol{n},\boldsymbol{v}\}$中的位置由式（3.82）确定为：

$$\begin{cases}\boldsymbol{R}_0=\boldsymbol{R}_1+r_0\boldsymbol{n}\\ r_0=1/k_{n1}\end{cases}\tag{3.158}$$

若结合式（3.47）、式（3.48）和式（3.158），可得球心在 Frenet 标架$\{\boldsymbol{R}_1;\boldsymbol{\alpha},\boldsymbol{\beta},\boldsymbol{\gamma}\}$中的表达为：

$$\boldsymbol{R}_0=\boldsymbol{R}_1+\frac{1}{k_{n1}}\boldsymbol{n}=\boldsymbol{R}_1+\frac{1}{k_1}\boldsymbol{\beta}-\frac{\mathrm{d}k_1}{\mathrm{d}s}\frac{1}{k_1^2\tau_1}\boldsymbol{\gamma}\tag{3.159}$$

这时球面Σ_2的半径$r_0=\sqrt{\dfrac{1}{k_1^2}+\left(\dfrac{\mathrm{d}k_1}{\mathrm{d}s}\right)^2\dfrac{1}{k_1^4\tau_1^2}}$。

4）高阶：若空间曲线Γ_1和球面Σ_2在P点有四阶或以上接触时，称为高阶接触。如四阶接触，已知曲线Γ_1在P点的曲率k_1及其一阶、二阶导数和挠率τ_1及其一阶导数时，确定与其四阶接触的球面。同样，空间曲线Γ_1与球面Σ_2沿球面曲线Γ_2接触，由球面曲线性质可知曲线Γ_2满足$\dfrac{\mathrm{d}k_{n2}}{\mathrm{d}s}=0$、$\tau_{g2}=0$和$\dfrac{\mathrm{d}^2k_{n2}}{\mathrm{d}s^2}=0$、$\dfrac{\mathrm{d}\tau_{g2}}{\mathrm{d}s}=0$，将四阶接触条件式（3.155）化简为$\dfrac{\mathrm{d}^2k_{n1}}{\mathrm{d}s^2}-k_{g1}\dfrac{\mathrm{d}\tau_{g1}}{\mathrm{d}s}=0$，其中$\dfrac{\mathrm{d}\tau_{g1}}{\mathrm{d}s}=\dfrac{\mathrm{d}\tau_{g2}}{\mathrm{d}s}$为自然成立（不独立），便有四阶接触全部条件式：

$$\frac{\mathrm{d}k_{n1}}{\mathrm{d}s}=0,\quad \tau_{g1}=0,\quad \frac{\mathrm{d}^2k_{n1}}{\mathrm{d}s^2}=0,\quad \frac{\mathrm{d}\tau_{g1}}{\mathrm{d}s}=0\tag{3.160}$$

对于给定空间曲线Γ_1及其P点邻域内五个无限接近位置，可以通过 Frenet 标架$\{\boldsymbol{R}_1;\boldsymbol{\alpha},\boldsymbol{\beta},\boldsymbol{\gamma}\}$，按特定变化率$\mathrm{d}\theta/\mathrm{d}s$和$\mathrm{d}^2\theta/\mathrm{d}s^2$绕切矢$\boldsymbol{\alpha}$旋转$\theta$角得到活动标架$\{\boldsymbol{R}_1;\boldsymbol{\alpha},\boldsymbol{n},\boldsymbol{v}\}$，在活动标架$\{\boldsymbol{R}_1;\boldsymbol{\alpha},\boldsymbol{n},\boldsymbol{v}\}$下由式（3.48）得到法曲率$k_{n1}$和测地挠率$\tau_{g1}$及其变化率，使其满足上述四个方程式，即有：

$$\begin{cases}\dfrac{\mathrm{d}k_{n1}}{\mathrm{d}s}=\dfrac{\mathrm{d}k_1}{\mathrm{d}s}\cos\theta-k_1\dfrac{\mathrm{d}\theta}{\mathrm{d}s}\sin\theta=0,\quad \tau_{g1}=\tau_1+\dfrac{\mathrm{d}\theta}{\mathrm{d}s}=0\\ \dfrac{\mathrm{d}^2k_{n1}}{\mathrm{d}s^2}=\dfrac{\mathrm{d}^2k_1}{\mathrm{d}s^2}\cos\theta-2\dfrac{\mathrm{d}k_1}{\mathrm{d}s}\dfrac{\mathrm{d}\theta}{\mathrm{d}s}\sin\theta-k_1\left(\dfrac{\mathrm{d}\theta}{\mathrm{d}s}\right)^2\cos\theta-k_1\dfrac{\mathrm{d}^2\theta}{\mathrm{d}s^2}\sin\theta=0\\ \dfrac{\mathrm{d}\tau_{g1}}{\mathrm{d}s}=\dfrac{\mathrm{d}\tau_1}{\mathrm{d}s}+\dfrac{\mathrm{d}^2\theta}{\mathrm{d}s^2}=0\end{cases}\tag{3.161}$$

显然利用θ、$\mathrm{d}\theta/\mathrm{d}s$和$\mathrm{d}^2\theta/\mathrm{d}s^2$三个参数使上述四个方程同时成立，存在方程参数的相容性，消除四个方程中的θ、$\mathrm{d}\theta/\mathrm{d}s$和$\mathrm{d}^2\theta/\mathrm{d}s^2$三个参数，即：

$$k_1\tau_1\frac{\mathrm{d}^2k_1}{\mathrm{d}s^2}-2\left(\frac{\mathrm{d}k_1}{\mathrm{d}s}\right)^2\tau_1-k_1\frac{\mathrm{d}k_1}{\mathrm{d}s}\frac{\mathrm{d}\tau_1}{\mathrm{d}s}-k_1^2\tau_1^3=0\tag{3.162}$$

这正是空间曲线 Γ_1 在 P 点处能否与球面 Σ_2 四阶接触的条件。并不是任意曲线上任意点邻域内都存在五个无限接近点在曲率球面上，空间曲线 Γ_1 在 P 点处具有特殊几何性质，恰为在 Frenet 标架 $\{\boldsymbol{R}_1;\ \boldsymbol{\alpha},\ \boldsymbol{\beta},\ \boldsymbol{\gamma}\}$ 中以不变量曲率 k_1 和挠率 τ_1 表达空间曲线 Γ_1 成为球面曲线的充要条件 $\frac{\tau_1}{k_1}-\frac{\mathrm{d}}{\mathrm{d}s}\left(\frac{1}{\tau_1 k_1^2}\frac{dk_1}{ds}\right)=0$[3]。而定理 3.3 是在活动标架 $\{\boldsymbol{R}_1;\ \boldsymbol{\alpha},\ \boldsymbol{n},\ \boldsymbol{\nu}\}$ 中以法曲率 k_{n1} 和测地挠率 τ_{g1} 不变量表达空间曲线 Γ_1 成为球面曲线的充要条件，二者意义相同，前者利于解析分析，后者便于作接触阶分析。曲线 Γ_1 与曲率球面的接触阶数每增加一阶，需要增加一个关于曲线 Γ_1 在点 P 曲率球面的相容条件式，如式（3.163）。

3.6.2.2　空间曲线的圆柱曲率及高阶曲率

和空间曲线与球面接触类似，空间曲线 Γ_1 和圆柱面 Σ_2 在 P 点零阶接触为二者相交，一阶接触为二者相切。当空间曲线 Γ_1 与圆柱面 Σ_2 二阶接触时，由式（3.153）可得 $k_{n1}=k_{n2}$，即由曲线 Γ_1 在 P 点的法曲率 k_{n1} 构造圆柱面，可采用 Frenet 标架 $\{\boldsymbol{R}_1;\ \boldsymbol{\alpha},\ \boldsymbol{\beta},\ \boldsymbol{\gamma}\}$ 绕 $\boldsymbol{\alpha}$ 任意旋转后得到法曲率 k_{n1}，有无穷多个，并不能确定圆柱面 Σ_2 的位置和半径大小。

当空间曲线 Γ_1 与圆柱面 Σ_2 三阶以上接触时，利用接触条件式（3.154）~式（3.155）建立空间曲线 Γ_1 参数与圆柱面 Σ_2 上曲线 Γ_2 参数之间的关系，这些参数来自各自曲线与曲面及其标架，如空间曲线 Γ_1 本来由其 Frenet 标架 $\{\boldsymbol{R}_1;\ \boldsymbol{\alpha},\ \boldsymbol{\beta},\ \boldsymbol{\gamma}\}$ 下的不变量曲率 k_1 和挠率 τ_1 及其导数表示，而圆柱面 Σ_2 上曲线 Γ_2 也由其 Frenet 标架（瞬时与曲线 Γ_1 的标架重合）下的不变量曲率 k_2 与挠率 τ_2 及其导数表达，但在接触条件中利用在圆柱面 Σ_2 上活动标架 $\{\boldsymbol{R}_1;\ \boldsymbol{\alpha},\ \boldsymbol{n},\ \boldsymbol{\nu}\}$ 表示曲线 Γ_1 和曲线 Γ_2，使它们的曲率和挠率及其导数变为相应的不变量参数 k_{n1}、k_{g1}、τ_{g1} 和 k_{n2}、k_{g2}、τ_{g2} 及其导数。接触条件式（3.154）~式（3.155）反映不同接触阶下曲线与曲面间的法向离差无穷小量，式（3.151）表述测地挠率相等，还需要补充圆柱面 Σ_2 上曲线的固有性质对接触条件式（3.154）~式（3.155）进行化简，如充要条件式（3.94），该式是微分方程形式，不像球面曲线那样简洁，接触条件要宽泛得多，也有更多的解，但求解不便。为简化求解，讨论曲线 Γ_2 主法矢 $k_2\boldsymbol{\beta}_2$ 与曲线 Γ_1 主法矢 $k_1\boldsymbol{\beta}_1$ 在接触点 P 处重合情况，即在接触点 P 处两曲线的主法矢 $k_2\boldsymbol{\beta}_2$ 和主法矢 $k_1\boldsymbol{\beta}_1$ 与圆柱面 Σ_2 法矢 $\boldsymbol{n}$ 夹角 θ 相同，两曲线在接触点处（邻域内）具有相同的 Frenet 标架 $\{\boldsymbol{R}_1;\ \boldsymbol{\alpha},\ \boldsymbol{\beta},\ \boldsymbol{\gamma}\}$。那么，可以将 k_{g2} 看成中间变量，利用式（3.48）导出：

$$k_{g2}=-k_{n2}\tan\theta,\quad \frac{\mathrm{d}k_{g2}}{\mathrm{d}s}=-\left(\frac{\mathrm{d}k_{n2}}{\mathrm{d}s}\tan\theta+\frac{k_{n2}}{\cos^2\theta}\frac{\mathrm{d}\theta}{\mathrm{d}s}\right) \tag{3.163}$$

由二阶接触条件式（3.153）便可得到：

$$k_{g2}=-k_{n2}\tan\theta=-k_{n1}\tan\theta=k_{g1} \tag{3.164}$$

结合式（3.151），从而把三阶接触条件式（3.154）化简为：

$$\frac{\mathrm{d}k_{n2}}{\mathrm{d}s}=\frac{\mathrm{d}k_{n1}}{\mathrm{d}s} \tag{3.165}$$

将式（3.165）和式（3.164）代入式（3.49），可得：

$$\frac{\mathrm{d}k_{g2}}{\mathrm{d}s}=\frac{\mathrm{d}k_{n2}}{\mathrm{d}s}\tan\theta+\frac{k_{n2}}{\cos^2\theta}\frac{\mathrm{d}\theta}{\mathrm{d}s}=\frac{\mathrm{d}k_{n1}}{\mathrm{d}s}\tan\theta+\frac{k_{n1}}{\cos^2\theta}\frac{\mathrm{d}\theta}{\mathrm{d}s}=\frac{\mathrm{d}k_{g1}}{\mathrm{d}s} \tag{3.166}$$

再结合式（3.151）的导数$\frac{\mathrm{d}\tau_{g2}}{\mathrm{d}s}=\frac{\mathrm{d}\tau_{g1}}{\mathrm{d}s}$，代入并化简四阶接触条件式（3.155）得：

$$\frac{\mathrm{d}^2k_{n2}}{\mathrm{d}s^2}=\frac{\mathrm{d}^2k_{n1}}{\mathrm{d}s^2} \tag{3.167}$$

从而得到曲线 Γ_2 主法矢 $k_2\boldsymbol{\beta}_2$ 与曲线 Γ_1 主法矢 $k_1\boldsymbol{\beta}_1$，在接触点 P 处重合情况下的三阶接触和四阶接触条件式。由此可以推出将接触条件式简化为两曲线的法曲率导数相等条件，下面再分别讨论其应用。

1）三阶接触。已知空间曲线 Γ_1 在 P 点邻域内无限接近位置四个点，即曲率 k_1 及其导数和挠率 τ_1，确定与其三阶接触的圆柱面 Σ_2，需要构造活动标架参数 θ 和 $\mathrm{d}\theta/\mathrm{d}s$ 与圆柱面 Σ_2 的参数 k_{n2}、$\mathrm{d}k_{n2}/\mathrm{d}s$ 和 τ_{g2}，共五个参数；综合三阶接触式（3.165）、测地挠率条件、二阶接触条件以及圆柱面 Σ_2 上曲线 Γ_2 需要满足圆柱面 Σ_2 曲线的两个性质之一（另一个测地挠率导数需要无限接近五位置点），全部条件为：

$$k_{n1}=k_{n2},\quad \frac{\mathrm{d}k_{n1}}{\mathrm{d}s}=\frac{\mathrm{d}k_{n2}}{\mathrm{d}s},\quad \tau_{g2}=\tau_{g1},\quad \frac{\mathrm{d}k_{n2}}{\mathrm{d}s}=-2k_{g2}\tau_{g2} \tag{3.168}$$

共有四个方程和五个参数，对于任意角度 θ，结合式（3.48）、式（3.49）联立求解上述四个方程，由第四式可解出：

$$\frac{\mathrm{d}\theta}{\mathrm{d}s}=\frac{\cot\theta\cdot\mathrm{d}k_1/\mathrm{d}s-2k_1\tau_1}{3k_1} \tag{3.169}$$

再代入前三式得到相应的参数。也就是将 Frenet 标架 $\{\boldsymbol{R}_1;\ \boldsymbol{\alpha},\ \boldsymbol{\beta},\ \boldsymbol{\gamma}\}$ 绕标矢 $\boldsymbol{\alpha}$ 转过角度 θ 可得活动标架 $\{\boldsymbol{R}_1;\ \boldsymbol{\alpha},\ \boldsymbol{n},\ \boldsymbol{v}\}$，在活动标架 $\{\boldsymbol{R}_1;\ \boldsymbol{\alpha},\ \boldsymbol{n},\ \boldsymbol{v}\}$ 下得到 θ、$\mathrm{d}\theta/\mathrm{d}s$ 对应的 k_{n2}、$\mathrm{d}k_{n2}/\mathrm{d}s$ 和 τ_{g2}，由此代入式（3.95）能确定圆柱面 Σ_2 与曲线 Γ_1 三阶接触，但随着任意角度 θ 的变化而改变，有无穷多个。

2）四阶接触。若已知空间曲线 Γ_1 在 P 点邻域内无限接近位置点，即已知曲线的不变量及其变化率，如曲率 k_1、$\mathrm{d}k_1/\mathrm{d}s$、$\mathrm{d}^2k_1/\mathrm{d}s^2$ 和挠率 τ_1 及 $\mathrm{d}\tau_1/\mathrm{d}s$，需要确定与其有四阶接触的圆柱面 Σ_2 上曲线 Γ_2 的不变量及其导数 k_{n2}、$\mathrm{d}k_{n2}/\mathrm{d}s$、$\mathrm{d}^2k_{n2}/\mathrm{d}s^2$ 和 τ_{g2}、$\mathrm{d}\tau_{g2}/\mathrm{d}s$，包括标架位置与变化参数 θ、$\mathrm{d}\theta/\mathrm{d}s$ 和 $\mathrm{d}^2\theta/\mathrm{d}s^2$，共有八个参数，而 k_{g2} 和 $\mathrm{d}k_{g2}/\mathrm{d}s$ 可看成是中间变量，已经在上面阐述，在三阶基础条件式（3.168）基础上，增加四阶接触条件式（3.167）、四阶测地挠率条件和四阶圆柱面 Σ_2 上曲线的性质，全部有：

$$\begin{cases}k_{n1}=k_{n2},\quad \dfrac{\mathrm{d}k_{n1}}{\mathrm{d}s}=\dfrac{\mathrm{d}k_{n2}}{\mathrm{d}s},\quad \dfrac{\mathrm{d}^2k_{n1}}{\mathrm{d}s^2}=\dfrac{\mathrm{d}^2k_{n2}}{\mathrm{d}s^2},\quad \tau_{g1}=\tau_{g2},\quad \dfrac{\mathrm{d}\tau_{g1}}{\mathrm{d}s}=\dfrac{\mathrm{d}\tau_{g2}}{\mathrm{d}s}\\ \dfrac{\mathrm{d}k_{n2}}{\mathrm{d}s}=-2k_{g2}\tau_{g2},\quad \dfrac{\mathrm{d}^2k_{n2}}{\mathrm{d}s^2}=-2\left(\dfrac{\mathrm{d}k_{g2}}{\mathrm{d}s}\tau_{g2}+\dfrac{\mathrm{d}\tau_{g2}}{\mathrm{d}s}k_{g2}\right),\quad \dfrac{\mathrm{d}\tau_{g2}}{\mathrm{d}s}=-\dfrac{k_{g2}\ (\tau_{g2}^2-k_{n2}^2)}{k_{n2}}\end{cases} \tag{3.170}$$

由式（3.170）中第六式可解得 $\mathrm{d}\theta/\mathrm{d}s$，即式（3.169）；接着可由第八式解得 $\mathrm{d}^2\theta/\mathrm{d}s^2$，即为：

$$\frac{\mathrm{d}^2\theta}{\mathrm{d}s^2}=\frac{\left(\frac{\mathrm{d}k_1}{\mathrm{d}s}\right)^2\cos^2\theta+k_1^2\tau_1^2\sin^2\theta+2k_1\tau_1\frac{\mathrm{d}k_1}{\mathrm{d}s}\sin\theta\cos\theta-9k_1^4\sin^2\theta\cos^2\theta}{9k_1^2\sin\theta\cos\theta}-\frac{\mathrm{d}\tau_1}{\mathrm{d}s} \tag{3.171}$$

将式（3.169）中的 $\mathrm{d}\theta/\mathrm{d}s$ 和式（3.171）中的 $\mathrm{d}^2\theta/\mathrm{d}s^2$ 代入式（3.170）中的第七式，得到转角 θ 应满足的条件式：

$$\begin{aligned}&-9k_1^4\sin^4\theta\cos^2\theta-3k_1^2\frac{\mathrm{d}\tau_1}{\mathrm{d}s}\sin^3\theta\cos\theta+\left[4\left(\frac{\mathrm{d}k_1}{\mathrm{d}s}\right)^2-3k_1\frac{\mathrm{d}^2k_1}{\mathrm{d}s^2}\right]\sin^2\theta\cos^2\theta+\\&k_1^2\tau_1^2\sin^4\theta-2\frac{\mathrm{d}k_1}{\mathrm{d}s}k_1\tau_1\sin\theta\cos^3\theta+\left(\frac{\mathrm{d}k_1}{\mathrm{d}s}\right)^2\cos^2\theta=0\end{aligned} \tag{3.172}$$

上述方程是关于 $\sin\theta$ 或 $\cos\theta$ 的六次代数方程，理论上存在六个解。式（3.170）中的不变量称为**圆柱曲率**，并且有多个。在后续章节中，无论是无限接近五位置还是有限分离五位置的有关算例都表明，曲率圆柱面有不多于六个解。这与传统的曲率圆、上一节中的曲率球的唯一性有差异，显示了空间曲面的多样性，复杂的空间约束曲面将会具有更令人惊奇的现象与结果。

将式（3.172）的解值 θ 分别代入式（3.169）和式（3.171）可得 $\mathrm{d}\theta/\mathrm{d}s$ 和 $\mathrm{d}^2\theta/\mathrm{d}s^2$，再代回式（3.49）和式（3.170）可得 k_{n2}、$\mathrm{d}k_{n2}/\mathrm{d}s$、$\mathrm{d}^2k_{n2}/\mathrm{d}s^2$ 和 τ_{g2}、$\mathrm{d}\tau_{g2}/\mathrm{d}s$。由式（3.95）得到与曲线 Γ_1 在 P 点四阶接触圆柱面 Σ_2 轴线的方位和半径，在活动标架 $\{\boldsymbol{R}_1;\ \boldsymbol{\alpha},\ \boldsymbol{n},\ \boldsymbol{\nu}\}$ 中的描述为：

$$\begin{cases}\boldsymbol{R}_a=\boldsymbol{R}_1+r_0\boldsymbol{n}+\mu\boldsymbol{a}\\ r_0=\dfrac{k_{n1}}{k_{n1}^2+\tau_{g1}^2}\\ \boldsymbol{a}=\dfrac{\tau_{g1}\boldsymbol{\alpha}+k_{n1}\boldsymbol{\nu}}{\sqrt{k_{n1}^2+\tau_{g1}^2}}\end{cases} \tag{3.173}$$

结合式（3.47）、式（3.48）和式（3.173）可得三阶接触圆柱面 Σ_2 轴线的方位和半径，在 Frenet 标架 $\{\boldsymbol{R}_1;\ \boldsymbol{\alpha},\ \boldsymbol{\beta},\ \boldsymbol{\gamma}\}$ 中的表达为：

$$\begin{cases}\boldsymbol{R}_a=\boldsymbol{R}_1+r_0(\cos\theta\cdot\boldsymbol{\beta}+\sin\theta\cdot\boldsymbol{\gamma})+\mu\boldsymbol{a}\\ r_0=\dfrac{9k_1^3\sin^2\theta\cos\theta}{\left(\cos\theta\cdot\dfrac{\mathrm{d}k_1}{\mathrm{d}s}+\sin\theta\cdot k_1\tau_1\right)^2+9k_1^4\sin^2\theta\cos^2\theta}\\ \boldsymbol{a}=\dfrac{\left(\cos\theta\cdot\dfrac{\mathrm{d}k_1}{\mathrm{d}s}+\sin\theta\cdot k_1\tau_1\right)\boldsymbol{\alpha}+3k_1^2\sin\theta\cos\theta(-\sin\theta\cdot\boldsymbol{\beta}+\cos\theta\cdot\boldsymbol{\gamma})}{\sqrt{\left(\cos\theta\cdot\dfrac{\mathrm{d}k_1}{\mathrm{d}s}+\sin\theta\cdot k_1\tau_1\right)^2+9k_1^4\sin^2\theta\cos^2\theta}}\end{cases} \tag{3.174}$$

对于给定的空间曲线 Γ_1，可通过式（3.172）、式（3.173）或式（3.174）确定出与曲线 Γ_1 在 P 点四阶接触圆柱面 Σ_2 轴线的方位和半径，并在此称之为空间曲线 Γ_1 上 P 点处的曲率圆柱面，其轴线的方位和半径称为曲率参数。

3）高阶接触。若空间曲线 Γ_1 和圆柱面 Σ_2 在接触点 P 邻域内有五阶及其以上接触时，称为高阶接触。根据其简化接触条件方程（法曲率导数相等）、圆柱面上曲线性质两个方程、条件方程，得到相应的增加方程与变量。如五阶接触时，需要在四阶接触条件式（3.170）基础上增加如下四个方程：

$$\begin{cases}\dfrac{\mathrm{d}^3k_{n1}}{\mathrm{d}s^3}=\dfrac{\mathrm{d}^3k_{n2}}{\mathrm{d}s^3},\dfrac{\mathrm{d}^2\tau_{g1}}{\mathrm{d}s^2}=\dfrac{\mathrm{d}^2\tau_{g2}}{\mathrm{d}s^2},\dfrac{\mathrm{d}^3k_{n1}}{\mathrm{d}s^3}=-2\left(\dfrac{\mathrm{d}^2k_{g1}}{\mathrm{d}s^2}\tau_{g1}+\dfrac{\mathrm{d}^2\tau_{g1}}{\mathrm{d}s^2}k_{g1}+2\dfrac{\mathrm{d}k_{g1}}{\mathrm{d}s}\dfrac{\mathrm{d}\tau_{g1}}{\mathrm{d}s}\right)\\ \dfrac{\mathrm{d}^2\tau_{g1}}{\mathrm{d}s^2}=-\dfrac{1}{k_{n1}}\left[\dfrac{\mathrm{d}k_{g1}}{\mathrm{d}s}(\tau_{g1}^2-k_{n1}^2)+k_{g1}\left(2\tau_{g1}\dfrac{\mathrm{d}\tau_{g1}}{\mathrm{d}s}-2k_{n1}\dfrac{\mathrm{d}k_{n1}}{\mathrm{d}s}\right)\right]+\dfrac{k_{g1}}{k_{n1}^2}(\tau_{g1}^2-k_{n1}^2)\dfrac{\mathrm{d}k_{n1}}{\mathrm{d}s}\end{cases}\tag{3.175}$$

同时增加了 $\mathrm{d}^3k_{n2}/\mathrm{d}s^3$、$\mathrm{d}\tau_{g2}^2/\mathrm{d}s^2$ 和 $\mathrm{d}^3\theta/\mathrm{d}s^3$ 三个变量，通过这四个方程式消除变量 $\mathrm{d}^3\theta/\mathrm{d}s^3$，可以得到一个相容方程，即满足相容条件的特定空间曲线才会与圆柱面五阶接触。接触阶数每提高一阶，会增加三个变量和四个约束方程条件式，可以确定出更高一阶 θ 导数。由于其复杂程度逐步增加，本书就不再讨论。

特殊地，当空间曲线 Γ_1 和圆柱面 Σ_2 高阶接触于其上的螺旋线 Γ_2 上，则由定理 3.4 的推论 1 可知圆柱面上螺旋线 Γ_2 的 $k_{g2}=0$，k_{n2}，τ_{g2} 为常数，那么对应的空间曲线 Γ_1 需要按接触条件式（3.153）~式（3.155）确定相应的性质。

1）二阶接触。由二阶接触条件式（3.153）可知，空间曲线 Γ_1 仅需满足 $k_{n1}=k_{n2}$，无法体现 $k_{g2}=0$，k_{n2}，τ_{g2} 为常数，确定不了圆柱螺旋线 Γ_2 所在圆柱面 Σ_2 的位置、半径大小以及螺旋参数。

2）三阶接触。将圆柱面上螺旋线 Γ_2 的 $k_{g2}=0$，$\mathrm{d}k_{n2}/\mathrm{d}s=0$，$\mathrm{d}\tau_{g2}/\mathrm{d}s=0$ 等性质代入简化后的三阶接触条件式（3.168）可知，空间曲线 Γ_1 需满足条件式 $k_{g1}=0$，$\mathrm{d}k_{n1}/\mathrm{d}s=0$，$\mathrm{d}\tau_{g1}/\mathrm{d}s=0$，称为**圆柱螺旋线曲率**，将其代入式（3.48）和式（3.49）可得 $\theta=\mathrm{d}\theta/\mathrm{d}s=0$ 以及 $\mathrm{d}k_1/\mathrm{d}s=0$，并可由式（3.95）和式（3.96）确定与曲线 Γ_1 三阶接触的圆柱螺旋线 Γ_2 所在圆柱面 Σ_2 的位置、半径大小以及螺旋参数。

更特殊的情况是，上述圆柱面上曲线 Γ_2 为圆弧，则由定理 3.4 的推论 2 可知 $k_{g2}=0$，$\tau_{g2}=0$，k_{n2} 为常数，那么其各阶接触条件为：

二阶：
$$k_{n1}=k_{n2}$$

三阶：
$$k_{n1}=k_{n2},\quad k_{g1}=0,\quad \frac{\mathrm{d}k_{g1}}{\mathrm{d}s}=0,\quad \frac{\mathrm{d}k_{n1}}{\mathrm{d}s}=0,\quad \tau_{g1}=0$$

四阶：
$$k_{n1}=k_{n2},\quad k_{g1}=0,\quad \frac{\mathrm{d}k_{g1}}{\mathrm{d}s}=0,\quad \frac{\mathrm{d}k_{n1}}{\mathrm{d}s}=0,\quad \tau_{g1}=0,\quad \frac{\mathrm{d}^2k_{g1}}{\mathrm{d}s^2}=0,\quad \frac{\mathrm{d}^2k_{n1}}{\mathrm{d}s^2}=0,\quad \frac{\mathrm{d}\tau_{g1}}{\mathrm{d}s}=0$$

由前述可知，由二阶接触条件得到密切圆，而高阶接触需要空间曲线具有特殊性质才可能存在，在此不再赘述。

3.7　直纹面的广义曲率

在空间机构中，连杆上直线在机架坐标系中的轨迹曲面为直纹面，根据3.5节直纹面成为约束曲面的充要条件，可判断连杆曲面是否成为某个特定的约束曲面，这是直纹面的整体性质条件，为空间机构大范围运动综合提供了理论依据。若直纹连杆曲面在整体性质上不是某个特定直纹约束曲面时，是否在局部近似或者高阶近似于某种直纹约束曲面？如何评定这种近似目前尚无理论依据。通过3.6节的空间曲线的广义曲率讨论，以直纹面与直纹约束曲面的无限接近位置公共直母线为对象，讨论直纹面与常见几种直纹约束曲面的局部近似情况，从而把空间曲线的广义曲率推广到直纹面，以讨论直纹面的常见几种广义曲率。

把曲线与曲面的接触阶概念引入讨论曲面与曲面的接触分析时，由于两曲面在接触点处的微小邻域内，沿不同方向两曲面的相对弯曲程度不同，因而法向离差的程度相差甚远，研究起来颇为复杂。而直纹面是直母线的空间运动轨迹，其直母线是一个运动元素，相当于曲线中的点。因此，约定两直纹面间的接触以沿直母线为前提，而不是一般曲面间的接触点；两直纹面间的接触问题以有多少公共直母线为对象进行讨论。直纹面Σ与Σ^*沿着一条直母线相交，即只有一条公共直母线，称为零阶接触；若Σ与Σ^*沿着直母线有两条公共的无限接近位置的直母线，称为一阶接触，以此类推，若Σ与Σ^*有$n+1$条公共的无限接触位置的直母线，称为n阶接触。

3.7.1　相切定义与条件

为了更好地刻画两直纹面间的接触状况，在此给出两直纹面间的相切定义：

定义3.2　若两直纹面Σ与Σ^*有两条无限接近位置的公共直母线，并且沿着公共直母线上各点存在公共法线，或直母线上各点处都有公共的切平面，称为两直纹面沿着公共直母线相切。

应当注意到，若两直纹面Σ与Σ^*沿着直母线相切地接触，指在直母线上各点都处于相切状态，这一条件并非任意两个直纹面都可实现的，而在几何上有特定的条件。设两直纹面Σ与Σ^*的标准方程为：

$$\Sigma: \boldsymbol{R}=\boldsymbol{\rho}+\mu\boldsymbol{l},\quad \Sigma^*: \boldsymbol{R}^*=\boldsymbol{\rho}^*+\mu^*\boldsymbol{l}^* \tag{3.176}$$

又在两直纹面的腰线上建立直纹面Frenet标架$\{\boldsymbol{\rho};\ \boldsymbol{e}_1,\ \boldsymbol{e}_2,\ \boldsymbol{e}_3\}$和$\{\boldsymbol{\rho}^*;\ \boldsymbol{e}_1^*,\ \boldsymbol{e}_2^*,\ \boldsymbol{e}_3^*\}$，且$\alpha$，$\beta$，$\gamma$和$\alpha^*$，$\beta^*$，$\gamma^*$分别为各自的结构参数，$\sigma$和$\sigma^*$分别为$\boldsymbol{l}$、$\boldsymbol{l}^*$的球面像曲线的弧长。显然，上述标架矢量及结构参数均与σ、σ^*有关，当Σ、Σ^*于σ、σ^*所决定的直母线上各点相切时，由式（3.53）可得Σ、Σ^*在直母线上任意点处单位法矢为：

$$\boldsymbol{n}=\frac{\mu\boldsymbol{e}_3-\gamma\boldsymbol{e}_2}{\sqrt{\mu^2+\gamma^2}},\ \boldsymbol{n}^*=\frac{\mu^*\boldsymbol{e}_3^*-\gamma^*\boldsymbol{e}_2^*}{\sqrt{\mu^{*2}+\gamma^{*2}}} \tag{3.177}$$

于是有如下定理：

定理 3.8 两非可展直纹面 Σ 与 Σ^* 于直母线上相切的充要条件为：①腰点重合；②Frenet标架对应轴共线；③$\gamma=\gamma^*$。

证明：

必要性：设直纹面 Σ、Σ^* 于 σ、σ^* 所决定的直母线上各点相切接触，即直母线单位矢量 $\boldsymbol{e}_1$ 和 $\boldsymbol{e}_1^*$ 此时重合，则 $\boldsymbol{e}_1\times\boldsymbol{e}_1^*=0$。又 $\boldsymbol{\rho}$、$\boldsymbol{\rho}^*$ 为 Σ、Σ^* 腰点的矢径，两腰点在直母线上的距离为 h，则有：

$$\mu^*=\mu-h \tag{3.178}$$

而 $\boldsymbol{e}_2$、$\boldsymbol{e}_3$ 及 $\boldsymbol{e}_2^*$、$\boldsymbol{e}_3^*$ 均为与 $\boldsymbol{e}_1(\boldsymbol{e}_1^*)$ 垂直，可令：

$$\boldsymbol{e}_2^*=\cos\theta\boldsymbol{e}_2+\sin\theta\boldsymbol{e}_3,\ \boldsymbol{e}_3^*=-\sin\theta\boldsymbol{e}_2+\cos\theta\boldsymbol{e}_3 \tag{3.179}$$

因 Σ、Σ^* 于直母线上各点相切，各点处的切平面之法线必平行 $\boldsymbol{n}\times\boldsymbol{n}^*=0$，则由式（3.177）可得：

$$\mu\mu^*\boldsymbol{e}_3\times\boldsymbol{e}_3^*+\gamma\gamma^*\boldsymbol{e}_2\times\boldsymbol{e}_2^*-\mu\gamma^*\boldsymbol{e}_3\times\boldsymbol{e}_2^*-\mu^*\gamma\boldsymbol{e}_2\times\boldsymbol{e}_3^*=0 \tag{3.180}$$

将式（3.178）和式（3.179）代入式（3.180），化简得：

$$\tan\theta[\mu(\mu-h)+\gamma\gamma^*]+\mu(\gamma-\gamma^*)+h\gamma=0 \tag{3.181}$$

根据 Σ、Σ^* 在直母线上任意点都相切定义，对于参数 μ 取任意值式（3.181）恒成立，则有：

$$\gamma=\gamma^*,\quad h=\mu-\mu^*=0,\quad \theta=0\text{ 或 }\pi \tag{3.182}$$

上述三式分别与定理 3.8 的三个条件相符，故必要性得证。

充分性：由前述可知，定理 3.8 的三个条件可分别写为：$\gamma=\gamma^*$，$\mu=\mu^*$，$\boldsymbol{e}_i\times\boldsymbol{e}_i^*=0$，$i=1, 2, 3$。由这三式可得：

$$\boldsymbol{n}\times\boldsymbol{n}^*=\frac{\mu\boldsymbol{e}_3-\gamma\boldsymbol{e}_2}{\sqrt{\mu^2+\gamma^2}}\times\frac{\mu^*\boldsymbol{e}_3^*-\gamma^*\boldsymbol{e}_2^*}{\sqrt{\mu^{*2}+\gamma^{*2}}}=0 \tag{3.183}$$

则 Σ、Σ^* 于直母线上任意点都相切。

对于可展直纹面（$\gamma=0$），重复上述推导，便有：

推论 1：两可展曲面相切于直母线上的充要条件是：两直纹面 Frenet 标架对应轴共线。

推论 2：可展面与非可展面不可能沿直母线相切。

3.7.2 直纹面与直纹面的接触条件

同曲线与曲线、曲线与曲面的高阶接触分析一样，两直纹面 Σ、Σ^* 间的接触阶也按接触直线上点微分邻域内两曲面的最大法向离差来估计，为此，先分析直纹面Σ在一条直母线上点邻域内的微分结构。设已知直纹面Σ的标准方程为：

$$\Sigma: \boldsymbol{R} = \boldsymbol{\rho} + \mu \boldsymbol{l} \tag{3.184}$$

对于确定的σ，直母线$\boldsymbol{l}$上各点$\boldsymbol{R}_{(\sigma,\mu)}$到微小邻域内点$\boldsymbol{R}_{(\sigma+\Delta\sigma,\mu+\Delta\mu)}$的矢径为：

$$\Delta \boldsymbol{R} = \boldsymbol{R}_{(\sigma+\Delta\sigma,\mu+\Delta\mu)} - \boldsymbol{R}_{(\sigma,\mu)} \tag{3.185}$$

把$\boldsymbol{R}_{(\sigma+\Delta\sigma,\mu+\Delta\mu)}$在$\boldsymbol{R}_{(\sigma,\mu)}$处用二元矢函数的泰勒级数展开，并应用直纹面的 Frenet 公式，得：

$$\Delta \boldsymbol{R} = \boldsymbol{\varepsilon}_1 + \frac{1}{2}\boldsymbol{\varepsilon}_2 + \frac{1}{6}\boldsymbol{\varepsilon}_3 + \cdots + \frac{1}{n!}\boldsymbol{\varepsilon}_n + \cdots \tag{3.186}$$

其中前三项为：

$$\begin{aligned}
\boldsymbol{\varepsilon}_1 &= (\alpha \mathrm{d}\sigma + \mathrm{d}\mu)\boldsymbol{e}_1 + \mu \mathrm{d}\sigma \boldsymbol{e}_2 + \gamma \mathrm{d}\sigma \boldsymbol{e}_3 \\
\boldsymbol{\varepsilon}_2 &= \left(\frac{\mathrm{d}\alpha}{\mathrm{d}\sigma} - \mu\right)\mathrm{d}\sigma^2 \boldsymbol{e}_1 + [(\alpha - \beta\gamma)\mathrm{d}\sigma^2 + 2\mathrm{d}\sigma \mathrm{d}\mu]\boldsymbol{e}_2 + \left(\frac{\mathrm{d}\gamma}{\mathrm{d}\sigma} + \beta\mu\right)\mathrm{d}\sigma^2 \boldsymbol{e}_3 \\
\boldsymbol{\varepsilon}_3 &= \left[\left(\frac{\mathrm{d}^2\alpha}{\mathrm{d}\sigma^2} - \alpha + \beta\gamma\right)\mathrm{d}\sigma^3 - 3\mathrm{d}\sigma^2 \mathrm{d}\mu\right]\boldsymbol{e}_1 + \left[2\left(\frac{\mathrm{d}\alpha}{\mathrm{d}\sigma} - \beta\frac{\mathrm{d}\gamma}{\mathrm{d}\sigma}\right) - \frac{\mathrm{d}\beta}{\mathrm{d}\sigma}\gamma - (1+\beta^2)\mu\right]\boldsymbol{e}_2 + \\
&\quad \left[\left(\frac{\mathrm{d}^2\gamma}{\mathrm{d}\sigma^2} + \frac{\mathrm{d}\beta}{\mathrm{d}\sigma}\mu + \alpha\beta - \beta^2\gamma\right)\mathrm{d}\sigma^3 + 3\beta \mathrm{d}\sigma^2 \mathrm{d}\mu\right]\boldsymbol{e}_3
\end{aligned}$$

由此可见，$\boldsymbol{\varepsilon}_1$，$\boldsymbol{\varepsilon}_2$，$\boldsymbol{\varepsilon}_3$，…，$\boldsymbol{\varepsilon}_n$分别是一阶、二阶、三阶，…，$n$阶无穷小矢量，它们取决于结构参数$\alpha$，$\beta$，$\gamma$及其导数。也就是说，$\alpha$，$\beta$，$\gamma$决定了直纹面的基本结构。对于曲面$\Sigma^*$的直母线上各点的邻域，也可作上述微分展开，得到$\boldsymbol{\varepsilon}_1^*$，$\boldsymbol{\varepsilon}_2^*$，$\boldsymbol{\varepsilon}_3^*$，…，$\boldsymbol{\varepsilon}_n^*$等无穷小矢量，它们由$\Sigma^*$的$\alpha^*$，$\beta^*$，$\gamma^*$及其导数决定。

由于Σ和Σ^*在一条直母线$\boldsymbol{l}$上相切，由定理 3.8 可知，Σ、Σ^*的腰点重合，$\gamma = \gamma^*$，$\boldsymbol{e}_i \times \boldsymbol{e}_i^* = 0$，适当选择$\boldsymbol{e}_1$和$\boldsymbol{e}_1^*$的方向，使$\mu = \mu^*$，便使得接触直母线$\boldsymbol{l}$上的 Frenet 标架重合，对于直母线$\boldsymbol{l}$上各点处$\Sigma$、$\Sigma^*$的各阶相对无穷小矢量有：

$$\Delta\boldsymbol{\varepsilon}_1 = \boldsymbol{\varepsilon}_1 - \boldsymbol{\varepsilon}_1^*, \quad \Delta\boldsymbol{\varepsilon}_2 = \boldsymbol{\varepsilon}_2 - \boldsymbol{\varepsilon}_2^*, \quad \Delta\boldsymbol{\varepsilon}_3 = \boldsymbol{\varepsilon}_3 - \boldsymbol{\varepsilon}_3^*, \cdots \tag{3.187}$$

而Σ、Σ^*在直母线上各点具有相同的单位法矢$\boldsymbol{n}$为：

$$\boldsymbol{n} = \frac{\mu \boldsymbol{e}_3 - \gamma \boldsymbol{e}_2}{\sqrt{\mu^2 + \gamma^2}} \tag{3.188}$$

于是在$\boldsymbol{l}$上各点处的各阶法向离差为：

$$\varepsilon_{1n} = \Delta\varepsilon_1 \cdot \boldsymbol{n}, \quad \varepsilon_{2n} = \Delta\varepsilon_2 \cdot \boldsymbol{n}, \quad \varepsilon_{3n} = \Delta\varepsilon_3 \cdot \boldsymbol{n}, \cdots \tag{3.189}$$

由此可以定义：当$\varepsilon_{1n} = 0$时，Σ、Σ^*为一阶接触，$\varepsilon_{2n} = 0$为二阶，$\varepsilon_{3n} = 0$为三阶，以此类推。

把式（3.186）~式（3.187）代入式（3.189），得到直纹面Σ、Σ^*在一条直母线上各阶接触的条件为：

二阶：
$$\alpha=\alpha^{*},\quad \beta=\beta^{*},\quad \gamma=\gamma^{*},\quad \frac{d\gamma}{d\sigma}=\frac{d\gamma^{*}}{d\sigma} \tag{3.190}$$

三阶：
$$\alpha=\alpha^{*},\quad \beta=\beta^{*},\quad \gamma=\gamma^{*},\quad \frac{d\alpha}{d\sigma}=\frac{d\alpha^{*}}{d\sigma},\quad \frac{d\beta}{d\sigma}=\frac{d\beta^{*}}{d\sigma},\quad \frac{d\gamma}{d\sigma}=\frac{d\gamma^{*}}{d\sigma},\quad \frac{d^2\gamma}{d\sigma^2}=\frac{d^2\gamma^{*}}{d\sigma^2} \tag{3.191}$$

四阶：
$$\alpha=\alpha^{*},\quad \beta=\beta^{*},\quad \gamma=\gamma^{*},\quad \frac{d\alpha}{d\sigma}=\frac{d\alpha^{*}}{d\sigma},\quad \frac{d\beta}{d\sigma}=\frac{d\beta^{*}}{d\sigma},\quad \frac{d\gamma}{d\sigma}=\frac{d\gamma^{*}}{d\sigma}$$
$$\frac{d^2\alpha}{d\sigma^2}=\frac{d^2\alpha^{*}}{d\sigma^2},\quad \frac{d^2\beta}{d\sigma^2}=\frac{d^2\beta^{*}}{d\sigma^2},\quad \frac{d^2\gamma}{d\sigma^2}=\frac{d^2\gamma^{*}}{d\sigma^2},\quad \frac{d^3\gamma}{d\sigma^3}=\frac{d^3\gamma^{*}}{d\sigma^3} \tag{3.192}$$

上述接触阶条件表明了两直纹面Σ与Σ^{*}间的结构参数及其导数对应相等，没有针对具体的直纹约束曲面。为了适合空间运动几何学研究的需要，和曲线的广义曲率一样，给出直纹面的广义曲率定义如下：

定义 3.3：对于给定直纹面Σ上一条直母线 L 邻域内，若存在另一规则直纹面Σ^{*}，与直纹面Σ有若干条无限接近位置公共直母线，由此确定直纹面Σ^{*}的不变量称为**广义曲率**，而直纹面Σ^{*}为直纹面Σ在直母线 L 处的**广义曲率曲面**。

对于一个给定直纹面Σ上一条直母线 L 及其邻域，可以有多种直纹面与其逼近，仅仅从直母线邻域结构的局部性质推断直纹面整体性质，需要整体微分几何学理论支撑，在此仅简单讨论几种简单的直纹面，如机构学中常见的定斜直纹面、定轴直纹面和常参数直纹面（螺旋直纹面和单叶双曲面）等几种特殊性质的直纹约束曲面，在 3.5 节中已经讨论了直纹约束曲面的直母线球面像曲线和腰曲线的整体性质，而对于更一般的直纹约束曲面，如定距直纹面$\Sigma_{S'C}$等，还需要更多的直纹面整体性质。直纹面性质是机构学研究的重要内容，也是机构学者面临的难题，期待数学家提供理论支持。

3.7.3 定斜曲率

对于给定直纹面Σ上一条直母线 L 及其邻域用定斜直纹面$\Sigma_{C'P'C}$逼近接触，由 3.5.1 节定斜直纹面的性质可知，其球面像为圆，即$\beta_{C'P'C}$为常数。由两直纹面Σ、Σ^{*}在一条直母线上各阶接触条件式（3.190）~式（3.192），有：

1）二阶：由阶接触条件式（3.190），给定直纹面Σ与需要构造的定斜直纹面$\Sigma_{C'P'C}$对应结构参数相等，可以构造相应的定斜直纹面$\Sigma_{C'P'C}$，实现与给定直纹面Σ二阶接触，因而式（3.190）中不变量为**定斜曲率**，相应的定斜直纹面为直纹面Σ的**定斜曲率曲面**。

2）三阶及高阶：由阶接触条件式（3.191）可知，给定直纹面Σ与需要构造的定斜直纹面$\Sigma_{C'P'C}$对应结构参数及其导数相等，而定斜直纹面$\Sigma_{C'P'C}$的$\beta_{C'P'C}$为常数，即各阶导数为零，需要相应的给定直纹面Σ的球面像曲线测地曲率各阶导数也为零，才能实现高阶接触。

3.7.4　定轴曲率

对于给定直纹面Σ上一条直母线 L 及其邻域用定轴直纹面$\Sigma_{C'C}$逼近接触，由 3.5.2 节定轴直纹面的的性质可知，其 $\beta_{C'C}$ 为常数，$\alpha_{C'C}-\beta_{C'C}\gamma_{C'C}$ 为常数，前者反映了其球面像为圆，后者描述了其腰线为圆柱面曲线。则由接触条件式（3.190）~式（3.192）分析直纹面Σ与定轴直纹面$\Sigma_{C'C}$高阶接触状况如下：

1）二阶接触。若已知直纹面Σ直母线 L 的三个无限接近位置，则直纹面Σ的结构参数 $\alpha, \beta, \gamma, \dfrac{d\gamma}{d\sigma}$随之确定。构造定轴直纹面$\Sigma_{C'C}$与已知直纹面Σ二阶接触，则两直纹面对应结构参数相同，式（3.190）中不变量称为直纹面Σ的**定轴曲率**，其相应的定轴直纹面为**定轴曲率曲面**。

2）高阶接触。若已知直纹面与定轴直纹面$\Sigma_{C'C}$三阶及其以上接触时，直纹面Σ的结构参数 α，β，γ 及其导数需要与定轴直纹面结构参数具有相同性质，这并非一般直纹面可以实现。对于机构运动几何学中的直纹面接触逼近，将在第 6 章作更深入的讨论。

3.8　讨论

曲线与曲面的性质是机构运动几何学研究的理论基础，无论是代数性质还是几何性质。曲线与曲面的代数性质是经典而又传统内容，已经有非常深入的研究和成熟的理论体系。例如，曲线或曲面的阶、曲线与曲线的交点、曲线与曲面的交点、曲面与曲面的交线、截形等[1-4]。曲线与曲面的几何性质也是传统内容，具有悠久的历史和丰富的研究成果，如曲线与曲面的形状、相互关系及变化规律等。由于曲线与曲面的几何性质一般在坐标系中以代数方程形式进行描述和讨论，选取不同的坐标系会产生不同复杂程度的代数方程，从而有外在因素的影响。近代数学已经难以区分传统的代数与几何方法，如微分几何学，以矢量代数和矢量解析为基本手段，以活动标架为基本方法，把图形的几何形状与所研究的点在图形上的运动有机联系起来，提取图形的不变量，也称运动不变量，即不随图形（曲线或曲面）整体运动（或刚体位移）而变化的参数，得到以不变量刻画图形几何性质的不变式，消除了外在因素的影响。佐佐木重夫在文献［1］中给出了直纹面的 Frenet 活动标架，得到直纹面的三个基本结构参数（不变量），并以此来完全描述直纹面的几何性质。

在经典的刚体运动几何学中，以曲线与曲面的不变量讨论其几何性质，如曲线的不变量——曲率和挠率。一般理解曲率为切矢对曲线弧长的变化率，即曲线在密切面内的弯曲程度（与密切圆比较）；而挠率是密切面对曲线弧长的变化率。曲面几何性质也以曲面上曲线的不变量来刻画，如法曲率、测地曲率和测地挠率等。因此，曲率和挠率是曲线与曲面局部几何性质的重要内涵，也是经典微分几何学教科书介绍的主要内容[2-4]。对于空间曲线与曲面间接触的局部几何性质，Lagrange[5]和Cauchy[6]进行了详细的研究，并由D. J. Struik在文献［2］中进行了介绍，并以空间曲线与球面的接触特性进行了阐述。C. Lee，B. Ravani和A. T. Yang[7]利用极曲线和主渐屈线提出了参数曲线到n阶的几何连续条件。作为空间曲面的一类特殊形式——直纹面，J. A. Schaaf和B. Ravani[8]采用对偶数，得到了直纹面的高阶连续条件式。如K. H. Hunt[9]，O. Bottema和Roth[10]采用线几何和旋量研究了直线运动轨迹（直纹面）的性质；G. R. Veldkamp[11]以对偶矢量方法研究空间运动几何学中的直纹面及其渐屈直纹面。A. T. Yang，Y. Kirson和B. Roth[12]提出了直纹面的二阶曲率性质的三个特征标量，以其为基础讨论两直纹面间的二阶接触特性。Ö. Köse[13]采用对偶矢量微积分，提出了一种可展直纹面的判定方法。O. Gürsoy[14]和Ö. Köse[15]依据积分不变量，给出了闭合直纹面节距和节距角的求解方法。J. M. McCarthy[16]以微分几何学中直纹面的自然标架得到直纹面的结构参数，进而以对偶矢量代数描述直纹面形状特征的曲率函数与性质。J. M. McCarthy和B. Roth[17]利用直纹面自然标架的微分，得到直纹面的三个曲率参数来描述直纹面的局部形状，是以微分几何学自然标架方法讨论直纹面性质的最早文献。F. C. Park[18]，Q. J. Ge和B. Ravani[19]则从设计的角度对直纹面的性质进行了阐述。其中F. C. Park将可展直纹面的设计描述为优化控制问题，给出了不同设计准则下可展直纹面的优化设计方法。Q. J. Ge则利用线几何提出了适用于计算机辅助几何设计的有理Bezier线汇和直纹面的构造方法。

曲线与曲面的形成一般有两种方式，即变形和运动。由一种曲线与曲面形状变形到另一种，是数学家感兴趣研究的领域——拓扑学；而点和直线的空间运动形成的轨迹——空间曲线和直纹面，是机构学研究者感兴趣的课题，尤其是曲线、曲面几何性质与形成曲线、曲面运动的关系，已经成为机构运动几何学的主要研究内容。将这些空间曲线、直纹面与空间机构中约束曲线、直纹约束曲面对应相比较，期望能够从空间运动点的轨迹曲线中找到机构约束曲线，从空间运动直线的轨迹曲面中找到机构直纹约束曲面的方法，从而为空间机构综合提供理论依据。那么，如何比较和如何找？理论根据是什么？这些无疑是机构运动几何学需要研究和回答的问题。在经典的机构运动几何学中，把平面运动点的轨迹曲线与圆或直线比较，以几何特征作为比较对象，以曲线上某点处的曲率及其变化率作为比较依据，得到运动平面上Burbester点和Ball点，其中圆对应平面机构中的约束曲线R-R而直线对应P-R。显然，这种曲线曲率及其变化率相比较的方式对于圆或直线这样简单曲线简便易行，具有瞬时局部特点，但能否将其推广到空间曲线和直线轨迹曲面？如球面曲线、圆柱面曲线和直纹面，尤其是曲面上有无穷多条曲线，如何比较？同时，所对应的约束曲线和约束曲面也颇为复杂，并非一条曲线的曲率能够描述。因此，作者将曲线与曲线间接触点处的局部曲率特征，发展到曲线与曲面、直纹面与直纹面的广义曲率逼近方法[20]，结合空间机构中约束曲线与约束曲面的几何特征，提出曲率球、曲率圆柱，定斜曲率面、定轴曲率面、单叶双曲曲率面和常螺旋曲率面等概念，并得到了相应的不变式，为第6章的空间机构运动几何学分析提供理论依据。然而在机构综合时，往往从全局范围内比较空间点的轨迹曲线与约束曲线、空间直线的轨迹曲面与机构直纹约束曲面，使其成为或近似成为机构约束曲线与约束曲面，既需要点轨迹与直线轨迹的整体性质，也需要约束曲线与约束曲面的整体性质，属于微分几何学研究的图形整体性质，内容十分有趣而又困难，已经发表的文献非常有限。作者对于几种特殊曲面进行了简单尝试，如曲面上各点邻近结构都相同的球面（都是圆点）、圆柱面（抛物点），各直纹面的直母线球面像为圆的定斜、定轴及常参数直纹约束曲面，得到了相应的充要条件不变式，为第7章的空间机构运动几何学综合提供理论依据。

显而易见，无论是广义曲率概念及其逼近方法，还是机构中的曲线与曲面的整体性质（充要条件不变式），仅仅是对有限几个简单约束曲线与约束曲面的初步尝试，更多的一般约束曲线与约束曲面有待深入研究，也需要数学家提供更多的曲线与曲面的整体性质，为机构运动几何学分析与综合提供理论支撑。

参考文献

[1] S. Sasaki. Differential Geometry (in Japanese) [M]. Tokyo: Kyolitsu Press, 1956.

[2] M. P. Do Carmo. Differential Geometry of Curves and Surfaces [M]. Englewood Cliffs: Prentice-Hall, 1976.

[3] D. J. Struik. Lectures on Classical Differential Geometry [M]. 2nd ed. Dover Publications, 1988.

[4] 吴大任. 微分几何讲义 [M]. 4版. 北京：高等教育出版社，1981.

[5] J. L. Lagrange. Theorie Des Fonctions Analytiques [M]. Paris: L' Imprimerie de la Republique, 1797.

[6] A. L. Cauchy. Lecons Sur Les Applications Du Calcul Infinitesimal a la Geometrie V1-2 [M]. Kessinger Publishing, 1826.

[7] C. Lee, B. Ravani, A. T. Yang. Theory of Contact for Geometric Continuity of Parametric Curves [J]. The Visual Computer, 1992, (8): 338-350.

[8] J. A. Schaaf, B. Ravani. Geometric Continuity of Ruled Surface [J]. Computer Aided Geometric Design, 1998, (15): 289-310.

[9] K. H. Hunt. Kinematic Geometry of Mechanisms [M]. Oxford: Clarendon Press, 1978.

[10] O. Bottema, B. Roth. Theoretical Kinematics [M]. New York: North-Holland, 1979.

[11] G. R. Veldkamp. On the Use of Dual Numbers, Vectors and Matrices in Instantaneous, Spatial Kinematics [J]. Mechanism and Machine Theory, 1976, 11 (2): 141-156.

[12] A. T. Yang, Y. Kirson, B. Roth. On a Kinematic Curvature Theory for Ruled Surfaces [C]. Proceedings of the Fourth World Congress on the Theory of Machines and Mechanisms, England: Newcastle Upon Tyne, 1975: 737-742.

[13] Ö. Köse. A Method of the Determination of a Developable Ruled Surface [J]. Mechanism and Machine Theory, 1999, 34 (8): 1187-1193.

[14] O. Gürsoy. The Dual Angle of Pitch of a Closed Ruled Surface [J]. Mechanism and Machine Theory, 1990, 25 (2): 131-140.

[15] Ö. Köse. Contributions to the Theory of Integral Invariants of a Closed Ruled Surface [J]. Mechanism and Machine Theory, 1997, 32 (2): 261-277.

[16] J. M. McCarthy. On the Scalar and Dual Formulations of the Curvature Theory of Line Trajectories [J]. J. of Mech., Trans, and Automation, 1987, 109 (1): 101-106.

[17] J. M. McCarthy, B. Roth. The Curvature Theory of Line Trajectories in Spatial Kinematics [J]. ASME Journal of Mechanical Design, 1981, 103 (4): 718-724.

[18] F. C. Park, J. Yu, C. Chun, et al. Design of Developable Surfaces Using Optimal Control [J]. ASME Journal of Mechanical Design, 1982, 124: 602-608.

[19] Q. J. Ge, B. Ravani. Geometric Design of Rational Bezier Line Congruences and Ruled Surfaces Using Line Geometry [J]. Geometric Modelling, Springer-Verlag, 1998, (13): 101-120.

[20] D. L. Wang, J. Liu, D. Z. Xiao. Geometrical Characteristics of Some Typical Spatial Constraints [J]. Mechanism and Machine Theory, 2000, 35 (10): 1413-1430.

第4章

球面运动微分几何学

由于球面运动在表达方式上属于三维空间，往往采用空间运动几何学方式研究。但在运动性质上，球面运动和平面运动一样是三参数运动，而空间运动是六参数运动，球面运动既可以看成平面运动的推广，也可以看作空间运动的特例，球面运动几何学无论在研究内涵上还是在表现形式上，都与平面运动几何学相对应，又有空间运动几何学的性质，是平面运动几何学过渡到空间运动几何学的桥梁。

本章以与平面运动几何学相应的方式介绍球面运动微分几何学，既体现机构运动几何学中微分几何学方法的系统性，逐步从平面运动过渡到空间运动，同时以循序渐进方式介绍，也方便读者阅读。

4.1 球面运动基本方程

4.1.1 一般形式

为描述运动刚体Σ^*相对于固定刚体Σ的球面运动，分别在Σ^*和Σ上建立运动坐标系$\{\boldsymbol{O}_\mathrm{m};\ \boldsymbol{i}_\mathrm{m},\boldsymbol{j}_\mathrm{m},\boldsymbol{k}_\mathrm{m}\}$和固定坐标系$\{\boldsymbol{O}_\mathrm{f};\ \boldsymbol{i}_\mathrm{f},\boldsymbol{j}_\mathrm{f},\boldsymbol{k}_\mathrm{f}\}$。既然刚体的球面运动为绕定点的转动，因此很自然地把运动坐标系和固定坐标系的原点均置于球心点O。刚体的球面运动可以用三个独立的转动角位移参数来描述，即球面运动的刚体具有三个自由度。通常有两种角度描述方法，RPY角法和欧拉角法，如图4.1所示。对于RPY角法，刚体的球面运动可以视为刚体分别绕固定坐标系$\{\boldsymbol{O};\ \boldsymbol{i}_\mathrm{f},\boldsymbol{j}_\mathrm{f},\boldsymbol{k}_\mathrm{f}\}$的坐标轴$\boldsymbol{i}_\mathrm{f}$，$\boldsymbol{j}_\mathrm{f}$和$\boldsymbol{k}_\mathrm{f}$转过角度$\alpha_3$，$\alpha_2$和$\alpha_1$；而对于欧拉角法，刚体的球面运动可以视为刚体分别绕运动坐标系$\{\boldsymbol{O};\ \boldsymbol{i}_\mathrm{m},\boldsymbol{j}_\mathrm{m},\boldsymbol{k}_\mathrm{m}\}$的坐标轴$\boldsymbol{k}_\mathrm{m}$，$\boldsymbol{j}_\mathrm{m}$和$\boldsymbol{i}_\mathrm{m}$转过角度$\beta_1$，$\beta_2$和$\beta_3$。为采用相伴方法描述球面运动以便于矢量运算，本书中采用运动坐标系$\{\boldsymbol{O};\ \boldsymbol{i}_\mathrm{m},\boldsymbol{j}_\mathrm{m},\boldsymbol{k}_\mathrm{m}\}$与固定坐标系$\{\boldsymbol{O};\ \boldsymbol{i}_\mathrm{f},\boldsymbol{j}_\mathrm{f},\boldsymbol{k}_\mathrm{f}\}$对应二面角来描述球面运动，如图4.2所示。建立过渡坐标系$\{\boldsymbol{O};\ \boldsymbol{i}_t,\boldsymbol{j}_t,\boldsymbol{k}_\mathrm{m}\}$，其坐标轴$\boldsymbol{i}_t$由$\boldsymbol{i}_t=\boldsymbol{k}_\mathrm{m}\times\boldsymbol{k}_\mathrm{f}$确定，并有$\boldsymbol{j}_t=\boldsymbol{k}_\mathrm{m}\times\boldsymbol{i}_t$，即$\boldsymbol{i}_t$，$\boldsymbol{j}_t$，$\boldsymbol{k}_\mathrm{m}$满足右手系，则轴线$\boldsymbol{k}_\mathrm{m}$和$\boldsymbol{k}_\mathrm{f}$（平面$\boldsymbol{i}_t-\boldsymbol{k}_\mathrm{m}$和$\boldsymbol{i}_t-\boldsymbol{k}_\mathrm{f}$）夹角为$\theta_1$，平面$\boldsymbol{k}_\mathrm{m}$-$\boldsymbol{k}_\mathrm{f}$和$\boldsymbol{k}_\mathrm{f}-\boldsymbol{i}_\mathrm{f}$的

夹角为 θ_2，而平面 $\boldsymbol{k}_m$-$\boldsymbol{i}_t$和 $\boldsymbol{k}_m-\boldsymbol{i}_m$的夹角为 θ_3，那么两个坐标系对应坐标轴之间有如下关系：

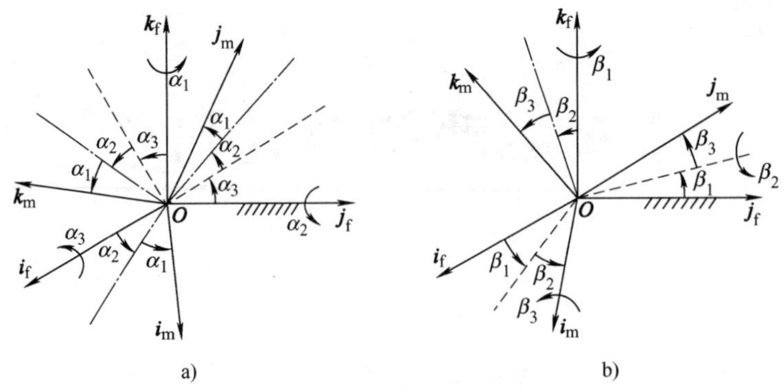

图 4.1 球面运动表示

a）RPY 角 b）欧拉角

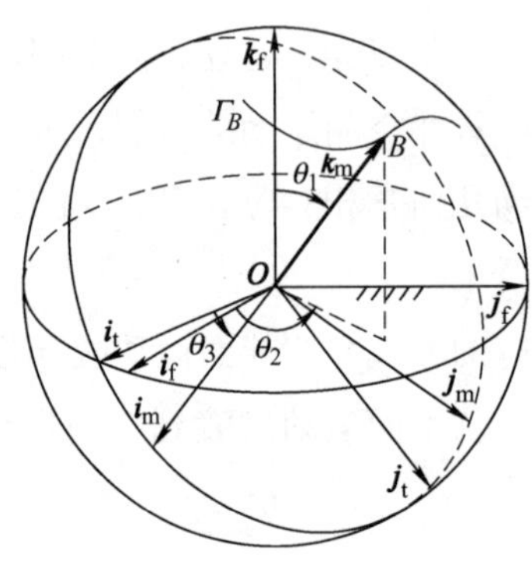

图 4.2 球面运动的坐标系

$$
\begin{cases}
\boldsymbol{i}_m = (c\theta_3 s\theta_2 + c\theta_1 s\theta_3 c\theta_2)\boldsymbol{i}_f + (-c\theta_3 c\theta_2 + c\theta_1 s\theta_3 s\theta_2)\boldsymbol{j}_f - s\theta_1 s\theta_3 \boldsymbol{k}_f \\
\boldsymbol{j}_m = (-s\theta_3 s\theta_2 + c\theta_1 c\theta_3 c\theta_2)\boldsymbol{i}_f + (s\theta_3 c\theta_2 + c\theta_1 c\theta_3 s\theta_2)\boldsymbol{j}_f - s\theta_1 c\theta_3 \boldsymbol{k}_f \\
\boldsymbol{k}_m = s\theta_1 c\theta_2 \boldsymbol{i}_f + s\theta_1 s\theta_2 \boldsymbol{j}_f + c\theta_1 \boldsymbol{k}_f
\end{cases}
\tag{4.1}
$$

式（4.1）中的 s 和 c 分别为正弦函数 sine 和余弦函数 cosine 的缩写。

运动刚体Σ^*上任意点 P 在运动坐标系$\{\boldsymbol{O};\boldsymbol{i}_m,\boldsymbol{j}_m,\boldsymbol{k}_m\}$中的直角坐标为（$x_{Pm}$，$y_{Pm}$，$z_{Pm}$），在固定刚体$\Sigma$上固定坐标系$\{\boldsymbol{O};\ \boldsymbol{i}_f,\boldsymbol{j}_f,\ \boldsymbol{k}_f\}$中的坐标为($x_{Pf}$，$y_{Pf}$，$z_{Pf}$)，则由式（4.1）可得：

$$
\begin{bmatrix} x_{Pf} \\ y_{Pf} \\ z_{Pf} \end{bmatrix} = \begin{bmatrix} c\theta_3 s\theta_2 + c\theta_1 s\theta_3 c\theta_2 & -s\theta_3 s\theta_2 + c\theta_1 c\theta_3 c\theta_2 & s\theta_1 c\theta_2 \\ -c\theta_3 c\theta_2 + c\theta_1 s\theta_3 s\theta_2 & s\theta_3 c\theta_2 + c\theta_1 c\theta_3 s\theta_2 & s\theta_1 s\theta_2 \\ -s\theta_1 s\theta_3 & -s\theta_1 c\theta_3 & c\theta_1 \end{bmatrix} \begin{bmatrix} x_{Pm} \\ y_{Pm} \\ z_{Pm} \end{bmatrix}
\tag{4.2}
$$

在球面运动刚体上选定一点 B 作为参考点，从而将刚体的球面运动描述为随该点的牵连运动与对于该点相对运动的复合。特殊地，取坐标轴 $\boldsymbol{k}_m$上点 B 为球面参考点，其在运动坐标系$\{\boldsymbol{O};\ \boldsymbol{i}_m,\boldsymbol{j}_m,\boldsymbol{k}_m\}$中的坐标为(0, 0, R)，从而由式（4.2）可知点 B 在固定坐标系$\{\boldsymbol{O};\ \boldsymbol{i}_f,\boldsymbol{j}_f,\boldsymbol{k}_f\}$中的直角坐标为：

$$x_{Bf} = R\sin\theta_1\cos\theta_2, y_{Bf} = R\sin\theta_1\sin\theta_2, z_{Bf} = R\cos\theta_1 \tag{4.3}$$

对于给定刚体其他形式的球面运动，如刚体上两点的位移等，同样可以转化为上述刚体变换矩阵式（4.2）。由此可知，对于作球面运动的刚体，给定了其相对固定刚体坐标系的三个转角，便可以进行解析分析和计算。给定的刚体运动同样既可以是连续函数，也可以是离散数据，前者属于球面无限接近位置运动几何学，后者属于球面有限分离位置运动几何学，既是球面机构也是空间机构运动综合的理论基础。

4.1.2　相伴表示

随着刚体的球面运动，球面运动刚体Σ^*上的参考点 B 在固定坐标系$\{\boldsymbol{O}_f; \boldsymbol{i}_f, \boldsymbol{j}_f, \boldsymbol{k}_f\}$中形成球面轨迹曲线 Γ_B，其矢量方程为：

$$\Gamma_B: \boldsymbol{R}_B = x_{Bf}\boldsymbol{i}_f + y_{Bf}\boldsymbol{j}_f + z_{Bf}\boldsymbol{k}_f = -R\boldsymbol{n}(s) \tag{4.4}$$

式中，s 为曲线 Γ_B的弧长，$\boldsymbol{n}$ 为球面在点 B 处的单位法矢，其方向指向球心。在球面曲线 Γ_B上建立 Darboux 标架$\{\boldsymbol{R}_B; \boldsymbol{\alpha}, \boldsymbol{n}, \boldsymbol{\nu}\}$为：

$$\boldsymbol{\alpha} = \frac{d\boldsymbol{R}_B}{ds}, \quad \boldsymbol{n} = -\boldsymbol{R}_B, \quad \boldsymbol{\nu} = -R\frac{d\boldsymbol{R}_B}{ds} \times \boldsymbol{R}_B \tag{4.5}$$

Darboux 标架$\{\boldsymbol{R}_B; \boldsymbol{\alpha}, \boldsymbol{n}, \boldsymbol{\nu}\}$的微分运算公式为：

$$\frac{d\boldsymbol{\alpha}}{ds} = \frac{1}{R}\boldsymbol{n} + k_{gB}\boldsymbol{\nu}, \quad \frac{d\boldsymbol{n}}{ds} = -\frac{1}{R}\boldsymbol{\alpha}, \quad \frac{d\boldsymbol{\nu}}{ds} = -k_{gB}\boldsymbol{\alpha} \tag{4.6}$$

式中，不变量 k_{gB}为球面曲线 Γ_B的测地曲率。

对于位于球面运动刚体Σ^*中半径为 R 的球面上一点 P，如图 4.3 所示。在运动坐标系$\{\boldsymbol{O}; \boldsymbol{i}_m, \boldsymbol{j}_m, \boldsymbol{k}_m\}$的位置可以通过直角坐标$(x_{Pm}, y_{Pm}, z_{Pm})$或者球坐标$(R, \delta_{Pm}, \theta_{Pm})$来描述，即：

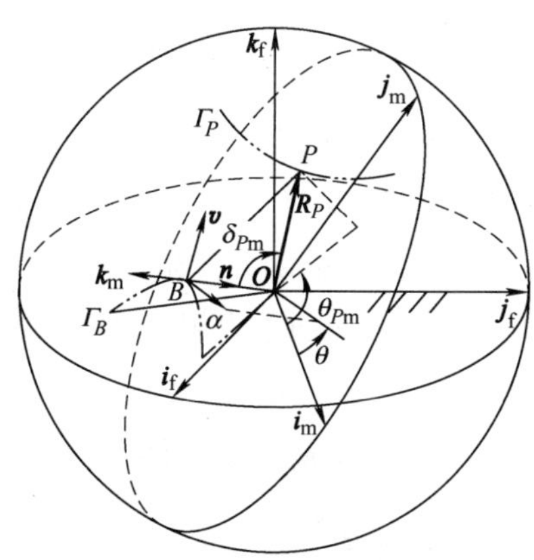

图 4.3　球面相伴运动

$$\boldsymbol{R}_{Pm} = x_{Pm}\boldsymbol{i}_{m} + y_{Pm}\boldsymbol{j}_{m} + z_{Pm}\boldsymbol{k}_{m} = R\sin\delta_{Pm}\cos\theta_{Pm}\boldsymbol{i}_{m} + R\sin\delta_{Pm}\sin\theta_{Pm}\boldsymbol{j}_{m} + R\cos\delta_{Pm}\boldsymbol{k}_{m} \tag{4.7}$$

随着运动刚体Σ^*相对固定刚体Σ的球面运动，点P在固定坐标系$\{\boldsymbol{O}_f;\ \boldsymbol{i}_f,\ \boldsymbol{j}_f,\ \boldsymbol{k}_f\}$中形成轨迹曲线$\Gamma_P$，同时，点$P$与球面原点$B$同为运动刚体上点而伴随运动，故以曲线$\Gamma_B$为原曲线，曲线$\Gamma_P$视为$\Gamma_B$的球面相伴曲线，并以球面曲线$\Gamma_B$上的活动标架$\{\boldsymbol{R}_B;\ \boldsymbol{\alpha},\ \boldsymbol{n},\ \boldsymbol{v}\}$表示，有：

$$\boldsymbol{R}_P = \boldsymbol{R}_B + u_1\boldsymbol{\alpha} + u_2\boldsymbol{n} + u_3\boldsymbol{v} \tag{4.8}$$

活动标架$\{\boldsymbol{R}_B;\ \boldsymbol{\alpha},\ \boldsymbol{n},\ \boldsymbol{v}\}$与运动坐标系$\{\boldsymbol{O};\ \boldsymbol{i}_m,\ \boldsymbol{j}_m,\ \boldsymbol{k}_m\}$的标矢之间具有如下关系式：

$$\begin{cases} \boldsymbol{R}_B = R\boldsymbol{k}_m \\ \boldsymbol{\alpha} = \cos\theta\boldsymbol{i}_m + \sin\theta\boldsymbol{j}_m \\ \boldsymbol{n} = -\boldsymbol{R}_B \\ \boldsymbol{v} = -\sin\theta\boldsymbol{i}_m + \cos\theta\boldsymbol{j}_m \end{cases} \tag{4.9}$$

式中，θ为标矢$\boldsymbol{\alpha}$在坐标平面$\boldsymbol{O}-\boldsymbol{i}_m\boldsymbol{j}_m$上与单位矢量$\boldsymbol{i}_m$的夹角，且为弧长$s$的函数，即$\theta=\theta(s)$。结合式（4.7），式（4.8）和式（4.9），可得点P在 Darboux 标架$\{\boldsymbol{R}_B;\ \boldsymbol{\alpha},\ \boldsymbol{n},\ \boldsymbol{v}\}$中的相对坐标分量为：

$$\begin{cases} u_1 = R\sin\delta_{Pm}\cos(\theta_{Pm}-\theta) \\ u_2 = R(1-\cos\delta_{Pm}) \\ u_3 = R\sin\delta_{Pm}\sin(\theta_{Pm}-\theta) \end{cases} \tag{4.10}$$

将式（4.8）对球面曲线Γ_B的弧长σ求导（注意不是曲线Γ_P的弧长σ_P），并代入式（4.6）有：

$$\begin{cases} \dot{\boldsymbol{R}}_P = A_1\boldsymbol{\alpha} + A_2\boldsymbol{n} + A_3\boldsymbol{v} \\ A_1 = 1 - \dfrac{u_2}{R} - (k_{gB}-\dot{\theta})u_3 \\ A_2 = \dfrac{u_1}{R} \\ A_3 = (k_{gB}-\dot{\theta})u_1 \end{cases} \tag{4.11}$$

式（4.11）中字母上标“·”为对弧长s求导，本章下同。k_{gB}为球面曲线Γ_B的测地曲率并且为弧长s的函数，方向角θ同样为弧长s的函数。采用球面相伴方法表述刚体的球面运动，使得处理方式更加灵活便捷，尤其对于球面连杆机构，有特殊的几何与运动性质可以利用。依据球面相伴运动不动点条件式（3.67），令式（4.11）中后三式为零，可得球面运动刚体Σ^*上不动点P_0的相对坐标（u_1，u_2，u_3）满足的条件式：

$$\begin{cases} u_2 + R(k_{gB}-\dot{\theta})u_3 = R \\ u_1 = 0 \\ (k_{gB}-\dot{\theta})u_1 = 0 \end{cases} \tag{4.12}$$

将式（4.10）代入式（4.12），可得不动点 P_0 在活动标架$\{\boldsymbol{R}_B;\ \boldsymbol{\alpha},\ \boldsymbol{n},\ \boldsymbol{v}\}$中的球坐标$(R,\ \delta_{P0},\ \theta_{P0})$满足：

$$\begin{cases}R\sin\delta_{P0}\cos(\theta_{P0}-\theta)=0\\ \cos\delta_{P0}-R(k_{gB}-\dot{\theta})\sin\delta_{P0}\sin(\theta_{P0}-\theta)=0\end{cases}\tag{4.13}$$

从而解得不动点 P_0 在运动坐标系$\{\boldsymbol{O};\ \boldsymbol{i}_{\mathrm{m}},\ \boldsymbol{j}_{\mathrm{m}},\ \boldsymbol{k}_{\mathrm{m}}\}$中的球坐标为：

$$\begin{cases}\theta_{P0}=\left(n+\dfrac{1}{2}\right)\pi+\theta, n=0,1\\ \tan\delta_{P0}=\pm\dfrac{1}{R(k_{gB}-\dot{\theta})}\end{cases}\tag{4.14}$$

将球面不动点条件$\dot{\boldsymbol{R}}_P=0$转化为$\dfrac{\mathrm{d}\boldsymbol{R}_P}{\mathrm{d}t}\cdot\dfrac{\mathrm{d}t}{\mathrm{d}s}=0$，其物理意义可解释为 $\boldsymbol{V}_P=\dfrac{\mathrm{d}\boldsymbol{R}_P}{\mathrm{d}t}=0$，即运动学意义是：球面相伴运动的不动点是运动刚体$\Sigma^*$中半径为 R 的球面上瞬时速度为零的点，或该球面上的瞬心点。由式（4.12）第二式可知，该瞬心点位于原曲线 Γ_B在 B 点的法平面内（$u_1=0$），并在球面的大圆上，由式（4.14）第二式可确定该瞬心点在球面上的具体位置。结合式（4.8）和式（4.12），瞬心点矢量 $\boldsymbol{R}_{P0}$可在曲线 Γ_B上的活动标架$\{\boldsymbol{R}_B;\ \boldsymbol{\alpha},\ \boldsymbol{n},\ \boldsymbol{v}\}$内表示为：

$$\boldsymbol{R}_{P0}=\boldsymbol{R}_B+u_2\boldsymbol{n}+u_3\boldsymbol{v}=-R\cos\delta_{P0}\boldsymbol{n}+R\sin\delta_{P0}\boldsymbol{v}\tag{4.15}$$

对于不同瞬时，即对应原曲线 Γ_B不同弧长 s，式（4.15）中矢量 $\boldsymbol{R}_B$，$\boldsymbol{n}$，$\boldsymbol{v}$ 以及相对坐标 u_2，u_3均随之变化，球面瞬心点在球面上便有不同位置。若将球面上这些不同位置的瞬心点转化到运动坐标系$\{\boldsymbol{O};\ \boldsymbol{i}_{\mathrm{m}},\ \boldsymbol{j}_{\mathrm{m}},\ \boldsymbol{k}_{\mathrm{m}}\}$中描述，则得到运动刚体球面上的动瞬心线 π_{m}，而转化到固定坐标系$\{\boldsymbol{O};\ \boldsymbol{i}_{\mathrm{f}},\ \boldsymbol{j}_{\mathrm{f}},\ \boldsymbol{k}_{\mathrm{f}}\}$中去描述，则得到固定刚体球面上的定瞬心线 π_{f}。对于单位球面运动，其原曲线 Γ_B为单位球面上曲线，即 $\boldsymbol{R}_B$为单位球面上矢量。

【例 4-1】　球面四杆机构连杆曲线及其瞬心。

如图 4.4 所示，球面四杆机构 $ABCD$ 的杆 AB、BC、CD 以及 AD 均为半径为 R 的球面上的大圆弧段，其所对的圆心角分别为 a_1，a_2，a_3 以及 a_4，AD 杆为机架，BC 杆为连杆，AB 杆为原动件，CD 杆为从动件，原动件 AB 杆的转角 φ 用平面 OAB 以及平面 OAD 之间的二面角表示，连杆 BC 相对原动件 AB 的转角 ψ 用平面 OBC 以及平面 OAB 之间的二面角表示。为表达简便，在机架 AD 上建立固定坐标系$\{\boldsymbol{O};\ \boldsymbol{i}_{\mathrm{f}},\ \boldsymbol{j}_{\mathrm{f}},\ \boldsymbol{k}_{\mathrm{f}}\}$，其中坐标原点 O 置于球心，标矢 $\boldsymbol{k}_{\mathrm{f}}$与回转副 A 的轴线重合，并且坐标平面 $\boldsymbol{O}-\boldsymbol{i}_{\mathrm{f}}\boldsymbol{k}_{\mathrm{f}}$与平面 OAD 共面；在连杆 BC 上建立运动坐标系$\{\boldsymbol{O};\ \boldsymbol{i}_{\mathrm{m}},\ \boldsymbol{j}_{\mathrm{m}},\ \boldsymbol{k}_{\mathrm{m}}\}$，其中坐标原点 O 同样置于球心，标矢 $\boldsymbol{k}_{\mathrm{m}}$与回转副 B 的轴线重合，并且坐标平面 $\boldsymbol{O}-\boldsymbol{j}_{\mathrm{m}}\boldsymbol{k}_{\mathrm{m}}$与平面 OBC 共面。

球面四杆机构 $ABCD$ 的连架杆 AB 与连杆 BC 的铰链点 B 在固定机架上的轨迹曲线 Γ_B为球面上的圆，也是连架杆的约束曲线，在固定坐标系$\{\boldsymbol{O};\ \boldsymbol{i}_{\mathrm{f}},\ \boldsymbol{j}_{\mathrm{f}},\ \boldsymbol{k}_{\mathrm{f}}\}$中，约束曲线 Γ_B的矢量方程为：

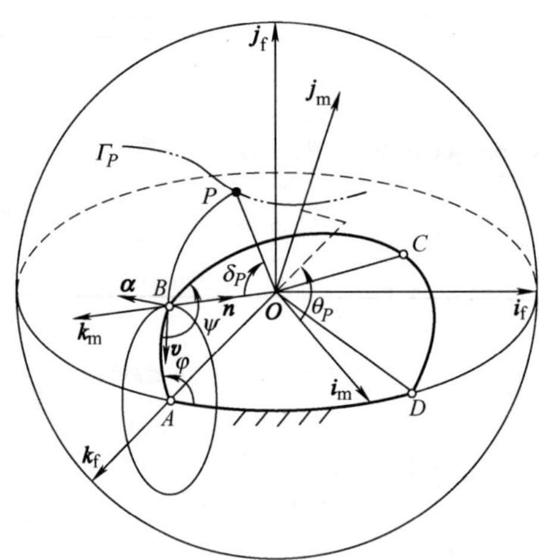

图 4.4　球面四杆机构

$$\Gamma_B: \boldsymbol{R}_B = R\sin a_1 \cos\varphi \boldsymbol{i}_f + R\sin a_1 \sin\varphi \boldsymbol{j}_f + R\cos a_1 \boldsymbol{k}_f \tag{E4-1.1}$$

在曲线 Γ_B上建立 Darboux 标架$\{\boldsymbol{R}_B;\ \boldsymbol{\alpha}_B,\ \boldsymbol{n}_B,\ \boldsymbol{v}_B\}$为：

$$\begin{cases}\boldsymbol{\alpha}_B = -\sin\varphi \boldsymbol{i}_f + \cos\varphi \boldsymbol{j}_f \\ \boldsymbol{n}_B = -\sin a_1 \cos\varphi \boldsymbol{i}_f - \sin a_1 \sin\varphi \boldsymbol{j}_f - \cos a_1 \boldsymbol{k}_f \\ \boldsymbol{v}_B = -\cos a_1 \cos\varphi \boldsymbol{i}_f - \cos a_1 \sin\varphi \boldsymbol{j}_f + \sin a_1 \boldsymbol{k}_f\end{cases} \tag{E4-1.2}$$

由式（E4-1.2）第一式可得曲线 Γ_B的弧长 s 满足 $\mathrm{d}s = R\sin a_1 \mathrm{d}\varphi$，从而可得曲线 Γ_B的测地曲率 k_{gB}为：

$$k_{gB} = \frac{\mathrm{d}\boldsymbol{\alpha}_B}{\mathrm{d}s} \cdot \boldsymbol{v}_B = \frac{\mathrm{d}\varphi}{\mathrm{d}s}\frac{\mathrm{d}\boldsymbol{\alpha}_B}{\mathrm{d}\varphi} \cdot \boldsymbol{v}_B = \frac{1}{R}\cot a_1 \tag{E4-1.3}$$

类似于平面机构，若在球面机构的铰链点 B 上考察连杆的运动，连杆上任意点的运动可看作铰链点 B 的相伴运动，同样颇为简单。因此以铰链点 B 在固定机架上的轨迹曲线 Γ_B（圆）为原曲线，其上 Darboux 标架$\{\boldsymbol{R}_B;\boldsymbol{\alpha}_B,\boldsymbol{n}_B,\boldsymbol{v}_B\}$与连杆运动坐标系$\{\boldsymbol{O};\ \boldsymbol{i}_m,\boldsymbol{j}_m,\boldsymbol{k}_m\}$之间的关系为：

$$\begin{cases}\boldsymbol{R}_B = R\boldsymbol{k}_m \\ \boldsymbol{\alpha}_B = \cos\psi \boldsymbol{i}_m - \sin\psi \boldsymbol{j}_m \\ \boldsymbol{n}_B = -\boldsymbol{k}_m \\ \boldsymbol{v}_B = \sin\psi \boldsymbol{i}_m + \cos\psi \boldsymbol{j}_m\end{cases} \tag{E4-1.4}$$

则对于连杆 BC 上的一点 P，其在连杆运动坐标系$\{\boldsymbol{O};\ \boldsymbol{i}_m,\boldsymbol{j}_m,\boldsymbol{k}_m\}$的球坐标为（$R$，$\delta_P$，$\theta_P$），如图 4.4 所示。以曲线 Γ_B为原曲线，连杆点 P 的轨迹曲线 Γ_P的矢量方程为：

$$\boldsymbol{R}_P = \boldsymbol{R}_B + u_1\boldsymbol{\alpha}_B + u_2\boldsymbol{n}_B + u_3\boldsymbol{v}_B \tag{E4-1.5}$$

式（E4-1.5）中的$(u_1,\ u_2,\ u_3)$为点 P 在活动标架$\{\boldsymbol{R}_B;\ \boldsymbol{\alpha}_B,\ \boldsymbol{n}_B,\ \boldsymbol{v}_B\}$中的投影坐标，且由式（E4-1.4）和式（E4-1.5）可得：

$$\begin{cases} u_1 = R\sin\delta_P\cos(\theta_P + \psi) \\ u_2 = R(1 - \cos\delta_P) \\ u_3 = R\sin\delta_P\sin(\theta_P + \psi) \end{cases} \tag{E4-1.6}$$

由式（E4-1.3）可知曲线 Γ_B 的测地曲率 $k_{gB} = \dfrac{1}{R}\cot a_1$ 为常数，测地曲率 k_{gB} 对弧长 s 的各阶导数均为零。原曲线 Γ_B 上 Darboux 标架 $\{\boldsymbol{R}_B;\ \boldsymbol{\alpha}_B,\ \boldsymbol{n}_B,\ \boldsymbol{v}_B\}$ 的矢量 $\boldsymbol{\alpha}_B$ 在坐标平面 $\boldsymbol{O}-\boldsymbol{i}_{\mathrm{m}}\boldsymbol{j}_{\mathrm{m}}$ 上的方向角 θ 为 $\theta = 2\pi - \psi$，可由式（4.14）得到连杆 BC 球面上在瞬时 $s(s = R\sin a_1 \cdot \varphi)$ 的瞬心点 P_0 的位置：

$$\begin{cases} \theta_{P0} = \left(n + \dfrac{1}{2}\right)\pi - \psi, n = 0, 1 \\ \tan\delta_{P0} = \pm\dfrac{1}{\cot a_1 + R\dot{\psi}} \end{cases} \tag{E4-1.7}$$

4.2 球面运动几何学

4.2.1 球面瞬心线（瞬轴面）

Giulio Mozzi[1]最早提出瞬轴的概念，而 Chasles[2]则明确地将刚体的空间运动视为绕着瞬轴的螺旋运动。球面运动作为空间运动的退化，仅绕固定点转动，因此球面运动的瞬轴通过该固定点，并且球面运动可以视为绕着瞬轴的转动。随着刚体的球面运动，瞬轴（ISA）将分别在运动坐标系 $\{\boldsymbol{O};\ \boldsymbol{i}_{\mathrm{m}},\ \boldsymbol{j}_{\mathrm{m}},\ \boldsymbol{k}_{\mathrm{m}}\}$ 中和固定坐标系 $\{\boldsymbol{O};\ \boldsymbol{i}_{\mathrm{f}},\ \boldsymbol{j}_{\mathrm{f}},\ \boldsymbol{k}_{\mathrm{f}}\}$ 中生成两个直纹面 Σ_{m} 和 Σ_{f}，分别将 Σ_{m} 和 Σ_{f} 称为动瞬轴面和定瞬轴面。由于瞬轴总是通过球心，动瞬轴面 Σ_{m} 和定瞬轴面 Σ_{f} 均是锥顶点在球心的锥面，它们分别与运动刚体和固定刚体上的球面相交得到对应的球面曲线，即式（4.16）所表示的球面动瞬心线 π_{m} 与定瞬心线 π_{f}。另一方面，由第3章内容可知，其腰线均退化为一点，因此其几何性质完全由其直母线单位矢量的球面像曲线的测地曲率所确定。从而可以将动定瞬轴面映射到球心重合的两个单位球面上，分别在两个单位球面上得到两条球面像曲线，即球面动瞬心线 π_{m} 与定瞬心线 π_{f}，如图4.5所示。为与后文空间运动直线轨迹曲面的球面像曲线对应，本书采用球面像曲线表示动、定瞬心线，下文中球面运动均指单位球面运动。

（1）球面动瞬心线 π_{m} 及其测地曲率 $k_{g\mathrm{m}}$ 　球面动瞬心线应在运动坐标系 $\{\boldsymbol{O};\ \boldsymbol{i}_{\mathrm{m}},\ \boldsymbol{j}_{\mathrm{m}},\ \boldsymbol{k}_{\mathrm{m}}\}$ 内加以描述，由式（4.15）可得球面运动刚体 Σ^* 单位球面上动瞬心线 π_{m} 的矢量 $\boldsymbol{R}_{\mathrm{m}}$ 为：

$$\pi_{\mathrm{m}}: \boldsymbol{R}_{\mathrm{m}} = \boldsymbol{R}_B + u_2\boldsymbol{n} + u_3\boldsymbol{v} \tag{4.16}$$

注意，原曲线 Γ_B 及其 Darboux 标架 $\{\boldsymbol{R}_B;\ \boldsymbol{\alpha},\ \boldsymbol{n},\ \boldsymbol{v}\}$ 在固定坐标系 $\{\boldsymbol{O};\ \boldsymbol{i}_{\mathrm{f}},\ \boldsymbol{j}_{\mathrm{f}},\ \boldsymbol{k}_{\mathrm{f}}\}$ 中是弧长 s 的函数，但在运动刚体及其坐标系 $\{\boldsymbol{O};\ \boldsymbol{i}_{\mathrm{m}},\ \boldsymbol{j}_{\mathrm{m}},\ \boldsymbol{k}_{\mathrm{m}}\}$ 内原曲线 Γ_B 为一参考点，而活动标架 $\{\boldsymbol{R}_B;$

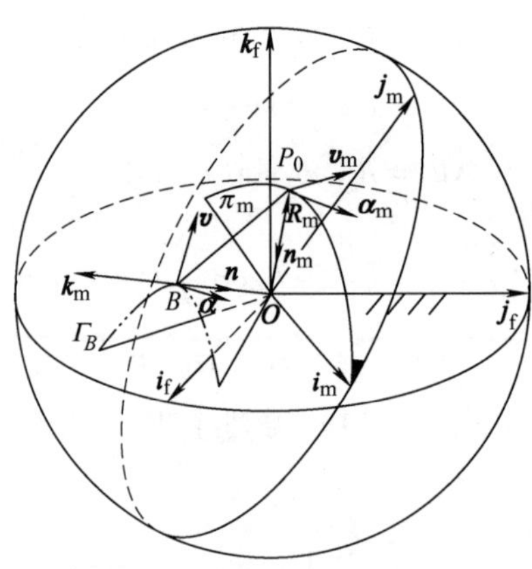

图 4.5　球面运动的瞬心线

$\boldsymbol{\alpha}$, $\boldsymbol{n}$, $\boldsymbol{v}\}$ 的原点 $\boldsymbol{R}_B$ 以及标矢 $\boldsymbol{n}$ 均为固定单位矢量，标矢 $\boldsymbol{\alpha}$，$\boldsymbol{v}$ 随原曲线 Γ_B 不同弧长 s 变化，可看作 $\boldsymbol{O}-\boldsymbol{i}_m\boldsymbol{j}_m$ 上的单位圆矢量函数，即 $\boldsymbol{\alpha}=\boldsymbol{e}_{\mathrm{I}(\theta)}$，$\boldsymbol{v}=\boldsymbol{e}_{\mathrm{II}(\theta)}$。由圆矢量函数的性质可知 $\dfrac{\mathrm{d}\boldsymbol{\alpha}}{\mathrm{d}\theta}=\boldsymbol{v}$，$\dfrac{\mathrm{d}\boldsymbol{v}}{\mathrm{d}\theta}=-\boldsymbol{\alpha}$，所以球面运动刚体动瞬心线 π_m 的切矢为：

$$\frac{\mathrm{d}\boldsymbol{R}_m}{\mathrm{d}s}=-\dot{\theta}\sin\delta_{P0}\boldsymbol{\alpha}+\dot{\delta}_{P0}\sin\delta_{P0}\boldsymbol{n}+\dot{\delta}_{P0}\cos\delta_{P0}\boldsymbol{v} \tag{4.17}$$

球面运动的动瞬心线 π_m 弧长 σ_m 与原曲线 Γ_B 弧长 s 的关系为：

$$\mathrm{d}\sigma_m=|\mathrm{d}\boldsymbol{R}_m|=\sqrt{\dot{\theta}^2\sin^2\delta_{P0}+\dot{\delta}_{P0}^2}\,\mathrm{d}s \tag{4.18}$$

如图 4.5 所示，建立球面运动刚体上动瞬心线 π_m 的活动标架 $\{\boldsymbol{R}_m;\ \boldsymbol{\alpha}_m,\ \boldsymbol{n}_m,\ \boldsymbol{v}_m\}$ 为：

$$\begin{cases}\boldsymbol{\alpha}_m=(-\dot{\theta}\sin\delta_{P0}\boldsymbol{\alpha}+\dot{\delta}_{P0}\sin\delta_{P0}\boldsymbol{n}+\dot{\delta}_{P0}\cos\delta_{P0}\boldsymbol{v})\cdot\dfrac{\mathrm{d}s}{\mathrm{d}\sigma_m}\\ \boldsymbol{n}_m=-\boldsymbol{R}_m=\cos\delta_{P0}\boldsymbol{n}-\sin\delta_{P0}\boldsymbol{v}\\ \boldsymbol{v}_m=\boldsymbol{\alpha}_m\times\boldsymbol{n}_m=(-\dot{\delta}_{P0}\boldsymbol{\alpha}-\dot{\theta}\sin^2\delta_{P0}\boldsymbol{n}-\dot{\theta}\sin\delta_{P0}\cos\delta_{P0}\boldsymbol{v})\cdot\dfrac{\mathrm{d}s}{\mathrm{d}\sigma_m}\end{cases} \tag{4.19}$$

由 Darboux 标架微分运算公式（4.6）得球面运动刚体上动瞬心线 π_m 的测地曲率 k_{gm} 为：

$$k_{gm}=\frac{\mathrm{d}\boldsymbol{\alpha}_m}{\mathrm{d}\sigma_m}\cdot\boldsymbol{v}_m=\frac{\ddot{\theta}\dot{\delta}_{P0}\sin\delta_{P0}+2\dot{\theta}\dot{\delta}_{P0}^2\cos\delta_{P0}-\dot{\theta}\ddot{\delta}_{P0}\sin\delta_{P0}+\dot{\theta}^3\sin^2\delta_{P0}\cos\delta_{P0}}{(\dot{\theta}^2\sin^2\delta_{P0}+\dot{\delta}_{P0}^2)^{\frac{3}{2}}} \tag{4.20}$$

（2）球面运动的定瞬心线 π_f 及其测地曲率 k_{gf}　将球面运动刚体 Σ^* 上的瞬心点 P_0 转换到固定坐标系 $\{\boldsymbol{O};\ \boldsymbol{i}_f,\ \boldsymbol{j}_f,\ \boldsymbol{k}_f\}$ 中即为定瞬心，随着刚体的球面运动，球面瞬心点 P_0 在固定坐标系中形成球面定瞬心线 π_f，也可以作为原曲线 Γ_B 的相伴曲线，由式（4.15）可得：

$$\pi_f:\ \boldsymbol{R}_f=-\cos\delta_{P0}\boldsymbol{n}+\sin\delta_{P0}\boldsymbol{v} \tag{4.21}$$

$\{\boldsymbol{R}_B;\ \boldsymbol{\alpha},\ \boldsymbol{n},\ \boldsymbol{v}\}$ 为在固定坐标系 $\{\boldsymbol{O};\ \boldsymbol{i}_f,\ \boldsymbol{j}_f,\ \boldsymbol{k}_f\}$ 中原曲线 Γ_B 的活动标架，因此满足球面曲线

Darboux 标架的微分运算公式（4.6）。球面定瞬心线 π_f的切矢可以由式（4.21）对弧长参数 s 求导得：

$$\begin{aligned}\frac{\mathrm{d}\boldsymbol{R}_f}{\mathrm{d}s} &= (\cos\delta_{P0} - k_{gB}\sin\delta_{P0})\boldsymbol{\alpha} + \dot{\delta}_{P0}\sin\delta_{P0}\boldsymbol{n} + \dot{\delta}_{P0}\cos\delta_{P0}\boldsymbol{v} \\ &= -\dot{\theta}\sin\delta_{P0}\boldsymbol{\alpha} + \dot{\delta}_{P0}\sin\delta_{P0}\boldsymbol{n} + \dot{\delta}_{P0}\cos\delta_{P0}\boldsymbol{v}\end{aligned} \tag{4.22}$$

从而有球面定瞬心线 π_f的弧长 σ_f与 s 的关系为：

$$\mathrm{d}\sigma_f = |\mathrm{d}\boldsymbol{R}_f| = \sqrt{\dot{\theta}^2\sin^2\delta_{P0} + \dot{\delta}_{P0}^2}\,\mathrm{d}s \tag{4.23}$$

比较式（4.18）以及式（4.23），可知微弧长 $\mathrm{d}\sigma_f = \mathrm{d}\sigma_m$，并简写为 $\mathrm{d}\sigma$，即球面动瞬心线与球面定瞬心线的微弧长相等，二者纯滚动。同样建立球面定瞬心线 π_f的活动标架$\{\boldsymbol{R}_f;\ \boldsymbol{\alpha}_f, \boldsymbol{n}_f, \boldsymbol{v}_f\}$为：

$$\begin{cases}\boldsymbol{\alpha}_f = (-\dot{\theta}\sin\delta_{P0}\boldsymbol{\alpha} + \dot{\delta}_{P0}\sin\delta_{P0}\boldsymbol{n} + \dot{\delta}_{P0}\cos\delta_{P0}\boldsymbol{v}) \cdot \dfrac{\mathrm{d}s}{\mathrm{d}\sigma} \\ \boldsymbol{n}_f = -\boldsymbol{R}_f = \cos\delta_{P0}\boldsymbol{n} - \sin\delta_{P0}\boldsymbol{v} \\ \boldsymbol{v}_f = \boldsymbol{\alpha}_f \times \boldsymbol{n}_f = (-\dot{\delta}_{P0}\boldsymbol{\alpha} - \dot{\theta}\sin^2\delta_{P0}\boldsymbol{n} - \dot{\theta}\sin\delta_{P0}\cos\delta_{P0}\boldsymbol{v}) \cdot \dfrac{\mathrm{d}s}{\mathrm{d}\sigma}\end{cases} \tag{4.24}$$

比较式（4.24）与式（4.19），可知球面定瞬心线与球面动瞬心线在同一瞬时的瞬心点处 Darboux 标架重合。同式（4.20），将式（4.24）第一式对 σ 求导并点积第三式，化简得到球面定瞬心线 π_f的测地曲率 k_{gf}为：

$$k_{gf} = \frac{\mathrm{d}\boldsymbol{\alpha}_f}{\mathrm{d}\sigma_f} \cdot \boldsymbol{v}_f = \frac{\ddot{\theta}\dot{\delta}_{P0}\sin\delta_{P0} + \dot{\theta}\dot{\delta}_{P0}^2\cos\delta_{P0} - \dot{\theta}\ddot{\delta}_{P0}\sin\delta_{P0} + (\dot{\theta}^2\sin^2\delta_{P0} + \dot{\delta}_{P0}^2)(\sin\delta_{P0} + k_{gB}\cos\delta_{P0})}{(\dot{\theta}^2\sin^2\delta_{P0} + \dot{\delta}_{P0}^2)^{\frac{3}{2}}} \tag{4.25}$$

将式（4.25）与式（4.20）相减，可得到球面定、动瞬心线的诱导测地曲率 k_g^* 为：

$$\begin{aligned}k_g^* = k_{gf} - k_{gm} &= \frac{\sin\delta_{P0} + (k_{gB} - \dot{\theta})\cos\delta_{P0}}{(\dot{\theta}^2\sin^2\delta_{P0} + \dot{\delta}_{P0}^2)^{\frac{1}{2}}} \\ &= \frac{1}{\sin\delta_{P0}}\frac{1}{(\dot{\theta}^2\sin^2\delta_{P0} + \dot{\delta}_{P0}^2)^{\frac{1}{2}}} = \frac{1}{\sin\delta_{P0}}\frac{\mathrm{d}s}{\mathrm{d}\sigma}\end{aligned} \tag{4.26}$$

由式（4.18）与式（4.23），式（4.19）与式（4.24）可以得到关于刚体球面运动的结论：

刚体作球面运动时，在运动刚体和固定刚体上分别存在球面动瞬心线和球面定瞬心线，这两条瞬心线的活动标架在球面瞬心点处瞬时重合，而且微弧长相等，故有球面动瞬心线和球面定瞬心线随刚体球面运动而相切地纯滚动。即：

$$\mathrm{d}\sigma_f = \mathrm{d}\sigma_m,\quad \boldsymbol{R}_f = \boldsymbol{R}_m,\quad \boldsymbol{\alpha}_f /\!/ \boldsymbol{\alpha}_m,\quad \boldsymbol{n}_f /\!/ \boldsymbol{n}_m,\quad \boldsymbol{v}_f /\!/ \boldsymbol{v}_m \tag{4.27}$$

上述结论同样阐述了瞬时性质。

【例 4-2】 球面连杆机构的瞬心线。

对于例 4-1 中的球面四杆机构，当输入杆 AB 绕转动副 A 的轴线转过一个周期时，瞬心点 P_0 在连杆 BC 上生成运动刚体上动瞬心线 $\boldsymbol{\pi}_{\mathrm{m}}$。则由式（E4-1.4）和式（4.16）可得连杆上动瞬心线的方程为：

$$\boldsymbol{\pi}_{\mathrm{m}}:\boldsymbol{R}_{\mathrm{m}}=-R\cos\delta_{P0}\boldsymbol{n}_B+R\sin\delta_{P0}\boldsymbol{v}_B=R\sin\delta_{P0}\sin\psi\boldsymbol{i}_{\mathrm{m}}+R\sin\delta_{P0}\cos\psi\boldsymbol{j}_{\mathrm{m}}+R\cos\delta_{P0}\boldsymbol{k}_{\mathrm{m}} \quad (\text{E4-2.1})$$

将式（E4-1.7）和 $\theta=2\pi-\psi$ 代入式（4.20）可以得到连杆上动瞬心线 $\boldsymbol{\pi}_{\mathrm{m}}$的测地曲率 $k_{g\mathrm{m}}$。

同时，瞬心点 P_0 在固定机架 AD 上生成定瞬心线 $\boldsymbol{\pi}_{\mathrm{f}}$。由式（E4-1.2）和式（4.21）可得到固定机架上定瞬心线 $\boldsymbol{\pi}_{\mathrm{f}}$方程为：

$$\begin{aligned}\boldsymbol{\pi}_{\mathrm{f}}:\boldsymbol{R}_{\mathrm{f}}&=-R\cos\delta_{P0}\boldsymbol{n}_B+R\sin\delta_{P0}\boldsymbol{v}_B\\&=(\cos\delta_{P0}\sin a_1-\sin\delta_{P0}\cos a_1)(R\cos\varphi\boldsymbol{i}_{\mathrm{f}}+R\sin\varphi\boldsymbol{j}_{\mathrm{f}})+\\&\quad(R\cos\delta_{P0}\cos a_1+R\sin\delta_{P0}\sin a_1)\boldsymbol{k}_{\mathrm{f}}\end{aligned} \quad (\text{E4-2.2})$$

将式（E4-1.7）和 $\theta=2\pi-\psi$，$k_{gB}=\dfrac{1}{R}\cot a_1$代入式（4.25），可以得到机架上定瞬心线 $\boldsymbol{\pi}_{\mathrm{f}}$的测地曲率 $k_{g\mathrm{f}}$。

球面曲柄摇杆机构 $ABCD$ 如图 4.6 所示，可分别在球面三角形 ABD 与球面三角形 BCD 中应用球面余弦定理，分别得到 AB 与 BD 的夹角（二面角）ψ_1以及 BD 与 BC 的夹角（二面角）ψ_2：

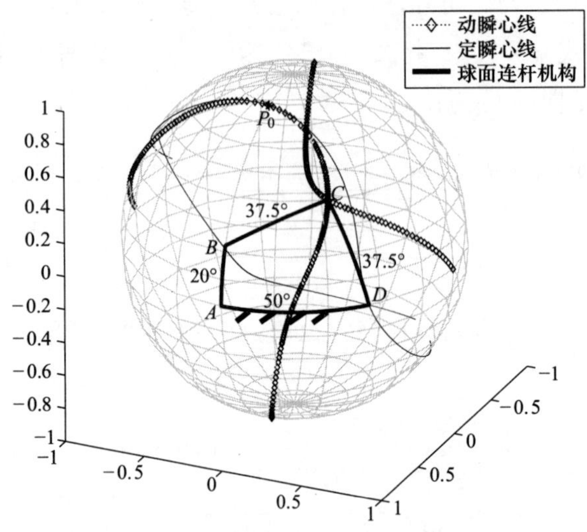

图 4.6 球面曲柄摇杆机构的瞬心线

$$\begin{cases}\cos\psi_1=(\cos a_4-\cos\angle BOD\cdot\cos a_1)/(\sin\angle BOD\cdot\sin a_1)\\\cos\psi_2=(\cos a_3-\cos\angle BOD\cdot\cos a_2)/(\sin\angle BOD\cdot\sin a_2)\end{cases} \quad (\text{E4-2.3})$$

式中，$\cos\angle BOD=\cos a_1\cdot\cos a_4+\sin a_1\cdot\sin a_4\cdot\cos\varphi$，从而得到 AB 到 BC 的夹角（二面角）ψ：

$$\begin{cases}\psi=\psi_1+\psi_2, & 0\leqslant\varphi<\pi\\\psi=-\psi_1+\psi_2, & \pi\leqslant\varphi<2\pi\end{cases} \quad (\text{E4-2.4})$$

式（E4-2.4）即为 $\psi-\varphi$ 的关系式，通过对铰链点 B 的球面轨迹曲线 Γ_B弧长 s 求导得到$\dot{\psi}=$

$d\psi/ds$。

本例中球面曲柄摇杆机构 $ABCD$ 的各杆长所对应的圆心角分别为：$a_1=20°$，$a_2=37.5°$，$a_3=37.5°$，$a_4=50°$。作球面动瞬心线 π_m 与球面定瞬心线 π_f 如图 4.6 所示，在机构的输入角 $\varphi=\pi/2$ 瞬时，球面动、定瞬心线相切地接触于球面瞬心点 P_0，其在连杆坐标系 $\{O;\ i_m,\ j_m,\ k_m\}$ 中的球坐标 $(\delta_{P0},\ \theta_{P0})$ 为（50.7948°，146.3707°），在固定坐标系 $\{O;\ i_f,\ j_f,\ k_f\}$ 中的直角坐标为（0，0.9443，0.3289）。可分别由式（4.20）和式（4.25）计算得到定瞬心线 π_f 与动瞬心线 π_m 的测地曲率，分别为 $k_{gf}=0.6960$，$k_{gm}=1.1565$，从而动、定瞬心线的诱导测地曲率 $k_g^*=k_{gf}-k_{gm}=-0.4605$。

4.2.2　欧拉公式

同平面运动一样，球面运动的动瞬心线与定瞬心线本身含有刚体相对球面运动的内在联系信息，以其为出发点研究球面运动刚体上点轨迹曲线的曲率特性，将使问题简洁且形式优美统一。

对于球面运动刚体 Σ^* 上的一点 P，在固定坐标系 $\{\boldsymbol{O};\ \boldsymbol{i}_f,\ \boldsymbol{j}_f,\ \boldsymbol{k}_f\}$ 中将其看作与球面定瞬心（线 π_f）作相伴运动，如图 4.7 所示，即以定瞬心线 π_f 为原曲线来描述 P 点在固定坐标系中的轨迹 Γ_P，则有：

$$\Gamma_P\!:\boldsymbol{R}_P=\boldsymbol{R}_f+v_1\boldsymbol{\alpha}_f+v_2\boldsymbol{n}_f+v_3\boldsymbol{v}_f \tag{4.28}$$

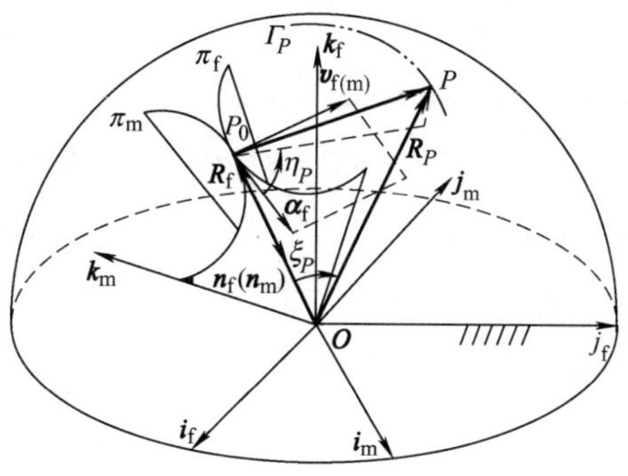

图 4.7　球面运动点的瞬心线相伴表示

式中，$(v_1,\ v_2,\ v_3)$ 为刚体 Σ^* 上的点 P 在球面定瞬心线 π_f 活动标架 $\{\boldsymbol{R}_f;\ \boldsymbol{\alpha}_f,\ \boldsymbol{n}_f,\ \boldsymbol{v}_f\}$ 中的投影坐标，将式（4.28）对球面定瞬心线的弧长 σ_f 求导，并结合活动标架的微分运算公式（4.6）可以得到：

$$\frac{d\boldsymbol{R}_P}{d\sigma}=\left(1+\frac{dv_1}{d\sigma}-v_2-k_{gf}v_3\right)\boldsymbol{\alpha}_f+\left(v_1+\frac{dv_2}{d\sigma}\right)\boldsymbol{n}_f+\left(k_{gf}v_1+\frac{dv_3}{d\sigma}\right)\boldsymbol{v}_f \tag{4.29}$$

同样，在刚体 Σ^* 上固结的运动坐标系 $\{\boldsymbol{O};\ \boldsymbol{i}_m,\ \boldsymbol{j}_m,\ \boldsymbol{k}_m\}$ 中把点 P 看成与球面动瞬心线 π_m 相伴，其轨迹矢量表达式为：

$$\boldsymbol{R}_{P\mathrm{m}}=\boldsymbol{R}_{\mathrm{m}}+u_1\boldsymbol{\alpha}_{\mathrm{m}}+u_2\boldsymbol{n}_{\mathrm{m}}+u_3\boldsymbol{v}_{\mathrm{m}} \tag{4.30}$$

式中，(u_1，u_2，u_3）为刚体Σ^*上的点P在球面动瞬心线$\boldsymbol{\pi}_{\mathrm{m}}$活动标架$\{\boldsymbol{R}_{\mathrm{m}};\boldsymbol{\alpha}_{\mathrm{m}},\boldsymbol{n}_{\mathrm{m}},\boldsymbol{v}_{\mathrm{m}}\}$中的投影坐标，也将式（4.30）对球面动瞬心线弧长$\boldsymbol{\sigma}_{\mathrm{m}}$求导，并结合活动标架的微分运算公式有：

$$\frac{\mathrm{d}\boldsymbol{R}_{P\mathrm{m}}}{\mathrm{d}\sigma}=\left(1+\frac{\mathrm{d}u_1}{\mathrm{d}\sigma}-u_2-k_{g\mathrm{m}}u_3\right)\boldsymbol{\alpha}_{\mathrm{m}}+\left(u_1+\frac{\mathrm{d}u_2}{\mathrm{d}\sigma}\right)\boldsymbol{n}_{\mathrm{m}}+\left(k_{g\mathrm{m}}u_1+\frac{\mathrm{d}u_3}{\mathrm{d}\sigma}\right)\boldsymbol{v}_{\mathrm{m}} \tag{4.31}$$

由于P点是刚体Σ^*上的固定点，即在运动坐标系$\{\boldsymbol{O}_{\mathrm{m}};\boldsymbol{i}_{\mathrm{m}},\boldsymbol{j}_{\mathrm{m}},\boldsymbol{k}_{\mathrm{m}}\}$中观察，$P$点的绝对运动变化率为零，有$\dfrac{\mathrm{d}\boldsymbol{R}_{P\mathrm{m}}}{\mathrm{d}\sigma}=0$，从而点$P$满足球面运动不动点条件：

$$\begin{cases}1+\dfrac{\mathrm{d}u_1}{\mathrm{d}\sigma}-u_2-k_{g\mathrm{m}}u_3=0\\ u_1+\dfrac{\mathrm{d}u_2}{\mathrm{d}\sigma}=0\\ k_{g\mathrm{m}}u_1+\dfrac{\mathrm{d}u_3}{\mathrm{d}\sigma}=0\end{cases} \tag{4.32}$$

即有：

$$\frac{\mathrm{d}u_1}{\mathrm{d}\sigma}=u_2+k_{g\mathrm{m}}u_3-1,\quad \frac{\mathrm{d}u_2}{\mathrm{d}\sigma}=-u_1,\quad \frac{\mathrm{d}u_3}{\mathrm{d}\sigma}=-k_{g\mathrm{m}}u_1 \tag{4.33}$$

式（4.33）说明了活动标架沿着球面动瞬心线π_{m}运动时所观察到点P的变化，($\mathrm{d}u_1/\mathrm{d}\sigma$，$\mathrm{d}u_2/\mathrm{d}\sigma$，$\mathrm{d}u_3/\mathrm{d}\sigma$)是刚体$\Sigma^*$上$P$点相对球面动瞬心线$\boldsymbol{\pi}_{\mathrm{m}}$活动标架$\{\boldsymbol{R}_{\mathrm{m}};\boldsymbol{\alpha}_{\mathrm{m}},\boldsymbol{n}_{\mathrm{m}},\boldsymbol{v}_{\mathrm{m}}\}$的运动。由于瞬时球面动瞬心线与球面定瞬心线的活动标架重合，在瞬心点处相切地纯滚动，且有式（4.27）成立，运动刚体上同一点P相对瞬时重合的活动标架$\{\boldsymbol{R}_{\mathrm{f}};\boldsymbol{\alpha}_{\mathrm{f}},\boldsymbol{n}_{\mathrm{f}},\boldsymbol{v}_{\mathrm{f}}\}$与$\{\boldsymbol{R}_{\mathrm{m}};\boldsymbol{\alpha}_{\mathrm{m}},\boldsymbol{n}_{\mathrm{m}},\boldsymbol{v}_{\mathrm{m}}\}$具有相同的坐标及其变化率，即：

$$u_1=v_1,\quad u_2=v_2,\quad u_3=v_3,\quad \frac{\mathrm{d}u_1}{\mathrm{d}\sigma}=\frac{\mathrm{d}v_1}{\mathrm{d}\sigma},\quad \frac{\mathrm{d}u_2}{\mathrm{d}\sigma}=\frac{\mathrm{d}v_2}{\mathrm{d}\sigma},\quad \frac{\mathrm{d}u_3}{\mathrm{d}\sigma}=\frac{\mathrm{d}v_3}{\mathrm{d}\sigma} \tag{4.34}$$

将式（4.33）代入式（4.29）有：

$$\frac{\mathrm{d}\boldsymbol{R}_P}{\mathrm{d}\sigma}=k_g^*(-v_3\boldsymbol{\alpha}_{\mathrm{f}}+v_1\boldsymbol{v}_{\mathrm{f}}) \tag{4.35}$$

从而可得点P在固定坐标系中的速度矢量为：

$$\boldsymbol{V}_P=\frac{\mathrm{d}\boldsymbol{R}_P}{\mathrm{d}t}=\frac{\mathrm{d}\boldsymbol{R}_P}{\mathrm{d}\sigma}\frac{\mathrm{d}\sigma}{\mathrm{d}t} \tag{4.36}$$

类似于平面运动，刚体的球面运动可以视为瞬时在球面上绕着球面瞬心点的转动，所以球面点P的速度矢量可以由另一种方式得到，即：

$$\boldsymbol{V}_P = \boldsymbol{\omega} \times (\boldsymbol{R}_P - \boldsymbol{R}_{\mathrm{f}}) = -\omega \boldsymbol{n}_{\mathrm{f}} \times (v_1 \boldsymbol{\alpha}_{\mathrm{f}} + v_2 \boldsymbol{n}_{\mathrm{f}} + v_3 \boldsymbol{\nu}_{\mathrm{f}})$$
$$= \omega(-v_3 \boldsymbol{\alpha}_{\mathrm{f}} + v_1 \boldsymbol{\nu}_{\mathrm{f}}) \tag{4.37}$$

式中，ω 为刚体 Σ^* 的转动角速度，并由式（4.35）、式（4.36）和式（4.37）可得：

$$\omega = k_g^* \frac{\mathrm{d}\sigma}{\mathrm{d}t} \tag{4.38}$$

式（4.38）表明了球面动、定瞬心线诱导测地曲率 k_g^* 的运动学意义。

对于运动刚体 Σ^* 上的点 P，其始终在一球面上运动，将点 P 在定瞬心线的 Darboux 标架 $\{\boldsymbol{R}_{\mathrm{f}};\ \boldsymbol{\alpha}_{\mathrm{f}},\ \boldsymbol{n}_{\mathrm{f}},\ \boldsymbol{\nu}_{\mathrm{f}}\}$ 中的相对坐标用坐标参数（ξ_P，η_P）表示，如图 4.7 所示。其中 ξ_P 为球心到 P 点与瞬心 P_0 两条连线的夹角，η_P 为瞬心 P_0 到 P 点的矢径在活动标架平面 $\boldsymbol{R}_{\mathrm{f}} - \boldsymbol{\alpha}_{\mathrm{f}}\boldsymbol{\nu}_{\mathrm{f}}$ 上的投影与标矢 $\boldsymbol{\alpha}_{\mathrm{f}}$ 的夹角，从而有：

$$\begin{cases} v_1 = u_1 = \sin \xi_P \cos\eta_P \\ v_2 = u_2 = 1 - \cos\xi_P \\ v_3 = u_3 = \sin\xi_P \sin\eta_P \end{cases} \tag{4.39}$$

将式（4.39）代入式（4.33）可得：

$$\begin{cases} \dfrac{\mathrm{d}\eta_P}{\mathrm{d}\sigma} = \cot \xi_P \sin\eta_P - k_{g\mathrm{m}} \\ \dfrac{\mathrm{d}\xi_P}{\mathrm{d}\sigma} = -\cos\eta_P \end{cases} \tag{4.40}$$

为研究球面运动点 P 的轨迹曲线 Γ_P 的曲率特性，在曲线 Γ_P 上建立活动标架 $\{\boldsymbol{R}_P;\ \boldsymbol{\alpha}_P,\ \boldsymbol{n}_P,\ \boldsymbol{\nu}_P\}$ 为：

$$\begin{cases} \boldsymbol{\alpha}_P = -\sin\eta_P \boldsymbol{\alpha}_{\mathrm{f}} + \cos\eta_P \boldsymbol{\nu}_{\mathrm{f}} \\ \boldsymbol{n}_P = -\sin\xi_P \cos\eta_P \boldsymbol{\alpha}_{\mathrm{f}} + \cos\xi_P \boldsymbol{n}_{\mathrm{f}} - \sin\xi_P \sin\eta_P \boldsymbol{\nu}_{\mathrm{f}} \\ \boldsymbol{\nu}_P = -\cos\xi_P \cos\eta_P \boldsymbol{\alpha}_{\mathrm{f}} - \sin\xi_P \boldsymbol{n}_{\mathrm{f}} - \cos\xi_P \sin\eta_P \boldsymbol{\nu}_{\mathrm{f}} \end{cases} \tag{4.41}$$

由式（4.41）第一式可得轨迹曲线 Γ_P 的弧长 σ_P 和 σ 的关系为：

$$\mathrm{d}\sigma_P = k_g^* \sin\xi_P \mathrm{d}\sigma \tag{4.42}$$

那么应用曲面上曲线活动标架的微分运算公式（4.6），可得曲线 Γ_P 的测地曲率 k_{gP} 为：

$$k_{gP} = \frac{\mathrm{d}\boldsymbol{\alpha}_P}{\mathrm{d}\sigma_P} \cdot \boldsymbol{\nu}_P = \frac{\sin\eta_P + k_g^* \sin\xi_P \cos\xi_P}{k_g^* \sin^2\xi_P} = \frac{\sin\xi_P \cos\xi_P + \sin\eta_P / k_g^*}{\sin^2\xi_P} \tag{4.43a}$$

若将曲线 Γ_P 在 P 点的测地曲率 k_{gP} 用测地曲率半径 ρ_g 的倒数来替代，则式（4.43a）可以改写为：

$$\rho_g \left(\sin\xi_P \cos\xi_P + \frac{\sin\eta_P}{k_g^*} \right) = \sin^2\xi_P \tag{4.43b}$$

如图 4.8 所示，球面轨迹曲线 Γ_P 在点 P 的切矢 $\boldsymbol{\alpha}_P$ 和副法矢 $\boldsymbol{\nu}_P$ 可以张成切平面 Σ_P，将曲线 Γ_P 投影到平面 Σ_P 上可以得到相应的投影平面曲线 C_P，曲线 Γ_P 在点 P 的测地曲率恰为

投影平面曲线 C_P在点 P 的曲率，测地曲率中心为 O_{Pg}。因此，式（4.43a）和式（4.43b）表明了球面运动点的位置、轨迹测地曲率中心（位置）以及球面动、定瞬心线结构参数之间的关系，称为**球面运动的测地 Euler-Savary 公式**，与第 1 章平面运动的 Euler-Savary 公式（1.74）具有类似的形式。

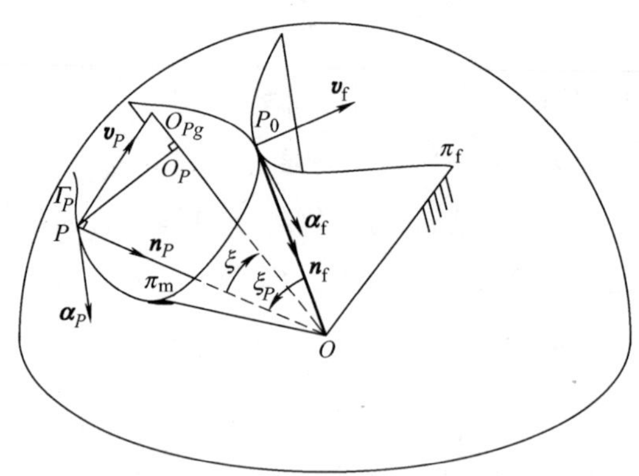

图 4.8　球面运动点的欧拉公式

由第 3 章式（3.29）和式（3.30）可知，曲线的测地曲率中心在副法矢 $\boldsymbol{v}_P$上，法曲率中心在球面法矢 $\boldsymbol{n}_P$上，而曲线的曲率矢量恰为测地曲率矢量和法曲率矢量的矢量和。对于球面轨迹曲线 Γ_P，其测地曲率中心为 O_{Pg}，法曲率中心为球心 O，点 P 与点 O_{Pg}、点 O 构成直角三角形，过直角顶点 P 作斜边$\overline{OO_{Pg}}$的垂线，由关系式 $k_P^2 = k_{nP}^2 + k_{gP}^2$可得斜边$\overline{OO_{Pg}}$上的垂足点便是球面曲线 Γ_P的曲率中心 O_P，即位于球心 O 到测地曲率中心 O_{Pg}的矢径上。令 $\tan\xi = \rho_g$，将式（4.43b）改写为

$$\cot(\xi - \xi_P) + \cot \xi_P = -\frac{k_g^*}{\sin\eta_P} \tag{4.43c}$$

从对应球面圆心角来说，式（4.43c）既可以看成球面曲线 Γ_P在点 P 的 Euler-Savary 公式，也可以是测地 Euler-Savary 公式。

当球面轨迹曲线 Γ_P的测地曲率 $k_{gP} = 0$ 时，由式（4.43a）可得：

$$\sin(2\xi_P) + \frac{2\sin\eta_P}{k_g^*} = 0 \tag{4.44}$$

在任意瞬时，式（4.44）确定了球面上的一条曲线，该曲线上点作球面运动时无限接近三位置在一球面大圆上，称该曲线为**球面测地拐点曲线**。考虑到球面运动的对称性，ξ_P和 η_P的定义域分别为 $\xi_P \in [0, \pi/2)$和 $\eta_P \in [0, 2\pi)$。由式（4.44）可知，对于任意给定的 η_P可得到两个相应的 ξ_P，即：

$$\begin{cases} \xi_P^{(1)} = \dfrac{1}{2}\arcsin\left(-\dfrac{2\sin\eta_P}{k_g^*}\right) \\ \xi_P^{(2)} = \dfrac{\pi}{2} - \dfrac{1}{2}\arcsin\left(-\dfrac{2\sin\eta_P}{k_g^*}\right) \end{cases} \tag{4.45}$$

为使得式（4.45）中 ξ_P 存在解，需使得 $k_g^{*2} \geqslant 4\sin^2\eta_P$ 或者 $|k_g^*| \geqslant 2|\sin\eta_P|$。当 $|k_g^*| > 2$ 时，由式（4.45）可知 ξ_P 无法取到 $\xi_P \in [0, \pi/2)$ 中的所有点，即测地拐点曲线分为两支，如图 4.9 中所示的曲线 Γ_1，其中一支从点 P_1 开始到点 P_2 形成封闭对称曲线，点 P_1 的参数 ξ_{P1} 为零，点 P_2 的参数 ξ_{P2} 为 $\dfrac{1}{2\arcsin(2/|k_g^*|)}$；另一支从点 P_4 开始，形成一条对称的开口曲线，点 P_4 的参数 ξ_{P4} 为 $\pi/2 - \dfrac{1}{2\arcsin(2/|k_g^*|)}$。当 k_g^* 为 2 或者 -2 时，若给定的 η_P 为 $3\pi/2$ 或者 $\pi/2$，此时 $\xi_P^{(1)} = \xi_P^{(2)} = \pi/4$，说明此时测地拐点曲线为一条对称的自相交曲线 Γ_2。曲线的起始点为 P_1，自相交点为 P_3，且其参数 ξ_{P3} 为 $\pi/4$。当 $|k_g^*| < 2$ 时，$|\sin\eta_P| \leqslant |k_g^*|/2$，$\eta_P$ 的取值范围为 $\left[-\arcsin\dfrac{|k_g^*|}{2}, \arcsin\dfrac{|k_g^*|}{2}\right] \cup \left[\pi - \arcsin\dfrac{|k_g^*|}{2}, \pi + \arcsin\dfrac{|k_g^*|}{2}\right]$，测地拐点曲线从点 P_1 开始形成一条对称的开口曲线 Γ_3。

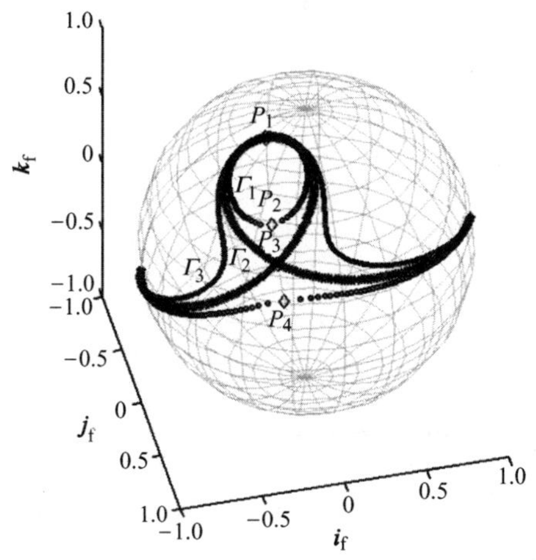

图 4.9　球面测地拐点曲线

将式（4.43a）对 σ 求一阶导数，可得：

$$\frac{\mathrm{d}k_{gP}}{\mathrm{d}\sigma} = \frac{(k_g^* - k_{gm})\sin\xi_P\cos\eta_P - \dfrac{1}{k_g^*}\dfrac{\mathrm{d}k_g^*}{\mathrm{d}\sigma}\sin\xi_P\sin\eta_P + 3\cos\xi_P\sin\eta_P\cos\eta_P}{k_g^*\sin^3\xi_P} \tag{4.46}$$

由于球面曲线 Γ_P 的法曲率 k_{nP} 为常数 1，依据 $k_P^2 = k_{nP}^2 + k_{gP}^2$，可知测地曲率 k_{gP} 的变化反映了曲率 k_P 的变化。若球面轨迹曲线 Γ_P 的曲率（测地曲率 k_{gP}）的变化率为零，即 $\dfrac{\mathrm{d}k_{gP}}{\mathrm{d}\sigma} = 0$，令式（4.46）为零并化简可得：

$$\cot\xi_P = \frac{1}{M\sin\eta_P} + \frac{1}{N\cos\eta_P} \tag{4.47a}$$

其中

$$\frac{1}{M}=\frac{(k_{gm}-k_g^*)}{3},\quad \frac{1}{N}=\frac{1}{3k_g^*}\cdot\frac{\mathrm{d}k_g^*}{\mathrm{d}\sigma} \tag{4.47b}$$

不难看出，上述两式与第 1 章平面运动曲率驻点曲线公式（1.79）有异曲同工之处，可称式（4.47a）确定的球面曲线为球面运动刚体上的**球面曲率驻点曲线**，其上任意一点的无限接近四位置在球面圆弧上，并称为**球面曲率驻点**。

若球面轨迹曲线 Γ_P 的测地曲率 k_{gP} 以及 $\frac{\mathrm{d}k_{gP}}{\mathrm{d}\sigma}$ 在某一瞬时均为零，得到测地拐点曲线与曲率驻点曲线的交点，称为瞬时**球面 Ball 点**，其无限接近四位置在一球面大圆上，球面 Ball 点满足的方程为：

$$\begin{cases}\sin(2\xi_P)+\dfrac{2\sin\eta_P}{k_g^*}=0\\ \cot\xi_P=\dfrac{1}{M\sin\eta_P}+\dfrac{1}{N\cos\eta_P}\end{cases} \tag{4.48a}$$

式（4.48a）可等效为：

$$\begin{cases}\sin(2\xi_P)+\dfrac{2\sin\eta_P}{k_g^*}=0\\ \dfrac{\mathrm{d}}{\mathrm{d}\sigma}\left(\sin(2\xi_P)+\dfrac{2\sin\eta_P}{k_g^*}\right)=0\end{cases} \tag{4.48b}$$

即球面 Ball 点条件等价于求测地拐点曲线族的包络线。

结合式（4.48a）中的两式并消去参数 η_P，可得：

$$f_1\cos^8\xi_P+f_2\cos^6\xi_P+f_3\cos^4\xi_P+f_4\cos^2\xi_P+f_5=0 \tag{4.49a}$$

其中

$$\begin{cases}f_1=-k_g^{*4}\\ f_2=k_g^{*4}-\dfrac{2k_g^{*3}}{M}\\ f_3=\dfrac{2k_g^{*3}}{M}-\dfrac{k_g^{*2}}{N^2}-\dfrac{k_g^{*2}}{M^2}-k_g^{*2}\\ f_4=\dfrac{k_g^{*2}}{N^2}+\dfrac{k_g^{*2}}{M^2}-\dfrac{2k_g^*}{M}\\ f_5=-\dfrac{1}{M^2}\end{cases} \tag{4.49b}$$

式（4.49a）为关于 $\cos\xi_P$ 的八次代数方程，但是由于球面运动的对称性，由式（4.48a）所确定的球面运动刚体上瞬时的八个球面 Ball 点中，其中每个球面 Ball 点均存在与其关于球心对称的点，因此任意瞬时刚体上最多存在 4 个球面 Ball 点。

若球面轨迹曲线 Γ_P 的曲率 k_P 对 σ 的一阶导数以及二阶导数均为零，即 $\dfrac{\mathrm{d}k_P}{\mathrm{d}\sigma}=0$ 以及 $\dfrac{\mathrm{d}^2k_P}{\mathrm{d}\sigma^2}=0$ 同时成立，将式（4.46）对 σ 再求导一次，将式（4.47a）代入并化简得：

$$(\tan^2\eta_P+1)\left(\frac{2-k_{gm}M}{M^2}+\frac{\dfrac{3M}{N}+\dfrac{\mathrm{d}M}{\mathrm{d}\sigma}}{M^2}\tan\eta_P+\frac{1+\dfrac{\mathrm{d}N}{\mathrm{d}\sigma}}{N^2}\tan^2\eta_P+\right.$$
$$\left.\frac{k_{gm}-\dfrac{1}{M}}{N}\tan^3\eta_P-\frac{1}{N^2}\tan^4\eta_P\right)+\tan^2\eta_P=0 \tag{4.50}$$

式（4.50）为 $\tan\eta_P$ 的六次代数方程，在任意瞬时，M、N 及其导数有确定的值，则式（4.50）的值不多于六个。由于满足式（4.47a）以及式（4.50）的球面运动刚体上，点的几何意义是该点的无限接近五位置在球面圆弧上，称该点为**球面 “Burmester” 点**，因此，对于一般球面运动，瞬时 “Burmester” 点最多不超过六个。

上述球面运动几何学的活动标架方法展示了球面曲线的几何性质，在此说明在圆锥齿轮中的应用。特殊地，若球面运动刚体上一点 P 始终在瞬心线（瞬轴面）的切平面上，如图 4.10所示，即式（4.28）中的 $v_3=0$，式（4.39）中的 $\eta_P=0$，该点在固定坐标系 $\{\boldsymbol{O}_f;\boldsymbol{i}_f,\boldsymbol{j}_f,\boldsymbol{k}_f\}$ 中的轨迹曲线 Γ_P 为球面渐开线，其测地曲率公式（4.43a）可简化为 $k_{gP}=\cot\xi_P$，即测地曲率中心 O_{P_g} 和曲率中心 O_P 均在瞬时轴上。

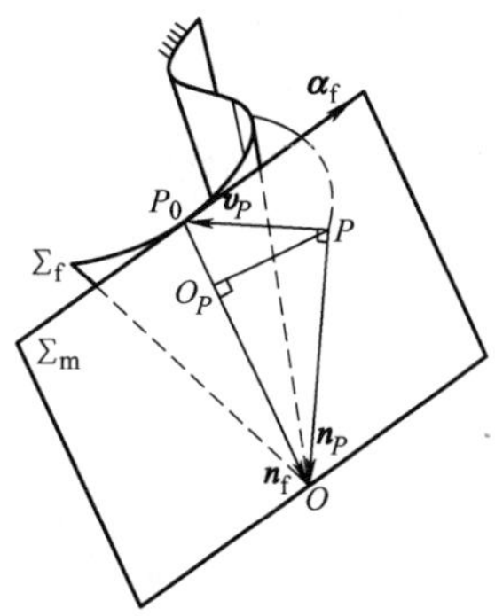

图 4.10　球面渐开线

如直齿锥齿轮和弧齿锥齿轮，其齿廓曲面是由一发生面（平面）在一基圆锥面上纯滚动（球面运动）形成的，发生面和基圆锥面分别为运动刚体和固定刚体上的瞬轴面，二者相接触的基圆锥面直母线为瞬轴，从而可以动、定瞬轴面为原曲线，依据前面叙述的过程对球面渐开线的几何性质进行讨论。那么，球面渐开线有着与平面渐开线类似的性质，如曲线的法线切于瞬轴面，切点就是球面渐开线的曲率中心等，如图 4.10所示。当一对锥齿轮齿廓共轭时，两齿轮的节圆锥相切，公共切线——节圆锥的直母线为瞬时轴，以球面渐开线作为齿廓曲线的两个球面渐开线锥齿轮的啮合，其共轭性质可由两齿轮相对运动的瞬轴面——节圆锥的纯滚动来描述，如图 4.11 所示。从而使得球面渐开线锥齿轮啮合原理与渐开线圆柱齿轮啮合原理相类似。

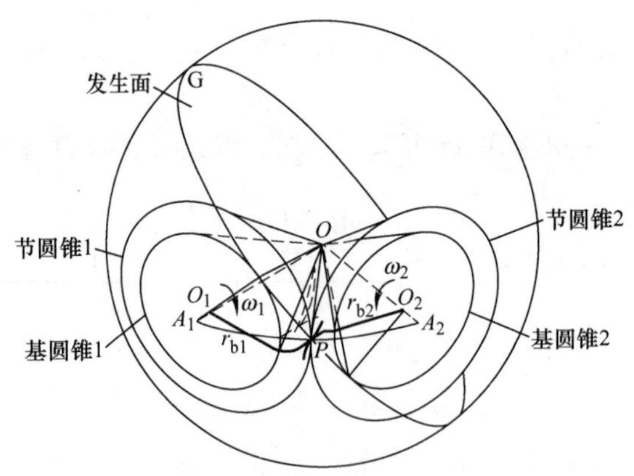

图 4.11 球面渐开线圆锥齿轮传动

【例 4-3】 球面四杆机构的瞬时运动几何性质。

对于球面四杆机构 $ABCD$，其各杆长（圆心角）为 $a_1=30°$，$a_2=45°$，$a_3=60°$，$a_4=15°$，即为双曲柄机构，可按照前述计算公式分别绘制球面动、定瞬心线，测地拐点曲线以及球面 Ball 点曲线等。

（1）球面双曲柄机构的动、定瞬心线　按照例 4-2 中的式（E4-1.4）和式（E4-2.2），绘制该球面双曲柄机构的球面动瞬心线 π_m 与球面定瞬心线 π_f，如图 4.12 所示。图中所示为当机构的输入角 $\varphi=\pi/2$ 瞬时，球面动、定瞬心线相切地接触于球面瞬心点 P_0，其在连杆坐标系中的球坐标 $(\xi_{P0},\ \eta_{P0})$ 为 $(55.6183°,\ 318.1524°)$，在固定坐标系中的直角坐标为 $(0,\ -0.4324,\ 0.9017)$。可分别由式（4.20）和式（4.25）计算得到 $\varphi=\pi/2$ 瞬时定瞬心线 π_f 与动瞬心线 π_m 的测地曲率分别为 $k_{gf}=2.4959$ 和 $k_{gm}=1.1023$，从而动、定瞬心线的诱导测地曲率 $k_g^*=1.3936$。

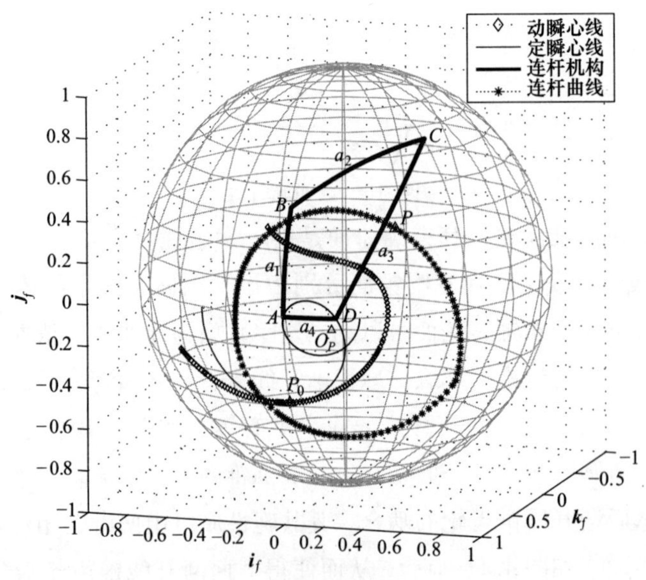

图 4.12 球面双曲柄机构的动、定瞬心线

（2）球面连杆曲线的 Euler-Savary 公式　由式（E4-1.4）以及式（4.19）可知球面动瞬心线上的活动标架$\{\boldsymbol{R}_{\mathrm{m}};\boldsymbol{\alpha}_{\mathrm{m}},\boldsymbol{n}_{\mathrm{m}},\boldsymbol{v}_{\mathrm{m}}\}$与连杆运动坐标系$\{\boldsymbol{O};\boldsymbol{i}_{\mathrm{m}},\boldsymbol{j}_{\mathrm{m}},\boldsymbol{k}_{\mathrm{m}}\}$之间的关系为：

$$
\begin{cases}
x_{\mathrm{m}}=\dfrac{\mathrm{d}s}{\mathrm{d}\sigma}(-\dot{\theta}\sin\delta_{P0}v_1-\dot{\delta}_{P0}v_3)\cos\psi+\\
\qquad[\dot{\delta}_{P0}\cos\delta_{P0}\dfrac{\mathrm{d}s}{\mathrm{d}\sigma}v_1-(v_2-1)\sin\delta_{P0}-\dot{\theta}\sin\delta_{P0}\cos\delta_{P0}\dfrac{\mathrm{d}s}{\mathrm{d}\sigma}v_3]\sin\psi\\
y_{\mathrm{m}}=-\dfrac{\mathrm{d}s}{\mathrm{d}\sigma}(-\dot{\theta}\sin\delta_{P0}v_1-\dot{\delta}_{P0}v_3)\sin\psi+\\
\qquad[\dot{\delta}_{P0}\cos\delta_{P0}\dfrac{\mathrm{d}s}{\mathrm{d}\sigma}v_1-(v_2-1)\sin\delta_{P0}-\dot{\theta}\sin\delta_{P0}\cos\delta_{P0}\dfrac{\mathrm{d}s}{\mathrm{d}\sigma}v_3]\cos\psi\\
z_{\mathrm{m}}=-\dot{\delta}_{P0}\sin\delta_{P0}\dfrac{\mathrm{d}s}{\mathrm{d}\sigma}v_1-(v_2-1)\cos\delta_{P0}+\dot{\theta}\sin^2\delta_{P0}\dfrac{\mathrm{d}s}{\mathrm{d}\sigma}v_3
\end{cases}
\tag{E4-3.1}
$$

式中，$\dfrac{\mathrm{d}s}{\mathrm{d}\sigma}=\dfrac{1}{\sqrt{\dot{\psi}^2\sin^2\delta_{P0}+\dot{\delta}_{P0}^2}}$，$(x_{\mathrm{m}},y_{\mathrm{m}},z_{\mathrm{m}})$为连杆上的点在运动坐标系$\{\boldsymbol{O};\boldsymbol{i}_{\mathrm{m}},\boldsymbol{j}_{\mathrm{m}},\boldsymbol{k}_{\mathrm{m}}\}$中的坐标，$(v_1,v_2,v_3)$为连杆点 P 在 Darboux 标架$\{\boldsymbol{R}_{\mathrm{m}};\boldsymbol{\alpha}_{\mathrm{m}},\boldsymbol{n}_{\mathrm{m}},\boldsymbol{v}_{\mathrm{m}}\}$上的坐标，且有 $v_1=\sin\xi_P\cos\eta_P$，$v_2=1-\cos\xi_P$和 $v_3=\sin\xi_P\sin\eta_P$。

对于连杆坐标系$\{\boldsymbol{O};\boldsymbol{i}_{\mathrm{m}},\boldsymbol{j}_{\mathrm{m}},\boldsymbol{k}_{\mathrm{m}}\}$中直角坐标为（0.3536，0.3536，0.8660）的连杆点 P，其在固定坐标系中的轨迹曲线 Γ_P如图 4.12 所示。由式（E4-3.1）可得其在瞬心线 Darboux 标架$\{\boldsymbol{R}_{\mathrm{m}};\boldsymbol{\alpha}_{\mathrm{m}},\boldsymbol{n}_{\mathrm{m}},\boldsymbol{v}_{\mathrm{m}}\}$中的参数$(\xi_P,\eta_P)$为 $\xi_P=1.0336$，$\eta_P=0.8466$。可由式（4.43a）计算得到球面轨迹曲线 Γ_P在 $\varphi=\pi/2$ 瞬时的测地曲率 $k_{gP}=1.3238$，从而测地曲率中心 O_{Pg}与球心连线和点 P 与球心连线的夹角 ξ 为 0.6469。轨迹曲线 Γ_P在该瞬时点 P 处曲率中心 O_P在固定坐标系$\{\boldsymbol{O};\boldsymbol{i}_{\mathrm{f}},\boldsymbol{j}_{\mathrm{f}},\boldsymbol{k}_{\mathrm{f}}\}$中的坐标为（0.1748，−0.0987，0.7722），从而绘制半径为 0.6027 的曲率圆，如图 4.12 所示。

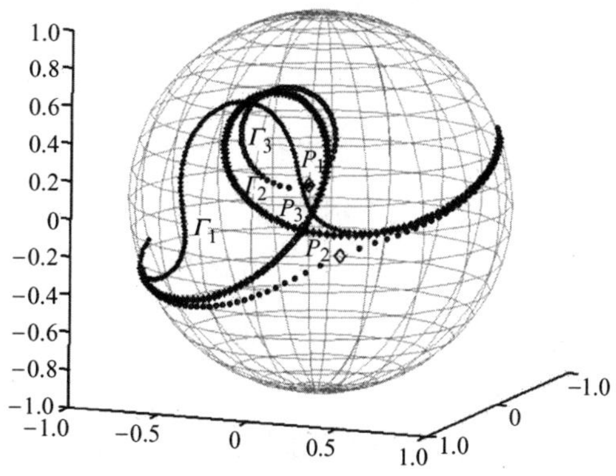

图 4.13　球面双曲柄机构的测地拐点曲线

（3）连杆上的测地拐点曲线　当球面双曲柄机构输入杆的转角为 143.2394°时，球面动、定瞬心线的诱导测地曲率 k_g^* 为 1.6869，则由式（4.44）可得连杆上测地拐点曲线的方程为：

$$\sin(2\xi_P)+\frac{2\sin\eta_P}{1.6869}=0 \tag{E4-3.2}$$

通过式（E4-3.1）可将测地拐点曲线在运动坐标系$\{\boldsymbol{O};\ \boldsymbol{i}_m, \boldsymbol{j}_m, \boldsymbol{k}_m\}$中进行描绘，如图4.13中的曲线$\Gamma_1$。

同样地，当球面双曲柄机构输入杆的转角为167.7620°时，球面动、定瞬心线的诱导测地曲率k_g^*为2，则连杆上测地拐点曲线的方程为：

$$\sin(2\xi_P)+\sin\eta_P=0 \tag{E4-3.3}$$

图4.13中所示的曲线Γ_2为此时的测地拐点曲线，其自相交于点$P_3(\xi_{P3}=45°,\ \eta_{P3}=-90°)$，由式（E4-3.1）可得点$P_3$在运动坐标系$\{\boldsymbol{O};\ \boldsymbol{i}_m, \boldsymbol{j}_m, \boldsymbol{k}_m\}$中的坐标为（0.9607，0.2758，0.0317）。

当曲柄的转角为177.6169°时，球面动、定瞬心线的诱导测地曲率k_g^*为2.1810，连杆上测地拐点曲线的方程为：

$$\sin(2\xi_P)+\frac{2\sin\eta_P}{2.1810}=0 \tag{E4-3.4}$$

测地拐点曲线为图4.13中所示的曲线Γ_3。其中一支从$\xi_P=0$开始，闭合于P_1（$\xi_{P_1}=33.2487°$，$\eta_{P_1}=-90°$）；另一支从P_2（$\xi_{P_2}=56.7515°$，$\eta_{P_2}=-90°$）开始，生成一条对称开口曲线。P_1以及P_2点在运动坐标系$\{\boldsymbol{O};\ \boldsymbol{i}_m, \boldsymbol{j}_m, \boldsymbol{k}_m\}$中的坐标分别为$P_1$（0.9186，0.2941，0.2638）以及$P_2$（0.8831，0.4566，−0.1080）。

（4）连杆上的Ball点曲线　当曲柄的转角$\varphi=\pi/2$时，球面动、定瞬心线的诱导测地曲率$k_g^*=1.3936$，由式（4.48a）可得连杆上球面Ball点满足的方程为：

$$\begin{cases}\sin(2\xi_P)+\dfrac{2\sin\eta_P}{1.3936}=0\\ \cot\xi_P=-\dfrac{1}{10.2980\sin\eta_P}+\dfrac{1}{12.2980\cos\eta_P}\end{cases} \tag{E4-3.5}$$

由式（E4-3.5）可以得到此时连杆上的两个球面Ball点P_{B1}和P_{B2}，它们在Darboux标架$\{\boldsymbol{R}_m;\boldsymbol{\alpha}_m, \boldsymbol{n}_m, \boldsymbol{v}_m\}$中的坐标参数分别为$P_{B1}(\xi_{P_{B1}}=103.0407°,\ \eta_{P_{B1}}=17.8362°)$和$P_{B2}(\xi_{P_{B2}}=108.0427°,\ \eta_{P_{B2}}=155.7700°)$，在运动坐标系$\{\boldsymbol{O};\ \boldsymbol{i}_m, \boldsymbol{j}_m, \boldsymbol{k}_m\}$中的坐标分别为（0.2905，0.9363，0.1971）和（−0.9182，−0.3898，0.0710）。

在$\varphi=[0,2\pi)$范围内，绘制连杆BC上的动瞬心线、测地拐点曲线族以及Ball点曲线如图4.14所示。可见，同平面机构一样，Ball点曲线与动瞬心线为测地拐点曲线族的两条包络线。

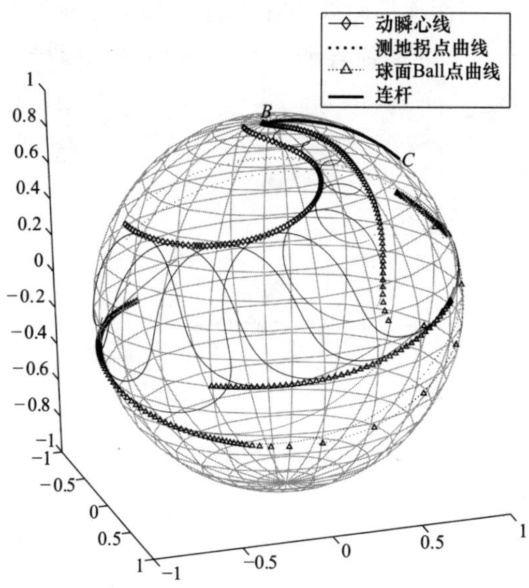

图 4.14　球面双曲柄机构的 Ball 点曲线

4.3　球面机构连杆曲线

球面连杆机构在文献［16］中已经讨论十分透彻，为体现本书微分几何学方法的系统性，本节把 4.2 节球面运动微分几何学内容及部分整体特征应用于球面连杆机构，并与平面连杆曲线相对应。

4.3.1　连杆曲线基本方程

对于球面四杆机构 $ABCD$，分别在连杆 BC 和机架 AD 上建立运动坐标系$\{\boldsymbol{O};\ \boldsymbol{i}_{\mathrm{m}}, \boldsymbol{j}_{\mathrm{m}}, \boldsymbol{k}_{\mathrm{m}}\}$和固定坐标系$\{\boldsymbol{O};\ \boldsymbol{i}_{\mathrm{f}}, \boldsymbol{j}_{\mathrm{f}}, \boldsymbol{k}_{\mathrm{f}}\}$，如图 4.4 所示。连杆上点 P 在运动坐标系$\{\boldsymbol{O};\ \boldsymbol{i}_{\mathrm{m}}, \boldsymbol{j}_{\mathrm{m}}, \boldsymbol{k}_{\mathrm{m}}\}$中的球坐标为 $(1, \delta_P, \theta_P)$，随着球面机构连杆的运动，点 P 总是伴随着铰链点 B 运动并形成轨迹曲线 $\varGamma_P$，从而可以将点 B 的轨迹曲线 $\varGamma_B$（球面上圆）视为原曲线，而将轨迹曲线 $\varGamma_P$ 作为曲线 $\varGamma_B$ 的相伴曲线。在曲线 $\varGamma_B$ 上建立活动标架$\{\boldsymbol{R}_B;\ \boldsymbol{\alpha}_B, \boldsymbol{n}_B, \boldsymbol{v}_B\}$，则曲线 $\varGamma_P$ 的基本矢量方程为：

$$\boldsymbol{R}_P = \boldsymbol{R}_B + u_1\boldsymbol{\alpha}_B + u_2\boldsymbol{n}_B + u_3\boldsymbol{v}_B \tag{4.51}$$

式中，(u_1, u_2, u_3) 为点 P 在活动标架$\{\boldsymbol{R}_B;\ \boldsymbol{\alpha}_B, \boldsymbol{n}_B, \boldsymbol{v}_B\}$中的相对坐标，并且为：

$$\begin{cases} u_1 = R\sin\delta_P\cos(\theta_P + \psi) \\ u_2 = R(1 - \cos\delta_P) \\ u_3 = R\sin\delta_P\sin(\theta_P + \psi) \end{cases} \tag{4.52}$$

式中，ψ 为球面四杆机构连杆 BC 相对于原动件 AB 的转角。

4.3.2　二重点

同平面机构一样，球面机构连杆曲线的二重点也是连杆上一点在不同瞬时两次通过球面上同一点。如图 4.15 所示，球面连杆曲线在该点处呈相交或相切状态，分别对应着二重点的两种类型：自交点和自切点。球面连杆曲线二重点的条件同样可以用不同瞬时连杆点 P (δ_P, θ_P) 的矢量式相等来表示，即：

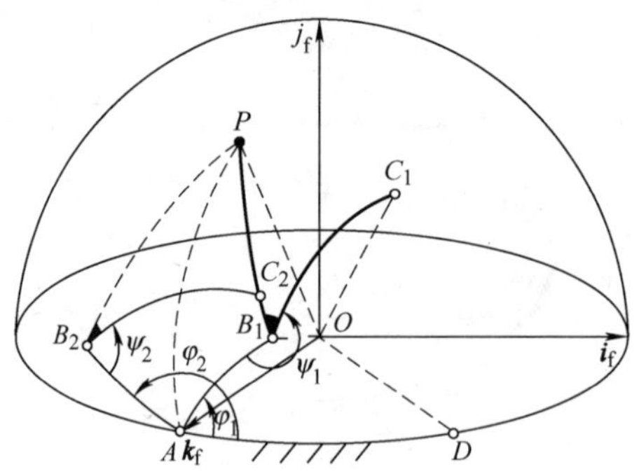

图 4.15　球面连杆曲线的二重点

$$\boldsymbol{R}_P^{(1)} = \boldsymbol{R}_P^{(2)} \tag{4.53}$$

矢量 $\boldsymbol{R}_P^{(1)}$ 和 $\boldsymbol{R}_P^{(2)}$ 表示了连杆上点在两个不同时刻到达二重点时的位置矢量。式（4.53）可转化为矢量的模以及辐角相等：

$$\begin{cases} |\boldsymbol{R}_P^{(1)}| = |\boldsymbol{R}_P^{(2)}| \\ \boldsymbol{R}_P^{(1)} \times \boldsymbol{R}_P^{(2)} = 0 \end{cases} \tag{4.54}$$

由于 P 点始终在单位球面上，以球心为原点时式（4.54）中的第一式始终成立；但是在球面机构中，可以改用球面上机架铰链点 A 作为参考点，用 $\overrightarrow{AP}$ 的模相等来代替这一条件，即 $\overrightarrow{AP_1} = \overrightarrow{AP_2}$。而 $\overrightarrow{AP}$ 的矢量方程可以由曲线 $\varGamma_B$ 上的活动标架 $\{\boldsymbol{R}_B;\ \boldsymbol{\alpha}_B, \boldsymbol{n}_B, \boldsymbol{v}_B\}$ 来描述：

$$\overrightarrow{AP} = \overrightarrow{AB} + \overrightarrow{BP} = u_1\boldsymbol{\alpha}_B + (u_2 + \cos a_1 - 1)\boldsymbol{n}_B + (u_3 - \sin a_1)\boldsymbol{v}_B \tag{4.55}$$

由于 $|\overrightarrow{AP_1}| = |\overrightarrow{AP_2}|$，代入式（4.52）可得：

$$\sin(\theta_P + \psi_1) = \sin(\theta_P + \psi_2) \tag{4.56}$$

从而有：

$$\theta_P + \psi_1 = n\pi - (\theta_P + \psi_2) \tag{4.57}$$

式中，n 为奇数。

固定坐标系 $\{\boldsymbol{O};\ \boldsymbol{i}_f, \boldsymbol{j}_f, \boldsymbol{k}_f\}$ 中连杆上点 P 的矢径可表达为：

$$\boldsymbol{R}_P = \sin\angle AOP\cos(\angle PAB + \varphi)\boldsymbol{i}_f + \sin\angle AOP\sin(\angle PAB + \varphi)\boldsymbol{j}_f + \cos\angle AOP\boldsymbol{k}_f \tag{4.58}$$

式中，$\angle AOP$ 为大圆弧段 $\overset{\frown}{PA}$ 所对圆心角，$\angle PAB$ 为 $\overset{\frown}{PA}$ 与 $\overset{\frown}{AB}$ 的球面夹角（二面角），将式（4.58）代入式（4.54）第二式可得：

$$\angle PAB_1 + \varphi_1 = \angle PAB_2 + \varphi_2 \tag{4.59}$$

如图4.15所示，对应着连杆点到达二重点的两个不同时刻，$\angle PAB$ 保持符号相反但是绝对值不变，即 $\angle PAB_1 = -\angle PAB_2$，所以 $\angle PAB_1 = (\varphi_2 - \varphi_1)/2 = \Delta\varphi/2$。在球面三角形 PAB_1 中，根据球面正弦以及余弦定理，可得：

$$\sin\delta_P = \frac{\sin a_1 \sin\dfrac{\Delta\varphi}{2}}{\sin\angle APB} \tag{4.60a}$$

其中

$$\cos\angle APB = -\cos\frac{\Delta\varphi}{2}\cos\left(\theta_P + \psi_1 - \frac{\pi}{2}\right) - \sin\frac{\Delta\varphi}{2}\sin\left(\theta_P + \psi_1 - \frac{\pi}{2}\right)\cos a_1 \tag{4.60b}$$

式（4.57）与式（4.60a）表明了球面机构连杆上点在其轨迹上产生二重点时的机构相应位置。将式（4.57）对曲线 Γ_B 的弧长 s 求导可得：

$$\dot{\psi}_1 + \dot{\psi}_2\left(\sin a_1 \frac{\mathrm{d}\Delta\varphi}{\mathrm{d}s} + 1\right) = 0 \tag{4.61}$$

当 $\Delta\varphi \to 0$ 时，$\varphi_2 \to \varphi_1$，$\psi_2 \to \psi_1$，$\dot{\psi}_2 \to \dot{\psi}_1$，这时

$$\theta_P + \psi_1 = \frac{n}{2}\pi \tag{4.62}$$

由式（4.61）可知 $\mathrm{d}(\Delta\varphi)/\mathrm{d}s = -2/\sin a_1$，将式（4.60a）对弧长 s 求导可得：

$$\frac{\mathrm{d}\angle APB}{\mathrm{d}s} = \mp\frac{\sqrt{1 + \sin^2 a_1 \dot{\psi}^2 + 2\sin a_1 \cos a_1 \dot{\psi}}}{\sin a_1} \tag{4.63}$$

当 $\Delta\varphi$ 趋近于零时，取式（4.60a）的极限可得：

$$\sin\delta_P = \lim_{\Delta\varphi \to 0} \sin a_1 \frac{\cos\dfrac{\Delta\varphi}{2}}{\cos\angle APB}\frac{\dfrac{1}{2}\dfrac{\mathrm{d}\Delta\varphi}{\mathrm{d}s}}{\dfrac{\mathrm{d}\angle APB}{\mathrm{d}s}} = -\frac{1}{\dfrac{\mathrm{d}\angle APB}{\mathrm{d}s}} = \pm\frac{\sin a_1}{\sqrt{1 + \sin^2 a_1 \dot{\psi}^2 + 2\sin a_1 \cos a_1 \dot{\psi}}} \tag{4.64}$$

从而

$$\tan\delta_P = \pm\frac{\sin a_1}{\cos a_1 + \dot{\psi}\sin a_1} = \pm\frac{1}{\cot a_1 + \dot{\psi}} \tag{4.65}$$

比较式（E4-1.7）与式（4.62）、式（4.65）可知，瞬时处于其轨迹上二重点的连杆点恰为此时连杆上的球面瞬心点。

当 φ 变化一周时，对于同一 θ_P 可求得连杆上不同的点，其轨迹曲线上存在有二重点，即相应的参数 δ_P 在一定范围内变化取值，如果其变化不是单调的，则必定存在有极限，将式（4.60a）对弧长 s 求导并令 $\mathrm{d}\delta_P/\mathrm{d}s = 0$ 可得：

$$\cos\frac{\Delta\varphi}{2}\frac{\mathrm{d}\Delta\varphi}{\mathrm{d}s}\sin\angle APB - 2\sin\frac{\Delta\varphi}{2}\cos\angle APB\frac{\mathrm{d}\angle APB}{\mathrm{d}s} = 0 \tag{4.66}$$

联立式（4.57）、式（4.60a）与式（4.66）即可得到对应 θ_P 为确定值时，球面连杆机构连杆上轨迹曲线存在二重点并且参数 δ_P 存在极值的连杆点。同平面机构一样，球面机构连杆上的自切点条件为：

$$\boldsymbol{R}_P^{(1)} = \boldsymbol{R}_P^{(2)}, \quad \frac{\mathrm{d}\boldsymbol{R}_P^{(1)}}{\mathrm{d}s} = \frac{\mathrm{d}\boldsymbol{R}_P^{(2)}}{\mathrm{d}s} \tag{4.67}$$

式（4.67）中的第一式为连杆上二重点条件，第二式为连杆曲线在二重点处相切条件。同样可以由该式得到式（4.57）、式（4.60a）与式（4.66），说明球面连杆机构连杆上轨迹曲线存在二重点并且参数 δ_P 存在极值的连杆点，其二重点为自切点。

同平面连杆机构一样，由于球面连杆机构具有不同的类型，使得球面二重点公式中的参数 φ 和 ψ 的取值范围不尽相同。由于球面连杆机构是平面连杆机构在球面上的拓展，所以球面机构与平面机构对连杆上轨迹曲线存在二重点的连杆点的分布规律应相互对应，不同的只是求解方程的形式和范围。所以第 1 章中将平面连杆机构分为带单曲柄或者不带单曲柄的分类原则同样可以应用于球面连杆机构，并采取相应的求解流程。

【例 4-4】 球面曲柄摇杆机构的连杆曲线二重点。

对于例 4-2 中的球面曲柄摇杆机构 $ABCD$，各个杆长所对应的圆心角分别为：$a_1 = 20°$，$a_2 = 37.5°$，$a_3 = 37.5°$，$a_4 = 50°$。$\tau_2 = 0.85$ 确定了连杆上过连架杆与连杆的铰链点 B 的平面，其与平面 OBC 的夹角为 0.85，并截交单位球面得到大圆 G_2。大圆 G_2 与球面动瞬心线交于球面瞬心点 $P_0^{(1)}$（0.8666，2.4208）和 $P_0^{(2)}$（1.2139，2.4208），$P_0^{(1)}$ 和 $P_0^{(2)}$ 分别对应着球面连杆机构的转角 $\varphi_0^{(1)} = 1.4615$ 以及 $\varphi_0^{(2)} = 5.3763$，从而当转角为 $\varphi_0^{(1)}$ 和 $\varphi_0^{(2)}$ 时，连杆上轨迹曲线存在有二重点的连杆点恰为此时的球面上瞬心点。

同平面单曲柄四杆机构一样，确定大圆 G_2 上轨迹曲线存在有二重点的连杆点的范围时，只需在区间$[\varphi_0^{(1)}, \varphi_0^{(2)}]$内考虑，如图 4.16a 所示，即在大圆 G_2 上，由$[\varphi_0^{(1)}, \varphi_0^{(2)}]$区间来确定连杆点的参数 δ_P 是起于 $P_0^{(1)}(\delta_P^{(1)})$ 而止于 $P_0^{(2)}(\delta_P^{(2)})$。若 δ_P 由 $P_0^{(1)}(\delta_P^{(1)})$ 变化到 $P_0^{(2)}(\delta_P^{(2)})$ 是单调的，这就意味着$[\delta_P^{(1)}, \delta_P^{(2)}]$内的各点的连杆曲线仅含一个二重点。若 δ_P 由 $\delta_P^{(1)}$ 变化到 $\delta_P^{(2)}$ 不是单调的，必定存在极值，并可以由式（4.60a）和（4.66）求得。对于参数 $\theta_P \in (0, 2\pi)$ 中的所有连杆点，若有连杆点的轨迹曲线存有二重点并且参数 δ_P 取得极值，则这些连杆点构成连杆上自切点曲线，如图 4.16a 所示。可以看出自切点曲线的两端同样与球面动瞬心线的两支汇合。

在图 4.16a 中，分别可由 $\tau_2 = 0.85$ 和 $\tau_1 = -0.5$ 确定连杆单位球面上的大圆 G_2 和 G_1。在 $\tau_2 = 0.85$ 确定的大圆 G_2 上，P_2 是轨迹曲线存有二重点的连杆点参数 δ_P 取得极值 δ_{P_2} 的点，且 $\delta_{P_2} < \delta_P^{(1)} < \delta_P^{(2)}$，则大圆 G_2 上轨迹曲线存有二重点的连杆点由 $P_0^{(1)}$ 点起，首先向 P_2 点方向变化，到 P_2 点后，又返回向 $P_0^{(2)}$ 变化，途中经过 $P_0^{(1)}$。整个变化过程中，经过$[\delta_{P_2}, \delta_P^{(1)}]$区间内的连杆点两次，而经过$[\delta_P^{(1)}, \delta_P^{(2)}]$区间内点一次。所以，$[\delta_{P_2}, \delta_P^{(1)}]$ 内的连杆点，其连杆曲线含有两个二重点，形如双 8 字形；而在$[\delta_P^{(1)}, \delta_P^{(2)}]$内的连杆点，其轨迹只含有一个二重点，形如 8 字形。

同样地，对于由 $\tau_1=-0.5$ 确定的连杆单位球面上的大圆 G_1，其上轨迹曲线存有二重点的连杆点，从一支球面动瞬心线上到另一支球面瞬心线上是单调变化的，不存在极值点，因此只有两支动瞬心线之间的连杆点含有二重点。图 4.16b 所示为连杆上连杆点轨迹的变化情况。

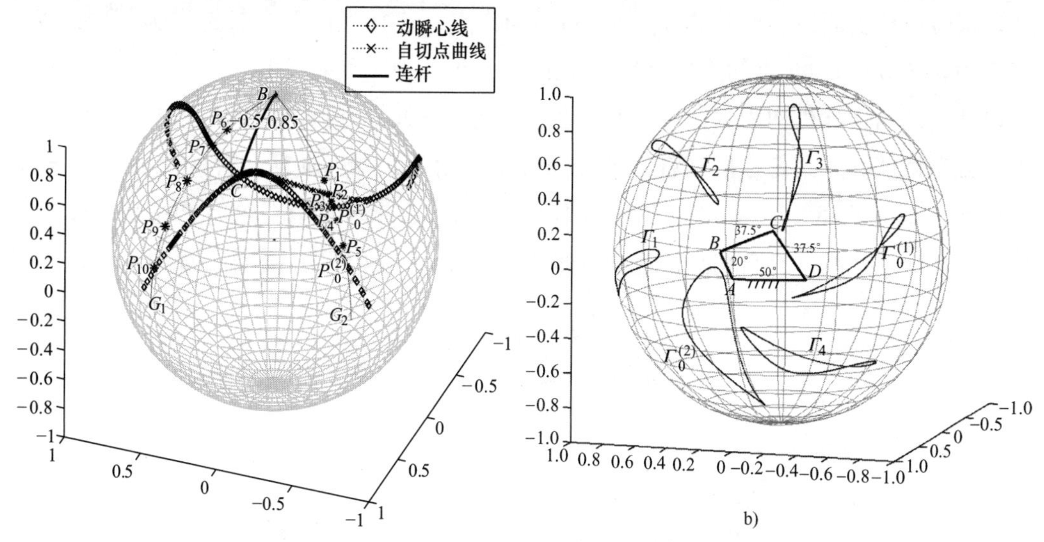

图 4.16　球面曲柄摇杆机构的连杆曲线二重点

4.3.3　球面连杆曲线分布规律

从前面的研究内容可以看出，球面连杆曲线可看作平面连杆曲线在球面上的拓展，只是决定平面曲线的相对曲率不变量变成了球面曲线的测地曲率不变量，而平面上的直线变成了球面上的测地线——球面大圆，平面曲线的拐点对应球面曲线的测地拐点。因此，球面连杆曲线的局部特征和分布规律在理论上应与平面机构相呼应，只是在具体的表达形式上有所差别。本节以球面四杆机构为例，简要概述连杆曲线的局部特征与分布规律，与平面四杆机构连杆曲线相对应。

(1) 尖点　球面连杆曲线上出现尖点时，该处的测地曲率 k_{gP} 为无穷大，即式 (4.43a) 中的分母为零，这时的连杆点恰为连杆上的瞬心点，即球面动瞬心线为轨迹带有尖点的球面连杆点的集合。

(2) 测地拐点　球面连杆曲线上出现拐点时，其测地曲率 k_{gP} 为零，从而得到测地拐点曲线满足的方程式 (4.44)。与平面机构不同的是，测地拐点曲线在球面上并非为圆，依赖于球面机构运动的诱导测地曲率取值的不同，而呈现出不同的几何形状。随着球面连杆机构的运动，连杆上的测地拐点曲线族形成两条包络线——球面 Ball 点曲线和球面动瞬心线。

(3) 球面 Ball 点　若一球面连杆点为某瞬时的球面 Ball 点，则其连杆曲线上在该点的测地曲率及变化率均为零，表现为连杆曲线与一球面大圆三阶接触，在较大范围内近似于球面大圆（测地线）。曾为球面 Ball 点的连杆点都集合在球面 Ball 点曲线上，球面运动刚体上瞬时有不多于四个 Ball 点，球面 Ball 点曲线为球面测地拐点曲线的一支包络线。

（4）球面 Burmester 点曲线　若一球面连杆点为某瞬时的球面运动 Burmester 点，则其连杆曲线在该点的（测地）曲率的一阶、二阶导数均为零，表现在连杆曲线在该点处与球面上圆弧四阶接触，在较大范围内近似于球面圆弧。由球面 Burmester 点满足的公式（4.50）可知，瞬时连杆平面最多存在六个球面 Burmester 点，连杆上的两个铰链点为其中的两个。所有曾为球面 Burmester 点的连杆点都集合在球面 Burmester 点曲线上。

以球面曲柄摇杆机构为例，展示连杆上连杆轨迹曲线具有特定局部和整体几何特征的连杆点的分布特征，尤其是这些连杆点的分布界限。给定该球面曲柄摇杆的尺寸为 $\alpha_1=20°$，$\alpha_2=37.5°$，$\alpha_3=37.5°$，$\alpha_4=50°$，则可依据 4.1 节和 4.2 节中的公式绘制连杆上的球面动瞬心线、球面轨迹曲线存有自切点的连杆点曲线以及部分球面 Ball 点曲线，如图 4.17a 所示。

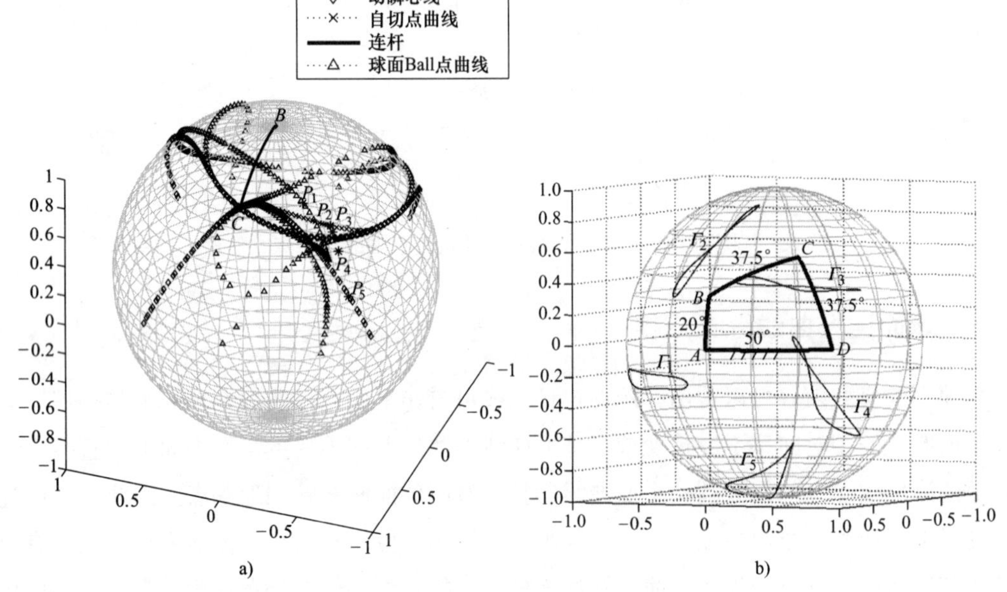

图 4.17　球面曲柄摇杆机构连杆曲线的分布规律

对于球面 Ball 点曲线上的球面 Ball 点 P_1，其轨迹曲线可以用来生成较大范围的球面近似大圆弧段；连杆上点 P_2 位于自切点的引导点曲线上，其轨迹曲线存在有自切点；而对于球面动瞬心线上的连杆点 P_5，其轨迹曲线带有尖点。位于自切点引导点曲线以及球面动瞬心线之间的连杆点，如点 P_3，其轨迹曲线上有两个自交点，因此其形如双 8 字；而位于球面动瞬心线两条分支之间的连杆点，如点 P_4，其轨迹曲线上有一个自交点，因此其形如单 8 字。

4.4　讨论

刚体的球面运动同平面运动一样都是三个自由度，或者说有三个独立参数，球面运动可以看成是平面运动在球面上的拓展，也就说球面运动几何学的多数性质都与平面运动几何学对应。V. V. Dobrovolskii[3]，W. Meyer zur Capellen，G. Dittrich 和 B. Janssen[4]，H. R. Muller[5] 较早地研究了球面机构的运动学性质。G. R. Veldkamp[6] 针对平面运动几何中的直角定理——将一直角的顶点沿着平面固定曲线运动，其一边始终保持与该曲线相切（该直角实质上就是曲线的活动标架），则该直角的运动瞬心恰为固定曲线的曲率中心，将其推广到球面运动，从而得到球面运动几何学中的欧拉公式以及 Bobillier 定理等性质。H. J. Kamphuis[7] 运用瞬时角速度矢量及其导数去分析球面曲柄滑块机构的运动性质，得到连杆上的 Ball 点和 Burmester 点。在 H. J. Kamphuis 对球面运动描述的基础上，A. T. Yang 和 B. Roth[8] 定义了球面曲线的特征数，并以此描述球面曲线的几何性质，进而研究球面运动刚体上球面轨迹曲线具有相同特征数的点的位置特征。其研究成果为球面连杆机构的分析与综合提供了理论基础。R. Sodhi 和 T. E. Shoup[9] 求得了球面全铰链四杆机构瞬轴面的代数方程，并确定了其阶数为 16。Ting 和 Soni[10] 研究了球面运动平面的包络性质，采用类似于曲率的特征数来描述包络面的几何特征，从而可以在球面运动刚体上确定出包络面特征数相同的平面。J. M. McCarthy[11,12] 利用 Euler 数将球面运动映射到单位超球面上，从而用单位超球面上曲线的微分几何性质来反映球面运动几何性质。Ting[13] 研究了球面运动点、平面和圆轨迹的曲率性质，揭示了点和平面的对偶性。K. H. Hunt[14]，O. Bottema 和 B. Roth[15] 的著作同样采用运动不变量对球面运动的曲率理论进行了研究。C. H. Chiang 的专著[16] 是一本关于球面机构运动几何学和综合的系统性著作，采用矢量和矩阵方法将平面运动几何学向球面运动进行了拓展，其紧密联系得到展示。

同平面机构一样，球面机构上点轨迹的局部几何特征完全由球面运动瞬时运动几何学理论得到，但对球面机构连杆曲线的整体性质研究，与平面连杆曲线相比并不充分。V. V. Dobrovolskii[17] 对球面机构连杆曲线的性质进行了初步探讨，得到八次代数曲线。D. M. Lu 和 W. M. Hwang[18] 分析了球面四杆机构对称连杆曲线的存在性，发现球面四杆机构存在对称连杆曲线圆的条件比平面四杆机构更加苛刻，即连杆与从动件的杆长不仅要相等，更要等于 90°。D. M. Lu[19] 和 W. M. Hwang[20,21] 绘制了三角诺模图，描述了对称球面曲柄摇杆机构，双曲柄机构，Grashof 和非 Grashof 双摇杆机构在对称面上，连杆点的对称轨迹曲线的几何特征与机构尺寸参数的关系。K. H. Shirazi[22] 对平面和球面摇块连杆机构的连杆曲线的性质进行了分析，得到了连杆曲线上二重点的存在个数与机构尺寸参数的关系。由于球面连杆曲线比平面连杆曲线更复杂，其整体性质采用微分几何学方法研究理所当然会更简便、更直接，如上述的对称连杆曲线会像二重点一样，采用微分几何学方法得到解析表达，可能不必增加那么多的条件。同样，球面连杆曲线的卵形线，理应可以利用测地曲率的非负条件和简单球面曲线得到，其在连杆球面上的分布区域相信也能够确定。

球面运动几何学作为平面运动几何学的推广，同时又是空间运动几何学的一种特殊形式，理所当然是二者理论体系之间的桥梁和纽带，但现有文献中只反映了球面运动与平面运动在内容和形式上的对仗，而与空间运动几何学的内在联系还没有体现，如空间运动的曲率理论无法与平面曲线及球面相媲美，球面曲线与空间曲线、直纹面的不变量与不变式之间的关系尚未展开讨论，因此，这个桥梁在阅读本书的第 6 章和第 7 章前还没有建立。A. T. YANG 和 Kirson 等对直纹面的渐屈面与曲率特征标量进行了探索，J. M. McCarthy 讨论了直纹面的结构参数不变量，但缺少与空间机构约束曲线与约束曲面的联系，且具有相当的难度。作者在第 3 章采用微分几何学方法讨论了直纹面的几何性质由其结构参数确定，并转化为直母线的单位矢量球面像曲线和腰曲线性质研究，尤其是直母线单位矢量球面像曲线，建立了空间运动直线与球面运动点的映射关系，从而将球面运动几何学与空间运动几何学紧密联系起来，在第 6、7 章中将阐述空间运动几何学理论，形成本书的平面、球面到空间运动几何学理论体系。由此把点的平面运动推广到直线的空间运动，对比平面运动曲线与空间直纹面的性质，后者无论是瞬时几何性质还是整体性质都研究的很不充分，作为研究其直母线单位矢量球面像曲线——点的球面运动几何学，存在和平面运动几何学相类似的问题，如球面机构的瞬心线整体几何性质、球面机构的连杆曲线分布规律等，期待着机构学者深入研究。曲线的球面运动轨迹曲面会更加复杂，丁昆隆（Ting）作了开创性工作，理应采用微分几何学研究方法深入研究，会使球面运动几何学内涵更精彩，也将彰显微分几何学研究方法魅力[23]。

参考文献

[1] G. Mozzi. Discorso matematico sopra il rotamento momentaneo dei corpi [M]. Napoli: Stamperia di Donato Campo, 1763.

[2] M. Chasles. Note sur les Proprietes Generales du Systeme de Deux Corps Semblables entr' eux [J]. Bullettin de Sciences Mathematiques, Astronomiques Physiques et Chimiques, Baron de Ferussac, Paris, (1830) 321-326.

[3] V. V. Dobrovolskii. Theory of Spherical Mechanisms (in Russian) [M]. Moscow: Olma Press 1947.

[4] W. Meyer zur Capellen, G. Dittrich, B. Janssen. Systematik und Kinematik ebener und sphärischer Viergelenkgetriebe [M]. Westdeutscher Verlag, Köln und Opladen, 1966.

[5] H. R. Müller. Sphärische Kinematik [M]. Berlin: VEB-Verlag der Wissenschaften, 1962.

[6] G. R. Veldkamp. An Approach to Spherical Kinematics Using Tools Suggested by Plane Kinematics [J]. Journal of Mechanisms, 1967, 2 (4): 437-450.

[7] H. J. Kamphuis. Application of Spherical Instantaneous Kinematics to the Spherical Slider-Crank Mechanism [J]. Journal of Mechanisms, 1969, 4 (1): 43-56.

[8] A. T. Yang, B. Roth. Higher-Order Path Curvature in Spherical Kinematics [J]. ASME J. Eng. Ind., 1973, 95 (2): 612-616.

[9] R. Sodhi, T. E. Shoup. Axodes for the Four-Revolute Spherical Mechanism, Mechanism and Machine Theory [J]. 1982, 17 (3): 173-178.

[10] K. L. Ting, A. H. Soni. Instantaneous Kinematics of a Plane in Spherical Motion [J]. ASME Journal of

Mechanisms, Transmissions and Automation in Design, 1983, 105 (3): 560-567.

[11] J. M. McCarthy, B. Ravani. Differential Kinematics of Spherical and Spatial Motions Using Kinematic Mapping [J]. ASME Journal of Applied Mechanics, 1986, 53 (1): 15-22.

[12] J. M. McCarthy. The Differential Geometry of Curves in an Image Space of Spherical Kinematics [J]. Mechanism and Machine Theory, 1987, 22 (3): 205-211.

[13] K. L. Ting, R. Bunduwongse. Unified Spherical Curvature Theory of Point- , Plane- , and Circle- Paths [J]. ASME Journal of Mechanical Design, 1991, 113 (2): 142-149.

[14] K. H. Hunt. Kinematic Geometry of Mechanism [M]. Oxford University Press, 1978.

[15] O. Bottema, B. Roth. Theoretical Kinematics [M]. New York: North-Holland, 1979.

[16] C. H. Chiang. Kinematics of Spherical Mechanisms [M]. 2nd ed. Krieger Pub Co, 2000.

[17] V. V. Dobrovolskii. On Spherical Coupler Curves (In Russian) [J]. Prikl. Math. Mekh., 1944, VIII: 475-477.

[18] D. M. Lu, W. M. Hwang. Spherical Four- Bar Linkages with Symmetrical Coupler- Curves [J]. Mechanism and Machine Theory, 1996, 31 (1): 1-10.

[19] D. M. Lu. A Triangular Nomogram for Spherical Symmetric Coupler Curves and Its Application to Mechanism Design [J]. ASME Journal of Mechanical Design, 121 (2): 323-326.

[20] W. M. Hwang, K. H. Chen. Triangular Nonograms for Symmetrical Spherical Four- Bar Linkages Generating Symmetrical Coupler Curves [J]. Transactions of the Canadian Society for Mechanical Engineering, 2005, 29 (1): 109-128.

[21] W. M. Hwang, K. H. Chen. Triangular Nomograms for Symmetrical Spherical Non- Grashof Double- Rockers Generating Symmetrical Coupler Curves [J]. Mechanism and Machine Theory, 2007, 42: 871-888.

[22] K. H. Shirazi. Symmetrical Coupler Curve and Singular Point Classification in Planar and Spherical Swinging-Block Linkages [J]. ASME Journal of Mechanical Design, 2006, 128: 436-443.

[23] 李天箭. 球面机构运动微分几何学 [D]. 大连理工大学, 2000.

第5章

球面机构离散运动鞍点综合

球面机构运动综合相对平面机构和空间机构而言，从运动副到机构类型都较为单一，但由于球面机构表达属于空间范畴，在工程实际应用中用图解法求解已经不便，因而球面机构运动综合的解析法与优化方法十分必要，同时又是从平面机构过渡到空间机构的桥梁。本章在球面运动微分几何学的基础上，将平面机构鞍点综合方法扩展到球面机构鞍点综合，也为第7章空间机构运动综合提供依据。

5.1 刚体球面离散运动的矩阵表示

刚体的球面运动可以通过运动刚体Σ^*上的运动坐标系$\{\boldsymbol{O};\ \boldsymbol{i}_m,\ \boldsymbol{j}_m,\ \boldsymbol{k}_m\}$相对于固定刚体$\Sigma$上固定坐标系$\{\boldsymbol{O};\ \boldsymbol{i}_f,\ \boldsymbol{j}_f,\ \boldsymbol{k}_f\}$的三个转角$\theta_1$，$\theta_2$，$\theta_3$来描述，如图4.2所示。其中运动刚体坐标系$\boldsymbol{k}_m$轴与固定坐标系的$\boldsymbol{k}_f$轴夹角为$\theta_1$，平面$\boldsymbol{k}_m-\boldsymbol{k}_f$和$\boldsymbol{k}_f-\boldsymbol{i}_f$的夹角为$\theta_2$，而平面$\boldsymbol{k}_m-\boldsymbol{i}_t$和$\boldsymbol{k}_m-\boldsymbol{i}_m$的夹角为$\theta_3$。为方便后续机构位置综合应用，在此以位移矩阵表达，然后再将其离散化。

（1）刚体的球面连续运动矩阵描述　对于运动刚体Σ^*中单位球面上的点P，其在运动坐标系$\{\boldsymbol{O};\ \boldsymbol{i}_m,\ \boldsymbol{j}_m,\ \boldsymbol{k}_m\}$中的直角坐标为$(x_{Pm},\ y_{Pm},\ z_{Pm})$，或球坐标为$(1,\ \delta_{Pm},\ \theta_{Pm})$，即运动坐标系中点$P$的矢量表达为：

$$\boldsymbol{R}_{Pm}=x_{Pm}\boldsymbol{i}_m+y_{Pm}\boldsymbol{j}_m+z_{Pm}\boldsymbol{k}_m=\sin\delta_{Pm}\cos\theta_{Pm}\boldsymbol{i}_m+\sin\delta_{Pm}\sin\theta_{Pm}\boldsymbol{j}_m+\cos\delta_{Pm}\boldsymbol{k}_m \tag{5.1}$$

运动刚体坐标系$\{\boldsymbol{O};\ \boldsymbol{i}_m,\ \boldsymbol{j}_m,\ \boldsymbol{k}_m\}$相对于固定坐标系$\{\boldsymbol{O};\ \boldsymbol{i}_f,\ \boldsymbol{j}_f,\ \boldsymbol{k}_f\}$的三个转角$\theta_1$，$\theta_2$，$\theta_3$如第4章所描述，从而$\Sigma^*$上点$P$在固定坐标系$\{\boldsymbol{O};\ \boldsymbol{i}_f,\ \boldsymbol{j}_f,\ \boldsymbol{k}_f\}$中的位移矢量$\boldsymbol{R}_P=(x_{Pf},\ y_{Pf},\ z_{Pf})^{\mathrm{T}}$可通过如下坐标变换矩阵得到：

$$\begin{bmatrix} x_{Pf} \\ y_{Pf} \\ z_{Pf} \end{bmatrix}=[\boldsymbol{R}]\cdot\begin{bmatrix} x_{Pm} \\ y_{Pm} \\ z_{Pm} \end{bmatrix}=[\boldsymbol{R}]\cdot\begin{bmatrix} \sin\delta_{Pm}\cos\theta_{Pm} \\ \sin\delta_{Pm}\sin\theta_{Pm} \\ \cos\delta_{Pm} \end{bmatrix} \tag{5.2}$$

其中

$$[\boldsymbol{R}]=\begin{bmatrix} c\theta_3 s\theta_2 + c\theta_1 s\theta_3 c\theta_2 & -s\theta_3 s\theta_2 + c\theta_1 c\theta_3 c\theta_2 & s\theta_1 c\theta_2 \\ -c\theta_3 c\theta_2 + c\theta_1 s\theta_3 s\theta_2 & s\theta_3 c\theta_2 + c\theta_1 c\theta_3 s\theta_2 & s\theta_1 s\theta_2 \\ -s\theta_1 s\theta_3 & -s\theta_1 c\theta_3 & c\theta_1 \end{bmatrix}$$

式（5.2）中 s 和 c 分别为正弦函数 sin 和余弦函数 cos 的缩写。从而旋转变换矩阵［$\boldsymbol{R}$］建立了运动刚体与固定刚体之间的联系。

对于给定球面运动参数 θ_1，θ_2，θ_3 可以求出上述旋转变换矩阵［$\boldsymbol{R}$］。而用给定运动刚体上单位球面上两点在固定坐标系中的位移来表示刚体球面运动，即给定同一瞬时（位置）运动刚体上两点 A，B 在固定坐标系中的位移（x_A，y_A，z_A）和（x_B，y_B，z_B），将刚体上 OAB 看成一平面，在其法线上，从 O 点量取单位长度，可得第三个点 C 的位移：

$$\begin{cases} x_C = y_A z_B - y_B z_A \\ y_C = z_A x_B - z_B x_A \\ z_C = x_A y_B - x_B y_A \end{cases} \tag{5.3a}$$

则可通过这三点在运动前后的位移列阵（A_{I}）、（B_{I}）、（C_{I}）和（A_{II}）、（B_{II}）、（C_{II}）来得到球面运动刚体的旋转矩阵：

$$[\boldsymbol{R}_{\mathrm{I\,II}}]=\begin{bmatrix} x_{A\mathrm{II}} & x_{B\mathrm{II}} & x_{C\mathrm{II}} \\ y_{A\mathrm{II}} & y_{B\mathrm{II}} & y_{C\mathrm{II}} \\ z_{A\mathrm{II}} & z_{B\mathrm{II}} & z_{C\mathrm{II}} \end{bmatrix}\cdot\begin{bmatrix} x_{A\mathrm{I}} & x_{B\mathrm{I}} & x_{C\mathrm{I}} \\ y_{A\mathrm{I}} & y_{B\mathrm{I}} & y_{C\mathrm{I}} \\ z_{A\mathrm{I}} & z_{B\mathrm{I}} & z_{C\mathrm{I}} \end{bmatrix}^{-1} \tag{5.3b}$$

令球面运动刚体上的运动坐标系 $\{\boldsymbol{O};\ \boldsymbol{i}_{\mathrm{m}},\ \boldsymbol{j}_{\mathrm{m}},\ \boldsymbol{k}_{\mathrm{m}}\}$ 在刚体初始位置时与固定坐标系 $\{\boldsymbol{O};\ \boldsymbol{i}_{\mathrm{f}},\ \boldsymbol{j}_{\mathrm{f}},\ \boldsymbol{k}_{\mathrm{f}}\}$ 重合，即此时的变换矩阵为单位矩阵，利用式（5.3b）得到刚体运动到任意位置时，运动刚体相对于固定刚体的旋转变换矩阵。通过令式（5.2）中的变换矩阵［$\boldsymbol{R}$］和式（5.3a）中的［$\boldsymbol{R}_{\mathrm{I\,II}}$］的对应元素相等，可得到转动参数 θ_1，θ_2，θ_3。那么球面运动刚体的运动参数——转角 θ_1，θ_2，θ_3，可通过运动刚体上三点在固定刚体中的位移求得，仅以式（5.2）为刚体球面运动的一般表述。

（2）刚体球面运动的离散表述　若给定球面运动刚体上两点在固定坐标系中的一系列离散位置，可以按照式（5.2）和式（5.3a），转化为刚体运动坐标系的转角参数（$\theta_1^{(i)}$，$\theta_2^{(i)}$，$\theta_3^{(i)}$）的离散表示。对于刚体球面运动的离散表达，将连续位移表达式（5.2）离散化，可得到任意瞬时（位置）运动刚体上点 P 在固定刚体上的离散轨迹点集 $\{\boldsymbol{R}_P^{(i)}\}$ 为：

$$\boldsymbol{R}_P^{(i)}=\begin{bmatrix} x_{P\mathrm{f}}^{(i)} \\ y_{P\mathrm{f}}^{(i)} \\ z_{P\mathrm{f}}^{(i)} \end{bmatrix}=[\boldsymbol{R}^{(i)}]\cdot\begin{bmatrix} x_{P\mathrm{m}} \\ y_{P\mathrm{m}} \\ z_{P\mathrm{m}} \end{bmatrix} \tag{5.4}$$

其中

$$[\boldsymbol{R}^{(i)}]=\begin{bmatrix} c\theta_3^{(i)}s\theta_2^{(i)}+c\theta_1^{(i)}s\theta_3^{(i)}c\theta_2^{(i)} & -s\theta_3^{(i)}s\theta_2^{(i)}+c\theta_1^{(i)}c\theta_3^{(i)}c\theta_2^{(i)} & s\theta_1^{(i)}c\theta_2^{(i)} \\ -c\theta_3^{(i)}c\theta_2^{(i)}+c\theta_1^{(i)}s\theta_3^{(i)}s\theta_2^{(i)} & s\theta_3^{(i)}c\theta_2^{(i)}+c\theta_1^{(i)}c\theta_3^{(i)}s\theta_2^{(i)} & s\theta_1^{(i)}s\theta_2^{(i)} \\ -s\theta_1^{(i)}s\theta_3^{(i)} & -s\theta_1^{(i)}c\theta_3^{(i)} & c\theta_1^{(i)} \end{bmatrix}$$

因此，给定球面运动刚体的连续转角参数 θ_1，θ_2，θ_3，可求得刚体上任意点在固定坐标系中的连续轨迹曲线 Γ_P；而若给定离散转角参数 $\theta_1^{(i)}$，$\theta_2^{(i)}$，$\theta_3^{(i)}$，则可得到 Γ_P 的离散点集 $\{\boldsymbol{R}_P^{(i)}\}$。后文中根据机构综合需要，把离散轨迹点集 $\{\boldsymbol{R}_P^{(i)}\}$ 或转角参数 $\theta_1^{(i)}$，$\theta_2^{(i)}$，$\theta_3^{(i)}$ 作为已知条件，不再说明球面运动形式与其关系。

5.2 鞍球面圆点

球面机构的连杆与机架之间通过球面二副杆 R-R 来连接并约束连杆的运动，两回转副的轴线相交于球心，从而保证球面连杆机构所有构件均为球面运动。球面机构连杆上回转副 R 轴线与球面的交点，称为球面特征点，球面特征点随连杆运动在机架上的球面轨迹曲线称为约束曲线。因而球面四杆机构的约束曲线为球面上的圆，那么球面运动刚体上点在固定坐标系中的离散轨迹与球面圆的接近程度，便是本节首先研究的整体几何性质。

5.2.1 鞍球面圆与二副连架杆 R-R

对于在固定坐标系 $\{\boldsymbol{O};\ \boldsymbol{i}_{\mathrm{f}},\ \boldsymbol{j}_{\mathrm{f}},\ \boldsymbol{k}_{\mathrm{f}}\}$ 中给定多个离散位置的球面运动刚体 Σ^*，其上任意点 $P(x_{P\mathrm{m}},\ y_{P\mathrm{m}},\ z_{P\mathrm{m}})$ 在固定坐标系中的轨迹为球面离散点集 $\{\boldsymbol{R}_P^{(i)}\}$，并可由式（5.4）得到其矢量方程。下面讨论球面轨迹离散点集 $\{\boldsymbol{R}_P^{(i)}\}$ 与球面曲线圆的近似程度。

由第 3 章的内容可知，对于球面轨迹曲线 Γ，球面几何特征决定了其测地挠率为零，法曲率为球面半径（常数），测地曲率完全决定了曲线 Γ 的几何特征。根据球面上圆的不变量性质来评价其与圆的接近程度，即测地曲率为常数，那么，对于已知离散球面轨迹点集 $\{\boldsymbol{R}_P^{(i)}\}$，用一球面上圆进行拟合，该圆与球心构成圆锥面，其位置和大小由圆锥的轴线方向以及圆锥的半锥顶角确定。

和平面曲线的圆拟合类似，如果给定半锥顶角 δ，轴线的方向由球面点集 $\{\boldsymbol{R}_P^{(i)}\}$ 的性质自适应确定，使得最大拟合误差最小（鞍点规划），得到如图 5.1 所示的最接近于点集的球面圆，称为浮动球面圆拟合。对于不同的半锥顶角有不同的拟合误差，必有一个球面圆使得最大拟合误差取得最小值，因此有：

定义 5.1 对于给定球面运动刚体上一点在固定坐标系下离散轨迹点集 $\{\boldsymbol{R}_P^{(i)}\}$，依据点集的性质并按最大拟合误差最小为原则得到的拟合球面圆（锥），称为鞍点意义下的自适应拟合球面圆（锥），简称**自适应球面圆（锥）**，或**鞍球面圆**，其对应的最大法向拟合误差称

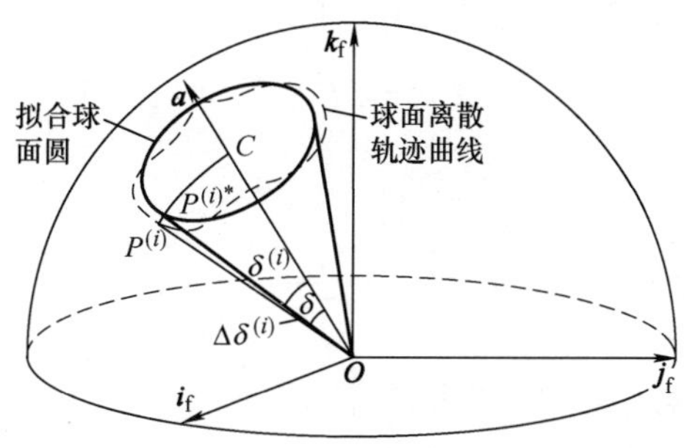

图 5.1 球面离散轨迹曲线的球面圆拟合

为**自适应球面圆拟合误差**，简称**鞍球面圆误差**。

基于球面运动刚体 Σ^* 上的点 P 在固定坐标系 $\{\boldsymbol{O};\ \boldsymbol{i}_f,\ \boldsymbol{j}_f,\ \boldsymbol{k}_f\}$ 中的离散轨迹集 $\{\boldsymbol{R}_P^{(i)}\}$，即式（5.4），按最大拟合误差最小原则得到半锥顶角为 δ 的鞍球面圆（锥），其轴线 $\boldsymbol{a}$ 在固定坐标系 $\{\boldsymbol{O};\ \boldsymbol{i}_f,\ \boldsymbol{j}_f,\ \boldsymbol{k}_f\}$ 中的方位角为 $(\xi,\ \eta)$，则有：

$$\boldsymbol{a}=(\sin\xi\cos\eta,\sin\xi\sin\eta,\cos\xi)^{\mathrm{T}} \tag{5.5}$$

而离散轨迹点集 $\{\boldsymbol{R}_P^{(i)}\}$ 中的任意一点 $\boldsymbol{R}_P^{(i)}=(x_P^{(i)},\ y_P^{(i)},\ z_P^{(i)})^{\mathrm{T}}$，其与球心 O 连线与轴线 $\boldsymbol{a}$ 的夹角 $\delta^{(i)}$ 为：

$$\delta^{(i)}=\arccos(\sin\xi\cos\eta\cdot x_P^{(i)}+\sin\xi\sin\eta\cdot y_P^{(i)}+\cos\xi\cdot z_P^{(i)}) \tag{5.6}$$

从而建立鞍球面圆的优化模型为：

$$\begin{cases}\Delta_{\mathrm{rR}}=\min\limits_{\boldsymbol{x}}\max\limits_{1\leqslant i\leqslant n}\{\boldsymbol{\Delta}^{(i)}(\boldsymbol{x})\}\\ \quad=\min\limits_{\boldsymbol{x}}\max\limits_{1\leqslant i\leqslant n}\{|\arccos(\sin\xi\cos\eta\cdot x_P^{(i)}+\sin\xi\sin\eta\cdot y_P^{(i)}+\cos\xi\cdot z_P^{(i)})-\delta|\}\\ \text{s. t.}\quad \xi\in[0,\pi),\eta\in[0,2\pi),\delta\in\left[0,\dfrac{\pi}{2}\right]\\ \boldsymbol{x}=(\xi,\eta,\delta)^{\mathrm{T}}\end{cases} \tag{5.7}$$

式中，n 为给定球面离散点集 $\{\boldsymbol{R}_P^{(i)}\}$ 中离散点的个数，优化变量 $\boldsymbol{x}=(\xi,\ \eta,\ \delta)^{\mathrm{T}}$为任意浮动拟合球面圆与球心构成圆锥轴线的方向角 $(\xi,\ \eta)$ 和半锥顶角 δ，目标函数$\{\boldsymbol{\Delta}^{(i)}(\boldsymbol{x})\}$为球面离散点集 $\{\boldsymbol{R}_P^{(i)}\}$ 与任意一浮动拟合球面圆法向误差的集合，即 $\{\boldsymbol{\Delta}^{(i)}(\boldsymbol{x})\}=\{|\arccos(\sin\xi\cos\eta\cdot x_P^{(i)}+\sin\xi\sin\eta\cdot y_P^{(i)}+\cos\xi\cdot z_P^{(i)})-\delta|\}$，$\Delta_{\mathrm{rR}}$为给定点集 $\{\boldsymbol{R}_P^{(i)}\}$ 与鞍球面圆的最大拟合误差。

为了便于计算，该优化模型的求解算法可直接应用 MATLAB 软件工具箱中的 fminimax 函数求解，其具体参数设置将在后续算例中进行介绍。对于优化初始值的确定，首先以最小二乘法计算出离散轨迹点集$\{\boldsymbol{R}_P^{(i)}\}=\{(x_P^{(i)},y_P^{(i)},z_P^{(i)})^{\mathrm{T}}\}$的浮动拟合平面，该平面截点集所在球面得一圆，此圆为最小二乘意义下的拟合圆。将该圆与球心所构成圆锥轴线的方向角和半锥顶角作为鞍球面圆优化求解的初始值，其解析方程推导过程如下：

当用平面 $A \cdot x + B \cdot y + C \cdot z + 1 = 0$ 拟合离散轨迹点集 $\{\boldsymbol{R}_P^{(i)}\}$ 时，令残差为：

$$e_i = A \cdot x_P^{(i)} + B \cdot y_P^{(i)} + C \cdot z_P^{(i)} + 1, i = 1, \cdots, n \tag{5.8}$$

则可得残差的平方和为：

$$F = \sum_{i=1}^{n} e_i^2 = \sum_{i=1}^{n} (A \cdot x_P^{(i)} + B \cdot y_P^{(i)} + C \cdot z_P^{(i)} + 1)^2 \tag{5.9}$$

将式（5.9）分别对平面方程系数 A、B 和 C 求导后并令其为零，可得：

$$\begin{cases} A \cdot \sum_{i=1}^{n} x_i^2 + B \cdot \sum_{i=1}^{n} x_i y_i + C \cdot \sum_{i=1}^{n} x_i z_i + \sum_{i=1}^{n} x_i = 0 \\ A \cdot \sum_{i=1}^{n} x_i y_i + B \cdot \sum_{i=1}^{n} y_i^2 + C \cdot \sum_{i=1}^{n} y_i z_i + \sum_{i=1}^{n} y_i = 0 \\ A \cdot \sum_{i=1}^{n} x_i z_i + B \cdot \sum_{i=1}^{n} y_i z_i + C \cdot \sum_{i=1}^{n} z_i^2 + \sum_{i=1}^{n} z_i = 0 \end{cases} \tag{5.10}$$

由式（5.10）可得到最小二乘意义下浮动拟合平面方程的系数 A、B 和 C 为：

$$\begin{bmatrix} A \\ B \\ C \end{bmatrix} = \begin{bmatrix} \sum_{i=1}^{n} x_i^2 & \sum_{i=1}^{n} x_i y_i & \sum_{i=1}^{n} x_i z_i \\ \sum_{i=1}^{n} x_i y_i & \sum_{i=1}^{n} y_i^2 & \sum_{i=1}^{n} y_i z_i \\ \sum_{i=1}^{n} x_i z_i & \sum_{i=1}^{n} y_i z_i & \sum_{i=1}^{n} z_i^2 \end{bmatrix}^{-1} \cdot \begin{bmatrix} -\sum_{i=1}^{n} x_i \\ -\sum_{i=1}^{n} y_i \\ -\sum_{i=1}^{n} z_i \end{bmatrix} \tag{5.11}$$

该拟合平面截离散点集 $\{\boldsymbol{R}_P^{(i)}\}$ 所在球面为一圆，该圆与球心构成圆锥面，圆锥面轴线的方向角（ξ_0，η_0）以及半锥顶角 δ_0 可由下式求得：

$$\begin{cases} \sin\xi_0 \cos\eta_0 = \dfrac{-A}{\sqrt{A^2 + B^2 + C^2}} \\ \sin\xi_0 \sin\eta_0 = \dfrac{-B}{\sqrt{A^2 + B^2 + C^2}} \\ \cos\xi_0 = \dfrac{-C}{\sqrt{A^2 + B^2 + C^2}} \\ \tan\delta_0 = \sqrt{A^2 + B^2 + C^2 - 1} \end{cases} \tag{5.12}$$

以式（5.12）确定的（ξ_0，η_0，δ_0）作为优化变量 $\boldsymbol{x} = (\xi, \eta, \delta)^{\mathrm{T}}$ 的初始值。

应用鞍点规划得到球面离散点集 $\{\boldsymbol{R}_P^{(i)}\}$ 的鞍球面圆（锥），其轴线方向角 ξ，η 和半锥顶角 δ 由被拟合点集 $\{\boldsymbol{R}_P^{(i)}\}$ 的性质并按最大拟合误差为最小的原则确定，在优化变量 $\boldsymbol{x} = (\xi, \eta, \delta)^{\mathrm{T}}$ 邻域内没有更好的球面圆使得拟合的最大误差再变小，具有一次鞍点意义。同平面运动综合中的鞍圆一样，鞍球面圆具有自适应性、唯一性及可比性。

对于鞍球面圆模型式（5.7），可直接采用 MATLAB 软件优化工具箱中的 fminimax 函数进行求解，该函数设置可参考平面离散运动的鞍圆拟合设置，可以将球面离散轨迹点集 $\{\boldsymbol{R}_P^{(i)}\}$ 的鞍球面圆拟合编制成子函数，形成**鞍球面圆子程序** ArRF，其输入为离散轨迹点集 $\{\boldsymbol{R}_P^{(i)}\}$ 中各点的坐标，输出为鞍球面圆与球心构成圆锥轴线在固定坐标系中的方向角 (ξ,η)、半锥顶角 δ，以及鞍球面圆误差 Δ_{rR}。

5.2.2　鞍球面圆误差

对于给定运动刚体上点在固定坐标系中的轨迹 Γ_P，在定义 5.1 中按最大法向拟合误差最小为原则确定唯一的鞍球面圆，其拟合误差 Δ_{rR} 对于曲线 Γ_P 上所有点而言，是最大误差（全局极大值），而对于所有鞍球面圆参数 (ξ,η,δ) 而言，该最大误差值又是最小的。

为便于鞍球面圆的误差分析，假设给定球面曲线 Γ_P 为连续曲线并位于单位球面上，其上点 P 的矢径为 $\boldsymbol{R}_P$，曲线 Γ_P 鞍球面圆（锥）轴线的单位方向矢量为 $\boldsymbol{a}$，半锥顶角为 δ，若点 P 对应鞍球面圆上相应点的法向误差为 Δ，则有：

$$\boldsymbol{R}_P\cdot\boldsymbol{a}=\cos(\delta+\Delta)\tag{5.13}$$

式（5.13）中法向误差 Δ 正负号依据点 P 在鞍球面圆（锥）内外而定（外面取“+”，里面取“-”）。那么由式（5.13）可得到曲线 Γ_P 上任意点 P 处的拟合误差 Δ 为：

$$\Delta=\arccos(\boldsymbol{R}_P\cdot\boldsymbol{a})-\delta\tag{5.14}$$

对于 Γ_P 的鞍球面圆，轴线单位方向矢量 $\boldsymbol{a}$ 为常矢量，半锥顶角 δ 为常数，从而将式（5.13）对曲线 Γ_P 的弧长 s 求导，可得：

$$\frac{\mathrm{d}\boldsymbol{R}_P}{\mathrm{d}s}\cdot\boldsymbol{a}=-\sin(\delta+\Delta)\cdot\frac{\mathrm{d}\Delta}{\mathrm{d}s}\tag{5.15}$$

从而可知，当 $\frac{\mathrm{d}\Delta}{\mathrm{d}s}=0$ 时，有：

$$\frac{\mathrm{d}\boldsymbol{R}_P}{\mathrm{d}s}\cdot\boldsymbol{a}=0\tag{5.16}$$

即曲线 Γ_P 在某点的法平面通过鞍球面圆（锥）轴线时，该点处的法向误差 Δ 取得极值。和平面曲线的鞍圆拟合一样，球面曲线 Γ_P 上可能存在有多点处与鞍球面圆有共同的法平面，其相应鞍球面圆误差取得极值，但不一定是最大值，如图 5.2 中所示的点 $P^{(k+1)}$、$P^{(k+2)}$ 和 $P^{(k+3)}$。

在固定坐标系下给定球面曲线 Γ_P，可确定出各点处的 $(\boldsymbol{R}_P,\ \mathrm{d}\boldsymbol{R}_P/\mathrm{d}s)$，确定 Γ_P 对应的鞍球面圆（锥）需要确定轴线方位角 (ξ,η)，半锥顶角 δ 以及法向误差 Δ 共四个参数，则至少有四个极值点满足式（5.16），将其带入式（5.13）或式（5.14），可建立四个代数方程求得鞍球面圆参数。将平面曲线圆拟合的鞍点规划理论推广到鞍球面圆，按最大拟合误差最小为原则进行球面曲线的圆拟合，相当于采用球面上两个同心圆（两个同轴圆锥与球面的相交圆）包容被拟合曲线，内圆和外圆分别与被包容曲线至少有两个切点，在切点处的拟合误差相同并且为最大值，如图 5.2 所示，由此可确定唯一的鞍球面圆。

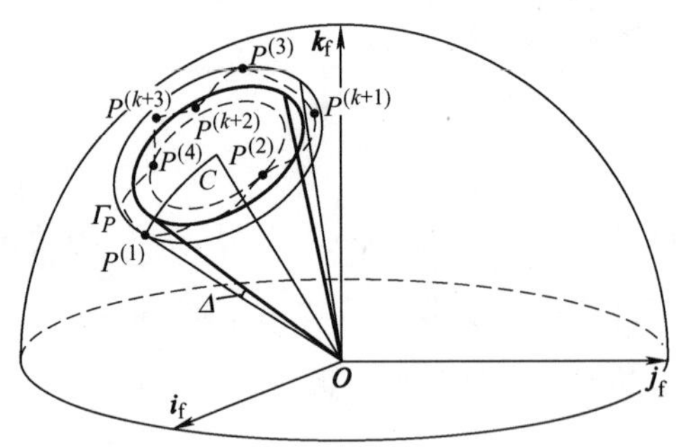

图 5.2　法向误差取得极值的点

和平面曲线的鞍圆拟合一样，一条球面曲线与球面圆的近似程度由该曲线上四个（相同误差）特征点体现，即确定了鞍球面圆的大小和位置，称为**鞍球面圆拟合特征点**，而球面拟合特征点所对应的离散位置，称为**鞍球面圆拟合特征位置**。当鞍球面圆误差趋于零时，被拟合球面曲线趋近于圆。

当被拟合球面曲线为球面离散点集 $\{\boldsymbol{R}_P^{(i)}\}$ 时，连续球面曲线上的鞍球面圆拟合特征点为球面离散轨迹点集 $\{\boldsymbol{R}_P^{(i)}\}$ 中的离散点，点集 $\{\boldsymbol{R}_P^{(i)}\}$ 中任意点与鞍球面圆的误差 $\Delta^{(i)}$ 可由式（5.14）改写为：

$$\begin{cases}\Delta^{(i)}=\arccos(\boldsymbol{R}_P^{(i)}\cdot\boldsymbol{a})-\delta=\arccos(\sin\xi\cos\eta\cdot x_P^{(i)}+\sin\xi\sin\eta\cdot y_P^{(i)}+\cos\xi\cdot z_P^{(i)})-\delta\\ \boldsymbol{R}_P^{(i)}=[\boldsymbol{R}^{(i)}]\cdot\boldsymbol{R}_{Pm}\end{cases}\tag{5.17}$$

而鞍球面圆误差为其中的最大值，计算公式为：

$$\Delta_{rR}=\max\{|\Delta^{(i)}|\}=\max\{|\arccos(\sin\xi\cos\eta\cdot x_P^{(i)}+\sin\xi\sin\eta\cdot y_P^{(i)}+\cos\xi\cdot z_P^{(i)})-\delta|\},\quad i=1,\cdots,n\tag{5.18}$$

那么，连续球面曲线的法向误差计算式（5.14）由离散计算式（5.17）替代，从而离散点集 $\{\boldsymbol{R}_P^{(i)}\}$ 中的鞍球面圆拟合特征点由式（5.18）通过数值计算和比较产生。

5.2.3　四位置鞍球面圆

当球面运动刚体仅在固定坐标系中有四个离散位置时，假定位置编号为 1、2、3、4，球面运动刚体上任意点 P 对应球面离散轨迹点集 $\{\boldsymbol{R}_P^{(i)}\}$，$i=1$，2，3，4。依据鞍球面圆拟合模型式（5.7），调用鞍球面圆子程序 ArRF，得到对应的鞍球面圆和误差，点集 $\{\boldsymbol{R}_P^{(i)}\}$，$i=1$，2，3，4 中的四个离散点都是鞍球面圆拟合特征点，用 $P^{(1)}$，$P^{(2)}$，$P^{(3)}$ 和 $P^{(4)}$ 表示，分布在鞍球面圆内部和外部各两个，运动刚体的四个位置都是鞍球面圆拟合特征位置。

为讨论鞍球面圆误差的性质，在此推导球面运动刚体上点与其离散轨迹对应的鞍球面圆误差的关系。为讨论方便，假定点 P 在运动刚体的单位球面上，从而离散轨迹点集 $\{\boldsymbol{R}_P^{(i)}\}$，$i=1$，2，3，4 均在单位球面上。被拟合球面离散点 $P^{(1)}$，$P^{(2)}$，$P^{(3)}$ 和 $P^{(4)}$ 分别两两分布在鞍球面圆的外部和内部时取得极值，只可能有三种分布情况：$P^{(1)}P^{(2)}-P^{(3)}P^{(4)}, P^{(1)}P^{(3)}-P^{(2)}P^{(4)}, P^{(1)}P^{(4)}-P^{(2)}P^{(3)}$，对应着三个拟合球面圆，称其为 $P^{(1)}\sim P^{(4)}$ 的**分布球面圆**。对于 $P^{(1)}P^{(2)}-P^{(3)}P^{(4)}$ 的情况，由式（5.17）写出拟合误差 Δ 的方程为：

$$\begin{cases}\boldsymbol{R}_P^{(i)}\cdot\boldsymbol{a}=\cos(\delta+\Delta), i=1,2\\ \boldsymbol{R}_P^{(i)}\cdot\boldsymbol{a}=\cos(\delta-\Delta), i=3,4\end{cases}, \boldsymbol{R}_P^{(i)}=[\boldsymbol{R}^{(i)}]\cdot\boldsymbol{R}_{P\mathrm{m}} \tag{5.19}$$

式（5.19）中轴线单位方向矢量 $\boldsymbol{a}$ 可由下式求得：

$$\boldsymbol{a}=\frac{(\boldsymbol{R}_P^{(1)}-\boldsymbol{R}_P^{(2)})\times(\boldsymbol{R}_P^{(3)}-\boldsymbol{R}_P^{(4)})}{|(\boldsymbol{R}_P^{(1)}-\boldsymbol{R}_P^{(2)})\times(\boldsymbol{R}_P^{(3)}-\boldsymbol{R}_P^{(4)})|} \tag{5.20}$$

从而可得到离散点内外分布 $P^{(1)}P^{(2)}-P^{(3)}P^{(4)}$ 情况下的分布球面圆误差为：

$$\Delta_{12,34}=\frac{1}{2}|\arccos(\boldsymbol{R}_P^{(1)}\cdot\boldsymbol{a})-\arccos(\boldsymbol{R}_P^{(3)}\cdot\boldsymbol{a})| \tag{5.21}$$

将式（5.20）代入式（5.21），化简可得关于 $\delta_{P\mathrm{m}},\theta_{P\mathrm{m}},\Delta_{12,34}$ 的高次代数方程：

$$f(\Delta_{12,34},\delta_{P\mathrm{m}},\theta_{P\mathrm{m}})=0 \tag{5.22}$$

同理，可得到 $P^{(1)}P^{(3)}-P^{(2)}P^{(4)}$ 情况下分布球面圆误差 $\Delta_{13,24}$ 以及 $P^{(1)}P^{(4)}-P^{(2)}P^{(3)}$ 情况下的分布球面圆误差 $\Delta_{14,23}$。则四位置鞍球面圆误差 Δ_{1234} 为三个分布球面圆误差中的最小值：

$$\Delta_{1234}=\min(\Delta_{12,34},\Delta_{13,24},\Delta_{14,23}) \tag{5.23a}$$

也可以写成如下形式：

$$\begin{aligned}\Delta_{1234}=&\frac{1}{2}\left|\left|\frac{|\Delta_{12,34}+\Delta_{13,24}|}{2}-\frac{|\Delta_{12,34}-\Delta_{13,24}|}{2}\right|+\Delta_{14,23}\right|-\\&\frac{1}{2}\left|\left|\frac{|\Delta_{12,34}+\Delta_{13,24}|}{2}-\frac{|\Delta_{12,34}-\Delta_{13,24}|}{2}\right|-\Delta_{14,23}\right|\end{aligned} \tag{5.23b}$$

由于运动刚体上点的坐标连续性，式（5.23a）是由式（5.21）组合而成的，故四位置鞍球面圆误差曲面为分片高次代数曲面。

对于给定球面运动刚体的四个离散位置（如取表5.1中前四个位置），以运动刚体上点的坐标（$\delta_{P\mathrm{m}}$，$\theta_{P\mathrm{m}}$）为自变量，其球面离散轨迹点集的鞍球面圆误差 Δ_{1234} 为因变量构造误差曲面，如图5.3a所示。图中所示误差曲面的沟底为鞍球面圆误差趋于零的点，这些点就构成了球面运动刚体上的球面圆点曲线，如图5.3a中的黑色阴影线所示。为了更直观的显示，将误差曲面映射到平面上，并以等高线图描述，如图5.3b所示。

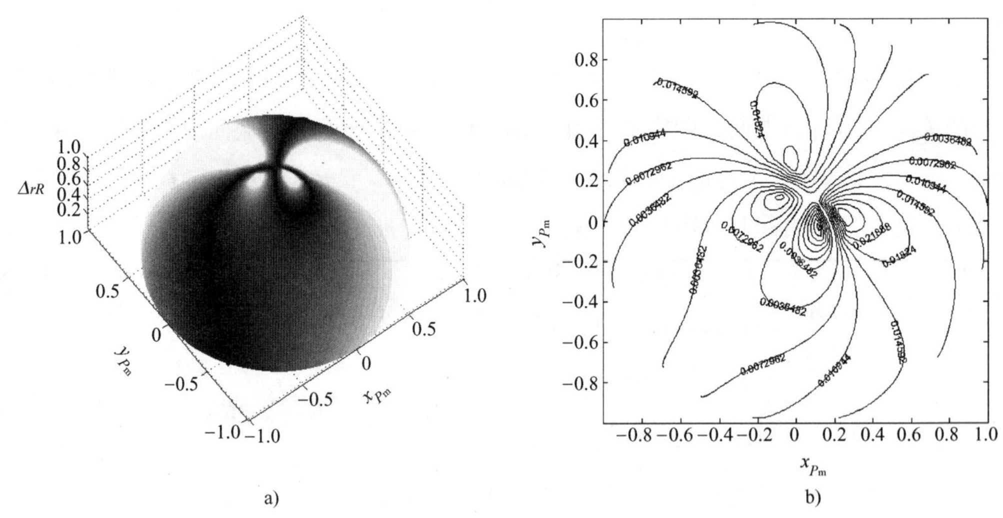

图 5.3 给定四离散位置鞍球面圆误差曲面以及等高线图

5.2.4 五位置鞍球面圆

给定球面运动刚体五个离散位置，假定其位置编号为 1、2、3、4、5，运动刚体上的任意点 P 在固定坐标系中产生球面离散轨迹点集 $\{\boldsymbol{R}_P^{(i)}\}$，$i=1, 2, 3, 4, 5$。依据鞍球面圆拟合模型，调用鞍球面圆子程序 ArRF，得到对应的鞍球面圆和误差。同四位置一样，以球面运动刚体上点坐标（$\delta_{P\mathrm{m}}$，$\theta_{P\mathrm{m}}$）为自变量，对应鞍球面圆误差 Δ_{12345} 为因变量，构造五位置运动刚体上点-鞍球面圆误差等高线图。对于表 5.1 中给定球面运动刚体的前五个离散位置，构造鞍球面圆误差等高线图，如图 5.4 所示。

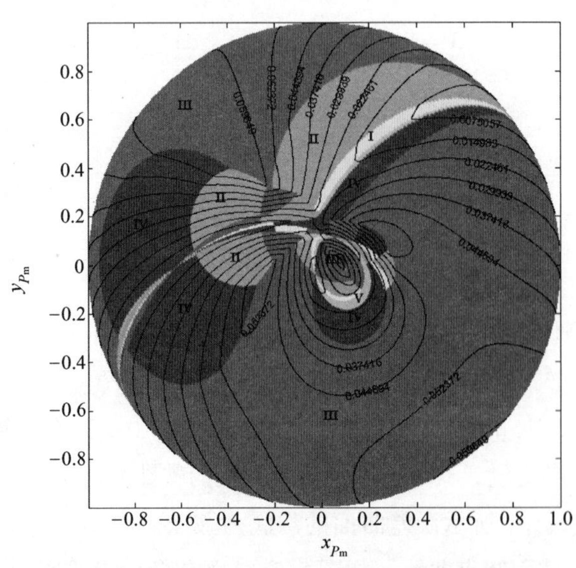

图 5.4 给定五离散位置鞍球面圆误差曲面等高线图

同平面运动五位置鞍圆一样，给定五位置球面运动刚体上任意点在固定坐标系中的轨迹（五个离散点）对应的鞍球面圆，由四个鞍球面圆拟合特征点体现，对应四个鞍球面圆拟合特征位置，在上述球面四位置基础上增加第五个位置时，点 $P^{(5)}$ 要么是鞍球面圆拟合特征点，要么不是，现分别讨论如下：

1）第五个离散轨迹点不是鞍球面圆拟合特征点，对应的第五个位置此时不是鞍球面圆拟合特征位置。此时这五个离散轨迹点 $P^{(1)} \sim P^{(5)}$ 的鞍球面圆误差 $\Delta_{12345} = \Delta_{1234}$，即离散点 $P^{(5)}$ 到 $P^{(1)} \sim P^{(4)}$ 鞍球面圆的拟合误差小于 $P^{(1)} \sim P^{(4)}$ 的鞍球面圆误差 Δ_{1234}。所以，对于给定球面运动刚体五个离散位置，刚体上存有部分点，其离散轨迹由前四个离散点（$P^{(1)} \sim P^{(4)}$）决定其鞍球面圆。这些点分布在运动刚体上的特定区域，为**四位置鞍球面圆拟合点区域**，图5.4中所示的区域Ⅰ为四位置鞍球面圆拟合点区域在该平面上的投影。同平面曲线的鞍圆一样，此区域中还有另一种情况，五位置鞍球面圆由 $P^{(1)} \sim P^{(4)}$ 所确定，但是 $\Delta_{12345} \neq \Delta_{1234}$，即增加了第五个位置后，五个离散轨迹点 $P^{(1)} \sim P^{(5)}$ 的鞍球面圆为原前四个离散点 $P^{(1)} \sim P^{(4)}$ 的一个分布球面圆，而不是鞍球面圆。

2）第五个离散轨迹点 $P^{(5)}$ 是四个鞍球面拟合特征点之一，对应第五个离散位置是鞍球面拟合特征位置。那么，第五位置需和前四个位置中的三个位置共同构成鞍球面圆拟合四位置，有四种可能：1235、1245、1345 和 2345。显然，每种四位置组合为离散运动四位置，和前述四位置（1234）一样，都对应三个分布球面圆。在同一点 P 处，对于这四种可能组合共存在12个分布球面圆。同平面曲线的鞍圆拟合一样，对于这五个离散轨迹点 $P^{(1)} \sim P^{(5)}$，其鞍球面圆应是这12个分布球面圆中的一个。

对于图5.4中所示五位置鞍球面圆误差曲面上的若干区域，每个区域对应不同的鞍球面圆拟合特征位置。例如，区域Ⅰ对应1234，区域Ⅱ对应1235，区域Ⅲ对应1245，区域Ⅳ对应1345，区域Ⅴ对应2345。在这五个区域中，对于区域边界上的点，自然应该具有两个区域的特性，由式（5.22）和式（5.23a）可解得边界方程。相邻区域边界点的离散轨迹点集对应两个或多个误差相等的四位置鞍球面圆，但未必是同一个鞍球面圆。若是同一鞍球面圆，则该离散曲线上五个离散点的拟合误差均相等，如五位置运动刚体上的球面 Burmester 点属于边界曲线上五点共圆（误差为零）的特殊点。

如前所述，五位置的鞍球面圆误差曲面在理论上可分解为相关四位置的分布球面圆误差曲面的分片组合，与平面五位置鞍圆误差曲面类似，属于高阶代数曲面，存在多个峰谷。从整体上比较给定五位置与四位置时的鞍球面圆误差曲面，四位置时误差曲面上存在一条误差为零的曲线——球面圆点曲线；而五位置时误差曲面上仅有鞍球面圆误差为零的若干个误差较小的谷底点。总体上，给定球面运动刚体五位置时的鞍球面圆误差值要比四位置时大，误差曲面上的峰谷也要更多。

5.2.5　多位置鞍球面圆

参考上述五位置球面离散运动，给定多个离散位置球面运动刚体，其上点在固定坐标系中产生离散轨迹曲线，依据鞍点规划（最大误差最小）模型，一条离散曲线与球面圆的近似程度由该曲线上四个拟合特征点体现，或对应四个拟合位置，无论给定球面运动刚体多少个位置都是如此，或者说多位置被分解为相关四位置的组合。因此，给定再多位置的运动刚体，其离散点轨迹的鞍球面圆及其误差性质与五位置的类似，没有本质区别，仅仅对应的四位置组合更多，按组合有 C_n^4 个，在球面运动刚体上对应的四位置点区域也更多些而已，不再赘述。对于表 5.1 中的给定球面运动刚体的九个离散位置，刚体上点的鞍球面圆误差曲面等高线图如图 5.5 所示。

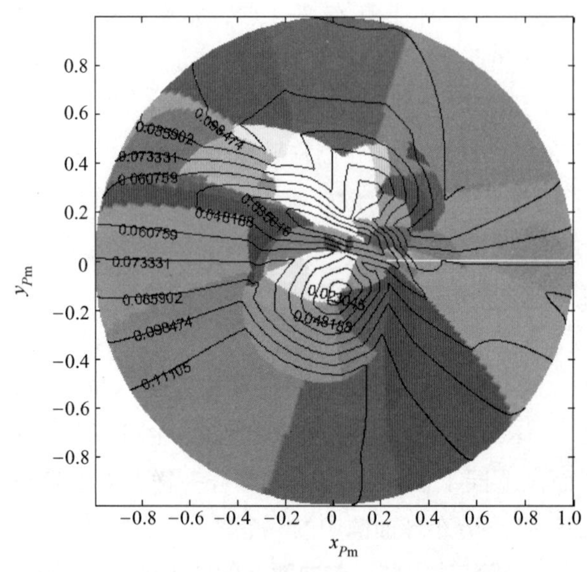

图 5.5　给定九离散位置鞍球面圆误差曲面等高线图

给定球面运动刚体的离散位置越多，由四个拟合位置对应的四位置点区域越小。当球面运动刚体的位置数目趋于无穷——无限接近位置时，运动刚体上点的轨迹趋于连续曲线，球面曲线与鞍球面圆的接近程度仍然取决于四个拟合特征点。运动刚体上点连续变化，其轨迹曲线上对应四个拟合特征点也连续变化。

5.2.6　鞍球面圆点

由上述多位置球面运动的鞍圆误差讨论可知，对于给定的离散球面运动刚体 Σ^*，其上各点在固定坐标系下的球面轨迹曲线有着相应的鞍球面圆，其误差各不相同，随球面运动刚体上点的位置不同而变化，从而有：

定义 5.2　对于给定的球面运动，当运动刚体上一点相对于其邻域内其他任意点而言，该点在固定坐标系中的球面轨迹曲线所对应的鞍球面圆误差获得极小值，则该点称为自适应球面圆误差的鞍点，简称**鞍球面圆点**，或近似球面圆点，该点对应的鞍球面圆误差称为**鞍球面圆点误差**，若误差为零，则为球面圆点。

由上述离散位置鞍球面圆误差讨论可以看出，球面运动刚体上各点的轨迹所对应的鞍球面圆误差是刚体上点的坐标（x_{Pm}，y_{Pm}，z_{Pm}）（或者（δ_{Pm}，θ_{Pm}））的函数，而鞍球面圆点的轨迹较其邻域内点的轨迹与鞍球面圆的误差又取得极小值，具有二次极小的意义，也就是局部最优的意义，建立鞍球面圆点的数学模型为：

$$\begin{cases}\delta_{\mathrm{rR}} = \min\Delta_{\mathrm{rR}}(z) \\ \text{s. t. } \delta_{Pm} \in \left[0, \dfrac{\pi}{2}\right], \theta_{Pm} \in [0, 2\pi] \\ z = (\delta_{Pm}, \theta_{Pm})^{\mathrm{T}}\end{cases} \tag{5.24}$$

式中，$\Delta_{\mathrm{rR}}(z)$ 为目标函数，即球面运动刚体上任意点离散轨迹点集对应的鞍球面圆误差，可由优化模型式（5.7）求得，优化变量 $z=(\delta_{Pm}, \theta_{Pm})^{\mathrm{T}}$为刚体上任意点的球面坐标。该数学模型是一个无约束优化问题，其求解算法在本书的算例中直接采用 MATLAB 软件优化工具箱中的 fmincon 函数进行求解。对于球面运动刚体上鞍球面圆点的优化搜索，搜索区域在单位球面上，优化变量为球面上点的球坐标（δ_{Pm}，θ_{Pm}）。由于球面上关于球心相对称的点，即 $P_1(\delta_{Pm}, \theta_{Pm})$ 与 $P_2(\pi-\delta_{Pm}, \theta_{Pm}+\pi)$ 具有相同的运动性质，因此，实际搜索区域可为半球面，即 $\delta_{Pm} \in [0, \pi/2]$，$\theta_{Pm} \in [0, 2\pi]$。鞍球面圆点优化模型的目标函数为刚体上点对应的鞍球面圆误差，因此为了获得鞍球面圆点优化模型的全局最优解，需要在不同的凸区域中布置初始点。简单的方法是在搜索区域 $\delta_{Pm} \in [0, \pi/2]$，$\theta_{Pm} \in [0, 2\pi]$ 内随机生成多组初始值，分别从每个初值出发进行优化搜索，可以得到球面运动刚体上的多个鞍球面圆点。

对于鞍球面圆点的优化模型式（5.24），直接采用 MATLAB 软件优化工具箱中的 fmincon 函数进行求解，fmincon 函数类比平面离散运动的鞍圆点求解设置，可以形成球面运动刚体上无约束条件下鞍球面圆点优化搜索的标准程序模块，其输入为已知刚体的离散位置参数，输出为刚体上多个鞍球面圆点参数（运动刚体坐标系中的球坐标）及鞍球面圆点误差，形成**鞍球面圆点子程序 ArRP**。

由上述球面离散运动的鞍球面圆误差分析可知，对于球面运动刚体上点，坐标值与其离散轨迹鞍球面圆误差是非线性函数关系，因而当给定的球面运动为非退化时，鞍球面圆误差必然存在极小值，根据定义 5.1 和 5.2，有：

定理 5.1　对于给定的非退化球面运动，运动刚体上一定存在鞍球面圆点。

平面机构离散运动综合时，平面运动刚体上鞍圆点为连架杆与连杆的铰链点，而其在固定坐标系中离散轨迹的鞍圆的圆心点作为机架与连杆的铰链点；对于球面机构运动综合，球面运动刚体上鞍球面圆点，同样为连架杆与连杆的铰链点，而其在固定坐标系中离散轨迹的鞍球面圆的圆心点——鞍球面圆（锥）的轴线与球面的交点，作为机架与连杆的铰链点。

由此可见，球面机构运动综合问题以寻求球面运动刚体上鞍球面圆点为目标，该点的轨迹与球面圆逼近误差最小，定义 5.1 与定义 5.2 给出了刚体上鞍球面圆点的定义与唯一性，而定理 5.1 则阐明了其存在性。因而对于给定运动的球面运动刚体，一定可以找到鞍球面圆点，只是其鞍球面圆误差各不相同。基于球面运动的性质，球面运动鞍球面圆误差曲面是高次代数曲面，因而其上存有极值点。从理论上证明鞍球面圆点的存在性与分布规律，是球面机构离散运动综合理论问题，期待机构学者研究解决。

同平面机构离散运动鞍点综合一样，当给定球面运动刚体的离散位置数目大于五个时，利用鞍球面圆点的运动综合模型式（5.24）以及 MATLAB 软件优化工具箱，在刚体上搜寻可得到若干鞍球面圆点，而鞍球面圆点误差通常不为零，个别情况下接近于零。而当给定球面运动刚体的五个离散位置时，在刚体上搜寻得到的鞍球面圆点中，存在鞍球面圆点误差趋于零的情况，即得到精确解——球面圆点，但是球面圆点的个数不会多于六个。当给定球面运动刚体的离散位置数为四时，通过对刚体上鞍球面圆点的优化搜索，发现鞍球面圆误差趋于零的鞍球面圆点——球面圆点有无穷多个，并且分布在刚体的曲线——球面圆点曲线上，表明了球面运动刚体的离散位置与连续位置运动几何学理论的对应。将给定四、五到多个离散位置球面运动刚体上对应的鞍球面圆误差曲面联系起来，球面圆点、鞍球面圆点对应误差曲面上的谷底点，从中同样可以窥见球面运动刚体离散位置运动几何学的某些规律，如鞍球面圆误差曲面与刚体位置（数）的关系，相应的球面圆点曲线、球面圆点到鞍球面圆点的演变规律等。

【例 5-1】 球面曲柄摇杆机构连杆上鞍球面圆误差曲面以及鞍球面圆点。球面曲柄摇杆机构 $ABCD$ 如图 5.6 所示，各杆长对应的圆心角分别为：$l_1=20°$，$l_2=37.5°$，$l_3=37.5°$，$l_4=50°$。在连杆 BC 和机架 AD 上分别建立运动坐标系 $\{\boldsymbol{O};\ \boldsymbol{i}_{\mathrm{m}},\ \boldsymbol{j}_{\mathrm{m}},\ \boldsymbol{k}_{\mathrm{m}}\}$ 和固定坐标系 $\{\boldsymbol{O};\ \boldsymbol{i}_{\mathrm{f}},\ \boldsymbol{j}_{\mathrm{f}},\ \boldsymbol{k}_{\mathrm{f}}\}$，将原动件 AB 的转角 $\varphi\in[0,\ 2\pi]$ 以 5°为间隔离散化，可得到该球面曲柄摇杆机构的一组离散输入角度 $\varphi^{(i)}$，$i=1,\ \cdots,\ 72$，通过连杆机构的位移方程求解，可得连杆 BC 相对机架 AD 的球面运动 72 个离散位置（l_1，$\varphi^{(i)}$，$\psi^{(i)}$），$i=1,\ \cdots,\ 72$。

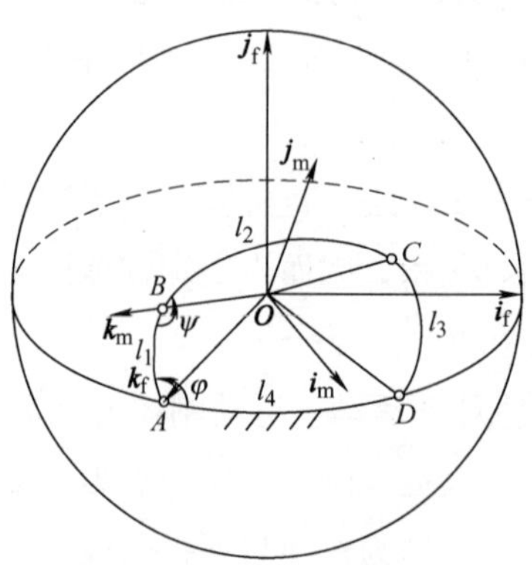

图 5.6 球面曲柄摇杆机构

为形象描述鞍球面圆点等概念和相关优化搜索算法，对于连杆上点的球面坐标 $\delta_{P\mathrm{m}}\in[0,\pi/2]$，$\theta_{P\mathrm{m}}\in[0,\ 2\pi)$，两坐标方向均以 0.05 为步长，得到 4032 个连杆点，对于每个连杆点在固定坐标系中的球面离散轨迹点集 $\{\boldsymbol{R}_P^{(i)}\}$，调用鞍球面圆子程序 ArRF，可得到其相应的鞍球面圆（锥）轴线的方向角、半锥顶角以及鞍球面圆误差 Δ_{rR}。在连杆坐标系 $\{\boldsymbol{O};\ \boldsymbol{i}_{\mathrm{m}},\ \boldsymbol{j}_{\mathrm{m}},\ \boldsymbol{k}_{\mathrm{m}}\}$ 中，将单位球面的上半球面上点映射到坐标平面 $\{\boldsymbol{O};\ \boldsymbol{i}_{\mathrm{m}},\ \boldsymbol{j}_{\mathrm{m}}\}$ 上，从而以连

杆单位半球面上点对应的（$x_{P\mathrm{m}}$，$y_{P\mathrm{m}}$）为平面坐标，以各点对应的鞍球面圆误差 Δ_{rR} 为纵坐标，形成球面机构连杆半球面上点的鞍球面圆误差曲面。为清楚起见，以坐标平面 $\{\boldsymbol{O};\ \boldsymbol{i}_{\mathrm{m}},\ \boldsymbol{j}_{\mathrm{m}}\}$ 上的等高线图形式表达，如图 5.7 所示。这个误差曲面在球面连杆机构运动综合时并不需要。

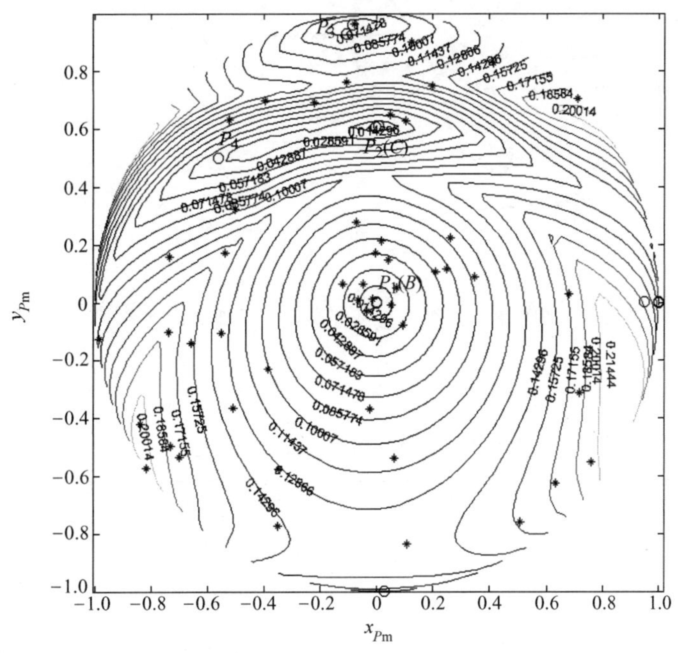

图 5.7　球面四杆机构鞍球面圆误差曲面等高线

如图 5.7 所示有四个极值点，在连杆坐标系 $\{\boldsymbol{O};\ \boldsymbol{i}_{\mathrm{m}},\ \boldsymbol{j}_{\mathrm{m}},\ \boldsymbol{k}_{\mathrm{m}}\}$ 中的球面坐标（$\delta_{P\mathrm{m}}$，$\theta_{P\mathrm{m}}$）分别为 P_1（0，0）、P_2（0.6545，1.5708）、P_3（1.2953，1.6579）和 P_4（0.7693，2.2672），其中点 P_1 和点 P_2 对应的鞍球面圆误差均接近于零，分别对应着连杆上的两个铰链点 B 和 C，是球面圆点。点 P_1、P_2、P_3 和 P_4 的球面离散轨迹曲线 Γ_1、Γ_2、Γ_3 和 Γ_4 及其鞍球面圆如图 5.8 所示。该连杆上鞍球面圆误差曲面存在多个极值点，与平面四杆机构的鞍圆误差曲面有惊人的相似。

分别从随机生成的 50 个初始点出发，利用编制的鞍球面圆点子程序 **ArRP** 进行优化搜索，如图 5.7 所示。在该球面曲柄摇杆机构的连杆上，50 个随机初始点用“ * ”表示，将收敛得到的 50 个鞍球面圆点用“o”表示，可以发现鞍球面圆点较多的收敛于连杆上的两个精确球面运动圆点 $P_1(B)$ 和 $P_2(C)$ 处，以及两个鞍球面圆点 P_3 和 P_4 附近，其中收敛到鞍球面圆点 $P_1(B)$ 的个数为 35 个，收敛到鞍球面圆点 $P_2(C)$ 的个数为 2 个。图 5.7 中展示了连杆上鞍球面圆误差曲面的四个峰谷，当随机给定的初始点分别落在相应的峰谷中时，优化得到的相应鞍球面圆点落于谷底，表明了该鞍球面圆点程序和算法有较好的收敛性。本例中，针对每个初始点所进行优化的平均迭代步骤为 10，平均优化时间为 3.0715s。

【例 5-2】　给定多个离散位置球面运动刚体上鞍球面圆误差与鞍球面圆点。球面运动

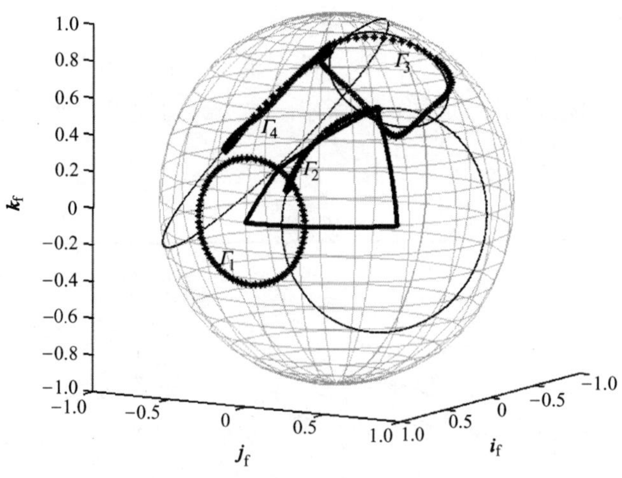

图 5.8　连杆上鞍球面圆点及其轨迹曲线

刚体九个离散位置见表 5.1。

表 5.1　球面运动刚体九个离散位置　（单位：rad）

序　　号	$\theta_1^{(i)}$	$\theta_2^{(i)}$	$\theta_3^{(i)}$
1	0.16	0.75	1.16
2	0.30	0.90	0.39
3	0.31	1.08	-0.18
4	0.28	1.35	-0.70
5	0.15	1.72	-1.13
6	0.12	2.21	-1.59
7	0.04	5.20	2.83
8	0.08	6.25	2.24
9	0.16	0.60	1.47

对于表 5.1 中给定的球面运动刚体九个离散位置，同样为直观阐述方便，以与上例相同的方式调用鞍球面圆子程序 ArRF，计算球面运动刚体上各点轨迹对应的鞍球面圆及其误差，构造运动刚体半球面上各点的鞍球面圆误差曲面，其等高线图如图 5.9 所示。

对于该球面运动刚体上的鞍球面圆点，调用鞍球面圆点子程序 ArRP，在刚体运动坐标系中单位半球面上（$\delta_{Pm} \in [0, \pi/2]$，$\theta_{Pm} \in [0, 2\pi)$）进行鞍球面圆点的优化搜索。

分别从随机生成的 50 个初始点出发，利用鞍球面圆点标准程序进行优化搜索。如图 5.9所示，在球面运动刚体上，50 个随机初始点用“ * ”表示，将收敛得到的 50 个结果用“o”表示。其中九个鞍球面圆点及其鞍球面圆的参数见表 5.2。本例中，针对每个初始点所进行优化的平均迭代步骤为 14，平均优化时间为 2.4937s。

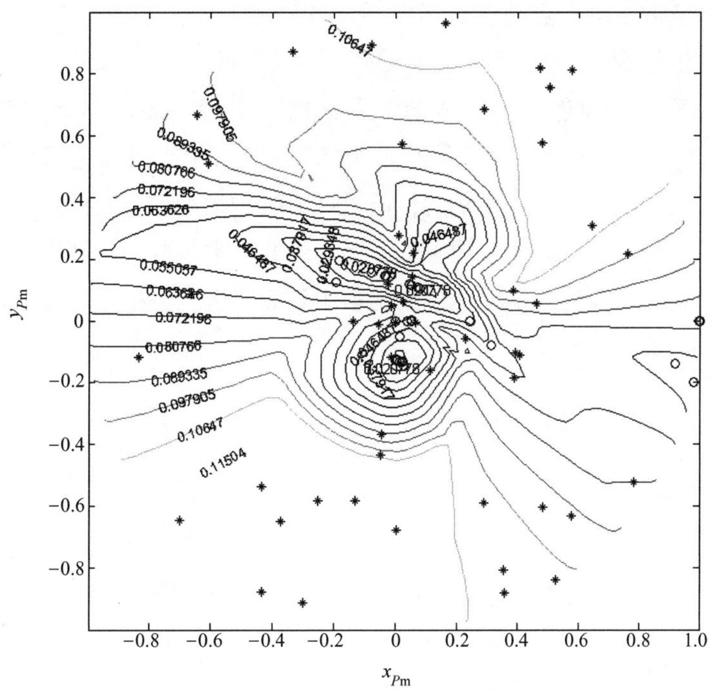

图 5.9　多位置鞍球面圆误差曲面与鞍球面圆点

表 5.2　九个鞍球面圆点及其鞍球面圆参数　　（单位：rad）

序　号	鞍球面圆点		鞍球面圆			
			轴线方向角		半锥顶角	鞍球面圆误差
	δ_{Pm}	θ_{Pm}	ξ	η	δ	δ_{rR}
SrRP1	0. 1316	0. 9251	0. 5160	6. 0488	0. 4787	0. 010456
SrRP2	0. 1262	1. 1561	0. 4982	6. 1087	0. 4728	0. 010958
SrRP3	0. 1749	2. 0349	1. 0494	5. 8044	1. 1635	0. 011061
SrRP4	0. 1256	1. 1913	0. 4925	6. 1210	0. 4688	0. 011065
SrRP5	0. 1497	1. 7957	0. 8579	5. 8621	0. 9301	0. 012333
SrRP6	0. 1319	4. 8240	0. 0193	0. 0302	0. 1721	0. 016876
SrRP7	0. 1289	4. 7414	0. 0171	0. 7600	0. 1698	0. 017382
SrRP8	0. 1494	4. 8933	0. 0300	5. 7125	0. 1831	0. 017461
SrRP9	0. 2718	2. 3252	0. 7968	5. 8722	1. 0091	0. 021601

对于少位置的鞍球面圆拟合、鞍球面圆误差曲面和鞍球面圆点等，如四位置、五位置情况，在 5. 2. 3 节和 5. 2. 4 节已经阐述。

5. 3　球面四杆机构鞍点综合

考虑到球面机构实际应用并与第 6、7 章对应，本书仅探讨球面四杆机构的运动综合问题。球面四杆机构离散运动鞍点综合只需要寻求球面运动刚体上的两个鞍球面圆点（近似球面圆点），其机构几何尺寸与运动性能满足设计要求即可。

同平面机构一样，球面连杆机构运动综合根据给定运动要求类型，可分为刚体导引（或连杆位置）综合、两个连架杆对应位置函数综合及连杆上点的轨迹综合三类，并以连杆的位置综合为代表。而按给定运动要求的性质，球面机构运动综合同样分为连续及高阶连续运动综合、有限分离位置综合以及多位置近似运动综合。本节首先对其进行介绍，然后介绍球面四杆机构离散运动鞍点综合的过程，给出多组计算实例，包括四、五位置的精确综合和多位置的近似运动（鞍点）综合。

5.3.1 球面连杆机构的运动综合类型

5.3.1.1 连续运动综合

对于球面运动刚体的连续位置综合，相当于已知运动刚体坐标系 $\{\boldsymbol{O};\ \boldsymbol{i}_{\mathrm{m}},\ \boldsymbol{j}_{\mathrm{m}},\ \boldsymbol{k}_{\mathrm{m}}\}$ 相对于固定坐标系 $\{\boldsymbol{O};\ \boldsymbol{i}_{\mathrm{f}},\ \boldsymbol{j}_{\mathrm{f}},\ \boldsymbol{k}_{\mathrm{f}}\}$ 连续转角 θ_1、θ_2 和 θ_3。若取轴 $\boldsymbol{k}_{\mathrm{m}}$上的一点 O_k，其在运动坐标系 $\{\boldsymbol{O};\ \boldsymbol{i}_{\mathrm{m}},\ \boldsymbol{j}_{\mathrm{m}},\ \boldsymbol{k}_{\mathrm{m}}\}$ 中的直角坐标为（0，0，1），那么由式（5.2）可知其在固定坐标系中的球面轨迹曲线 Γ_{Ok}为：

$$\boldsymbol{R}_{Ok}=\mathrm{s}\theta_1\mathrm{c}\theta_2\boldsymbol{i}_{\mathrm{f}}+\mathrm{s}\theta_1\mathrm{s}\theta_2\boldsymbol{j}_{\mathrm{f}}+\mathrm{c}\theta_1\boldsymbol{k}_{\mathrm{f}} \tag{5.25}$$

假定曲线 Γ_{Ok}的弧长为 s_{Ok}，则 $\mathrm{d}s_{Ok}=\left|\dfrac{\mathrm{d}\boldsymbol{R}_{Ok}}{\mathrm{d}t}\right|\mathrm{d}t$。在曲线 Γ_{Ok}上建立球面曲线的 Darboux 标架$\{\boldsymbol{R}_{Ok};\ \boldsymbol{\alpha},\ \boldsymbol{n},\ \boldsymbol{v}\}$:

$$\begin{cases}\boldsymbol{\alpha}=\dfrac{\mathrm{d}\boldsymbol{R}_{Ok}}{\mathrm{d}s}=\cos\theta\boldsymbol{i}_{\mathrm{m}}+\sin\theta\boldsymbol{j}_{\mathrm{m}}\\ \boldsymbol{n}=-\boldsymbol{R}_{Ok}=-\boldsymbol{k}_{\mathrm{m}}\\ \boldsymbol{v}=\boldsymbol{\alpha}\times\boldsymbol{n}=-\sin\theta\boldsymbol{i}_{\mathrm{m}}+\cos\theta\boldsymbol{j}_{\mathrm{m}}\end{cases} \tag{5.26}$$

式中，θ 为标矢 $\boldsymbol{\alpha}$ 在坐标系 $\{\boldsymbol{O};\ \boldsymbol{i}_{\mathrm{m}},\ \boldsymbol{j}_{\mathrm{m}}\}$ 中的方向角。对于运动刚体上单位球面上一点 P（$\delta_{P\mathrm{m}}$，$\theta_{P\mathrm{m}}$），随刚体球面运动形成球面轨迹曲线 Γ_P，同样采用第 3 章中介绍的相伴运动方法，把曲线 Γ_{Ok}作为原曲线，曲线 Γ_P作为 Γ_{Ok}的球面相伴曲线，则有：

$$\boldsymbol{R}_P=\boldsymbol{R}_{Ok}+u_1\boldsymbol{\alpha}+u_2\boldsymbol{n}+u_3\boldsymbol{v} \tag{5.27a}$$

其中

$$\begin{cases}u_1=\sin\delta_{P\mathrm{m}}\cos(\theta_{P\mathrm{m}}-\theta)\\ u_2=1-\cos\delta_{P\mathrm{m}}\\ u_3=\sin\delta_{P\mathrm{m}}\sin(\theta_{P\mathrm{m}}-\theta)\end{cases} \tag{5.27b}$$

可由该式求得 P 点在固定坐标系中球面曲线 Γ_P的测地曲率 k_{gP}。

由第 3 章的内容可知，球面上圆的测地曲率为常数，因此，球面运动刚体 Σ^* 是否存在球面圆点的条件可转变为运动刚体上的特征点 P，其在固定坐标系下的轨迹曲线 Γ_P的测地

曲率 k_{gP} 是否具有 $k_{gP}\equiv \mathrm{const}$ 的性质。在第4章中已经讨论了一阶导数为零时，即无限接近四位置瞬时运动刚体上存在一球面曲率驻点曲线；一阶和二阶导数同时为零时，即无限接近五位置瞬时运动刚体上存在有限个球面 Burmester 点；更高阶导数为零时，涉及微分方程解的存在性，除非运动蜕化。

5.3.1.2 离散运动综合

由上述内容可知，描述刚体的球面运动需三个独立参数，在工程实际中给定有限分离位置或多个离散位置，要求刚体精确或近似通过若干有限位置，通常称前者为少位置精确综合，后者称多位置近似综合，本书统称球面机构离散运动综合。

球面运动刚体的离散位置综合时，相当于已知运动刚体坐标系 $\{\boldsymbol{O};\ \boldsymbol{i}_\mathrm{m},\ \boldsymbol{j}_\mathrm{m},\ \boldsymbol{k}_\mathrm{m}\}$ 相对于固定坐标系 $\{\boldsymbol{O};\ \boldsymbol{i}_\mathrm{f},\ \boldsymbol{j}_\mathrm{f},\ \boldsymbol{k}_\mathrm{f}\}$ 离散转角函数 $\theta_1^{(i)}$、$\theta_2^{(i)}$ 和 $\theta_3^{(i)}$。对于球面运动刚体 Σ^* 上的任意点 $P(x_{P\mathrm{m}},\ y_{P\mathrm{m}},\ z_{P\mathrm{m}})$ 在固定坐标系中的离散轨迹点集 $\{\boldsymbol{R}_P^{(i)}\}$ 由式（5.4）描述。球面四杆机构的精确综合，需要根据球面圆点的性质，由运动刚体 Σ^* 上点的离散点集矢量方程（5.4）代入球面圆点的条件（约束方程），解得运动刚体 Σ^* 上点的坐标，属于机构运动综合的经典理论。本书提出的球面机构位置鞍点综合模型，包括少位置精确综合和多位置近似综合，少位置精确综合结果仅为多位置近似综合的特殊情况而已。与第4章中的球面无限接近位置运动几何学理论一致，无限接近五位置共球面圆的点，即瞬时球面 Burmester 点最多仅存在六个。因此，五个有限分离位置球面运动刚体上也仅仅存在若干个球面圆点，多于五位置时，一般不存在球面圆点。球面少位置运动精确综合方法以代数法最为普遍，但形成精确点位置方程可以有多种方法，如矢量法、复数法以及矩阵法等。

当给定球面运动刚体的位置数多于五时，运动刚体上已经不存在精确球面圆点，但工程实际应用中，给定的位置数往往多于五个，甚至有十几个到几十个不等，因情况不同而异，使得机构近似通过。这样就要求进行球面机构近似运动综合，刚体球面运动近似综合时，需要在运动刚体 Σ^* 上寻求鞍球面圆点。

5.3.1.3 函数综合

而对于球面连杆机构的函数综合，给定两连架杆的函数关系 $\psi=\psi(\varphi)$，其中 φ 是输入杆的转角，ψ 是输出杆的转角，求解出球面机构实现。如图5.10所示，取机架 AD 的长度（圆心角）为 d，在机架 AD 上建立固定坐标系 $\{\boldsymbol{O};\ \boldsymbol{i}_\mathrm{f},\ \boldsymbol{j}_\mathrm{f},\ \boldsymbol{k}_\mathrm{f}\}$，在连架杆1和连架杆3上分别建立运动坐标系 $\{\boldsymbol{O};\ \boldsymbol{i}_1,\ \boldsymbol{j}_1,\ \boldsymbol{k}_1\}$ 以及 $\{\boldsymbol{O};\ \boldsymbol{i}_3,\ \boldsymbol{j}_3,\ \boldsymbol{k}_3\}$，则连架杆3相对于连架杆1的运动可以用坐标系 $\{\boldsymbol{O};\ \boldsymbol{i}_3,\ \boldsymbol{j}_3,\ \boldsymbol{k}_3\}$ 相对于 $\{\boldsymbol{O};\ \boldsymbol{i}_1,\ \boldsymbol{j}_1,\ \boldsymbol{k}_1\}$ 的运动来描述，而由图5.10所示可知，运动坐标系 $\{\boldsymbol{O};\ \boldsymbol{i}_1,\ \boldsymbol{j}_1,\ \boldsymbol{k}_1\}$ 以及 $\{\boldsymbol{O};\ \boldsymbol{i}_3,\ \boldsymbol{j}_3,\ \boldsymbol{k}_3\}$ 之间的矢量关系为：

$$\begin{cases}\boldsymbol{i}_3=(\mathrm{cdc}\psi\mathrm{c}\varphi+\mathrm{s}\psi\mathrm{s}\varphi)\boldsymbol{i}_1+(-\mathrm{cdc}\psi\mathrm{s}\varphi+\mathrm{s}\psi\mathrm{c}\varphi)\boldsymbol{j}_1-\mathrm{sdc}\psi\boldsymbol{k}_1\\ \boldsymbol{j}_3=(-\mathrm{cds}\psi\mathrm{c}\varphi+\mathrm{c}\psi\mathrm{s}\varphi)\boldsymbol{i}_1+(\mathrm{cds}\psi\mathrm{s}\varphi+\mathrm{c}\psi\mathrm{c}\varphi)\boldsymbol{j}_1+\mathrm{sds}\psi\boldsymbol{k}_1\\ \boldsymbol{k}_3=\mathrm{sdc}\varphi\boldsymbol{i}_1-\mathrm{sds}\varphi\boldsymbol{j}_1+\mathrm{cd}\boldsymbol{k}_1\end{cases}\tag{5.28}$$

结合球面运动表达角度（θ_1，θ_2，θ_3）与函数综合已知条件中的角度（φ，ψ，d），即连架杆 3 相对于连架杆 1 的球面运动角位移为：

$$\theta_1 = d,\quad \theta_2 = -\varphi,\quad \theta_3 = \psi + \frac{\pi}{2} \tag{5.29}$$

通过式（5.29）可把连架杆 3 相对于连架杆 1 的运动表示为球面运动位置综合的统一形式。从而将球面连杆机构的函数综合问题转化为位置综合问题，即在连架杆 1 上考察另一连架杆 3 上的球面圆点（球面特征点）。

5.3.1.4 轨迹综合

对于球面连杆机构的轨迹综合，在原有固定坐标系 $\{\boldsymbol{O};\ \boldsymbol{i}_f,\ \boldsymbol{j}_f,\ \boldsymbol{k}_f\}$ 下给定球面曲线 Γ：$F(x_E,\ y_E,\ z_E)=0$，要求球面四杆机构连杆上的一点的轨迹再现给定的球面曲线。同平面四杆机构近似轨迹综合一样，采用球面二杆二自由度浮动杆 ABE 上的一点 E 复演给定的球面曲线 Γ，当 E 点沿给定轨迹 Γ 运动一个周期时，球面浮动杆 BE 便有了确定的运动，从而将球面轨迹综合转化为在浮动杆 BE 上寻找球面特征点（球面圆点），如图 5.11 所示。

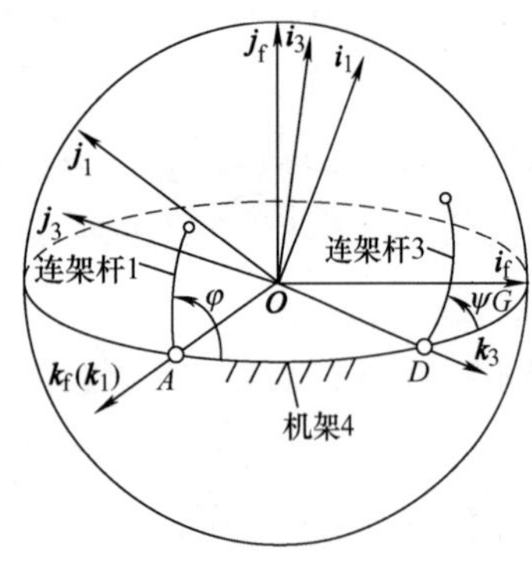

图 5.10 球面连杆机构函数综合

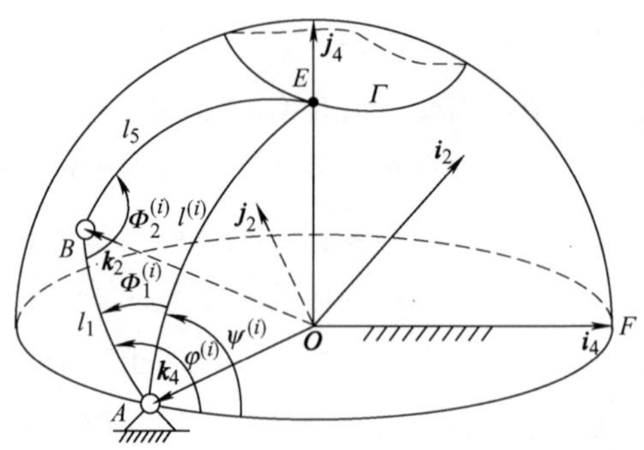

图 5.11 球面连杆机构轨迹综合

在原有固定坐标系 $\{\boldsymbol{O};\ \boldsymbol{i}_f,\ \boldsymbol{j}_f,\ \boldsymbol{k}_f\}$ 中，取机架铰链点 A，其球坐标为（1，α_A，β_A），为方便描述，通过铰链点 A 建立机架坐标系 $\{\boldsymbol{O};\ \boldsymbol{i}_4,\ \boldsymbol{j}_4,\ \boldsymbol{k}_4\}$，如图 5.11 所示。机架坐标系 $\{\boldsymbol{O};\ \boldsymbol{i}_4,\ \boldsymbol{j}_4,\ \boldsymbol{k}_4\}$ 与固定坐标系 $\{\boldsymbol{O};\ \boldsymbol{i}_f,\ \boldsymbol{j}_f,\ \boldsymbol{k}_f\}$ 的矢量关系式为：

$$\begin{cases} \boldsymbol{i}_4 = \sin\beta_A \boldsymbol{i}_f - \cos\beta_A \boldsymbol{j}_f \\ \boldsymbol{j}_4 = \cos\alpha_A\cos\beta_A \boldsymbol{i}_f + \cos\alpha_A\sin\beta_A \boldsymbol{j}_f - \sin\alpha_A \boldsymbol{k}_f \\ \boldsymbol{k}_4 = \sin\alpha_A\cos\beta_A \boldsymbol{i}_f + \sin\alpha_A\sin\beta_A \boldsymbol{j}_f + \cos\alpha_A \boldsymbol{k}_f \end{cases} \tag{5.30}$$

将给定的球面曲线 Γ 从固定坐标系 $\{\boldsymbol{O};\ \boldsymbol{i}_f,\ \boldsymbol{j}_f,\ \boldsymbol{k}_f\}$ 转换到机架坐标系 $\{\boldsymbol{O};\ \boldsymbol{i}_4,\ \boldsymbol{j}_4,\ \boldsymbol{k}_4\}$ 中描述，当浮动杆 ABE 上的点 E 沿着曲线 Γ 运动一个周期时，要使得连架杆 AB 能够整周转动，浮动杆 ABE 中 AB 以及 BE 的尺寸 l_1 以及 l_5 应该满足特定的条件。设 A 点到球面曲线 Γ 的最大和最小球面距离为 d_{max} 和 d_{min}，当 A 点在球面曲线 Γ 的外部时，AB 以及 BE 的尺

寸为：

$$l_1=\frac{d_{\max}-d_{\min}}{2},\quad l_5=\frac{d_{\max}+d_{\min}}{2} \tag{5.31}$$

当 A 点在球面曲线 Γ 的内部时，AB 以及 BE 的尺寸为：

$$l_1=\frac{d_{\max}+d_{\min}}{2},\quad l_5=\frac{d_{\max}-d_{\min}}{2} \tag{5.32}$$

机架坐标系 $\{\boldsymbol{O};\ \boldsymbol{i}_4,\ \boldsymbol{j}_4,\ \boldsymbol{k}_4\}$ 中，曲线 Γ 可以由 $F(x_E,y_E,z_E)=0$ 离散为点集 $\{(x_E^{(i)},y_E^{(i)},z_E^{(i)})^{\mathrm{T}}\}$ 表达，A 点的直角坐标为（0，0，1），F 点的坐标为（1，0，0），则可得到 AE 以及 EF 的长度：

$$\begin{cases} l^{(i)}=2\arcsin\dfrac{\sqrt{(x_E^{(i)})^2+(y_E^{(i)})^2+(z_E^{(i)}-1)^2}}{2} \\ \widehat{EF}=2\arcsin\dfrac{\sqrt{(x_E^{(i)}-1)^2+(y_E^{(i)})^2+(z_E^{(i)})^2}}{2} \end{cases} \tag{5.33}$$

而对于球面三角形 AEF，应用球面余弦定理可求得：

$$\psi^{(i)}=\arccos\frac{\cos(\widehat{EF})-\cos(l^{(i)})\cos(\pi/4)}{\sin(l^{(i)})\sin(\pi/4)} \tag{5.34}$$

而对于球面三角形 ABE，同样应用球面余弦定理可得：

$$\begin{cases} \phi_1^{(i)}=\arccos\dfrac{\cos(l_5)-\cos(l_1)\cos(l^{(i)})}{\sin(l_1)\sin(l^{(i)})} \\ \phi_2^{(i)}=\arccos\dfrac{\cos(l^{(i)})-\cos(l_1)\cos(l_5)}{\sin(l_1)\sin(l_5)} \end{cases} \tag{5.35}$$

从而得到连架杆 AB 的转角：

$$\varphi^{(i)}=\psi^{(i)}+p_c\phi_1^{(i)} \tag{5.36}$$

式中，p_c 为装配系数，当取 AB 逆时针方运动时 $p_c=1$，当 AB 顺时针方向运动时 $p_c=-1$。

确定出二杆组 ABE 的运动后，为描述连杆 BE 的球面运动，在其上建立连杆坐标系 $\{\boldsymbol{O};\ \boldsymbol{i}_2,\ \boldsymbol{j}_2,\ \boldsymbol{k}_2\}$，如图 5.11 所示，连杆坐标系 $\{\boldsymbol{O};\ \boldsymbol{i}_2,\ \boldsymbol{j}_2,\ \boldsymbol{k}_2\}$ 以及机架坐标系 $\{\boldsymbol{O};\ \boldsymbol{i}_4,\ \boldsymbol{j}_4,\ \boldsymbol{k}_4\}$ 之间的矢量关系为：

$$\begin{cases} \boldsymbol{i}_2=(-\mathrm{c}\phi_2^{(i)}\mathrm{c}l_1\mathrm{c}\varphi^{(i)}+\mathrm{s}\phi_2^{(i)}\mathrm{s}\varphi^{(i)})\boldsymbol{i}_4+(-\mathrm{c}\phi_2^{(i)}\mathrm{c}l_1\mathrm{s}\varphi^{(i)}-\mathrm{s}\phi_2^{(i)}\mathrm{c}\varphi^{(i)})\boldsymbol{j}_4+\mathrm{c}\phi_2^{(i)}\mathrm{s}l_1\boldsymbol{k}_4 \\ \boldsymbol{j}_2=(\mathrm{s}\phi_2^{(i)}\mathrm{c}l_1\mathrm{c}\varphi^{(i)}+\mathrm{c}\phi_2^{(i)}\mathrm{s}\varphi^{(i)})\boldsymbol{i}_4+(\mathrm{s}\phi_2^{(i)}\mathrm{c}l_1\mathrm{s}\varphi^{(i)}-\mathrm{c}\phi_2^{(i)}\mathrm{c}\varphi^{(i)})\boldsymbol{j}_4-\mathrm{s}\phi_2^{(i)}\mathrm{s}l_1\boldsymbol{k}_4 \\ \boldsymbol{k}_2=\mathrm{s}l_1\mathrm{c}\varphi^{(i)}\boldsymbol{i}_4+\mathrm{s}l_1\mathrm{s}\varphi^{(i)}\boldsymbol{j}_4+\mathrm{c}l_1\boldsymbol{k}_4 \end{cases} \tag{5.37}$$

从而可得连杆 BE 在机架坐标系 $\{\boldsymbol{O};\ \boldsymbol{i}_4,\ \boldsymbol{j}_4,\ \boldsymbol{k}_4\}$ 中球面运动的三个转角为：

$$\theta_1=l_1,\quad \theta_2=\varphi,\quad \theta_3=\varphi_2-\frac{\pi}{2} \tag{5.38}$$

由此可把连杆 BE 相对于机架的运动表示为球面运动位置综合的统一形式。从而将球面连杆机构的轨迹综合问题转化为位置综合问题，即在机架坐标系 $\{\boldsymbol{O};\ \boldsymbol{i}_4,\ \boldsymbol{j}_4,\ \boldsymbol{k}_4\}$ 中考察连杆 BE 上的球面圆点（球面特征点）。

因此，对于球面运动综合，无论运动综合的类型是位置综合、函数综合还是轨迹综合，无论其运动综合的性质是连续运动综合、少位置精确综合还是多位置近似运动综合，都可以将给定的运动条件表示为球面运动刚体 Σ^*（运动坐标系 $\{\boldsymbol{O};\ \boldsymbol{i}_{\mathrm{m}},\ \boldsymbol{j}_{\mathrm{m}},\ \boldsymbol{k}_{\mathrm{m}}\}$）对于固定刚体 Σ（固定坐标系 $\{\boldsymbol{O};\ \boldsymbol{i}_{\mathrm{f}},\ \boldsymbol{j}_{\mathrm{f}},\ \boldsymbol{k}_{\mathrm{f}}\}$）的相对球面运动，即用运动坐标系 $\{\boldsymbol{O};\ \boldsymbol{i}_{\mathrm{m}},\ \boldsymbol{j}_{\mathrm{m}},\ \boldsymbol{k}_{\mathrm{m}}\}$ 的角位移 $(\theta_1,\ \theta_2,\ \theta_3)$ 来描述。只不过当连续运动综合时，$(\theta_1,\ \theta_2,\ \theta_3)$ 为连续函数，如函数综合条件方程式（5.29），轨迹综合条件方程式（5.38）；而少位置精确综合或者多位置近似运动综合时，$(\theta_1,\ \theta_2,\ \theta_3)$ 为离散函数，从而运动刚体 Σ^* 上任意点 P 的轨迹可以离散化并统一表示为：

$$\boldsymbol{R}_P^{(i)} = f(\theta_1^{(i)}, \theta_2^{(i)}, \theta_3^{(i)}, x_{P\mathrm{m}}, y_{P\mathrm{m}}, z_{P\mathrm{m}}), i = 1, \cdots, n \tag{5.39}$$

本章后文中默认为点集 $\{\boldsymbol{R}_P^{(i)}\}$ 表示。

5.3.2 球面四杆机构鞍点综合模型

球面四杆机构运动综合是已知刚体球面运动，确定球面运动刚体上的两个特征点 P_1 和 P_2，其随刚体运动所得球面离散点集 $\{\boldsymbol{R}_{P1}^{(i)}\}$ 和 $\{\boldsymbol{R}_{P2}^{(i)}\}$ 鞍球面圆误差之和取得最小值，建立球面四杆机构运动综合模型为：

$$\begin{cases} \min F(\boldsymbol{Z}) = \min(\Delta_{\mathrm{rR}}(z_1) + \Delta_{\mathrm{rR}}(z_2)) \\ \text{s.t.}\ \ \delta_{Pmk} \in [0, \pi/2],\ \theta_{Pmk} \in [0, 2\pi], k = 1, 2 \\ g_j(\boldsymbol{Z}) \leqslant 0,\ j = 1, 2, \cdots, n \end{cases} \tag{5.40}$$

球面四杆机构运动综合模型包括如下几个方面：

1）目标函数　球面特征点 P_1 和 P_2 对应鞍球面圆误差 $\Delta_{\mathrm{rR}}(z_1)$ 和 $\Delta_{\mathrm{rR}}(z_2)$ 的和取为目标函数，其定义已经在 5.2.1 节中给出。

2）优化变量　优化变量 $\boldsymbol{Z} = (z_1,\ z_2)^{\mathrm{T}}$，其中 $z_1 = (\delta_{P\mathrm{m}1},\ \theta_{P\mathrm{m}1})^{\mathrm{T}}$ 和 $z_2 = (\delta_{P\mathrm{m}2},\ \theta_{P\mathrm{m}2})^{\mathrm{T}}$ 分别为球面运动刚体上任意两点的球坐标，并随着刚体的球面运动生成球面离散轨迹点集 $\{\boldsymbol{R}_{P1}^{(i)}\}$ 和 $\{\boldsymbol{R}_{P2}^{(i)}\}$。优化变量的定义域为：$\delta_{Pmk} \in [0,\ \pi/2]$，$\theta_{Pmk} \in [0,\ 2\pi]$，$k = 1,\ 2$。

3）约束方程　以球面运动刚体上任意两点 $P_1(\delta_{P\mathrm{m}1},\ \theta_{P\mathrm{m}1})$ 和 $P_2(\delta_{P\mathrm{m}2},\ \theta_{P\mathrm{m}2})$ 作为球面四杆机构连杆上两个回转副 R 轴线与球面的交点。球面四杆机构的两个连架杆 R-R 由这两点相应的鞍球面圆（锥）所确定，即鞍球面圆（锥）的轴线为连架杆 R-R 中固定机架上 R 副的轴线，半锥顶角为连架杆 R-R 的杆长。从而所构成球面四杆机构的尺寸参数为：

$$
\begin{cases}
l_1=\delta_1\\
l_2=\arccos(\sin\delta_{Pm1}\sin\delta_{Pm2}\cos\theta_{Pm1}\cos\theta_{Pm2}+\sin\delta_{Pm1}\sin\delta_{Pm2}\sin\theta_{Pm1}\sin\theta_{Pm2}+\cos\delta_{Pm1}\cos\delta_{Pm2})\\
l_3=\delta_2\\
l_4=\arccos(\sin\xi_1\sin\xi_2\cos\eta_1\cos\eta_2+\sin\xi_1\sin\xi_2\sin\eta_1\sin\eta_2+\cos\xi_1\cos\xi_2)
\end{cases}
\tag{5.41}
$$

考虑球面机构一般几何、运动学和传力性能要求，对球面四杆机构施加约束条件为：

① Grashof 运动链条件：

$$
g_1(\mathbf{Z}) = 2\{\max(l_1,l_2,l_3,l_4)+\min(l_1,l_2,l_3,l_4)\} - \sum_{i=1}^{4} l_i \leqslant 0 \tag{5.42}
$$

② 曲柄存在条件：

$$
\begin{cases}
g_2(\mathbf{Z})=\min(l_1,l_4)-l_2\leqslant 0\\
g_3(\mathbf{Z})=\min(l_1,l_4)-l_3\leqslant 0
\end{cases}
\tag{5.43}
$$

③ 杆长大于零：

$$
g_4(\mathbf{Z})=\varepsilon-\min(l_1,l_2,l_3,l_4)\leqslant 0 \tag{5.44}
$$

④ 杆长比约束：

$$
g_5(\mathbf{Z})=\max(l_1,l_2,l_3,l_4)/\min(l_1,l_2,l_3,l_4)-[l]\leqslant 0 \tag{5.45}
$$

式中，$[l]$ 为许用的最大杆长比。

⑤ 两杆之和条件：

$$
\begin{cases}
l_1+l_2\leqslant\pi, l_1+l_3\leqslant\pi, l_1+l_4\leqslant\pi\\
l_2+l_3\leqslant\pi, l_2+l_4\leqslant\pi, l_3+l_4\leqslant\pi
\end{cases}
\tag{5.46}
$$

⑥ 传动角：

$$
g_6(\mathbf{Z})=[\gamma]-\gamma_{\min}\leqslant 0 \tag{5.47a}
$$

式中，$[\gamma]$ 为最小许用传动角，$\gamma_{\min}$为最小传动角，其值为：

$$
\gamma_{\min}=\min\left(\arccos\frac{\cos(l_4-l_1)-\cos(l_2)\cos(l_3)}{\sin(l_2)\sin(l_3)},\right.
$$

$$
\left.\pi-\arccos\frac{\cos(l_4+l_1)-\cos(l_2)\cos(l_3)}{\sin(l_2)\sin(l_3)}\right) \tag{5.47b}
$$

在实际应用中，球面机构运动综合时的约束还会有多种情况，如连杆和机架上铰链点位置约束，连杆与连架杆的运动空间约束，以及连杆位置的运动顺序和装配模式等，可根据需要添加不同的约束方程，在此不一一列举。

4）优化求解与算法　针对球面四杆机构的运动综合模型式（5.40），若为无约束条件下的机构优化综合问题，则在5.2.6节中已经讨论；若为约束条件下的机构运动综合问题，本书例子中直接采用MATLAB软件优化工具箱中的fmincon函数进行求解。

5）初始值选择　有约束条件下球面全铰链四杆机构求解初始值选择同平面连杆机构一样是一个复杂而又困难的问题，主要在于约束函数使得目标函数的定义域乃至目标性质产生改变，即使是较为简单的杆长条件或者传动角约束，也会使得机构运动综合的求解难度大大增加。本书中以满足或者近似满足约束条件的刚体上的鞍球面圆点组合作为优化初始值，并在后文中给出其具体的计算实例。

6）结束准则　本书中通过MATLAB中的optimset函数对结束准则进行设置。

按照前述球面四杆机构鞍点综合模型，通过MATLAB优化工具箱中的fmincon函数对约束条件下球面四杆机构进行优化搜索。fmincon函数设置参考平面全铰链四杆机构鞍点综合设置，形成约束条件下给定球面运动刚体多个离散位置的球面四杆机构运动综合标准程序模块，简称**有约束球面四杆机构运动综合程序KS-SCR**。

5.3.3　多位置近似综合

给定球面运动刚体的离散位置数在五个以上时的球面四杆机构运动综合称为多位置运动综合，需要在刚体上寻找球面圆点或者鞍球面圆点，以构成球面四杆机构引导刚体通过或者近似通过给定的球面多位置。

一般情况下，刚体上鞍球面圆点误差取决于刚体球面运动的性质，对于多位置运动综合，通常误差不为零，即刚体上不存在球面圆点，除非刚体给定的球面运动出现退化情形。本书中通过下列计算示例给出球面四杆机构具体的运动综合求解过程，即根据鞍球面圆点的运动综合模型式（5.24），在刚体上搜寻一系列鞍球面圆点，对于无约束机构运动综合，可以在运动刚体上的多个鞍球面圆点中任意选择两个作为球面四杆机构连杆上的两个铰链点，而对应的鞍球面圆圆心点作为固定机架上的两个铰链点，从而构成满足设计要求的球面四杆机构，以其中两个鞍球面圆点的鞍球面圆误差之和较小的几组作为最终的方案。而对于有约束的机构运动综合，依据优化模型得到在可行区域内的鞍球面圆误差和为最小的两个鞍球面圆点及其对应的球面圆心点，构成球面四杆机构。当约束函数的影响超过了目标函数时，某些鞍球面圆点便不在可行域中，优化结果中的鞍球面圆点的原有含义（鞍球面圆误差获得极小值）变为某鞍球面误差在可行域内获得最小值。

【例5-3】　给定的球面运动刚体在固定坐标系中的九个离散位置见表5.1，试综合球面四杆机构。要求其存在曲柄，最小许用传动角［γ］为30°，最大许用杆长比［l］为5，引导刚体通过给定的球面九个位置。

解：已知机构引导刚体近似通过的九个球面离散位置以及机构的几何、运动以及传力性能要求，依据前述球面四杆机构鞍点运动综合方法，建立运动综合模型为：

$$
\begin{cases}
\min\limits_{Z=(z_1,z_2)^{\mathrm{T}}}(\Delta_{\mathrm{rR}}(z_1)+\Delta_{\mathrm{rR}}(z_2)) \\
\text{s.t. } \delta_{P\mathrm{m}k}\in[0,\pi/2],\quad \theta_{P\mathrm{m}k}\in[0,2\pi],\quad k=1,2 \\
g_1(\boldsymbol{Z})=2\{\max(l_1,l_2,l_3,l_4)+\min(l_1,l_2,l_3,l_4)\}-\sum\limits_{i=1}^{4}l_i\leqslant 0 \\
g_2(\boldsymbol{Z})=\min(l_1,l_4)-l_2\leqslant 0,\quad g_3(\boldsymbol{Z})=\min(l_1,l_4)-l_3\leqslant 0 \\
g_4(\boldsymbol{Z})=\max(l_1,l_2,l_3,l_4)/\min(l_1,l_2,l_3,l_4)-5\leqslant 0 \\
g_5(\boldsymbol{Z})=0.1-\min(l_1,l_2,l_3,l_4)\leqslant 0 \\
g_6(\boldsymbol{Z})=l_1+l_2-\pi\leqslant 0,\quad g_7(\boldsymbol{Z})=l_1+l_3-\pi\leqslant 0 \\
g_8(\boldsymbol{Z})=l_1+l_4-\pi\leqslant 0,\quad g_9(\boldsymbol{Z})=l_2+l_3-\pi\leqslant 0 \\
g_{10}(\boldsymbol{Z})=l_2+l_4-\pi\leqslant 0,\quad g_{11}(\boldsymbol{Z})=l_3+l_4-\pi\leqslant 0 \\
g_{12}(\boldsymbol{Z})=\dfrac{\pi}{6}-\min\left(\arccos\dfrac{\cos(l_4-l_1)-\cos(l_2)\cos(l_3)}{\sin(l_2)\sin(l_3)},\right. \\
\qquad\left.\pi-\arccos\dfrac{\cos(l_4+l_1)-\cos(l_2)\cos(l_3)}{\sin(l_2)\sin(l_3)}\right)\leqslant 0
\end{cases}
\tag{E5-3.1}
$$

式中设计变量的几何物理意义同式（5.40）~式（5.47a）。可将该球面四杆机构的九位置运动综合问题分解为三个部分：初始值准备、运动综合程序设置和机构优化综合。其中初始值准备是求解给定九位置无约束条件下球面运动刚体上的鞍球面圆点，程序设置是依据运动综合模型式（E5-3.1）设置 MATLAB 优化工具箱中的 fmincon 函数的变量与参数，而优化求解则是根据初始值和程序设置求解九位置优化运动综合问题，现分别阐述如下：

（1）初始值准备　首先，根据鞍球面圆点子程序 ArRP，输入为给定的球面运动刚体九个离散位置参数，输出为鞍球面圆点参数及其鞍球面圆（锥）轴线的方向角、半锥顶角以及鞍球面圆点误差。按照鞍球面圆点误差将结果（对应鞍球面圆点）以从小到大的顺序进行自动排列。本例中给出了 50 个初始点，得到相应的 50 个鞍球面圆点，并在表 5.2 中列出了其中的九个鞍球面圆点。将这 50 个鞍球面圆点进行两两组合，构成相应的球面四杆机构，由式（5.41）得到其尺寸参数，并由式（5.42）~式（5.47a）判断其是否满足约束条件，将满足约束条件的一组鞍球面圆点的球坐标，作为球面四杆机构运动综合时连杆上两个运动铰链点的优化初始值。如果所有鞍球面圆点没有构成或者构成较少满足约束条件的球面四杆机构，则可以选择接近满足约束条件者。对于表 5.2 中的九个鞍球面圆点，满足约束条件的六组鞍球面圆点组合见表 5.3。

（2）运动综合程序设置　本算例中对优化函数 fmincon 的设置基本等同于前文中的介绍，包括优化算法的选择，迭代终止条件设置以及约束条件设置。只是约束条件设置中，非线性不等式约束由模型式（E5-3.1）中的 $g_1\sim g_{12}$ 构造。

表 5.3 满足约束条件的鞍球面圆点组合

序号	鞍球面圆点组合	机构尺寸参数/rad	最大杆长比	最小传动角/(°)	目标函数值
GⅠ	SrRP6-SrRP 4	$l_1=0.1721$，$l_2=0.2497$ $l_3=0.4690$，$l_4=0.4738$	2.75	35.91	0.027943
GⅡ	SrRP6-SrRP 1	$l_1=0.1721$，$l_2=0.2447$ $l_3=0.4787$，$l_4=0.4974$	2.89	39.27	0.027332
GⅢ	SrRP7-SrRP 1	$l_1=0.1698$，$l_2=0.2457$ $l_3=0.4787$，$l_4=0.5069$	2.98	42.35	0.027836
GⅣ	SrRP7-SrRP 4	$l_1=0.1698$，$l_2=0.2492$ $l_3=0.4690$，$l_4=0.4826$	2.84	38.67	0.028447
GⅤ	SrRP8-SrRP 1	$l_1=0.1830$，$l_2=0.2573$ $l_3=0.4787$，$l_4=0.4878$	2.67	35.40	0.027913
GⅥ	SrRP8-SrRP 4	$l_1=0.1830$，$l_2=0.2643$ $l_3=0.4690$，$l_4=0.4654$	2.56	32.70	0.028524

（3）机构优化综合 运行有约束球面四杆机构运动综合程序 KS-SCR，对给定球面运动刚体九个球面离散位置进行优化求解，分别以表 5.3 中的六组鞍球面圆点组合作为优化初始值，优化得到的六组球面四杆机构尺寸参数及性能见表 5.4，本例中针对每组鞍球面圆点初始值进行优化搜索的平均时间为 18.3174s。优化得到的六组球面四杆机构连杆上运动铰链点的坐标及其鞍球面圆的参数见表 5.5。可以看到这些运动铰链点均不再是初始的鞍球面圆点，但是均在相应的鞍球面圆点附近并使得目标函数值取得极小值。

表 5.4 综合所得球面全铰链四杆机构尺寸参数及性能

	初始值	连杆上运动铰链点	机构尺寸参数/rad	最大杆长比	最小传动角/(°)	目标函数值
可行解一	GⅠ	P_1-P_2	$l_1=0.1746$，$l_2=0.2514$ $l_3=0.4967$，$l_4=0.4911$	2.84	33.54	0.027768
可行解二	GⅡ	P_3-P_4	$l_1=0.1748$，$l_2=0.2450$ $l_3=0.4790$，$l_4=0.4901$	2.80	36.58	0.026700
可行解三	GⅢ	P_5-P_6	$l_1=0.1699$，$l_2=0.2460$ $l_3=0.4796$，$l_4=0.5078$	2.99	42.39	0.027816
可行解四	GⅣ	P_7-P_8	$l_1=0.1699$，$l_2=0.2492$ $l_3=0.4689$，$l_4=0.4824$	2.84	38.66	0.028429
可行解五	GⅤ	P_9-P_{10}	$l_1=0.1748$，$l_2=0.2450$ $l_3=0.4794$，$l_4=0.4906$	2.81	36.63	0.026992
可行解六	GⅥ	$P_{11}-P_{12}$	$l_1=0.1748$，$l_2=0.2443$ $l_3=0.4732$，$l_4=0.4835$	2.77	36.10	0.027082

表 5.5　综合所得机构运动铰链点坐标及其鞍球面圆参数　（单位：rad）

连杆运动铰链点	鞍球面圆点球坐标		鞍球面圆（锥）			
			轴线方向角		半锥顶角	鞍球面圆误差
	$\delta_{P\mathrm{m}}$	$\theta_{P\mathrm{m}}$	ξ	η	δ	δ_{rR}
P_1	0. 1351	4. 8874	0. 0267	5. 9260	0. 1746	0. 016575
P_2	0. 1269	1. 1754	0. 5175	6. 0841	0. 4967	0. 011193
P_3	0. 1355	4. 8855	0. 0266	5. 9123	0. 1748	0. 016549
P_4	0. 1317	0. 9242	0. 5164	6. 0483	0. 4790	0. 010450
P_5	0. 1290	4. 7415	0. 0170	0. 7544	0. 1699	0. 017369
P_6	0. 1317	0. 9251	0. 5169	6. 0480	0. 4796	0. 010447
P_7	0. 1289	4. 7418	0. 0171	0. 7562	0. 1699	0. 017364
P_8	0. 1256	1. 1912	0. 4926	6. 1209	0. 4689	0. 011065
P_9	0. 1355	4. 8854	0. 0266	5. 9121	0. 1748	0. 016550
P_{10}	0. 1318	0. 9219	0. 5169	6. 0474	0. 4794	0. 010442
P_{11}	0. 1355	4. 8852	0. 0265	5. 9132	0. 1748	0. 016550
P_{12}	0. 1305	0. 9326	0. 5097	6. 0555	0. 4732	0. 010532

对于表 5. 4 中的六组球面四杆机构，其目标函数值——两个运动铰链点鞍球面圆误差之和基本接近，因此任意一机构均可以作为最终的可选方案，若考虑到机构的传力性能，最小传动角最大的第三组解可优先选择。第一组机构实现的球面位置与给定离散位置的偏差见表 5. 6。

表 5.6　第一组机构实现的球面位置与给定离散位置的偏差

位置	$\Delta\theta_1^{(i)}$	$\Delta\theta_2^{(i)}$	$\Delta\theta_3^{(i)}$	位置	$\Delta\theta_1^{(i)}$	$\Delta\theta_2^{(i)}$	$\Delta\theta_3^{(i)}$
1	0. 03	-0. 02	-0. 02	6	-0. 02	0. 04	0. 04
2	-0. 01	0. 03	0. 02	7	0. 02	0. 04	0. 07
3	0. 00	0. 02	0. 01	8	-0. 00	-0. 06	-0. 04
4	-0. 02	-0. 01	0. 01	9	-0. 02	-0. 03	-0. 02
5	0. 02	-0. 01	-0. 02				

5. 3. 4　少位置精确综合

5. 3. 4. 1　五位置运动综合

当给定球面运动刚体五个位置时，刚体上是否存在球面圆点或者鞍球面圆点，从而构成球面四杆机构引导刚体通过或者近似通过给定的球面五位置，属于球面四杆机构五位置运动综合问题。

利用鞍球面圆点的运动综合模型式（5. 24）在刚体半球面上搜索鞍球面圆点，得到鞍球面圆误差取得极小值的一系列点。对于五位置球面运动综合，自然会发现鞍球面圆点中，存在某些鞍球面圆误差趋于零的球面圆点，即刚体上存在精确解，但是精确解的个数不会多于6个，这表明最多可以存在15个球面四杆机构引导刚体精确通过给定的五个球面离散位置。但是考虑到机构性能和约束条件，这些球面四杆机构不一定能满足设计约束条件或具有更好的性能，运动刚体上的鞍球面圆点便可以成为备选项而具有重要的意义。因此，球面机构的五位置运动综合虽然在理论上属于经典的机构精确运动综合课题，但本章将其作为近似运动综合问题求解的一种情况，可以是精确综合解，也可以是近似综合解，根据问题求解的需要确定，不必限定。

【例5-4】 给定的球面运动刚体的五个离散位置见表5.7，试综合球面四杆机构。要求其存在有曲柄，最小许用传动角[γ] 为35°，最大许用杆长比 [l] 为5，引导刚体通过给定的球面五个位置。

表5.7 球面运动刚体的五个离散位置 （单位：rad）

	$\theta_1^{(i)}$	$\theta_2^{(i)}$	$\theta_3^{(i)}$
1	0.1802	0.7589	1.1566
2	0.2884	0.9021	0.3919
3	0.3005	1.0656	-0.2087
4	0.2545	1.3323	-0.6920
5	0.1844	1.6951	1.1317

解：球面四杆机构的鞍点综合，包括初始值准备、运动综合程序和机构优化综合三部分。首先是确定初始值准备，在运动刚体半球面上（$\delta_{Pm}\in[0,\ \pi/2]$，$\theta_{Pm}\in[0,\ 2\pi)$）利用MATLAB的rand函数随机产生50个初始点，分别从每个初始点出发，调用鞍球面圆点子程序ArRP进行优化搜索，可以得到刚体上的50个鞍球面圆点，如图5.12所示。初始点用“*”描述，鞍球面圆点用“o”表示，将优化解按照鞍球面圆误差以从小到大的顺序排列，六个鞍球面圆误差较小的（鞍）球面圆点，以及鞍球面圆（锥）轴线的方向角和半锥顶角见表5.8。可以发现鞍球面圆误差趋于零的优化解为两个，即图5.12中所示的P_1和P_2两点，表明刚体上存有两个球面圆点。

表5.8 五位置鞍球面圆点及其鞍球面圆参数 （单位：rad）

序号	鞍球面圆点球坐标		鞍球面圆（锥）			
			轴线方向角		半锥顶角	鞍球面圆误差
	δ_{Pm}	θ_{Pm}	ξ	η	δ	δ_{rR}
SrRP1	0.1308	4.7115	0.0002	1.7493	0.1744	5.436217×10^{-8}
SrRP 2	0.1312	1.5769	0.3840	0.0012	0.3844	1.905142×10^{-8}
SrRP 3	0.6717	3.0103	0.7312	0.0071	1.2566	0.001065
SrRP 4	0.5894	2.9308	0.7277	6.2440	1.1828	0.001074
SrRP 5	0.1472	1.8021	0.3911	0.0309	0.4102	0.001183
SrRP 6	0.1813	2.0539	0.5216	6.0950	0.6147	0.001700

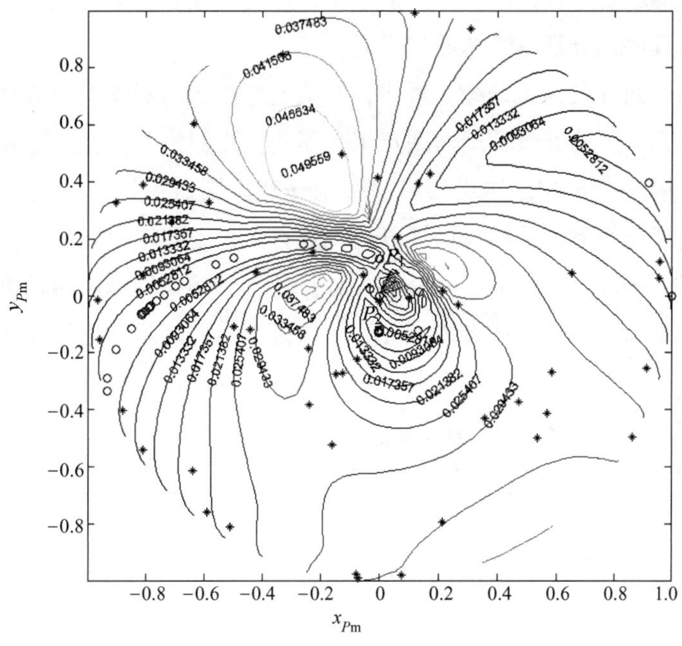

图 5.12　五位置鞍球面圆误差曲面与鞍球面圆点

若以表 5.8 中的两个球面圆点作为连杆上两个铰链点，所构成的球面全铰链四杆机构尺寸参数由式（5.41）可以计算得到，为 $l_1=0.1745$，$l_2=0.2620$，$l_3=0.3843$，$l_4=0.3840$。该机构为球面曲柄摇杆机构，最大杆长比满足要求，但是其最小传动角为 31.60°，不满足设计约束要求，还需要增加鞍球面圆点形成多组初始值。将得到的鞍球面圆点分别组合成为球面四杆机构，同时判断是否满足约束条件，以满足或接近满足条件的鞍球面圆点组合作为连杆上运动铰链点组的优化初始值，对于表 5.8 中的六个鞍球面圆点，其中的五组近似满足约束条件的鞍球面圆点组合见表 5.9。

表 5.9　近似满足约束条件的鞍球面圆点组合

序号	鞍球面圆点组合	机构尺寸参数/rad	最大杆长比	最小传动角/(°)	目标函数值
GⅠ	SrRP1-SrRP 2	$l_1=0.1745$，$l_2=0.2620$ $l_3=0.3843$，$l_4=0.3840$	2.20	31.60	3.050083×10^{-5}
GⅡ	SrRP1-SrRP 6	$l_1=0.1744$，$l_2=0.3032$ $l_3=0.6147$，$l_4=0.5216$	3.52	21.08	0.001704
GⅢ	SrRP2-SrRP 4	$l_1=0.3843$，$l_2=0.5739$ $l_3=1.1827$，$l_4=0.3443$	3.44	0	0.001078
GⅣ	SrRP1-SrRP 5	$l_1=0.1744$，$l_2=0.2761$ $l_3=0.4101$，$l_4=0.3911$	2.35	29.84	0.001186
GⅤ	SrRP2-SrRP 3	$l_1=0.3843$，$l_2=0.6646$ $l_3=1.2566$，$l_4=0.3472$	3.62	0	0.001066

采用例 5-3 中的运动综合程序设置，但最小许用传动角设置为 35°，并调用有约束球面四杆机构运动综合程序，分别赋予初始值进行优化求解。

运行有约束球面四杆机构运动综合程序，对给定球面运动刚体五个球面离散位置进行优化求解，分别以表 5.9 中的五组鞍球面圆点组合作为优化初始值，优化得到的五组球面四杆机构尺寸参数及性能见表 5.10。本例中针对每组鞍球面圆点初始值，进行优化搜索的平均时间为 11.6760s，优化得到的五组球面四杆机构连杆上运动铰链点的坐标及其鞍球面圆的参数见表 5.11。可以看到对于初始值 GⅠ和 GⅣ，优化得到相同的球面四杆机构。由于初始鞍球面圆点组合不满足约束条件，或者说不在可行域范围内，因此优化得到球面机构连杆上的运动铰链点均不再是初始的鞍球面圆点，而是可行域内的鞍球面圆点误差最小的点。

表 5.10　综合所得球面四杆机构尺寸参数

	初始值	两个运动铰链点	机构尺寸参数/rad	最大杆长比	最小传动角/(°)	目标函数值
可行解一	GI	P_1-P_2	$l_1=0.1585$，$l_2=0.2470$ $l_3=0.3810$，$l_4=0.3844$	2.43	35.00	0.000990
可行解二	GⅡ	P_3-P_4	$l_1=0.1650$，$l_2=0.2706$ $l_3=0.3292$，$l_4=0.3515$	2.13	35.00	0.009712
可行解三	GⅢ	P_5-P_6	$l_1=0.1664$，$l_2=0.2395$ $l_3=0.4035$，$l_4=0.4130$	2.48	35.00	0.002619
可行解四	GⅣ	P_1-P_2	$l_1=0.1585$，$l_2=0.2470$ $l_3=0.3810$，$l_4=0.3844$	2.43	35.00	0.000990
可行解五	GⅤ	P_7-P_8	$l_1=0.1227$，$l_2=0.1957$ $l_3=0.3285$，$l_4=0.3238$	2.68	35.00	0.015279

表 5.11　综合机构运动铰链点坐标及其鞍球面圆参数　　（单位：rad）

连杆运动铰链点	鞍球面圆点球坐标		鞍球面圆（锥）			
			轴线方向角		半锥顶角	鞍球面圆误差
	δ_{Pm}	θ_{Pm}	ξ	η	δ	δ_{rR}
P_1	0.1166	4.5915	0.0368	1.5951	0.1585	0.000990
P_2	0.1309	1.5715	0.3821	0.0065	0.3810	0.000005
P_3	0.1251	4.4686	0.0413	2.1304	0.1650	0.003712
P_4	0.1647	2.0639	0.3402	0.3378	0.3292	0.006000
P_5	0.1239	4.6541	0.0184	1.6181	0.1664	0.000461
P_6	0.1190	1.1782	0.4088	6.1203	0.4035	0.002158
P_7	0.0816	3.8062	0.1521	1.5861	0.1227	0.009242
P_8	0.1648	2.0656	0.3400	0.3407	0.3285	0.006037

5.3.4.2　四位置运动综合

当给定球面运动刚体四个位置时，同平面运动一样，刚体上的球面圆点分布在一条球面圆点曲线上，因此对于球面四杆机构的四位置运动综合，只需要确定出刚体上的球面圆点曲线，在其上任意选择两个球面圆点作为刚体上的铰链点，而其对应的球面圆心点作为固定机架上的铰链点，则可构成球面全铰链四杆机构，并通过约束条件式（5.44）~式（5.47a）进行约束判断，选择满足设计要求的球面圆点组合，以构成球面全铰链四杆机构。

【例 5-5】　对于表 5.7 中给定球面运动刚体五个离散位置中的前四个离散，试综合球面全铰链四杆机构。要求其存在有曲柄，最小许用传动角［γ］=30°，最大许用杆长比［l］=5，引导刚体通过给定的球面四个位置。

解： 在刚体上的单位半球面 $\delta_{Pm} \in [0, \pi/2]$，$\theta_{Pm} \in [0, 2\pi]$ 上随机给出 200 个点，分别以这些点为初始值，按照鞍球面圆点的运动综合模型式（5.24），并调用鞍球面圆点子程序 ArRP 在刚体上进行优化搜索，可得到刚体上鞍球面圆误差趋于零的 200 个球面圆点。

在获得的 200 个球面圆点中任意选择两个进行组合得到球面四杆机构，并由式（5.41）得到其尺寸参数，通过约束式（5.44）~式（5.47a），即曲柄存在条件、最小传动角［γ］=30°、最大杆长比［l］=5 等进行判断，并自动选出满足设计要求的机构，两组可行解见表 5.12。其中第一组球面曲柄摇杆机构的最大杆长比为 2.80，最小传动角为 30.31°；第二组球面曲柄摇杆机构的最大杆长比为 1.81，最小传动角为 30.34°。

表 5.12　曲柄摇杆机构尺寸参数　（单位：rad）

	球面圆点球坐标		鞍球面圆（锥）			机构尺寸参数
			轴线方向角		半锥顶角	
可行解一	δ_{Pm1}	θ_{Pm1}	ξ_1	η_1	δ_1	l_1 = 0.0611
	0.0420	1.0764	0.2728	0.9604	0.0611	l_2 = 0.1203
	δ_{Pm2}	θ_{Pm2}	ξ_2	η_2	δ_2	l_3 = 0.1202
	0.0802	4.5837	0.1061	1.1866	0.1202	l_4 = 0.1710
可行解二	δ_{Pm1}	θ_{Pm1}	ξ_1	η_1	δ_1	l_1 = 0.0622
	0.0358	1.0690	0.2666	0.9720	0.0622	l_2 = 0.0839
	δ_{Pm2}	θ_{Pm2}	ξ_2	η_2	δ_2	l_3 = 0.0974
	0.0492	4.5427	0.1580	1.1237	0.0974	l_4 = 0.1128

5.4　讨论

机构运动综合常用几何图解法和解析法，由于球面机构三维表示的复杂性，应用几何作图法进行球面机构运动综合的情况寥寥无几。C. Bagci[1] 利用保角映射，给出了球面连杆机构和球面凸轮机构的函数、轨迹以及位置综合的几何作图方法。姜定元[2] 在 Bagci 工作的基础上，用 Wulff 网作图度量，并用极射赤面投影对球面四杆机构综合的转动极与等视角定理、相对运动的转换等原理进行了讨论。

由于计算技术的发展，对球面连杆机构的运动综合更多的是代数法和优化方法。K. H. Shirazi[3]利用符号数学软件 Maple，对球面四杆机构综合中的球面 Burmester 曲线进行了计算机建模和几何绘图，实现了球面机构四位置运动综合。在平面机构运动综合中广泛采用的传统绘制连杆曲线图谱或者现代数值图谱方法，并没有在球面机构的运动综合中大量应用。J. K. Chu 和 J. W. Sun[4]借助傅里叶级数建立了包含600 余万组机构基本尺寸型的球面四杆机构连杆轨迹的谐波特征参数数值图谱库，对给定连杆轨迹曲线进行谐波分析得到谐波特征参数，通过与数值图谱库中对应项进行比较获得球面四杆机构尺寸参数。G. Mullineux[5]利用傅里叶级数给出了球面四杆机构连杆曲线的图谱库，可用来进行球面四杆机构的轨迹综合。V. V. Dobrovolskii[6]被认为最早进行了球面连杆机构综合理论的研究。B. Roth[7]利用线性变换以及螺旋运动描述刚体给定的离散位置，描述了运动刚体上点的多个离散位置共球面时所需满足的代数方程。C. H. Suh 和 C. W. Radcliffe[8,9]用矩阵和矢量方法得到球面连杆机构连架杆的约束方程，通过对其求解得到机构的尺寸参数。H. J. Dowler，J. Duffy 和 D. Tesar[10,11]采用类似方法对球面 3 ~ 5 位置精确运动综合进行了研究。C. H. Chiang[12-14]采用转动极理论系统研究了球面机构的无限接近和有限分离位置、函数以及轨迹的综合问题。李璨和张启先[15]利用球面几何学得到了球面四杆机构位置综合时刚体上的球面 Burmester 曲线代数方程。J. M. McCarthy[16]利用四元数对球面 RR 二副杆的约束方程的结构进行改进，使得其便于代数求解，实现对球面四杆机构和六杆机构的代数综合。D. A. Ruth 和 J. M. McCarthy [17]介绍了球面四杆机构的位置综合软件 SphinxPC，在给定球面四位置后可得到大量可行球面四杆机构并形成其性能图谱，从中可以选取满足设计要求的球面机构。R. I. Alizade[18,19]给出了球面四杆机构输入/输出角位移的代数方程，分别通过插值逼近、最小二乘逼近以及契比雪夫逼近，对给定精确点后得到的代数方程组进行求解并比较计算结果，发现契比雪夫逼近得到的误差最大值以及波动范围均最小。

同平面连杆机构运动综合一样，用代数法进行球面连杆机构精确运动综合同样受到给定运动位置数目的限制，同时其代数方程求解难度有所增加，需要通过多种方法对约束方程进行改进以完成其代数求解。对于球面连杆机构的近似运动综合，J. Angeles 和 Z. Liu 在文献［20］中提出了球面四杆机构的轨迹综合优化方法。目标函数为综合机构所能实现轨迹点与给定点距离的平方和，优化变量为机构的尺寸参数和给定各个点处机构的输入角。利用正交分解、延拓算法和阻尼算法进行了求解；他们在后续研究[21]中提出了球面四杆机构的函数综合优化方法，目标函数为综合机构实际输出函数与理论输出函数的偏差，优化变量为机构的尺寸参数，通过引入松弛变量将不等式约束条件转化为等式约束，同样利用正交分解算法进行了求解。R. M. C. Bodduluri 和 J. M. McCarthy[22]将球面四杆机构嵌入到四维像空间中，球面四杆机构的运动映射为像空间中的一条曲线，从而将球面四杆机构的位置综合转化为像空间对给定离散点的像曲线最小二乘拟合。Q. J. Ge 和 P. M. Larochelle[23]将球面运动近似描述为有理 B-样条球面运动，从而将前一种方法中的像空间中一般曲线用有理 B-样条曲线来取代，将球面运动综合归结为 B-样条曲线的设计。D. M. Tse 和 P. M. Larochelle[24]利用复四元数将空间给定位置映射到四维欧式空间中，并给定其中的度量，从而利用优化方法对空间给定多位置进行球面拟合。该方法可用于空间连杆机构的多位置运动综合。这三种方法均是将球面连杆机构近似运动综合转化为像空间的曲线、曲面拟合问题，但由于映射曲线是四维空间中的复杂曲线，几何上并不直观，而且也很复杂。K. Farhang 和 Y. S. Zargar[25]分析了一种曲柄比另外三个杆长小得多的球面 4R 机构，将输出转角位移近似表述为输入转角的一次和二次谐波调和函数的线性组合，将给定的传递函数通过傅里叶级数展开，可获得相应球面机构的尺寸参数。R. Alizade，F. C. Can 和 Ö. Kilit[26]给出球面 RR 二杆组的运动位移方程，分别通过线性叠加法和最小二乘法对其进行精确位置代数求解以及多位置优化求解。王玫、刘锐和杨随先[27]建立了可调球面四杆机构函数优化综合模型，其目标函数为机构实际输出函数与给定函数的偏差，以曲柄存在以及传动性能为约束，采用免疫遗传算法进行了求解。张均富、徐礼矩和王杰[28]利用机构的杆长不变条件，建立球面六杆机构的轨迹综合方程组，并以给定多条轨迹曲线上离散点后各位移方程的平方和为目标函数，以各铰链点的坐标为优化变量，以曲柄存在条件和传动角为约束，建立机构综合优化模型，并通过病毒进化遗传算法进行优化求解。

综上所述，球面机构运动综合的理论基础是球面离散运动几何学，尽管在理论上球面离散运动和平面离散运动相对应，但球面离散运动属于三维表达且仅有约束曲线圆。因此，球面离散运动几何学也有平面离散运动几何学类似的研究课题，如球面离散运动的不变量和球面离散轨迹的整体性质评价等，尤其是将基于转动极的经典球面有限分离位置运动几何学扩展到基于鞍点规划的球面离散运动几何学，由少位置相关点精确共圆发展到多位置相关点最大误差最小原则下近似共圆，讨论离散运动刚体离散运动（拟合特征位置）、刚体上点及其离散轨迹（拟合特征点）之间的相互关系，揭示了离散运动刚体上特征点及其分布规律，并与连续运动几何学理论相衔接，使球面离散运动几何学与球面连续运动几何学理论相对应，并从平面、球面到空间形成刚体离散运动几何学理论新体系。同时，球面离散运动几何学不仅仅要解决球面离散运动几何学问题，还需要成为空间离散运动几何学不可分割的有机组成部分，如直线作空间离散运动时，其单位方向对应单位球面离散运动几何学，这是空间机构运动综合的重要的理论基础。作者以球面曲线的曲率理论为基础，以球面圆曲线为综合要素，提出了球面机构的自适应综合方法[29-31]，与平面机构运动综合相呼应，并为空间机构运动直线轨迹球面像曲线综合提供方法和依据。

参考文献

[1] C. Bagci. Geometric Methods for the Synthesis of Spherical Mechanisms for the Generation of Functions, Paths

and Rigid-Body Positions Using Conformal Projections [J]. Mechanism and Machine Theory, 1984, 19 (1): 113-127.

[2] 姜定元. 球面四杆机构综合的极射赤面投影方法 [J]. 西北工业大学学报, 1990, 8 (4): 408-415.

[3] K. H. Shirazi. Computer Modelling and Geometric Construction for Four-Point Synthesis of 4R Spherical Linkages [J]. Applied Mathematical Modelling, 2007, 31 (9): 1874-1888.

[4] J. K. Chu, J. W. Sun. Numerical Atlas Method for Path Generation of Spherical Four-Bar Mechanism [J]. Mechanism and Machine Theory, 2010, 45 (6): 867-879.

[5] G. Mullineux. Atlas of Spherical Four-Bar Mechanism [J]. Mechanism and Machine Theory, 2011, 46 (11): 1811-1823.

[6] V. V. Dobrovolskii. Synthesis of Spherical Mechanisms (in Russian) Akadamiia Nauk [J]. SSSR Trudi Seminara po Teorii Ashin, Mechanizmov, 5-20, 1943.

[7] B. Roth. The Kinematics of Motion Through Finitely Separated Positions [J]. ASME Journal of Applied Mechanics, 1967, 34 (3): 591-598.

[8] C. H. Suh, C. W. Radcliffe. Synthesis of Spherical Mechanisms with the Use of the Displacement Matrix [J]. ASME Journal of Engineering for Industry, 1967, 89 (2): 215-222.

[9] C. H. Suh, C. W. Radcliffe. Kinematics and Mechanism Design [M]. New York: John Wiley and Sons, 1978.

[10] H. J. Dowler, J. Duffy, D. Tesar. A Generalized Study of Three Multiply Separated Positions in Spherical Kinematics [J]. Mechanism and Machine Theory, 1976, 11 (6): 395-410.

[11] H. J. Dowler, J. Duffy, D. Tesar. A Generalized Study of Four and Five Multiply Separated Positions in Spherical Kinematics-Ⅱ [J]. Mechanism and Machine Theory, 1978, 13 (4): 409-435.

[12] C. H. Chiang. Kinematics of Spherical Mechanisms [M]. New York: Cambridge University Press, 1988.

[13] C. H. Chiang. Synthesis of Spherical Four-Bar Path Generators [J]. Mechanism and Machine Theory, 1986, 21 (2): 135-143.

[14] C. H. Chiang. Design of Spherical and Planar Crank-Rockers and Double-Rockers as Function Generators [J]. Mechanism and Machine Theory, 1986, 21 (4): 287-305.

[15] 李璨, 张启先. 实现刚体导引的球面四杆机构的综合 [J]. 北京航空学院学报, 1988, 3: 127-135.

[16] J. M. McCarthy, G. S. Soh. Geometric Design of Linkages [M]. 2nd ed, New York: Interdisciplinary Applied Mathmatics 11, Springer, 2010.

[17] D. A. Ruth, J. M. McCarthy. The Design of Spherical 4R Linkages for Four Specified Orientations [J]. Mechanism and Machine Theory, 1999, 34 (5): 677-692.

[18] R. Alizade, Ö. Kilit. Analytical Synthesis of Function Generating Spherical Four-Bar Mechanism for the Five Precision Points [J]. Mechanism and Machine Theory, 2005, 40 (7): 863-878.

[19] R. Alizade. Synthesis of Function Generating Spherical Four Bar Mechanism for the Six Independent Parameters [J]. Mechanism and Machine Theory, 2011, 46 (9): 1316-1326.

[20] J. Angeles, Z. Liu. The Constrained Least-Square Optimization of Spherical Four-Bar Path Generators [J]. ASME Journal of Mechanical Design, 1992, 114 (3): 394-405.

[21] Z. Liu, J. Angeles. Least-Square Optimization of Planar and Spherical Four-Bar Function Generator Under Mobility Constraint [J]. ASME Journal of Mechanical Design, 1992, 114 (4): 569-573.

[22] R. M. C. Bodduluri, J. M. McCarthy. Finite Position Synthesis Using the Image Curve of a Spherical Four-Bar Motion [J]. ASME Journal of Mechanical Design, 1992, 114 (1): 55-60.

[23] Q. J. Ge, P. M. Larochelle. Algebraic Motion Approximation With NURBS Motions and Its Application to Spherical Mechanism Synthesis [J]. ASME Journal of Mechanical Design, 1999, 121: 529-532.

[24] D. M. Tse, P. M. Larochelle. Approximating Spatial Locations With Spherical Orientations for Spherical Mechanism Design [J]. ASME Journal of Mechanical Design, 1998, 122 (4): 457-463.

[25] K. Farhang, Y. S. Zargar. Design of Spherical 4R Mechanisms: Function Generation for the Entire Motion Cycle [J]. ASME Journal of Mechanical Design, 1999, 121 (4): 521-528.

[26] R. Alizade, F. C. Can, Ö. Kilit. Least Square Approximate Motion Generation Synthesis of Spherical Linkages by Using Chebyshev and Equal Spacing [J]. Mechanism and Machine Theory, 2013, 61: 123-135.

[27] 王玫，刘锐，杨随先. 可调球面四杆机构函数优化综合方法 [J]. 农业机械学报，2012，43 (1): 208-212.

[28] 张均富，徐礼矩，王杰. 可调球面六杆机构轨迹综合 [J]. 机械工程学报，2007，43 (11): 50-55.

[29] 王德伦，王淑芬，张保印. 球面四杆机构近似函数综合的自适应方法 [J]. 机械工程学报，2004，40 (2): 45-49.

[30] D. L. Wang, S. F. Wang. A Unified Approach to Kinematic Synthesis of Mechanism by Adaptive Curve Fitting. Science in China Ser. E Technological Sciences, 2004, 47 (1): 85-96.

[31] 张保印. 球面四杆机构函数综合理论与方法的研究 [D]. 大连：大连理工大学，2000.

第 6 章

空间运动微分几何学

空间机构运动几何学研究空间运动刚体上点与直线及其轨迹曲线、曲面的几何性质，而空间机构运动综合则是利用连架杆对应的规则曲线、曲面构造机构复演给定运动，二者都是研究刚体空间运动与曲线、曲面的关系，前者是后者的理论基础。显然，点与直线的无限接近运动决定了曲线、曲面的局部几何性质，而微分几何学中活动标架及其微分公式恰以微分运动方式考察点与线轨迹，揭示其不变量与不变式性质，可谓极大地彰显了微分几何学的特点，因此，机构运动微分几何学将有广阔的发展前景。

平面机构运动几何学仅讨论点的轨迹曲线，比较直观和容易想象，一般情况下可以作图求解，而空间机构运动几何学不仅有点的轨迹曲线，而且还有直线的轨迹曲面和曲面包络轨迹曲面等，图形多样、性质复杂，既不直观，也不宜作图求解。本章从已知空间运动刚体上直线切入，以直线运动轨迹（直纹面）为原曲面，采用相伴方法导出刚体空间运动的动瞬轴面与定瞬轴面，再分别以动、定瞬轴面为原曲面，再次应用相伴方法讨论运动刚体上几何要素（点、直线与平面）的运动轨迹，既揭示了几何要素空间运动与其轨迹几何性质的内在联系，又体现了活动标架与相伴方法的便捷性与灵活性，展示了空间运动微分几何学的魅力。

6.1 刚体空间运动表述

刚体的空间运动表现形式有多种，其中最常见的是直角坐标表示，便于计算，但坐标系的引入会增加表达复杂性，缺乏运动本质的描述。为此，本书将常见直角坐标表示与相伴运动联系起来，并以运动学意义导出瞬时运动的螺旋轴，再过渡到以螺旋轴及其活动标架解析表示刚体空间运动，既有运动学、几何学意义，又便于计算。

6.1.1 一般形式

为描述运动刚体 Σ^* 相对固定刚体 Σ 的空间运动，分别在 Σ^* 上建立运动坐标系 $\{\boldsymbol{O}_m;$

$\boldsymbol{i}_{\mathrm{m}}$，$\boldsymbol{j}_{\mathrm{m}}$，$\boldsymbol{k}_{\mathrm{m}}\}$ 和Σ上设置固定坐标系 $\{\boldsymbol{O}_{\mathrm{f}};\ \boldsymbol{i}_{\mathrm{f}},\ \boldsymbol{j}_{\mathrm{f}},\ \boldsymbol{k}_{\mathrm{f}}\}$；那么，$\Sigma^*$相对$\Sigma$的空间六个自由度运动可以视为随$\Sigma^*$上参考点移动和相对参考点转动，即在固定刚体坐标系 $\{\boldsymbol{O}_{\mathrm{f}};\ \boldsymbol{i}_{\mathrm{f}},\ \boldsymbol{j}_{\mathrm{f}},\ \boldsymbol{k}_{\mathrm{f}}\}$ 中描述参考点的三个线位移（$x_{O\mathrm{mf}}$，$y_{O\mathrm{mf}}$，$z_{O\mathrm{mf}}$）和相对参考点的三个角位移（θ_1，θ_2，θ_3），六个独立参数。平面运动三个独立参数为参考点的两个线位移和相对参考点的一个角位移，而球面运动三个独立参数则用相对参考点转动的三个角位移来表述。当选取空间运动刚体Σ^*上两个点作为参考点时，两参考点组成Σ^*上一条直线L_k，Σ^*的空间运动可以描述为随该直线的四个自由度运动和相对该直线的移动和转动。特殊地，取Σ^*上坐标系 $\{\boldsymbol{O}_{\mathrm{m}};\ \boldsymbol{i}_{\mathrm{m}},\ \boldsymbol{j}_{\mathrm{m}},\ \boldsymbol{k}_{\mathrm{m}}\}$ 原点O_{m}为参考点，坐标轴$\boldsymbol{k}_{\mathrm{m}}$与该直线$L_k$重合，原点$O_{\mathrm{m}}$在固定坐标系 $\{\boldsymbol{O}_{\mathrm{f}};\ \boldsymbol{i}_{\mathrm{f}},\ \boldsymbol{j}_{\mathrm{f}},\ \boldsymbol{k}_{\mathrm{f}}\}$ 中的坐标为（$x_{O\mathrm{mf}}$，$y_{O\mathrm{mf}}$，$z_{O\mathrm{mf}}$）或矢量$\boldsymbol{R}_{O\mathrm{m}}$，运动坐标系 $\{\boldsymbol{O}_{\mathrm{m}};\ \boldsymbol{i}_{\mathrm{m}},\ \boldsymbol{j}_{\mathrm{m}},\ \boldsymbol{k}_{\mathrm{m}}\}$ 与固定坐标系 $\{\boldsymbol{O}_{\mathrm{f}};\ \boldsymbol{i}_{\mathrm{f}},\ \boldsymbol{j}_{\mathrm{f}},\ \boldsymbol{k}_{\mathrm{f}}\}$ 对应轴夹角为θ_1、θ_2和θ_3，二者关系为：

$$\begin{cases}\boldsymbol{R}_{O\mathrm{m}}=x_{O\mathrm{mf}}\boldsymbol{i}_{\mathrm{f}}+y_{O\mathrm{mf}}\boldsymbol{j}_{\mathrm{f}}+z_{O\mathrm{mf}}\boldsymbol{k}_{\mathrm{f}}\\ \boldsymbol{i}_{\mathrm{m}}=(\mathrm{c}\theta_3\mathrm{s}\theta_2+\mathrm{c}\theta_1\mathrm{s}\theta_3\mathrm{c}\theta_2)\boldsymbol{i}_{\mathrm{f}}+(-\mathrm{c}\theta_3\mathrm{c}\theta_2+\mathrm{c}\theta_1\mathrm{s}\theta_3\mathrm{s}\theta_2)\boldsymbol{j}_{\mathrm{f}}-\mathrm{s}\theta_1\mathrm{s}\theta_3\boldsymbol{k}_{\mathrm{f}}\\ \boldsymbol{j}_{\mathrm{m}}=(-\mathrm{s}\theta_3\mathrm{s}\theta_2+\mathrm{c}\theta_1\mathrm{c}\theta_3\mathrm{c}\theta_2)\boldsymbol{i}_{\mathrm{f}}+(\mathrm{s}\theta_3\mathrm{c}\theta_2+\mathrm{c}\theta_1\mathrm{c}\theta_3\mathrm{s}\theta_2)\boldsymbol{j}_{\mathrm{f}}-\mathrm{s}\theta_1\mathrm{c}\theta_3\boldsymbol{k}_{\mathrm{f}}\\ \boldsymbol{k}_{\mathrm{m}}=\mathrm{s}\theta_1\mathrm{c}\theta_2\boldsymbol{i}_{\mathrm{f}}+\mathrm{s}\theta_1\mathrm{s}\theta_2\boldsymbol{j}_{\mathrm{f}}+\mathrm{c}\theta_1\boldsymbol{k}_{\mathrm{f}}\end{cases}\tag{6.1}$$

式中，简写 $\mathrm{c}\theta_i=\cos\theta_i$，$\mathrm{s}\theta_i=\sin\theta_i$，$i=1$，2，3，本章下同。式中（$x_{O\mathrm{mf}}$，$y_{O\mathrm{mf}}$，$z_{O\mathrm{mf}}$）和（$\theta_1$，$\theta_2$，$\theta_3$）为六个独立参数（对应六个运动自由度）。当刚体$\Sigma^*$为单参数（单自由度）空间运动时，这六个参数关联为其中一个独立变量的函数。在此约定，后文中刚体Σ^*均为单参数（单自由度）空间运动。

刚体Σ^*上任意点P_{m}（$x_{P\mathrm{m}}$，$y_{P\mathrm{m}}$，$z_{P\mathrm{m}}$）在固定坐标系 $\{\boldsymbol{O}_{\mathrm{f}};\ \boldsymbol{i}_{\mathrm{f}},\ \boldsymbol{j}_{\mathrm{f}},\ \boldsymbol{k}_{\mathrm{f}}\}$ 中的位移$\boldsymbol{R}_{P\mathrm{f}}$（$x_{P\mathrm{f}}$，$y_{P\mathrm{f}}$，$z_{P\mathrm{f}}$）可通过位移变换矩阵$[\boldsymbol{T}_{\mathrm{mf}}]\cdot[\boldsymbol{R}_{\mathrm{mf}}]$得到：

$$\begin{bmatrix}x_{P\mathrm{f}}\\ y_{P\mathrm{f}}\\ z_{P\mathrm{f}}\\ 1\end{bmatrix}=[\boldsymbol{T}_{\mathrm{mf}}]\cdot[\boldsymbol{R}_{\mathrm{mf}}]\begin{bmatrix}x_{P\mathrm{m}}\\ y_{P\mathrm{m}}\\ z_{P\mathrm{m}}\\ 1\end{bmatrix}\tag{6.2a}$$

式（6.2a）中

$$[\boldsymbol{T}_{\mathrm{mf}}]=\begin{bmatrix}1&0&0&x_{O\mathrm{mf}}\\ 0&1&0&y_{O\mathrm{mf}}\\ 0&0&1&z_{O\mathrm{mf}}\\ 0&0&0&1\end{bmatrix}\tag{6.2b}$$

$$[\boldsymbol{R}_{\mathrm{mf}}]=\begin{bmatrix}\mathrm{c}\theta_3\mathrm{s}\theta_2+\mathrm{c}\theta_1\mathrm{s}\theta_3\mathrm{c}\theta_2&-\mathrm{s}\theta_3\mathrm{s}\theta_2+\mathrm{c}\theta_1\mathrm{c}\theta_3\mathrm{c}\theta_2&\mathrm{s}\theta_1\mathrm{c}\theta_2&0\\ -\mathrm{c}\theta_3\mathrm{c}\theta_2+\mathrm{c}\theta_1\mathrm{s}\theta_3\mathrm{s}\theta_2&\mathrm{s}\theta_3\mathrm{c}\theta_2+\mathrm{c}\theta_1\mathrm{c}\theta_3\mathrm{s}\theta_2&\mathrm{s}\theta_1\mathrm{s}\theta_2&0\\ -\mathrm{s}\theta_1\mathrm{s}\theta_3&-\mathrm{s}\theta_1\mathrm{c}\theta_3&\mathrm{c}\theta_1&0\\ 0&0&0&1\end{bmatrix}\tag{6.2c}$$

对于刚体Σ^*的其他空间运动形式表述，如Σ^*上不共线三点在固定坐标系中的位移，或者刚体上一条直线和直线外一点在固定坐标系中的位移等，都可以将其转化为上述表述形式，并用坐标变换矩阵式（6.2a）来描述其位移变换关系。同样地，所描述的空间运动可为连续函数，也可为离散位置。前者属于空间微分运动几何学，也称空间无限接近位置运动几何学，而后者则属于空间离散运动几何学，也称有限分离位置运动几何学，它们是空间机构运动综合的理论基础。

刚体Σ^*上一点P在坐标系$\{\boldsymbol{O}_\mathrm{m};\ \boldsymbol{i}_\mathrm{m},\ \boldsymbol{j}_\mathrm{m},\ \boldsymbol{k}_\mathrm{m}\}$中的直角坐标为$(x_{P\mathrm{m}},\ y_{P\mathrm{m}},\ z_{P\mathrm{m}})$，或者圆柱坐标为$(r_{P\mathrm{m}},\ \theta_{P\mathrm{m}},\ z_{P\mathrm{m}})$，其矢量为：

$$\boldsymbol{R}_{P\mathrm{m}} = x_{P\mathrm{m}}\boldsymbol{i}_\mathrm{m} + y_{P\mathrm{m}}\boldsymbol{j}_\mathrm{m} + z_{P\mathrm{m}}\boldsymbol{k}_\mathrm{m} = r_{P\mathrm{m}}\boldsymbol{e}_{\mathrm{I}(\theta_{P\mathrm{m}})} + z_{P\mathrm{m}}\boldsymbol{k}_\mathrm{m} \tag{6.3}$$

则刚体Σ^*上点P在固定坐标系$\{\boldsymbol{O}_\mathrm{f};\ \boldsymbol{i}_\mathrm{f},\ \boldsymbol{j}_\mathrm{f},\ \boldsymbol{k}_\mathrm{f}\}$中的轨迹曲线$\Gamma_P$为：

$$\Gamma_P:\ \boldsymbol{R}_P = \boldsymbol{R}_{O\mathrm{m}} + [\boldsymbol{R}_{\mathrm{mf}}]\cdot\boldsymbol{R}_{P\mathrm{m}} \tag{6.4}$$

式中，矢量$\boldsymbol{R}_{O\mathrm{m}}$如式（6.1），将式（6.4）对时间$t$求导，可得点$P$的速度矢量$V_P$为

$$\boldsymbol{V}_P = \frac{\mathrm{d}\boldsymbol{R}_P}{\mathrm{d}t} = \frac{\mathrm{d}\boldsymbol{R}_{O\mathrm{m}}}{\mathrm{d}t} + \frac{\mathrm{d}[\boldsymbol{R}_{\mathrm{mf}}]}{\mathrm{d}t}\boldsymbol{R}_{P\mathrm{m}} + [\boldsymbol{R}_{\mathrm{mf}}]\frac{\mathrm{d}\boldsymbol{R}_{P\mathrm{m}}}{\mathrm{d}t} \tag{6.5}$$

刚体Σ^*的空间运动可视为随坐标系$\{\boldsymbol{O}_\mathrm{m};\ \boldsymbol{i}_\mathrm{m},\ \boldsymbol{j}_\mathrm{m},\ \boldsymbol{k}_\mathrm{m}\}$原点的牵连运动与相对于原点的相对运动；牵连运动$\frac{\mathrm{d}\boldsymbol{R}_{O\mathrm{m}}}{\mathrm{d}t}$的性质及其复杂程度与坐标系$\{\boldsymbol{O}_\mathrm{m};\ \boldsymbol{i}_\mathrm{m},\ \boldsymbol{j}_\mathrm{m},\ \boldsymbol{k}_\mathrm{m}\}$的选取有关。由于坐标系$\{\boldsymbol{O}_\mathrm{m};\ \boldsymbol{i}_\mathrm{m},\ \boldsymbol{j}_\mathrm{m},\ \boldsymbol{k}_\mathrm{m}\}$固结于刚体$\Sigma^*$上，$\Sigma^*$上点$P$相对于参考点$O_\mathrm{m}$的移动为零，即式（6.5）中$\frac{\mathrm{d}\boldsymbol{R}_{P\mathrm{m}}}{\mathrm{d}t}=0$，而相对参考点$O_\mathrm{m}$的转动$\frac{\mathrm{d}[\boldsymbol{R}_{\mathrm{mf}}]}{\mathrm{d}t}\boldsymbol{R}_{P\mathrm{m}}$可通过式（6.2c）求得，从而得到$\Sigma^*$上点$P$在固定坐标系$\{\boldsymbol{O}_\mathrm{f};\ \boldsymbol{i}_\mathrm{f},\ \boldsymbol{j}_\mathrm{f},\ \boldsymbol{k}_\mathrm{f}\}$中的运动表述。

6.1.2 相伴形式

在上述直角坐标系$\{\boldsymbol{O}_\mathrm{m};\ \boldsymbol{i}_\mathrm{m},\ \boldsymbol{j}_\mathrm{m},\ \boldsymbol{k}_\mathrm{m}\}$和$\{\boldsymbol{O}_\mathrm{f};\ \boldsymbol{i}_\mathrm{f},\ \boldsymbol{j}_\mathrm{f},\ \boldsymbol{k}_\mathrm{f}\}$下完全能够描述空间运动刚体$\Sigma^*$上点、线、面及其运动轨迹，但难以避免不同坐标系对轨迹曲线与曲面方程复杂程度的影响，缺少刚体空间运动和曲线与曲面的不变量与不变式。本章以微分几何学的微分运动与活动标架方法研究刚体空间运动几何学，故称空间运动微分几何学，也可以说以微分体现无限接近运动，或称空间微分运动几何学。在此先讨论刚体空间运动时参考直线的轨迹曲面，然后再以该轨迹曲面为原曲面，讨论空间运动刚体上点或线的轨迹曲线与曲面的运动几何学性质。

为方便描述空间运动的刚体Σ^*，一般在选择Σ^*上参考直线L_k时，主要考虑其轨迹曲面是否已知和简单，若坐标系$\{\boldsymbol{O}_\mathrm{m};\ \boldsymbol{i}_\mathrm{m},\ \boldsymbol{j}_\mathrm{m},\ \boldsymbol{k}_\mathrm{m}\}$原点$O_\mathrm{m}$和$\boldsymbol{k}_\mathrm{m}$轴的轨迹已知，可作为$\Sigma^*$上的参考点和参考直线，如图6.1所示，其在固定坐标系$\{\boldsymbol{O}_\mathrm{f};\ \boldsymbol{i}_\mathrm{f},\ \boldsymbol{j}_\mathrm{f},\ \boldsymbol{k}_\mathrm{f}\}$中的轨迹分别为一空

间曲线 $\Gamma_{O\mathrm{m}}$和直纹面Σ_k，其中$\Gamma_{O\mathrm{m}}$的矢量方程为：

$$\Gamma_{O\mathrm{m}}:\boldsymbol{R}_{O\mathrm{m}}(s)=x_{O\mathrm{mf}}(s)\boldsymbol{i}_\mathrm{f}+y_{O\mathrm{mf}}(s)\boldsymbol{j}_\mathrm{f}+z_{O\mathrm{mf}}(s)\boldsymbol{k}_\mathrm{f} \tag{6.6}$$

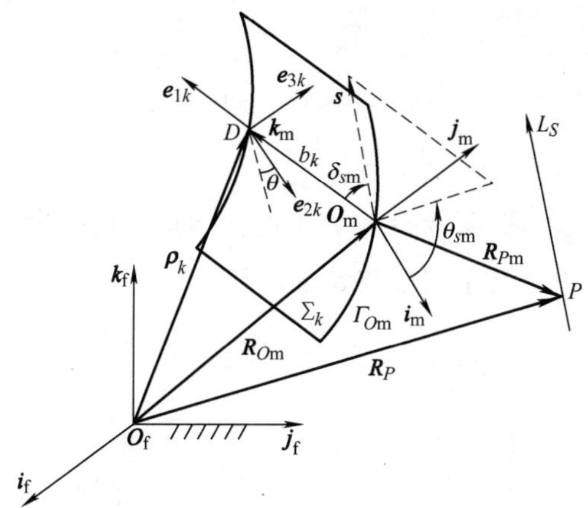

图6.1 刚体空间运动的相伴方法描述

式（6.6）中空间曲线$\Gamma_{O\mathrm{m}}$以其弧长s为参数，即式（6.1）中的三个参数（$x_{O\mathrm{mf}}$，$y_{O\mathrm{mf}}$，$z_{O\mathrm{mf}}$）关联为自然参数弧长s的函数。以曲线$\Gamma_{O\mathrm{m}}$为准线，直线L_k在固定坐标系｛$\boldsymbol{O}_\mathrm{f}$；$\boldsymbol{i}_\mathrm{f}$，$\boldsymbol{j}_\mathrm{f}$，$\boldsymbol{k}_\mathrm{f}$｝中的轨迹直纹面$\Sigma_k$的矢量方程为：

$$\Sigma_k:\boldsymbol{R}(s,\lambda)=\boldsymbol{R}_{O\mathrm{m}}(s)+\lambda\boldsymbol{l}_k(s),\boldsymbol{l}_k(s)=l_{k1}\boldsymbol{i}_\mathrm{f}+l_{k2}\boldsymbol{j}_\mathrm{f}+l_{k3}\boldsymbol{k}_\mathrm{f} \tag{6.7}$$

式中，直线L_k的单位方向矢量$\boldsymbol{l}_k(s)=(l_{k1},\ l_{k2},\ l_{k3})^\mathrm{T}=[\boldsymbol{R}_\mathrm{mf}]\cdot(0,\ 0,\ 1)^\mathrm{T}$，而$[\boldsymbol{R}_\mathrm{mf}]$中参数（$\theta_1$，$\theta_2$，$\theta_2$）关联为弧长$s$的函数，由式（3.55）得到直纹面$\Sigma_k$的腰线方程为：

$$\boldsymbol{\rho}_k=\boldsymbol{R}_{O\mathrm{m}}+b_k\boldsymbol{l}_k=\boldsymbol{R}_{O\mathrm{m}}-\left(\frac{\mathrm{d}\boldsymbol{R}_{O\mathrm{m}}}{\mathrm{d}s}\cdot\frac{\mathrm{d}\boldsymbol{l}_k}{\mathrm{d}s}\right)\frac{\boldsymbol{l}_k}{\left(\dfrac{\mathrm{d}\boldsymbol{l}_k}{\mathrm{d}s}\right)^2} \tag{6.8}$$

式中，b_k为Σ_k的腰准距，Σ_k的腰点在直线L_k上变化，即直纹面Σ_k的腰点在直线L_k上变化，不是Σ^*上一固定点，从而建立直纹面Σ_k的标准方程为：

$$\Sigma_k:\boldsymbol{R}(s,\lambda)=\boldsymbol{\rho}_k(s)+\lambda\boldsymbol{l}_k(s) \tag{6.9}$$

依据式（3.57）在直纹面Σ_k上建立Frenet活动标架｛$\boldsymbol{\rho}_k$；$\boldsymbol{e}_{1k}$，$\boldsymbol{e}_{2k}$，$\boldsymbol{e}_{3k}$｝为：

$$\begin{cases}\boldsymbol{\rho}_k=\boldsymbol{R}_{O\mathrm{m}}+b_k\boldsymbol{l}_k\\ \boldsymbol{e}_{1k}=\boldsymbol{l}_k\\ \boldsymbol{e}_{2k}=\dfrac{\mathrm{d}\boldsymbol{e}_{1k}}{\mathrm{d}\sigma_k}=\dfrac{\mathrm{d}\boldsymbol{l}_k}{\mathrm{d}\sigma_k}\\ \boldsymbol{e}_{3k}=\boldsymbol{e}_{1k}\times\boldsymbol{e}_{2k}=\boldsymbol{l}_k\times\dfrac{\mathrm{d}\boldsymbol{l}_k}{\mathrm{d}\sigma_k}\end{cases} \tag{6.10}$$

式中，σ_k为直纹面Σ_k的直母线单位方向矢量的球面像曲线弧长，且有$\mathrm{d}\sigma_k=|\mathrm{d}\boldsymbol{l}_k|=$

$\left|\frac{\mathrm{d}\boldsymbol{l}_k}{\mathrm{d}s}\right|\mathrm{d}s$。活动标架 $\{\boldsymbol{\rho}_k;\ \boldsymbol{e}_{1k},\ \boldsymbol{e}_{2k},\ \boldsymbol{e}_{3k}\}$ 与运动坐标系 $\{\boldsymbol{O}_{\mathrm{m}};\ \boldsymbol{i}_{\mathrm{m}},\ \boldsymbol{j}_{\mathrm{m}},\ \boldsymbol{k}_{\mathrm{m}}\}$ 的关系为：

$$\begin{cases}\boldsymbol{\rho}_k = \boldsymbol{R}_{O\mathrm{m}} + b_k\boldsymbol{l}_k\\ \boldsymbol{e}_{1k} = \boldsymbol{k}_{\mathrm{m}}\\ \boldsymbol{e}_{2k} = \cos\theta\boldsymbol{i}_{\mathrm{m}} + \sin\theta\boldsymbol{j}_{\mathrm{m}}\\ \boldsymbol{e}_{3k} = -\sin\theta\boldsymbol{i}_{\mathrm{m}} + \cos\theta\boldsymbol{j}_{\mathrm{m}}\end{cases} \tag{6.11}$$

式中，θ 为标矢 $\boldsymbol{e}_{2k}$ 在运动坐标平面 $\boldsymbol{O}_{\mathrm{m}}-\boldsymbol{i}_{\mathrm{m}}\boldsymbol{j}_{\mathrm{m}}$ 上的方向角。可由直纹面 Σ_k 的 Frenet 活动标架的微分运算公式（3.58）得到其结构参数 α_k、β_k 和 γ_k 为：

$$\begin{cases}\alpha_k = (\dot{\boldsymbol{\rho}}_k, \boldsymbol{e}_{1k}) = \left(\dfrac{\mathrm{d}\boldsymbol{\rho}_k}{\mathrm{d}s}, \boldsymbol{l}_k\right)\Bigg/\left|\dfrac{\mathrm{d}\boldsymbol{l}_k}{\mathrm{d}s}\right|\\ \beta_k = (\boldsymbol{l}_k, \dot{\boldsymbol{l}}_k, \ddot{\boldsymbol{l}}_k) = \dfrac{\left(\boldsymbol{l}_k, \dfrac{\mathrm{d}\boldsymbol{l}_k}{\mathrm{d}s}, \dfrac{\mathrm{d}^2\boldsymbol{l}_k}{\mathrm{d}s^2}\right)}{\left|\dfrac{\mathrm{d}\boldsymbol{l}_k}{\mathrm{d}s}\right|^3}\\ \gamma_k = (\dot{\boldsymbol{\rho}}_k, \boldsymbol{l}_k, \dot{\boldsymbol{l}}_k) = \dfrac{\left(\dfrac{\mathrm{d}\boldsymbol{\rho}_k}{\mathrm{d}s}, \boldsymbol{l}_k, \dfrac{\mathrm{d}\boldsymbol{l}_k}{\mathrm{d}s}\right)}{\left|\dfrac{\mathrm{d}\boldsymbol{l}_k}{\mathrm{d}s}\right|^2}\end{cases} \tag{6.12}$$

式（6.12）中字母上标“·”表示对球面像曲线弧长 σ_k 求导，本章下同。

对于 Σ^* 上的 P 点在固定坐标系中的轨迹曲线 $\varGamma_P$，如站在参考直线 L_k 轨迹直纹面 Σ_k 活动标架 $\{\boldsymbol{\rho}_k;\ \boldsymbol{e}_{1k},\ \boldsymbol{e}_{2k},\ \boldsymbol{e}_{3k}\}$ 上考察，P 点与直线 L_k 瞬时相伴运动，即 $\varGamma_P$ 为以直纹面 Σ_k 为原曲面的相伴曲线，由式（3.69）可写出其矢量方程：

$$\varGamma_P: \boldsymbol{R}_P = \boldsymbol{\rho}_k + u_1\boldsymbol{e}_{1k} + u_2\boldsymbol{e}_{2k} + u_3\boldsymbol{e}_{3k} \tag{6.13}$$

由式（6.4）和式（6.11）可知 P 点在 Frenet 标架 $\{\boldsymbol{\rho}_k;\ \boldsymbol{e}_{1k},\ \boldsymbol{e}_{2k},\ \boldsymbol{e}_{3k}\}$ 中的相对坐标（u_1，u_2，u_3）为：

$$\begin{cases}u_1 = z_{P\mathrm{m}} - b_k\\ u_2 = r_{P\mathrm{m}}\cos(\theta_{P\mathrm{m}} - \theta)\\ u_3 = r_{P\mathrm{m}}\sin(\theta_{P\mathrm{m}} - \theta)\end{cases} \tag{6.14}$$

将式（6.13）对直纹面 Σ_k 的直母线单位矢量的球面像曲线弧长参数 σ_k 求导，有：

$$\begin{cases}\dot{\boldsymbol{R}}_P = A_1\boldsymbol{e}_{1k} + A_2\boldsymbol{e}_{2k} + A_3\boldsymbol{e}_{3k}\\ A_1 = \alpha_k + \dot{u}_1 - u_2 = \alpha_k - \dot{b}_k - u_2\\ A_2 = u_1 + \dot{u}_2 - \beta_k u_3 = u_1 - (\beta_k - \dot{\theta})u_3\\ A_3 = \gamma_k + \beta_k u_2 + \dot{u}_3 = \gamma_k + (\beta_k - \dot{\theta})u_2\end{cases} \tag{6.15}$$

由$\dot{\boldsymbol{R}}_P=\dfrac{\mathrm{d}\boldsymbol{R}_P}{\mathrm{d}t}\cdot\dfrac{\mathrm{d}t}{\mathrm{d}\sigma_k}=\dfrac{\mathrm{d}t}{\mathrm{d}\sigma_k}\cdot\boldsymbol{V}_P$可以得到运动刚体上点 P 的绝对速度。

对于Σ^*上过点 P 的一条固定直线 L_S，在坐标系 $\{\boldsymbol{O}_\mathrm{m};\ \boldsymbol{i}_\mathrm{m},\ \boldsymbol{j}_\mathrm{m},\ \boldsymbol{k}_\mathrm{m}\}$ 中的单位方向矢量为 $\boldsymbol{s}_\mathrm{m}(s_{\mathrm{m}1},\ s_{\mathrm{m}2},\ s_{\mathrm{m}3})$，则有：

$$\boldsymbol{s}_\mathrm{m}=s_{\mathrm{m}1}\boldsymbol{i}_\mathrm{m}+s_{\mathrm{m}2}\boldsymbol{j}_\mathrm{m}+s_{\mathrm{m}3}\boldsymbol{k}_\mathrm{m}=\sin\delta_{s\mathrm{m}}\cos\theta_{s\mathrm{m}}\boldsymbol{i}_\mathrm{m}+\sin\delta_{s\mathrm{m}}\sin\theta_{s\mathrm{m}}\boldsymbol{j}_\mathrm{m}+\cos\delta_{s\mathrm{m}}\boldsymbol{k}_\mathrm{m}\tag{6.16a}$$

其中 $\delta_{s\mathrm{m}}$为直线 L_S的单位矢量 $\boldsymbol{s}_\mathrm{m}$与坐标轴矢量 $\boldsymbol{k}_\mathrm{m}$的夹角，$\theta_{s\mathrm{m}}$为 $\boldsymbol{s}_\mathrm{m}$在坐标平面 $\boldsymbol{O}_\mathrm{m}-\boldsymbol{i}_\mathrm{m}\boldsymbol{j}_\mathrm{m}$上的投影矢量与标矢 $\boldsymbol{i}_\mathrm{m}$的夹角，如图 6. 1 所示。若将直线 L_S的单位矢量 $\boldsymbol{s}_\mathrm{m}(s_{\mathrm{m}1},\ s_{\mathrm{m}2},\ s_{\mathrm{m}3})$ 转换到固定坐标系 $\{\boldsymbol{O}_\mathrm{f};\ \boldsymbol{i}_\mathrm{f},\ \boldsymbol{j}_\mathrm{f},\ \boldsymbol{k}_\mathrm{f}\}$ 中，由式（6. 2a）得：

$$\boldsymbol{s}=(s_{\mathrm{f}1},s_{\mathrm{f}2},s_{\mathrm{f}3})^\mathrm{T}=[\boldsymbol{R}_{\mathrm{mf}}]\cdot(s_{\mathrm{m}1},s_{\mathrm{m}2},s_{\mathrm{m}3})^\mathrm{T}\tag{6.16b}$$

如以参考直线 L_k轨迹直纹面Σ_k活动标架 $\{\boldsymbol{\rho}_k;\ \boldsymbol{e}_{1k},\ \boldsymbol{e}_{2k},\ \boldsymbol{e}_{3k}\}$ 上表示直线 L_S，$\boldsymbol{s}(\sigma_k)=s_1\boldsymbol{e}_{1k}+s_2\boldsymbol{e}_{2k}+s_3\boldsymbol{e}_{3k}$，在各轴的投影分量（$s_1$，$s_2$，$s_3$）由式（6. 11）和式（6. 16a）得到：

$$\begin{cases}s_1=\cos\delta_{s\mathrm{m}}\\ s_2=\sin\delta_{s\mathrm{m}}\cos(\theta_{s\mathrm{m}}-\theta)\\ s_3=\sin\delta_{s\mathrm{m}}\sin(\theta_{s\mathrm{m}}-\theta)\end{cases}\tag{6.17}$$

将式（6. 17）对直线 L_k球面像曲线弧长 σ_k求导，得：

$$\begin{aligned}\dot{\boldsymbol{s}}&=(\dot{s}_1-s_2)\boldsymbol{e}_{1k}+(s_1+\dot{s}_2-\beta_k s_3)\boldsymbol{e}_{2k}+(\beta_k s_2+\dot{s}_3)\boldsymbol{e}_{3k}\\&=-s_2\boldsymbol{e}_{1k}+[s_1-(\beta_k-\dot{\theta})s_3]\boldsymbol{e}_{2k}+[(\beta_k-\dot{\theta})s_2]\boldsymbol{e}_{3k}\end{aligned}\tag{6.18}$$

随着Σ^*的空间运动，直线 L_S在固定坐标系 $\{\boldsymbol{O}_\mathrm{f};\ \boldsymbol{i}_\mathrm{f},\ \boldsymbol{j}_\mathrm{f},\ \boldsymbol{k}_\mathrm{f}\}$ 中生成以点 P 轨迹曲线 $\boldsymbol{\Gamma}_P$为准线的另一直纹面Σ_S，并且在任意瞬时与直线 L_k相伴，则直纹面Σ_S属于以Σ_k为原曲面的相伴曲面，有：

$$\Sigma_S:\boldsymbol{R}_s(\sigma_k,\mu)=\boldsymbol{R}_P(\sigma_k)+\mu\boldsymbol{s}(\sigma_k)\tag{6.19}$$

对于Σ^*中直线 L_S上任意点 $P_i(\mu=\mu_i)$，到准线上点 P（$\mu=0$）的距离 μ_i为确定值，则在固定坐标系中的矢量方程为：

$$\boldsymbol{R}_{Pi}=\boldsymbol{R}_P+\mu_i\boldsymbol{s}\tag{6.20}$$

点 P_i的绝对速度可由式（6. 20）对时间 t 求导得到：

$$\boldsymbol{V}_{Pi}=\frac{\mathrm{d}\boldsymbol{R}_{Pi}}{\mathrm{d}t}=(\dot{\boldsymbol{R}}_P+\mu_i\dot{\boldsymbol{s}})\frac{\mathrm{d}\sigma_k}{\mathrm{d}t}\tag{6.21}$$

式（6. 21）中的$\dot{\boldsymbol{R}}_P$如式（6. 15）所示。若直线 L_S恰为该瞬时刚体Σ^*上的瞬时运动螺旋轴（或瞬轴），后文中简称 ISA，则 L_S上各点 P_i的速度 $\boldsymbol{V}_{Pi}$相等且方向均沿着该直线方向 $\boldsymbol{s}$，即式（6. 21）中的 $\boldsymbol{V}_{Pi}$应与 μ_i无关，故有$\dot{\boldsymbol{s}}=0$ 和 $\boldsymbol{V}_{Pi}\times\boldsymbol{s}=0$，刚体$\Sigma^*$上直线 L_S成为 ISA 的条件为：

$$\dot{s} = 0, \ \dot{\boldsymbol{R}}_{Pi} \times \boldsymbol{s} = 0 \tag{6.22}$$

将式（6.18）代入式（6.22）中$\dot{s}=0$，可得 ISA 的方向矢量参数为：

$$\begin{cases} \boldsymbol{s} = s_1 \boldsymbol{e}_{1k} + s_3 \boldsymbol{e}_{3k} \\ s_1 = \dfrac{\beta_k - \dot{\theta}}{\omega_0}, \quad s_2 = 0, \quad s_3 = \dfrac{1}{\omega_0} \\ \omega_0 = [1 + (\beta_k - \dot{\theta})^2]^{1/2} \end{cases} \tag{6.23a}$$

ISA 的方向矢量在直纹面Σ_k的 Frenet 标架 $\{\boldsymbol{\rho}_k;\ \boldsymbol{e}_{1k},\ \boldsymbol{e}_{2k},\ \boldsymbol{e}_{3k}\}$ 的$\boldsymbol{\rho}_k - \boldsymbol{e}_{1k}\boldsymbol{e}_{3k}$平面内，即 ISA 球面像点在原曲面$\Sigma_k$直母线$\boldsymbol{l}_k$球面像曲线的法平面上，与直母线的夹角$\delta_{sm}$满足$\tan\delta_{sm} = \dfrac{s_3}{s_1} = \dfrac{1}{\beta_k - \dot{\theta}}$，与球面运动的瞬心线式（4.14）完全一致。将式（6.15）和式（6.19）代入式（6.22）中，$\dot{\boldsymbol{R}}_{Pi} \times \boldsymbol{s} = 0$，得到固定坐标系中 ISA 上 P 点的矢径：

$$\begin{cases} \boldsymbol{R}_{PS} = \boldsymbol{\rho}_k + u_1 \boldsymbol{e}_{1k} + u_2 \boldsymbol{e}_{2k} + u_3 \boldsymbol{e}_{3k} \\ u_1 = (\beta_k - \dot{\theta}) u_3 \\ u_2 = \dfrac{\alpha_k - \dot{b}_k - \gamma_k(\beta_k - \dot{\theta})}{\omega_0^2} \end{cases} \tag{6.23b}$$

特殊地，令式（6.23b）中$u_3=0$，有$u_1=0$，可得 ISA 上另一参考点 Q，如图 6.2 所示，其矢径为：

$$\boldsymbol{R}_Q = \boldsymbol{\rho}_k + \frac{[\alpha_k - \dot{b}_k - \gamma_k(\beta_k - \dot{\theta})]\boldsymbol{e}_{2k}}{\omega_0^2} \tag{6.23c}$$

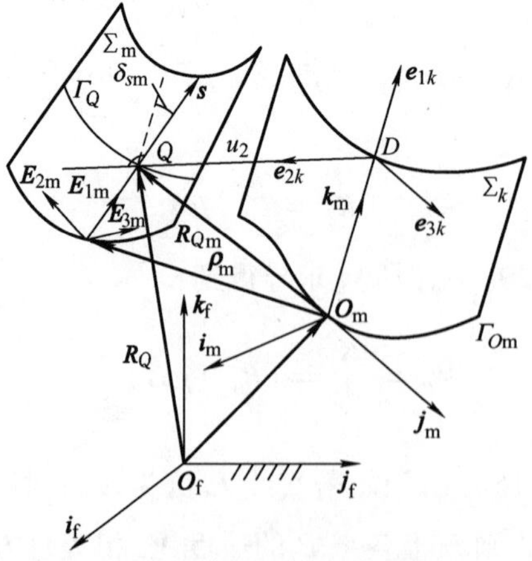

图 6.2 空间运动的动瞬轴面

ISA 在固定坐标系中的矢量方程为：

$$\boldsymbol{R}_S = \boldsymbol{R}_Q + \mu\boldsymbol{s} \tag{6.24}$$

式（6.24）中 ISA 的直线单位方向矢量 $\boldsymbol{s}$ 在直纹面 Σ_k 的 Frenet 标架 $\{\boldsymbol{\rho}_k;\ \boldsymbol{e}_{1k},\ \boldsymbol{e}_{2k},\ \boldsymbol{e}_{3k}\}$ 中表示，其自变量为直纹面 Σ_k 直母线单位矢量球面像曲线弧长 σ_k。由式（6.24）确定了 ISA 随自变量 σ_k 变化，在固定坐标系 $\{\boldsymbol{O}_\mathrm{f};\ \boldsymbol{i}_\mathrm{f},\ \boldsymbol{j}_\mathrm{f},\ \boldsymbol{k}_\mathrm{f}\}$ 中形成一直纹面，即定瞬轴面 Σ_f；若将式（6.24）转换到运动刚体坐标系 $\{\boldsymbol{O}_\mathrm{m};\ \boldsymbol{i}_\mathrm{m},\ \boldsymbol{j}_\mathrm{m},\ \boldsymbol{k}_\mathrm{m}\}$ 中表示，形成另一直纹面，即运动刚体上的动瞬轴面 Σ_m。

直纹面 Σ_k 的腰点矢径 $\boldsymbol{\rho}_k$，在 Frenet 标架 $\{\boldsymbol{\rho}_k;\ \boldsymbol{e}_{1k},\ \boldsymbol{e}_{2k},\ \boldsymbol{e}_{3k}\}$ 中的分量均为零（标架原点），而运动刚体上瞬时与该腰点重合的点 D（不是坐标原点 O_m），其速度为：

$$\boldsymbol{V}_D = \frac{\mathrm{d}\boldsymbol{R}_D}{\mathrm{d}t} = \frac{\mathrm{d}\boldsymbol{R}_D}{\mathrm{d}\sigma_k}\frac{\mathrm{d}\sigma_k}{\mathrm{d}t} = [(\alpha_k - \dot{b}_k)\boldsymbol{e}_{1k} + \gamma_k\boldsymbol{e}_{3k}]\frac{\mathrm{d}\sigma_k}{\mathrm{d}t} \tag{6.25}$$

该点的速度又可由绕瞬轴 ISA 的回转角速度 ω_s 和沿瞬轴方向 $\boldsymbol{s}$ 的滑动速度 V_s 来表示，即：

$$\boldsymbol{V}_D = \omega_s\boldsymbol{s} \times (\boldsymbol{\rho}_k - \boldsymbol{R}_Q) + V_s\boldsymbol{s} \tag{6.26}$$

将式（6.23）代入式（6.26），并与式（6.25）联立，可得刚体的瞬时螺旋运动参数：

$$\begin{cases} V_s = V_{s0}\dfrac{\mathrm{d}\sigma_k}{\mathrm{d}t}, \quad V_{s0} = (\alpha_k - \dot{b}_k)s_1 + \gamma_k s_3 \\ \omega_s = \omega_{s0}\dfrac{\mathrm{d}\sigma_k}{\mathrm{d}t}, \quad \omega_{s0} = [1 + (\beta_k - \dot{\theta})^2]^{1/2} \end{cases} \tag{6.27}$$

由此可得原曲面 Σ_k 几何参数的运动学意义。

6.2 空间运动的瞬轴面

空间运动刚体 Σ^* 的 ISA 有重要而明确的运动学意义，其在运动刚体坐标系 $\{\boldsymbol{O}_\mathrm{m};\ \boldsymbol{i}_\mathrm{m},\ \boldsymbol{j}_\mathrm{m},\ \boldsymbol{k}_\mathrm{m}\}$ 中的轨迹曲面即为动瞬轴面 Σ_m，而在固定坐标系 $\{\boldsymbol{O}_\mathrm{f};\ \boldsymbol{i}_\mathrm{f},\ \boldsymbol{j}_\mathrm{f},\ \boldsymbol{k}_\mathrm{f}\}$ 中的轨迹曲面即为定瞬轴面 Σ_f，动、定瞬轴面的几何学性质与刚体空间运动学有着本质的联系，运动刚体上点、线的轨迹曲线、曲面以瞬轴面标架表示自然而又贴切，与平面运动的瞬心线一样，瞬轴面在刚体运动几何学中发挥着重要基础作用。

6.2.1 定瞬轴面

在固定刚体上考察 ISA，将式（6.23a）和式（6.24）通过式（6.1）和式（6.11）转换到固定坐标系 $\{\boldsymbol{O}_\mathrm{f};\ \boldsymbol{i}_\mathrm{f},\ \boldsymbol{j}_\mathrm{f},\ \boldsymbol{k}_\mathrm{f}\}$ 中，可得到定瞬轴面 Σ_f，是直纹面 Σ_k 的相伴曲面，写出定瞬轴面 Σ_f 的方程为：

$$\Sigma_\mathrm{f}: \boldsymbol{R}_\mathrm{f} = \boldsymbol{R}_Q + \mu\boldsymbol{s} \tag{6.28}$$

其中 $\boldsymbol{R}_Q$ 为定瞬轴面 Σ_f 的准线，且有：

$$\begin{cases}\boldsymbol{R}_Q=\boldsymbol{\rho}_k+u_2\boldsymbol{e}_{2k}\\ \boldsymbol{s}=s_1\boldsymbol{e}_{1k}+s_3\boldsymbol{e}_{3k}\end{cases}\tag{6.29}$$

在固定坐标系中 $\{\boldsymbol{O}_f;\ \boldsymbol{i}_f,\ \boldsymbol{j}_f,\ \boldsymbol{k}_f\}$ 中观察，$\{\boldsymbol{\rho}_k;\ \boldsymbol{e}_{1k},\ \boldsymbol{e}_{2k},\ \boldsymbol{e}_{3k}\}$ 为参考直纹面Σ_k的 Frenet 标架，先将式（6.29）中的两式对 σ_k求导得到：

$$\begin{cases}\dot{\boldsymbol{R}}_Q=(\alpha_k-u_2)\boldsymbol{e}_{1k}+\dot{u}_2\boldsymbol{e}_{2k}+(\gamma_k+\beta_k u_2)\boldsymbol{e}_{3k}\\ \dot{\boldsymbol{s}}=\dot{s}_1\boldsymbol{e}_{1k}+(s_1-\beta_k s_3)\boldsymbol{e}_{2k}+\dot{s}_3\boldsymbol{e}_{3k}\end{cases}\tag{6.30}$$

将每一瞬时 ISA 的单位矢量 $\boldsymbol{s}$ 映射到固定刚体坐标系 $\{\boldsymbol{O}_f;\ \boldsymbol{i}_f,\ \boldsymbol{j}_f,\ \boldsymbol{k}_f\}$ 中的单位球面上一点，那么，定瞬轴面Σ_f上所有直母线的单位矢量 $\boldsymbol{s}$ 对应固定坐标系中单位球面上的一条球面像曲线 C_f，可求得定瞬轴面Σ_f的直母线 $\boldsymbol{s}$ 球面像曲线 C_f弧长 σ_f的微分式：

$$\mathrm{d}\sigma_f=|\dot{\boldsymbol{s}}|\mathrm{d}\sigma_k=\sqrt{\dot{s}_1^2+\dot{s}_3^2+(s_1-\beta_k s_3)^2}\,\mathrm{d}\sigma_k=\frac{\sqrt{\dot{\theta}^2\omega_{s0}^2+(\dot{\beta}_k-\ddot{\theta})^2}}{\omega_{s0}^2}\mathrm{d}\sigma_k\tag{6.31}$$

由式（6.30）和式（3.54）可得到定瞬轴面Σ_f的腰准距 b_f为：

$$b_f=-\frac{\dot{\boldsymbol{R}}_Q\cdot\dot{\boldsymbol{s}}}{\dot{\boldsymbol{s}}^2}=-\frac{\dot{s}_1(\alpha_k-u_2)+\dot{u}_2(s_1-\beta_k s_3)+\dot{s}_3(\gamma_k+\beta_k u_2)}{\dot{\boldsymbol{s}}^2}\tag{6.32}$$

由定瞬轴面Σ_f的腰准距 b_f，得到其腰线矢量方程及其对 σ_f的导数为：

$$\begin{cases}\boldsymbol{\rho}_f=\boldsymbol{R}_Q+b_f\boldsymbol{s}_f\\ \dfrac{\mathrm{d}\boldsymbol{\rho}_f}{\mathrm{d}\sigma_f}=\dfrac{\dot{\boldsymbol{R}}_Q+\dot{b}_f\boldsymbol{s}+b_f\dot{\boldsymbol{s}}}{|\dot{\boldsymbol{s}}|}\end{cases}\tag{6.33}$$

由此建立定瞬轴面Σ_f的 Frenet 活动标架 $\{\boldsymbol{\rho}_f;\ \boldsymbol{E}_{1f},\ \boldsymbol{E}_{2f},\ \boldsymbol{E}_{3f}\}$ 为：

$$\begin{cases}\boldsymbol{E}_{1f}=\boldsymbol{s}=s_1\boldsymbol{e}_{1k}+s_3\boldsymbol{e}_{3k}\\ \boldsymbol{E}_{2f}=\dfrac{\dot{\boldsymbol{s}}}{|\dot{\boldsymbol{s}}|}=\dfrac{(\dot{s}_1\boldsymbol{e}_{1k}-\dot{\theta}s_3\boldsymbol{e}_{2k}+\dot{s}_3\boldsymbol{e}_{3k})}{|\dot{\boldsymbol{s}}|}\\ \boldsymbol{E}_{3f}=\dfrac{\boldsymbol{s}\times\dot{\boldsymbol{s}}}{|\dot{\boldsymbol{s}}|}=\dfrac{s_3^2\dot{\theta}\boldsymbol{e}_{1k}+(\dot{s}_1s_3-s_1\dot{s}_3)\boldsymbol{e}_{2k}-s_1s_3\dot{\theta}\boldsymbol{e}_{3k}}{|\dot{\boldsymbol{s}}|}\end{cases}\tag{6.34}$$

通过直纹面的 Frenet 公式得到定瞬轴面Σ_f的结构参数为：

$$\begin{cases}\alpha_f=\dfrac{\mathrm{d}\boldsymbol{\rho}_f}{\mathrm{d}\sigma_f}\cdot\boldsymbol{E}_{1f}=\dfrac{s_1(\alpha_k-u_2)+s_3(\gamma_k+\beta_k u_2)+\dot{b}_f}{|\dot{\boldsymbol{s}}|}\\ \beta_f=\dfrac{\mathrm{d}\boldsymbol{E}_{2f}}{\mathrm{d}\sigma_f}\cdot\boldsymbol{E}_{3f}\\ \quad=\dfrac{s_3^2\dot{\theta}(s_3\dot{\theta}+\ddot{s}_1)+(\dot{s}_1s_3-s_1\dot{s}_3)(\dot{s}_1-s_3\ddot{\theta}-\dot{s}_3\dot{\theta}-\beta_k\dot{s}_3)-s_1s_3\dot{\theta}(\ddot{s}_3-\beta_k s_3\dot{\theta})}{|\dot{\boldsymbol{s}}|^3}\\ \gamma_f=\dfrac{\mathrm{d}\boldsymbol{\rho}_f}{\mathrm{d}\sigma_f}\cdot\boldsymbol{E}_{3f}=\dfrac{s_3^2\dot{\theta}(\alpha_k-u_2)+\dot{u}_2(\dot{s}_1s_3-s_1\dot{s}_3)-s_1s_3\dot{\theta}(\gamma_k+\beta_k u_2)}{|\dot{\boldsymbol{s}}|^2}\end{cases}\tag{6.35}$$

上述结构参数中的β_f为定瞬轴$\sum_f$直母线单位矢量 $\boldsymbol{s}$ 的球面像曲线 C_f的测地曲率，由式（6.34）和式（6.35）可知$\beta_f = \left(\boldsymbol{s}, \dfrac{d\boldsymbol{s}}{d\sigma_f}, \dfrac{d^2\boldsymbol{s}}{d\sigma_f^2}\right)$，与球面运动刚体上定瞬心线 π_f的测地曲率 k_{gf}相同。

6.2.2　动瞬轴面

在运动刚体上考察 ISA，由式（6.11）和式（6.23a）将 ISA 再转换到运动坐标系 $\{\boldsymbol{O}_m;\ \boldsymbol{i}_m,\ \boldsymbol{j}_m,\ \boldsymbol{k}_m\}$ 中，并以 Q 点的轨迹曲线 Γ_Q为准线，得到运动刚体上动瞬轴面$\sum_m$的矢量方程为：

$$\sum\nolimits_m: \boldsymbol{R}_m = \boldsymbol{R}_{Qm} + \mu \boldsymbol{s}_m \tag{6.36a}$$

其中

$$\begin{cases} \boldsymbol{R}_{Qm} = u_2\cos\theta\boldsymbol{i}_m + u_2\sin\theta\boldsymbol{j}_m + b_k\boldsymbol{k}_m \\ \boldsymbol{s}_m = -s_3\sin\theta\boldsymbol{i}_m + s_3\cos\theta\boldsymbol{j}_m + s_1\boldsymbol{k}_m \end{cases} \tag{6.36b}$$

为讨论动瞬轴面$\sum_m$的几何学性质，将式（6.36b）的第二式对σ_k求导，可得：

$$\dot{\boldsymbol{s}}_m = (-\dot{s}_3\sin\theta - s_3\dot{\theta}\cos\theta)\boldsymbol{i}_m + (\dot{s}_3\cos\theta - s_3\dot{\theta}\sin\theta)\boldsymbol{j}_m + \dot{s}_1\boldsymbol{k}_m \tag{6.37}$$

式（6.37）中$\dot{s}_1 = \dfrac{\dot{\beta}_k - \ddot{\theta}}{\omega_{s0}^3}$，$\dot{s}_3 = \dfrac{-(\beta_k - \dot{\theta})(\dot{\beta}_k - \ddot{\theta})}{\omega_{s0}^3}$。将每一瞬时 ISA 的单位矢量 $\boldsymbol{s}_m$映射到运动刚体坐标系 $\{\boldsymbol{O}_m;\ \boldsymbol{i}_m,\ \boldsymbol{j}_m,\ \boldsymbol{k}_m\}$ 中的单位球面上一点，那么，动瞬轴面$\sum_m$所有直母线单位矢量 $\boldsymbol{s}_m$对应单位球面上的一条球面像曲线 C_m，动瞬轴面$\sum_m$直母线单位矢量 $\boldsymbol{s}_m$的球面像曲线弧长 σ_m微分为：

$$d\sigma_m = |\dot{\boldsymbol{s}}_m| d\sigma_k = \sqrt{\dot{s}_1^{\,2} + \dot{s}_3^{\,2} + s_3^2\dot{\theta}^2}\, d\sigma_k = \frac{\sqrt{\dot{\theta}^2\omega_{s0}^2 + (\dot{\beta}_k - \ddot{\theta})^2}}{\omega_{s0}^2} d\sigma_k \tag{6.38}$$

比较式（6.31）和式（6.38），可知微弧长 $d\sigma_f = d\sigma_m$，后文简记为 $d\sigma$，即刚体空间运动时，动瞬轴面球面像曲线 C_m与定瞬轴面的球面像曲线 C_f的微弧长相等，球面像曲线 C_m与 C_f纯滚动。

将式（6.36b）的第一式对σ_k求导，可得：

$$\dot{\boldsymbol{R}}_{Qm} = (\dot{u}_2\cos\theta - u_2\dot{\theta}\sin\theta)\boldsymbol{i}_m + (\dot{u}_2\sin\theta + u_2\dot{\theta}\cos\theta)\boldsymbol{j}_m + \dot{b}_k\boldsymbol{k}_m \tag{6.39a}$$

式（6.39a）中

$$\dot{u}_2 = \frac{\dot{\alpha}_k - \ddot{b}_k - \gamma_k(\dot{\beta}_k - \ddot{\theta}) - \dot{\gamma}_k(\beta_k - \dot{\theta}) - 2(\beta_k - \dot{\theta})(\dot{\beta}_k - \ddot{\theta})u_2}{\omega_{s0}^2} \tag{6.39b}$$

由式（3.54）得到动瞬轴面Σ_{m}的腰准距b_{m}为：

$$b_{\mathrm{m}} = -\frac{\dot{\boldsymbol{R}}_{Q\mathrm{m}} \cdot \dot{\boldsymbol{s}}_{\mathrm{m}}}{\dot{\boldsymbol{s}}_{\mathrm{m}}^2} = -\frac{(\dot{s}_3 u_2 - s_3 \dot{u}_2)\dot{\theta} + \dot{s}_1 \dot{b}_k}{\dot{\boldsymbol{s}}_{\mathrm{m}}^2} \tag{6.40}$$

将式（6.40）与式（6.32）进行比较，并注意到：

$$\dot{s}_1\alpha_k + \dot{s}_3\gamma_k = (\omega_{s0}^2 u_2 + \dot{b}_k)\dot{s}_1,\ -\dot{s}_1 u_2 + \dot{u}_2(s_1 - \beta_k s_3) + \dot{s}_3\beta_k u_2 = (\dot{s}_3 u_2 - s_3\dot{u}_2)\dot{\theta} - \omega_{s0}^2 u_2 \dot{s}_1 \tag{6.41}$$

可以把b_{f}与b_{m}化简成完全相同的表达形式，即$b_{\mathrm{f}} = b_{\mathrm{m}}$，ISA 上点$Q$分别到动瞬轴面$\Sigma_{\mathrm{m}}$和定瞬轴面$\Sigma_{\mathrm{f}}$在 ISA 上腰点的距离相同，也就是说动瞬轴面腰点与定瞬轴面腰点在瞬轴上重合。

动瞬轴面Σ_{m}的腰线方程及其对σ_{m}的导数为：

$$\begin{cases} \boldsymbol{\rho}_{\mathrm{m}} = \boldsymbol{R}_{Q\mathrm{m}} + b_{\mathrm{m}}\boldsymbol{s}_{\mathrm{m}} \\ \dfrac{\mathrm{d}\boldsymbol{\rho}_{\mathrm{m}}}{\mathrm{d}\sigma_{\mathrm{m}}} = \dfrac{\dot{\boldsymbol{R}}_{Q\mathrm{m}} + \dot{b}_{\mathrm{m}}\boldsymbol{s}_{\mathrm{m}} + b_{\mathrm{m}}\dot{\boldsymbol{s}}_{\mathrm{m}}}{|\dot{\boldsymbol{s}}_{\mathrm{m}}|} \end{cases} \tag{6.42}$$

建立动瞬轴面Σ_{m}的 Frenet 标架$\{\boldsymbol{\rho}_{\mathrm{m}};\ \boldsymbol{E}_{1\mathrm{m}},\ \boldsymbol{E}_{2\mathrm{m}},\ \boldsymbol{E}_{3\mathrm{m}}\}$为：

$$\boldsymbol{E}_{1\mathrm{m}} = \boldsymbol{s}_{\mathrm{m}},\quad \boldsymbol{E}_{2\mathrm{m}} = \frac{\dot{\boldsymbol{s}}_{\mathrm{m}}}{|\dot{\boldsymbol{s}}_{\mathrm{m}}|},\quad \boldsymbol{E}_{3\mathrm{m}} = \frac{\boldsymbol{s}_{\mathrm{m}} \times \dot{\boldsymbol{s}}_{\mathrm{m}}}{|\dot{\boldsymbol{s}}_{\mathrm{m}}|} \tag{6.43}$$

若以直纹面Σ_k的 Frenet 标架$\{\boldsymbol{\rho}_k;\ \boldsymbol{e}_{1k},\ \boldsymbol{e}_{2k},\ \boldsymbol{e}_{3k}\}$表示，则有：

$$\begin{cases} \boldsymbol{E}_{1\mathrm{m}} = s_1\boldsymbol{e}_{1k} + s_3\boldsymbol{e}_{3k} \\ \boldsymbol{E}_{2\mathrm{m}} = \dfrac{\dot{s}_1\boldsymbol{e}_{1k} - s_3\dot{\theta}\boldsymbol{e}_{2k} + \dot{s}_3\boldsymbol{e}_{3k}}{|\dot{\boldsymbol{s}}_{\mathrm{m}}|} \\ \boldsymbol{E}_{3\mathrm{m}} = \dfrac{s_3^2\dot{\theta}\boldsymbol{e}_{1k} + (\dot{s}_1 s_3 - s_1\dot{s}_3)\boldsymbol{e}_{2k} - s_1 s_3\dot{\theta}\boldsymbol{e}_{3k}}{|\dot{\boldsymbol{s}}_{\mathrm{m}}|} \end{cases} \tag{6.44}$$

比较式（6.34）和式（6.44），可知定瞬轴面和动瞬轴面在同一瞬时的 Frenet 标架完全重合。

结合式（6.11）、式（6.36a）和式（6.44），可得到动瞬轴面Σ_{m}的 Frenet 活动标架$\{\boldsymbol{\rho}_{\mathrm{m}};\ \boldsymbol{E}_{1\mathrm{m}},\ \boldsymbol{E}_{2\mathrm{m}},\ \boldsymbol{E}_{3\mathrm{m}}\}$与刚体上运动坐标系$\{\boldsymbol{O}_{\mathrm{m}};\ \boldsymbol{i}_{\mathrm{m}},\ \boldsymbol{j}_{\mathrm{m}},\ \boldsymbol{k}_{\mathrm{m}}\}$之间的位置关系为：

$$\begin{cases} \boldsymbol{\rho}_{\mathrm{m}} = (u_2\cos\theta - s_3 b_{\mathrm{m}}\sin\theta)\boldsymbol{i}_{\mathrm{m}} + (u_2\sin\theta + s_3 b_{\mathrm{m}}\cos\theta)\boldsymbol{j}_{\mathrm{m}} + (b_k + s_1 b_{\mathrm{m}})\boldsymbol{k}_{\mathrm{m}} \\ \boldsymbol{E}_{1\mathrm{m}} = -s_3\sin\theta\boldsymbol{i}_{\mathrm{m}} + s_3\cos\theta\boldsymbol{j}_{\mathrm{m}} + s_1\boldsymbol{k}_{\mathrm{m}} \\ \boldsymbol{E}_{2\mathrm{m}} = \dfrac{-(s_3\dot{\theta}\cos\theta + \dot{s}_3\sin\theta)\boldsymbol{i}_{\mathrm{m}} + (\dot{s}_3\cos\theta - s_3\dot{\theta}\sin\theta)\boldsymbol{j}_{\mathrm{m}} + \dot{s}_1\boldsymbol{k}_{\mathrm{m}}}{|\dot{\boldsymbol{s}}_{\mathrm{m}}|} \\ \boldsymbol{E}_{3\mathrm{m}} = \dfrac{[(\dot{s}_1 s_3 - s_1\dot{s}_3)\cos\theta + s_1 s_3\dot{\theta}\sin\theta]\boldsymbol{i}_{\mathrm{m}} + [(\dot{s}_1 s_3 - s_1\dot{s}_3)\sin\theta - s_1 s_3\dot{\theta}\cos\theta]\boldsymbol{j}_{\mathrm{m}} + s_3^2\dot{\theta}\boldsymbol{k}_{\mathrm{m}}}{|\dot{\boldsymbol{s}}_{\mathrm{m}}|} \end{cases} \tag{6.45}$$

在运动刚体坐标系 $\{\boldsymbol{O}_{\mathrm{m}};\ \boldsymbol{i}_{\mathrm{m}},\ \boldsymbol{j}_{\mathrm{m}},\ \boldsymbol{k}_{\mathrm{m}}\}$ 中观察，$\boldsymbol{e}_{1k}$方向矢量（$\boldsymbol{k}_{\mathrm{m}}$）固定，方向矢量 $\boldsymbol{e}_{2k}$ 与 $\boldsymbol{e}_{3k}$随着 ISA 位置的变化而变化，即坐标平面 $\boldsymbol{O}_{\mathrm{m}}-\boldsymbol{i}_{\mathrm{m}}\boldsymbol{j}_{\mathrm{m}}$上的单位圆矢量函数，$\boldsymbol{e}_{2k}=\boldsymbol{e}_{\mathrm{I}(\theta)}$，$\boldsymbol{e}_{3k}=\boldsymbol{e}_{\mathrm{II}(\theta)}$。由第 1 章 1.1 节单位圆矢量函数性质可知 $\mathrm{d}\boldsymbol{e}_{2k}/\mathrm{d}\theta=\boldsymbol{e}_{3k}$，$\mathrm{d}\boldsymbol{e}_{3k}/\mathrm{d}\theta=-\boldsymbol{e}_{2k}$，可得动瞬轴面$\sum_{\mathrm{m}}$的结构参数：

$$\begin{cases}\alpha_{\mathrm{m}}=\dfrac{\mathrm{d}\boldsymbol{\rho}_{\mathrm{m}}}{\mathrm{d}\boldsymbol{\sigma}_{\mathrm{m}}}\cdot\boldsymbol{E}_{1\mathrm{m}}=\dfrac{s_3u_2\dot{\theta}+s_1\dot{b}_k+\dot{b}_{\mathrm{m}}}{|\dot{\boldsymbol{s}}_{\mathrm{m}}|}\\[2ex]\beta_{\mathrm{m}}=\dfrac{\mathrm{d}\boldsymbol{E}_{2\mathrm{m}}}{\mathrm{d}\boldsymbol{\sigma}_{\mathrm{m}}}\cdot\boldsymbol{E}_{3\mathrm{m}}=\dfrac{s_1s_3\dot{\theta}(s_3\dot{\theta}^2-\ddot{s}_3)+\ddot{s}_1s_3^2\dot{\theta}-(2\dot{s}_3\dot{\theta}+s_3\ddot{\theta})(\dot{s}_1s_3-s_1\dot{s}_3)}{|\dot{\boldsymbol{s}}_{\mathrm{m}}|^3}\\[2ex]\gamma_{\mathrm{m}}=\dfrac{\mathrm{d}\boldsymbol{\rho}_{\mathrm{m}}}{\mathrm{d}\boldsymbol{\sigma}_{\mathrm{m}}}\cdot\boldsymbol{E}_{3\mathrm{m}}=\dfrac{s_3^2\dot{b}_l\dot{\theta}+\dot{u}_2(\dot{s}_1s_3-s_1\dot{s}_3)-s_1s_3u_2\dot{\theta}^2}{|\dot{\boldsymbol{s}}_{\mathrm{m}}|^2}\end{cases}\tag{6.46a}$$

其中

$$\ddot{s}_1=\frac{(\ddot{\beta}_k-\dddot{\theta})\omega_{s0}^2-3(\dot{\beta}_k-\ddot{\theta})^2(\beta_k-\dot{\theta})}{\omega_{s0}^5},\tag{6.46b}$$

$$\ddot{s}_3=-(\dot{\beta}_k-\ddot{\theta})\dot{s}_1-(\beta_k-\dot{\theta})\ddot{s}_1$$

上述结构参数中的β_{m}为动瞬轴面$\sum_{\mathrm{m}}$直母线单位矢量球面像曲线 C_{m}的测地曲率，由式（6.43）和式（6.46a）可知$\beta_{\mathrm{m}}=\left(\boldsymbol{s}_{\mathrm{m}},\dfrac{\mathrm{d}\boldsymbol{s}_{\mathrm{m}}}{\mathrm{d}\sigma_{\mathrm{m}}},\dfrac{\mathrm{d}^2\boldsymbol{s}_{\mathrm{m}}}{\mathrm{d}\sigma_{\mathrm{m}}^2}\right)$，与球面运动刚体上动瞬心线 π_{m}的测地曲率 $k_{g\mathrm{m}}$相同。

由定瞬轴面$\sum_{\mathrm{f}}$结构参数式（6.35）与动瞬轴面$\sum_{\mathrm{m}}$结构参数式（6.46a）可求得瞬轴面的诱导结构参数为：

$$\begin{cases}\alpha^*=\alpha_{\mathrm{f}}-\alpha_{\mathrm{m}}=\dfrac{s_1(\alpha_k-\dot{b}_k)+s_3\gamma_k}{\mathrm{d}\sigma/\mathrm{d}\sigma_k}\\[2ex]\beta^*=\beta_{\mathrm{f}}-\beta_{\mathrm{m}}=\dfrac{\dot{\theta}^2\omega_{s0}^2+(\dot{\beta}_k-\ddot{\theta})^2}{\omega_{s0}^3|\dot{\boldsymbol{s}}_{\mathrm{f}}|^3}\\[2ex]\gamma^*=\gamma_{\mathrm{f}}-\gamma_{\mathrm{m}}=\dfrac{s_3^2\dot{\theta}(\alpha_k-u_2-\dot{b}_k)-s_1s_3\dot{\theta}(\gamma_k+\beta_ku_2-u_2\dot{\theta})}{|\dot{\boldsymbol{s}}_{\mathrm{f}}|^2}=0\end{cases}\tag{6.47}$$

对照式（6.27），式（6.47）表明了空间运动刚体的动、定瞬轴面诱导结构参数中，$\alpha^*=\dfrac{V_{s0}}{\mathrm{d}\sigma/\mathrm{d}\sigma_k}=\dfrac{V_s}{\mathrm{d}\sigma/\mathrm{d}t}$仅与刚体的瞬时平移运动有关，而$\beta^*=\dfrac{\omega_{s0}}{\mathrm{d}\sigma/\mathrm{d}\sigma_k}=\dfrac{\omega_s}{\mathrm{d}\sigma/\mathrm{d}t}$仅与瞬时转动有关，从而揭示了瞬轴面几何参数对应的运动学意义。由式（6.31）和式（6.38），式（6.34）和式（6.45）可以得到刚体空间运动瞬轴面的性质：

刚体作空间运动时，在运动刚体和固定刚体上分别存在动瞬轴面和定瞬轴面，两瞬轴面沿瞬轴相切地接触，并且腰点重合，分布参数相等，瞬时 Frenet 标架重合。

动瞬轴面的直母线的单位矢量 $\boldsymbol{s}_m$ 与定瞬轴面的直母线单位矢量 $\boldsymbol{s}$ 分别在单位球上映射为球面像曲线 C_m 和 C_f，两球面像曲线相切地接触，并随刚体的空间运动作无滑动的纯滚动，β_f 以及 β_m 分别为球面像曲线 C_m 和 C_f 的测地曲率。即：

$$\mathrm{d}\sigma_f = \mathrm{d}\sigma_m, \quad \boldsymbol{\rho}_f = \boldsymbol{R}_{Om} + \boldsymbol{\rho}_m, \quad \boldsymbol{E}_{1m} /\!/ \boldsymbol{E}_{1f}, \quad \boldsymbol{E}_{2m} /\!/ \boldsymbol{E}_{2f}, \quad \boldsymbol{E}_{3m} /\!/ \boldsymbol{E}_{3f}, \quad \gamma_f = \gamma_m = \gamma \tag{6.48}$$

上述瞬轴面性质为本章后续空间运动微分几何学研究奠定了基础，也为第 7 章的空间机构离散运动综合提供了理论依据。

6.3 点的空间运动微分几何学

空间运动刚体上点的单自由度运动产生空间轨迹曲线，对曲线本身而言，依据第 3 章的曲线微分几何学，可以得到其不变量为曲率与挠率，这是微分几何学研究的内容；但对于机构运动几何学而言，更注重空间运动刚体上哪些点的轨迹曲线接近于约束曲线或约束曲面上的曲线，为空间机构运动综合提供理论基础。因此，不仅仅要讨论曲线的不变量——曲率和挠率，更要关注那些特殊轨迹曲线及其与空间运动之间的联系。

类似于刚体平面运动的瞬心线，瞬轴面隐含了刚体空间运动的内在信息。以瞬轴面为出发点研究空间运动刚体上点与直线的运动轨迹及其性质，其不变量与不变式的形式简洁，而且能够得到运动本质与几何性质的内在联系。瞬轴面在空间运动几何学中理应呈现重要地位，但迄今并非如此（K. H. Hunt[1]）。本节采用相伴方法，分别以运动刚体上的动瞬轴面和固定刚体上的定瞬轴面作为原曲面，在原曲面标架上考察运动刚体上点的运动及其轨迹，并与规范约束曲线相比较，从差异中揭示出点的空间运动几何学。

6.3.1 点的运动学

对于空间运动刚体 Σ^* 上的点 P，其在运动坐标系 $\{\boldsymbol{O}_m;\ \boldsymbol{i}_m,\ \boldsymbol{j}_m,\ \boldsymbol{k}_m\}$ 中的坐标为 $(x_{Pm},\ y_{Pm},\ z_{Pm})$，随 Σ^* 作空间运动产生轨迹曲线 Γ_P，如图 6.3 所示。而 Σ^* 上每一瞬时存在 ISA，在 Σ^* 内形成动瞬轴面 Σ_m，在上节已经得到其方程式（6.36）及其活动标架式（6.44）。那么，以动瞬轴面标架 $\{\boldsymbol{\rho}_m;\ \boldsymbol{E}_{1m},\ \boldsymbol{E}_{2m},\ \boldsymbol{E}_{3m}\}$ 表示 P 点的运动轨迹，即点 P 的轨迹为动瞬轴面 Σ_m 的相伴曲线，其表达式为：

$$\boldsymbol{R}_{Pm} = \boldsymbol{\rho}_m + v_1\boldsymbol{E}_{1m} + v_2\boldsymbol{E}_{2m} + v_3\boldsymbol{E}_{3m} \tag{6.49}$$

式中，$(v_1,\ v_2,\ v_3)$ 为 Σ^* 上点 P 在动瞬轴面 Frenet 标架 $\{\boldsymbol{\rho}_m;\ \boldsymbol{E}_{1m},\ \boldsymbol{E}_{2m},\ \boldsymbol{E}_{3m}\}$ 坐标轴上的投影坐标，可通过式（6.45）对点 P $(x_{Pm},\ y_{Pm},\ z_{Pm})$ 的坐标变换得到。将式（6.49）对弧长参数 σ 求导并代入动瞬轴面的 Frenet 公式，化简得到：

$$\frac{\mathrm{d}\boldsymbol{R}_{P\mathrm{m}}}{\mathrm{d}\sigma}=\left(\frac{\mathrm{d}v_1}{\mathrm{d}\sigma}-v_2+\alpha_{\mathrm{m}}\right)\boldsymbol{E}_{1\mathrm{m}}+\left(v_1+\frac{\mathrm{d}v_2}{\mathrm{d}\sigma}-\beta_{\mathrm{m}}v_3\right)\boldsymbol{E}_{2\mathrm{m}}+\left(\beta_{\mathrm{m}}v_2+\frac{\mathrm{d}v_3}{\mathrm{d}\sigma}+\gamma_{\mathrm{m}}\right)\boldsymbol{E}_{3\mathrm{m}} \tag{6.50}$$

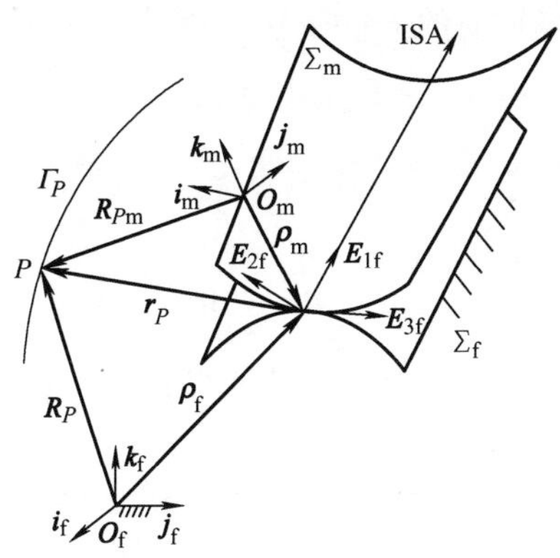

图6.3　空间运动刚体上点与瞬轴面

由于点 P 是 Σ^* 上的固定点，即在运动坐标系 $\{\boldsymbol{O}_{\mathrm{m}};\ \boldsymbol{i}_{\mathrm{m}},\ \boldsymbol{j}_{\mathrm{m}},\ \boldsymbol{k}_{\mathrm{m}}\}$ 中观察到点 P 的坐标不变化，即 $\frac{\mathrm{d}\boldsymbol{R}_{P\mathrm{m}}}{\mathrm{d}\sigma}=0$，由第3章的曲线与直纹面相伴不动点条件式（3.71），有：

$$\begin{cases}\dfrac{\mathrm{d}v_1}{\mathrm{d}\sigma}-v_2+\alpha_{\mathrm{m}}=0\\ v_1+\dfrac{\mathrm{d}v_2}{\mathrm{d}\sigma}-\beta_{\mathrm{m}}v_3=0\\ \beta_{\mathrm{m}}v_2+\dfrac{\mathrm{d}v_3}{\mathrm{d}\sigma}+\gamma_{\mathrm{m}}=0\end{cases} \tag{6.51}$$

解得

$$\begin{cases}\dfrac{\mathrm{d}v_1}{\mathrm{d}\sigma}=v_2-\alpha_{\mathrm{m}}\\ \dfrac{\mathrm{d}v_2}{\mathrm{d}\sigma}=\beta_{\mathrm{m}}v_3-v_1\\ \dfrac{\mathrm{d}v_3}{\mathrm{d}\sigma}=-\beta_{\mathrm{m}}v_2-\gamma_{\mathrm{m}}\end{cases} \tag{6.52}$$

在固定坐标系 $\{\boldsymbol{O}_{\mathrm{f}};\ \boldsymbol{i}_{\mathrm{f}},\ \boldsymbol{j}_{\mathrm{f}},\ \boldsymbol{k}_{\mathrm{f}}\}$ 中，ISA形成定瞬轴面 Σ_{f}，其矢量方程如式（6.28），Frenet标架如式（6.34），又可将点 P 看作与定瞬轴面 Σ_{f} 相伴运动，即点 P 的轨迹曲线 Γ_P 为定瞬轴面 Σ_{f} 的相伴曲线，有：

$$\Gamma_P:\ \boldsymbol{R}_P=\boldsymbol{\rho}_{\mathrm{f}}+u_1\boldsymbol{E}_{1\mathrm{f}}+u_2\boldsymbol{E}_{2\mathrm{f}}+u_3\boldsymbol{E}_{3\mathrm{f}} \tag{6.53}$$

式中，$(u_1,\ u_2,\ u_3)$ 为运动刚体上点 P 在定瞬轴面Frenet标架 $\{\boldsymbol{\rho}_{\mathrm{f}};\ \boldsymbol{E}_{1\mathrm{f}},\ \boldsymbol{E}_{2\mathrm{f}},\ \boldsymbol{E}_{3\mathrm{f}}\}$ 上的投影坐标。将式（6.53）对动、定瞬轴面直母线的球面像曲线弧长 σ 求导，并代入定瞬轴面的Frenet公式化简得到：

$$\frac{\mathrm{d}\boldsymbol{R}_P}{\mathrm{d}\sigma}=\left(\frac{\mathrm{d}u_1}{\mathrm{d}\sigma}-u_2+\alpha_{\mathrm{f}}\right)\boldsymbol{E}_{1\mathrm{f}}+\left(u_1+\frac{\mathrm{d}u_2}{\mathrm{d}\sigma}-\beta_{\mathrm{f}}u_3\right)\boldsymbol{E}_{2\mathrm{f}}+\left(\beta_{\mathrm{f}}u_2+\frac{\mathrm{d}u_3}{\mathrm{d}\sigma}+\gamma_{\mathrm{f}}\right)\boldsymbol{E}_{3\mathrm{f}} \tag{6.54}$$

由6.2节可知，动瞬轴面和定瞬轴面的Frenet标架瞬时重合，其直母线的球面像曲线相切地纯滚动，如式（6.48）。那么，点 P 在Frenet标架 $\{\boldsymbol{\rho}_{\mathrm{m}};\ \boldsymbol{E}_{1\mathrm{m}},\ \boldsymbol{E}_{2\mathrm{m}},\ \boldsymbol{E}_{3\mathrm{m}}\}$ 及瞬时重合的 $\{\boldsymbol{\rho}_{\mathrm{f}};\ \boldsymbol{E}_{1\mathrm{f}},\ \boldsymbol{E}_{2\mathrm{f}},\ \boldsymbol{E}_{3\mathrm{f}}\}$ 中具有相同的投影坐标和变化率，即：

$$u_1=v_1,\quad u_2=v_2,\quad u_3=v_3,\quad \frac{\mathrm{d}u_1}{\mathrm{d}\sigma}=\frac{\mathrm{d}v_1}{\mathrm{d}\sigma},\quad \frac{\mathrm{d}u_2}{\mathrm{d}\sigma}=\frac{\mathrm{d}v_2}{\mathrm{d}\sigma},\quad \frac{\mathrm{d}u_3}{\mathrm{d}\sigma}=\frac{\mathrm{d}v_3}{\mathrm{d}\sigma} \tag{6.55}$$

将式（6.52）和式（6.55）代入式（6.54），化简得：

$$\frac{\mathrm{d}\boldsymbol{R}_P}{\mathrm{d}\sigma}=\alpha^*\boldsymbol{E}_{1\mathrm{f}}+\beta^*(-u_3\boldsymbol{E}_{2\mathrm{f}}+u_2\boldsymbol{E}_{3\mathrm{f}}) \tag{6.56}$$

将式（6.56）连续对弧长参数 σ 求导，利用直纹面的Frenet公式和直纹面相伴不动点条件式（6.52）进行化简，得到：

$$\begin{cases}\dfrac{\mathrm{d}^2\boldsymbol{R}_P}{\mathrm{d}\sigma^2}=\left(\dfrac{\mathrm{d}\alpha^*}{\mathrm{d}\sigma}+\beta^*u_3\right)\boldsymbol{E}_{1\mathrm{f}}+\left(\alpha^*-\dfrac{\mathrm{d}\beta^*}{\mathrm{d}\sigma}u_3-\beta^{*2}u_2+\beta^*\gamma\right)\boldsymbol{E}_{2\mathrm{f}}+\left(\dfrac{\mathrm{d}\beta^*}{\mathrm{d}\sigma}u_2-\beta^*u_1-\beta^{*2}u_3\right)\boldsymbol{E}_{3\mathrm{f}}\\ \dfrac{\mathrm{d}^3\boldsymbol{R}_P}{\mathrm{d}\sigma^3}=\left[\dfrac{\mathrm{d}^2\alpha^*}{\mathrm{d}\sigma^2}-\alpha^*+\dfrac{\mathrm{d}\beta^*}{\mathrm{d}\sigma}(2u_3-\gamma)+\beta^*(\beta^*-\beta_{\mathrm{m}})u_2-\beta^*\gamma\right]\boldsymbol{E}_{1\mathrm{f}}+\\ \qquad\left[2\dfrac{\mathrm{d}\alpha^*}{\mathrm{d}\sigma}-\dfrac{\mathrm{d}\beta^*}{\mathrm{d}\sigma}u_3-\dfrac{\mathrm{d}\beta^*}{\mathrm{d}\sigma}(\beta^*u_2+2u_2-2\gamma)+\beta^*(u_3-\beta^*)^2u_3+\beta^*u_1+\beta_{\mathrm{f}}u_1+\dfrac{\mathrm{d}\gamma}{\mathrm{d}\sigma}\right]\boldsymbol{E}_{2\mathrm{f}}+\\ \qquad\left[\beta_{\mathrm{f}}\alpha^*+\dfrac{\mathrm{d}\beta^*}{\mathrm{d}\sigma}(\beta_{\mathrm{f}}\gamma-2u_1-3\beta^*u_3)+\dfrac{\mathrm{d}^2\beta^*}{\mathrm{d}\sigma^2}u_2+\beta^*(\beta^*\gamma+\beta_{\mathrm{m}}u_3-\beta^{*2}u_2-u_2)\right]\boldsymbol{E}_{3\mathrm{f}}\end{cases} \tag{6.57}$$

在式（6.56）和式（6.57）中，轨迹曲线 $\varGamma_P$ 的各阶导矢包含了动、定瞬轴面诱导结构参数，隐含了运动学意义。将 Σ^* 上点 P 轨迹曲线 $\varGamma_P$ 的矢量方程（6.53）对时间 t 求导也可得到点 P 的速度和加速度为：

$$\begin{cases}\boldsymbol{V}_P=\dfrac{\mathrm{d}\boldsymbol{R}_P}{\mathrm{d}t}=\dfrac{\mathrm{d}\boldsymbol{R}_P}{\mathrm{d}\sigma}\dfrac{\mathrm{d}\sigma}{\mathrm{d}t}\\ \boldsymbol{a}_P=\dfrac{\mathrm{d}^2\boldsymbol{R}_P}{\mathrm{d}t^2}=\dfrac{\mathrm{d}^2\boldsymbol{R}_P}{\mathrm{d}\sigma^2}\left(\dfrac{\mathrm{d}\sigma}{\mathrm{d}t}\right)^2+\dfrac{\mathrm{d}\boldsymbol{R}_P}{\mathrm{d}\sigma}\dfrac{\mathrm{d}^2\sigma}{\mathrm{d}t^2}\end{cases} \tag{6.58}$$

另一方面，Σ^* 的空间运动可看作绕ISA（$\boldsymbol{s}$，$\boldsymbol{E}_{1\mathrm{f}}$）的螺旋运动，其中瞬时回转角速度 $\boldsymbol{\omega}_s$ 和沿ISA方向的滑动速度 $\boldsymbol{V}_s$ 为：

$$\boldsymbol{\omega}_s=\omega_s\boldsymbol{E}_{1\mathrm{f}},\boldsymbol{V}_s=V_s\boldsymbol{E}_{1\mathrm{f}} \tag{6.59}$$

则 Σ^* 上 P 点的瞬时速度可表示为：

$$\boldsymbol{V}_P=\boldsymbol{V}_s+\boldsymbol{\omega}_s\times\boldsymbol{r}_P=V_s\boldsymbol{E}_{1\mathrm{f}}+\omega_s(u_2\boldsymbol{E}_{3\mathrm{f}}-u_3\boldsymbol{E}_{2\mathrm{f}}) \tag{6.60}$$

式中，$\boldsymbol{r}_P$为定瞬轴面上 Frenet 标架原点到点 P 的矢径，即 $\boldsymbol{r}_P = u_1\boldsymbol{E}_{1f} + u_2\boldsymbol{E}_{2f} + u_3\boldsymbol{E}_{3f}$。将式（6.60）对时间 t 求导，并利用直纹面的 Frenet 公式和不动点条件式（6.52）化简得：

$$\boldsymbol{a}_P = \frac{\mathrm{d}\boldsymbol{V}_P}{\mathrm{d}t} = \left(\frac{\mathrm{d}V_s}{\mathrm{d}t} + \omega_s u_3 \frac{\mathrm{d}\sigma}{\mathrm{d}t}\right)\boldsymbol{E}_{1f} + \left(V_s\frac{\mathrm{d}\sigma}{\mathrm{d}t} - \frac{\mathrm{d}\omega_s}{\mathrm{d}t}u_3 + \omega_s\gamma\frac{\mathrm{d}\sigma}{\mathrm{d}t} - \omega_s\beta^* u_2\frac{\mathrm{d}\sigma}{\mathrm{d}t}\right)\boldsymbol{E}_{2f} + \left(\frac{\mathrm{d}\omega_s}{\mathrm{d}t}u_2 - \omega_s\frac{\mathrm{d}\sigma}{\mathrm{d}t}u_1 - \omega_s\beta^* u_3\frac{\mathrm{d}\sigma}{\mathrm{d}t}\right)\boldsymbol{E}_{3f} \tag{6.61}$$

式中，$\mathrm{d}V_s/\mathrm{d}t$ 和 $\mathrm{d}\omega_s/\mathrm{d}t$ 分别为 Σ^* 沿 ISA 的滑动加速度和绕 ISA 的转动加速度。将式（6.56）、式（6.57）代入式（6.58），并与式（6.60）和式（6.61）比较，有：

$$\begin{cases} V_s = \alpha^*\dfrac{\mathrm{d}\sigma}{\mathrm{d}t},\ \omega_s = \beta^*\dfrac{\mathrm{d}\sigma}{\mathrm{d}t} \\ \dfrac{\mathrm{d}V_s}{\mathrm{d}t} = \dfrac{\mathrm{d}\alpha^*}{\mathrm{d}\sigma}\left(\dfrac{\mathrm{d}\sigma}{\mathrm{d}t}\right)^2 + \alpha^*\dfrac{\mathrm{d}^2\sigma}{\mathrm{d}t^2} \\ \dfrac{\mathrm{d}\omega_s}{\mathrm{d}t} = \dfrac{\mathrm{d}\beta^*}{\mathrm{d}\sigma}\left(\dfrac{\mathrm{d}\sigma}{\mathrm{d}t}\right)^2 + \beta^*\dfrac{\mathrm{d}^2\sigma}{\mathrm{d}t^2} \end{cases} \tag{6.62}$$

式（6.62）对照式（6.27）和式（6.47），具有相同的形式，同样展示了动、定瞬轴面的诱导结构参数 α^* 和 β^* 的运动学意义。

将式（6.60）和式（6.61）进行讨论，令 $\boldsymbol{V}_P$和 $\boldsymbol{a}_P$具有某些特定的值时，可得到Σ^*上具有特殊运动学意义的点，如加速度瞬心、拐点及变向点等。

（1）加速度瞬心　在空间运动刚体Σ^*上，瞬时加速度为零的点称为加速度瞬心，即在某一瞬时式（6.60）为零，则式中（u_1，u_2，u_3）所表示的点便为加速度瞬心，由此可解出：

$$\begin{cases} u_1 = \dfrac{\dfrac{\mathrm{d}\omega_s}{\mathrm{d}t}\left[V_s\dfrac{\mathrm{d}\sigma}{\mathrm{d}t} + \omega_s\dfrac{\mathrm{d}\sigma}{\mathrm{d}t}\gamma + \dfrac{\mathrm{d}V_s}{\mathrm{d}t}\dfrac{\mathrm{d}\omega_s}{\mathrm{d}t}\Big/\left(\omega_s\dfrac{\mathrm{d}\sigma}{\mathrm{d}t}\right)\right]\Big/\left(\beta^*\omega_s\dfrac{\mathrm{d}\sigma}{\mathrm{d}t}\right) + \beta^*\dfrac{\mathrm{d}V_s}{\mathrm{d}t}}{\omega_s\dfrac{\mathrm{d}\sigma}{\mathrm{d}t}} \\ u_2 = \dfrac{V_s\dfrac{\mathrm{d}\sigma}{\mathrm{d}t} + \omega_s\gamma\dfrac{\mathrm{d}\sigma}{\mathrm{d}t} + \dfrac{\mathrm{d}V_s}{\mathrm{d}t}\dfrac{\mathrm{d}\omega_s}{\mathrm{d}t}\Big/\left(\omega_s\dfrac{\mathrm{d}\sigma}{\mathrm{d}t}\right)}{\beta^*\omega_s\dfrac{\mathrm{d}\sigma}{\mathrm{d}t}} \\ u_3 = -\dfrac{\dfrac{\mathrm{d}V_s}{\mathrm{d}t}}{\omega_s\dfrac{\mathrm{d}\sigma}{\mathrm{d}t}} \end{cases} \tag{6.63}$$

式（6.63）说明任意瞬时Σ^*上的加速度瞬心有且仅有一个。当然，加速度瞬心也可以通过式（6.58）的第二式及式（6.56）、式（6.57）求得，但通过式（6.62）可以化简为相同的表达式。

（2）变向点　在Σ^*上瞬时具有 $\boldsymbol{a}_P\cdot\boldsymbol{V}_P = 0$ 性质的点称为变向点，由式（6.60）和

式（6.61）可得：

$$V_s\frac{\mathrm{d}v_s}{\mathrm{d}t}-\omega_s^2\gamma\frac{\mathrm{d}\sigma}{\mathrm{d}t}u_3-\omega_s^2\frac{\mathrm{d}\sigma}{\mathrm{d}t}u_1u_2+\omega_s\frac{\mathrm{d}\omega_s}{\mathrm{d}t}(u_2^2+u_3^2)=0 \tag{6.64}$$

在任意瞬时 t，Σ^* 上有无穷多个变向点，它们都分布在式（6.64）所描述的曲面上。在不同瞬时，式（6.64）所确定的曲面是不同的。

（3）拐点　在 Σ^* 上，瞬时具有 $\boldsymbol{a}_P\times\boldsymbol{V}_P=0$ 性质的点称为拐点，即该点轨迹上此处（时）为拐点。由式（6.58）、式（6.56）和式（6.57）可得：

$$\begin{cases}\alpha^*(\alpha^*+\beta^*\gamma)+\left(\dfrac{\mathrm{d}\alpha^*}{\mathrm{d}\sigma}\beta^*-\dfrac{\mathrm{d}\beta^*}{\mathrm{d}\sigma}\alpha^*\right)u_3-\alpha^*\beta^{*2}u_2+\beta^{*2}u_3^2=0\\ \alpha^*\beta^*u_1+\left(\dfrac{\mathrm{d}\alpha^*}{\mathrm{d}\sigma}\beta^*-\dfrac{\mathrm{d}\beta^*}{\mathrm{d}\sigma}\alpha^*\right)u_2+\alpha^*\beta^{*2}u_3+\beta^{*2}u_2u_3=0\\ -(\alpha^*+\beta^*\gamma)u_2+\beta^*u_1u_3+\beta^{*2}(u_2^2+u_3^2)=0\end{cases} \tag{6.65}$$

式（6.65）中前两式分别乘以（$-u_2$）和 u_3 相加可得第三式，因此仅有两式独立，即 Σ^* 上瞬时拐点都在一条空间曲线上，该曲线可以由上述前两个方程求得。

特殊地，当 Σ^* 的空间运动退化为球面运动时，此时动、定瞬轴面结构参数满足 $\alpha^*=\gamma=0$，则式（6.63）~式（6.65）简化为：

1）加速度瞬心：$u_1=u_2=u_3=0$，即在球心上。

2）变向点：$-\omega_s\frac{\mathrm{d}\sigma}{\mathrm{d}t}u_1u_3+\frac{\mathrm{d}\omega_s}{\mathrm{d}t}(u_2^2+u_3^2)=0$。

3）拐点：$u_2=u_3=0$，即在瞬轴上。

6.3.2 Darboux 标架

空间运动刚体 Σ^* 上点 P（x_{Pm}，y_{Pm}，z_{Pm}）在固定坐标系下产生轨迹曲线 Γ_P，以定瞬轴面为原曲面写出其方程如式（6.53），其一阶导矢如式（6.56），并与坐标 u_1 无关。为此，在 Frenet 标架内，过 P 点作曲线 Γ_P 的法平面 Σ_P：$\boldsymbol{R}_\Sigma=\boldsymbol{\rho}_\mathrm{f}+x\boldsymbol{E}_{1\mathrm{f}}+y\boldsymbol{E}_{2\mathrm{f}}+z\boldsymbol{E}_{3\mathrm{f}}$，如图 6.4 所示，则有：

$$\frac{\mathrm{d}\boldsymbol{R}_P}{\mathrm{d}\sigma}\cdot(\boldsymbol{R}_\Sigma-\boldsymbol{R}_P)=0 \tag{6.66}$$

将式（6.56）代入式（6.66）得到法平面 Σ_P 在 Frenet 标架中的代数方程为：

$$\alpha^*(x-u_1)-\beta^*u_3(y-u_2)+\beta^*u_2(z-u_3)=0 \tag{6.67}$$

由此可求得法平面 Σ_P 与 ISA（$\boldsymbol{E}_{1\mathrm{f}}$）交点 O' 的相对坐标分量 $x=u_1$，$y=0$，$z=0$，连接 P 点和 O' 点即得曲线 Γ_P 的一条法线 $\boldsymbol{N}$ 为：

$$\boldsymbol{N}=\overrightarrow{PO'}=-u_2\boldsymbol{E}_{2\mathrm{f}}-u_3\boldsymbol{E}_{3\mathrm{f}} \tag{6.68}$$

显然，$\boldsymbol{N}\cdot\boldsymbol{E}_{1f}=0$，这表明$\Sigma^*$上点$P$的轨迹曲线$\Gamma_P$瞬时有并且仅有一条法线（不一定是主法线）通过ISA，并与ISA正交。而平面运动刚体上一点的轨迹曲线，其法线总是通过瞬心，是空间轨迹曲线的特例。

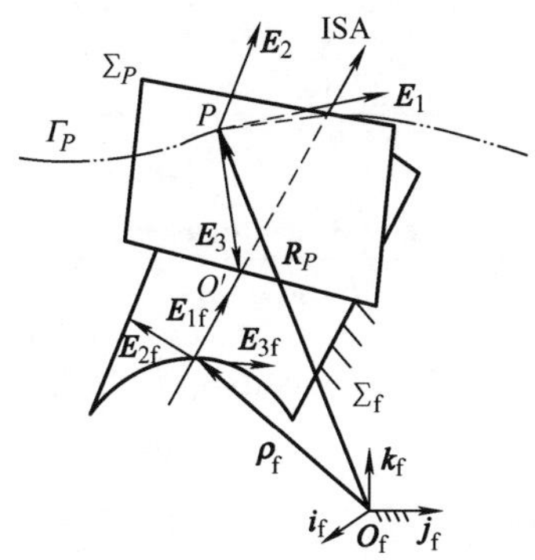

图6.4　空间运动点轨迹曲线的Darboux标架

为了研究空间轨迹曲线Γ_P的几何特征，在其上建立Darboux活动标架$\{\boldsymbol{R}_P;\ \boldsymbol{E}_1,\ \boldsymbol{E}_2,\ \boldsymbol{E}_3\}$，考虑到曲线$\Gamma_P$的一条法线与ISA正交，将该法线$\boldsymbol{N}$选为标架的$\boldsymbol{E}_3$轴，则有：

$$\boldsymbol{E}_1=\frac{\mathrm{d}\boldsymbol{R}_P/\mathrm{d}\sigma}{|\mathrm{d}\boldsymbol{R}_P/\mathrm{d}\sigma|},\ \boldsymbol{E}_2=\boldsymbol{E}_3\times\boldsymbol{E}_1,\ \boldsymbol{E}_3=\frac{\boldsymbol{N}}{|\boldsymbol{N}|}\tag{6.69}$$

将式（6.56）和式（6.68）代入式（6.69），可得：

$$\begin{cases}\boldsymbol{E}_1=\dfrac{\alpha^*\boldsymbol{E}_{1f}+\beta^*(-u_3\boldsymbol{E}_{2f}+u_2\boldsymbol{E}_{3f})}{R}\\[2ex]\boldsymbol{E}_2=-\dfrac{\beta^*r^2\boldsymbol{E}_{1f}+\alpha^*(u_3\boldsymbol{E}_{2f}-u_2\boldsymbol{E}_{3f})}{Rr}\\[2ex]\boldsymbol{E}_3=-\dfrac{u_2\boldsymbol{E}_{2f}+u_3\boldsymbol{E}_{3f}}{r}\\[2ex]R=(\alpha^{*2}+\beta^{*2}r^2)^{\frac{1}{2}},\quad r^2=u_2^2+u_3^2\end{cases}\tag{6.70}$$

由此得到轨迹曲线Γ_P的弧长σ_P与瞬轴面直母线球面像弧长σ的关系$\mathrm{d}\sigma_P=R\mathrm{d}\sigma$。将式（6.70）中$\boldsymbol{E}_1$和$\boldsymbol{E}_3$对弧长$\sigma_P$求导，有：

$$\begin{cases}\dfrac{\mathrm{d}\boldsymbol{E}_1}{\mathrm{d}\sigma_P}=\dfrac{\left(\dfrac{\mathrm{d}\alpha^*}{\mathrm{d}\sigma}+\beta^*u_3\right)\boldsymbol{E}_{1f}+\left(\alpha^*-\dfrac{\mathrm{d}\beta^*}{\mathrm{d}\sigma}u_3-\beta^{*2}u_2+\beta^*\gamma\right)\boldsymbol{E}_{2f}+\left(\dfrac{\mathrm{d}\beta^*}{\mathrm{d}\sigma}u_2-\beta^*u_1-\beta^{*2}u_3\right)\boldsymbol{E}_{3f}-\dfrac{\mathrm{d}R}{\mathrm{d}\sigma}\boldsymbol{E}_1}{R^2}\\[3ex]\dfrac{\mathrm{d}\boldsymbol{E}_3}{\mathrm{d}\sigma_P}=-\dfrac{-u_2\boldsymbol{E}_{1f}-(u_1+\beta^*u_3)\boldsymbol{E}_{2f}+(\beta^*u_2-\gamma)\boldsymbol{E}_{3f}+\dfrac{\mathrm{d}r}{\mathrm{d}\sigma}\boldsymbol{E}_3}{Rr}\end{cases}\tag{6.71}$$

则应用Darboux活动标架的微分运算公式（3.42），可得到曲线Γ_P的法曲率k_n、测地曲率k_g和

测地挠率 τ_g 分别为：

$$
\begin{cases}
k_n = \dfrac{\mathrm{d}\boldsymbol{E}_1}{\mathrm{d}\sigma_P}\cdot\boldsymbol{E}_2 = -\dfrac{r^2\left(\dfrac{\mathrm{d}\alpha^*}{\mathrm{d}\sigma}\beta^* - \alpha^*\dfrac{\mathrm{d}\beta^*}{\mathrm{d}\sigma} + \beta^{*2}u_3\right) + \alpha^*(\alpha^* u_3 + \beta^*\gamma u_3 + \beta^* u_1 u_2)}{R^3 r} \\
k_g = -\dfrac{\mathrm{d}\boldsymbol{E}_3}{\mathrm{d}\sigma_P}\cdot\boldsymbol{E}_1 = \dfrac{-\alpha^* u_2 + \beta^{*2}r^2 + \beta^*(u_1u_3 - u_2\gamma)}{R^2 r} \\
\tau_g = -\dfrac{\mathrm{d}\boldsymbol{E}_3}{\mathrm{d}\sigma_P}\cdot\boldsymbol{E}_2 = \dfrac{\beta^* r^2(u_2+\alpha^*) + \alpha^*(u_1u_3 - u_2\gamma)}{R^2 r^2}
\end{cases}
\tag{6.72}
$$

由此得到空间运动刚体上点的轨迹曲线的 Darboux 活动标架及其微分运算公式。

6.3.3 欧拉公式

空间运动点的轨迹曲线 Γ_P 的法曲率 k_n 和测地曲率 k_g 是 Γ_P 的曲率矢量在该点的两条法线 $\boldsymbol{E}_2$ 和 $\boldsymbol{E}_3$ 上的投影，故有 $k^2 = k_n^2 + k_g^2$。由于 $\boldsymbol{E}_3$ 与 $\boldsymbol{E}_{1\mathrm{f}}$（ISA）正交，所以当 $k_n=0$ 时有 $k=k_g$，此时曲线 Γ_P 的主法矢与 ISA 正交，即：

$$
\begin{cases}
r^2\left(\dfrac{\mathrm{d}\alpha^*}{\mathrm{d}\sigma}\beta^* - \alpha^*\dfrac{\mathrm{d}\beta^*}{\mathrm{d}\sigma} + \beta^{*2}u_3\right) + \alpha^*(\alpha^* u_3 + \beta^*\gamma u_3 + \beta^* u_1 u_2) = 0 \\
k = \dfrac{-\alpha^* u_2 + \beta^{*2}r^2 + \beta^*(u_1u_3 - u_2\gamma)}{R^2 r}
\end{cases}
\tag{6.73}
$$

式（6.73）中，令：

$$
\begin{cases}
u_2 = r\cos\theta_g,\quad u_3 = r\sin\theta_g \\
\sin\theta_{g0} = \dfrac{u_1}{D_{g0}\beta^*},\quad \cos\theta_{g0} = \dfrac{\alpha^* + \beta^*\gamma}{D_{g0}\beta^{*2}},\quad D_{g0} = \dfrac{[\beta^{*2}u_1^2 + (\alpha^* + \beta^*\gamma)^2]^{\frac{1}{2}}}{\beta^{*2}}
\end{cases}
\tag{6.74}
$$

可以将式（6.73）化简为下列两式：

$$
r\left[r\frac{\mathrm{d}}{\mathrm{d}\sigma}\left(\frac{\alpha^*}{\beta^*}\right) + r^2\sin^2\theta_g + \alpha^* D_{g0}\sin(\theta_g + \theta_{g0})\right] = 0 \tag{6.75}
$$

$$
k = \frac{r - D_{g0}\cos(\theta_g + \theta_{g0})}{r^2 + (\alpha^*/\beta^*)^2} \tag{6.76}
$$

不难看出，式（6.75）或者式（6.73）的第一式，描述了 Σ^* 上的一个曲面，称其为**测地曲率曲面**，位于该测地曲率曲面上的点在该瞬时其轨迹曲线的主法矢与瞬轴 $E_{1\mathrm{f}}$ 正交，且其曲率 k 的方程见式（6.76）。以曲率半径 ρ 代替曲率 k，即 $k=1/\rho$，将式（6.76）改写成如下两种形式：

$$
\rho[r - D_{g0}\cos(\theta_g + \theta_{g0})] = r^2 + \left(\frac{\alpha^*}{\beta^*}\right)^2 \tag{6.77a}
$$

$$\frac{1}{r}+\frac{1}{\rho-r}=\frac{\rho}{(\alpha^*/\beta^*)^2+\rho D_{g0}\cos(\theta_g+\theta_{g0})} \tag{6.77b}$$

将上面两种表达式，与点的平面运动 Euler-Savary 公式（1.74）、点的球面运动测地 Euler-Savary 公式（4.43）相比，有惊人相似之处，只是多了一项 $(\alpha^*/\beta^*)^2$，这是由于动瞬轴面 Σ_m 沿定瞬轴面 Σ_f 相对滑动产生的。因此，称式（6.77a）为**点的空间运动欧拉公式**，它表明了 Σ^* 上点的位置、轨迹的曲率半径（中心）与动、定瞬轴面诱导结构参数之间的关系。若用类似于平面、球面 Euler-Savary 公式的几何图形来表示，则由（6.77a）可得：

$$\overrightarrow{PO_P}\cdot\overrightarrow{PJ_P}=\overrightarrow{PO'}^2+\left(\frac{\alpha^*}{\beta^*}\right)^2 \tag{6.77c}$$

如图6.5所示，O_P 为轨迹曲线 Γ_P 在 P 点的曲率中心，O' 为 Γ_P 在 P 点的主法线与 $\boldsymbol{E}_{1f}$ 轴（ISA）的交点，J_P 则为 $\boldsymbol{\rho}_m-\boldsymbol{E}_{2m}\boldsymbol{E}_{3m}$ 平面平行面上的圆与主法线的交点，该圆的圆心在动瞬轴面 Frenet 标架 $\{\boldsymbol{\rho}_m;\ \boldsymbol{E}_{1m},\ \boldsymbol{E}_{2m},\ \boldsymbol{E}_{3m}\}$ 内的坐标 $(x_0,\ y_0,\ z_0)$ 为：

$$x_0=u_1,\quad y_0=\frac{\alpha^*+\beta^*\gamma}{2\beta^{*2}},\quad z_0=-\frac{u_1}{2\beta^*} \tag{6.78}$$

其半径为 $D_{g0}/2$，称该圆为测地拐点圆，如图6.6所示。

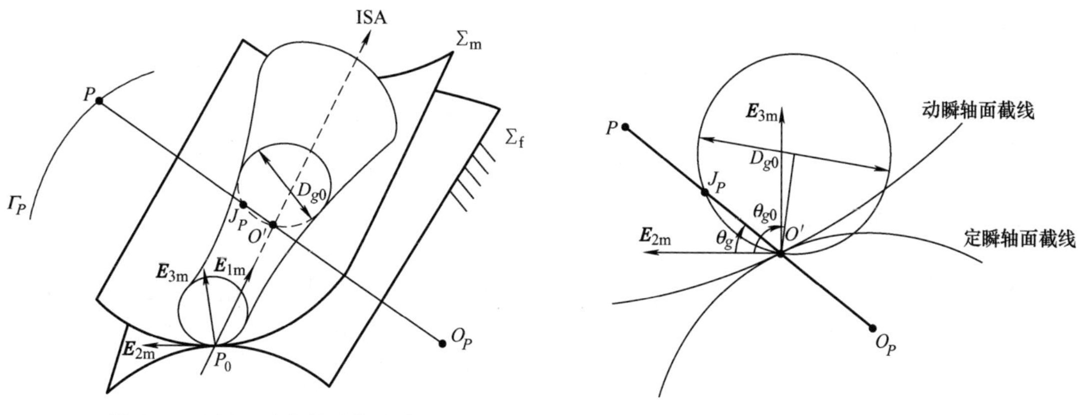

图6.5 空间运动点的欧拉公式　　　　图6.6 测地拐点圆

应当指出，其轨迹瞬时满足 Euler-Savary 公式（6.77a）的 Σ^* 上点都分布在由式（6.73）第一式或者式（6.75）所确定的测地曲率曲面上。对于曲面外的点，其轨迹瞬时法曲率 k_n 不为零，主法线便不通过瞬轴 $\boldsymbol{E}_{1f}$，因而不存在 Euler-Savary 公式。此时 Σ^* 上所有点的轨迹都满足式（6.72），而式（6.73）的第二式仅为测地曲率 k_g，将式（6.74）代入并化简得到：

$$k_g=\frac{r-D_{g0}\cos(\theta_g+\theta_{g0})}{r^2+\left(\dfrac{\alpha^*}{\beta^*}\right)^2} \tag{6.79}$$

若用测地曲率半径 ρ_g 代替测地曲率 k_g，式（6.79）可写成：

$$\rho_g[r-D_{g0}\cos(\theta_g+\theta_{g0})]=r^2+\left(\frac{\alpha^*}{\beta^*}\right)^2 \tag{6.80a}$$

$$\frac{1}{r}+\frac{1}{\rho_g-r}=\frac{\rho_g}{\left(\frac{\alpha^*}{\beta^*}\right)^2+\rho_g D_{g0}\cos(\theta_g+\theta_{g0})} \tag{6.80b}$$

式（6.80a）可称为点的**空间运动测地欧拉公式**。由式（6.79）可知，瞬时运动刚体上的测地拐点都汇集由方程：

$$r-D_{g0}\cos(\theta_g+\theta_{g0})=0 \tag{6.81}$$

所决定的测地拐点曲面上。由式（6.74）可知，对于给定的 u_1，瞬时 D_{g0}，θ_{g0} 均为常数，则式（6.81）为一圆族方程，且各圆都在过瞬轴 $\boldsymbol{E}_{1\mathrm{f}}$ 上点（u_1，0，0）并且垂直于 ISA 的平面上，即为空间欧拉公式中的测地拐点圆。不难看出测地拐点曲面具有如下的性质：

1）在 u_1 = 常数的截面内，测地拐点曲面的截形为圆，且该圆过 ISA。

2）当 $u_1=0$ 时，即动、定瞬轴面的腰点处，$\theta_{g0}=0$，所截得测地拐点圆的圆心位于轴 $\boldsymbol{E}_{2\mathrm{m}}$ 上，恰在腰点处动瞬轴面的法线上。

3）当 $\alpha^*+\beta^*\gamma=0$ 时，$\theta_{g0}=\pi/2$，该瞬时垂直于 ISA 的所有平面截得测地拐点曲面所得的圆，其圆心都在 $\boldsymbol{\rho}_{\mathrm{m}}-\boldsymbol{E}_{1\mathrm{m}}\boldsymbol{E}_{3\mathrm{m}}$ 平面内的一条直线上，测地拐点曲面退化为圆锥面，圆锥顶点在动、定瞬轴面的腰点处。

4）当 $u_1\to\infty$ 时，有 $D_{g0}\to 0$，此处测地拐点圆退化为直线。

特殊地，若把式（6.75）和式（6.81）联立得到测地曲率曲面与测地拐点曲面的交线，该交线上的点，其轨迹在该瞬时的法曲率和测地曲率均为零，从而其轨迹的曲率也为零，则这些点为运动刚体上的拐点，空间运动刚体上的瞬时拐点分布在一条空间曲线上。

6.3.4 球曲率与圆柱曲率

上节中点的空间运动（测地）欧拉公式描述了刚体上点的位置、轨迹曲线的测地曲率圆，以及瞬轴面诱导结构参数之间的关系，是一般空间运动几何学的内容，而空间机构综合中有多种类型的约束曲线及约束曲面，本书第 3 章 3.6 节将一般曲线曲率推广到广义曲率，如球曲率和圆柱曲率。与机构学中球面约束曲线和圆柱约束曲面相对应，在此讨论空间运动刚体上点的轨迹曲线的广义曲率及其特征点，从而揭示特征点的位置与其轨迹局部几何特性之间的关系。

空间运动 Σ^* 上点 P 在固定坐标系中的空间轨迹曲线 Γ_P，其弧长参数为 σ_P，在瞬轴面 Frenet 标架 $\{\boldsymbol{\rho}_{\mathrm{f}};\ \boldsymbol{E}_{1\mathrm{f}},\ \boldsymbol{E}_{2\mathrm{f}},\ \boldsymbol{E}_{3\mathrm{f}}\}$ 下表达为式（6.53），在曲线 Γ_P 上建立 Darboux 活动标架 $\{\boldsymbol{R}_P;\ \boldsymbol{E}_1,\ \boldsymbol{E}_2,\ \boldsymbol{E}_3\}$，如式（6.70）所示，由式（6.72）得到曲线 Γ_P 的法曲率 k_n、测地曲率 k_g 和测地挠率 τ_g，依据式（3.47）~式（3.49），可转化为空间曲线 Γ_P 的 Frenet 活动标架 $\{\boldsymbol{R}_P;\ \boldsymbol{\alpha},\ \boldsymbol{\beta},\ \boldsymbol{\gamma}\}$ 下的曲率 k 以及挠率 τ，且两种不变量的关系为：

$$\begin{cases} k^2=k_n^2+k_g^2 \\ \tau=\dfrac{k_n\dfrac{\mathrm{d}k_g}{\mathrm{d}\sigma_P}-k_g\dfrac{\mathrm{d}k_n}{\mathrm{d}\sigma_P}}{k_n^2+k_g^2}+\tau_g \end{cases} \tag{6.82}$$

两活动标架的标矢 $\boldsymbol{E}_1=\boldsymbol{\alpha}$，而 $\boldsymbol{\beta}$，$\boldsymbol{\gamma}$，$\boldsymbol{E}_2$，$\boldsymbol{E}_3$ 均在空间曲线 Γ_P 上点 P 的法平面上，且有如下关系：

$$\begin{cases}\boldsymbol{\beta}=\dfrac{1}{k}(k_n\boldsymbol{E}_2+k_g\boldsymbol{E}_3)=\cos\varphi\cdot\boldsymbol{E}_2+\sin\varphi\cdot\boldsymbol{E}_3\\ \boldsymbol{\gamma}=\dfrac{1}{k}(-k_g\boldsymbol{E}_2+k_n\boldsymbol{E}_3)=-\sin\varphi\cdot\boldsymbol{E}_2+\cos\varphi\cdot\boldsymbol{E}_3\end{cases}\tag{6.83}$$

式（6.83）中的 φ 为 $\boldsymbol{\beta}$ 与 $\boldsymbol{E}_2$ 的夹角，且有 $\tan\varphi=k_g/k_n$。

若 Σ^* 上点的轨迹 Γ_P 在某点 P 处的曲率 k 不为零，则挠率 τ 描述了 Γ_P 与平面的接触程度。轨迹 Γ_P 在点 P 处与密切平面二阶接触，密切平面通过点 P 且其法矢 $\boldsymbol{n}$ 为空间曲线在点 P 处的副法矢 $\boldsymbol{\gamma}$，则有：

$$\boldsymbol{n}=\boldsymbol{\gamma}=\frac{1}{k}(-k_g\boldsymbol{E}_2+k_n\boldsymbol{E}_3)=\frac{1}{\sqrt{k_g^{\ 2}+k_n^{\ 2}}}(-k_g\boldsymbol{E}_2+k_n\boldsymbol{E}_3)\tag{6.84}$$

式（6.84）中矢量 $\boldsymbol{E}_2$、$\boldsymbol{E}_3$ 由式（6.70）确定，k_g、k_n 由式（6.72）得到。

当轨迹曲线 Γ_P 在点 P 处与密切平面三阶接触，Γ_P 在 P 点的挠率 $\tau=0$，即：

$$\frac{\mathrm{d}k_g}{\mathrm{d}\sigma_P}k_n-\frac{\mathrm{d}k_n}{\mathrm{d}\sigma_P}k_g+\tau_g(k_n^2+k_g^2)=0\tag{6.85}$$

将式（6.72）确定的空间运动刚体上点的轨迹的 k_n、k_g 以及 τ_g 代入式（6.85），可得到 Σ^* 上点坐标的约束方程。而若使得 Γ_P 与密切平面有着更高的接触阶数，在挠率 $\tau=0$ 的基础上，挠率的高阶导数应同时为零。

若 Σ^* 上点的轨迹 Γ_P 在某点 P 处的曲率 k 和挠率 τ 均不为零，则可讨论 Γ_P 与球面和圆柱面的接触情况。

6.3.4.1　球曲率与球点分布

对于 Σ^* 上点 P 的轨迹 Γ_P，由式（6.72）得到曲线 Γ_P 的 Darboux 活动标架 $\{\boldsymbol{R}_P;\ \boldsymbol{E}_1,\ \boldsymbol{E}_2,\ \boldsymbol{E}_3\}$ 下的法曲率 k_n、测地曲率 k_g 和测地挠率 τ_g。依据球曲率条件式（3.156），任意光滑空间曲线 Γ_P 均可以按式（3.157）确定 θ 角及变化率，再将其 Frenet 标架 $\{\boldsymbol{R}_P;\ \boldsymbol{\alpha},\ \boldsymbol{\beta},\ \boldsymbol{\gamma}\}$ 绕切矢 $\boldsymbol{\alpha}$ 旋转得到 Darboux 活动标架 $\{\boldsymbol{R}_P;\ \boldsymbol{\alpha},\ \boldsymbol{n},\ \boldsymbol{v}\}$，使得曲线不变量需满足 $\dfrac{\mathrm{d}k_n}{\mathrm{d}\sigma_P}=0$ 和 $\tau_g=0$，从而得到其三阶接触密切球面，即**曲率球**。由式（6.83）可知当前曲线 Γ_P 的主法矢 $\boldsymbol{\beta}$ 与 $\boldsymbol{E}_2$（副法矢 $\boldsymbol{\gamma}$ 与 $\boldsymbol{E}_3$）夹角 φ 并不一定满足式（3.157），也就是说，曲率球的球心不在当前 Darboux 活动标架的 $\boldsymbol{E}_2$ 或 $\boldsymbol{E}_3$ 轴线上，通过自然标架式（6.83）转换，将式（6.82）及其导数代入式（3.159），确定曲率球的球心位置矢量：

$$\boldsymbol{R}_S=\boldsymbol{R}_P+\frac{\left(\dfrac{\mathrm{d}k_g}{\mathrm{d}\sigma_P}+\tau_gk_n\right)\boldsymbol{E}_2+\left(-\dfrac{\mathrm{d}k_n}{\mathrm{d}\sigma_P}+\tau_gk_g\right)\boldsymbol{E}_3}{\dfrac{\mathrm{d}k_g}{\mathrm{d}\sigma_P}k_n-\dfrac{\mathrm{d}k_n}{\mathrm{d}\sigma_P}k_g+\tau_g(k_n^2+k_g^2)}\tag{6.86}$$

式（6.86）中的矢量$\boldsymbol{E}_2$、$\boldsymbol{E}_3$以及k_g、k_n同样分别由式（6.70）和式（6.72）得到。

当轨迹曲线Γ_P在点P处与球面四阶接触时，该球面同样为曲线Γ_P在P点的曲率球面，只是曲线Γ_P在P点的曲率k与挠率τ需满足式（3.162）。将式（6.82）及其导数代入式（3.162），有：

$$\left(\frac{\mathrm{d}k_g}{\mathrm{d}\sigma_P}+\tau_g k_n\right)\left(\frac{\mathrm{d}^2k_n}{\mathrm{d}\sigma_P^2}-2\tau_g\frac{\mathrm{d}k_g}{\mathrm{d}\sigma_P}-\tau_g^2k_n-k_g\frac{\mathrm{d}\tau_g}{\mathrm{d}\sigma_P}\right)-$$
$$\left(\frac{\mathrm{d}k_n}{\mathrm{d}\sigma_P}-\tau_g k_g\right)\left(\frac{\mathrm{d}^2k_g}{\mathrm{d}\sigma_P^2}+2\tau_g\frac{\mathrm{d}k_n}{\mathrm{d}\sigma_P}-\tau_g^2k_g-k_n\frac{\mathrm{d}\tau_g}{\mathrm{d}\sigma_P}\right)=0 \tag{6.87}$$

将式（6.72）确定的Σ^*上点的轨迹的k_n、k_g与τ_g代入式（6.87），可得到Σ^*上点（坐标）的约束方程，满足该约束方程的点称为**球曲率驻点**。也就是说轨迹瞬时与球面四阶接触的点，球曲率驻点，都分布在由式（6.87）所确定的曲面上，称之为瞬时**球曲率驻点曲面**。可见任意瞬时Σ^*上有无穷多点（∞^2）在无限接近五位置共球面上。

当轨迹Γ_P在点P处与球面五阶接触，曲线Γ_P在P点的曲率应在式（6.87）的基础上再增加一个相容协调方程。Σ^*上无限接近六位置共球面的点，**二阶球曲率驻点**，瞬时有无穷多个（∞^1）并构成空间曲线，称为**球曲率二阶驻点曲线**。而当Γ_P在P处与球面六阶接触，需再增加一个相容协调方程。Σ^*上无限接近七位置共球面的点，称为瞬时运动刚体上的**球点**，瞬时只有有限个（∞^0）。

6.3.4.2 圆柱曲率与圆柱点分布

依据圆柱面曲率条件式（3.170）可知，任意光滑空间曲线Γ_P均可以按式（3.169）、式（3.171）、式（3.172）确定θ角及变化率，将其 Frenet 标架$\{\boldsymbol{R}_P;\ \boldsymbol{\alpha},\ \boldsymbol{\beta},\ \boldsymbol{\gamma}\}$绕切矢$\boldsymbol{\alpha}$旋转得到 Darboux 活动标架$\{\boldsymbol{R}_P;\ \boldsymbol{\alpha},\ \boldsymbol{n},\ \boldsymbol{v}\}$，对于与$\Gamma_P$四阶密切接触的圆柱面，即**曲率圆柱面**，其轴线L的方位和圆柱半径r_0分别由式（3.170）和式（3.174）确定。对于Σ^*上点P的轨迹曲线Γ_P，由式（6.72）得到其 Darboux 标架$\{\boldsymbol{R}_P;\ \boldsymbol{E}_1,\ \boldsymbol{E}_2,\ \boldsymbol{E}_3\}$下的法曲率$k_n$、测地曲率$k_g$和测地挠率$\tau_g$，通过式（6.83）转换到自然标架下，将式（6.82）中的曲率k与挠率τ及其导数代入式（3.170）和式（3.174），确定曲率圆柱面轴线L的方位和圆柱半径r_0，从而可得Γ_P的曲率圆柱面的位置以及大小。

当轨迹Γ_P在点P处与圆柱面五阶接触时，曲线Γ_P需满足方程式（3.170）和式（3.175），曲线Γ_P在点P处的法曲率k_n、测地曲率k_g、测地挠率τ_g及其导数需满足一个相容条件式，表明Σ^*上无限接近六位置共圆柱面的无穷多点（∞^2）都分布在由该相容条件式所确定的曲面上，称之为**圆柱曲率驻点曲面**；当轨迹Γ_P在点P处与圆柱面六阶接触时，可得到曲线Γ_P在P点法曲率k_n、测地曲率k_g、测地挠率τ_g及其导数的两个约束方程，所以Σ^*上无限接近七位置共圆柱面的无穷多点（∞^1）都分布在由这两个相容条件式所确定的曲线上，称之为**二阶圆柱曲率驻点曲线**；以此类推，无限接近八位置共圆柱面的点瞬时仅有有限个（∞^0），称为瞬时运动刚体上的**圆柱点**，由于公式复杂繁琐，求解困难，有待再深入研究。

6.4　直线的空间运动微分几何学

对于空间运动几何学而言，不仅需要研究运动刚体上点在固定坐标系中的轨迹，而且还需要讨论运动刚体上直线的轨迹——直纹曲面，内容更加丰富多彩；第3章曲面微分几何学介绍了三个不变量结构参数与曲面几何性质的关系，这是微分几何学的经典研究内容。对于空间机构而言，注重刚体空间运动与直线轨迹几何性质的关系，或者说，更关注直线轨迹与直纹约束曲面之间的关系。因此，把点的空间运动微分几何学推广到直线的空间运动微分几何学，讨论空间运动与直纹曲面的不变量结构参数之间的内在联系，是机构运动几何学的重要内容，也是有待开垦的处女地。

6.4.1　Frenet 标架

6.3节中分别以刚体空间运动的动瞬轴面Σ_m和定瞬轴面Σ_f为原曲面，考察了与其相伴的运动刚体上点的轨迹曲线。同样，本节基于动、定瞬轴面考察空间运动刚体上直线的轨迹Σ_l，即轨迹直纹面Σ_l与瞬轴面相伴。定瞬轴面Σ_f方程如式（6.28），其 Frenet 标架$\{\boldsymbol{\rho}_f;\ \boldsymbol{E}_{1f},\ \boldsymbol{E}_{2f},\ \boldsymbol{E}_{3f}\}$如式（6.34），动瞬轴面$\Sigma_m$方程如式（6.36a），其 Frenet 标架$\{\boldsymbol{\rho}_m;\ \boldsymbol{E}_{1m},\ \boldsymbol{E}_{2m},\ \boldsymbol{E}_{3m}\}$如式（6.44）。

运动刚体Σ^*上点P（x_{Pm}，y_{Pm}，z_{Pm}）在固定坐标系下生成轨迹曲线Γ_P，如图6.7所示。Σ^*上过该点的一条直线L在刚体运动坐标系$\{\boldsymbol{O}_m;\ \boldsymbol{i}_m,\ \boldsymbol{j}_m,\ \boldsymbol{k}_m\}$中单位方向矢量$\boldsymbol{l}_m(l_{m1},\ l_{m2},\ l_{m3})$可表示为：

$$l_{m1}=\sin\delta_{ml}\cos\theta_{ml},\ l_{m2}=\sin\delta_{ml}\sin\theta_{ml},\ l_{m3}=\cos\delta_{ml} \tag{6.88}$$

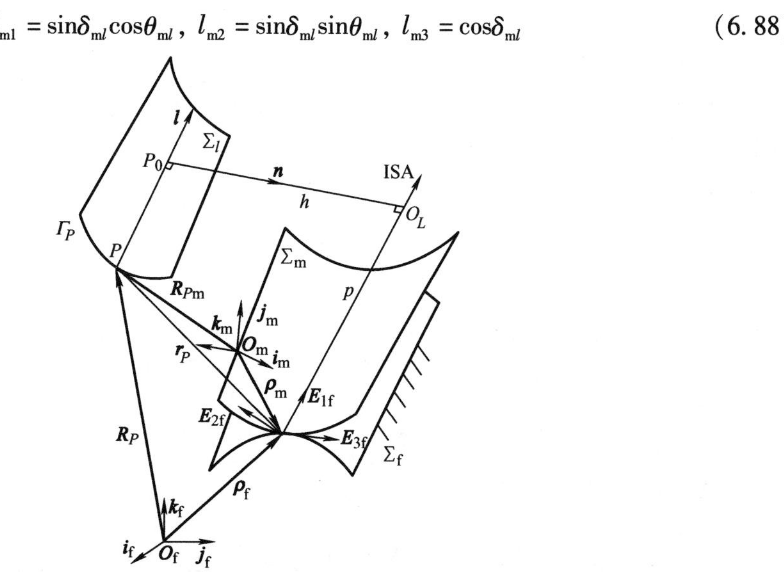

图6.7　空间运动直线对瞬轴面的相伴运动

式中，δ_{ml}为直线 L 单位方向矢量 $\boldsymbol{l}_m$与 $\boldsymbol{k}_m$的夹角，θ_{ml}为单位矢量 $\boldsymbol{l}_m$在坐标平面 $\boldsymbol{O}_m-\boldsymbol{i}_m\boldsymbol{j}_m$上的投影与 $\boldsymbol{i}_m$的夹角。通过式（6.45）将 Σ^* 上点 P 的坐标（x_{Pm}，y_{Pm}，z_{Pm}）转换到动瞬轴面 Σ_m与定瞬轴面 Σ_f的 Frenet 标架内表示，如式（6.49）和式（6.53），式（6.55）表明瞬时两标架重合，坐标相同。将直线 L 通过式（6.45）转换到动瞬轴面 Σ_m的 Frenet 标架内（在定瞬轴面 Frenet 标架内也相同）表示为：

$$l_1=\cos\delta_l,\quad l_2=\sin\delta_l\cos\theta_l,\quad l_3=\sin\delta_l\sin\theta_l \tag{6.89}$$

式中，δ_l为刚体上直线 L 与 $\boldsymbol{E}_{1m}$的夹角，θ_l为直线 L 的单位方向矢量 $\boldsymbol{l}$ 在 $\boldsymbol{\rho}_m-\boldsymbol{E}_{2m}\boldsymbol{E}_{3m}$平面上的投影与 $\boldsymbol{E}_{2m}$的夹角，称 l_1，l_2，l_3为方向余弦。那么，该直线 L 在固定坐标系下的轨迹为直纹面 Σ_l，在动瞬轴面标架 $\{\boldsymbol{\rho}_m;\ \boldsymbol{E}_{1m},\ \boldsymbol{E}_{2m},\ \boldsymbol{E}_{3m}\}$ 内考察直线 L 的运动，即直线 L 的轨迹直纹面为动瞬轴面 Σ_m的相伴曲面，有：

$$\Sigma_l^*:\ \boldsymbol{R}_l^*=\boldsymbol{R}_{\rho_m}+\mu\boldsymbol{l}=\boldsymbol{\rho}_m+\sum_i u_i\boldsymbol{E}_{im}+\mu\sum_i l_i\boldsymbol{E}_{im} \tag{6.90}$$

式中，（σ，μ）为直纹面参数。对式（6.90）进行微分，可得：

$$\begin{cases}\mathrm{d}\boldsymbol{R}_l^*=\left(\dfrac{\mathrm{d}\boldsymbol{R}_{\rho_m}}{\mathrm{d}\sigma}+\mu\dfrac{\mathrm{d}\boldsymbol{l}}{\mathrm{d}\sigma}\right)\mathrm{d}\sigma+\boldsymbol{l}\mathrm{d}\mu\\ \dfrac{\mathrm{d}\boldsymbol{R}_P}{\mathrm{d}\sigma}=\left(\alpha_m+\dfrac{\mathrm{d}u_1}{\mathrm{d}\sigma}-u_2\right)\boldsymbol{E}_{1m}+\left(u_1+\dfrac{\mathrm{d}u_2}{\mathrm{d}\sigma}-\beta_m u_3\right)\boldsymbol{E}_{2m}+\left(\beta_m u_2+\dfrac{\mathrm{d}u_3}{\mathrm{d}\sigma}+\gamma_m\right)\boldsymbol{E}_{3m}\\ \dfrac{\mathrm{d}\boldsymbol{l}}{\mathrm{d}\sigma}=\left(\dfrac{\mathrm{d}l_1}{\mathrm{d}\sigma}-l_2\right)\boldsymbol{E}_{1m}+\left(l_1+\dfrac{\mathrm{d}l_2}{\mathrm{d}\sigma}-\beta_m l_3\right)\boldsymbol{E}_{2m}+\left(\beta_m l_2+\dfrac{\mathrm{d}l_3}{\mathrm{d}\sigma}\right)\boldsymbol{E}_{3m}\\ \boldsymbol{l}=l_1\boldsymbol{E}_{1m}+l_2\boldsymbol{E}_{2m}+l_3\boldsymbol{E}_{3m}\end{cases} \tag{6.91}$$

由于直线 L 为 Σ^* 上的固结直线，即在运动坐标系 $\{\boldsymbol{O}_m;\ \boldsymbol{i}_m,\ \boldsymbol{j}_m,\ \boldsymbol{k}_m\}$ 中观察，直线上点 P 的坐标以及直线 L 的方向余弦均不变化，即直线 L 是绝对不动线，由第 3 章 3.2.3 节直纹面与直纹面相伴绝对不动线条件，得：

$$\begin{cases}\dfrac{\mathrm{d}u_1}{\mathrm{d}\sigma}=u_2-\alpha_m,\quad \dfrac{\mathrm{d}u_2}{\mathrm{d}\sigma}=\beta_m u_3-u_1,\quad \dfrac{\mathrm{d}u_3}{\mathrm{d}\sigma}=-\beta_m u_2-\gamma_m\\ \dfrac{\mathrm{d}l_1}{\mathrm{d}\sigma}=l_2,\quad \dfrac{\mathrm{d}l_2}{\mathrm{d}\sigma}=\beta_m l_3-l_1,\quad \dfrac{\mathrm{d}l_3}{\mathrm{d}\sigma}=-\beta_m l_2\end{cases} \tag{6.92}$$

另一方面，在固定坐标系 $\{\boldsymbol{O}_f;\ \boldsymbol{i}_f,\ \boldsymbol{j}_f,\ \boldsymbol{k}_f\}$ 中考察 Σ^* 上直线 L 的轨迹直纹面 Σ_l，为定瞬轴面 Σ_f的相伴曲面，则有：

$$\Sigma_l:\ \boldsymbol{R}_l=\boldsymbol{R}_P+\mu\boldsymbol{l}=\boldsymbol{\rho}_f+\sum_i u_i\boldsymbol{E}_{if}+\mu\sum_i l_i\boldsymbol{E}_{if} \tag{6.93}$$

式中，（σ，μ）为直纹面参数。同样对式（6.93）微分，可得：

$$\begin{cases} \mathrm{d}\boldsymbol{R}_l = \left(\dfrac{\mathrm{d}\boldsymbol{R}_P}{\mathrm{d}\sigma} + \mu\dfrac{\mathrm{d}\boldsymbol{l}}{\mathrm{d}\sigma}\right)\mathrm{d}\sigma + \boldsymbol{l}\mathrm{d}\mu \\ \dfrac{\mathrm{d}\boldsymbol{R}_P}{\mathrm{d}\sigma} = \left(\alpha_\mathrm{f} + \dfrac{\mathrm{d}u_1}{\mathrm{d}\sigma} - u_2\right)\boldsymbol{E}_{1\mathrm{f}} + \left(u_1 + \dfrac{\mathrm{d}u_2}{\mathrm{d}\sigma} - \beta_\mathrm{f}u_3\right)\boldsymbol{E}_{2\mathrm{f}} + \left(\beta_\mathrm{f}u_2 + \dfrac{\mathrm{d}u_3}{\mathrm{d}\sigma} + \gamma_\mathrm{f}\right)\boldsymbol{E}_{3\mathrm{f}} \\ \dfrac{\mathrm{d}\boldsymbol{l}}{\mathrm{d}\sigma} = \left(\dfrac{\mathrm{d}l_1}{\mathrm{d}\sigma} - l_2\right)\boldsymbol{E}_{1\mathrm{f}} + \left(l_1 + \dfrac{\mathrm{d}l_2}{\mathrm{d}\sigma} - \beta_\mathrm{f}l_3\right)\boldsymbol{E}_{2\mathrm{f}} + \left(\beta_\mathrm{f}l_2 + \dfrac{\mathrm{d}l_3}{\mathrm{d}\sigma}\right)\boldsymbol{E}_{3\mathrm{f}} \\ \boldsymbol{l} = l_1\boldsymbol{E}_{1\mathrm{f}} + l_2\boldsymbol{E}_{2\mathrm{f}} + l_3\boldsymbol{E}_{3\mathrm{f}} \end{cases} \tag{6.94}$$

由于动瞬轴面与定瞬轴面瞬时标架重合，如式（6.48），即点 P 在定瞬轴面 Frenet 标架 $\{\boldsymbol{\rho}_\mathrm{f};\ \boldsymbol{E}_{1\mathrm{f}},\ \boldsymbol{E}_{2\mathrm{f}},\ \boldsymbol{E}_{3\mathrm{f}}\}$ 中具有相同的坐标分量 u_i 及其变化率，而直线 L 的单位方向矢量 $\boldsymbol{l}$ 在标架 $\{\boldsymbol{\rho}_\mathrm{f};\ \boldsymbol{E}_{1\mathrm{f}},\ \boldsymbol{E}_{2\mathrm{f}},\ \boldsymbol{E}_{3\mathrm{f}}\}$ 中具有相同的方向余弦 l_i 及其变化率。将式（6.92）代入式（6.94)可得：

$$\begin{cases} \mathrm{d}\boldsymbol{R}_l = \left(\dfrac{\mathrm{d}\boldsymbol{R}_P}{\mathrm{d}\sigma} + \mu\dfrac{\mathrm{d}\boldsymbol{l}}{\mathrm{d}\sigma}\right)\mathrm{d}\sigma + \boldsymbol{l}\mathrm{d}\mu \\ \dfrac{\mathrm{d}\boldsymbol{R}_P}{\mathrm{d}\sigma} = \alpha^*\boldsymbol{E}_{1\mathrm{f}} + \beta^*(-u_3\boldsymbol{E}_{2\mathrm{f}} + u_2\boldsymbol{E}_{3\mathrm{f}}) \\ \dfrac{\mathrm{d}\boldsymbol{l}}{\mathrm{d}\sigma} = \beta^*(-l_3\boldsymbol{E}_{2\mathrm{f}} + l_2\boldsymbol{E}_{3\mathrm{f}}) \\ \boldsymbol{l} = l_1\boldsymbol{E}_{1\mathrm{f}} + l_2\boldsymbol{E}_{2\mathrm{f}} + l_3\boldsymbol{E}_{3\mathrm{f}} \end{cases} \tag{6.95}$$

由此可得直线轨迹直纹面 Σ_l 的直母线单位矢量球面像曲线弧长 σ_l 的微分：

$$\mathrm{d}\sigma_l = \left|\dfrac{\mathrm{d}\boldsymbol{l}}{\mathrm{d}\sigma}\right|\mathrm{d}\sigma = \beta^*\sqrt{1-l_1^2}\,\mathrm{d}\sigma \tag{6.96}$$

将 Σ_l 直母线单位矢量 $\boldsymbol{l}$ 对 σ 求导两次，有：

$$\dfrac{\mathrm{d}^2\boldsymbol{l}}{\mathrm{d}\sigma^2} = \beta^* l_3\boldsymbol{E}_{1\mathrm{f}} - \left(\beta^{*2}l_2 + \dfrac{\mathrm{d}\beta^*}{\mathrm{d}\sigma}l_3\right)\boldsymbol{E}_{2\mathrm{f}} + \left(\dfrac{\mathrm{d}\beta^*}{\mathrm{d}\sigma}l_2 - \beta^* l_1 - \beta^{*2}l_3\right)\boldsymbol{E}_{3\mathrm{f}} \tag{6.97}$$

由式（6.95）可得直线轨迹直纹面 Σ_l 的腰准距为：

$$b_l = -\dfrac{\dfrac{\mathrm{d}\boldsymbol{R}_P}{\mathrm{d}\sigma}\cdot\dfrac{\mathrm{d}\boldsymbol{l}}{\mathrm{d}\sigma}}{\left(\dfrac{\mathrm{d}\boldsymbol{l}}{\mathrm{d}\sigma}\right)^2} = \dfrac{-(l_2u_2 + l_3u_3)}{1-l_1^2} \tag{6.98}$$

则直线轨迹直纹面 Σ_l 的腰线方程为：

$$\boldsymbol{\rho}_l = \boldsymbol{R}_P + b_l\boldsymbol{l} = \boldsymbol{\rho}_\mathrm{f} + \sum_i (u_i + b_l l_i)\boldsymbol{E}_{i\mathrm{f}} \tag{6.99}$$

任意瞬时，直线轨迹直纹面 Σ_l 的腰点 P_0 在瞬轴面 Frenet 标架 $\{\boldsymbol{\rho}_\mathrm{f};\ \boldsymbol{E}_{1\mathrm{f}},\ \boldsymbol{E}_{2\mathrm{f}},\ \boldsymbol{E}_{3\mathrm{f}}\}$ 中的坐标为 $(u_1 + b_l l_1,\ u_2 + b_l l_2,\ u_3 + b_l l_3)$，再将式（6.98）和式（6.99）对 σ 求导，有：

$$\begin{cases} \dfrac{\mathrm{d}b_l}{\mathrm{d}\sigma} = \dfrac{(l_1u_2 + l_2u_1 + l_3\gamma)(1-l_1^2) - 2l_1l_2(l_2u_2 + l_3u_3)}{(1-l_1^2)^2} \\ \dfrac{\mathrm{d}\boldsymbol{\rho}_l}{\mathrm{d}\sigma} = \dfrac{\mathrm{d}\boldsymbol{R}_P}{\mathrm{d}\sigma} + \dfrac{\mathrm{d}b_l}{\mathrm{d}\sigma}\boldsymbol{l} + b_l\dfrac{\mathrm{d}\boldsymbol{l}}{\mathrm{d}\sigma} \end{cases} \tag{6.100}$$

为讨论直线轨迹直纹面Σ_l的性质，在该直纹面上建立 Frenet 标架 $\{\boldsymbol{\rho}_l;\ \boldsymbol{E}_1,\ \boldsymbol{E}_2,\ \boldsymbol{E}_3\}$ 为：

$$\begin{cases}\boldsymbol{E}_1 = \boldsymbol{l} = \sum\limits_i l_i \boldsymbol{E}_{i\mathrm{f}} \\ \boldsymbol{E}_2 = \dfrac{\dfrac{\mathrm{d}\boldsymbol{l}}{\mathrm{d}\sigma}}{\left|\dfrac{\mathrm{d}\boldsymbol{l}}{\mathrm{d}\sigma}\right|} = \dfrac{-(l_3\boldsymbol{E}_{2\mathrm{f}} - l_2\boldsymbol{E}_{3\mathrm{f}})}{\sqrt{1-l_1^2}} \\ \boldsymbol{E}_3 = \boldsymbol{E}_1 \times \boldsymbol{E}_2 = \dfrac{(1-l_1^2)\boldsymbol{E}_{1\mathrm{f}} - l_1 l_2 \boldsymbol{E}_{2\mathrm{f}} - l_1 l_3 \boldsymbol{E}_{3\mathrm{f}}}{\sqrt{1-l_1^2}}\end{cases} \tag{6.101}$$

按直纹面 Frenet 公式（3.58）可求得轨迹直纹面Σ_l的结构参数为：

$$\begin{cases}\alpha_l = \dfrac{\dfrac{\mathrm{d}\boldsymbol{\rho}_l}{\mathrm{d}\sigma}\cdot\boldsymbol{l}}{\left|\dfrac{\mathrm{d}\boldsymbol{l}}{\mathrm{d}\sigma}\right|} = \dfrac{l_1\alpha^* + \beta^*(l_3u_2 - l_2u_3) + \dfrac{\mathrm{d}b_l}{\mathrm{d}\sigma}}{\beta^*\sqrt{1-l_1^2}} \\ \beta_l = \dfrac{\left(\boldsymbol{l}, \dfrac{\mathrm{d}\boldsymbol{l}}{\mathrm{d}\sigma}, \dfrac{\mathrm{d}^2\boldsymbol{l}}{\mathrm{d}\sigma^2}\right)}{\left|\dfrac{\mathrm{d}\boldsymbol{l}}{\mathrm{d}\sigma}\right|^3} = \dfrac{l_3 + \beta^* l_1(1-l_1^2)}{\beta^*(1-l_1^2)^{\frac{3}{2}}} \\ \gamma_l = \dfrac{\left(\dfrac{\mathrm{d}\boldsymbol{\rho}_l}{\mathrm{d}\sigma}, \boldsymbol{l}, \dfrac{\mathrm{d}\boldsymbol{l}}{\mathrm{d}\sigma}\right)}{\left|\dfrac{\mathrm{d}\boldsymbol{l}}{\mathrm{d}\sigma}\right|^2} = \dfrac{\alpha^*(1-l_1^2) + \beta^* l_1(l_2u_3 - l_3u_2)}{\beta^*(1-l_1^2)}\end{cases} \tag{6.102}$$

由式（3.53）可得轨迹直纹面Σ_l上任意点（σ_l，μ）处单位法矢：

$$\boldsymbol{n} = \frac{\mu\boldsymbol{E}_3 - \gamma_l\boldsymbol{E}_2}{\sqrt{\mu^2 + \gamma_l^2}} \tag{6.103}$$

在Σ_l的腰点 P_0 处（参数$\mu=0$），单位法矢为：

$$\boldsymbol{n} = -\boldsymbol{E}_2 = \frac{l_3\boldsymbol{E}_{2\mathrm{f}} - l_2\boldsymbol{E}_{3\mathrm{f}}}{\sqrt{1-l_1^2}} \tag{6.104}$$

在定瞬轴面 Frenet 标架 $\{\boldsymbol{\rho}_\mathrm{f};\ \boldsymbol{E}_{1\mathrm{f}},\ \boldsymbol{E}_{2\mathrm{f}},\ \boldsymbol{E}_{3\mathrm{f}}\}$ 内，以直母线 $\boldsymbol{l}$ 为法矢，在轨迹直纹面Σ_l腰点 P_0 处作法平面Σ_{P0}，有：

$$\boldsymbol{l}\cdot(\boldsymbol{R}_{P0} - \boldsymbol{\rho}_l) = 0 \tag{6.105}$$

式中，$\boldsymbol{R}_{P0} = \boldsymbol{\rho}_\mathrm{f} + x_1\boldsymbol{E}_{1\mathrm{f}} + x_2\boldsymbol{E}_{2\mathrm{f}} + x_3\boldsymbol{E}_{3\mathrm{f}}$ 为法平面Σ_{P0}内任意点的矢量，将 $\boldsymbol{l} = \sum\limits_i l_i\boldsymbol{E}_{i\mathrm{f}}$ 和式（6.99）代入式（6.105），化简为：

$$l_1(x_1 - u_1 - b_l l_1) + l_2(x_2 - u_2 - b_l l_2) + l_3(x_3 - u_3 - b_l l_3) = 0 \tag{6.106}$$

法平面Σ_{P0}交 ISA（$\boldsymbol{E}_{1\mathrm{f}}$）于点 O_L，即令式（6.106）中 $x_2=0$，$x_3=0$，可得：

$$x_1=\frac{u_1-l_1(l_1u_1+l_2u_2+l_3u_3)}{1-l_1^2} \tag{6.107}$$

连接腰点 P_0（$u_1+b_l l_1$，$u_2+b_l l_2$，$u_3+b_l l_3$）和点 $O_L\left(\dfrac{u_1-l_1(l_1u_1+l_2u_2+l_3u_3)}{1-l_1^2},\ 0,\ 0\right)$，得到：

$$\overrightarrow{P_0O_L}=\frac{l_2l_3u_3-l_3^2u_2}{1-l_1^2}\boldsymbol{E}_{2\mathrm{f}}+\frac{l_2l_3u_2-l_2^2u_3}{1-l_1^2}\boldsymbol{E}_{3\mathrm{f}}=\frac{l_2u_3-l_3u_2}{\sqrt{1-l_1^2}}\boldsymbol{n} \tag{6.108}$$

显然有 $\overrightarrow{P_0O_L}\cdot\boldsymbol{E}_{1\mathrm{f}}=0$，可得轨迹直纹面 Σ_l 的重要性质，称为**直线轨迹腰点特征**：

在任意瞬时，运动刚体上直线与瞬轴有公垂线，直线上垂足点就是其轨迹曲面的腰点，而该公垂线也是轨迹腰点处的法线。

如图6.7所示，由式（6.107）和式（6.108）可分别得到公垂线的长度 h 和瞬轴上公垂线垂足点到腰点的距离 p，即：

$$\begin{cases}h=\dfrac{l_2u_3-l_3u_2}{\sqrt{1-l_1^2}}\\[2ex] p=\dfrac{u_1-l_1(l_1u_1+l_2u_2+l_3u_3)}{1-l_1^2}\end{cases} \tag{6.109}$$

应当指出：过 Σ^* 上参考点 P 的直线 L，在固定坐标系 $\{\boldsymbol{O}_\mathrm{f};\ \boldsymbol{i}_\mathrm{f},\ \boldsymbol{j}_\mathrm{f},\ \boldsymbol{k}_\mathrm{f}\}$ 中的轨迹为直纹面 Σ_l；P 点为 Σ^* 上一个固定点，在固定坐标系 $\{\boldsymbol{O}_\mathrm{f};\ \boldsymbol{i}_\mathrm{f},\ \boldsymbol{j}_\mathrm{f},\ \boldsymbol{k}_\mathrm{f}\}$ 中的轨迹为属于直纹面 Σ_l 上的一条空间曲线，即 P 点任何瞬时都在直纹面 Σ_l 上。而直纹面 Σ_l 的腰点 P_0 并不一定是运动刚体内直线 L 上的固定点。某一瞬时直线 L 上的某点为腰点，下一瞬时直线 L 上另一点为腰点。因此，轨迹直纹面 Σ_l 的腰线一般并不对应 Σ^* 上某点在固定坐标系中的轨迹。而在运动坐标系 $\{\boldsymbol{O}_\mathrm{m};\ \boldsymbol{i}_\mathrm{m},\ \boldsymbol{j}_\mathrm{m},\ \boldsymbol{k}_\mathrm{m}\}$ 中描述 Σ^* 中直线 L 的轨迹 Σ_l^*，就是固定直线 L，其“腰点”也在直线 L 上移动。

6.4.2　腰曲线

上述讨论中，在定瞬轴面Frenet标架 $\{\boldsymbol{\rho}_\mathrm{f};\ \boldsymbol{E}_{1\mathrm{f}},\ \boldsymbol{E}_{2\mathrm{f}},\ \boldsymbol{E}_{3\mathrm{f}}\}$ 中描述 Σ^* 上一条直线 L，需给出该直线上一参考点的坐标（u_1，u_2，u_3）及直线的方向余弦（l_1，l_2，l_3）中的两个，显然参考点的三个坐标参数 u_1，u_2，u_3 只有两个独立，而且该点坐标与直线在固定坐标系中的轨迹直纹面 Σ_l 的几何性质没有明显的联系。由式（6.109）可知，瞬时直线 L 的位置可利用该直线与ISA的关系来描述，即二者的公垂线方向、位置（垂足点）与长度，而公垂线在直线 L 上的垂足点恰为其轨迹直纹面 Σ_l 的腰点，则 Σ_l 的腰线方程可改写为：

$$\boldsymbol{\rho}_l=\boldsymbol{\rho}_\mathrm{f}+p\boldsymbol{E}_{1\mathrm{f}}+h\frac{\boldsymbol{E}_{1\mathrm{f}}\times\boldsymbol{E}_1}{|\boldsymbol{E}_{1\mathrm{f}}\times\boldsymbol{E}_1|} \tag{6.110}$$

由式（6.101）可知 $|\boldsymbol{E}_{1\mathrm{f}}\times\boldsymbol{E}_1|=\sqrt{1-l_1^2}$，令 $H=h/\sqrt{1-l_1^2}$，则轨迹直纹面 Σ_l 的方程可改

写为：

$$\Sigma_l:\ \boldsymbol{R}_l=\boldsymbol{\rho}_l+\mu\boldsymbol{l}=\boldsymbol{\rho}_{\mathrm{f}}+p\boldsymbol{E}_{1\mathrm{f}}+H\boldsymbol{E}_{1\mathrm{f}}\times\boldsymbol{E}_1+\mu\boldsymbol{l} \tag{6.111}$$

而直线 L 在 Σ^* 上的位置（或轨迹 Σ_l^*）可表示为：

$$\Sigma_l^*:\ \boldsymbol{R}_l^*=\boldsymbol{\rho}_l^*+\mu\boldsymbol{l}_{\mathrm{m}}=\boldsymbol{\rho}_{\mathrm{m}}+p\boldsymbol{E}_{1\mathrm{m}}+H\boldsymbol{E}_{1\mathrm{m}}\times\boldsymbol{E}_1+\mu\boldsymbol{l}_{\mathrm{m}} \tag{6.112}$$

由此可见，参数 l_1、l_2、p 和 h 完全表达了 Σ^* 上直线 L 的位置及其在固定空间中的轨迹直纹面 Σ_l。由 l_1、l_2、p 和 h 的几何意义可知，当改变 h 的大小时，意味着 Σ^* 上直线 L 与 ISA 的最短距离增大或减小，而 p 表明了直线 L 沿 ISA 方向的移动，l_1 的变化意味着直线 L 与 ISA 夹角变化，而 l_2 的变化可使得直线 L 绕 ISA 回转。

对于 Σ^* 上一条固定轴线 L，随着 Σ^* 运动和 ISA 的不断变化，该直线 L 相对 ISA（或瞬轴面）的方向和位置也在不断改变，见式（6.112）。但在运动坐标系中 L 的方向则不改变，而 ISA 与直线 L 的公垂线在直线 L 上的垂足点在直线 L 上移动，式（6.112）恰以该点在 Σ^* 上的轨迹为准线（Σ_l^* 的腰线 $\boldsymbol{\rho}_l^*$）来描述 Σ_l^*。显然，此时直线 L 是与动瞬轴面 Σ_{m} 相伴的准不动线，由第 3 章 3.2.3 节可得准不动线条件式为：

$$\frac{\mathrm{d}\boldsymbol{l}}{\mathrm{d}\sigma}=0,\ \frac{\mathrm{d}\boldsymbol{\rho}_l^*}{\mathrm{d}\sigma}\times\boldsymbol{l}=0 \tag{6.113}$$

由式（6.113）第一式可解得式（6.92）的第二式，把式（6.112）对 σ 求导并代入式（6.113）中的第二式解得：

$$\begin{cases}\dfrac{\mathrm{d}p}{\mathrm{d}\sigma}=-\alpha_{\mathrm{m}}+\dfrac{l_1l_2p-l_3H+l_1l_3\gamma}{1-l_1^2}\\[2ex]\dfrac{\mathrm{d}H}{\mathrm{d}\sigma}=\dfrac{l_3p+l_1l_2H-l_2\gamma}{1-l_1^2}\end{cases} \tag{6.114}$$

而 $\boldsymbol{\rho}_l^*$ 的变化率在直线 L 上的投影恰为 Σ_l 的腰准距 b_l 的变化率 $\mathrm{d}b_l/\mathrm{d}\sigma$，则由式（6.112）对 σ 求导得：

$$\begin{cases}\dfrac{\mathrm{d}b_l}{\mathrm{d}\sigma}=\dfrac{\mathrm{d}\boldsymbol{\rho}_l^*}{\mathrm{d}\sigma}\cdot\boldsymbol{l}=\dfrac{l_2p-l_1l_3H+l_3\gamma}{1-l_1^2}\\[2ex]\dfrac{\mathrm{d}^2b_l}{\mathrm{d}\sigma^2}=\dfrac{(\beta_{\mathrm{m}}l_3-2l_1)p+(\beta_{\mathrm{m}}l_1-2l_3)l_2H+l_3\dfrac{\mathrm{d}\gamma}{\mathrm{d}\sigma}-l_2(\beta_{\mathrm{m}}\gamma+\alpha_{\mathrm{m}})+4l_1l_2\dfrac{\mathrm{d}b_l}{\mathrm{d}\sigma}}{1-l_1^2}\end{cases} \tag{6.115}$$

特殊地，当 $\boldsymbol{\rho}_l^*$ 描述刚体上一固定点时，有 $\dfrac{\mathrm{d}\boldsymbol{\rho}_l^*}{\mathrm{d}\sigma}\cdot\boldsymbol{l}=0$，即：

$$\frac{\mathrm{d}b_l}{\mathrm{d}\sigma}=\frac{l_2p-l_1l_3H+l_3\gamma}{1-l_1^2}=0,\quad \frac{\mathrm{d}p}{\mathrm{d}\sigma}=-\alpha_{\mathrm{m}}-l_3H,\quad \frac{\mathrm{d}H}{\mathrm{d}\sigma}=\frac{p}{l_3} \tag{6.116}$$

此时轨迹直纹面Σ_l上的腰线是Σ^*上一固定点（l_1，l_2，p，H）的轨迹曲线，而该点必须满足式（6.116）。

将式（6.110）对σ求导，并将直纹面Frenet活动标架的微分运算公式和准不动线条件代入，可得轨迹曲面Σ_l的结构参数α_l，β_l和γ_l的另一表达形式：

$$\begin{cases} \alpha_l = \dfrac{l_1\alpha^* - \beta^*(1-l_1^{\,2})H + \mathrm{d}b_l/\mathrm{d}\sigma}{\beta^*(1-l_1^{\,2})^{\frac{1}{2}}} \\ \beta_l = \dfrac{l_3 + \beta^* l_1(1-l_1^2)}{\beta^*(1-l_1^2)^{\frac{3}{2}}} \\ \gamma_l = \dfrac{\alpha^*}{\beta^*} + l_1 H \end{cases} \tag{6.117}$$

对照式（6.102），式（6.117）更简洁，并体现腰点位置参数的意义。把式（6.117）的第一式和第三式对σ_l求导得：

$$\begin{cases} \dfrac{\mathrm{d}\alpha_l}{\mathrm{d}\sigma_l} = \left\{\left[l_2\alpha^* + l_1\dfrac{\mathrm{d}\alpha^*}{\mathrm{d}\sigma}(1-l_1^{\,2}) + \beta^*\gamma l_2(1-l_1^{\,2}) + \dfrac{\mathrm{d}\gamma}{\mathrm{d}\sigma}l_3 - l_2(\alpha_{\mathrm{m}} + \beta_{\mathrm{m}}\gamma) - \right.\right. \\ \qquad \left. \alpha^*\dfrac{\mathrm{d}\beta^*}{\mathrm{d}\sigma}l_1\dfrac{1-l_1^{\,2}}{\beta^*}\right] + (\beta_{\mathrm{m}}l_1l_2 - 2l_2l_3)H + [-\beta^* l_3(1-l_1^{\,2}) + \\ \qquad \left.\beta_{\mathrm{m}}l_3 - 2l_1]p + \left[5l_1l_2 - \dfrac{\mathrm{d}\beta^*}{\mathrm{d}\sigma}\dfrac{1-l_1^{\,2}}{\beta^*}\right]\dfrac{\mathrm{d}b_l}{\mathrm{d}\sigma}\right\} \Big/ [\beta^{*2}(1-l_1^{\,2})^2] \\ \dfrac{\mathrm{d}\gamma_l}{\mathrm{d}\sigma_l} = \dfrac{(1-l_1^2)\cdot\dfrac{\mathrm{d}}{\mathrm{d}\sigma}\left(\dfrac{\alpha^*}{\beta^*}\right) + l_1l_3p + l_2H - l_1l_2\gamma}{\beta^*(1-l_1^2)^{\frac{3}{2}}} \end{cases} \tag{6.118}$$

由式（6.117）可知，轨迹直纹面Σ_l可展的条件为$\gamma_l=0$，即：

$$H = -\frac{\alpha^*}{\beta^* l_1} \text{或者} h = -\frac{\alpha^*\sqrt{1-l_1^2}}{\beta^* l_1} \tag{6.119}$$

由此说明，空间运动直线的轨迹直纹面Σ_l瞬时是否可展，仅与该瞬时瞬轴面诱导结构参数α^*/β^*及直线L相对ISA的夹角参数l_1和法向距离h有关，而与轴向位置p及$l_2(l_3)$无关。特殊地，当可展面为圆锥面时，有$\alpha_l=0$及$\gamma_l=0$，则其条件为：

$$\begin{cases} H = -\dfrac{\alpha^*}{\beta^* l_1} \\ p = -\dfrac{\left[\beta^*\dfrac{(1-l_1^{\,2})^2}{l_1} + l_3\right]\dfrac{\alpha^*}{\beta^*} + l_1\alpha^*(1-l_1^{\,2}) + l_3\gamma}{l_2} \end{cases} \tag{6.120}$$

由此可知，直线在瞬轴面标架中的瞬时方向和位置决定了直线轨迹的瞬时性质。

6.4.3 球面像曲线

由6.2节可知，动瞬轴面Σ_{m}的直母线单位方向矢量映射为运动刚体Σ^*中单位球面上的球面像曲线，称为球面像动曲线 C_{m}；定瞬轴面 Σ_{f} 的直母线单位方向矢量映射为固定刚体单位球面上的球面像曲线，称为球面像定曲线 C_{f}。任意瞬时，动瞬轴面与定瞬轴面瞬时标架重合，见式（6.48），并且球面像曲线弧长相等，见式（6.38）和式（6.31）。因此，刚体空间运动时，球面像动曲线 C_{m} 在球面像定曲线 C_{f} 上纯滚动（球面运动），如图6.8所示。同样，Σ^* 上一固定直线 L 的单位方向矢量 $\boldsymbol{l}$ 映射在 Σ^* 单位球面上为一球面像点 P_{sl}，该点与动曲线 C_{m} 固结在一起（属于同运动刚体 Σ^*），而该直线 L 在固定坐标系中的轨迹曲面 Σ_l，其直母线（一系列位置）单位方向矢量 $\boldsymbol{l}$ 映射在固定刚体 Σ 单位球上为一球面像曲线 C_l；当球面像动曲线 C_{m} 相对球面像定曲线 C_{f} 纯滚动时，球面像动曲线 C_{m} 上一点 P_{sl} 在固定刚体 Σ 单位球上的轨迹为曲线 C_l，即点的单位球面运动之轨迹曲线。因此，直线空间运动轨迹的结构参数 β_l 为其球面像曲线 C_l 的测地曲率 β_l。若将式（6.102）第二式中在定瞬轴面 Frenet 标架 $\{\boldsymbol{\rho}_{\mathrm{f}};\ \boldsymbol{E}_{1\mathrm{f}},\ \boldsymbol{E}_{2\mathrm{f}},\ \boldsymbol{E}_{3\mathrm{f}}\}$ 内的方向余弦 l_i，通过式（6.89）置换成第4章中单位球面 Darboux 标架 $\{\boldsymbol{R}_B;\ \boldsymbol{\alpha},\ \boldsymbol{n},\ \boldsymbol{v}\}$ 内坐标参数（ξ_P，η_P），不难发现式（6.102）的第二式与式（4.43a）相同，即测地曲率 β_l 等价于第4章点的球面运动测地曲率 k_g。显而易见，当 $\beta_l=0$ 时，由式（6.102）第二式及式（6.89）得：

$$\sin\theta_l+\beta^*\sin\delta_l\cos\delta_l=0 \tag{6.121}$$

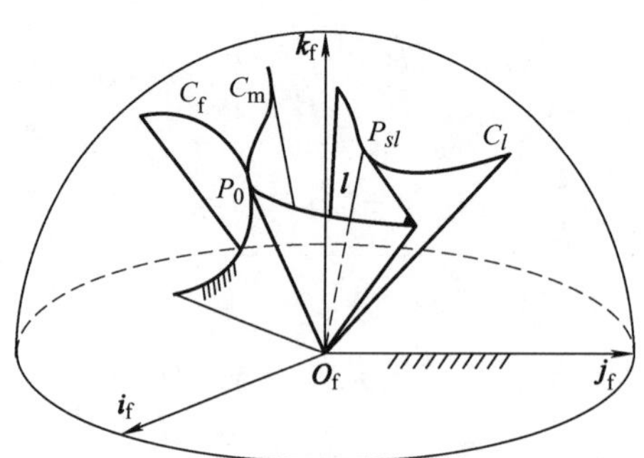

图6.8 空间运动直线单位方向矢量球面像

式（6.121）表明：当 Σ^* 上直线 L 在动瞬轴面 Σ_{m} 的 Frenet 标架内的方向余弦满足上述关系时，其轨迹直纹面 Σ_l 的直母线 L 在该瞬时三个无限接近位置平行于一个平面，但不一定共面，这与第4章中 $k_g=0$ 的几何意义（共面）不同。

将式（6.102）第二式对 σ_l 求导，有：

$$\frac{\mathrm{d}\beta_l}{\mathrm{d}\sigma_l}=\frac{\beta^* l_2[3l_1l_3-\beta_{\mathrm{m}}(1-l_1^2)+\beta^*(1-l_1^2)]-\dfrac{\mathrm{d}\beta^*}{\mathrm{d}\sigma}l_3(1-l_1^2)}{\beta^*(1-l_1^2)^3} \tag{6.122}$$

当 $\mathrm{d}\beta_l/\mathrm{d}\sigma_l=0$ 时，即球面像曲线 C_l 的测地曲率驻点，由4.2.2节可知，此时轨迹直纹面 Σ_l 的直母线 L 在其邻域内（四个无限接近位置）与某定直线夹定角。把式（6.89）代入式（6.122）并令其为零，解得：

$$C_{\beta'}:\cot\delta_l=\frac{1}{M\sin\theta_l}+\frac{1}{N\cos\theta_l} \tag{6.123}$$

式中，M、N 同式（4.47），即：

$$\frac{1}{M}=\frac{(\beta_{\mathrm{m}}-\beta^*)}{3},\ \frac{1}{N}=\frac{1}{3\beta^*}\frac{\mathrm{d}\beta^*}{\mathrm{d}\sigma}$$

具有$\frac{\mathrm{d}\beta_l}{\mathrm{d}\sigma_l}=0$ 的 Σ^* 上直线方向单位矢量的球面像点都分布在式（6.123）描述的球面曲线上，称为**球面像曲率驻点曲线 $C_{\beta'}$**。

将式（6.122）再对 σ_l 求导一次可得$\frac{\mathrm{d}^2\beta_l}{\mathrm{d}\sigma_l^{\ 2}}$，并令$\frac{\mathrm{d}^2\beta_l}{\mathrm{d}\sigma_l^{\ 2}}=0$，将式（6.123）代入化简得：

$$(1+\tan^2\theta_l)\left[\frac{2-\beta_{\mathrm{m}}M}{M^2}+\frac{\frac{\mathrm{d}M}{\mathrm{d}\sigma}+\frac{3M}{N}}{M^2}\tan\theta_l+\frac{1+\frac{\mathrm{d}N}{\mathrm{d}\sigma}}{N^2}\tan^2\theta_l+\right.$$
$$\left.\frac{\beta_{\mathrm{m}}-\frac{1}{M}}{N}\tan^3\theta_l-\frac{1}{N^2}\tan^4\theta_l\right]+\tan^2\theta_l=0 \tag{6.124}$$

联立求解式（6.123）和式（6.124），即直线 L 的轨迹直纹面 Σ_l 同时满足 $\mathrm{d}\beta_l/\mathrm{d}\sigma_l=0$ 和 $\mathrm{d}^2\beta_l/\mathrm{d}\sigma_l^{\ 2}=0$，从而 Σ_l 在较大范围（五个无限接近位置）与某定直线夹定角，而式（6.124）有不多于六个解，对应 Σ^* 上有不多于六个方向的直线，称为空间运动刚体上的“Burmester 直线方向”。

6.4.4　直纹面与运动副连接

把直线的空间运动轨迹直纹面 Σ_l 在瞬轴面 Frenet 标架坐标内以不变量——直纹面结构参数及其导数来表示，建立刚体空间运动性质与其直线轨迹曲面几何性质的联系。由 3.2.2 节可知，结构参数决定了直纹面的几何性质，若轨迹直纹面 Σ_l 的结构参数与约束曲面 Σ_g 结构参数对应恒等，那么轨迹直纹面 Σ_l 可写成约束曲面 Σ_g，其对应在连杆上的直线就可以作为特征线 L_g，即连接运动刚体与连架杆的运动副轴线，形成连架杆（开式链），以综合出空间机构复演给定空间运动。由于所列出的约束曲面 Σ_g 仅有几种规范曲面，其几何参数满足特定条件，如 3.5 节所述，而直线的空间运动轨迹直纹面 Σ_l 形式复杂，变化多样，要使轨迹直纹面 Σ_l 与约束曲面 Σ_g 的对应结构参数恒等，求出 Σ^* 上相应的特征线 L_g 的位置是极其困难的，故采用两曲面在某处（瞬时）近似逼近。对于已知（或可以求出的）轨迹直纹面 Σ_l 的结构参数及其导数，按高阶接触条件构造约束曲面 Σ_g，实现在该瞬时的无限接近位置用约束曲面 Σ_g 逼近轨迹直纹面 Σ_l，直纹面 Σ_l 的直母线 L 便为该瞬时的特征线，即连接 Σ^* 的运动副轴线。犹如在平面机构的运动几何学中，运动刚体上无限接近位置共圆或共直线的连杆点，如 Ball 点和 Burmester 点，以形成连架杆运动副组合 P-R 和 R-P。

当约束曲面Σ_g与直线轨迹直纹面Σ_l在某条直母线（瞬时）处高阶接触时，Σ^*上直线可为该瞬时特征线。如 3.3 节所述，该特征线与Σ^*可构成四种运动副，如 C、H、R 和 P，该选用哪一种？在机构综合上当然希望用结构简单而自由度又少的运动副，但Σ_g与Σ_l的高阶逼近仅考虑了几何性质，没有考虑Σ^*与特征线的相对运动问题，而运动副连接正是约束相对运动；由于约束曲面Σ_g是开式链（连架杆）上所约束直线L_g（特征线）在固定（机架）坐标系内的轨迹曲面，而直纹面Σ_l是Σ^*上直线L（特征线）的空间运动轨迹，当Σ_g和Σ_l瞬时高阶接触时，两直线L_g和L瞬时重合，成为连接开式链与Σ^*的运动副轴线，即L_g和L分别为开式链和Σ^*上运动副元素的轴线。此时Σ^*相对于开式链上轴线L_g的运动性质成为构成不同运动副的依据，如为转动、移动，既转动又移动但二者位移成线性关系或不成线性，那么连接开式链和Σ^*的运动副可分别采用回转副 R、移动副 P、螺旋副 H 和圆柱副 C，称为运动副连接的运动约束条件。

如前所述，空间运动直线的轨迹直纹面Σ_l上 Frenet 标架为 $\{\boldsymbol{\rho}_l;\ \boldsymbol{E}_1,\ \boldsymbol{E}_2,\ \boldsymbol{E}_3\}$，如图 6.9a所示，直母线单位方向矢量$\boldsymbol{l}$的球面像曲线弧长为$\sigma_l$；而第 3 章讨论的连架杆直纹约束曲面$\Sigma_g$上的 Frenet 标架为 $\{\boldsymbol{\rho}_g;\ \boldsymbol{E}_{1g},\ \boldsymbol{E}_{2g},\ \boldsymbol{E}_{3g}\}$，如图 6.9b 所示，直母线单位方向矢量$\boldsymbol{l}_g$的球面像曲线弧长为$\sigma_g$。当轨迹直纹面$\Sigma_l$高阶（二阶以上）逼近于直纹约束曲面$\Sigma_g$时，$\Sigma^*$上特征直线$L$与开式链构件上的特征线$L_g$瞬时重合，那么考察$\Sigma^*$相对于特征线的运动，可设定$\Sigma^*$上特征直线$L$上固定参考点$B_l$与开式链末端构件特征线$L_g$上固定参考点$B_g$瞬时重合，通过二重合点的相对移动来刻画两特征线的相对运动。为此在固定坐标系中分别建立其矢量方程，并推导出各自的速度矢量。

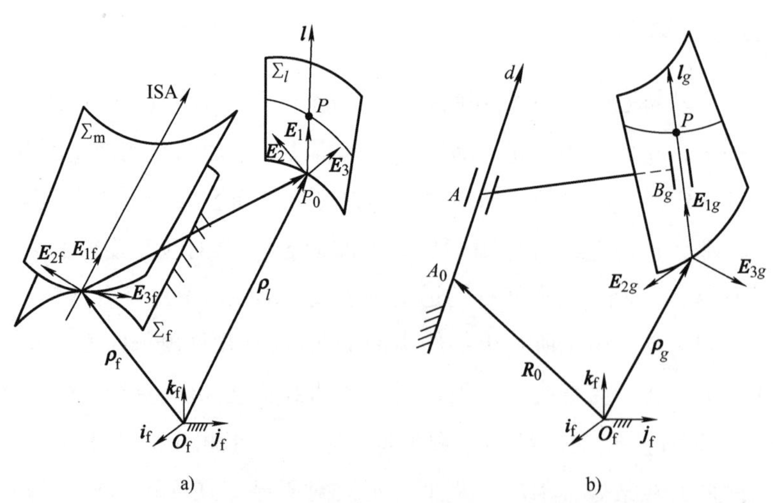

图 6.9　约束曲面逼近轨迹直纹面时特征线的运动特性

a）刚体上直线轨迹直纹面　b）连架杆约束直纹面

对于开式链末端构件上特征线L_g，在固定坐标系中的轨迹为约束曲面Σ_g，由第 3 章直纹面方程可写出特征线 L_g 上固定参考点 B_g 的矢量方程为：

$$\boldsymbol{R}_{Bg}=\boldsymbol{R}_P+u_{Bg}\boldsymbol{l}_g=\boldsymbol{\rho}_g+(u_{Bg}-b_{lg})\boldsymbol{l}_g \tag{6.125}$$

式中，u_{Bg} 是约束曲面 Σ_g 直母线（特征线 L_g）上参数，此处为固定点 P 到参考点 B_g 的距离。参考点 B_g 的速度可由位移矢量方程（6.125）对时间 t 求导得：

$$\boldsymbol{V}_{Bg}=\frac{\mathrm{d}\boldsymbol{R}_{Bg}}{\mathrm{d}t}=\frac{\mathrm{d}\sigma_g}{\mathrm{d}t}\left[\left(\alpha_g-\frac{\mathrm{d}b_{lg}}{\mathrm{d}\sigma_g}\right)\boldsymbol{E}_{g1}+(u_{Bg}-b_{lg})\boldsymbol{E}_{g2}+\gamma_g\boldsymbol{E}_{g3}\right] \tag{6.126}$$

式（6.126）中 α_g 和 γ_g 是约束曲面 Σ_g 的结构参数，$\{\boldsymbol{\rho}_g;\ \boldsymbol{E}_{g1},\ \boldsymbol{E}_{g2},\ \boldsymbol{E}_{g3}\}$ 是其 Frenet 标架，参考点 B_g 是特征线 L_g 上固定点，并且到另一固定点 P 的距离 u_{Bg} 为常数 $\left(\frac{\mathrm{d}u_{Bg}}{\mathrm{d}\sigma_g}=0\right)$。依据第3章定斜和定轴约束曲面 Σ_g 的讨论（其他开式链需要重新讨论），对应的开式链末端构件绕其固定轴线转动，角速度矢量为 $\boldsymbol{\omega}_g=\omega_g\boldsymbol{d}$，其中 $\boldsymbol{d}$ 是固定轴线的单位矢量，ω_g 是末端构件回转角速度，有 $\omega_g=\frac{\mathrm{d}\varphi}{\mathrm{d}t}=\frac{\mathrm{d}\sigma_g}{\mathrm{d}t}\cdot\frac{1}{\sin\delta_g}$。将末端构件的回转角速度矢量 $\boldsymbol{\omega}_g$ 在约束曲面 Σ_g 的 Frenet 标架 $\{\boldsymbol{\rho}_g;\ \boldsymbol{E}_{g1},\ \boldsymbol{E}_{g2},\ \boldsymbol{E}_{g3}\}$ 内表示，由于 $\boldsymbol{d}=\cos\delta_g\cdot\boldsymbol{E}_{g1}+\sin\delta_g\cdot\boldsymbol{E}_{g3}$，可得到：

$$\boldsymbol{\omega}_g=\omega_g\boldsymbol{d}=\frac{\mathrm{d}\sigma_g}{\mathrm{d}t}\cot\delta_g\cdot\boldsymbol{E}_{g1}+\frac{\mathrm{d}\sigma_g}{\mathrm{d}t}\boldsymbol{E}_{g3} \tag{6.127}$$

另一方面，对于 Σ^* 上过点 P 的一直线 L，由式（6.91）和式（6.97）可写出其在固定坐标系下的轨迹直纹面 Σ_l 的方程 $\boldsymbol{R}_l=\boldsymbol{R}_P+u_l\boldsymbol{l}=\boldsymbol{\rho}_l+(u_l-b_l)\boldsymbol{l}$。那么直线上另一参考点 B_l（到固定点 P 的距离为 u_{Bl}）在固定坐标系下的轨迹为直纹面 Σ_l 上的一条曲线 Γ_{Bl}，其矢量方程为：

$$\boldsymbol{R}_{Bl}=\boldsymbol{R}_P+u_{Bl}\boldsymbol{l}=\boldsymbol{\rho}_l+(u_{Bl}-b_l)\boldsymbol{l} \tag{6.128}$$

将式（6.128）对时间 t 求导，并利用直纹面 Σ_l 的 Frenet 公式和参考点 B_l 是运动刚体直线 L 上固定点并到另一固定点的 P 的距离 u_{Bl} 为常数（$\mathrm{d}u_{Bl}/\mathrm{d}\sigma_l=0$），可得参考点 B_l 的速度矢量为：

$$\boldsymbol{V}_{Bl}=\frac{\mathrm{d}\boldsymbol{R}_{Bl}}{\mathrm{d}t}=\frac{\mathrm{d}\sigma_l}{\mathrm{d}t}\left[\left(\alpha_l-\frac{\mathrm{d}b_l}{\mathrm{d}\sigma_l}\right)\boldsymbol{E}_1+(u_{Bl}-b_l)\boldsymbol{E}_2+\gamma_l\boldsymbol{E}_3\right] \tag{6.129}$$

Σ^* 的空间运动瞬时可以表示为绕 ISA 作螺旋运动，其瞬时回转角速度矢量为 $\boldsymbol{\omega}_l=\omega_l\boldsymbol{E}_{1f}$，其中 $\boldsymbol{E}_{1f}$ 是 ISA 的单位矢量，ω_l 是回转角速度。将回转角速度矢量 $\boldsymbol{\omega}_l$ 在直纹面 Σ_l 的 Frenet 标架 $\{\boldsymbol{\rho}_l;\ \boldsymbol{E}_1,\ \boldsymbol{E}_2,\ \boldsymbol{E}_3\}$ 内表示，由式（6.101）可知 $\boldsymbol{E}_{1f}=l_1\boldsymbol{E}_1+\sqrt{1-l_1^2}\boldsymbol{E}_3$，结合式（6.62）和式（6.96），可得 $\omega_l=\beta^*\frac{\mathrm{d}\sigma}{\mathrm{d}t}=\frac{1}{\sqrt{1-l_1^2}}\frac{\mathrm{d}\sigma_l}{\mathrm{d}t}$，从而有：

$$\boldsymbol{\omega}_l=\omega_l\boldsymbol{E}_{1f}=\frac{\mathrm{d}\sigma_l}{\mathrm{d}t}\frac{l_1}{\sqrt{1-l_1^2}}\boldsymbol{E}_1+\frac{\mathrm{d}\sigma_l}{\mathrm{d}t}\boldsymbol{E}_3 \tag{6.130}$$

当Σ^*上直线L的轨迹直纹面Σ_l与开式链末端构件上特征线L_g约束曲面Σ_g二阶以上密切接触时，依据定理3.8和式（3.190），有$\boldsymbol{E}_{ig}=\boldsymbol{E}_i$，$i=1$，2，3以及$\mathrm{d}\sigma_g=\mathrm{d}\sigma_l$，$\alpha_g=\alpha_l$，$\beta_g=\beta_l$，$\gamma_g=\gamma_l$。此时，$\Sigma^*$相对于开式链末端构件的回转角速度矢量可由$\Sigma^*$的回转角速度矢量和末端构件的回转角速度矢量之差得到，由式（6.127）和式（6.130）相减可得：

$$\boldsymbol{\omega}=\boldsymbol{\omega}_l-\boldsymbol{\omega}_g=\frac{\mathrm{d}\sigma_l}{\mathrm{d}t}\left(\frac{l_1}{\sqrt{1-{l_1}^2}}-\beta_g\right)\boldsymbol{E}_1=\frac{\mathrm{d}\sigma}{\mathrm{d}t}(l_1-\beta_l\sqrt{1-{l_1}^2})\beta^*\boldsymbol{E}_1=\Delta_\omega\boldsymbol{E}_1 \tag{6.131}$$

式中，$\Delta_\omega=\frac{\mathrm{d}\sigma_l}{\mathrm{d}t}\left(\frac{l_1}{\sqrt{1-{l_1}^2}}-\beta_l\right)=\frac{\mathrm{d}\sigma}{\mathrm{d}t}\ (l_1-\beta_l\sqrt{1-{l_1}^2})\beta^*=-\frac{l_3}{1-{l_1}^2}\cdot\frac{\mathrm{d}\sigma}{\mathrm{d}t}$。

当直线L的轨迹直纹面Σ_l与约束曲面Σ_g二阶以上密切接触时，结构参数相等，腰点重合。令Σ^*上直线L上参考点B_l与开式链末端构件中特征线L_g上参考点B_g(以及点P）对应重合（$u_{Bl}=u_{Bg}$，$b_l=b_{lg}$），二者之间的相对速度可由式（6.129）与式（6.126）相减得到：

$$\boldsymbol{V}_{Bl}-\boldsymbol{V}_{Bg}=\frac{\mathrm{d}\sigma_l}{\mathrm{d}t}\left(-\frac{\mathrm{d}b_l}{\mathrm{d}\sigma_l}+\frac{\mathrm{d}b_{lg}}{\mathrm{d}\sigma_l}\right)\boldsymbol{E}_1=\Delta_V\boldsymbol{E}_1 \tag{6.132}$$

式中，$\Delta_V=\left(-\frac{\mathrm{d}b_l}{\mathrm{d}\sigma_l}+\frac{\mathrm{d}b_{lg}}{\mathrm{d}\sigma_l}\right)\frac{\mathrm{d}\sigma_l}{\mathrm{d}t}$。特殊地，若约束曲面$\Sigma_g$为定轴直纹面，其腰线为开式链末端构件上固定点的轨迹曲线，此时有$\frac{\mathrm{d}b_{lg}}{\mathrm{d}\sigma_l}=0$。

当直线空间运动轨迹直纹面Σ_l与约束曲面Σ_g高阶接触时，在Σ^*上特征线处，采用运动副R、P和H来连接开式链末端构件与Σ^*的条件总结如下：

（1）R副连接　当轨迹直纹面Σ_l与约束曲面Σ_g二阶接触时，特征线L和L_g在无限接近三个位置重合，使得Σ^*与开式链末端构件在$\boldsymbol{l}(\boldsymbol{l}_g)$方向无相对移动，仅有相对转动，这时可用R副连接，由式（6.132）得到$\Delta_V=0$和$\frac{\mathrm{d}\Delta_V}{\mathrm{d}t}=0$，即：

$$\begin{cases}-\frac{\mathrm{d}b_l}{\mathrm{d}\sigma_l}+\frac{\mathrm{d}b_{lg}}{\mathrm{d}\sigma_l}=0\\[2mm]-\frac{\mathrm{d}^2b_l}{\mathrm{d}{\sigma_l}^2}+\frac{\mathrm{d}^2b_{lg}}{\mathrm{d}{\sigma_l}^2}=0\end{cases} \tag{6.133}$$

若约束曲面Σ_g为定轴直纹面，则有$\frac{\mathrm{d}b_{lg}}{\mathrm{d}\sigma_l}=0$和$\frac{\mathrm{d}^2b_{lg}}{\mathrm{d}\sigma_l^2}=0$，结合式（6.116）可得：

$$\begin{cases}\frac{\mathrm{d}b_l}{\mathrm{d}\sigma}=\frac{l_2p-l_1l_3H+l_3\gamma}{1-l_1^2}=0\\[2mm]\frac{\mathrm{d}^2b_l}{\mathrm{d}\sigma^2}=\frac{(\beta_\mathrm{m}l_3-2l_1)p+(\beta_\mathrm{m}l_1-2l_3)l_2H+l_3\frac{\mathrm{d}\gamma}{\mathrm{d}\sigma}-l_2(\beta_\mathrm{m}\gamma+\alpha_\mathrm{m})+4l_1l_2\frac{\mathrm{d}b_l}{\mathrm{d}\sigma}}{1-l_1^2}=0\end{cases} \tag{6.134}$$

当轨迹直纹面Σ_l与约束曲面Σ_g三阶接触时，特征线 L 和 L_g在无限接近四个位置重合，若用 R 副连接运动刚体与开式链末端构件，则约束方程为：$\Delta_V=0$、$\frac{\mathrm{d}\Delta_V}{\mathrm{d}t}=0$ 和$\frac{\mathrm{d}^2\Delta_V}{\mathrm{d}t^2}=0$。

（2）P 副连接　当轨迹直纹面Σ_l与约束曲面Σ_g二阶接触时，若要使得运动刚体与开式链末端构件无相对转动，仅有相对移动，这时可用 P 副连接，其约束方程应为 $\Delta_\omega=0$ 以及 $\frac{\mathrm{d}\Delta_\omega}{\mathrm{d}t}=0$，依据式（6.131），则有：

$$l_3=0,\quad \beta_{\mathrm{m}}=0 \tag{6.135}$$

即刚体的空间运动退化为更简单的形式，本书不作讨论。

（3）H 副连接　当轨迹直纹面Σ_l与约束曲面Σ_g二阶接触时，若采用 H 副连接运动刚体与开式链末端构件，需Σ^*相对于开式链末端构件上直线 L_g的线位移与角位移成线性关系，即$\frac{\Delta_V}{\Delta_\omega}=\frac{1-l_1{}^2}{l_3}\left(\frac{\mathrm{d}b_l}{\mathrm{d}\sigma}-\frac{\mathrm{d}b_{lg}}{\mathrm{d}\sigma}\right)=$常数或$\frac{\mathrm{d}}{\mathrm{d}t}\left(\frac{\Delta_V}{\Delta_\omega}\right)=0$，即：

$$\frac{1-l_1{}^2}{l_3}\left[\frac{\mathrm{d}^2b_l}{\mathrm{d}\sigma^2}-\frac{\mathrm{d}^2b_{lg}}{\mathrm{d}\sigma_l{}^2}\left(\frac{\mathrm{d}\sigma_l}{\mathrm{d}\sigma}\right)^2-\frac{\mathrm{d}b_{lg}\mathrm{d}^2\sigma_l}{\mathrm{d}\sigma_l\,\mathrm{d}\sigma^2}\right]-\frac{2l_1l_2l_3-\beta_{\mathrm{m}}l_2(1-l_1{}^2)}{l_3{}^2}\left(\frac{\mathrm{d}b_l}{\mathrm{d}\sigma}-\frac{\mathrm{d}b_{lg}\mathrm{d}\sigma_l}{\mathrm{d}\sigma_l\,\mathrm{d}\sigma}\right)=0 \tag{6.136}$$

若约束曲面Σ_g为定轴直纹面，连杆相对于连架杆上直线 L_g的线位移与角位移的关系为 $\frac{\Delta_V}{\Delta_\omega}=\frac{1-l_1{}^2}{l_3}\cdot\frac{\mathrm{d}b_l}{\mathrm{d}\sigma}=\frac{l_2p-l_1l_3H+l_3\gamma}{l_3}$，其约束方程应为$\frac{\mathrm{d}}{\mathrm{d}t}\left(\frac{\Delta_V}{\Delta_\omega}\right)=0$，即：

$$\frac{1-l_1{}^2}{l_3}\frac{\mathrm{d}^2b_l}{\mathrm{d}\sigma^2}-\frac{2l_1l_2l_3-\beta_{\mathrm{m}}l_2(1-l_1{}^2)}{l_3{}^2}\frac{\mathrm{d}b_l}{\mathrm{d}\sigma}=0 \tag{6.137}$$

当轨迹直纹面Σ_l与约束曲面Σ_g三阶接触时，L_g和 L 在无限接近四个位置重合，若用 H 副连接连杆与连架杆，则约束方程为：$\frac{\mathrm{d}}{\mathrm{d}t}\left(\frac{\Delta_V}{\Delta_\omega}\right)=0$和$\frac{\mathrm{d}^2}{\mathrm{d}t^2}\left(\frac{\Delta_V}{\Delta_\omega}\right)=0$。

当Δ_V与Δ_ω为任意函数关系时，只能采用圆柱副 C 连接，相当于变导程的螺旋副。

6.4.5 定轴曲率与定轴线

在平面和球面运动中，借助瞬心线标架建立了点运动的曲率理论，如欧拉公式及其高阶特征点分布。为了揭示直线的空间运动几何性质，依据第 3 章所定义的定斜曲率和定轴曲率，基于瞬轴面建立直线空间运动的欧拉公式及其高阶特性，即空间运动刚体上直线的方向位置、直线轨迹的广义曲率曲面与瞬轴面的关系，并与空间机构中常见直纹约束曲面相比较，讨论空间运动刚体上直线轨迹瞬时广义曲率几何性质，揭示空间运动刚体上各类特征直线，这是空间机构运动几何学领域尚未讨论的内容，也是空间机构运动综合的重要理论基础。

6.4.5.1 定斜曲率

对于空间运动刚体上直线 L，若讨论其轨迹直纹面 Σ_l 与定斜直纹面 $\Sigma_{C'P'C}$ 的接触情况，则可根据式（3.190）来确定轨迹直纹面 Σ_l 的定斜曲率曲面，并由式（3.191）~式（3.192）可得轨迹直纹面 Σ_l 与定斜曲率曲面的高阶接触条件。由 3.5.1 节定斜直纹面的性质可知，其球面像曲线为圆，即 $\beta_{C'P'C}$ 为常数。为使得轨迹直纹面 Σ_l 与定斜直纹面近似逼近，Σ_l 的结构参数需满足 $\beta_l=\beta_{C'P'C}=$ 常数，并称之为直纹面 Σ_l 的**定斜曲率**。由 6.4.3 节可知，直纹面 Σ_l 直母线单位方向矢量的球面像曲线的测地曲率 β_l 描述了其单位方向矢量性质，也决定了直纹面 Σ_l 与定斜直纹面 $\Sigma_{C'P'C}$ 的逼近程度。

空间运动刚体上任意直线的轨迹 Σ_l 与定斜曲率面 $\Sigma_{C'P'C}$ 在直母线 L 处有二阶接触，同平面曲线的三个无限接近点决定唯一曲率圆相类似，由直纹面 Σ_l 三个无限接近直母线单位方向矢量球面像点对应的球面像曲线密切圆锥，可确定出定斜直纹面 $\Sigma_{C'P'C}$，称为直纹面 Σ_l 在直母线 L 及其邻域处的定斜曲率曲面，由式（3.104）确定出定斜曲率曲面，其固定轴线 L_A 单位方向矢量 $\boldsymbol{d}$ 在 Σ_l 的 Frenet 标架 $\{\boldsymbol{\rho}_l;\ \boldsymbol{E}_1,\ \boldsymbol{E}_2,\ \boldsymbol{E}_3\}$ 内表示为：

$$\begin{cases}\boldsymbol{d}=\cos\delta\boldsymbol{E}_1+\sin\delta\boldsymbol{E}_3\\ \cot\delta=\beta_l=\dfrac{l_3+\beta^* l_1(1-l_1^2)}{\beta^*(1-l_1^2)^{\frac{3}{2}}}=\dfrac{\sin\theta_l+\beta^*\cos\delta_l\sin\delta_l}{\beta^*\sin^2\delta_l}\end{cases}\tag{6.138}$$

固定轴线 L_A 的位置可以任意选定。式（6.138）中的第二式可另表达为：

$$\cot(\delta-\delta_l)+\cot\delta_l=-\frac{\beta^*}{\sin\theta_l}\tag{6.139}$$

式（6.139）与球面运动的欧拉公式形式完全相同，再次说明了空间运动直线单位方向矢量的球面像性质完全等同于点的单位球面运动性质。

若直纹面 Σ_l 与定斜曲率面 $\Sigma_{C'P'C}$ 三阶接触，则其不变量 β_l 需满足条件式 $\dfrac{d\beta_l}{d\sigma_l}=0$；若直纹面 Σ_l 与定斜曲率面 $\Sigma_{C'P'C}$ 四阶接触，则 β_l 需满足条件式 $\dfrac{d\beta_l}{d\sigma_l}=\dfrac{d^2\beta_l}{d\sigma_l^{\ 2}}=0$，称直线 L 为运动刚体上的**定斜线**，其具体约束条件式在 6.4.3 中已予以讨论，在此不再赘述。

轨迹直纹面 Σ_l 的定斜曲率面 $\Sigma_{C'P'C}$ 对应了三杆开式链 C′-P′-C，运动刚体 Σ^* 上的直线 L 便成为特征线 $L_{C'P'C}$，这里连架杆和机架、末端构件的两个连接运动副均为 C 副，而当用 R 副和 H 副分别进行替代时，定斜曲率面 $\Sigma_{C'P'C}$ 和特征线 $L_{C'P'C}$ 的特性均发生改变，如 $\Sigma_{C'P'C}$ 退化为定斜回转直纹面 $\Sigma_{RP'C}$ 和定斜螺旋直纹面 $\Sigma_{HP'C}$，分别对应特征线 L_{RPC} 和 L_{HPC}；或者 $\Sigma_{C'P'C}$ 退化为 $\Sigma_{RP'H}$、$\Sigma_{RP'R}$、$\Sigma_{HP'R}$ 和 $\Sigma_{HP'H}$，对应特征线 $L_{RP'R}$、$L_{RP'H}$、$L_{HP'R}$ 和 $L_{HP'H}$。由于定斜直纹约束曲面 $\Sigma_{C'P'C}$ 的腰线不是开式运动链末端构件上固定点产生的轨迹曲线，其退化情形还稍微有些复杂，不在此展开讨论。

6.4.5.2 定轴曲率及其欧拉公式

定轴曲率是空间直线轨迹曲面Σ_l的典型广义曲率，对应Σ^*上定轴特征线L_{CC}，简称定轴线L_{CC}，可以蜕化为八种更为特殊而又常用的广义曲率，对应二副连架杆的约束曲面，如C-R，C-H，R-C，H-C，R-R，R-H，H-R，H-H。由于后六种对应约束曲面为定常直纹约束面，其广义曲率定义为定常曲率，将在下节介绍，本节仅讨论定轴曲率。

（1）定轴曲率及其欧拉公式　对于Σ^*上直线L的轨迹Σ_l，式（3.191）~式（3.192）给出了Σ_l与定轴曲率曲面$\Sigma_{C'C}$的高阶接触条件，由3.5.2节定理3.6和定轴曲率的定义可知，定轴曲率包括$\beta_l=$常数与$\alpha_l-\beta_l\gamma_l=$常数，前者反映了其球面像为圆，后者描述了其腰线为圆柱面曲线。

定轴曲率曲面$\Sigma_{C'C}$与轨迹直纹面Σ_l沿公共直母线L密切，二者的Frenet标架瞬时重合，定轴曲率曲面$\Sigma_{C'C}$的位置可以在轨迹Σ_l的Frenet标架内表示。由式（3.114）可知，定轴曲率曲面$\Sigma_{C'C}$的固定轴线L_A的单位方向矢量$\boldsymbol{d}$为$\boldsymbol{d}=\cos\delta\boldsymbol{E}_1+\sin\delta\boldsymbol{E}_3$，如图6.10所示。表明定轴曲率曲面$\Sigma_{C'C}$的固定轴线$L_A$位于公共直母线$L$一侧，并有公垂线$\overline{BA}$及其垂足点$B$和$A$。依据定轴直纹面的性质，公共直母线$L$上垂足点$B$为曲面$\Sigma_{C'C}$的腰点，公垂线为腰点处法线，其矢径为：

$$\begin{cases}\boldsymbol{R}_A=\boldsymbol{\rho}_l+\eta\boldsymbol{E}_2\\[4pt]\eta=\dfrac{\alpha_l-\beta_l\gamma_l}{1+\beta_l^2}\end{cases}\tag{6.140}$$

式（6.140）中η反映了定轴曲率面$\Sigma_{C'C}$的固定轴线L_A与公共直母线L之间的距离，有定轴曲率半径的几何意义，其正号表明了固定轴线L_A位于轨迹Σ_l直母线L腰点法矢量$\boldsymbol{E}_2$的正向，反之为反向。

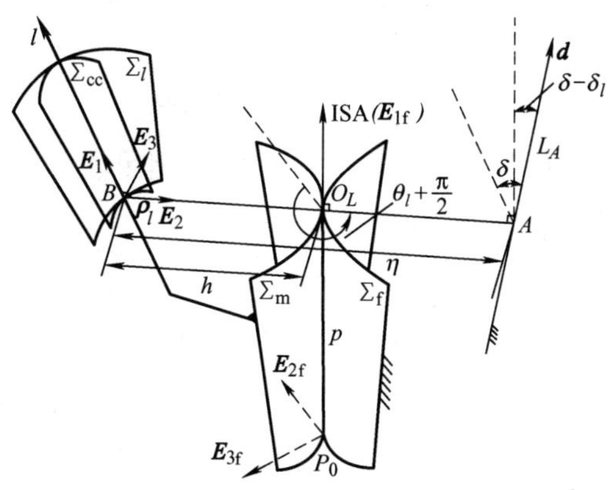

图6.10　直线空间运动欧拉公式

将式（6.117）中的结构参数α_l，β_l和γ_l代入式（6.140）的第二式可得：

$$\eta=\frac{l_2\beta^*p-[2l_1l_3\beta^*+\beta^{*2}(1-l_1^2)]H-(\alpha^*-\beta^*\gamma)l_3}{\beta^{*2}(1-l_1^2)^{\frac{3}{2}}(1+\beta_l^2)}$$

$$=\frac{\beta^{*} p\cos\theta_l-(\alpha^{*}-\beta^{*}\gamma)\sin\theta_l-\beta^{*} H(2\cos\delta_l\sin\theta_l+\beta^{*}\sin\delta_l)}{\beta^{*2}\sin^2\delta_l(1+\beta_l^2)} \tag{6.141}$$

结合式（6.138）和式（6.141）有：

$$\frac{\eta+h}{\sin^2(\delta-\delta_l)}-\frac{h}{\sin^2\delta_l}=-\frac{\alpha^{*}-\beta^{*}\gamma}{\sin\theta_l}+\frac{\cos\theta_l}{\sin^2\theta_l}\beta^{*} p \tag{6.142}$$

联立式（6.142）与式（6.139），可确定空间运动刚体 Σ^{*} 上直线 L 在固定坐标系中的轨迹 Σ_l 对应的定轴曲率曲面 $\Sigma_{C'C}$：

$$\begin{cases}\cot(\delta-\delta_l)+\cot\delta_l=-\dfrac{\beta^{*}}{\sin\theta_l}\\[2ex]\dfrac{\eta+h}{\sin^2(\delta-\delta_l)}-\dfrac{h}{\sin^2\delta_l}=-\dfrac{\alpha^{*}-\beta^{*}\gamma}{\sin\theta_l}+\dfrac{\cos\theta_l}{\sin^2\theta_l}\beta^{*} p\end{cases} \tag{6.143}$$

式（6.143）中：第一式体现了运动刚体中直线的单位方向 $\boldsymbol{l}(\delta_l,\ \theta_l)$ 与瞬轴面单位方向矢量球面像参数 β^{*}、定轴曲率面 $\Sigma_{C'C}$ 的固定轴线方向 $\boldsymbol{d}(\delta)$ 之间的关系；第二式则表明了运动刚体中直线的位置（h，p）与瞬轴面诱导结构参数（α^{*}，β^{*}，γ）、定轴曲率面半径及轴线位置 $\boldsymbol{R}_A$ 之间的关系，如图 6.10 所示。称式（6.143）为空间运动刚体上瞬时**直线空间运动欧拉公式**。

由此可见，直线空间运动欧拉公式——定轴曲率面，与点的平面、球面运动欧拉公式——三个无限接近位置曲率圆相比，无论在内涵上还是外在形式上都相对应。需要指出的是，直线的空间运动轨迹的定轴曲率面，可以采用直母线单位方向矢量球面像曲线和圆柱面上腰点曲线来表述，即用单位球面上曲线和圆柱面上曲线刻画，从而为第 7 章中空间机构的直线轨迹综合提供了理论基础。当然，此处圆柱面曲线是在球面像曲线所确定圆柱面轴线方向的前提下，与 3.6.2 节点轨迹的圆柱曲率曲面有所不同。

上述空间运动刚体上瞬时直线轨迹的欧拉公式中，若相关参数瞬时具有特殊值，那么，欧拉公式则需要有相应的变化，讨论如下。

（2）定轴曲率的方向奇点——直母线与轴线平行　在某一瞬时，运动刚体上直线 L 与瞬轴（ISA）平行（夹角 δ_l 为 0 或 π），即式（6.89）中 $l_1=1$，$l_2=l_3=0$，直纹面 Σ_l 球面像曲线测地曲率 β_l 瞬时趋于无穷大，或球面像曲线瞬时为尖点，轨迹 Σ_l 的直母线 L 在无限接近三位置平行于瞬轴 ISA，则瞬时为柱面（可展面 $\gamma_l=0$，$\beta_l\to\infty$），直纹面的 Frenet 公式难以应用，那么轨迹 Σ_l 的密切圆柱面（二阶接触）由轨迹曲面 Σ_l 上与直母线正交的切线方向的主曲率确定。

对于运动刚体上过参考点 P 的直线 L，其空间运动的轨迹曲面 Σ_l 瞬时为柱面，而参考点 P 的轨迹曲线可以作为轨迹曲面 Σ_l 上的准线 Γ_P，其矢量方程如式（6.53），其弧长参数为 σ_P，由式（3.28）可求得准线 Γ_P 的曲率矢量为：

$$k_P\boldsymbol{\beta}_P = \frac{\mathrm{d}^2\boldsymbol{R}_P}{\mathrm{d}\sigma_P^2} = \frac{\mathrm{d}^2\boldsymbol{R}_P}{\mathrm{d}\sigma^2}\left(\frac{\mathrm{d}\sigma}{\mathrm{d}\sigma_P}\right)^2 + \frac{\mathrm{d}\boldsymbol{R}_P}{\mathrm{d}\sigma}\frac{\mathrm{d}^2\sigma}{\mathrm{d}\sigma_P^2} \tag{6.144}$$

式（6.144）中 $\frac{\mathrm{d}\boldsymbol{R}_P}{\mathrm{d}\sigma}$ 和 $\frac{\mathrm{d}^2\boldsymbol{R}_P}{\mathrm{d}\sigma^2}$ 由式（6.56）和式（6.57）求得，并有 $\mathrm{d}\sigma_P = \sqrt{\alpha^{*2} + \beta^{*2}(u_2^2 + u_3^2)}\,\mathrm{d}\sigma$。轨迹直纹面$\Sigma_l$上任意点处的单位法矢为：

$$\boldsymbol{n} = \frac{\frac{\mathrm{d}\boldsymbol{R}_P}{\mathrm{d}\sigma_P}\times\boldsymbol{l}}{\left|\frac{\mathrm{d}\boldsymbol{R}_P}{\mathrm{d}\sigma_P}\times\boldsymbol{l}\right|} = \frac{u_2\boldsymbol{E}_{2\mathrm{f}} + u_3\boldsymbol{E}_{3\mathrm{f}}}{\sqrt{u_2^2 + u_3^2}} \tag{6.145}$$

根据式（3.29）求得Σ_l上沿准线$\boldsymbol{\Gamma}_P$切线方向$\boldsymbol{\alpha}_P$的法曲率为：

$$\begin{aligned} k_{nP} &= k_P\boldsymbol{\beta}_P\cdot\boldsymbol{n} = \left(\frac{\mathrm{d}\sigma}{\mathrm{d}\sigma_P}\right)^2\frac{\mathrm{d}^2\boldsymbol{R}_P}{\mathrm{d}\sigma^2}\cdot\boldsymbol{n} \\ &= \frac{1}{\sqrt{u_2^2+u_3^2}}\,\frac{(\alpha^* + \beta^*\gamma)u_2 - \beta^{*2}(u_2^2+u_3^2) - \beta^* u_1u_3}{\alpha^{*2} + \beta^{*2}(u_2^2+u_3^2)} \end{aligned} \tag{6.146}$$

由于轨迹直纹面Σ_l与圆柱面二阶接触，其直母线方向为主方向之一，准线$\boldsymbol{\Gamma}_P$的切线矢量$\boldsymbol{\alpha}_P$与直母线$\boldsymbol{l}$的夹角ϕ为：

$$\cos\phi = \boldsymbol{\alpha}_P\cdot\boldsymbol{E}_{1\mathrm{f}} = \frac{\mathrm{d}\sigma}{\mathrm{d}\sigma_P}\frac{\mathrm{d}\boldsymbol{R}_P}{\mathrm{d}\sigma}\cdot\boldsymbol{E}_{1\mathrm{f}} = \frac{\alpha^*}{\sqrt{\alpha^{*2}+\beta^{*2}(u_2^2+u_3^2)}} \tag{6.147}$$

由曲面上任意方向法曲率欧拉公式（3.36）得到垂直于直母线方向的法曲率k_{n1}为：

$$k_{n1} = \frac{k_{nP}}{\sin^2\phi} = \frac{(\alpha^* + \beta^*\gamma)u_2 - \beta^{*2}(u_2^2+u_3^2) - \beta^* u_1u_3}{\beta^{*2}(u_2^2+u_3^2)^{\frac{3}{2}}} \tag{6.148}$$

在该瞬时，式（6.148）确定了轨迹曲面Σ_l的密切圆柱面半径r_0，即$r_0 = 1/k_{n1}$。在固定坐标系中密切圆柱面的轴线L_C过参考点C并且平行于直母线L，如图6.11所示。参考点C的矢径为：

$$\begin{aligned} \boldsymbol{R}_C &= \boldsymbol{R}_P + r_0\boldsymbol{n} \\ &= \boldsymbol{R}_P + \frac{\beta^{*2}(u_2^2+u_3^2)}{(\alpha^* + \beta^*\gamma)u_2 - \beta^{*2}(u_2^2+u_3^2) - \beta^* u_1u_3}(u_2\boldsymbol{E}_{2\mathrm{f}} + u_3\boldsymbol{E}_{3\mathrm{f}}) \end{aligned} \tag{6.149}$$

由于直线L与瞬轴$\boldsymbol{E}_{1\mathrm{f}}$相平行，因此对于直线$L$上固定参考点$P$，可令其在动瞬轴面$\Sigma_\mathrm{m}$的Frenet标架$\{\boldsymbol{\rho}_\mathrm{m};\ \boldsymbol{E}_{1\mathrm{m}},\ \boldsymbol{E}_{2\mathrm{m}},\ \boldsymbol{E}_{3\mathrm{m}}\}$中的相对坐标分量分别为：

$$u_1 = 0,\quad u_2 = r\cos\psi,\quad u_3 = r\sin\psi \tag{6.150}$$

将式（6.150）代入式（6.149）可得：

$$\boldsymbol{R}_C = \boldsymbol{R}_P + r_0\boldsymbol{n} = \boldsymbol{R}_P + r_0\cos\psi\boldsymbol{E}_{2\mathrm{f}} + r_0\sin\psi\boldsymbol{E}_{3\mathrm{f}} \tag{6.151}$$

其中Σ_l密切圆柱面的半径r_0由$r_0 = 1/k_{n1}$以及式（6.148）可得：

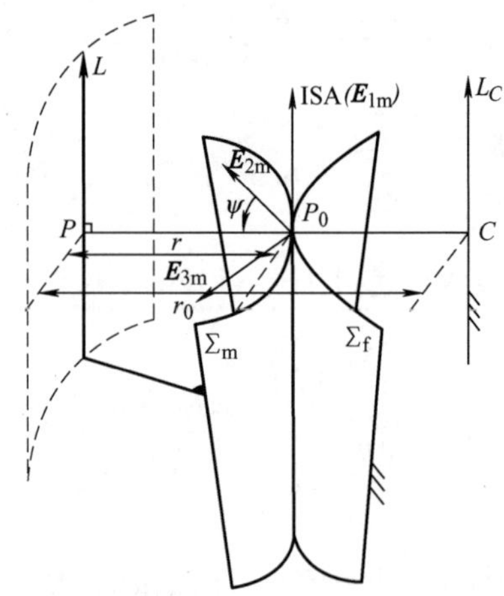

图6.11　瞬时与瞬轴平行直线的轨迹曲面

$$r_0=\frac{\beta^{*2}r^2}{(\alpha^*+\beta^*\gamma)\cos\psi-\beta^{*2}r} \tag{6.152}$$

式（6.152）可以另表达为：

$$\frac{1}{r}-\frac{1}{r_0+r}=\frac{\beta^{*2}}{(\alpha^*+\beta^*\gamma)\cos\psi} \tag{6.153}$$

式（6.153）可称为瞬时与ISA平行的空间运动刚体上直线的欧拉公式，决定了动、定瞬轴面的Frenet标架中描述的该直线无限接近三位置共圆柱面时，圆柱面半径与直线参数的关系。当$r_0\to\infty$时，可由式（6.153）得到：

$$r-\frac{\alpha^*+\beta^*\gamma}{\beta^{*2}}\cos\psi=0 \tag{6.154}$$

式（6.154）确定了瞬轴面Frenet标架中存在一过ISA的圆柱面，其上任意直母线的无限接近位置三条直线相互平行，并且在一平面上，类似于平面运动的拐点圆。当$r=0$时，由式（6.152)第二式可知此时圆柱面的半径退化为零，表明ISA无限接近三位置直线相互重合，类似平面运动拐点圆上的尖点。

（3）定轴曲率的拐线　把式（6.141）改写为另一种表达式为：

$$\eta=-\frac{2\beta^*\cot\delta_l\sin\theta_l+\beta^{*2}}{\sin^2\theta_l/\sin^2\delta_l+2\beta^*\cot\delta_l\sin\theta_l+\beta^{*2}}\left[h-\frac{\beta^*\cos\theta_l p-(\alpha^*-\beta^*\gamma)\sin\theta_l}{2\beta^*\cot\delta_l\sin\theta_l+\beta^{*2}}\right] \tag{6.155}$$

当$\eta=0$时，则有：

$$h-\frac{\beta^*\cos\theta_l p-(\alpha^*-\beta^*\gamma)\sin\theta_l}{2\beta^*\cot\delta_l\sin\theta_l+\beta^{*2}}=0 \tag{6.156}$$

因此，给定直母线L与固定轴线之间的夹角δ，对于任意一θ_l，可以由式（6.143）的第一式求得相应的δ_l。式（6.156）描述了由$\boldsymbol{E}_2$和$\boldsymbol{E}_{1m}$（$\boldsymbol{E}_{1f}$）所张成平面中的一条直线，直

线上的任意点对应着参数（p，h）。当θ_l从0变化到2π，得到相应的直纹面，该直纹面上的每一点对应刚体上直线L的参数（p，h，θ_l，δ_l），因而运动刚体上瞬时存有∞^2条直线，其无限接近三位置直线均与一固定轴线相交，并夹定角δ。

特殊地，当$\delta=\pi/2$时，即$\beta_l=\cot\delta=0$，此时直线轨迹曲面Σ_l的球面像曲线测地曲率β_l为零，球面像曲线上存有测地拐点，由式（6.138）可得：

$$\sin\theta_l+\beta^*\cos\delta_l\sin\delta_l=0 \tag{6.157a}$$

或者

$$\sin^2\delta_l=\frac{\beta^{*2}\pm\sqrt{\beta^{*4}-4\beta^{*2}\sin^2\theta_l}}{2\beta^{*2}} \tag{6.157b}$$

对于空间运动刚体上的直线L，若其轨迹曲面同时满足$\eta=0$和$\beta_l=0$，该直线的无限接近三位置均与一固定轴线垂直相交，其性质类似于平面点的运动中的拐点，将刚体上的这∞^2条直线称为拐线汇。此时式（6.155）可简化为：

$$\eta=-(1-\cot^2\delta_l)\left[h-\frac{\beta^*p\cos\theta_l-(\alpha^*-\beta^*\gamma)\sin\theta_l}{\beta^{*2}(\sin^2\delta_l-\cos^2\delta_l)}\right] \tag{6.158}$$

对于任意一θ_l，可以由式（6.157a）求得相应的δ_l，从而可确定出刚体上直线L的方向，并可通过式（6.156）在由$\boldsymbol{E}_2$和$\boldsymbol{E}_{1\mathrm{m}}(\boldsymbol{E}_{1\mathrm{f}})$所张成的平面$\Sigma_I$上描绘出一条直线$L_I$，其上任意点为定轴曲率拐线和$\Sigma_I$的交点，如图6.12所示，平面$\Sigma_I$与直线$L$相交于腰点$B$，与轨迹曲面定轴曲率面固定轴线$L_A$相交于点$A$，则有如下关系式：

$$\overline{AB}=(1-\cot^2\delta_l)\overline{JB} \tag{6.159}$$

其中点J为点A和腰点B的连线与直线L_I的交点。

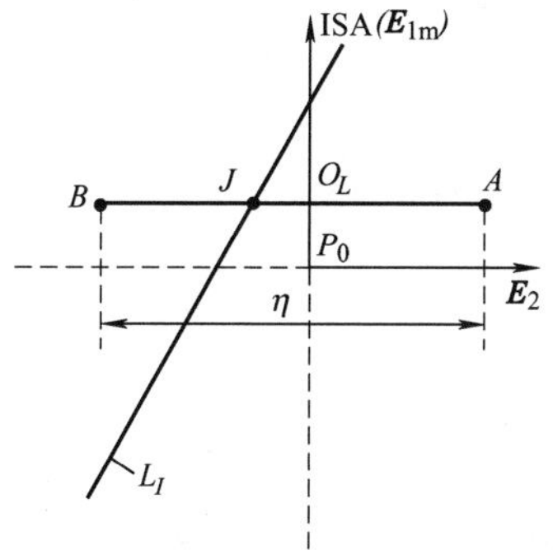

图6.12　直线、定轴曲率面固定轴线和定轴曲率拐线的位置关系

6.4.5.3　定轴曲率驻线

对于空间运动刚体上直线L，其轨迹曲面Σ_l的定轴曲率β_l与$\eta=\dfrac{\alpha_l-\beta_l\gamma_l}{1+\beta_l^2}$瞬时保持不变，即$\dfrac{d\beta_l}{d\sigma}=0$和$\dfrac{d\eta}{d\sigma}=0$。该直线无限接近四位置与一固定轴线夹定角，且直母线到固定轴线的距

离不变，也就是轨迹曲面Σ_l与定轴曲率面$\Sigma_{C'C}$三阶接触，则此直线称为**定轴曲率驻线**，结合式（6.140）中的第二式可得：

$$\frac{\mathrm{d}\beta_l}{\mathrm{d}\sigma_l}=0,\frac{\mathrm{d}\alpha_l}{\mathrm{d}\sigma_l}-\beta_l\frac{\mathrm{d}\gamma_l}{\mathrm{d}\sigma_l}=0 \tag{6.160}$$

式（6.160）中第一式同式（6.123），即直线L的单位方向矢量$\boldsymbol{l}(\theta_l,\ \delta_l)$对应球面像测地曲率驻点，第二式则描述了圆柱腰面半径驻点。由式（6.118）可得：

$$\begin{cases}\dfrac{\mathrm{d}\alpha_l}{\mathrm{d}\sigma_l}=\dfrac{a_{11}p+a_{12}H+a_{13}}{\beta^{*2}(1-l_1^2)^2}\\[2ex]\dfrac{\mathrm{d}\gamma_l}{\mathrm{d}\sigma_l}=\dfrac{a_{21}p+a_{22}H+a_{23}}{\beta^{*}(1-l_1^2)^{\frac{1}{2}}}\end{cases} \tag{6.161}$$

其中系数为：

$$\begin{cases}a_{11}=l_3\beta_{\mathrm{m}}-l_3(1-l_1^2)\beta^*-2l_1-\dfrac{l_2}{\beta^*}\dfrac{\mathrm{d}\beta^*}{\mathrm{d}\sigma}+\dfrac{5l_1l_2^2}{1-l_1^2}\\[2ex]a_{12}=l_1l_2\beta_{\mathrm{m}}+\dfrac{l_1l_3}{\beta^*}\dfrac{\mathrm{d}\beta^*}{\mathrm{d}\sigma}-2l_2l_3-\dfrac{5l_1^2l_2l_3}{1-l_1^2}\\[2ex]a_{13}=l_2(\alpha^*-\alpha_{\mathrm{m}}-\beta_{\mathrm{m}}\gamma)+l_2(1-l_1^2)\beta^*\gamma+l_1(1-l_1^2)\beta^*\dfrac{\mathrm{d}}{\mathrm{d}\sigma}\left(\dfrac{\alpha^*}{\beta^*}\right)+\\[2ex]\qquad l_3\beta^*\dfrac{\mathrm{d}}{\mathrm{d}\sigma}\left(\dfrac{\gamma}{\beta^*}\right)+\dfrac{5l_1l_2l_3\gamma}{1-l_1^2}\\[2ex]a_{21}=\dfrac{l_1l_3}{1-l_1^2}\\[2ex]a_{22}=\dfrac{l_2}{1-l_1^2}\\[2ex]a_{23}=\dfrac{\mathrm{d}}{\mathrm{d}\sigma}\left(\dfrac{\alpha^*}{\beta^*}\right)-\dfrac{l_1l_2\gamma}{1-l_1^2}\end{cases}$$

将式（6.161）和式（6.117）代入式（6.160），化简为：

$$\begin{cases}\cot\delta_l=\dfrac{1}{M\sin\theta_l}+\dfrac{1}{N\cos\theta_l}\\[2ex]a_{31}p+a_{32}H+a_{33}=0\end{cases} \tag{6.162}$$

其中

$$\begin{cases}a_{31}=a_{11}-[l_3+\beta^*l_1(1-l_1^2)]a_{21},\quad a_{32}=a_{12}-[l_3+\beta^*l_1(1-l_1^2)]a_{22}\\a_{33}=a_{13}-[l_3+\beta^*l_1(1-l_1^2)]a_{23}\end{cases}$$

可见对于直线 L 的四个参数（p，h，θ_l，δ_l），上述两个方程表明空间运动刚体上瞬时存在一组线汇，**定轴曲率驻线汇**，该线汇中每条直线均可作为特征线 $L_{C'C}^{(3)}$。

特殊地，若空间运动刚体上直线 L 同时满足 $\beta_l=0$，$\eta=0$，$\dfrac{d\beta_l}{d\sigma}=0$ 和 $\dfrac{d\eta}{d\sigma}=0$，即：

$$\begin{cases}\sin\theta_l+\beta^*\cos\delta_l\sin\delta_l=0\\ \cot\delta_l=\dfrac{1}{M\sin\theta_l}+\dfrac{1}{N\cos\theta_l}\\ a_{31}p+a_{32}H+a_{33}=0\\ a_{41}p+a_{42}H+a_{43}=0\end{cases}\tag{6.163}$$

其中

$$a_{41}=l_2\beta^*,\quad a_{42}=-2l_1l_3\beta^*-\beta^{*2}(1-l_1^2),\quad a_{43}=-(\alpha^*-\beta^*\gamma)l_3$$

式（6.163）中的前两式决定了直线的方向，对两式进行合并化简，得到：

$$\sin^2\delta_l(f_1\cos^8\delta_l+f_2\cos^6\delta_l+f_3\cos^4\delta_l+f_4\cos^2\delta_l+f_5)=0\tag{6.164}$$

其中

$$\begin{cases}f_1=-\beta^{*4}\\ f_2=\beta^{*4}-\dfrac{2\beta^{*3}}{M}\\ f_3=\dfrac{2\beta^{*3}}{M}-\dfrac{\beta^{*2}}{N^2}-\dfrac{\beta^{*2}}{M^2}-\beta^{*2}\\ f_4=\dfrac{\beta^{*2}}{N^2}+\dfrac{\beta^{*2}}{M^2}-\dfrac{2\beta^*}{M}\\ f_5=-\dfrac{1}{M^2}\end{cases}$$

由于 $\sin\delta_l\neq0$，所以式（6.164）为关于 $\cos\delta_l$的八次方程。可以得到八组直线 L 的方向角（δ_l，θ_l），但其中四组和另外四组分别描述了直线的相反方向，因此实际上式（6.164）决定了四条直线方向，将解得的方向角（δ_l，θ_l）代入式（6.163）的后两式，可得相应直线的位置，也是上述拐线汇与定轴曲率驻线汇的交点，其无限接近四位置均与一固定轴线垂直相交，与刚体平面运动中的 Ball 点对应。

6.4.5.4 定轴线

对于空间运动刚体上直线 L，其轨迹曲面 Σ_l的定轴曲率 β_l与 $\eta=\dfrac{\alpha_l-\beta_l\gamma_l}{1+\beta_l^2}$的一阶和二阶导数瞬时保持不变，即$\dfrac{d\beta_l}{d\sigma}=0$，$\dfrac{d\eta}{d\sigma}=0$，$\dfrac{d^2\beta_l}{d\sigma^2}=0$ 和$\dfrac{d^2\eta}{d\sigma^2}=0$，称为**定轴线**。该直线在无限接近五位置处与一固定轴线夹定角并到该固定轴线的距离不变，其轨迹曲面 Σ_l与定轴直纹面

$\Sigma_{C'C}$四阶接触，有：

$$\begin{cases}\dfrac{d\beta_l}{d\sigma_l}=0, \quad \dfrac{d^2\beta_l}{d\sigma_l^{\ 2}}=0\\ \dfrac{d\alpha_l}{d\sigma_l}-\beta_l\dfrac{d\gamma_l}{d\sigma_l}=0, \quad \dfrac{d^2\alpha_l}{d\sigma_l^{\ 2}}-\beta_l\dfrac{d\gamma_l^{\ 2}}{d\sigma_l^{\ 2}}=0\end{cases} \tag{6.165}$$

结合式（6.123）、式（6.124）和式（6.161），可得：

$$\begin{cases}\cot\delta_l=\dfrac{1}{M\sin\theta_l}+\dfrac{1}{N\cos\theta_l}\\ (1+\tan^2\theta_l)\left[\dfrac{2-\beta_m M}{M^2}+\dfrac{\dfrac{dM}{d\sigma}+\dfrac{3M}{N}}{M^2}\tan\theta_l+\dfrac{1+\dfrac{dN}{d\sigma}}{N^2}\tan^2\theta_l+\right.\\ \qquad\left.\dfrac{\beta_m-\dfrac{1}{M}}{N}\tan^3\theta_l-\dfrac{1}{N^2}\tan^4\theta_l\right]+\tan^2\theta_l=0\\ a_{31}p+a_{32}H+a_{33}=0\\ a_{51}p+a_{52}H+a_{53}=0\end{cases} \tag{6.166}$$

其中

$$\begin{cases}a_{51}=\dfrac{da_{31}}{d\sigma}+\dfrac{l_1l_2a_{31}+l_3a_{32}}{1-l_1^2}\\ a_{52}=\dfrac{da_{32}}{d\sigma}+\dfrac{l_1l_2a_{32}-l_3a_{31}}{1-l_1^2}\\ a_{53}=\dfrac{da_{33}}{d\sigma}+\dfrac{(l_1l_3a_{31}-l_2a_{32})\gamma}{1-l_1^2}-a_{31}\alpha_m\end{cases}$$

式（6.166）中的前两式决定了该直线的方向，由第二式可知，运动刚体最多有六个方向的直线 $L_{C'C}^{(4)}$，将解得的方向角（δ_l，θ_l）代入式（6.166）的后两式中，可以得到相应直线的位置参数（p，H）。因此，空间运动刚体上瞬时无限接近五位置的定轴线不多于六条。

6.4.5.5 定轴线的运动副连接

以上讨论了空间运动刚体上直线的轨迹直纹面Σ_l的定轴曲率及定轴曲率曲面$\Sigma_{C'C}$，可采用两个C副分别连接连架杆与运动刚体上定轴线$L_{C'C}$和机架上的固定回转轴线，形成二副杆C′-C；当空间运动刚体与连架杆沿定轴线$L_{C'C}$仅有转动或螺旋简单运动时，如6.4.4节所述，特征线$L_{C'C}$处可采用R副和H副替代C副连接，则定轴曲率曲面$\Sigma_{C'C}$几何形状没有变化，但附加了运动约束，称为C′-R曲率曲面和C′-H曲率曲面，并以$\Sigma_{C'R}$和$\Sigma_{C'H}$表示。

（1）定轴特征线 $L_{C'R}$　对于给定的空间运动刚体上直线的轨迹直纹面 Σ_l 及其定轴曲率面 $\Sigma_{C'C}$，若用 R 副连接运动刚体，形成二副杆 C′-R，则定轴曲率曲面 $\Sigma_{C'C}$ 和定轴特征线 $L_{C'C}$ 分别变为 C′-R 曲率曲面 $\Sigma_{C'R}$ 和定轴特征线 $L_{C'R}$，而 $\Sigma_{C'R}$ 的腰线为二副杆 C′-R 上固定点的轨迹，有 $\dfrac{\mathrm{d}b_{lg}}{\mathrm{d}\sigma_l}=0$ 和 $\dfrac{\mathrm{d}^2 b_{lg}}{\mathrm{d}\sigma_l^2}=0$，依据式（6.134），直纹面 Σ_l 成为 C′-R 曲率曲面需满足：

$$\frac{\mathrm{d}b_l}{\mathrm{d}\sigma}=0,\quad \frac{\mathrm{d}^2 b_l}{\mathrm{d}\sigma^2}=0 \tag{6.167a}$$

其具体条件式为：

$$\begin{cases} a_{61}p+a_{62}H+a_{63}=0 \\ a_{71}p+a_{72}H+a_{73}=0 \end{cases} \tag{6.167b}$$

其中

$$\begin{cases} a_{61}=l_2,\quad a_{62}=-l_1 l_3,\quad a_{63}=l_3\gamma \\ a_{71}=\beta_{\mathrm{m}} l_3-2l_1,\quad a_{72}=l_2(\beta_{\mathrm{m}} l_1-2l_3) \\ a_{73}=l_3\dfrac{\mathrm{d}\gamma}{\mathrm{d}\sigma}-l_2(\alpha_{\mathrm{m}}+\beta_{\mathrm{m}}\gamma) \end{cases}$$

从而得到：

$$\begin{cases} p=\dfrac{l_1 l_3^2\dfrac{\mathrm{d}\gamma}{\mathrm{d}\sigma}-l_1 l_2 l_3(\alpha_{\mathrm{m}}+\beta_{\mathrm{m}}\gamma)+l_3\gamma(\beta_{\mathrm{m}} l_1 l_2-2l_2 l_3)}{-\beta_{\mathrm{m}} l_1(1-l_1^2)+2l_3(1-l_3^2)} \\ H=\dfrac{l_2 l_3\dfrac{\mathrm{d}\gamma}{\mathrm{d}\sigma}-l_2^2(\alpha_{\mathrm{m}}+\beta_{\mathrm{m}}\gamma)-l_3\gamma(\beta_{\mathrm{m}} l_3-2l_1)}{-\beta_{\mathrm{m}} l_1(1-l_1^2)+2l_3(1-l_3^2)} \end{cases} \tag{6.168}$$

由此可知，对于任意给定的空间运动刚体上直线的方向参数（δ_l，θ_l），由式（6.89）确定特征线 $L_{C'R}^{(2)}$ 方向余弦，可由式（6.168）得到其在运动刚体中的位置参数（p，H），其无限接近三位置可用二副杆 C′-R 连接。由此可见，任意瞬时空间运动刚体上，对于给定方向仅存在一条特征线 $L_{C'R}^{(2)}$，对于所有方向共有 ∞^2 条特征线 $L_{C'R}^{(2)}$。

若考虑 C′-R 曲率驻线，则在直线轨迹曲面 Σ_l 与定轴曲率曲面 $\Sigma_{C'C}$ 三阶接触条件式（6.160）基础上，结合式（6.167a）及其导数，有 $\dfrac{\mathrm{d}\beta_l}{\mathrm{d}\sigma_l}=0$，$\dfrac{\mathrm{d}\alpha_l}{\mathrm{d}\sigma_l}-\dfrac{\beta_l\mathrm{d}\gamma_l}{\mathrm{d}\sigma_l}=0$，$\dfrac{\mathrm{d}b_l}{\mathrm{d}\sigma}=0$，$\dfrac{\mathrm{d}^2 b_l}{\mathrm{d}\sigma^2}=0$ 和 $\dfrac{\mathrm{d}^3 b_l}{\mathrm{d}\sigma^3}=0$，共有五个约束方程，而确定空间运动刚体上直线仅需四个参数（δ_l，θ_l，p，h），一般难以有解，因此二副杆 C′-R 的特征线仅为二阶。

（2）定轴特征线 $L_{C'H}$　对于给定的空间运动刚体上直线的轨迹直纹面 Σ_l 及其定轴曲率面 $\Sigma_{C'C}$，若用 H 副连接运动刚体，形成二副杆 C′-H，则定轴曲率面 $\Sigma_{C'C}$ 为约束曲面 $\Sigma_{C'H}$，

而定轴线 $L_{C'C}$ 为定轴特征线 $L_{C'H}$。运动刚体与二副杆 C′-H 沿特征线 $L_{C'H}^{(2)}$ 相对运动符合螺旋副要求 $\frac{d}{d\sigma}\left(\frac{\Delta_V}{\Delta_\omega}\right)=0$，将式（6.167a）代入式（6.137）化简得：

$$a_{81}p + a_{82}H + a_{83} = 0 \tag{6.169}$$

其中

$$\begin{cases} a_{81} = \beta_m(1-l_1^2) - \dfrac{2l_1l_3^3}{1-l_1^2}, \quad a_{82} = -\dfrac{2l_2l_3^2}{1-l_1^2} \\ a_{83} = l_3^2\dfrac{d\gamma}{d\sigma} - l_2l_3\alpha_m + \dfrac{2l_1l_2l_3^2\gamma}{1-l_1^2} \end{cases}$$

给定任意直线的单位方向矢量的两个参数（δ_l，θ_l），可由式（6.169）确定出系数 a_{81}、a_{82} 和 a_{83}，此时轨迹曲面的腰点均在一条直线上，该瞬时存在 ∞^1 条特征线，故运动刚体上瞬时有 ∞^3 条特征线 $L_{C'H}^{(2)}$。

若定轴曲率 β_l 与 $\eta=\dfrac{\alpha_l-\beta_l\gamma_l}{1+\beta_l^2}$ 瞬时保持不变，即 $\dfrac{d\beta_l}{d\sigma}=0$ 和 $\dfrac{d\eta}{d\sigma}=0$，同时采用 H 副连接运动刚体，形成二副杆 C′-H，轨迹直纹面 Σ_l 与约束曲面 $\Sigma_{C'H}$ 三阶接触，则运动刚体上的特征线 $L_{C'H}^{(3)}$ 需要同时满足 $\dfrac{d\beta_l}{d\sigma}=0$，$\dfrac{d\alpha_l}{d\sigma}-\dfrac{\beta_l d\gamma_l}{d\sigma}=0$，$\dfrac{d}{d\sigma}\left(\dfrac{\Delta_V}{\Delta_\omega}\right)=0$ 和 $\dfrac{d^2}{d\sigma^2}\left(\dfrac{\Delta_V}{\Delta_\omega}\right)=0$，即：

$$\begin{cases} \cot\delta_l = \dfrac{1}{M\sin\theta_l} + \dfrac{1}{N\cos\theta_l} \\ a_{31}p + a_{32}H + a_{33} = 0 \\ a_{81}p + a_{82}H + a_{83} = 0 \\ a_{91}p + a_{92}H + a_{93} = 0 \end{cases} \tag{6.170}$$

其中

$$\begin{cases} a_{91} = \dfrac{da_{81}}{d\sigma} + \dfrac{l_1l_2a_{81} + l_3a_{82}}{1-l_1^2}, \quad a_{92} = \dfrac{da_{82}}{d\sigma} + \dfrac{l_1l_2a_{82} - l_3a_{81}}{1-l_1^2} \\ a_{93} = -a_{81}\alpha_m + \dfrac{l_1l_3a_{81}\gamma - l_2a_{82}\gamma}{1-l_1^2} + \dfrac{da_{83}}{d\sigma} \end{cases}$$

为使得特征线的位置参数（p，H）有解，式（6.170）中后三式的系数矩阵需满足：

$$\begin{vmatrix} a_{31} & a_{32} & a_{33} \\ a_{81} & a_{82} & a_{83} \\ a_{91} & a_{92} & a_{93} \end{vmatrix} = 0 \tag{6.171}$$

即：

$$a_{31}(a_{82}a_{93}-a_{83}a_{92})-a_{32}(a_{81}a_{93}-a_{91}a_{83})+a_{33}(a_{81}a_{92}-a_{82}a_{91})=0$$

式（6.171）和式（6.170）中第一式约束了特征线的方向参数（δ_l，θ_l），仅有有限个代数解，代入式（6.170）中可以得到特征线的确定位置参数（p，H）。因此，在任意瞬时，空间运动刚体上存在有限条特征线 $L_{C'H}^{(3)}$，其轨迹曲面可以和约束曲面 $\Sigma_{C'H}$ 三阶逼近。

6.4.6 定常曲率与定常线

当连架杆与机架沿固定轴线的相对运动属于某些简单运动时，定轴线可分别采用R副和H副替代C副连接，则定轴曲率分别退化为常参数曲率，如单叶双曲曲率和螺旋曲率。定轴曲率曲面 $\Sigma_{C'C}$ 在几何形状上分别退化为常参数曲率曲面的单叶双曲面和螺旋面，并以 Σ_{RC} 和 Σ_{HC} 表示，其定轴线退化为单叶双曲面特征线 L_{RC} 和螺旋面特征线 L_{HC}。同样地，当空间运动刚体与连架杆沿特征线仅有转动或螺旋简单运动时，可以用R副和H副替代运动轴线上的C副，则常参数特征线分别退化为 L_{RR}、L_{RH}，L_{HR} 和 L_{HH}，常参数曲率曲面几何形状仍为单叶双曲面和螺旋面，但附加运动约束，分别以 Σ_{RR}、Σ_{RH}、Σ_{HR}、Σ_{HH} 等表示曲率曲面。其实，三对曲率曲面 Σ_{RC} 和 Σ_{CR}、Σ_{HC} 和 Σ_{CH}、Σ_{HR} 和 Σ_{RH} 具有同样的相对运动约束性质，体现了运动刚体上特征线相对机架上定轴线的运动或倒置运动，犹如平面运动中的滑点和束线。需要注意的是，曲率曲面的几何形状与腰线是曲面本身的几何特征，并没有体现运动约束性质，如运动刚体上特征线 L_{RC} 和 L_{HC} 分别对应着定轴曲率曲面 Σ_{RC} 和 Σ_{HC}，虽然这两条特征线与连架杆上特征线重合，但是运动刚体沿着特征线方向有相对滑动位移，从而定轴曲率曲面的腰线并不是由运动刚体上一个固定点在机架坐标系中形成的轨迹曲线。

（1）单叶双曲曲率与特征线 L_{RC}　若二副杆C′-C与机架采用R副连接，则定轴曲率面 $\Sigma_{C'C}$ 和特征线 $L_{C'C}$ 分别退化为约束曲面 Σ_{RC} 和特征线 L_{RC}，定轴曲率 β_l 与 $\eta=\dfrac{\alpha_l-\beta_l\gamma_l}{1+\beta_l^2}$ 退化为常曲率（α_l，β_l，γ_l 均为常数），而二副杆R-C对应的轨迹曲面为单叶双曲面 Σ_{RC}。那么，空间运动直线的轨迹直纹面 Σ_l 要成为单叶双曲面，需要依据二阶接触条件式（3.190）和单叶双曲面结构参数式（3.134），并得到如下约束方程：

$$\alpha_l\beta_l+\gamma_l=0,\quad \frac{\mathrm{d}\gamma_l}{\mathrm{d}\sigma_l}=0 \tag{6.172}$$

式（6.172）与定轴曲率结合称为**单叶双曲曲率**，轨迹直纹面 Σ_l 的二阶逼近单叶双曲面 Σ_{RC}，其固定轴线 L_A 的单位方向矢量 $\boldsymbol{d}$ 同样为式（6.138），其上垂足 A 的矢径为：

$$\begin{cases}\boldsymbol{R}_A=\boldsymbol{\rho}_l+\eta\boldsymbol{E}_2\\ \eta=-\dfrac{\gamma_l}{\beta_l}=-\dfrac{(\alpha^*+\beta^*l_1H)(1-l_1^2)^{\frac{3}{2}}}{l_3+\beta^*l_1(1-l_1^2)}\end{cases} \tag{6.173}$$

把轨迹直纹面 Σ_l 结构参数式（6.117）代入式（6.172），并结合式（6.118），有：

$$\begin{cases} p=\left\{-\dfrac{\mathrm{d}}{\mathrm{d}\sigma}\left(\dfrac{\alpha^*}{\beta^*}\right)[\beta_l l_1 l_3+l_3(1-l_1^2)^{\frac{1}{2}}]+l_1 l_2 l_3(1-l_1^2)^{-\frac{1}{2}}\gamma-l_1 l_2\beta_l\alpha^*-\right. \\ \quad \left. l_2(1-l_1^2)^{\frac{1}{2}}\alpha^*-l_2 l_3\beta_l\gamma\right\}/[\beta_l(l_2^2+l_1^2 l_3^2)(1-l_1^2)^{-1}+l_1 l_3^2(1-l_1^2)^{-\frac{1}{2}}] \\ H=\dfrac{-\dfrac{\mathrm{d}(\alpha^*/\beta^*)}{\mathrm{d}\sigma}\beta_l l_2+l_1^2 l_3\beta_l\alpha^*+l_1 l_3(1-l_1^2)^{\frac{1}{2}}\alpha^*+l_1\beta_l\gamma}{\beta_l(l_2^2+l_1^2 l_3^2)(1-l_1^2)^{-1}+l_1 l_3^2(1-l_1^2)^{-\frac{1}{2}}} \end{cases} \tag{6.174}$$

对于任意给定的空间运动刚体上直线方向参数（δ_l，θ_l），便可由式（6.174）得到特征线 $L_{\mathrm{RC}}^{(2)}$ 在运动刚体中的位置参数（p，H），其轨迹曲面与单叶双曲面 Σ_{RC} 二阶接触。因此，空间运动刚体上二副连架杆 R-C 特征线 $L_{\mathrm{RC}}^{(2)}$ 存在 ∞^2 条，这与刚体上瞬时存在 ∞^2 条特征线 $L_{\mathrm{C'R}}^{(2)}$ 相互对应，因为 Σ_{RC} 与 $\Sigma_{\mathrm{C'R}}$ 具有相同的约束性质，相当于平面运动刚体上滑点 P_{PR}（约束直线 C_{PR}）和运动倒置后的束线 L_{RP}（约束直线包络圆 C_{RP}）。

若考虑单叶双曲曲率驻线，则在轨迹直纹面 Σ_l 与定轴曲率面 $\Sigma_{\mathrm{C'C}}$ 三阶接触条件式（6.160）基础上，结合单叶双曲面结构参数式（3.134）及其导数，有 $\alpha_l\beta_l+\gamma_l=0$，$\dfrac{\mathrm{d}\gamma_l}{\mathrm{d}\sigma_l}=0$，$\dfrac{\mathrm{d}\beta_l}{\mathrm{d}\sigma_l}=0$，$\dfrac{\mathrm{d}^2\gamma_l}{\mathrm{d}\sigma_l{}^2}=0$，$\dfrac{\mathrm{d}\alpha_l}{\mathrm{d}\sigma_l}=0$，共有五个约束方程，而确定空间运动刚体上直线仅有四个参数（δ_l，θ_l，p，h），一般难以有解。

（2）单叶双曲曲率与特征线 L_{RR}　对于单叶双曲面 Σ_{RC} 对应的二副杆 R-C，若用回转副 R 替代圆柱副 C 连接连架杆与运动刚体，形成约束曲面 Σ_{RR} 和特征线 L_{RR}。直线轨迹曲面 Σ_l 与约束曲面 Σ_{RR} 二阶接触时，在式（6.172）的基础上增加 R 副连接条件式（6.134），有：

$$\alpha_l\beta_l+\gamma_l=0,\frac{\mathrm{d}\gamma_l}{\mathrm{d}\sigma_l}=0,\frac{\mathrm{d}b_l}{\mathrm{d}\sigma}=0,\frac{\mathrm{d}^2 b_l}{\mathrm{d}\sigma^2}=0 \tag{6.175}$$

空间运动刚体上的特征线 $L_{\mathrm{RR}}^{(2)}$ 应同时满足：

$$\begin{cases} \alpha_l\beta_l+\gamma_l=0 \\ a_{21}p+a_{22}H+a_{23}=0 \\ a_{61}p+a_{62}H+a_{63}=0 \\ a_{71}p+a_{72}H+a_{73}=0 \end{cases} \tag{6.176}$$

由式（6.176）中的第一式可得：

$$H=\frac{l_1 l_3\alpha^*+\alpha^*\beta^*(1-l_1^2)}{\beta^*(1-l_1^2)l_3}=\frac{l_1}{1-l_1^2}\frac{\alpha^*}{\beta^*}+\frac{\alpha^*}{l_3} \tag{6.177}$$

将式（6.177）代入式（6.176）中的第三式可得：

$$p=\frac{l_1^2 l_3}{l_2(1-l_1^2)}\frac{\alpha^*}{\beta^*}+\frac{l_1\alpha^*-l_3\gamma}{l_2} \tag{6.178}$$

将由式（6.177）和式（6.178）得到的参数（p，H）代入式（6.176）中的第二式和第四式，得到：

$$\begin{cases}\dfrac{l_1^2 l_3^2+l_2^2}{l_2}\left(\dfrac{l_1}{1-l_1^2}\dfrac{\alpha^*}{\beta^*}+\dfrac{\alpha^*}{l_3}\right)+(1-l_1^2)\left[\dfrac{\mathrm{d}}{\mathrm{d}\sigma}\left(\dfrac{\alpha^*}{\beta^*}\right)-\dfrac{l_1}{l_2}\gamma\right]=0 \\ \dfrac{l_1^2}{l_2}\dfrac{\alpha^*\beta_{\mathrm{m}}}{\beta^*}-\dfrac{2l_1l_3(1-l_3^2)}{l_2(1-l_1^2)}\dfrac{\alpha^*}{\beta^*}+\dfrac{l_1(1-l_1^2)}{l_2l_3}\alpha^*\beta_{\mathrm{m}}-\dfrac{1-l_1^2}{l_2}\beta_{\mathrm{m}}\gamma-l_2\alpha_{\mathrm{m}}- \\ \dfrac{2(1-l_3^2)}{l_2}\alpha^*+\dfrac{2l_1l_3}{l_2}\gamma+l_3\dfrac{\mathrm{d}\gamma}{\mathrm{d}\sigma}=0\end{cases} \tag{6.179}$$

式（6.179）为超越方程，仅有有限个代数解，其解便为特征线 L_{RR} 的方向参数，再代入式（6.176）中，可得到特征线的位置参数（p，H）。因此在任意瞬时，空间运动刚体上存在有限条特征线 $L_{\mathrm{RR}}^{(2)}$，其轨迹曲面可以和约束曲面 Σ_{RR} 二阶密切接触。

（3）单叶双曲曲率与特征线 L_{RH}　对于单叶双曲面 Σ_{RC} 对应的二副杆 R-C，若用螺旋副 H 替代圆柱副 C 连接连架杆与连杆，则约束曲面和特征线分别退化为 Σ_{RH} 和 L_{RH}。若轨迹曲面 Σ_l 与约束曲面 Σ_{RH} 二阶接触，空间运动刚体上的特征线 $L_{\mathrm{RH}}^{(2)}$ 应该同时满足单叶双曲约束曲面条件式 $\alpha_l\beta_l+\gamma_l=0$，$\dfrac{\mathrm{d}\gamma_l}{\mathrm{d}\sigma_l}=0$ 和螺旋副 H 连接条件 $\dfrac{\mathrm{d}}{\mathrm{d}\sigma}\left(\dfrac{\Delta_V}{\Delta_\omega}\right)=0$，前者对应式（6.174），后者对应式（6.169），即有：

$$\begin{cases}a_{81}p+a_{82}H+a_{83}=0 \\ p=\left\{-\dfrac{\mathrm{d}}{\mathrm{d}\sigma}\left(\dfrac{\alpha^*}{\beta^*}\right)[\beta_l l_1 l_3+l_3(1-l_1^2)^{\frac{1}{2}}]+l_1l_2l_3(1-l_1^2)^{-\frac{1}{2}}\gamma-l_1l_2\beta_l\alpha^*-\right. \\ \left.\quad l_2(1-l_1^2)^{\frac{1}{2}}\alpha^*-l_2l_3\beta_l\gamma\right\}/[\beta_l(l_2^2+l_1^2l_3^2)(1-l_1^2)^{-1}+l_1l_3^2(1-l_1^2)^{-\frac{1}{2}}] \\ H=-\dfrac{\dfrac{\mathrm{d}}{\mathrm{d}\sigma}\left(\dfrac{\alpha^*}{\beta^*}\right)\beta_l l_2+l_1^2l_3\beta_l\alpha^*+l_1l_3(1-l_1^2)^{\frac{1}{2}}\alpha^*+l_1\beta_l\gamma}{\beta_l(l_2^2+l_1^2l_3^2)(1-l_1^2)^{-1}+l_1l_3^2(1-l_1^2)^{-\frac{1}{2}}}\end{cases} \tag{6.180}$$

将式（6.180）的后两式代入第一式可得特征线 $L_{\mathrm{RH}}^{(2)}$ 方向余弦（l_1，l_2，l_3）的关系式。因此任意给定空间运动刚体上直线单位方向矢量两个参数（δ_l，θ_l）中的任意一个，可求得另一个参数，然后由式（6.180）的第一式得到特征线 $L_{\mathrm{RH}}^{(2)}$ 的位置参数（p，H）。因此，在任意瞬时，空间运动刚体上存在 ∞^1 条特征线 $L_{\mathrm{RH}}^{(2)}$。

（4）螺旋曲率与特征线 L_{HC}　若二副杆 C′-C 与机架采用 H 副连接，则定轴曲率面 $\Sigma_{\mathrm{C'C}}$ 和定轴特征线 $L_{\mathrm{C'C}}$ 分别退化为螺旋面 Σ_{HC} 和 L_{HC}，定轴曲率 β_l 与 $\eta=\dfrac{\alpha_l-\beta_l\gamma_l}{1+\beta_l^2}$ 退化为常曲率（α_l，β_l，γ_l 均为常数）。当轨迹直纹面 Σ_l 与螺旋面 Σ_{HC} 二阶接触时，依据两直纹面间的二阶接触条件式（3.190）以及螺旋面的性质，有：

$$\frac{\mathrm{d}\gamma_l}{\mathrm{d}\sigma_l}=0 \tag{6.181}$$

依据式（6.161），式（6.181）改写为：

$$a_{21}p+a_{22}H+a_{23}=0 \tag{6.182}$$

对于空间运动刚体上的直线 L，其参数（l_1，l_2，p，H）需满足式（6.182）一个约束方程，此时运动刚体上特征线 $L_{\mathrm{HC}}^{(2)}$ 可有 ∞^3 条。若给定该直线的单位方向矢量，可确定式（6.182）中的系数 a_{21}、a_{22} 和 a_{23}，该瞬时特征线 $L_{\mathrm{HC}}^{(2)}$ 对应的腰点均在一条直线上。与轨迹直纹面 Σ_l 二阶逼近的螺旋面 Σ_{HC}，其固定轴线 L_A 的单位方向矢量 $\boldsymbol{d}$ 同样为式（6.138），位置矢量为式（6.140），螺旋面 Σ_{HC} 的螺旋参数为：

$$p_{\mathrm{HC}}=\frac{\alpha_l\beta_l+\gamma_l}{1+\beta_l^2} \tag{6.183}$$

若轨迹直纹面 Σ_l 与螺旋面 Σ_{HC} 三阶逼近，则有接触条件式：$\dfrac{\mathrm{d}\alpha_l}{\mathrm{d}\sigma_l}=\dfrac{\mathrm{d}\beta_l}{\mathrm{d}\sigma_l}=\dfrac{\mathrm{d}\gamma_l}{\mathrm{d}\sigma_l}=0$ 和 $\dfrac{\mathrm{d}^2\gamma_l}{\mathrm{d}{\sigma_l}^2}=0$，依据式（6.117）和式（6.118），得到：

$$\begin{cases} a_{11}p+a_{12}H+a_{13}=0 \\ a_{21}p+a_{22}H+a_{23}=0 \\ b_{11}p+b_{12}H+b_{13}=0 \\ \cot\delta_l=\dfrac{1}{M\sin\theta_l}+\dfrac{1}{N\cos\theta_l} \end{cases} \tag{6.184}$$

其中

$$\begin{cases} b_{11}=\dfrac{2l_2l_3(1+l_1^2)}{1-l_1^2}-\beta_{\mathrm{m}}l_1l_2,\quad b_{12}=\dfrac{2l_1(l_2^2-l_3^2)}{1-l_1^2}+\beta_{\mathrm{m}}l_3 \\ b_{13}=\dfrac{2l_1^2l_3^2-2l_2^2}{1-l_1^2}\gamma+\dfrac{\mathrm{d}^2}{\mathrm{d}\sigma^2}\left(\dfrac{\alpha^*}{\beta^*}\right)(1-l_1^2)-\dfrac{\mathrm{d}\gamma}{\mathrm{d}\sigma}l_1l_2-(\alpha_{\mathrm{m}}+\beta_{\mathrm{m}}\gamma)l_1l_3 \end{cases}$$

同样地，为使得特征线的位置参数（p，H）有解，式（6.184）中前三式的系数矩阵需满足：

$$\begin{vmatrix} a_{11} & a_{12} & a_{13} \\ a_{21} & a_{22} & a_{23} \\ b_{11} & b_{12} & b_{13} \end{vmatrix}=0 \tag{6.185}$$

或者

$$a_{11}(a_{22}b_{13}-b_{12}a_{23})-a_{12}(a_{21}b_{13}-b_{11}a_{23})+a_{13}(a_{21}b_{12}-a_{22}b_{11})=0$$

式（6.185）和式（6.184）中第四式约束了特征线的方向参数（δ_l，θ_l），仅有有限个代数解，代入式（6.184）中可以得到特征线的位置参数（p，H）。因此，在任意瞬时，空间运动刚体上存在有限条特征线 $L_{\mathrm{HC}}^{(3)}$，其轨迹曲面可以和约束曲面 Σ_{HC} 三阶逼近，这与刚体上瞬时存在有限条特征线 $L_{\mathrm{C'H}}^{(3)}$ 互为倒置运动。

（5）螺旋曲率与特征线 L_{HR}　对于二副杆 H-C 对应的螺旋面 Σ_{HC}，若用回转副 R 替代圆柱副 C，则约束曲面为 Σ_{HR}，特征线为 L_{HR}。当轨迹曲面 Σ_l 与约束曲面 Σ_{HR} 二阶接触，有约束条件式 $\dfrac{\mathrm{d}\gamma_l}{\mathrm{d}\sigma_l}=0$，$\dfrac{\mathrm{d}b_l}{\mathrm{d}\sigma}=0$ 和 $\dfrac{\mathrm{d}^2 b_l}{\mathrm{d}\sigma^2}=0$，展开为：

$$\begin{cases} a_{21}p + a_{22}H + a_{23} = 0 \\ a_{61}p + a_{62}H + a_{63} = 0 \\ a_{71}p + a_{72}H + a_{73} = 0 \end{cases} \tag{6.186}$$

显然，若方程组（6.186）有解需其系数矩阵满足：

$$\begin{vmatrix} a_{21} & a_{22} & a_{23} \\ a_{61} & a_{62} & a_{63} \\ a_{71} & a_{72} & a_{73} \end{vmatrix} = 0 \tag{6.187}$$

或者

$$(l_1^2 l_3^2 + l_2^2)\left(l_2\alpha_{\mathrm{m}} - l_3\frac{\mathrm{d}\gamma}{\mathrm{d}\sigma}\right) + l_2(1-l_1^2)^2\beta_{\mathrm{m}}\gamma + \frac{\mathrm{d}}{\mathrm{d}\sigma}\left(\frac{\alpha^*}{\beta^*}\right)(1-l_1^2)$$
$$[\beta_{\mathrm{m}} l_1(1-l_1^2) - 2l_3(1-l_3^2)] = 0$$

运动刚体上特征线 $L_{\mathrm{HR}}^{(2)}$ 两个方向参数（δ_l，θ_l）给定任意一个，可由式（6.187）得到另一个参数，然后根据式（6.186）得到特征线 $L_{\mathrm{HR}}^{(2)}$ 的位置参数（p，H）。因此，在任意瞬时，空间运动刚体上存在 ∞^1 条特征线 $L_{\mathrm{HR}}^{(2)}$，这与刚体上瞬时存在 ∞^1 条特征线 $L_{\mathrm{RH}}^{(2)}$ 相对应。

（6）螺旋曲率与特征线 L_{HH}　对于螺旋面 Σ_{HC} 对应的二副杆 H-C，若用螺旋副 H 替代圆柱副 C，则约束曲面为 Σ_{HH} 和特征线为 L_{HH}。当轨迹曲面 Σ_l 与约束曲面 Σ_{HH} 二阶接触时，有条件式 $\dfrac{\mathrm{d}\gamma_l}{\mathrm{d}\sigma_l}=0$ 和 $\dfrac{\mathrm{d}}{\mathrm{d}\sigma}\left(\dfrac{\Delta_V}{\Delta_\omega}\right)=0$，展开为：

$$\begin{cases} a_{21}p + a_{22}H + a_{23} = 0 \\ a_{81}p + a_{82}H + a_{83} = 0 \end{cases} \tag{6.188}$$

从而可得：

$$\begin{cases} p = -\dfrac{l_2 l_3^2\dfrac{\mathrm{d}\gamma}{\mathrm{d}\sigma} - l_2^2 l_3\alpha_{\mathrm{m}} + 2l_2 l_3^2\dfrac{\mathrm{d}}{\mathrm{d}\sigma}\left(\dfrac{\alpha^*}{\beta^*}\right)}{\beta_{\mathrm{m}} l_2(1-l_1^2)} \\[2ex] H = \dfrac{l_1 l_3^3\dfrac{\mathrm{d}\gamma}{\mathrm{d}\sigma} - l_1 l_2 l_3^2\alpha_{\mathrm{m}} - [\beta_{\mathrm{m}}(1-l_1^2)^2 - 2l_1 l_3^3]\dfrac{\mathrm{d}}{\mathrm{d}\sigma}\left(\dfrac{\alpha^*}{\beta^*}\right) + l_1 l_2(1-l_1^2)\beta_{\mathrm{m}}\gamma}{\beta_{\mathrm{m}} l_2(1-l_1^2)} \end{cases} \tag{6.189}$$

对于任意给定的空间运动刚体上直线的方向参数（δ_l，θ_l），便可由式（6.189）得到该直线的位置参数（p，H），它的轨迹曲面可与约束曲面Σ_{HH}二阶接触，形成 H-H 运动副组合，从而该直线便成为刚体上的特征线$L_{HH}^{(2)}$，可见空间运动刚体上存在∞^2条特征线$L_{HH}^{(2)}$。

综上所述，对于空间运动刚体，其上约束曲面特征线的分布情况总结见表 6.1。

表 6.1　空间运动刚体上特征线分布情况

约束曲面	特征线	无限接近位置数	解的个数
Σ_{CC}	$L_{CC}^{(2)}$	3	∞^4
	$L_{CC}^{(3)}$	4	∞^2
	$L_{CC}^{(4)}$	5	≤6
Σ_{CR}	$L_{CR}^{(2)}$	3	∞^2
Σ_{CH}	$L_{CH}^{(2)}$	3	∞^3
	$L_{CH}^{(3)}$	4	∞^0
Σ_{RC}	$L_{RC}^{(2)}$	3	∞^2
Σ_{RR}	$L_{RR}^{(2)}$	3	∞^0
Σ_{RH}	$L_{RH}^{(2)}$	3	∞^1
Σ_{HC}	$L_{HC}^{(2)}$	3	∞^3
	$L_{HC}^{(3)}$	4	∞^0
Σ_{HR}	$L_{HR}^{(2)}$	3	∞^1
Σ_{HH}	$L_{HH}^{(2)}$	3	∞^2

6.5 空间 RCCC 机构运动微分几何学

空间机构的类型多种多样，不同运动副组合得到不同的空间机构，既有开式链又有闭式链，还有单闭环和多闭环，以及单自由度和多自由度空间机构等。为便于理解本章前四节空间运动微分几何学理论及其在空间机构中的应用，对照前面四节内容，本节以较为典型的空间四杆机构 RCCC 为例，首先阐述以连架杆 R-C 对应的单叶双曲约束曲面为原曲面，在其直纹面活动标架内建立空间运动连杆上点和直线的基本方程，进而代入瞬轴面方程不变式计算其不变量，然后分别通过动、定瞬轴面的 Frenet 标架计算连杆上点的空间运动轨迹及其瞬时广义曲率，连杆上直线的空间运动轨迹曲面及其广义曲率，给出相应的数值算例图形和曲线。

6.5.1　相伴表示

空间四杆机构 RCCC，如图 6.13 所示，其尺寸参数采用文献[31]，分别为 $\alpha_{01}=30°$，$\alpha_{12}=55°$，$\alpha_{23}=45°$，$\alpha_{30}=60°$，$a_0=5$，$a_1=2$，$a_2=4$，$a_3=3$，$h_0=0$。为了后文的数值计算，也便于理解直纹面的活动标架与构件上坐标系的对应关系，需要首先约定机构中各个构件的坐标系。按 Denavit-Hartenberg 的坐标系约定，建立各个构件的坐标系为：机架 0 上的固定坐标系 $\{\boldsymbol{R}_A;\ \boldsymbol{x}_0,\ \boldsymbol{y}_0,\ \boldsymbol{z}_0\}$、连架杆 1（二副构件 R-C）上坐标系 $\{\boldsymbol{R}_B;\ \boldsymbol{x}_1,\ \boldsymbol{y}_1,\ \boldsymbol{z}_1\}$、连杆2 上坐标系 $\{\boldsymbol{R}_C;\ \boldsymbol{x}_2,\ \boldsymbol{y}_2,\ \boldsymbol{z}_2\}$ 和连架杆 3（二副构件 C-C）上坐标系 $\{\boldsymbol{R}_D;\ \boldsymbol{x}_3,\ \boldsymbol{y}_3,\ \boldsymbol{z}_3\}$。

空间四杆机构 RCCC 中各个构件的位移参数，如 θ_1、θ_2、θ_3 和 θ_0，h_1、h_2 和 h_3，在文献[50]中有完整阐述。以 θ_1 为自变量（输入转角），其他为应变量，假定已经完成位移求解计算，得到应变量及其对自变量的各阶导数。为便于读者阅读和进行算例计算，本书将 RCCC 机构的位移求解摘录汇总在附录 A 中。

为考察上述空间四杆机构 RCCC 中连杆 2 的空间运动，以连杆 2、连架杆 1（二副构件 R-C）与机架 0 组成的空间开式链为对象，如图 6.14 所示。连架杆 1（$A'B$）与机架 0 构成 R 副，并与构件 2 构成 C 副，而点 A' 和 B 分别为 R 副和 C 副轴线公垂线的垂足点。由图 6.14可知二副杆 R-C 的结构尺寸参数 h_0、a_1 和 α_{01}，而运动参数 θ_2 和 h_1 为 θ_1 的已知函数（由空间四杆机构 RCCC 位移求解得到）。那么，连架杆 1（二副构件 R-C）中的 C 副轴线 $\boldsymbol{z}_1$ 在机架坐标系 $\{\boldsymbol{R}_A;\ \boldsymbol{x}_0,\ \boldsymbol{y}_0,\ \boldsymbol{z}_0\}$ 中的轨迹为约束曲面 Σ_{RC}。由第 3 章中常参数直纹约束曲面性质可知 Σ_{RC} 为单叶双曲面，腰线为圆，即连架杆上 B 点（注意不是连杆上点）的轨迹，其矢量方程为：

$$\boldsymbol{\rho}_B = h_0\boldsymbol{z}_0 + a_1\boldsymbol{e}_{\mathrm{I}(\theta_1)} \tag{6.190}$$

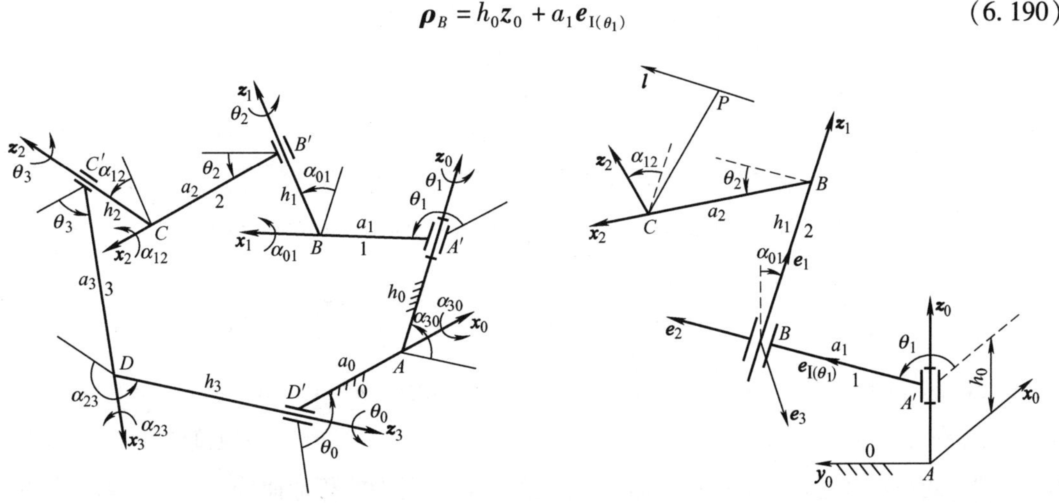

图 6.13　空间 RCCC 四杆机构　　图 6.14　约束曲面 Σ_{RC} 及其相伴运动

式中，θ_1 为连架杆 1 绕机架 0 上 R 副轴线 $\boldsymbol{z}_0$ 的转角，$\boldsymbol{e}_{\mathrm{I}(\theta_1)}$ 为圆矢量函数，a_1 为连架杆 1 的长度。则约束曲面 Σ_{RC} 直母线的单位矢量 $\boldsymbol{z}_1$ 及其球面像曲线弧长 σ 的微分可表示为：

$$\begin{cases} \boldsymbol{z}_1 = \cos\alpha_{01}\boldsymbol{z}_0 - \sin\alpha_{01}\boldsymbol{e}_{\mathrm{II}(\theta_1)} \\ \mathrm{d}\sigma = \left|\dfrac{\mathrm{d}\,\boldsymbol{z}_1}{\mathrm{d}\theta_1}\right|\mathrm{d}\theta_1 = \sin\alpha_{01}\mathrm{d}\theta_1 \end{cases} \tag{6.191}$$

式中，α_{01}为 R 副和 C 副轴线的夹角，可得约束曲面Σ_{RC}的矢量方程为：

$$\Sigma_{\mathrm{RC}}: \boldsymbol{R} = \boldsymbol{\rho}_B + \lambda\,\boldsymbol{z}_1 \tag{6.192}$$

从而可以建立约束曲面Σ_{RC}的 Frenet 标架 $\{\boldsymbol{\rho}_B;\ \boldsymbol{e}_1,\ \boldsymbol{e}_2,\ \boldsymbol{e}_3\}$ 为：

$$\begin{cases} \boldsymbol{e}_1 = \boldsymbol{z}_1 = \cos\alpha_{01}\boldsymbol{z}_0 - \sin\alpha_{01}\boldsymbol{e}_{\mathrm{II}(\theta_1)} \\ \boldsymbol{e}_2 = \dfrac{\mathrm{d}\boldsymbol{e}_1}{\mathrm{d}\sigma} = \boldsymbol{e}_{\mathrm{I}(\theta_1)} \\ \boldsymbol{e}_3 = \sin\alpha_{01}\boldsymbol{z}_0 + \cos\alpha_{01}\boldsymbol{e}_{\mathrm{II}(\theta_1)} \end{cases} \tag{6.193}$$

由直纹面的 Frenet 公式（3.58）可以得到约束曲面Σ_{RC}的结构参数为：

$$\alpha = -a_1,\quad \beta = \cot\alpha_{01},\quad \gamma = a_1\cot\alpha_{01} \tag{6.194}$$

对于连杆 2 上的一点 P，在连杆坐标系 $\{\boldsymbol{R}_C;\ \boldsymbol{x}_2,\ \boldsymbol{y}_2,\ \boldsymbol{z}_2\}$ 中的坐标为（x_{Pm}，y_{Pm}，z_{Pm}），在约束曲面Σ_{RC}上 Frenet 标架 $\{\boldsymbol{\rho}_B;\ \boldsymbol{e}_1,\ \boldsymbol{e}_2,\ \boldsymbol{e}_3\}$ 中的坐标为（u_1，u_2，u_3），而在机架固定坐标系 $\{\boldsymbol{R}_A;\ \boldsymbol{x}_0,\ \boldsymbol{y}_0,\ \boldsymbol{z}_0\}$ 中的直角坐标为（x_P，y_P，z_P），其坐标变换关系分别为：

$$\begin{bmatrix} u_1 \\ u_2 \\ u_3 \\ 1 \end{bmatrix} = \begin{bmatrix} 0 & \sin\alpha_{12} & \cos\alpha_{12} & h_1 \\ \cos\theta_2 & -\cos\alpha_{12}\sin\theta_2 & \sin\alpha_{12}\sin\theta_2 & a_2\cos\theta_2 \\ \sin\theta_2 & \cos\alpha_{12}\cos\theta_2 & -\sin\alpha_{12}\cos\theta_2 & a_2\sin\theta_2 \\ 0 & 0 & 0 & 1 \end{bmatrix} \begin{bmatrix} x_{Pm} \\ y_{Pm} \\ z_{Pm} \\ 1 \end{bmatrix} \tag{6.195}$$

和

$$\begin{bmatrix} x_P \\ y_P \\ z_P \\ 1 \end{bmatrix} = \begin{bmatrix} \sin\alpha_{01}\sin\theta_1 & \cos\theta_1 & -\cos\alpha_{01}\sin\theta_1 & a_1\cos\theta_1 \\ -\sin\alpha_{01}\cos\theta_1 & \sin\theta_1 & \cos\alpha_{01}\cos\theta_1 & a_1\sin\theta_1 \\ \cos\alpha_{01} & 0 & \sin\alpha_{01} & h_0 \\ 0 & 0 & 0 & 1 \end{bmatrix} \begin{bmatrix} u_1 \\ u_2 \\ u_3 \\ 1 \end{bmatrix} \tag{6.196}$$

当连杆 2 单自由度运动时（二副连架杆 R-C 中的运动参数 θ_2、h_1 与输入角 θ_1 之间有确定的函数关系），连杆 2 上点 P（x_{Pm}，y_{Pm}，z_{Pm}）在固定机架中产生一轨迹曲线 $\varGamma_P$（连杆曲线）。现以约束曲面Σ_{RC}为原曲面，曲线 $\varGamma_P$为约束曲面Σ_{RC}的相伴曲线，依据 6.1.2 节中曲线与直纹面相伴表示式（6.13），并将其中的原曲面Σ_k替换为约束曲面Σ_{RC}，可得连杆曲线 $\varGamma_P$的矢量方程为：

$$\varGamma_P: \boldsymbol{R}_P = \boldsymbol{\rho}_B + u_1\boldsymbol{e}_1 + u_2\boldsymbol{e}_2 + u_3\boldsymbol{e}_3 \tag{6.197}$$

则由式（6.195）可得连杆2上点P在Frenet标架$\{\boldsymbol{\rho}_B;\ \boldsymbol{e}_1,\ \boldsymbol{e}_2,\ \boldsymbol{e}_3\}$中的分量$(u_1,\ u_2,\ u_3)$为：

$$\begin{cases} u_1 = h_1 + y_{Pm}\sin\alpha_{12} + z_{Pm}\cos\alpha_{12} \\ u_2 = a_2\cos\theta_2 + x_{Pm}\cos\theta_2 - y_{Pm}\cos\alpha_{12}\sin\theta_2 + z_{Pm}\sin\alpha_{12}\sin\theta_2 \\ u_3 = a_2\sin\theta_2 + x_{Pm}\sin\theta_2 + y_{Pm}\cos\alpha_{12}\cos\theta_2 - z_{Pm}\sin\alpha_{12}\cos\theta_2 \end{cases} \tag{6.198}$$

式（6.197）和式（6.198）表明了连杆2上点的轨迹曲线的矢量方程。将式（6.197）对弧长参数σ求导，并结合约束曲面Σ_{RC}的结构参数α，β，γ均为常数，可得：

$$\begin{cases} \dfrac{d\boldsymbol{R}_P}{d\sigma} = \left(\alpha + \dfrac{du_1}{d\sigma} - u_2\right)\boldsymbol{e}_1 + \left[u_1 - \left(\beta + \dfrac{d\theta_2}{d\sigma}\right)u_3\right]\boldsymbol{e}_2 + \left[\gamma + \left(\beta + \dfrac{d\theta_2}{d\sigma}\right)u_2\right]\boldsymbol{e}_3 \\ \dfrac{d^2\boldsymbol{R}_P}{d\sigma^2} = \left[\dfrac{d^2u_1}{d\sigma^2} + \left(\beta + 2\dfrac{d\theta_2}{d\sigma}\right)u_3 - u_1\right]\boldsymbol{e}_1 + \left[\alpha - \beta\gamma + 2\dfrac{du_1}{d\sigma} - u_2 - \left(\beta + \dfrac{d\theta_2}{d\sigma}\right)^2 u_2 - \right. \\ \qquad \left.\dfrac{d^2\theta_2}{d\sigma^2}u_3\right]\boldsymbol{e}_2 + \left[\beta u_1 - \left(\beta + \dfrac{d\theta_2}{d\sigma}\right)^2 u_3 + \dfrac{d^2\theta_2}{d\sigma^2}u_2\right]\boldsymbol{e}_3 \end{cases} \tag{6.199}$$

由式（6.198）可得式（6.199）中u_1、u_2和u_3的导数为：

$$\frac{du_1}{d\sigma} = \frac{dh_1}{d\sigma},\quad \frac{d^2u_1}{d\sigma^2} = \frac{d^2h_1}{d\sigma^2},\quad \frac{du_2}{d\sigma} = -\frac{d\theta_2}{d\sigma}u_3,\quad \frac{du_3}{d\sigma} = \frac{d\theta_2}{d\sigma}u_2 \tag{6.200}$$

由此可在约束曲面活动标架中计算和分析连杆曲线$\varGamma_P$的几何参数与性质。

若考察连杆2上过点P的一条直线L，其单位方向矢量$\boldsymbol{l}$在连杆2坐标系$\{\boldsymbol{R}_C;\ \boldsymbol{x}_2,\ \boldsymbol{y}_2,\ \boldsymbol{z}_2\}$中的方向余弦分量为$(l_{1m},\ l_{2m},\ l_{3m})$，该直线在机架坐标系中产生一轨迹直纹面$\Sigma_l$（连杆曲面）。同样，该直纹曲面$\Sigma_l$的直母线与约束曲面$\Sigma_{RC}$的直母线分别对应，即为约束曲面$\Sigma_{RC}$的相伴曲面。依据6.1.2节中直纹面与直纹面相伴表示式（6.19），并将其中的原曲面Σ_k替换为约束曲面Σ_{RC}，可得连杆曲面Σ_l的矢量方程为：

$$\begin{aligned} \Sigma_l:\ \boldsymbol{R} &= \boldsymbol{R}_P + \mu\boldsymbol{l} \\ &= \boldsymbol{\rho}_B + u_1\boldsymbol{e}_1 + u_2\boldsymbol{e}_2 + u_3\boldsymbol{e}_3 + \mu(l_1\boldsymbol{e}_1 + l_2\boldsymbol{e}_2 + l_3\boldsymbol{e}_3) \end{aligned} \tag{6.201}$$

式中，$(l_1,\ l_2,\ l_3)$为连杆2上直线L的单位矢量$\boldsymbol{l}$在Frenet标架$\{\boldsymbol{\rho}_B;\ \boldsymbol{e}_1,\ \boldsymbol{e}_2,\ \boldsymbol{e}_3\}$中的投影方向余弦，由式（6.195）可得：

$$\begin{cases} l_1 = l_{2m}\sin\alpha_{12} + l_{3m}\cos\alpha_{12} \\ l_2 = l_{1m}\cos\theta_2 - l_{2m}\cos\alpha_{12}\sin\theta_2 + l_{3m}\sin\alpha_{12}\sin\theta_2 \\ l_3 = l_{1m}\sin\theta_2 + l_{2m}\cos\alpha_{12}\cos\theta_2 - l_{3m}\sin\alpha_{12}\cos\theta_2 \end{cases} \tag{6.202}$$

将式（6.201）中的$\boldsymbol{l} = l_1\boldsymbol{e}_1 + l_2\boldsymbol{e}_2 + l_3\boldsymbol{e}_3$对弧长参数$\sigma$求导，得：

$$\begin{cases}\dfrac{\mathrm{d}\boldsymbol{l}}{\mathrm{d}\sigma}=-l_2\boldsymbol{e}_1+\left[l_1-\left(\dfrac{\mathrm{d}\theta_2}{\mathrm{d}\sigma}+\beta\right)l_3\right]\boldsymbol{e}_2+\left(\dfrac{\mathrm{d}\theta_2}{\mathrm{d}\sigma}+\beta\right)l_2\boldsymbol{e}_3\\ \dfrac{\mathrm{d}^2\boldsymbol{l}}{\mathrm{d}\sigma^2}=\left[-l_1+\left(2\dfrac{\mathrm{d}\theta_2}{\mathrm{d}\sigma}+\beta\right)l_3\right]\boldsymbol{e}_1-\left[l_2+\dfrac{\mathrm{d}^2\theta_2}{\mathrm{d}\sigma^2}l_3+\left(\dfrac{\mathrm{d}\theta_2}{\mathrm{d}\sigma}+\beta\right)^2l_2\right]\boldsymbol{e}_2+\\ \qquad\left[\beta l_1+\dfrac{\mathrm{d}^2\theta_2}{\mathrm{d}\sigma^2}l_2-\left(\dfrac{\mathrm{d}\theta_2}{\mathrm{d}\sigma}+\beta\right)^2l_3\right]\boldsymbol{e}_3\end{cases}\tag{6.203}$$

式（6.203）中 l_1、l_2和 l_3的导数由式（6.202）可得：

$$\frac{\mathrm{d}l_1}{\mathrm{d}\sigma}=0,\quad \frac{\mathrm{d}l_2}{\mathrm{d}\sigma}=-\frac{\mathrm{d}\theta_2}{\mathrm{d}\sigma}l_3,\quad \frac{\mathrm{d}l_3}{\mathrm{d}\sigma}=\frac{\mathrm{d}\theta_2}{\mathrm{d}\sigma}l_2\tag{6.204}$$

由此可以在约束曲面活动标架中计算和分析连杆曲面Σ_l的几何参数与性质。

6.5.2 瞬轴面

对于空间四杆机构 RCCC，把式（6.23）和式（6.24）对应原曲面Σ_k的参数替换为上述约束曲面Σ_{RC}的参数，可得：

$$\begin{cases}\alpha_k=-a_1,\quad \beta_k=\cot\alpha_{01},\quad \gamma_k=a_1\cot\alpha_{01}\\ \mathrm{d}\sigma_k=\sin\alpha_{01}\cdot\mathrm{d}\theta_1,\quad b_k=-h_1,\quad \theta=-\theta_2\end{cases}\tag{6.205}$$

从而得到空间四杆机构 RCCC 的连杆 2 的瞬时螺旋轴 ISA，ISA 上参考点 Q 的矢径 $\boldsymbol{R}_Q$和单位方向矢量 $\boldsymbol{s}$，在约束曲面Σ_{RC}的 Frenet 标架 $\{\boldsymbol{\rho}_B;\ \boldsymbol{e}_1,\ \boldsymbol{e}_2,\ \boldsymbol{e}_3\}$ 中表示为：

$$\begin{cases}\boldsymbol{R}_Q=\boldsymbol{\rho}_B+u_2\boldsymbol{e}_2,\quad \boldsymbol{s}=s_1\boldsymbol{e}_1+s_3\boldsymbol{e}_3\\ s_1=\dfrac{\cos\alpha_{01}+\mathrm{d}\theta_2/\mathrm{d}\theta_1}{\omega_{s0}\sin\alpha_{01}},\quad s_3=\dfrac{1}{\omega_{s0}}\\ u_2=\dfrac{-a_1+\dfrac{1}{\sin\alpha_{01}}\cdot\dfrac{\mathrm{d}h_1}{\mathrm{d}\theta_1}-a_1\cot\alpha_{01}\left(\cot\alpha_{01}+\dfrac{1}{\sin\alpha_{01}}\cdot\dfrac{\mathrm{d}\theta_2}{\mathrm{d}\theta_1}\right)}{\omega_{s0}^2}\\ \omega_{s0}=\left[1+\left(\cot\alpha_{01}+\dfrac{1}{\sin\alpha_{01}}\cdot\dfrac{\mathrm{d}\theta_2}{\mathrm{d}\theta_1}\right)^2\right]^{\frac{1}{2}}\end{cases}\tag{6.206}$$

将附录 A 中 RCCC 机构的转角 θ_2 以及位移 h_1 与机构输入角 θ_1 的关系式（A.4b）和（A.6）代入式（6.206），可直接通过 MATLAB 的符号运算得到瞬轴的位置矢量 $\boldsymbol{R}_Q$以及单位方向矢量 $\boldsymbol{s}$ 关于输入角 θ_1 的函数。

依据式（6.34）和式（6.44）建立定瞬轴面Σ_{f}（机架上）和动瞬轴面Σ_{m}（连杆上）的 Frenet 标架，并由式（6.45）可得动瞬轴面Σ_{m}上的 Frenet 标架 $\{\boldsymbol{\rho}_{\mathrm{m}};\ \boldsymbol{E}_{1\mathrm{m}},\ \boldsymbol{E}_{2\mathrm{m}},\ \boldsymbol{E}_{3\mathrm{m}}\}$ 和连杆 2 上运动坐标系 $\{\boldsymbol{R}_C;\ \boldsymbol{x}_2,\ \boldsymbol{y}_2,\ \boldsymbol{z}_2\}$ 的坐标关系为：

$$
\left\{
\begin{aligned}
\boldsymbol{\rho}_{\mathrm{m}} &= (-a_2 + u_2\cos\theta_2 + b_{\mathrm{m}}s_3\sin\theta_2)\boldsymbol{x}_2 + (-h_1\sin\alpha_{12} + b_{\mathrm{m}}s_1\sin\alpha_{12} - u_2\cos\alpha_{12}\sin\theta_2 + \\
&\quad b_{\mathrm{m}}s_3\cos\alpha_{12}\cos\theta_2)\boldsymbol{y}_2 + (-h_1\cos\alpha_{12} + b_{\mathrm{m}}s_1\cos\alpha_{12} + u_2\sin\alpha_{12}\sin\theta_2 - b_{\mathrm{m}}s_3\sin\alpha_{12}\cos\theta_2)\boldsymbol{z}_2 \\
\boldsymbol{E}_{1\mathrm{m}} &= s_3\sin\theta_2\boldsymbol{x}_2 + (s_1\sin\alpha_{12} + s_3\cos\alpha_{12}\cos\theta_2)\boldsymbol{y}_2 + (s_1\cos\alpha_{12} - s_3\sin\alpha_{12}\cos\theta_2)\boldsymbol{z}_2 \\
\boldsymbol{E}_{2\mathrm{m}} &= \frac{1}{|\mathrm{d}\boldsymbol{s}_{\mathrm{m}}/\mathrm{d}\theta_1|}\left[\left(\frac{\mathrm{d}\theta_2}{\mathrm{d}\theta_1}s_3\cos\theta_2 + \frac{\mathrm{d}s_3}{\mathrm{d}\theta_1}\sin\theta_2\right)\boldsymbol{x}_2 + \left(\frac{\mathrm{d}s_1}{\mathrm{d}\theta_1}\sin\alpha_{12} - \frac{\mathrm{d}\theta_2}{\mathrm{d}\theta_1}s_3\cos\alpha_{12}\sin\theta_2 + \right.\right. \\
&\quad \left.\left.\frac{\mathrm{d}s_3}{\mathrm{d}\theta_1}\cos\alpha_{12}\cos\theta_2\right)\boldsymbol{y}_2 + \left(\frac{\mathrm{d}s_1}{\mathrm{d}\theta_1}\cos\alpha_{12} + \frac{\mathrm{d}\theta_2}{\mathrm{d}\theta_1}s_3\sin\alpha_{12}\sin\theta_2 - \frac{\mathrm{d}s_3}{\mathrm{d}\theta_1}\sin\alpha_{12}\cos\theta_2\right)\boldsymbol{z}_2\right] \\
\boldsymbol{E}_{3\mathrm{m}} &= \frac{1}{|\mathrm{d}\boldsymbol{s}_{\mathrm{m}}/\mathrm{d}\theta_1|}\left\{\left[\left(\frac{\mathrm{d}s_1}{\mathrm{d}\theta_1}s_3 - s_1\frac{\mathrm{d}s_3}{\mathrm{d}\theta_1}\right)\cos\theta_2 + s_1s_3\frac{\mathrm{d}\theta_2}{\mathrm{d}\theta_1}\sin\theta_2\right]\boldsymbol{x}_2 + \left[-s_3^2\frac{\mathrm{d}\theta_2}{\mathrm{d}\theta_1}\sin\alpha_{12} - \right.\right. \\
&\quad \left.\left(\frac{\mathrm{d}s_1}{\mathrm{d}\theta_1}s_3 - s_1\frac{\mathrm{d}s_3}{\mathrm{d}\theta_1}\right)\cos\alpha_{12}\sin\theta_2 + s_1s_3\frac{\mathrm{d}\theta_2}{\mathrm{d}\theta_1}\cos\alpha_{12}\cos\theta_2\right]\boldsymbol{y}_2 + \\
&\quad \left.\left[-s_3^2\frac{\mathrm{d}\theta_2}{\mathrm{d}\theta_1}\cos\alpha_{12} + \left(\frac{\mathrm{d}s_1}{\mathrm{d}\theta_1}s_3 - s_1\frac{\mathrm{d}s_3}{\mathrm{d}\theta_1}\right)\sin\alpha_{12}\sin\theta_2 - s_1s_3\frac{\mathrm{d}\theta_2}{\mathrm{d}\theta_1}\sin\alpha_{12}\cos\theta_2\right]\boldsymbol{z}_2\right\}
\end{aligned}
\right.
\tag{6.207}
$$

利用式（6.196）将 ISA 转换到机架坐标系 $\{\boldsymbol{R}_A;\ \boldsymbol{x}_0,\ \boldsymbol{y}_0,\ \boldsymbol{z}_0\}$ 中表示，并由式（6.28）得到定瞬轴面Σ_{f}的矢量方程，由式（6.35）得到定瞬轴面的结构参数 α_{f}、β_{f}和 γ_{f}，如图6.15所示。图6.16 所示为当 RCCC 四杆机构的输入角度 θ_1从 0 到 2π 时，定瞬轴面的腰线和直母线。

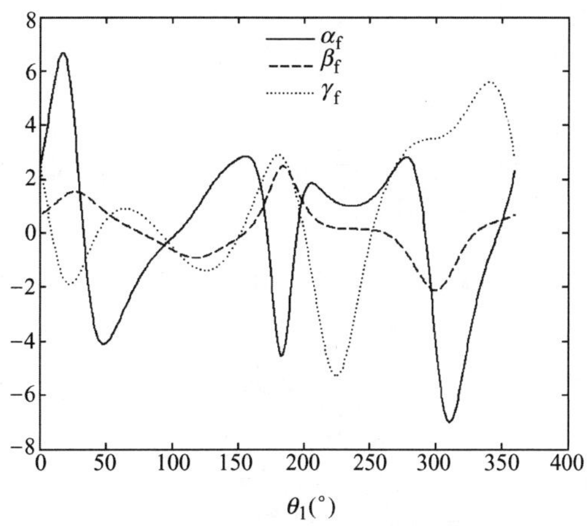

图6.15 定瞬轴面的结构参数

利用公式（6.195）将 ISA 从约束曲面Σ_{RC}的 Frenet 标架转换到连杆坐标系 $\{\boldsymbol{R}_C;\ \boldsymbol{x}_2,\ \boldsymbol{y}_2,\ \boldsymbol{z}_2\}$ 中表示，并由式（6.36a）得到连杆 2 上动瞬轴面Σ_{m}的矢量方程，由式（6.46a）得到动瞬轴面Σ_{m}的结构参数 α_{m}、β_{m}和 γ_{m}，如图6.17 所示。图6.18 所示为动瞬轴面的腰线和直母线。

通过定瞬轴面Σ_{f}的结构参数 α_{f}、β_{f}和 γ_{f}以及动瞬轴面Σ_{m}的结构参数 α_{m}、β_{m}和 γ_{m}，可以得到定、动瞬轴面的诱导结构参数 $\alpha^* = \alpha_{\mathrm{f}} - \alpha_{\mathrm{m}}$和 $\beta^* = \beta_{\mathrm{f}} - \beta_{\mathrm{m}}$，绘制曲线如图6.19 所示。当 RCCC 机构的输入角 $\theta_1 = 0.24$ 和 1.00 时，动、定瞬轴面的瞬时运动参数见表6.2。

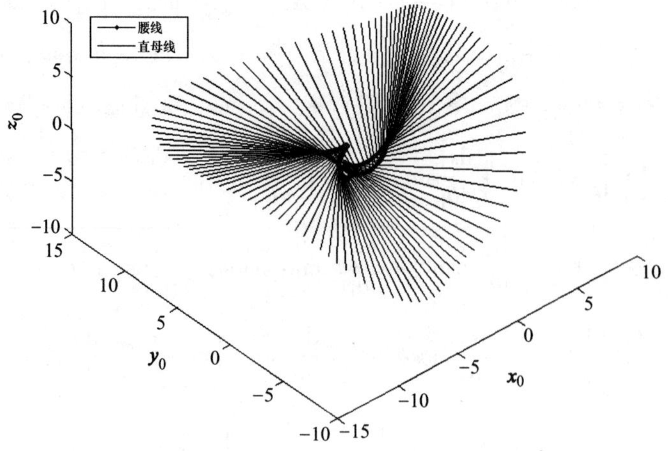

图 6.16 定瞬轴面

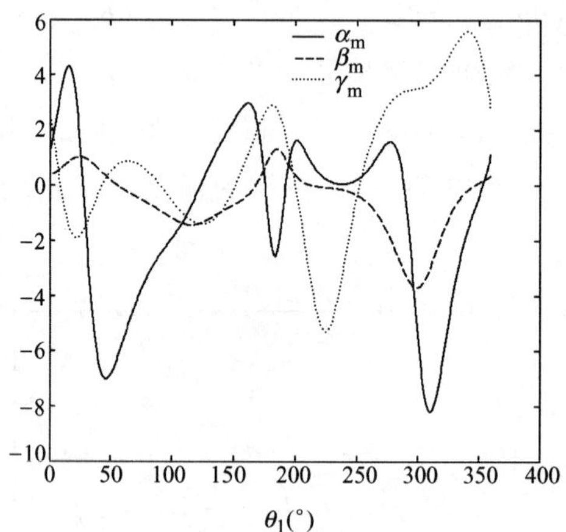

图 6.17 动瞬轴面的结构参数

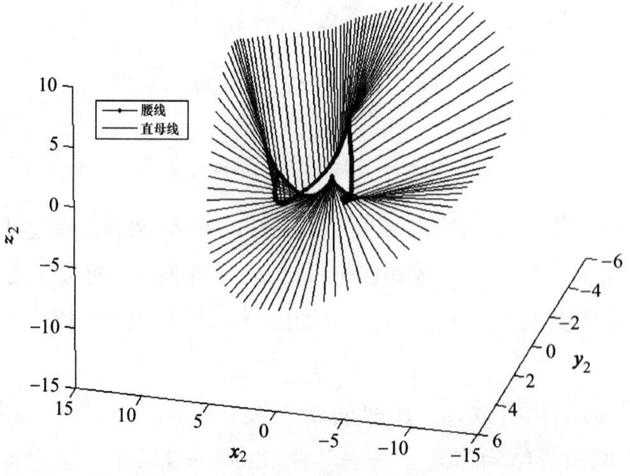

图 6.18 动瞬轴面

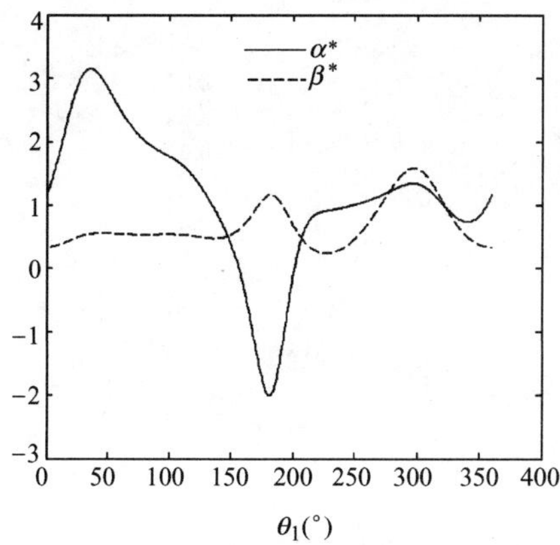

图6.19　动、定瞬轴面的诱导结构参数

表6.2　RCCC机构的瞬时运动参数

	$\theta_1=0.24$ 瞬时			$\theta_1=1.00$ 瞬时		
定瞬轴面 Σ_f	α_f	β_f	γ_f	α_f	β_f	γ_f
	6.3018	1.1906	-1.0712	-3.4818	0.4993	0.8023
动瞬轴面 Σ_m	α_m	β_m	γ_m	α_m	β_m	γ_m
	4.1982	0.7914	-1.0712	-6.0744	-0.0498	0.8023
诱导结构参数	α^*	β^*		α^*	β^*	
	2.1036	0.3991		2.5926	0.5490	
定瞬轴球面像点（机架坐标系）	s_{f1}	s_{f2}	s_{f3}	s_{f1}	s_{f2}	s_{f3}
	-0.2292	0.9366	0.2649	-0.8385	0.5384	0.0833
动瞬轴球面像点（连杆坐标系）	s_{m1}	s_{m2}	s_{m3}	s_{m1}	s_{m2}	s_{m3}
	0.6619	-0.6118	0.4331	0.9046	-0.3452	-0.2500
定瞬轴上腰点（机架坐标系）	ρ_{f1}	ρ_{f2}	ρ_{f3}	ρ_{f1}	ρ_{f2}	ρ_{f3}
	-5.3922	1.3628	0.7157	-4.7377	2.2454	0.4344
动瞬轴上腰点（连杆坐标系）	ρ_{m1}	ρ_{m2}	ρ_{m3}	ρ_{m1}	ρ_{m2}	ρ_{m3}
	2.8311	1.7957	-2.1889	0.7004	2.1017	-1.8310

图6.20a所示为输入角 θ_1 从0.09到0.39时的动、定瞬轴面。在输入角 $\theta_1=0.24$ 时，动、定瞬轴面相切于瞬轴，其直母线单位矢量的球面像曲线相切于一点，如图6.20b所示。瞬轴的参数见表6.2。

6.5.3　连杆点的瞬时运动

如上节所述，在 $\theta_1=0.24$ 瞬时，动、定瞬轴面沿着ISA相切接触，动、定瞬轴面的结构参数不变量及其导数，可依据6.3节点的空间运动微分几何学公式，计算该瞬时具有特殊几何特征的连杆上的点及其分布。

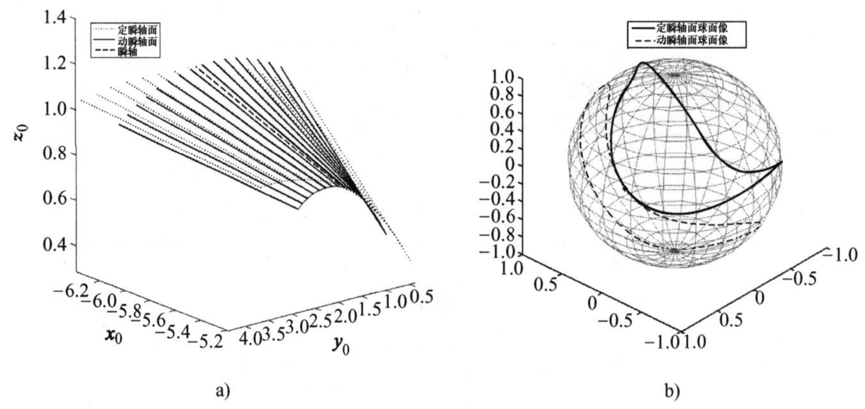

图 6.20　RCCC 机构的动、定瞬轴面

a）动、定瞬轴面　b）球面像曲线

6.5.3.1　测地曲率曲面

在该瞬时，对于连杆 2 上的点，若其轨迹的主法矢通过瞬轴，或者说其法曲率 $k_n=0$，把该瞬时瞬轴面诱导结构参数（见表 6.2）代入式（6.73）第一式，得到测地曲率曲面：

$$(u_2^2+u_3^2)(0.6717+0.1593u_3)+3.5257u_3+0.8396u_1u_2=0 \tag{6.208}$$

在动瞬轴面的 Frenet 标架 $\{\boldsymbol{\rho}_m;\ \boldsymbol{E}_{1m},\ \boldsymbol{E}_{2m},\ \boldsymbol{E}_{3m}\}$ 中绘制该测地曲率曲面，如图 6.21 所示，其中 $u_1\in[-100,\ 100]$，$u_2\in[-100,\ 100]$。

取上述瞬时测地曲率曲面上一点 P，其在动瞬轴面 Frenet 标架 $\{\boldsymbol{\rho}_m;\ \boldsymbol{E}_{1m},\ \boldsymbol{E}_{2m},\ \boldsymbol{E}_{3m}\}$ 中的坐标 $(u_1,\ u_2,\ u_3)$ 为 $(4.5738,\ -2,\ 1)$。点 P 随 RCCC 机构的运动形成空间连杆曲线 Γ_P，如图 6.22 所示。将表 6.2 中 $\theta_1=0.24$ 瞬时的动、定瞬轴面诱导结构参数和 $u_1=4.5738$ 代入式（6.74）和式（6.78），可得 Γ_P 在该瞬时的测地拐点圆直径 D_{g0} 为 15.5557，圆心点坐标见表 6.3。由于连杆点 P 在该瞬时测地曲率曲面上，其法曲率为零，从而主曲率等于测地曲率并且主法矢与瞬轴 ISA 正交于点 O'，测地拐点圆便可以在坐标平面 $\{\boldsymbol{O}';\ \boldsymbol{E}_{2m},\ \boldsymbol{E}_{3m}\}$ 上描述。

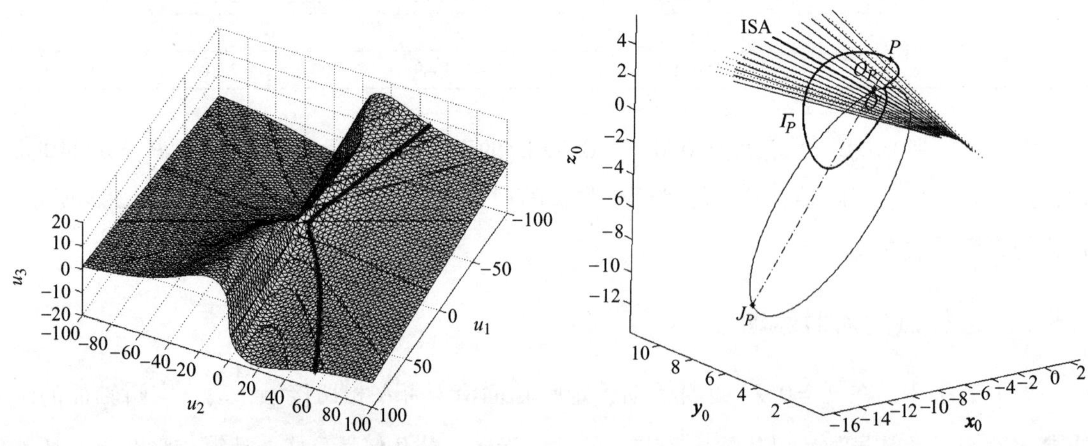

图 6.21　瞬时测地曲率曲面　　　图 6.22　测地拐点欧拉公式

在坐标平面 $\{\boldsymbol{O}'; \boldsymbol{E}_{2\mathrm{m}}, \boldsymbol{E}_{3\mathrm{m}}\}$ 中，直线 PO'交测地拐点圆于 J_P点，点 P 和 J_P的极坐标见表6.3，从而有$|\overline{PJ_P}| = 16.7720$ 和 $|\overline{PO'}| = 2.2361$，则可通过 Euler-Savary 公式（6.77a）求得主曲率半径$|\overline{PO_P}|$为1.9544，并进而得到主曲率中心点 O_P在坐标平面 $\{\boldsymbol{O}'; \boldsymbol{E}_{2\mathrm{m}}, \boldsymbol{E}_{3\mathrm{m}}\}$ 中的极坐标。

6.5.3.2 测地拐点曲面

在 $\theta_1 = 0.24$ 瞬时，依据式（6.81）计算得到连杆上测地拐点曲面，该曲面为过 ISA 上不同点（u_1，0，0）并垂直于 ISA 的各平面上测地拐点圆所构成的圆纹面，测地拐点曲面上连杆点的轨迹在该瞬时的测地曲率为零。取 u_1 为［-100，100］并绘制测地拐点曲面，如图6.23所示。测地拐点圆的圆心坐标和半径由式（6.78）确定，当 $u_1 = 50$ 时，测地拐点圆的圆心坐标为$x_0 = 50$，$y_0 = 5.2601$，$z_0 = -62.6337$，直径 D_{g0}为125.7083，如图6.23中的“*”所示。

表6.3 连杆点欧拉公式参数

特征点坐标参数		连杆点 P	测地拐点 J_P	主曲率中心 O_P	测地拐点圆圆心 O
坐标平面 $\{\boldsymbol{O}'; \boldsymbol{E}_{2\mathrm{m}}, \boldsymbol{E}_{3\mathrm{m}}\}$ 中极坐标	r	2.2361	14.5341	0.2817	7.7779
	θ	2.6779	-0.4636	2.6779	-0.8281
机架固定坐标系中坐标	x	-5.5109	-12.4836	-6.3234	-7.0219
	y	5.3073	7.8534	5.6040	7.6253
	z	3.9322	-11.1056	2.1798	-5.5724

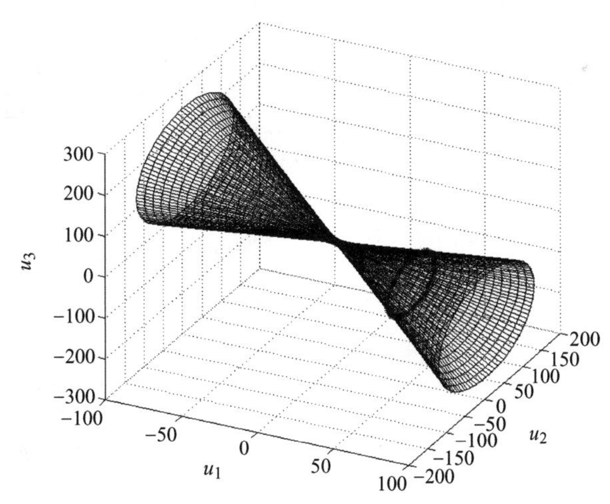

图6.23 测地拐点圆和测地拐点曲面

而该瞬时，图6.23中所示的测地拐点曲面与图6.21中所示的测地曲率曲面（法曲率为0）的交线为连杆上的拐点曲线，曲率也为零，如图6.21中的“*”所示。

接下来以连杆坐标系 $\{\boldsymbol{R}_C; \boldsymbol{x}_2, \boldsymbol{y}_2, \boldsymbol{z}_2\}$ 中直角坐标（$x_{P\mathrm{m}}$，$y_{P\mathrm{m}}$，$z_{P\mathrm{m}}$）为（1，1，1）的连杆点 P 为例，在 RCCC 机构的输入角 $\theta_1 = 0.24$ 瞬时，对其轨迹曲线的球曲率和圆柱曲率进行求解。将表6.2中该瞬时动、定瞬轴面的结构参数以及连杆点 P 的坐标代入

式（6.70）和式（6.72），得到连杆轨迹曲线 $\varGamma_P$ 的 Darboux 活动标架 $\{\boldsymbol{R}_P;\ \boldsymbol{E}_1,\ \boldsymbol{E}_2,\ \boldsymbol{E}_3\}$，曲率不变量 k_n、k_g、τ_g 及其导数；接着可由式（6.83）和式（6.82）得到 $\varGamma_P$ 的 Frenet 标架 $\{\boldsymbol{R}_P;\ \boldsymbol{\alpha},\ \boldsymbol{\beta},\ \boldsymbol{\gamma}\}$，曲率不变量 k、τ 及其导数，所得参数见表 6.4。

6.5.3.3 球曲率驻点曲面

对于连杆点 P 的轨迹曲线 $\varGamma_P$，在 $\theta_1=0.24$ 瞬时，可由式（6.86）得到 $\varGamma_P$ 的曲率球的球心在固定坐标系 $\{\boldsymbol{R}_A;\ \boldsymbol{x}_0,\ \boldsymbol{y}_0,\ \boldsymbol{z}_0\}$ 中的位置矢量 $\boldsymbol{R}_S=(-8.9668,\ 4.8573,\ 10.2688)^{\mathrm{T}}$，曲率球半径 $r_0=10.8357$。图 6.24 所示为连杆轨迹曲线 $\varGamma_P$、部分动、定瞬轴面以及 $\varGamma_P$ 在该瞬时的曲率球。

此时，将瞬轴面参数、连杆点轨迹 $\varGamma_P$ 的曲率及其导数代入式（6.87），得到连杆上点所组成的曲面——球曲率驻点曲面，如图 6.25 所示。

表 6.4　连杆点坐标及其轨迹曲率不变量

		瞬轴面 Frenet 标架中坐标			固定坐标系中坐标		
连杆点 P		0.6559	−3.4845	−1.2582	−2.1188	2.4365	2.2279
Darboux 活动标架 $\{\boldsymbol{R}_P;\ \boldsymbol{E}_1,\ \boldsymbol{E}_2,\ \boldsymbol{E}_3\}$	$\boldsymbol{E}_1$	0.8181	0.1953	−0.5409	−0.0118	0.9547	−0.2974
	$\boldsymbol{E}_2$	−0.5751	0.2779	−0.7695	0.3818	−0.2706	−0.8837
	$\boldsymbol{E}_3$	0	0.9406	0.3396	−0.9242	−0.1240	−0.3613
Frenet 标架 $\{\boldsymbol{R}_P;\ \boldsymbol{\alpha},\ \boldsymbol{\beta},\ \boldsymbol{\gamma}\}$	$\boldsymbol{\alpha}$	0.8181	0.1953	−0.5409	−0.0118	0.9547	−0.2974
	$\boldsymbol{\beta}$	0.0033	0.9387	0.3439	−0.9263	−0.1225	−0.3563
	$\boldsymbol{\gamma}$	0.5749	−0.2831	0.7673	−0.3766	0.2713	0.8858

曲率不变量及其导数					
	k_n	k_g	τ_g	$\mathrm{d}k_n/\mathrm{d}\sigma_P$	$\mathrm{d}k_g/\mathrm{d}\sigma_P$
	−0.0018	0.3142	−0.1890	−0.1158	−0.1877
	k	τ	$\mathrm{d}k/\mathrm{d}\sigma_P$	$\mathrm{d}^2k/\mathrm{d}\sigma_P^2$	$\mathrm{d}\tau/\mathrm{d}\sigma_P$
	0.3143	0.1829	−0.1871	0.4698	−0.2412

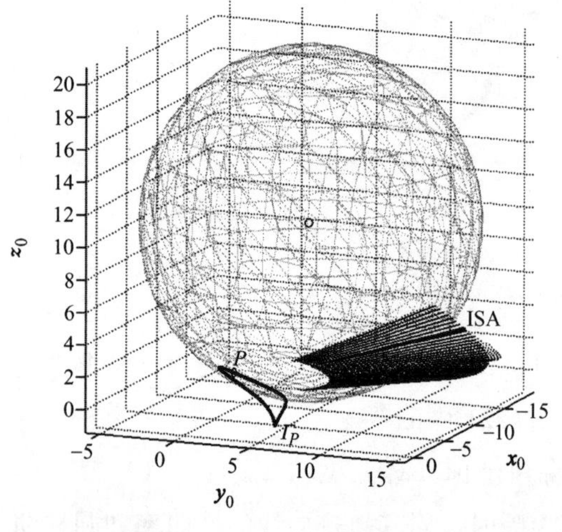

图 6.24　连杆轨迹曲线的瞬时曲率球

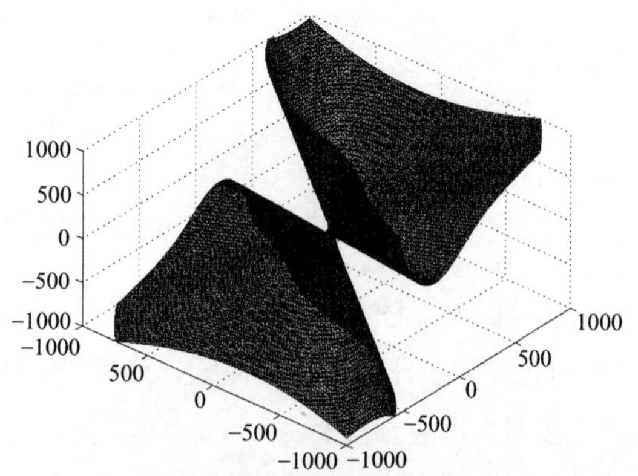
图 6.25　连杆上瞬时球曲率驻点曲面

6.5.3.4　曲率圆柱面

同样地，对于表 6.4 中的连杆点 P，将其轨迹曲线 Γ_P 在 $\theta_1=0.24$ 瞬时的曲率、挠率及其导数代入式（3.172），可以得到关于 $\sin\theta$ 或者 $\cos\theta$ 的六次代数方程：

$$-0.0878\sin^4\theta\cos^2\theta+0.0715\sin^3\theta\cos\theta-0.3030\sin^2\theta\cos^2\theta+0.0033\sin^4\theta+0.0215\sin\theta\cos^3\theta+0.0350\cos^2\theta=0 \tag{6.209}$$

其解有四组 θ 参数值，分别为 $\theta_{(1)}=0.3968$，$\theta_{(2)}=1.3285$，$\theta_{(3)}=4.7511$，$\theta_{(4)}=5.9837$，将其代入式（3.174）可得到 Γ_P 在该瞬时的四个曲率圆柱面，其轴线方位以及半径见表 6.5。图 6.26 所示为连杆轨迹曲线 Γ_P、部分动、定瞬轴面以及 Γ_P 在该瞬时的一个曲率圆柱面。

表 6.5　曲率圆柱面参数

曲率圆柱面	轴线上参考点 A 的矢径 $\boldsymbol{R}_A$（固定坐标系中）			轴线单位方向矢量 $\boldsymbol{a}$（固定坐标系中）			半径 r_0
1	−3.2588	2.4273	2.2436	−0.0035	0.9522	0.3054	1.1402
2	−9.7252	5.4651	12.2498	0.7972	0.3309	0.5050	12.9410
3	−1.2667	1.7460	−0.0219	−0.1757	0.9205	−0.3490	2.5028
4	−2.5159	2.3353	1.9191	−0.2594	0.9656	0.0174	0.5131

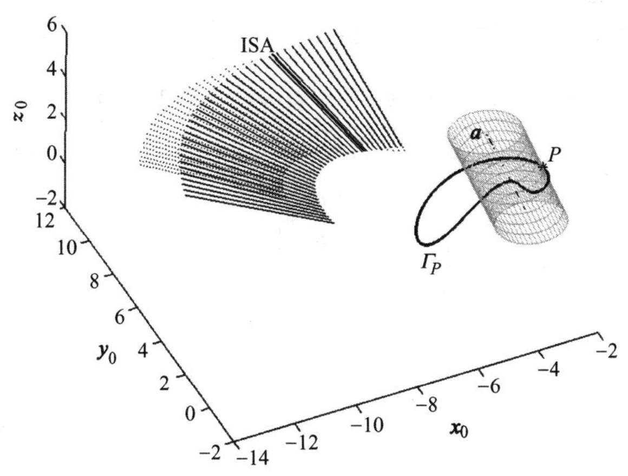

图 6.26　连杆轨迹曲线及其曲率圆柱面

6.5.4　连杆上直线的瞬时运动

在 $\theta_1=0.24$ 瞬时，RCCC 机构连杆动、定瞬轴面沿着 ISA 相切接触，动、定瞬轴面的结构参数见表 6.2。对于在连杆坐标系中直角坐标为（1，1，1）的连杆点 P，其轨迹曲线 Γ_P

在该瞬时的活动标架以及曲率不变量参数见表 6.4。给定连杆上通过该连杆点 P 的一条直线 L，其在运动坐标系 $\{\boldsymbol{R}_C;\ \boldsymbol{x}_2,\ \boldsymbol{y}_2,\ \boldsymbol{z}_2\}$ 中单位方向矢量 $\boldsymbol{l}$ 余弦分量为 $l_{m1}=1$，$l_{m2}=0$，$l_{m3}=0$，其轨迹直纹面 Σ_l 如图 6.27 所示。将表 6.2 中 $\theta_1=0.24$ 瞬时动、定瞬轴面的结构参数和连杆点 P、直线 L 的坐标参数代入式（6.101）和式（6.102），可得到 Σ_l 上 Frenet 标架 $\{\boldsymbol{\rho}_l;\ \boldsymbol{E}_1,\ \boldsymbol{E}_2,\ \boldsymbol{E}_3\}$ 的三个标矢以及结构参数 α_l、β_l、γ_l，见表 6.6。

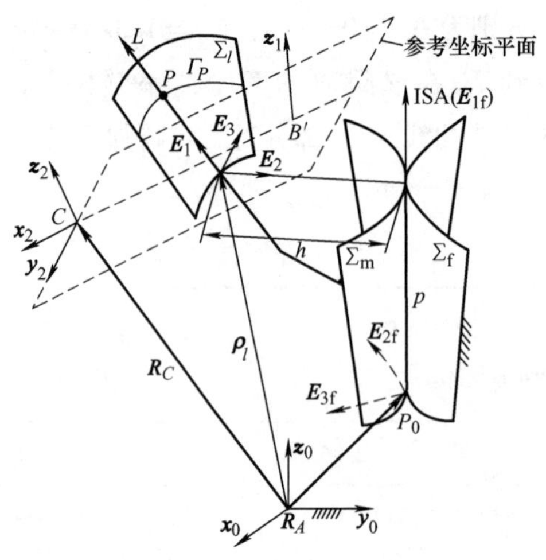

图 6.27 RCCC 机构连杆曲面

图 6.28 所示为 RCCC 机构完整运动周期结构参数的曲线图。由式（6.98）得到 Σ_l 的腰准距为 $b_l=4.0315$，从而可得到腰点的坐标，而由式（6.109）则可得到腰点在瞬轴面 Frenet 标架中的参数 $h=2.1430$ 和 $p=3.3243$。

表 6.6 连杆直线坐标参数及其轨迹直纹面结构参数

<table>
<tr><td colspan="2" rowspan="2">直线 L</td><td colspan="3">瞬轴面 Frenet 标架中坐标参数</td><td colspan="3">固定坐标系中坐标参数</td></tr>
<tr><td>0.6619</td><td>0.4278</td><td>0.6155</td><td>−0.8493</td><td>0.4021</td><td>0.3421</td></tr>
<tr><td rowspan="4">Frenet 标架
$\{\boldsymbol{\rho}_l;\ \boldsymbol{E}_1,\ \boldsymbol{E}_2,\ \boldsymbol{E}_3\}$</td><td>$\boldsymbol{\rho}_l$</td><td>3.3243</td><td>−1.7598</td><td>1.2232</td><td>−5.5427</td><td>4.0575</td><td>3.6069</td></tr>
<tr><td>$\boldsymbol{E}_1$</td><td>0.6619</td><td>0.4278</td><td>0.6155</td><td>−0.8493</td><td>0.4021</td><td>0.3421</td></tr>
<tr><td>$\boldsymbol{E}_2$</td><td>0</td><td>−0.8211</td><td>0.5708</td><td>0.2853</td><td>−0.1955</td><td>0.9383</td></tr>
<tr><td>$\boldsymbol{E}_3$</td><td>0.7496</td><td>−0.3778</td><td>−0.5435</td><td>0.4442</td><td>0.8945</td><td>0.0513</td></tr>
<tr><td rowspan="2">结构参数</td><td colspan="3">α_l</td><td colspan="2">β_l</td><td colspan="2">γ_l</td></tr>
<tr><td colspan="3">0.1212</td><td colspan="2">4.5442</td><td colspan="2">7.1625</td></tr>
</table>

6.5.4.1 定轴曲率与常参数曲率

由表 6.6 中直线 L 在瞬轴面 Frenet 标架中的方向分量，可由式（6.89）得到其方向参数 δ_l，θ_l，从而可得直线 L 的方位参数（p，h，δ_l，θ_l）为（3.3243，2.1430，0.8474，0.9634）。轨迹直纹面 Σ_l 的定轴曲率面固定轴线 L_{P_A} 与直母线的夹角为 δ，并可由式（6.138）的第二式得到 $\cot\delta=\beta_l=4.5442$，从而可计算得到 δ，见表 6.5。由式（6.138）的第一式可确

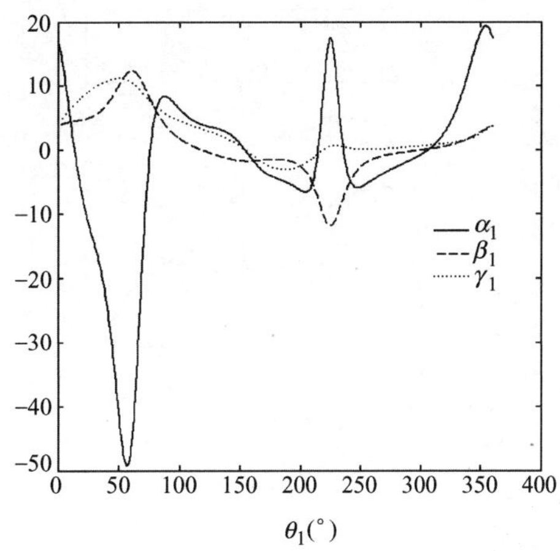

图6.28 RCCC机构连杆曲面结构参数

定出固定坐标系 $\{\boldsymbol{R}_A;\ \boldsymbol{x}_0,\ \boldsymbol{y}_0,\ \boldsymbol{z}_0\}$ 中 $\sum_l$ 定轴曲率面固定轴线 L_{P_A} 的单位方向矢量 $\boldsymbol{d}$。将表6.6中 $\sum_l$ 的结构参数代入式（6.140）的第二式，可得到定轴曲率面腰线所在圆柱面的半径 η，再由式（6.140）的第一式得到固定轴线 L_{P_A} 上垂足点 P_A 在固定坐标系 $\{\boldsymbol{R}_A;\ \boldsymbol{x}_0,\ \boldsymbol{y}_0,\ \boldsymbol{z}_0\}$ 中的矢径 $\boldsymbol{R}_{P_A}$，从而确定了定轴曲率面固定轴线 L_{P_A} 的方位，见表6.7。图6.29所示为连杆轨迹曲面 $\sum_l$ 及其定轴曲率曲面、瞬轴面直母线之间的方向和位置关系。

6.5.4.2 定轴曲率驻线

由式（6.123）可知，连杆上瞬时所有满足 $\mathrm{d}\beta_l/\mathrm{d}\sigma_l=0$ 的直线，其单位方向矢量的球面像都汇集于球面像曲率驻点曲线 $C_{\beta'}$ 上，RCCC四杆机构在 $\theta_1=1.00$ 瞬时，连杆上球面像曲率驻点曲线 $C_{\beta'}$ 的方程为：

表6.7 直线轨迹直纹面定轴曲率曲面参数

固定夹角	半径	固定轴线 L_{P_A} 方位（固定坐标系中）					
（δ）	（η）	单位方向矢量 $\boldsymbol{d}$			确定点 P_A 的矢径 $\boldsymbol{R}_{P_A}$		
0.2166	−1.4978	−0.7340	0.5849	0.3451	−5.9701	4.3503	2.2015

$$C_{\beta'}:\cot\delta_l=\frac{1}{-5.0098\sin\theta_l}+\frac{1}{-26.2120\cos\theta_l} \tag{6.210}$$

依据式（6.210）绘制球面像曲率驻点曲线 $C_{\beta'}$，如图6.30所示。

在 $\theta_1=1.00$ 瞬时，特征线 $L_{C'C}^{(3)}$ 的方向角度（δ_l，θ_l）满足式（6.210），任取 $\theta_l=5\pi/4$，由式（6.210）可得 $\delta_l=1.2464$，将其代入式（6.89）可得特征线 $L_{C'C}^{(3)}$ 单位方向矢量在瞬轴面Frenet标架中的分量，见表6.6。将 l_1，l_2，l_3 代入式（6.162）的第二式，可得到特征线 $L_{C'C}^{(3)}$ 在对应该单位方向矢量下腰点的分布直线方程。

特殊地，对于特征线 $L_{C'C}^{(3)}$，其定轴曲率面的腰线圆柱面半径为零并且固定夹角 $\delta=\pi/2$。该

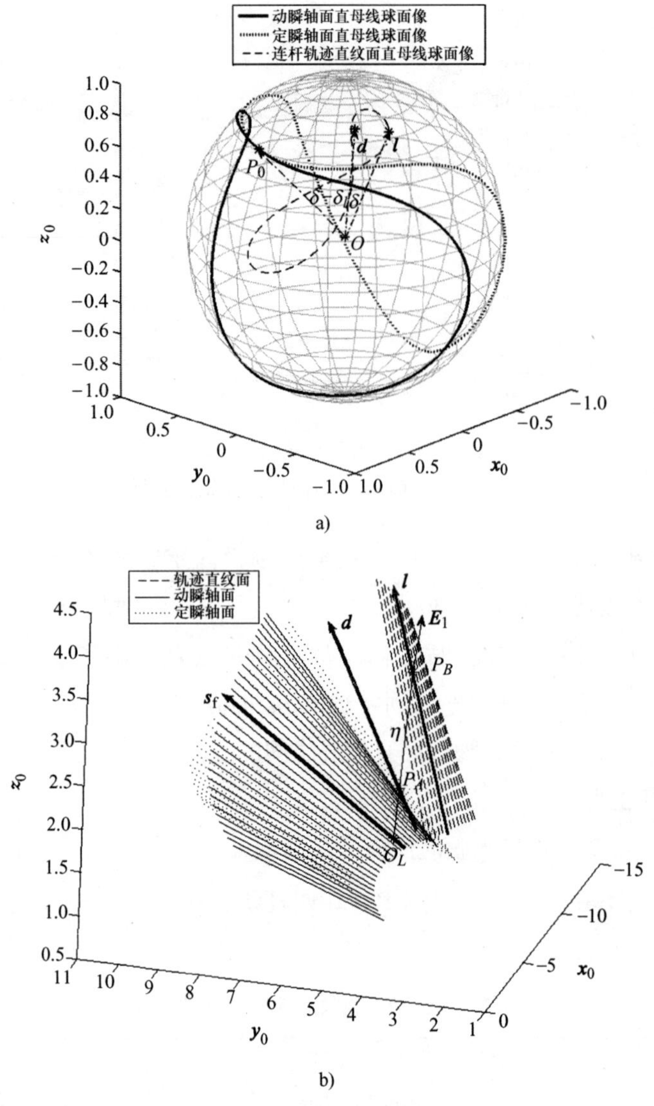

图 6.29　连杆轨迹曲面的定轴曲率

a）连杆轨迹曲面及其定轴曲率面、瞬轴面直母线角度关系

b）瞬时连杆曲面的定轴曲率曲面

特征线的无限接近四位置均与一固定轴线垂直相交，其直线参数（δ_l，θ_l，p，H）需满足方程式（6.163），由其前两式可得到式（6.164），对于 $\theta_1=1.00$ 瞬时，可得其系数分别为 $f_1=-0.0909$，$f_2=0.1569$，$f_3=-0.3800$，$f_4=0.2316$ 和 $f_5=-0.0398$。从而可得参数 δ_l 和 θ_l 的值，见表 6.6，并可通过式（6.89）得到直线在瞬轴面的 Frenet 标架中的两组单位方向余弦。将这两组单位方向余弦代入式（6.163）中的后两式可得：

$$
\begin{cases}1.7375p+0.7557H+5.4832=0\\0.4290p-0.0613H+0.4546=0\end{cases}\text{和}\begin{cases}1.6306p-0.7716H-7.0154=0\\-0.4157p-0.0436H+0.4512=0\end{cases}\tag{6.211}
$$

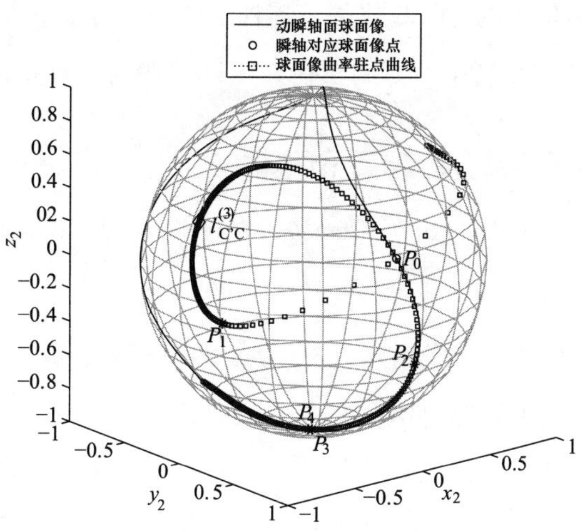

图 6.30　球面像曲率驻点曲线

对于上述两组方程组可解得相应特征线的位置参数（p，H），见表 6.8。

表 6.8　连杆上特征直线参数

	瞬轴面标架中单位方向矢量分量			直线方位参数			
	l_1	l_2	l_3	δ_l/rad	θ_l/rad	p	H
$L^{(3)}_{C'C}(\infty^2)$	0.3187	−0.6702	−0.6702	1.2464	$5\pi/4(\infty^1)$	$0.3246p-1.5000H-8.3867=0(\infty^1)$	
$L^{(3)}_{C'C}(\infty^0)$	0.5872	0.7814	−0.2112	0.9432	6.0192	−1.5780	−3.6273
$\left(\eta=0,\ \delta=\frac{\pi}{2}\right)$	0.6187	−0.7571	−0.2097	0.9037	3.4117	1.6793	−5.6601
$L^{(4)}_{C'C}(\infty^0)$	0.4262	−0.1281	−0.8955	1.1305	4.5703	−5.2179	−2.9518
	0.7642	0.6363	−0.1052	0.7009	6.1193	−4.5109	11.7035
	0.2500	0.7378	−0.6271	1.3182	5.5787	0.0982	−2.2858
	0.2422	0.7255	−0.6441	1.3262	5.5571	13.8430	−7.2734
$L^{(2)}_{RC}(\infty^2)$	0.4262	−0.1281	−0.8955	1.1305 (∞^1)	4.5703 (∞^1)	−5.2179	−2.9518
$L^{(2)}_{RR}(\infty^0)$	0.4190	0.2883	−0.8610	1.1385	5.0355	−3.2186	−0.2993
	0.8377	−0.5242	−0.1532	0.5778	3.4258	−0.0955	−1.8266
$L^{(3)}_{HC}(\infty^0)$	0.4262	−0.1281	−0.8955	1.1305	4.5703	−5.2179	−2.9518
	0.5409	−0.7936	−0.2786	0.9993	3.4792	3.7120	−2.8994
$L^{(2)}_{HR}(\infty^1)$	0.7071	0.4234	0.5663	$\pi/4(\infty^1)$	0.9289	1.4553	2.6732
	0.7071	−0.4068	−0.5784		−2.1837	−2.0959	−0.9500
$L^{(2)}_{HH}(\infty^2)$	0.7071	0.5000	0.5000	$\pi/4(\infty^1)$	$\pi/4(\infty^1)$	16.5351	−8.1759

注：连杆上的特征线 $L^{(2)}_{RR}$ 是在 $\theta_1=2.00$ 瞬时求得（$\theta_1=1.00$ 瞬时不存在），其余特征线均在 $\theta_1=1.00$ 瞬时求得。

6.5.4.3　定轴线

由式（6.123）和式（6.124）可知，在任意瞬时连杆空间中最多有六个方向可作为特

征线 $L_{C'C}^{(4)}$ 的方向，对于本例中的 RCCC 机构，连杆上的轴 z_1 与轴 z_2 方向始终是定轴特征线方向，即连杆上还有不多于四个特征线方向。在 $\theta_1=1.00$ 瞬时，该特征线 $L_{C'C}^{(4)}$ 方向满足方程：

$$\begin{cases}\cot\delta_l=\dfrac{1}{7.6474\sin\theta_l}+\dfrac{1}{3.4307\cos\theta_l}\\ -0.0015\tan^6\theta_l-0.0057\tan^5\theta_l+0.0047\tan^4\theta_l+0.5782\tan^3\theta_l\\ +1.0759\tan^2\theta_l+0.5840\tan\theta_l+0.0697=0\end{cases}\tag{6.212}$$

式（6.212）可解得关于特征线 $L_{C'C}^{(4)}$ 角度（δ_l，θ_l）的四组解，并由式（6.89）得到特征线 $L_{C'C}^{(4)}$ 在瞬轴面的 Frenet 标架中的四组单位方向余弦，见表 6.6。将该四组解对应的直线方向转换到连杆坐标系 $\{\boldsymbol{R}_C;\ \boldsymbol{x}_2,\ \boldsymbol{y}_2,\ \boldsymbol{z}_2\}$ 中描述，得到四个直线方向为：

$$\begin{cases}l_{m1}^{(1)}=0,\quad l_{m2}^{(1)}=-0.8192,\quad l_{m3}^{(1)}=-0.5736\\ l_{m1}^{(2)}=0.6806,\quad l_{m2}^{(2)}=0.0955,\quad l_{m3}^{(2)}=-0.7264\\ l_{m1}^{(3)}=0,\quad l_{m2}^{(3)}=0,\quad l_{m3}^{(3)}=-1\\ l_{m1}^{(4)}=-0.0149,\quad l_{m2}^{(4)}=-0.0167,\quad l_{m3}^{(4)}=-0.9997\end{cases}\tag{6.213}$$

上述四个方向分别对应着图 6.30 中所示球面像曲率驻点曲线上的 P_1、P_2、P_3 和 P_4，其中 P_1 和 P_3 点分别对应着连杆上的轴线 z_1 与轴线 z_2。

将表 6.6 中特征线 $L_{C'C}^{(4)}$ 的单位方向余弦代入式（6.166）的后两式，可得特征线 $L_{C'C}^{(4)}$ 的腰点参数。若在直线方向参数的四组解中，选取 $\delta_l^{(3)}=1.3182$，　$\theta_l^{(3)}=5.5787$，该直线方向恰平行于轴线 z_2，将其代入式（6.166），则可得腰点参数的方程组为：

$$\begin{cases}0.5808p+1.4804H+3.3269=0\\ 0.3259p+0.7364H+1.6514=0\end{cases}\tag{6.214}$$

解得直线的腰点参数为（$p=0.0982$，$H=-2.2858$）。在连杆坐标系 $\{\boldsymbol{R}_C;\ \boldsymbol{x}_2,\ \boldsymbol{y}_2,\ \boldsymbol{z}_2\}$ 中，该特征线的方向矢量为（0，0，-1），腰点坐标为（0，0，-1.8556），该瞬时腰点恰重合于连架杆 3 上的 C' 点，表明求得的特征线 $L_{C'C}^{(4)}$ 恰为轴线 z_2。对于其余三个直线方向，可按照同样过程求得相应特征线 $L_{C'C}^{(4)}$ 的腰点位置参数，如表 6.8 所示。

按照上述同样的过程，当机构的输入角 θ_1 从 0 到 2π 时，可求得任意瞬时连杆上特征线 $L_{C'C}^{(4)}$ 的单位方向，其对应的球面像点构成了连杆上单位球面上的球面像点曲线，如图 6.31 所示。通过计算可以看到，任意瞬时，连杆上与轴线 z_1、轴线 z_2 重合的直线均为特征线 $L_{C'C}^{(4)}$，其单位方向对应的球面像点如图 6.30 中所示的 P_1 和 P_3。

当 RCCC 机构的输入角 θ_1 从 0 到 2π 时，对于由图 6.31 所示球面像曲线上任意球面像点决定的直线单位方向，可由式（6.166）得到直线的腰点参数，并进而确定出特征线 $L_{C'C}^{(4)}$ 的方位。为便于描述，取特征线 $L_{C'C}^{(4)}$ 与连杆坐标系 $\{\boldsymbol{R}_C;\ \boldsymbol{x}_2,\ \boldsymbol{y}_2,\ \boldsymbol{z}_2\}$ 坐标平面 $\boldsymbol{R}_C-\boldsymbol{x}_2\boldsymbol{y}_2$ 的

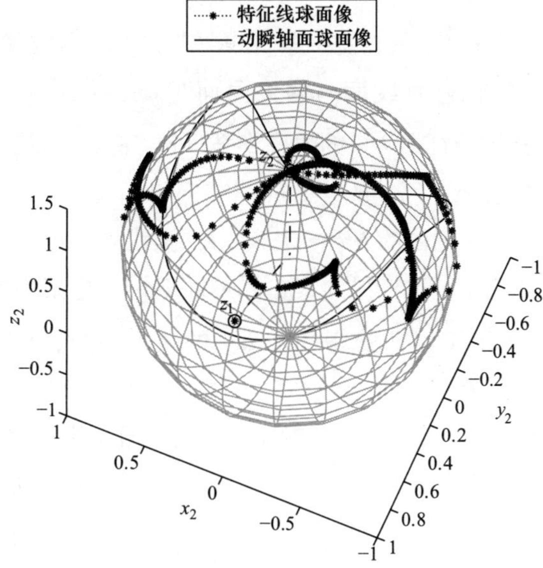

图 6.31　特征线 $L_{C'C}^{(4)}$ 球面像点曲线

交点作为位置点，从而绘制当 θ_1 从 0 到 2π 时连杆上特征线 $L_{C'C}^{(4)}$ 位置点分布，如图 6.32 所示。其中 B' 和 C 点分别为轴线 z_1 与 z_2 和坐标平面 $\boldsymbol{R}_C-\boldsymbol{x}_2\boldsymbol{y}_2$ 的交点。

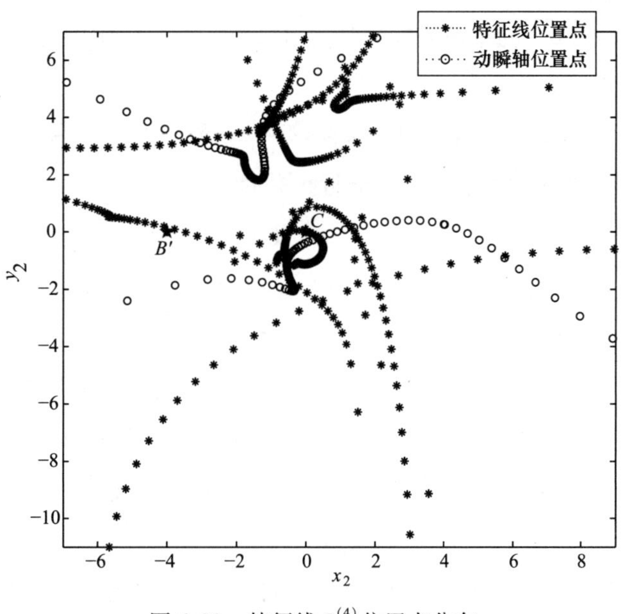

图 6.32　特征线 $L_{C'C}^{(4)}$ 位置点分布

6.5.4.4　定常曲率与定常特征线

上述连杆空间运动时，连杆上的任意一条直线瞬时在固定坐标系中的无限接近三位置轨迹曲面都有定轴曲率以及相应的定轴曲率面，而当定轴曲率退化为定常曲率时，并非连杆上任意直线的无限接近三位置都存有相应的定常曲率面。下面对连杆空间中的定常特征线的分布情况进行示例介绍。

（1）特征线 $L_{RC}^{(2)}$ 对于连杆上的任意一条直线，若其直线参数（δ_l，θ_l，p，H）满足条件式（6.172），则该直线的轨迹直纹面与约束曲面 Σ_{RC} 二阶逼近，并且该直线为特征线 $L_{RC}^{(2)}$。在任意瞬时，任意选定特征线 $L_{RC}^{(2)}$ 的方向参数（δ_l，θ_l）后，代入式（6.174）后，便可以求得相应特征线的腰点参数（p，H）。

在 $\theta_1=1.00$ 瞬时，在动瞬轴面的 Frenet 标架中，直线（轴线 z_1）的方向参数为（$\delta_l=1.1305$，$\theta_l=4.5703$），由式（6.89）得到其在瞬轴面 Frenet 标架中的单位方向余弦，并代入式（6.174）求得对应该给定方向的特征线 $L_{RC}^{(2)}$ 的腰点参数，见表 6.6。在连杆坐标系 $\{\boldsymbol{R}_C;\ \boldsymbol{x}_2,\ \boldsymbol{y}_2,\ \boldsymbol{z}_2\}$ 中，该特征线的方向矢量为（0，－0.8192，－0.5736），腰点坐标为（－4.0000，2.3715，1.6605），该瞬时腰点恰重合于连架杆 1 上的 B 点。

（2）特征线 $L_{RR}^{(2)}$ 若连杆上直线的直线参数（δ_l，θ_l，p，H）满足条件式（6.176），则该直线的轨迹直纹面与约束曲面 Σ_{RR} 二阶逼近，并且该直线为特征线 $L_{RR}^{(2)}$。在任意瞬时，特征线 $L_{RR}^{(2)}$ 的方向参数由式（6.179）确定。在 $\theta_1=2.00$ 瞬时，由式（6.179）可解得两组特征线 $L_{RR}^{(2)}$ 的方向参数，见表 6.6。将这两组方向参数代入式（6.177）和式（6.178），可解得相应腰点参数（p，H）。在连杆坐标系 $\{\boldsymbol{R}_C;\ \boldsymbol{x}_2,\ \boldsymbol{y}_2,\ \boldsymbol{z}_2\}$ 中，第一组特征线 $L_{RR}^{(2)}$ 的单位方向矢量为（－0.0204，－0.7684，－0.6396），腰点坐标为（－2.9052，1.7860，2.7803），第二组特征线 $L_{RR}^{(2)}$ 的单位方向矢量为（0.8524，－0.0193，－0.5226），腰点坐标为（－1.5413，3.3520，0.2247）。

（3）特征线 $L_{HC}^{(3)}$ 若连杆上直线的直线参数（δ_l，θ_l，p，H）满足条件式（6.184），则该直线的轨迹直纹面与约束曲面 Σ_{HC} 三阶逼近，并且该直线为特征线 $L_{HC}^{(3)}$。在任意瞬时，特征线 $L_{HC}^{(3)}$ 的方向参数由式（6.184）的第四式以及式（6.185）确定，在 $\theta_1=1.00$ 瞬时，可得两组特征线 $L_{HC}^{(3)}$ 的单位方向余弦，见表 6.6。将其代入式（6.184）中前三式中的任意两式，可得特征线 $L_{HC}^{(3)}$ 的腰点参数。在连杆坐标系中，第一条特征线的方向矢量为（0，－0.8192，－0.5736），腰点坐标为（－4.000，2.3715，1.6605）；第二条特征线的方向矢量为（0.3295，－0.9030，0.2756），腰点坐标为（4.9886，1.7818，－0.7201）。

（4）特征线 $L_{HR}^{(2)}$ 若连杆上直线的直线参数（δ_l，θ_l，p，H）满足条件式（6.186），则该直线的轨迹直纹面与约束曲面 Σ_{HR} 二阶逼近，并且该直线为特征线 $L_{HR}^{(2)}$。在任意瞬时，特征线 $L_{HR}^{(2)}$ 的方向参数满足式（6.187），即给定方向参数（δ_l，θ_l）中的任意一个，可以由该式求得另一个参数。在 $\theta_1=1.00$ 瞬时，令 $\delta_l=\pi/4$，可由式（6.187）解得相应的两个 θ_l，并通过式（6.89）得到两组瞬轴面 Frenet 标架中的单位方向余弦。将任意一组单位方向余弦代入到式（6.187），可求得相应特征线 $L_{HR}^{(2)}$ 腰点的位置参数，见表 6.6。对于求得的两条特征线 $L_{HR}^{(2)}$，第一条在连杆坐标系中的单位方向矢量为（0.9016，0.4113，－0.1340），腰点坐标为（2.4153，1.3208，－0.3681）；第二条在连杆坐标系中的单位方向矢量为

(0.3735，-0.8962，-0.2393)，腰点坐标为（-1.0614，2.7083，-0.6596）。

（5）特征线 $L_{HH}^{(2)}$ 若连杆上直线的直线参数（δ_l，θ_l，p，H）满足条件式（6.188），则该直线的轨迹直纹面与约束曲面 Σ_{HH} 二阶逼近，并且该直线为特征线 $L_{HH}^{(2)}$。可见在任意一瞬时可以任意给定特征线 $L_{HH}^{(2)}$ 的方向参数，然后将其代入式（6.188）可得特征线的腰点参数。在 $\theta_1=1.00$ 瞬时，给定特征线 $L_{HH}^{(2)}$ 的方向参数为（$\delta_l=\theta_l=\pi/4$），可由式（6.89）得到其在动瞬轴面的 Frenet 标架中的单位方向矢量，并代入式（6.188）可得对应该方向特征线 $L_{HH}^{(2)}$ 腰点参数。在连杆坐标系中，该特征线 $L_{HH}^{(2)}$ 的单位方向矢量为（0.8776，0.4194，-0.2321），腰点坐标为（14.1460，-3.5299，-11.5435）。

6.6 讨论

基于瞬心线的刚体平面与球面运动几何学理论丰富而又完整，形式直观而又优美流畅。如第1、4章所述，将平面、球面运动几何学理论与方法推广到空间，建立基于瞬心线与瞬轴面的平面、球面到空间运动几何学理论体系，一直是机构学研究者的愿望。然而，刚体空间运动几何学要比平面和球面运动几何学广泛得多，无论在内容上还是表现形式上，既有点轨迹的空间曲线，又有直线轨迹的直纹曲面；同时，由于空间运动副的多样性和刚体空间运动点线轨迹的复杂性，并且约束曲线、曲面又不像平面和球面机构中约束曲线仅有直线和圆那样简单，判断轨迹曲线、曲面与约束曲线、曲面的近似程度较困难。因此，空间运动几何学中不变量和表达方法成为研究的关键，而曲率与高阶曲率又是合乎逻辑的研究起点。

Müller[2]最早提出用渐屈线曲率来描述平面运动刚体上点的轨迹曲线的高阶曲率性质。Freudenstein[3]对 Müller 的工作进行了发展，展示了如何通过 $n-2$ 个特征数来描述平面曲线的 n 阶曲率性质，从而形成了平面运动学的一般曲率理论，如刚体平面上的曲率驻点曲线，Burmester 点等。基于 Bottema[4,5] 提出的平面运动正则坐标系以及瞬时不变量，G. R. Veldkamp[6]对平面运动的高阶曲率理论重新进行了阐述。A. H. Soni，M. N. Siddhanty 和 K. L. Ting[7]通过平面运动的瞬时不变量得到了描述平面运动直线包络曲线性质的特征数，建立了平面运动高阶包络曲率理论。H. J. Kamphius[8]通过球面运动的正则坐标系以及瞬时不变量——角速度矢量，研究球面运动几何学性质。A. T. Yang 和 B. Roth[9]将 Freudenstein 的方法推广到球面，利用 Kamphius 的角速度矢量推导得到描述球面运动点轨迹高阶曲率性质的特征数，并建立了球面运动几何学高阶曲率理论。G. R. Veldkamp[10]将 O. Bottema 提出的平面运动正则坐标系和瞬时不变量推广到球面运动。在此基础上，L. M. Hsia 和 A. T. Yang[11]给出了空间运动刚体上点轨迹曲率和挠率的解析表达式，并根据曲率性质得到了运动刚体上轨迹曲线与直线、螺旋线和球面曲线逼近接触时点的分布特性。但未对更高阶的曲率特性以及轨迹曲线与圆柱面的接触特性进行研究。A. T. Yang，Y. Kirson 和 B. Roth[12]将平面曲线的渐屈线推广到直纹面性质的研究，利用直纹面的活动标架建立其渐屈直纹面，并定义了三个特征标量来描述直纹面的二阶曲率性质。J. M. McCarthy 和 B. Roth[13]将直纹面活动标架的微分参数定义为曲率参数，并用来描述直纹面的局部几何结构，将活动标架标矢的轨迹直纹面标架的微分参数定义为高阶曲率函数，并用来描述直纹面的高阶曲率性质，从而可以通过这些曲率参数来确定空间运动刚体上产生特定轨迹直纹面的直线位置。在文献[14]中，J. M. McCarthy 利用对偶矢量代数得到了描述直纹面曲率性质的曲率参数的对偶形式，并给出了其与前一篇文献中曲率参数的关联。K. L. Ting 和 A. H. Soni[15,16]利用正则坐标系和瞬时不变量对球面和空间运动平面的曲率性质进行了研究，利用其包络直纹面直母线球面像的测地曲率，脊线的曲率和挠率来定义特征方程，从而可以用来确定运动刚体上具有特定几何特征包络直纹面的平面位置。特别值得一提的是，O. Bottema 和 B. Roth[17]依据运动不变量，系统地建立了从平面、球面到空间运动的理论运动学，但过于抽象和简洁，使得运动不变量的几何意义不够明显，应用不便。

1830 年，Chasles[18]提出刚体的空间任意运动均可表示为绕一轴的旋转和沿着该轴的平移运动的复合。由 Giulio Mozzi[19]首次提出，并被定义为螺旋轴。R. S. Ball 爵士的专著[20]系统地研究了螺旋理论，奠定了旋量的数学基础。W. K. Clifford[21]于 1973 年提出双四元数，随后系统地研究了旋量同四元数、双四元数的关系。德国数学家 E. Study[22]提出了对偶角，促进了对偶矢量与旋量的结合和发展。L. Brand[23]的专著系统地研究了旋量的运算。从 20 世纪 60 年代开始，机构学家就将旋量理论引入机构学分析与综合的研究[16,24-28,51]。前苏联学者 F. M. Dimentberg[29]首先将对偶矢量代数引入机构学分析，得到了空间四杆机构的位移方程。A. T. Yang[30-32]则将对偶数矩阵和对偶四元数代数用于空间连杆机构的运动分析。L. Woo 和 Freudenstein[33]利用线几何对刚体运动进行了研究，给出了机械系统的运动代数方程。E. Study[34]最早开始通过将空间运动映射到高维空间中来全面研究空间运动性质，并将该高维空间定义为“soma 空间”。在此基础上，机构学家利用对偶矢量开始进行空间一般运动性质的研究。B. Ravani 和 B. Roth[35]将空间的任意一位移映射为对偶射影三维空间中的一点，从而将空间运动性质转化为射影空间中像曲线的几何性质来描述。基于这种映射方法，J. M. McCarthy 和 B. Ravani[36]研究了射影空间中像曲线的瞬时内在几何性质，从而揭示了刚体空间运动的特征。C. Lee，A. T. Yang 和 B. Ravani[37]为了避开正则坐标系的影响，利用任意给定坐标系系统得到了刚体空间运动瞬时不变量的解析表达式。同样地，Ö. Köse[38,39]利用对偶单位球面上的对偶曲线来描述空间运动直线的轨迹特征，以此来建立直线运动的对偶曲率特征，从而利用对偶曲线上的特殊点来获得具有特定空间运动性质的直线。

刚体空间运动时的瞬时螺旋轴，分别在运动坐标系和固定坐标系中形成动瞬轴面和定瞬轴面，和刚体平面的动、定瞬心线一样，体现了运动学的内在性质。J. M. McCarthy 和 B. Ravani 推导得到了球面运动瞬轴面直母线的球面像曲线的测地曲率。Skreiner[40]利用瞬轴面的局部性质研究了空间运动高阶性质。E. H. Bokelberg，K. H. Hunt 和 P. R. Ridley[41,42]定义了“微分螺旋”的概念来描述瞬轴面上相邻的两直母线间的运动特征，并对空间运动点的轨迹曲线的拐点和加速度点的分布进行了分析。H. Stachel[43]采用对偶矢量对瞬时螺旋轴进行了描述，推导出空间直线运动的 Euler-Savary 公式，该公式最早由 M. Disteli[44]得到。D. B. Dooner 和 M. W. Griffis[45]基于瞬轴面提出了空间包络运动的 Euler-Savary 公式，由于采用了瞬轴面的密切单叶双曲面的参数来反映瞬轴面的性质，因而很难推广到空间一般运动曲率性质的研究。J. D. Schutter[46]利用瞬轴面上无限接近三条直母线定义了六个标量函数，提出了空间运动坐标表示的重构算法。利用微分几何学中的相伴方法——直线或直纹面对直纹面的相伴运动，作者[47-49,52]以瞬轴面的不变量描述了运动刚体上点、直线轨迹的性质，建立了基于瞬轴面的空间瞬时运动几何学曲率理论。

由此可见，刚体空间连续运动几何学与平面运动相比，无论研究内容深度还是广度都还很不够，还有很多问题需要研究，如：

空间机构瞬轴面整体几何性质：运动刚体Σ^*相对于固定刚体Σ的单自由度空间运动表示为刚体Σ^*沿曲线Γ_{Om}平动（线位移x_{Omf}，y_{Omf}，z_{Omf}）和绕曲线Γ_{Om}上点的转动（角位移θ_1，θ_2，θ_3），六个参数相互关联；同时又可表述为动瞬轴面Σ_m在定瞬轴面Σ_f上滚动并沿瞬轴 ISA 滑动，其球面像曲线C_m在定瞬轴面球面像曲线C_f上纯滚动（单参数），动瞬轴面Σ_m与定瞬轴面Σ_f的几何性质分别由直纹面结构参数α_m，β_m，γ_m和α_f，β_f，γ_f决定，它们是刚体运动不变量，动定瞬轴面的诱导结构参数$\alpha^*=\alpha_f-\alpha_m$和$\beta^*=\beta_f-\beta_m$具有明确的运动几何学意义。因此，刚体空间运动几何学的整体性质研究可转化为动定瞬轴面的整体几何性质研究，如形状大小、封闭曲面、相交等，或者进一步转化为球面像曲线C_m与C_f和腰线的整体几何性质研究。对于空间连杆机构（单自由度单闭环空间四杆、五杆、六杆、七杆机构和多环并联空间机构多自由度运动关联后），机构尺度（空间机构杆长）决定了连杆空间运动的瞬轴面整体几何性质。因此，空间连杆机构瞬轴面的整体几何性质，即机构尺度与其瞬轴面结构参数的关系，包括局部（瞬时）和整体关系，将揭示空间机构运动学与几何学的内在联系，是空间机构运动几何学的理论基础，可谓之空间机构运动几何学的本构方程，是对机构学研究（两百多年）有史以来的极大挑战。

迄今为止，简单瞬轴面，如圆锥和单叶双曲面等的整体几何性质可应用于空间高副（圆锥齿轮和空间凸轮）机构的综合，假以时日，若瞬轴面整体几何性质谜底被揭开，其必将成为一般空间连杆（低副）机构运动综合的理论基础。

空间机构连杆曲线与连杆曲面的广义曲率：刚体空间瞬时运动几何学理论应用于连杆曲线与连杆曲面的局部性质研究，得到连杆上点、直线或平面的轨迹的常规局部（瞬时）几何性质，为了适应空间机构中的约束曲线与约束曲面，需要将常规曲率内涵扩展到广义曲率，如多构件和多运动副（如 R-R-R，C-R-R、C-R-H 等）组合，是单闭环单自由度空间多杆机构运动综合的基础。本章仅初步尝试了二副杆约束曲线与约束曲面的广义曲率，相关研究还有待深入。

空间机构连杆曲线与连杆曲面的整体几何性质：空间运动微分几何学，无论是研究内容还是研究方法还有待丰富和完善，相对平面连杆机构而言，空间连杆曲线、连杆曲面以及连杆平面包络面的整体性质尚属空白，即使是简单的空间四杆机构 RCCC，也没有像平面四杆机构那样的曲柄存在条件，更不用说空间连杆曲线、连杆曲面的整体几何形状与特征了。因此，空间连杆曲线与连杆曲面的整体几何性质的研究还有待开垦，对于空间机构运动几何学本质的揭示以及在空间机构近似综合中的应用都具有十分重要意义。

参考文献

[1] K. H. Hunt. Kinematic Geometry of Mechanisms [M]. Oxford: Clarendon Press, 1978.

[2] R, Müller. Üeber die Krümmung der Bahnevoluten bei starren ebenen Systeme, Zeitschrift für Mathematik und Physik [J]. 1891, 36: 193-205.

[3] F. Freudenstein. Higher Path-Curvature Analysis in Plane Kinematics [J]. ASME Journal of Engineering for Industry, 1965, 87 (2): 184-190.

[4] O. Bottema. On Cardan Positions for the Plane Motion of a Rigid Body [C]//Proc. Koninklijke Nederlandse Akad. Van Wetenschappen, Ser. A, 1949, 52: 643-51.

[5] O. Bottema. Some Remarks on Theoretical Kinematics, I. On Instantaneous Invariants [C]//Proc. Of the International Conference for Teachers of Mechanisms, New Haven: Yale University, 1961: 15-164.

[6] G. R. Veldkamp. Some Remarks on Higher Curvature Theory [J]. ASME Journal of Engineering for Industry, 1967, 89 (1): 84-86.

[7] A. H. Soni. M. N. Siddhanty, K. L. Ting, Higher Order, Planar Tangent-Line Envelope Curvature Theory [J]. ASME Journal of Mechanical Design, 1979, 101 (4): 563-568.

[8] H. J. Kamphuis. Application of Spherical Instantaneous Kinematics to the Spherical Slider-Crank Mechanism [J]. Journal of Mechanisms, 1969, 4 (1): 43-56.

[9] A. T. Yang, B. Roth. Higher-Order Path Curvature in Spherical Kinematics [J]. ASME Journal of Engineering for Industry, 1973, 95 (2): 612-616.

[10] G. R. Veldkamp. Canonical Systems and Instantaneous Invariants in Spatial Kinematics [J]. Journal of Mechanisms, 1967, 2 (3): 329-388.

[11] L. M. Hsia, A. T. Yang. On the Intrinsic Properties of Point Trajectory in Three-Dimensional Kinematics [J]. ASME Journal of Mechanical Design, 1985, 107 (3).

[12] A. T. Yang, Y. Kirson, B. Roth. On a Kinematic Curvature Theory for Ruled Surfaces [C]//Proceedings of the Fourth World Congress on the Theory of Machines and Mechanisms. England: Newcastle Upon Tyne, 1975: 737-742.

[13] J. M. McCarthy, B. Roth. The Curvature Theory of Line Trajectories in Spatial Kinematics [J]. ASME Journal of Mechanical Design, 1981, 103 (4): 718-724.

[14] J. M. McCarthy. On the Scalar and Dual Formulations of the Curvature Theory of Line Trajectories [J]. J. of Mech., Trans, and Automation, 1987, 109 (1): 101-106.

[15] K. L. Ting, A. H. Soni. Instantaneous Kinematics of a Plane in Space motion [J]. ASME Journal of

Mechanisms, Transmissions, and Automation in Design, 1984, 105 (3): 560-567.

[16] K. L. Ting, A. H. Soni. Instantaneous Kinematics of a Plane in Spherical motion [J]. ASME Journal of Mechanisms, Transmissions, and Automation in Design, 1982, 105 (3): 552-559.

[17] O. Bottema, B. Roth. Theoretical Kinematics, North-Holland [M]. New York: 1979.

[18] M. Chasles. Note sur les Proprietes Generales du Systeme de Deux Corps Semblables entr' eux [J]. Bullettin de Sciences Mathematiques, Astronomiques Physiques et Chimiques, Baron de Ferussac, Paris, 1830: 321-326.

[19] G. Mozzi. Discorso matematico sopra il rotamento momentaneo dei corpi [M]. Napoli: Stamperia di Donato Campo, 1763.

[20] R. S. Ball. A Treatise on the Theory of Screws [M]. Cambridge: Cambridge University Press, 1900.

[21] W. K. Clifford. Preliminary Sketch of Bi-Quaternion [C]//Proc. London Math. Society. 1873, 4 (64/65): 381-395.

[22] E. Study. Die Geometrie der Dynamen [M]. New York: Leipzig, 1903.

[23] L. Brand. Vector and Tensor Analysis [M]. New York: John Wiley &Sons, 1947.

[24] J. M. McCarthy. An Introduction to Theoretical Kinematics [M]. London: The MIT Press, 1990.

[25] J. Duffy. Statics and Kinematics with Applications to Robotics [M]. New York: Cambridge University, 1996.

[26] J. K. Davidson, K. H. Hunt. Robots and Screw Theory: Applications of Kinematics and Statics to Robotics [M]. New York: Oxfords University Press, 2004.

[27] J. S. Dai. Screw Algebra and Kinematics Approaches of Mechanisms and Robotics [M]. London: Springer, 2013.

[28] 黄真，赵永生，赵铁石. 高等空间机构学 [M]. 北京：高等教育出版社，2006.

[29] F. M. Dimentberg. The Screw Calculus and Its Application to Mechanics (in Russian) [M]. Moscow: Moscow press, 1965.

[30] A. T. Yang. Displacement Analysis of Spatial Five-Link Mechanisms Using 3 * 3 Matrices with Dual-Number Elements [J]. ASME Journal of Engineering for Industry, 1969, 91 (1): 152-156.

[31] A. T. Yang, Freudenstein. Application of Dual-Number Quaternion Algebra to the Analysis of Spatial Mechanisms [J]. ASME Journal of Applied Mechanics, 1964, 31 (2): 300-308.

[32] G. R. Pennock, A. T. Yang. Application of Dual-Number Matrices to the Inverse Kinematics Problem of Robot Manipulators [J]. ASME Journal of Mechanisms, Transmissions and Automation in Design, 1985, 107 (2): 201-208.

[33] L. Woo, F. Freudenstein. Application of Line Geometry to Theoretical Kinematics and the Kinematic Analysis of Mechanical Systems [J]. Journal of Mechanisms, 1970, 5 (3): 417-460.

[34] E. Study. Die Geometrie der Dynamen [M]. Leipzig, 1903.

[35] B. Ravani, B. Roth. Mappings of Spatial Kinematics [J]. ASME Journal of Mechanisms, Transmissions, and Automation in Design, 1984, 106: 341-347.

[36] J. M. McCarthy, B. Ravani. Differential Kinematics of Spherical and Spatial Motions Using Kinematic

Mapping [J]. ASME Journal of Applied Mechanics, 1986, 53 (1): 15-22.

[37] C. Lee, A. T. Yang, B. Ravani. Coordinate System Independent Form of Instantaneous Invariants in Spatial Kinematics [J]. ASME Journal of Mechanical Design, 1993, 115 (4): 946-952.

[38] Ö. Köse. Kinematic differential geometry of a rigid body in spatial motion using dual vector calculus: Part-Ⅰ [J]. Applied Mathematics and Computation, 2006, 183 (1): 17-29.

[39] Ö. Köse, C. C. Sarıoğlu, B. Karabey, İ. Karakılıç, Kinematic differential geometry of a rigid body in spatial motion using dual vector calculus: Part-Ⅱ [J]. Applied Mathematics and Computation, 2006, 182 (1): 333-358.

[40] M. Skreiner. A Study of the Geometry and the Kinematics of Instantaneous Spatial Motion [J]. Journal of Mechanisms, 1966, 1 (2): 115-143.

[41] E. H. Bokelberg, K. H. Hunt, P. R. Ridley, Spatial Motion-Ⅰ: Points of Inflection and the Differential Geometry of Screws [J]. Mechanism and Machine Theory, 1992, 27 (1): 1-15.

[42] P. R. Ridley, E. H. Bokelberg, K. H. Hunt. Spatial motion-Ⅱ: Acceleration and the differential geometry of screws [J]. Mechanism and Machine Theory, 1992, 27 (1): 17-35.

[43] H. Stachel. Instantaneous Spatial Kinematics and the Invariants of the Axodes [C]//Proceedings of A Symposium Commemorating the Legacy, Works, and Life of Sir Robert Stawell Ball Upon the 100th Anniversary of A Treatise on the Theory of Screws, 2000: 1-14.

[44] M. Disteli. Über das Analogon der Savaryschen Formel und Konstruktion in der kinematischen Geometrie des Raumes [J]. Zeitschrift für Mathematic und Physik, 1914, 62: 261-309.

[45] D. B. Dooner, M. W. Griffis. On Spatial Euler-Savary Equations for Envelopes [J]. ASME Journal of Mechanical Design, 2006, 129 (8): 865-875.

[46] J. D. Schutter. Invariant Description of Rigid Body Motion Trajectories [J]. ASME Journal of Mechanisms and Robotics, 2009, 2 (1): 011001.

[47] D. L. Wang, J. Liu, D. Z. Xiao. Kinematic Differential Geometry of a Rigid Body in Spatial Motion-Ⅰ: A New Adjoint Approach and Instantaneous Properties of a Point Trajectory in Spatial Kinematics [J]. Mechanism and Machine Theory, 1997, 32 (4): 419-432.

[48] D. L. Wang, J. Liu, D. Z. Xiao. Kinematic Differential Geometry of a Rigid Body in Spatial Motion-Ⅱ: A New Adjoint Approach and Instantaneous Properties of a Line Trajectory in Spatial Kinematics [J]. Mechanism and Machine Theory, 1997, 32 (4): 433-444.

[49] D. L. Wang, J. Liu, D. Z. Xiao. Kinematic Differential Geometry of a Rigid Body in Spatial Motion-Ⅲ: Distribution of Characteristic Lines in the Moving Body in Spatial Motion [J]. Mechanism and Machine Theory, 1997, 32 (4): 445-457.

[50] 张启先. 空间机构的分析与综合：上册 [M]. 北京：机械工业出版社，1984

[51] 戴建生. 机构学与机械人学的几何基础与旋量代数 [M]. 北京：高等教育出版社，2014.

[52] 王德伦. 机构运动微分几何学研究 [D]. 大连：大连理工大学，1995.

第7章

空间机构离散运动鞍点综合

在空间运动几何学中，讨论点的轨迹整体接近约束曲面（曲线）的几何性质，而这些约束曲线或属于约束曲面上曲线，对应空间机构中末端含有球副的开式链有很多种，如二副连架杆 S-S、C′-S、H-S 和 R-S 以及三副组合 R-R-S、R-P-S、H-R-S、H-P-S 等；讨论运动刚体上直线及其轨迹的整体几何性质，相对运动刚体上点（仅对应 S 副）而言，具有更重要的研究价值。由于空间机构中开式链末端运动副元素为直线，对应的运动副有 C、R、H、P 副等，如二副连架杆 C-C、H-C 和 R-C 以及三副组合 C-P-C、R-R-C、R-P-C、H-R-C、H-P-C 等。然而，空间运动点和直线的轨迹，无论是连续的还是离散的，研究得都还不充分。作者认为主要原因是直线空间运动轨迹曲线、曲面的复杂性和研究方法的有效性，传统的代数方法难以处理复杂曲线、曲面的几何性质，尤其是整体几何性质，现代微分几何学将发挥重要作用。

空间离散运动几何学，研究刚体上点与直线的空间离散运动及其在固定坐标系中离散轨迹的几何性质。显然，离散轨迹是点与直线的若干位置集合，连续数学的研究方法往往难以奏效，而几何性质无疑是将其与规则曲线、曲面比较，评价其差异。对于机构学而言，当然是与连架杆的约束曲线与曲面相比较，而且是在整体几何性质上比较。由于空间机构有多种类型的运动副的不同组合，形成多种约束曲线与约束曲面，使得空间运动几何学的内容丰富多彩，不仅有点的轨迹曲线，还有直线的轨迹曲面，而且也复杂得多。对照第6章空间运动微分几何学，点与直线的连续运动轨迹与几种简单约束曲线、曲面的瞬时局部几何性质比较研究，已经具有相当的难度，空间离散运动几何学的挑战性可想而知，从平面、球面到空间的离散运动几何学，还在朦胧之中，有待研究。正因为如此，由于缺少空间离散运动几何学理论基础，以至于空间机构运动综合方法迄今几乎没有多大进展，也是空间机构在实际中应用较少的主要瓶颈。空间机构运动综合不易想象，一般以离散几何学理论为基础，以矢量或位移矩阵建立（连架二副杆或多杆开式运动链）的约束方程，采用代数方法求解，仅适合几种简单有限位置的精确综合；对于直线的离散轨迹，特别是多位置近似综合方法，几乎是空白。因此，空间运动几何学研究任重道远。

在第3章空间机构约束曲线与约束曲面的不变量和不变式基础上，本章以鞍点规划方法初步尝试离散曲线与离散曲面的整体几何性质探讨，如球面、圆柱面，定轴面和定常约束曲面等，由此形成对应约束曲面的离散位置几何关联关系，评价离散轨迹与约束曲线、约束曲面的差异，进而研究给定空间离散位置运动刚体上特征点与特征线的分布；讨论单闭环单自由度空间四杆机构的运动综合方法，将寻求空间离散运动刚体上的特征点与特征线问题转化为两类空间曲线（球面曲线与圆柱面曲线）的逼近与拟合，建立了空间机构离散运动综合的数学模型，探索从平面、球面到空间机构运动综合的方法体系。

7.1 空间离散运动的矩阵表示

刚体的空间运动，一般可以通过运动刚体中三个点（或一直线及直线外一点）在机架固定坐标系 $\{\boldsymbol{O}_{\mathrm{f}};\ \boldsymbol{i}_{\mathrm{f}},\ \boldsymbol{j}_{\mathrm{f}},\ \boldsymbol{k}_{\mathrm{f}}\}$ 中的位移来描述。运动刚体相对于机架的连续运动描述在第6章已经阐述，为方便后续机构位置综合应用，在此以位移矩阵表达，然后再将其离散化。

（1）刚体的空间连续运动矩阵描述　假设空间运动刚体上点 P 在运动刚体坐标系 $\{\boldsymbol{O}_{\mathrm{m}};\ \boldsymbol{i}_{\mathrm{m}},\ \boldsymbol{j}_{\mathrm{m}},\ \boldsymbol{k}_{\mathrm{m}}\}$ 中的坐标为 $(x_{P\mathrm{m}},\ y_{P\mathrm{m}},\ z_{P\mathrm{m}})$，则其矢量可表示为：

$$\boldsymbol{R}_{P\mathrm{m}} = x_{P\mathrm{m}}\boldsymbol{i}_{\mathrm{m}} + y_{P\mathrm{m}}\boldsymbol{j}_{\mathrm{m}} + z_{P\mathrm{m}}\boldsymbol{k}_{\mathrm{m}} \tag{7.1}$$

运动刚体坐标系 $\{\boldsymbol{O}_{\mathrm{m}};\ \boldsymbol{i}_{\mathrm{m}},\ \boldsymbol{j}_{\mathrm{m}},\ \boldsymbol{k}_{\mathrm{m}}\}$ 坐标原点 O_{m}在固定坐标系 $\{\boldsymbol{O}_{\mathrm{f}};\ \boldsymbol{i}_{\mathrm{f}},\ \boldsymbol{j}_{\mathrm{f}},\ \boldsymbol{k}_{\mathrm{f}}\}$ 的坐标为 $(x_{O\mathrm{mf}},\ y_{O\mathrm{mf}},\ z_{O\mathrm{mf}})$，并且运动坐标系相对于固定坐标系的三个转角为 θ_1，θ_2，θ_3。如第4章所描述，运动刚体上点 P 在固定坐标系 $\{\boldsymbol{O}_{\mathrm{f}};\ \boldsymbol{i}_{\mathrm{f}},\ \boldsymbol{j}_{\mathrm{f}},\ \boldsymbol{k}_{\mathrm{f}}\}$ 中的位移矢量 $\boldsymbol{R}_P = (x_{P\mathrm{f}},\ y_{P\mathrm{f}},\ z_{P\mathrm{f}})^{\mathrm{T}}$可通过如下坐标变换矩阵得到：

$$\begin{bmatrix} x_{P\mathrm{f}} \\ y_{P\mathrm{f}} \\ z_{P\mathrm{f}} \\ 1 \end{bmatrix} = [\boldsymbol{M}] \cdot \begin{bmatrix} x_{P\mathrm{m}} \\ y_{P\mathrm{m}} \\ z_{P\mathrm{m}} \\ 1 \end{bmatrix} \tag{7.2}$$

其中

$$[\boldsymbol{M}] = \begin{bmatrix} \mathrm{c}\theta_3\mathrm{s}\theta_2 + \mathrm{c}\theta_1\mathrm{s}\theta_3\mathrm{c}\theta_2 & -\mathrm{s}\theta_3\mathrm{s}\theta_2 + \mathrm{c}\theta_1\mathrm{c}\theta_3\mathrm{c}\theta_2 & \mathrm{s}\theta_1\mathrm{c}\theta_2 & x_{O\mathrm{mf}} \\ -\mathrm{c}\theta_3\mathrm{c}\theta_2 + \mathrm{c}\theta_1\mathrm{s}\theta_3\mathrm{s}\theta_2 & \mathrm{s}\theta_3\mathrm{c}\theta_2 + \mathrm{c}\theta_1\mathrm{c}\theta_3\mathrm{s}\theta_2 & \mathrm{s}\theta_1\mathrm{s}\theta_2 & y_{O\mathrm{mf}} \\ -\mathrm{s}\theta_1\mathrm{s}\theta_3 & -\mathrm{s}\theta_1\mathrm{c}\theta_3 & \mathrm{c}\theta_1 & z_{O\mathrm{mf}} \\ 0 & 0 & 0 & 1 \end{bmatrix}$$

式（7.2）中s和c分别为正弦函数sin和余弦函数cos的缩写。从而运动变换矩阵 $[\boldsymbol{M}]$ 建立了运动刚体与固定刚体之间的联系。

对于给定空间运动参数 $(x_{O\mathrm{mf}},\ y_{O\mathrm{mf}},\ z_{O\mathrm{mf}})$ 和 θ_1、θ_2 和 θ_3 可以求出上述运动变换矩阵 $[\boldsymbol{M}]$。而一般情况下则通过给定运动刚体上三个不同点在固定刚体坐标系中的位移来表示刚体空间运动，即给定同一瞬时（位置）运动刚体上不共线三个点 A、B 和 C 及其在固定坐标系中的位移（x_A，y_A，z_A）、（x_B，y_B，z_B）和（x_C，y_C，z_C）。按照文献[30]，首先以 A、B 和 C 点的位移来确定第四个点 D 的位移：

$$\begin{cases} x_D = x_C + \dfrac{N_x}{\sqrt{N_x^2 + N_y^2 + N_z^2}} \\ y_D = y_C + \dfrac{N_y}{\sqrt{N_x^2 + N_y^2 + N_z^2}} \\ z_D = z_C + \dfrac{N_z}{\sqrt{N_x^2 + N_y^2 + N_z^2}} \end{cases} \tag{7.3}$$

其中

$$\begin{cases} N_x = (y_A - y_C)(z_B - z_C) - (y_B - y_C)(z_A - z_C) \\ N_y = (z_A - z_C)(x_B - x_C) - (z_B - z_C)(x_A - x_C) \\ N_z = (x_A - x_C)(y_B - y_C) - (x_B - x_C)(y_A - y_C) \end{cases}$$

通过运动刚体上不共面的四个点 A、B、C 和 D 在运动前后的位移列阵（A_{I}）、（B_{I}）、（C_{I}）、（D_{I}）和（A_{II}）、（B_{II}）、（C_{II}）、（D_{II}）来得到运动刚体的位移矩阵：

$$[\boldsymbol{M}_{\text{I II}}] = \begin{bmatrix} x_{A\text{II}} & x_{B\text{II}} & x_{C\text{II}} & x_{D\text{II}} \\ y_{A\text{II}} & y_{B\text{II}} & y_{C\text{II}} & y_{D\text{II}} \\ z_{A\text{II}} & z_{B\text{II}} & z_{C\text{II}} & z_{D\text{II}} \\ 1 & 1 & 1 & 1 \end{bmatrix} \cdot \begin{bmatrix} x_{A\text{I}} & x_{B\text{I}} & x_{C\text{I}} & x_{D\text{I}} \\ y_{A\text{I}} & y_{B\text{I}} & y_{C\text{I}} & y_{D\text{I}} \\ z_{A\text{I}} & z_{B\text{I}} & z_{C\text{I}} & z_{D\text{I}} \\ 1 & 1 & 1 & 1 \end{bmatrix}^{-1} \tag{7.4}$$

令运动刚体上的运动坐标系 $\{\boldsymbol{O}_{\text{m}};\ \boldsymbol{i}_{\text{m}},\ \boldsymbol{j}_{\text{m}},\ \boldsymbol{k}_{\text{m}}\}$ 在刚体初始位置时与固定坐标系 $\{\boldsymbol{O}_{\text{f}};\ \boldsymbol{i}_{\text{f}},\ \boldsymbol{j}_{\text{f}},\ \boldsymbol{k}_{\text{f}}\}$ 重合，即此时的位移矩阵为单位矩阵，从而利用式（7.4）可得到刚体运动到任意位置时，运动刚体相对于固定刚体的位移转换矩阵。通过令式（7.2）中的位移矩阵 $[\boldsymbol{M}]$ 与式（7.4）中 $[\boldsymbol{M}_{\text{I II}}]$ 的对应元素相等，可得到运动刚体在固定坐标系中的位置（$x_{O\text{mf}}$，$y_{O\text{mf}}$，$z_{O\text{mf}}$）和姿态角 θ_1、θ_2、θ_3。

那么，刚体的空间运动参数——运动坐标系 $\{\boldsymbol{O}_{\text{m}};\ \boldsymbol{i}_{\text{m}},\ \boldsymbol{j}_{\text{m}},\ \boldsymbol{k}_{\text{m}}\}$、原点坐标（$x_{O\text{mf}}$，$y_{O\text{mf}}$，$z_{O\text{mf}}$）及姿态角（$\theta_1$、$\theta_2$、$\theta_3$）可以通过运动刚体上三点在固定刚体中的位移求得，或者说二者等价，仅以式（7.2）为刚体空间运动的一般表述，以下不再说明。

对于运动刚体上一直线 L，其单位方向矢量在运动坐标系 $\{\boldsymbol{O}_{\text{m}};\ \boldsymbol{i}_{\text{m}},\ \boldsymbol{j}_{\text{m}},\ \boldsymbol{k}_{\text{m}}\}$ 中表示为：

$$\boldsymbol{l}_{\text{m}} = \sin\phi\cos\varphi\boldsymbol{i}_{\text{m}} + \sin\phi\sin\varphi\boldsymbol{j}_{\text{m}} + \cos\phi\boldsymbol{k}_{\text{m}} \tag{7.5}$$

将其转换到固定坐标系中的单位方向余弦 $\boldsymbol{l} = (l_x,\ l_y,\ l_z)^{\text{T}}$，有：

$$\begin{bmatrix} l_x \\ l_y \\ l_z \end{bmatrix} = [\boldsymbol{R}] \cdot \begin{bmatrix} \text{s}\phi\text{c}\varphi \\ \text{s}\phi\text{s}\varphi \\ \text{c}\phi \end{bmatrix} \tag{7.6}$$

其中

$$[\boldsymbol{R}]=\begin{bmatrix} c\theta_3 s\theta_2+c\theta_1 s\theta_3 c\theta_2 & -s\theta_3 s\theta_2+c\theta_1 c\theta_3 c\theta_2 & s\theta_1 c\theta_2 \\ -c\theta_3 c\theta_2+c\theta_1 s\theta_3 s\theta_2 & s\theta_3 c\theta_2+c\theta_1 c\theta_3 s\theta_2 & s\theta_1 s\theta_2 \\ -s\theta_1 s\theta_3 & -s\theta_1 c\theta_3 & c\theta_1 \end{bmatrix}$$

式中，刚体旋转矩阵［$\boldsymbol{R}$］为刚体位移矩阵［$\boldsymbol{M}$］的左上角子矩阵。

空间运动刚体上点和直线在固定刚体坐标系中的连续位移由式（7.2）和式（7.6）表示，将刚体空间运动的参数代入，并结合第6章式（6.13）和式（6.19），得到刚体空间连续运动的相伴表达式，进而可求得运动刚体上点和直线在固定坐标系中的位移矢量方程及其轨迹曲线 Γ_P 与曲面 Σ_l 及其不变量。

（2）刚体空间运动的离散表述　若对于给定运动刚体上三个不共线点（或直线及直线外一点）在固定坐标系中的一系列离散位置，可以按照式（7.2）~式（7.4）转化为运动刚体坐标系的位置参数（$x_{O\mathrm{mf}}^{(i)}$，$y_{O\mathrm{mf}}^{(i)}$，$z_{O\mathrm{mf}}^{(i)}$）和转角参数（$\theta_1^{(i)}$，$\theta_2^{(i)}$，$\theta_3^{(i)}$）的离散表示。刚体空间运动的离散表述，即刚体空间运动的离散位置（或位移），仅针对刚体某一位置或时刻，将连续位移表达式（7.2）和式（7.6）离散化。在任意瞬时（位置），运动刚体上点 P 在固定机架上的离散轨迹点集｛$\boldsymbol{R}_P^{(i)}$｝为：

$$\boldsymbol{R}_P^{(i)}=\begin{bmatrix} x_{P\mathrm{f}}^{(i)} \\ y_{P\mathrm{f}}^{(i)} \\ z_{P\mathrm{f}}^{(i)} \end{bmatrix}=\begin{bmatrix} x_{O\mathrm{mf}}^{(i)} \\ y_{O\mathrm{mf}}^{(i)} \\ z_{O\mathrm{mf}}^{(i)} \end{bmatrix}+[\boldsymbol{R}^{(i)}]\cdot\begin{bmatrix} x_{P\mathrm{m}} \\ y_{P\mathrm{m}} \\ z_{P\mathrm{m}} \end{bmatrix} \tag{7.7}$$

其中

$$[\boldsymbol{R}^{(i)}]=\begin{bmatrix} c\theta_3^{(i)} s\theta_2^{(i)}+c\theta_1^{(i)} s\theta_3^{(i)} c\theta_2^{(i)} & -s\theta_3^{(i)} s\theta_2^{(i)}+c\theta_1^{(i)} c\theta_3^{(i)} c\theta_2^{(i)} & s\theta_1^{(i)} c\theta_2^{(i)} \\ -c\theta_3^{(i)} c\theta_2^{(i)}+c\theta_1^{(i)} s\theta_3^{(i)} s\theta_2^{(i)} & s\theta_3^{(i)} c\theta_2^{(i)}+c\theta_1^{(i)} c\theta_3^{(i)} s\theta_2^{(i)} & s\theta_1^{(i)} s\theta_2^{(i)} \\ -s\theta_1^{(i)} s\theta_3^{(i)} & -s\theta_1^{(i)} c\theta_3^{(i)} & c\theta_1^{(i)} \end{bmatrix}$$

而对于运动刚体上过点 P 的直线 L，其在固定坐标系｛$\boldsymbol{O}_\mathrm{f}$；$\boldsymbol{i}_\mathrm{f}$，$\boldsymbol{j}_\mathrm{f}$，$\boldsymbol{k}_\mathrm{f}$｝中的离散轨迹曲面，即直线族｛$\boldsymbol{R}_L^{(i)}$｝可表示为：

$$\boldsymbol{R}_L^{(i)}=\boldsymbol{R}_P^{(i)}+\mu\boldsymbol{l}^{(i)}=\begin{bmatrix} x_{P\mathrm{f}}^{(i)} \\ y_{P\mathrm{f}}^{(i)} \\ z_{P\mathrm{f}}^{(i)} \end{bmatrix}+\mu[\boldsymbol{R}^{(i)}]\begin{bmatrix} s\phi c\varphi \\ s\phi s\varphi \\ c\phi \end{bmatrix} \tag{7.8}$$

因此，给定刚体的空间连续运动参数（$x_{O\mathrm{mf}}$，$y_{O\mathrm{mf}}$，$z_{O\mathrm{mf}}$）和 θ_1、θ_2、θ_3，则可求得运动刚体上任意点和直线在固定坐标系中的连续轨迹曲线 Γ_P 与曲面 Σ_l，而若给定离散参数（$x_{O\mathrm{mf}}^{(i)}$，$y_{O\mathrm{mf}}^{(i)}$，$z_{O\mathrm{mf}}^{(i)}$）和（$\theta_1^{(i)}$，$\theta_2^{(i)}$，$\theta_3^{(i)}$），可得到离散点集｛$\boldsymbol{R}_P^{(i)}$｝与直线族｛$\boldsymbol{R}_L^{(i)}$｝（或｛$\boldsymbol{R}_P^{(i)}$，$\boldsymbol{l}^{(i)}$｝）。后文中根据空间机构综合需要，把点集｛$\boldsymbol{R}_P^{(i)}$｝与直线族｛$\boldsymbol{R}_L^{(i)}$｝，或位置参

数（$x_{O\mathrm{mf}}^{(i)}$，$y_{O\mathrm{mf}}^{(i)}$，$z_{O\mathrm{mf}}^{(i)}$）与转角参数（$\theta_1^{(i)}$，$\theta_2^{(i)}$，$\theta_3^{(i)}$）作为已知条件，不再说明空间运动形式与其关系。

7.2　鞍球点

开式运动链 S-S 是空间机构中常用的一种二副连架杆，对应约束曲线——球面曲线，理所当然是空间离散运动几何学中的基本要素之一。那么，空间运动刚体上点在固定坐标系中的离散轨迹，与球面的接近程度，便是本节首先需要研究的整体几何性质，进而讨论运动刚体上特殊点在运动刚体中的分布规律等以及与离散运动的关系，为空间机构的开式链 S-S 综合提供理论依据。

7.2.1　鞍球面与二副连架杆 S-S

对于给定空间运动刚体在固定坐标系 $\{\boldsymbol{O}_\mathrm{f};\ \boldsymbol{i}_\mathrm{f},\ \boldsymbol{j}_\mathrm{f},\ \boldsymbol{k}_\mathrm{f}\}$ 中的一系列离散位置，运动刚体 $\sum^*$ 上的一点 $P(x_{P\mathrm{m}},\ y_{P\mathrm{m}},\ z_{P\mathrm{m}})$ 在固定坐标系中的轨迹为离散点集 $\{\boldsymbol{R}_P^{(i)}\}$，其矢量方程见式(7.7)。若该点集位于或近似位于一球面上，对应二副连架杆 S-S，即约束曲线为球面曲线。评价该离散点集 $\{\boldsymbol{R}_P^{(i)}\}$ 与球面的近似程度，可依据球面曲线的曲率性质，即法曲率为常数，测地挠率为零，而在具体的坐标系中则表现为轨迹离散点集的任意离散点到球心的距离为常数。

那么，用一球面来拟合逼近点集 $\{\boldsymbol{R}_P^{(i)}\}$，对于给定球心位置和半径的球面拟合，拟合结果的最大误差必然与球心位置及半径有关，拟合误差具有偶然性；如果仅给定半径，球心位置由点集 $\{\boldsymbol{R}_P^{(i)}\}$ 的性质自适应确定，采用鞍点规划方法评定误差并使得最大拟合误差为最小，如图 7.1 所示，得到与点集 $\{\boldsymbol{R}_P^{(i)}\}$ 最接近的球面，称为浮动球面拟合。显然不同半径的浮动球面拟合有不同的误差，其中必有一个使得最大法向拟合误差为最小的最佳浮动球面拟合，因此有：

定义 7.1　依据给定点集 $\{\boldsymbol{R}_P^{(i)}\}=\{(x_P^{(i)},\ y_P^{(i)},\ z_P^{(i)})^\mathrm{T}\}$ 的性质并按最大法向拟合误差最小为原则得到唯一的拟合球面，称为鞍点规划意义下的自适应拟合球面，简称为**自适应球面**，或**鞍球面**，其最大法向拟合误差称为**鞍球面误差**。

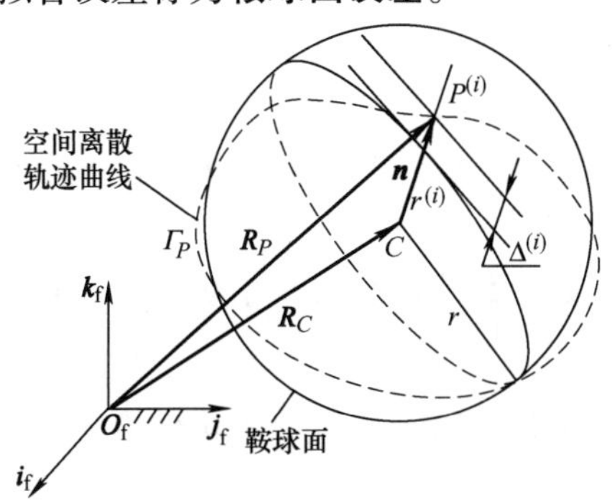

图 7.1　空间离散轨迹曲线的鞍球面

显然，鞍球面半径大小和球心的位置由被拟合轨迹点集 $\{\boldsymbol{R}_P^{(i)}\}$ 的性质并按最大法向拟合误差为最小原则确定，是点集 $\{\boldsymbol{R}_P^{(i)}\}$ 所有拟合球面中最大法向误差最小的拟合球面，再也没有更合适的球面来拟合点集 $\{\boldsymbol{R}_P^{(i)}\}$，使得拟合的最大误差变小，具有最大法向误差最小的意义，即一次鞍点意义。为此，建立鞍球面的数学模型为：

$$\begin{cases}\Delta_{\mathrm{SS}}=\min\limits_{\boldsymbol{x}}\max\limits_{1\leqslant i\leqslant n}\{\Delta^{(i)}(\boldsymbol{x})\}\\ \qquad=\min\limits_{\boldsymbol{x}}\max\limits_{1\leqslant i\leqslant n}\left\{\left|\sqrt{(x_P^{(i)}-x_C)^2+(y_P^{(i)}-y_C)^2+(z_P^{(i)}-z_C)^2}-r\right|\right\}\\ \text{s. t. } r\in(0,+\infty)\\ \boldsymbol{x}=(x_C,y_C,z_C,r)^{\mathrm{T}}\end{cases}\tag{7.9}$$

式中，目标函数 $\{\Delta^{(i)}(\boldsymbol{x})\}$ 为已知点集 $\{\boldsymbol{R}_P^{(i)}\}$ 中所有点与任意一浮动拟合球面误差的集合，优化变量 $\boldsymbol{x}=(x_C,\ y_C,\ z_C,\ r)^{\mathrm{T}}$为浮动拟合球面的球心坐标和半径，$n$ 为给定离散点集 $\{\boldsymbol{R}_P^{(i)}\}$ 中离散点的个数，Δ_{SS}为给定点集 $\{\boldsymbol{R}_P^{(i)}\}$ 与鞍球面的鞍球面误差。

应用鞍点规划得到点集 $\{\boldsymbol{R}_P^{(i)}\}$ 的鞍球面，其性质与平面离散运动运动几何学中的鞍圆相同，具有自适应性、唯一性和可比性，同样地，这里的唯一性需要对多个极小值进行判别。

为了便于计算，以最小二乘法计算出离散点集 $\{\boldsymbol{R}_P^{(i)}\}=\{(x_P^{(i)},\ y_P^{(i)},\ z_P^{(i)})^{\mathrm{T}}\}$ 的浮动拟合球面作为初始值，其解析方程推导过程如下：

当用球面去拟合离散点集 $\{\boldsymbol{R}_P^{(i)}\}$ 时，令残差为：

$$e_i=(x_P^{(i)}-x_C)^2+(y_P^{(i)}-y_C)^2+(z_P^{(i)}-z_C)^2-r^2,i=1,\cdots,n\tag{7.10}$$

则可得残差的平方和为：

$$\begin{aligned}F&=\sum_{i=1}^{n}e_i^2=\sum_{i=1}^{n}[(x_P^{(i)}-x_C)^2+(y_P^{(i)}-y_C)^2+(z_P^{(i)}-z_C)^2-r^2]^2\\&=\sum_{i=1}^{n}[(x_P^{(i)})^2+(y_P^{(i)})^2+(z_P^{(i)})^2+A\cdot x_P^{(i)}+B\cdot y_P^{(i)}+C\cdot z_P^{(i)}+D]^2\end{aligned}\tag{7.11}$$

式中，$A=-2x_C$，$B=-2y_C$，$C=-2z_C$，$D=x_C^2+y_C^2+z_C^2-r^2$。将式（7.11）分别对 A、B、C 和 D 求导并令其为零，可得：

$$\begin{cases}\dfrac{\partial F}{\partial A}=2\sum\limits_{i=1}^{n}[(x_P^{(i)})^2+(y_P^{(i)})^2+(z_P^{(i)})^2+A\cdot x_P^{(i)}+B\cdot y_P^{(i)}+C\cdot z_P^{(i)}+D]\cdot x_P^{(i)}=0\\ \dfrac{\partial F}{\partial B}=2\sum\limits_{i=1}^{n}[(x_P^{(i)})^2+(y_P^{(i)})^2+(z_P^{(i)})^2+A\cdot x_P^{(i)}+B\cdot y_P^{(i)}+C\cdot z_P^{(i)}+D]\cdot y_P^{(i)}=0\\ \dfrac{\partial F}{\partial C}=2\sum\limits_{i=1}^{n}[(x_P^{(i)})^2+(y_P^{(i)})^2+(z_P^{(i)})^2+A\cdot x_P^{(i)}+B\cdot y_P^{(i)}+C\cdot z_P^{(i)}+D]\cdot z_P^{(i)}=0\\ \dfrac{\partial F}{\partial D}=2\sum\limits_{i=1}^{n}[(x_P^{(i)})^2+(y_P^{(i)})^2+(z_P^{(i)})^2+A\cdot x_P^{(i)}+B\cdot y_P^{(i)}+C\cdot z_P^{(i)}+D]=0\end{cases}\tag{7.12}$$

从而可得到关于 A、B、C 和 D 的方程组：

$$
\begin{cases}
a_{11}A + a_{12}B + a_{13}C + a_{14}D = a_{15} \\
a_{21}A + a_{22}B + a_{23}C + a_{24}D = a_{25} \\
a_{31}A + a_{32}B + a_{33}C + a_{34}D = a_{35} \\
a_{41}A + a_{42}B + a_{43}C + a_{44}D = a_{45}
\end{cases}
\tag{7.13}
$$

其中

$a_{11} = \sum_{i=1}^{n}(x_P^{(i)})^2$，$a_{12} = \sum_{i=1}^{n}x_P^{(i)}y_P^{(i)}$，$a_{13} = \sum_{i=1}^{n}x_P^{(i)}z_P^{(i)}$，$a_{14} = \sum_{i=1}^{n}x_P^{(i)}$，$a_{15} = -\sum_{i=1}^{n}[(x_P^{(i)})^3 + x_P^{(i)}(y_P^{(i)})^2 + x_P^{(i)}(z_P^{(i)})^2]$，$a_{21} = \sum_{i=1}^{n}x_P^{(i)}y_P^{(i)}$，$a_{22} = \sum_{i=1}^{n}(y_P^{(i)})^2$，$a_{23} = \sum_{i=1}^{n}y_P^{(i)}z_P^{(i)}$，$a_{24} = \sum_{i=1}^{n}y_P^{(i)}$，$a_{25} = -\sum_{i=1}^{n}[(x_P^{(i)})^2y_P^{(i)} + (y_P^{(i)})^3 + y_P^{(i)}(z_P^{(i)})^2]$，$a_{31} = \sum_{i=1}^{n}x_P^{(i)}z_P^{(i)}$，$a_{32} = \sum_{i=1}^{n}y_P^{(i)}z_P^{(i)}$，$a_{33} = \sum_{i=1}^{n}(z_P^{(i)})^2$，$a_{34} = \sum_{i=1}^{n}z_P^{(i)}$，$a_{35} = -\sum_{i=1}^{n}[(x_P^{(i)})^2z_P^{(i)} + (y_P^{(i)})^2z_P^{(i)} + (z_P^{(i)})^3]$，$a_{41} = \sum_{i=1}^{n}x_P^{(i)}$，$a_{42} = \sum_{i=1}^{n}y_P^{(i)}$，$a_{43} = \sum_{i=1}^{n}z_P^{(i)}$，$a_{44} = n$，$a_{45} = -\sum_{i=1}^{n}[(x_P^{(i)})^2 + (y_P^{(i)})^2 + (z_P^{(i)})^2]$

由上述方程组可以解得 A、B、C 和 D，并进而求得球心坐标以及半径为：

$$
\begin{cases}
x_C = -\dfrac{A}{2}, \quad y_C = -\dfrac{B}{2}, \quad z_C = -\dfrac{C}{2} \\
r = \sqrt{x_C^2 + y_C^2 + z_C^2 - D}
\end{cases}
\tag{7.14}
$$

由此可知，对于给定刚体的空间运动或离散点集 $\{\boldsymbol{R}_P^{(i)}\}$，根据鞍球面定义及其数学模型式（7.9）求解鞍球面，可直接采用 MATLAB 软件优化工具箱中的 fminimax 函数，通过类似平面鞍圆拟合的设置实现。可以将空间离散轨迹点集的鞍球面拟合编制成**鞍球面子程序 ASSF**，该子程序的输入为离散点集中各点的坐标，输出为鞍球面的球心坐标、球面半径以及鞍球面误差 Δ_{SS}。

7.2.2　鞍球面误差

如图 7.1 所示，被拟合空间曲线轨迹 Γ_P上任意点 P 对应鞍球面上相应点及法向误差 Δ，其矢量方程可写为：

$$
\boldsymbol{R}_P = \boldsymbol{R}_C + (r + \Delta) \cdot \boldsymbol{n} \tag{7.15}
$$

$\boldsymbol{R}_C$为鞍球面球心矢径，r 为鞍球面半径（正数），而鞍球面在点 P 对应点处的单位法矢为 $\boldsymbol{n}$，式（7.15）中法向误差 Δ 正负号依据点 P 在鞍球面内外而定（外面取“+”，里面取“-”）。由式（7.15）可得到曲线 Γ_P上任意点处的拟合误差 Δ 表达式为：

$$
\Delta = (\boldsymbol{R}_P - \boldsymbol{R}_C) \cdot \boldsymbol{n} - r \tag{7.16}
$$

Γ_P对应确定的鞍球面（r 为常数，$\boldsymbol{R}_C$为常矢量），将式（7.16）对 Γ_P的弧长 s 求导，有：

$$\frac{\mathrm{d}\Delta}{\mathrm{d}s}=\frac{\mathrm{d}\boldsymbol{R}_P}{\mathrm{d}s}\cdot\boldsymbol{n}+(\boldsymbol{R}_P-\boldsymbol{R}_C)\cdot\frac{\mathrm{d}\boldsymbol{n}}{\mathrm{d}s} \tag{7.17}$$

将$\boldsymbol{R}_P-\boldsymbol{R}_C=(r+\Delta)\cdot\boldsymbol{n}$代入式（7.17）可得$\frac{\mathrm{d}\Delta}{\mathrm{d}s}=\frac{\mathrm{d}\boldsymbol{R}_P}{\mathrm{d}s}\cdot\boldsymbol{n}$，令$\frac{\mathrm{d}\Delta}{\mathrm{d}s}=0$得到法向误差$\Delta$的极值条件：

$$\frac{\mathrm{d}\boldsymbol{R}_P}{\mathrm{d}s}\cdot\boldsymbol{n}=0 \tag{7.18}$$

即空间曲线Γ_P与鞍球面有共同的法线时，法向误差Δ取得极值。和平面曲线的鞍圆拟合一样，鞍球面与空间曲线Γ_P可能多点处有共同法线，其误差取得极值，但不一定是最大值，如图7.2中所示的$P^{(k+1)}$和$P^{(k+2)}$。

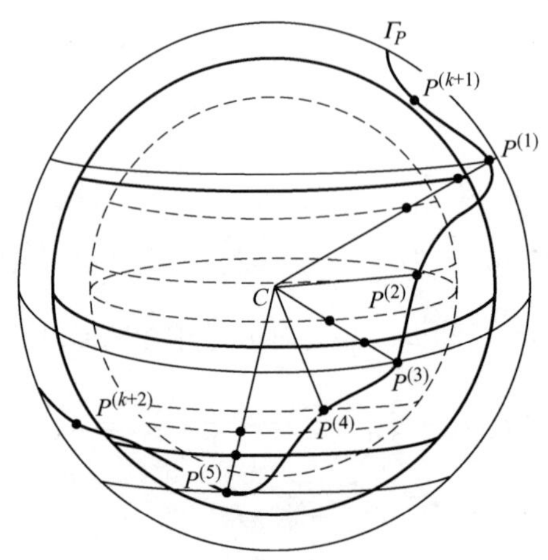

图7.2　法向误差极值点

对于给定空间曲线Γ_P，可求得其上各点位置与导数（$\boldsymbol{R}_P$，$\mathrm{d}\boldsymbol{R}_P/\mathrm{d}s$），由五个参数确定其相应的鞍球面，即鞍球面球心坐标（x_C，y_C，z_C），半径r及鞍球面误差Δ_{SS}，需要曲线Γ_P上有五个极值点使得式（7.18）成立，代入式（7.16），联立解出鞍球面圆五个参数，多于五个极值点则为冗余情况。鞍点规划理论已经证明[2]，以最大误差最小模型评价空间曲线与球面的接近程度，相当于采用两个同心球面圆包容被拟合空间曲线，与被包容曲线的切点为最大误差点。如图7.2所示，至少有五个切点处的误差同时相等，使得最大误差为最小值，而且分别分布在球的内部和外部，有多种分布方式，如内部三点和外部两点，或者内部两点和外部三点等。

由此可见，以鞍点规划（最大误差最小）模型评价一条空间曲线与球面的近似程度，仅由该曲线上五个特征点体现，称为**鞍球面拟合特征点**，也就是由这五个拟合特征点（相同误差）确定了鞍球面的大小、位置和误差。当鞍球面误差趋于零时，被拟合空间曲线趋近于球面。

当被拟合空间曲线为离散点集$\{\boldsymbol{R}_P^{(i)}\}$时，连续空间曲线上的鞍球面拟合特征点由空间离散点集$\{\boldsymbol{R}_P^{(i)}\}$中产生，离散曲线上任意点与鞍球面的法向误差$\Delta^{(i)}$由式（7.16）改写为离散形式，为：

$$\begin{cases}\Delta^{(i)} = |\boldsymbol{R}_P^{(i)} - \boldsymbol{R}_C| - r = \sqrt{(x_P^{(i)} - x_C)^2 + (y_P^{(i)} - y_C)^2 + (z_P^{(i)} - z_C)^2} - r \\ \boldsymbol{R}_P^{(i)} = [\boldsymbol{M}^{(i)}] \cdot \boldsymbol{R}_{P\mathrm{m}}\end{cases} \tag{7.19}$$

而鞍球面误差为其中的最大值，计算公式为：

$$\Delta_{\mathrm{SS}} = \max\{|\Delta^{(i)}|\} = \max\left\{\left|\sqrt{(x_P^{(i)} - x_C)^2 + (y_P^{(i)} - y_C)^2 + (z_P^{(i)} - z_C)^2} - r\right|\right\} \tag{7.20}$$

对于离散点集 $\{\boldsymbol{R}_P^{(i)}\}$ 的鞍球面拟合及其误差，式（7.18）所对应的极值点由式（7.20）通过数值计算和比较来确定，由球面拟合特征点所体现，与对应的空间运动刚体离散位置相关，称为**鞍球面拟合位置**。显然，鞍点规划模型建立了鞍球面拟合位置（离散位置），离散轨迹中的鞍球面拟合特征点和鞍球面误差为相互对应关系，为讨论离散点集 $\{\boldsymbol{R}_P^{(i)}\}$ 与球面比较的整体几何性质提供了依据。

7.2.3　五位置鞍球面

当空间运动刚体在固定坐标系中仅有五个离散位置时，设位置编号为 1、2、3、4、5，空间运动刚体上每个点 P（$x_{P\mathrm{m}}$，$y_{P\mathrm{m}}$，$z_{P\mathrm{m}}$）都对应包含五个离散点的轨迹点集 $\{\boldsymbol{R}_P^{(i)}\}$，$i=1$，2，3，4，5。依据鞍球面拟合模型式（7.9），调用鞍球面拟合子程序 ASSF，得到对应的五位置鞍球面及其误差。这五个离散点都是五位置鞍球面拟合特征点，分别以 $P^{(1)}$，$P^{(2)}$，$P^{(3)}$，$P^{(4)}$ 和 $P^{(5)}$ 表示，以鞍球面两内部和三外部特征点分布方式为例进行说明，共有 $C_5^2=10$ 种情况对应 10 个球面，其拟合特征点处误差相等并且取得极小值，称为**分布球面**。

为讨论鞍球面性质，由式（7.19）写出五位置鞍球面的拟合误差方程为：

$$(r \pm \Delta)^2 = (\boldsymbol{R}_P^{(i)} - \boldsymbol{R}_C)^2, i=1,2,3,4,5 \tag{7.21}$$

由于被拟合的离散点 $P^{(1)}$，$P^{(2)}$，$P^{(3)}$，$P^{(4)}$ 和 $P^{(5)}$ 是以三点内与两点外的形式分布在鞍球面上，因而对于式（7.21），当 i 任取位置编号中的三个时，Δ 前符号取正，而当 i 取另两个编号时，符号取负。将空间运动刚体上点的五位置 $\boldsymbol{R}_P^{(i)} = [\boldsymbol{M}^{(i)}] \cdot \boldsymbol{R}_{P\mathrm{m}}$，$i=1$，2，3，4，5 代入式（7.21）并展开后共有八个变量：鞍球面球心坐标（x_C、y_C、z_C），球面半径 r，误差 Δ 和空间运动刚体上点的坐标（$x_{P\mathrm{m}}$，$y_{P\mathrm{m}}$，$z_{P\mathrm{m}}$）。式（7.21）共有五个代数方程，若消去 x_C、y_C、z_C 和 r，可得到拟合误差 Δ 与空间运动刚体上的位置点坐标（$x_{P\mathrm{m}}$，$y_{P\mathrm{m}}$，$z_{P\mathrm{m}}$）之间的关系，是一个高次代数方程：

$$f(x_{P\mathrm{m}}, y_{P\mathrm{m}}, z_{P\mathrm{m}}, \Delta) = 0 \tag{7.22}$$

对于给定五个离散位置，共有十个分布球面，可由式（7.21）求出相应的分布球面误差 $\Delta_{123,45}$，$\Delta_{124,35}$，$\Delta_{125,34}$，$\Delta_{134,25}$，$\Delta_{135,24}$，$\Delta_{145,23}$，$\Delta_{234,15}$，$\Delta_{235,14}$，$\Delta_{245,13}$，$\Delta_{345,12}$。如在两内部和三外部特征点分布方式下，$\Delta_{123,45}$ 表示 $P^{(1)}$，$P^{(2)}$，$P^{(3)}$ 在拟合球面内部时的分布球面拟合误差；如为其他分布方式，也可以建立如式（7.22）同样性质的方程，得到对应分布球面误差。对于

这五个离散点，其五位置鞍球面误差 Δ_{12345} 为所有分布球面误差中的最小值，包括两内部三外部分布方式的十种。运动刚体上不同区域点的离散轨迹会对应不同分布方式鞍球面误差。

刚体上任意点形成离散点集 $\{\boldsymbol{R}_P^{(i)}\}$，$i=1, 2, 3, 4, 5$。以运动刚体上点的坐标（$x_{Pm}$，$y_{Pm}$，$z_{Pm}$）为自变量，该点离散轨迹点集对应五位置鞍球面误差 Δ_{12345} 为因变量，可构造刚体上五位置鞍球面误差超曲面 Σ_{12345}^{SS}，并可把对应相同误差值的点以曲线连接成为等高线图。图 7.3 所示为刚体上三个坐标平面上的五位置鞍球面误差等高线图，图中数据来源于表 7.1 中给定空间运动九个离散位置中的前五个位置。

特殊地，当五位置鞍球面误差值为零时，相当于鞍球面误差超曲面被 $\Delta=0$ 的平面所截，得到运动刚体上的一个曲面——五位置球点四次曲面[3]，如图 7.4a 所示。在运动刚体 $z_m=25$ 的平面上，五位置鞍球面误差等高线图如图 7.4b 所示。鞍球面误差值 $\Delta=0$ 的点组成的粗实线为球点曲线，属于图 7.4a 所示五位置球点曲面上的一个平面截曲线。

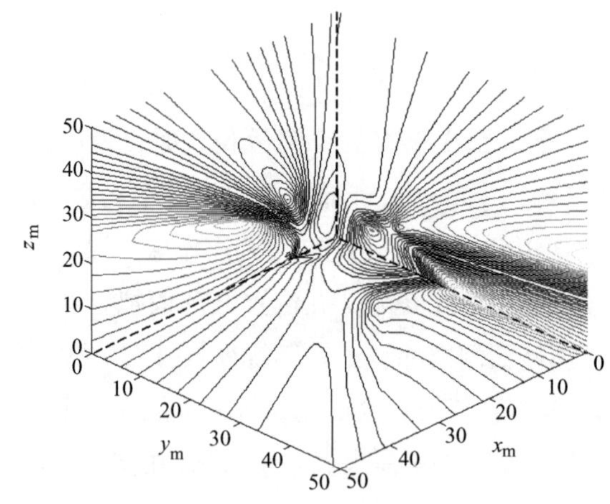

图 7.3　五位置鞍球面误差等高线图

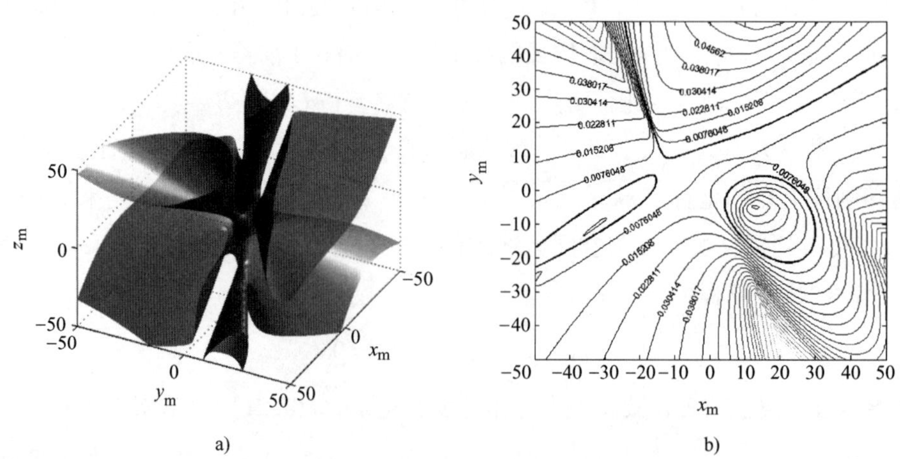

图 7.4　五位置鞍球点分布曲面

a）五位置球点四次曲面　b）五位置鞍球面误差等高线

7.2.4 六位置鞍球面

当给定空间运动刚体六个离散位置时，设位置编号为1、2、3、4、5、6，运动刚体上任意点P在固定坐标系中产生六个离散轨迹点$P^{(1)}$，$P^{(2)}$，$P^{(3)}$，$P^{(4)}$，$P^{(5)}$和$P^{(6)}$，依据鞍球面拟合模型式（7.9），调用鞍球面拟合子程序ASSF，得到对应的六位置鞍球面及其误差。对于运动刚体上所有点，同五位置一样，以运动刚体上点坐标（x_{Pm}，y_{Pm}，z_{Pm}）为自变量，该点离散轨迹点集的六位置鞍球面误差Δ_{123456}为因变量，可构造刚体上鞍球面误差超曲面Σ_{123456}^{SS}。对于表7.1中给定的空间运动刚体的前六个离散位置，图7.5a所示为刚体上三个坐标平面上的六位置鞍球面误差等高线图，图7.5b所示为$z_m=10$截面上的六位置鞍球面误差等高线图。

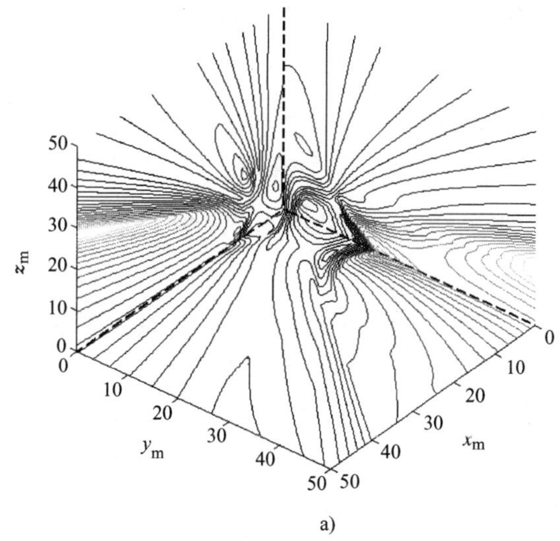

a)

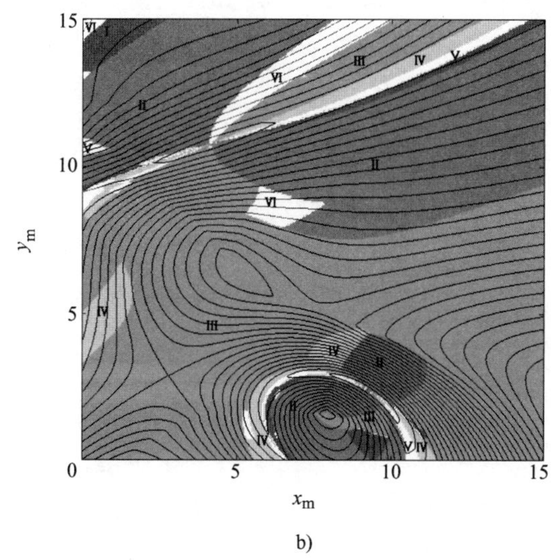

b)

图7.5 六位置鞍球面误差等高线图

对于六个离散位置空间运动刚体，其上任意点在固定坐标系中的六个离散轨迹点的鞍球面只有五个鞍球面拟合特征点，对应五个鞍球面拟合特征位置。那么可以将六个离散位置按五位置组合，共有六种组合 12345、12346、12356、12456、13456 和 23456。从而对于给定六个离散位置的空间运动刚体，其上可以分为多个区域，每个区域中的点对应不同的五位置组合。如图 7.5b 所示 $z_m=10$ 的截面上，区域Ⅰ对应 12345，区域Ⅱ对应 12346，区域Ⅲ对应 12356，区域Ⅳ对应 12456，区域Ⅴ对应 13456，区域Ⅵ对应 23456。显然，每种五位置组合都可以由式（7.21）求得相应的十个分布球面误差，从而在运动刚体上的同一点 P 处，其六个离散轨迹点的鞍球面应为所有分布球面中使得六位置离散点的最大拟合误差最小者。

对于六位置空间运动刚体上所有点，对应的鞍球面误差超曲面 Σ_{123456}^{SS}，自然也是上述五位置所有分布球面误差曲面的分片组合。运动刚体上若干区域中的点对应五个离散特征位置组合，其边界由相邻区域分布球面误差曲面的交线求得，如对于不同位置组合，联立式（7.22）解出边界曲线方程。相邻区域边界点的离散轨迹上有六个拟合特征点（最大误差相同），对应两个或多个误差相等的五位置分布球面，但未必是同一分布球面。若是同一分布球面，则误差曲面在边界处有特殊性质。特殊地，如六位置的鞍球面误差为零的点，即六位置共球面的点，这些点形成空间运动刚体上十次代数曲线[3]；若不是同一分布球面，则误差曲面在边界处一阶连续。

如前所述，六位置的鞍球面误差超曲面可分解为多片高次代数曲面组合，因而同样属于高阶代数曲面，存在多个峰谷。而等高线则跨越不同的五位置点区域，仅表明鞍球面误差相等。有关多位置组合的区域边界和误差曲面的代数性质，还需要深入研究。

7.2.5 多位置鞍球面

对于给定空间运动刚体的多个离散位置，其上点在固定坐标系中产生离散轨迹曲线，依据鞍点规划（最大误差最小）评价标准，一条空间离散曲线与球面的近似程度由该离散曲线上五个拟合点体现，对应五个拟合位置。因此，无论给定空间运动刚体多少个位置，都可以分解为关联五位置的组合，其对应鞍球面及其误差性质与给定空间运动刚体六位置类似，有更多的关联五位置组合，按排列组合有 C_n^5 个，在空间运动刚体上对应的五位置点区域也更多些，不再赘述。

给定空间运动刚体的离散位置越多，由五个拟合位置对应空间运动刚体上的五位置点分布区域越小。当空间运动刚体的位置数目趋于无穷——连续运动时，运动刚体上点的轨迹趋于连续曲线，空间曲线与鞍球面的接近程度仍然由鞍球面五位置拟合点体现，运动刚体上点连续变化，其轨迹曲线上对应五个拟合特征点也连续变化。

7.2.6 鞍球点

由上述论述可知，对于给定运动刚体的一系列离散位置，运动刚体上各点对应的鞍球面误差是其坐标（x_{Pm}，y_{Pm}，z_{Pm}）的非线性函数，必然存在极小值，与鞍圆点类似，给出定义：

定义 7.2　对于给定空间运动的刚体 Σ^*，当刚体 Σ^* 上一点在其邻域内相对于其他点而言，该点在固定坐标系中的轨迹曲线对应的鞍球面误差取得极小值，称该点为**鞍球点**，该点所对应的鞍球面误差称为**鞍球点误差**。

特殊地，鞍球点误差为零，则为球点。鞍球点的轨迹较其邻域内点的轨迹近似于球面的程度更好，具有二次极小的意义，也就是局部最优意义。建立鞍球点数学模型为：

$$\begin{cases}\delta_{SS} = \min\Delta_{SS}(z) \\ z = (x_{Pm}, y_{Pm}, z_{Pm})^T\end{cases} \tag{7.23}$$

式中，目标函数 $\Delta_{SS}(z)$ 为空间运动刚体上点的离散点集鞍球面误差，可以由优化模型式（7.9）得到，优化变量 $z = (x_{Pm}，y_{Pm}，z_{Pm})^T$ 为刚体上任意点的坐标。该数学模型是一个无约束优化问题，可直接采用 MATLAB 软件优化工具箱中的 fmincon 函数进行求解。由于刚体上各点的运动轨迹由刚体空间运动的性质确定，其大小和形状各异，与球面的接近程度也随着运动刚体上点位置的不同而变化，从而有多个鞍球点存在，但鞍球面优化模型的三个特性使得在凸区域中具有较好的收敛性。为了获得误差更小的鞍球点，简单而又适用的办法是在搜索区域内生成多个初始值，分别从每个初始点出发进行优化搜索，可收敛得到运动刚体上的多个鞍球点。建议初始搜索区域按下式确定：

$$\begin{gathered}a = \max\left(\max_{1\leqslant i\leqslant n} x_{Omf}^{(i)} - \min_{1\leqslant i\leqslant n} x_{Omf}^{(i)}, \max_{1\leqslant i\leqslant n} y_{Omf}^{(i)} - \min_{1\leqslant i\leqslant n} y_{Omf}^{(i)}, \max_{1\leqslant i\leqslant n} z_{Omf}^{(i)} - \min_{1\leqslant i\leqslant n} z_{Omf}^{(i)}\right) \\ -c_0 a \leqslant x_{Pm}, y_{Pm}, z_{Pm} \leqslant c_0 a\end{gathered} \tag{7.24}$$

式中，c_0 为搜索区域系数。

以运动刚体上点坐标作为优化变量，调用鞍球面子程序 ASSF，在运动刚体上定义范围内进行鞍球点的优化搜索。本书中直接采用 MATLAB 优化工具箱中的 fmincon 函数进行求解，fmincon 函数参考平面鞍圆点的设置，可以形成运动刚体上无约束条件下**鞍球点子程序 ASSP**。其输入为已知刚体的离散位置参数，输出为刚体上多个鞍球点参数（鞍球点在运动坐标系中的坐标）及鞍球点误差。

因此，在刚体空间运动非蜕化情况下，根据定义 7.1 和定义 7.2，有：

定理 7.1　对于给定的非退化空间运动，运动刚体上一定存在鞍球点。

由此可见，以寻求空间运动刚体上点在固定坐标系中的轨迹与球面的逼近误差最小为目标的离散运动几何学问题，定义 7.1 和定义 7.2 给出了鞍球面法向误差的统一度量标准及其极小性，从而准确反映了各点轨迹与鞍球面的近似程度，具有可比性；而定理 7.1 阐明了鞍球点——问题解的存在性。和平面及球面运动中鞍圆点存在性一样，作者认为应该能够利用鞍球面误差函数的代数性质，从理论上证明该定理。

下面的有关算例表明：当给定空间运动刚体的离散位置数多于七个时，利用鞍球点的数学模型式（7.23）以及 MATLAB 优化软件，可得到运动刚体上的鞍球点。一般情况下鞍球点误差均不为零，个别情况下出现接近于零；而当给定运动刚体的七个离散空间位置时，在运动刚体上的鞍球点中，存在鞍球点误差趋于零的球点；而当给定运动刚体六个离散位置时，上述已经讨论，其中存在∞^1个球点，而当给定五个离散位置时，存在∞^2个球点，这与第 6 章刚体空间运动点的轨迹球曲率理论相对应。

【例 7-1】 空间 RRSS 四杆机构连杆相对于机架的 72 个离散位置，由附录 B 的表 B.1 中 72 组位移参数以及坐标变换式（B.3）描述，求：①连杆上各点离散轨迹所对应的鞍球面误差；②连杆上的鞍球点。

解：

（1）连杆上各点离散轨迹对应的鞍球面误差 在连杆上选择区域 $x_2 \in [0, 1]$，$y_2 \in [0, 0.5]$，$z_2 \in [0, 0.5]$，以 0.02 为步长，得到连杆上 34476 个点及其离散轨迹点集，依据数学模型式（7.9）并调用鞍球面子程序 ASSF，对每一离散点集进行鞍球面拟合，得到连杆上各点对应的鞍球面在固定坐标系中的球心坐标（x_C，y_C，z_C）、半径 r 和鞍球面误差 Δ_{SS}。对于连杆上点的鞍球面误差，图 7.6 所示为连杆坐标系三个坐标平面上的鞍球面误差等高线图，图中 $B'C$ 为运动刚体坐标系的 x_2 轴，$B'B$ 为 z_2 轴，点 C 为对应空间 RRSS 四杆机构连杆上球副的球心。

连杆坐标平面（$\boldsymbol{R}_{B'}-\boldsymbol{x}_2 z_2$）上 $x_2 \in [-0.1, 1.2]$，$z_2 \in [-0.5, 0.5]$ 区域内（3366 个点）鞍球面误差等高线如图 7.7 所示。该区域中存在两个峰谷，如 BB'（z_2）狭长沟槽区域，对应 RRSS 机构连杆上的 R 副轴线，C 点为球副 S 中心。

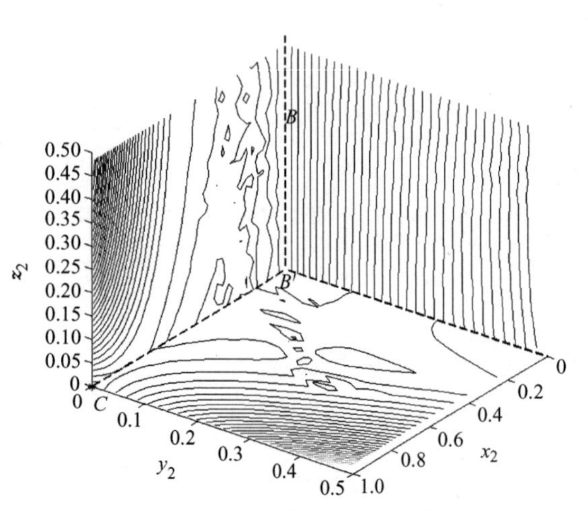

图 7.6 连杆坐标系三个坐标平面上鞍球面误差等高线图

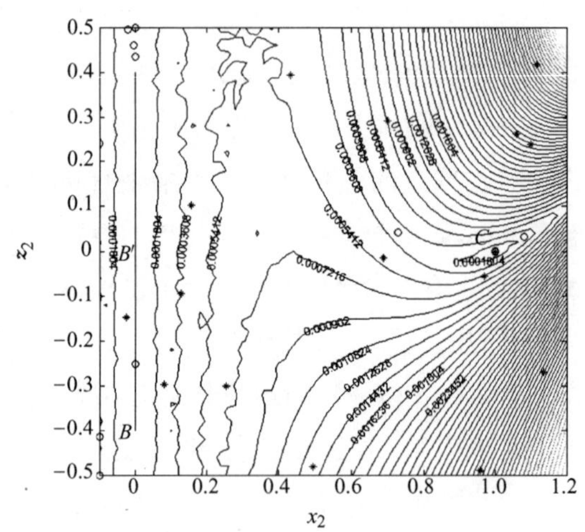

图 7.7 $\boldsymbol{R}_{B'}-\boldsymbol{x}_2 z_2$ 坐标平面鞍球面误差等高线图

（2）离散运动刚体上的鞍球点 依据鞍球点的优化模型式（7.23），以连杆点坐标作为优化变量，调用鞍球点优化搜索程序 ASSP，在连杆上区域 $x_2 \in [-0.5, 1.2]$，$y_2 \in [-0.5, 0.5]$，$z_2 \in [-0.5, 0.5]$ 内进行鞍球点优化搜索。分别从随机生成的 50 个初始点出发，优化

结果收敛到 BB'（z_2）区域个数为 21 个，C 点区域 12 个。同样地，若搜索区域缩小为 $x_2\in[-0.1, 1.2]$，$z_2\in[-0.5, 0.5]$，以随机 15 个初始点，如图 7.7 所示，结果收敛到轴线 BB'（z_2）上六个，球副中心 C 处三个，表明了该鞍球点模型与优化程序具有较好的收敛性。

【例 7-2】 运动刚体相对于固定刚体的九个离散位置见表 7.1，求：①运动刚体上各点的离散轨迹所对应的鞍球面误差；②运动刚体上的鞍球点。

表 7.1　空间运动刚体给定的九个离散空间位置

	$x_{O\mathrm{mf}}^{(i)}$	$y_{O\mathrm{mf}}^{(i)}$	$z_{O\mathrm{mf}}^{(i)}$	$\theta_1^{(i)}$/rad	$\theta_2^{(i)}$/rad	$\theta_3^{(i)}$/rad
1	0	0	0	0	π/2	0
2	-0.6435	0.5994	0.8447	0.1671	0.0196	1.5959
3	-1.7102	1.2385	2.1826	0.3514	0.2152	1.4284
4	-2.7024	1.5400	3.8675	0.5292	0.3880	1.2530
5	-3.3926	1.5194	5.5368	0.6867	0.5578	1.0740
6	-3.8524	1.3467	6.8812	0.8193	0.7236	0.8910
7	-4.2783	1.1959	7.6914	0.9264	0.8785	0.6970
8	-4.8537	1.2692	7.7800	1.0065	1.0083	0.4779
9	-5.6016	1.9542	6.9018	1.0467	1.0895	0.2103

解：

（1）鞍球面误差分布　在运动刚体上选择区域 $x_\mathrm{m}\in[-50, 50]$，$y_\mathrm{m}\in[-50, 50]$，$z_\mathrm{m}\in[-50, 50]$，分别取步长为 2，得到运动刚体上的 132651 个点，依据数学模型式（7.9）并调用鞍球面子程序 ASSF，对每点的离散轨迹曲线进行鞍球面拟合，得到运动刚体上各点对应的鞍球面在固定坐标系中的球心坐标（x_C，y_C，z_C）、半径 r 和鞍球面误差 Δ_{SS}，运动刚体上该区域中三个坐标平面上鞍球面误差等高线，如图 7.8 所示。

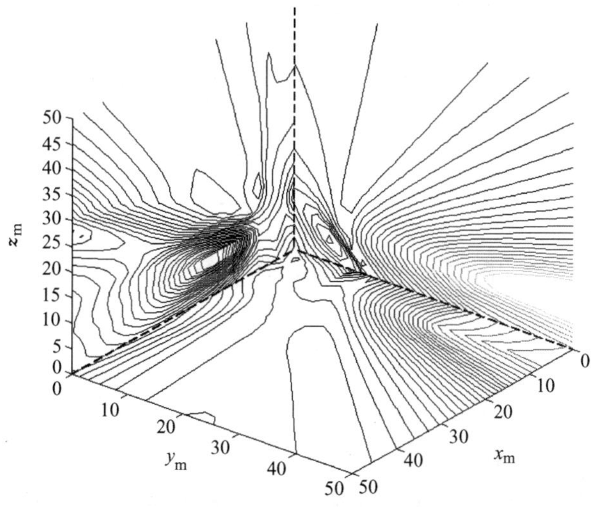

图 7.8　鞍球面误差分布等高线图

（2）鞍球点　依据鞍球点的优化模型式（7.23），随机生成50个初始点，并调用鞍球点子程序ASSP，在刚体上的该区域中进行鞍球点的优化搜索，误差较小的前七个鞍球点（SSP1～SSP7）及其鞍球面的参数见表7.2。

表7.2　九位置运动刚体上的七个鞍球点及其鞍球面参数

	鞍球点 P_{SS}			鞍球面球心 C			球面半径	鞍球面误差
	x_{Pm}	y_{Pm}	z_{Pm}	x_C	y_C	z_C	r	δ_{SS}
SSP1	2.9313	16.8188	29.4866	6.6412	9.1170	7.5669	23.5296	0.001870
SSP2	1.9601	18.4231	33.6809	6.6577	9.0162	7.6156	28.1083	0.002161
SSP3	3.5004	15.5434	26.7084	6.5810	9.1471	7.5238	20.4553	0.002304
SSP4	1.8896	20.5898	39.1652	6.7055	8.9653	7.7654	33.8294	0.002428
SSP5	−0.3436	21.6252	41.4724	6.6995	8.8562	7.5904	36.8895	0.002588
SSP6	1.1716	22.5815	43.9251	6.7389	8.9071	7.7942	39.0338	0.002657
SSP7	−1.8370	25.1562	49.7953	6.7485	8.7729	7.6347	46.0425	0.002902

同样，取表7.1中的前七个离散位置，调用鞍球点子程序ASSP优化搜索运动刚体上鞍球点，误差较小的七个鞍球点及其鞍球面的参数见表7.3。其中序号1的鞍球面误差趋于零，表明该鞍球点为刚体上的球点。

表7.3　七位置运动刚体上的七个鞍球点及其鞍球面的参数

	鞍球点 P_{SS}			鞍球面球心 C			球面半径	鞍球面误差
	x_{Pm}	y_{Pm}	z_{Pm}	x_C	y_C	z_C	r	δ_{SS}
1	12.8276	1.6298	14.1929	6.3511	0.7992	5.1977	11.1152	1.871386×10^{-5}
2	3.8051	2.7585	2.6082	1.2174	1.5594	4.2900	3.3106	0.000369
3	−53.1294	40.4888	−31.8402	24.0429	−18.1841	16.9976	108.5511	0.000735
4	39.2618	−14.8993	31.9234	11.8253	−3.5914	10.0086	36.8890	0.001177
5	44.0958	−18.2164	35.5086	12.1976	−3.9959	10.3748	43.0293	0.001224
6	−19.4239	−7.9387	5.5553	12.7610	15.3454	1.5581	39.9262	0.001410
7	−25.6441	−11.3559	7.4397	12.2402	13.9690	1.4061	45.9685	0.001431

对于表7.1中的前六个和前五个离散位置，其结果如7.2.4节图7.5和7.2.3节图7.3所示，在此不再赘述。

7.3　鞍圆柱点

开式运动链C-S是空间机构中另一种常用二副连架杆，对应约束曲线为圆柱面曲线；而空间运动刚体上点在固定坐标系中的离散轨迹与圆柱面的接近程度，或者说离散运动刚体上点共圆柱面，是比较少讨论的话题。不像密切圆与密切球在微分几何学中可以由曲率不变量导出，第6章无限接近位置广义局部性质——圆柱面曲率，正是为本节整体性质理论研究而作出的探索。因此，本节首先研究离散运动轨迹与圆柱面的接近程度评价，进而讨论其轨迹接近圆柱面的运动刚体上点的分布规律等以及与离散运动的关系，为空间机构的开式链C-S综合提供理论依据。而二副连架杆H-S和R-S可作为二副连架杆C-S的退化，其约束曲线分别对应圆柱面上的螺旋线和圆，也顺便简单介绍。

7.3.1　鞍圆柱面与二副连架杆C-S（R-S，H-S）

对于给定空间运动刚体在固定坐标系$\{\boldsymbol{O}_f;\ \boldsymbol{i}_f,\ \boldsymbol{j}_f,\ \boldsymbol{k}_f\}$中的一系列离散位置，运动刚体上的一点$P(x_{Pm},\ y_{Pm},\ z_{Pm})$在固定坐标系中的轨迹为离散点集$\{\boldsymbol{R}_P^{(i)}\}$，其方程见式（7.7）。若该点集在或近似在一圆柱面上，对应二副连架杆C-S，即约束曲线为圆柱面曲线。衡量该离散轨迹点集$\{\boldsymbol{R}_P^{(i)}\}$与圆柱面曲线的接近程度，依据第3章中圆柱面曲线的曲率性质，表现为离散轨迹上任意点到某一直线的距离为常数。那么采用一圆柱面来拟合点集$\{\boldsymbol{R}_P^{(i)}\}$，若给定半径$r$，圆柱面轴线的位置和方向由点集$\{\boldsymbol{R}_P^{(i)}\}$的性质自适应确定，使得最大拟合误差为最小。如图7.9所示，得到与点集$\{\boldsymbol{R}_P^{(i)}\}$最接近的圆柱面，称为浮动圆柱面拟合。显然不同半径的浮动圆柱面拟合有不同的误差，其中必有一个使得最大法向拟合误差为最小的最佳浮动拟合圆柱面，因此有：

定义7.3　依据被拟合轨迹点集$\{\boldsymbol{R}_P^{(i)}\}=\{(x_P^{(i)},\ y_P^{(i)},\ z_P^{(i)})^{\mathrm{T}}\}$的性质并按最大法向拟合误差最小为原则得到的唯一的拟合圆柱面，称为**鞍圆柱面**，或**自适应圆柱面**，其对应的最大法向拟合误差称为**鞍圆柱面误差**，或**自适应圆柱面误差**。

空间运动刚体Σ^*上点P在固定坐标系中的离散轨迹点集$\{\boldsymbol{R}_P^{(i)}\}$确定一个圆柱面，包

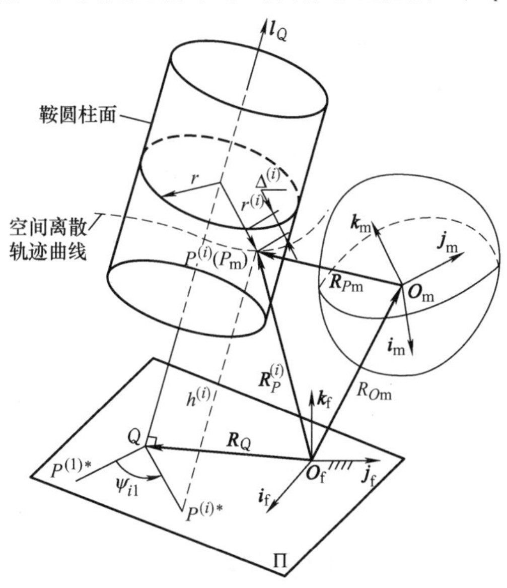

图7.9　空间离散轨迹曲线的鞍圆柱面

括半径 r、轴线 L_Q的单位方向矢量 $\boldsymbol{l}_Q$（ξ，η）和位置点 Q 的矢量 $\boldsymbol{R}_Q$，如图 7.9 所示。假定 $\boldsymbol{l}_Q=(\sin\xi\cos\eta,\ \sin\xi\sin\eta,\ \cos\xi)^{\mathrm{T}}$，取点 Q 为固定坐标系 $\{\boldsymbol{O}_{\mathrm{f}};\ \boldsymbol{i}_{\mathrm{f}},\ \boldsymbol{j}_{\mathrm{f}},\ \boldsymbol{k}_{\mathrm{f}}\}$ 原点 O_{f}到轴线 L_Q的垂足，即点 Q 的矢径 $\boldsymbol{R}_Q=(x_Q,\ y_Q,\ z_Q)^{\mathrm{T}}$，则有：

$$\boldsymbol{R}_Q\cdot\boldsymbol{l}_Q=0\ \text{或者}\ x_Q\sin\xi\cos\eta+y_Q\sin\xi\sin\eta+z_Q\cos\xi=0 \tag{7.25}$$

即轴线 L_Q仅有四个独立参数。构造一投影平面 Π，以矢量 $\boldsymbol{l}_Q$为法矢且过坐标原点 O_{f}和点 Q，那么，对于轨迹点集 $\{\boldsymbol{R}_P^{(i)}\}$ 中的任一离散点 $\boldsymbol{R}_P^{(i)}=(x_P^{(i)},\ y_P^{(i)},\ z_P^{(i)})^{\mathrm{T}}$，其到投影平面 Π 的距离 $h^{(i)}$为：

$$h^{(i)}=(\boldsymbol{R}_P^{(i)}-\boldsymbol{R}_Q)\cdot\boldsymbol{l}_Q=x_P^{(i)}\sin\xi\cos\eta+y_P^{(i)}\sin\xi\sin\eta+z_P^{(i)}\cos\xi \tag{7.26}$$

则点 $P^{(i)}$在投影平面 Π 上的投影点为 $P^{(i)*}$，其矢径为：

$$\boldsymbol{R}_P^{(i)*}=\boldsymbol{R}_P^{(i)}-h^{(i)}\boldsymbol{l}_Q \tag{7.27}$$

从而可以得到点 $P^{(i)}$到轴线 L_Q的距离 $r^{(i)}$为：

$$\begin{aligned}r^{(i)}&=|\boldsymbol{R}_P^{(i)*}-\boldsymbol{R}_Q|\\&=\sqrt{(x_P^{(i)}-x_Q-h^{(i)}\sin\xi\cos\eta)^2+(y_P^{(i)}-y_Q-h^{(i)}\sin\xi\sin\eta)^2+(z_P^{(i)}-z_Q-h^{(i)}\cos\xi)^2}\end{aligned} \tag{7.28}$$

定义任意离散点 $P^{(i)}$与初始点 $P^{(1)}$在投影平面 Π 上的投影矢量$\overrightarrow{QP^{(i)*}}$与$\overrightarrow{QP^{(1)*}}$的夹角为 ψ_{i1}，则有：

$$\cos\psi_{i1}=\frac{(\boldsymbol{R}_P^{(i)*}-\boldsymbol{R}_Q)}{|\boldsymbol{R}_P^{(i)*}-\boldsymbol{R}_Q|}\cdot\frac{(\boldsymbol{R}_P^{(1)*}-\boldsymbol{R}_Q)}{|\boldsymbol{R}_P^{(1)*}-\boldsymbol{R}_Q|} \tag{7.29}$$

显然，依据被拟合轨迹点集 $\{\boldsymbol{R}_P^{(i)}\}$ 的性质并按最大法向拟合误差为最小原则确定鞍圆柱面的半径大小和轴线位置、方向，是点集 $\{\boldsymbol{R}_P^{(i)}\}$ 的所有拟合圆柱面中最大法向误差最小的拟合圆柱面，再也没有更好的圆柱面来拟合点集 $\{\boldsymbol{R}_P^{(i)}\}$ 使得最大误差变小，具有最大法向误差最小的意义，即一次鞍点意义。由此可以建立鞍圆柱面的数学模型：

$$\begin{cases}\Delta_{\mathrm{CS}}=\min\limits_{\boldsymbol{x}}\max\limits_{1\leqslant i\leqslant n}\{\Delta^{(i)}(\boldsymbol{x})\}\\ \qquad=\min\limits_{\boldsymbol{x}}\max\limits_{1\leqslant i\leqslant n}\{|r^{(i)}-r|\}\\ \text{s. t.}\quad r\in(0,+\infty),\ \xi\in\left[0,\dfrac{\pi}{2}\right],\ \eta\in[0,2\pi)\\ \boldsymbol{x}=(x_Q,\ y_Q,\ \xi,\ \eta,\ r)^{\mathrm{T}}\end{cases} \tag{7.30}$$

式中，$r^{(i)}$为任意离散点 $\boldsymbol{R}_P^{(i)}$到拟合圆柱面轴线 L 的距离，由式（7.28）所确定，目标函数 $\{\Delta^{(i)}(x)\}$ 为已知离散点集 $\{\boldsymbol{R}_P^{(i)}\}$ 中所有点与任意一浮动拟合圆柱面的误差集合，优化变量 $\boldsymbol{x}=(x_Q,\ y_Q,\ \xi,\ \eta,\ r)^{\mathrm{T}}$为浮动拟合圆柱面轴线在固定坐标系中的方位参数和半径 r，n 为离散轨迹点集 $\{\boldsymbol{R}_P^{(i)}\}$ 中离散点的个数，Δ_{CS}为已知点集 $\{\boldsymbol{R}_P^{(i)}\}$ 与鞍圆柱面的最大拟合

误差。

该优化模型同样可通过 MATLAB 软件优化工具箱中的 fminimax 函数进行求解。而对于优化变量 $\boldsymbol{x}=(x_Q, y_Q, \xi, \eta, r)^{\mathrm{T}}$初始值，给出多组方向角（$\xi$，$\eta$）的初始值，针对其中的任意一组方向角，可通过式（7.26）和式（7.27）将给定的离散轨迹点集 $\{\boldsymbol{R}_P^{(i)}\}=\{(x_P^{(i)}, y_P^{(i)}, z_P^{(i)})^{\mathrm{T}}\}$，$i=1, \cdots, n$ 投影到平面 Π 上，得到离散投影点集 $\{\boldsymbol{R}_P^{(i)*}\}=\{(x_P^{(i)*}, y_P^{(i)*}, z_P^{(i)*})^{\mathrm{T}}\}$，$i=1, \cdots, n$，然后按照式（2.12）~式（2.15）的推导过程，以最小二乘法计算出离散投影点集 $\{\boldsymbol{R}_P^{(i)*}\}$ 的浮动拟合圆，以其圆心和半径确定（x_Q，y_Q，r）。

根据鞍圆柱面的定义及数学模型式（7.30），直接采用 MATLAB 软件工具箱中的 fminimax 函数进行求解。参考平面鞍圆拟合的设置，将离散轨迹点集的鞍圆柱面拟合编制成**鞍圆柱面子程序 ACSF**，该子程序的输入为离散轨迹点集中各点的坐标，输出为鞍圆柱面轴线的方位参数，半径以及鞍圆柱面误差 Δ_{CS}。

7.3.2　鞍圆柱面误差

对于给定运动刚体上点在固定坐标系中的轨迹 Γ_P，在定义 7.3 中依据鞍点规划，以最大法向拟合误差最小作为空间曲线 Γ_P与圆柱面近似程度的评价准则，得到唯一拟合圆柱面。其拟合误差 Δ 对于空间曲线 Γ_P上所有点而言，是最大误差（全局极大值），而对于圆柱面参数（x_Q，y_Q，ξ，η，r）而言该最大误差值又是最小的。

为便于鞍圆柱面的误差分析，在此假设给定空间曲线 Γ_P为连续曲线，如图 7.9 所示，给定曲线 Γ_P上任意点 P 对应鞍圆柱面上相应点及法向误差 Δ，其矢量方程 $\boldsymbol{R}_P$满足：

$$\boldsymbol{R}_P=\boldsymbol{R}_Q+(\boldsymbol{R}_P\cdot\boldsymbol{l}_Q)\cdot\boldsymbol{l}_Q+(r+\Delta)\cdot\boldsymbol{n} \tag{7.31}$$

式中，$\boldsymbol{R}_Q$为鞍圆柱面轴线上确定点的位置矢量，$\boldsymbol{l}_Q$为轴线的单位方向矢量，r 为鞍圆柱面半径（正数），而鞍圆柱面在点 P 对应点处的单位法矢为 $\boldsymbol{n}$，式（7.31）中的法向误差 Δ 正负号依据点 P 在鞍圆柱面内外而定（外面取“+”，里面取“-”）。那么，由式（7.31）可得到曲线 Γ_P上任意点处的拟合误差 Δ 表达式为：

$$\Delta=(\boldsymbol{R}_P-\boldsymbol{R}_Q)\cdot\boldsymbol{n}-r \tag{7.32}$$

对于给定空间曲线 Γ_P对应的一个确定的鞍圆柱面，r 为常数，而且 $\boldsymbol{R}_Q$为常矢量，将误差函数式（7.32）对曲线 Γ_P的弧长 s 求导，有

$$\frac{\mathrm{d}\Delta}{\mathrm{d}s}=\frac{\mathrm{d}\boldsymbol{R}_P}{\mathrm{d}s}\cdot\boldsymbol{n}+(\boldsymbol{R}_P-\boldsymbol{R}_Q)\cdot\frac{\mathrm{d}\boldsymbol{n}}{\mathrm{d}s} \tag{7.33}$$

将 $\boldsymbol{R}_P-\boldsymbol{R}_Q=(\boldsymbol{R}_P\cdot\boldsymbol{l}_Q)\cdot\boldsymbol{l}_Q+(r+\Delta)\cdot\boldsymbol{n}$ 代入式（7.33）可得$\frac{\mathrm{d}\Delta}{\mathrm{d}s}=\frac{\mathrm{d}\boldsymbol{R}_P}{\mathrm{d}s}\cdot\boldsymbol{n}$，在曲线 Γ_P上 P 点处误差 Δ 取得极值条件为$\frac{\mathrm{d}\Delta}{\mathrm{d}s}=0$，从而有：

$$\frac{\mathrm{d}\boldsymbol{R}_P}{\mathrm{d}s}\cdot\boldsymbol{n}=0 \tag{7.34}$$

即空间轨迹 Γ_P 与鞍圆柱面有共同的法线时法向误差 Δ 取得极值。空间曲线 Γ_P 上可能存在有多点处与鞍圆柱面有共同的法线，其误差取得极值，但不一定是最大值，如图 7.10 中所示的点 $P^{(k+1)}$ 和 $P^{(k+2)}$。

对于给定空间曲线 Γ_P，可求得其上各点的位置与导数（$\boldsymbol{R}_P$，$\frac{\mathrm{d}\boldsymbol{R}_P}{\mathrm{d}s}$），由六个参数确定鞍圆柱面，轴线方位参数（$x_Q$，$y_Q$，$\xi$，$\eta$），半径 r 及鞍圆柱面误差 Δ_{CS}，需要曲线 Γ_P 上有六个极值点使得式（7.34）成立，将其代入式（7.32）可联立解出鞍圆柱面参数，而多于六个极值点时则为冗余情况。

鞍点规划理论已经证明[2]，以鞍点规划模型（最大误差最小）评价空间曲线与拟合圆柱面的接近程度，相当于采用两个同轴圆柱面包容被拟合空间曲线，内外圆柱面与被包容曲线的切点即为极大且最大误差点。如图 7.10 所示，至少在六个拟合点处取得相同误差并为最大值，而且分布在鞍圆柱面的内部和外部，有三三形式或者四二等多种形式。

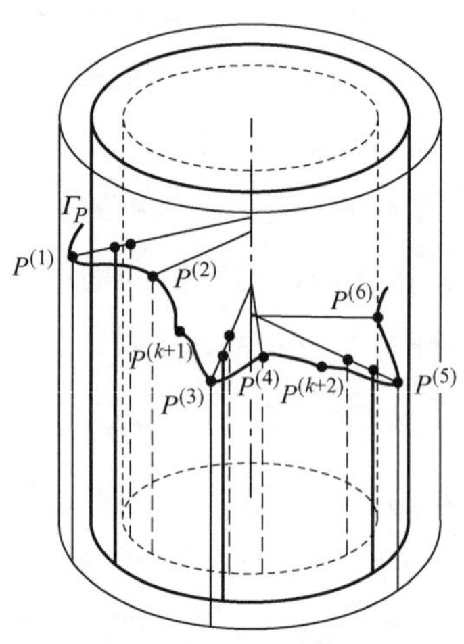

图 7.10　法向误差极值点

由此可见，以鞍点规划（最大误差最小）标准评价一条空间曲线与鞍圆柱面的近似程度，仅与该曲线上六个拟合切点相关，称为**圆柱面拟合特征点**，也就是由这六个拟合特征点（相同误差）体现了鞍圆柱面的大小和位置。当鞍圆柱面误差趋于零时，被拟合空间曲线趋近于圆柱面。

当被拟合空间曲线 Γ_P 为离散轨迹点集 $\{\boldsymbol{R}_P^{(i)}\}$ 时，连续空间曲线上的鞍圆柱面拟合特征点由空间离散轨迹点集 $\{\boldsymbol{R}_P^{(i)}\}$ 产生。离散曲线 Γ_P 上任意点与鞍圆柱面的误差 $\Delta^{(i)}$ 由式（7.31）和式（7.32）改写为：

$$\begin{cases}\Delta^{(i)}=\left|\boldsymbol{R}_P^{(i)}-[(\boldsymbol{R}_P^{(i)}-\boldsymbol{R}_Q)\cdot\boldsymbol{l}_Q]\boldsymbol{l}_Q-\boldsymbol{R}_Q\right|-r\\ \boldsymbol{R}_P^{(i)}=[\boldsymbol{M}^{(i)}]\cdot\boldsymbol{R}_{P\mathrm{m}}\end{cases} \tag{7.35}$$

而鞍圆柱面误差为其中的最大值，计算公式为：

$$\Delta=\max\{|\Delta^{(i)}|\}=\max\{||\boldsymbol{R}_P^{(i)}-[(\boldsymbol{R}_P^{(i)}-\boldsymbol{R}_Q)\cdot\boldsymbol{l}_Q]\boldsymbol{l}_Q-\boldsymbol{R}_Q|-r|\},i=1,2,\cdots,n \tag{7.36}$$

对于离散轨迹点集 $\{\boldsymbol{R}_P^{(i)}\}$ 的鞍圆柱面拟合及其误差，式（7.34）所对应的极值点由式（7.36）通过数值计算和比较来确定。鞍圆柱面拟合特征点对应的空间运动刚体离散位置，称为**鞍圆柱面拟合位置**。显然，鞍点规划模型建立了鞍圆柱面拟合位置（离散位置），离散轨迹中的鞍圆柱面拟合特征点和鞍圆柱面误差为相互对应关系，为讨论离散点集 $\{\boldsymbol{R}_P^{(i)}\}$ 与圆柱面比较的整体几何性质提供了依据。

7.3.3　六位置鞍圆柱面

当给定空间离散运动刚体在固定坐标系中仅有六个离散位置时，假定位置编号为 1、2、3、4、5、6，空间运动刚体上每个点（x_{Pm}，y_{Pm}，z_{Pm}）都对应包含六个离散点的轨迹点集 $\{\boldsymbol{R}_P^{(i)}\}$，这六个离散点都是鞍圆柱面拟合特征点。依据鞍圆柱面拟合模型式（7.30），调用鞍圆柱面子程序 ACSF，得到相应的六位置鞍圆柱面及其误差，对应六个位置都是拟合特征位置，其误差 Δ 都为最大值并且相同。为分析鞍圆柱面误差的性质，对于六个鞍圆柱面拟合特征点 $P^{(1)}$，$P^{(2)}$，$P^{(3)}$，$P^{(4)}$，$P^{(5)}$ 和 $P^{(6)}$，讨论特征点 $P^{(1)}$，$P^{(3)}$，$P^{(5)}$ 在拟合圆柱面外部，特征点 $P^{(2)}$，$P^{(4)}$，$P^{(6)}$ 在拟合圆柱面内部情况下，对应的拟合圆柱面使得最大拟合误差取得极小值，称为**分布圆柱面**，其拟合误差由式（7.35）得：

$$\begin{cases}r+\Delta_{135,246}=|\boldsymbol{R}_P^{(i)}-[(\boldsymbol{R}_P^{(i)}-\boldsymbol{R}_Q)\cdot\boldsymbol{l}_Q]\boldsymbol{l}_Q-\boldsymbol{R}_Q|;i=1,3,5\\ r-\Delta_{135,246}=|\boldsymbol{R}_P^{(i)}-[(\boldsymbol{R}_P^{(i)}-\boldsymbol{R}_Q)\cdot\boldsymbol{l}_Q]\boldsymbol{l}_Q-\boldsymbol{R}_Q|;i=2,4,6\end{cases} \tag{7.37}$$

将空间运动刚体上点的六位置 $\boldsymbol{R}_P^{(i)}=[\boldsymbol{M}^{(i)}]\cdot\boldsymbol{R}_{Pm}$，$i=1$，2，…，6 代入式（7.37）并展开后共有九个变量：拟合圆柱面轴线的方位参数（x_Q，y_Q，ξ，η），半径 r，拟合误差 $\Delta_{135,246}$ 和空间运动刚体上点的坐标（x_{Pm}，y_{Pm}，z_{Pm}）。式（7.37）共有六个代数方程，若消去五个，x_Q，y_Q，ξ，η 和 r，可得到拟合误差 $\Delta_{135,246}$ 与空间运动刚体上的位置点坐标（x_{Pm}，y_{Pm}，z_{Pm}）之间的关系：

$$f(x_{Pm},y_{Pm},z_{Pm},\Delta_{135,246})=0 \tag{7.38}$$

按照上述同样的过程，可以得到不同拟合特征点其他分布情况下的分布圆柱面拟合误差。对于给定六个离散轨迹点，其鞍圆柱面误差 Δ_{123456} 应为这些分布圆柱面拟合误差中的最小值。

对于表 7.1 中给定空间运动九个离散位置中的前六个位置，刚体上任意点形成离散轨迹点集 $\{\boldsymbol{R}_P^{(i)}\}$，$i=1$，2，3，4，5，6。以运动刚体上点的坐标（$x_{Pm}$，$y_{Pm}$，$z_{Pm}$）为自变量，该点离散轨迹点集鞍球面误差 Δ_{123456} 为因变量，可构造刚体上鞍圆柱面误差超曲面 $\Sigma_{123456}^{\mathrm{CS}}$，并可把对应相同误差值的拟合位置点以曲线连接成为等高线图。图 7.11 所示为刚体上三个坐标平面上的鞍圆柱面误差等高线图。

图 7.11 中曲线本该光滑，但是由于给定六个离散点的鞍圆柱面拟合有多极值解，容易判别不全，拟合特征点的内外分布没有全面讨论，容易造成图形曲线不连续。有关鞍圆柱面误差的代数性质还需要深入研究。

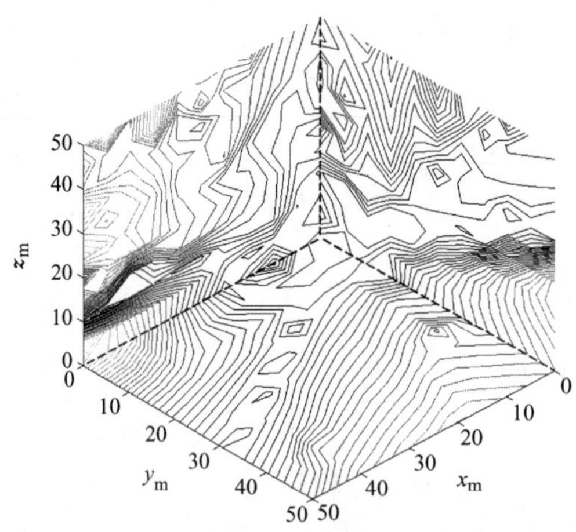

图 7.11 给定六位置空间运动刚体上鞍圆柱面误差等高线图

7.3.4 七位置鞍圆柱面

给定空间运动刚体七个离散位置，假定其位置编号为 1、2、3、4、5、6、7，运动刚体上 P 点在固定坐标系中产生七个离散轨迹点，分别为 $P^{(1)}$，$P^{(2)}$，$P^{(3)}$，$P^{(4)}$，$P^{(5)}$，$P^{(6)}$和$P^{(7)}$，依据鞍圆柱面拟合模型式（7.30），调用鞍圆柱面子程序 ACSF，得到相应的七位置鞍圆柱面及其误差。对于运动刚体上所有点，同六位置一样，以运动刚体上点坐标（x_{Pm}，y_{Pm}，z_{Pm}）为自变量，该点离散轨迹点集的七位置鞍圆柱面误差 $\Delta_{1234567}$ 为因变量，可构造刚体上鞍圆柱面误差超曲面 $\sum_{1234567}^{CS}$。对于表 7.1 中给定的空间运动刚体的前七个离散位置，图 7.12a 所示为刚体上三个坐标平面上的鞍圆柱面误差等高线图，图 7.12b 所示为 $z_m=0$ 的截面上的鞍圆柱面误差等高线图。

对于七个离散位置空间运动刚体，其上任意点在固定坐标系中的七个离散轨迹点的鞍圆柱面拟合只有六个鞍圆柱面拟合特征点，对应六个鞍圆柱面拟合特征位置。那么，可以将七个离散位置按六位置组合，共有七种组合 123456、123457、123467、123567、124567、134567 和 234567。从而对于给定七个离散位置的空间运动刚体，其上可以分为多个区域，每个区域中的点对应不同的六位置组合。如图 7.12b 所示 $z_m=0$ 的截面上，区域Ⅰ对应 123456，区域Ⅱ对应 123457，区域Ⅲ对应 123467，区域Ⅳ对应 123567，区域Ⅴ对应 124567，区域Ⅵ对应 134567，区域Ⅶ对应 234567。显然，每种六位置组合都可以由式（7.37）求得相应的多个分布圆柱面误差，从而在运动刚体上的同一点 P 处，其七个离散轨迹点的鞍圆柱面，应为所有分布圆柱面中使得七位置离散点的最大拟合误差最小者。

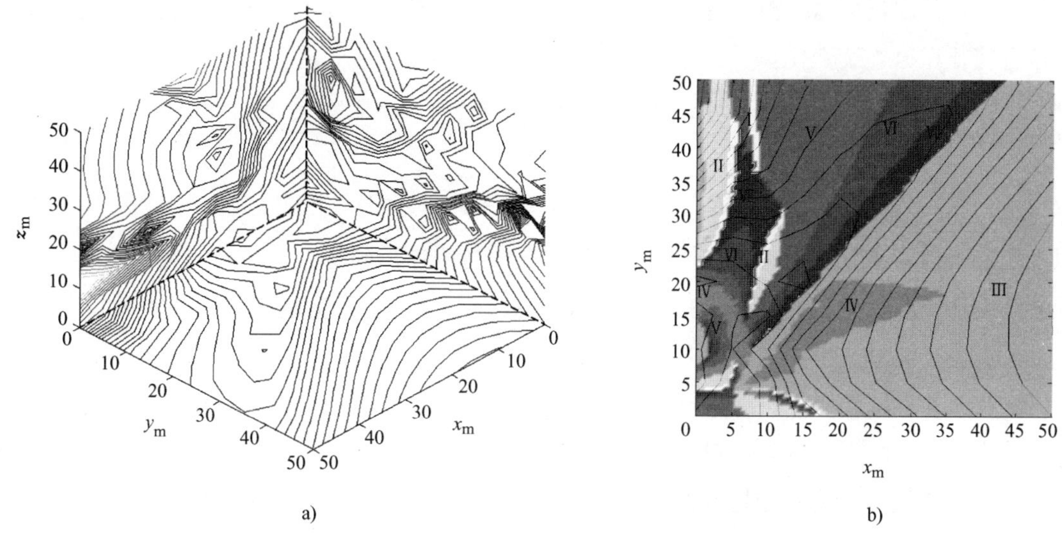

图 7.12　给定七位置空间运动刚体上鞍圆柱面误差等高线图

对于七位置空间运动刚体上所有点，对应的鞍圆柱面误差超曲面 $\Sigma_{1234567}^{CS}$，自然也是上述六位置所有分布圆柱面误差曲面的分片组合。运动刚体上若干区域中的点对应六个离散特征位置组合，其边界由相邻区域分布圆柱面误差曲面的交线求得，如对于不同位置组合联立式（7.38）解出边界曲线方程。相邻区域边界点的离散轨迹上有七个拟合特征点（最大误差相同），对应两个或多个误差相等的六位置分布圆柱面，但未必是同一分布圆柱面。若是同一分布圆柱面，则误差曲面在边界处有特殊性质，若不是同一分布圆柱面，则误差曲面在边界处一阶连续。

如前所述，七位置的鞍圆柱面误差超曲面可分解为多片高次代数曲面组合，因而同样属于高阶代数曲面，存在多个峰谷。而等高线跨越不同的六位置点区域，仅表明鞍圆柱面误差相等。有关多位置组合的区域边界和误差曲面的代数性质，还需要深入研究。

7.3.5　多位置鞍圆柱面

对于给定空间运动刚体的多个离散位置，其上点在固定坐标系中产生离散轨迹曲线，依据鞍点规划（最大误差最小）评价标准，一条离散曲线与圆柱面的近似程度由该离散曲线上六个拟合特征点体现，对应六个拟合位置。因此，无论给定空间运动刚体多少个位置，都可以分解为关联六位置的组合，其对应鞍圆柱面及其误差性质与给定空间运动刚体七位置类似，有更多关联六位置组合，按排列组合有 C_n^6 个，在空间运动刚体上对应的六位置点区域也更多些，不再赘述。

给定空间运动刚体的离散位置越多，由六个拟合位置对应空间运动刚体上的六位置点区域越小，离散轨迹的鞍圆柱面误差越趋于连续轨迹——鞍圆柱面误差下界。当空间运动刚体的位置数目趋于无穷——连续运动时，运动刚体上点的轨迹趋于连续曲线，空间曲线与鞍圆柱面的接近程度仍由六个拟合特征点体现，运动刚体上点的连续变化，其轨迹曲线上对应六个拟合特征点也连续变化。

7.3.6 鞍圆柱点

应用鞍点规划得到点集 $\{\boldsymbol{R}_P^{(i)}\}$ 的鞍圆柱面，同样具有自适应性、唯一性和可比性。由以上定义可以看出，空间运动刚体上各点在固定坐标系中的轨迹，对应唯一鞍圆柱面，并且误差为刚体上点的坐标（$x_{P\mathrm{m}}$，$y_{P\mathrm{m}}$，$z_{P\mathrm{m}}$）的函数，因此，空间运动刚体上各点对应的鞍圆柱面误差各不相同，也必然有大有小，因此给出：

定义 7.4 对于给定的刚体空间运动，当运动刚体上一点在其邻域内相对于其他点而言，其在固定坐标系中的轨迹对应的鞍圆柱面误差获得极小值，称其为空间运动刚体上的**鞍圆柱点**，对应误差称为**鞍圆柱点误差**。

特殊地，若鞍圆柱点误差为零，则为**圆柱点**。鞍圆柱点的轨迹相比较于其邻域内其他点的轨迹近似于圆柱面曲线的程度更好，具有二次极小的意义，建立鞍圆柱点数学模型如下：

$$\begin{cases}\delta_{\mathrm{CS}} = \min\Delta_{\mathrm{CS}}(z)\\ z = (x_{P\mathrm{m}}, y_{P\mathrm{m}}, z_{P\mathrm{m}})^{\mathrm{T}}\end{cases} \tag{7.39}$$

式中，目标函数 $\Delta_{\mathrm{CS}}(z)$ 为空间运动刚体上任意点的离散轨迹点集鞍圆柱面误差，由优化模型式（7.30）得到，优化变量$z=(x_{P\mathrm{m}},\ y_{P\mathrm{m}},\ z_{P\mathrm{m}})^{\mathrm{T}}$为刚体上任意点的坐标。该优化模型是一个无约束优化问题，并直接采用 MATLAB 软件优化工具箱中的 fmincon 函数进行求解。对于空间运动刚体上鞍圆柱点的优化搜索，同样按照式（7.24）确定出初始搜索区域并在其中生成较多初始点，分别从每个初始点出发进行优化搜索，可得到运动刚体上的多个鞍圆柱点。

依据鞍圆柱点的数学模型式（7.39），直接采用 MATLAB 软件优化工具箱中的 fmincon 函数进行求解。fmincon 函数参考平面鞍圆点设置，形成运动刚体上无约束条件下**鞍圆柱点子程序 ACSP**，其输入为已知刚体的离散位置参数，输出为刚体上多个鞍圆柱点参数（运动刚体坐标系中的坐标）及鞍圆柱点误差。

如前所述，空间运动刚体上各点所对应的鞍圆柱面误差是刚体上点坐标的非线性函数，若给定的空间运动为非退化，必然存在极小值，根据定义 7.3 和定义 7.4，有：

定理 7.2 对于给定的非退化空间运动，运动刚体上一定存在鞍圆柱点。

由此可见，以寻求空间运动刚体上点的轨迹与圆柱面的逼近误差最小为目标的优化问题，定理 7.2 阐明了问题解——鞍圆柱点的存在性，利用上述六位置和七位置误差曲面代数性质应该能够证明；而定义 7.3 和定义 7.4 给出了鞍圆柱面法向误差的统一度量标准及其极小性，从而准确反映了各点轨迹与鞍圆柱面的近似程度，具有可比性。

7.3.7　鞍圆柱点退化（R-S，H-S）

二副连架杆 C-S 退化为 H-S 和 R-S，其约束曲线分别对应圆柱面上的螺旋线和圆。

7.3.7.1　鞍圆点与二副连架杆 R-S

当用回转副 R 替代开式链 C-S 中的圆柱副 C 时，则为空间二副连架杆 R-S，其约束曲线便由一般圆柱面曲线退化为圆柱面上的圆。因此，空间二副连架杆 R-S 特征点 P_{RS}对应的约束曲线为圆。衡量空间运动刚体上一点在固定坐标系 $\{\boldsymbol{O}_f;\ \boldsymbol{i}_f,\ \boldsymbol{j}_f,\ \boldsymbol{k}_f\}$ 中的离散轨迹点集 $\{\boldsymbol{R}_P^{(i)}\}$ 与圆的接近程度，可在鞍圆柱面数学模型式（7.30）和式（7.39）基础上，依据式（7.26）所描述的离散轨迹上点 $\boldsymbol{R}_P^{(i)}$ 相对于参考平面 Π 的距离 $h^{(i)}$，判断特征点 P_{RS}的离散轨迹点集 $\{\boldsymbol{R}_P^{(i)}\}$ 相对于参考平面 Π 的距离 $h^{(i)}$ 恒为或者接近于常数 h。用圆对点集 $\{\boldsymbol{R}_P^{(i)}\}$ 进行拟合，建立点集 $\{\boldsymbol{R}_P^{(i)}\}$ 的鞍圆拟合模型：

$$\begin{cases}\Delta_{RS} = \min\limits_{\boldsymbol{x}} \max\limits_{1\leqslant i\leqslant n} \{\Delta^{(i)}(\boldsymbol{x})\} \\ \quad\ = \min\limits_{\boldsymbol{x}} \max\limits_{1\leqslant i\leqslant n} \{\sqrt{(r^{(i)}-r)^2+(h^{(i)}-h)^2}\} \\ \text{s. t.}\quad r\in(0,+\infty),\quad \xi\in[0,\pi/2],\quad \eta\in[0,2\pi) \\ \boldsymbol{x}=(x_Q, y_Q,\ \xi,\ \eta,\ r,\ h)^{\mathrm{T}}\end{cases} \tag{7.40}$$

式中，$h^{(i)}$和 $r^{(i)}$分别由式（7.26）和式（7.28）所确定，目标函数 $\{\Delta^{(i)}(x)\}$ 为已知离散点集 $\{\boldsymbol{R}_P^{(i)}\}$ 中点与任意一拟合圆的法向距离的集合，优化变量 $\boldsymbol{x}=(x_Q,\ y_Q,\ \xi,\ \eta,\ r,\ h)^{\mathrm{T}}$ 中，$(x_Q,\ y_Q,\ \xi,\ \eta)$ 为浮动拟合圆在固定坐标系中的方位参数，r 为其半径，h 为圆所在平面与参考平面 Π 的距离，n 为离散轨迹点集 $\{\boldsymbol{R}_P^{(i)}\}$ 中离散点的个数，Δ_{RS}为已知点集 $\{\boldsymbol{R}_P^{(i)}\}$ 与鞍圆的最大拟合误差。

在采用 MATLAB 软件工具箱中的 fminimax 函数对优化模型式（7.40）进行求解的过程中，对于优化初始值的确定，首先按照式（5.8）~式（5.12）以最小二乘法计算出离散轨迹点集 $\{\boldsymbol{R}_P^{(i)}\}=\{(x_P^{(i)},\ y_P^{(i)},\ z_P^{(i)})^{\mathrm{T}}\}$，$i=1,\ \cdots,\ n$ 的浮动拟合平面，平面的法线为圆柱面轴线的初始方向角（ξ，η），通过式（7.26）和式（7.27）将给定的离散轨迹点集 $\{\boldsymbol{R}_P^{(i)}\}=\{(x_P^{(i)},\ y_P^{(i)},\ z_P^{(i)})^{\mathrm{T}}\}$ 投影到通过固定坐标系的坐标原点，并以方向角（ξ，η）定义的轴线为法线的参考平面上，得到投影距离 $\{h^{(i)}\}$ 以及离散投影点集 $\{\boldsymbol{R}_P^{(i)*}\}=\{(x_P^{(i)*},\ y_P^{(i)*},\ z_P^{(i)*})^{\mathrm{T}}\}$，$i=1,\ \cdots,\ n$，然后按照式（2.12）~式（2.15）的推导过程，以最小二乘法计算出离散投影点集 $\{\boldsymbol{R}_P^{(i)*}\}$ 的浮动拟合圆，以其圆心和半径确定（x_Q，y_Q，r）。h 的初始值则通过投影距离 $\{h^{(i)}\}$ 并由式 $h=\sum h^{(i)}/n$ 计算得到。

对于空间运动刚体上的所有点的离散轨迹，都可以由优化模型式（7.40）确定出鞍圆并得到对应的鞍圆误差，这些误差各不相同，为刚体上点的坐标（x_{Pm}，y_{Pm}，z_{Pm}）的函数，从而使得对于给定的刚体空间运动，刚体上存在鞍圆点 P_{RS}，其相对于邻域内其他点而言，在固定坐标系中轨迹的鞍圆误差获得极小值，并可通过如下优化模型求得：

$$\begin{cases}\delta_{RS} = \min\Delta_{RS}(z) \\ z = (x_{Pm}, y_{Pm}, z_{Pm})^{T}\end{cases} \tag{7.41}$$

式中，目标函数 $\Delta_{RS}(z)$ 为空间运动刚体上任意点轨迹的鞍圆误差，可以由优化模型式（7.40）得到，优化变量$z=(x_{Pm},\ y_{Pm},\ z_{Pm})^{T}$为刚体上任意点的坐标。

7.3.7.2 鞍螺旋点与二副连架杆 H-S

当用螺旋副 H 替代二副杆 C-S 中的圆柱副 C，构成空间二副杆 H-S 时，其约束曲线便由圆柱面曲线退化为圆柱面上螺旋线，因此，空间二副杆 H-S 上特征点 P_{HS}在圆柱面螺旋线上运动，或者说该特征点 P_{HS}的轨迹曲线为圆柱面螺旋线。式（7.26）和式（7.29）分别描述了轨迹离散点 $\boldsymbol{R}_P^{(i)}$ 沿着圆柱面轴线方向的线位移和绕轴线的角位移，特征点 P_{HS}沿圆柱面轴线方向的线位移和绕轴线的角位移之比应为常数 p 或者近似为常数。

评价空间运动刚体上一点在固定坐标系 $\{\boldsymbol{O}_f;\ \boldsymbol{i}_f,\ \boldsymbol{j}_f,\ \boldsymbol{k}_f\}$ 中的离散轨迹点集 $\{\boldsymbol{R}_P^{(i)}\}$ 与圆柱面螺旋线的接近程度，可以在鞍圆柱点数学模型式（7.30）和式（7.39）的基础上，判断特征点 P_{HS}沿圆柱面轴线方向的线位移和绕轴线的角位移之比接近于常数的程度，也可以采用圆柱螺线对点集 $\{\boldsymbol{R}_P^{(i)}\}$ 进行拟合。在鞍圆柱面数学模型式（7.30）的基础上，建立鞍圆柱螺线拟合数学模型为：

$$\begin{cases}\Delta_{HS} = \min\limits_{\boldsymbol{x}} \max\limits_{1\leqslant i\leqslant n}\{\Delta^{(i)}(\boldsymbol{x})\} \\ \qquad = \min\limits_{\boldsymbol{x}} \max\limits_{1\leqslant i\leqslant n}\left\{\sqrt{(r^{(i)}-r)^2+(h^{(i)}-h^{(1)}-p\psi_{i1})^2}\right\} \\ \text{s.t.}\quad r\in(0,+\infty) \\ \boldsymbol{x} = (x_Q, y_Q, \xi, \eta, r, p)^{T}\end{cases} \tag{7.42}$$

式中，$h^{(i)}$、$r^{(i)}$和ψ_{i1}分别由式（7.26）、式（7.28）和式（7.29）所确定，目标函数 $\{\Delta^{(i)}(\boldsymbol{x})\}$ 为给定离散点集 $\{\boldsymbol{R}_P^{(i)}\}$ 中点与任意一浮动拟合圆柱面螺旋线的距离的集合，优化变量 $\boldsymbol{x}=(x_Q,\ y_Q,\ \xi,\ \eta,\ r,\ p)^{T}$中，$p$ 为圆柱螺线的导程参数，其他同式（7.40），Δ_{HS}为已知点集 $\{\boldsymbol{R}_P^{(i)}\}$ 与鞍圆柱螺旋线的最大拟合误差。

在采用 MATLAB 软件工具箱中的 fminimax 函数对优化模型式（7.42）进行求解时，对于优化初始值的确定，采用与鞍圆柱面初始值相同的确定方式，得到拟合圆柱面的轴线方位与半径（x_Q，y_Q，ξ，η，r），再依据式（7.26）和式（7.29）计算得到离散轨迹点集 $\{\boldsymbol{R}_P^{(i)}\}$ 沿着拟合圆柱面轴线的位移 $h^{(i)}$ 和相对转角 ψ_{i1}，则可由下式得导程参数 p 的初始值：

$$p^{(i)} = \frac{h^{(i)}-h^{(1)}}{\psi_{i1}},\quad p = \frac{\sum\limits_{i=2}^{n} p^{(i)}}{n-1} \tag{7.43}$$

对于空间运动刚体上的任意点的离散轨迹，都可以由数学模型式（7.42）确定出其鞍圆柱面螺旋并得到对应的拟合误差，这些拟合误差各不相同，为刚体上点的坐标（$x_{P\mathrm{m}}$，$y_{P\mathrm{m}}$，$z_{P\mathrm{m}}$）的函数，从而使得对于给定的刚体空间运动，刚体上存在鞍螺旋点 P_{HS}，其相对于邻域内其他点而言，在固定坐标系中轨迹的鞍圆柱螺线误差获得极小值，并可通过如下优化模型求得：

$$\begin{cases}\delta_{\mathrm{HS}}=\min\Delta_{\mathrm{HS}}(\boldsymbol{z})\\ \boldsymbol{z}=(x_{P\mathrm{m}},y_{P\mathrm{m}},z_{P\mathrm{m}})^{\mathrm{T}}\end{cases}\tag{7.44}$$

式中，目标函数 $\Delta_{\mathrm{HS}}(\boldsymbol{z})$ 为空间运动刚体上任意点轨迹的离散点集鞍圆柱螺线误差，可以由优化模型式（7.42）得到，优化变量$\boldsymbol{z}=(x_{P\mathrm{m}}，y_{P\mathrm{m}}，z_{P\mathrm{m}})^{\mathrm{T}}$为刚体上任意点的坐标。

【例7-3】　空间 RCCC 机构连杆上的鞍圆柱点。

空间 RCCC 四杆机构连杆相对于机架的72个离散位置，由附录A的表A.1中72组位移参数以及坐标变换矩阵（A.7）描述，求：①连杆上各点离散轨迹所对应的鞍圆柱面误差；②连杆上的鞍圆柱点。

解：

（1）连杆上点的鞍圆柱面误差曲面　在连杆上选择区域 $x_2\in[-5,\ 1]$，$y_2\in[-2,\ 2]$，$z_2\in[-2,\ 2]$，三个坐标方向均以0.1为步长，得到连杆上的102 541个连杆点，根据优化模型式（7.30）并调用鞍圆柱面子程序ACSF，对每一连杆点的离散轨迹曲线进行鞍圆柱面拟合，得到鞍圆柱面在固定坐标系中轴线的方位参数（x_Q，y_Q，ξ，η）以及半径 r。为形象描述，连杆上该区域截剖面中鞍圆柱面误差分布的等高线图如图7.13所示。

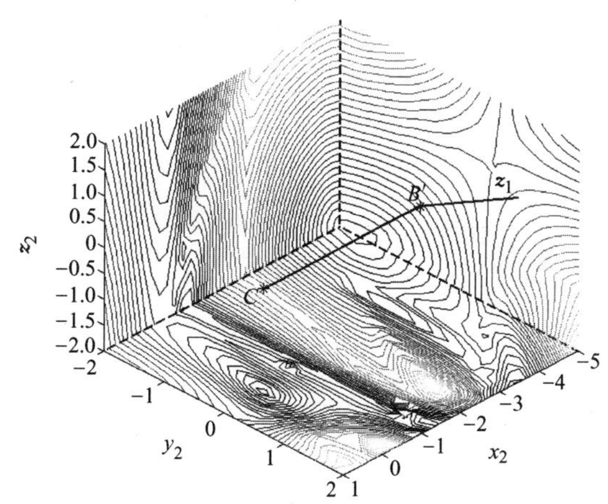

图7.13　连杆上给定区域截剖面中的鞍圆柱面误差分布的等高线图

其中连杆坐标平面（$z_2=0$）上区域$x_2\in[-6,\ 6]$，$y_2\in[-3,\ 3]$内，7381个连杆点的鞍圆柱面误差及其等高线图如图7.14所示。从误差曲面的等高线图中可以看出，在连杆上该区域中存在有四个峰谷，每个峰谷中的极值点分别为 P_1（−0.0143，−0.6249），P_2（−3.2793，0.2401），P_3（−2.5819，2.2864），P_4（−3.2647，3）。

（2）连杆上的鞍圆柱点　针对空间 RCCC 四杆机构连杆的 72 个离散位置，依据鞍圆柱点的数学模型式（7.39），并调用鞍圆柱点优化搜索子程序 ACSP，对连杆上区域 $x_2 \in [-6, 6]$，$y_2 \in [-3, 3]$，$z_2 \in [-3, 3]$ 内进行鞍圆柱点搜索。在连杆上的搜索区域中随机生成 50 个初始点，分别从每个初始点出发，调用鞍圆柱点子程序 ACSP，优化搜索得到 50 个鞍圆柱点，将其按照鞍圆柱点误差从小到大的顺序进行排列，误差较小的五个鞍圆柱点在运动坐标系 $\{\boldsymbol{R}_C, \boldsymbol{x}_2, \boldsymbol{y}_2, \boldsymbol{z}_2\}$ 中的坐标以及鞍圆柱面的参数见表 7.4。

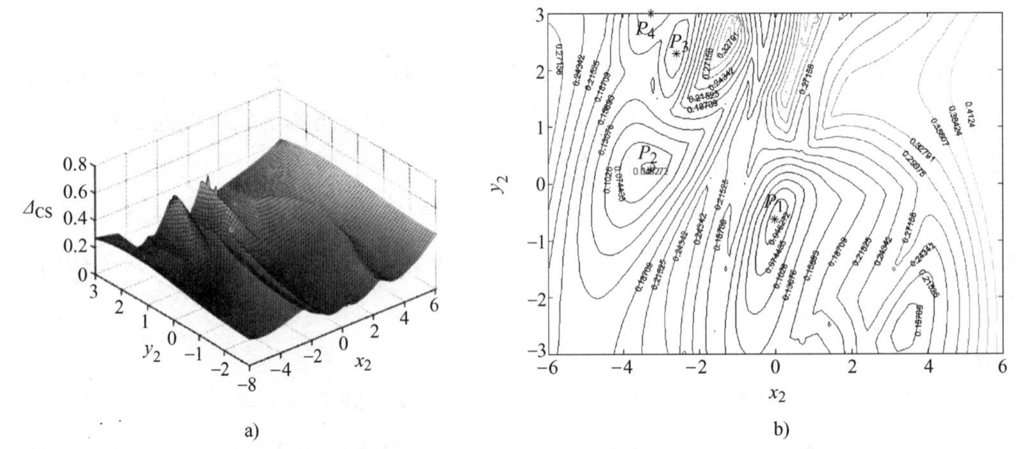

图 7.14　坐标平面上连杆点鞍圆柱面误差及其等高线图

表 7.4　RCCC 机构连杆上的鞍圆柱点

	鞍圆柱点 P_{CS}			鞍圆柱面轴线方位				鞍圆柱面半径	鞍圆柱点误差
				轴线上确定点 Q 坐标		轴线方向角 (ξ, η)/rad			
	x_{Pm}	y_{Pm}	z_{Pm}	x_Q	y_Q	ξ	η	r	δ_{CS}
1	−0.2296	0.2187	−3.0000	−4.9343	−0.0093	1.1240	1.5382	3.1687	0.006814
2	−0.0154	−0.1100	−1.7348	−5.0430	0.0248	1.0743	1.5417	3.2310	0.012876
3	0.0215	−0.4598	−0.5958	−5.0547	0.0133	1.0595	1.5544	3.5724	0.016086
4	−0.0025	−0.5537	−0.2577	−5.0953	0.0247	1.0635	1.5460	3.7527	0.016334
5	−0.0508	−0.7611	0.5189	−5.0815	0.0201	1.0558	1.5539	4.0943	0.017949

【例 7-4】　给定离散位置空间运动刚体上的鞍圆柱点。

对于表 7.1 中给定的运动刚体相对于固定刚体的九个离散位置，求：①运动刚体上各点的离散轨迹所对应的鞍圆柱面误差；②运动刚体上的鞍圆柱点。

解：

（1）鞍圆柱面误差分布　在运动刚体上选择区域 $x_m \in [-50, 50]$，$y_m \in [-50, 50]$，

$z_m \in [-50, 50]$，分别取步长为2，得到运动刚体上的132 651个点。依据数学模型式（7.30）并调用鞍圆柱面子程序ACSF，对每点的离散轨迹点集进行鞍圆柱面拟合，可得到运动刚体上各点对应的鞍圆柱面，包括在固定坐标系中轴线的方位参数（x_Q，y_Q，ξ，η），半径r以及相应的鞍圆柱面误差Δ_{CS}。运动刚体上该区域中三个坐标平面上鞍圆柱面误差等高线如图7.15所示。

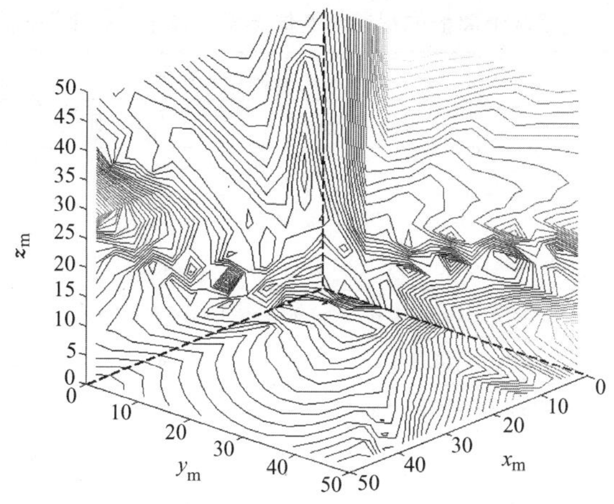

图7.15 运动刚体上给定区域中三个坐标平面上鞍圆柱面误差高线图

（2）鞍圆柱点 依据鞍圆柱点的优化模型式（7.39），并调用鞍圆柱点子程序ACSP，对刚体上范围$x_m \in [-50, 50]$，$y_m \in [-50, 50]$，$z_m \in [-50, 50]$内进行鞍圆柱点的优化搜索。分别从随机生成的100个初始点出发，利用编制的鞍圆柱点优化程序进行优化搜索，将收敛得到的鞍圆柱点按其相应的鞍圆柱点误差以从小到大的顺序进行排列，误差较小的七个鞍圆柱点（SCP1～SCP7）及其鞍圆柱面的参数见表7.5。

表7.5 给定九个离散位置运动刚体上误差较小的七个鞍圆柱点

	鞍圆柱点 P_{CS}			鞍圆柱面轴线				鞍圆柱面半径	鞍圆柱面误差
				点Q坐标		方向角（ξ，η）/rad			
	x_{Pm}	y_{Pm}	z_{Pm}	x_Q	y_Q	ξ	η	r	δ_{CS}
SCP1	-9.6354	16.1722	-1.7120	-23.8730	46.7247	1.2820	0.5316	34.8225	0.003565
SCP2	-16.8573	20.7756	-6.9014	29.4871	-41.5932	0.3731	2.7076	81.3531	0.003818
SCP3	-20.2257	19.2444	-7.6309	13.0107	-27.8737	0.2737	1.9149	59.9031	0.004498
SCP4	6.4366	21.8357	-15.9559	-6.3547	30.6532	1.4801	0.5547	102.2371	0.004617
SCP5	-0.1368	1.6592	-9.1681	2.3611	-0.7933	1.1883	1.6366	11.8991	0.004652
SCP6	-10.5473	3.1821	-0.1288	-12.5361	5.1831	0.2378	1.4412	2.8929	0.004720
SCP7	-7.7023	1.1333	-14.8945	-0.1893	-2.5651	0.9195	1.5554	18.3279	0.005325

针对表7.1中给定的前八个离散位置，同样依据鞍圆柱点的优化模型式（7.39），并调用鞍圆柱点子程序ACSP，对刚体上一定范围 $x_{\mathrm{m}} \in [-50, 50]$，$y_{\mathrm{m}} \in [-50, 50]$，$z_{\mathrm{m}} \in [-50, 50]$内进行鞍圆柱点的优化搜索。分别从随机生成的100个初始点出发，利用编制的鞍圆柱点优化程序进行优化搜索，将收敛得到的鞍圆柱点按其相应的鞍圆柱点误差以从小到大的顺序进行排列，误差较小的七个鞍圆柱点及其鞍圆柱面的参数见表7.6。

表7.6　给定八个离散位置运动刚体上误差较小的七个鞍圆柱点

	鞍圆柱点 P_{CS}			鞍圆柱面轴线				鞍圆柱面	鞍圆柱面
				点 Q 坐标		方向角（ξ，η）/rad		半径	误差
	$x_{P\mathrm{m}}$	$y_{P\mathrm{m}}$	$z_{P\mathrm{m}}$	x_Q	y_Q	ξ	η	r	δ_{CS}
1	-7.7014	6.7076	5.0745	-11.2478	6.7965	0.7125	0.7934	2.6018	0.001031
2	-10.6352	-16.8060	-17.7404	13.4585	15.8983	1.4626	2.4876	48.6626	0.001214
3	9.7953	12.3917	-38.6472	-1.4450	7.8452	0.6325	1.9010	23.3406	0.001360
4	-17.9988	20.0669	-6.9437	14.3883	-26.4300	0.3077	2.5082	58.7560	0.001908
5	6.6012	1.5889	1.9863	-1.3085	-4.5437	0.7726	3.7115	10.9769	0.001997
6	11.4723	17.1630	-47.1102	-3.1042	9.3607	0.5542	1.9826	28.0601	0.002221
7	8.7507	18.9870	-8.7629	6.2427	23.4944	1.3064	0.5147	52.4150	0.002566

对于表7.1中的前七个和前六个离散位置，其结果如7.3.4节中图7.12和7.3.3节图7.11所示，在此不再赘述。

7.4 鞍定轴线

基于特定直纹约束曲面，讨论直线在固定坐标系中的离散轨迹整体几何性质，或者说直线空间离散轨迹位于或近似位于某特定直纹面上，由于空间轨迹参数多，形状复杂，外在影响因素多，仍存在很多困难。如何评价离散轨迹与特定直纹面的近似程度，是直线空间离散运动几何的理论基础。与上述点的离散运动几何学不同，很难定义直纹约束曲面与离散直线族的对应关系与误差，尽管有学者采用螺旋轴方法描述直线空间运动及其离散轨迹，但仅限于少数几个位置。因此，基于约束曲面整体几何性质基础上的，揭示直线的多位置离散运动整体几何性质，迄今仍是离散运动几何学研究的难点。

本节以第6章空间运动微分几何学为基础，依据直纹约束曲面的不变量与不变式，将离散直线轨迹的整体几何性质通过球面像曲线和腰线的性质来描述，建立一般直纹面与定轴直纹约束曲面整体几何近似程度的评价模型，讨论具有特定离散轨迹的空间运动刚体上直线特征及其分布。

7.4.1 鞍定轴面与二副连架杆C-C

对于给定空间运动刚体在固定坐标系 $\{\boldsymbol{O}_{\mathrm{f}}; \boldsymbol{i}_{\mathrm{f}}, \boldsymbol{j}_{\mathrm{f}}, \boldsymbol{k}_{\mathrm{f}}\}$ 中的一系列离散位置，即已知

位置参数（$x_{Omf}^{(i)}$，$y_{Omf}^{(i)}$，$z_{Omf}^{(i)}$）与转角参数（$\theta_1^{(i)}$，$\theta_2^{(i)}$，$\theta_3^{(i)}$），那么运动刚体上过点 P_m（x_{Pm}，y_{Pm}，z_{Pm}）且具有方向角（ϕ，φ）的直线 L_m，在固定坐标系中的轨迹为离散直线族 $\{\boldsymbol{R}_L^{(i)}\}$，其矢量方程见式（7.8）。需要讨论该离散直线族 $\{\boldsymbol{R}_L^{(i)}\}$ 的整体几何性质，如与空间二副连架杆 C′-C 对应的约束曲面——定轴直纹面 $\Sigma_{C'C}$ 的近似程度，或者说以定轴直纹面 $\Sigma_{C'C}$ 拟合运动刚体上直线的离散直线族 $\{\boldsymbol{R}_L^{(i)}\}$，寻求其中拟合误差最小的定轴直纹面 $\Sigma_{C'C}$，以确定运动刚体上对应的直线作为特征线构成运动副。

由第3章中的定理3.5和定理3.6可知，一直纹面成为定轴约束曲面的充要条件是，该直纹面的球面像曲线为圆并且腰线为圆柱面曲线，也就是评价直线轨迹与定轴直纹面的接近程度可以分为两部分，即球面像曲线和腰线，尽管这是对于直线连续运动的轨迹曲面而言的。

由第6章6.4.3节可知，刚体的空间运动可表示为动瞬轴面 Σ_m 在定瞬轴面 Σ_f 上滚动和沿瞬轴滑动，而且动瞬轴面直母线单位矢量球面像曲线 C_m 与定瞬轴面直母线单位矢量球面像曲线 C_f 是纯滚动，运动刚体上任意直线的单位矢量球面像映射为固结于动瞬轴面球面像曲线上的一点，并随之运动形成单位球面上一曲线 C_l。因此，空间运动刚体上方向平行但位置不同的直线，其球面像映射为运动刚体上同一点，即它们的连续轨迹曲面具有相同的球面像曲线 C_l。当直线离散运动时，连续轨迹曲面成为离散直线族 $\{\boldsymbol{R}_L^{(i)}\}$，即在给定瞬时或位置，离散直线属于离散直线族 $\{\boldsymbol{R}_L^{(i)}\}$，其球面像点对应球面像曲线 C_l 上的离散点，那么，球面像误差可以由球面像离散点与球面像圆拟合得到。尤为重要的是，直线方向矢量的球面像曲线恰为点的单位球面运动轨迹，使得第5章球面离散运动几何学对应直线离散运动的方向矢量性质部分，真正成为从平面到空间运动的桥梁。

由第6章6.4.2节可知，直线空间运动轨迹的几何性质由直线矢量的球面像曲线与腰点曲线确定，如结构参数方程式（6.117），而直线轨迹腰点特征表明：在任意瞬时，运动刚体上直线与瞬轴有公垂线，直线上垂足点就是其轨迹曲面的腰点，而该公垂线也是轨迹腰点处的法线。由此可知直线在任意离散位置的腰点与轴线的相对位置关系，从而为直线离散位置的腰点确定提供了理论依据。

因此，直线离散位置与定轴约束曲面近似程度可以由两条空间曲面上的两曲线误差来刻画：球面像圆误差，即球面像离散点与球面像圆的误差，是第5章的特例——单位球面离散运动几何学；圆柱面腰线误差，直线离散位置腰点与圆柱面的误差，是7.3节的延伸，但是离散直线的腰点不是运动刚体上点在固定坐标系中的轨迹，而是离散直线（直母线）与（定轴面）轴线的公垂线垂足点，与轴线及离散直线方向有关，在下面几节中分别讨论。

7.4.2　鞍球面像圆点

由第3章的定理3.5可知，一直纹面成为定轴约束直纹面的两个充要条件之一是该直纹面直母线单位矢量球面像曲线为圆。因此，评价空间运动刚体上直线的离散轨迹直线族 $\{\boldsymbol{R}_L^{(i)}\}$ 与定轴直纹面的近似程度，首先是评价其直母线单位方向矢量 $\boldsymbol{l}^{(i)}$，映射到单位球面上所形成的球面像离散点集与单位球面上圆的接近程度，也就是对单位矢量 $\boldsymbol{l}^{(i)}$ 球面像离散点集进行圆拟合。与第 5 章球面离散运动几何学一样，采用鞍点规划方法，如图 7.16 所示，对于给定空间运动刚体的若干位置对应的直线单位方向矢量球面像点 $\{\boldsymbol{l}^{(i)}\}$，$i=1$，…，n，其球面像圆拟合的数学模型为：

$$\begin{cases}\Delta_{\mathrm{Rr}}=\min\limits_{\boldsymbol{x}}\max\limits_{1\leqslant i\leqslant n}\{\Delta^{(i)}(\boldsymbol{x})\} \\ \quad =\min\limits_{\boldsymbol{x}}\max\limits_{1\leqslant i\leqslant n}\{|\arccos(\sin\xi\cos\eta\cdot l_x^{(i)}+\sin\xi\sin\eta\cdot l_y^{(i)}+\cos\xi\cdot l_z^{(i)})-\delta|\} \\ \text{s. t.}\quad \xi\in[0,\pi),\ \eta\in[0,2\pi),\ \delta\in[0,\pi/2] \\ \boldsymbol{x}=(\xi,\ \eta,\ \delta)^{\mathrm{T}}\end{cases} \tag{7.45}$$

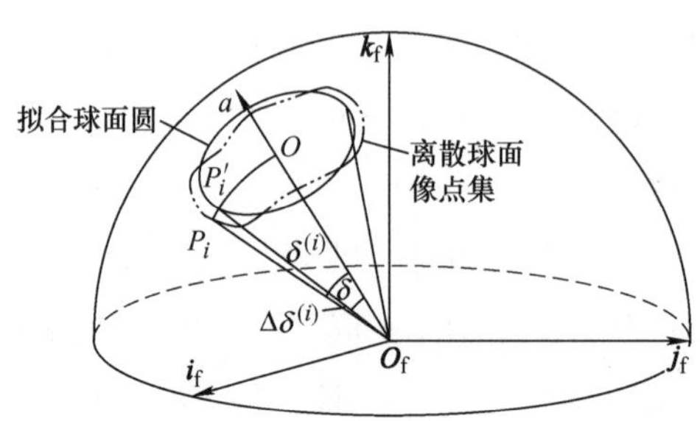

图 7.16　离散球面像点集的鞍球面像圆拟合

式中，($l_x^{(i)}$，$l_y^{(i)}$，$l_z^{(i)}$) 为直线 L_m 在固定坐标系中的单位矢量 $\boldsymbol{l}^{(i)}$ 的球面像离散点坐标，由式 (7.8) 确定，目标函数 $\{\Delta^{(i)}(\boldsymbol{x})\}$ 为已知球面像离散点集中所有点与任意一浮动拟合球面圆误差的集合，优化变量 $\boldsymbol{x}=(\xi,\ \eta,\ \delta)^{\mathrm{T}}$ 为任意一浮动拟合球面像圆（与球心构成圆锥）轴线的方向角（ξ，η）和半锥顶角 δ。n 为给定球面像离散点集中离散点的个数，Δ_{Rr} 为球面像离散点集与球面像拟合圆的最大拟合误差。

式（7.45）的优化模型与球面离散运动几何学中的数学模型式（5.7）的形式完全相同，其求解过程和初始值的确定也可参照数学模型式（5.7）中的球面圆拟合，可以直接调用鞍球面圆子程序 ArRF，但是由于此时要拟合的是直母线单位矢量 $\boldsymbol{l}^{(i)}$ 球面像离散点集，为与球面机构的运动综合区分开来，给出定义：

定义 7.5　依据空间运动刚体上直线的离散轨迹直线族 $\{\boldsymbol{R}_L^{(i)}\}$ 的单位方向矢量 $\boldsymbol{l}^{(i)}$ 的球面像点集性质，按最大法向拟合误差最小为原则，得到球面像曲线离散点的拟合球面圆，称为**自适应球面像圆**，或**鞍球面像圆**，其对应的最大法向拟合误差称为**鞍球面像圆误差**。

显然，鞍球面像圆具有与球面曲线鞍球面圆同样的唯一性、可比性和极小性。由于球面像的几何特征仅决定了直线的方向特征，运动刚体上所有方向平行而位置不同的直线，其方向矢量映射为运动刚体上同一点，随刚体空间运动时产生不同离散轨迹直线族 $\{\boldsymbol{R}_L^{(i)}\}$，即不同离散轨迹直线族 $\{\boldsymbol{R}_L^{(i)}\}$ 却对应同一个鞍球面像圆。对于空间运动刚体上的所有不同方向的直线，总存有一些直线方向，相对于其邻域内其他任意直线方向而言，其鞍球面像圆误差获得极小值，该直线方向具有二次鞍点意义，也就是局部最优意义，故有：

定义 7.6　空间运动刚体上若某一直线方向，相对于其邻域内其他任意直线方向而言，其对应的鞍球面像圆误差获得极小值，则称该直线方向的球面像点为**鞍球面像圆点**，相应的鞍球面像圆误差称为**鞍球面像圆点误差**。

特殊地，若鞍球面像圆点误差为零，则为球面像圆点，该方向对应的直线为定斜直线。在第6章的空间机构无限接近位置运动几何学中，当运动刚体上直线（特征线）的轨迹直纹面与若干直纹约束曲面密切或高阶密切时，其单位方向矢量球面像曲线与球面像圆曲线有相同的接触阶数。本章的离散运动几何学，其规律和连续运动几何学相同，如球面像圆点的数目及分布规律，也与给定运动刚体位置数相对应，具体数目与分布在后面算例中介绍。

由以上讨论可以看出，空间运动刚体上由参数（ϕ，φ）定义的直线方向，其离散轨迹直线族均对应鞍球面像圆误差，当该误差取得极小值时所对应的直线方向为鞍球面像圆点，建立其数学模型为：

$$\begin{cases}\gamma_{\mathrm{Rr}} = \min\Delta_{\mathrm{Rr}}(\boldsymbol{z}) \\ \text{s. t. } \phi\in[0,\ \pi/2],\ \varphi\in[0,\ 2\pi] \\ \boldsymbol{z} = (\phi,\varphi)^{\mathrm{T}}\end{cases} \tag{7.46}$$

式中，目标函数 $\Delta_{\mathrm{Rr}}(\boldsymbol{z})$ 为空间运动刚体上任意直线方向对应的鞍球面像圆误差，可以由数学模型式（7.45）得到，优化变量$\boldsymbol{z}=(\phi,\ \varphi)^{\mathrm{T}}$为刚体上任意直线方向参数。采用 MATLAB 优化工具箱中的 fmincon 函数对该模型进行求解时，在搜索区域 $\phi\in[0,\ \pi/2]$，$\varphi\in[0,\ 2\pi)$ 中随机生成一组初始值，分别从每个初始值出发进行优化搜索，可以得到多个鞍球面像圆点，即相应的定轴直线方向。

依据第4章的球面机构运动微分几何学和第5章的球面机构离散运动几何学与鞍点综合，球面离散运动刚体上的鞍球面圆点误差是六次超越函数方程；因此，能够由空间连杆机构复演的刚体空间运动，其直线的轨迹曲面的球面像曲线对应的球面像圆误差也是六次超越函数方程。若空间运动为非退化，则运动刚体上任意一直线方向对应的球面像圆误差也是该直线方向参数的非线性函数，必然存在极小值，于是有：

定理 7.3　对于给定的非退化空间运动，运动刚体上一定存在若干直线，对应为鞍球面像圆点。

如前面所述，空间运动刚体上直线方向的单位矢量球面像点，固定于运动刚体动瞬轴面球面像曲线上，那么，鞍球面像圆点就是单位球面离散运动刚体上的鞍球面圆点。第5章球面离散运动几何学中所讨论的多位置、五位置和四位置鞍球面圆点与圆点及其性质，都可以应用于本章空间运动刚体上直线的单位矢量方向，无需再讨论。

7.4.3　鞍腰线圆柱点

定轴约束曲面$\Sigma_{C'C}$对应空间二副连架杆 C′-C，其直母线方向单位矢量球面像曲线为圆，其腰线为圆柱面曲线，需要在运动刚体上寻求对应定轴直纹面$\Sigma_{C'C}$的特征线方向和位置，使其轨迹直线族 $\{\boldsymbol{R}_L^{(i)}\}$ 与定轴直纹面$\Sigma_{C'C}$的球面像曲线和腰线两部分都有很好的接近程度。前面已经讨论了球面像曲线离散点的鞍球面像圆拟合，并定义了鞍球面像圆点，在此基础上讨论腰线离散点集的圆柱面拟合，从而确定特征直线在运动刚体中的位置。

以定轴直纹面$\Sigma_{C'C}$逼近给定离散轨迹直线族 $\{\boldsymbol{R}_L^{(i)}\}$，则$\Sigma_{C'C}$的固定轴线 L_Q的方向由上述直线族球面像点集的鞍球面像圆（锥）的轴线所确定，即其单位方向矢量为$\boldsymbol{l}_Q=(\sin\xi\cos\eta,\ \sin\xi\sin\eta,\ \cos\xi)^{\mathrm{T}}$。假设固定轴线 L_Q过固定参考点 Q，其矢径为 $\boldsymbol{R}_Q=(x_Q,\ y_Q,\ z_Q)^{\mathrm{T}}$，可由固定坐标系的坐标原点 O_{f}和固定参考点 Q 构造投影平面 Π，如图 7.17所示。离散轨迹直线族 $\{\boldsymbol{R}_L^{(i)}\}$ 对应的拟合定轴直纹面$\Sigma_{C'C}$的轴线 L_Q的矢量方程为：

$$\boldsymbol{R}_{l_Q}=\boldsymbol{R}_Q+\mu\boldsymbol{l}_Q \tag{7.47}$$

由第 3 章定轴直纹面性质 2 可知，定轴直纹面腰线为圆柱面曲线，直母线与定轴线在腰点处的法向距离（最短）为圆柱面半径。对于直线族 $\{\boldsymbol{R}_L^{(i)}\}$ 中每条离散直线 $L^{(i)}$与固定轴线 L_Q都在对应腰点处有法向距离 $r^{(i)}$，如图 7.17 所示。

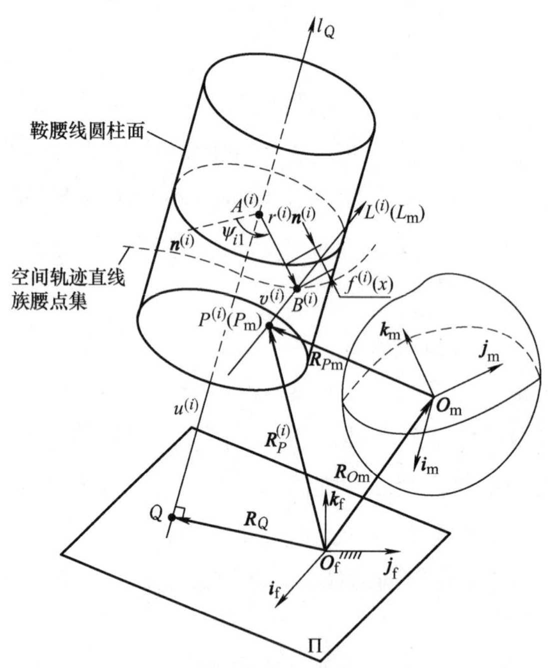

图 7.17　空间离散直线族鞍腰线圆柱面

设每条（位置）离散直线 $L^{(i)}$ 上腰点为点 $B^{(i)}$，直线 $L^{(i)}$ 与固定轴线 L_Q在腰点处有公垂线$\overline{A^{(i)}B^{(i)}}$，其对应固定轴线 L_Q上的垂足点为 $A^{(i)}$，依据离散直线 $L^{(i)}$ 的矢量方程（7.8）和固定轴线 L_Q的矢量方程（7.47），则有：

$$\begin{cases}\boldsymbol{R}_A^{(i)}=\boldsymbol{R}_Q+u^{(i)}\boldsymbol{l}_Q\\ \boldsymbol{R}_B^{(i)}=\boldsymbol{R}_P^{(i)}+v^{(i)}\boldsymbol{l}^{(i)}\end{cases} \tag{7.48}$$

公垂线$\overline{A^{(i)}B^{(i)}}$垂直于直线$L^{(i)}$与固定轴线$L_Q$，有：

$$\begin{cases}(\boldsymbol{R}_A^{(i)}-\boldsymbol{R}_B^{(i)})\cdot\boldsymbol{l}_Q=0\\(\boldsymbol{R}_A^{(i)}-\boldsymbol{R}_B^{(i)})\cdot\boldsymbol{l}^{(i)}=0\end{cases}\tag{7.49}$$

将式（7.48）代入式（7.49），可分别得到$u^{(i)}$和$v^{(i)}$为：

$$\begin{cases}u^{(i)}=\dfrac{(\boldsymbol{R}_Q-\boldsymbol{R}_P^{(i)})\cdot[\boldsymbol{l}^{(i)}(\boldsymbol{l}^{(i)}\cdot\boldsymbol{l}_Q)-\boldsymbol{l}_Q]}{1-(\boldsymbol{l}^{(i)}\cdot\boldsymbol{l}_Q)^2}\\v^{(i)}=\dfrac{(\boldsymbol{R}_Q-\boldsymbol{R}_P^{(i)})\cdot[\boldsymbol{l}^{(i)}-(\boldsymbol{l}^{(i)}\cdot\boldsymbol{l}_Q)\boldsymbol{l}_Q]}{1-(\boldsymbol{l}^{(i)}\cdot\boldsymbol{l}_Q)^2}\end{cases}\tag{7.50}$$

参数$u^{(i)}$描述了垂足点$A^{(i)}$相对于参考点Q沿着固定轴线方向$\boldsymbol{l}_Q$的位移，参数$v^{(i)}$则描述了腰点$B^{(i)}$相对于参考点$P^{(i)}$沿着直母线方向$\boldsymbol{l}^{(i)}$的位移。

由固定轴线L_Q和直线$L^{(i)}$的单位方向矢量$\boldsymbol{l}_Q$和$\boldsymbol{l}^{(i)}$，可以得到公垂线$\overline{A^{(i)}B^{(i)}}$的单位矢量为：

$$\boldsymbol{n}^{(i)}=\frac{\boldsymbol{l}^{(i)}\times\boldsymbol{l}_Q}{|\boldsymbol{l}^{(i)}\times\boldsymbol{l}_Q|}\tag{7.51}$$

当$i\geqslant2$时，每条离散直线$L^{(i)}$与固定直线L_Q都有公垂线$\boldsymbol{n}^{(i)}$，相对于离散直线$L^{(1)}$位置的公垂线$\boldsymbol{n}^{(1)}$夹角ψ_{i1}为：

$$\cos\psi_{i1}=\boldsymbol{n}^{(i)}\cdot\boldsymbol{n}^{(1)}\tag{7.52}$$

腰点处法向距离$r^{(i)}$，即公垂线$\overline{A^{(i)}B^{(i)}}$的长度，可由式（7.51）得到，即：

$$r^{(i)}=(\boldsymbol{R}_P^{(i)}-\boldsymbol{R}_Q)\cdot\frac{\boldsymbol{l}^{(i)}\times\boldsymbol{l}_Q}{|\boldsymbol{l}^{(i)}\times\boldsymbol{l}_Q|}\tag{7.53}$$

显然，式（7.53）中矢量$\boldsymbol{R}_P^{(i)}$和$\boldsymbol{l}^{(i)}$由式（7.8）计算，$\boldsymbol{l}_Q$已由式（7.45）确定出$(\xi,\ \eta)$，均为已知量，而Q点位置矢量$\boldsymbol{R}_Q=(x_Q,\ y_Q,\ z_Q)^{\mathrm{T}}$三个参数中仅有两个独立待定参数，后文仅以$(x_Q,\ y_Q)^{\mathrm{T}}$为独立待定参数。

对于给定空间运动刚体上直线及其离散轨迹直线族$\{\boldsymbol{R}_L^{(i)}\}$，其鞍球面像圆确定了定轴直纹面$\Sigma_{C'C}$的轴线$L_Q$在固定机架中的方向矢量$\boldsymbol{l}_Q$，而其腰点为分布在离散直线上的空间点，需要通过直线族腰点的圆柱面拟合，得到固定轴线L_Q在固定机架中的位置矢量$\boldsymbol{R}_Q=(x_Q,\ y_Q,\ z_Q)^{\mathrm{T}}$和圆柱面半径（法向距离），同时也确定了定轴直纹面$\Sigma_{C'C}$（腰点所在圆柱面）。那么，在固定坐标系中存在一个以$\boldsymbol{l}_Q$为单位矢量方向，到给定直线族$\{\boldsymbol{R}_L^{(i)}\}$中各个离散直线$L^{(i)}$法向距离$r^{(i)}$变化最小的固定轴线$L_Q$，确定了一圆柱面，于是有：

定义 7.7　对于给定离散直线族$\{\boldsymbol{R}_L^{(i)}\}$，存在一圆柱面，其轴线方向矢量$\boldsymbol{l}_Q$由$\{\boldsymbol{R}_L^{(i)}\}$对应的鞍球面像圆圆心确定，其轴线位置到$\{\boldsymbol{R}_L^{(i)}\}$中各离散直线$L^{(i)}$的法向距离$r^{(i)}$最大变化量最小，称为腰线的自适应拟合圆柱面，简称**腰线自适应圆柱面**，或**鞍腰线圆柱面**，法向

距离 $r^{(i)}$ 的变化量称为**鞍腰线圆柱面误差**。

根据上述定义，如图 7.17 所示，建立鞍腰线圆柱面的数学模型：

$$
\begin{cases}
\Delta_{CC} = \min\limits_{\boldsymbol{x}} \max\limits_{1 \leqslant i \leqslant n} \{ \Delta^{(i)}(\boldsymbol{x}) \} \\
\qquad = \min\limits_{\boldsymbol{x}} \max\limits_{1 \leqslant i \leqslant n} \{ | r^{(i)} - r | \} \\
\text{s. t.} \quad r \in (0, +\infty) \\
\boldsymbol{x} = (x_Q, y_Q, r)^{\mathrm{T}}
\end{cases}
\tag{7.54}
$$

式中，$r^{(i)}$ 按式（7.53）计算，目标函数 $\{\Delta^{(i)}(\boldsymbol{x})\}$ 为离散直线族 $\{\boldsymbol{R}_L^{(i)}\}$ 中的每条直线 $L^{(i)}$ 到固定轴线 L_Q 法向距离变化量集合，优化变量 $\boldsymbol{x}=(x_Q, y_Q, r)^{\mathrm{T}}$ 中，$(x_Q, y_Q)^{\mathrm{T}}$ 为拟合圆柱面轴线上参考点 Q 在固定坐标系中的坐标，r 为其半径，n 为离散直线族 $\{\boldsymbol{R}_L^{(i)}\}$ 中离散直线的个数，Δ_{CC} 为已知离散直线族中的直线到鞍腰线圆柱面的最大拟合误差，即鞍腰线圆柱面误差。以轴线方向矢量 $\boldsymbol{l}_Q$ 为法线的投影平面 Π 上，将每条直线 $L^{(i)}$ 延长与参考平面 Π 相交，可得各离散腰点到该平面 Π 的投影点，按照最小二乘法确定出 Π 上投影点的拟合圆，以其圆心与半径确定鞍腰线圆柱面优化变量（x_Q，y_Q，r）的初始值。在固定坐标系中，以离散直线族 $\{\boldsymbol{R}_L^{(i)}\}$ 球面像圆圆心点对应的轴线方向矢量 $\boldsymbol{l}_Q$ 为法线的投影平面 Π 的矢量方程为：

$$
(\boldsymbol{R} - \boldsymbol{R}_Q) \cdot \boldsymbol{l}_Q = 0 \tag{7.55}
$$

离散直线族 $\{\boldsymbol{R}_L^{(i)}\}$ 中的每条直线 $L^{(i)}$ 可表示为 $\boldsymbol{R} = \boldsymbol{R}_P^{(i)} + \mu^{(i)} \boldsymbol{l}^{(i)}$，将其代入式（7.55）可解出 $\mu^{(i)} = -\dfrac{\boldsymbol{R}_P^{(i)} \cdot \boldsymbol{l}_Q}{\boldsymbol{l}_Q \cdot \boldsymbol{l}^{(i)}}$，从而可得到各条直线 $L^{(i)}$ 与投影平面 Π 交点的矢径 $\boldsymbol{R}_P^{(i)*}$ 为：

$$
\boldsymbol{R}_P^{(i)*} = \boldsymbol{R}_P^{(i)} - \frac{\boldsymbol{R}_P^{(i)} \cdot \boldsymbol{l}_Q}{\boldsymbol{l}_Q \cdot \boldsymbol{l}^{(i)}} \boldsymbol{l}^{(i)} \tag{7.56}
$$

结合式（7.55）以及式（7.56），可以得到固定坐标系中的投影平面上离散点集 $\{\boldsymbol{R}_P^{(i)*}\} = \{(x_P^{(i)*}, y_P^{(i)*}, z_P^{(i)*})^{\mathrm{T}}\}$，$i=1, \cdots, n$，然后按照式（2.12）~式（2.15）的最小二乘法推导过程，得到离散直线族 $\{\boldsymbol{R}_L^{(i)}\}$ 的浮动拟合圆作为初始值，以减少计算量。

对于优化模型式（7.54），直接采用 MATLAB 软件工具箱中的 fminimax 函数求解，设置参考平面鞍圆拟合程序，形成离散轨迹直线族的**鞍腰线圆柱面子程序 ACCF**。与离散轨迹点集的鞍圆柱面子程序 ACSF 基本相同，函数的输出为鞍腰线圆柱面半径、轴线的位置参考点坐标以及鞍腰线圆柱面误差，输入数据为离散轨迹直线族与固定轴线方向单位矢量。

上述鞍腰线圆柱面固定轴线的方向，是依据给定离散直线族 $\{\boldsymbol{R}_L^{(i)}\}$ 相应鞍球面像圆的圆心确定的，对于给定空间运动刚体直线 L_{m} 的单位方向矢量 $\boldsymbol{l}_{\mathrm{m}}$，由于该直线在运动刚体中的位置不同，即过运动刚体上不同参考点 P_{m}（$x_{P\mathrm{m}}$，$y_{P\mathrm{m}}$，$z_{P\mathrm{m}}$），其在固定坐标系中的离散直线族 $\{\boldsymbol{R}_L^{(i)}\}$ 具有相同方向（对应鞍腰线圆柱面固定轴线的方向矢量 $\boldsymbol{l}_Q$ 相同），但位置不同，因而由式（7.54）得到的鞍腰线圆柱面位置和误差也不相同，随参考点 P_{m}（$x_{P\mathrm{m}}$，$y_{P\mathrm{m}}$，$z_{P\mathrm{m}}$）位置变化而变化。也就是误差有大有小，相对其邻域内其他参考点而言，某参考点对应的离散直线族 $\{\boldsymbol{R}_L^{(i)}\}$，其鞍腰线圆柱面误差取得极小值，于是有如下定义：

定义7.8　对于给定空间运动刚体上一直线方向 $\boldsymbol{l}_{\mathrm{m}}$，当直线过运动刚体中参考平面上某些点时，相对其邻近其他点而言，其轨迹直线族对应的鞍腰线圆柱面误差取得极小值，称该点为**鞍腰线圆柱点**，或**鞍-圆柱腰点**，相应的误差称为**鞍腰线圆柱点误差**。

特殊地，若鞍腰线圆柱点误差为零，则为**腰线圆柱点**。给定空间运动刚体上的直线方向 $\boldsymbol{l}_{\mathrm{m}}(\phi,\ \varphi)$，由定义7.8寻求直线在运动刚体中参考点的位置，为方便计算，选取刚体运动坐标系 $\{\boldsymbol{O}_{\mathrm{m}};\ \boldsymbol{i}_{\mathrm{m}},\ \boldsymbol{j}_{\mathrm{m}},\ \boldsymbol{k}_{\mathrm{m}}\}$ 的坐标平面 $\boldsymbol{O}_{\mathrm{m}}-\boldsymbol{i}_{\mathrm{m}}\boldsymbol{j}_{\mathrm{m}}$ 为计算参考平面，建立鞍腰线圆柱点的数学模型：

$$\begin{cases}\chi_{\mathrm{CC}}=\min\Delta_{\mathrm{CC}}(\boldsymbol{z})\\ \boldsymbol{z}=(x_{P\mathrm{m}},y_{P\mathrm{m}})^{\mathrm{T}}\end{cases}\tag{7.57}$$

式中，目标函数 $\Delta_{\mathrm{CC}}(\boldsymbol{z})$ 为空间运动刚体上任意直线轨迹直线族 $\{\boldsymbol{R}_L^{(i)}\}$ 对应的鞍腰线圆柱面误差，可由数学模型式（7.54）得到；优化变量 $\boldsymbol{z}=(x_{P\mathrm{m}},\ y_{P\mathrm{m}})^{\mathrm{T}}$ 为运动刚体上直线通过计算参考平面上点的坐标。

对于优化模型式（7.57），直接采用 MATLAB 优化工具箱中的 fmincon 函数进行求解，fmincon 函数设置参考鞍圆点程序设置，形成运动刚体上无约束条件下**鞍腰线圆柱点子程序 ACCP**，其输入为已知刚体的离散位置参数，输出为刚体上鞍腰线圆柱点坐标参数以及鞍腰线圆柱面误差。

式（7.57）得到的鞍腰线圆柱面误差依赖刚体的空间运动性质和参考点位置，对于运动刚体计算参考平面上所有点，各点对应的鞍腰线圆柱面是参考点位置坐标的非线性函数，必然存在若干极值。显而易见，鞍腰线圆柱点具有二次鞍点意义，从而得到如下定理：

定理7.4　对于非退化的空间运动，若给定直线单位方向矢量 $\boldsymbol{l}_{\mathrm{m}}(\phi,\ \varphi)$，运动刚体上必存在对应的若干鞍腰线圆柱点。

需要指出，鞍腰线圆柱点是运动刚体上给定直线通过参考平面上的特定点，并非离散轨迹直线族的腰点，其离散轨迹直线族的腰点与圆柱面拟合误差取得极小值；直线上腰点也可以为参考点，但腰点并不是运动刚体上固定点，随运动刚体位置变化在直线上变化，给计算带来不便。其实，第6章讨论了直线连续空间运动的局部运动几何性质，在瞬轴面标架中以轨迹直纹面腰点坐标（h，p）表示运动刚体上直线（特征线），体现了明显的几何学与运动学意义，尤其是直线轨迹曲面的定轴曲率及其高阶特性，而本章讨论直线离散空间运动的整体运动几何性质，二者应该具有类似的性质，如定轴特征线与定轴约束曲面，其鞍腰线圆柱点存在性及其参数、运动刚体的位置数与鞍腰线圆柱点数目及分布规律等，第6章无限接近位置运动微分几何学的理论和结果有参考意义，后文数值算例也许有所启示，但还需更深入的理论研究。

7.4.4 鞍定轴线

综合定义 7.5、7.6、7.7 和 7.8，将空间运动刚体上直线方向的鞍球面像圆点与鞍腰线圆柱点结合，即得到对应空间二副连架杆 C-C 的空间运动刚体上的直线 L_{CC}，其在固定坐标系中的轨迹与定轴约束曲面 $\Sigma_{C'C}$ 相比，相对其他直线而言，无论是直母线单位矢量球面像鞍圆点，还是鞍腰线圆柱点，都具有二次鞍点意义，于是有：

定义 7.9 空间运动刚体上的一条直线，其单位矢量方向为鞍球面像圆点，并通过参考平面上鞍腰线圆柱点，称为鞍点意义下的定轴线，简称**鞍定轴线**。

结合数学模型式（7.46）和式（7.57），鞍定轴线的数学模型为：

$$\begin{cases}\delta_{CC}=\min[\lambda\Delta_{Rr}(z_1)+(1-\lambda)\Delta_{CC}(z_2)] \\ \text{s.t.}\quad \phi\in[0,\dfrac{\pi}{2}],\quad \varphi\in[0,2\pi] \\ z=(z_1,z_2)^{T}\end{cases} \tag{7.58}$$

式中，$z_1=(\phi,\ \varphi)^{T}$，$z_2=(x_{Pm},\ y_{Pm})^{T}$，$\lambda$ 为权重系数。上述数学模型中 δ_{CC} 表明了空间运动刚体上特征直线的离散轨迹直线族 $\{\boldsymbol{R}_L^{(i)}\}$ 与定轴直纹约束曲面 $\Sigma_{C'C}$ 的误差，称为**鞍定轴线误差**，属于复合目标函数，在计算时需要均衡鞍球面像圆误差和鞍腰线圆柱面误差。当鞍定轴线误差为零时，鞍定轴线为**定轴线**。前述鞍球面像圆点和鞍腰线圆柱点的坐标为该数学模型提供了优化初始值。

对于给定空间运动刚体的离散位置，依据定理 7.3 可知运动刚体上存在若干直线方向，其球面像圆误差取得极值，即鞍球面像圆点；而按照定理 7.4，每个鞍球面像圆点所对应的直线方向，也一定存在鞍腰线圆柱点，其直线轨迹的鞍腰线圆柱面误差取得极值，由定义 7.9，有：

定理 7.5 非退化空间运动刚体上存在若干条鞍定轴线。

空间运动刚体上直线方向对应鞍球面像圆点及其性质，与球面运动的鞍球面圆点及其性质相同，参见第 5 章。球面运动刚体上鞍球面圆点的个数取决于球面运动的性质，在五位置时，瞬时存在不多于六个球面圆点。依据第 6 章空间机构运动微分几何学，瞬时球面像点对应空间运动刚体上直线方向，过参考平面内某些特定点时，直线的轨迹曲面为特殊曲面。同样，空间运动刚体上的鞍定轴线条数，也决定于空间运动的性质，有限分离五位置时，有不多于六个直线方向，其球面像点共圆，运动刚体上仅有不多于六条定轴线，其离散轨迹直线族在定轴直纹约束曲面 $\Sigma_{C'C}$ 上。与平面离散运动的鞍圆点类似，也需要依据直线的代数性质进行理论证明，后面的算例也许有所启迪。

7.5 鞍定常直线

上述定轴直纹约束曲面对应的二副连架杆为空间二副连架杆 C-C，若运动刚体上特征线相对机架的运动分别为回转或螺旋运动时，其轨迹曲面接近于定常约束曲面——单叶双曲面和螺旋面，那么，可分别用回转副 R 和螺旋副 H 连接连架杆与机架，运动刚体上的直线便为特征线 L_{RC}与 L_{HC}，从而形成二副连架杆 R-C 与 H-C。

7.5.1　鞍单叶双曲面与二副连架杆 R-C 类（R-R）

由第 3 章可知，定轴直纹面的腰线分别为圆柱面上的圆时，则定轴直纹面退化为常参数直纹面之一的单叶双曲面，则对应二副杆 R-C，或者说以回转副 R 替代圆柱副 C 连接连架杆与机架，对应空间运动刚体上的特征直线 L_{RC}。特殊地，当运动刚体中特征线 L_{RC}上点到腰点的距离保持不变时，此时二副连架杆与运动刚体可以采用回转副 R 连接而不是圆柱副 C，即二副连架杆 R-R。

对于已知直线族 $\{\boldsymbol{R}_L^{(i)}\}$，采用单叶双曲面近似拟合时，由于单叶双曲面是定轴直纹面的一种，和定轴直纹面拟合离散直线轨迹一样，也分为直母线单位矢量球面像圆拟合和腰曲线拟合；球面像圆拟合模型同式（7.45），而鞍球面像圆点优化模型同式（7.46）；单叶双曲面的腰曲线是一个圆，即式（7.48）中固定轴线上的腰点 $A^{(i)}$和每条（位置）离散直线 $L^{(i)}$上腰点 $B^{(i)}$都近似在一个平面内，也就是式（7.50）中的 $u^{(i)}$近似为常数，实质是空间离散腰点的圆拟合。那么，依据定轴直纹面鞍腰线圆柱面优化模型式（7.54），得到单叶双曲面的鞍腰圆拟合数学模型为：

$$\begin{cases}\Delta_{\mathrm{RC}}=\min\limits_{\boldsymbol{x}}\max\limits_{1\leqslant i\leqslant n}\{\Delta^{(i)}(\boldsymbol{x})\}\\ \qquad =\min\limits_{\boldsymbol{x}}\max\limits_{1\leqslant i\leqslant n}\left\{\sqrt{(r^{(i)}-r_0)^2+(u^{(i)}-u_0)^2}\right\}\\ \text{s. t.}\quad r_0\in(0,+\infty)\\ \boldsymbol{x}=(x_Q,y_Q,r_0,u_0)^{\mathrm{T}}\end{cases}\tag{7.59}$$

式中，$u^{(i)}$由式（7.50）确定，$r^{(i)}$由式（7.53）计算确定，目标函数 $\{\Delta^{(i)}(\boldsymbol{x})\}$ 为已知直线族 $\{\boldsymbol{R}_L^{(i)}\}$ 中所有离散腰点集与任意一浮动拟合圆法向距离的集合，优化变量 $\boldsymbol{x}=(x_Q, y_Q, r_0, u_0)^{\mathrm{T}}$中，$(x_Q, y_Q)^{\mathrm{T}}$为浮动拟合圆（柱面）轴线在固定坐标系中的位置参数，r_0为其半径，u_0为圆心所在点到参考平面的距离，n 为离散轨迹直线族 $\{\boldsymbol{R}_L^{(i)}\}$ 中离散直线的条数，Δ_{RC}为已知直线族 $\{\boldsymbol{R}_L^{(i)}\}$ 的腰点点集与鞍腰圆（柱面）的最大拟合误差，称为**鞍腰圆误差**。

同样，对于给定空间运动刚体上的直线方向，在运动刚体上平行于该方向的所有直线（具有相同的鞍球面像圆误差），由于各自在参考平面上的参考点不同，其离散轨迹直线族 $\{\boldsymbol{R}_L^{(i)}\}$ 也不相同，因而其腰点点集可以由数学模型式（7.59）确定出鞍腰圆和相应的误差。这些误差各不相同，是刚体上直线位置参考点坐标（$x_{P\mathrm{m}}$，$y_{P\mathrm{m}}$，$z_{P\mathrm{m}}$）的函数，必然有极小值，即在这些相互平行直线族中总存在若干条直线，相对于其邻近位置其他直线而言，其在固定坐标系中轨迹直线族中腰点的集合所对应的鞍腰圆误差获得极小值，称这若干条直线通过的参考点为**鞍腰线圆点**，并建立数学模型如下：

$$\begin{cases}\chi_{\mathrm{RC}}=\min\Delta_{\mathrm{RC}}(z)\\ z=(x_{Pm},y_{Pm})^{\mathrm{T}}\end{cases}\tag{7.60}$$

式中，目标函数 $\Delta_{\mathrm{RC}}(z)$ 为空间运动刚体上给定方向任意位置直线对应的鞍腰圆误差，由数学模型式（7.59）确定，优化变量$z=(x_{Pm},\ y_{Pm})^{\mathrm{T}}$为直线在参考平面内的参考点位置参数。

结合数学模型式（7.46）、式（7.59）和式（7.60），离散轨迹近似位于单叶双曲面上的运动刚体上特征线 L_{RC}的数学模型为：

$$\begin{cases}\delta_{\mathrm{RC}}=\min[\lambda\Delta_{\mathrm{Rr}}(z_1)+(1-\lambda)\Delta_{\mathrm{RC}}(z_2)]\\ z=(z_1,z_2)^{\mathrm{T}}\end{cases}\tag{7.61}$$

式中，$z_1=(\phi,\ \varphi)^{\mathrm{T}}$，$\phi\in[0,\ \pi/2]$，$\varphi\in[0,\ 2\pi]$，$z_2=(x_{Pm},\ y_{Pm})^{\mathrm{T}}$，$\lambda$ 为权重系数。上述数学模型描述了空间运动刚体上直线的离散轨迹直线族与单叶双曲约束曲面的误差，简称单叶双曲特征线误差，属于复合目标函数，在无约束情况下，可以分别求解。若求得空间运动刚体上直线的单位方向矢量对应鞍球面像圆点，而且过鞍腰线圆点，则所确定的直线为**鞍-特征线** L_{RC}。同样地，前述鞍球像圆点和鞍腰线圆点的坐标为该优化模型提供了优化初始值。

给定运动刚体上直线在固定机架坐标系中的轨迹直线族，不仅对其方向矢量球面像圆拟合，离散腰点的鞍腰圆拟合，而且运动刚体直线上点在各个位置到腰点的距离保持不变，使得运动刚体与二副连架杆沿该直线方向没有相对移动，可用 R 副代替 C 副连接，形成空间 R-R 二副连架杆，特征线 L_{RC}退化为 L_{RR}。因此，在上述鞍-特征线 L_{RC}基础上，将式（7.50）中的 $v^{(i)}$ 近似为常数，列为约束条件，即运动刚体上点 P 到腰点 $B^{(i)}$ 的距离 $v^{(i)}$ 近似为常数。由于特征线 L_{RR}对刚体空间运动性质要求过于苛刻（强制空间运动的退化），可先在运动刚体上确定出多条鞍-特征线 L_{RC}，求得每条鞍-特征线 L_{RC}上的点到腰点的距离参数 $v^{(i)}$，然后判断每条鞍-特征线 L_{RC}相应的距离参数 $v^{(i)}$ 的变化情况（是否近似为常数）；对于距离参数 $v^{(i)}$ 变化较小的特征线 L_{RC}，则可用回转副 R 替代圆柱副 C，从而将二副杆 R-C 退化到二副杆 R-R，鞍-特征线 L_{RC}成为鞍-特征线 L_{RR}。

7.5.2 鞍螺旋面与二副杆 H-C 类（H-R，H-H）

由第 3 章可知，定轴直纹面的腰线为圆柱面上螺旋线时，则定轴直纹面退化为另一种常参数直纹面——螺旋面，则对应二副连架杆为 H-C，即以螺旋副 H 替代圆柱副 C 连接机架和连架杆，对应空间运动刚体上的特征直线 L_{HC}。当运动刚体中特征线 L_{HC}上点到腰点的距离不变时，此时可采用回转副 R 连接二副杆与运动刚体，即二副连架杆 H-R；而当运动刚体中特征线 L_{HC}上点到腰点的距离与刚体相对特征线 L_{HC}转角呈线性关系时，可采用螺旋副 H 连接二副杆与运动刚体，即二副连架杆 H-H。

对于已知离散直线族 $\{\boldsymbol{R}_L^{(i)}\}$，当采用螺旋面近似拟合时，由于螺旋面也是定轴直纹面的一种，其拟合过程与定轴直纹面相同，即直母线单位矢量球面像圆拟合和腰点集合拟合。

球面像圆拟合同式（7.45），鞍球面像圆点优化同式（7.46）；而离散直线族 $\{\boldsymbol{R}_L^{(i)}\}$ 的腰点集合不仅近似在圆柱面上，而且近似为圆柱面上一条螺旋线，即每条（位置）离散直线 $L^{(i)}$ 上腰点 $B^{(i)}$ 都在圆柱面的同一条螺旋线上，也就是式（7.50）中的 $u^{(i)}$ 与式（7.52）中的 ψ_{i1} 呈线性关系，从而轨迹直线族上的腰点相对圆柱面轴线的转角与位移的比值近似于一个常数 p，体现了腰点在圆柱面螺旋线上的特点。基于鞍腰线圆柱面数学模型式（7.54），建立腰线为螺旋线的自适应拟合数学模型为：

$$\begin{cases}\Delta_{\mathrm{HC}} = \min\limits_{\boldsymbol{x}} \max\limits_{1\leqslant i\leqslant n}\{\boldsymbol{\Delta}^{(i)}(\boldsymbol{x})\}\\ \qquad = \min\limits_{\boldsymbol{x}} \max\limits_{1\leqslant i\leqslant n}\left\{\sqrt{(r^{(i)}-r)^2+(u^{(i)}-u^{(1)}-p\psi_{i1})^2}\right\}\\ \text{s.t.}\quad r\in(0,+\infty)\\ \boldsymbol{x}=(x_Q,y_Q,r,p)^{\mathrm{T}}\end{cases} \tag{7.62}$$

目标函数 $\{\boldsymbol{\Delta}^{(i)}(\boldsymbol{x})\}$ 为已知离散轨迹直线族 $\{\boldsymbol{R}_L^{(i)}\}$ 中所有直线上的腰点与任意一浮动拟合圆柱面上圆柱螺线距离的集合，优化变量 $\boldsymbol{x}=(x_Q,\ y_Q,\ r,\ p)^{\mathrm{T}}$ 中，$(x_Q,\ y_Q)^{\mathrm{T}}$ 为浮动拟合圆柱面轴线在固定坐标系中参考平面上的位置参数，r 为其半径，p 为圆柱螺线的导程参数，n 为离散轨迹直线族 $\{\boldsymbol{R}_L^{(i)}\}$ 中离散直线的条数，Δ_{HC} 为已知离散轨迹直线族 $\{\boldsymbol{R}_L^{(i)}\}$ 的腰点与鞍腰线圆柱面上螺旋线的最大拟合误差。

同样，对于给定空间运动刚体上的直线方向矢量，在运动刚体上平行于该直线方向的所有直线，其离散轨迹直线族 $\{\boldsymbol{R}_L^{(i)}\}$ 都可以由数学模型式（7.62）确定其腰点轨迹点集及其圆柱面上螺旋线的拟合误差，这些误差各不相同，是刚体上直线位置参考点坐标（$x_{P\mathrm{m}}$，$y_{P\mathrm{m}}$，$z_{P\mathrm{m}}$）的函数。对于平行直线族中的若干条直线，相对于其邻近位置其他点而言，在固定坐标系中轨迹直线族中，腰点的离散轨迹所对应的圆柱面上螺旋腰线误差获得极小值，称该若干条直线通过的参考点为**鞍腰线螺旋点**，并有如下数学模型：

$$\begin{cases}\chi_{\mathrm{HC}} = \min\Delta_{\mathrm{HC}}(\boldsymbol{z})\\ \boldsymbol{z} = (x_{P\mathrm{m}},y_{P\mathrm{m}})^{\mathrm{T}}\end{cases} \tag{7.63}$$

式中，目标函数 $\Delta_{\mathrm{HC}}(\boldsymbol{z})$ 为空间运动刚体上给定方向任意位置直线对应的圆柱螺线拟合误差，可由数学模型式（7.62）得到，优化变量 $\boldsymbol{z}=(x_{P\mathrm{m}},\ y_{P\mathrm{m}})^{\mathrm{T}}$ 为运动刚体上直线位置参考点 P 在运动坐标系中的坐标。

结合数学模型式（7.46）、式（7.62）和式（7.63），离散轨迹近似为螺旋面的运动刚体上特征线 L_{HC} 的数学模型为：

$$\begin{cases}\delta_{\mathrm{HC}} = \min[\lambda\Delta_{\mathrm{Rr}}(\boldsymbol{z}_1)+(1-\lambda)\Delta_{\mathrm{HC}}(\boldsymbol{z}_2)]\\ \boldsymbol{z} = (\boldsymbol{z}_1,\boldsymbol{z}_2)^{\mathrm{T}}\end{cases} \tag{7.64}$$

式中，$\boldsymbol{z}_1=(\phi,\ \varphi)^{\mathrm{T}}$，$\phi\in[0,\ \pi/2]$，$\varphi\in[0,\ 2\pi]$，$\boldsymbol{z}_2=(x_{P\mathrm{m}},\ y_{P\mathrm{m}})^{\mathrm{T}}$，$\lambda$ 为权重系数。上述数学模型属于复合目标函数，在无约束情况下，可以分别求解。若求得空间运动刚体上直

线的单位方向矢量为鞍球面像圆点，并过鞍腰线螺旋点，则该直线为**鞍-特征线** L_{HC}。同样地，前述鞍球面像圆点和鞍腰线螺旋点的坐标为该优化模型提供了优化初始值。

特殊地，给定运动刚体上直线在固定机架坐标系中的轨迹直线族，不仅对其方向矢量球面像圆拟合，离散腰点集的圆柱面螺旋线拟合，而且运动刚体上点在对应瞬时（位置）到腰点的距离保持不变，使得运动刚体与二副杆采用 R 副连接，形成空间 H-R 二副杆的运动综合，对应运动刚体上鞍-特征线 L_{HR}。因此，在上述鞍-特征线 L_{HC}基础上，增加运动刚体上点 P 到腰点 $B^{(i)}$的距离 $v^{(i)}$近似为常数，由此将常参数约束曲面（螺旋面）的几何性质发展到运动特征约束。首先在运动刚体上确定出多条鞍-特征线 L_{HC}，并可求得每条鞍-特征线 L_{HC}上的点 P 到腰点的距离参数 $v^{(i)}$，对于距离参数的变化更趋于零的特征线 L_{HC}，则可用回转副 R 替代 H-C 二副杆中运动轴上的圆柱副 C，得到 H-R 二副杆，从而鞍-特征线 L_{HC}退化为鞍-特征线 L_{HR}。

类似地，对于运动刚体上的鞍-特征线 L_{HC}，运动刚体绕特征直线的转动角度ς_{i1}同样可以由式（7.52）求得，只是式中特征直线与固定直线的公垂线 $\boldsymbol{n}^{(i)}$需在运动坐标系中描述，即 $\cos\varsigma_{i1}=\boldsymbol{n}_{m}^{(i)}\cdot\boldsymbol{n}_{m}^{(1)}$。若运动刚体上的确定点到腰点的距离参数 $v^{(i)}$更接近于作螺旋变化，即 $p^{(i)}=(v^{(i)}-v^{(1)})/\varsigma_{i1}$更接近于常数，则可用螺旋副 H 替代 H-C 二副杆中运动轴上的圆柱副 C，得到 H-H 二副杆，从而鞍-特征线 L_{HC}退化为鞍-特征线 L_{HH}。

若考虑二副杆 S-C′类，如 S-C、S-R 和 S-H，由于二副杆 S-C′类对应的约束曲面为定距直纹面，因此，需要衡量空间运动刚体上一条直线在固定坐标系中的离散轨迹直线族与定距直纹面的逼近程度，在具体的坐标系中表现为直线族中任意直线到某一定点的距离为常数。对于离散轨迹直线族，可以用一浮动定距直纹面来拟合，即给定半径 r，定距直纹面固定点位置由直线族的性质自适应确定，尽可能使得最大拟合误差为最小。

而实际上二副杆 S-C′为二副杆 C′-S 的倒置，即空间二副杆 S-C′的 C 副轴线（特征线）相对机架（特征点）的空间运动，为空间二副杆 C′-S 的 S 副中心（特征点）相对机架轴线（特征线）的反运动。

【例 7-5】 空间 RCCC 四杆机构连杆相对于机架的 72 个离散位置，由附录 A 表 A.1 中 72 组位移参数以及坐标变换矩阵（A.7）和（A.8）描述。求：①连杆上直线方向的鞍球面像圆点；②连杆上的鞍定轴线 L_{CC}；③连杆上的鞍-特征线 L_{RC}。

解：

（1）连杆上直线方向的鞍球面像圆点　把连杆上所有直线方向映射到单位球面上，在 $\phi\in[0,\ \pi/2]$，$\varphi\in[0,\ 2\pi]$ 区域内，两球坐标方向均以 0.05 为步长，得到连杆上的 4032 个直线方向（ϕ，φ），调用鞍球面像圆子程序 ArRF，得到任意一直线方向相应的鞍球面像圆误差，并构造出鞍球面像圆误差曲面等高线，如图 7.18 所示。该误差曲面上有四个谷底，其相应点 P_1、P_2、P_3 和 P_4 的参数见表 7.7。其中 P_1 和 P_2 点相应的鞍球面像圆误差为零，表明其为球面像圆点，分别对应连杆上两个圆柱副的轴线z_1和z_2方向。

表 7.7　连杆上的鞍球面像圆点

	鞍球面像圆点坐标/rad		鞍球面像圆（锥）		
			轴线方向角/rad		半锥顶角/rad
	ϕ	φ	ξ	η	δ
P_1	0.9599	π/2	0	π/2	0.5236
P_2	0	π/2	1.0472	π/2	0.7854
P_3	0.6151	3.2699	1.7043	5.4176	1.1176
P_4	0.9587	4.9361	1.8662	0.8539	0.5346

利用 MATLAB 的 rand 函数随机产生 50 个初始点，调用鞍球面像圆点子程序 ArRP 对连杆上直线的鞍球面像圆点进行优化搜索，所得的优化结果中，34 个收敛到 P_1 点，5 个收敛到 P_2 点，2 个收敛到 P_3 点，2 个收敛到 P_4 点。

（2）连杆上的鞍定轴线 L_{CC}　以球面像圆点 P_1 对应连杆上直线方向，在连杆坐标平面 $\boldsymbol{R}_C-\boldsymbol{x}_2\boldsymbol{y}_2$ 上区间 $x_{Pm}\in[-7,\ -1]$，$y_{Pm}\in[-3,\ 3]$ 内以 0.2 为步长，得到不同参考点，形成 961 条平行于轴线 $\boldsymbol{z}_1$ 的直线，根据优化模型式（7.54），调用鞍腰线圆柱面子程序 ACCF，得到每条直线对应的鞍腰线圆柱面及其误差，以连杆平面 $\boldsymbol{R}_C-\boldsymbol{x}_2\boldsymbol{y}_2$ 上参考点坐标（x_{Pm}，y_{Pm}）作为平面坐标，以该点确定直线的鞍腰线圆柱面误差作为纵坐标函数，构造误差曲面等高线图，如图 7.19 所示。可以看到在图 7.19 所示的区域中有一个谷底，相应点坐标（x_{PmCC}，y_{PmCC}）为（−4，0），恰为轴线 $\boldsymbol{z}_1$ 与坐标平面 $\boldsymbol{R}_C-\boldsymbol{x}_2\boldsymbol{y}_2$ 的交点。此时鞍球面像圆误差和鞍腰线圆柱面误差均为零，说明轴线 $\boldsymbol{z}_1$ 为连杆上的定轴线，其轨迹直纹面及其鞍腰线圆柱面如图 7.20a 所示。

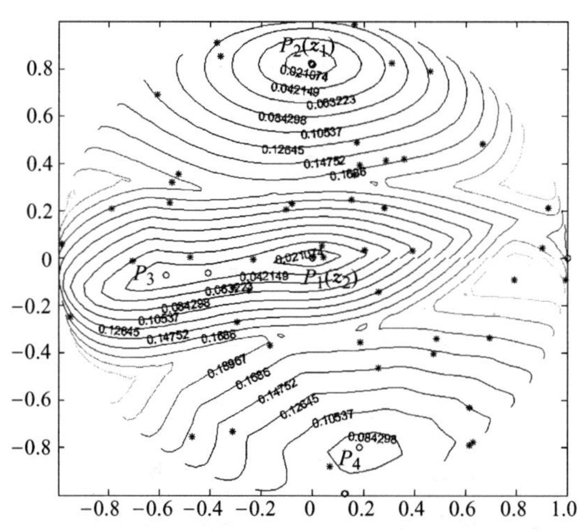

图 7.18　RCCC 机构连杆上直线方向的鞍球面像圆误差曲面等高线图

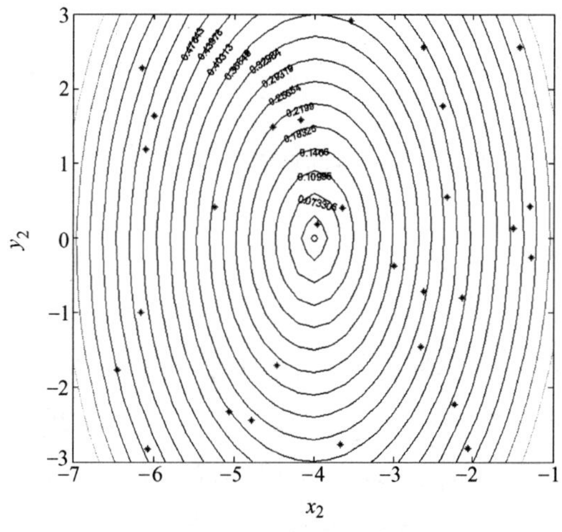

图 7.19　平行于轴线 z_1 直线的鞍腰线圆柱面误差曲面等高线图

若直线平行于轴线 z_1，但是通过坐标平面 $\boldsymbol{R}_C-\boldsymbol{x}_2\boldsymbol{y}_2$ 上的参考点（-1，-1），其离散轨迹直线族腰点点集的鞍腰线圆柱面如图 7.20b 所示。图 7.20c 和图 7.20d 所示分别为图 7.20a 和图 7.20b 在坐标平面 $\boldsymbol{R}_A-\boldsymbol{x}_0\boldsymbol{y}_0$ 上的投影。

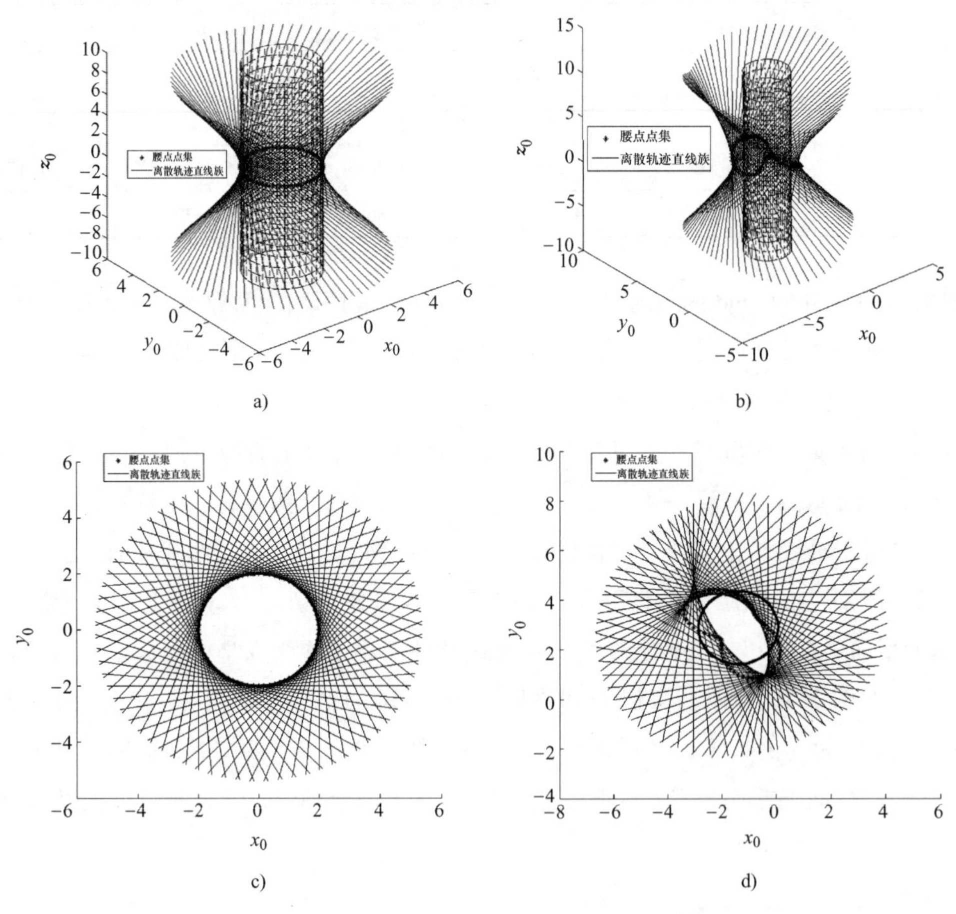

图 7.20 连杆上确定直线方向不同位置直线的鞍腰线圆柱面

同样地，以球面像圆点 P_2 对应连杆上直线方向，在连杆坐标平面 $\boldsymbol{R}_C-\boldsymbol{x}_2\boldsymbol{y}_2$ 上区间 $x_{Pm}\in[-3,3]$，$y_{Pm}\in[-3,3]$ 内离散点为参考点，确定出平行于轴线 z_2 的平行直线，构造鞍腰线圆柱面误差曲面的等高线图如图 7.21 所示。该误差曲面也仅有一个谷底，相应点坐标为 $x_{PmCC}=0$，$y_{PmCC}=0$。

对于连杆上分别平行于 z_1 和 z_2 轴的两组平行直线，依据鞍腰线圆柱点的优化模型式（7.57），调用鞍腰线圆柱点 ACCP 程序，分别从随机生成的 30 个初始点出发在连杆平面 $\boldsymbol{R}_C-\boldsymbol{x}_2\boldsymbol{y}_2$ 上相应区域中进行优化搜索，初始点用“*”表示，优化结果用“o”表示，分别如图 7.19 和图 7.21 所示。得到的鞍腰线圆柱点及其相应的鞍腰线圆柱面参数见表 7.8，从而可由鞍球面像圆点以及相应的鞍腰线圆柱点确定出连杆上鞍定轴线 L_{CC}。

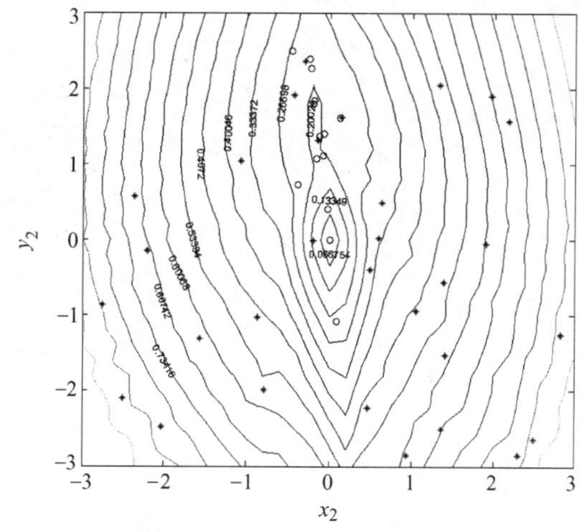

图 7.21　平行于轴线 z_2 直线的鞍腰线圆柱面误差曲面等高线图

表 7.8　鞍腰线圆（柱）点参数

球面像圆点	特征线	鞍腰线圆（柱）点		鞍腰线圆（柱面）			鞍腰线圆（柱面）误差
				轴线位置参数		半径	
		x_{Pm}	y_{Pm}	x_Q	y_Q	r	χ
P_1	L_{CC}	-4	0	0	0	2	0
	L_{RC}	-4	0	0	0	2	0
P_2	L_{CC}	0	0	-5	0	3	0
	L_{RC}	-0.3292	0.5404	-5.4811	-0.4316	3.3798	0.930542

（3）连杆上的鞍-特征线 L_{RC} 对于连杆上的一组平行直线（平行于轴线 z_1，对应球面像圆点 P_1），在连杆坐标平面 $\boldsymbol{R}_C-\boldsymbol{x}_2\boldsymbol{y}_2$上的区间 $x_{Pm}\in[-7,\ -1]$，$y_{Pm}\in[-3,\ 3]$ 中以 0.2 为步长得到不同参考点 P，从而确定出 961 条平行直线，通过优化模型式（7.59）得到每条直线相应的鞍腰圆误差，构造误差曲面等高线图如图 7.22 所示。

在区域 $x_{Pm}\in[-7,\ -1]$，$y_{Pm}\in[-3,\ 3]$ 中随机生成 30 个初始点，依据鞍腰线圆点优化模型式（7.60），从每个初始点出发进行优化搜索，初始点用“*”表示，优化结果用“o”表示，如图 7.22 所示。分析优化结果，可以发现优化结果均收敛于全局最优解——坐标值（$x_{PmRC}=-4$，$y_{PmRC}=0$）。

同样地，对于连杆上的另一组平行直线（平行于轴线 z_2，对应球面像圆点 P_2），在连杆坐标平面 $\boldsymbol{R}_C-\boldsymbol{x}_2\boldsymbol{y}_2$上以区间 $x_{Pm}\in[-3,\ 3]$，$y_{Pm}\in[-3,\ 3]$ 内离散点为参考点，构造鞍腰线圆柱面误差曲面的等高线图如图 7.23 所示。从该区域中随机生成的 30 个初始点进行优化搜索，确定出一个鞍腰线圆点，其坐标为 $x_{PmRC}=-0.3292$，$y_{PmRC}=0.5404$。优化得到的鞍腰线圆点及其相应的鞍腰线圆参数见表 7.8，从而可由鞍球面像圆点以及相应的鞍腰线圆点确定出连杆上鞍-特征线 L_{RC}。

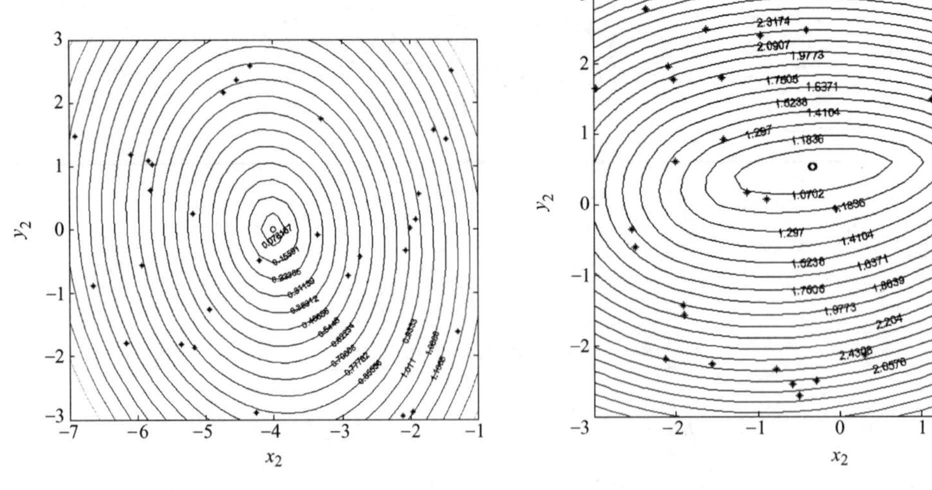

图 7.22　平行于轴线 z_1 直线的鞍腰圆误差曲面等高线图

图 7.23　平行于轴线 z_2 直线的鞍腰圆误差曲面等高线图

【例 7-6】 给定的运动刚体相对于固定刚体的九个离散位置见表 7.1。求：①刚体上直线的鞍球面像圆点；②刚体上的鞍定轴线 L_{CC}；③刚体上的鞍-特征线 L_{RC}、L_{HC} 和 L_{RR}。

解：

(1) 鞍球面像圆点　在刚体上运动坐标系中构造出运动刚体上直线方向球面像点对应的鞍球面圆误差曲面，其等高线图如图 7.24 所示。再调用鞍球面像圆点子程序 ArRP，搜索出相应鞍球面像圆点，其中误差较小的五个点的参数见表 7.9。

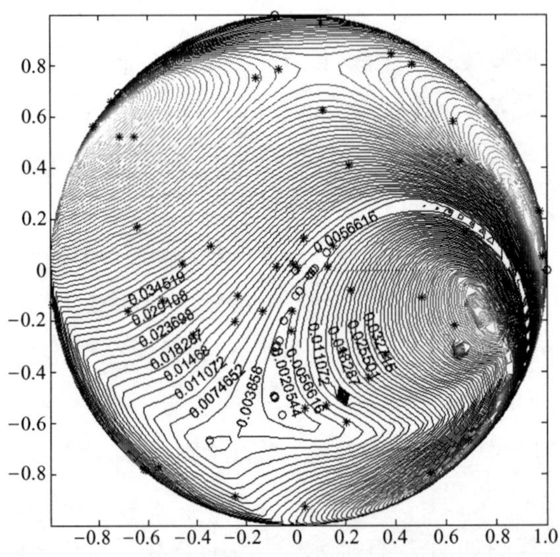

图 7.24　鞍球面像圆点优化初始值以及优化结果

表 7.9　误差较小的五个鞍球面像圆点参数

	鞍球面像圆点坐标/rad		鞍球面像圆（锥）			误差/rad
			轴线方向角/rad		半锥顶角/rad	
	ϕ	φ	ξ	η	δ	γ_{Rr}
SRrP1	0.5296	4.5406	0.0061	4.3882	0.5237	0.000066
SRrP2	0.4996	4.5071	0.0326	1.9795	0.5269	0.000276
SRrP3	0.0724	5.0417	0.4885	1.4313	0.5568	0.002774
SRrP4	0.0634	5.2426	0.5050	1.4268	0.5588	0.002930
SRrP5	0.8513	4.2289	0.4005	3.6787	0.5449	0.003171

（2）鞍定轴线 L_{CC}　对于上述表 7.9 中的鞍球面像圆点，如 SRrP1，以其为直线方向可确定出运动刚体上的一组平行直线。调用鞍腰线圆柱面子程序 ACCF，确定任意一直线离散轨迹直线族的鞍腰线圆柱面误差，并构造误差曲面等高线图如图 7.25 所示。依据鞍腰线圆柱点的优化模型式（7.57），分别从随机生成的 15 个初始点出发，进行坐标平面 $\boldsymbol{O}_m-\boldsymbol{i}_m\boldsymbol{j}_m$ 上鞍腰线圆柱点的优化搜索，如图 7.25 所示，优化所得的鞍腰线圆柱点 SRrP1-CCP1 见表 7.10。

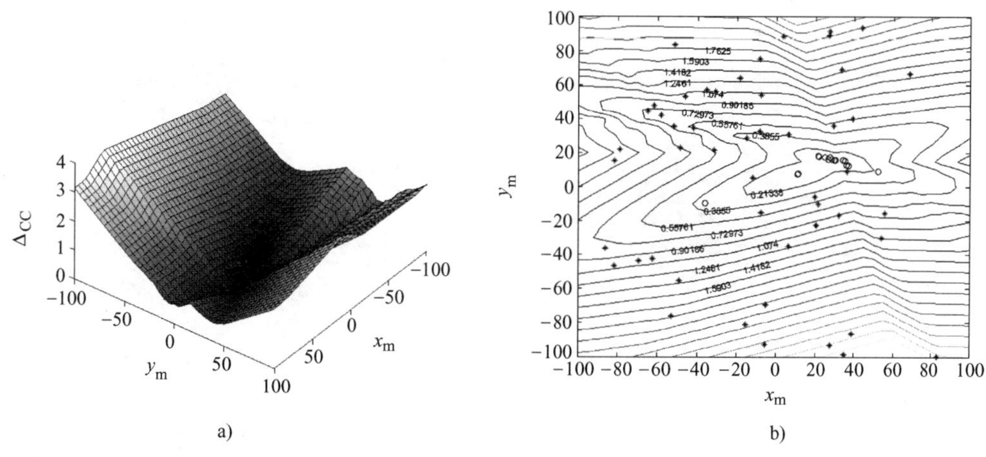

图 7.25　给定九位置鞍腰线圆柱面误差分布

依据同样的过程，对表 7.9 中的其余四个鞍球面像圆点优化搜索相应的鞍腰线圆柱点见表 7.10，从而可由表 7.9 中的鞍球面像圆点以及表 7.10 中的鞍腰线圆柱点确定出运动刚体上的鞍定轴线 L_{CC}。

表 7.10　给定九位置鞍腰线圆柱点参数

	鞍腰线圆柱点		鞍腰线圆柱面			误　差
			轴线位置参数		半　径	
	$x_{P\mathrm{mCC}}$	$y_{P\mathrm{mCC}}$	x_Q	y_Q	r	χ_{CC}
SRrP1-CCP1	11.2604	7.7437	8.8148	4.7889	1.9225	0.012696
SRrP2-CCP2	12.2233	6.9505	9.7533	4.0869	1.9511	0.009349
SRrP3-CCP3	4.4213	5.7202	1.6517	1.8734	2.4233	0.022094
SRrP4-CCP4	4.4969	5.6257	1.7425	1.7309	2.4219	0.021556
SRrP5-CCP5	8.2766	15.3711	3.6662	9.6138	2.1152	0.046447

（3）鞍-特征线 L_{RC}　对于表 7.9 中的鞍球面像圆点，如 SRrP2，以其为直线方向可确定出运动刚体上的一组平行直线，通过对任意一直线离散轨迹直线族的鞍腰圆误差优化求解，可构造鞍腰圆误差曲面等高线图，如图 7.26 所示。依据鞍腰线圆点的优化模型式（7.60），分别从随机生成的 15 个初始点出发，进行坐标平面 $\boldsymbol{O}_{\mathrm{m}}-\boldsymbol{i}_{\mathrm{m}}\boldsymbol{j}_{\mathrm{m}}$ 上鞍腰线圆点的优化搜索，如图 7.26 所示。优化所得的鞍腰线圆点 SRrP2-RCP2 见表 7.11。

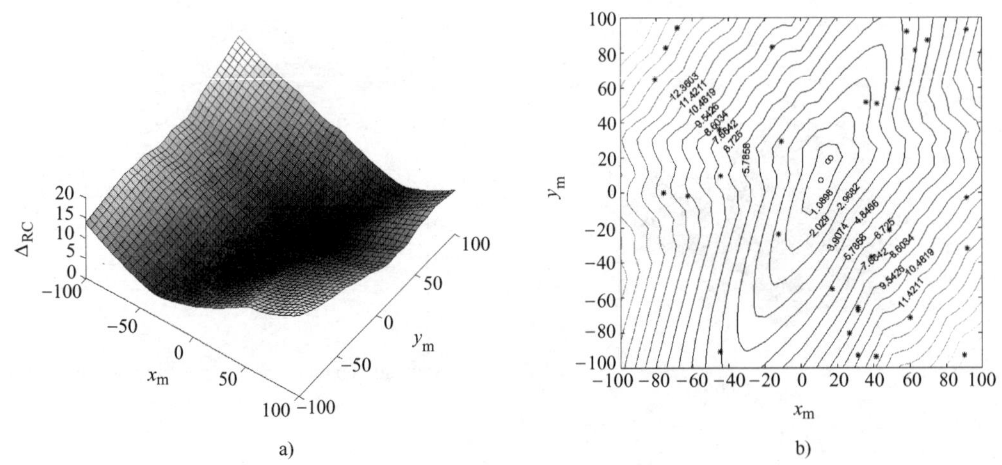

图 7.26　给定九位置鞍腰圆误差分布

依据同样的过程，对表 7.9 中的其余四个鞍球面像圆点优化搜索相应的鞍腰线圆点见表 7.11。从而可由表 7.9 中的鞍球面像圆点以及表 7.11 中的鞍腰线圆点确定出运动刚体上的鞍-特征线 L_{RC}。

表 7.11　给定九位置鞍腰线圆点参数

	鞍腰线圆点		鞍腰圆			圆心到参考平面距离	误差
			轴线位置参数		半径		
	$x_{P\text{mRC}}$	$y_{P\text{mRC}}$	x_Q	y_Q	r	u_0	χ_{RC}
SRrP1-RCP1	11.3969	8.3403	9.0264	5.3546	1.8323	5.6285	0.092573
SRrP2-RCP2	11.1327	6.8966	8.5615	3.9857	2.0698	5.6564	0.102669
SRrP3-RCP3	5.0734	1.9250	2.1335	−1.6497	2.8520	7.5150	0.421271
SRrP4-RCP4	4.9446	1.8845	2.0268	−1.7432	2.8620	7.5755	0.423044
SRrP5-RCP5	13.9496	9.9211	8.8491	4.0678	2.0651	1.6212	0.502353

（4）鞍-特征线 L_{RR}　如 7.5.1 节所述，在前述鞍-特征线 L_{RC}基础上，判断运动直线上的确定点到腰点距离参数 $v^{(i)}$ 是否近似为常数，对于满足要求的鞍-特征线 L_{RC}，以 R 副连接二副杆与运动刚体，从而鞍-特征线 L_{RC}成为鞍-特征线 L_{RR}。对应表 7.9 中五个鞍球面像圆点，其对应的鞍-特征线 L_{RR}通过坐标平面上参考点的坐标以及鞍腰圆等参数见表 7.12。

（5）鞍-特征线 L_{HC}　对于表 7.9 中的鞍球面像圆点，如 SRrP1，以其为直线方向可确定出运动刚体上的一组平行直线，通过对任意一直线离散轨迹直线族的鞍圆柱螺旋腰线误差优化求解，可构造误差曲面等高线图，如图 7.27 所示。依据鞍腰线螺旋点的优化模型式（7.63），分别从随机生成的 15 个初始点出发，进行坐标平面 $\boldsymbol{O}_{\text{m}}-\boldsymbol{i}_{\text{m}}\boldsymbol{j}_{\text{m}}$上鞍腰线螺旋点的优化搜索，如图 7.27 所示。优化所得的鞍腰线螺旋点 SRrP1-HCP1 见表 7.13。

表 7.12　给定九位置鞍-特征线 L_{RR}位置参数

	参考点坐标		鞍腰圆（柱）			距离参数		误差
			轴线位置参数		半径			
	$x_{P\text{mRR}}$	$y_{P\text{mRR}}$	x_Q	y_Q	r	u_0	v_0	χ_{RR}
SRrP1-RRP1	8.5751	6.6247	5.3485	4.1743	2.1709	4.9324	6.5324	0.610735
SRrP2-RRP2	8.4430	6.4709	5.2162	4.0745	2.1651	5.0288	6.4027	0.606864
SRrP3-RRP3	7.2159	3.5435	4.2057	0.2836	2.5221	7.2536	5.6493	0.573985
SRrP4-RRP4	6.9406	3.5120	3.9241	0.1904	2.5316	7.3069	5.5485	0.577589
SRrP5-RRP5	9.5146	10.9977	4.5964	6.2831	2.0228	1.8803	9.1990	0.745285

依据同样的过程，对表 7.9 中的其余四个鞍球面像圆点优化搜索相应的鞍腰线螺旋点见表 7.13，从而可由表 7.9 中的鞍球面像圆点以及表 7.13 中的鞍腰线螺旋点确定出运动刚体上的鞍-特征线 L_{HC}。

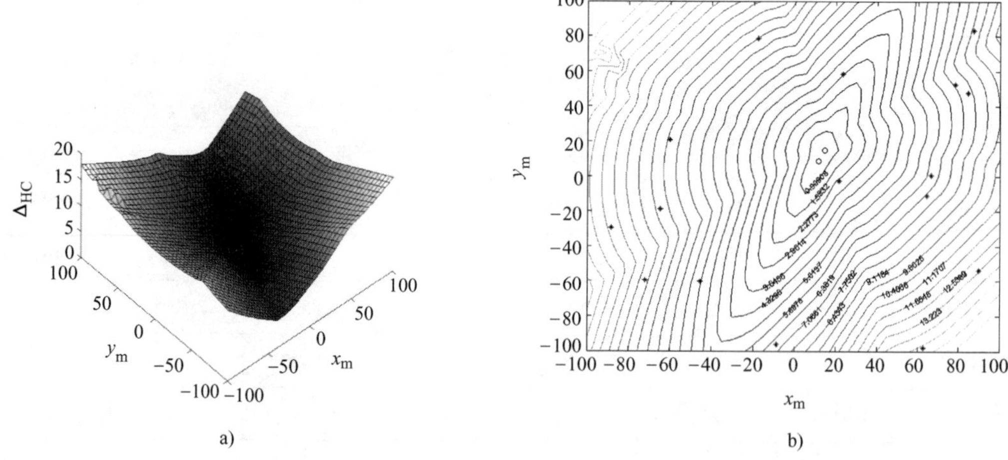

图 7.27　给定九个离散位置的鞍圆柱螺旋腰线误差曲面

表 7.13　给定九位置鞍腰线螺旋点参数

	鞍腰线螺旋点		鞍圆柱螺旋腰线				误　差
			轴线位置参数		螺旋参数	半　径	
	$x_{P\text{mHC}}$	$y_{P\text{mHC}}$	x_Q	y_Q	p	r	χ_{HC}
SRrP1-HCP1	11.3405	8.6934	8.9634	5.5992	−0.1879	1.8521	0.115291
SRrP2-HCP2	11.2733	7.4148	8.7522	4.4225	−0.1336	2.0280	0.126913
SRrP3-HCP3	7.0969	2.0330	4.8838	−0.1123	2.3003	1.6747	0.339553
SRrP4-HCP4	6.9631	1.9858	4.7798	−0.1814	2.3648	1.6512	0.344411
SRrP5-HCP5	15.3706	17.8283	9.3098	8.8286	−2.0290	2.4871	0.439190

【例 7-7】　给定的运动刚体相对于固定刚体的前四个以及前五个离散位置见表 7.1。求：①五位置的鞍定轴线 L_{CC}；②四位置鞍定轴线 L_{CC} 以及鞍特征线 L_{RC} 和 L_{HC}。

解：

(1) 五位置鞍定轴线 L_{CC}　确定运动刚体的鞍定轴线 L_{CC} 需要依次求解鞍球面像圆点和鞍腰线圆柱点，同例 7-6，五个误差较小的鞍球面像圆点见表 7.14，其中前两个（SRrp1，SRrp2）为球面像圆点。

表 7.14　误差较小的五个鞍球面像圆点参数

	鞍球面像圆点		鞍球面像圆（锥）			误　差
			轴线方向角/rad		半锥顶角/rad	
	ϕ	φ	ξ	η	δ	γ_{Rr}
SRrp1	0.5474	4.5590	0.0282	4.8872	0.5208	3.507691×10^{-7}
SRrp2	1.3722	1.7582	1.4862	2.1912	0.4433	1.819791×10^{-7}
SRrp3	0.5209	4.5062	0.0190	2.7554	0.5247	0.000126
SRrp4	0.6138	3.3364	0.5491	2.5119	0.4476	0.000215
SRrp5	0.6317	3.0514	0.6343	2.3744	0.3952	0.000284

对应上述表 7.14 中的五个鞍球面像圆点，按照例 7-9 的过程优化求解相应的鞍腰线圆柱点，其参数见表 7.15。其中对于球面像圆点 SRrp1，相应的鞍腰线圆柱面误差等高线图、优化初始点以及优化结果如图 7.28 所示。

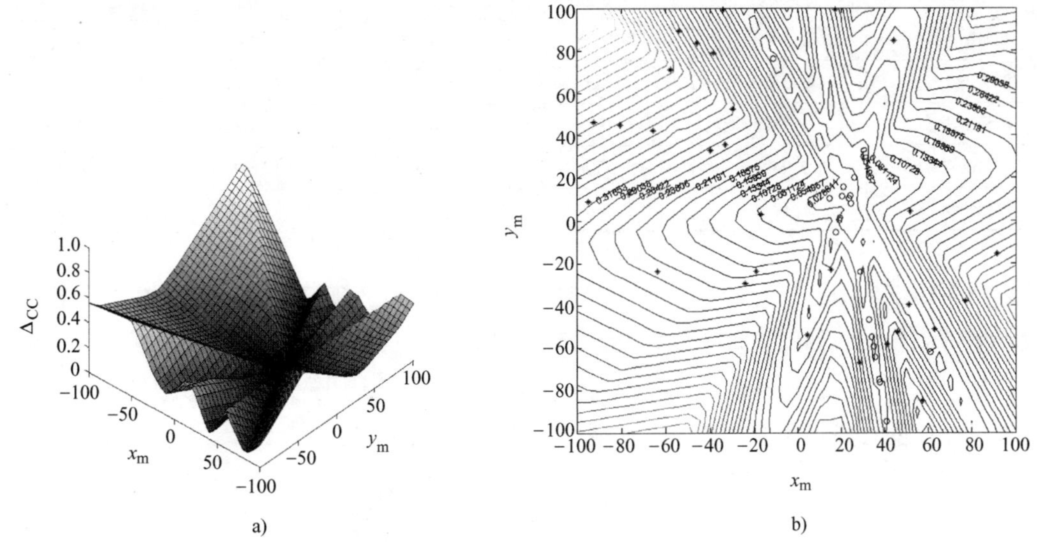

图 7.28　给定五位置鞍腰线圆柱面误差分布

表 7.15　给定五位置鞍腰线圆柱点参数

	鞍腰线圆柱点		鞍腰线圆柱面			误　差
			轴线位置参数		半　径	
	x_{PmCC}	y_{PmCC}	x_Q	y_Q	r	χ_{CC}
SRrp1-CCP1	24.3969	8.0805	23.7723	4.8746	0.0767	4.862255×10^{-9}
SRrp2-CCP2	11.7234	−42.4125	5.8840	3.1900	0.1350	7.094598×10^{-8}
SRrp3-CCP3	31.4924	10.9979	30.8368	7.0247	0.0507	8.255815×10^{-8}
SRrp4-CCP4	−1.6729	7.0351	−0.8534	5.2724	0.0303	2.378511×10^{-8}
SRrp5-CCP5	−0.5002	14.5919	1.1949	10.7093	0.1750	5.785051×10^{-8}

由表 7.14 中的鞍球面像圆点和表 7.15 中的鞍腰线圆柱点确定出运动刚体上的鞍定轴线 L_{CC}。其中对应球面像圆点 SRrp1 和 SRrp2 的鞍定轴线 L_{CC}，其鞍球面像圆误差和鞍腰线圆柱面误差均趋于零，表明这时鞍定轴线 L_{CC} 为刚体上的精确定轴特征线。

（2）四位置鞍定轴线 L_{CC}　对于表 7.1 中给定的空间运动刚体 Σ^* 相对于固定刚体 Σ 的前四个离散位置，由第 5 章可知，运动刚体上的球面像圆点分布在单位球面上的一条三次曲线上，此时存在无穷多的球面像圆点。其中的五个球面像圆点参数见表 7.16。

表 7.16 四位置的五个球面像圆点

	球面像圆点		鞍球面圆（锥）		
			轴线方向角/rad		半锥顶角/rad
	ϕ	φ	ξ	η	δ
SRrp1	0.5008	5.1678	0.3180	0.4819	0.5930
SRrp2	0.5719	3.1453	0.5764	2.3641	0.4166
SRrp3	1.3828	3.8988	1.0352	3.2681	0.6799
SRrp4	0.9424	5.6508	0.8593	0.7298	1.0347
SRrp5	1.1981	5.5582	1.0449	0.9507	1.4721

以任意一球面像圆点，如表 7.16 中球面像圆点 SRrp1，确定直线方向，构造鞍腰线圆柱面误差等高线图，如图 7.29 所示。从图形可以看出，鞍腰线圆柱面误差曲面的谷底形成一条直线。若调用鞍腰线圆柱点优化程序 ACCP 进行搜索，优化结果——鞍腰线圆柱点，大多在误差曲面的谷底直线上，其中六个鞍腰线圆柱点见表 7.17。

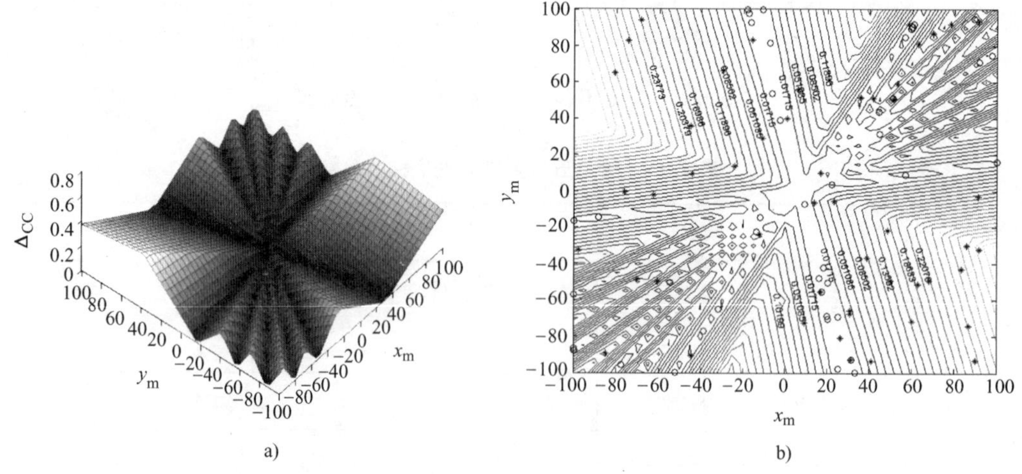

图 7.29 给定四位置鞍腰线圆柱面误差分布

表 7.17 给定四位置鞍腰线圆柱点参数

	鞍腰线圆柱点		鞍腰线圆柱面			鞍腰线圆柱面误差
			轴线位置参数		半径	
	x_{PmCC}	y_{PmCC}	x_Q	y_Q	r	χ_{CC}
SRrp1-CCP1	31.5112	−92.7641	34.4482	−86.3406	1.4939	2.594458×10^{-7}
SRrp1-CCP2	−2.4604	39.1470	−4.5706	34.1451	0.6061	4.350469×10^{-8}
SRrp1-CCP3	20.4014	−70.2696	43.9920	−57.2926	22.7668	4.413009×10^{-8}
SRrp1-CCP4	16.3110	−47.9193	32.3067	−39.5415	15.6347	4.262750×10^{-8}
SRrp1-CCP5	−6.1763	53.5755	−8.8385	47.3240	0.8358	2.514353×10^{-8}
SRrp1-CCP6	9.4826	−7.2274	9.1468	−8.2126	0.1322	4.542056×10^{-8}

表7.16中球面像圆点SRrp1和表7.17中任意一鞍腰线圆柱点结合，可确定出运动刚体上四位置鞍定轴线L_{CC}。同样，对于表7.16中的其他球面像圆点，均可求出对应的无穷多鞍腰线圆柱点，构成运动刚体上四位置鞍定轴线L_{CC}。

(3) 四位置鞍-特征线L_{RC}　任取一球面像圆点，如表7.16中SRrp2，作为鞍-特征线L_{RC}的方向，构造鞍腰圆误差曲面等高线图，如图7.30所示。

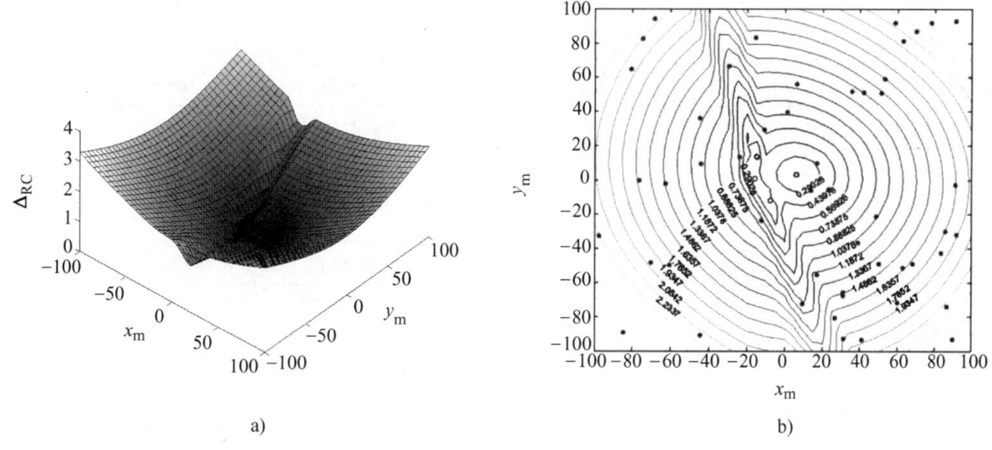

图7.30　给定四位置鞍腰圆误差分布

依据鞍腰线圆点的优化模型式(7.60)，优化得到该球面像圆点对应的鞍腰线圆点见表7.18的第一行数据。同样地，对表7.16中的其余四个球面像圆点优化搜索相应的鞍腰线圆点见表7.18。

表7.18　给定四位置鞍腰线圆点参数

	鞍腰线圆点		鞍腰圆（柱）			距离参数	误差
			轴线位置参数		半径		
	x_{PmRC}	y_{PmRC}	x_Q	y_Q	r	u_0	χ_{RC}
SRrp1-RCP1	5.8565	7.3001	2.2861	3.9412	2.8898	7.4263	0.072567
SRrp2-RCP2	-15.7457	0.8672	-12.8475	-1.7156	0.4953	6.4804	0.115686
SRrp3-RCP3	23.7275	25.7533	0.2107	7.3055	4.6588	-0.1284	0.092912
SRrp4-RCP4	-2.6034	11.9035	-7.0789	0.9265	8.1600	9.9104	0.041779
SRrp5-RCP5	15.8796	-17.3235	16.4271	-12.1377	0.7725	-4.4632	0.070524

由表7.16中的球面像圆点以及表7.18中的鞍腰线圆点可确定出运动刚体上的四位置鞍-特征线L_{RC}。

(4) 四位置鞍-特征线L_{HC}　对于给定四个离散位置的空间运动刚体，由第6章可知瞬时运动刚体上仅存在有限个鞍-特征线L_{HC}。按照鞍-特征线L_{HC}的优化模型式(7.64)进行优化搜索，得到鞍-特征线L_{HC}及其相应误差。其中误差较小的球面像圆点和相应腰线螺旋点分别见表7.19和表7.20。

表 7.19 给定四位置的鞍-特征线 L_{HC} 方向参数

	鞍球面像圆点坐标/rad		鞍球面圆（锥）			误差/rad
			轴线方向角/rad		半锥顶角/rad	
	ϕ	φ	ξ	η	δ	δ_{Rr}
SRrp1-HCP1	0.8177	3.9937	0.4560	3.3350	0.5196	9.970452×10^{-5}
SRrp2-HCP2	0.5732	3.5388	0.4613	2.5699	0.4756	1.166468×10^{-5}
SRrp3-HCP3	0.5434	3.5036	0.4575	2.5043	0.4704	9.966307×10^{-5}
SRrp4-HCP4	0.6028	3.8970	0.3377	2.8657	0.5081	1.171355×10^{-4}
SRrp5-HCP5	0.5299	3.3845	0.4881	2.4265	0.4548	1.387613×10^{-4}

表 7.20 给定四位置的鞍-特征线 L_{HC} 位置参数

	鞍腰线螺旋点		鞍圆柱螺旋腰线				误 差
			轴线位置参数		螺旋参数	半 径	
	x_{PmHC}	y_{PmHC}	x_Q	y_Q	p	r	χ_{HC}
SRrp1-HCP1	50.0126	70.5760	33.3708	46.2842	-6.2614	0.1435	4.515468×10^{-5}
SRrp2-HCP2	-10.0970	-58.8456	-11.8548	-49.2300	3.1894	0.6998	7.756429×10^{-5}
SRrp3-HCP3	-32.4102	-11.4616	-20.9904	-8.4653	16.1764	6.4816	2.424753×10^{-4}
SRrp4-HCP4	-72.2316	-27.6843	-61.6316	-16.4657	15.9758	0.3084	1.166468×10^{-5}
SRrp5-HCP5	-25.3769	-8.6345	-15.6901	-6.9589	14.3857	6.0257	1.370187×10^{-4}

以表 7.19 球面像圆点和表 7.20 中的腰线螺旋点可构成运动刚体上的五条特征线 L_{HC}。

7.6 空间连杆机构鞍点综合

由于空间运动副类型较多，由构件和运动副组合而成的空间机构的类型自然就多，前两节讨论的二副杆空间开式链就有十种（S-S，C-S，R-S，H-S，C-C，R-C，H-C，R-R，H-H，H-R），将空间开式链组合形成空间闭式链机构的类型也很多，本节讨论单自由度单闭环空间连杆运动综合。

单自由度单闭环空间连杆机构中，四杆机构的构件和运动副少、结构简单，设计相对容易而便于应用，本节着重介绍空间四杆机构运动综合。与平面、球面机构综合一样，本节空间连杆机构综合聚焦在离散位置综合，而把精确综合作为特殊情况下的离散综合的精确解。

7.6.1 空间机构运动综合类型的转换

给定刚体的空间运动，可以是连续及高阶连续函数、离散函数（有限分离位置或多位置），对应的空间机构综合为连续高阶运动综合、精确运动综合和近似运动综合，三者可以以连续函数统一描述，再离散表述。给定不同类型刚体位移（运动）要求，如刚体位置（导引）、两运动刚体相对位移函数、或运动刚体上点的轨迹，则对应空间机构的位置综合、函数综合和轨迹综合三类，三者之间可以相互转化。本节以位置综合为代表，阐述空间运动的一般表述形式与空间机构综合类型之间的转化方法。

基于7.1节中给定刚体空间运动的表述，有连续位移，也有离散位移（少位置和多位置），下面首先介绍刚体位移（既有线位移也有角位移）对应的连续综合、离散位置综合，再讨论空间机构位置综合（刚体导引）与函数综合、轨迹综合之间的类型转换。

7.6.1.1　连续与离散位置综合

结合空间运动刚体上点在固定坐标系中的连续位移表示式（7.2），将式（6.13）对弧长参数 s 连续求导，并应用第3章中的公式（3.12），可得到 P 点在固定坐标系中的轨迹曲线 Γ_P的曲率 k_P和挠率 τ_P。若空间运动刚体 Σ^* 上存在这样的特征点，其轨迹曲线 Γ_P分别为第3章中的定理3.3和定理3.4所述约束曲线，即球面曲线和圆柱面曲线，则特征点分别为运动刚体上的球点和圆柱点。

和平面、球面机构的连续运动综合一样，通过运动刚体点 P 或直线 L 在固定刚体坐标系中的连续位移表示，并与相应约束曲线、曲面比较，寻求运动刚体上特征点与特征线，将空间机构的连续运动综合问题转化为机构的空间运动微分几何学问题。例如，给定刚体空间运动由式（7.2）和式（7.6）表示，由式（6.19）对球面像曲线弧长 σ_l连续求导，应用第3章中的式（3.60）~式（3.62），可得到给定空间运动刚体 Σ^* 上直线在固定坐标系中的轨迹曲面 Σ_l及其结构参数 α_l、β_l和 γ_l。寻求空间运动刚体 Σ^* 上的特征线，其轨迹直纹面的结构参数满足第3章中所述的定理3.5和定理3.6所述约束曲面，即定轴直纹面、直纹螺旋面、单叶双曲面等，其特征直线分别为相应的C-C′、R-C′和H-C′二副杆对应的特征线，即第6章的空间运动微分几何学问题，得到空间运动刚体上瞬时特征点和特征线及其分布。目前只能求解瞬时的特征点与特征线，而高阶连续运动或全运动周期的解析解则难以求解，除非给定运动蜕化。

给定两个构件之间相对离散空间位置综合空间连杆机构，称为空间机构的离散位置综合。在传统的机构综合中，仅给出空间运动刚体的少数几个相对位置，空间连杆机构能够精确实现，称为空间有限分离位置的精确运动综合；当给定空间运动刚体的位置数超过一定的数目时，即运动刚体上不存在精确解，所综合出的空间连杆机构近似通过给定的若干位置，称为空间连杆机构近似运动综合。本书统称空间连杆机构的离散位置综合，精确综合仅为其中的精确解而已。

空间连杆机构精确运动综合依据给定刚体的空间运动，需要确定出运动刚体上的特征点或特征直线，其在固定机架上的对应离散位置具有特定的几何特征，如在球面上、圆柱面上或定轴直纹面上、常参数直纹面上等，将式（7.7）或式（7.8）与第3章约束曲面联立求解，确定出满足约束曲线与曲面的特征点或特征直线的待定参数。传统的求解方法一般采用矢量法、复数法和矩阵法，建立空间机构运动综合的精确点位置闭环方程，然后求解。

空间连杆机构近似运动综合，对于给定刚体的空间运动表述形式，运动刚体上的特征点或特征直线与约束曲线、曲面的比较方式千差万别，多种多样，衍生出不同的空间连杆机构近似运动综合方法。本章依据第 3 章约束曲面的不变量与不变式，将空间运动刚体上近似特征点和近似特征直线的确定，转化为球面曲线和圆柱曲线的鞍点拟合与寻优问题，而且把精确综合作为鞍点综合的特例，与第 2 章平面机构鞍点综合、第 5 章球面机构鞍点综合相对应，发展到空间连杆机构的鞍点综合方法。

7.6.1.2　函数综合

给定两相对空间运动刚体之间的位移函数综合空间机构，称为空间机构函数综合。空间机构函数综合与空间机构的位置综合相比，在内涵上一致。给定两运动刚体之间的相对位移函数，可以是角位移、线位移或二者都有，但在表现形式上更复杂，因为两个构件都在运动。如图 7.31 所示构件 1 和构件 3，分别以固定构件 0 为参考系来表示相对角位移函数。

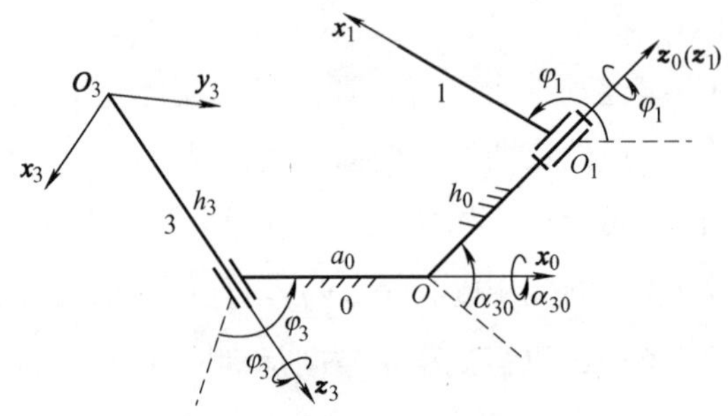

图 7.31　空间连杆机构函数综合

由于空间机构位置综合更具有一般性，因此，仍将空间机构函数综合转化为空间机构位置综合。在此仅以相对空间运动的 R 副输入与 C 副输出函数综合为例，来说明如何将函数综合转化为位置综合。给定两连架杆之间的相对位移函数，即构件 3 的角位移 φ_3 与线位移 h_3 和构件 1 角位移 φ_1 之间的函数关系式 $\varphi_3=\varphi_3(\varphi_1)$ 和 $h_3=h_3(\varphi_1)$，综合含有 R 副输入与 C 副输出的空间连杆机构。在固定构件 0、构件 1 和构件 3 上分别建立固定坐标系 $\{\boldsymbol{R}_O;\ \boldsymbol{x}_0,\ \boldsymbol{y}_0,\ \boldsymbol{z}_0\}$，运动坐标系 $\{\boldsymbol{R}_{O_1};\ \boldsymbol{x}_1,\ \boldsymbol{y}_1,\ \boldsymbol{z}_1\}$ 和 $\{\boldsymbol{R}_{O_3};\ \boldsymbol{x}_3,\ \boldsymbol{y}_3,\ \boldsymbol{z}_3\}$。假定构件 1 上 P 点的坐标为 $(x_1,\ y_1,\ z_1)$，而转换到固定构件 0 和构件 3 上的坐标分别为 $(x_0,\ y_0,\ z_0)$ 和 $(x_3,\ y_3,\ z_3)$，则构件 1 相对于构件 0 的位移矩阵为：

$$\begin{bmatrix} x_0 \\ y_0 \\ z_0 \\ 1 \end{bmatrix}=\begin{bmatrix} \mathrm{c}\varphi_1 & -\mathrm{s}\varphi_1 & 0 & 0 \\ \mathrm{s}\varphi_1 & \mathrm{c}\varphi_1 & 0 & 0 \\ 0 & 0 & 1 & h_0 \\ 0 & 0 & 0 & 1 \end{bmatrix}\begin{bmatrix} x_1 \\ y_1 \\ z_1 \\ 1 \end{bmatrix} \tag{7.65}$$

构件 3 相对构件 0 的位移矩阵为：

$$\begin{bmatrix} x_0 \\ y_0 \\ z_0 \\ 1 \end{bmatrix} = \begin{bmatrix} c\varphi_3 & -s\varphi_3 & 0 & -a_0 \\ s\varphi_3 c\alpha_{30} & c\varphi_3 c\alpha_{30} & -s\alpha_{30} & h_3 s\alpha_{30} \\ s\varphi_3 s\alpha_{30} & c\varphi_3 s\alpha_{30} & c\alpha_{30} & -h_3 c\alpha_{30} \\ 0 & 0 & 0 & 1 \end{bmatrix} \begin{bmatrix} x_3 \\ y_3 \\ z_3 \\ 1 \end{bmatrix} \tag{7.66}$$

从而可以得到构件 3 上点相对于构件 1 的位移矩阵为：

$$\begin{bmatrix} x_1 \\ y_1 \\ z_1 \\ 1 \end{bmatrix} = [\boldsymbol{M}_{31}] \cdot \begin{bmatrix} x_3 \\ y_3 \\ z_3 \\ 1 \end{bmatrix} = [\boldsymbol{R}_{31}] \cdot [\boldsymbol{T}_{31}] \cdot \begin{bmatrix} x_3 \\ y_3 \\ z_3 \\ 1 \end{bmatrix} \tag{7.67}$$

其中

$$[\boldsymbol{R}_{31}] = \begin{bmatrix} c\varphi_3 c\varphi_1 + s\varphi_3 c\alpha_{30} s\varphi_1 & -s\varphi_3 c\varphi_1 + c\varphi_3 c\alpha_{30} s\varphi_1 & -s\alpha_{30} s\varphi_1 & 0 \\ -c\varphi_3 s\varphi_1 + s\varphi_3 c\alpha_{30} c\varphi_1 & s\varphi_3 s\varphi_1 + c\varphi_3 c\alpha_{30} c\varphi_1 & -s\alpha_{30} c\varphi_1 & 0 \\ s\varphi_3 s\alpha_{30} & c\varphi_3 s\alpha_{30} & c\alpha_{30} & 0 \\ 0 & 0 & 0 & 1 \end{bmatrix}$$

$$[\boldsymbol{T}_{31}] = \begin{bmatrix} 1 & 0 & 0 & -a_0 c\varphi_1 + h_3 s\alpha_{30} s\varphi_1 \\ 0 & 1 & 0 & -a_0 s\varphi_1 + h_3 s\alpha_{30} c\varphi_1 \\ 0 & 0 & 1 & -h_0 - h_3 c\alpha_{30} \\ 0 & 0 & 0 & 1 \end{bmatrix}$$

将式（7.67）中［$\boldsymbol{M}_{31}$］与式（7.2）中的刚体位移矩阵［$\boldsymbol{M}$］相比，子矩阵［$\boldsymbol{R}_{31}$］与方向变换矩阵［$\boldsymbol{R}$］相比可知，构件 3 相对于构件 1 的位置与姿态参数为：

$$\begin{cases} x_{O\text{mf}} = -a_0 c\varphi_1 + h_3 s\alpha_{30} s\varphi_1,\ y_{O\text{mf}} = -a_0 s\varphi_1 + h_3 s\alpha_{30} c\varphi_1 \\ z_{O\text{mf}} = -h_0 - h_3 c\alpha_{30},\ \theta_1 = \alpha_{30},\ \theta_2 = \dfrac{3\pi}{2} - \varphi_1,\ \theta_3 = \varphi_3 + \pi \end{cases} \tag{7.68}$$

式（7.68）描述了构件 3 与构件 1 之间的相对运动。对于离散综合，将其离散化代入式（7.7）和式（7.8），便可得到构件 3 相对于构件 1 运动时，构件 3 上点与直线的离散轨迹点集与直线族，在构件 3 上寻求相对构件 1 运动的特征点或直线，约束曲线或曲面对应二副杆，则得到含有 R-C 的空间四杆机构；如约束曲面对应多副杆组合（如 C-P-C），则得到空间五杆甚至六杆机构，从而将函数综合问题转化为空间运动刚体位置综合问题。

7.6.1.3　轨迹综合

给定空间运动刚体上点在固定坐标系 $\{\boldsymbol{O}_f;\ \boldsymbol{x}_f,\ \boldsymbol{y}_f,\ z_f\}$ 中的位移曲线 Γ: $x = x(t)$，$y = y(t)$，$z = z(t)$，确定空间连杆机构的尺寸参数，使连杆上一点在固定机架上的轨迹曲线复演给定的轨迹曲线 Γ，或综合空间连杆机构类型与尺度，称为空间机构轨迹综合。由于空间机构连杆曲线参数多、形状复杂，精确复演给定的轨迹曲线，需要求解复杂的非线性方程组，难度较大。因此，空间机构近似轨迹综合发展空间更大。在空间机构位置综合中，空间运动刚体相对机架具有确定的运动，而轨迹综合中，仅仅给出运动刚体上一点或直线的位移，并不能确定该刚体的空间运动，因而其解在理论上具有不确定性或多解性。为了便于求解，一般也将空间机构的轨迹综合转化为位置综合。基于空间点的位移具有三个自由度，本节利用三自由度二杆空间开式运动链来复演给定空间曲线 Γ，将给定的轨迹曲线 Γ 映射为空间开式运动链中末端构件的运动，并在该构件上寻求特征点或特征直线，从而将轨迹综合转化为位置综合问题。在此以 RC 三自由度二杆空间开式运动链复演给定空间曲线为例，说明具体的映射过程。对于如图 7.32 所示的 RC 开式运动链机构，若用末端构件 BB' 上的一点去复演给定的轨迹曲线 Γ，其所需的位置和机构参数有：

1）x_A，y_A：机架 AA' 与连架杆 $A'B$ 构成回转副 R，其轴线 L_A 上参考点 A 在固定坐标系 $\{\boldsymbol{O}_{\rm f};\ \boldsymbol{x}_{\rm f},\ \boldsymbol{y}_{\rm f},\ \boldsymbol{z}_{\rm f}\}$ 中的坐标。

2）ξ_A，η_A：轴线 L_A 在固定坐标系 $\{\boldsymbol{O}_{\rm f};\ \boldsymbol{x}_{\rm f},\ \boldsymbol{y}_{\rm f},\ \boldsymbol{z}_{\rm f}\}$ 中的方向角参数。

3）h_0：连架杆 $A'B$ 与浮动杆（末端构件）BB' 构成圆柱副 C，其轴线 L_B 与回转副 R 轴线 L_A 有公垂线 $A'B$，垂足点 A' 距离轴线 L_A 上参考点位置点 A 的距离为 h_0；a_1 定义为连架杆（构件 $A'B$）的长度。

4）α_{01}：轴线 L_B 与轴线 L_A 的夹角。

5）r_P，φ_P，z_P：末端构件 BB' 上点 $P_{\rm m}$ 在其坐标系 $\{\boldsymbol{R}_{B'};\ \boldsymbol{x}_2,\ \boldsymbol{y}_2,\ \boldsymbol{z}_2\}$ 中的圆柱坐标。

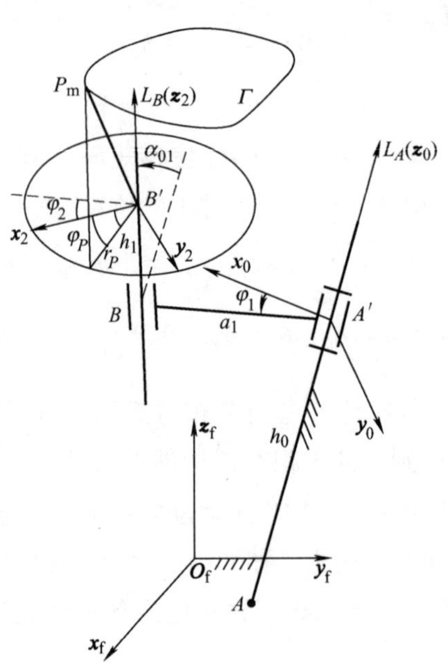

图 7.32　空间连杆机构轨迹综合

由此可见，用开式运动链机构复演给定空间轨迹，具有不随末端构件位置变化的七个独立结构参数 x_A，y_A，ξ_A，η_A，h_0，a_1，α_{01}。在末端构件 BB' 上选择一点 $P_{\rm m}(r_P,\ \varphi_P,\ z_P)$，使得 $P_{\rm m}$ 点可以达到轨迹曲线 Γ 上所有点。

为计算简便，按照 Denavit- Hartenberg 约定，建立机架坐标系 $\{\boldsymbol{R}_{A'};\ \boldsymbol{x}_0,\ \boldsymbol{y}_0,\ \boldsymbol{z}_0\}$ 的 $\boldsymbol{z}_0$ 轴与回转副 R 轴线重合，则可将给定轨迹曲线 Γ 从原固定坐标系 $\{\boldsymbol{O}_{\mathrm{f}};\ \boldsymbol{x}_{\mathrm{f}},\ \boldsymbol{y}_{\mathrm{f}},\ \boldsymbol{z}_{\mathrm{f}}\}$ 中转换到机架坐标系中表示，并离散为点集 $\{(x^{(i)},\ y^{(i)},\ z^{(i)})^{\mathrm{T}}\}$，末端构件 BB' 上点在其坐标系 $\{\boldsymbol{R}_{B'};\ \boldsymbol{x}_2,\ \boldsymbol{y}_2,\ \boldsymbol{z}_2\}$ 中的坐标为 $(x_2,\ y_2,\ z_2)$，转换到机架 AA' 坐标系 $\{\boldsymbol{R}_{A'};\ \boldsymbol{x}_0,\ \boldsymbol{y}_0,\ \boldsymbol{z}_0\}$ 中的坐标为 $(x_0,\ y_0,\ z_0)$，其坐标变换关系为：

$$\begin{bmatrix} x_0 \\ y_0 \\ z_0 \\ 1 \end{bmatrix} = [\boldsymbol{M}_{20}] \cdot \begin{bmatrix} x_2 \\ y_2 \\ z_2 \\ 1 \end{bmatrix} = [\boldsymbol{R}_{20}] \cdot [\boldsymbol{T}_{20}] \cdot \begin{bmatrix} x_2 \\ y_2 \\ z_2 \\ 1 \end{bmatrix} \tag{7.69}$$

其中

$$[\boldsymbol{R}_{20}] = \begin{bmatrix} \mathrm{c}\varphi_2\mathrm{c}\varphi_1 - \mathrm{c}\alpha_{01}\mathrm{s}\varphi_1\mathrm{s}\varphi_2 & -\mathrm{s}\varphi_2\mathrm{c}\varphi_1 - \mathrm{c}\alpha_{01}\mathrm{s}\varphi_1\mathrm{c}\varphi_2 & \mathrm{s}\alpha_{01}\mathrm{s}\varphi_1 & 0 \\ \mathrm{c}\varphi_2\mathrm{s}\varphi_1 + \mathrm{c}\alpha_{01}\mathrm{c}\varphi_1\mathrm{s}\varphi_2 & -\mathrm{s}\varphi_2\mathrm{s}\varphi_1 + \mathrm{c}\alpha_{01}\mathrm{c}\varphi_1\mathrm{c}\varphi_2 & -\mathrm{s}\alpha_{01}\mathrm{c}\varphi_1 & 0 \\ \mathrm{s}\alpha_{01}\mathrm{s}\varphi_2 & \mathrm{s}\alpha_{01}\mathrm{c}\varphi_2 & \mathrm{c}\alpha_{01} & 0 \\ 0 & 0 & 0 & 1 \end{bmatrix}$$

$$[\boldsymbol{T}_{20}] = \begin{bmatrix} 1 & 0 & 0 & a_1\mathrm{c}\varphi_1 + h_1\mathrm{s}\alpha_{01}\mathrm{s}\varphi_1 \\ 0 & 1 & 0 & a_1\mathrm{s}\varphi_1 - h_1\mathrm{s}\alpha_{01}\mathrm{c}\varphi_1 \\ 0 & 0 & 1 & h_1\mathrm{c}\alpha_{01} \\ 0 & 0 & 0 & 1 \end{bmatrix}$$

由式（7.69）可知，末端构件 BB'相对于机架 AA'的位置与姿态参数为：

$$\begin{cases} x_{O\mathrm{mf}} = a_1\mathrm{c}\varphi_1 + h_1\mathrm{s}\alpha_{01}\mathrm{s}\varphi_1,\ y_{O\mathrm{mf}} = a_1\mathrm{s}\varphi_1 - h_1\mathrm{s}\alpha_{01}\mathrm{c}\varphi_1 \\ z_{O\mathrm{mf}} = h_1\mathrm{c}\alpha_{01},\ \theta_1 = \alpha_{01},\ \theta_2 = \dfrac{3\pi}{2} + \varphi_1,\ \theta_3 = \varphi_2 + \pi \end{cases} \tag{7.70}$$

若用末端构件 BB'上的点 P_{m} 去复演给定的轨迹曲线 Γ，由式（7.69）反解出三个未知位置参数（φ_1，φ_2，h_1），得到开式运动链机构各构件的位置参数。即对应给定空间轨迹曲线 Γ 上每一点，末端构件 BB'上坐标系相对于固定坐标系有确定的位置参数。将式（7.70）中的运动参数（$x_{O\mathrm{mf}}$，$y_{O\mathrm{mf}}$，$z_{O\mathrm{mf}}$；θ_1，θ_2，θ_3）离散化代入式（7.7）和式（7.8），可得到末端构件 BB'上点与直线在固定坐标系中离散点集与离散直线族的矢量表达式。即在末端构件 BB' 上寻找特征点与特征线，由此将空间机构轨迹综合问题便转化为空间机构位置综合问题。

当然，由于空间机构的运动副有多种，三自由度二杆空间开式运动链可以有不同的运动副组合，从而形成不同的空间开式运动链，可能综合出不同的空间机构，这也是空间机构轨迹综合的多解或解的不确定性的因素之一。同时，七个独立结构参数 x_A，y_A，ξ_A，η_A，h_0，a_1，α_{01} 的合理选择也是空间机构轨迹综合的重要因素，需要作为轨迹综合的优化变量处理。

7.6.2 空间 RCCC 机构鞍点综合

空间 RCCC 机构含有一个回转副（R）和三个圆柱副（C），一般输入运动为构件 1 的定轴转动（角位移），输出运动为构件 3 的角位移和线位移。由 RCCC 空间四杆机构可以衍生出平面四杆机构、球面四杆机构和各种不含有球面副的空间四杆机构，从而对 RCCC 机构的运动综合进行研究，这不仅具有实际意义，而且也有理论价值。

由于空间机构的复杂以及多样性，对空间四杆机构运动约束的研究还不完善，没有像平面机构和球面机构那样的约束条件，如空间机构没有 Grashof 运动链条件等；本书中将直纹约束曲面分解为球面像曲线和腰线进行描述和研究，对于空间机构的运动约束条件同样可以从球面像曲线以及腰线的角度去考虑。前者对应着球面机构的约束条件，或许可以为空间机构建立统一的运动约束条件提供思路。

（1）空间 RCCC 机构鞍点综合模型　由于空间 RCCC 四杆机构的两个连架二副杆分别是 R-C 和 C-C，对应单叶双曲约束曲面和定轴直纹约束曲面，如图 7.33 所示。

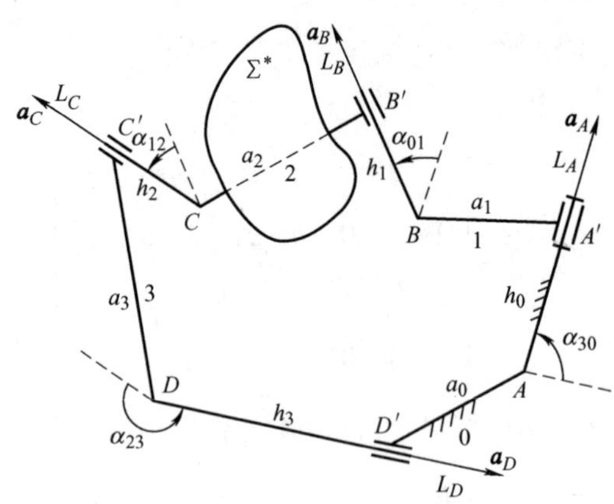

图 7.33　RCCC 空间四杆机构

那么，空间 RCCC 四杆机构运动综合的本质就是在给定空间运动刚体上寻找鞍定轴线 L_{CC} 和鞍-特征线 L_{RC}。以鞍定轴线 L_{CC} 作为连杆上 C 副轴线，鞍-特征线 L_{RC} 作为连架杆与机架的 R 副轴线，以定轴直纹约束曲面的轴线为连架杆与机架的 C 副轴线，形成空间 RCCC 四杆机构。因此，鞍定轴线 L_{CC} 和鞍-特征线 L_{RC} 各自在固定机架坐标系中的离散轨迹直线族 $\{\boldsymbol{R}_{L1}^{(i)}\}$、$\{\boldsymbol{R}_{L2}^{(i)}\}$，需要分别近似于定轴约束直纹面 Σ_{CC} 和双曲约束直纹面 Σ_{RC}，或二者的最大拟合误差加权之和取得最小值，建立空间 RCCC 四杆机构的运动综合模型：

$$\begin{cases}\min F(\boldsymbol{Z}) = \min[\lambda\delta_{CC}(\boldsymbol{Z}_1) + (1-\lambda)\delta_{RC}(\boldsymbol{Z}_2)] \\ \text{s. t. } g_j(\boldsymbol{Z}) \leqslant 0, j = 1, 2, \cdots, k\end{cases} \tag{7.71}$$

式中，λ 为权重系数，并有：

1）目标函数。$\delta_{CC}(\boldsymbol{Z}_1)$ 为鞍定轴线 L_{CC} 的拟合误差，$\delta_{RC}(\boldsymbol{Z}_2)$ 为鞍-特征线 L_{RC} 的拟合

误差，已经分别在7.4.4节和7.5.1节中定义，如式（7.58）和式（7.61），取二者权重之和为目标函数。

2）优化变量。优化变量 $\boldsymbol{Z}=(\boldsymbol{Z}_1,\ \boldsymbol{Z}_2)^{\mathrm{T}}$ 分别为刚体上任意两条直线的方位参数 $\boldsymbol{Z}_1=(\phi_1,\ \varphi_1,\ x_{Pm1},\ y_{Pm1})^{\mathrm{T}}$ 和 $\boldsymbol{Z}_2=(\phi_2,\ \varphi_2,\ x_{Pm2},\ y_{Pm2})^{\mathrm{T}}$，并随刚体空间运动产生离散轨迹直线族 $\{\boldsymbol{R}_{L1}^{(i)}\}$ 和 $\{\boldsymbol{R}_{L2}^{(i)}\}$，其中 $x_{Pmi},\ y_{Pmi}\in(-\infty,\ +\infty)$，$\phi_i\in[0,\ \pi)$，$\varphi_i\in[0,\ 2\pi)$，$i=1,\ 2$。

3）约束方程。空间运动刚体上的鞍定轴线 L_{CC} 及其对应固定坐标系中定轴直纹面 Σ_{CC} 的固定轴线，分别作为空间 RCCC 四杆机构中的连架杆 C-C 上两个圆柱副 C 的中心轴线 L_C 和 L_D，运动轴线 L_C 的单位方向矢量 $\boldsymbol{a}_C$ 在运动坐标系中的方向参数为（ϕ_C，φ_C），并且过定点 $P_1(x_{Pm1},\ y_{Pm1},\ z_{Pm1})$；固定轴线 L_D 的单位方向矢量 $\boldsymbol{a}_D$ 在固定坐标系中的方向参数为（ξ_D，η_D），并且过参考点 $Q_D(x_{QD},\ y_{QD},\ z_{QD})$，球面像圆半锥顶角为 δ_{CC}，圆柱腰面半径为 r_{CC}。

空间运动刚体上的鞍-特征线 L_{RC} 以及其对应固定坐标系中双曲直纹约束曲面 Σ_{RC} 的固定轴线，分别作为空间 RCCC 四杆机构中的连架杆 R-C 上回转副 R 和圆柱副 C 的中心轴线 L_B 和 L_A，运动轴线 L_B 的单位方向矢量 $\boldsymbol{a}_B$ 在运动坐标系中的方向参数为（ϕ_B，φ_B），并且过定点 $P_2(x_{Pm2},\ y_{Pm2},\ z_{Pm2})$；固定轴线 L_A 的单位方向矢量 $\boldsymbol{a}_A$ 在固定坐标系中的方向参数为（ξ_A，η_A），并且过定点 $Q_A(x_{QA},\ y_{QA},\ z_{QA})$，球面像圆半锥顶角为 δ_{RC}，圆柱腰面半径为 r_{RC}。

那么，如图7.33所示，对应的空间 RCCC 四杆机构各杆尺寸和相邻杆角度参数为：

$$
\begin{cases}
\alpha_{01}=\delta_{\mathrm{RC}},\ \alpha_{12}=\cos^{-1}(\boldsymbol{a}_B\cdot\boldsymbol{a}_C),\ \alpha_{23}=\delta_{\mathrm{CC}},\ \alpha_{30}=\cos^{-1}(\boldsymbol{a}_A\cdot\boldsymbol{a}_D)\\
a_1=r_{\mathrm{RC}},\ a_2=\left|\dfrac{(x_{Pm1}-x_{Pm2})\Delta_1+(y_{Pm1}-y_{Pm2})\Delta_2+(z_{Pm1}-z_{Pm2})\Delta_3}{\sqrt{\Delta_1^2+\Delta_2^2+\Delta_3^2}}\right|,\ a_3=r_{\mathrm{CC}}\\
a_0=\left|\dfrac{(x_{QA}-x_{QD})\nabla_1+(y_{QA}-y_{QD})\nabla_2+(z_{QA}-z_{QD})\nabla_3}{\sqrt{\nabla_1^2+\nabla_2^2+\nabla_3^2}}\right|\\
h_0=\dfrac{(a_{A1}-a_{D1}\cos\alpha_{30})(x_{A'}-x_{QD})+(a_{A2}-a_{D2}\cos\alpha_{30})(y_{A'}-y_{QD})+(a_{A3}-a_{D3}\cos\alpha_{30})(z_{A'}-z_{QD})}{\sin^2\alpha_{30}}
\end{cases}
\tag{7.72}
$$

其中

$$
\begin{cases}
\boldsymbol{a}_A=(a_{A1},a_{A2},a_{A3})^{\mathrm{T}}=(\sin\xi_A\cos\eta_A,\sin\xi_A\sin\eta_A,\cos\xi_A)^{\mathrm{T}}\\
\boldsymbol{a}_B=(a_{B1},a_{B2},a_{B3})^{\mathrm{T}}=(\sin\phi_B\cos\varphi_B,\sin\phi_B\sin\varphi_B,\cos\phi_B)^{\mathrm{T}}\\
\boldsymbol{a}_C=(a_{C1},a_{C2},a_{C3})^{\mathrm{T}}=(\sin\phi_C\cos\varphi_C,\sin\phi_C\sin\varphi_C,\cos\phi_C)^{\mathrm{T}}\\
\boldsymbol{a}_D=(a_{D1},a_{D2},a_{D3})^{\mathrm{T}}=(\sin\xi_D\cos\eta_D,\sin\xi_D\sin\eta_D,\cos\xi_D)^{\mathrm{T}}\\
\Delta_1=a_{B2}a_{C3}-a_{B3}a_{C2},\ \Delta_2=a_{B3}a_{C1}-a_{B1}a_{C3},\ \Delta_3=a_{B1}a_{C2}-a_{B2}a_{C1}\\
\nabla_1=a_{A2}a_{D3}-a_{A3}a_{D2},\ \nabla_2=a_{A3}a_{D1}-a_{A1}a_{D3},\ \nabla_3=a_{A1}a_{D2}-a_{A2}a_{D1}\\
x_{A'}=x_{QA}+u_{\mathrm{RC}}a_{A1},\ y_{A'}=y_{QA}+u_{\mathrm{RC}}a_{A2},\ z_{A'}=z_{QA}+u_{\mathrm{RC}}a_{A3}
\end{cases}
$$

得到空间 RCCC 四杆机构的几何参数后，可以根据一般运动学要求以及具体的应用条件，对机构施加约束条件。不同于平面机构，空间机构复杂多样，对于其运动学要求，如曲柄存在条件，最小传动角约束等，难以建立统一适用的条件式，需要针对具体机构进行特定分析。

4）优化求解算法。针对空间 RCCC 四杆机构的运动综合模型式（7.71），若为无约束条件下的机构优化综合问题，则只需在运动刚体上分别确定出鞍-特征线 L_{RC}和 L_{CC}，其具体过程已在7.4.4 节和7.5.1 节讨论过，在得到两条特征直线的基础上，可由式（7.72）确定出 RCCC 四杆机构的尺寸参数；而若进行空间 RCCC 四杆机构的运动综合并使其满足特定的几何和运动要求，可利用 RCCC 四杆机构的运动综合模型式（7.71）进行优化求解，是一个约束优化问题，可通过 MATLAB 软件优化工具箱中的 fmincon 函数进行求解。

5）初始值选择。对于运动刚体上鞍-特征线 L_{RC}和 L_{CC}的优化搜索，在上一节中已经介绍了其初始值的确定方法，而对于有约束条件下 RCCC 四杆机构的运动综合，由于其目标函数以及约束条件的复杂程度大大提高，使得其初始值的选择更为复杂和困难。同平面机构以及球面机构的运动综合一样，运动刚体上的鞍-特征线 L_{RC}和 L_{CC}的组合为 RCCC 机构的运动综合提供了初始值。

6）结束准则。本书例子中，由于直接采用 MATLAB 优化工具箱，可通过 optimset 函数设置最大允许迭代次数（MaxIter）、函数评价最大允许次数（MaxFunEvals）和目标函数的收敛精度（TolFun、Tolcon 以及 TolX）来作为函数收敛结束准则，并通过优化函数的计算退出条件（exitflag）来判断优化结果的收敛性。

按照前述空间 RCCC 四杆机构鞍点综合模型，通过 MATLAB 优化工具箱中的 fmincon 函数对约束条件下 RCCC 四杆机构进行优化搜索。fmincon 函数参考平面四杆机构综合的程序设置，形成约束条件下给定空间运动刚体多个离散位置的空间 RCCC 四杆机构运动综合标准程序模块，简称**有约束 RCCC 机构运动综合程序**。

（2）给定离散位置运动综合　当给定空间运动刚体的多个位置去进行空间 RCCC 四杆机构的运动综合时，需分别根据鞍定轴线 L_{CC}和鞍-特征线 L_{RC}的鞍点综合模型在空间运动刚体上进行优化搜索，得到刚体上的一系列鞍-特征线 L_{RC}和 L_{CC}。由于特征线的存在取决于刚体空间运动的性质，一般情况下，对给定空间运动刚体的五个离散位置进行计算时，刚体上存有有限条数的定轴线 L_{CC}，而当给定五个以上位置数时，刚体上则仅存在鞍定轴线。特征线 L_{RC}存在的条件要求稍高，在给定运动刚体的五个位置时并没有，而在三个位置时才有。因此，对于空间 RCCC 四杆机构而言，无论是对于多位置还是少位置的运动综合，其本质都是在运动刚体上寻找鞍-特征线，只是后者对应的拟合误差更小。

将刚体上的（鞍）定轴线 L_{CC}和（鞍）特征线 L_{RC}作为空间 RCCC 四杆机构连杆上两个圆柱副的中心轴线，而将其对应的鞍定轴直纹面的固定直线分别作为机架上圆柱副和回转副的中心轴线，从而可以构成满足设计要求的多组空间 RCCC 机构，并以（鞍）定轴线 L_{CC}和

（鞍）特征线 L_{RC} 的拟合误差之和较小的几组作为最终的方案。

【例 7-8】 给定空间运动刚体九个离散位置的 RCCC 四杆机构运动综合。

针对于表 7.1 中给定的空间运动刚体的九个离散位置，综合空间 RCCC 四杆机构，引导刚体通过给定的离散位置。

解：依据空间 RCCC 四杆机构的运动综合模型式（7.71），同平面、球面机构的运动综合一样，将 RCCC 机构的运动综合问题分解为三个部分：初始值准备、运动综合程序设置和机构优化求解。其中初始值准备是求解给定九位置无约束下空间运动刚体上的鞍定轴线 L_{CC} 和鞍-特征线 L_{RC}，程序设置是依据综合模型式（7.71）设置 MATLAB 优化工具箱中 fmincon 函数中的变量与参数，而优化求解则是根据初始值和程序设置，求解给定九位置下所综合 RCCC 机构的尺寸参数。

（1）初始值准备　首先，根据鞍球面像圆点子程序 ARrP 进行鞍球面像圆点的优化搜索，按照鞍球面像圆点误差将优化结果（对应鞍球面像圆点）以从小到大的顺序进行排列，表 7.9 中 SRrP1 ~ SRrP5 为优化所得的五个误差较小的鞍球面像圆点。以这五个鞍球面像圆点为基础，分别在运动刚体上进行鞍腰线圆柱点和鞍腰线圆点的优化搜索，其优化结果分别见表 7.10 和表 7.11，从而可由鞍球面像圆点和鞍腰线圆柱点以及鞍腰线圆点，确定出给定九位置无约束情况下运动刚体上的五条鞍定轴线 L_{CC} 以及五条鞍-特征线 L_{RC}。将优化所得的鞍定轴线 L_{CC} 和鞍-特征线 L_{RC} 进行两两组合，可得到 20 组组合，并构成相应的 RCCC 四杆机构，其中五组由鞍定轴线 L_{CC} 和鞍-特征线 L_{RC} 进行组合所得 RCCC 机构的尺寸参数见表 7.21。

表 7.21　五组初始值及初始 RCCC 机构尺寸参数

鞍定轴线 L_{CC}	鞍-特征线 L_{RC}	RCCC 机构尺寸参数								
		α_{01}/rad	α_{12}/rad	α_{23}/rad	α_{30}/rad	a_1	a_2	a_3	a_0	h_0
SRrP3-CCP3	SRrP1-RCP1	0.5237	0.4673	0.5568	0.4944	1.8323	6.1548	2.4233	6.8108	-1.5850
SRrP4-CCP4	SRrP1-RCP1	0.5237	0.4828	0.5588	0.5110	1.8323	6.0168	2.4219	6.6807	-1.5692
SRrP5-CCP5	SRrP1-RCP1	0.5237	0.3753	0.5449	0.3959	1.8323	6.7958	2.1152	6.3923	8.1865
SRrP1-CCP1	SRrP3-RCP3	0.5568	0.4673	0.5237	0.4944	2.8520	4.6341	1.9225	5.7052	-7.8953
SRrP5-CCP5	SRrP3-RCP3	0.5568	0.8028	0.5449	0.7974	2.8520	4.0506	2.1152	3.7689	-7.9382

（2）运动综合程序设置　利用 options 函数对 fmincon 函数进行优化条件设置（optimset），其中 MaxFunEvals = 500，MaxIter = 200，TolFun = 0.000001 和 TolX = 0.000001。线性约束 A，b，Aeq，beq 以及非线性约束 nonlcon 均设置为空，优化变量的下界为 lb = [0，0，-∞，-∞，0，0，-∞，-∞]，优化变量的上界为 ub = [π，2π，+∞，+∞，π，2π，+∞，+∞]。

（3）机构优化综合　以优化得到的刚体上的鞍定轴线 L_{CC} 和鞍-特征线 L_{RC} 组合的直线参数作为 RCCC 机构运动综合的优化初始值，并依据优化模型式（7.71）进行优化求解。通过具体优化计算可以发现，当对机构进行运动综合时，若不施加运动约束，优化所得运动刚体上两条轴线的直线参数，基本等同于初始组合鞍定轴线 L_{CC} 和鞍-特征线 L_{RC} 的直线参数，从而优化得到的 RCCC 机构的尺寸参数同样见表 7.21。

7.6.3 空间 RRSS 机构鞍点综合

7.6.3.1 空间 RRSS 四杆机构鞍点综合模型

空间 RRSS 四杆机构如图 7.34 所示，由两个二副杆 R-R 和 S-S 组合而成。从而对于空间 RRSS 四杆机构的运动综合，其本质就是在空间运动刚体上寻找一个鞍球点 P_{SS} 和一条鞍-特征线 L_{RR}，其分别随空间运动刚体所得离散轨迹点集 $\{\boldsymbol{R}_{P1}^{(i)}\}$，$i=1$，…，$n$ 的鞍球面误差，和离散轨迹直线族 $\{\boldsymbol{R}_{L2}^{(i)}\}$，$i=1$，…，$n$ 的拟合定轴直纹面 Σ_{RR} 最大拟合误差之加权和取得最小值，建立空间 RRSS 四杆机构的鞍点综合优化模型为：

$$\begin{cases}\min F(\boldsymbol{Z})=\min(\lambda\Delta_{SS}(\boldsymbol{Z}_1)+(1-\lambda)\Delta_{RR}(\boldsymbol{Z}_2))\\ \text{s. t. } g_j(\boldsymbol{Z})\leqslant 0, j=1,2,\cdots,k\end{cases}\tag{7.73}$$

式中，λ 为权重系数。空间 RRSS 四杆机构的运动综合的优化模型具有如下方面内容：

1）目标函数。特征点 P_{SS} 对应鞍球面误差 $\Delta_{SS}(\boldsymbol{Z}_1)$ 和特征直线 L_{RR} 对应鞍定轴直纹面 Σ_{RR} 的最大拟合误差 $\Delta_{RR}(\boldsymbol{Z}_2)$ 之加权和取为目标函数，其定义分别在 7.2.1 节和 7.5.1 节中给出。

2）优化变量。优化变量 $\boldsymbol{Z}=(\boldsymbol{Z}_1,\ \boldsymbol{Z}_2)^{\mathrm{T}}$，其中 $\boldsymbol{Z}_1=(x_{Pm1},\ y_{Pm1},\ z_{Pm1})^{\mathrm{T}}$ 为刚体上任意点的坐标，并随刚体空间运动产生离散轨迹点集 $\{\boldsymbol{R}_{P1}^{(i)}\}$；$\boldsymbol{Z}_2=(\phi_2,\ \varphi_2,\ x_{Pm2},\ y_{Pm2})^{\mathrm{T}}$ 为刚体上任意直线的方位参数，并随刚体空间运动产生离散轨迹直线族 $\{\boldsymbol{R}_{L2}^{(i)}\}$。优化变量中 x_{Pm1}，y_{Pm1}，z_{Pm1} 和 x_{Pm2}，y_{Pm2} 的定义域为负无穷到正无穷，ϕ_2 的定义域为 $0\sim\pi$，φ_2 的定义域为 $0\sim 2\pi$。

3）约束方程。如图 7.34 所示，将空间运动刚体上特征点 $P_{SS}(x_{Pm1},\ y_{Pm1},\ z_{Pm1})$ 作为空间 RRSS 四杆机构连杆上球副 S 的中心点 C，其对应鞍球面的球心点 D 在固定坐标系中的坐标为 $(x_D,\ y_D,\ z_D)$，半径为 r_{SS}。将特征直线 L_{RR} 作为 RRSS 四杆机构连杆上回转副 R 的中心轴线 L_B，轴线 L_B 的单位方向矢量 $\boldsymbol{a}_B$ 在运动坐标系中的方向参数为 $(\phi_B,\ \varphi_B)$，并且过定点 $P_2(x_{Pm2},\ y_{Pm2},\ z_{Pm2})$，其对应鞍定轴直纹面 Σ_{RR} 固定轴线 L_A 的单位方向矢量 $\boldsymbol{a}_A$ 在固定坐标系中的方向参数为 $(\xi_A,\ \eta_A)$，并且过定点 $Q_A(x_{QA},\ y_{QA},\ z_{QA})$，球面像圆半锥顶角为 δ_{RR}，圆柱腰面半径为 r_{RR}，那么所优化得到的空间 RRSS 四杆机构的尺寸参数为：

$$\begin{cases}\alpha_{12}=\delta_{RR},\ a_1=r_{RR},\ a_3=r_{SS}\\ h_2=a_{B1}(x_{Pm1}-x_{Bm})+a_{B2}(y_{Pm1}-y_{Bm})+a_{B3}(z_{Pm1}-z_{Bm})\\ a_2=\sqrt{(x_{Pm1}-x_{Bm})^2+(y_{Pm1}-y_{Bm})^2+(z_{Pm1}-z_{Bm})^2-h_2^2}\\ h_0=a_{A1}(x_D-x_A)+a_{A2}(y_D-y_A)+a_{A3}(z_D-z_A)\\ a_0=\sqrt{(x_D-x_A)^2+(y_D-y_A)^2+(z_D-z_A)^2-h_0^2}\end{cases}\tag{7.74}$$

其中

$$\begin{cases} \boldsymbol{a}_B = (a_{B1}, a_{B2}, a_{B3})^{\mathrm{T}} = (\sin\phi_B\cos\varphi_B, \sin\phi_B\sin\varphi_B, \cos\phi_B)^{\mathrm{T}} \\ \boldsymbol{a}_A = (a_{A1}, a_{A2}, a_{A3})^{\mathrm{T}} = (\sin\xi_A\cos\eta_A, \sin\xi_A\sin\eta_A, \cos\xi_A)^{\mathrm{T}} \\ x_A = x_{QA} + u_{\mathrm{RR}}a_{A1},\ y_A = y_{QA} + u_{\mathrm{RR}}a_{A2},\ z_A = z_{QA} + u_{\mathrm{RR}}a_{A3} \\ x_{Bm} = x_{Pm2} + v_{\mathrm{RR}}a_{B1},\ y_{Bm} = y_{Pm2} + v_{\mathrm{RR}}a_{B2},\ z_{Bm} = z_{Pm2} + v_{\mathrm{RR}}a_{B3} \end{cases}$$

得到 RRSS 四杆机构的杆长参数后，可以根据一般运动学要求以及具体的应用条件，对机构施加约束条件。

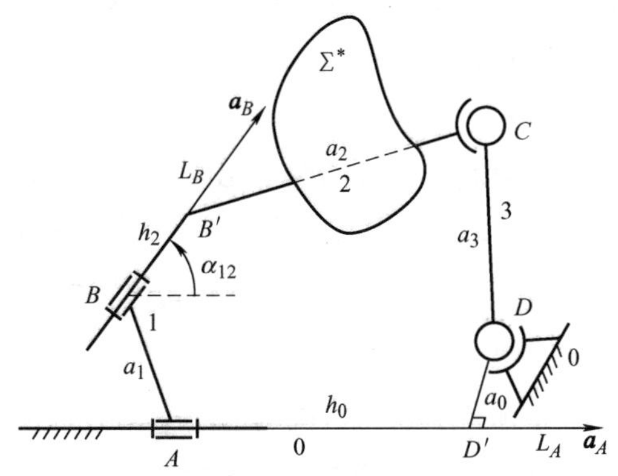

图 7.34　RRSS 空间四杆机构

4）优化求解与算法。针对空间 RRSS 四杆机构的运动综合使其满足特定的几何与运动要求，可利用 RRSS 四杆机构的运动综合模型式（7.73）并通过 MATLAB 软件的 fmincon 函数进行求解；而若为无约束条件下的机构优化综合问题，则只需在运动刚体上搜寻鞍球点 P_{SS}和鞍-特征线 L_{RR}，其具体过程分别在 7.2.6 节和 7.5.1 节中予以讨论。在优化所得的若干鞍球点 P_{SS}和鞍-特征线 L_{RR}中，选择拟合误差最小的两个组成空间 RRSS 四杆机构。

5）初始值选择。是优化变量 $z_1 = (x_{Pm1},\ y_{Pm1},\ z_{Pm1})^{\mathrm{T}}$和 $z_2 = (\phi_2,\ \varphi_2,\ x_{Pm2},\ y_{Pm2})^{\mathrm{T}}$的初始值，可从无约束条件下优化搜索得到刚体上的若干鞍球点 P_{SS}和鞍-特征线 L_{RR}中，任意选择其中的一个鞍球点 P_{SS}和一条鞍-特征线 L_{RR}组成 RRSS 四杆机构，并判断其是否满足约束条件，从而以满足约束条件的多组 RRSS 四杆机构作为优化初始机构进行优化求解。

6）结束准则。本书中通过 MATLAB 软件中的 Optimset 函数对结束准则进行设置。

7.6.3.2　给定离散位置运动综合

当给定空间运动刚体的多个位置去进行空间 RRSS 四杆机构的运动综合时，需分别根据鞍球点 P_{SS}和鞍-特征线 L_{RR}的运动综合模型和优化搜索过程，分别在刚体上进行优化搜索，得到刚体上的一系列鞍球点 P_{SS}和鞍-特征线 L_{RR}。当进行计算时可以发现，给定运动刚体的位置数为 3 时，刚体上存在有限条数的精确特征直线 L_{RR}以及无数的球点 P_{SS}。可是，在给定运动刚体的位置数大于 3 时，精确的特征直线 L_{RR}将不复存在，仅存有鞍特征直线，因此对于 RRSS 空间四杆机构的运动综合而言，四位置及以上属于多位置近似运动综合问题。

将刚体上（鞍）球面点 P_{SS}和（鞍）特征直线 L_{RR}作为 RRSS 四杆机构连杆上球副 S 的中心和回转副 R 的中心轴线，而将其对应鞍球面的球心和鞍定轴直纹面的固定直线，分别作为机架上球副 S 的中心和回转副 R 的中心轴线，从而可以构成满足设计要求的多组空间 RRSS 机构。

【例 7-9】 给定空间运动刚体九个离散位置的 RRSS 四杆机构运动综合。

针对于表 7.1 中给定的空间运动刚体的九个离散位置，综合空间 RRSS 四杆机构，引导刚体通过给定的离散位置。

解：依据空间 RRSS 四杆机构的运动综合模型式（7.73），将 RRSS 机构的运动综合问题分解为三个部分：初始值准备、运动综合程序设置和机构优化求解。其中初始值准备是求解给定九位置无约束下空间运动刚体上的鞍球点 P_{SS}和鞍-特征线 L_{RR}。程序设置是依据综合模型式（7.73）设置优化工具箱中 fmincon 函数中的变量与参数，而优化求解则是根据初始值和程序设置求解给定九位置下所综合 RRSS 机构的尺寸参数。

（1）初始值准备　首先，根据鞍球点子程序 ASSP 在运动刚体上进行鞍球点 P_{SS}的优化搜索，按照鞍球点误差将优化结果（对应鞍球点）以从小到大的顺序进行排列，其中七个误差较小的鞍球点（SSP1 ~ SSP7）见表 7.2。接下来在表 7.9 中五个误差较小的鞍球面像圆点 SRrP1 ~ SRrP5 的基础上，在运动刚体上进行鞍腰线圆点的优化搜索，并考虑运动刚体直线上点在各个位置到腰点的距离近似保持不变，其优化结果见表 7.12。从而可由鞍球面像圆点和鞍腰线圆点，确定出给定九位置无约束情况下运动刚体上的五条鞍-特征线 L_{RR}。将优化所得的鞍球点 P_{SS}和鞍-特征线 L_{RR}进行两两组合，可得到 35 组组合，构成相应的 RRSS 四杆机构，并由式（7.74）求得其尺寸参数，其中五组由鞍-特征线 L_{RR}和鞍球点 P_{ss}进行组合所得 RRSS 机构的尺寸参数见表 7.22。

表 7.22　五组初始值及初始 RRSS 机构尺寸参数

鞍球点 P_{SS}	鞍-特征线 L_{RR}	RRSS 机构尺寸参数						
		α_{12}/rad	a_1	a_2	a_3	a_0	h_0	h_2
SSP1	SRrP1-RRP1	0.5237	2.1709	23.8768	23.5296	5.1543	2.5693	14.3274
SSP1	SRrP2-RRP2	0.5269	2.1651	23.2768	23.5296	5.0480	2.7211	15.1637
SSP1	SRrP3-RRP3	0.5568	2.5221	16.0467	23.5296	4.4179	4.0988	22.7506
SSP1	SRrP4-RRP4	0.5588	2.5316	15.6933	23.5296	4.4400	4.1418	23.0230
SSP1	SRrP5-RRP5	0.5449	2.0228	25.0557	23.5296	4.9208	1.0445	8.6586

（2）运动综合程序设置　利用 options 函数对 fmincon 函数进行优化条件设置（optimset），

其中 MaxFunEvals = 500，MaxIter = 200，TolFun = 0.000001 和 TolX = 0.000001。线性约束 A，b，Aeq，beq 均设置为空，优化变量的下界为 lb = [$-\infty$，$-\infty$，$-\infty$，0，0，$-\infty$，$-\infty$]，优化变量的上界为 ub = [$+\infty$，$+\infty$，$+\infty$，π，2π，$+\infty$，$+\infty$]。

（3）机构优化综合　以优化得到的刚体上的鞍球点 P_{SS} 和鞍-特征线 L_{RR} 组合的参数作为 RRSS 机构运动综合的优化初始值，并依据优化模型式（7.73）进行优化求解。通过具体优化计算可以发现，当对机构进行运动综合时，若不施加运动约束，优化所得运动刚体上特征点和特征直线的参数，基本等同于初始鞍球点 P_{SS} 和鞍-特征线 L_{RR} 的参数，从而优化得到的 RRSS 机构的尺寸参数同样见表 7.22。

7.6.4　空间 RRSC 机构鞍点综合

7.6.4.1　空间 RRSC 四杆机构鞍点综合模型

RRSC 四杆机构可以理解为由一个 R-R 二副杆和一个 C-S 二副杆组合而成。因此对于空间 RRSC 四杆机构的运动综合，其本质就是在空间运动刚体上寻找一个鞍圆柱点 P_{CS} 和一条鞍-特征线 L_{RR}，其分别随空间运动刚体所得离散轨迹点集 $\{\boldsymbol{R}_{P1}^{(i)}\}$，$i=1$，…，$n$ 的鞍圆柱面误差，和离散轨迹直线族 $\{\boldsymbol{R}_{L2}^{(i)}\}$，$i=1$，…，$n$ 的拟合定轴直纹面 Σ_{RR} 的最大拟合误差之加权和取得最小值，建立空间 RRSC 四杆机构的运动综合优化模型为：

$$\begin{cases}\min F(\boldsymbol{Z}) = \min(\lambda\Delta_{CS}(\boldsymbol{Z}_1) + (1-\lambda)\Delta_{RR}(\boldsymbol{Z}_2)) \\ \text{s. t. } g_j(\boldsymbol{Z}) \leqslant 0, j=1,2,\cdots,k\end{cases} \tag{7.75}$$

式中，λ 为权重系数。空间 RRSC 四杆机构的运动综合的优化模型具有如下方面内容：

1）目标函数。鞍圆柱点 P_{CS} 对应鞍圆柱面误差 $\Delta_{CS}(\boldsymbol{Z}_1)$ 和鞍-特征线 L_{RR} 对应自适应定轴直纹面 Σ_{RR} 的最大拟合误差 $\Delta_{RR}(\boldsymbol{Z}_2)$ 之加权和取为目标函数，其定义分别在 7.3.1 节和 7.5.1 节中给出。

2）优化变量。优化变量 $\boldsymbol{Z}=(\boldsymbol{Z}_1,\ \boldsymbol{Z}_2)^{\mathrm{T}}$，其中 $\boldsymbol{Z}_1=(x_{Pm1},\ y_{Pm1},\ z_{Pm1})^{\mathrm{T}}$ 为刚体上任意点的坐标，并随刚体空间运动产生离散轨迹点集 $\{\boldsymbol{R}_{P1}^{(i)}\}$；$\boldsymbol{Z}_2=(\phi_2,\ \varphi_2,\ x_{Pm2},\ y_{Pm2})^{\mathrm{T}}$ 为刚体上任意直线的方位参数，并随刚体空间运动产生离散轨迹直线族 $\{\boldsymbol{R}_{L2}^{(i)}\}$。优化变量中 x_{Pm1}，y_{Pm1}，z_{Pm1} 和 x_{Pm2}，y_{Pm2} 的定义域为负无穷到正无穷，ϕ_2 的定义域为 0 ~ π，φ_2 的定义域为 0 ~ 2π。

3）约束方程。如图 7.35 所示。将空间运动刚体上鞍圆柱点 $P_{CS}(x_{Pm1},\ y_{Pm1},\ z_{Pm1})$ 作为空间 RRSC 四杆机构连杆上球副 S 的中心点 C，其对应鞍圆柱面轴线 L_D 的单位方向矢量 $\boldsymbol{a}_D$ 在固定坐标系中的方向参数为$(\xi_D,\ \eta_D)$，L_D 过固定点 $Q_D(x_{QD},\ y_{QD},\ z_{QD})$，圆柱面的半径为 r_{CS}。

将鞍-特征线 L_{RR} 作为 RRSC 四杆机构连杆上回转副 R 的中心轴线 L_B，运动轴线 L_B 的单位方向矢量 $\boldsymbol{a}_B$ 在运动坐标系中的方向参数为（ϕ_B，φ_B），并且过定点 $P_2(x_{Pm2},\ y_{Pm2},\ z_{Pm2})$，其对应自适应定轴直纹面 Σ_{RR} 固定轴线 L_A 的单位方向矢量 $\boldsymbol{a}_A$ 在固定坐标系中的方向参数为

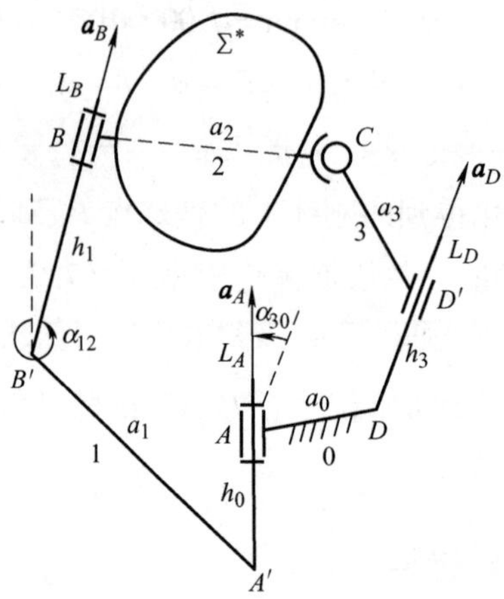

图 7.35 RRSC 空间四杆机构

(ξ_A, η_A)，并且过定点 $Q_A(x_{QA}, y_{QA}, z_{QA})$，球面像圆半锥顶角为 δ_{RR}，圆柱腰面半径为 r_{RR}，那么所优化得到的空间 RRSC 四杆机构的尺寸参数为：

$$\begin{cases}a_3 = r_{CS},\ a_1 = r_{RR},\ \alpha_{12} = \delta_{RR} \\ \alpha_{30} = \cos^{-1}(\boldsymbol{a}_A \cdot \boldsymbol{a}_D) \\ h_0 = q - u_{RR},\ h_1 = w - v_{RR} \\ a_2 = \sqrt{(x_{Pm1} - x_{Bm})^2 + (y_{Pm1} - y_{Bm})^2 + (z_{Pm1} - z_{Bm})^2} \\ a_0 = \left|\dfrac{(x_{QA} - x_{QD})\Delta_1 + (y_{QA} - y_{QD})\Delta_2 + (z_{QA} - z_{QD})\Delta_3}{\sqrt{\Delta_1^2 + \Delta_2^2 + \Delta_3^2}}\right|\end{cases} \tag{7.76}$$

其中

$$\begin{cases}\boldsymbol{a}_A = (a_{A1}, a_{A2}, a_{A3})^{\mathrm{T}} = (\sin\xi_A\cos\eta_A, \sin\xi_A\sin\eta_A, \cos\xi_A)^{\mathrm{T}} \\ \boldsymbol{a}_B = (a_{B1}, a_{B2}, a_{B3})^{\mathrm{T}} = (\sin\phi_B\cos\varphi_B, \sin\phi_B\sin\varphi_B, \cos\phi_B)^{\mathrm{T}} \\ \boldsymbol{a}_D = (a_{D1}, a_{D2}, a_{D3})^{\mathrm{T}} = (\sin\xi_D\cos\eta_D, \sin\xi_D\sin\eta_D, \cos\xi_D)^{\mathrm{T}} \\ \Delta_1 = a_{A2}a_{D3} - a_{A3}a_{D2},\ \Delta_2 = a_{A3}a_{D1} - a_{A1}a_{D3},\ \Delta_3 = a_{A1}a_{D2} - a_{A2}a_{D1} \\ w = a_{B1}(x_{Pm1} - x_{Pm2}) + a_{B2}(y_{Pm1} - y_{Pm2}) + a_{B3}(z_{Pm1} - z_{Pm2}) \\ q = \dfrac{(x_{QA} - x_{QD})(a_{D1}\cos\alpha_{30} - a_{A1}) + (y_{QA} - y_{QD})(a_{D2}\cos\alpha_{30} - a_{A2}) + (z_{QA} - z_{QD})(a_{D3}\cos\alpha_{30} - a_{A3})}{\sin^2\alpha_{30}} \\ x_{Bm} = x_{Pm2} + wa_{B1},\ y_{Bm} = y_{Pm2} + wa_{B2},\ z_{Bm} = z_{Pm2} + wa_{B3}\end{cases}$$

4）优化求解与算法。针对空间 RRSC 四杆机构的运动综合使其满足特定的几何与运动要求，可利用 RRSC 四杆机构的运动综合模型式（7.75）并采用 MATLAB 软件中的 fmincon 函数进行求解；而若为无约束条件下的机构优化综合问题，则只需在运动刚体上搜寻鞍圆柱点 P_{CS} 和鞍- 特征线 L_{RR}，其具体的过程分别在 7.3.6 节和 7.5.1 节予以讨论，在优化所得的若干鞍圆柱点 P_{CS} 和鞍-特征线 L_{RR} 中，选择拟合误差最小的两个组成空间 RRSC 四杆机构。

5）初始值选择。优化变量 $\mathbf{Z}_1=(x_{Pm1},\ y_{Pm1},\ z_{Pm1})^T$ 和 $\mathbf{Z}_2=(\phi_2,\ \varphi_2,\ x_{Pm2},\ y_{Pm2})^T$ 的初始值可以作为无约束条件优化搜索得到刚体上的若干鞍圆柱点 P_{CS} 和鞍-特征线 L_{RR}，任意选择其中的一个鞍圆柱点 P_{CS} 和鞍-特征线 L_{RR} 组成 RRSC 四杆机构，并判断其是否满足约束条件，从而以满足约束条件的多组 RRSC 四杆机构作为优化初始机构进行优化求解。

6）结束准则。本书中通过 MATLAB 软件中的 optimset 函数对结束准则进行设置。

7.6.4.2　给定离散位置运动综合

当给定空间运动刚体的多个位置去进行空间 RRSC 四杆机构的运动综合时，需分别根据鞍圆柱点 P_{CS} 和鞍-特征线 L_{RR} 的运动综合模型和优化搜索过程，分别在刚体上进行优化搜索，得到刚体上的一系列鞍圆柱点 P_{CS} 和鞍-特征线 L_{RR}。当进行计算时可以发现，给定运动刚体的位置数为 3 时，刚体上存在有有限条数的精确特征直线 L_{RR} 以及无数的圆柱面点 P_{CS}。可是在给定运动刚体的位置数大于 3 时，精确的特征直线 L_{RR} 将不复存在，仅存有鞍-特征线 L_{RR}，因此对于 RRSC 空间四杆机构的运动综合而言，四位置及以上属于多位置近似运动综合问题。

将刚体上（鞍）圆柱面点 P_{CS} 和（鞍）特征线 L_{RR} 作为空间 RRSC 四杆机构连杆上球副 S 的中心和圆柱副 C 的中心轴线，而将其对应鞍圆柱面的轴线和鞍定轴直纹面的轴线分别作为机架上两个回转副 R 的中心轴线，从而可以构成满足设计要求的多组空间 RRSC 四杆机构。

【例 7-10】　给定空间运动刚体九个离散位置的 RRSC 四杆机构运动综合。

针对表 7.1 中给定的空间运动刚体的九个离散位置，综合空间 RRSC 四杆机构，引导刚体通过给定的离散位置。

解：依据空间 RRSC 四杆机构的运动综合模型式（7.75），将 RRSC 机构的运动综合问题分解为三个部分：初始值准备、运动综合程序设置和机构优化求解。其中初始值准备是求解给定九位置无约束下空间运动刚体上的鞍圆柱点 P_{CS} 和鞍-特征线 L_{RR}，程序设置是依据综合模型式（7.75）设置优化工具箱中 fmincon 函数中的变量与参数，而优化求解则是根据初始值和程序设置，求解给定九位置下所综合 RRSC 机构的尺寸参数。

（1）初始值准备　首先，根据鞍圆柱点子程序 ACSP 在运动刚体上进行鞍圆柱点 P_{CS} 的优化搜索，按照鞍圆柱点误差将优化结果（对应鞍圆柱点）以从小到大的顺序进行排列，其中七个误差较小的鞍圆柱点（SCP1 ~ SCP7）见表 7.5。而由［例 7-9］可知，运动刚体上优化得到的五条鞍-特征线 L_{RR} 的鞍球面像圆点和鞍腰线圆点分别见表 7.9 和表 7.12。将优化所得的鞍圆柱点 P_{CS} 和鞍-特征线 L_{RR} 进行两两组合，可得到 35 组组合，构成相应的 RRSC 四杆机构，并由式（7.76）求得其尺寸参数，其中五组由鞍-特征线 L_{RR} 和鞍圆柱点 P_{CS} 进行组合所得 RRSC 机构的尺寸参数见表 7.23。

表 7.23 五组初始值及初始 RRSC 机构尺寸参数

鞍圆柱点 P_{CS}	鞍-特征线 L_{RR}	RRSC 机构尺寸参数							
		α_{12}/rad	α_{30}/rad	a_1	a_2	a_3	a_0	h_0	h_1
CSP6	SRrP1-RRP1	0.5237	0.2437	2.1709	19.1559	2.8929	17.8596	-9.8070	-3.2789
CSP6	SRrP2-RRP2	0.5269	0.2104	2.1651	18.9915	2.8929	17.6116	-10.8543	-3.1188
CSP6	SRrP3-RRP3	0.5568	0.2508	2.5221	17.7597	2.8929	17.2825	11.5421	-6.1687
CSP6	SRrP4-RRP4	0.5588	0.2673	2.5316	17.4786	2.8929	17.0365	10.6488	-6.2194
CSP6	SRrP5-RRP5	0.5449	0.5769	2.0228	17.7859	2.8929	12.6469	1.3150	2.9352

（2）运动综合程序设置　利用 options 函数对 fmincon 函数进行优化条件设置（optimset），其中 MaxFunEvals = 500，MaxIter = 200，TolFun = 0.000001 和 TolX = 0.000001。线性约束 A，b，Aeq，beq 均设置为空，优化变量的下界为 lb = [$-\infty$，$-\infty$，$-\infty$，0，0，$-\infty$，$-\infty$]，优化变量的上界为 ub = [$+\infty$，$+\infty$，$+\infty$，π，2π，$+\infty$，$+\infty$]。

（3）机构优化综合　以优化得到的刚体上的鞍圆柱点 P_{CS} 和鞍-特征线 L_{RR} 组合的参数作为 RRSS 机构运动综合的优化初始值，并依据优化模型式（7.75）进行优化求解。通过具体优化计算可以发现，当对机构进行运动综合时，若不施加运动约束，优化所得运动刚体上特征点和特征直线的参数，基本等同于初始鞍圆柱点 P_{CS} 和鞍-特征线 L_{RR} 的参数，从而优化得到的 RRSC 机构的尺寸参数同样见表 7.23。

7.7 讨论

相比较于平面机构，空间机构具有结构紧凑、运动多样以及工作可靠等特点，因而空间机构可以应用于需用复杂平面机构实现或者平面机构根本无法实现的场合。但是由于空间连杆机构运动的复杂性，不易想象构思，很难应用直观试凑法进行设计，机构的运动综合变得更为艰难，其理论的重要性尤为突出。

尽管 C. Bagci[4] 采用几何作图法研究了球面四杆机构的运动综合问题，但求解过程十分复杂，精度不高，并且只能解决有限几个位置的综合问题。若将几何作图法推广到空间连杆机构，对付复杂的空间机构的图解将是十分困难的，因而传统的几何作图法仅局限于解决简单的设计问题。而对于传统的图谱方法，由于空间机构连杆曲线的复杂性，并且随着投影平面的不同而改变投影线的形状，从而对于空间连杆机构，无法建立起用于轨迹综合的连杆曲线的传统图谱。褚金奎[5] 将傅里叶级数理论推广到空间连杆机构，对不同类型连杆机构输出的谐波特征参数进行了分析，从而建立了空间连杆机构尺度综合的数值图谱方法。

随着计算机技术的发展，对空间连杆机构的运动综合更多的是解析法和优化方法，其理论基础是空间运动几何学。R. S. Hartenberg 和 J. Denavit[6] 给出了空间连杆机构运动分析的符号表示方法，利用矩阵变换得到空间连杆机构的位移方程，将连杆机构的函数综合归结为非线性方程组的求解。B. Roth[7-11]利用螺旋运动描述刚体的有限分离位置，给出了运动刚体上共直线、圆、球面和圆柱面的相关点的方程，讨论了含有转动副、移动副、圆柱副、螺旋副和球面副的空间二副杆的有限位置综合问题，利用提出的“等效螺旋三角形”得到二副杆的设计方程，迄今仍是空间离散运动几何学（有限分离位置）的理论基础。P. Chen 和 B. Roth[12,13]，P. A. James 和 B. Roth[14]将有限分离位置的综合理论推广到无限接近位置和无限、有限混合位置，利用二副杆或者多副杆机构约束方程的极限运算建立无限接近位置运动几何学，但是并没有进行展开论述。G. N. Sandor[15]利用四元数算子和矢量运算建立了空间连杆机构的位移方程以及约束方程，并以此为基础给出了空间连杆机构有限分离以及无限接近位置的轨迹、函数和位置综合方法。C. H. Suh 和 C. W. Radcliffe[16,17]给出了 S-S，R-S，R-R，R-C 和 C-C 二副杆的位移、速度和加速度约束方程，利用螺旋位移矩阵得到空间运动上任意点和直线的离散位移，从而由机构的约束方程得到关于机构结构参数的设计方程。J. M. McCarthy[18]将 G. N. Sandor 和 A. G. Erdman[19]提出的标准形方程由平面 RR 二副杆的运动综合推广到空间 CC 二副杆，实现了 B. Roth 关于 CC 二副杆固定轴与相对螺旋轴方位关系的论述。C. Innocenti[20]给出了空间 SS 二副杆的约束方程，并提出一种代数消元方法将六元二次方程转化为一元二十次方程，并将之应用于一个 5-SS 平台的七位置精确综合。E. lee 和 C. Mavroidis[21]采用 Denavit 和 Hartenberg 的符号表示方法以及 4×4 的齐次变换矩阵得到空间 RRR 三副杆的约束方程，并采用多项式同伦连续法对其进行了求解。A. Perez 和 J. M. McCarthy[22]利用对偶四元数代数以及螺旋运动建立了空间多杆机构的约束方程，并同样采用连续法对其进行求解。S. Bai 和 J. Angeles[23]利用对偶代数重新构建了空间 CC，RC 和 RR 二副杆的约束方程，并采用半图解法对其进行求解，从而可以过滤掉复数解使得求解过程简单，可以实现空间 CCCC 和 RCCC 四杆机构的四位置、五位置精确位置综合。由此可见，对于空间连杆机构精确运动综合的解析法主要集中于对二副杆和多副杆机构约束方程的建立，以及约束方程求解方法的研究。其中约束方程的建立多采用矩阵方法、对偶代数法、对偶四元数法等。而对于约束方程的求解则广泛的采用代数消元法[24,25]或者多项式连续法[26]以及在此基础上的改进。

C. H. Suh 和 C. W. Radcliffe 在文献［14］中采用最小二乘法和直接搜索法仅仅讨论了 RRSS 空间四杆机构的轨迹综合，但是其目标函数由结构误差和机构约束方程混合构成，在迭代过程中不能避免所选坐标系的影响，同时也不能体现每个变量对优化误差的影响，优化变量中甚至含有所综合机构的运动参数，大大增加了收敛难度。J. Angeles[27]利用旋量理论建立了空间机构运动约束方程组，以约束方程的平方和最小作为优化目标，分别讨论了空间 RSSR 四杆机构近似函数综合和空间 RR 二副杆的近似运动综合问题。R. I. Jamalov，F. L. Litvin 和 B. Roth[28]将空间 RCCC 四杆机构看作两个开式机构的组合，利用两个特殊形式的 4×4 矩阵，并根据该机构本身的运动方程组对 RCCC 四杆机构进行了运动和传动性能分析。根据分析结果，进一步提出以提高 C 副移动范围为目标的 RCCC 空间四杆机构优化设计方法。由于该方法本身并不针对任何运动要求（位置、轨迹或函数），因此仅可以作为 RCCC 空间四杆近似运动综合的辅助过程。G. K. Ananthasuresh 和 S. N. Kramer[29] 利用空间 RSCR 四杆机构中 RC 二副杆约束曲面的几何特征，给出了分析空间 RSCR 四杆机构位移方程的新方法。但是对于 RSCR 机构的位置、函数以及轨迹综合，仍是以结构误差作为目标函数，以机构的尺寸参数作为优化变量进行优化设计。J. M. Jiménez 等[30] 利用自然坐标描述了连杆机构的几何和功能约束条件式，同样以约束条件式的平方和最小作为优化目标来进行连杆机构的运动综合。V. Krovi，G. K. Ananthasuresh 和 V. Kumar[31] 讨论了用空间 R-R 二副杆复演空间轨迹曲线时机构尺寸的确定，利用旋转矩阵法获得了精确点轨迹综合的方程式，并以对应点距离误差的平方和最小为目标，对五个任选参数进行了优化。由于在优化过程中需要指定三个精确点，因此该方法仅是插值点的一个变异形式，而且正如作者在文中所述：优化结果的好坏依赖于初始解的选取。T. F. Parikian[32] 讨论了用不同类型的单自由度空间机构实现同一连杆曲线的问题，并在理论上证明了对于一条连杆曲线可以找到无数个机构予以实现，为空间连杆机构的轨迹综合提供了一个新颖独特的方法。但是前提条件是能够综合出生成该曲线的一个空间机构，因此仍然需要成熟的空间机构近似轨迹综合方法。张启先院士的著作[1] 较全面地介绍了空间机构的基本运动副、自由度的判断，并利用空间刚体位移矩阵和螺旋位移参数，对常见空间开式、闭式机构进行了运动、动力分析，但是该书下册的出版成为了先生的遗愿。黄真教授的著作[33] 更多侧重机构的分析求解，而曹惟庆先生的著作[34] 对于空间机构的运动综合也只是一带而过。

由此可见，空间连杆机构运动综合的研究还很有限，多数研究集中于相对比较简单的空间 RSSR 四杆机构[35-42]，而且多是具体问题具体分析，而对于空间最基本的四杆机构 RCCC 机构的运动综合的研究，也是基于解析法的少位置精确运动综合，而且缺少类似平面四杆机构的曲柄存在条件。多位置离散运动综合的研究少之又少，而其理论基础——空间离散运动几何学，仍然停留在以“等效螺旋三角形”为基础的有限分离位置阶段，难以适应具有多种运动副类型的空间机构离散运动综合的需要。由于空间离散运动几何学的研究对象是离散运动，研究的内涵是比较图形的整体几何性质，困难程度显而易见，是机构学的最困难研究领域，也是对世界机构学者的挑战。作者以简单空间机构约束曲线、曲面的整体几何不变量与不变式为基本要素，以其整体法向最大误差最小为准则，初步讨论共约束曲面的空间离散运动刚体上点与线的分布规律，如鞍球点、鞍圆柱点、鞍定轴线和鞍定常线等，对应 S-S，C-S，C-C，H-C，R-C 等二副杆约束曲面，建立空间机构离散运动鞍点综合方法[43-46]，与平面及球面离散运动综合相呼应，探索机构离散运动鞍点综合的统一方法。

空间机构离散运动鞍点综合方法的理论基础——空间离散运动几何学，其本质是相关离散点、线或面的轨迹或包络面在整体上最佳逼近约束曲面，得到相关离散位置不变量与不变式，如直线的离散轨迹曲面逼近直纹约束曲面转化为单位球面离散运动相关点的鞍圆和空间离散运动相关直线腰点的鞍腰线圆柱面，与传统的等效螺旋三角形理论不同。然而，对于空间离散运动几何学，包括平面和球面离散运动几何学，基于鞍点规划的理论研究才刚刚起步，还有许多理论问题需要研究，如：

空间离散运动不变量：虽然运动刚体 Σ^* 相对于固定刚体 Σ 的单自由度空间离散运动也可以像连续运动一样表示为沿曲线 Γ_{0m} 的平动和绕曲线 Γ_{0m} 上点的转动，而运动刚体 Σ^* 任意两个离散位置都存在转动螺旋轴，是刚体空间离散运动的不变量，据此可以讨论少位置（五位置）的空间离散运动几何学性质，但对于多位置或整体性质，缺少像刚体连续运动的瞬轴面结构参数及诱导结构参数那样的不变量，没有建立刚体空间离散运动与几何的内在联系，少位置与多位置之间缺少联系。因此，将两位置螺旋轴扩展到多位置空间运动不变量，讨论刚体空间离散运动几何学性质，无论是局部性质还是整体性质，理论上应和空间连续运动几何学相呼应，但迄今为止的研究几乎是空白，空间机构运动综合缺乏必要的理论基础。

空间离散轨迹的整体性质评价：刚体作空间离散运动时，运动刚体上点或直线的离散轨迹由若干离散点或直线组成，离散轨迹的几何性质一般指整体几何性质，也就是离散轨迹与特定约束曲面的整体接近程度，其评价方法是核心。空间连续曲面的局部和整体几何性质可以曲率或广义曲率来描述，对于空间机构综合而言，逼近曲面为二副连架杆或开式链的约束曲面，逼近程度评价常规采用最佳平方逼近（最小二乘法）方法，其结果与离散点数目（刚体离散运动位置数目）有关，而且直纹约束曲面与离散直线轨迹难以确定对应点。本章采用最佳一致逼近，将机构学传统的一维切比雪夫逼近推广到多维空间，即鞍点规划方法，确立了最大法向误差最小的评定方法。对于空间离散运动点的轨迹曲线，用约束曲面逼近，建立了离散曲线的若干特征点与约束曲面的最大误差之间的关系；对于空间离散运动直线轨迹曲面，用定轴直纹约束曲面逼近，将其转化为球面像曲线和空间腰曲线，分别用圆和圆柱面逼近，建立了离散曲线的若干特征点与约束曲面的最大误差之间的关系，或者说刚体少位置与整体离散运动之间的联系，进而得到空间离散曲线的最佳约束曲面逼近。由于空间约束曲面的参数多，应用鞍点规划时拟合特征点的个数与位置分布具有多样性，最佳逼近曲面多样性需要深入研究。如约束球面逼近时有五个拟合特征点，需要讨论分配在拟合球面内外有多种可能、对应的多个分布球面、分布球面与鞍球面的关系、相应的鞍球面误差曲面及其整体性质（边界、全局极小值点的个数和位置等）；同样，约束圆柱曲面有六个拟合特征点，需要深入讨论特征点分配、分布圆柱面与鞍圆柱面关系、鞍圆柱面误差曲面及其整体性质（边界、全局极小值点的个数和位置等）；对于更一般的约束曲面，如定轴直纹面、定距直纹面、常参数直纹面、以及多杆开式链对应的约束曲面等，其逼近离散曲线和离散直纹面也需要深入研究，无论在理论上还是实际应用上都具有重要价值。

刚体空间离散运动几何学：无论是少位置还是多个离散位置，相关离散点、线共约束曲线（曲面）的性质研究还不充分和透彻，我们期望将基于转动极和螺旋轴的经典有限分离位置运动几何学（相关点精确共线、圆、球）扩展到基于鞍点规划（最大误差最小原则）的离散运动几何学（多位置相关点逼近约束曲线与约束曲面），进而讨论离散运动刚体上点

（位置）、离散运动（拟合特征位置）、离散轨迹（拟合特征点）之间的相互关系，揭示离散运动刚体上特征点及其分布规律，并与机构运动微分几何学（无限接近位置）相衔接。由约束曲面逼近离散点/直线轨迹的鞍点规划，似乎应该存在类似平面极点三角形和空间螺旋三角形那样的运动不变量，多位置离散运动也应该与其对应，存在类似连续运动瞬轴面（瞬心线）那样的整体运动不变量，而基于这种整体运动不变量的约束曲面逼近离散轨迹的整体几何性质，也应该对应类似连续运动欧拉公式那样的广义整体曲率，形成平面、球面到空间的离散运动几何学的理论体系，也许可以期望像经典曲线曲面微分几何学中活动标架及其微分运动那样，现代微分几何学的微分流形、联络、纤维丛和拓扑学将在离散运动几何学理论中发挥基础作用；那时，空间机构设计将会变得简单而便捷，空间连杆机构将得到普遍应用，机械重大装备原理设计方法将翻开新的一页。

参考文献

[1] 张启先. 空间机构的分析与综合［M］. 北京：机械工业出版社，1984.

[2] 刘健，王晓明. 鞍点规划与形状误差评定［M］. 大连：大连理工大学出版社，1996.

[3] K. H. Hunt. Kinematic Geometry of Mechanism［M］. Oxford University Press，1978.

[4] C. Bagci. Geometric Methods for the Synthesis of Spherical Mechanisms for the Generation of Functions，Paths and Rigid-Body Positions Using Conformal Projections［J］. Mechanism and Machine Theory，1984，19（1）：113-127.

[5] 褚金奎，孙建伟. 连杆机构尺度综合的谐波特征参数法［M］. 北京：科学出版社，2010.

[6] R. S. Hartenberg，J. Denavit. Kinematic Synthesis of Linkages［M］. New York：McGraw-Hill，1964.

[7] B. Roth. The Kinematics of Motion Through Finitely Separated Positions［J］. ASME Journal of Applied Mechanics，1967，34（3）：591-598.

[8] B. Roth. Finite-Position Theory Applied to Mechanism Synthesis［J］. ASME Journal of Applied Mechanics，1967，34（3）：599-605.

[9] B. Roth. On the Screw Axes and Other Special Lines Associated with Spatial Displacements of a Rigid Body［J］. ASME Journal of Engineering for Industry，1967，89（1）：102-110.

[10] B. Roth. The Design of Binary Cranks with Revolute，Cylindric，and Prismatic Joints［J］. Journal of Mechanisms，1968，3（2）：61-72.

[11] L. W. Tsai，B. Roth. Design of Dyads with Helical，Cylindrical，Spherical，Revolute and Prismatic Joints［J］. Mechanism and Machine Theory，1972，7（1）：85-102.

[12] P. Chen，B. Roth. A Unified Theory for the Finitely and Infinitesimally Separated Position Problems of Kinematic Synthesis［J］. ASME Journal of Engineering for Industry，1969，91（1）：203-208.

[13] P. Chen，B. Roth. Design Equations for the Finitely and Infinitesimally Separated Position Synthesis of Binary Links and Combined Link Chains［J］. ASME Journal of Engineering for Industry，1969，91（1）：209-219.

[14] P. A. James, B. Roth. A Unified Theory for Kinematic Synthesis [J]. ASME Journal of Mechanical Design, 1992, 116 (1): 144-154.

[15] G. N. Sandor. Principles of a General Quaternion-Operator Method of Spatial Kinematic Synthesis [J]. ASME Journal of Applied Mechanics, 1968, 35 (1): 40-46.

[16] C. H. Suh. Design of Space Mechanisms for Rigid Body Guidance [J]. ASME Journal of Engineering for Industry, 1968, 90 (3): 499-506.

[17] C. H. Suh, C. W. Radcliffe. Kinematics and Mechanisms Design [M]. New York: John Wiley & Sons, 1978.

[18] J. M. McCarthy. The Synthesis of Planar RR and Spatial CC Chains and the Equation of a Triangle [J]. ASME Journal of Mechanical Design, 1994, 117 (B): 101-106.

[19] G. N. Sandor, A. G. Erdman. Advanced Mechanisms Design: Analysis and Synthesis [M]. Vol. 2. New York: Prentice-Hall, Inc., Englewoods Cliffs, NJ, 1984.

[20] C. Innocenti. Polynomial Solution of the Spatial Burmester Problem [J]. ASME Journal of Mechanical Design, 1995, 117 (1): 64-68.

[21] E. Lee, C. Mavroidis. Solving the Geometric Design Problems of Spatial 3R Robot Manipulators Using Polynomial Homotopy Continuation [J]. ASME Journal of Mechanical Design, 2002, 124 (4): 652-661.

[22] A. Perez, J. M. McCarthy. Dual Quaternion Synthesis of Constrained Robotic Systems [J]. ASME Journal of Mechanical Design, 2003, 126 (3): 425-435.

[23] S. Bai, J. Angeles. A Robust Solution of the Spatial Burmester Problem [J]. ASME Journal of Mechanisms and Robotics, 2012, 4 (3): 031003.

[24] M. Raghavan, B. Roth. Solving Polynomial Systems for the Kinematic Analysis and Synthesis of Mechanisms and Robot Manipulators [J]. ASME Journal of Mcchanical Design, 1995, 117 (B): 71-79.

[25] C. Huang, Y. -J. Chang. Polynomial Solution to the Five-Position Synthesis of Spatial CC Dyads via Dialytic Elimination [C]//Proceedings of the ASME Design Technical Conferences, September 10-13, 2000, Baltimore MD, Paper Number: DETC 2000/MECH-14102.

[26] C. W. Wampler, A. J. Sommese, A. P. Morgan. Numerial Continuation Methods for Solving Polynomial Systems Arising in Kinematics [J]. ASME Journal of Mechanical Design, 1990, 112 (1): 59-68.

[27] J. Angeles. Spatial Kinematic Chains: Analysis, Synthesis, Optimization [M]. Berlin: Springer-Verlag, 1982.

[28] R. I. Jamalov, F. L. Litvin, B. Roth. Analysis and Design of RCCC linkages [J]. Mechanism and Machine Theory, 1984, 19 (4/5): 397-407.

[29] G. K. Ananthasuresh, S. N. Kramer. Analysis and Optimal Synthesis of the RSCR Spatial Mechanism [J]. ASME Journal of Mechanical Design, 1994, 116 (1): 174-181.

[30] J. M Jiménez, G Álvarez, J Cardenal, et al. A Simple and General Method for Kinematic Synthesis of Spatial Mechanisms [J]. Mechanisms and Machine Theory, 1997, 32 (3): 323-341.

[31] V. Krovi, G. K. Ananthasuresh, V. Kumar. Kinematic Synthesis of Spatial R-R Dyads for Path Following with Applications to Coupled Serial Chain Mechanisms [J]. ASME Journal of Mechanical Design, 1999, 123 (3): 359-366.

[32] T. F. Parikian. Multi-Generation of Coupler Curves of Spatial Linkages [J]. Mechanism and Machine Theory,

1997, 32 (1): 103-110.

[33] 黄真. 空间机构学 [M]. 北京: 机械工业出版社, 1991.

[34] 曹惟庆. 连杆机构的分析与综合 [M]. 北京: 科学出版社, 2002.

[35] R. Sancibrian, A. De-Juan, P. Garcia, et al. Optimal Synthesis of Function Generating Spherical RSSR Mechanisms [C]//12th IFToMM World Congress, Besancon (France), June 18-21, 2007.

[36] K. C. Gupta, S. M. K. Kazerounian. Synthesis of Fully Rotatable R-S-S-R Linkages [J]. Mechanism and Machine Theory, 1983, 18 (3): 19-205.

[37] L. V. B. Rao, K. Lakshminarayana. Optimal Designs of the RSSR Crank-Rocker Mechanism-I. General Time Ratio [J]. Mechanism and Machine Theory, 1984, 19 (4/5): 431-441.

[38] K. Lakshminarayana, L. V. B. Rao. Optimal Designs of the RSSR Crank-Rocker Mechanism-II. Unit Time Ratio and Limits of Capability [J]. Mechanism and Machine Theory, 1984, 19 (4/5): 443-448.

[39] S. Dhall. Computer-Aided Design of the RSSR Function Generating Spatial Mechanism Using the Selective Precision Synthesis Method [J]. ASME Journal of Mechanisms, Transmissions, and Automation in Design, 1988, 110: 378-382.

[40] 阎敏, 王文博. 一种空间 RSSR 传动机构的运动综合法 [J]. 北京服装学院学报, 1997, 17 (1): 75-79.

[41] 张晋西. 空间 RSSR 机构轨迹数字化综合 [J]. 机械设计, 2000, 7: 33-35.

[42] 常勇. 正置式空间曲柄摇杆 RSSR 机构设计的辅助角方法 [J]. 机械科学与技术, 2003, 22 (2): 251-253.

[43] 王德伦, 王淑芬. 含有 C-C 二副杆的空间机构自适应运动综合方法 [J]. 机械工程学报, 2004, 40 (12): 25-30.

[44] Delun Wang, Shufeng Wang. A Unified Approach to Kinematic Synthesis of Mechanism by Adaptive Curve Fitting [J]. Science in China (Ser. E Technological Sciences), 2004, 47 (1): 85-96.

[45] 郑鹏程. 空间连杆机构轨迹综合理论与方法的研究 [D]. 大连理工大学, 1999.

[46] 王淑芬. 机构运动综合的自适应理论与方法的研究 [D]. 大连理工大学, 2005.

附　　录

附录 A　空间 RCCC 四杆机构的位移求解

图 A. 1 所示为空间 RCCC 四杆机构。对于含有一个回转副和三个圆柱副的空间 RCCC 四杆机构，可以衍生出平面四杆机构、球面四杆机构和各种不含有球面副的空间四杆机构，因此对 RCCC 机构的研究，不但有理论价值，而且有实际意义。本书中将文献[1]中 RCCC 机构的位移方程归纳为统一模型。连架杆 3 相对于机架的转角 θ_0 和连架杆 1 相对于机架的转角 θ_1 有如下关系式：

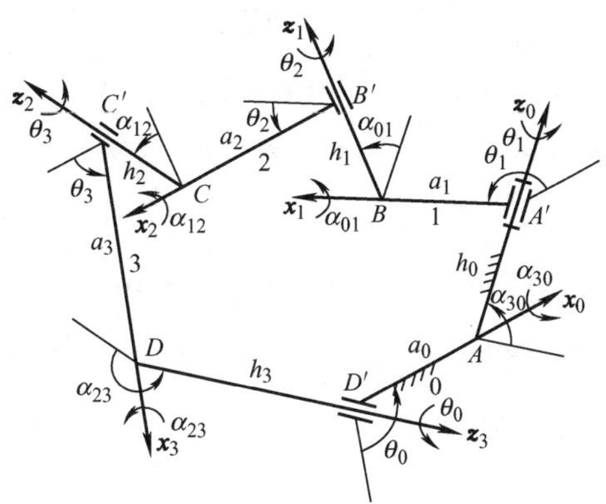

图 A. 1　空间 RCCC 四杆机构

$$A_{01}\sin\theta_0 + B_{01}\cos\theta_0 + C_{01} = 0 \tag{A. 1a}$$

其中

$$\begin{cases} A_{01} = \sin\alpha_{23}\sin\alpha_{01}\sin\theta_1 \\ B_{01} = -\sin\alpha_{01}\cos\alpha_{30}\sin\alpha_{23}\cos\theta_1 - \sin\alpha_{23}\cos\alpha_{01}\sin\alpha_{30} \\ C_{01} = \cos\alpha_{23}\cos\alpha_{01}\cos\alpha_{30} - \cos\alpha_{23}\sin\alpha_{01}\sin\alpha_{30}\cos\theta_1 - \cos\alpha_{12} \end{cases} \tag{A. 1b}$$

而连杆 2 相对于连架杆 1 的转角 θ_2 和 θ_1 的关系式为：

$$A_{12}\sin\theta_2 + B_{12}\cos\theta_2 + C_{12} = 0 \tag{A.2a}$$

其中

$$\begin{cases} A_{12} = \sin\alpha_{30}\sin\alpha_{12}\sin\theta_1 \\ B_{12} = -\sin\alpha_{12}\cos\alpha_{01}\sin\alpha_{30}\cos\theta_1 - \cos\alpha_{30}\sin\alpha_{12}\sin\alpha_{01} \\ C_{12} = -\sin\alpha_{30}\cos\alpha_{12}\sin\alpha_{01}\cos\theta_1 + \cos\alpha_{30}\cos\alpha_{12}\cos\alpha_{01} - \cos\alpha_{23} \end{cases} \tag{A.2b}$$

连架杆 3 相对连杆的转角 θ_3 和 θ_1 的关系式为：

$$A_{31}\sin\theta_3 + B_{31}\cos\theta_3 + C_{31} = 0 \tag{A.3a}$$

其中

$$\begin{cases} A_{31} = 0 \\ B_{31} = \sin\alpha_{23}\sin\alpha_{12} \\ C_{31} = -\sin\alpha_{01}\sin\alpha_{30}\cos\theta_1 + \cos\alpha_{01}\cos\alpha_{30} - \cos\alpha_{23}\cos\alpha_{12} \end{cases} \tag{A.3b}$$

由此可见，待求转角 θ_2、θ_3、θ_0 和输入转角 θ_1 的关系式均可以统一为标准形式：

$$A\sin\theta + B\cos\theta + C = 0 \tag{A.4a}$$

式中，A、B 和 C 均为输入转角 θ_1的函数，其解为：

$$\theta = 2\arctan\frac{A \pm \sqrt{A^2 + B^2 - C^2}}{B - C} \tag{A.4b}$$

因此对于不同的转角 θ_2、θ_3、θ_0，只需赋以相应的系数即可进行求解。例如，求 θ_0 时，将 A、B、C 分别赋以 A_{01}、B_{01}和 C_{01}，在求 θ_2 和 θ_3 时，则 A、B、C 分别被赋以 A_{12}、B_{12}、C_{12}及 A_{31}、B_{31}、C_{31}。通过式（A.4a）可以得到多组 θ_2、θ_3、θ_0 的值，可通过下式进行判别筛选：

$$\begin{cases} \sin\theta_2\sin\alpha_{12} = \sin\alpha_{23}(\sin\theta_0\cos\theta_1 + \cos\theta_0\sin\theta_1\cos\alpha_{30}) + \sin\theta_1\cos\alpha_{23}\sin\alpha_{30} \\ \sin\theta_3\sin\alpha_{23} = \sin\alpha_{30}(\sin\theta_1\cos\theta_2 + \cos\theta_1\sin\theta_2\cos\alpha_{01}) + \sin\theta_2\cos\alpha_{30}\sin\alpha_{01} \end{cases} \tag{A.5}$$

连杆 2 相对连架杆 1 在 z_1轴上的位移 h_1 与转角 θ_1 的关系可写为：

$$h_1 = -\frac{a_0\cos\theta_0 + h_0\sin\alpha_{30}\sin\theta_0 + a_1(\cos\theta_3\cos\theta_2 - \cos\alpha_{12}\sin\theta_2\sin\theta_3) + a_2\cos\theta_3 + a_3}{\sin\theta_3\sin\alpha_{12}} \tag{A.6}$$

对式（A.4a）和式（A.6）以 θ_1 为自变量进行求导，采用 MATLAB 进行符号运算，可得到转角 θ_2、θ_3、θ_0 和位移 h_1 的高阶导数，而将转角 θ_2 和位移 h_1 对转角 θ_1 的导数，如$\frac{\mathrm{d}\theta_2}{\mathrm{d}\theta_1}$，$\frac{\mathrm{d}^2\theta_2}{\mathrm{d}\theta_1^2}$和$\frac{\mathrm{d}h_1}{\mathrm{d}\theta_1}$等代入到第 6 章的 RCCC 机构运动几何学公式中，可得到连杆 2 相对于机架 0 的运动学性质，如瞬轴面的 Frenet 标架，曲率不变量及其导数等。

若取 RCCC 机构的尺寸参数为：$\alpha_{01} = 30°$，$\alpha_{12} = 55°$，$\alpha_{23} = 45°$，$\alpha_{30} = 60°$，$a_0 = 5$，$a_1 = 2$，$a_2 = 4$，$a_3 = 3$，$h_0 = 0$，按前述方法可以得到转角 θ_2、位移 h_1 与输入转角 θ_1 的关系，可

发现对应于给定的转角 θ_1，有两组 θ_2、h_1，其中一组转角 θ_2、位移 h_1 及其高阶导数 $\theta_2'=\frac{\mathrm{d}\theta_2}{\mathrm{d}\theta_1}$，$\theta_2''=\frac{\mathrm{d}^2\theta_2}{\mathrm{d}\theta_1^2}$，$\theta_2'''=\frac{\mathrm{d}^3\theta_2}{\mathrm{d}\theta_1^3}$，$h_1'=\frac{\mathrm{d}h_1}{\mathrm{d}\theta_1}$，$h_1''=\frac{\mathrm{d}^2h_1}{\mathrm{d}\theta_1^2}$，$h_1'''=\frac{\mathrm{d}^3h_1}{\mathrm{d}\theta_1^3}$与输入转角 θ_1 的关系分别如图 A. 2 和图 A. 3 所示。

连杆 2 上运动坐标系 $\{\boldsymbol{R}_C;\ \boldsymbol{x}_2,\ \boldsymbol{y}_2,\ \boldsymbol{z}_2\}$ 中直角坐标为 $(x_{P\mathrm{m}},\ y_{P\mathrm{m}},\ z_{P\mathrm{m}})$ 的一点 P，在机架坐标系 $\{\boldsymbol{R}_A;\ \boldsymbol{x}_0,\ \boldsymbol{y}_0,\ \boldsymbol{z}_0\}$ 中生成连杆曲线 Γ_P：$\boldsymbol{R}_P=(x_{P\mathrm{f}},\ y_{P\mathrm{f}},\ z_{P\mathrm{f}})^{\mathrm{T}}$，且坐标 $(x_{P\mathrm{f}},\ y_{P\mathrm{f}},\ z_{P\mathrm{f}})$ 和 $(x_{P\mathrm{m}},\ y_{P\mathrm{m}},\ z_{P\mathrm{m}})$ 的关系，由下式中的坐标变换确定：

$$\begin{bmatrix} x_{P\mathrm{f}} \\ y_{P\mathrm{f}} \\ z_{P\mathrm{f}} \\ 1 \end{bmatrix} = [\boldsymbol{M}_2]\cdot[\boldsymbol{M}_1]\cdot\begin{bmatrix} x_{P\mathrm{m}} \\ y_{P\mathrm{m}} \\ z_{P\mathrm{m}} \\ 1 \end{bmatrix} \tag{A. 7}$$

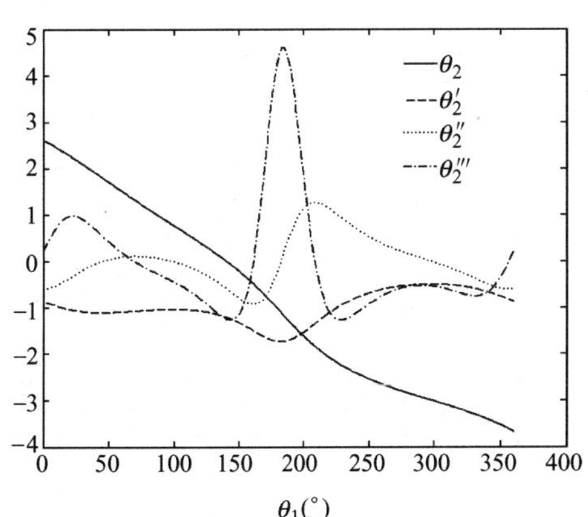

图 A. 2　转角 θ_2 及其导数与转角 θ_1 关系

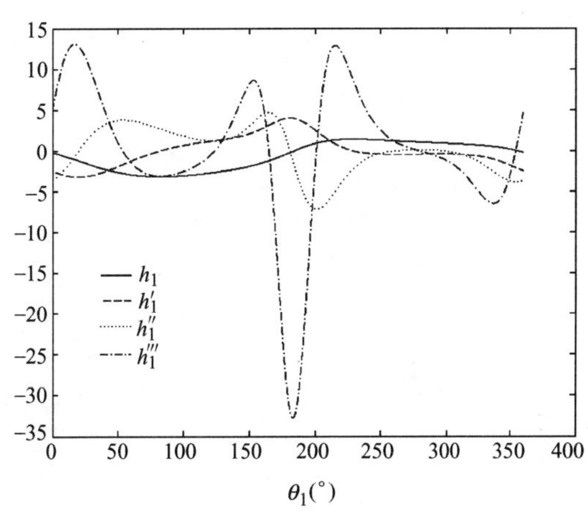

图 A. 3　位移 h_1 及其导数与转角 θ_1 关系

其中

$$[\boldsymbol{M}_1]=\begin{bmatrix} 0 & \sin\alpha_{12} & \cos\alpha_{12} & h_1 \\ \cos\theta_2 & -\cos\alpha_{12}\sin\theta_2 & \sin\alpha_{12}\sin\theta_2 & a_2\cos\theta_2 \\ \sin\theta_2 & \cos\alpha_{12}\cos\theta_2 & -\sin\alpha_{12}\cos\theta_2 & a_2\sin\theta_2 \\ 0 & 0 & 0 & 1 \end{bmatrix}$$

$$[\boldsymbol{M}_2]=\begin{bmatrix} \sin\alpha_{01}\sin\theta_1 & \cos\theta_1 & -\cos\alpha_{01}\sin\theta_1 & a_1\cos\theta_1 \\ -\sin\alpha_{01}\cos\theta_1 & \sin\theta_1 & \cos\alpha_{01}\cos\theta_1 & a_1\sin\theta_1 \\ \cos\alpha_{01} & 0 & \sin\alpha_{01} & h_0 \\ 0 & 0 & 0 & 1 \end{bmatrix}$$

而对于连杆 2 上通过点 P 的直线 L，其在连杆运动坐标系 $\{\boldsymbol{R}_C;\ \boldsymbol{x}_2,\ \boldsymbol{y}_2,\ \boldsymbol{z}_2\}$ 中的方向余弦

为（l_{1m}，l_{2m}，l_{3m}）。该直线 L 在机架坐标系 $\{\boldsymbol{R}_A;\ \boldsymbol{x}_0,\ \boldsymbol{y}_0,\ \boldsymbol{z}_0\}$ 中形成连杆轨迹曲面 Σ_l：$\{\boldsymbol{R}_L\}=\{\boldsymbol{R}_P+\mu\boldsymbol{l}_f\}$，其中 $\boldsymbol{l}_f=(l_{1f},\ l_{2f},\ l_{3f})^T$。则方向余弦（$l_{1f}$，$l_{2f}$，$l_{3f}$）和（$l_{1m}$，$l_{2m}$，$l_{3m}$）的关系由下式中的坐标变换确定：

$$\begin{bmatrix} l_{1f} \\ l_{2f} \\ l_{3f} \\ 0 \end{bmatrix} = [\boldsymbol{M}_2]\cdot[\boldsymbol{M}_1]\cdot \begin{bmatrix} l_{1m} \\ l_{2m} \\ l_{3m} \\ 0 \end{bmatrix} \tag{A.8}$$

若将 RCCC 机构的输入角 θ_1 在其定义域 $[0,\ 2\pi]$ 中以 5°为间隔进行离散化，得到 RCCC机构的一组离散输入角度 $\theta_1^{(i)}$，$i=1$，…，72，通过上述过程求解机构的位移方程，可得到转角 $\theta_2^{(i)}$，位移 $h_1^{(i)}$ 的离散数值，见表 A.1。

将表 A.1 中的参数 $\theta_1^{(i)}$，$\theta_2^{(i)}$，$h_1^{(i)}$，$i=1$，…，72 代入式（A.7）和式（A.8），可得到任意连杆上点 P 的离散轨迹点集 $\{\boldsymbol{R}_P^{(i)}\}=\{(x_{Pf}^{(i)},\ y_{Pf}^{(i)},\ z_{Pf}^{(i)})^T\}$，$i=1$，…，72，以及连杆直线 L 的离散轨迹直线族 $\{\boldsymbol{R}_L^{(i)}\}=\{(x_{Pf}^{(i)},\ y_{Pf}^{(i)},\ z_{Pf}^{(i)})^T+\mu\cdot(l_{1f}^{(i)},\ l_{2f}^{(i)},\ l_{3f}^{(i)})^T\}$，$i=1$，…，72。

表 A.1　RCCC 机构离散位移参数

序　号	$\theta_1^{(i)}$/rad	$\theta_2^{(i)}$/rad	$h_1^{(i)}$	序　号	$\theta_1^{(i)}$/rad	$\theta_2^{(i)}$/rad	$h_1^{(i)}$
1	0	2.6124	-0.2098	21	1.7453	0.7695	-3.0815
2	0.0873	2.5346	-0.4413	22	1.8326	0.6785	-3.0151
3	0.1745	2.4524	-0.6961	23	1.9199	0.5872	-2.9367
4	0.2618	2.3664	-0.9673	24	2.0071	0.4952	-2.8474
5	0.3491	2.2770	-1.2469	25	2.0944	0.4019	-2.7483
6	0.4363	2.1848	-1.5262	26	2.1817	0.3070	-2.6399
7	0.5236	2.0906	-1.7971	27	2.2689	0.2097	-2.5223
8	0.6109	1.9948	-2.0528	28	2.3562	0.1096	-2.3947
9	0.6981	1.8982	-2.2875	29	2.4435	0.0058	-2.2557
10	0.7854	1.8012	-2.4975	30	2.5307	-0.1024	-2.1025
11	0.8727	1.7042	-2.6800	31	2.6180	-0.2160	-1.9314
12	0.9599	1.6076	-2.8340	32	2.7053	-0.3356	-1.7374
13	1.0472	1.5115	-2.9592	33	2.7925	-0.4619	-1.5149
14	1.1345	1.4161	-3.0561	34	2.8798	-0.5953	-1.2590
15	1.2217	1.3216	-3.1261	35	2.9671	-0.7354	-0.9678
16	1.3090	1.2279	-3.1706	36	3.0543	-0.8814	-0.6448
17	1.3963	1.1350	-3.1916	37	3.1416	-1.0314	-0.3008
18	1.4835	1.0429	-3.1912	38	3.2289	-1.1828	0.0465
19	1.5708	0.9514	-3.1714	39	3.3161	-1.3326	0.3761
20	1.6581	0.8603	-3.1341	40	3.4034	-1.4780	0.6690

（续）

序　　号	$\theta_1^{(i)}$/rad	$\theta_2^{(i)}$/rad	$h_1^{(i)}$	序　　号	$\theta_1^{(i)}$/rad	$\theta_2^{(i)}$/rad	$h_1^{(i)}$
41	3.4907	−1.6165	0.9125	57	4.8869	−2.8453	1.0555
42	3.5779	−1.7465	1.1018	58	4.9742	−2.8898	1.0164
43	3.6652	−1.8672	1.2390	59	5.0615	−2.9335	0.9781
44	3.7525	−1.9783	1.3303	60	5.1487	−2.9766	0.9403
45	3.8397	−2.0802	1.3839	61	5.2360	−3.0196	0.9024
46	3.9270	−2.1734	1.4080	62	5.3233	−3.0628	0.8638
47	4.0143	−2.2588	1.4101	63	4.4105	−3.1065	0.8235
48	4.1015	−2.3372	1.3962	64	5.4978	3.1320	0.7801
49	4.1888	−2.4094	1.3712	65	5.5851	3.0859	0.7318
50	4.2761	−2.4762	1.3386	66	5.6723	3.0380	0.6763
51	4.3633	−2.5383	1.3013	67	5.7596	2.9878	0.6105
52	4.4506	−2.5965	1.2612	68	5.8469	2.9349	0.5309
53	4.5739	−2.6511	1.2197	69	5.9341	2.8786	0.4334
54	4.6251	−2.7029	1.1779	70	6.0214	2.8186	0.3138
55	4.7124	−2.7522	1.1363	71	6.1087	2.7543	0.1683
56	4.7997	−2.7996	1.0955	72	6.1959	2.6857	−0.0060

附录 B　空间 RRSS 四杆机构的位移求解

图 B.1 所示为空间 RRSS 四杆机构。对于空间 RRSS 机构的位移求解，同样可以由文献[1]得到如下的位移求解方程：

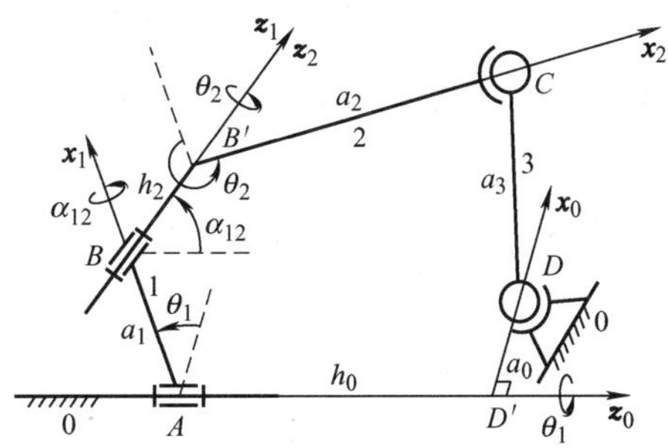

图 B.1　空间 RRSS 四杆机构

$$A\sin\theta_2 + B\cos\theta_2 + C = 0 \tag{B.1a}$$

其中

$$\begin{cases} A = 2a_0a_2\cos\alpha_{12}\sin\theta_1 - 2h_0a_2\sin\alpha_{12} \\ B = 2a_1a_2 - 2a_0a_2\cos\theta_1 \\ C = a_1^2 + h_2^2 + a_2^2 + a_0^2 + h_0^2 - a_3^2 - 2a_0a_1\cos\theta_1 - 2a_0h_2\sin\alpha_{12}\sin\theta_1 - 2h_0h_2\cos\alpha_{12} \end{cases} \tag{B.1b}$$

若已知 RRSS 机构的输入角 θ_1，可通过式（B.1b）求得连杆 2 的运动参数 θ_2 为：

$$\theta_2 = 2\arctan\frac{A \pm \sqrt{A^2 + B^2 - C^2}}{B - C} \tag{B.2}$$

连杆 2 上运动坐标系 $\{\boldsymbol{R}_{B'}, \boldsymbol{x}_2, \boldsymbol{y}_2, \boldsymbol{z}_2\}$ 中直角坐标为 $(x_{P\mathrm{m}}, y_{P\mathrm{m}}, z_{P\mathrm{m}})$ 的一点 P，在机架坐标系 $\{\boldsymbol{R}_{D'}, \boldsymbol{x}_0, \boldsymbol{y}_0, z_0\}$ 中生成连杆曲线 Γ_P：$\boldsymbol{R}_P = (x_{P\mathrm{f}}, y_{P\mathrm{f}}, z_{P\mathrm{f}})^{\mathrm{T}}$，且坐标 $(x_{P\mathrm{f}}, y_{P\mathrm{f}}, z_{P\mathrm{f}})$ 和 $(x_{P\mathrm{m}}, y_{P\mathrm{m}}, z_{P\mathrm{m}})$ 的关系由下式中的坐标变换确定：

$$\begin{bmatrix} x_{P\mathrm{f}} \\ y_{P\mathrm{f}} \\ z_{P\mathrm{f}} \\ 1 \end{bmatrix} = [\boldsymbol{M}_2] \cdot [\boldsymbol{M}_1] \cdot \begin{bmatrix} x_{P\mathrm{m}} \\ y_{P\mathrm{m}} \\ z_{P\mathrm{m}} \\ 1 \end{bmatrix} \tag{B.3}$$

其中

$$[\boldsymbol{M}_1] = \begin{bmatrix} \cos\theta_2 & -\sin\theta_2 & 0 & 0 \\ \sin\theta_2 & \cos\theta_2 & 0 & 0 \\ 0 & 0 & 1 & h_2 \\ 0 & 0 & 0 & 1 \end{bmatrix}$$

$$[\boldsymbol{M}_2] = \begin{bmatrix} \cos\theta_1 & -\cos\alpha_{12}\sin\theta_1 & \sin\alpha_{12}\sin\theta_1 & a_1\cos\theta_1 \\ \sin\theta_1 & \cos\alpha_{12}\cos\theta_1 & -\sin\alpha_{12}\cos\theta_1 & a_1\sin\theta_1 \\ 0 & \sin\alpha_{12} & \cos\alpha_{12} & -h_0 \\ 0 & 0 & 0 & 1 \end{bmatrix}$$

若取 RRSS 四杆机构的尺寸参数为：$a_0 = 0.2$，$h_0 = 0.3$，$a_1 = 1.5$，$h_2 = 0.4$，$a_2 = 1$，$a_3 = 1$，$\alpha_{12} = 45°$，当机构的输入角 θ_1 在其定义域 $[0, 2\pi]$ 中以 5° 为间隔离散化，得到 RRSS 四杆机构的一组离散输入角度 $\theta_1^{(i)}$，$i = 1, \cdots, 72$。通过求解该机构的位移方程，得到连杆 2 相对于连架杆 1 的转角 $\theta_2^{(i)}$，$i = 1, \cdots, 72$，72 组转角 $\theta_1^{(i)}$ 和 $\theta_2^{(i)}$ 的数值见表 B.1。

表 B.1　空间 RRSS 机构离散位移参数

序号	$\theta_1^{(i)}$/rad	$\theta_2^{(i)}$/rad	序号	$\theta_1^{(i)}$/rad	$\theta_2^{(i)}$/rad	序号	$\theta_1^{(i)}$/rad	$\theta_2^{(i)}$/rad
1	0	2.1459	8	0.6109	2.2147	15	1.2217	2.3164
2	0.0873	2.1522	9	0.6981	2.2282	16	1.3090	2.3312
3	0.1745	2.1598	10	0.7854	2.2423	17	1.3963	2.3458
4	0.2618	2.1687	11	0.8727	2.2567	18	1.4835	2.3601
5	0.3491	2.1788	12	0.9599	2.2715	19	1.5708	2.3741
6	0.4363	2.1899	13	1.0472	2.2864	20	1.6581	2.3876
7	0.5236	2.2019	14	1.1345	2.3014	21	1.7453	2.4006

（续）

序号	$\theta_1^{(i)}$/rad	$\theta_2^{(i)}$/rad	序号	$\theta_1^{(i)}$/rad	$\theta_2^{(i)}$/rad	序号	$\theta_1^{(i)}$/rad	$\theta_2^{(i)}$/rad
22	1.8326	2.4131	39	3.3161	2.4871	56	4.7997	2.2601
23	1.9199	2.4249	40	3.4034	2.4810	57	4.8869	2.2445
24	2.0071	2.4360	41	3.4907	2.4735	58	4.9742	2.2294
25	2.0944	2.4464	42	3.5779	2.4648	59	5.0615	2.2151
26	2.1817	2.4561	43	3.6652	2.4548	60	5.1487	2.2016
27	2.2689	2.4648	44	3.7525	2.4438	61	5.2360	2.1891
28	2.3562	2.4727	45	3.8397	2.4317	62	5.3233	2.1776
29	2.4435	2.4797	46	3.9270	2.4186	63	4.4105	2.1674
30	2.5307	2.4856	47	4.0143	2.4046	64	5.4978	2.1585
31	2.6180	2.4906	48	4.1015	2.3899	65	5.5851	2.1509
32	2.7053	2.4944	49	4.1888	2.3745	66	5.6723	2.1449
33	2.7925	2.4971	50	4.2761	2.3586	67	5.7596	2.1403
34	2.8798	2.4986	51	4.3633	2.3424	68	5.8469	2.1373
35	2.9671	2.4988	52	4.4506	2.3259	69	5.9341	2.1359
36	3.0543	2.4979	53	4.5739	2.3092	70	6.0214	2.1360
37	3.1416	2.4956	54	4.6251	2.2926	71	6.1087	2.1378
38	3.2289	2.4920	55	4.7124	2.2762	72	6.1959	2.1411

将表 B.1 中的参数 $\theta_1^{(i)}$，$\theta_2^{(i)}$，$i=1$，…，72 代入式（B.3），可得到任意连杆上点 P 的离散轨迹点集 $\{\boldsymbol{R}_P^{(i)}\}=\{(x_{Pf}^{(i)},\ y_{Pf}^{(i)},\ z_{Pf}^{(i)})^{\mathrm{T}}\}$，$i=1$，…，72。

参考文献

[1] 张启先. 空间机构的分析与综合：上册［M］. 北京：机械工业出版社，1984.